TITLE EFFECTS

Photoshop+Illust

完美创意设计

文字特效

（韩）全相炫 编著
刘东 译

中国青年出版社
中国青年电子出版社
http://www.21books.com http://www.cgchina.com
中青雄狮

_前 言 Introduction

"这是一本帮你提升文字特效设计水平的书籍，它能让你更加快速、完美地实现自己的创意！"。本书收录设计师必备 Photoshop+Illustrator 实操技巧，突破罗列式的菜单与命令介绍，揭露高效设计秘诀，引领你逐步参透著名文字特效设计大师的独家技法。如今很多具备 Photoshop 和 Illustrator 基础知识的用户，在使用软件进行设计时，还是会遇到诸多困难，这些困难大多来自于设计本身与软件实操的结合。编写本书的目的就是为了帮助您解决这些困难，最大程度上提高您的软件应用能力和创意设计水平。本书介绍了应用多种方法制作并装饰文字的过程，通过多种工具的有效综合运用，使您可以更加快速、完美地实现自己的创意。在进行实操的过程中，您可能会遇到多种状况（如得到意料之外的效果、失误等），本书向您一一提示了解决这些问题的方法，助您提高设计中的应变能力。本书主旨要努力解决的不是您应用软件的问题，而是怎样最大限度地发挥您的创意，快速创作出更加完美的文字特效作品。

_本书特点 BOOKInfo

由高品质范例构成

本书的 32 个高水平范例可使读者在跟随步骤操作的过程中掌握可以直接在实际工作中应用的各种技巧。

各个范例都包括了各阶段的操作步骤图示，便于读者理解

对复杂操作步骤的各个过程进行图解，读者可以轻松跟随图示操作并学会多种技法。

设计技巧精粹+创意思路详解

挑选出范例操作中可能会出错的部分以及需要深入了解的部分，深入分析，帮助读者学习应用技法和操作方式，使读者的学习历程更加顺利。

提示 Photoshop 和 Illustrator 的多种应用秘技

不是只执着于一种工具，而是应用可以互补的多种工具进行操作，以便提高操作效率，从而在设计中达到最好的效果。

书中所有的范例素材及效果文件均收录在附书光盘中

光盘中提供了书中范例相关的所有素材，读者可以直接应用，使学习更加便利、高效。读者还可以随心所遇将这些素材直接应用于设计工作中。

_光盘内容 License

• **随书附赠与本书范例配套正版超值 DVD 光盘**

由于赠送实用素材较多，以及最终效果文件容量较大，因此采用 DVD 格式光盘压制。

1. 含 180 个本书范例素材+最终效果文件
2. 含 100 款精选的 PSD 格式精美模板文件
3. 含 500 个画笔、动作、形状等设计素材
4. 含 60 套超经典数码照片艺术调色动作
5. 含 30 款标题设计中常用特效字体模板

Photoshop · Illustrator

TITLE EFFECTS

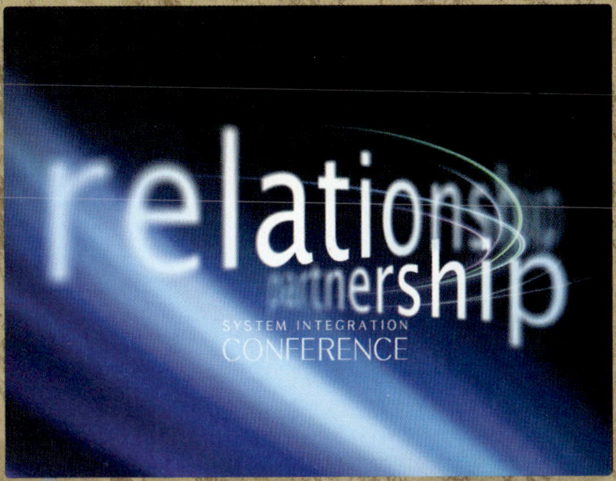

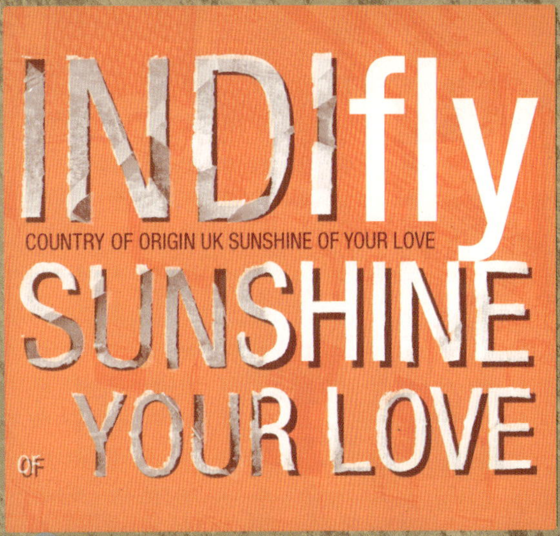

TITLE
EFFECT

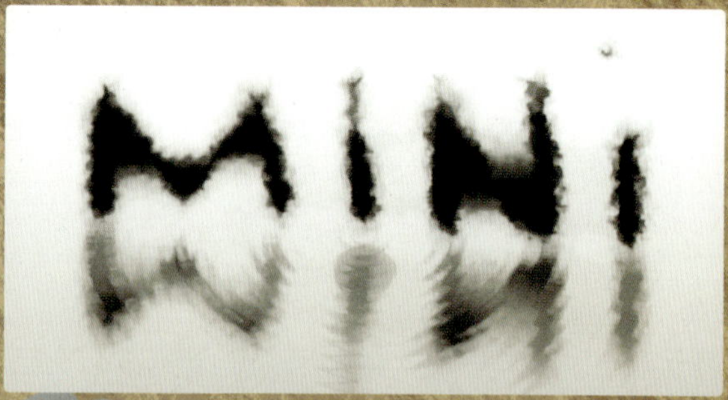
MINI

AUUD
ASIAN
DECO & LIGHTING

7
BLOCK
SEVEN

IN
SIDE

UNBAR
EURO TECHNOPOP
DANCE CLUB

PASSION

가시고기

HAN
KANG
SPORTS
WWW.HKSPORTS.ASIA

PERFECT
CONTROL

Jazz
Blues
ACID JAZZ
STILL A FRIEND OF MIND
DON'T YOU WORRY 'BOUT A THING

SUN

2007
B-Boy
COMPETITION

TURNING
POINT

WOW
HALLO!

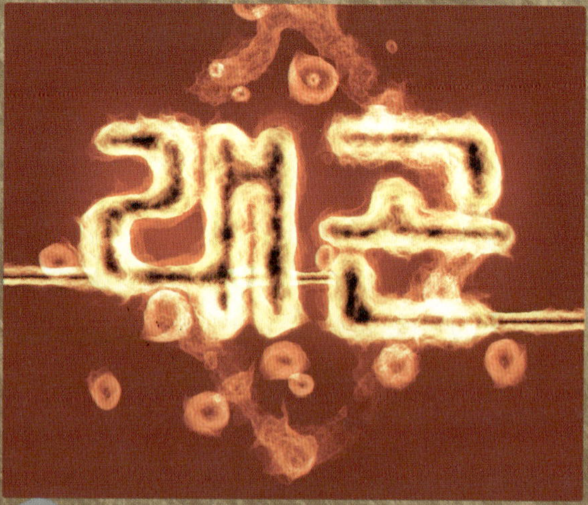

Love
is
Lie

STAR
SEOUL

operation

FLUX
REVENGE OF THE FUTURE

MAN
BEAUTIFUL
WOMAN

EVENT
BIG
SALE

QUNY
VINY
GENERATION

UNBLUR
electrical transcription

K1
STEEL

DEMO
DOWNLOAD
e-CRF
SYSTEM

COOL
SUMMER
ICE
BUBBLE
BUBBLE

DOMINATOR
WAR OF THE WORLDS

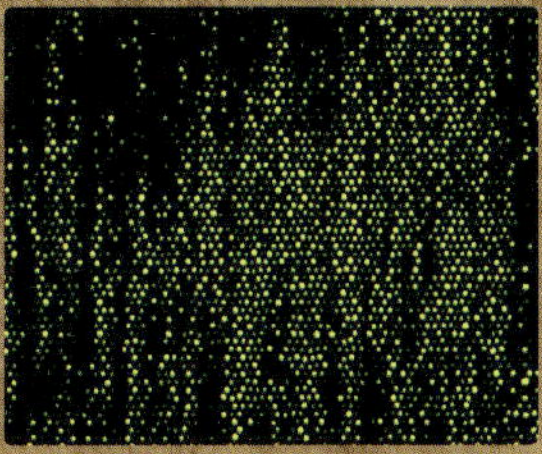

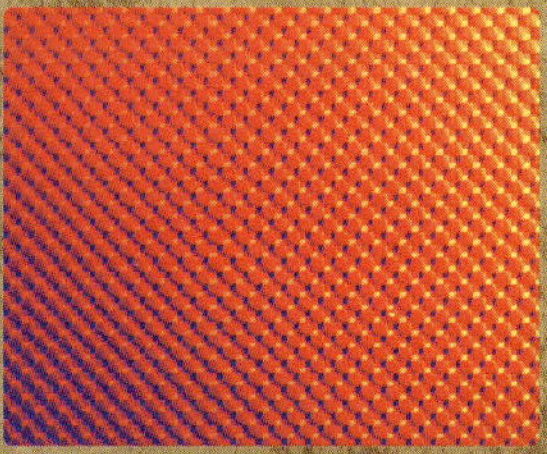

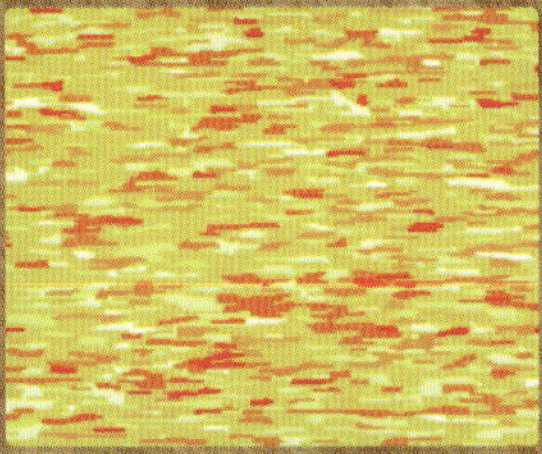

Daker Rally
DOME Crazy
CRAZY DOME CHAMPIONSHIP
AustriA
LovE Me
MEMBER
PRIMITIVE PRESS
PHOTOSHOPWORKS
ADEFFECTS
S/N PWA3C0346AA
Jazz Blues
AustriA
DOME Crazy
SONIC
SUN
UNBAR
EURO TECHNOPOP
DANCE CLUB
미남
미녀
MAN
WOMAN
BEAUTIFUL
IN SIDE
鐵拳
DAVID CORP
FLUX
OUT BREAK
작전
UNBLUR
electrical transcription
DAVID CORP
HAN KANG SPORTS
WWW.HKSPORTS.ASIA
가시고기
SOAP SONG
QUINY VINNY
미녀
BEAUTIFUL WOMAN
보이&가이
Boy & Guy
BBoy Step
MINI
UNBLUR
electrical transcription
작전
7
HAN KANG SPORTS
TITLE EFFECT
래곤
BLOCK SEVEN
사랑보다 깊은
Daker Rally
2007
B-Boy
COMPETITION
SONIC
PERFECT CONTROL
Love Lie
Fighting
EVENT
BIG SALE
KI STEEL
은행나무
TITLE EFFECT
LIKE A Shot
OLIVE FILM
SOUL STORM
래곤
EVENT BIG SALE
TURNING POINT
LovE Me
Daker Rally
419 HOUSES
SONIC
STAR
e-CRF
HOT CHICKEN
가시고기
e-CRF
SEOUL
AustriA
RFe-CRFe-CR

UNBLUR
HDI
SOAP SONG
가시고기
419
HOUSES
HD 460s
PERFECT N CONTROL
SUN
FLUX
REVENGE OF THE FUTURE
PAPAYA BOOM
KI STEEL
Jazz Blues
SOUL STORM
Daker Rally
PERFECT CONTROL
가시고기
TITLE EFFECT
보이&가이
MEMBER
COOL SUMMER ICE BUBBLE
BUBBLE
OUT BREAK
MUSICAL BROADWAY SEASON 3
Jazz Blues
INDIfly
SUNSHINE YOUR LOVE
Love is Lie
OLIVE FILM
relationship partnership
SYSTEM INTEGRATION CONFERENCE
TURNING POINT
HOT CHICKEN
UNBAR
우리 동네 만화방
HDI
TITLE EFFECT
IN SIDE
LIKE A Shot
WOW
HALLO!
미녀
BEAUTIFUL WOMAN
미남
MINI
HONEY BABY!
e-CRF
우리 동네 만화방
HOT CHICKEN
은행나무
SONIC
STAR SEOUL
DOME Crazy
Fighting
INDIfly SUNSHINE YOUR LOVE
UNBLUR
HONEY BABY!
e-CRF
DEMO DOWNLOAD
BBoy Step
DOMINATOR
WAR OF THE WORLDS

relationship

01 Relationship

根据景深不同，制作既清晰又模糊的具有深度感的文字特效。

Source Location

Effects 01\

- relationship_start.psd
- relationship_finish.psd
- relationship_apply.psd

relationship_start.psd 文件

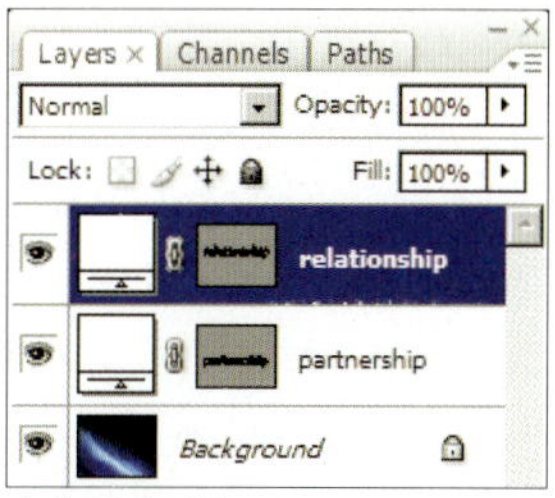

当前图层面板

被摄体景深（Depth of Field）

将相机镜头对准被摄体的时候，镜头在一定范围内都会对准焦点，这个范围就称为景深。景深范围较小的时候，深度表现得较浅，除主要被摄体以外的其他部分会表现得较为模糊；景深范围较大的时候，深度表现得较深，照片整体会显得非常清晰。

01 确认操作文件

下面对文字进行变形后，调节被摄体景深（对准焦点的范围），表现出具有深度感的文字特效。

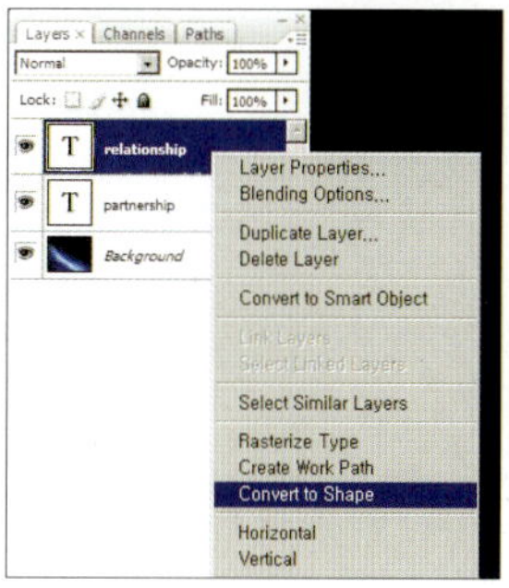

打开 relationship_start.psd 文件。可见 relationship 和 partnership 图层的效果。

这两个图层是输入文字后在文字图层中单击鼠标右键选择弹出菜单中的 Convert to Shape（转换为形状）命令将文字图层创建为形状图层的效果。

2-a

应用变形

2-b

应用变形

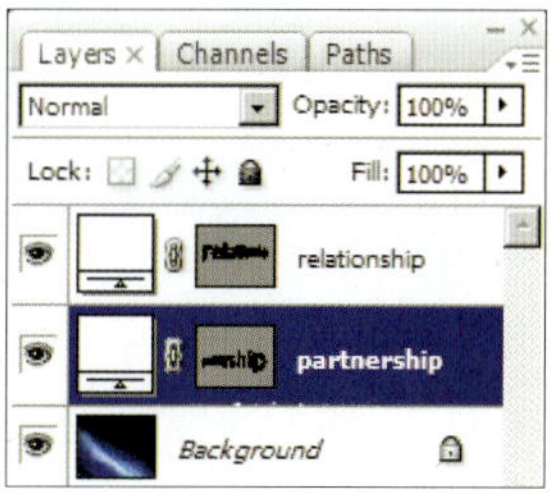

当前图层面板

02 通过变形表现出透视感

下面对形状进行变形，表现出透视感。

选中 relationship 图层，选择 Edit>Free Transform（编辑 > 自由变换）命令（Ctrl+T），按住 Ctrl+Alt+Shift 快捷键，将左上端的调节手柄向上拖动。当上端选项栏中的 Set vertical skew（设置垂直斜切）值如图 2-a 所示为 7.0° 的时候，按 Enter 键确认。

选中 partnership 图层，选择 Edit>Free Transform（编辑 > 自由变换）命令（Ctrl+T），按住 Ctrl+Alt+Shift 快捷键，将右上端的调节手柄向上拖动。当上端选项栏中的 Set vertical skew（设置垂直斜切）值如图 2-b 所示为 -7.0° 的时候，按 Enter 键确认。

选中 relationship 图层，单击鼠标右键，选择弹出菜单中的 Rasterize Layer（栅格化图层）命令，将其栅格化。按照相同的方法对 partnership 图层也进行栅格化操作。

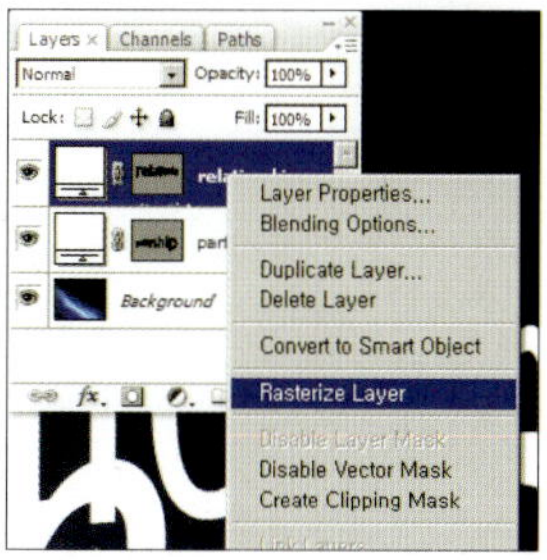

栅格化图层

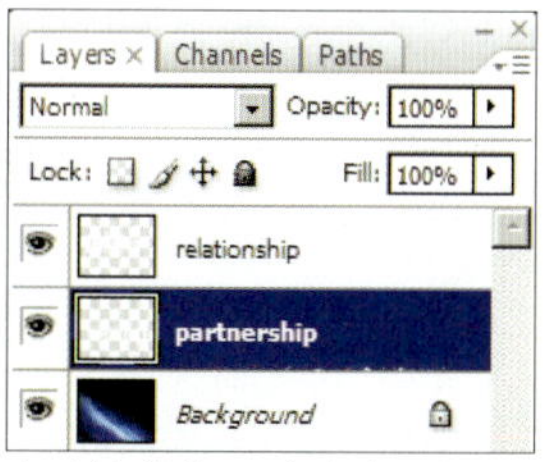

应用“栅格化图层”命令后的图层

应用透视方法

为了表现出透视的感觉，选择 Edit>Free Transform（编辑 > 自由变换）命令（Ctrl+T），或者选择 Edit>Transform>Perspective（编辑 > 变换 > 透视）命令，也可以利用调节手柄进行自由变换。然后单击鼠标右键，选择弹出菜单中的 Perspective（透视）命令。

03 创建焦点区域

单击通道面板下端的 Create new channel（创建新通道）按钮，创建新的通道。

创建要调节焦点范围的区域，选择渐变工具，如图 3-a 所示设置上端选项栏。

选中 Alpha 1 通道，在图像中从中央向外拖动，如图 3-b 所示进行应用。

如果想要按直线拖动，需要按住 Shift 键

应用渐变工具的时候按住 Shift 键进行拖动，可以得到直线或者 45° 射线方向的渐变效果。

3-a

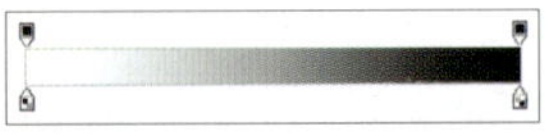
渐变条

3-b

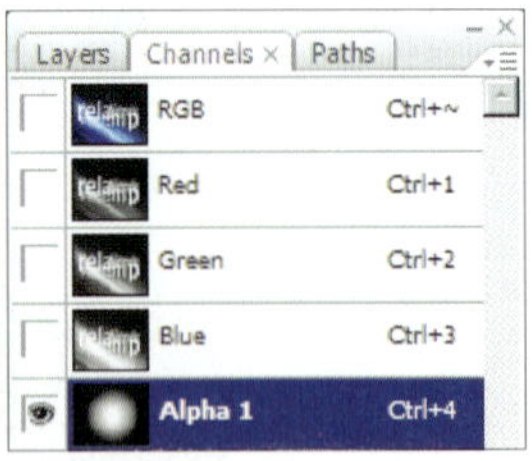

当前通道面板

04 表现景深

下面利用应用于通道中的源来表现景深。

选中 relationship 图层，选择 Filter>Blur>Lens Blur（滤镜 > 模糊 > 镜头模糊）命令，如图 4-a 所示进行设置。将 Depth Map（深度映射）中的 Source（源）设置为保存在通道中的 Alpha 1 通道。

由于勾选了 Invert（反相）复选框，通道中越明亮的部分表现的效果越少，越黯淡的部分表现的效果越多。

选中 partnership 图层，按 Ctrl+F 快捷键，应用与刚才设置相同值的镜头模糊滤镜。

应用镜头模糊滤镜

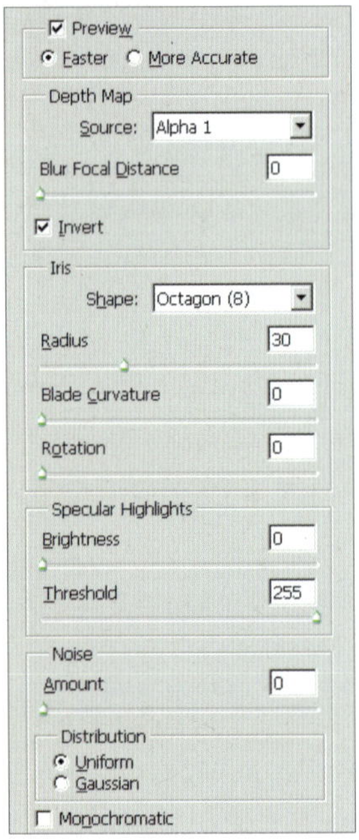

4-a

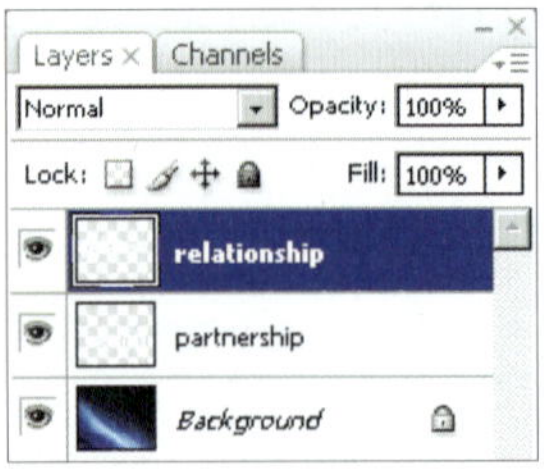

relationship 图层

为何不显示镜头模糊效果

如果不显示镜头模糊效果，可能是由于含有未显示的选区，按 Ctrl+D 快捷键取消选区后再次应用，或者确认取消选择图层面板上端的Lock transparent pixels（锁定透明像素）选项。在进行润饰操作或者是填充颜色的时候，常常会由于以上两种原因无法应用滤镜效果，如果出现这种情况，按照上面的方法进行确认即可。

按 Ctrl+F 快捷键应用镜头模糊滤镜

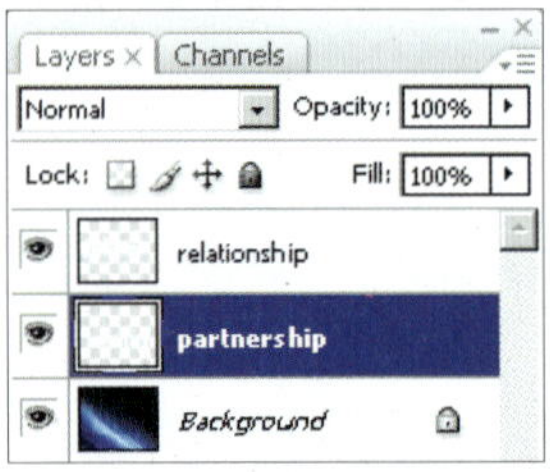

当前图层面板

如果想只激活当前图层

在进行图层较多较复杂的图像操作时，常常需要确认当前图层的状态。这时按住 Alt 键单击想要确认图层的眼睛图标，可以将其他图层设置为非激活状态，轻松地确认图层效果。再次按 Alt 键单击，可以返回到之前的状态。

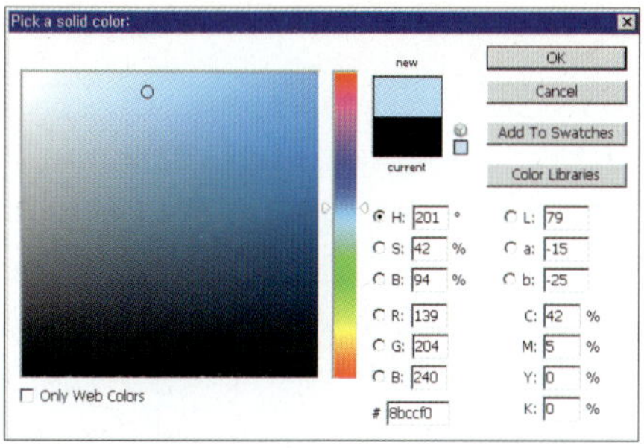

R:139,G:204,B:240

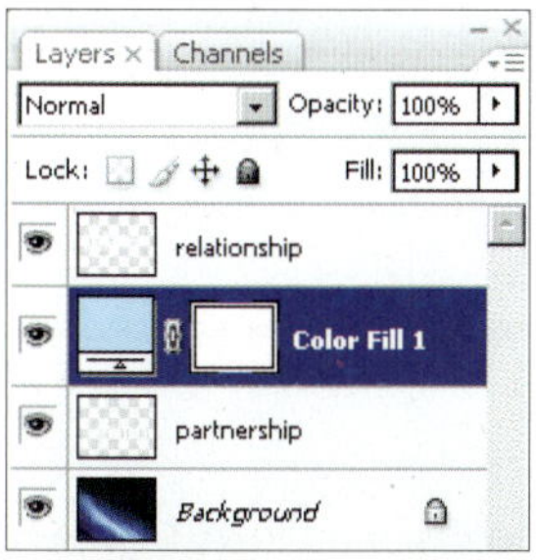

Color Fill 1 图层

应用实色

剪贴的效果

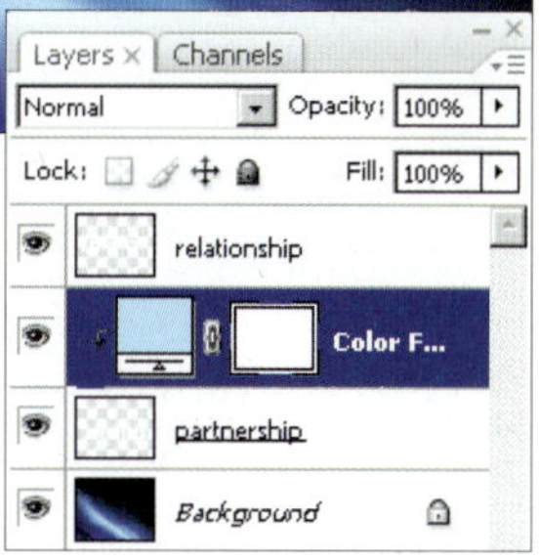

剪贴

填充图层

填充颜色的时候，不要直接填充文字，先创建填充图层，然后进行剪贴。像这样使用填充图层，颜色调整会变得更为简单，利用蒙版可以轻松地调整应用颜色的范围。

透过 50% 灰度的叠加

叠加模式可以创建结合应用正片叠底和滤色混合模式的效果，增加颜色和亮度的对比。特别是由于透过了 50% 灰度，在渐变叠加中灰色文字的左侧和右侧没有任何影响。

05 填充颜色，应用图层样式

下面我们来更改颜色。

选中 partnership 图层，选择 Layer>New Fill Layer>Solid Color（图层 > 新建填充图层 > 实色）命令，将颜色设置为 R:139,G:204,B:240，应用颜色。

为了只在 partnership 图层的区域显示效果，选中 Color Fill 1 图层，选择 Layer>Create Clipping Mask（图层 > 创建剪贴蒙版）命令（Ctrl+Alt+G），在剪贴到 partnership 图层。

添加图层样式。选中 partnership 图层，选择 Layer>Layer Style>Gradient Overlay（图层 > 图层样式 > 渐变叠加）命令，如图 5-a 所示设置 Gradient Editor（渐变编辑器）对话框的渐变条，如图 5-b 所示设置其他选项，然后进行应用。表现出文字中央最为明亮的效果。

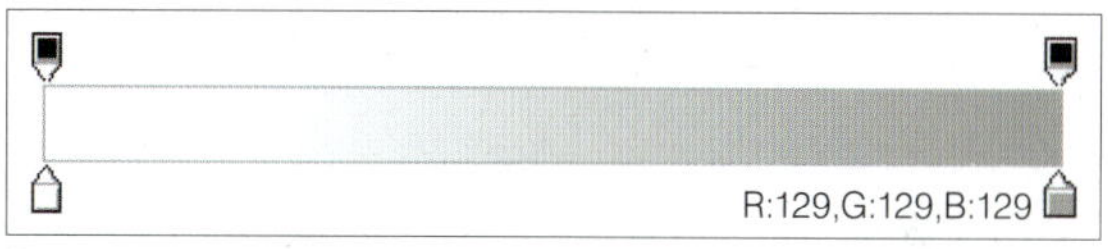

5-a

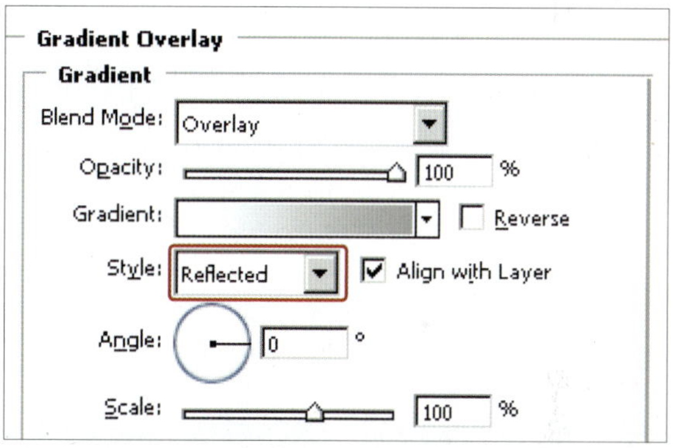

5-b

当前文件

当前图层面板

06 复制效果，完成制作

下面对 relationship 图层也应用相同的效果。

按住 Alt 键单击 Color Fill 1 图层并将其拖动到最上方复制，为了使复制后得到的 Color Fill 1 copy 图层只在 relationship 图层的区域显示，选中 Color Fill 1 copy 图层，选择 Layer>Create Clipping Mask（图层 > 创建剪贴蒙版）命令（Ctrl+Alt+G），剪贴到 relationship 图层。

右键单击 partnership 图层，选择弹出菜单中的 Copy Layer Style（拷贝图层样式）命令进行复制，右键单击 relationship 图层，选择弹出菜单中的 Paste Layer Style（复制图层样式）命令，粘贴 partnership 图层的图层样式。

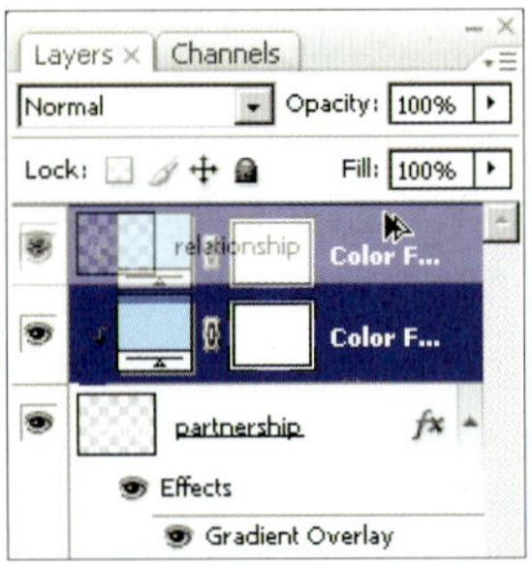

按住 Alt 键拖动

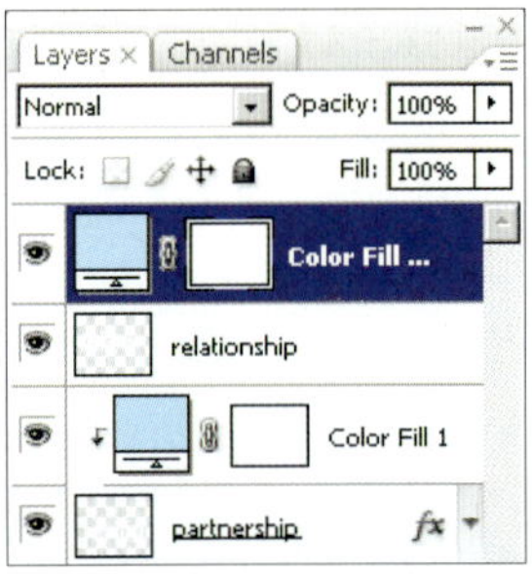

复制得到的 Color Fill 1 copy 图层

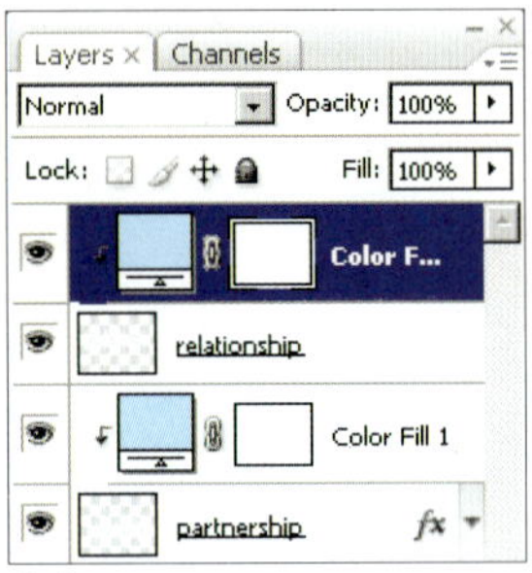

剪贴

剪贴的效果

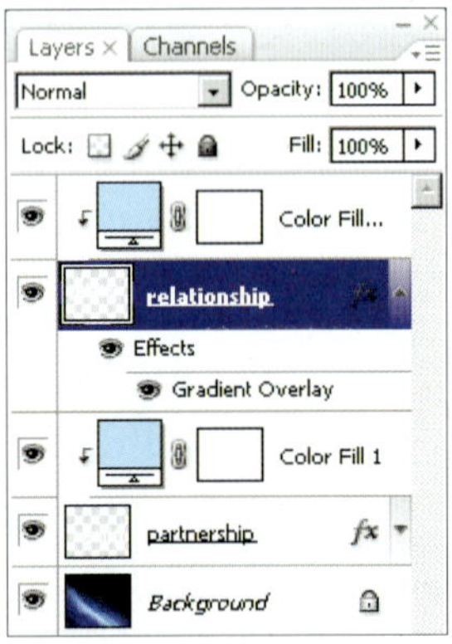

当前图层面板

最终完成效果

THINK OVER!

1. 将文字转换为形状的原因

在步骤 01 中将文字转换为形状，这是因为保留矢量属性进行变形的时候，会使图像的变形程度最小化。如果设置为栅格化文字后进行变形，会得到如左图中右侧图一样模糊的图像效果。

转换为形状后变形

栅格化文字后变形

THINK OVER!

2. 对文字图层无法应用变形命令

不对文字进行直接变形，而是转换为形状后再进行变形，是因为对文字进行变形时，Distort（扭曲）和 Perspective（透视）命令为不可用状态，因此要先将文字转换为形状。

智能对象也和文字一样，无法应用 Distort（扭曲）和 Perspective（透视）命令进行变形。

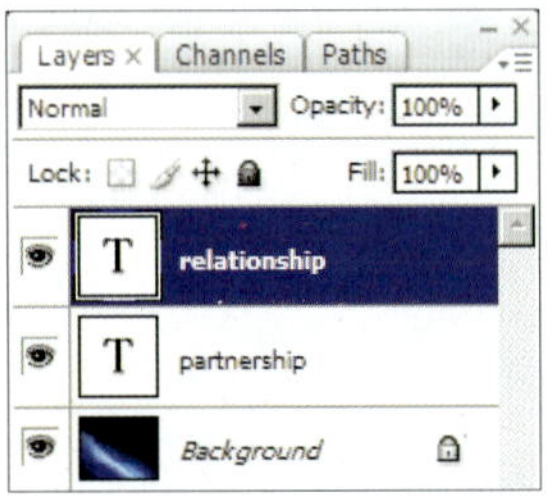

选择文字图层

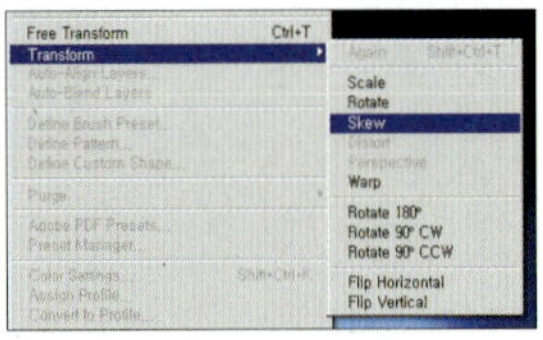

非激活状态的“扭曲”和“透视”命令

取消勾选“反相”复选框

THINK OVER!

3. 镜头模糊的选项设置

如果不勾选 Depth Map（深度映射）的 Invert（反相）复选框，通道中越明亮的部分越会表现出模糊的效果。这里是要制作文字中央对准焦点的效果，因此要勾选 Invert（反相）复选框。利用 Blur Focal Distance（模糊焦距）可以调节焦点距离，调节模糊的范围。

将“模糊焦距”设置为 100

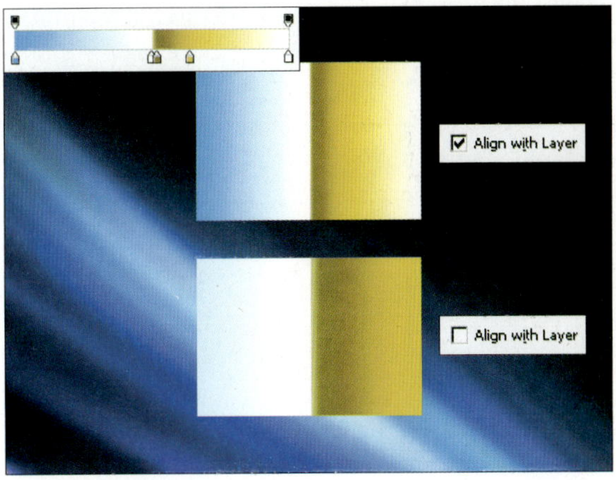

分别应用的渐变叠加效果

THINK OVER!

4. 对齐到图层

下面我们来了解一下 Gradient Overlay（渐变叠加）中的 Align with Layer（与图层对齐）复选框。如果勾选 Align with Layer（与图层对齐）复选框，则按照图层的大小应用渐变；如果取消勾选 Align with Layer（与图层对齐）复选框，则设置为符合文件的大小。移动图层就可以确认效果。

即使创建图层后取消勾选 Align with Layer（与图层对齐），也会创建按照图层的大小应用渐变的图层。

向右移动的效果

创建图层

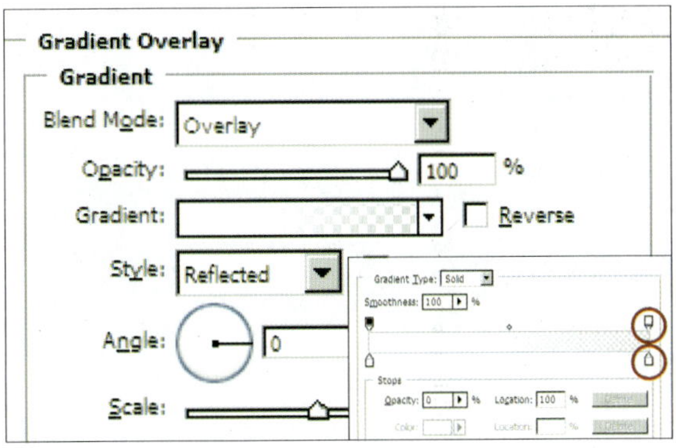

编辑渐变

THINK OVER!

5. 更改设置，创建相同的效果

下面我们更改在步骤 05 中进行的渐变叠加设置，创建相同的效果。

将混合模式设置为 Overlay（叠加），将 Gradient（渐变）右侧的色标设置为 50% 灰色，创建投影效果。另一种方法是，为了表现投影效果，首先设置为 50% 灰色，然后将 Gradient（渐变）的色标设置为白色，将不透明度色标的不透明度设置为 0%，也可以得到与步骤 05 的设置相同的效果。

02

02 DAVID CORP

应用画笔质感后再应用特效，制作像被割开一样的文字效果。

Source Location

Effects 02\

- david corp_start.ai
- david corp_finish.psd
- david corp_apply.psd

david corp_start.ai 文件

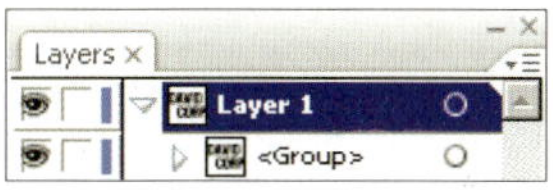

当前图层面板

01 确认操作文件

下面我们将文字形状变形后应用画笔描边和滤镜，表现像割开一样的文字效果。

在 Illustrator 中打开 david corp_start.ai 文件。提供的基本素材是在 Illustrator 中输入文字后利用 Type>Create Outlines（文字 > 创建轮廓）命令（Shift+Ctrl+O）制作的。

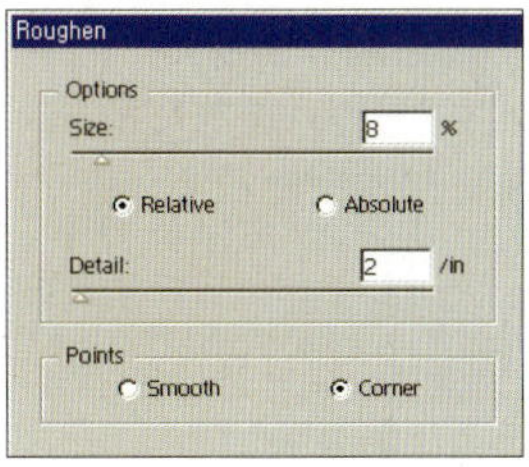

2-a

应用粗糙化滤镜

02 对轮廓应用粗糙的描边

按 Ctrl+A 快捷键全选文件中的文字，选择 Effoot Distort& Transform>Roughen（效果 > 扭曲 > 粗糙化）命令，如图 2-a 所示进行设置，应用变形。

为了将应用效果后的对象放到文字的后方，按 Ctrl+C 快捷键复制，选择 Edit>Paste in Back（编辑 > 贴在后面）命令（Ctrl+B），然后粘贴到合适的位置。

在画笔面板中选择想要应用的具有粗糙描边效果的 Chalk Scribble 画笔，在描边面板中将 Weight（粗细）设置为 0.8pt，轻轻地进行应用。

将填色设置为 None（无），双击描边，将颜色设置为 C:0,M:0,Y:0,K:75，只显示描边效果。

移动应用了描边的对象，表现出阴影效果。

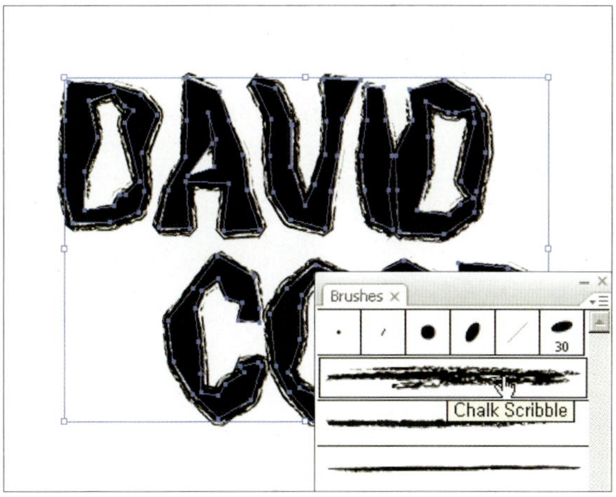

应用 Chalk Scribble 画笔　　画笔面板

将"粗细"设置为 0.8pt　　描边面板

贴在后面或是贴在前面

复制后，如果想要将复制的对象贴在后面，选择 Paste in Back（Ctrl+B）命令，如果想要贴在前面，选择 Paste in Front（Ctrl+F）命令即可。

应用描边

移动位置

03 导入矢量素材

按Ctrl+A快捷键全选完成的对象，按Ctrl+C快捷键复制。运行Photoshop，选择File>New（文件>新建）命令（Ctrl+N），将Width（宽度）设置为900pixels，将Height（高度）设置为700pixels，将Color Mode（颜色模式）设置为RGB，创建新的文件。

按 Ctrl+V 快捷键将复制的对象粘贴到新建文件中，在弹出的 Paste（粘贴）对话框中，如图 3-a 所示选择 Pixels（像素）单选按钮，在上端选项栏中将 W（设置水平缩放）设置为 150%，将 H（设置垂直缩放）设置为 150%，然后按 Enter 键确认。将图层重新命名为 david。

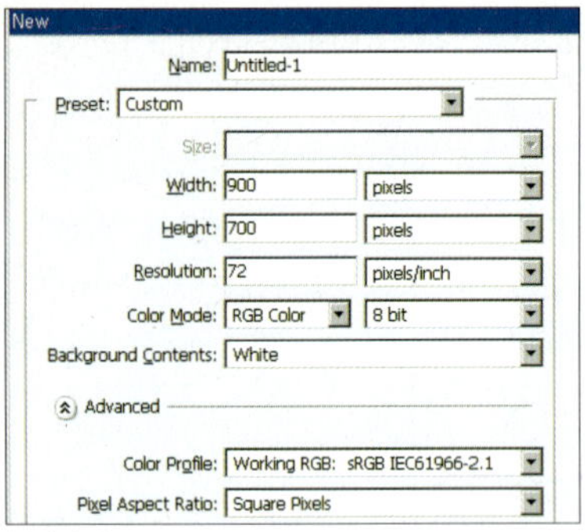

新建文件

导入 Illustrator 对象　3-a

当前图层面板

04 对描边应用粗糙效果

按住 Ctrl 键单击 david 图层载入选区，选择 Select>Save Selection（选择 > 存储选区）命令保存选区后按 Ctrl+D 快捷键取消选区。

在通道面板中可以看到之前的选区以通道形式保存。将 Alpha 1 通道拖动到通道面板下端的 Create new channel（创建新通道）按钮上进行复制。

载入 david 图层选区

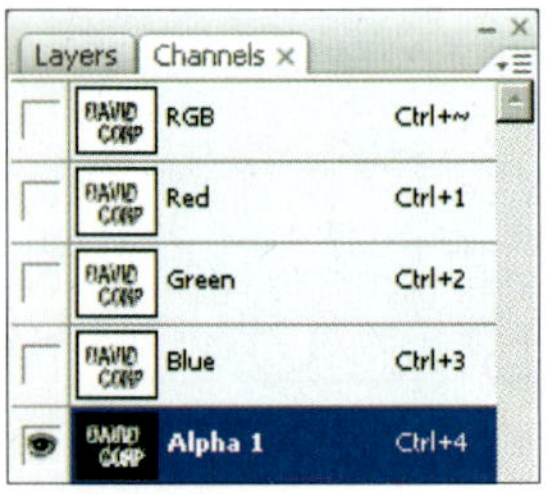

当前通道面板

复制通道

在本步骤中采用拖动到图层面板下端的 Create new channel（创建新通道）按钮上复制通道。也可以在要复制的通道上单击鼠标右键，选择 Duplicate Channel（复制通道）命令即可。

Alpha 1 通道

应用阴影线滤镜

选中复制得到的 Alpha 1 copy 通道，选择 Filter>Brush Strokes>Crosshatch（滤镜 > 画笔描边 > 阴影线）命令，如图 4-a 所示进行设置，表现像素描一样的图像效果。

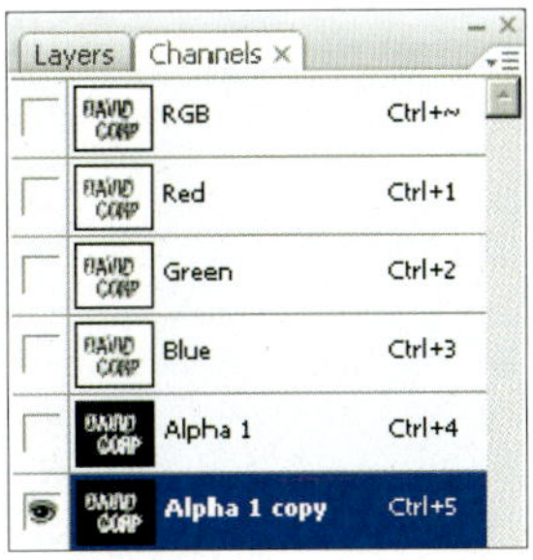

当前通道面板

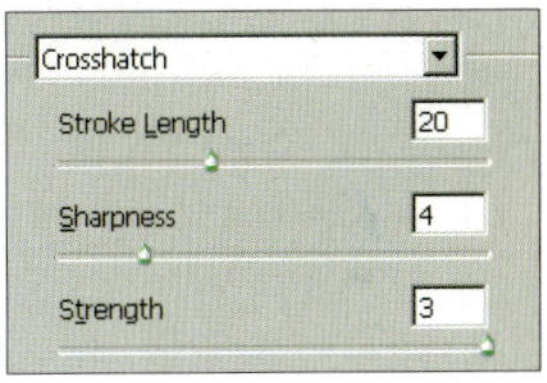

4-a

05 提取颜色并进行应用

提取描边

确认前景色

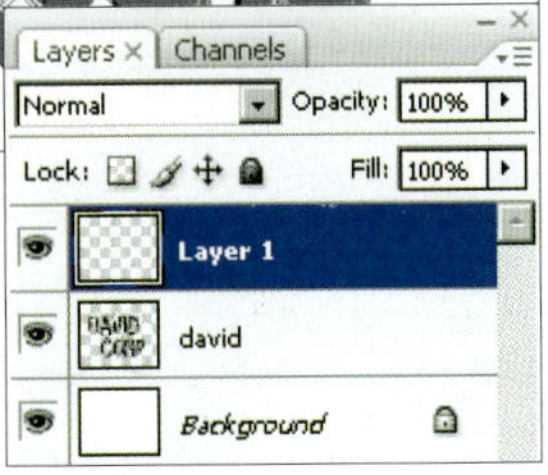

当前图层面板

按住 Ctrl 键单击 Alpha 1 copy 图层载入选区，然后单击图层面板下端的 Create a new layer（创建新图层）按钮创建新的图层。

选择吸管工具，提取图像的描边色，确认前景色变为提取的颜色。

按 Alt+Delete 快捷键填充提取的颜色，按 Ctrl+D 快捷键取消选区，将其重新命名为 hatch，然后放置到 david 图层下方。

当前文件

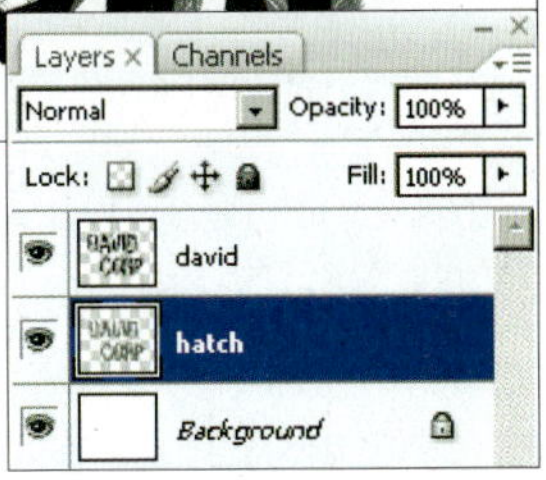

移动 hatch 图层

颜色取样

利用吸管工具提取所需的颜色，可以将颜色设置为前景色，按住 Alt 键单击，可以将颜色设置为背景色。

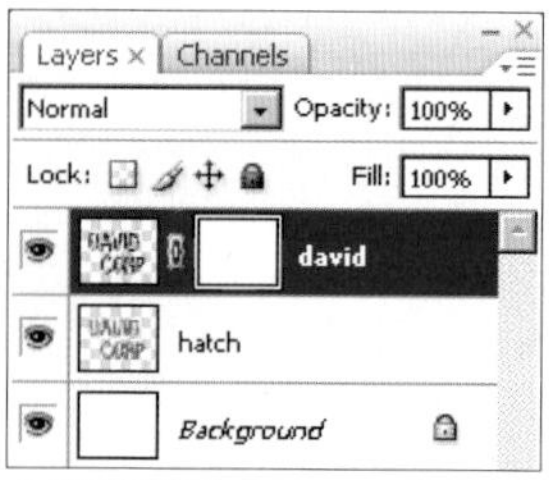

应用图层蒙版

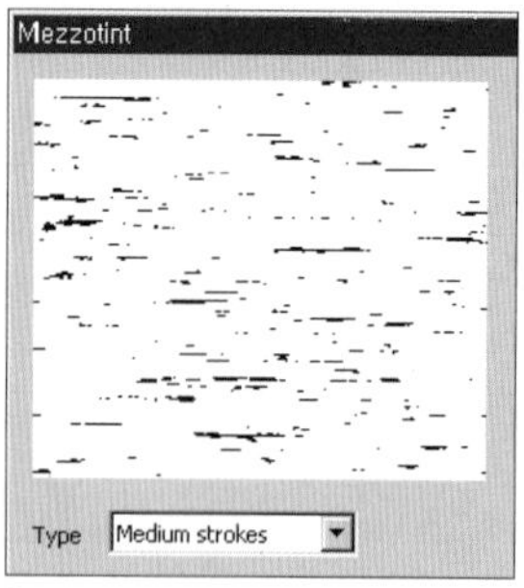

6-a

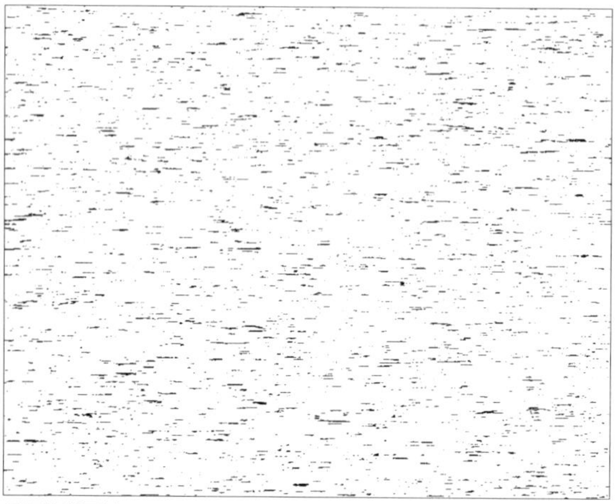
图层蒙版区域

06 添加素描效果，完成制作

下面我们在 david 图层中应用粗糙的素描效果。

选中 david 图层，单击图层面板下端的 Add layer mask（添加图层蒙版）按钮，选中图层蒙版区域，选择 Filter>Pixelate>Mezzotint（滤镜 > 像素化 > 铜版雕刻）命令，如图 6-a 所示进行设置，添加粗糙的图像。

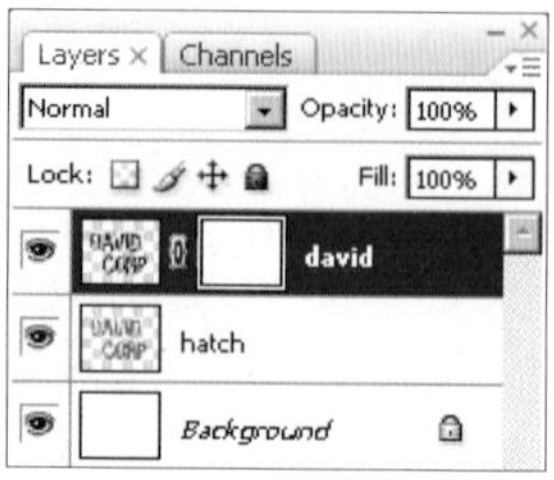

当前图层面板

这样填充为黑色的划痕部分变得透明，可以显示出下方的图像效果。

最终完成效果

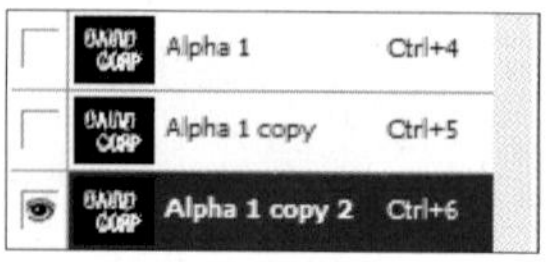

复制 Alpha 1 通道

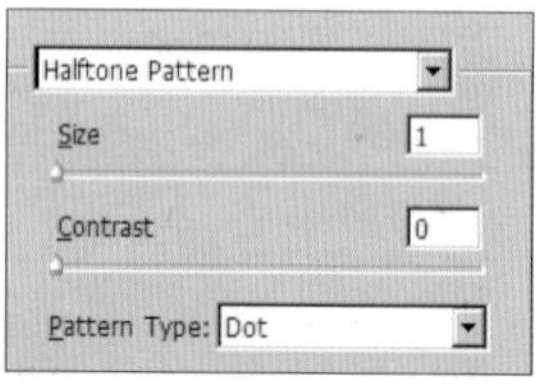

1-a

应用半调图案滤镜

THINK OVER!

利用其他滤镜表现不同的效果

下面我们对完成的素材应用其他滤镜，表现不同的文字效果。

将作为基本形态的 Alpha 1 通道拖动到通道面板下端的 Create new channel（创建新通道）按钮上进行复制。

选中 Alpha 1 copy 2 通道，选择 Filter >Sketch>Halftone Pattern（滤镜 > 素描 > 半调图案）命令，如图 1-a 所示进行设置，表现由点状粒子构成的文字效果。

虽然文字由点状粒子构成，但是并不清晰，为了表现更加清晰的效果，选择 Image>Adjustments>Levels（图像 > 调整 > 色阶）命令（Ctrl+L）。

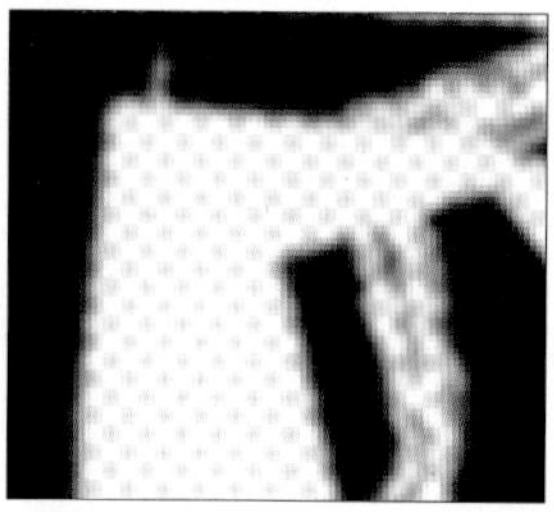
放大的效果

应用色阶　放大的效果

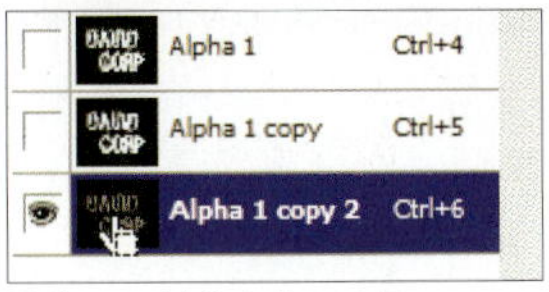

按住 Ctrl 键单击载入选区

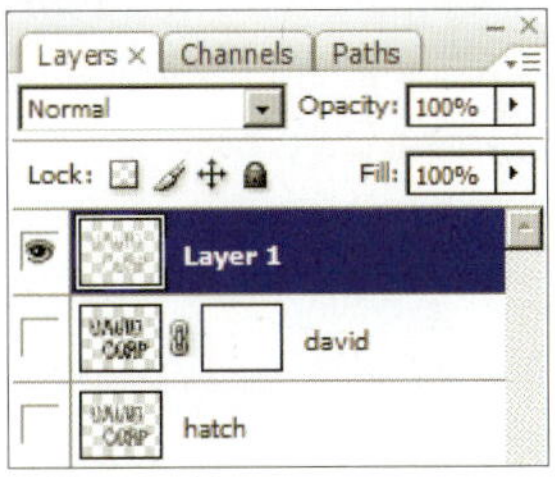

当前图层面板

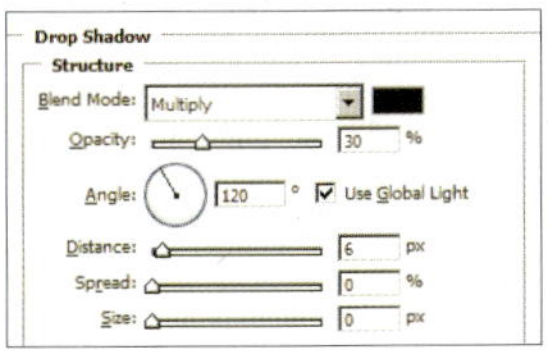

1-c

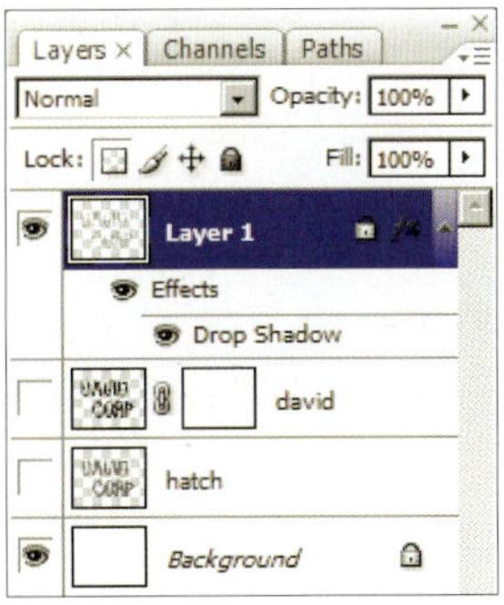

当前图层面板

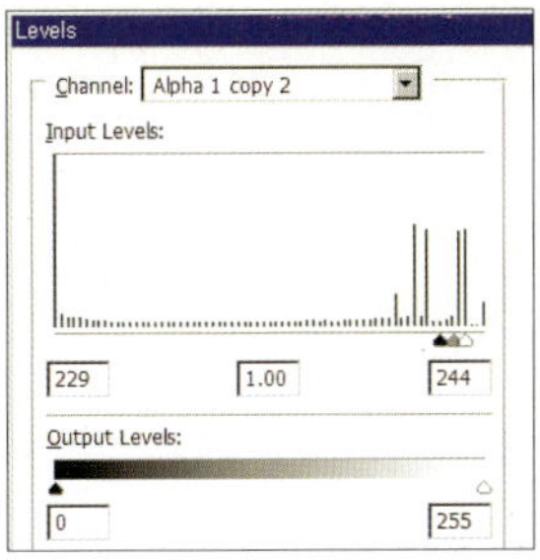

1-b

如图 1-b 所示进行设置，创建清晰的粒子效果。

按住 Ctrl 键单击 Alpha 1 copy 2 通道载入选区，将 hatch 图层和 david 图层设置为非激活状态。

单击图层面板下端的 Create a new layer（创建新图层）按钮创建新的图层，确认前景色为黑色，按 Alt+Delete 快捷键填充前景色，按 Ctrl+D 快捷键取消选区。

为了应用阴影效果，选中 Layer 1 图层，单击图层面板下端的 Add a layer style（添加图层样式）按钮，选择 Drop Shadow（投影），如图 1-c 所示进行设置。

填充黑色

应用投影

03

INDIfly

03 **INDIfly**
应用明暗效果，制作褶皱质感的文字效果。

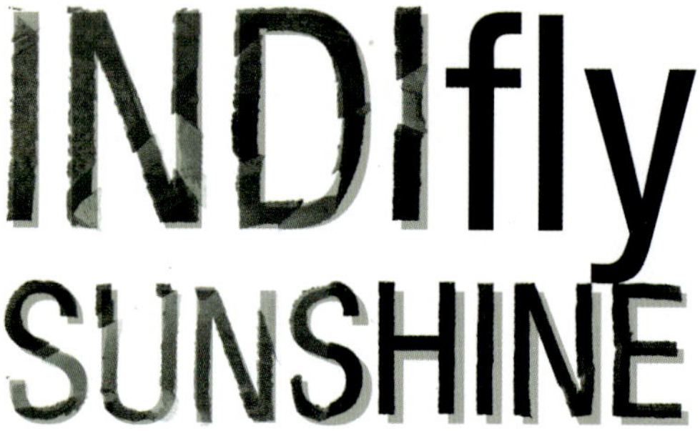

Source Location

Effects 03\
- indifly_start.psd
- indifly_finish.psd
- indifly_apply.psd

indifly_start.psd 文件

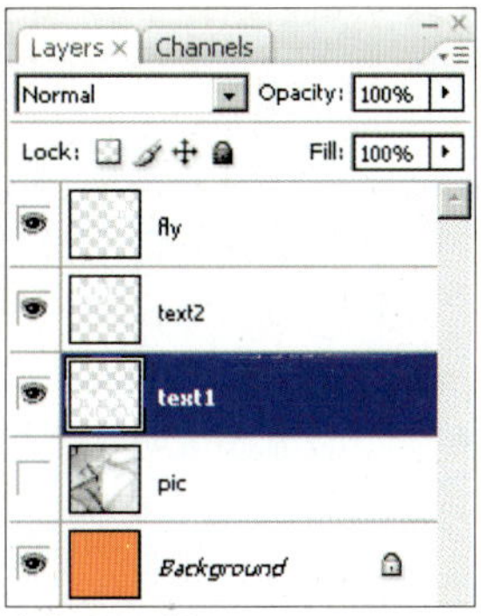

当前图层面板

01 确认操作文件

下面我们对文字进行变形，然后利用变形的图像表现褶皱的文字效果。

打开 indifly_start.psd 文件。pic 图层是对标题进行变形后的素材图像，text1,text2,fly 图层是对文字栅格化后得到的图像。

pic 图层

选择与效果相符的图像

下面将要表现按照对角线或者直线折断的文字效果，因此素材也选择了斜线和直线比较多的图像。在操作中，慎重地选择与效果相符的素材，可以得到更加出色的效果。

02 在图层蒙版中应用图像 1

选中 text1 图层，按住 Ctrl 键单击 text2 图层的缩览图，选中 text1 和 text2 图层，拖动到图层面板下端的 Create a new layer（创建新图层）按钮上进行复制。

将复制得到的 text1 copy 图层和 text2 copy 图层设置为非激活状态。

选中 pic 图层并将其设置为激活状态，按 Ctrl+A 快捷键全选，按 Ctrl+C 快捷键复制图像。

选中 text1 图层，单击图层面板下端的 Add layer mask（添加图层蒙版）按钮，为了将复制的图像粘贴到图层蒙版中，按住 Alt 键单击图层蒙版，转换到图层蒙版显示状态，按 Ctrl+V 快捷键粘贴图像。

再次按住 Alt 键单击图层蒙版，或者单击图层缩览图，退出图层蒙版显示状态。

为了进行接下来的操作，按 Ctrl+D 快捷键取消选区。

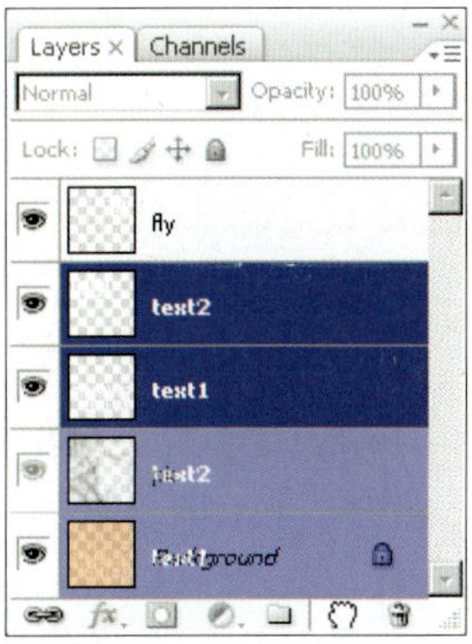

创建新图层

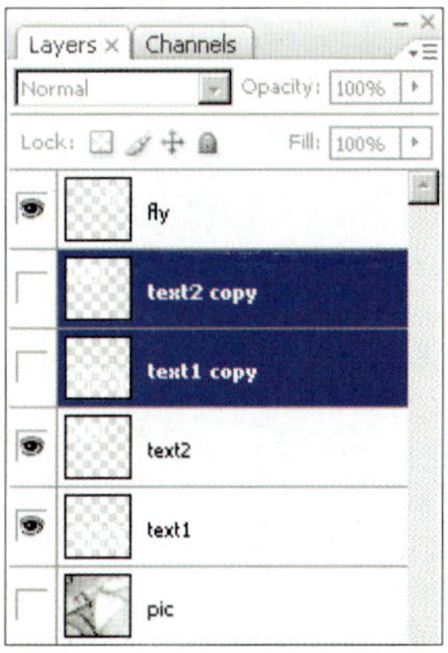

将 text1 copy 和 text2 copy 图层设置为非激活状态

全选激活的 pic 图层后复制

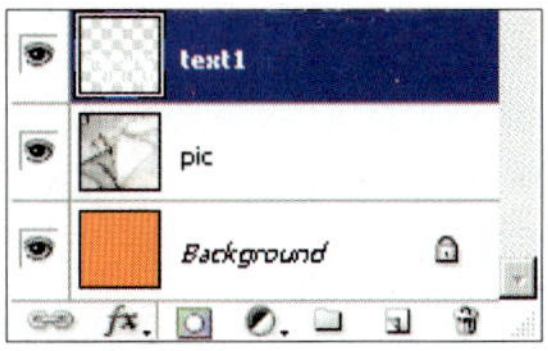

添加图层蒙版

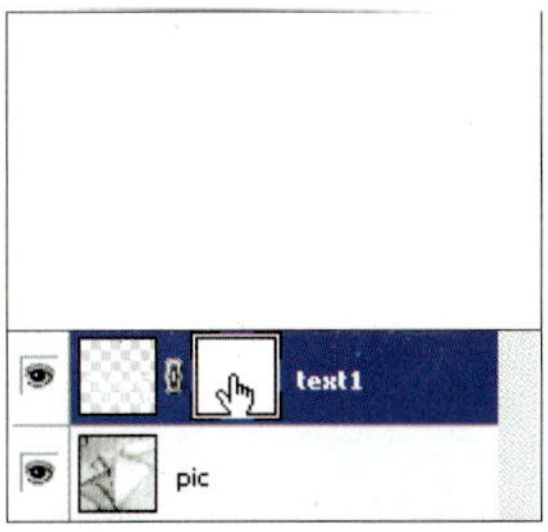

在操作画面中只显示蒙版的白色背景图像

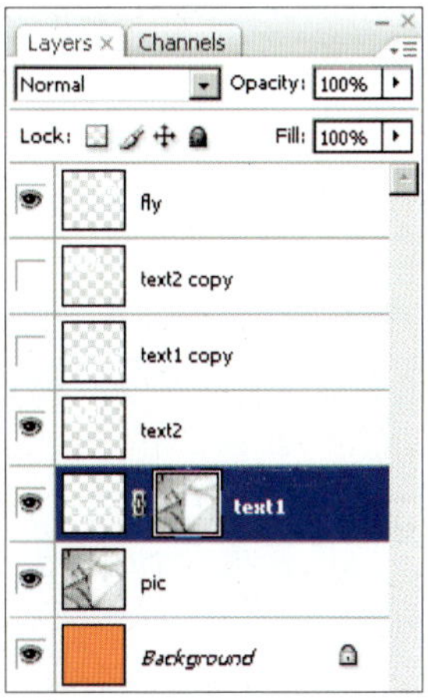

当前图层面板

当前文件

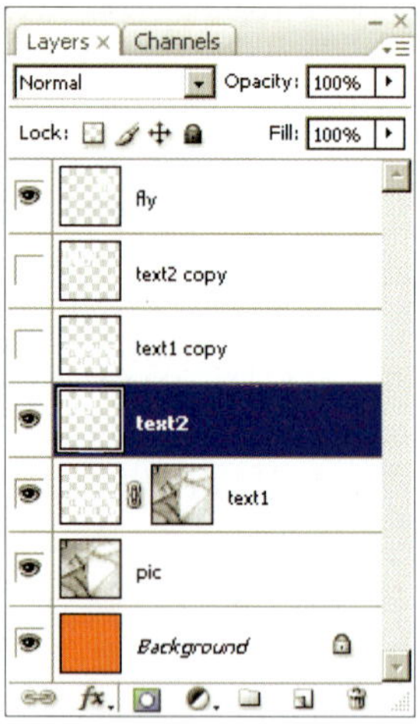

添加图层蒙版

当前文件

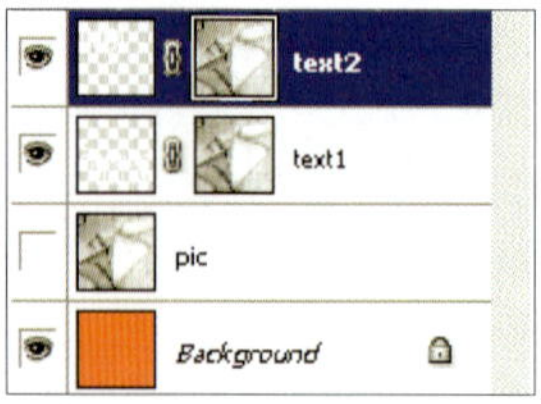

当前图层面板

应用相同的蒙版 1

为了应用相同的蒙版，可以使用复制粘贴的方法。更为简单的方法是，如果想要将当前选择的图层蒙版应用于图层，按住 Alt 键将图层蒙版拖出相应的图层中即可。

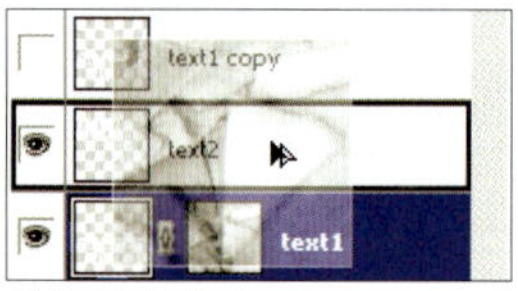

按住 Alt 键拖动

03 在图层蒙版中应用图像 2

选中 text2 图层，单击图层面板下端的 Add layer mask（添加图层蒙版）按钮，按住 Alt 键单击 text2 图层蒙版，转换到图层蒙版显示状态，然后按 Ctrl+V 快捷键粘贴图像。

再次按 Alt 键单击图层蒙版，退出图层蒙版显示状态，按 Ctrl+D 快捷键取消选区。

将 pic 图层设置为非激活状态。

当前文件

粘贴到新建文件中

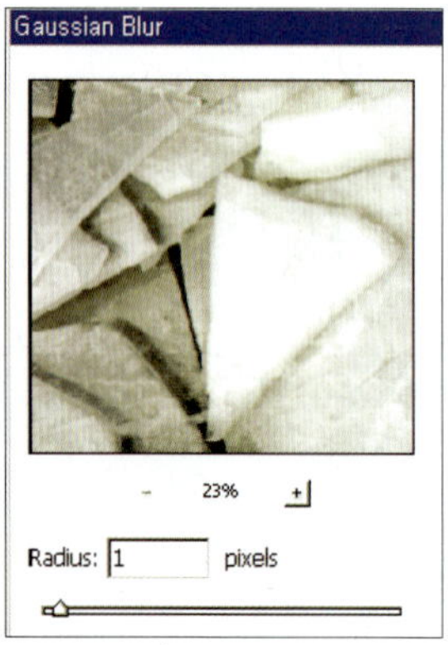

4-a

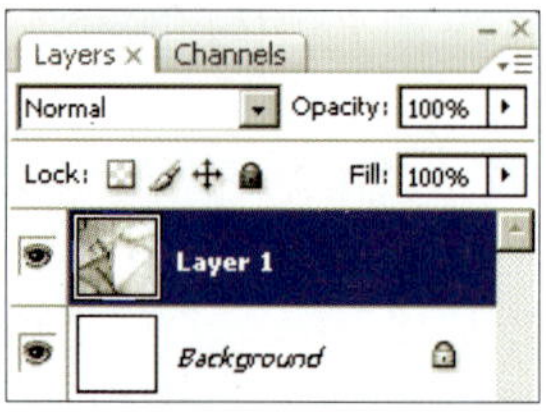

当前图层面板

应用相同的蒙版 2

应用相同蒙版的另一种方法是按住 Ctrl 键单击想要应用的图层蒙版，选择要复制蒙版的图层，然后单击图层面板下端的 Add layer mask（添加图层蒙版）按钮。

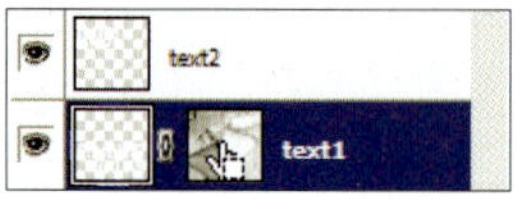

按住 Ctrl 键单击

04 创建变形素材

下面我们来创建应用于文字变形的素材文件。

选择 File>New（文件 > 新建）命令（Ctrl+N），创建新的文件。按 Ctrl+V 快捷键粘贴保存在剪贴板中的图像，为了对图像进行柔和的变形，选择 Filter>Blur>Gaussian Blur（滤镜 > 模糊 > 高斯模糊）命令，如图 4-a 所示进行设置，使图像变得柔和。

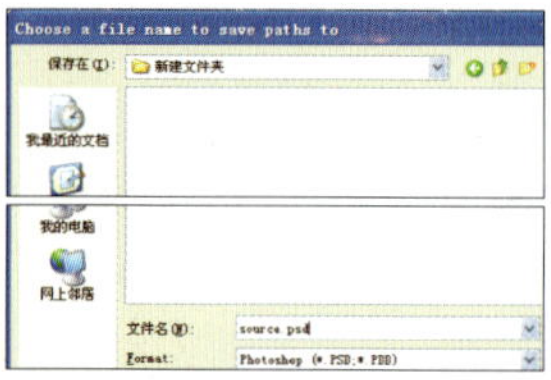

保存为 displace.psd 文件

选择 File>Save（文件 > 存储）命令（Ctrl+S），保存为 displace.psd 文件。这时一定要将图像保存为 psd 格式，否则将无法作为素材使用。

创建以黑色填充的蒙版

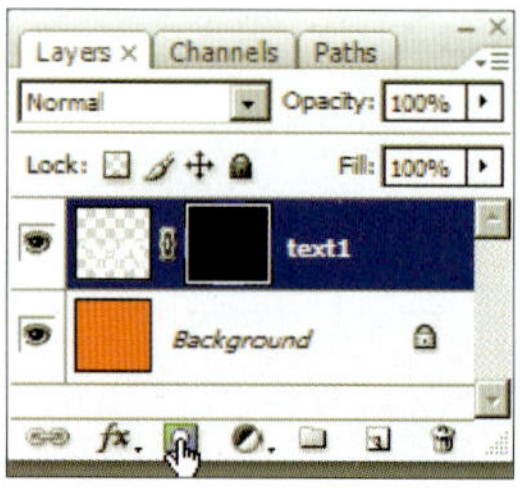

在图层中生成蒙版后，创建的是以白色填充的蒙版。如果想要创建以黑色填充的蒙版，按住 Alt 键单击 Add layer mask（添加图层蒙版）按钮即可。

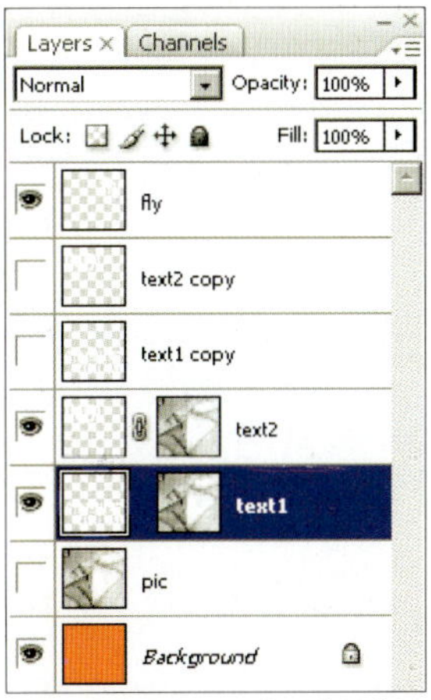

将 text1 图层和图层蒙版的链接设置为非激活状态

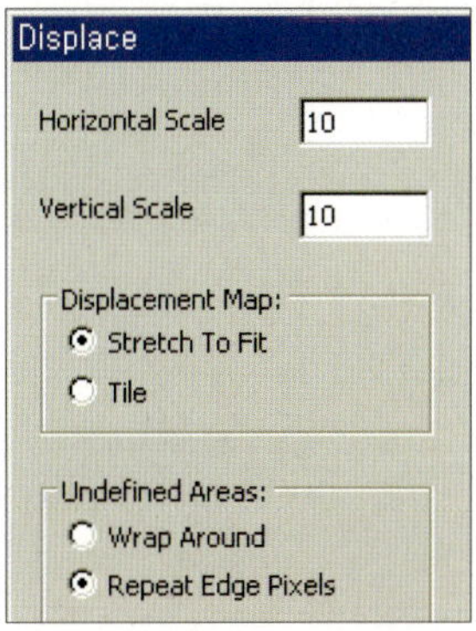

5-a

打开 displace.psd 文件，应用到 text1 图层中

打开 displace.psd 文件，应用到 text2 图层中

05 对文字进行变形

下面利用刚才制作的素材对文字进行变形。

在 indifly_start.psd 文件中单击 text1 图层的图层和蒙版之间的链接图标将其设置为非激活状态，选中 text1 图层，选择 Filter>Distort>Displace（滤镜 > 扭曲 > 置换）命令，在弹出的 Displace（置换）对话框中如图 5-a 所示进行设置，设置完毕后选择在步骤 04 中保存的 displace.psd 文件进行应用。根据素材的明暗程度不同，文字的形态也有所不同。对 text2 图层也应用与上面相同的方法进行变形。

放大的效果

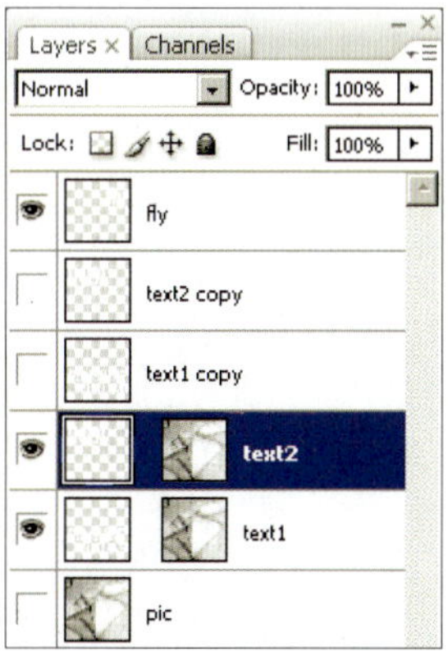

将 text2 图层和图层蒙版的链接设置为非激活状态

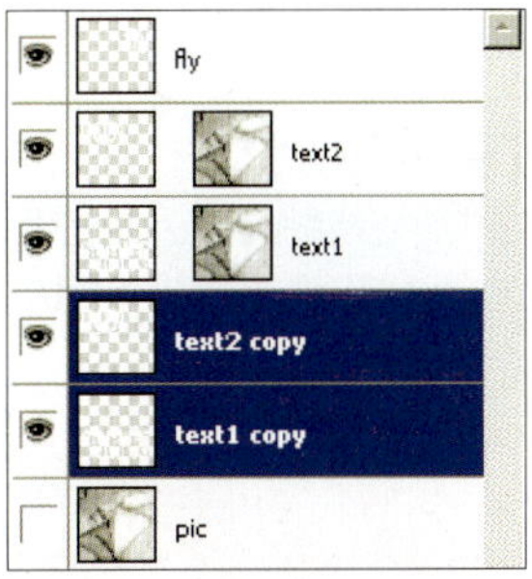

放置到 pic 图层上方

将 text1 copy 和 text2 copy 图层设置为激活状态

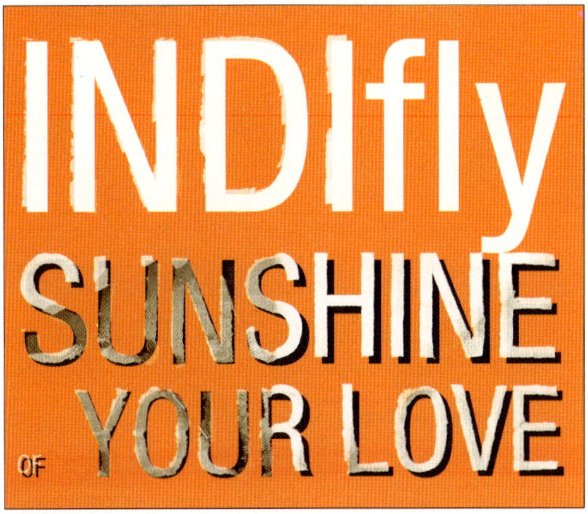

反转图像

06 为文字添加阴影

下面我们利用之前复制的图像表现阴影效果。

将设置为非激活状态的 text1 copy 图层和 text2 copy 图层激活，放置到 pic 图层上方。

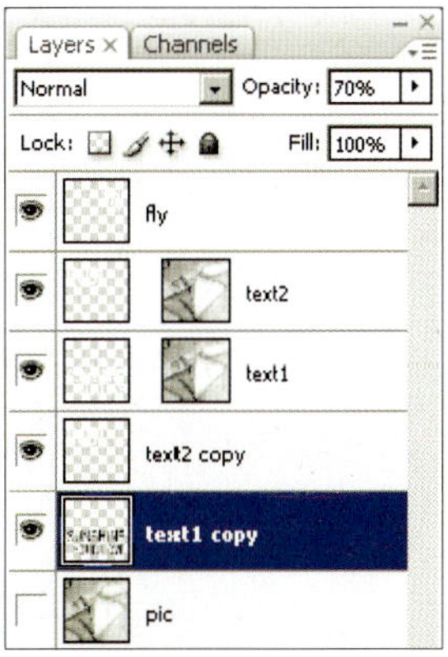

当前图层面板

选中 text1 copy 图层，选择 Image>Adjustments>Invert（图像 > 调整 > 反相）命令（Ctrl+I），反转图像，然后在图层面板中将 Opacity（不透明度）设置为 70%。

临时取消蒙版效果

如果想要暂时将正在应用的图层蒙版设置为非激活状态来确认图像，按住 Shift 键单击设置图层蒙版为非激活状态即可。再次单击蒙版即可将其激活。

按住 Shift 键单击

最终完成效果

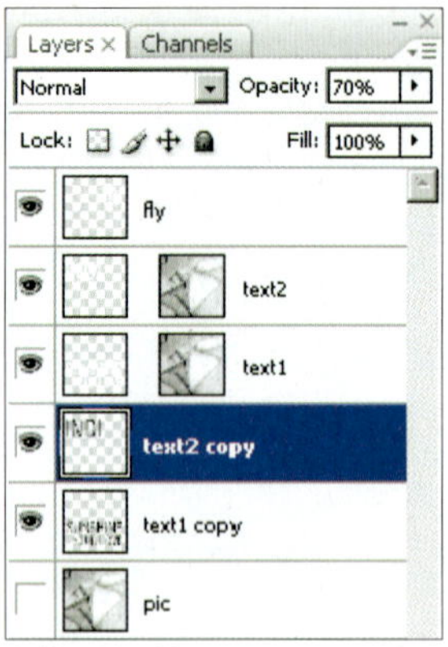

当前图层面板

对 text2 copy 图层也使用相同的方法进行反转，将 Opacity（不透明度）设置为 70%，表现出 阴影效果。

在选择图层蒙版的状态下粘贴

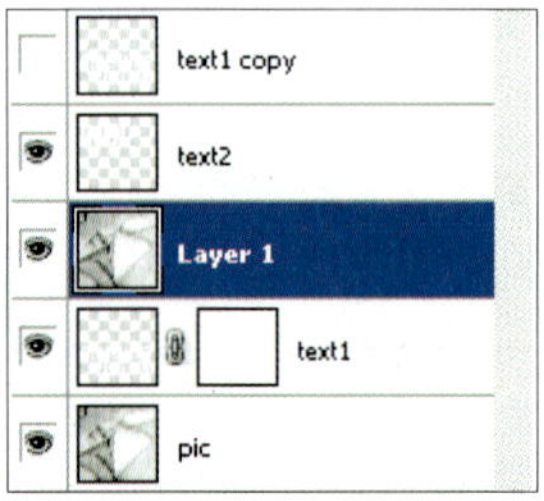

生成新的图层

THINK OVER!

1. 在蒙版显示状态下粘贴

在步骤 02 中，为了将 pic 图层的图像粘贴到 text1 图层蒙版区域，没有转换到蒙版显示状态。如果在只选择蒙版的状态下粘贴图像，会生成新的图层。

没有应用高斯模糊滤镜的状态

放大的效果

THINK OVER!

2. 应用置换前将素材变模糊的原因

在步骤 04 中如果不对素材应用高斯模糊滤镜，再应用置换滤镜的话，会显示出比应用高斯模糊滤镜更粗糙的效果。

应用了高斯模糊滤镜的状态

放大的效果

在链接的状态下应用

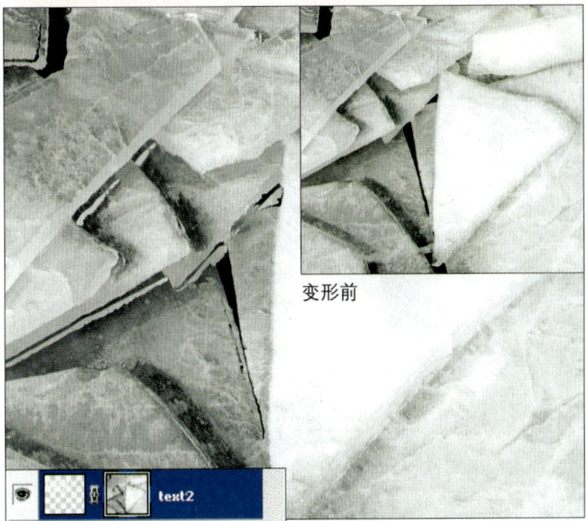

变形前

变形后的图层蒙版

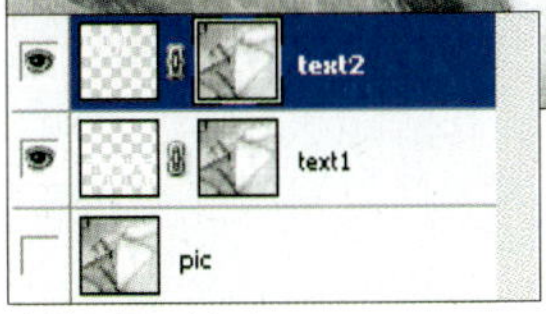

当前图层面板

THINK OVER!

3. 激活链接与否的差别

在步骤 05 中如果不取消链接而进行操作，在图层蒙版区域会表现出与所需不同的效果。

取消链接后应用

链接状态下应用后的放大效果

非链接状态下应用后的放大效果

SOAP
SONG

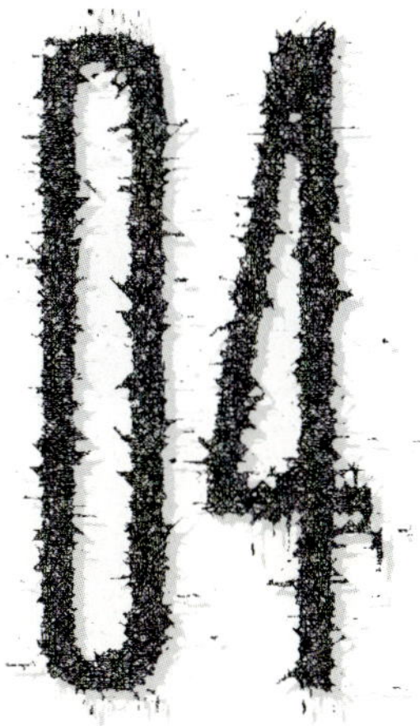

04 SOAPSONG

有效应用图层样式，制作像用Illustrator制作而成的文字效果。

Source Location

Effects 04\

soapsong_start.psd
soapsong_finish.psd
soapsong_apply1.psd
soapsong_apply2.psd

soapsong_start.psd 文件

01 确认操作文件

下面我们通过反复应用图层样式，表现出美观的文字效果。

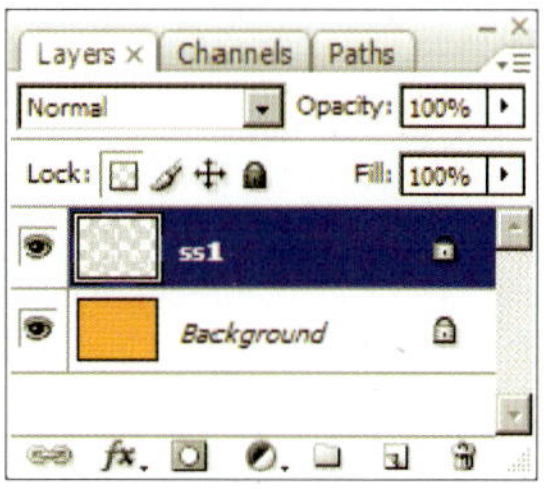

当前图层面板

打开 soapsong_start.psd 文件。其中 ss1 图层是输入文字后进行栅格化得到的效果。

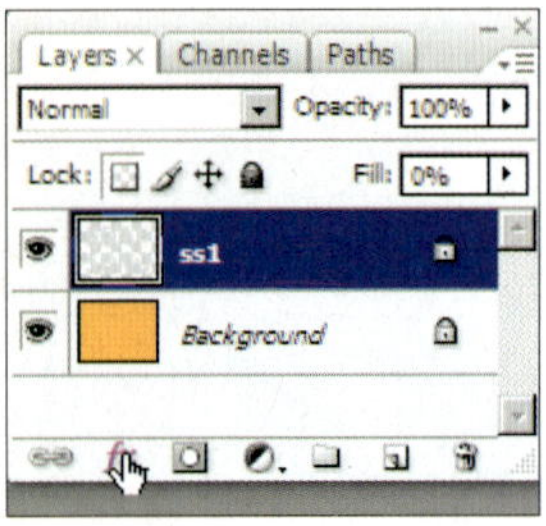

将填充设置为 0% 后添加图层样式

将填充设置为 0% 后，ss1 图层的图像变为透明

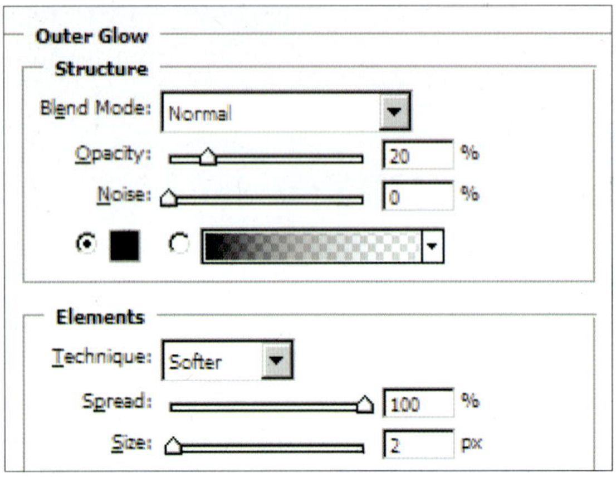

2-a

02 强调轮廓 1

下面我们来强调文字的形态。

选中ss1图层，在图层面板中将Fill（填充）设置为0%，单击图层面板下端的Add a layer style（添加图层样式）按钮，选择Outer Glow（外发光），如图2-a所示进行设置，为文字添加轮廓线。

应用外发光

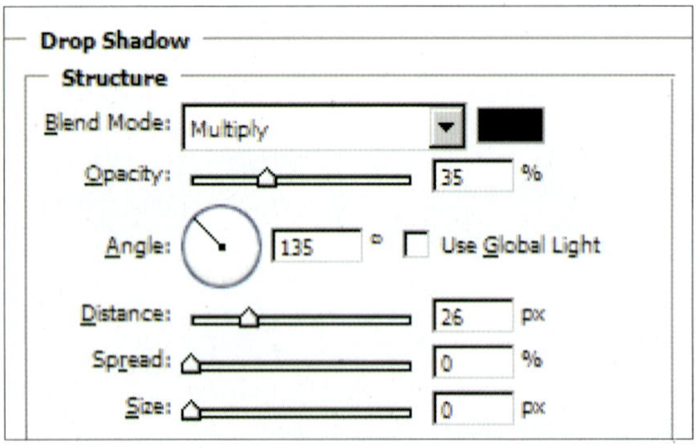

2-b

然后应用 Drop Shadow（投影），如图 2-b 所示进行设置，强调文字形态。

应用投影

将应用了图层样式的图层恢复初始状态

如果想要将应用了图层样式的图层恢复初始状态，可以将fx图标拖动到垃圾桶按钮上删除，或者是应用Clear Layer Style（清除图层样式）。利用拖动的方法删除图层样式后，之前设置的值（如Opacity 35%、Distance 26px）会恢复为默认值。

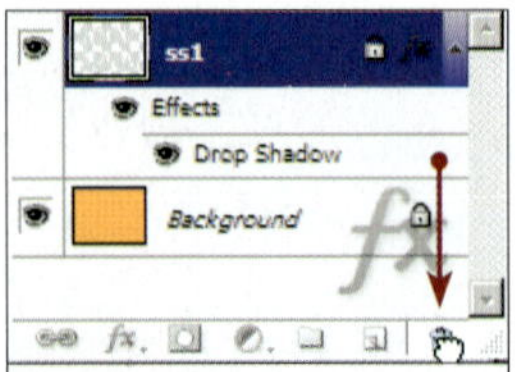

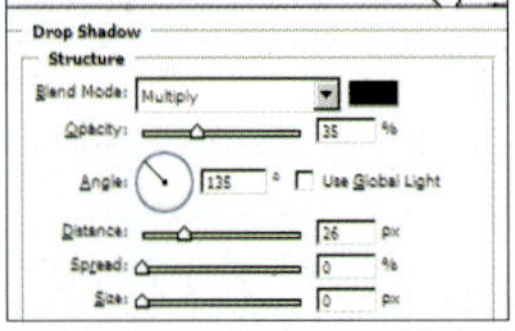

利用拖动的方法删除图层样式后的投影选区

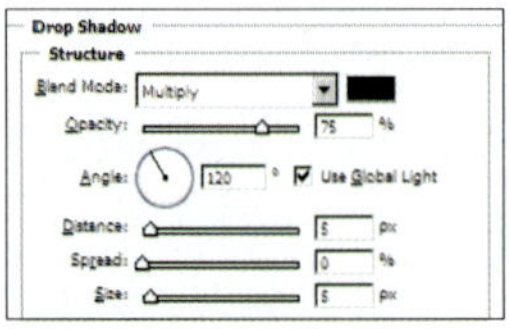

清除图层样式后的投影选区

通过拖动调节效果的角度和位置

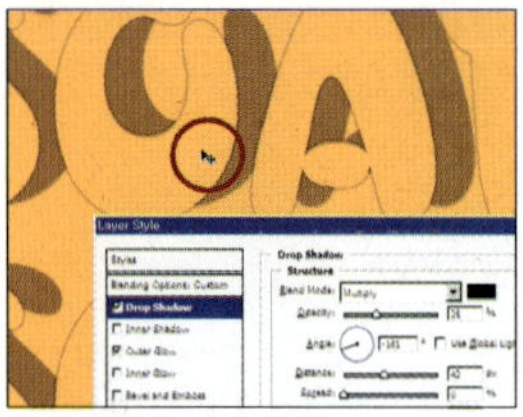

拖动调节角度和位置

调节投影、内阴影、光泽、渐变叠加、斜面和浮雕的纹理和图案叠加的时候，按住图像进行拖动，可以调节Angle(角度)、Distance(距离)和图案的位置。

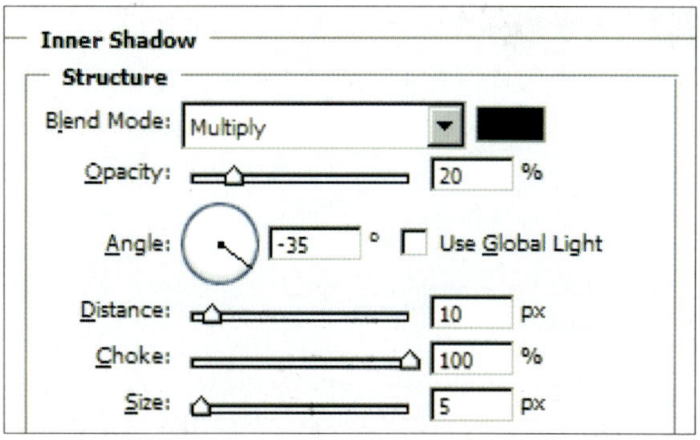

3-a

应用内阴影前的状态

应用内阴影后的效果

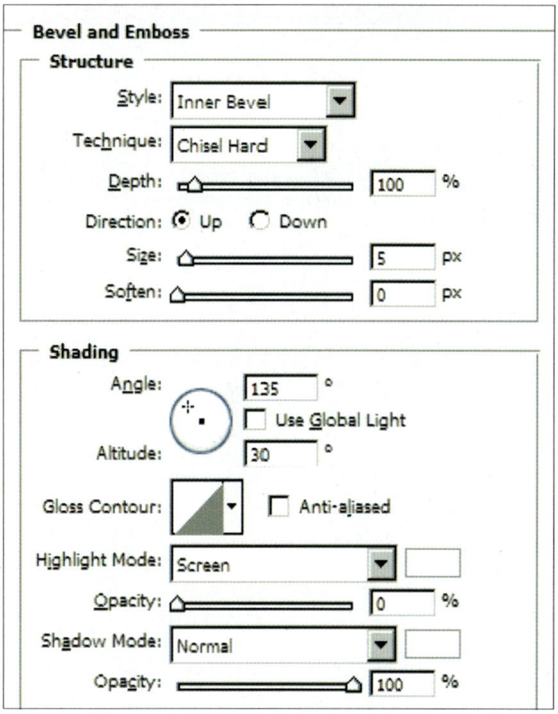

3-b

03 强调轮廓 2

下面将文字的形态设置为多种不同的明暗层次。

选择 Inner Shadow（内阴影），如图 3-a 所示进行设置，在文字内侧创建阴影。取消勾选 Use Global Light（使用全局光）复选框，将 Angle（角度）设置为 -35°。

应用内阴影

为了在阴影之间加入明亮的面，选择 Bevel and Emboss（斜面和浮雕），如图 3-b 所示进行设置，表现具有立体感的图像。将 Shadow Mode（阴影模式）的 Color（颜色）设置为白色，然后设置为 Normal（正常），直接以白色进行表现。

应用斜面和浮雕前的状态

应用斜面和浮雕后的效果

应用斜面和浮雕

04 表现内部阴影

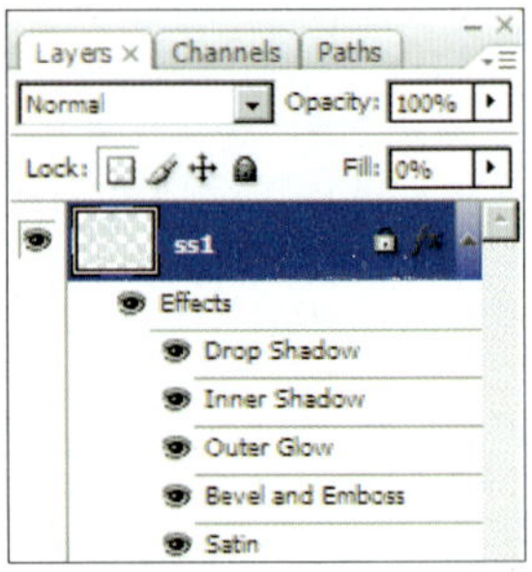

当前图层面板

下面我们在文字的内侧加入稍许暗淡的阴影。

选择 Satin（光泽），如图 4-a 所示进行设置，使文字内侧的背景变暗。

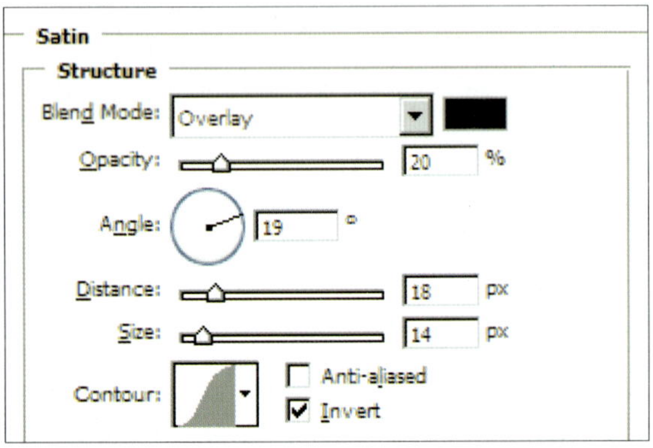

4-a

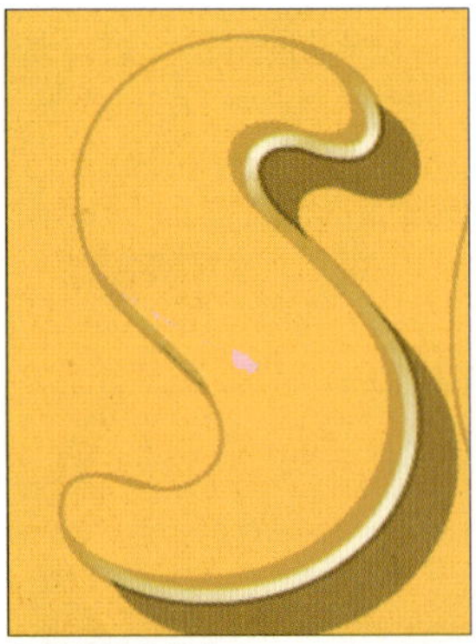

应用光泽前的状态

应用光泽后的效果

应用光泽

05 分割阴影

由于在一个图层中无法应用两次相同的效果，因此要将 ss1 图层拖动到图层面板下端的 Create a new layer（创建新图层）按钮上进行复制。将 ss1 copy 图层的内阴影、外发光和光泽效果设置为非激活状态，然后双击 Drop Shadow（投影），如图 5-a 所示将 Distance（距离）值设置为之前的一半，表现出分割阴影的效果。

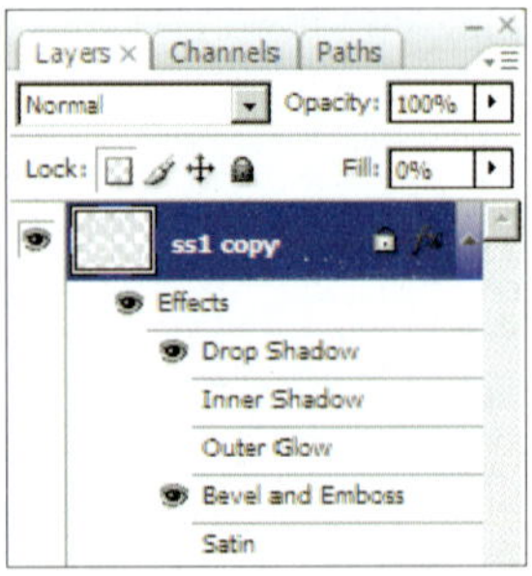

将内阴影、外发光和光泽效果设置为非激活状态

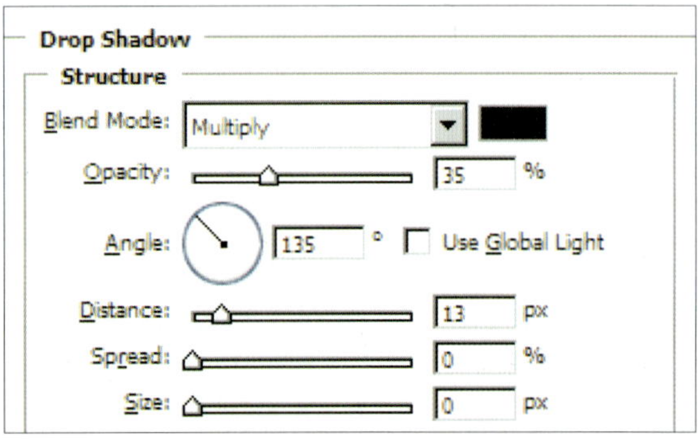

5-a

应用投影前的状态

应用投影后的效果

应用投影

06 表现明亮的面

为了在文字中表现明亮的轮廓，如图 6-a 所示调节 ss1 Copy 图层 Bevel and Emboss（斜面和浮雕）的 Size（大小）和 Opacity（不透明度），应用比之前的斜面和浮雕更柔和的高光。

如果只应用不透明度，可以通过调节 ss1 图层的 Bevel and Emboss（斜面和浮雕）的 Opacity（不透明度）来实现。由于要应用不同的大小，因此要在 ss1 copy 图层中进行设置。

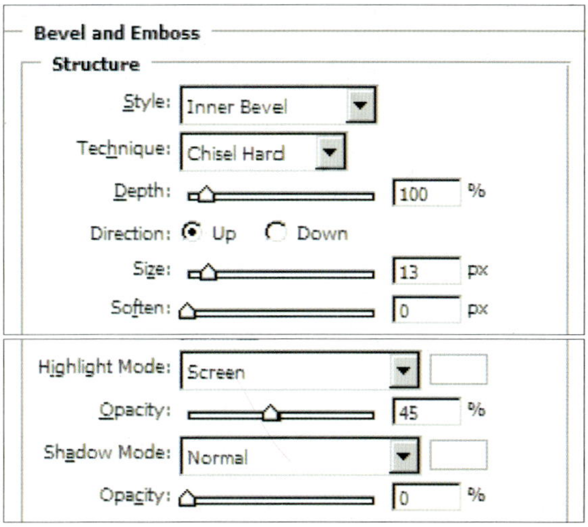

6-a

应用斜面和浮雕前的状态

应用斜面和浮雕后的效果

应用斜面和浮雕

07 应用高光

下面我们在文字中表现柔和的高光效果。

将ss1 copy图层拖动到图层面板下端的Create a new layer（创建新图层）按钮上进行复制。

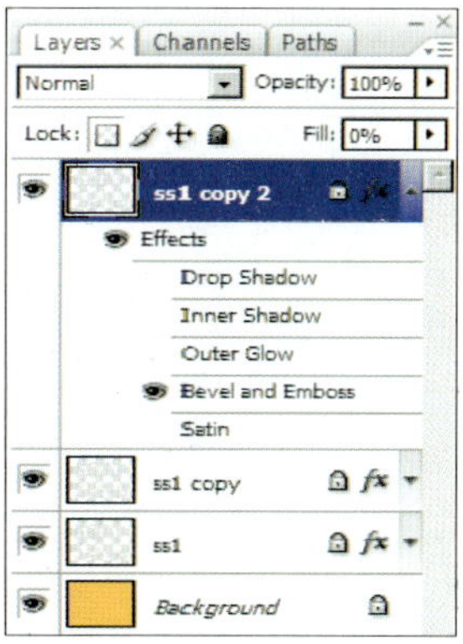

只激活斜面和浮雕

将ss1 copy 2图层的投影效果设置为非激活状态。如图7-a所示将Bevel and Emboss（斜面和浮雕）的Technique（方法）设置为Smooth（平滑），增加Size（大小）值，表现范围更大更柔和的高光效果，完成制作。

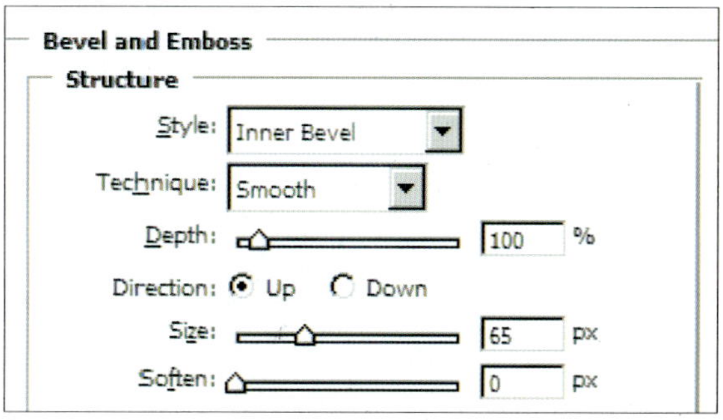

7-a

应用斜面和浮雕前的状态

应用斜面和浮雕后的效果

最终完成效果

更改背景颜色，有多个效果没有显示

1-a 调整 ss1 图层的光泽

1-b 调整 ss1 copy 图层的斜面和浮雕

THINK OVER!

1. 调整效果，使文字与背景颜色更相符

在 Background 图层上创建新的图层并填充白色，可以看到应用的效果没有全部显示。这是因为应用的效果与背景颜色相同，或者是由于混合模式所引起的。

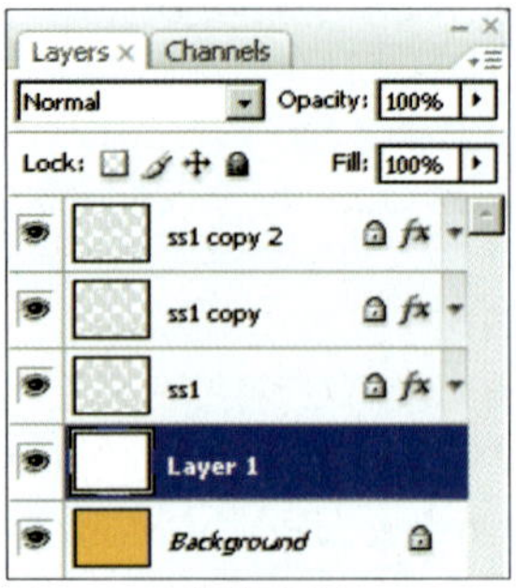

对 Layer 1 图层填充白色

为了使文字效果与背景颜色更加相符，首先如图 1-a 所示调整颜色和混合模式，表现出内部的阴影。

对 ss1 copy 图层的 Bevel and Emboss（斜面和浮雕）如图 1-b 所示调整颜色，然后对 ss1 copy2 图层的 Bevel and Emboss（斜面和浮雕）如图 1-c 所示进行设置，增加 Opacity（不透明度）的值，表现出高光效果。

1-c 调整 ss1 copy 2 图层的斜面和浮雕

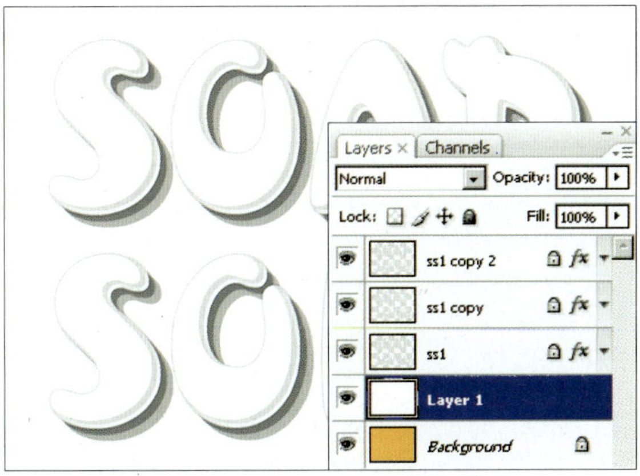

填充白色后的文件　　对 Layer 1 图层填充白色

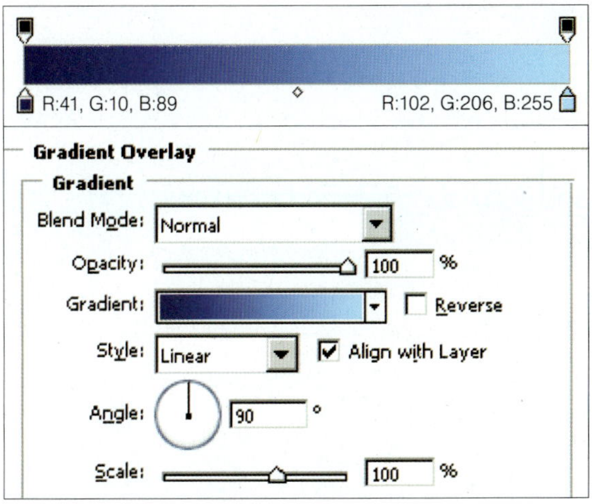

2-a

应用渐变叠加后的文件

THINK OVER!

2. 更改文字颜色

下面我们来更改颜色，表现出不同效果的文字。

首先在 Background 图层上方创建新的图层，填充白色，然后选择 ss1 图层。

单击图层面板下端的 Add a layer style（添加图层样式）按钮，选择 Gradient Overlay（渐变叠加），如图 2-a 所示在 Gradient Editor（渐变编辑器）对话框中设置文字的渐变颜色。为了将阴影也更改为相符的颜色，对 ss1 图层的 Drop Shadow（投影）如图 2-b 所示将颜色设置为 R:65,G:111,B:182，对 ss1 copy 图层的 Drop Shadow（投影）如图 2-c 所示将颜色设置为 R:11,G:50,B:100。

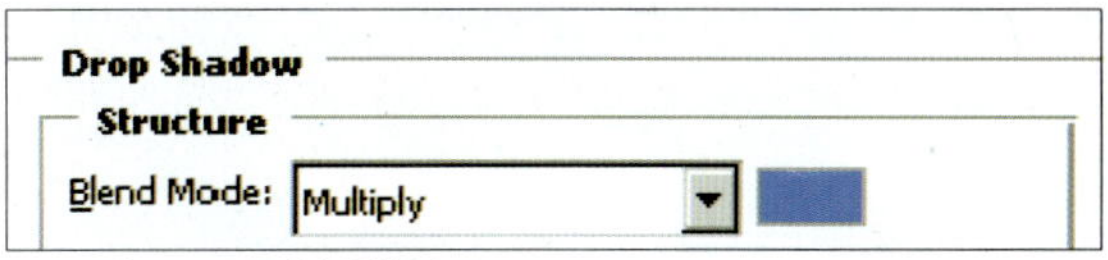

2-b 更改 ss1 图层的投影颜色

更改 ss1 图层的投影颜色后的文件

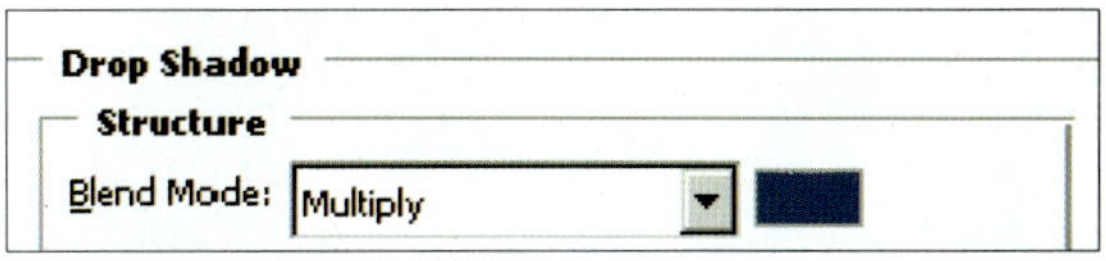

2-c 更改 ss1 copy 图层的投影颜色

更改 ss1 copy 图层的投影颜色后的文件

TITLE
EFFECT
TITLE
EFFECT

05 TITLE EFFECT

将图像分离为所需的形态，制作好像裂开的文字效果。

Source Location

Effects 05\

- title_ill_start.ai
- title_ill_finish.ai
- title_ill_finish.psd
- title_pho_start.psd
- title_pho_finish.psd

title_ill_start.ai 文件

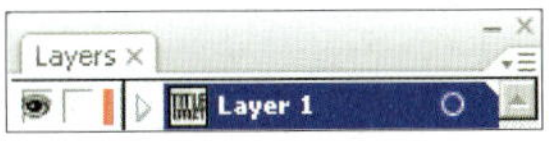

当前图层面板

01 确认操作文件

下面我们在 Illustrator 和 Photoshop 中分离所需的形态，表现裂开的文字效果。

打开 title_ill_start.ai 文件，Layer 1 图层是输入文字后选择 Type>Create Outlines（文字 > 创建轮廓）命令（Shift+Ctrl+O）对象化后，再选择 Object>Ungroup（对象 > 取消编组）命令（Shift+Ctrl+G）得到的效果。

显示网格

2-a

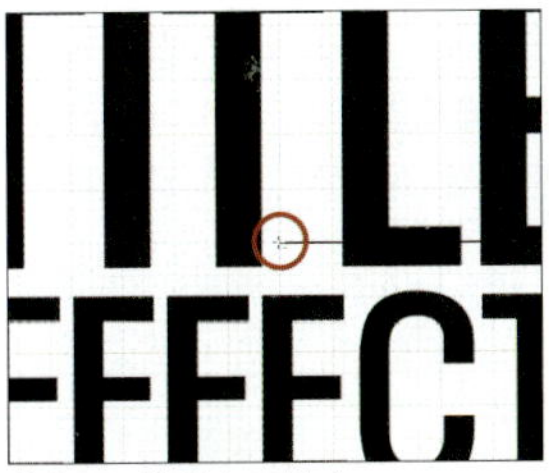

按住 Alt 键单击开始点

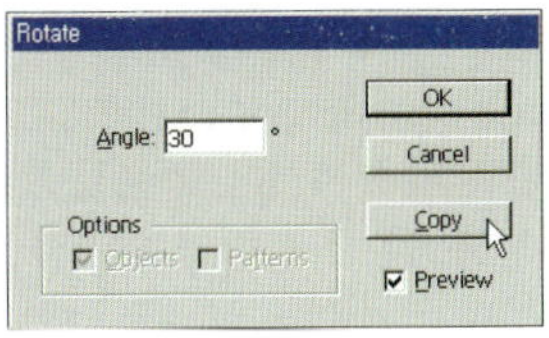

2-b

复制

2-c

02 复制图像

下面我们制作将图像切开的线条效果。

首先为了更好地进行操作，选择 View>Show Grid（视图 > 显示网格）命令（Ctrl+"），确认激活 Snap to Grid（对齐网格）（Shift+Ctrl+"）。

选择直线的工具 ╲，如图 2-a 所示在中央绘制较粗的线条。

选中线条，选择旋转工具 ↺，按住 Alt 键单击线条的开始点，在 Rotate（旋转）对话框中如图 2-b 所示进行设置，单击 Copy（复制）按钮复制。

按照相同的设置值进行多次复制，选择 Object> Transform>Transform Again（对象 > 变换 > 再次变换）命令（Ctrl+D），直到得到如图 2-c 所示的效果。

Transform Again（再次变换）命令（Ctrl+D）的功能是按照相同的值重复上一次的操作（移动、调整大小、旋转、变形等）。

多次复制时需要注意的事项

像本步骤一样进行旋转复制的时候，复制 10 次可以得到不重叠的效果。但是如果复制 10 次以上，就可能得到重叠的效果，因此在操作的时候要多加注意。

应用分割后的对象

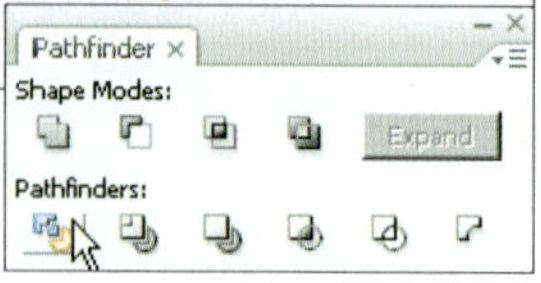

单击“分割”按钮

隐藏网格

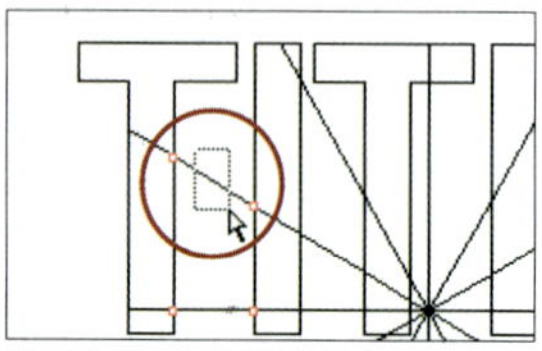

选择文字区域以外的线条

利用路径查找器组合路径

利用路径查找器将计算的对象组合为组。

如果想要移动对象，利用直接选择工具或者选择Object>Ungroup（对象 > 取消编组）命令（Shift+Ctrl + G）命令后，再利用选择工具移动即可。

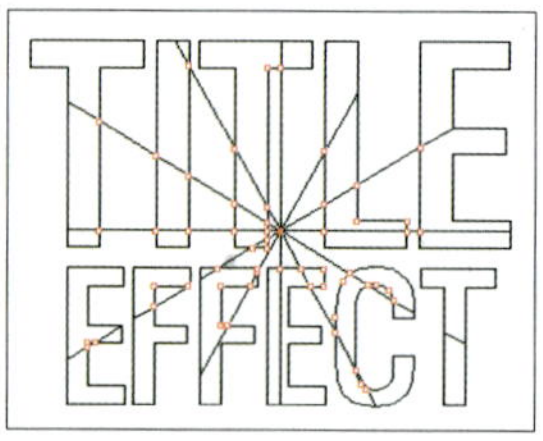

全选后的状态

03 分割对象

下面我们按照制作的直线分割文字。

利用直接选择工具选择文字和线条（也可以按 Ctrl+A 快捷键全选），在路径查找器面板中单击 Divide（分割）按钮，分离重叠的对象。

选择 View>Hide Grid（视图 > 隐藏网格）命令（Ctrl+˝），将 Snap to Grid（对齐网格）（Shift+Ctrl+˝）设置为非选中状态。选择 View>Outline（视图 > 轮廓）命令（Ctrl+Y）命令，在文件空白位置单击取消选择。利用直接选择工具选择文字区域以外的线条，按住 Shift 键选择所有其他文字区域中的线条，按两次 Delete 键，直至删除锚点。

按一次 Delete 键

按两次 Delete 键

应用颜色 1

应用颜色 2

利用 Divide Objects Below 裁剪对象

选择 Object>Path>Divide Objects Below 命令（对象 > 路径 > 分割下方对象），可以像应用 Divide（分割）一样裁剪对象。

选择裁剪的形态

裁剪的效果

04 填充颜色

首先选择 View>Preview（视图 > 预览）命令（Ctrl+Y），按 Ctrl+A 快捷键全选分割的图像，然后确认颜色模式中的填色是否位于上方，应用色板面板中的 Jade 颜色，然后在文件的空白区域单击，取消选择。再次选择分割的对象，在选择的状态下选择色板面板中的 Peridot 颜色。利用直接选择工具按照线条移动对象。

分离后进行放置

05 释放到图层导出

下面我们将图层中的路径创建为图层。

选择选择工具，在选择对象，在选择对象的状态下选择 Object>Ungroup（对象 > 取消编组）命令（Shift+Ctrl+G），取消组合。

在图层面板的扩展菜单中选择 Release to Layers（释放到图层顺序）命令，将图层中的路径创建为图层。

组

当前图层面板

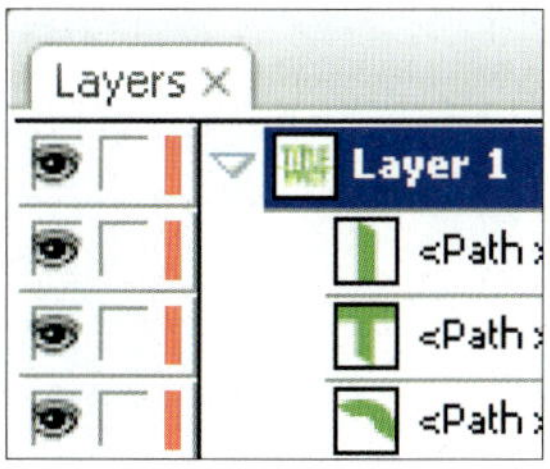

取消编组后的图层面板

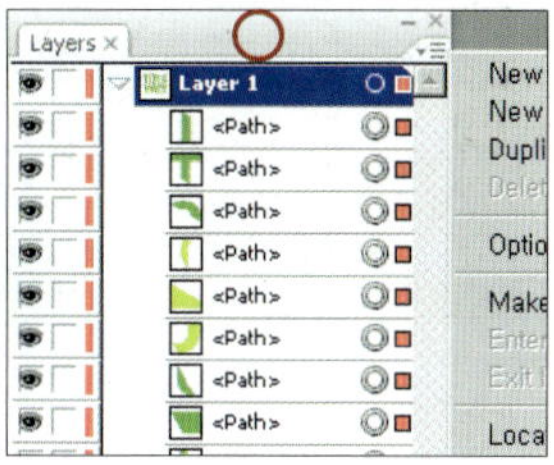

释放到图层（顺序）

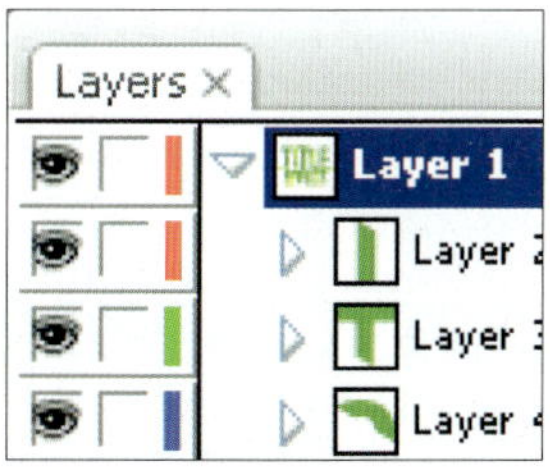

应用“释放到图层（顺序）”后的图层面板

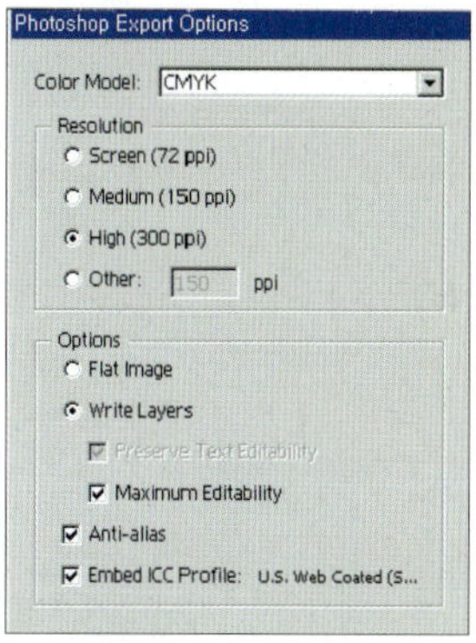

5-a 导出选项

在 Photoshop 中打开的时候，文件中不是一个图层，而是分为各个图层打开，因此需要先执行该操作。

选择File>Export（文件>导出）命令，在打开的对话框中如图5-a所示进行设置，将文件的格式设置为psd，保存为ill.psd文件。

利用 Indicateds Selected Art 选择

单击指示所选图稿

选择对象的状态

单击图层面板图层右侧的 Indicateds Selected Art（指示所选图稿选项）（没有选择的对象时，显示为空白空间），会出现小的方框，选择图层的所有对象。

06 应用图层样式，完成制作 1

运行 Photoshop，打开从 Illustrator 中导出的 ill.psd 格式文件。

单击图层面板下端的 Create a new layer（创建新图层）按钮创建新的图层，将其放置到 Layer 1 图层组下方。确认前景色为黑色，按 Alt+Delete 快捷键创建黑色背景的图像。

ill.psd 文件

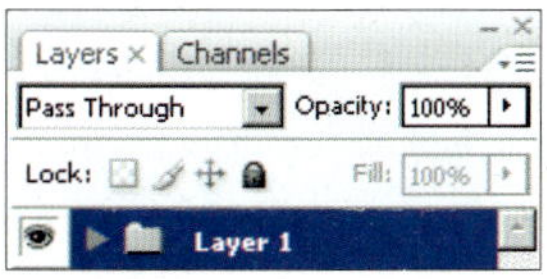

当前图层面板

创建新图层

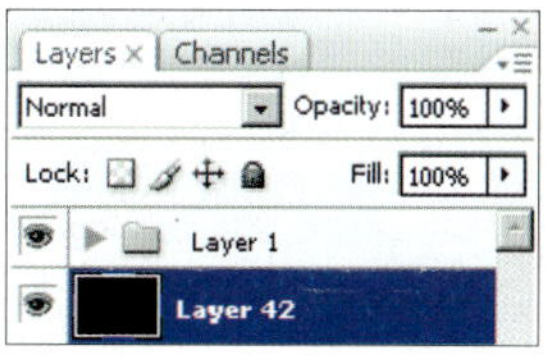

应用黑色

当前文件

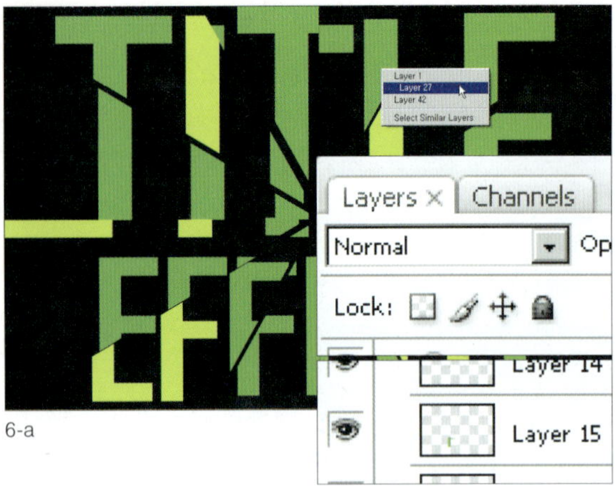

6-a

选择相应图层

选择移动工具，如图 6-a 所示将鼠标光标放置于文件的对象上，然后单击鼠标右键，选择相应图层。

选中图层后，单击图层面板下端的Add a layer style（添加图层样式）按钮，选择Drop Shadow（投影），如图6-b所示进行设置，表现阴影效果。

这时如果应用投影的图层被上方的图层遮盖，显示不出效果的话，可以将鼠标光标放置于上方图层上，单击右键，将相应图层放置到应用投影的图层下方。

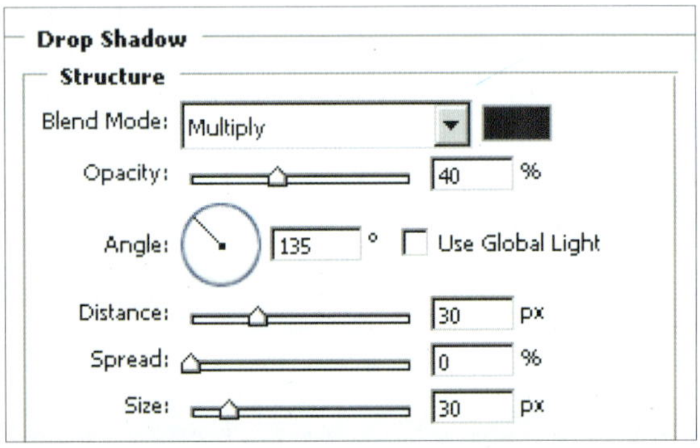

6-b

将应用了效果的图层放置到下方

选择遮挡了阴影的图层

利用鼠标右键显示图层列表

利用鼠标右键单击想要选择的图像，会显示出图层列表，这里向右缩进的 Layer 27 表示其是 Layer 1 的从属图层，Layer 1 图层包含了 Layer 27 图层，是图层组。

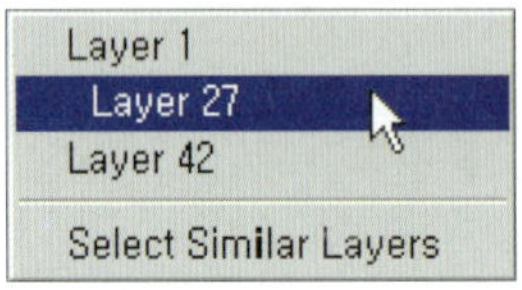

根据名称的位置可以大致了解图层构造，便于选择图层。

title_pho_start.psd 文件

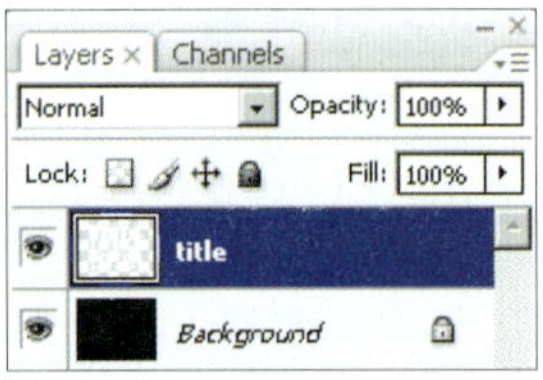

当前图层面板

07 创建要分割的素材

下面利用 Photoshop 表现文字裂开的效果。

首先打开 title_pho_start.psd 文件。title 图层是输入文字后栅格化为图像的效果。

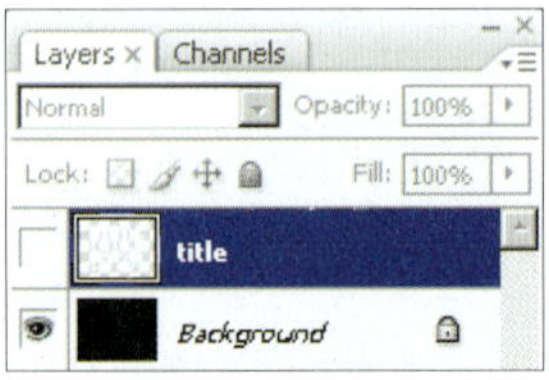

由于之后要调节多种不同的浓度进行操作，因此首先将可能妨碍操作的 title 图层设置为非激活状态。

将 title 图层设置为非激活状态

选中 Background 图层，单击图层面板下端的 Create a new layer（创建新图层）按钮创建新的图层。

选择多边形套索工具，如图 7-a 所示进行选择。确认前景色为白色，按 Alt+Delete 快捷键填充前景色，按 Ctrl+D 快捷键取消选区。

将图层重新命名为 face1，将 face1 图层的 Opacity（不透明度）设置为 40%。

选中 face1 图层，单击图层面板下端的 Create a new layer（创建新图层）按钮创建新的图层，将其重新命名为 face2。按照与上面相同的方法如图 7-b 所示填充白色，然后按 Ctrl+D 快捷键取消选区。将 face2 图层的 Opacity（不透明度）设置为 20%。

创建名为 face3 的新图层，如图 7-c 所示进行选择后填充白色，按 Ctrl+D 快捷键取消选区，然后将图层的 Opacity（不透明度）设置为 50%。

创建名为 face4 的新图层，如图 7-d 所示进行选择后填充白色。按 Ctrl+D 快捷键取消选区，然后将图层的 Opacity（不透明度）设置为 20%。

创建名为 face5 的新图层，如图 7-e 所示进行选择后填充黑色，按 Ctrl+D 快捷键取消选区。

多边形套索工具选项栏

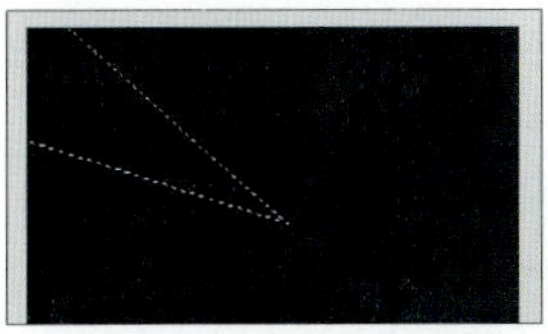
7-a

应用白色

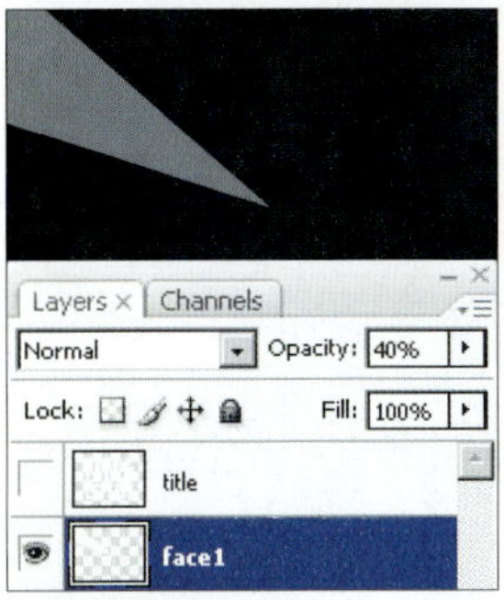

不透明度为 40%

7-b

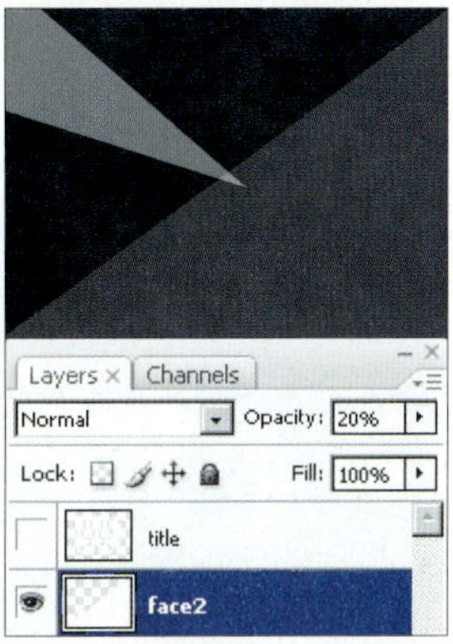

不透明度为 20%

7-c

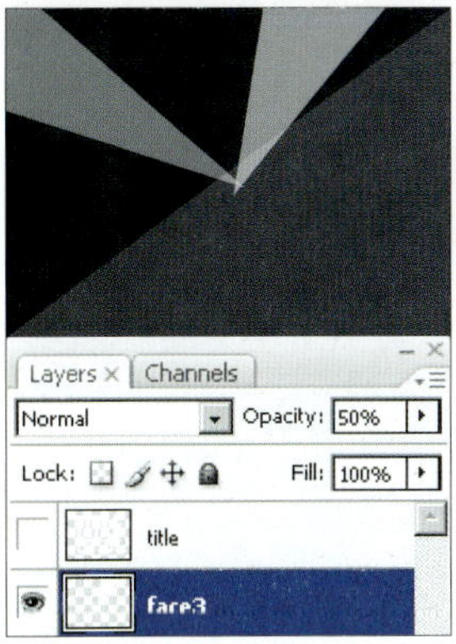

不透明度为 50%

7-d

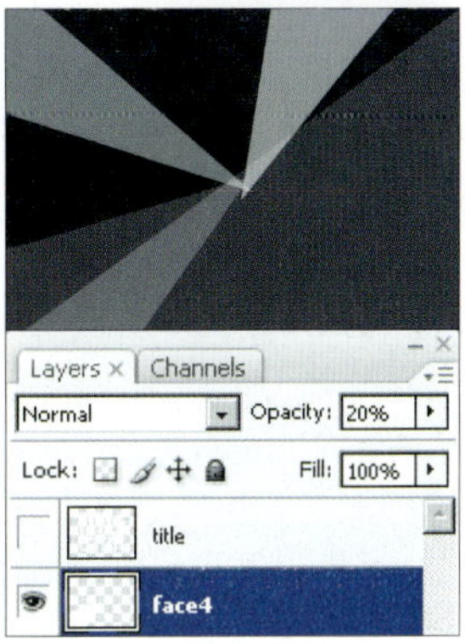

不透明度为 20%

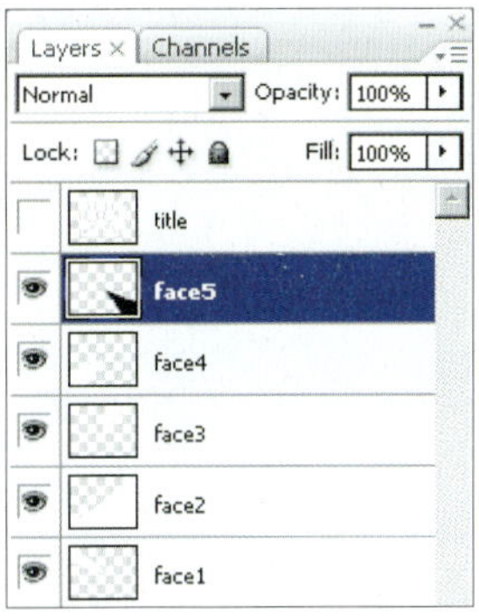

当前图层面板

7-e

当前文件

选择文件内部

利用多边形套索工具选择的时候，按住 Alt 键选择，可以向文件内侧创建选区。但是只能在一开始进行选择操作时使用，在有选择区域的状态下，会删除交叉的部分。

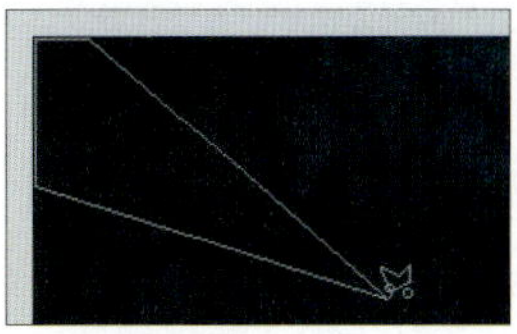
按住 Alt 键选择

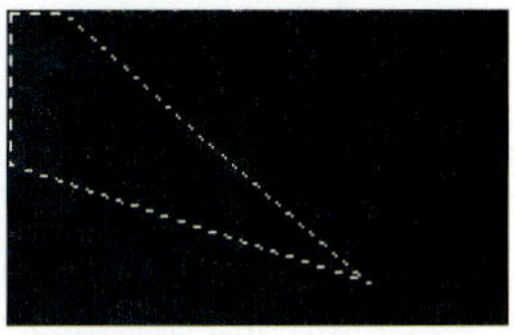
选择的结果

粘贴到新建文件中

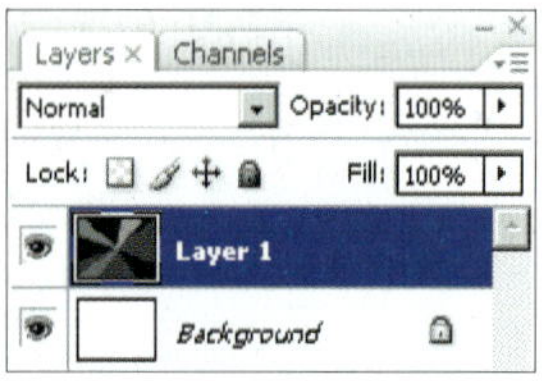

当前图层面板

当前文件

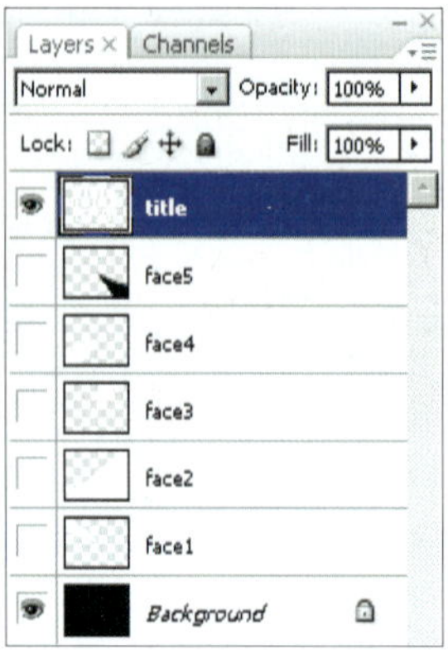

将 face1, face2, face3, face4, face5 图层设置为非激活状态，激活 title 图层

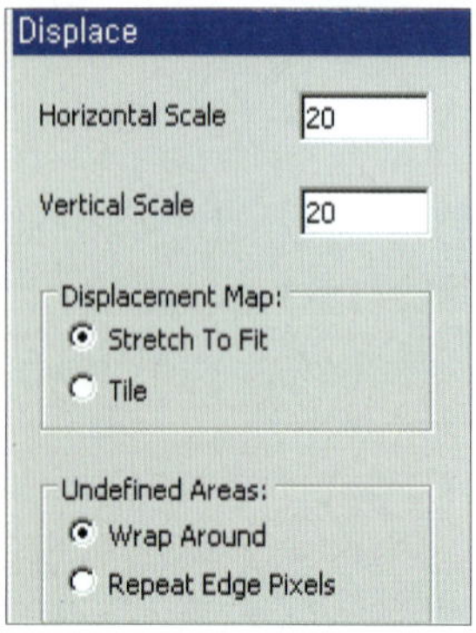

8-a

08 变形

按 Ctrl+A 快捷键全选文件，选择 Edit>Copy Merged（编辑 > 合并拷贝）命令（Ctrl+Shift+C），然后选择 File>New（文件 > 新建）命令（Ctrl+N）创建新的文件，按 Ctrl+V 快捷键粘贴图像。

选择 File>Save（文件 > 存储）命令（Ctrl+S）命令，将文件命名为 dismap.psd 后保存。在 title_pho_start.psd 文件中按 Ctrl+D 快捷键取消选区，将 face1, face2, face3, face4, face5 图层设置为非激活状态，然后激活 title 图层。

选择 title 图层，选择 Filter>Distort>Displace（滤镜 > 扭曲 > 置换）命令，如图 8-a 所示进行设置，在对话框中选择 dismap.psd 文件进行变形。

应用置换滤镜

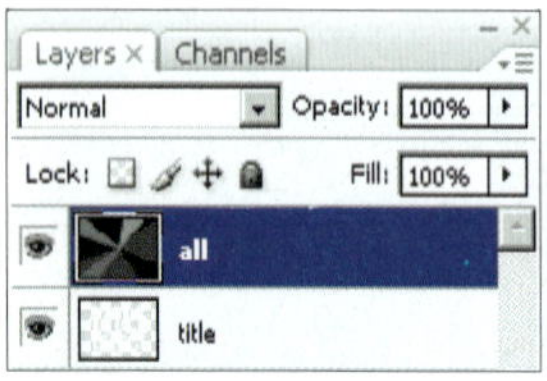

all 图层

当前文件

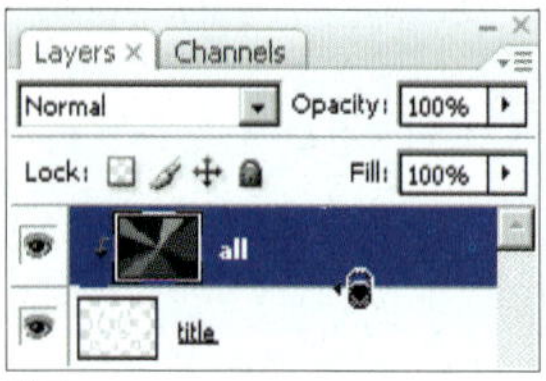

剪贴

剪贴后的文件

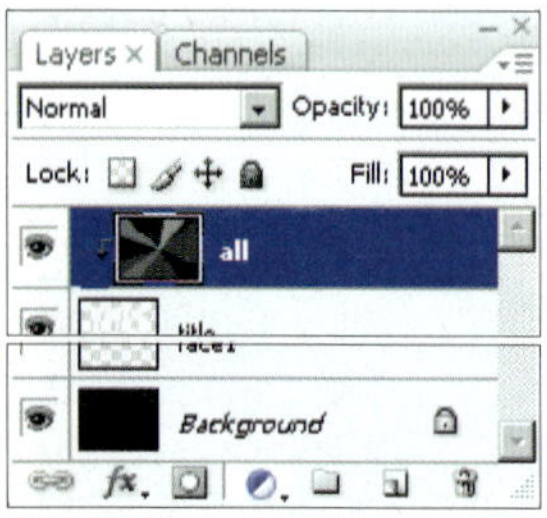

创建新的填充或调整图层 > 渐变映射

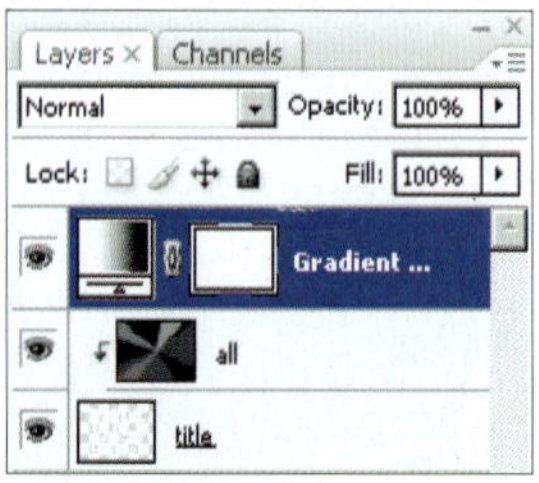

Gradient Map 1 图层

09 填充颜色

选中 title 图层，按 Ctrl+V 快捷键粘贴最后一次复制的图像，将图层重新命名为 all。

按住 Alt 键将鼠标光标放置于 title 图层和 all 图层的边界上，当光标变为两个圆交叉的形态时单击，为 title 图层创建剪贴图层。

选中 all 图层，单击图层面板下端的 Create new fill or adjustment layer（创建新的填充或调整图层）按钮，选择 Gradient Map（渐变映射），如图 9-a 所示进行设置，填充渐变颜色。

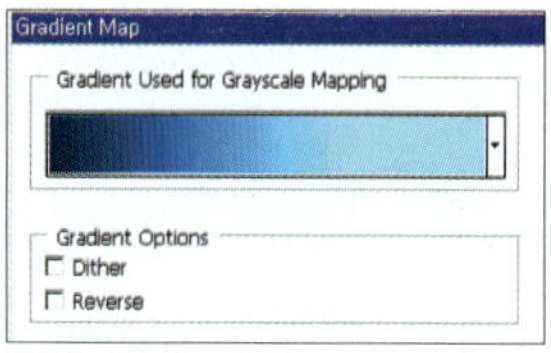

"渐变映射" 对话框

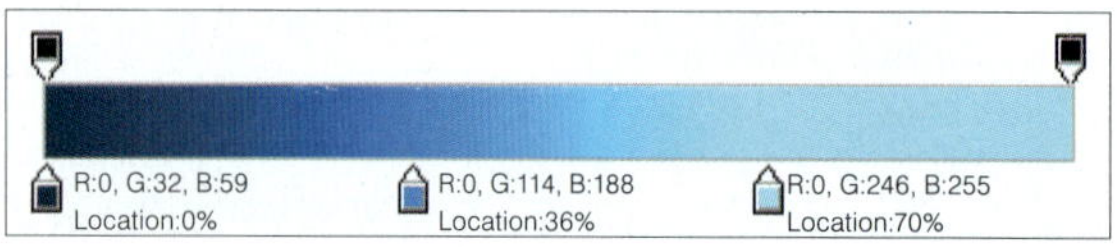

9-a

应用渐变映射

当前文件

渐变映射

渐变映射与单纯的渐变相比，更加符合当前图像的色调效果。左侧渐变颜色对暗淡的区域进行映射，右侧渐变颜色对明亮的区域映射。可以变换为完全不同的图像效果，或者是为黑白图像填充颜色。

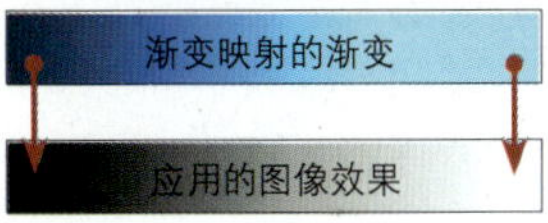

按住Alt键将鼠标光标放置于all图层和Gradient Map 1图层的边界上，当光标变为两个圆交叉的形态时单击，创建剪贴图层。

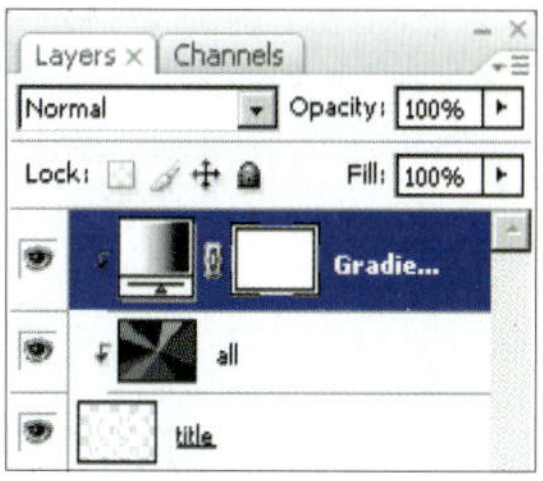

剪贴

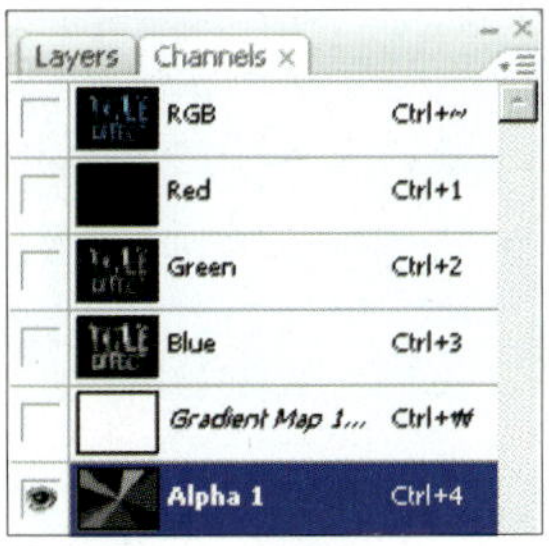

粘贴到 Alpha 1 通道中

Alpha 1 通道

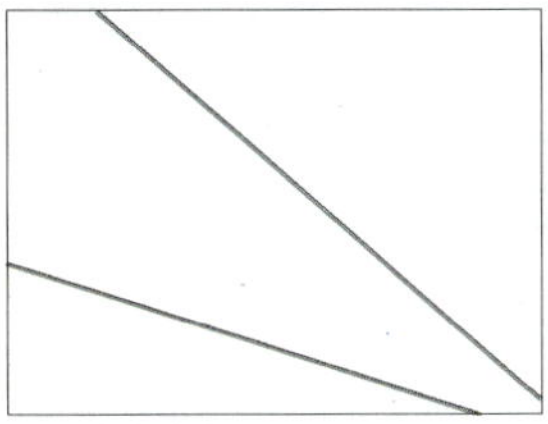

查找边缘滤镜

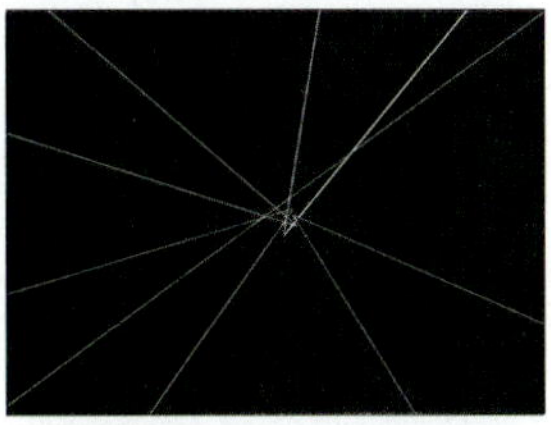

反转图像

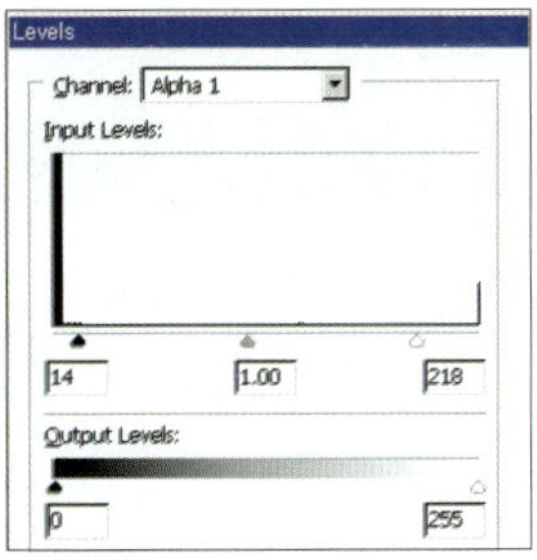

10-a

按住 Ctrl 键单击

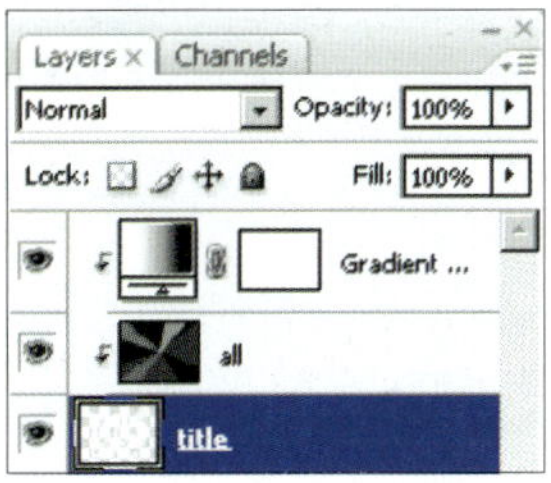

选择 title 图层，按 Delete 键

10 制作遮盖的缝隙

在通道面板中单击下端的 Create new channel（创建新通道）按钮创建新的通道，按 Ctrl+V 快捷键粘贴最后一次复制的图像，然后按 Ctrl+D 快捷键取消选区。选中粘贴的 Alpha 1 通道，选择 Filter> Stylize>Find Edges（滤镜 > 风格化 > 查找边缘）命令，选择 Image>Adjustments>Invert（图像 > 调整 > 反相）命令（Ctrl+I）反转图像，然后选择 Image>Adjustments>Levels（图像 > 调整 > 色阶）命令（Ctrl+L），如图 10-a 所示进行设置。

按住 Ctrl 键单击 Alpha 1 通道载入选区，选择图层面板中的 title 图层，按 Delete 键生成遮盖的缝隙，然后按 Ctrl+D 快捷键取消选区。

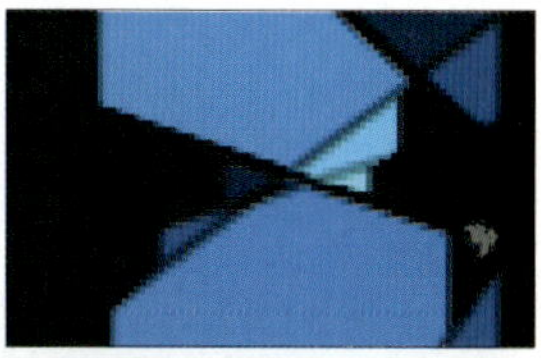

放大的效果

当前文件

11 应用图层样式，完成制作

下面我们为完成的图像应用图层样式。

选中 title 图层，选择 Layer>Layer Style>Drop Shadow（图层 > 图层样式 > 投影）命令，如图 11-a 所示进行设置，表现阴影效果，将 Blend Mode（混合模式）的颜色设置为 R:0,G:197,B:255。

选择 Bevel and Emboss（斜面和浮雕），如图 11-b 所示进行设置，表现更有立体感的效果，完成操作。

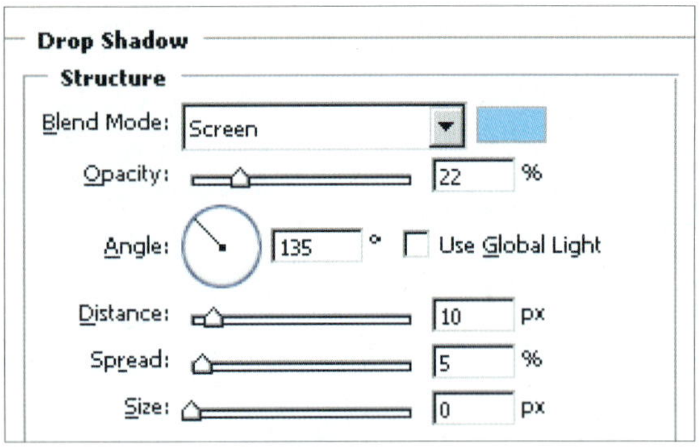

11-a

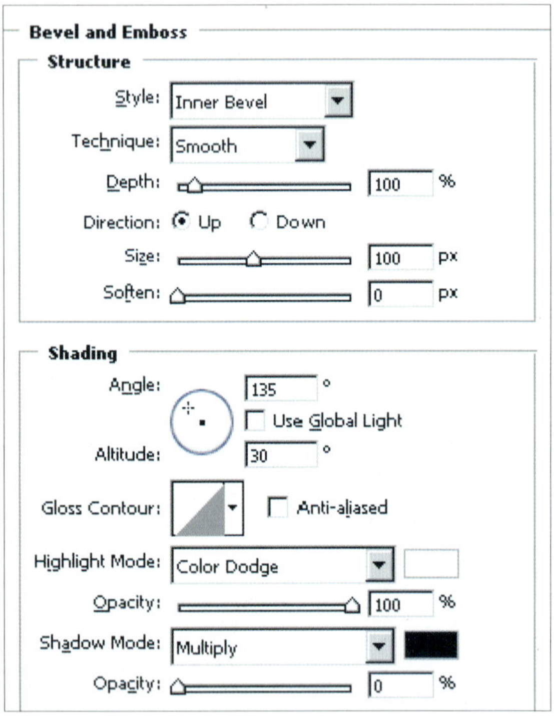

11-b

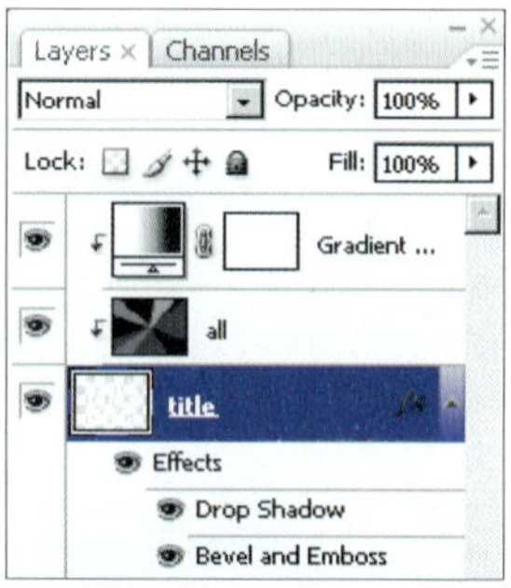

当前图层面板

应用投影后的文件

最终完成效果

更改渐变映射，对整体颜色进行调节

我们可以再次设置Gradient Map 1图层的渐变，表现多彩的图像。

更改渐变映射的渐变条

THINK OVER!

1. 利用其他方法创建变形素材并进行变形 1

打开 title_pho_start.psd 文件，创建新的通道。选中新建的 Alpha 1 通道，利用矩形选框工具在文件中选择任意的区域，然后选择 Image>Adjustments>Levels（图像 > 调整 > 色阶）命令（Ctrl+L），调节 Output Levels（输入色阶）的阴影滑块，创建灰色图像。利用与上面相同的方法进行选择，创建多种浓度的灰色区域，然后按 Ctrl+D 快捷键取消选区。

选择 Filter>Distort>Polar Coordinates（滤镜 > 扭曲 > 极坐标）命令，如图 1-a 所示进行设置。将制作的通道图像单独保存。选择 title 图层，选择 Filter>Distort>Displace（滤镜 > 扭曲 > 置换）命令。

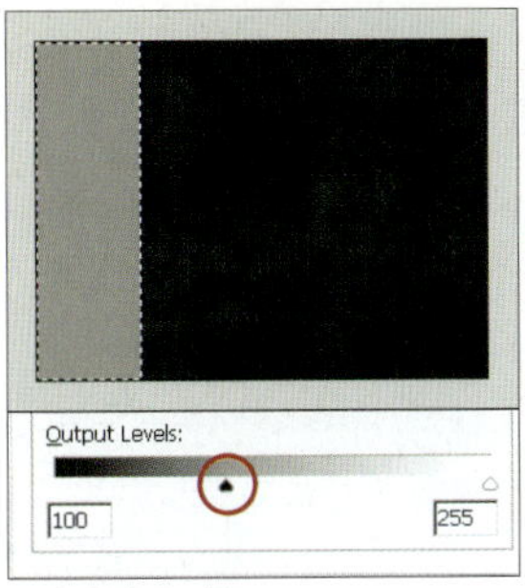

调节亮度的过程

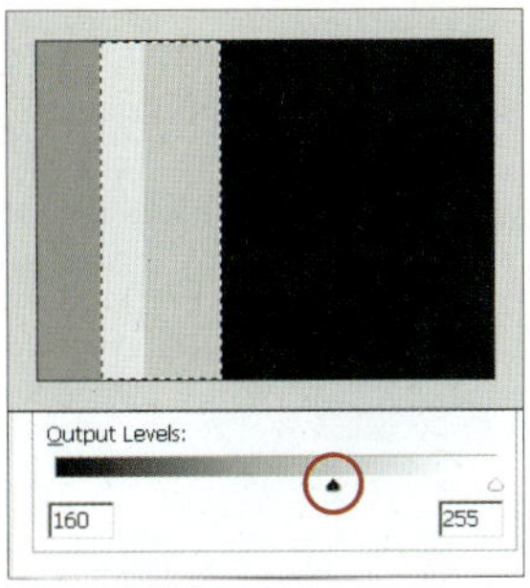

两次调节亮度的过程

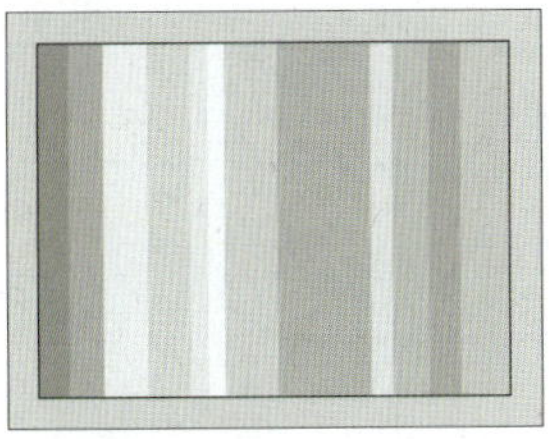
调节亮度后的文件

调节亮度后的通道面板

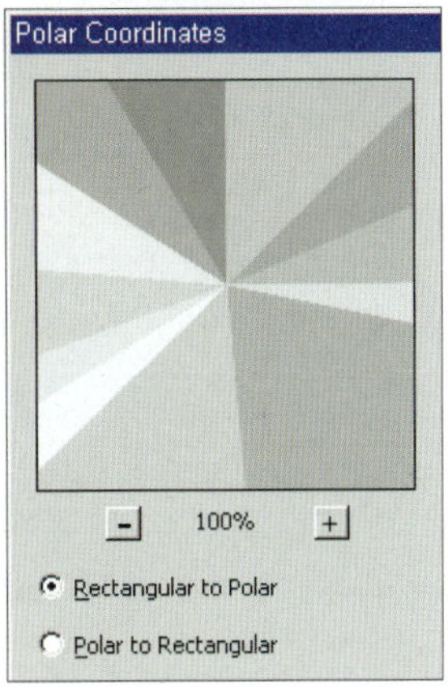

1-a

应用极坐标滤镜后的文件

当前通道面板

应用置换滤镜后的文件

THINK OVER!

2. 利用其他方法创建变形素材并进行变形 2

打开 title_pho_start.psd 文件，创建新的通道。选择渐变工具，在选项栏中如图 2-a 所示对渐变条进行设置，在这里颜色并不重要，只要亮度有差异即可。

在上端选项栏中选择 Angle Gradient（角度渐变），从文件的中央向末端拖动完成素材，单独保存通道文件，创建 title 图层，选择 Filter>Distort>Displace（滤镜 > 扭曲 > 置换）命令。

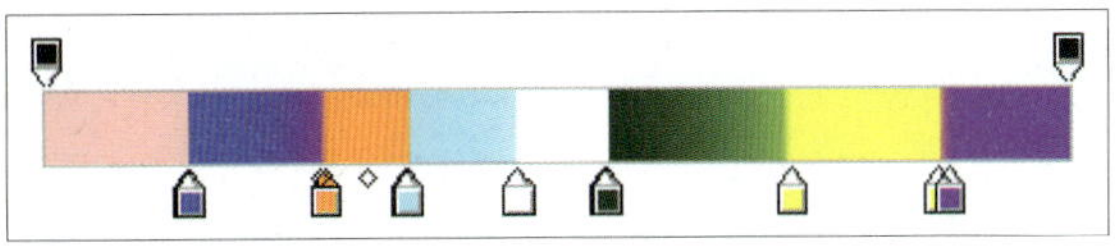
2-a

选择角度渐变

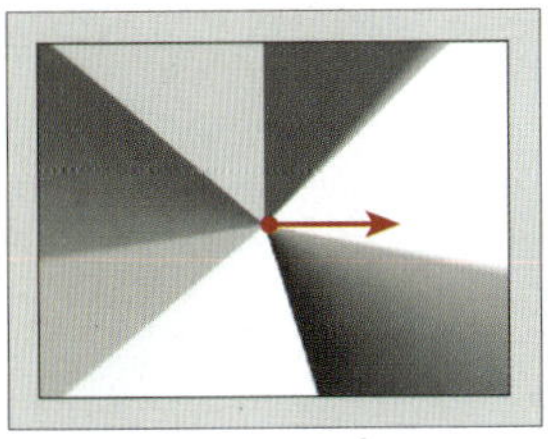
从中央拖动

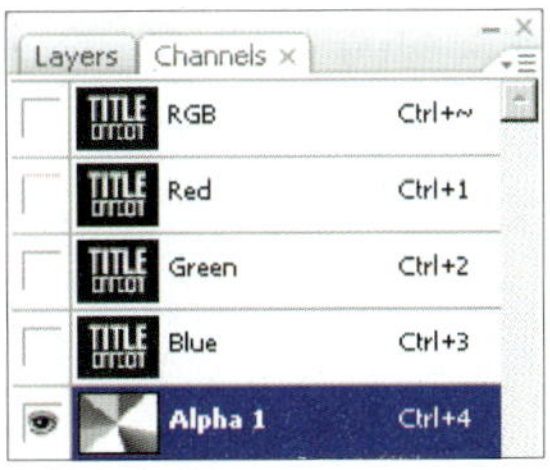

当前通道面板

应用置换滤镜后的文件

06

06 AUUD

多次复制形状后进行扭曲，制作尖锐的文字效果。

Source Location

Effects 06\

- auud_start.ai
- auud_finish.psd
- auud_apply.psd

以删除图像属性的状态制作素材的原因

素材文件是在 Photoshop 或者 Illustrator 中应用 Create Outlines（创建轮廓）或者 Rasterize Typte（栅格化文字），亦或 Convert to Shape（转换为形状）命令以删除文字属性的状态制作的。这样做的原因是如果系统中没有字体的话，就会替换为其他字体，无法按照原来的设计进行显示，因此以对象化或者图像化的状态制作素材。利用提供的素材进行操作，然后利用各个系统中的字体进行检验。

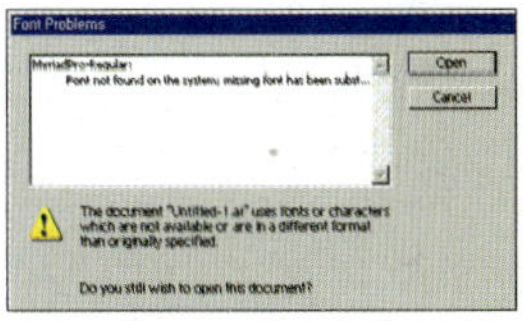

在 Illustrator 中删除字体的时候显示的警告窗口

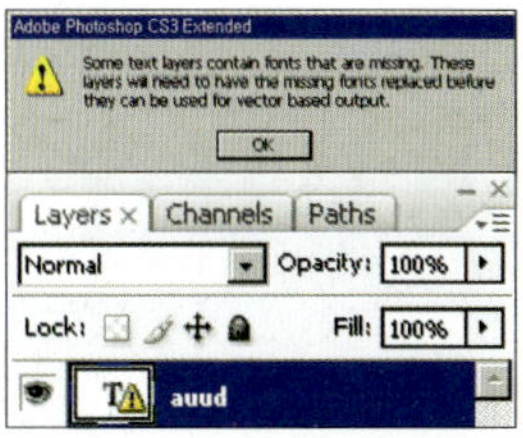

在 Photoshop 中删除字体的时候显示的警告窗口和图层面板

01 确认操作文件

下面我们对基本形态进行扭曲，表现出尖锐的效果，制作异国风情的文字效果。

首先打开 auud_start.ai 文件。

auud_start.ai 文件

Layer 1 图层是输入文字后选择 Type>Create Outlines（文字 > 创建轮廓）命令（Shift+Ctrl+O）对象化的效果。

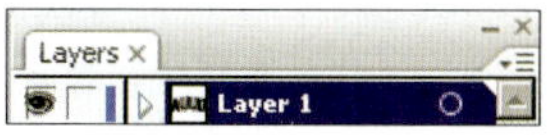

当前图层面板

按住 Alt 键向下拖动

复制 5 个的状态

2-a

利用变形进行多重复制（Ctrl+D）

想要多重复制对象的时候，按住 Alt 键拖动，然后选择 Object>Transform>Transform Again（对象 > 变换 > 再次变换）命令（Ctrl+D），可以保持复制的值进行复制。

02 变形

下面我们来应用滤镜进行变形。

首先如图所示选择 AUUD 对象，按住 Alt 键向下拖动进行复制，按 3 次 Ctrl+D 快捷键，一共复制 5 个文字基本形态。

然后如图2-a所示利用选择工具 选择第一个对象，选择Effect>Distort&Transform>Pucker&Bloat（效果>扭曲和变换>收缩和膨胀）命令，如图2-b所示进行设置，表现出棱角形态。

2-b

创建膨胀的效果

向 Pucker（收缩）一侧降低数值，可以表现出尖锐的效果。向 Bloat（膨胀）一侧增加数值，可以表现出膨胀的效果。

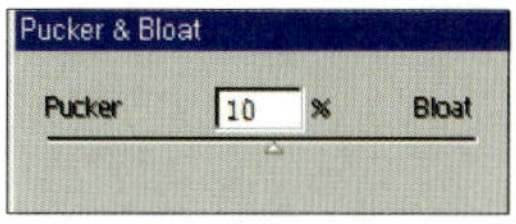

向“膨胀”一侧增加数值

将数值设置为 -25%

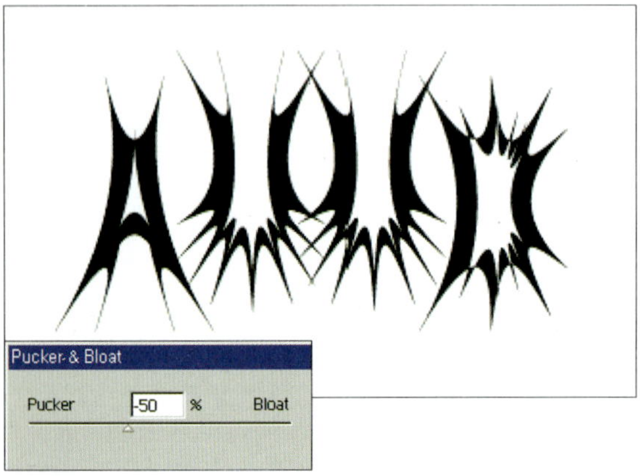

将数值设置为 -50%

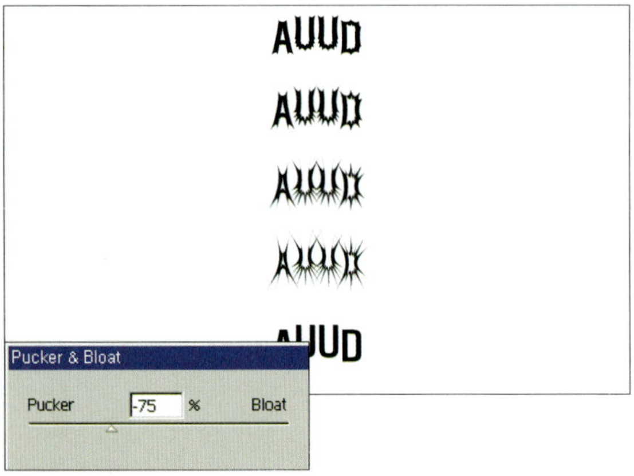

将数值设置为 -75%

创建尖锐的形态 1

选择 Effect>Distort&Transform>Roughen（效果 > 扭曲和变换 > 粗糙化）命令，将 Points 设置为 Corner（尖锐），创建出不规则的尖锐的形态。

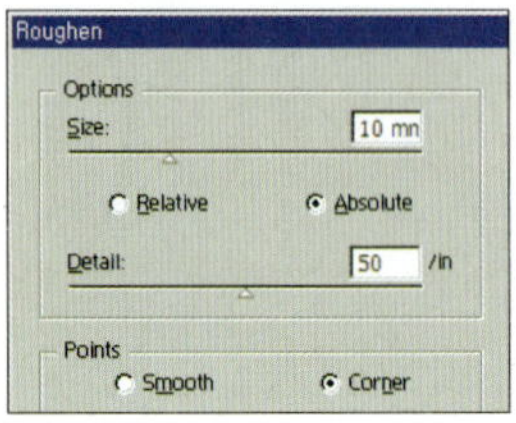

应用粗糙化滤镜

应用收缩和膨胀滤镜的效果

选择第 2 个对象，应用相同的滤镜，按 Alt+Ctrl+E 快捷键，将数值设置为 -25%。

按 Alt+Ctrl+E 快捷键可以打开最近一次应用过的对话框，继续将第 3 个对象设置为 -50%，第 4 个对象设置为 -75%，第 5 个对象设置为 -100%，渐渐降低数值，表现弯曲形态。

应用最近应用过的滤镜

如果想要直接应用最近一次应用的滤镜，按 Ctrl+E 快捷键即可。

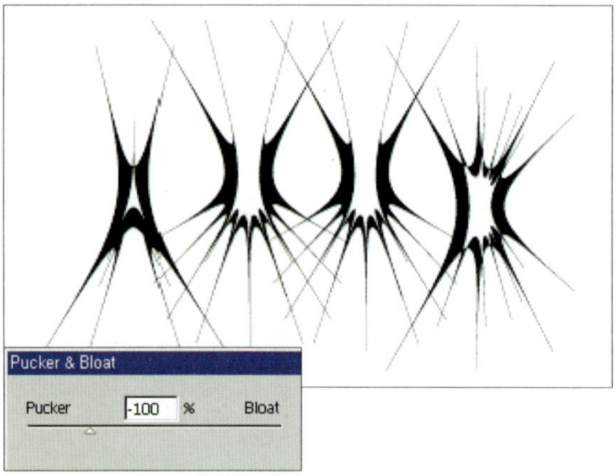

将数值设置为 -100%

创建尖锐的形态 2

多种弯曲工具

应用滤镜，与对整体进行应用不同，利用工具箱中的扇贝工具，晶格化工具和皱褶工具可以像润饰一样创建出尖锐的形态。利用其他工具的话，可以自由自在地表现变形、膨胀、收缩、弯曲等效果。

03 表现高低不平的效果

下面我们将尖锐的标题文字表现为高低不平的形态。

选中第一个对象，选择 Effect>Distort&Transform>Roughen（效果 > 扭曲和变换 > 粗糙化）命令，如图 3-a 所示进行设置，将尖锐的部分表现为高低不平的效果。

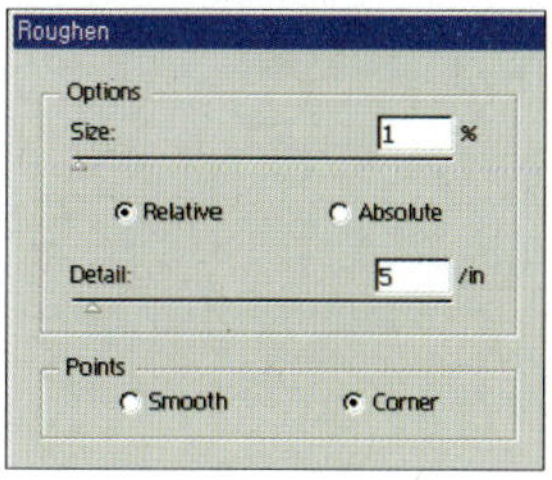

3-a

然后选择第 2 个对象，按 Ctrl+E 快捷键，以相同的设置值应用相同的滤镜。

继续按 Ctrl+E 快捷键对第 3 个、第 4 个和第 5 个对象应用设置值相同的滤镜。

应用粗糙化滤镜的效果

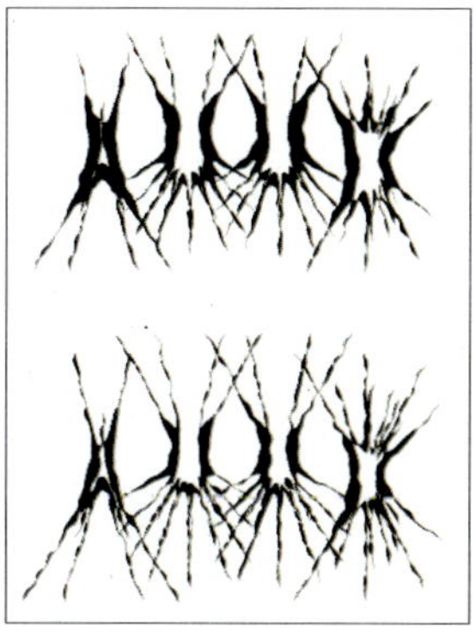

04 填充颜色

下面我们在 Photoshop 中应用在 Illustrator 中完成的图形对象。

运行 Photoshop，选择 File>New（文件 > 新建）命令（Ctrl+N），将 Width（宽度）设置为 900pixels，将 Height（高度）设置为 700pixels，创建新的文件。将前景色设置为 R:83,G:71,B:65，按 Alt+Delete 快捷键填充前景色。

选择 auud_start.ai 文件的第 1 个对象，按 Ctrl+C 快捷键复制，按 Ctrl+V 快捷键粘贴到 Photoshop 的操作文件，如图 4-a 所示选择 Shape Layer（形状图层）。将图层面板中新生成的 Shape 1 图层的颜色更改为 R:44,G:2,B:2。

重复上面的步骤，按照从第 2 个对象到第 5 个对象的顺序，逐一按 Ctrl+C 快捷键复制，按 Ctrl+V 快捷键粘贴，图层的颜色分别如下所示进行设置：

Shape 2 图层的颜色 R:115,G:10,B:10。

Shape 3 图层的颜色 R:235,G:80,B:20。

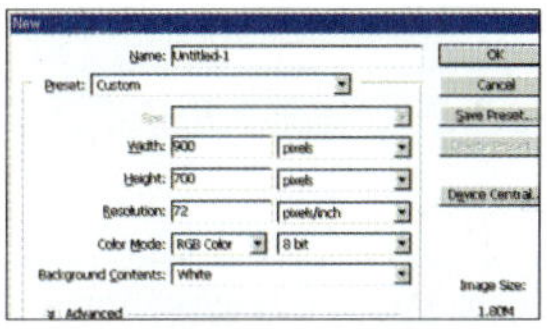
“新建”对话框

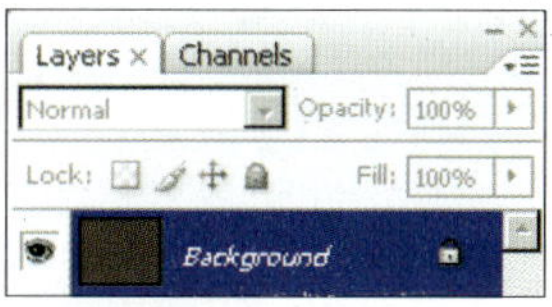

当前图层面板

填充颜色

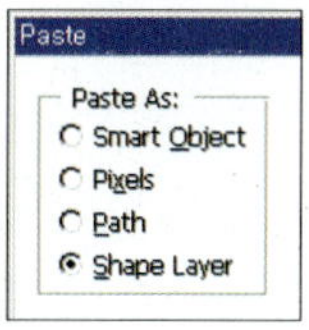

4-a

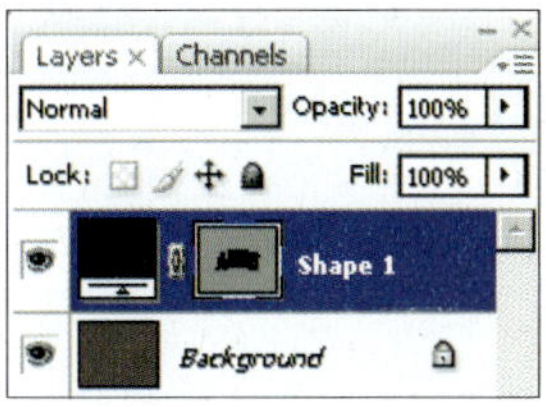

更改颜色后的 Shape 1 图层

第 1 个对象

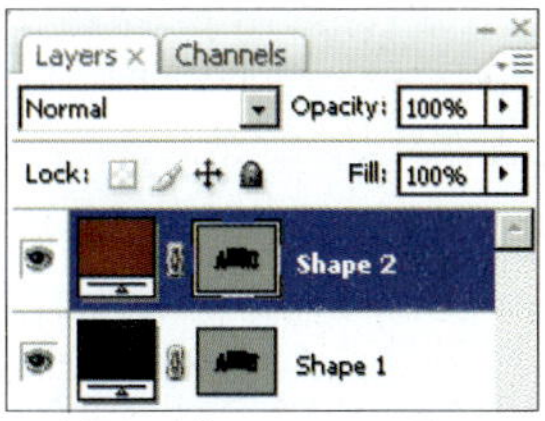

更改颜色后的 Shape 2 图层

第 2 个对象

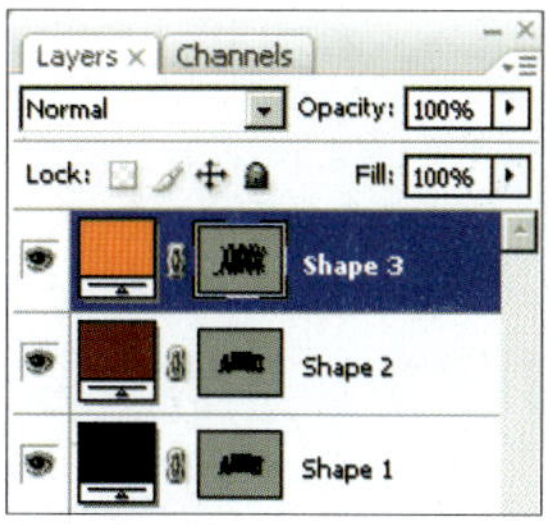

当前图层面板

第 3 个对象

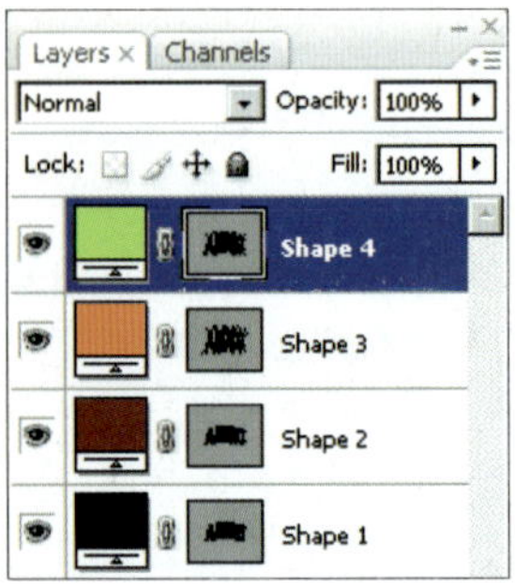

当前图层面板

第 4 个对象

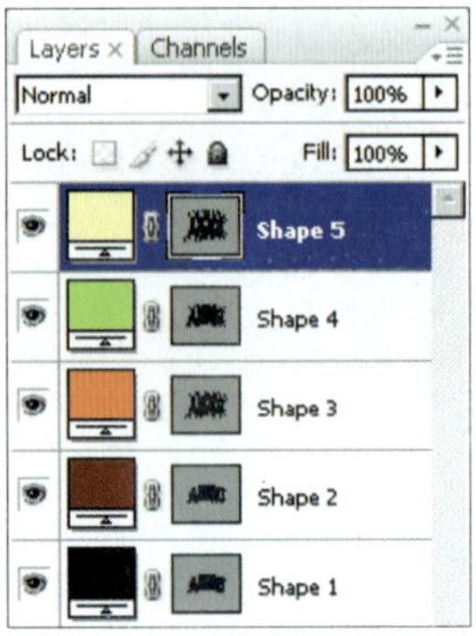

当前图层面板

Shape 4 图层的颜色 R:145,G:200,B:60。

Shape 5 图层的颜色 R:246,G:245,B:135。

在图像中确认目前为止的操作结果。如果对路径效果不满意，选择 View>Extras（视图 > 显示额外内容）命令（Ctrl+H），隐藏路径。

按 Ctrl+H 快捷键隐藏路径

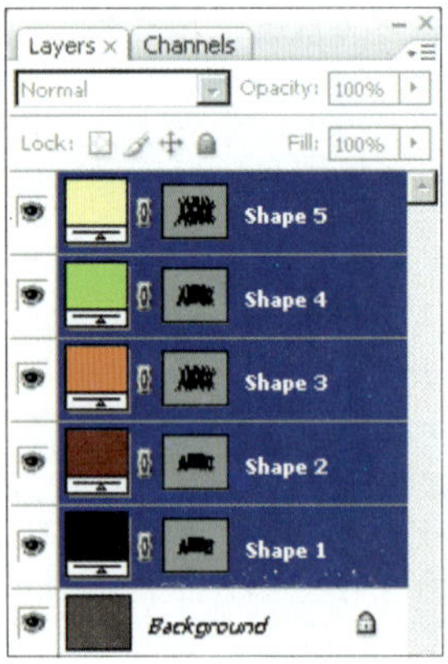

5-a

W 设置为 125%，H 设置为 125% 放大

放大的状态

将 Background 图层设置为非激活状态

05 表现阴影效果，完成制作

下面我们利用玻璃滤镜表现阴影效果。

首先如图 5-a 所示在图层面板中按住 Shift 键选择 5 个图层，然后选择 Edit>Free Transform（编辑 > 自由变换）命令（Ctrl+T），在上端选项栏中将 W（设置水平缩放）设置为 125%，将 H（设置垂直缩放比例）设置为 125%，按 Enter 键确认。

然后将 Background 图层设置为非激活状态，在 Shape 5 图层中按 Ctrl+A 快捷键全选文件。

为了复制画面上显示的整体图像，选择 Edit>Copy Merged（编辑 > 合并拷贝）命令（Ctrl+Shift+C）。然后单击通道面板下端的 Create new channel（创建新通道）按钮，按 Ctrl+V 快捷键粘贴到 Alpha 1 通道中。

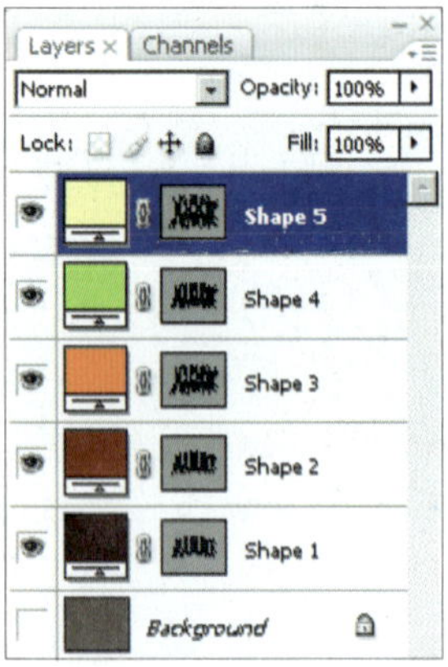

当前图层面板

按 Ctrl+D 快捷键取消选区，将生成的 Alpha1 通道重新命名为 glass filter。

粘贴到通道中

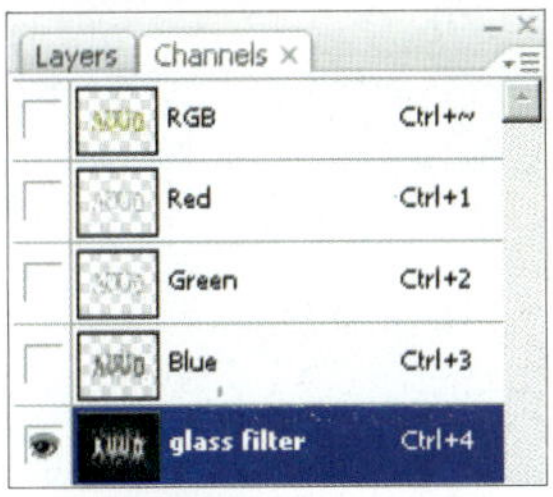

当前通道面板

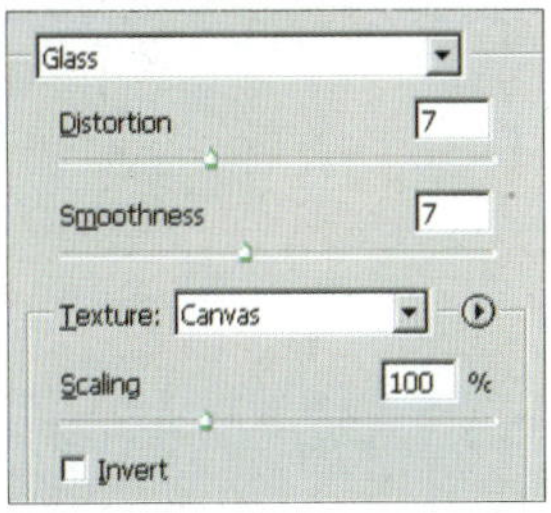

5-b

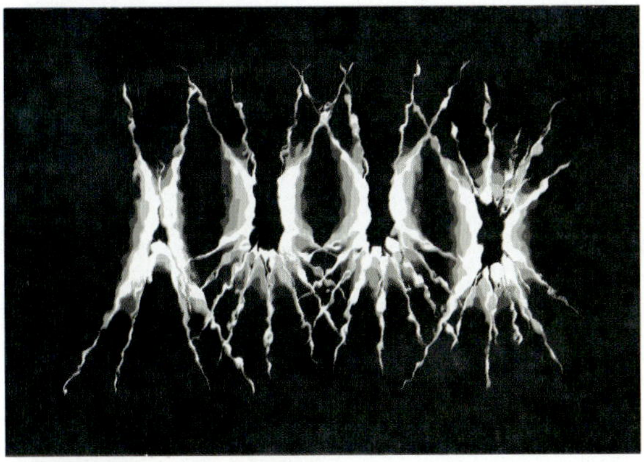

应用玻璃滤镜

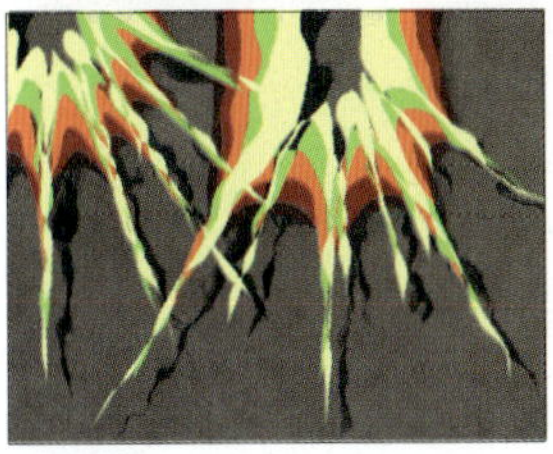

应用阴影

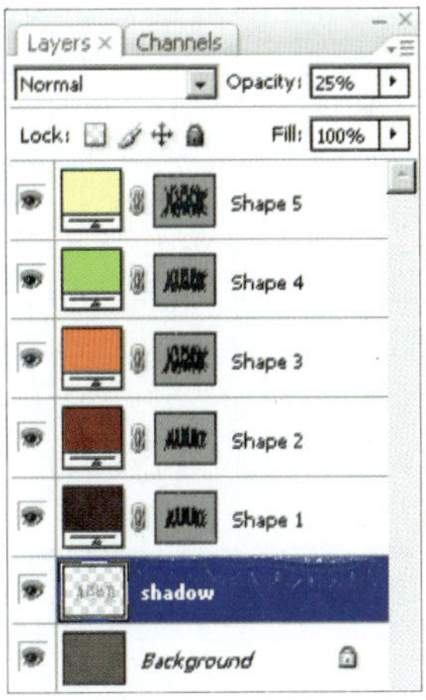

当前图层面板

在生成的 glass filter 通道中选择 Filter>Distort>Glass（滤镜 > 扭曲 > 玻璃）命令，如图 5-b 所示进行设置。

为了将完成的 glass filter 通道应用于图层，按住 Ctrl 键单击 glass filter 通道载入选区，在图层面板中激活 Background 图层。选择 Background 图层，单击图层面板下端的 Create a new layer（创建新图层）按钮创建新的图层，将其重新命名为 shadow。确认前景色为黑色，按 Alt+Delete 快捷键填充黑色，然后按 Ctrl+D 快捷键取消选区。

将 shadow 图层的 Opacity（不透明度）设置为 25%，表现自然的效果。选择移动工具，利用方向键将图像向右移动 10pixels，向下移动 10pixels。

调节阴影透明度，最终完成效果

不应用粗糙化滤镜而完成的效果

07

INSIDE

07 INSIDE

制作合成立体形态的面或者单纯的 3D 效果文字。

Source Location

Effects 07\

inside_start.ai

inside_finish.ai

inside_start.ai 文件

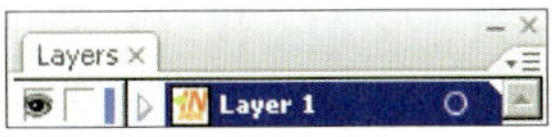

当前图层面板

01 确认操作文件

下面我们利用 Illustrator 表现三维文字图像。

运行 Illustrator，打开 inside_start.ai 文件。素材文件是在 Illustrator 中输入文字后选择 Type>Create Outlines（文字 > 创建轮廓）命令（Shift+Ctrl+O）对象化，加入箭头形状的效果。

利用选择工具全选对象

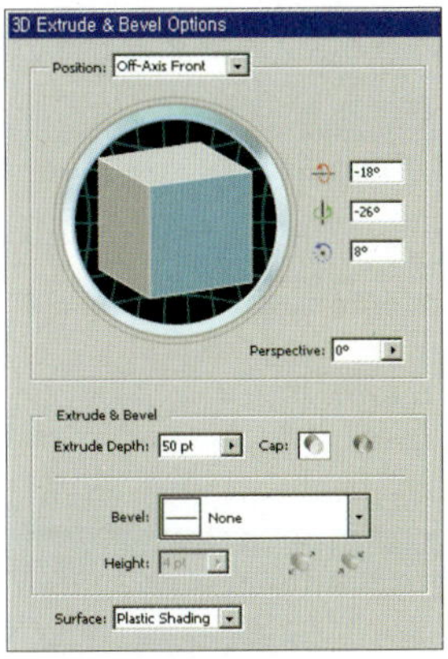

"凸出和斜角"对话框

凸出与斜角默认值

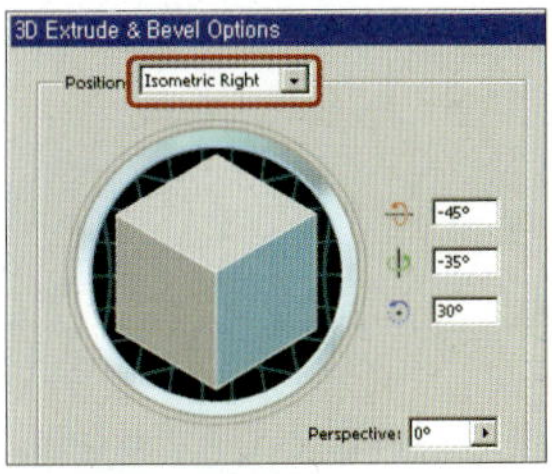

2-a更改为"等角-右方"

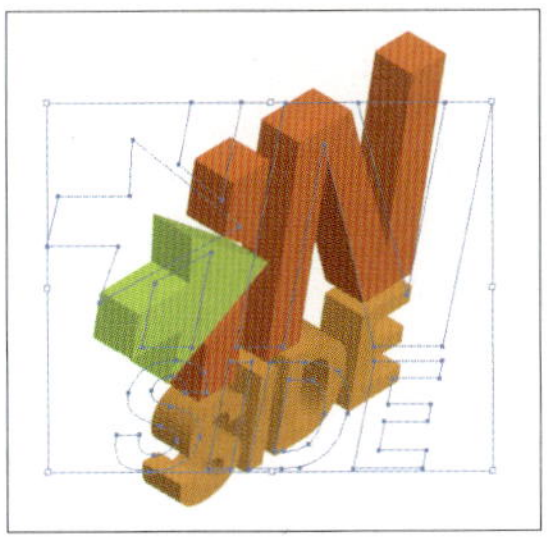

更改为"等角 - 右方"

02 应用三维效果

为了对图像应用三维效果，利用选择工具 选择对象。选择Effect>3D>Extrude&Bevel（效果>3D>凸出和斜角）命令，勾选Preview（预览）复选框，边查看效果边调节选项值，如图2-a所示选择Position（位置）为Isometric Right（等角-右方），设置位置。如图2-b所示将Extrude Depth（凸出厚度）设置为200pt，单击More Options（更多选项）按钮，勾选下端的Draw Hidden Faces（绘制隐藏表面）复选项，然后按Enter键确认。

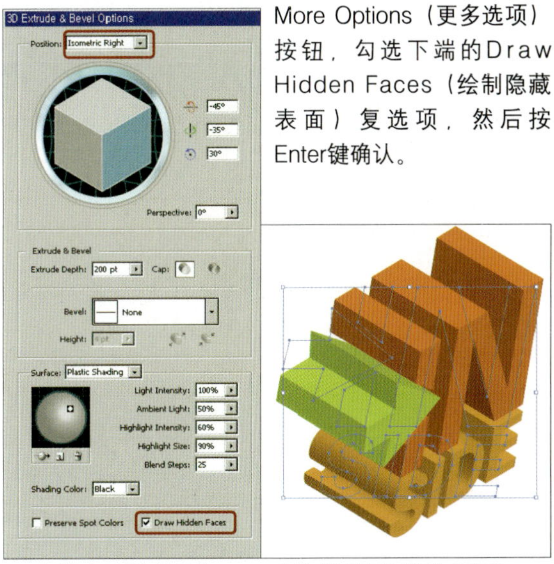

2-b 将"凸出厚度"设置为 200pt，勾选"绘制隐藏表面"复选项

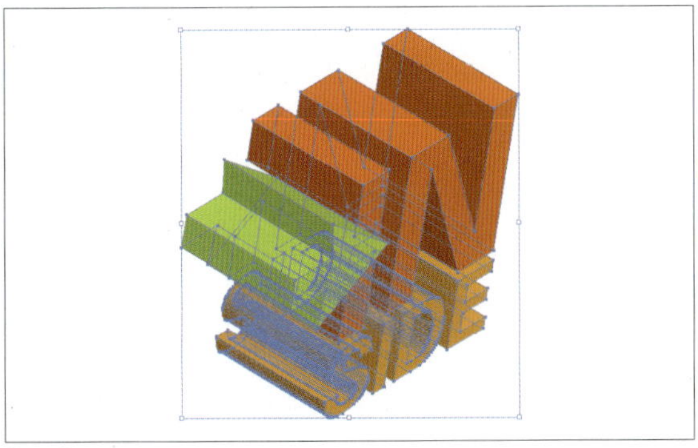

扩展外观

03 创建为独立的对象

为了将三维效果永久地应用到对象上，并且为各个面填充不同的效果，选择 Object>Expand Appearance（对象 > 扩展外观）命令。为了进行下面的操作，在文件的空白位置单击鼠标右键，取消选择。选择 Select>Deselect（选择 > 取消选择）命令（Shift+Ctrl+A）也可以取消选择。

调整为对象应用的效果

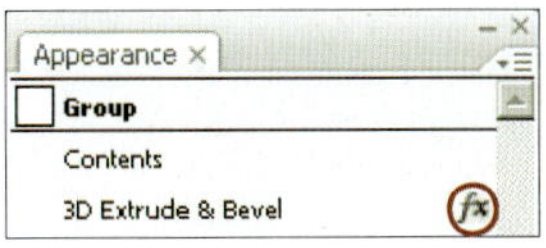

如果想要更改对象中应用的效果的数值，可以双击外观面板中的 fx 按钮，在弹出的对话框中进行调整。

更改为正片叠底的过程 1

更改为正片叠底的过程 2

如果想要保持应用效果的对象的属性，在扩展前进行复制

在本步骤中如果对角度不满意需要更改，或者想要再创建一个其他角度的形状，由于为对象应用了扩展外观，因此需要从最一开始重新进行操作。可以在应用扩展外观前重新复制一个图层，为之后的修改提供方便。

如果创建对象时需要继续应用之前的效果

选择应用了凸出斜角的对象，单击外观面板下端的 New Art Maintains Appearance 按钮，会自动将选中对象的效果应用于新创建的对象。选择 Reduce to Basic Appearance，清除之前应用的效果，为了即使之后再次应用效果，也不会直接进行应用，选择 New Art Maintains Appearance，更改为 New Art Has Basic Appearance。

New Art Maintains Appearance

Reduce to Basic Appearance

New Art Has Basic Appearance

04 应用混合模式

下面我们将文字内部对象的面表现为交叉效果。

首先选择直接选择工具 ，选择应用了 IN 对象的厚度值的上方的面，然后在透明度面板中将混合模式设置为 Multiply（正片叠底）。

选择应用了箭头对象的厚度值的侧面，也将混合模式设置为 Multiply（正片叠底）。

由于在步骤 2 中选择了 Draw Hidden Faces（绘制隐藏表面），因此表现出与对象合成的立体效果。

需要注意的是，不将对象的正面设置为正片叠底的情况下进行创建，可以强调文字效果。

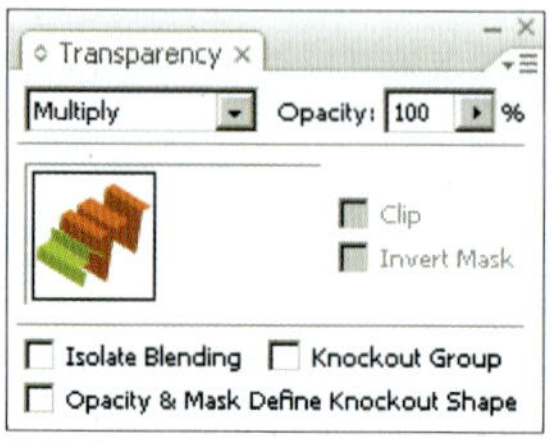

将模式设置为正片叠底

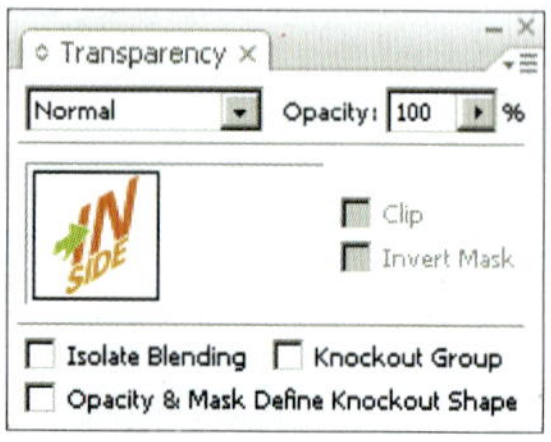

对象的正面为正常

选择箭头侧面后更改为正片叠底

正片叠底

正片叠底用于将两个对象的颜色相加，合成为更暗的效果。由于透过白色，因此如果将白色对象设置为正片叠底，会得到将填色和描边设置为 None（无）的效果。

如果没有勾选“绘制隐藏表面”

在步骤 02 中，如果没有选择 Extrude & Bevel（凸出和斜角）对话框中的 Draw Hidden Faces（绘制隐藏表面），只显示可见的面，即使设置为正片叠底，也看不到任何效果。

没有选择“绘制隐藏表面”的情况

移动对象观察，可以看到没有生成内部的面

05 填充颜色，完成制作 1

选择 IN, SIDE 对象的前面的面，确认填色位于上方，填充色板面板中的 Sunshine 颜色。然后选择箭头对象的前面的面，填充色板面板中的 Peridot 颜色，强调文字。

选择 IN, SIDE 对象

选择箭头对象

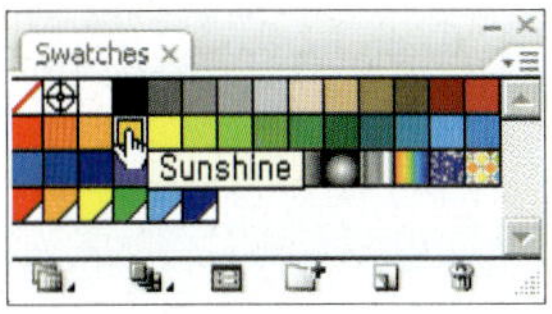

填充 Sunshine 颜色

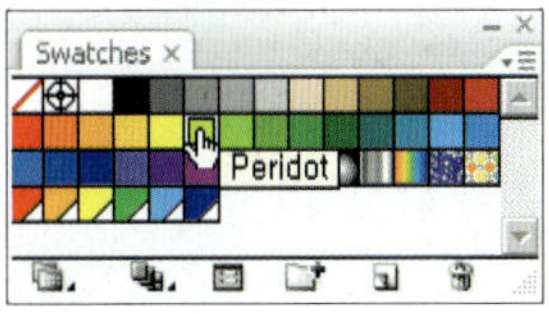

填充 Peridot 颜色

最终完成效果 1

06 表现单纯化的效果，完成制作 2

下面我们来创建三维形态中单纯化的效果。

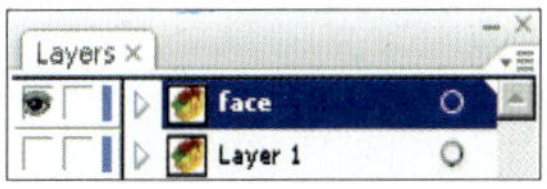

复制后将 Layer1 图层设置为非激活状态

将Layer 1图层拖动到图层面板下端的Create a new layer（创建新图层）按钮上进行复制，将复制得到的图层重新命名为face，然后将Layer 1图层设置为非激活状态。

选中箭头对象前方的面，按住Shift键单击其余INSIDE对象前方的面，选择所有对象前方的面。

这时，不单击面而单击路径的话，不会选择整体。

按Ctrl+X快捷键剪切，按Ctrl+A快捷键选择文件中的所有对象，然后选择Object>Ungroup（对象>取消编组）命令（Shift+ Ctrl+G），取消组合。

选择取消编组后的对象，单击路径查找器面板中的Add to shape area（联集）按钮合并，然后单击Expand（扩展）按钮，创建一个独立的对象。可以看到合并了三维对象的单纯效果。按Ctrl+F快捷键将剪切的前面的面粘贴到文件上方。

选择所有前面的面

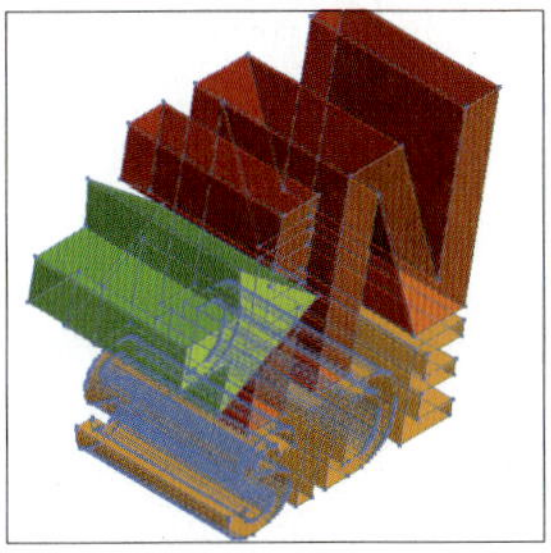
剪切后选择整体

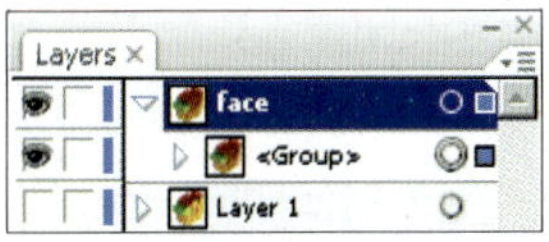

取消编组前的图层面板

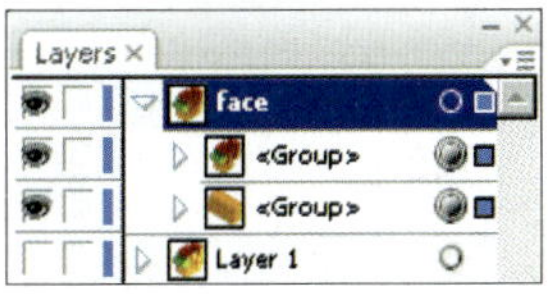

取消编组

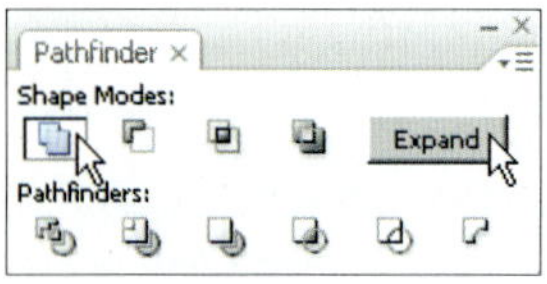

路径查找器面板

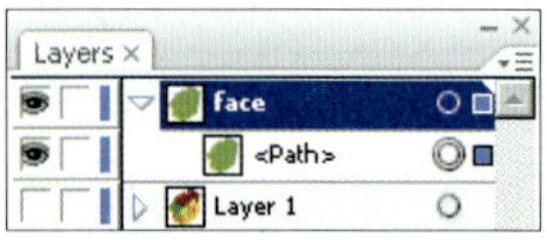

独立的对象

单纯化后的对象

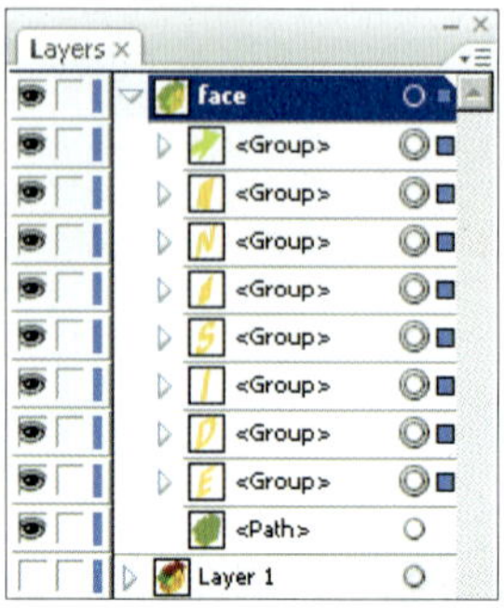

当前图层面板

最终完成效果 2

路径查找器面板

在本步骤中如果在组合的状态下单击路径查找器面板中的Add to shape area（联集）按钮，是不会发生任何变化的。这是因为组合的组被认为是一个对象，无法进行运算，因此没有效果。

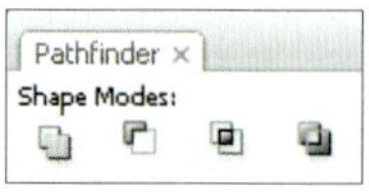

形状模式

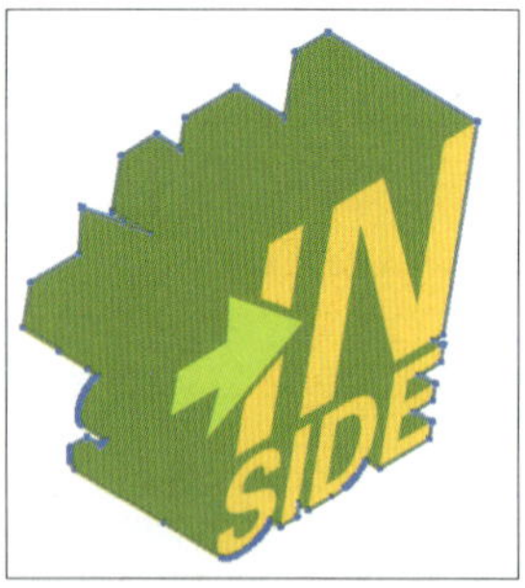

应用偏移路径

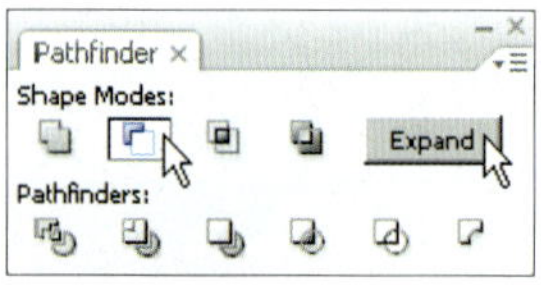

路径查找器面板

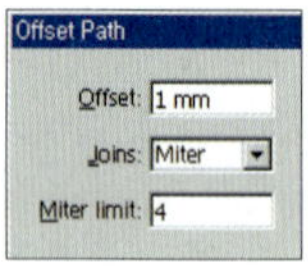

7-a

减去顶层，扩展

07 以线条强调三维形态，完成制作 3

下面我们继续对三维形态进行单纯化，强调图像效果。

复制face图层，将其重新命名为outline，然后将face图层设置为非激活状态。

选择在步骤06中单纯化的对象，选择Object>Path>Offset Path（对象>路径>偏移路径）命令，在弹出的Offset Path（偏移路径）对话框中如图7-a所示进行设置。选中对象，单击路径查找器面板中的Subtract from shape area（减去顶层）按钮，利用上方的对象的形态减去下方对象的区域。单击Expand（扩展）按钮，创建为独立的一个对象，只表现线条形态。

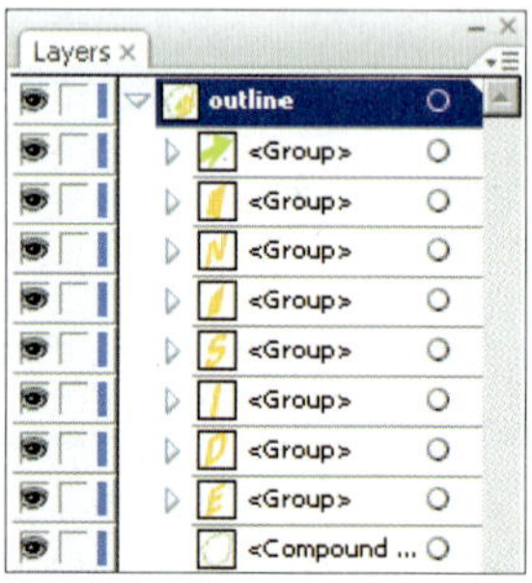

表现边缘后的图层面板

如果对象位于前面

偏移路径命令在应用的对象后面生成对象，因此应用 Subtract from shape area（减去顶层），用上方的对象减去下方的对象。如果是位于前面的状态，与对象的位置无关，需要选择 Exclude overlapping shape areas（差集）才可以得到相同的效果。

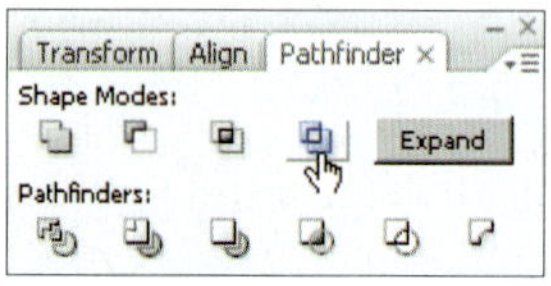

路径查找器面板

下面我们来表现三维形态的边缘效果。

在face图层上方创建新的图层，并将其重新命名为line，然后锁定outline图层。

激活Layer 1图层，如图7-b所示选择三维形态对象的路径，然后按Ctrl+C快捷键复制。

将Layer 1图层设置为非激活状态，选择line图层，然后按Ctrl+F快捷键在上方粘贴复制得到的路径。只保留粘贴的路径的轮廓，将描边设置为C:25,M:0,Y:100,K:41，然后在描边面板中将Weight（粗细）设置为0.2mm。

对其他三维形态的路径也利用与上面相同的方法进行设置。

选择N对象下端需要与路径一起隐藏的部分突出的路径，如图7-c所示进行拖动，拖动到需要覆盖的部分。

由于路径的角度变得不同会显得生涩，因此拖动图像的时候要在保持角度的状态下只更改长度。激活View>Smart Guide（视图>智能参考线）命令（Ctrl+U），按照路径进行拖动，会显示Path（路径）字体，在此状态下拖动为所需的长短即可。

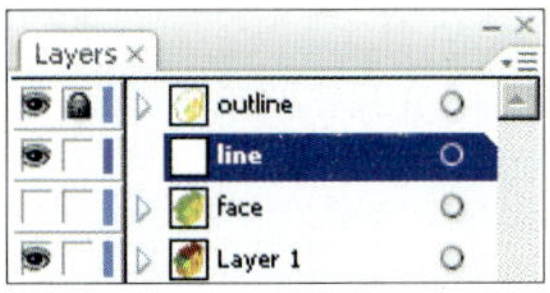

生成line图层后，激活Layer 1图层

激活的 Layer 1 图层的对象

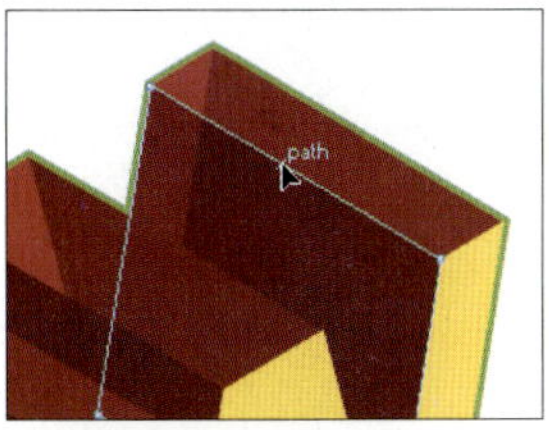

7-b 选择三维路径

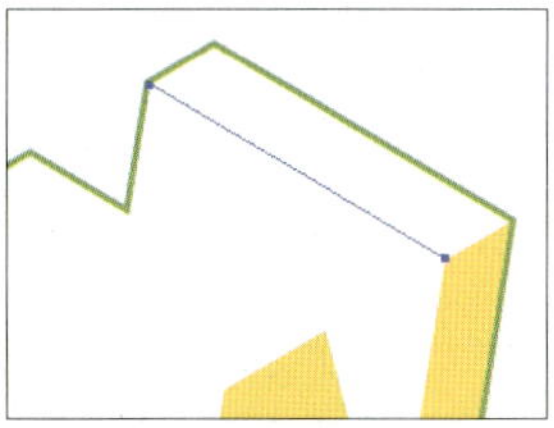
粘贴到 line 图层上方

填色 / 描边

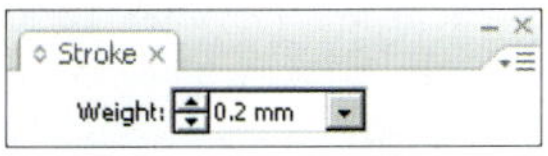

描边面板

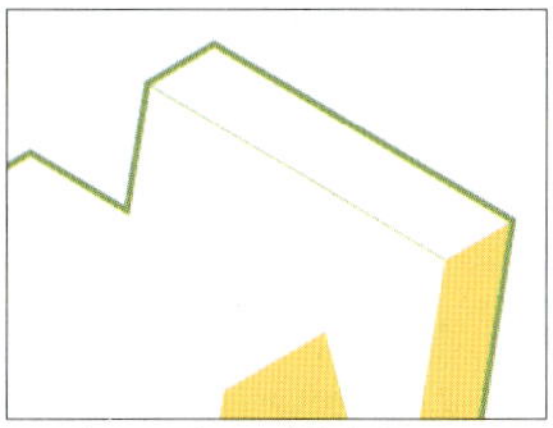
设置颜色和粗细后的文件

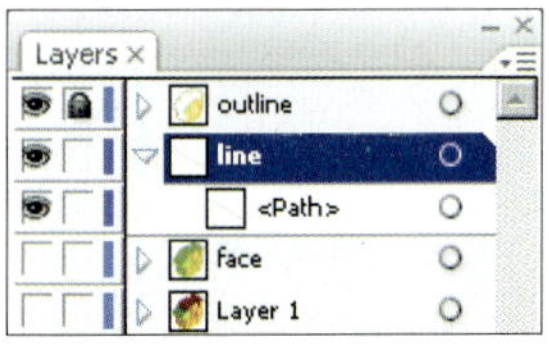

line 图层

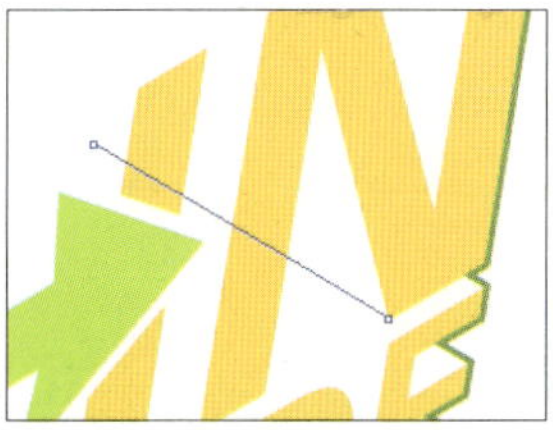
需要隐藏的部分显示的路径

不是用描边而表现为便宜路径的原因

在本步骤中没有利用描边而是利用了路径，这是因为描边的粗细值的一般会应用于形状内侧，整体线条的粗细看起来没有变化。利用路径表现边缘，会表现到形状外侧，显示为一定的线条效果。

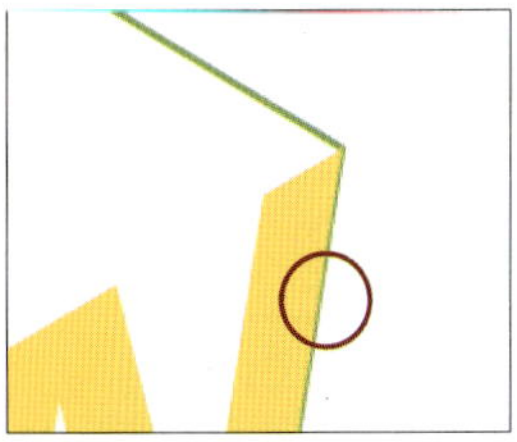
只选择描边的状态

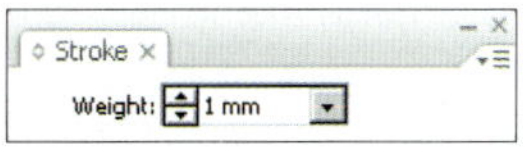

将"粗细"设置为 1mm

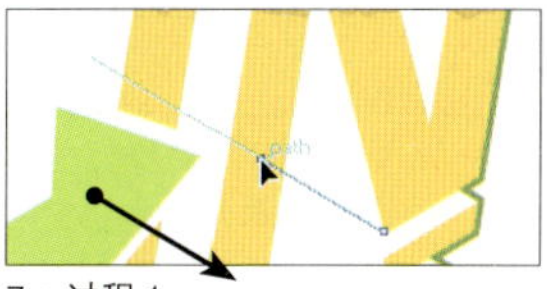
7-c 过程 1

7-c 过程 2

最终完成效果 3

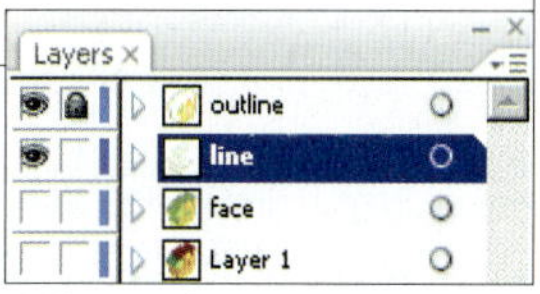

当前图层面板

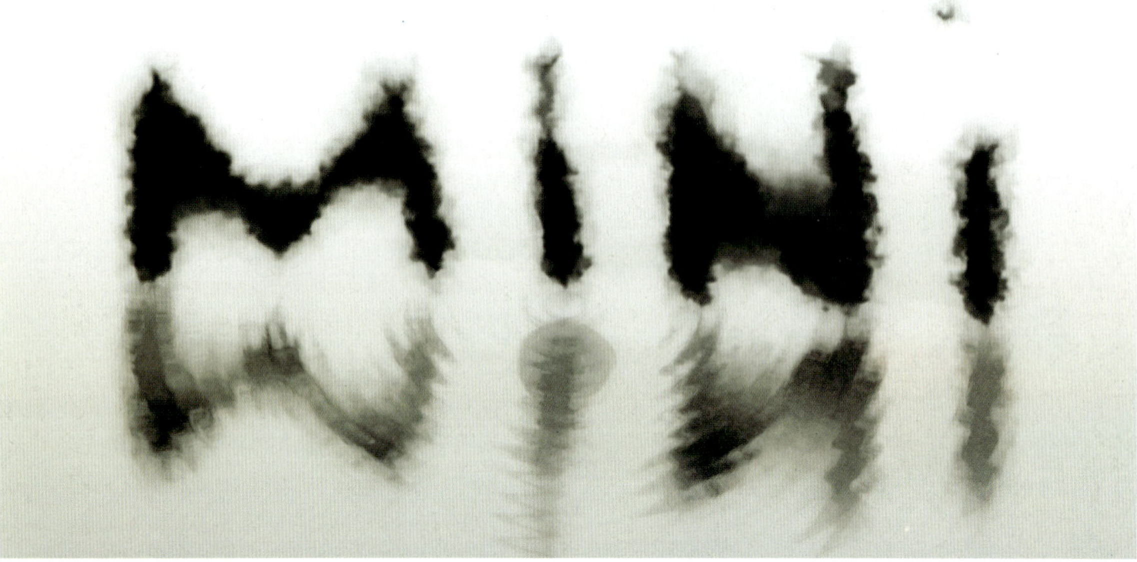

08

08 MINI

利用智能滤镜制作好像在湿润的纸张上晕开一样的文字效果。

Source Location

Effects 08\

mini_finish.psd

mini_apply.psd

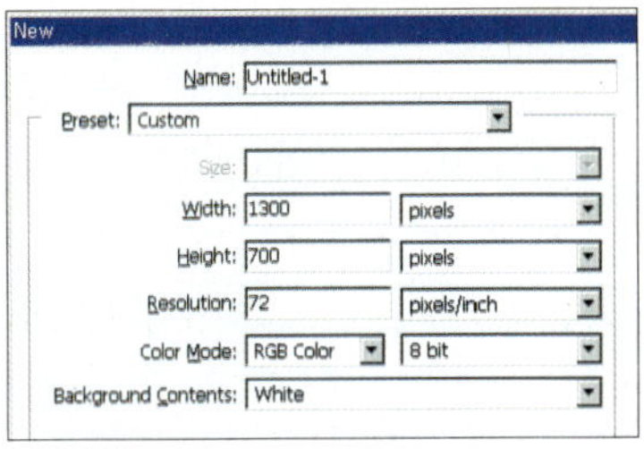

新建文件

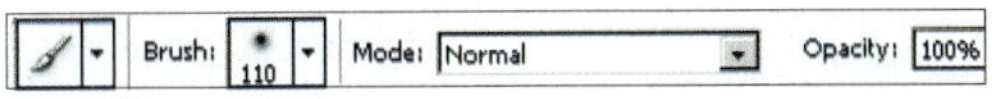

画笔工具选项栏

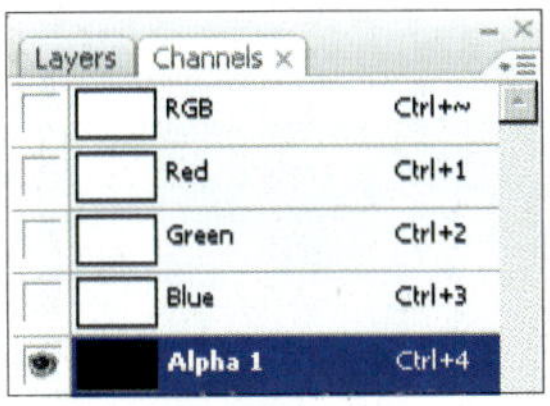

生成的 Alpha1 通道

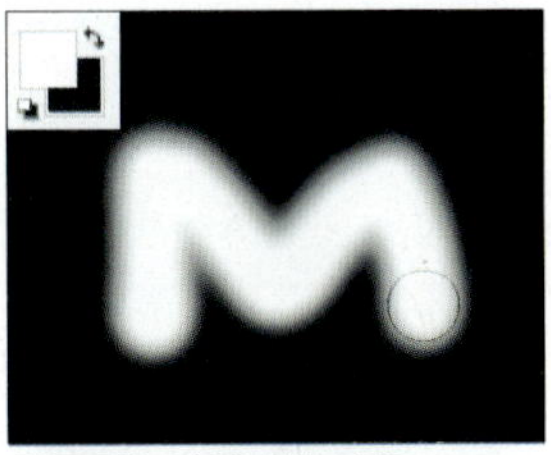

利用画笔工具绘制的过程

01 创建基本形态

下面我们对智能对象应用多种滤镜，表现多种感觉的标题。

选择File>New（文件>新建）命令（Ctrl+N），将Width（宽度）设置为1300pixels，将Height（高度）设置为700pixels，将颜色模式设置为RGB，创建新的文件。

选择画笔工具 ，在上端选项栏中选择110pixels的柔角画笔，然后单击通道面板下端的Create new channel（创建新通道）按钮创建新的通道。

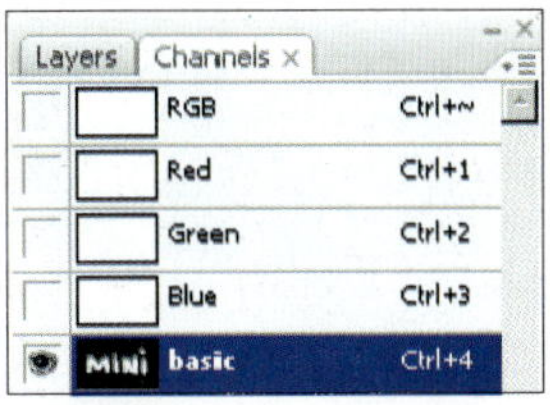

basic 通道

将生成的Alpha 1通道重新命名为basic，确认前景色为白色，选中basic通道，在文件中书写MiNi字样。

完成 MiNi 字样

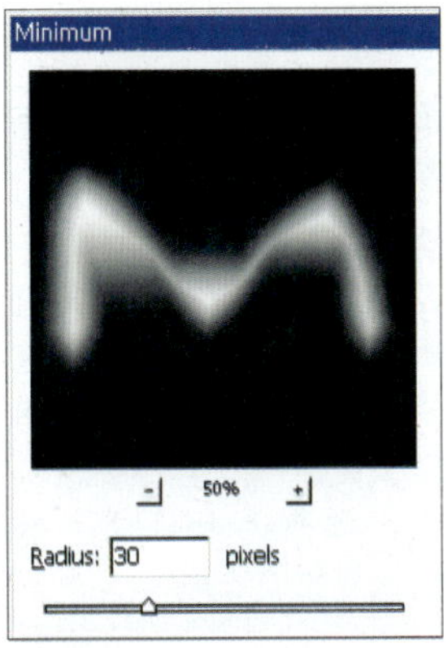

最小值

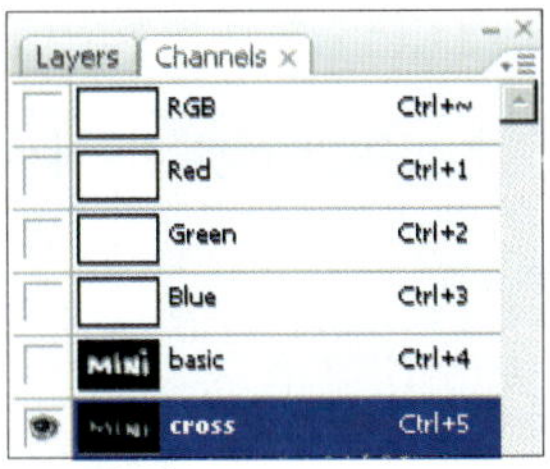

cross 通道

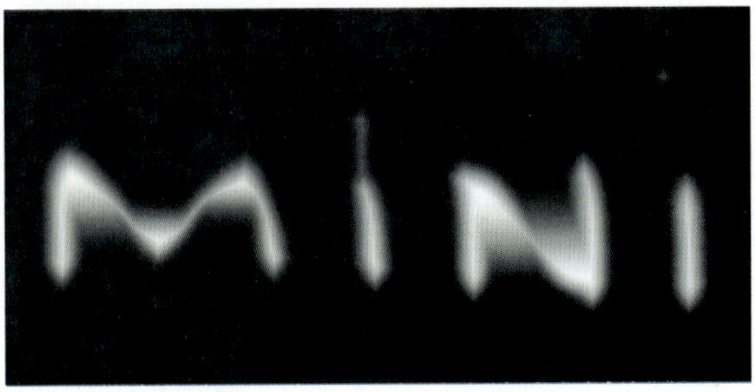

缩小白色选区后的文件

02 制作燃烧的效果

将 basic 通道拖动到通道面板下端的 Create new channel（创建新通道）按钮上进行复制，将复制得到的通道重新命名为 cross。

为了缩小 cross 通道中的白色选区，选中 cross 通道，选择 Filter>Other>Minimum（滤镜 > 其他 > 最小值）命令，将 Radius（半径）设置为 30pixels，按 Enter 键确认，制作尖锐的图像。

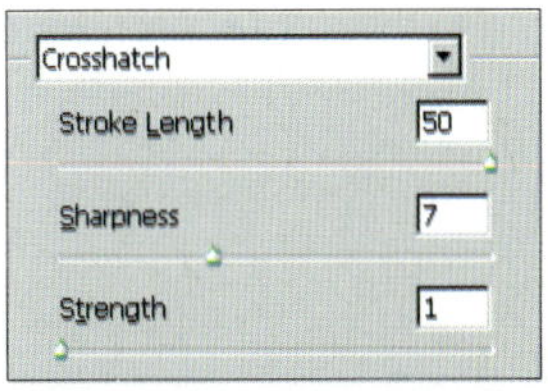

2-a

为了以网线形态表现图像，选中 cross 通道，选择 Filter>Brush Strokes>Crosshatch（滤镜 > 画笔描边 > 阴影线）命令，如图 2-a 所示进行设置。

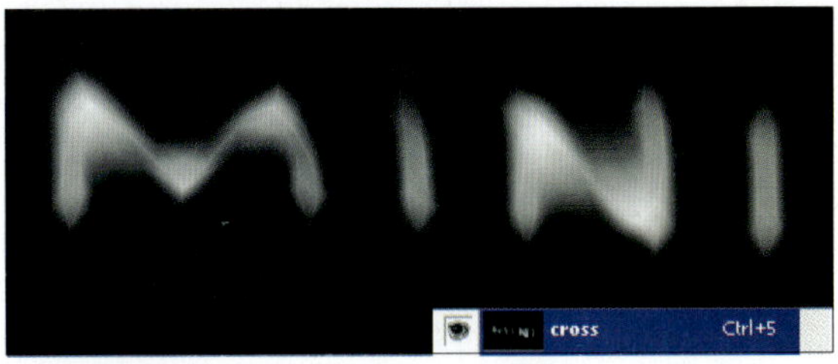

应用阴影线滤镜 cross 通道

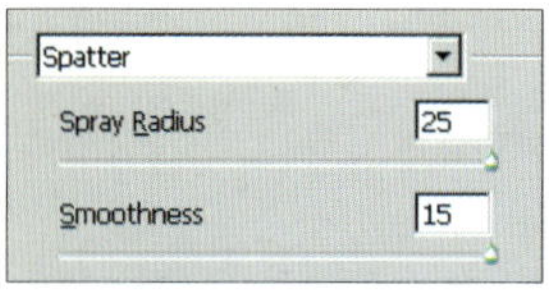

2-b

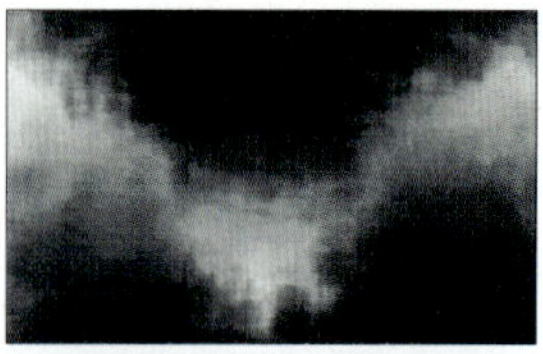

应用喷溅滤镜后放大的效果

复制 cross 通道，将复制的通道重新命名为 spatter。选中 spatter 通道，选择 Filter>Brush Strokes>Spatter（滤镜 > 画笔描边 > 喷溅）命令，如图 2-b 所示进行设置，表现利用喷枪绘制出的效果。

应用多种滤镜的原因

按照最小值、阴影线、喷溅滤镜的顺序进行应用，为了创建为较细的形态，应用最小值滤镜，为了区分单纯的面应用阴影线滤镜，然后为了表现褶皱的形态应用喷溅滤镜，表现出了最终效果。笔者一开始也不是非常清楚这一操作步骤，创建了如下图所示的效果，对效果不太满意，对不足的部分进行调整，发现应该按这样的顺序进行操作。
应用多种滤镜进行练习，会发现多种操作方法。

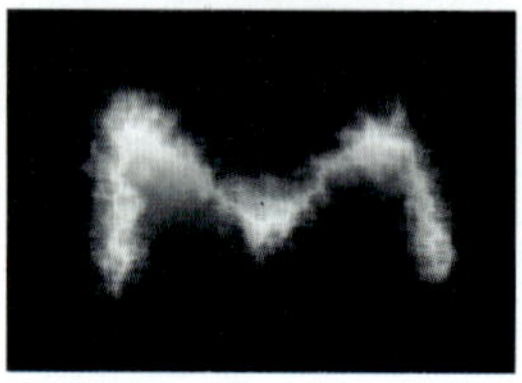

应用最小值滤镜后应用喷溅滤镜滤镜的效果

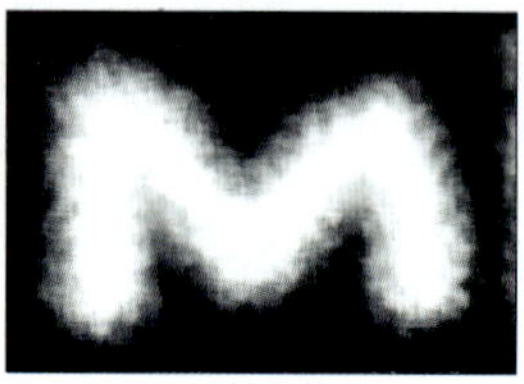

只应用喷溅滤镜的效果

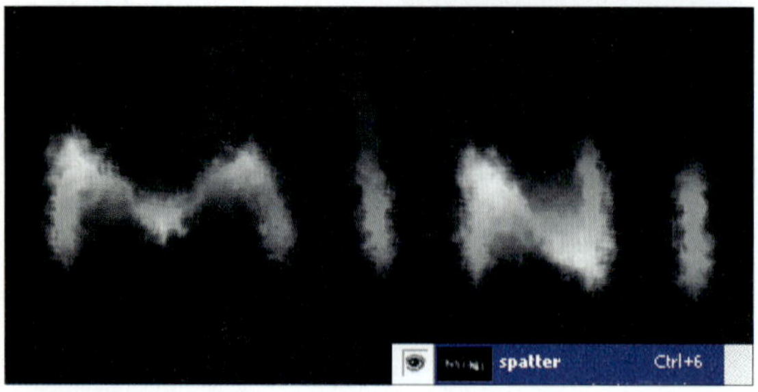

应用喷溅滤镜　　spatter 通道

03 填充颜色

按住 Ctrl 键单击 spatter 通道载入选区，单击图层面板下端的 Create a new layer（创建新图层）按钮创建新的图层，将生成的图层重新命名为 mini。

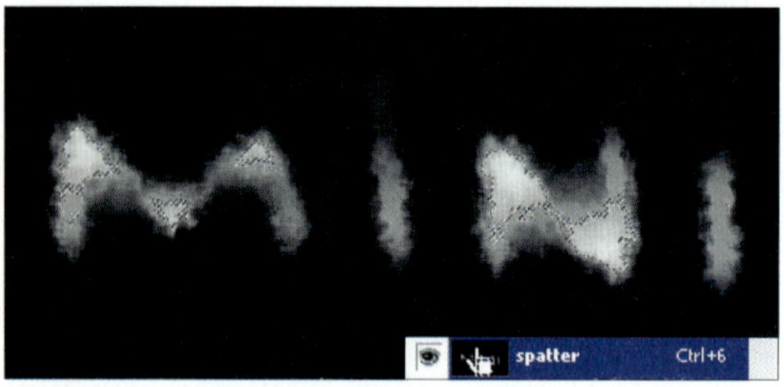

载入选区　　按 Ctrl 键单击

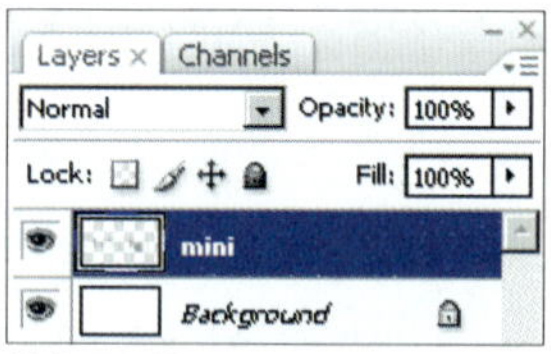

填充黑色的 mini 图层

选中 mini 图层，确认前景色为黑色，按 Alt+Delete 快捷键为载入的选区填充前景色，按 Ctrl+D 快捷键取消选区。

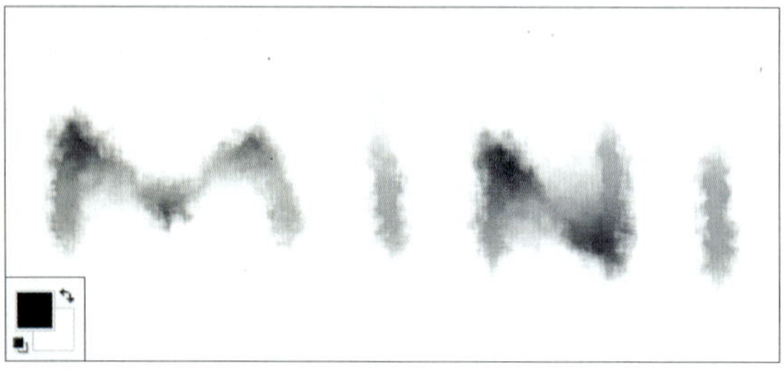

应用前景色

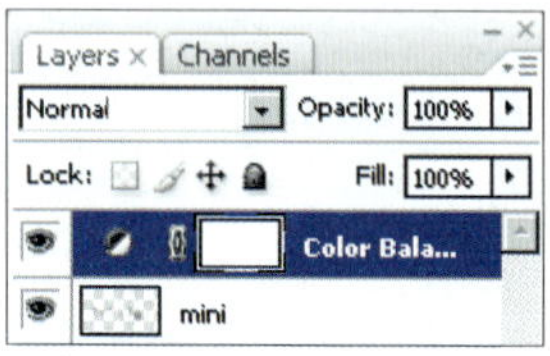

当前图层面板

选择 Image>Adjustments>Color Balance（图像 > 调整 > 色彩平衡）命令，选择 Midtones（中间调）单选按钮，将 Color Levels（色阶）设置为 15,0,-25，表现暖灰色的效果。

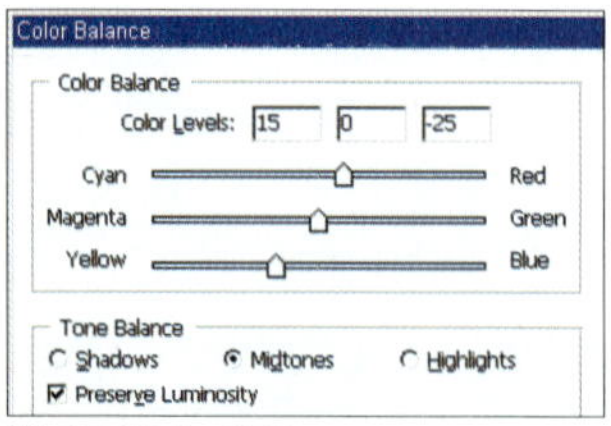

"色彩平衡"对话框

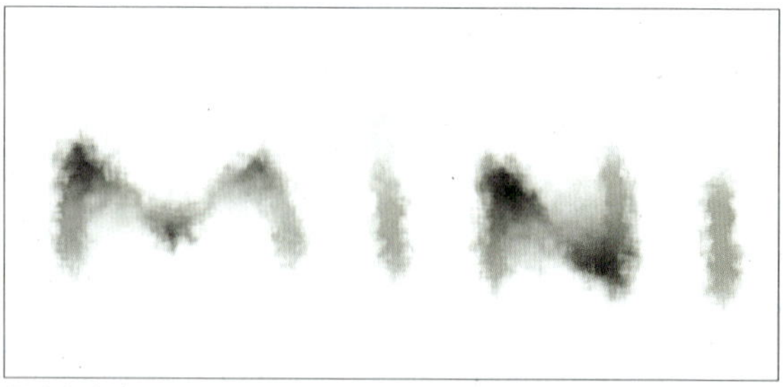

最终完成效果 1

04 创建智能对象

下面我们利用之前制作的效果创建智能对象。

将 mini 图层和 Color Balance 1 图层设置为非激活状态，在 Background 图层上方创建新的图层，将其重新命名为 mini2，填充为白色。

选中 mini2 图层，载入 basic 通道的选区，按 Alt+Ctrl+4 快捷键，确认前景色为黑色，然后按 Alt+Delete 快捷键填充载入的选区。

按 Ctrl+D 快捷键取消选区，在 mini2 图层中单击鼠标右键，在弹出菜单中选择 Convert to Smart Object（转换为智能对象）命令，将图像转换为智能对象。

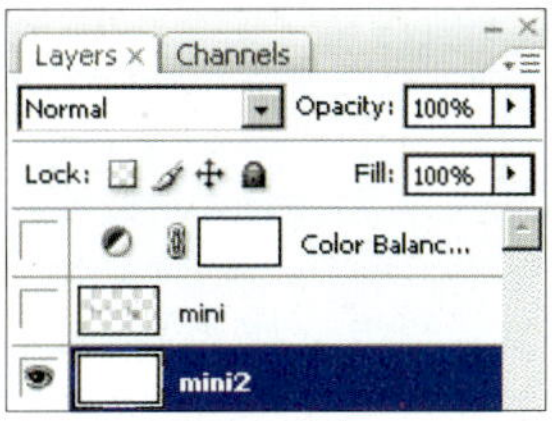

为 mini2 图层应用白色

载入 basic 通道选区

应用黑色

mini2 图层

选择“转换为智能对象”

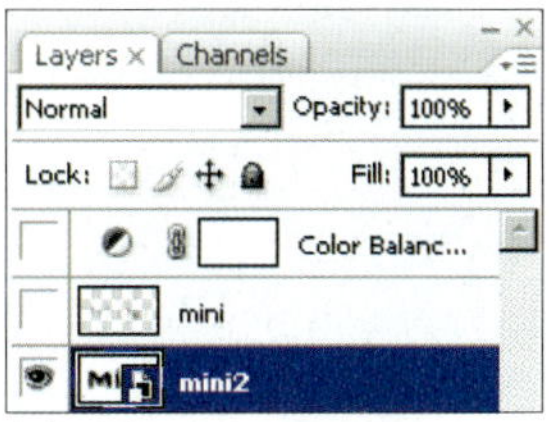

智能对象

利用快捷键选择通道

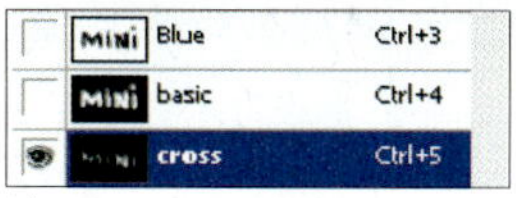

按 Shift+Ctrl+5 的状态

按 Shift+Ctrl+（通道号）快捷键，选择相应的通道，文件中就会显示通道的图像。

05 应用智能滤镜

为了在白色背景上创建黑色的文字，选择Filter>Other > Maximum（滤镜>其他>最大值）命令，将Radius（半径）设置为20pixels，缩小文字。在智能图层中应用滤镜效果，会显示智能滤镜，在下方显示滤镜的列表，方便进行确认。这里应记住之后要使用的滤镜。

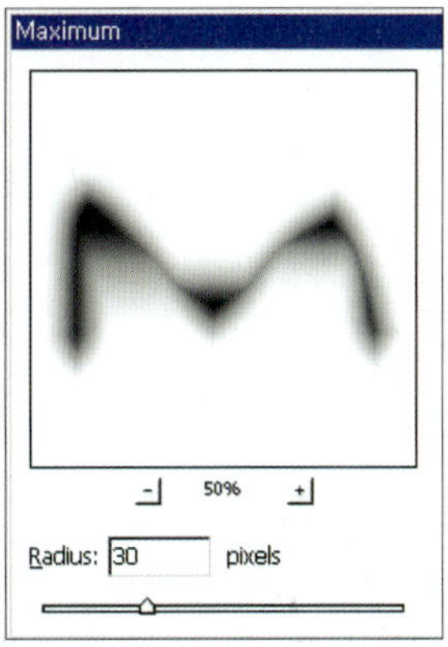

最大值

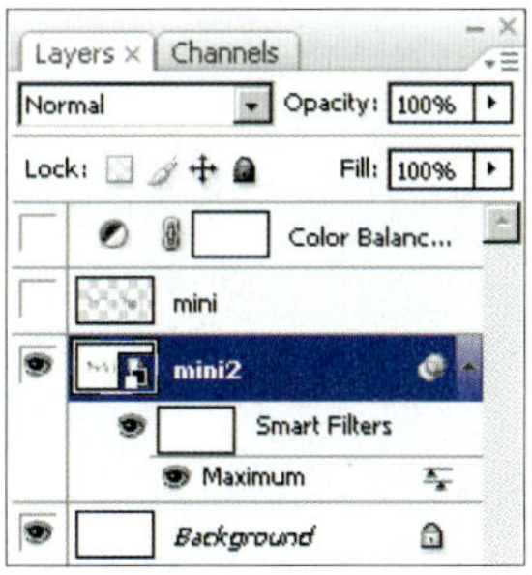

当前图层面板

当前文件

智能滤镜效果蒙版

如果想要部分地表现智能滤镜，选择滤镜效果蒙版缩览图，利用画笔工具或渐变工具等润饰工具将想要隐藏的部分润饰为黑色，可以调节智能滤镜的表现范围。

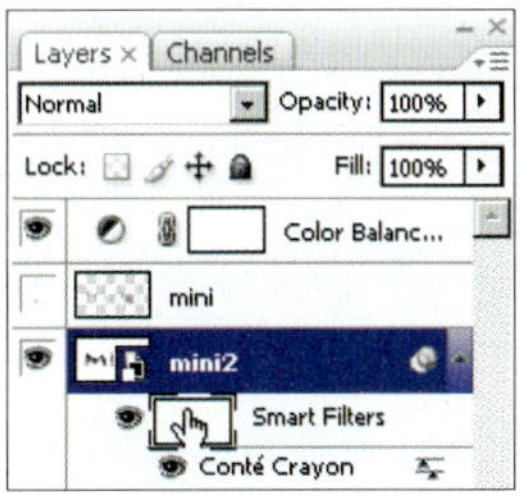

选择滤镜效果蒙版

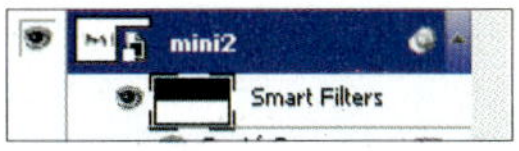

滤镜效果蒙版

在滤镜效果蒙版中应用黑色的效果

载入图层或通道区域的标准

按 Ctrl 键单击图层或通道载入选区的时候，图层载入像素，通道载入明亮的图像。如下图所示的图层和通道，载入与按 Ctrl+A 快捷键全选相同的区域。相反，由于没有要载入的像素或者明亮的图像，会弹出警告窗口。由于图层和通道具有不同的标准，因此要确认状态进行载入。在下图中想要载入 mini2 图层黑色的文字图像的话，由于是整体填充的状态，按 Ctrl 键单击图层，会整体选择，因此要利用亮度载入通道。

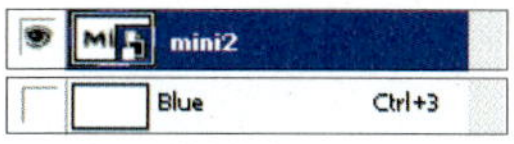

图层和通道的状态

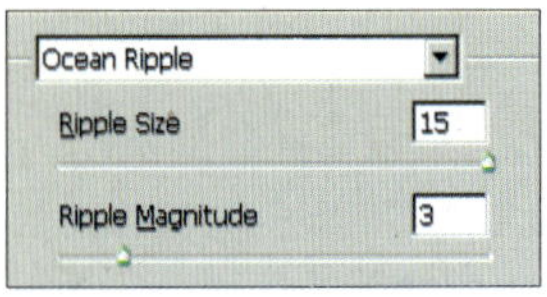

5-a

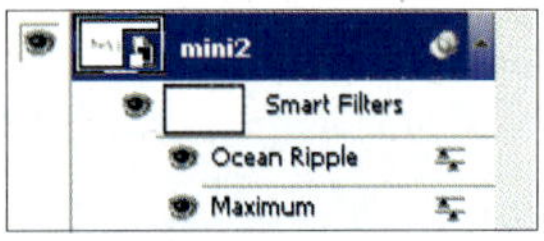

应用海洋波纹滤镜

应用海洋波纹滤镜的效果

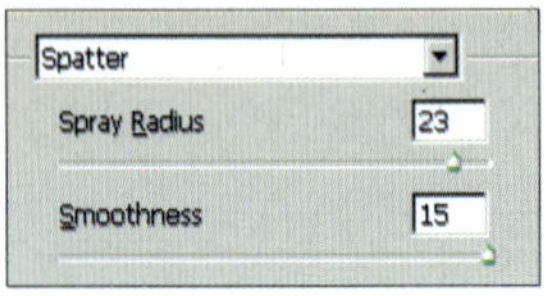

5-b

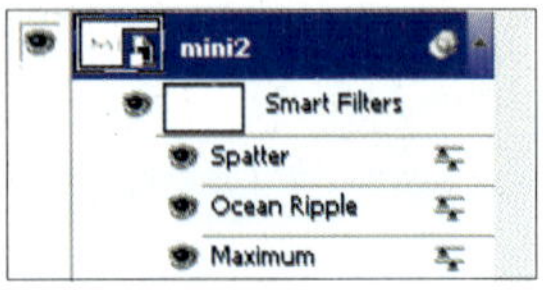

应用喷溅滤镜

应用喷溅滤镜的效果

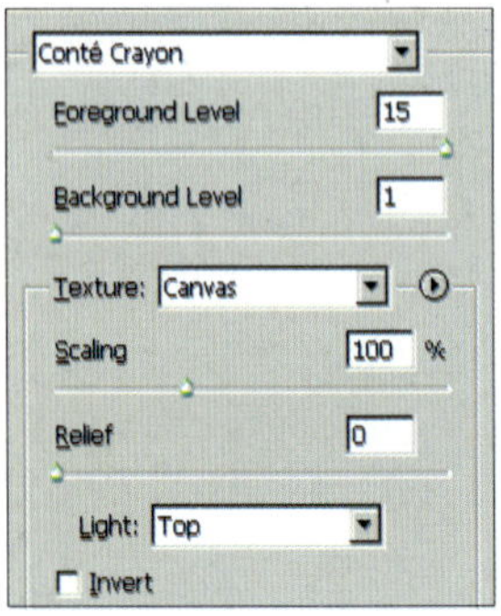

5-c

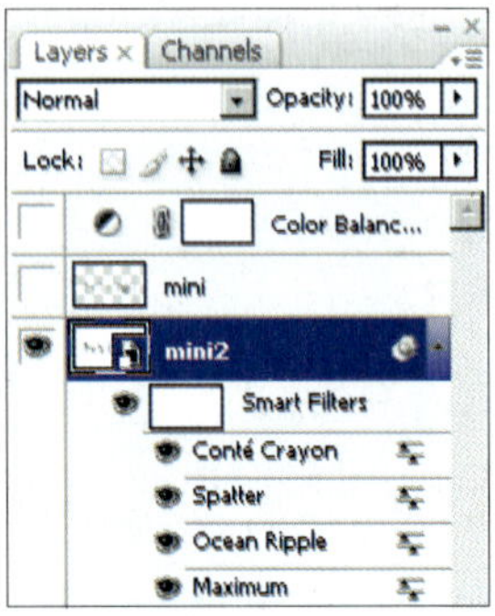

应用炭精笔滤镜

应用炭精笔滤镜的效果

选中 mini2 图层，选择 Filter>Distort>Ocean Ripple（滤镜 > 扭曲 > 海洋波纹）命令，如图 5-a 所示进行设置，表现水波荡漾的效果。

为了表现利用喷枪喷洒的效果，选择 Filter>Brush Strokes>Spatter（滤镜 > 画笔描边 > 喷溅）命令，如图 5-b 所示进行设置后确认。

确认前景色为黑色，背景色为白色，选择 Filter>Sketch>Conte Crayon（滤镜 > 素描 > 炭精笔）命令，如图 5-c 所示进行设置。表现出手抹的效果。

由于 Foreground Level（前景色阶）为 15，因此扩展为黑色。

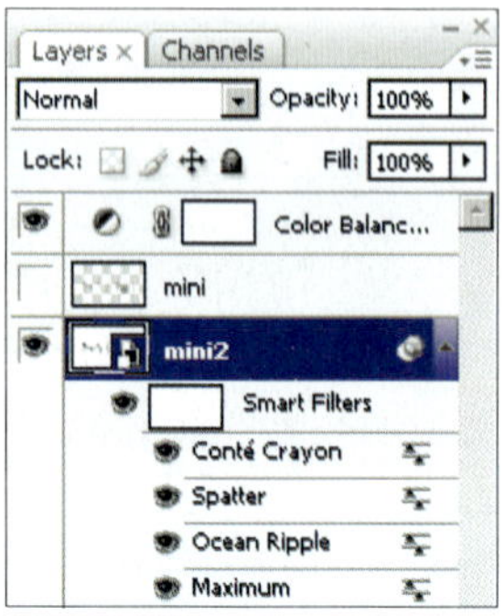

当前图层面板

最终完成效果 2

将“凸现”设置为 0

在 Conte Crayon（炭精笔）对话框中如果设置了 Relief（凸现）值，会表现纹理，因此为了清除质感，将其设置为 0。

“炭精笔”对话框

“凸现”为 0 以上的效果

“凸现”为 0 以上的效果

在 mini2 图层上单击鼠标右键，在弹出菜单中选择 Rasterize Layer（栅格化图层）命令，会得到所有效果都在一个图层上的结果，无法对所应用的滤镜进行更改，因此如果要栅格化图层，最好复制后进行操作，以保护原图像。

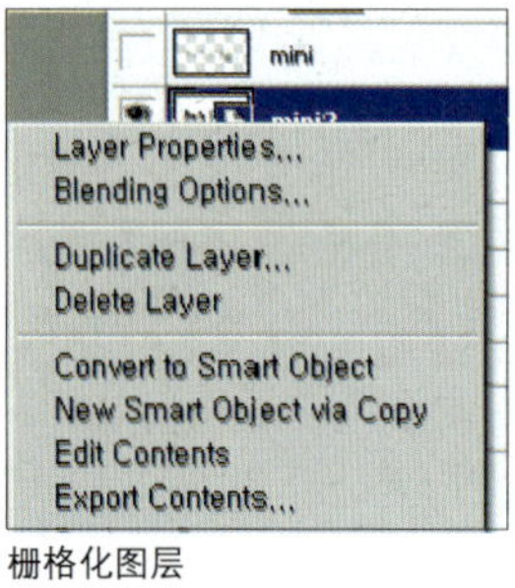

栅格化图层

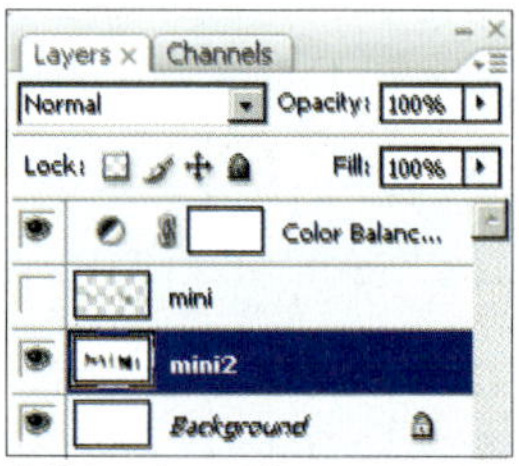

合并为一个图层的 mini2 图层

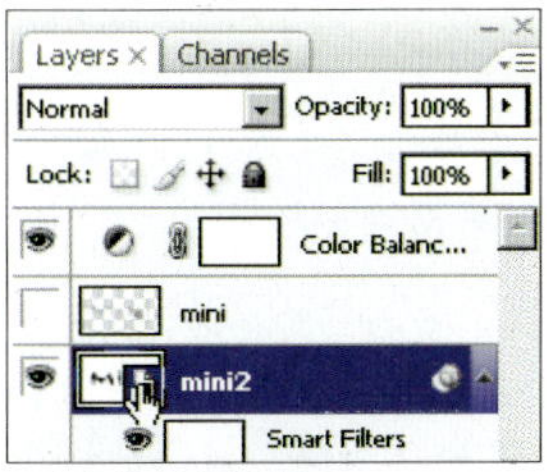

双击智能对象缩览图

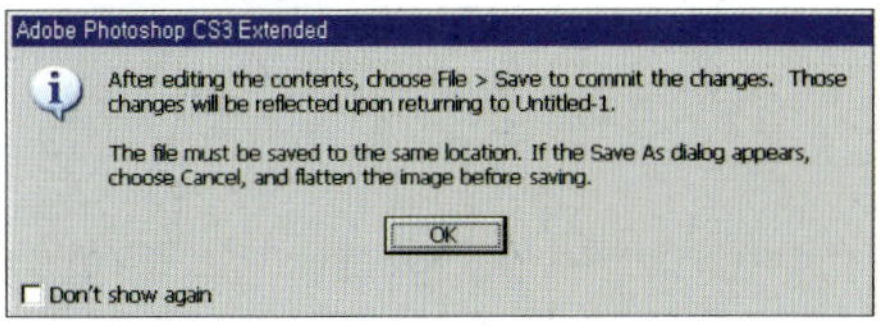

提示框

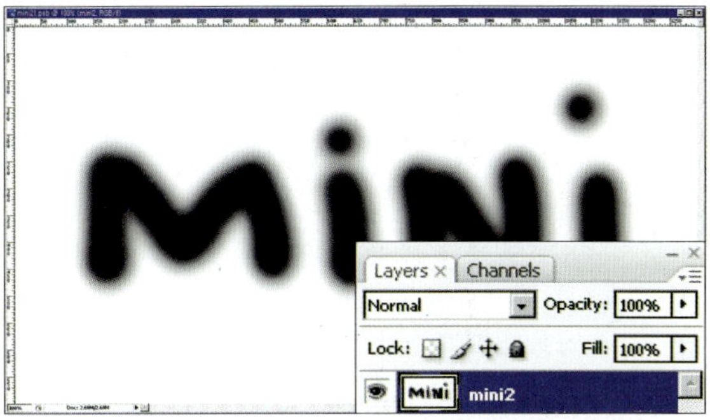

mini21.psb 文件　　mini21.psb 文件的图层面板

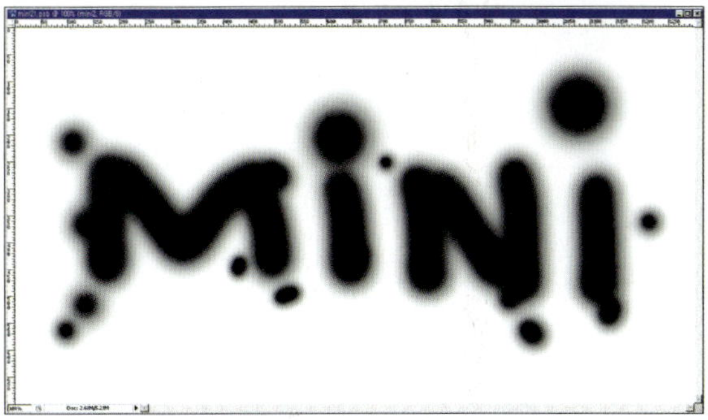
mini21.psb 文件中润饰后保存

在带有智能对象的文件中确认

06 应用智能对象

为了对智能图层进行润饰，双击智能对象缩览图，在弹出的信息框中单击 OK 按钮确认，生成 mini21.psb 文件。

在 mini21.psb 文件中调节画笔大小进行润饰，选择 File>Save（文件 > 存储）命令（Ctrl+S），确认带有智能对象的文件，可以看到润饰后的效果应用到了智能对象中。

与润饰完成后保存相比，最好对润饰的每一步操作进行保存，这样可以轻松地得到所需的效果。

润饰并保存后确认

在智能对象中直接润饰，属性会消失

如果在智能对象中利用画笔工具润饰，单击文件会弹出提示框，单击 OK 按钮确认后，所有的智能滤镜会合并为一般图层。

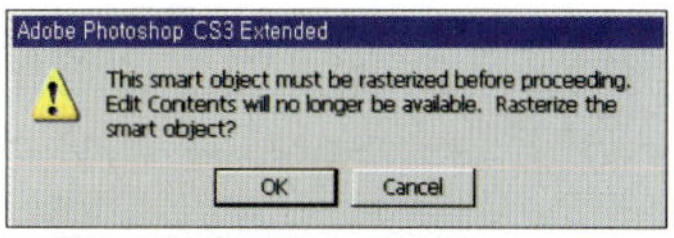

提示框

确认后的图层面板

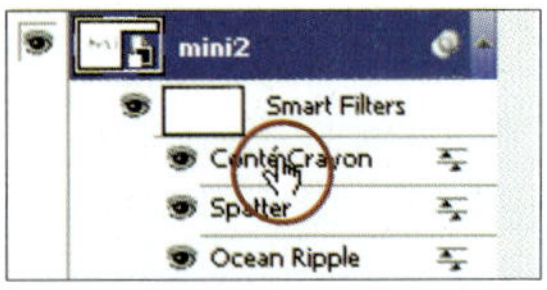

双击滤镜效果名称

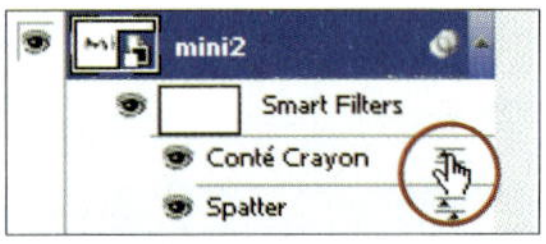

双击编辑路径混合选项

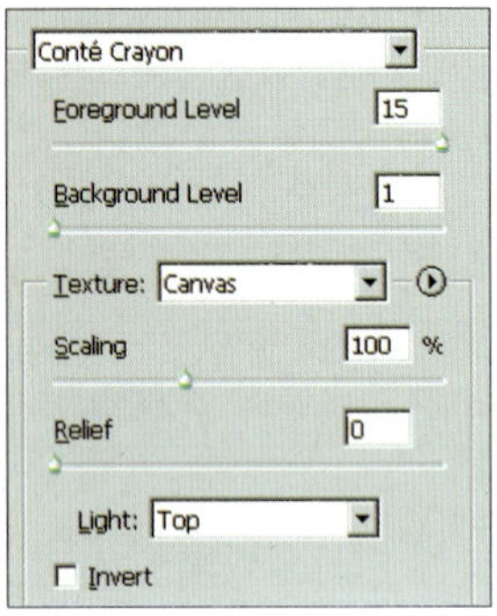

"炭精笔"对话框

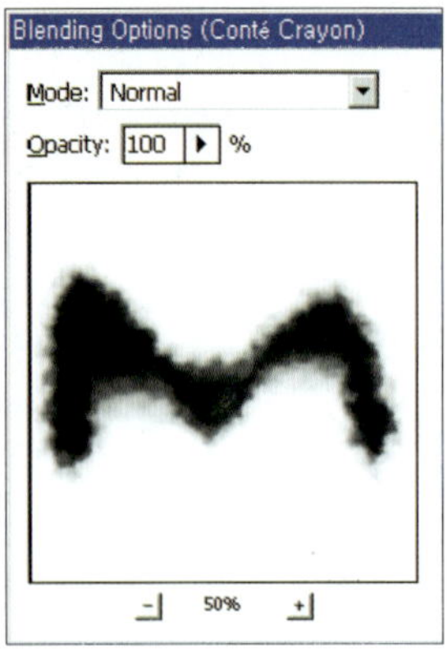

"混合选项"对话框

THINK OVER!

1. 智能滤镜的选项

如果想要再次设置在智能对象中应用的滤镜的数值，双击相应的路径就会弹出调节数值的对话框。

双击智能滤镜的 Edit Filter Blending Options（编辑智能滤镜混合选项），在弹出的 Blending Options（混合选项）对话框中调节相应滤镜的透明度，就可以设置混合模式，表现出多样的效果。

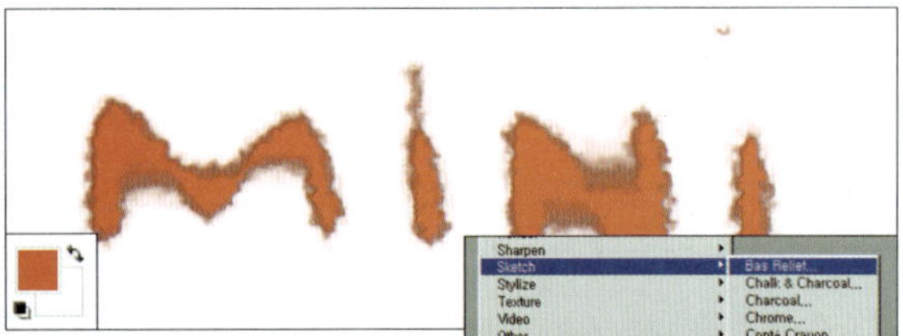

设置前景色和背景色后再次应用的效果

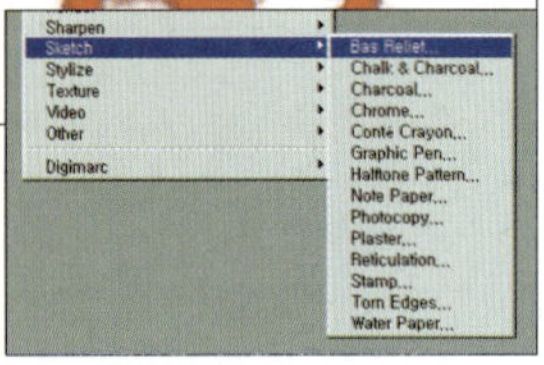

受前景色和背景色影响的素描滤镜

THINK OVER!

2. 如果想要更改素描滤镜的颜色

像在步骤 05 中应用的素描滤镜一样，如果应用受前景色和背景色影响的滤镜，必须保存当时的前景色和背景色。如图所示，想要更改颜色的话，必须要删除滤镜效果后再次进行应用。

双击素描滤镜，可以在工具箱中确认设置时的前景色和背景色。

粘贴的图像

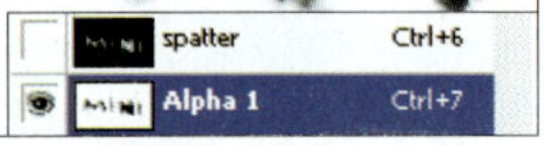

在生成的通道中粘贴

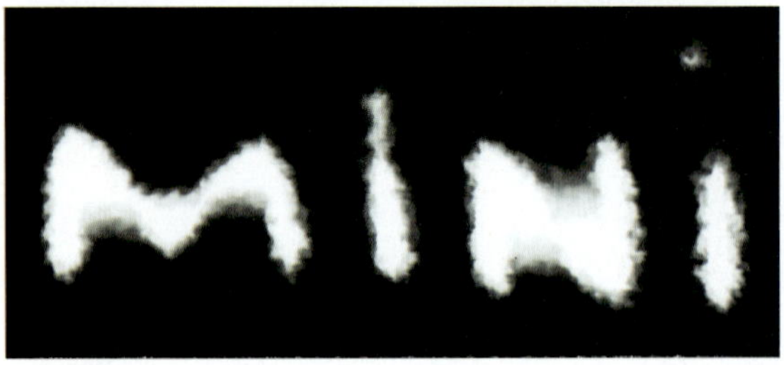

反转图像

THINK OVER!

3. 提取智能对象的形态

下面我们从智能对象中提取要操作的标题的形态。

与在通道中进行操作相比利用智能对象进行操作，可以直接确认与其他滤镜应用的效果，非常方便。

但是为了提取标题形态，需要利用通道进行提取。因此选中 mini2 图层，按 Ctrl+A 快捷键全选文件后，选择 Edit>Copy Merged（编辑 > 合并拷贝）命令（Ctrl+Shift+C）复制当前显示的图像，在通道面板中创建新的通道，然后按 Ctrl+V 快捷键粘贴。选中粘贴的通道，选择 Image>Adjustments>Invert（图像 > 调整 > 反相）命令（Ctrl+I），反转图像。

在指定对象中应用滤镜的优缺点

通过智能对象可以轻松地对比智能对象根据滤镜的数值变化产生的效果，而且可以轻松地调节数值。但是同在通道中进行操作一样，在应用滤镜的过程中不能利用润饰工具对图像进行操作或者调整。

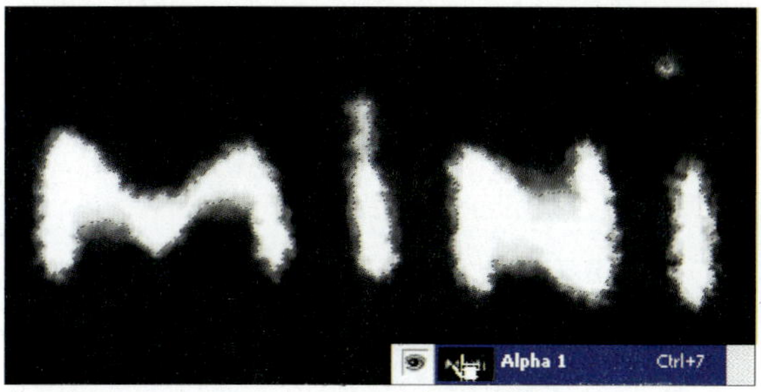

载入选区 按住 Ctrl 键单击

只激活粘贴图层的状态

按住 Ctrl 键单击通道载入选区，然后在图层面板中创建新的图层，在载入的区域中填充黑色，利用智能对象可以提取标题的形态。

按Ctrl+Alt+~快捷键载入选区，保存选区后反转图像，可以载入和提取文字形态的步骤相同的选区。

按 Ctrl+Alt+~ 快捷键与按住 Ctrl 键单击 RGB 通道的效果相同。

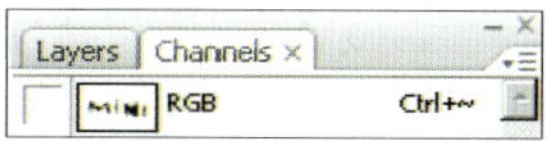

RGB 通道的状态

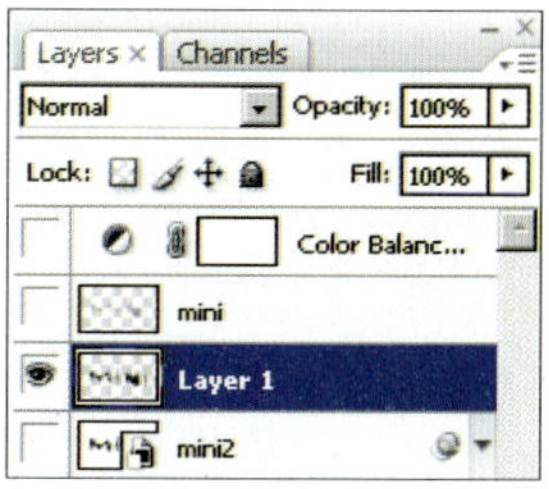

当前图层面板

没有应用滤镜的智能对象

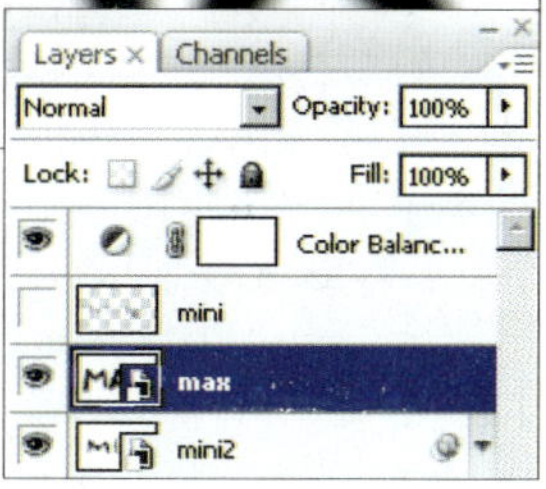

智能对象

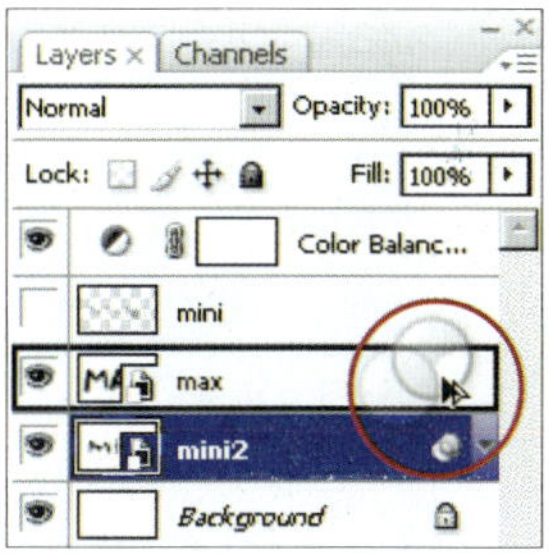

按住 Alt 键拖动

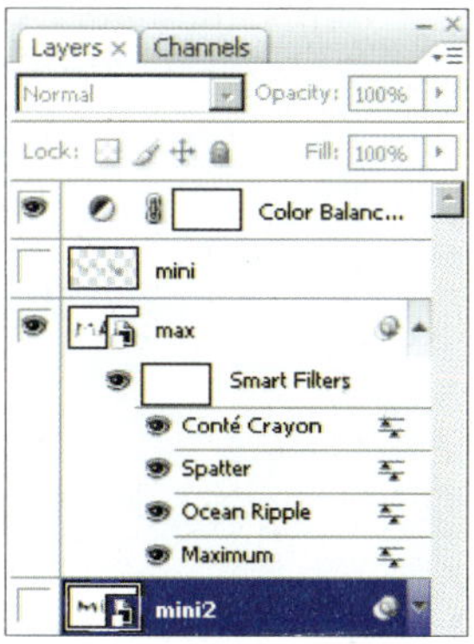

复制的智能滤镜

THINK OVER!

4. 复制智能滤镜

智能对象的滤镜效果可以轻松地应用于其他智能对象。按住 Alt 键单击应用的智能对象的 Indicates filter effects（指示滤镜效果）按钮，然后拖动到要应用的智能对象上复制即可应用 Indicates filter effects（指示滤镜效果）无法应用于一般图层，只能应用于一般对象。

当前文件

7
SEVEN

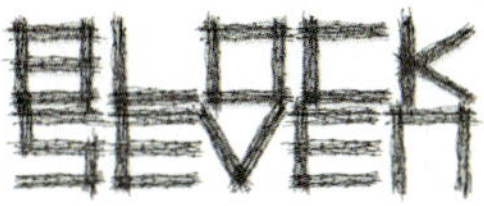

09 7 BLOCK

制作手工抽取铁丝排列而成的标题效果。

Source Location

Effects 09\
- 7block_start.psd
- 7block_finish.psd
- 7block_apply.psd
- line_s.psd
- line_pic.psd
- block.psd

铁丝网图像

当前图层面板

01 确认操作文件

下面我们提取利用数码相机拍摄的铁丝网图像，制作表现利用铁丝网构成的手工文字效果。

打开 line-pio.psd 文件。

Line-pio.psd 文件

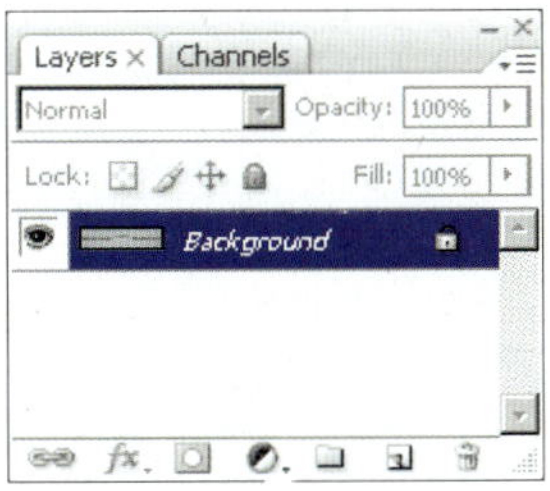

创建新的填充或调整图层

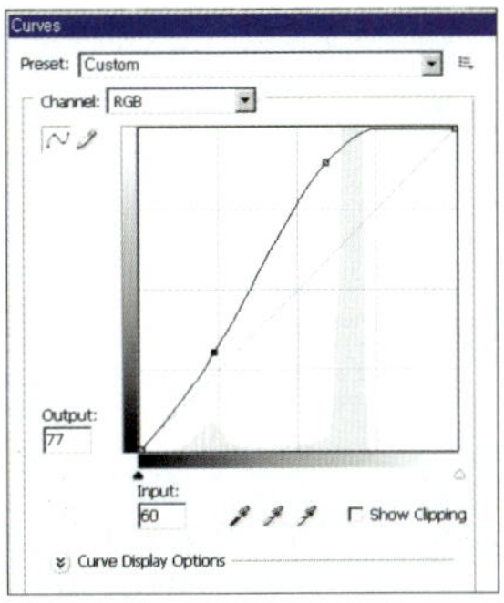

2-a

应用曲线

02 为了提取素材而调整图像

单击图层面板下端的 Create new fill or adjustment layer（创建新的填充或调整图层）按钮，选择 Curves（曲线），如图 2-a 所示进行设置，增加铁丝网和背景颜色的明暗差别，可以更加便于提取素材。

使用调整图层，保留可以调整的余地。

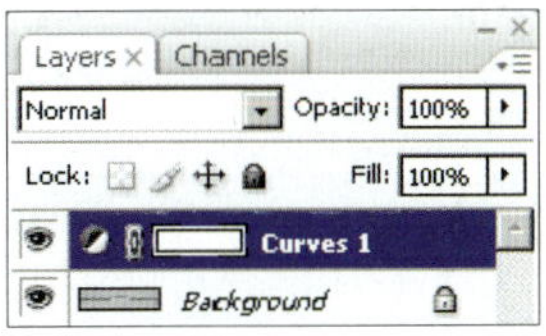

当前图层面板

03 在通道中提取形态 1

下面我们从通道中提取铁丝网的形态。

按 Ctrl+A 快捷键全选当前文件，为了复制当前选中的区域，选择 Edit>Copy Merged（编辑 > 合并拷贝）命令（Ctrl+Shift+C），单击通道面板下端的 Create new channel（创建新通道）按钮，按 Ctrl+V 快捷键将图像粘贴到 Alpha 1 通道中。按 Ctrl+D 快捷键取消选区。

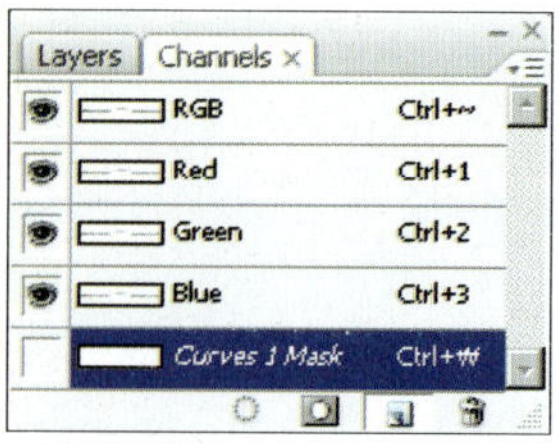

创建新通道

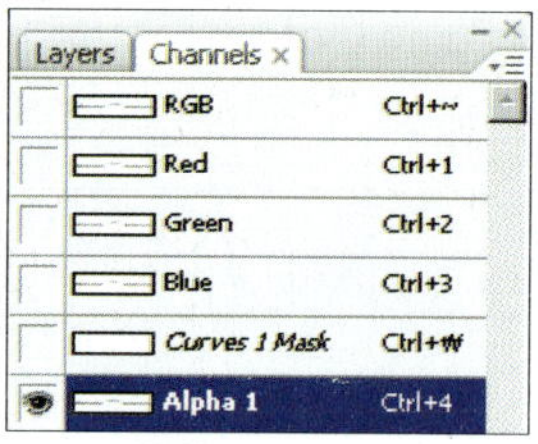

Alpha 1 通道

选中 Alpha 1 通道，为了提取铁丝网的形态，将背景设置为黑色，铁丝网设置为白色。选择 Image>Adjustments>Levels（图像 > 调整 > 色阶）命令（Ctrl+L），如图 3-a 所示进行设置。然后选择 Image>Adjustments> Invert（图像 > 调整 > 反相）命令（Ctrl+I）反转图像。

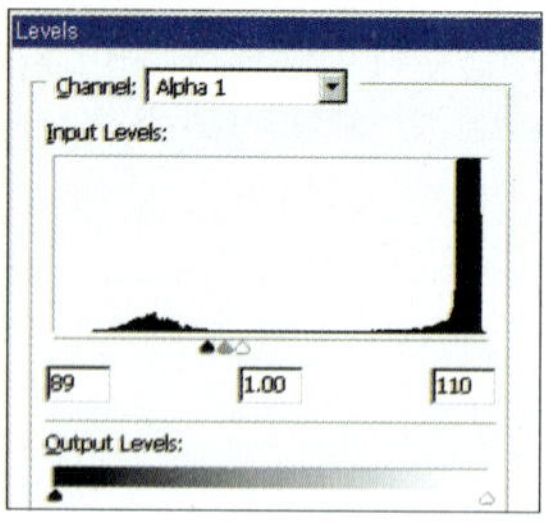

3-a

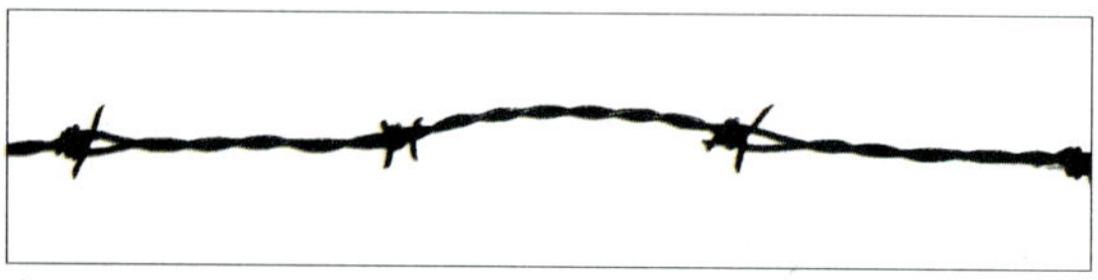
应用色阶

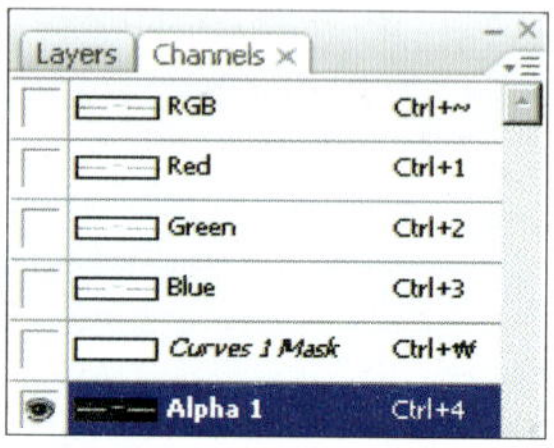

当前通道面板

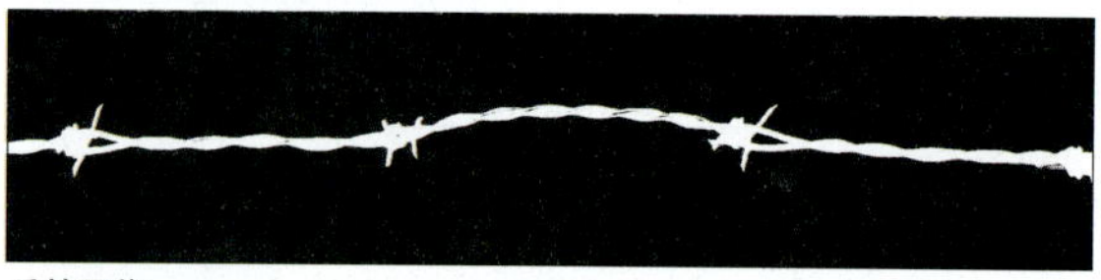
反转图像

如果色阶滑块的间距过小，会创建出生硬的轮廓

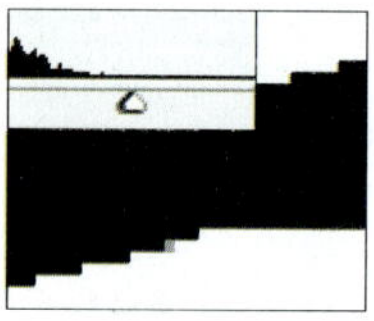

如果色阶滑块的间距较小，轮廓会非常生硬，与利用选择工具时没有选择消除锯齿选项的结果相似。由于是用于提取素材，因此要把色阶滑块的间距调整得大一些，表现出柔和的轮廓。

04 在通道中提取形态 2

我们可以看到，在铁丝网内部出现了一些黑点。接下来要把它们更改为白色，创建完整的形态。

选中 Alpha 1 通道，使用缩放工具放大，可以看到铁丝网中的黑色部分。

在画笔工具选项栏中选择硬角画笔，确认前景色为白色，按 [和] 键调节画笔大小，将黑点润色为白色。

画笔工具选项栏

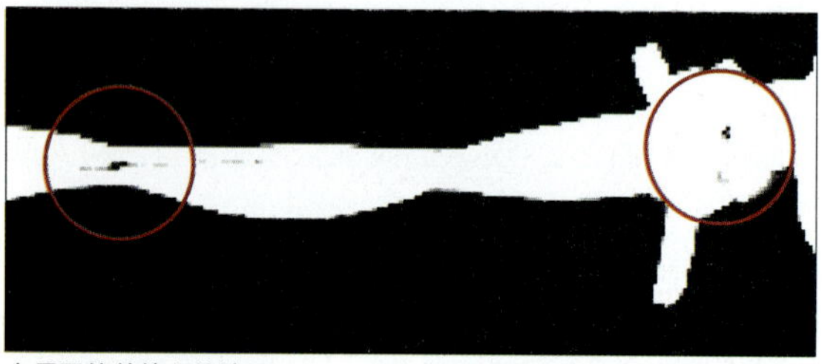
应用画笔前放大的效果

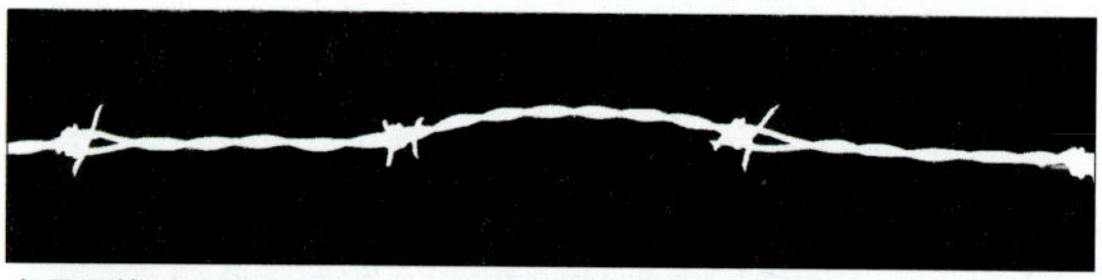
应用画笔后

应用画笔后放大的效果

如果无法进行润色操作

如果在进行润色操作时没有任何反应，第一种可能性是前景色设置为白色且选项栏中的Mode（模式）设置为Multiply（正片叠底），或者是前景色为黑色而选项栏中的模式为Screen（滤色）。第二，确认是否在勾选了锁定透明像素的图层的透明区域润色，取消选择后再进行润色即可。第三，可能由于选区已被选中而没有反应，按Ctrl+D快捷键取消选区后即可进行操作。

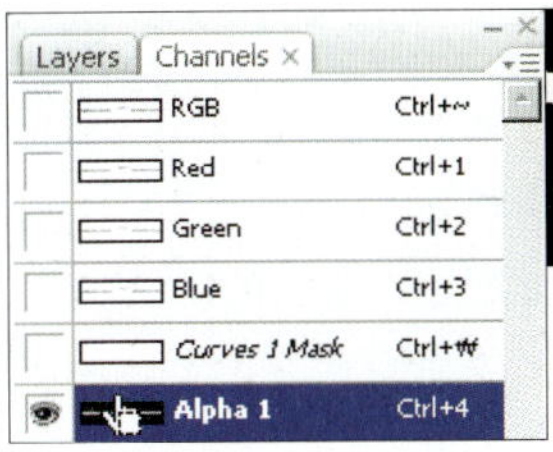

按住 Ctrl 键单击 Alpha 1 通道

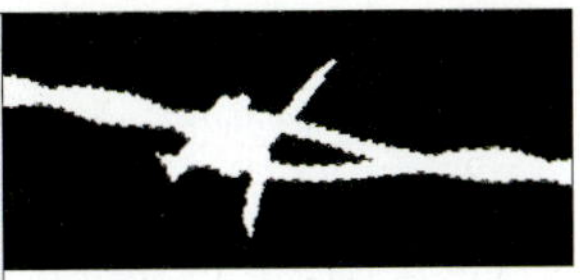

载入 Alpha 1 通道选区

复制显示的区域后粘贴

前景色

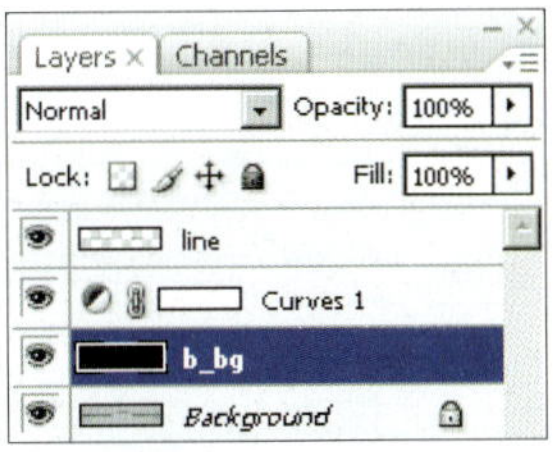

在 b_bg 图层中应用前景色

05 在通道中提取形态 3

按住 Ctrl 键单击 Alpha 1 通道，选择图层面板中的 Curves 1 图层，为了复制当前显示区域，选择 Edit>Copy Merged（编辑 > 合并拷贝）命令（Ctrl+Shift+C），按 Ctrl+V 快捷键粘贴，将得到的新图层重新命名为 line。

选择 Background 图层，单击图层面板下端的 Create a new layer（创建新图层）按钮，创建新的图层。确认前景色为黑色，按 Alt+Delete 快捷键填充图层，将填充完毕的图层重新命名为 b_bg。

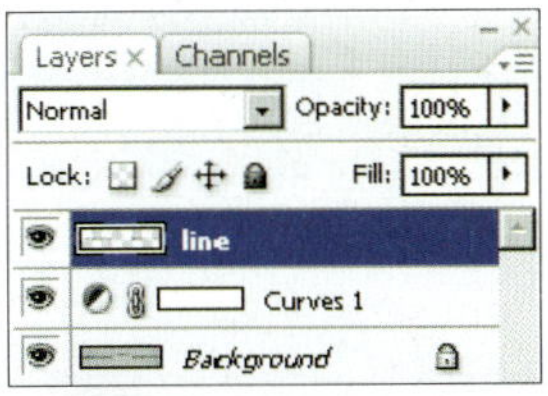

line 图层

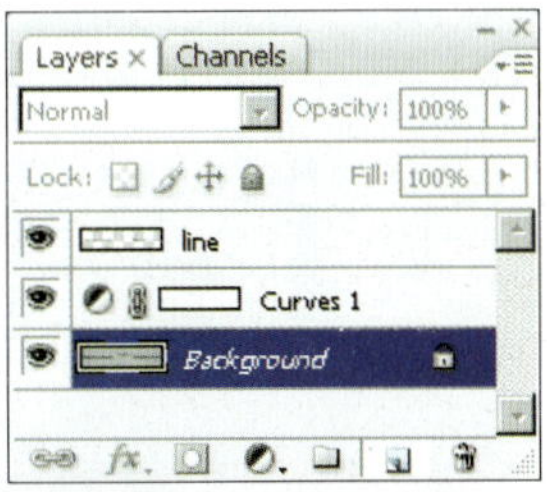

创建新图层

当前文件

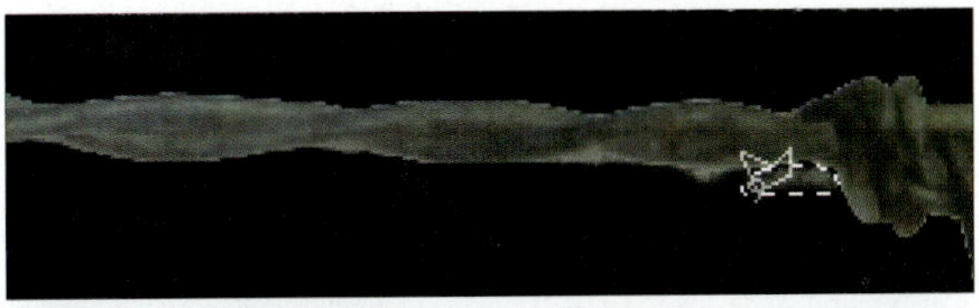

选择阴影，按 Delete 键删除

轮廓白色杂点

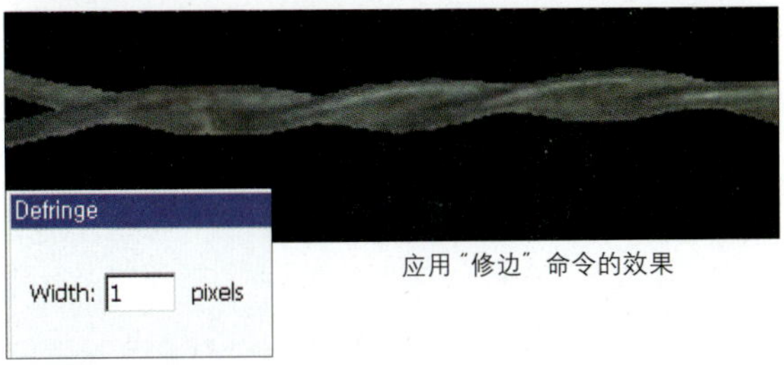

应用"修边"命令的效果

宽度设置为 1pixels

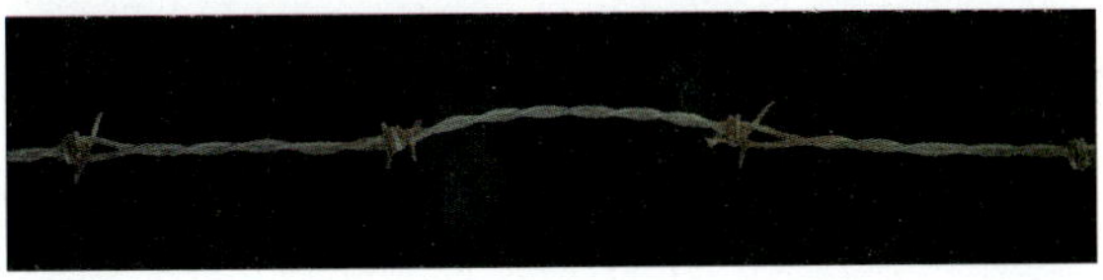

当前文件

06 删除杂点

下面我们来删除混乱的杂点。

首先选择 line 图层，选择多边形套索工具，放大 line 图层的图像，可以看到铁丝网边缘多余的阴影区域。将 Feather（羽化）值设置为 0px，选择多余的阴影区域，然后按 Delete 键删除。

放大图像后可以看到铁丝网轮廓上有白色杂点。这是由于为了提取铁丝网而创建的选区中包含白色背景图像。要提取的对象和背景图像的色调差异较大时，杂点会比较明显。为了删除杂点，选择 Layer>Matting>Defringe（图层 > 修边 > 去边）命令，将 Width（宽度）设置为 1pixels。这样就能覆盖轮廓上的杂点。如果 Matting（修边）命令为非激活状态，需要先选中轮廓所在的 Line 图层。

如果无法调节画笔的硬度

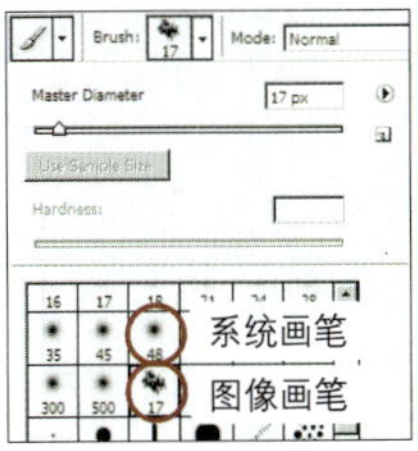

非激活状态的硬度选项

如果无法调节画笔的硬度，是因为选择了图像画笔。图像画笔可以调节大小，但无法像系统画笔一样调节硬度。

7block_start.psd 文件

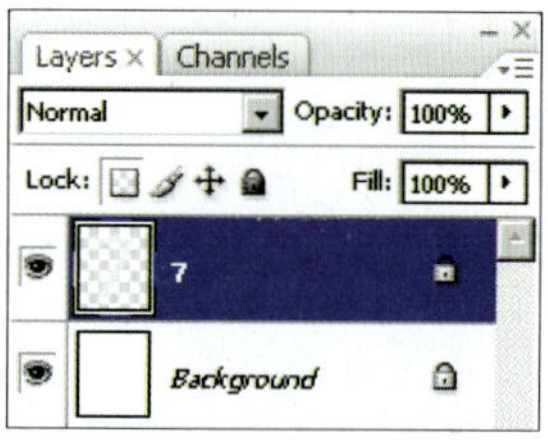

7block_start.psd 文件图层面板

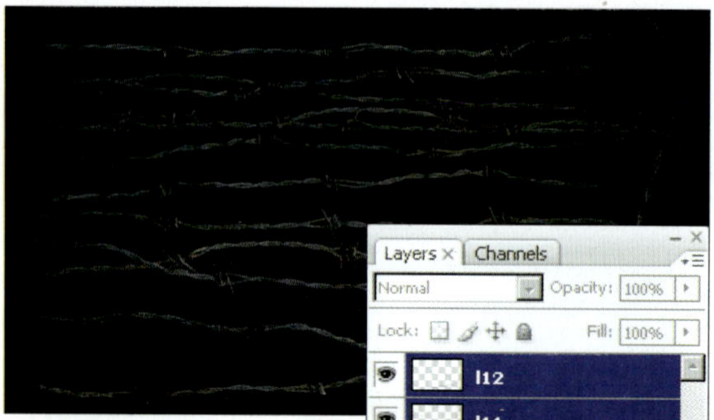

line_s.psd 文件

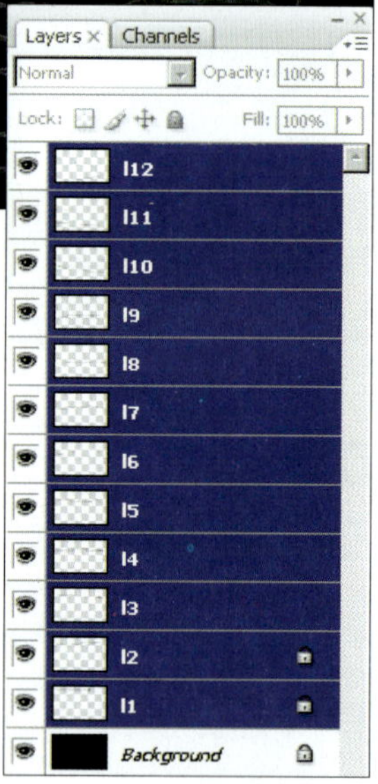

line_s.psd 文件的图层面板

按住 Shift 键移动文件

在将选区、通道、图层等要素移动到大小不同的文件中时，按住 Shift 键拖动可以放置到文件中央，如果文件大小相同，可以放置到素材原本的位置。

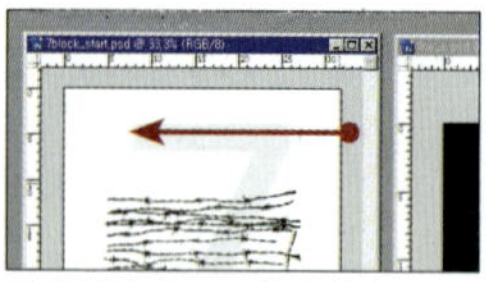

移动到大小不同的文件中

07 排列制作的素材

打开 7block_start.psd 和 line_s.psd 文件。line_s.psd 文件是通过前面的过程操作得到的。

选择文件 line_s.psd 中的 l12 图层，按住 Shift 键单击 1 图层，将图层拖动到 7block_start.psd 文件中，放置到 7 图层上方。

选择移动工具，从l12图层开始直至l1图层逐个选中，如图7-a所示进行放置。

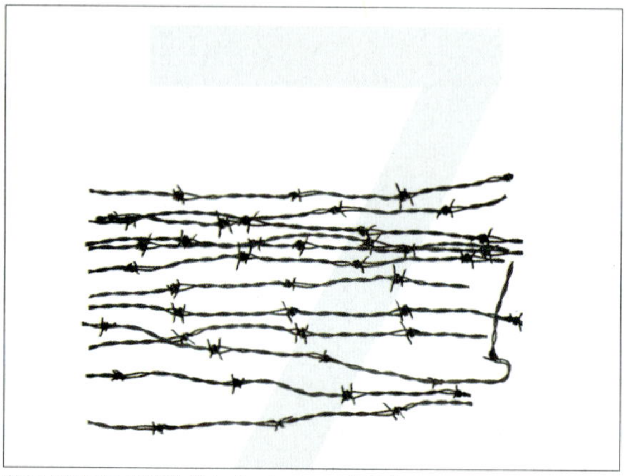

将选中的图层拖动到 7block_start.psd 文件中

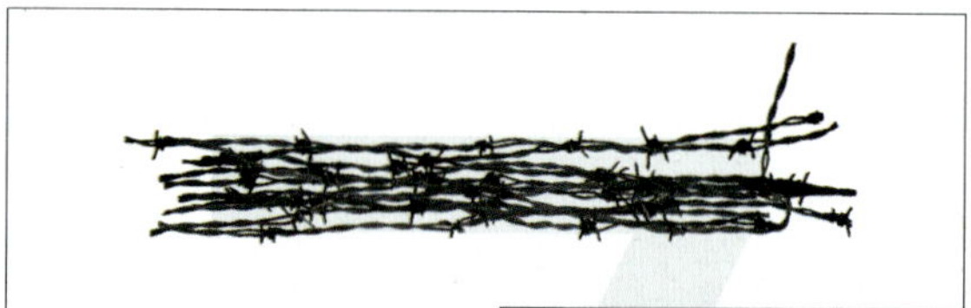

7-a

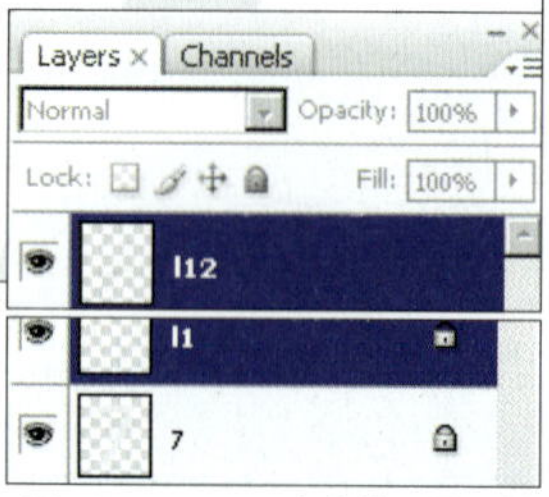

7block_start.psd 文件的图层面板

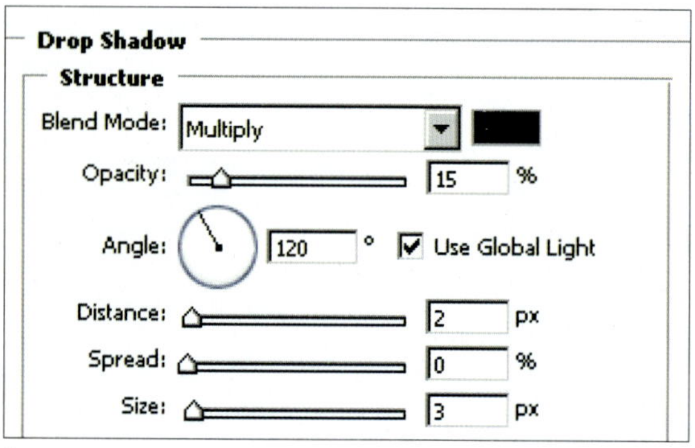

8-a

08 创建阴影效果

下面我们为铁丝网图案创建阴影。

选择 7block_start.psd 文件的 l12 图层，单击图层面板下端的 Add a layer style（添加图层样式）按钮，选择 Drop Shadow（投影），如图 8-a 所示进行设置，表现阴影效果。

按 Ctrl+Tab 快捷键轻松移动文件

如果对多个重叠图像进行移动，为了找到混合的文件，逐个移动会非常麻烦，这时使用 Ctrl+Tab 快捷键可以按照顺序激活文件，方便地找到所需文件。

应用投影

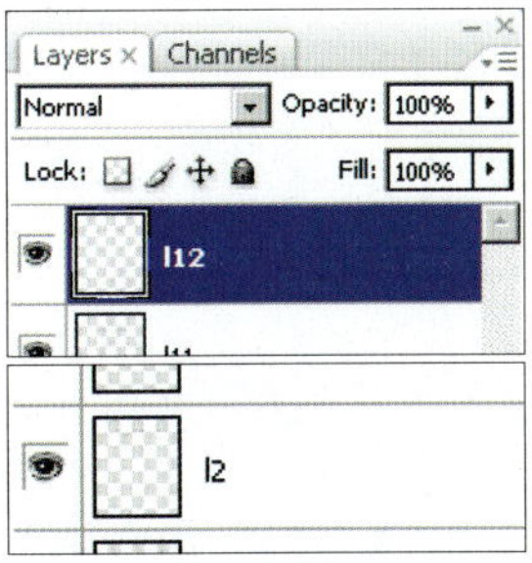

添加图层样式 > 投影

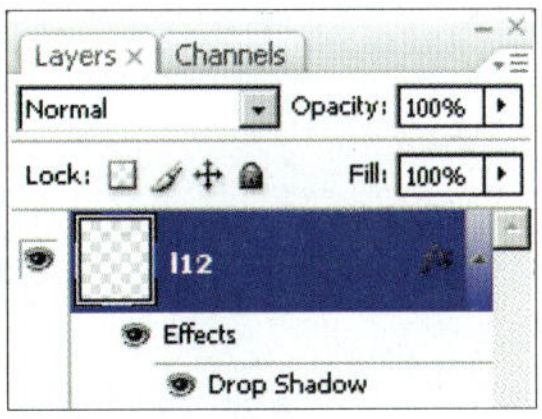

应用投影后的图层面板

选择应用了投影的l12图层，单击鼠标右键，从弹出菜单中选择Copy Layer Style（拷贝图层样式）命令复制图层样式。

选择l11图层，按住Shift键单击l1图层，单击鼠标右键，从弹出菜单中选择Paste Layer Style（粘贴图层样式）命令，对除7图层和Background图层以外的其他图层应用Drop Shadow（投影），创建阴影效果。

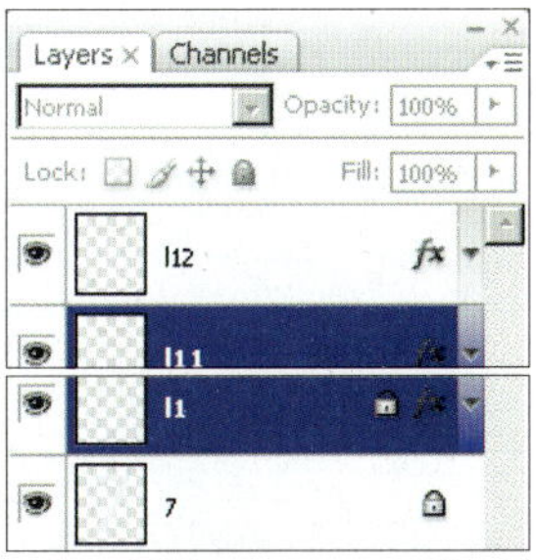

对除7图层和Background图层以外的图层应用投影

当前文件

填充空间的文件

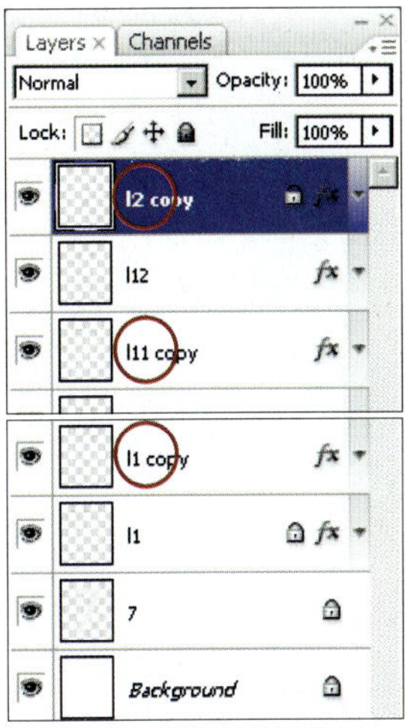

任意选择后复制图层的效果

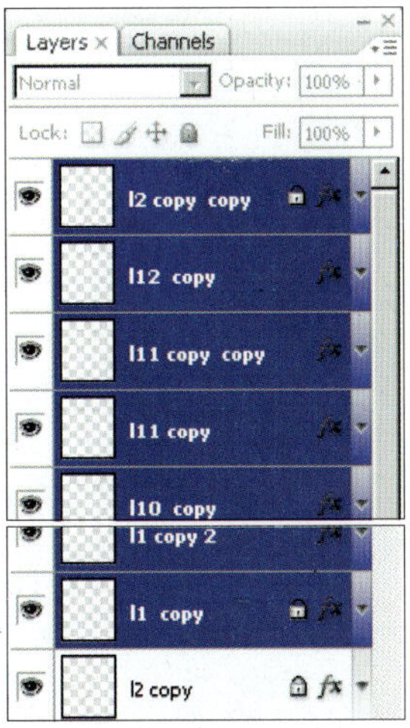

选择除7图层和Background图层外的所有图层，复制图层后的状态

09 变形和创建形态 1

下面来创建文字形态。由于随意选择后复制或移动图像的方法非常多，读者可能无法得到完全相同的效果，所以只要创作属于自己的作品就可以了。

首先，任意选择铁丝网图层，单击鼠标右键，从弹出的菜单中选择Duplicate Layer（复制图层）命令。

由于复制的图层的排列形态相同，因此选择Edit>Transform>Flip Horizontal（编辑 > 变换 > 水平翻转）命令上下翻转图像，使其表现出不同的效果，利用移动工具移动图层，按照图形填充空间。

选中除7图层和Background图层以外的所有图层，单击鼠标右键，从弹出的菜单中选择Duplicate Layer（复制图层）命令。

选择复制得到的图层，为了按照数字7的垂直笔画进行放置，选择Edit>Free Transform（编辑>自由变换）命令（Ctrl+T），在选项栏中将Rotate（旋转）设置为117°。

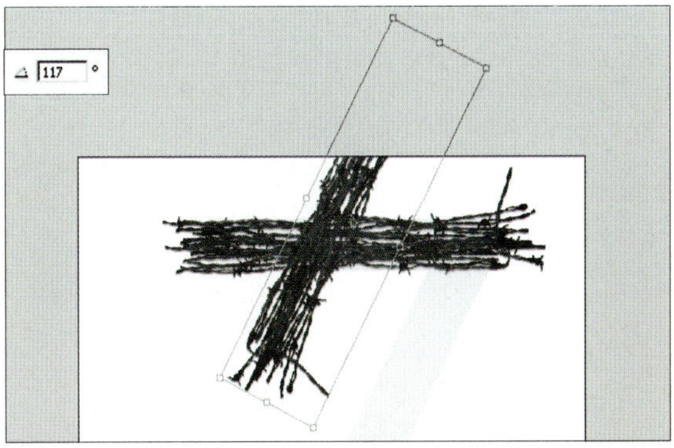

旋转 117°

10 变形和创建形态 2

现在选择一个复制的图层，如图 10-a 所示进行放置，然后任意选择铁丝网图层，单击鼠标右键，从弹出的菜单中选择 Duplicate Layer（复制图层）命令，更加细致地进行填充。

选择相互交叉的部分的铁丝网图像，调整图层的位置，使其相互交叉。

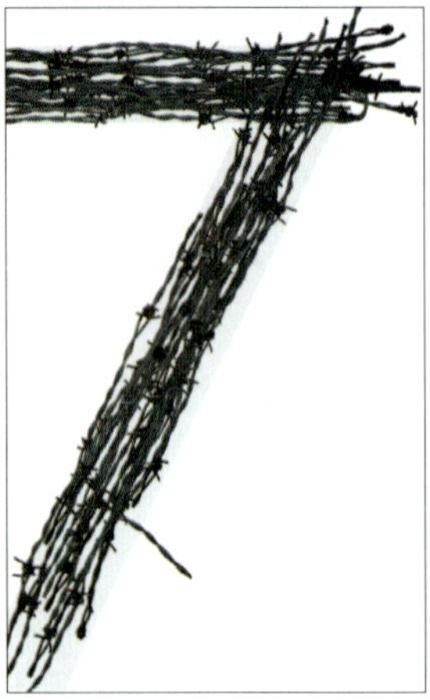

10-a

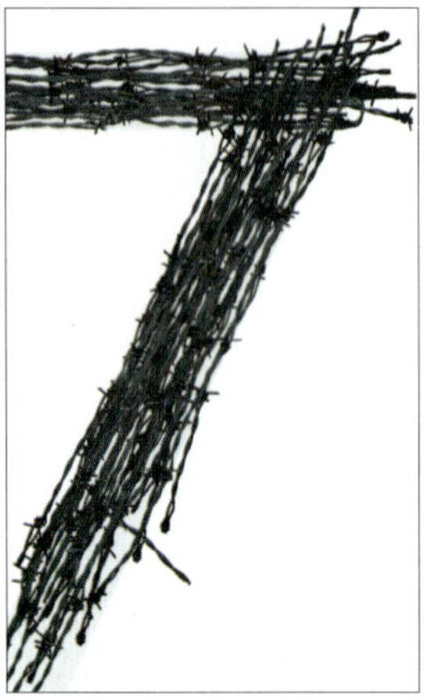

随机选择后复制并排列

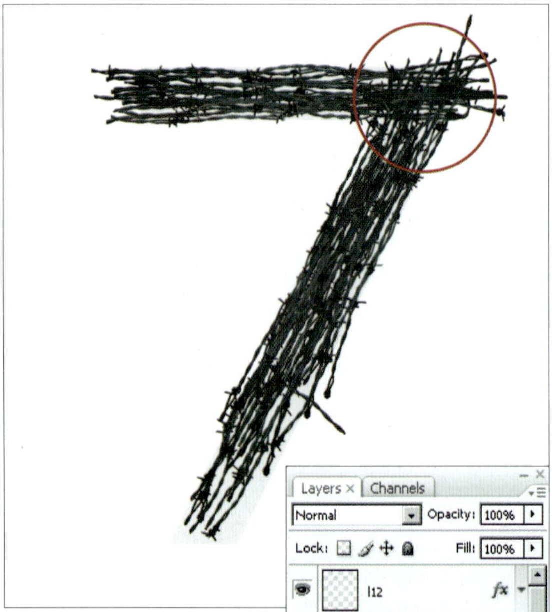

排列图层使其交叉

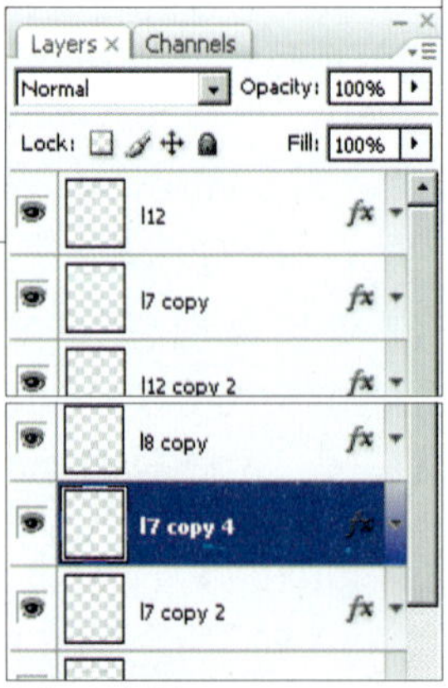

当前图层面板

11 排列并完成制作

完成文字整体形态之后，将作为框架的 7 图层设置为非激活状态。

打开 block.psd 文件。

选择 k 图层组，按住 Shift 键单击 b 图层组，将选中的图层组拖动到 7block_start.psd 文件上，排列后完成制作。

将 7 图层设置为非激活状态

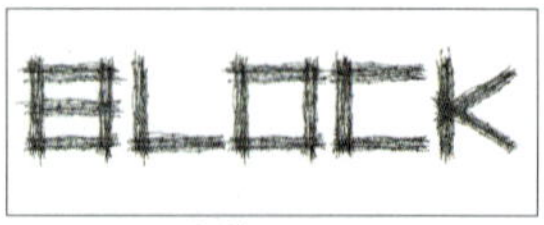

block.psd 文件

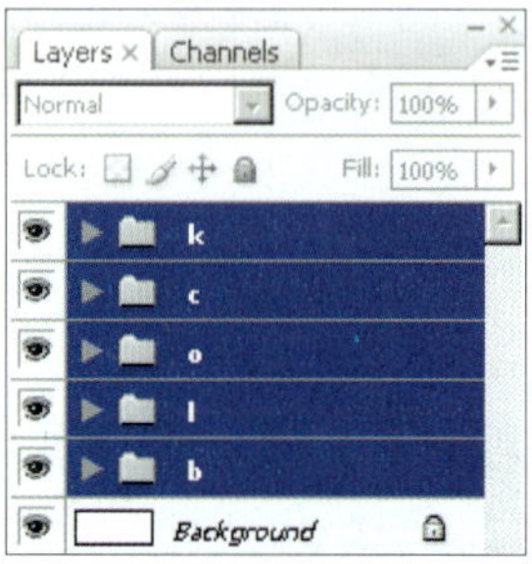

block.psd 文件的图层面板

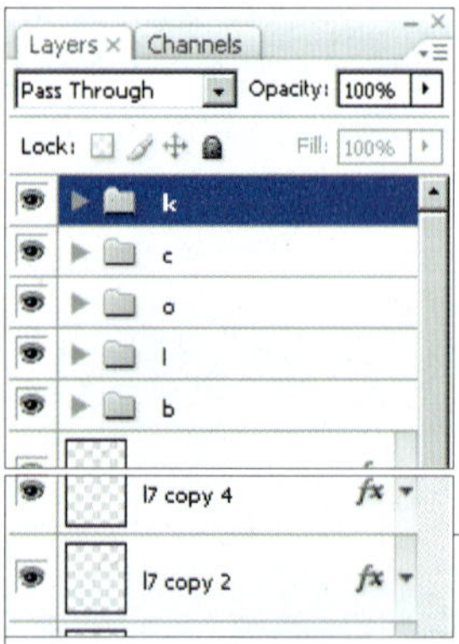

当前图层面板

最终完成效果

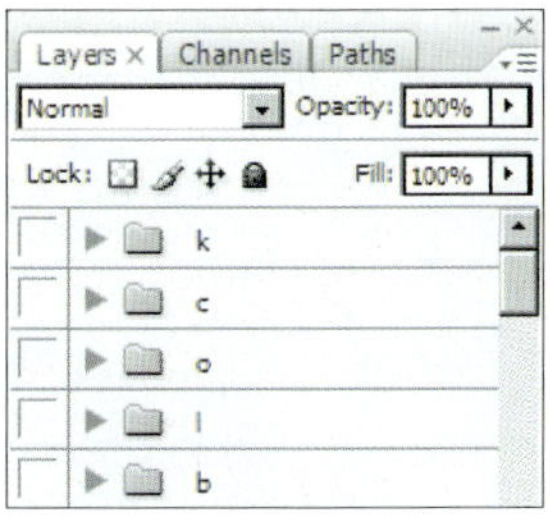

将图层组设置为非激活状态

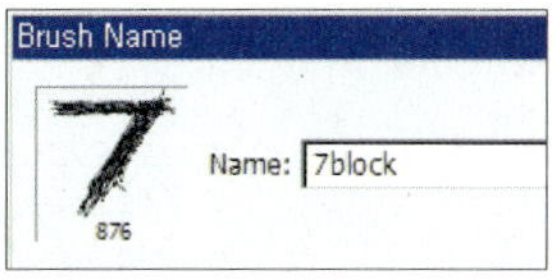

载入画笔

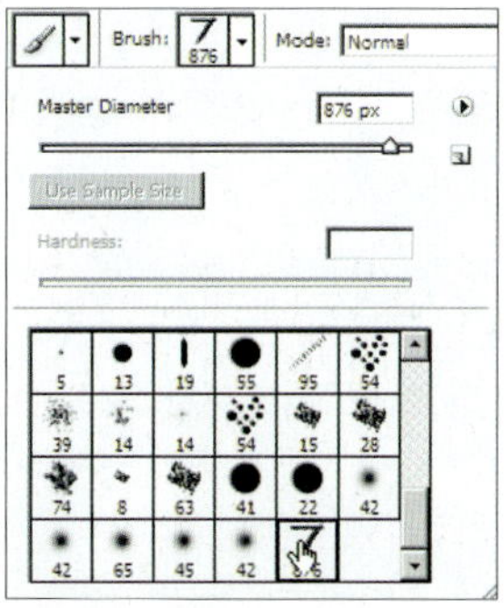

选择载入的画笔

利用鼠标右键选择图层

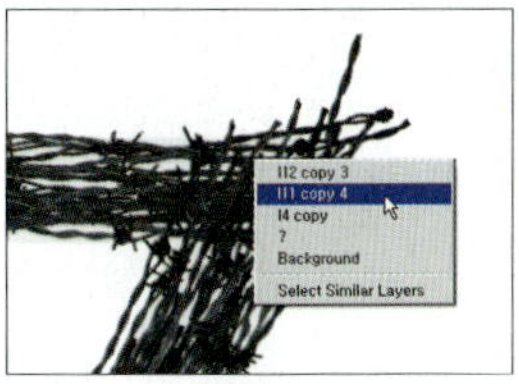

在图像上单击鼠标右键，可以确认图层

在复杂重叠的图像上查找所需的图层并不是一件容易的事情。选择移动工具，在所需图像上单击鼠标右键，会显示图层列表，可以轻松地进行选择。

THINK OVER!

载入画笔

下面我们将刚才制作的数字文字载入为画笔，便于今后使用。

为了只载入 7 字样，先将不需要的图层组设置为非激活状态，然后选择 Edit>Define Brush Preset（编辑 > 定义画笔预设）命令，载入画笔。

如果不想载入整个图像而只是想要载入特定区域，利用矩形选框工具选择后，再选择 Edit>Define Brush Preset（编辑 > 定义画笔预设）命令即可。

在画笔工具选项栏中可以对保存的画笔进行润色。

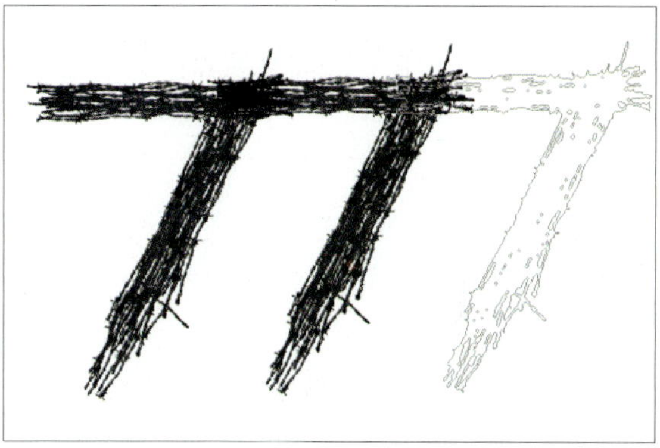
润色

载入画笔时了解素材的亮度值

将所需的素材载入为画笔，会载入素材的亮度值。这是因为要选择所需的颜色进行润色，亮度值在载入时会被识别为画笔的浓度。

10

10 UNBAR

编辑由对象构成的背景图像，制作精彩的文字效果。

Source Location

Effects 10\

unbar_start.psd

unbar_finish.psd

unbar_apply.psd

unbar_start.psd 文件

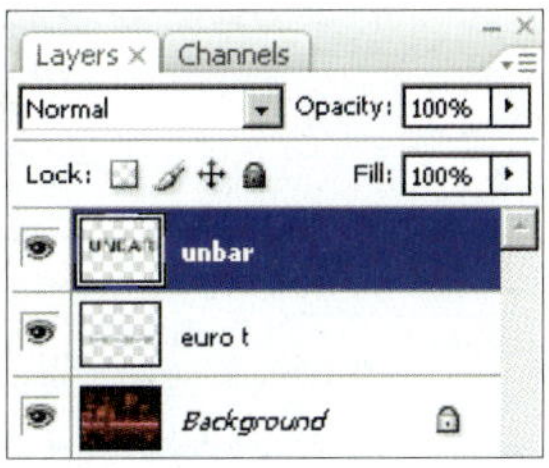

当前图层面板

Alpha 1 通道

01 确认操作文件

下面我们在文字区域中调节 Background 图层的图像浓度，表现富有感觉的文字效果。

打开unbar_start.psd文件。euro t图层和unbar图层是输入文字后栅格化的效果。

当前通道面板

查看图层的构造和通道面板，可以确认提取背景图像的图形要素是 Alpha 1 通道。

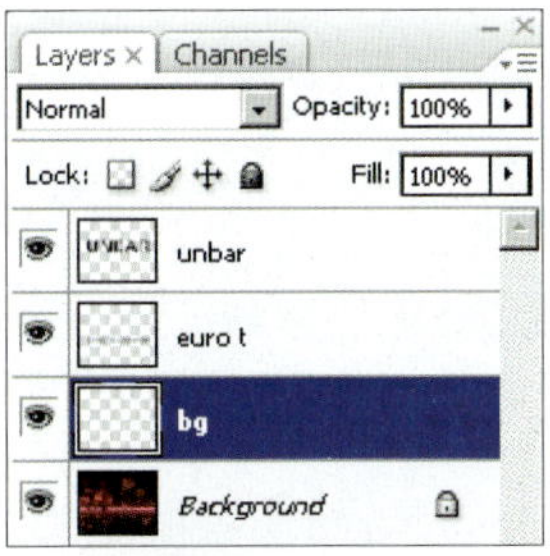

生成的 bg 图层

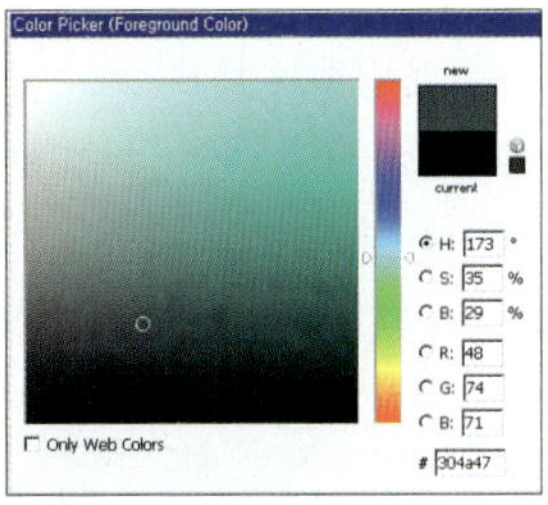

拾色器

应用前景色

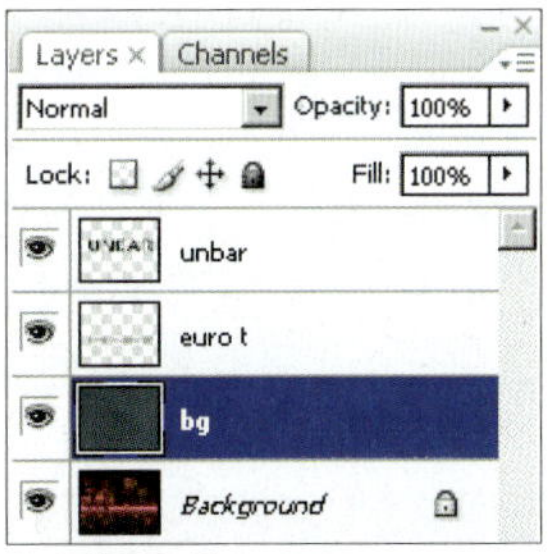

填充前景色的 bg 图层

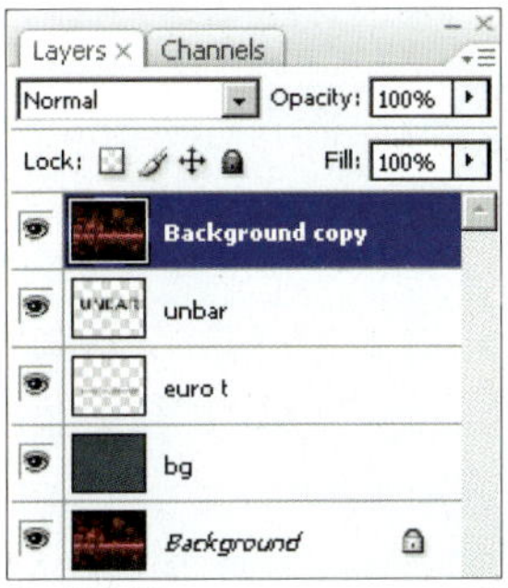

排列复制的 Background copy 图层

当前文件

复制 Background 图层

由于Background图层无法按住Alt键单击拖动复制，因此要使用Layer via Copy（通过拷贝的图层）命令进行复制。

双击Background图层，将其重新命名，使其具有一般图层的属性，然后可以按住Alt键拖动复制。

02 控制表现区域及排列

为了创建背景，选择 Background 图层，单击图层面板下端的 Create a new layer（创建新图层）按钮，创建新的图层，将其重新命名为 bg。

创建新图层

选中 bg 图层，将前景色设置为 R:28,G:74,B:71，按 Alt+Delete 快捷键为 bg 图层填充前景色。

下面我们来进行设置，使 Background 图层的图像只显示在文字区域中。

选中 Background 图层，选择 Layer>New>Layer via Copy（图层 > 新建 > 通过拷贝的图层）命令（Ctrl+J）进行复制，然后将复制得到的 Background copy 图层放置到最上方。为了只在 unbar 图层的区域显示图案，选中 Background copy 图层，选择 Layer>Create Clipping Mask（图层 > 创建剪贴蒙版）命令（Ctrl+Alt+G），将 Background copy 图层剪贴到 unbar 图层中。

在 unbar 图层中创建剪贴蒙版

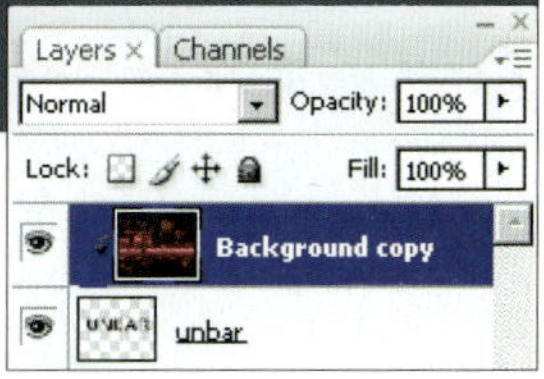

当前图层面板

使图像向上移动 160pixels

为了调整在文字显示图像的位置，选择移动工具，选中 Background copy 图层，按住 Shift 键单击键盘上的向上方向键 16 次，将图像向上移动 160pixels。

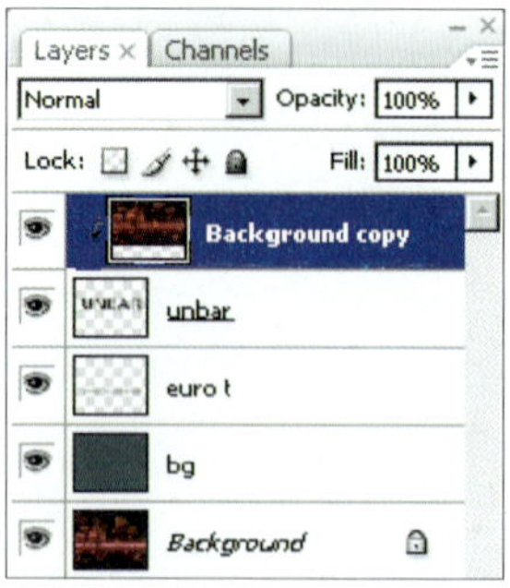

当前图层面板

按住 Shift 键按一次方向键可以使图像移动 10pixels。

如果想要显示图像的其他部分，可以继续进行移动直至显示该部分为止。

通道面板

载入 Alpha 1 通道选区

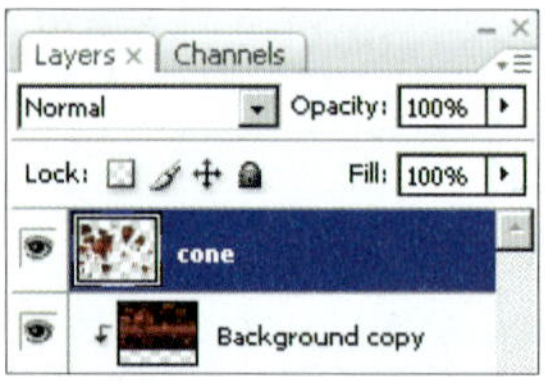

cone 图层

cone 图层图像

W 设置为 50%，H 设置为 50%

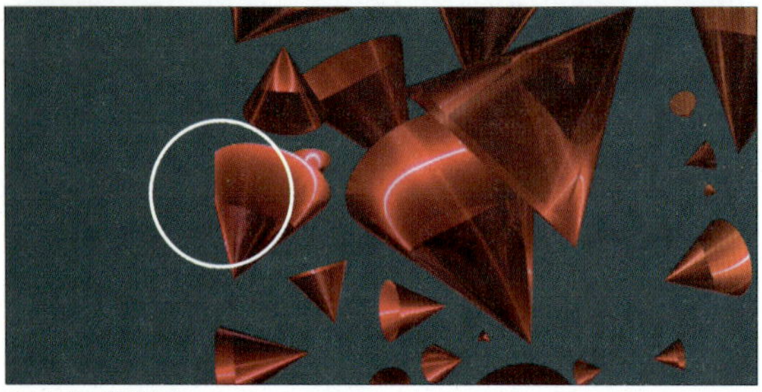

确认剪切的效果

03 提取圆锥形态并放置

下面我们来提取 Background 图层的圆锥形态。

在图层面板中按 Alt+Ctrl+4 快捷键，将通道面板中的 Alpha 1 通道载入图层。

按 Alt+Ctrl+4 快捷键与按住 Ctrl 键单击 Alpha 1 通道载入选区的效果相同，是在 Ctrl+4 快捷键中添加了放置到 Alpha 1 通道右侧的快捷键 Alt。

选中 Background 图层，按 Ctrl+C 快捷键复制，按 Ctrl+V 快捷键粘贴，然后将生成的图层放置在 Background copy 图层上方，将其重新命名为 cone。

选中 cone 图层，选择 Edit>Free Transform（编辑 > 自由变换）命令（Ctrl+T），在选项栏中将 W（设置水平缩放）设置为 50%，将 H（设置垂直缩放比例）设置为 50%，调节大小。

将剪切得到的圆锥图像放置到字母 U 左侧的末端部分，自然地表现剪切的效果。

放置圆锥图像

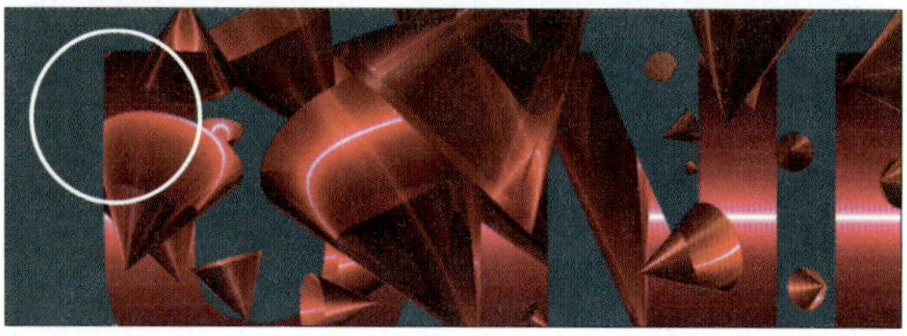

放置后确认效果

垂直翻转

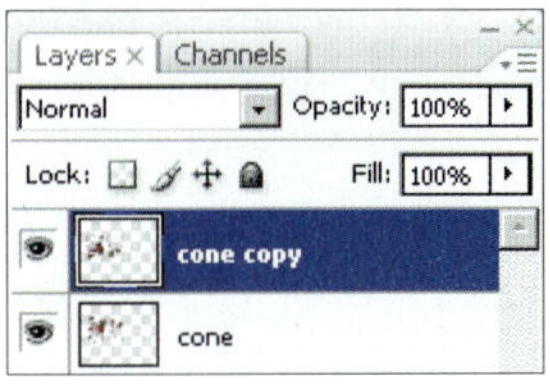

复制图层

3-a

为了在文字右侧也表现圆锥图像，选中 cone 图层，选择 Layer>New>Layer via Copy（图层 > 新建 > 通过拷贝的图层）命令（Ctrl+J）进行复制。选择复制得到的 cone copy 图层，选择 Edit>Transform>Flip Vertical（编辑 > 变换 > 垂直翻转）命令垂直翻转。

将 cone copy 图层左侧末端剪切得到的圆锥图像如图 3-a 所示放置到字母 B 附近，表现自然的效果。

放置

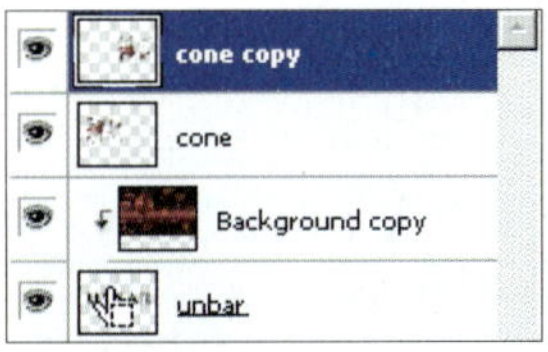

按住 Ctrl 键单击

添加图层蒙版

载入 unbar 图层选区

应用蒙版

cone copy 图层蒙版区域

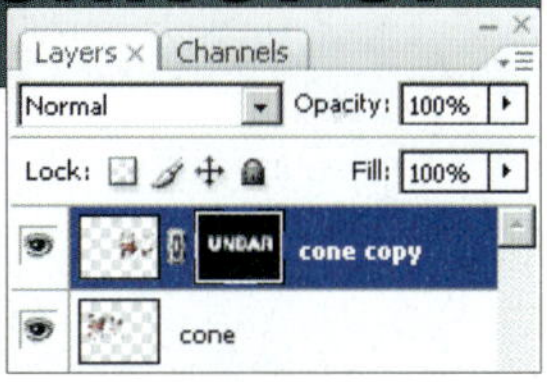

cone copy 图层蒙版

对图层蒙版区域应用色阶后的文件

调节图层的不透明度后，相应图层的图像也会整体受到影响，因此要利用蒙版对所需部分调节透明度。

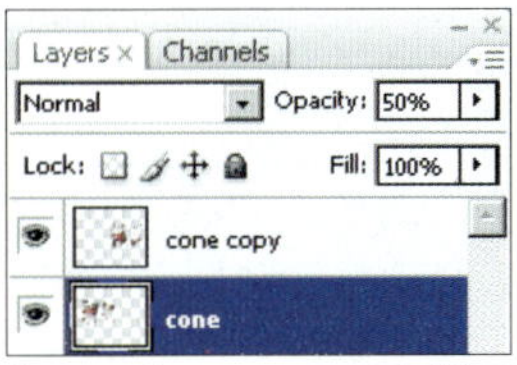

将 cone 和 cone copy 图层的不透明度设置为 50%

整体表现为半透明圆锥图像

04 限制表现区域并放置

下面我们将文字内侧显示的圆锥图像设置为不透明，将外侧的圆锥图像设置为半透明。

按住 Ctrl 键单击 unbar 图层载入文字选区，选中 cone copy 图层，单击图层面板下端的 Add layer mask（添加图层蒙版）按钮，生成图层蒙版。

选中 cone copy 图层蒙版，选择 Image>Adjustments>Levels（图像 > 调整 > 色阶）命令（Ctrl+L），在 Levels（色阶）对话框中将 Output Levels（输出色阶）设置为 90，255，将蒙版的黑色转换为灰色，表现出半透明的图像。

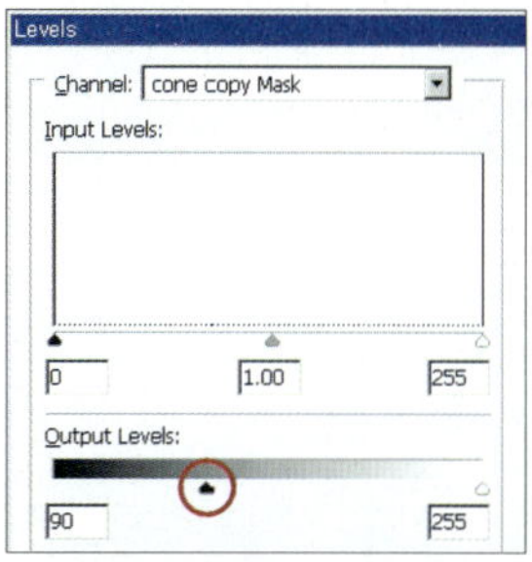

"输出色阶"设置为 90，255

设置色阶后的 cone copy 图层蒙版区域

对图层蒙版区域应用色阶后的文件

蒙版区域中没有包含的文字

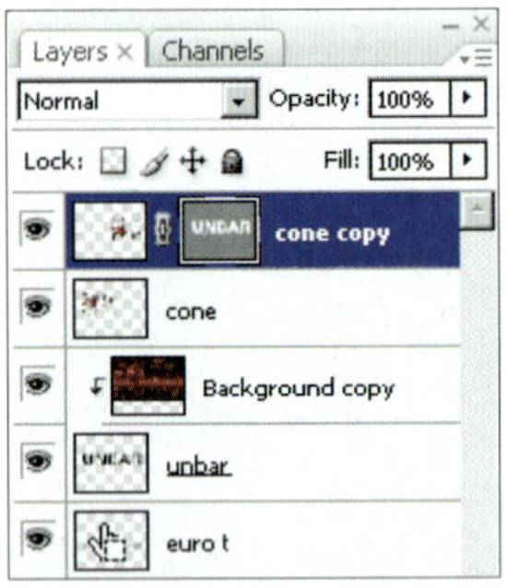

按住 Ctrl 键单击

载入 euro 1 图层选区

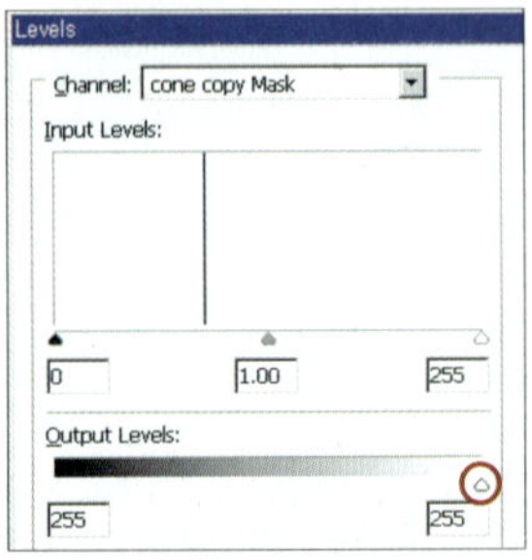

将“输出色阶”设置为 255,255

调节色阶后的 cone copy 图层蒙版区域

对蒙版区域应用色阶后的文件

euro t 图层的图像没有包含在蒙版区域，可以看到圆锥图像变为半透明的效果。

为了使 euro t 图层也清晰地显示圆锥图像，按住 Ctrl 键单击 euro t 图层载入下端的文字区域，选中 cone copy 图层蒙版，选择 Image>Adjustments>Levels（图像 > 调整 > 色阶）命令（Ctrl+L），在 Levels（色阶）对话框中将 Output Levels（输出色阶）设置为 255，255，将蒙版区域中载入的区域创建为白色，表现为显示的区域。

按 Ctrl+D 快捷键取消选区，为了表现和左侧圆锥图像相同的效果，按住 Alt 键将 cone copy 图层蒙版拖动到 cone 图层中复制。

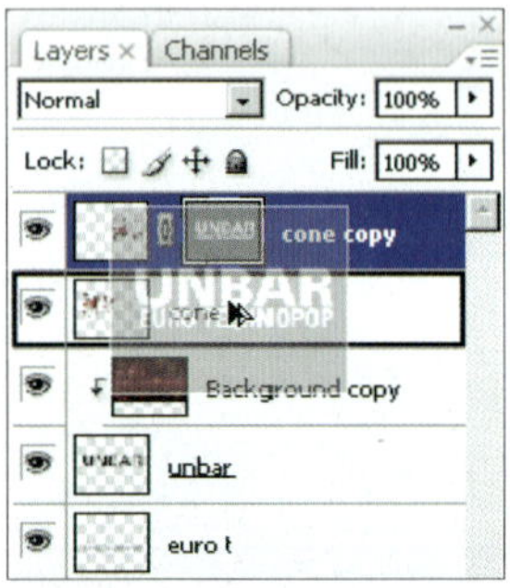

按住 Alt 键拖动图层蒙版

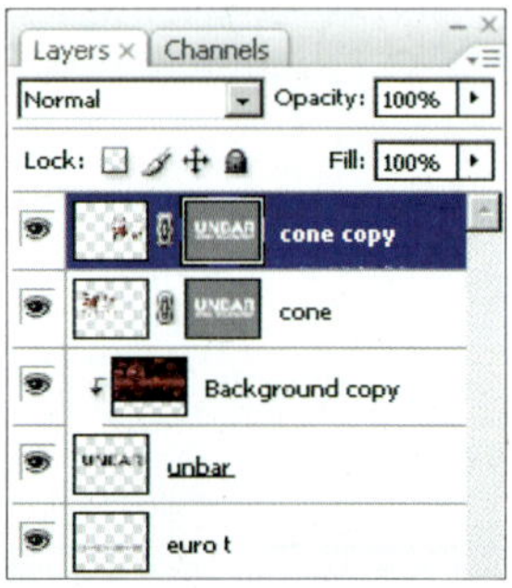

当前图层面板

当前文件

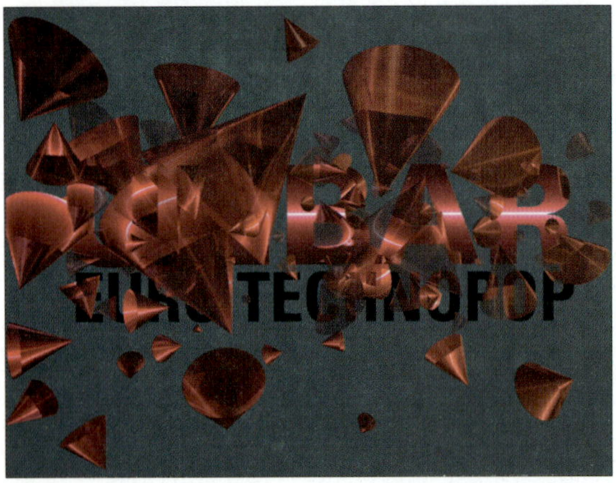

粘贴

05 添加设计要素

下面我们来添加设计要素，使文字更加生动。

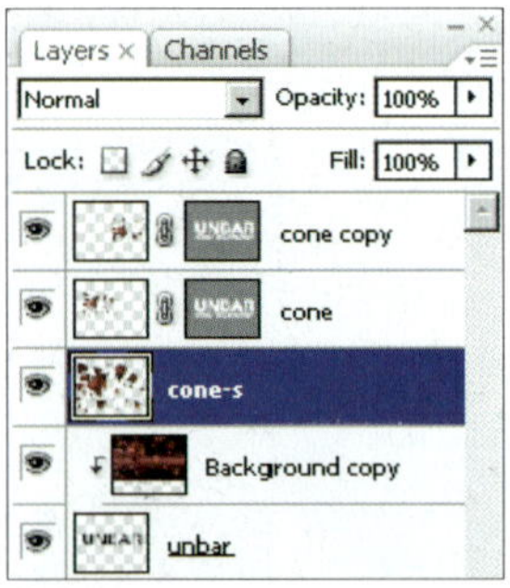

粘贴的 cone-s 图层

选择 Background copy 图层，由于系统记录最后一次复制的图像，因此按 Ctrl+V 快捷键直接粘贴，将生成的图层重新命名为 cone-s。

W 设置为 12%，H 设置为 12%

放置图像

选择 cone-s 图层，选择 Edit>Free Transform（编辑 > 自由变换）命令（Ctrl+T），在选项栏中将 W（设置水平缩放）设置为 12%，将 H（设置垂直缩放比例）设置为 12%，调节大小。

将缩小后的圆锥图像放置于所需的地方，为了只在 unbar 图层的文字区域显示图像，选中 cone-s 图层，选择 Layer>Create Clipping Mask（图层 > 创建剪贴蒙版）命令（Ctrl+Alt+G），将 cone-s 图层剪贴到 unbar 图层。

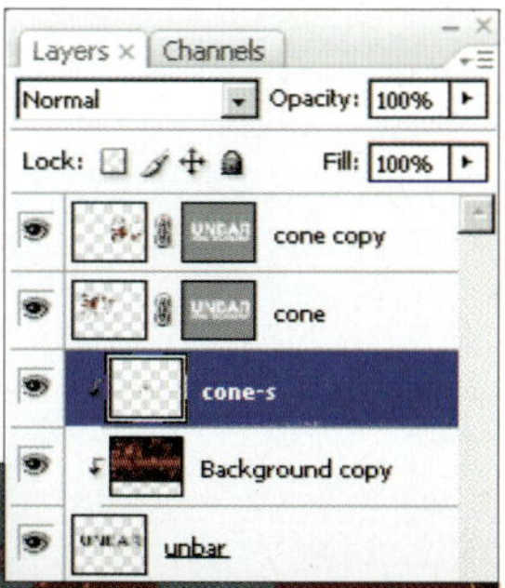

剪贴后的文件

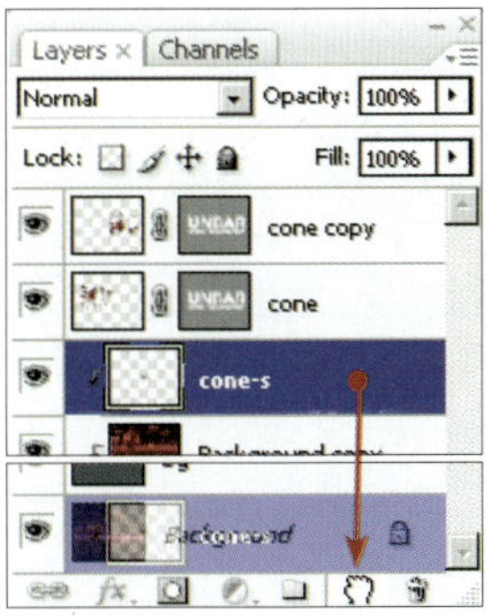

拖动到“创建新图层”按钮上

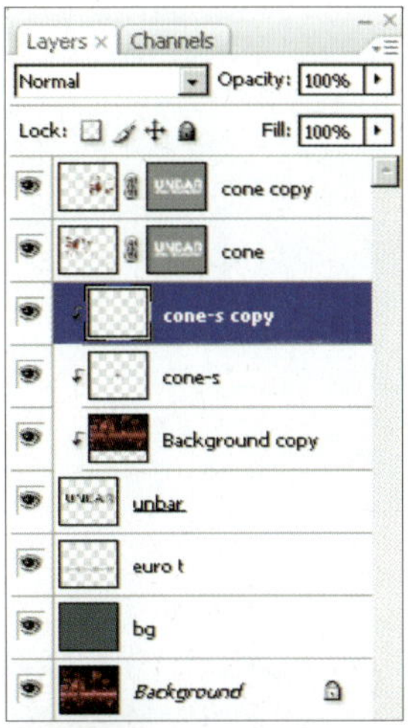

当前图层面板

放置图像

为了在其他地方也添加缩小的圆锥图像，将 cone-s 图层拖动到图层面板下端的 Create a new layer（创建新图层）按钮上，在保持剪贴的状态下复制，然后放置到所需的位置。

最终完成效果

11

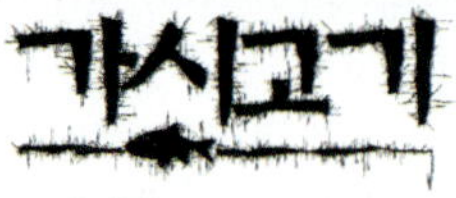

11 鱼刺

抽取质感形态，制作尖锐粗糙的鱼刺形态文字特效。

Source Location

Effects 11\

kasikogi_start.psd
kasikogi_finish.psd
kasikogi_apply.psd

title 通道

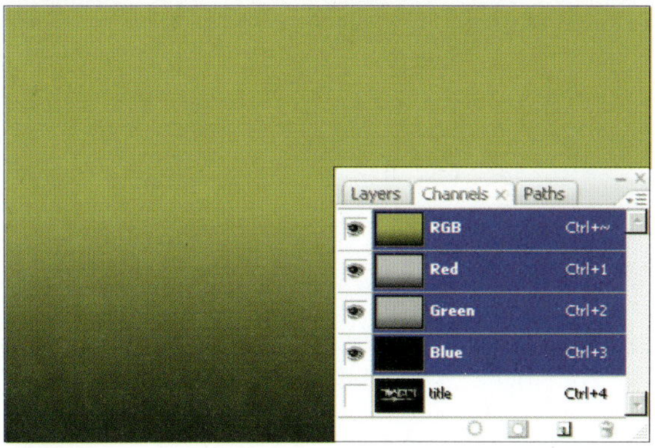

默认图像 当前通道面板

01 确认操作文件

下面我们对文字应用滤镜，表现尖锐的文字特效。

打开 kasikogi_start.psd 文件。

背景是利用 Layer>New Fill Layer>Gradient（图层 > 新建填充图层 > 渐变）命令制作的效果，title 通道的形态是输入文字后按照鱼的照片和线条进行放置的效果。

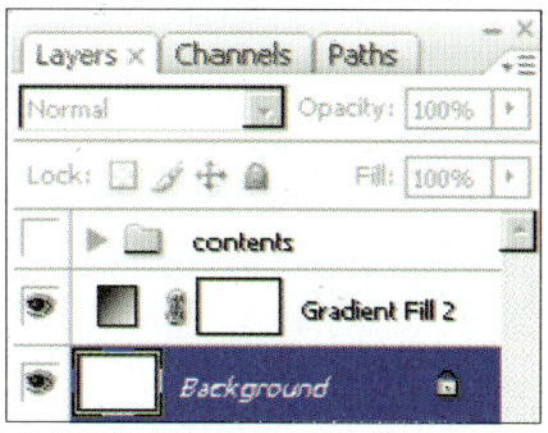

当前图层面板

利用双击打开 Open 对话框

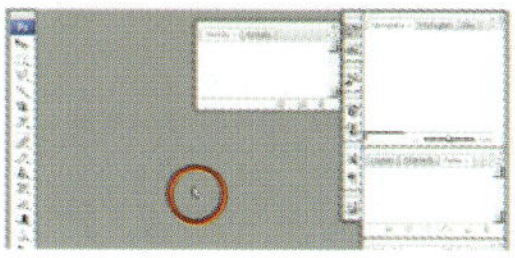

在 Photoshop 的空白区域双击，通过菜单也可以打开 Open 对话框。

应用绘图笔滤镜的效果

2-a

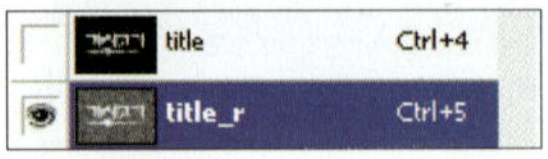

title_r 通道

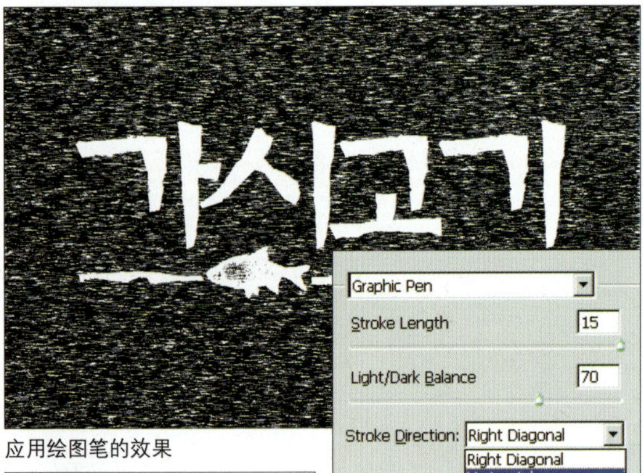

应用绘图笔的效果

2-b

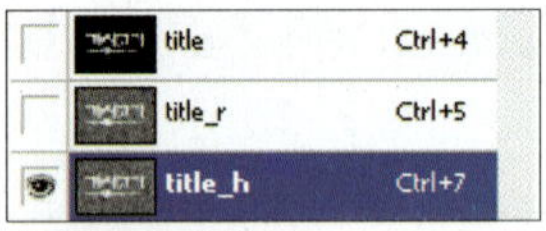

应用绘图笔的效果

设置为左对角线的效果

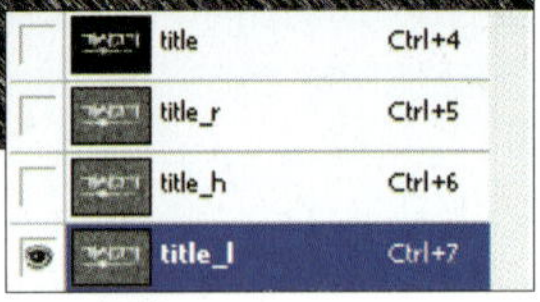

title_l 通道

02 创建粗糙的线条

为了创建文字的基本形态，应用滤镜进行制作。

在通道面板中将title通道拖动到通道面板下端的Create new channel（创建新通道）按钮上进行复制，将其重新命名为title_r。

itle_r Channel

选中title_r通道，选择Filter>Sketch>Graphic Pen（滤镜>素描>绘图笔）命令，如图2-b所示将Stroke Direction（描边方向）设置为Horizontal（水平），然后确认。

利用与上面相同的方法创建 title_l 通道和 title_v 通道，然后将描边方向分别设置为 Left Diagonal 左对角线和 Vertical 垂直。

至此为止已经创建了 4 个通道，分别应用通道是为了以多样的方式表现描边的方向，然后提取粗糙的形态，表现图像。

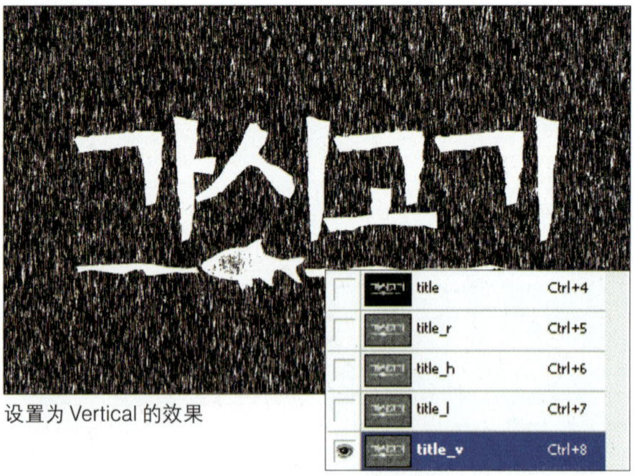

设置为 Vertical 的效果

title_v 通道

随机化应用的绘图笔

绘图笔滤镜随机化表现描边效果，因此即使按照相同的值进行应用也不会得到相同的效果，因此读者在之后的操作过程中有可能和笔者的不太相同，希望读者可以在调整之后找到所需的效果。

3-a

title_r 通道

选择中图像

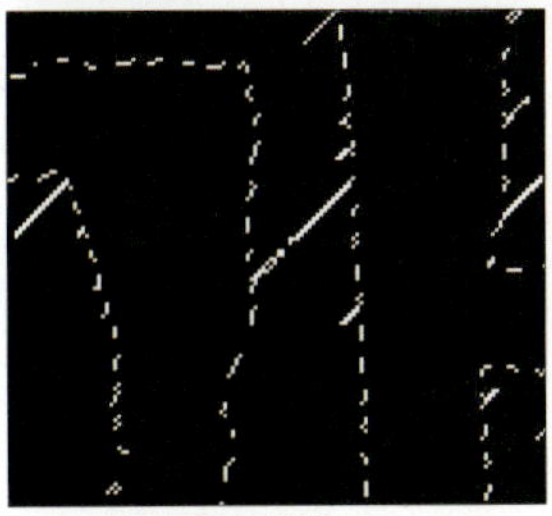

放大选择区域的状态

03 提取鱼刺形态

为了创建基本的形态，提取应用了滤镜的文本，合并4个通道。

为了提取与文字连接的形态，单击通道面板下端的Create new channel（创建新通道）按钮创建新的通道，将其重新命名为extract。

选择title_r通道，选择魔棒工具，然后在上端选项栏中如图3-a所示进行设置。选择的图像由没有中间色的白色和黑色构成，因此Tolerance（容差）要设为最大值255。

特别要选择Contiguous（连续）复选框，将选择的部分和连接的白色部分全部选中。

按住Shift键单击文字、线条和鱼的白色部分，可以看到选择了与单击部分相连的素描线。

选择extract通道填充为白色，然后按Ctrl+D快捷键取消选区，以便进行下面的操作。

将选择的区域填充为白色

放大的效果

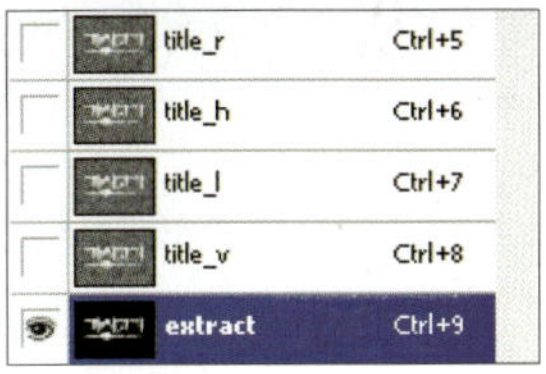

当前通道面板

是否勾选 Contiguous（连续）复选框的不同效果

在魔棒选项中，如果勾选Contiguous（连续）复选框，只会提取标题，如果不勾选Contiguous（连续）复选框进行选择，会选择所有带有白色值的像素。

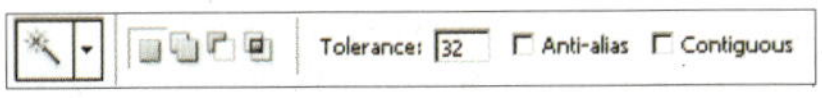

勾选Contiguous（连续）复选框的效果

未勾选Contiguous（连续）复选框的效果

是否勾选 Anti-ailas（消除锯齿）复选框的不同效果

为了只选择白色区域，就要取消选择Anti-ailas（消除锯齿）复选框。如果选择Anti-ailas（消除锯齿）复选框后选择图像，会得到将边界柔和处理的中间调图像。

勾选Anti-ailas（消除锯齿）复选框复选框选择后以白色填充的效果

载入 title_h 通道区域后填充的效果

载入 title_l 通道区域后填充的效果

04 加入多种角度的鱼刺图像

同步骤 03 一样，利用魔棒工具分别提取 title_h, title_l, title_v 通道，确认前景色为白色，按 Alt+Delete 快捷键填充 extract 通道，表现不同方向的鱼刺效果。

载入 title_v 通道区域后填充的效果

最终文件的放大效果

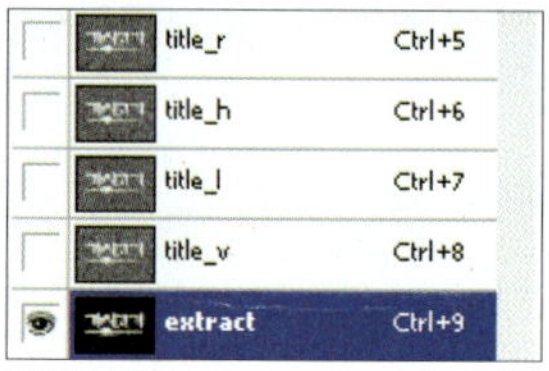

当前通道面板

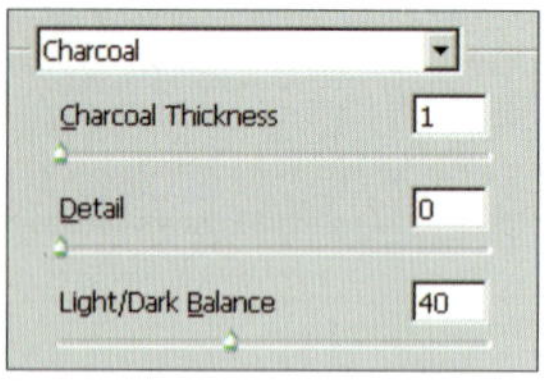

5-a

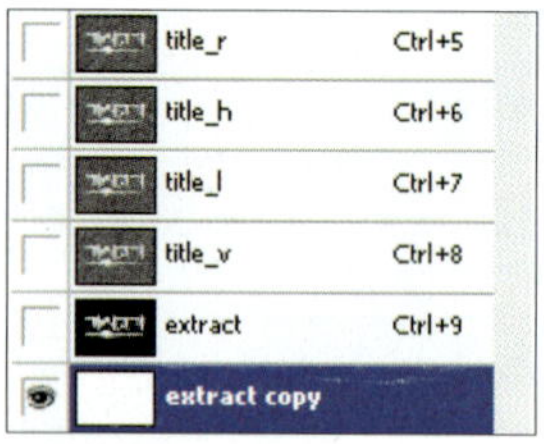

当前通道面板

应用炭精笔滤镜

05 鱼刺形态细分化 1

下面我们在鱼刺中加入细分化的效果，应用滤镜。

将 extract 通道拖动到通道面板下端的 Create new channel（创建新通道）按钮上复制，对 extract copy 通道执行 Filter >Sketch>Charcoal（滤镜 > 素描 > 炭精笔）命令，如图 5-a 所示进行设置。

整体反转图像，在文字的外侧部分的鱼刺形态上表现出了木炭的素描效果。

由于只有文字的轮廓需要木炭效果，选择 Image> Adjustments>Invert（图像 > 调整 > 反相）命令(Ctrl+I)，反转图像。使背景变为黑色，效果变为白色。

反转图像　　当前通道面板

填充白色的效果

选中 extract copy 通道，按住 Ctrl 键单击 extract 通道载入选区，确认前景色为白色，按 Alt+Delete 快捷键填充。

将 extract copy 通道重新命名为 extract_all，按 Ctrl+D 快捷键取消选区。

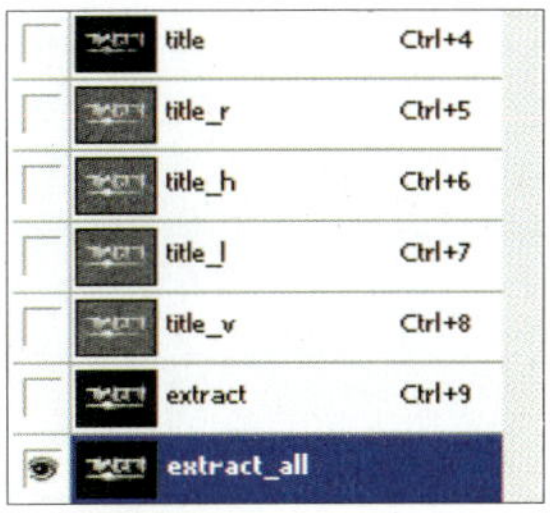

当前通道面板

到目前为止，只通过标题形态就充分表现出了鱼刺效果。

当前文件

06 鱼刺形态细分化 2

单击图层面板下端的 Create a new layer（创建新图层）按钮，创建新的图层，并将其重新命名为 title。

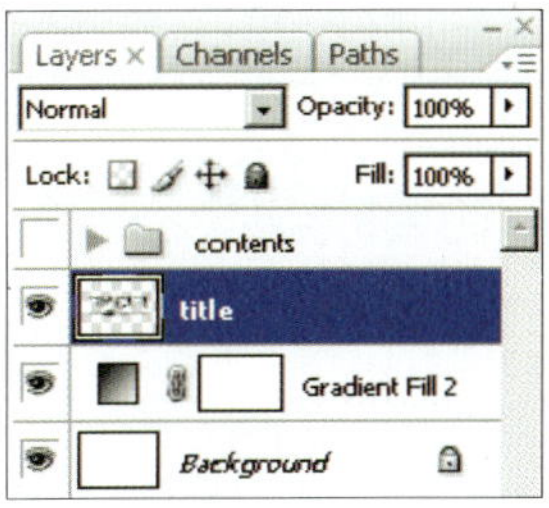

Layers Palette

按住 Ctrl 键单击 extract_all 通道载入选区，选中 title 图层，填充黑色。

按Ctrl+D快捷键取消选区，以便进行下面的操作。

为了更加有效地表现文字特效，将通道面板中的 extract_all 通道拖动到通道面板下端的 Create new channel（创建新通道）按钮上进行复制，并将新通道重新命名为 extract_face。

选择 extract_face 通道，选择 Filter >Artistic>Cutout（滤镜 > 艺术效果 > 木刻）命令，如图 6-a 所示进行设置，使图像更加单纯化。

应用木刻滤镜

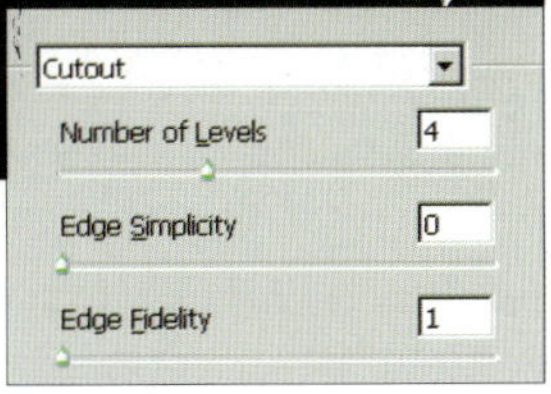

6-a

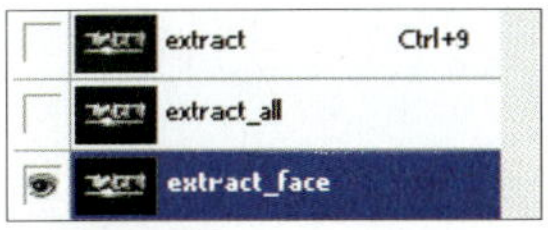

当前通道面板

应用木刻滤镜前的状态

应用木刻滤镜后的效果

应用其他滤镜

本步骤中应用的是滤镜，读者可以利用Distort>Ocean Ripple（扭曲>海洋波纹）命令或者其他滤镜表现出多种形态的图像效果。

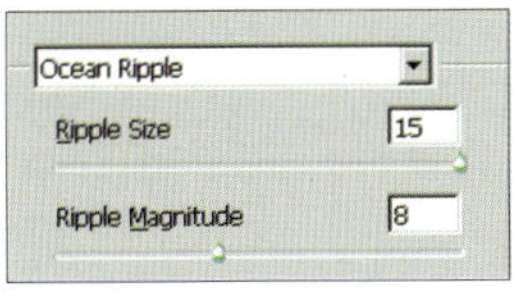

应用海洋波纹滤镜的效果

填充白色

应用叠加

叠加

叠加是增加对比的混合模式，如果与明亮的图像合成会变得明亮，如果与较暗的图像合成会变得较暗，不仅明暗，也可以增加饱和度。带有透过 50% 灰的特性，虽然强度不同但是具有相同属性的混合模式有柔光、强光、电光、线性光、点光和高混。

在本步骤中一样，上方的白色图像加上下方低饱和度的浅绿色图像，表现出黄色图像。

07 组合形态并应用阴影

单击图层面板下端的 Create a new layer（创建新图层）按钮创建新的图层，将其重新命名为 title_face。按住 Ctrl 键单击 extract_face 通道载入选区，选择 title_face 图层，填充为白色。

将 title_face 图层放置到 title 图层下方，按 Ctrl+D 快捷键取消选区。

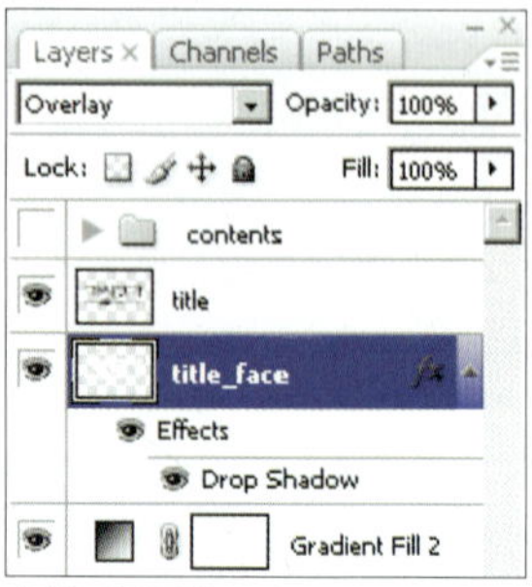

当前图层面板

为了使 title_face 图层与背景合成，将图层混合模式设置为 Overlay（叠加），单击图层面板下端的 Add a layer style（添加图层样式）按钮，选择 Drop Shadow（投影），如图 7-a 所示进行设置，表现文字的突出效果。

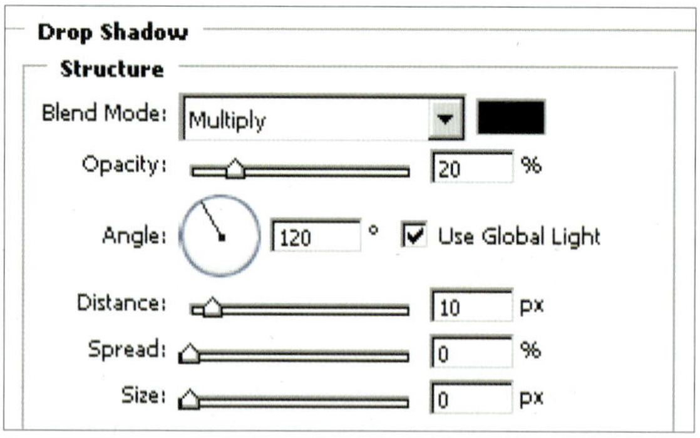

7-a

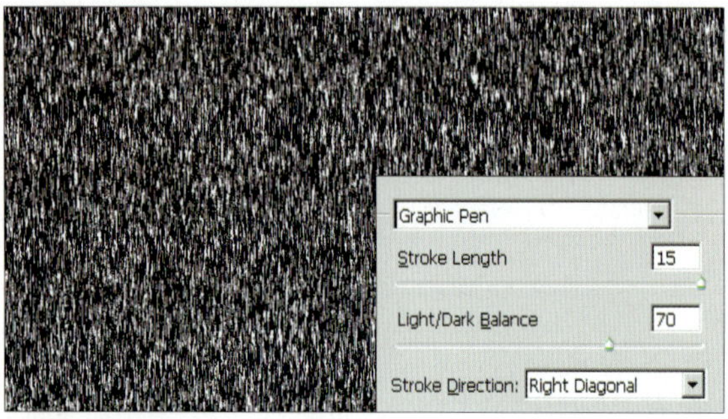

应用绘图笔滤镜

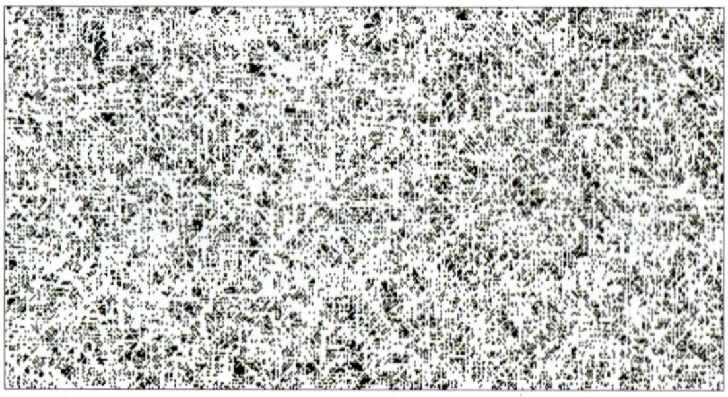

载入为 bg1, bg2, bg3, bg4 通道并填充白色

08 创建背景

为了创建与标题适合的背景，新建4个通道，将新通道分别命名为bg1, bg2, bg3, bg4。在新创建的通道中分别执行Filter >Sketch>Graphic Pen（滤镜>素描>绘图笔）命令，更改Stroke Direction（笔画方向）的参数，分别应用于各个通道。

为了合并上面操作的 4 个通道，单击通道面板下端的 Create new channel（创建新通道）按钮创建新的通道，并将其重新命名为 bg_all。按住 Ctrl 键单击 bg1 通道载入选区，然后按住 Ctrl+Shift 键分别单击 bg2, bg3, bg4 通道载入选区。选中 bg_all 通道，填充白色，按 Ctrl+D 快捷键取消选区。

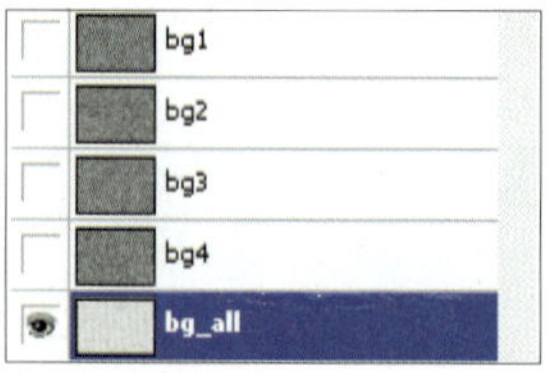

当前通道面板

带有添加属性的 Shift 键

Shift 键在选择图层，或者利用选框工具或套索工具选择选区的时候，可以起到添加属性的作用，非常有用。

09 制作背景效果

按住 Ctrl 键单击 bg_all 通道载入选区，在 title_face 图层下方创建 bg 图层。选中 bg 图层，填充白色后按 Ctrl+D 快捷键取消选区。

将 Opacity（不透明度）设置为 20%，单击图层面板下端的 Add a layer style（添加图层样式）按钮，选择 Drop Shadow（投影），如图 9-a 所示进行设置，表现出有韵律感的背景图像，然后激活 contents 图层组。

应用投影后的效果

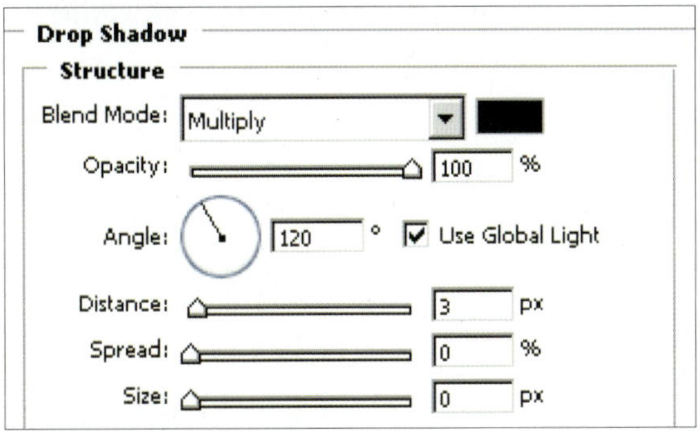

9-a

放大背景的效果

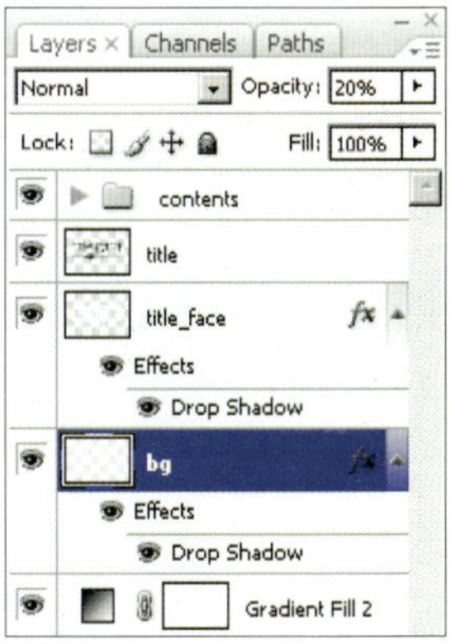

当前图层面板

10 将鱼刺形态单纯化

将 extract 通道拖动到通道面板下端的 Create new channel（创建新通道）按钮上复制，并重新命名为 extract2。

应用木刻滤镜之前的状态

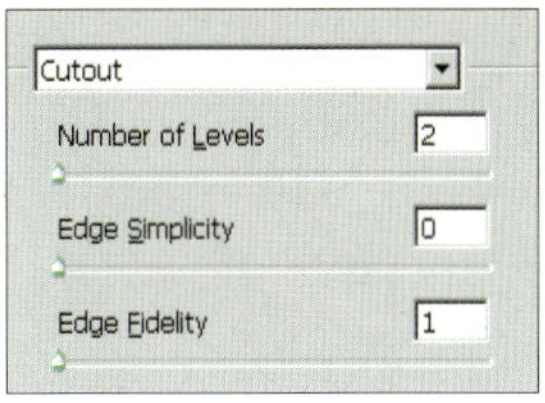

10-a

选择Filter >Artistic>Cutout（滤镜>艺术效果>木刻）命令，如图10-a所示进行设置，删除文字最后一个字的多余部分。

对文字的其他部分也进行相同的操作，选择 Edit>Undo Cutout 命令（Ctrl+Z）取消滤镜效果，选择铅笔工具，将前景色设置为黑色，清除文字之间粗糙的部分。

应用木刻滤镜之后的效果

铅笔工具选项栏

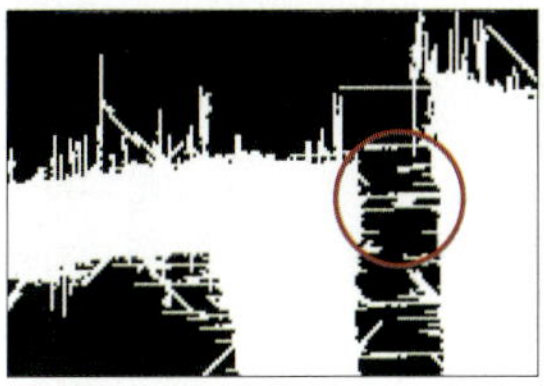

连接粗糙的部分

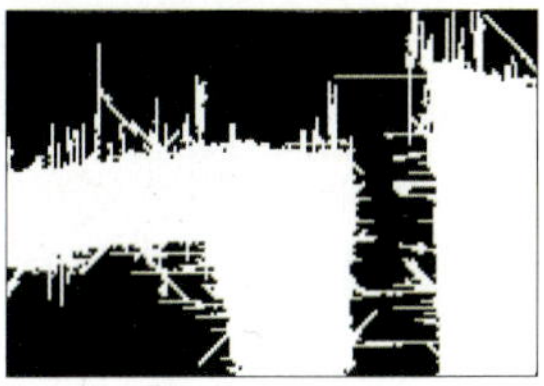

利用黑色进行润饰

再次应用木刻滤镜

应用色阶

为了再次应用木刻滤镜，按Ctrl+F快捷键，应用之前应用的滤镜。这样标题图案就整洁多了。

如果粘贴其他文字，也需要调整其他文字之间连接的部分。

为了使图像的白色区域更简洁，选择Image>Adjustments>Levels（图像>调整>色阶）命令（Ctrl+L），如图10-b所示进行设置。

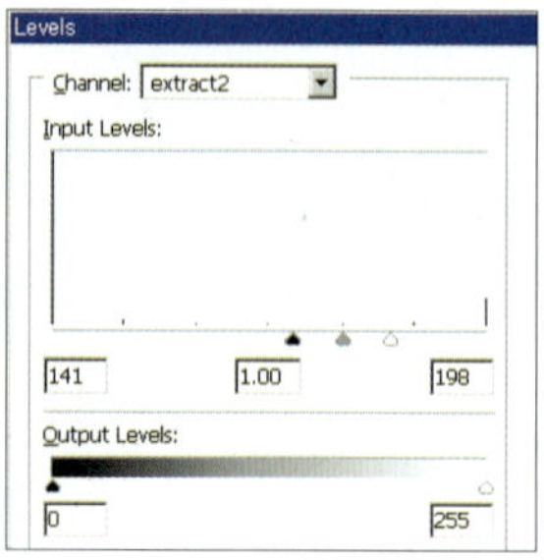

10-b

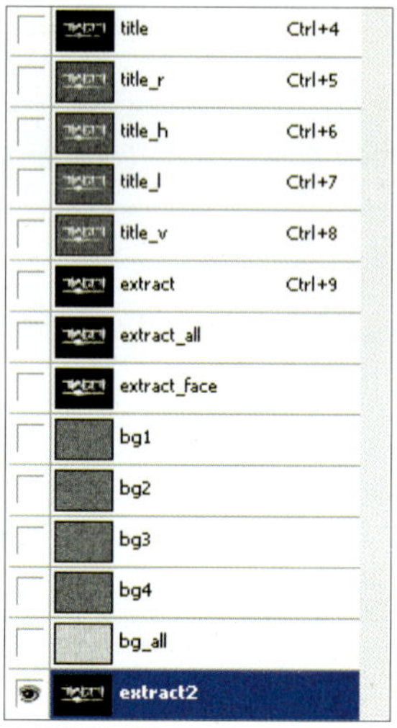

当前通道面板

背景上分布着白色的杂点

应用色阶

11 简化及素描

将extract通道拖动到通道面板下端的Create new channel（创建新通道）按钮进行复制，然后命名为extract2-1，选择Filter >Artistic>Smudge Stick（滤镜>艺术效果>涂抹棒）命令，如图11-a所示进行设置。表现出重叠的效果。

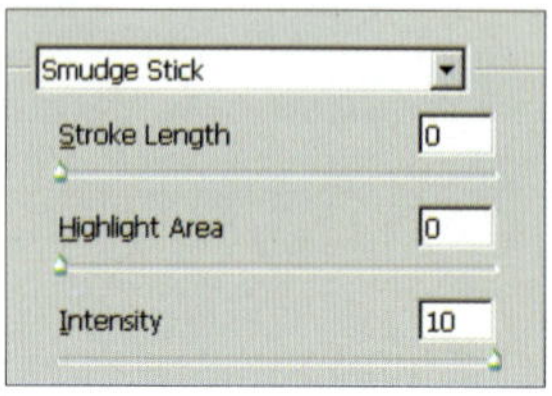

11-a

为了清除背景部分的白色杂点，选择Image>Adjustments>Levels（图像>调整>色阶）命令（Ctrl+L），如图 11-b 所示进行设置。

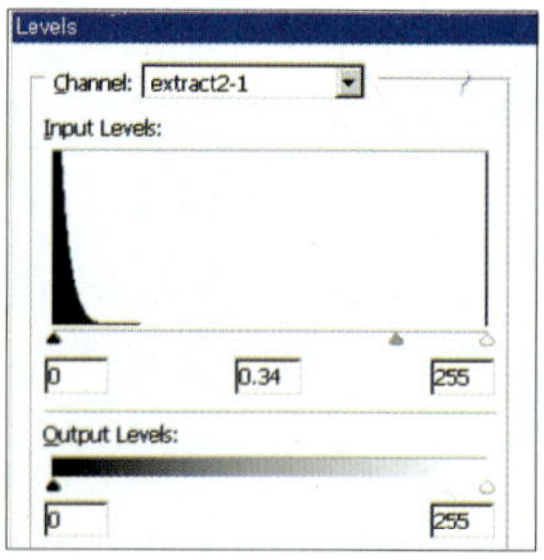

11-b

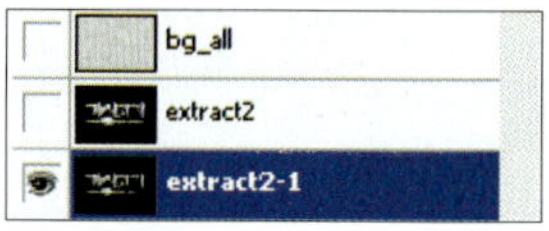

当前通道面板

12 混合标题形态，完成制作

按住 Ctrl 键单击 extract2 通道载入选区，在图层面板中 title 图层上方创建 title2 图层。将 title 图层和 title_face 图层设置为非激活状态，选择 title2 图层，填充黑色，按 Ctrl+D 快捷键取消选区。

按住 Ctrl 键单击 extract2-1 通道载入选区，选择 bg 图层，然后按 Ctrl+C 快捷键复制图像，选择 title2 图层，按 Ctrl+V 快捷键粘贴图像。将生成的图层重新命名为 title_in。

在步骤 1 中应用 Smudge Stick（涂抹棒）的时候，将鱼刺简洁化，只留下了较粗的部分，如下图所示，在鱼刺形态中留下的图像表现出了划痕效果。

载入 extract2 通道后填充黑色

载入 extract2-1 通道

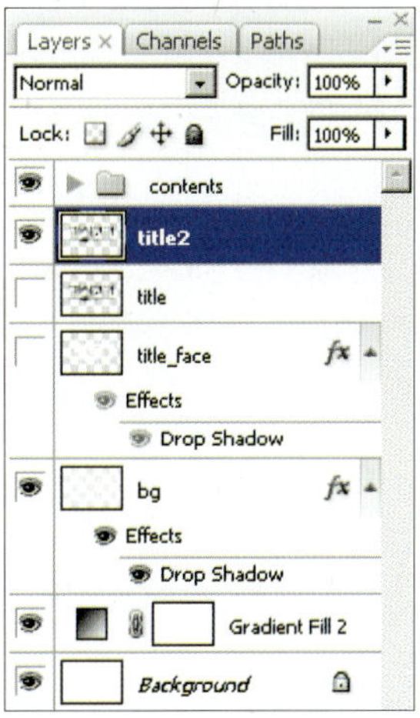

在 title2 图层中应用黑色

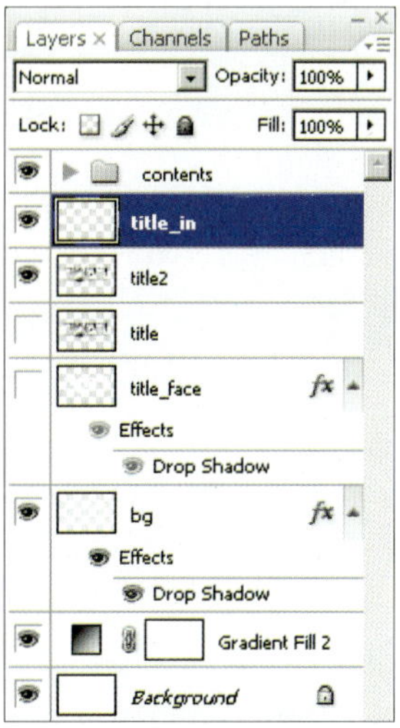

当前图层面板

最终完成效果

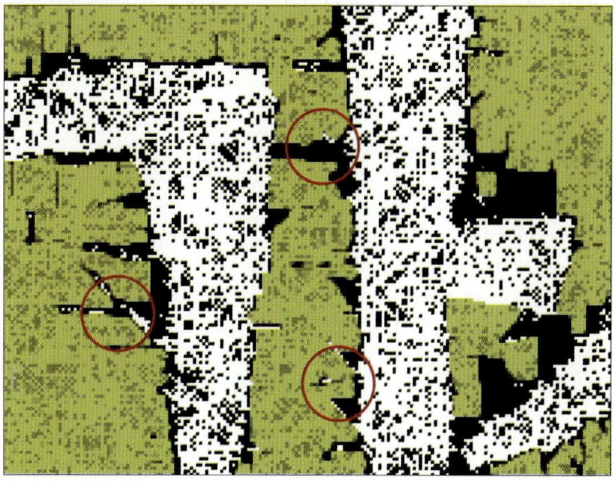
放大文字的效果

通过再组合图层完善图像

完成了操作后还可以再次排列图层，表现出更加完善的图像。

最终效果是为了读者确认图层的构造和应用效果而设置的，通过再组合的过程，读者可以熟悉图层的构造以及根据图层变换而表现的效果，得到更加多样的效果。

右对角线

水平

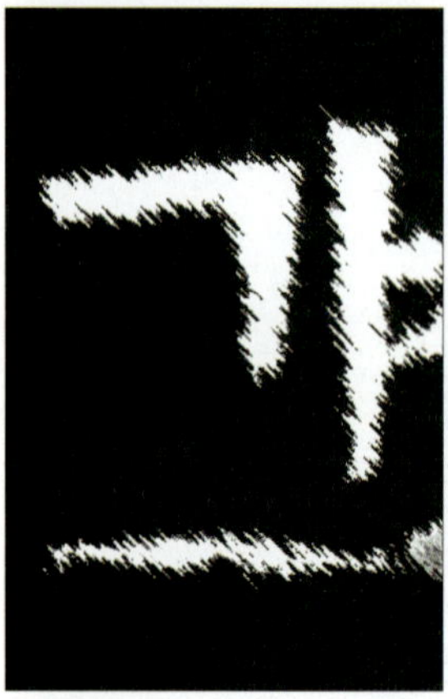

左对角线

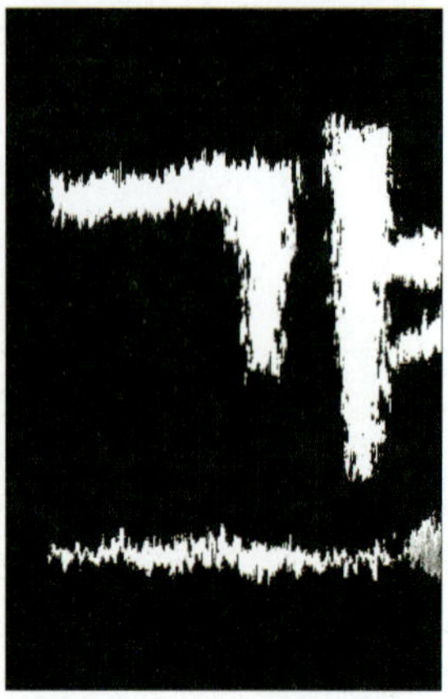

垂直

THINK OVER!

1. 创建鱼刺形态 1

为了创建鱼刺形态，利用绘图笔滤镜，或者利用（喷色描边滤镜，表现出粗糙的形态。

选择通道面板中的 title 通道，选择 Filter>BrushStrokes>Sprayed Strokes（滤镜 > 画笔描边 > 喷色描边）命令，像步骤 02 一样进行应用，表现出粗糙的形态。

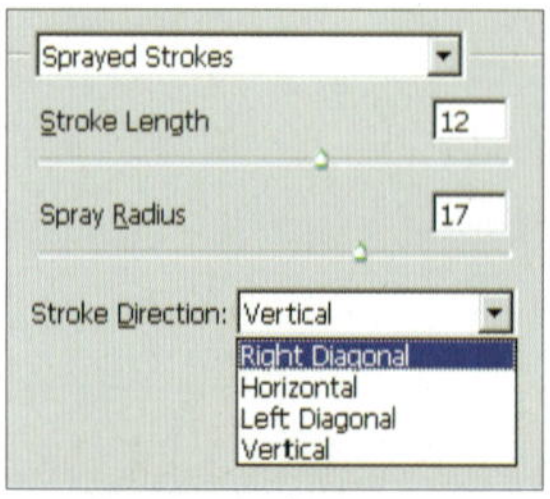

喷色描边滤镜

应用色阶

应用 3 次铜版雕刻滤镜

旋转图像后应用滤镜的效果

THINK OVER!

2. 创建鱼刺形态 2

本研究中我们利用铜版雕刻滤镜表现粗糙的形态。

首先选择Filter>Pixelate>Mezzotint（滤镜>像素化>铜版雕刻）命令，像步骤02一样进行应用。应用后确认效果，由于线条密度较低，因此在各个通道中按3次Ctrl+F快捷键，提高密度。

但是Mezzotint滤镜没有调节粗糙线条方向的选项，应先旋转通道中的形态再应用滤镜创建形态。

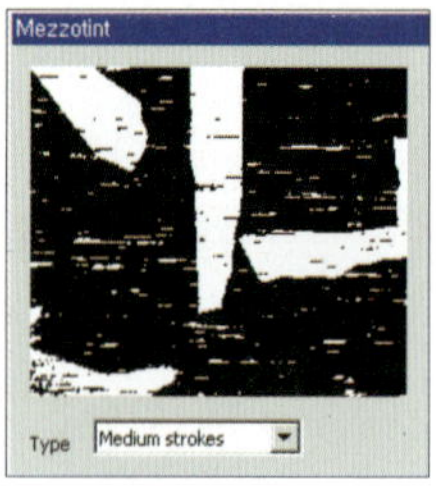

铜版雕刻滤镜

方法 1

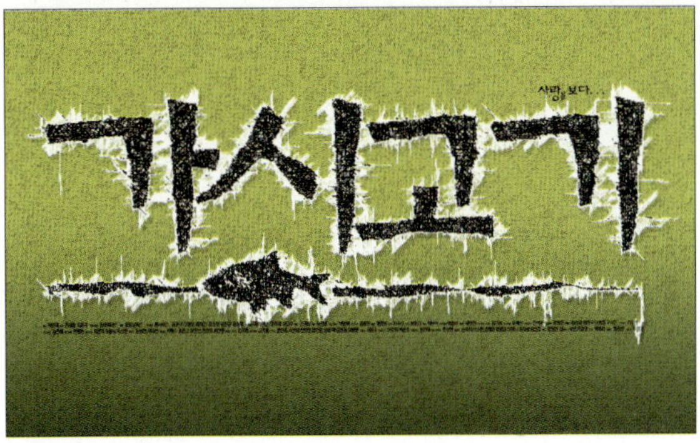

方法 2

THINK OVER!

3. 展现多种效果

在完成图像中应用多种方法，展现多种效果。

方法 1 激活 title 图层和 title_face 图层，将 title_face 图层的混合模式设置为 Normal（正常），使标题的鱼刺形态更加复杂。

方法 2 激活 title 图层和 title_face 图层，将 title_face 图层的混合模式设置为 Normal（正常），为了反转 title，title2 和 title_in 图层之中的图像，应选择 Image>Adjustments>Invert（图像 > 调整 > 反相）命令（Ctrl+I）反转图像，表现鱼刺形态和文字清晰分明的图像。

像这样利用多种方法表现标题的图像，可以创建出所需的标题效果。

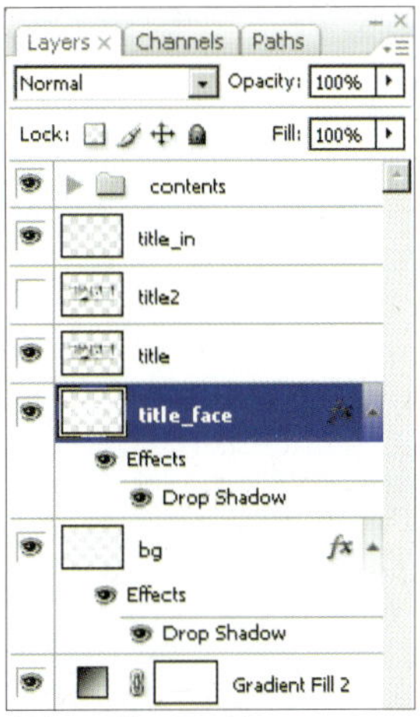

方法 1 后的图层面板

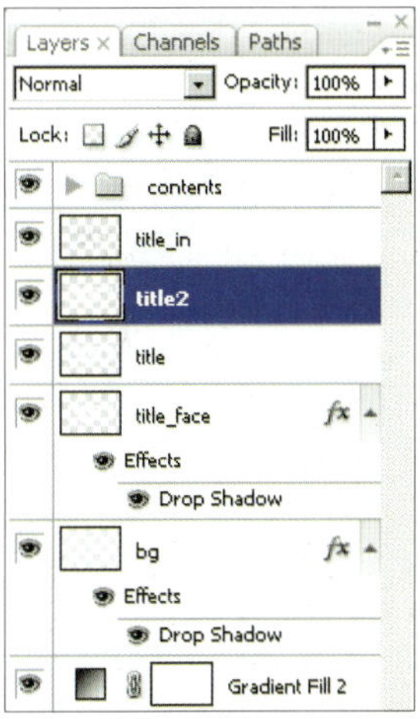

方法 2 后的图层面板

载入选区

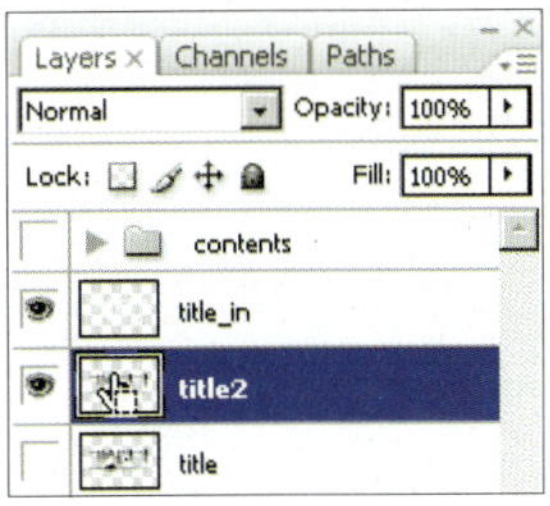

按住 Ctrl 键单击

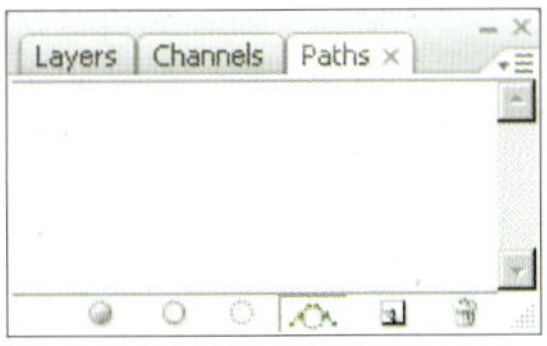

"从选区生成工作路径" 按钮

THINK OVER!

4. 转换为矢量图像

由于完成的标题是位图图像，不太方便进行变形。下面我们要将标题创建为矢量图像，使其变成可以随意变形的矢量素材。

按住 Ctrl 键单击 title 图层载入选区，按住 Alt 键单击路径面板下端的 Make work pat from selection（从选区生成工作路径）按钮。为了创建精细的路径，在 Make Work Path（创建工作路径）对话框中将 Toleracne（容差）值设置为 0.5pixels。选择生成的 Work Path 路径，按 Ctrl+C 快捷键复制。

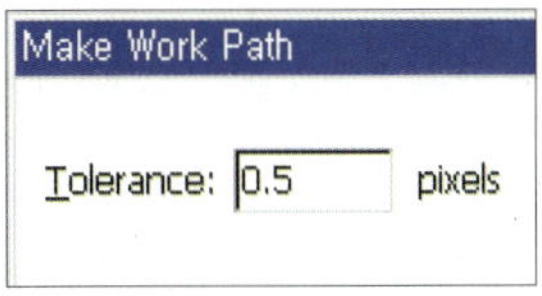

创建工作路径

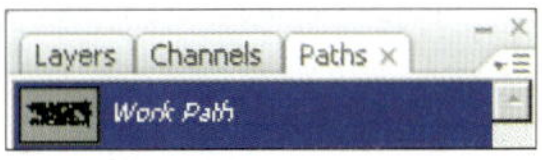

路径面板

运行 Illustrator，选择 File>New（文件 > 新建）命令创建新的文件，然后按 Ctrl+V 快捷键粘贴图像。

在 Paste Options（粘贴选项）对话框中选择 Compound Shape 混合形状，确认后更改填色。

路径化的图像

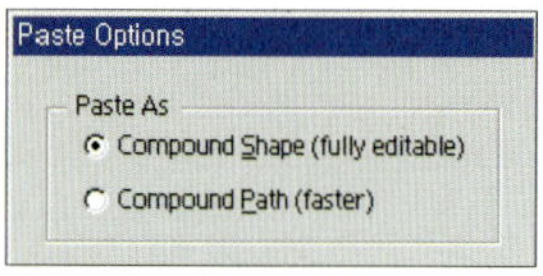

选择混合形状

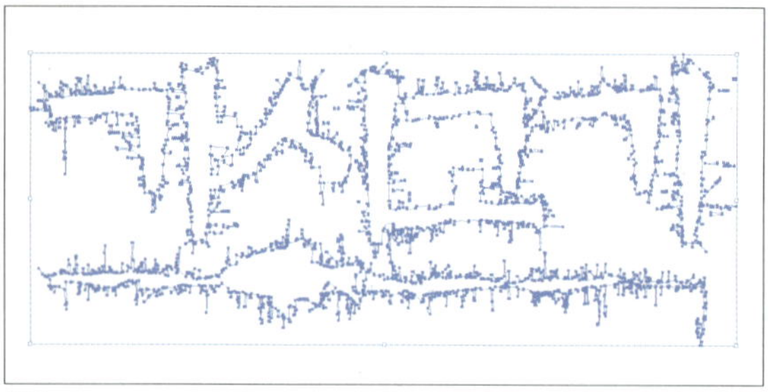
粘贴

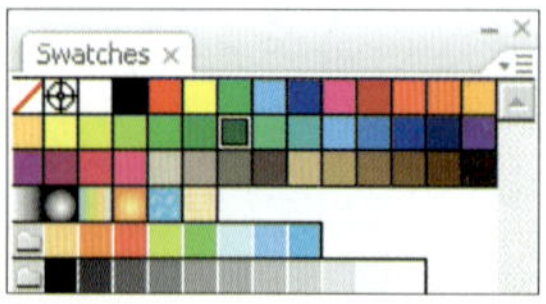

色板面板

填色 / 描边

更改填色

如果不按住 Alt 键单击“从选区生成工作路径”按钮

如果不按住 Alt 键单击“从选区生成工作路径”按钮，会应用默认的设置值 2.0pixels。在路径面板的菜单中选择 Make Work Path（创建工作路径），即使不按住 Alt 键也可以在对话框中输入数值。

路径面板

在 Photoshop 的当前操作文件中按住 Ctrl 键单击 title_in 图层载入选区，双击路径面板中的 Work Path 路径更改名称，在弹出的 Save Path 对话框中名称默认为 Paht 1。在载入 title_in 图层选区的状态下单击路径面板下端的 Make work pat from selection（从选区生成工作路径）按钮。

选择生成的 Work Path，按 Ctrl+C 快捷键复制。选择 Illustrator 操作文件，按 Ctrl+V 快捷键粘贴。

选择路径面板的 Work Path 路径，即使不利用路径选择工具或者直接选择工具选择路径也可以进行复制。

载入选区

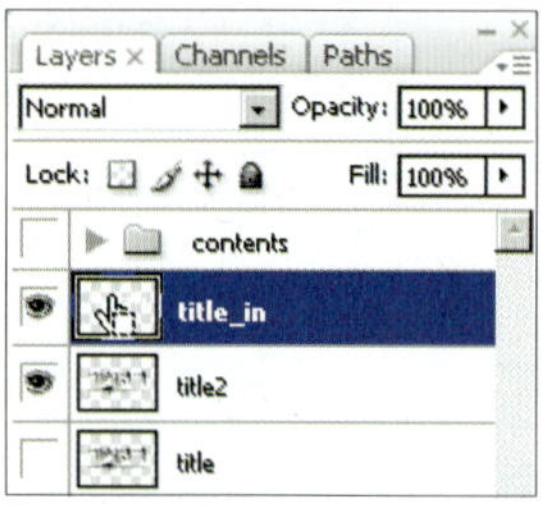

按住 Ctrl 键单击

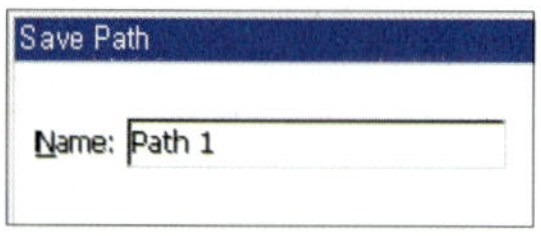

存储选区

Path1 图层

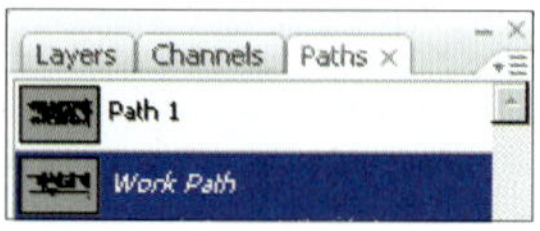

路径面板

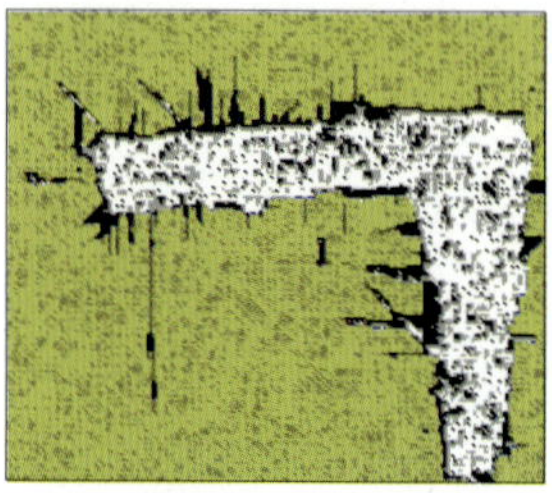
路径化的图像

如果不更改名称单击从选区生成工作路径按钮

如果不更改一开始生成的 Work Path 路径的名称而单击从选区生成工作路径按钮，生成的路径会消失，只留下新路径。

之前生成的路径消失，只留下第 2 个生成的路径

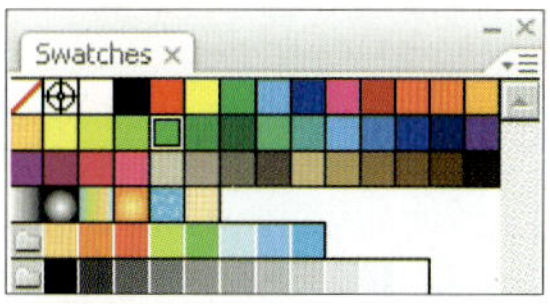

色板面板

填充色 / 轮廓色

更改填充色

设置为混合形状的情况

在 Paste Options（粘贴选项）对话框中设置为 Compound Shape（混合形状），不是编辑形态，而是以路径形态打开，标题文字内部没有洞。

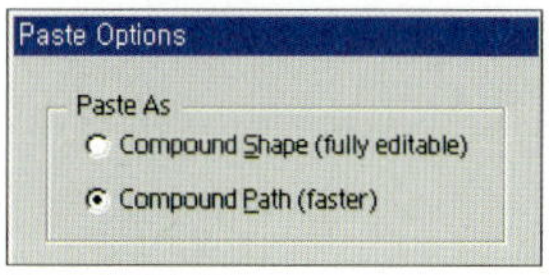

混合路径选项

粘贴

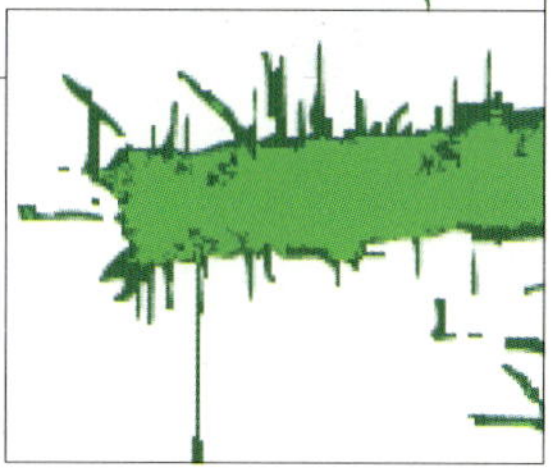

放大的效果

在 Paste Options（粘贴选项）对话框中选择 Compound Shape（混合形状），然后更改填充色。

利用选择工具 调节位置，使对象交叉。

完成效果

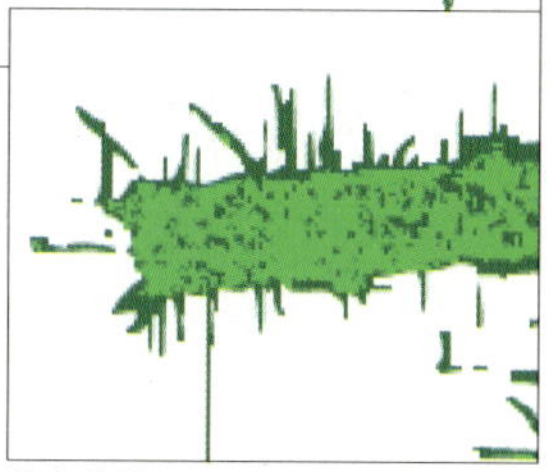

放大的效果

取消路径选择

在路径激活的状态下复制图像，会恢复至路径。因此如果想要复制图像，在路径面板的空白位置单击，将其设置为非激活状态后复制。

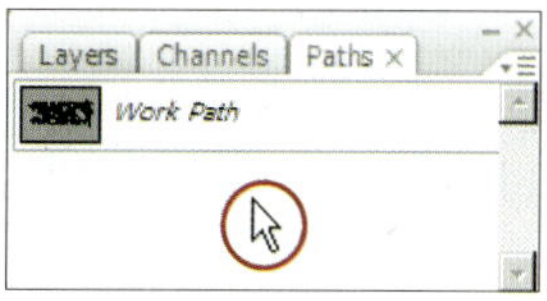

在路径面板的空白位置单击取消

12 HANKANG

对链条图案添加效果，表现像插画一样的手工标题效果。

Source Location

Effects 12\

- hankang_start.psd
- hankang_finish.psd
- hankang_apply.psd

01 确认操作文件

下面我们拍摄制作为标题形态的链条的照片然后提取图像，制作表现手绘感觉的标题。

打开 hankang_start.psd 文件。

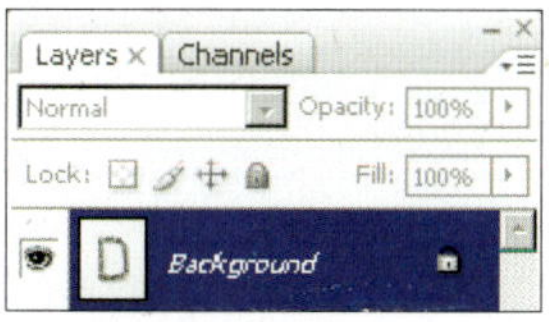

Background 图层是利用自行车链条组成形态照片。

当前图层面板

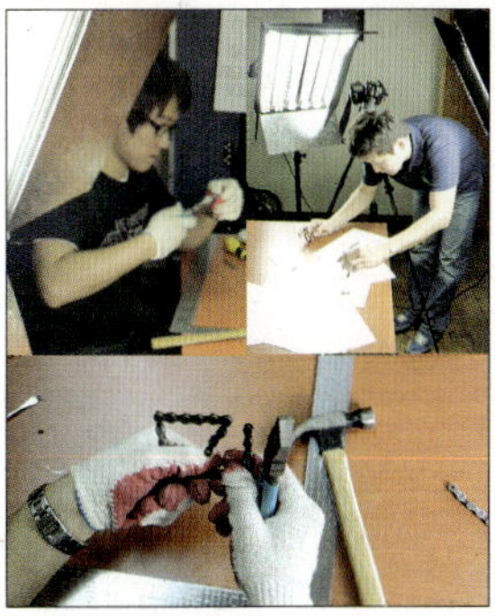
手工制作链条并拍摄

hankang_start.psd 文件

02 提取图像

为了提取链条形态，右键单击 Background 图层，在弹出菜单中选择 Duplicate Layer（复制图层）进行复制。将 Background copy 图层的背景和链条的边界变清晰，以便于提取图像，选择 Filter>Sharpen>Unsharp Mask（滤镜 > 锐化 >USM 锐化）命令，如图 2-a 所示进行设置。

Polygonal Lasso Tool(L)

为了提取链条形态，选择多边形套索工具，在选项栏中将Feather（羽化）设置为0px，勾选Anti-alias（消除锯齿）复选框，然后按Ctrl++快捷键放大图像，沿着链条外侧的边界进行提取。

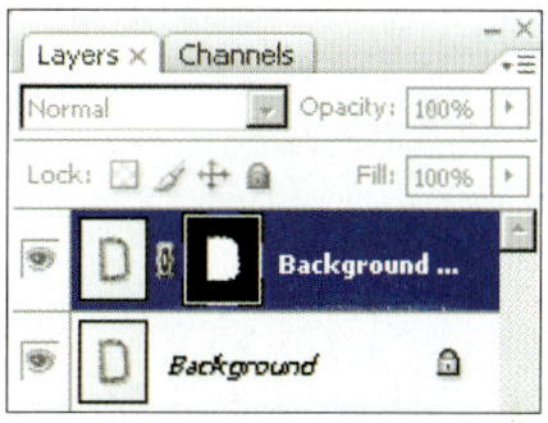

"Background" Layer Mask

如果没有进行 Feather（羽化）和 Anti-alias（消除锯齿）设置，会创建边缘粗糙的选区，可能需要再次进行操作。

在载入提取的选区的状态下，单击图层面板下端的 Add layer mask（添加图层蒙版）按钮。

再次使用多边形套索工具按照背景和链条的形态提取图像，在提取选区的状态下选择 Backgro-und copy 图层蒙版，确认背景色为黑色，按 Ctrl+Delete 快捷键填充。

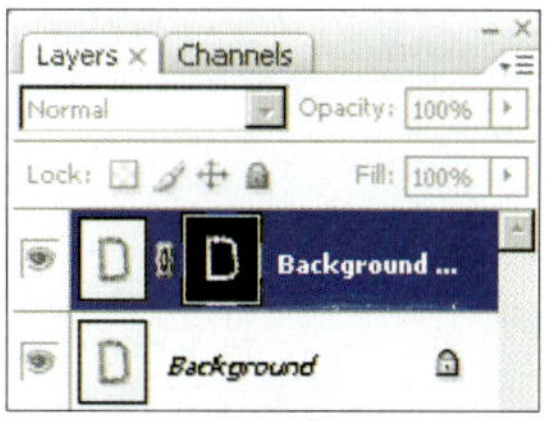

Background 图层蒙版

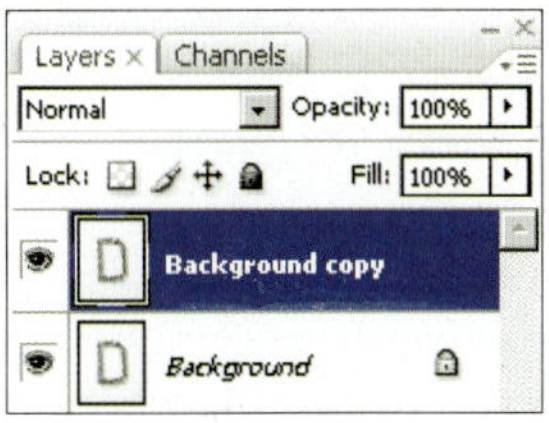

复制 Background 图层

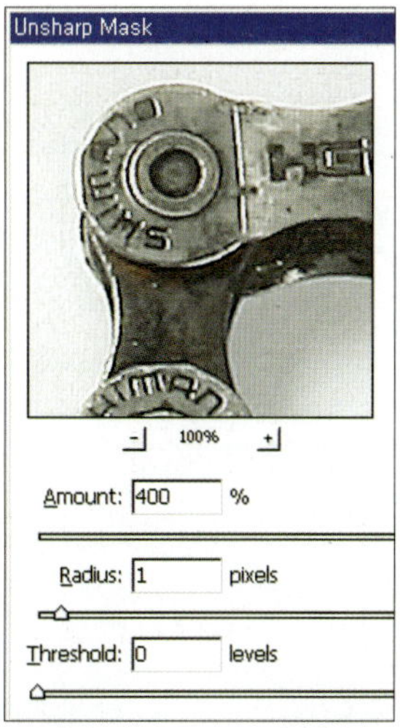

2-a

应用 USM 滤镜

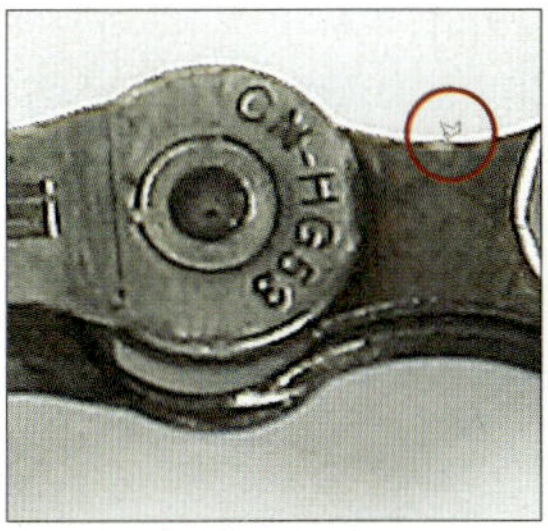
提取链条外侧的图像

提取链条后的蒙版状态

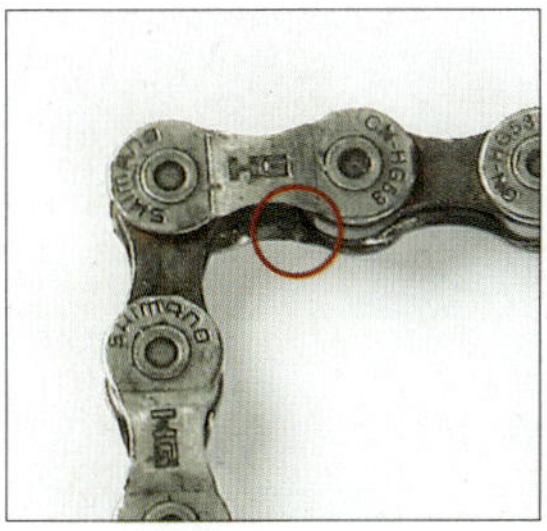
提取链条内侧的图像

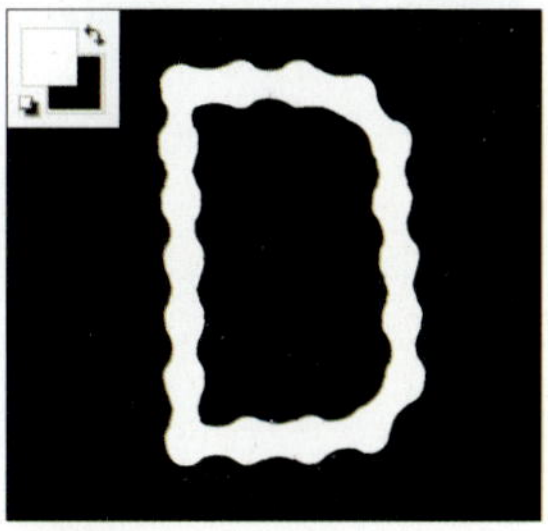
提取链条内侧后的蒙版状态

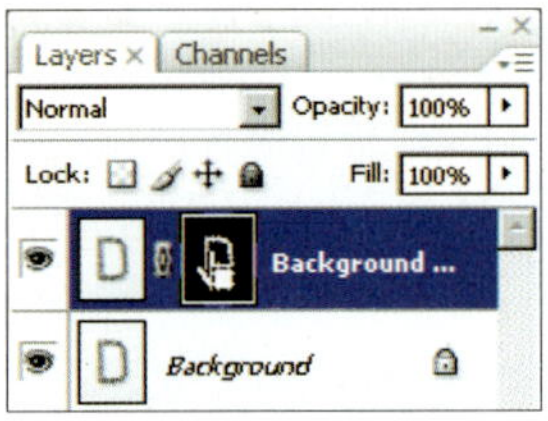

按住 Ctrl 键单击 Background copy 图层的蒙版

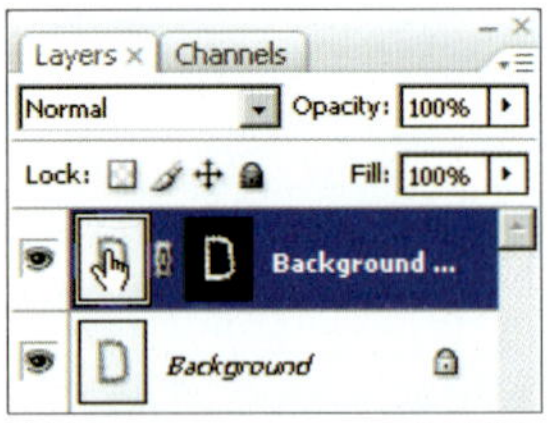

选择 Background copy 图层复制

当前文件

为了只导入链条图像，按住 Ctrl 键单击 Background copy 图层的蒙版载入选区，选择 Backgroun copy 图层，按 Ctrl+C 快捷键复制，按 Ctrl+V 快捷键粘贴。

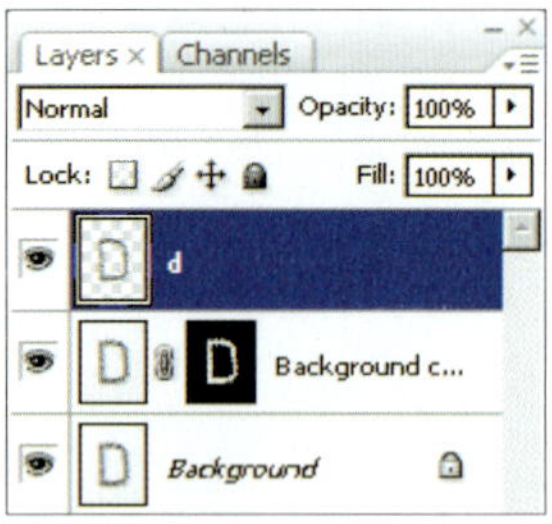

当前图层面板

将粘贴的图层重新命名为 d，放置到图层上方。

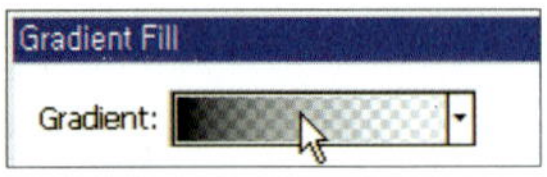

单击渐变条

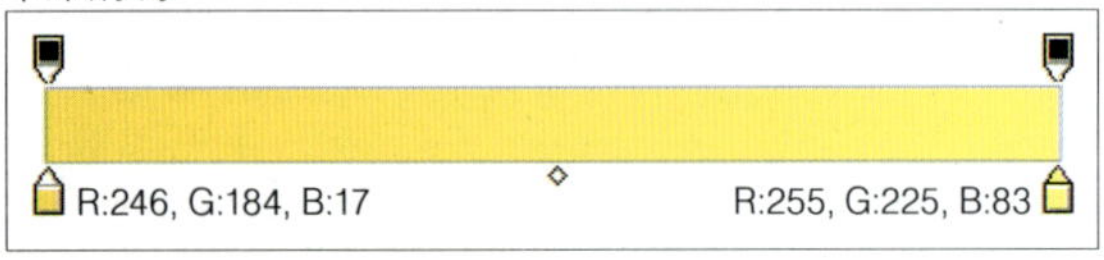

3-a

设置渐变填充后的文件

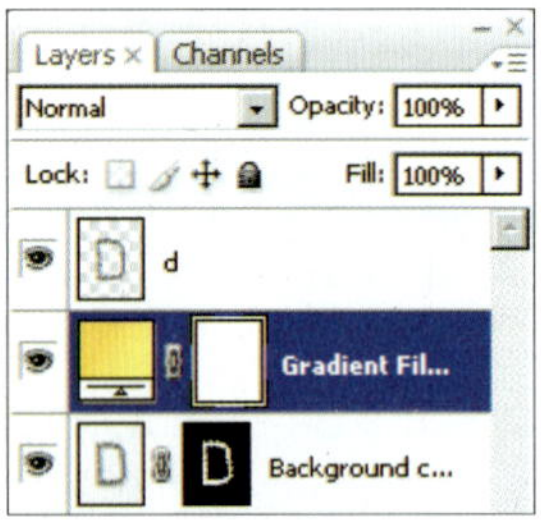

Gradient Fill 1 图层

复制 Background 图层

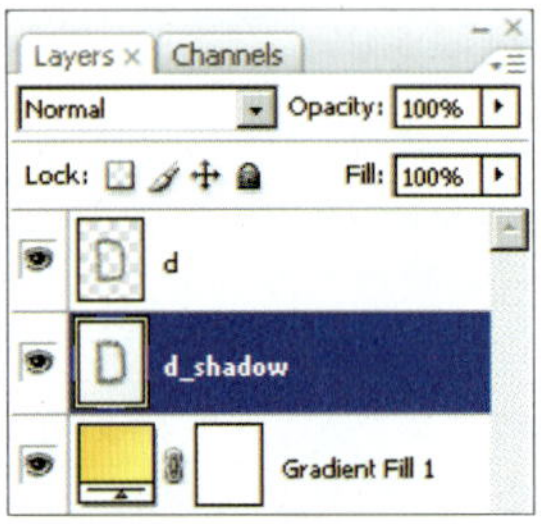

复制的 d_shadow 图层

当前图层面板

如下图所示创建透明的渐变，将不透明度色标设置为 0%，可以表现出一侧头名的渐变。选择不透明度色标，设置为 100%，可以创建本步骤中的渐变。

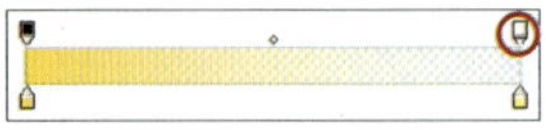

将不透明度色标设置为 0%

03 利用素材表现阴影

下面我们来创建背景，表现链条的阴影。

由于要在d图层下方创建背景，选择Background copy 图层，选择Layer>New Fill Layer>Gradient（图层>新建填充图层>渐变）命令，设置New Layer（新图层）对话框。

单击 Gradient Fill（渐变填充）对话框的渐变条，打开 Gradient Editor（渐变编辑器）对话框，如图 3-a 所示进行设置。

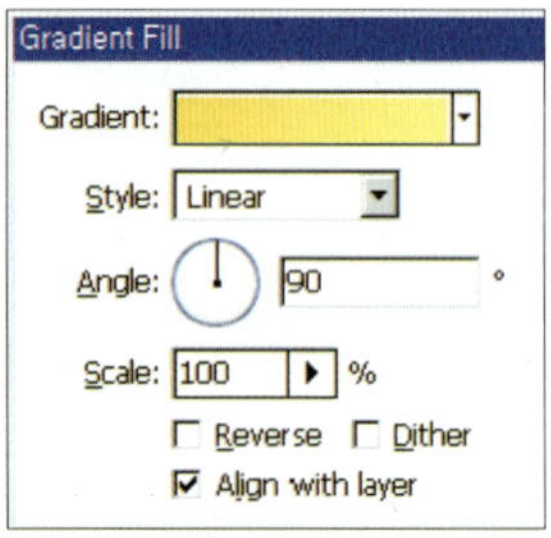

渐变填充对话框

接下来创建背景，选择Background图层，选择Layer>New>Layer via Copy（图层>新建>通过复制的图层）命令（Ctrl+J），将新图层放置到d图层下方，并重新命名为d_shadow。

将 d_shadow 图层的混合模式设置为 Multiply（正片叠底），显示出阴影。但是不仅 d_shadow 图层的阴影合成了，灰色背景的图像也进行了合成，因此图像显得较暗。

更改模式后的文件效果

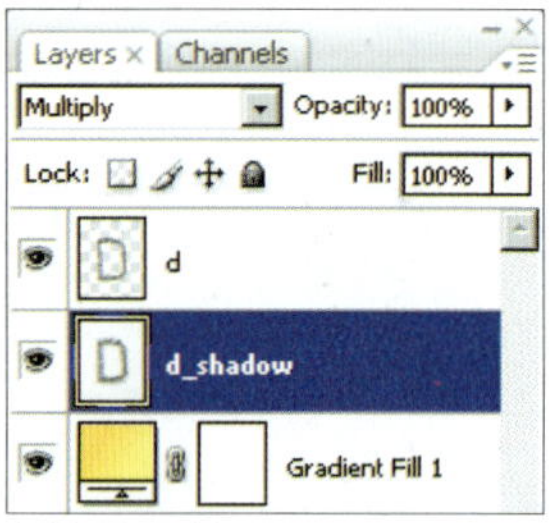

当前图层面板

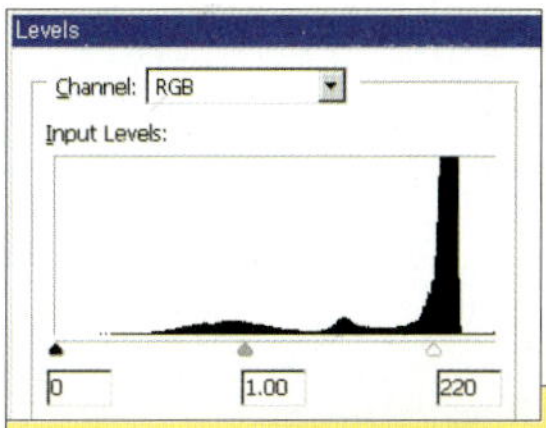

3-b

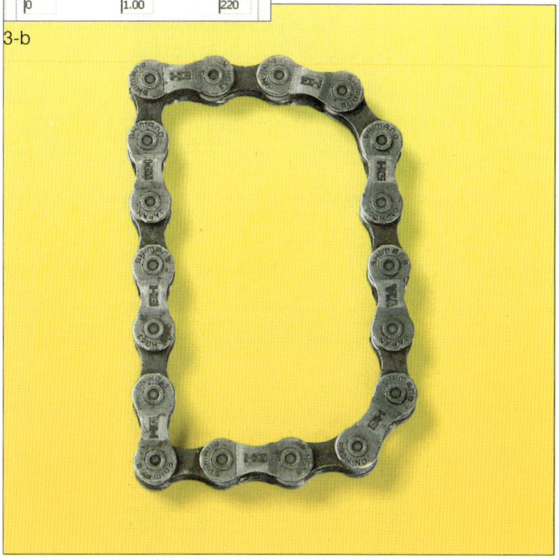

当前文件

将 d_shadow 图层的背景设置为白色，选择 d_shadow 图层，选择 Image>Adjustments>Levels（图像 > 调整 > 色阶）命令（Ctrl+L），如图 3-b 所示进行设置，将背景创建为白色，表现暗淡的阴影效果。

应用色阶后的 d_shadow 图层的状态

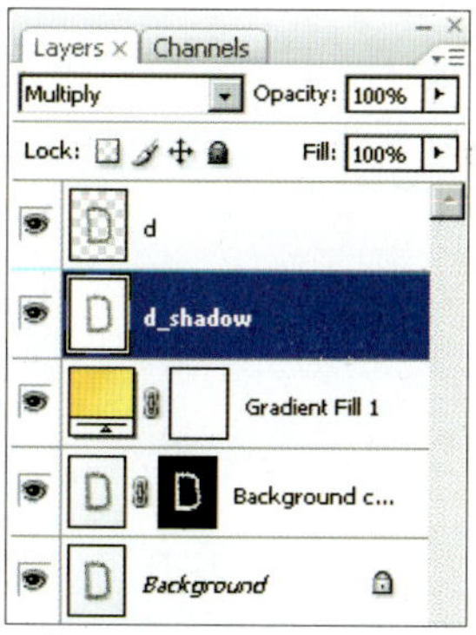

当前图层面板

如果将应用了 USM 滤镜的图像作为背景

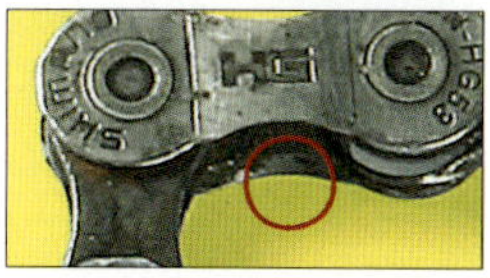

利用应用了 USM 滤镜的图像作为背景的效果

如果将应用了 USM 滤镜的图像使用为背景会创建清晰的边界。如左图所示，为了表现自然连接的阴影，应使用没有应用 USM 滤镜的 Background 图层。

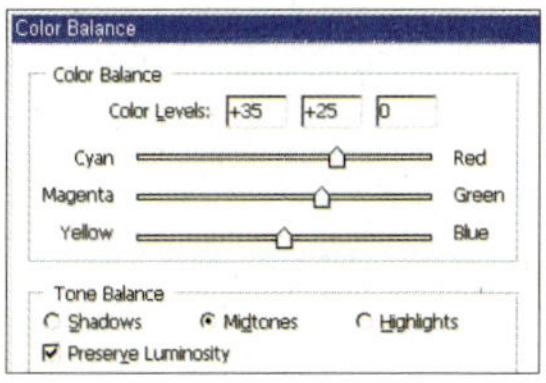

4-a

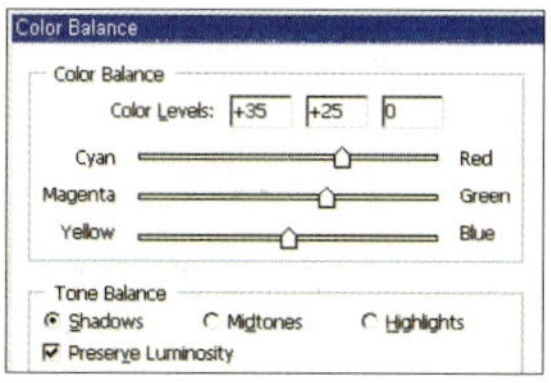

4-b

设置中间调

设置阴影

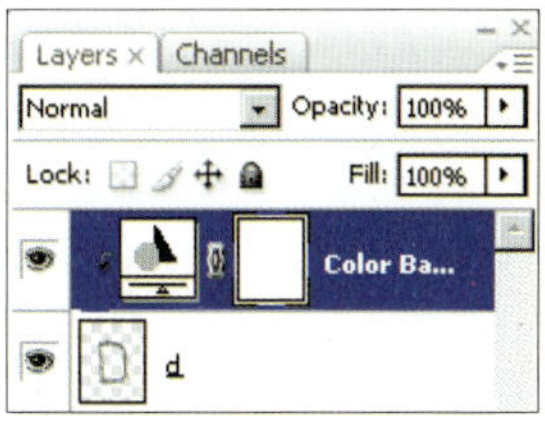

当前图层面板

应用剪贴后的文件

04 调整颜色，创建素描效果

下面我们按照背景来调整颜色，创建利用铅笔素描一样的效果。

选择 d 图层，选择 Layer>New Adjustment Layer>Color Balance（图层 > 新建调整图层 > 色彩平衡）命令。在打开的 Color Balance（色彩平衡）对话框中如图 4-a 所示将 Tone Balance（色调平衡）设置为 Midtones（中间调），为了调整较暗的图像的色调，如图 4-b 所示设置为 Shadows（阴影），调整橘色光线。

为了只在 d 图层的区域显示图层效果，选择 Color Balance（色彩平衡）1 图层，选择 Layer >Create Clipping Mask（图层 > 创建剪贴蒙版）命令（Ctrl+Alt+G），剪贴到 d 图层。

为了表现单纯化的插画感觉，按住 Alt 键单击 d 图层，向上拖动，保留剪贴的状态复制图层，然后将复制得到的图层重新命名为 edge。

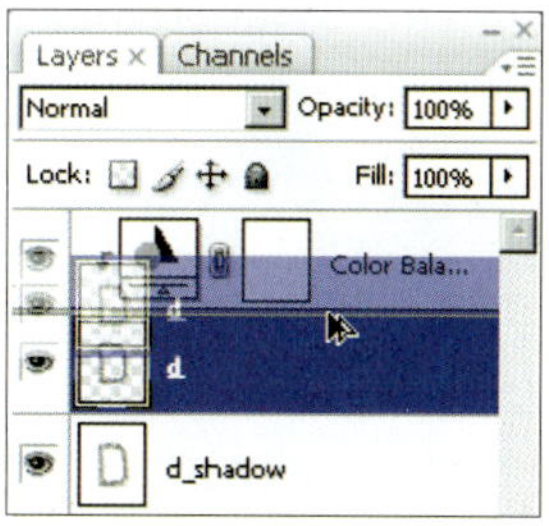

按住 Alt 键拖动

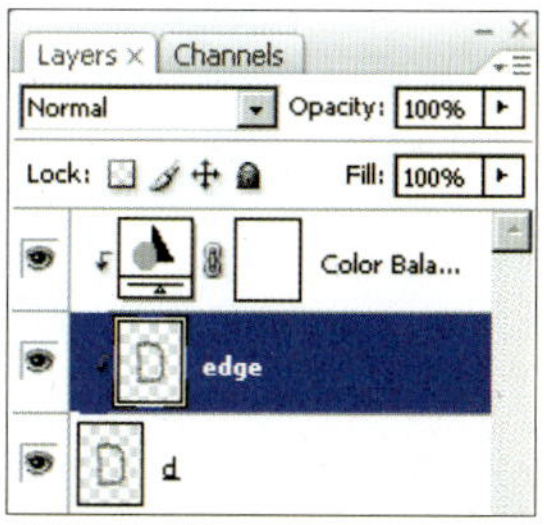

当前图层面板

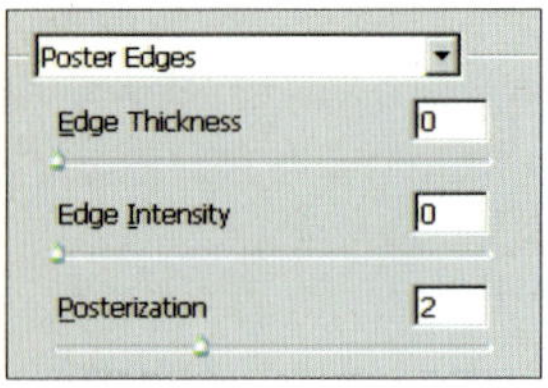

4-c

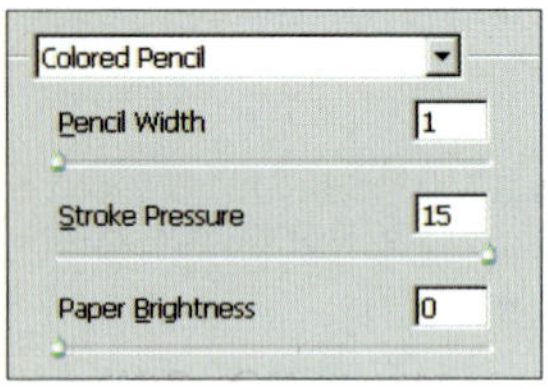

4-d

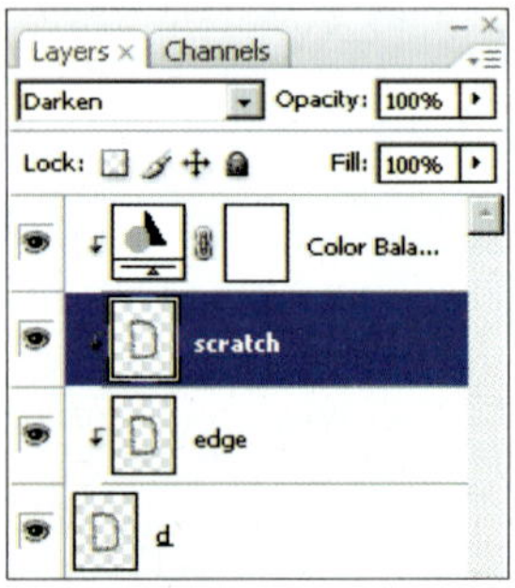

当前图层面板

应用海报边缘后的文件

应用彩色铅笔后的文件

选择 edge 图层，选择 Filter >Artistic>Poster Edges（滤镜 > 艺术效果 > 海报边缘）命令，如图 4-c 所示进行设置，创建单纯的效果，强调边缘。

选择 d 图层，按住 Alt 键将 edge 图层拖动到上方，将复制的图层重命名为 scratch。

选择 scratch 图层，选择 Filter >Artistic> Colored Pencil（滤镜 > 艺术效果 > 彩色铅笔）命令，如图 4-d 所示进行设置，表现出铅笔素描的效果。为了自然地显示两个滤镜的效果，将 Scratch 图层的混合模式设置为 Darken（变暗）。

正片叠底使图像整体变得更暗，将混合模式设置为变暗可以自然地表现图像轮廓和素描的效果。

当前文件

为素描笔迹加入颜色

应用彩色铅笔滤镜的时候，设置背景颜色，然后提高 Paper Brightness（纸张亮度）值，可以表现出素描笔迹的颜色。本步骤中纸张亮度值为 0，因此表现为黑色。

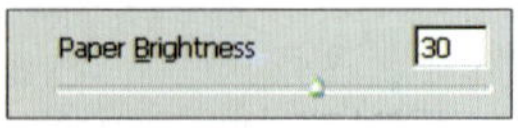

更改纸张亮度值

确认背景色

设置 Underlying Layer

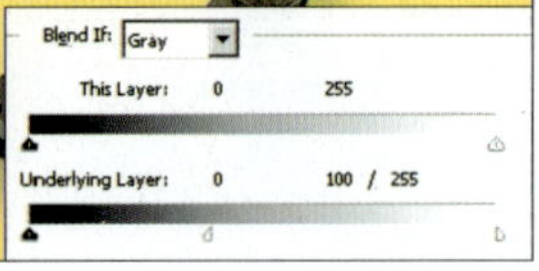

Underlying Layer 为 100、255

05 调节表现效果的范围，完成制作

强调了图像的边缘后，整体效果较暗，高光消失了。

双击 scratch 图层，打开 Layer Style（图层样式）对话框，在 Blending Options（混合选项）中在 Blend if 的 Underlying Layer 中按住 Alt 键单击左侧的白色滑块向左拖动，将数值设置为 100/255。

在 This Layer 中按住 Alt 键将黑色滑块向右拖动，设置为 0/45。

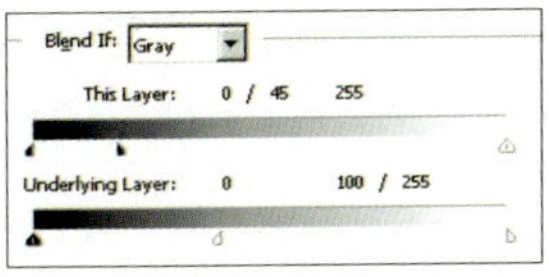

This Layer 为 0/45

This Layer 的设置和完成

选择 d_shdow 图层，按住 Shift 键单击 Color Balance 1 图层，选择 Layer>Group Layers（图层 > 图层组）命令（Ctrl+G），将选中的图层合为一个图层组，将其重新命名为 d，完成字母 D 的制作。

打开 chain_alphabet.psd 文件，将图像移动到所需的字母进行使用即可。

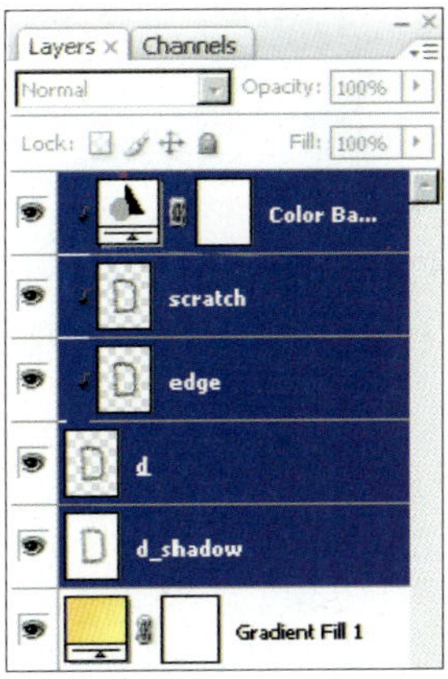

选择图层创建为组

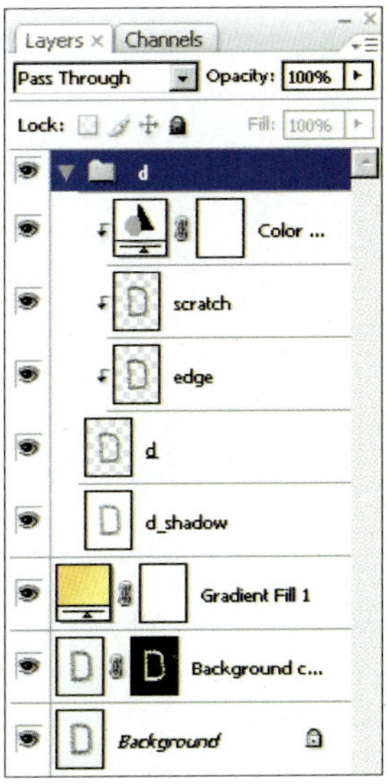

当前图层面板

合并为图层组时的注意事项

为了合并图层组，可以按 Ctrl+E 快捷键，组创建为一个图层，这事如果设置为 Normal 以外的混合模式，组内的其他图层和 d_shadow 图层，会失去混合效果，如下图所示表现为白色的背景。这样组合为图层组的时候，会显示为其他效果，因此合并图层组的时候需要多加注意。

Color Balance 1 和 scratch,edge 图层的合成范围相同，因此会保留 d 图层中应用的效果进行合成。

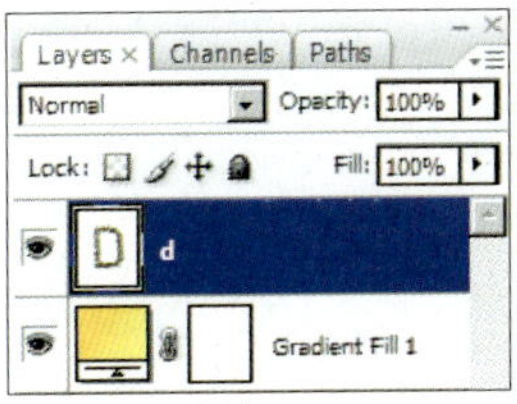

合并图层组的效果

合并的效果

图层组的多种应用

图层组主要用于组合图层进行移动或者整理多个图层。如果更改图层组的混合模式，会显示在合并状态下应用合成模式的效果，表现出多种图层效果。而且如果应用蒙版，可以一次性控制图层组内的图层。

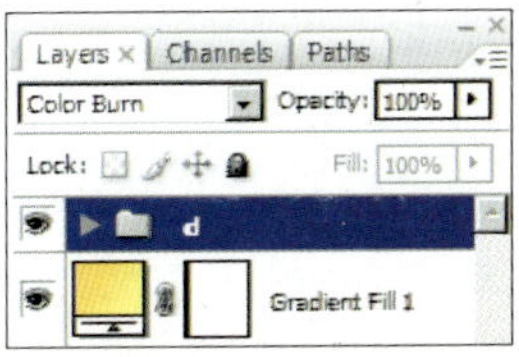

将混合模式更改为颜色加深

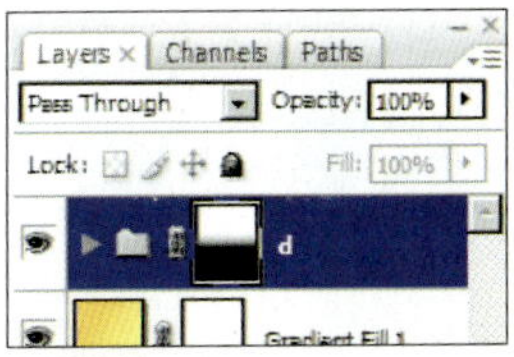

应用蒙版

更改混合模式的效果

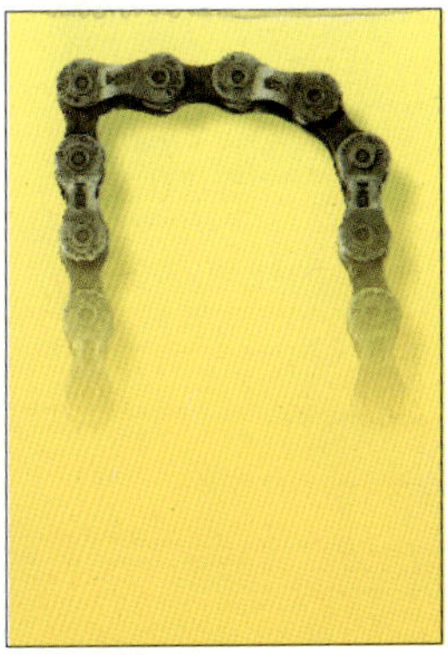

应用蒙版的效果

PERFECT CONTROL
LIFE'S SUMMER LEAVES MAY TURN INTO GOLD THE LOVE THAT WE SHARE WILL NEVER GROW OLD. THE LOVE THAT WE SHARE

13

PERFECT CONTROL

13 PERFECT CONTROL

利用质感图案制作粗糙效果的标题。

Source Location

Effects 13\
- p_control_start.psd
- p_control_finish.psd
- p_control_apply.psd
- img_scratch.jpg

PERFECT CONTROL

p_control_start.psd 文件

shape 通道

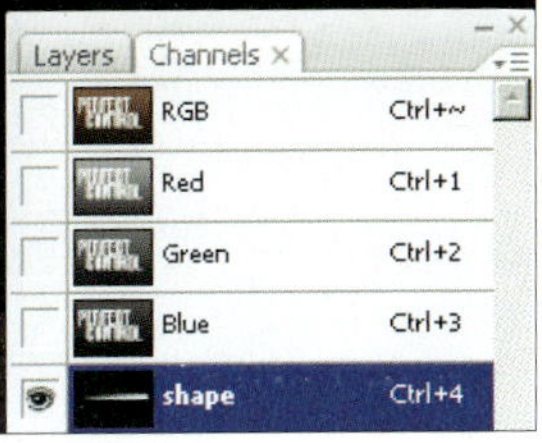

当前通道面板

01 确认操作文件

首先打开 p_control_start.psd 文件。图层面板中的 text 图层是输入文字后栅格化的效果，通道面板中的 shape 通道是为了给标题添加变化而创建的形态，暗淡的棕色背景是应用 Layer>New Fill Layer>Gradient（图层 > 新建填充图层 > 渐变）命令制作的效果。

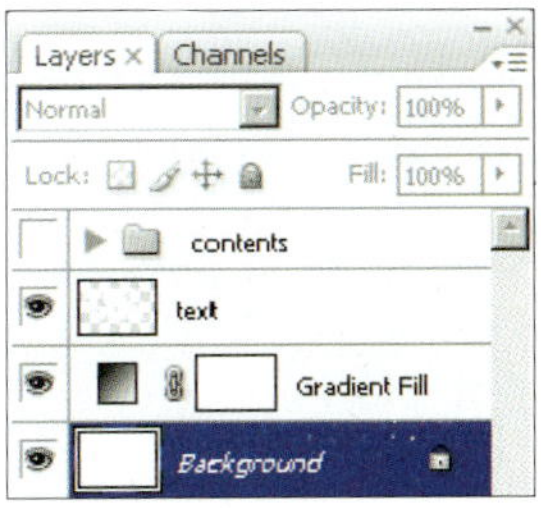

当前图层面板

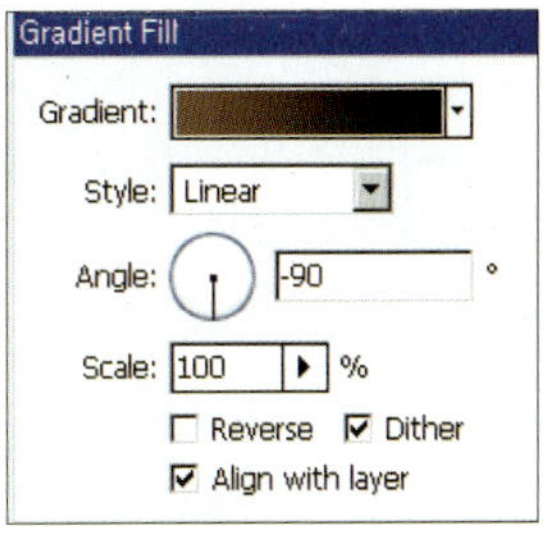

渐变填充对话框

载入 text 图层选区的状态

保存的 basic 通道

02 存储选区

为了在通道面板中保存文字形态，按住 Ctrl 键单击 text 图层载入选区，然后选择 Select>Save Selection（选择 > 存储选区）命令。

如图 2-a 所示将 Name（名称）设置为 basic，保存 basic 通道，然后按 Ctrl+D 快捷键取消选区。

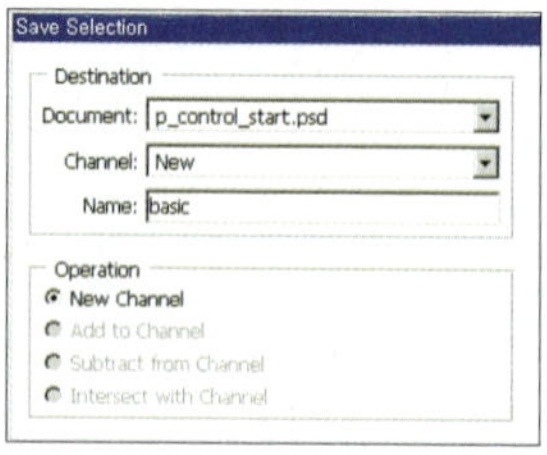

2-a

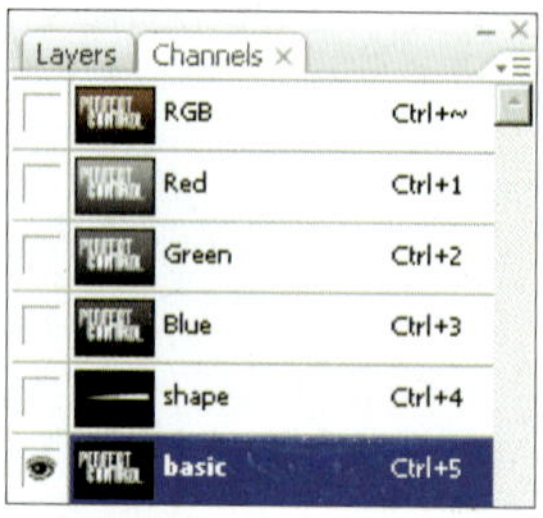

当前通道面板

复制基本通道

不要在保存了基本形态的通道中应用滤镜等效果，如果损害了通道基本形态，经常需要进行复原变形。这时如果复制了基本通道，就可以直接打开通道使用。

img_scratch.jpg 文件

scratch1 通道

03 使图像单纯化

打开用来表现粗糙效果的素材图像 img_scratch.jpg 文件。

按 Ctrl+A 快捷键全选图像，按 Ctrl+C 快捷键复制，在 p_control.psd 文件的通道面板中创建新的通道，按 Ctrl+V 快捷键粘贴图像。

按 Ctrl+D 快捷键取消选区，将生成的图层重新命名为 scratch1。

在 scratch 1 通道中 Image>Adjustments>Levels（图像 > 调整 > 色阶）命令（Ctrl+L），如图 3-a 所示进行调节，增强黑白对比。

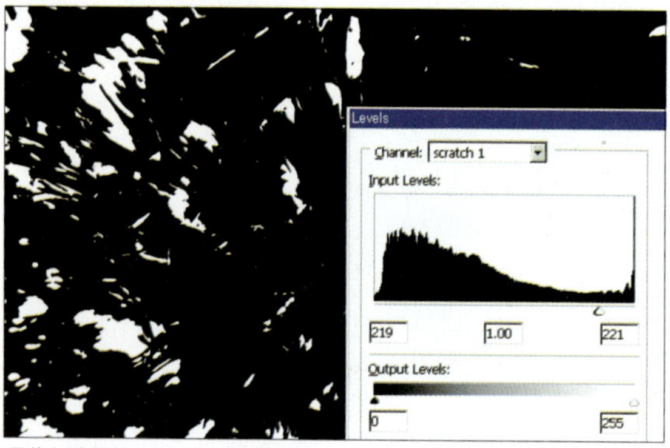

调节色阶后的 scratch1 通道效果　3-a

利用色阶提取的图像是表现标题效果的重要素材。

为了表现更加动感的标题效果，在 scratch 1 通道下方创建新的通道，并将新通道重新命名为 scratch 2。

在 scratch 2 通道中按 Ctrl+V 快捷键粘贴剪贴板中保留的 img_scratch.jpg 图像。按 Ctrl+D 快捷键取消选区。

在 scratch 2 通道中选择 Image>Adjustments>Levels（图像 > 调整 > 色阶）命令（Ctrl+L），如图 3-b 所示调整色阶。

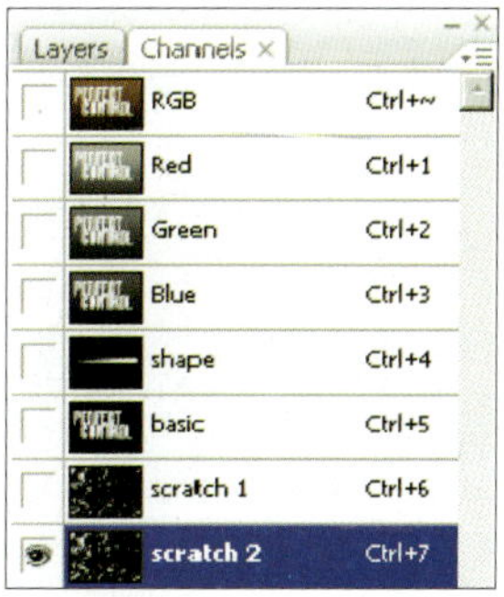

当前通道面板

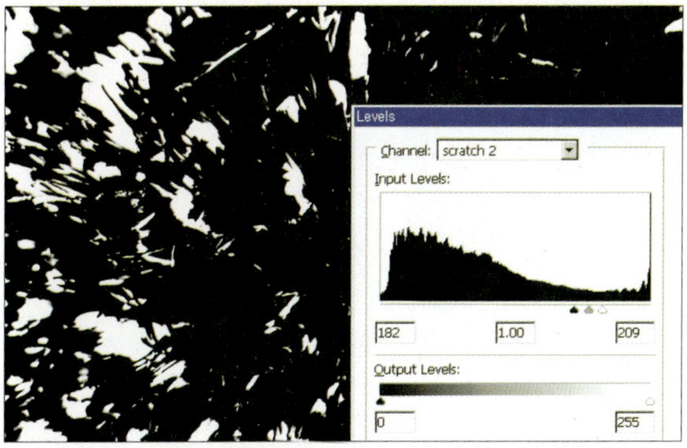

调节色阶后的 scratch 2 效果　3-b

比较通道

在本步骤中如果想要确认 scratch 1 通道和 scratch 2 通道白色区域的间距差异，激活两个通道的眼睛图标可以确认。如果对白色区域的差不满意，可以再次设置对 scratch 2 通道应用的色阶。

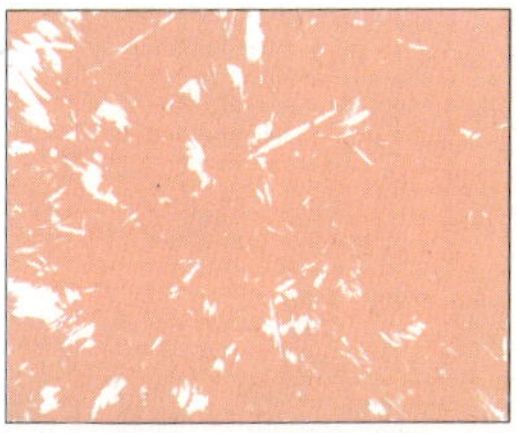

部分放大的效果

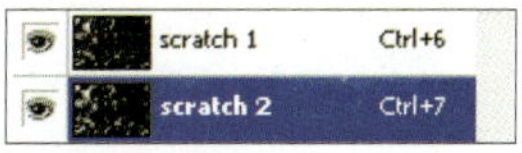

当前通道面板

04 制作粗糙的效果

为了把在步骤 03 中提取的 scratch 1 和 scratch 2 通道应用于标题中，将 basic 通道拖动到通道面板下端的 Create new channel（创建新通道）按钮上复制，将复制的通道重新命名为 grunge effect。

选择 grunge effect 通道，按住 Ctrl 键单击 scratch 1 通道载入选区。将前景色设置为黑色，按 Alt+Delete 快捷键填充前景色，然后按 Ctrl+D 快捷键取消选区。

当前的标题已经像图 4-a 所示那样充分表现了粗糙的效果，因此下面我们将减弱 scratch 2 通道的效果。

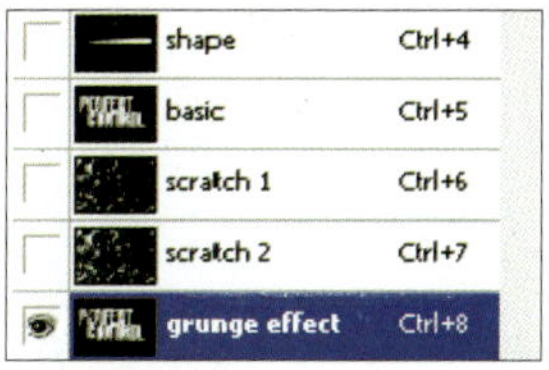

当前通道面板

grunge effect 通道

4-a 载入 scratch 通道后填充黑色

应用对比强烈的素材

为了创建粗糙的标题效果而选择了燃烧后的杂草图像，这是由于图像中被火烧过的部分和没烧过的部分明暗对比非常强烈，可以形成复杂的效果。希望读者可以在找到像这样对比强烈的素材进行使用。

在 grunge effect 通道中载入 scratch2 通道

应用色阶

应用 text effect 图层蒙版

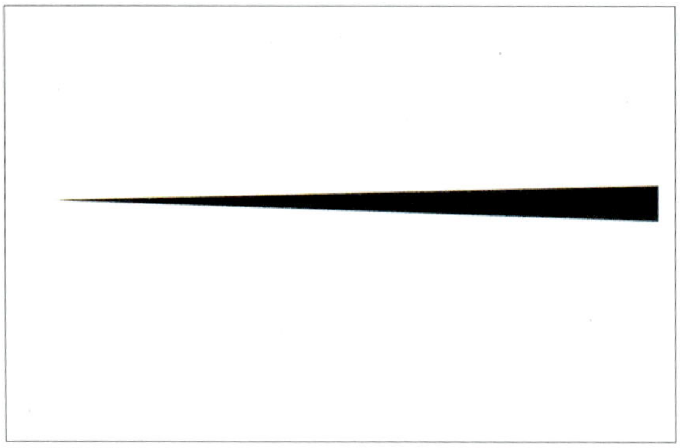
图层蒙版区域

首先选中 grunge effect 通道，按住 Ctrl 键单击 scratch 2 通道载入选区，选择 Image>Adjustments>Levels（图像 > 调整 > 色阶）命令（Ctrl+L），如图 4-b 所示调节 Output Levels（输出色阶）的高光滑块，将白色更改为灰色，确认后按 Ctrl+D 快捷键取消选区。

将 text 图层设置为非激活状态，在 Gradient Fill（渐变填充）图层上方创建新的图层，命名为 text effect。

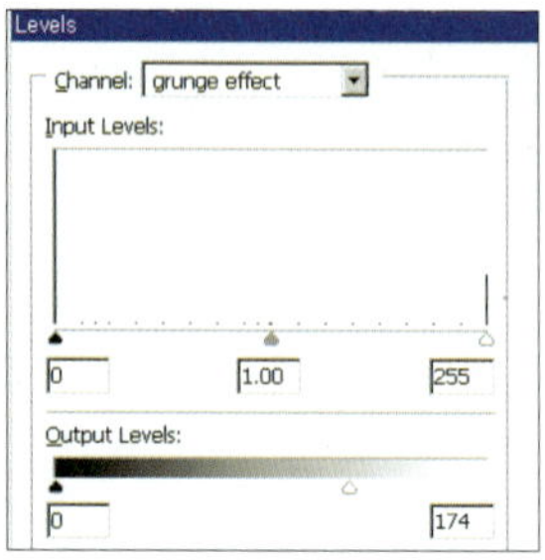

4-b

按住 Ctrl 键单击通道面板的 grunge effect 通道载入选区。选择 text effect 图层，填充白色，按 Ctrl+D 快捷键取消选区。

创建 text effect 图层

为了给排成一列的标题文字添加一些有趣的要素，选择 text effect 图层，单击图层面板下端的 Add layer mask（添加图层蒙版）按钮。按住 Ctrl 键单击通道面板中的 shape 通道载入选区，选择 text effect 图层蒙版，填充黑色，然后按 Ctrl+D 快捷键取消选区。

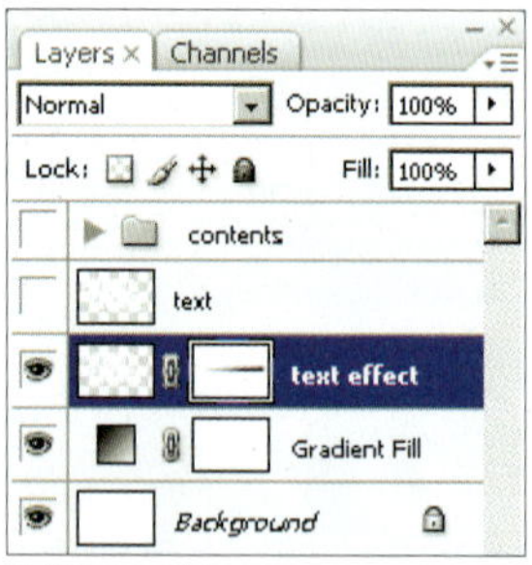

当前图层面板

将 shape 通道应用为蒙版，为静止的标题文字增添动态效果。

比利用 Delete 键更加有效地删除蒙版的方法

利用 Delete 键会损伤蒙版效果，因此应将蒙版隐藏为射线形态。如果对效果不满意，可以返回到填充为白色的状态重新进行制作。

5-a grunge bg 图层

当前文件

05 利用提取的对象装饰背景

下面我们为标题的粗糙效果制作相符的背景图像。

首先单击图层面板下端的 Create a new layer（创建新图层）按钮，在 Gradient Fill 图层上方建立新的图层，将其重新命名为 grunge bg。

然后选择 grunge bg 图层，按 Ctrl 键单击通道面板的 scartch 2 通道载入选区，如图 5-a 所示为 grunge bg 图层填充黑色，按 Ctrl+D 快捷键取消选区。

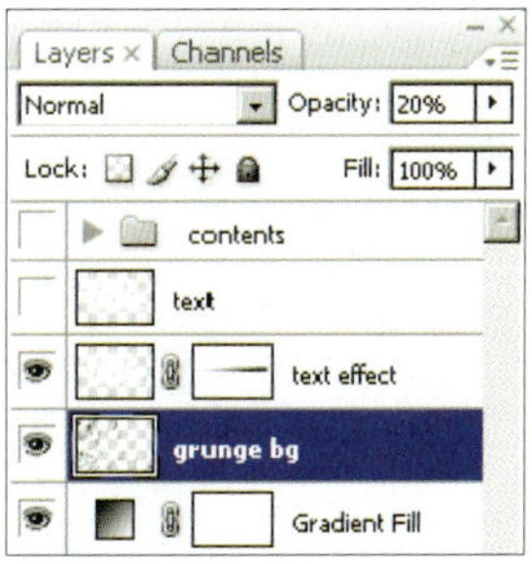

当前图层面板

最后将 grunge bg 图层的 Opacity（不透明度）设置为 20%，表现自然的效果。

6-a grunge text 图层

6-b 当前文件

06 强调粗糙的效果，完成制作 1

下面我们制作标题的浮雕效果。

选择 grunge bg 图层，单击图层面板下端的 Create a new layer（创建新图层）按钮创建新的图层，将其重新命名为 grunge text。

选择 grunge text 图层，按 Ctrl 键单击通道面板的 scar-tch 2 通道载入选区，如图 5-a 所示为 grunge text 图层填充黑色，按 Ctrl+D 快捷键取消选区。

在如图 6-a 所示的状态下，为了隐藏文字区域以外的粗糙效果，首先在 grunge text 图层中单击 Add layer mask（添加图层蒙版）按钮。选择 grunge text 图层蒙版，按住 Ctrl 键单击 text 图层，将设置为非激活状态的图层载入选区。

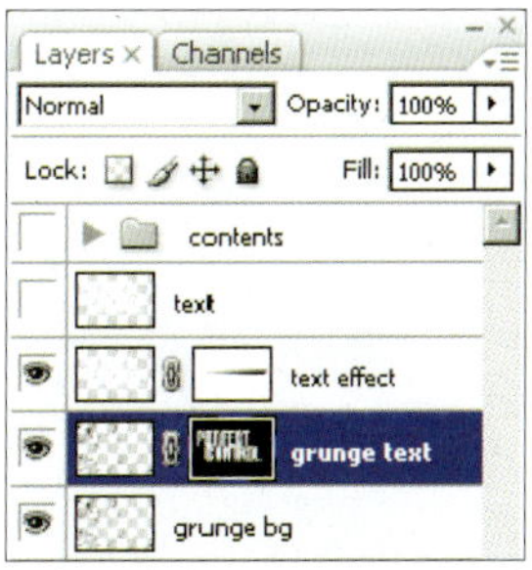

当前图层面板

由于只需要在文字区域显示粗糙效果，因此选择 Select>Inverse（选择>反选）命令（Shift+Ctrl+I）反转选区，然后填充黑色，按 Ctrl+D 快捷键取消选区，确认如图 6-b 所示的效果。

下面利用高斯模糊表现燃烧的图像效果。

在 grunge text 图层选择 Filter>Blur>Gaussian Blur（滤镜 > 模糊 > 高斯模糊）命令，将 Radius（半径）设置为 6pixels，表现柔和的轮廓。

应用高斯模糊前后的效果如图 6-c 和图 6-d 所示。

应用高斯模糊前的 grunge text 蒙版区域的状态

应用高斯模糊后的 grunge text 图层蒙版区域效果

6-c 应用高斯模糊前的状态

6-d 应用高斯模糊后的效果

最后分别对 grunge text 图层的 Opacity（不透明度）、颜色和混合模式进行设置，激活包含图像和文字等要素的 contents 图层组。

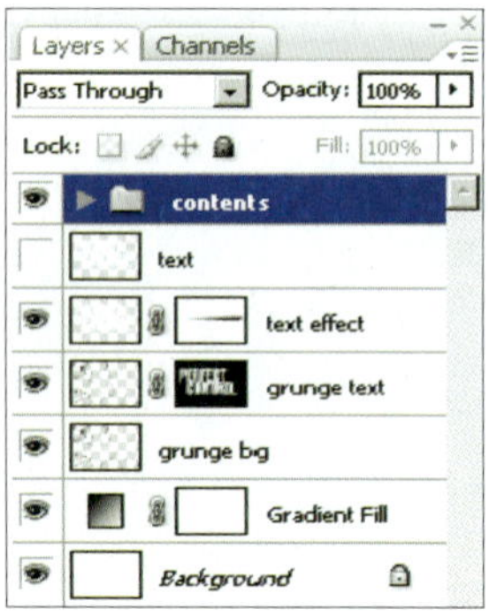

当前图层面板

对 contents 图层组添加多种要素，表现更加简洁的效果。

完成效果 1

利用混合模式表现多种效果

更改 grunge text 图层的混合模式，或者填充黑色以外的其他颜色，可以表现不同的图像效果。

填充白色

更改混合模式

根据是否连接图层和蒙版而不同的滤镜效果

应用高斯模糊滤镜前取消图层和蒙版的链接，可以看到蒙版中没有应用高斯模糊滤镜。

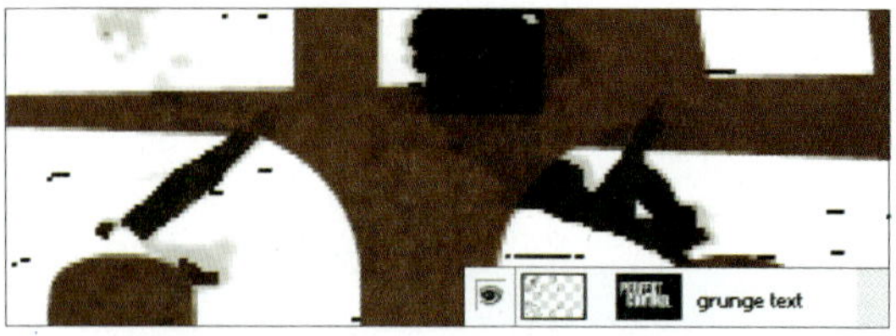

应用高斯模糊滤镜对蒙版没有影响

取消链接的状态

07 应用图层样式，完成制作 2

下面我们对标题应用图层样式，表现更加立体的效果。

双击 text effect 图层，打开 Blending Options（混合选项）对话框，如图 7-a 所示设置 Drop Shadow（投影）。

将混合模式设置为 Color Burn（颜色加深），增加对比度，表现比混合叠加更强烈的颜色效果。

最后为标题添加立体效果，如图 7-b 所示设置为 Gradient Overlay（渐变叠加）。

读者在应用渐变叠加的时候，可以对渐变条进行编辑，表现出自己所需的效果。

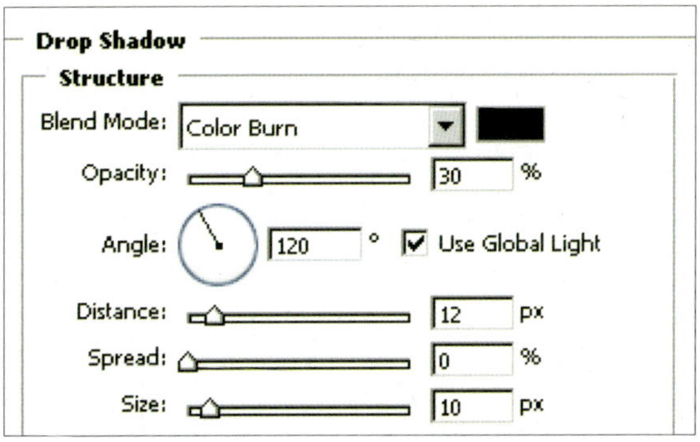

7-a

应用投影前的状态

应用投影后的效果

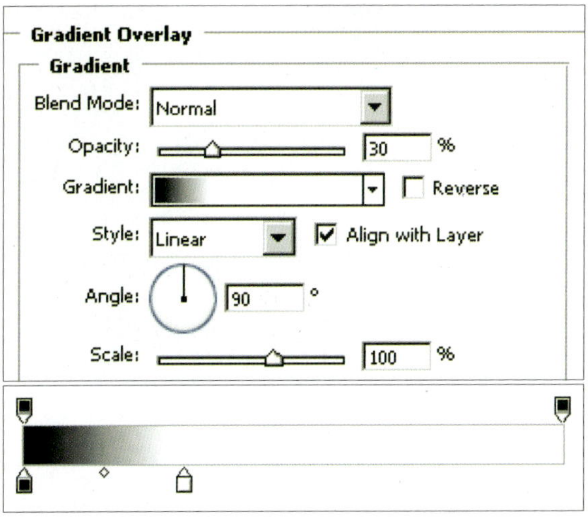

7-b

编辑渐变条 1

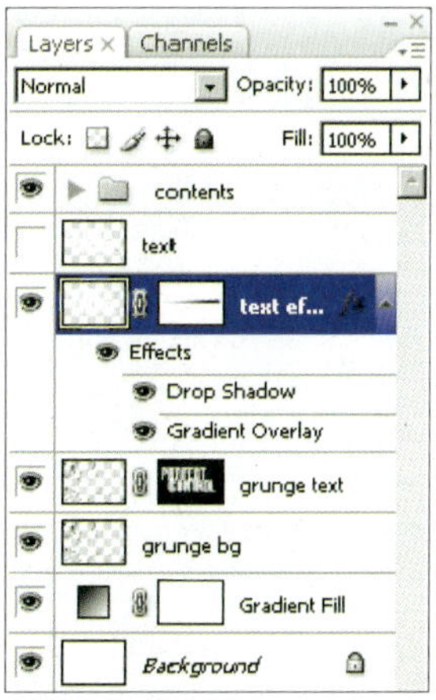

当前图层面板

应用渐变叠加

编辑渐变条 2

更改为溶解

更改混合模式前的状态

更改混合模式后的效果

完成效果

08 应用混合模式和滤镜，完成制作 3

下面我们对标题应用混合模式和滤镜，创建不同的效果。

将 text effect 图层的混合模式设置为 Dissolve（溶解）。

设置混合模式后仔细观察效果，可以看到只有标题边缘部分显示出了效果，这一点我们将在研究部分进行介绍。

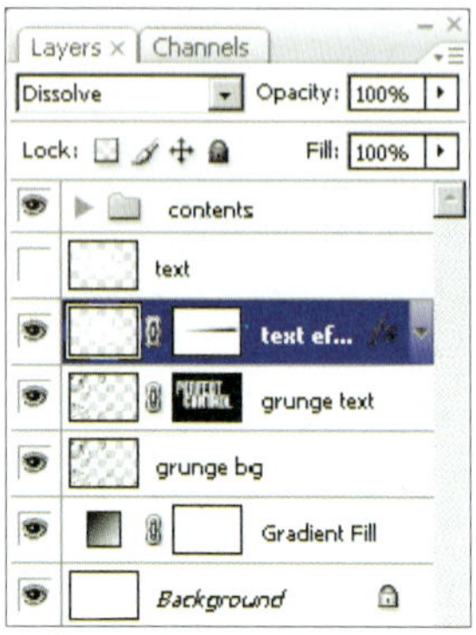

当前图层面板

在 text effect 图层中选择 Filter>Pixelate>Mezzotint（滤镜 > 像素化 > 铜版雕刻）命令，如图 8-a 所示将 Type 设置为 Medium lines。

读者还可以应用其他滤镜表现多种效果。

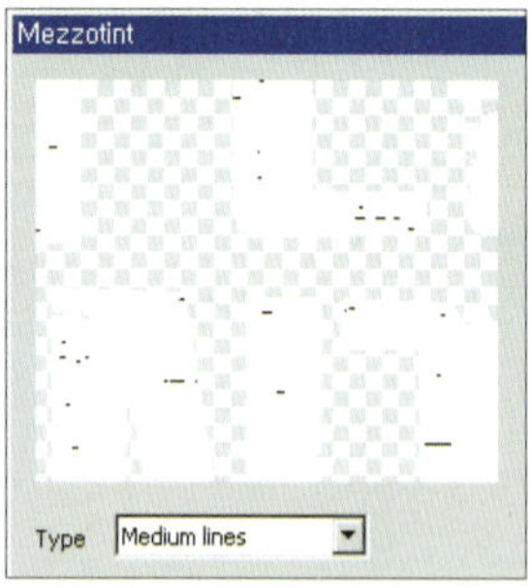

8-a

应用铜版雕刻滤镜后的效果

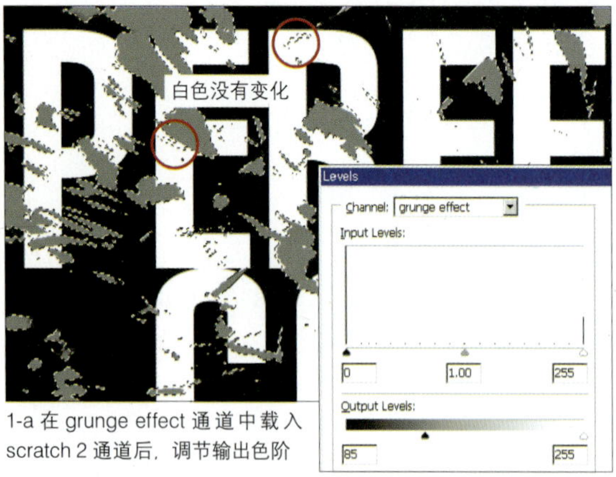

1-a 在 grunge effect 通道中载入 scratch 2 通道后，调节输出色阶

调节输出色阶的阴影滑块

THINK OVER!

1. 调节输出色阶

在步骤 04 中调节色阶的时候，调节输出色阶的高光滑块，便可以自然地表现出粗糙的效果。

下面我们调节输出色阶和输入色阶的阴影滑块，观察得到的效果。

首先调节输出色阶的阴影滑块，如图 1-a 所示将黑色更改为白色，对白色没有任何影响。调节输入色阶的阴影滑块，如图 1-b 所示，黑色和只有白色的区域没有任何变化。

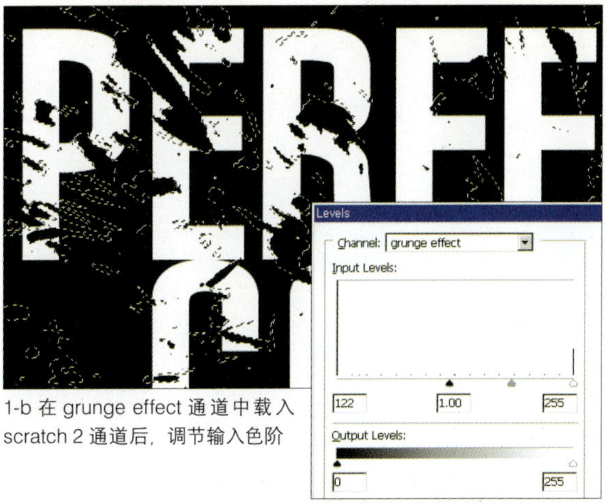

1-b 在 grunge effect 通道中载入 scratch 2 通道后，调节输入色阶

调节输入色阶的阴影滑块

在步骤 04 中调节的效果

调节输出色阶的高光滑块

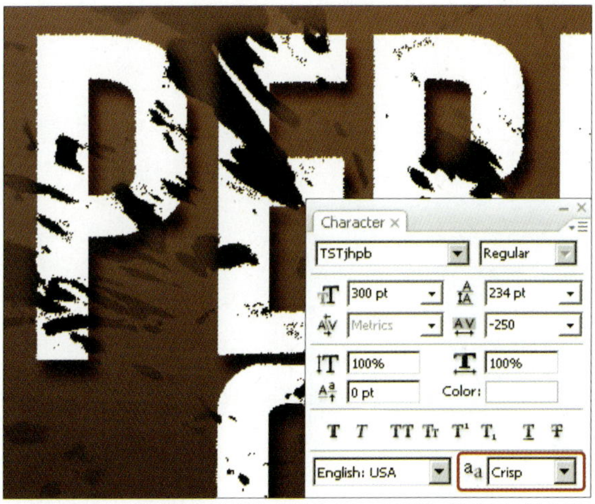

在生成文字的过程中将消除锯齿设置为 Crisp（平滑），创建柔和的轮廓，因此透明的像素显示在轮廓部分

THINK OVER!

2. 溶解混合模式的特性

观察在步骤 08 中将 text effect 图层的混合模式设置为溶解时的效果。

溶解模式的特性是，当图层的不透明度为 100% 时，画面没有任何变化，即使不调节 text effect 图层的不透明度，也可以在标题上表现出点状效果。

仔细观察更改混合模式前的文字边缘，可以看到文字轮廓像素相应的区域成为半透明的像素。这一问题是由于在 Photoshop 中对图像轮廓进行柔滑处理的时候，使用了消除锯齿的原因。

14 **Jazz Blues**

应用图层样式，制作霓虹灯一样的文字特效。

Source Location

Effects 14\

jazzblues_start.psd

jazzblues_finish1.psd

jazzblues_finish2.psd

jazzblues_apply.psd

jazzblues_start.ai

jazzblues_finish.ai

01 确认操作文件

用 Illustrator 中制作形态后，在 Photoshop 中应用图层样式，表现霓虹灯标题效果。

当前文件

当前图层面板

1-a 在 Illustrator 中制作的标题

只选择标题的黄色边缘

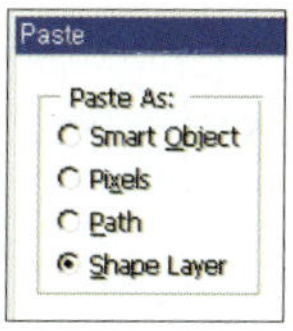

1-b

为了载入本范例的基本标题形态，先运行 Illustrator，打开 Jazzblues_start.psd 文件。

Layer 1 图层是利用钢笔工具创建的文字形态。选择 Object>Path>Outline Stroke（对象 > 路径 > 轮廓描边）命令，创建内部形态，然后选择 Object>Path>Offset Path（对象 > 路径 > 偏移路径）命令扩展路径。

利用选择工具，如图 1-a 所示选定文字的外轮廓，按 Ctrl+C 快捷键复制，按 Ctrl+V 快捷键粘贴到 Photoshop 文件中，在 Paste（粘贴）对话框中如图 1-b 所示选择 Shape Layer（形状图层）。

将 Shape 1 图层的名称更改为 outer_txt，为了更改文字的颜色，双击 outer_txt 图层，将 Color（颜色）更改为 R:30,G:57,B:90。

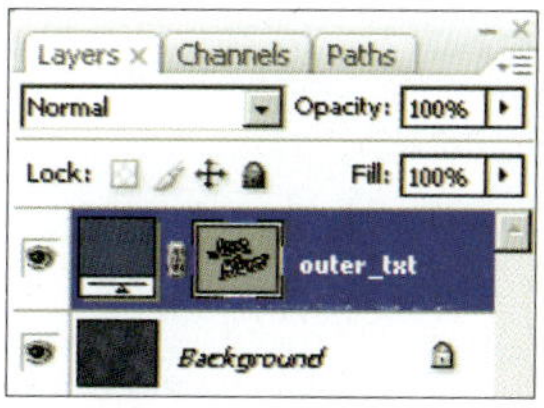

当前图层面板

粘贴的图像

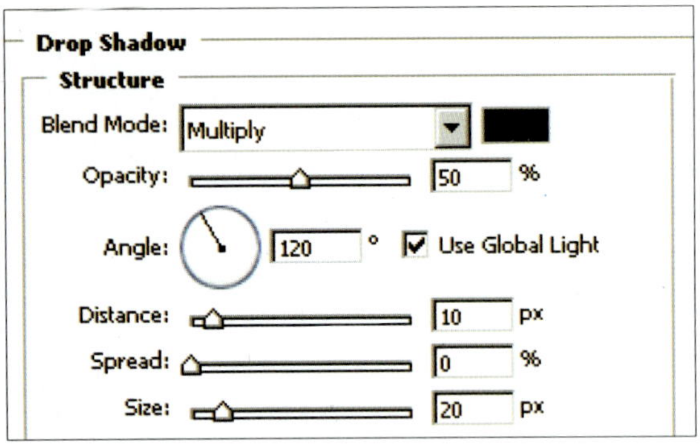

2-a

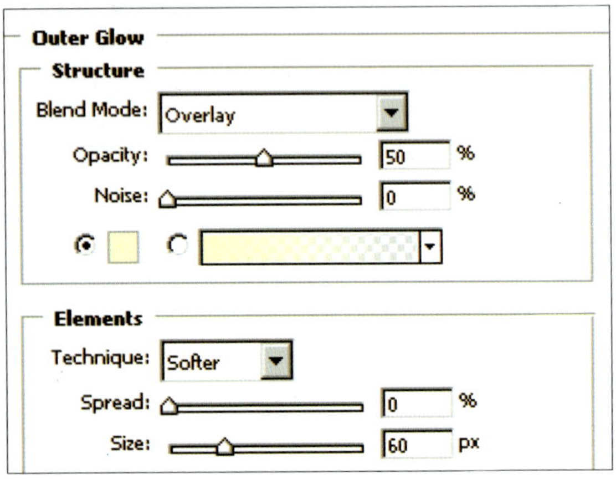

2-b

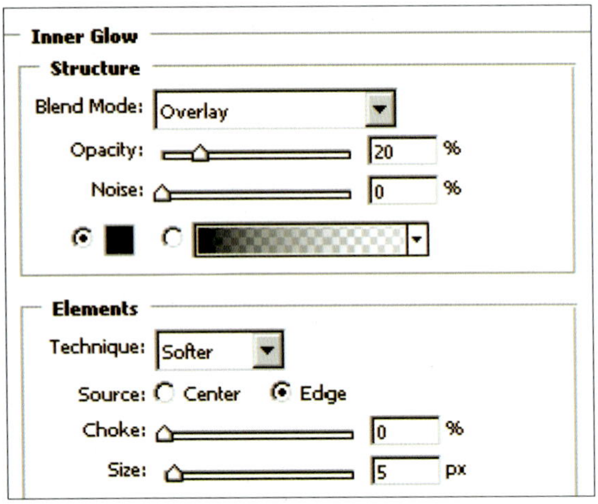

2-c

关于 Spread(扩展) 和 Choke(阻塞)

Spread 和 Choke 可以根据 Size（大小）的设置调节浓度不透明的部分和透明的部分之间的范围。例如，当 Opacity（不透明度）为 100%，Size（大小）为 10px 的时候，如果 Spread 为 100%，一直到扩展的 10px，透明度都表现为 100%。

02 应用多种图层样式

下面我们对表现标题形态的 outer_txt 图层应用多种图层样式。

应用投影

单击图层面板下端的 Add a layer style（添加图层样式）按钮，选择 Drop Shadow（投影），如图 2-a 所示进行设置，表现阴影效果。

然后选择 Outer Glow（外发光），如图 2-b 所示进行设置，表现霓虹灯的效果，将颜色设置为 R:242,G:255, B:189，将 Size（大小）设置为 60px。

最后选择 Inner Glow（内发光），如图 2-c 所示进行设置，强调表现标题内侧的轮廓线条。

应用外发光

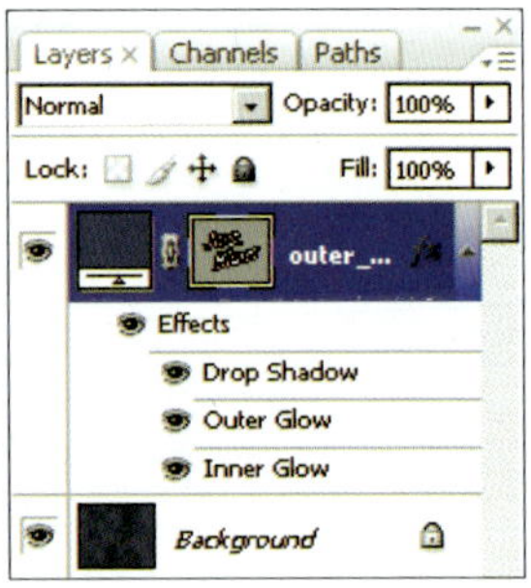

当前图层面板

应用内发光

当前文件

在 Illustrator 中制作的标题

选择内部对象

粘贴对象

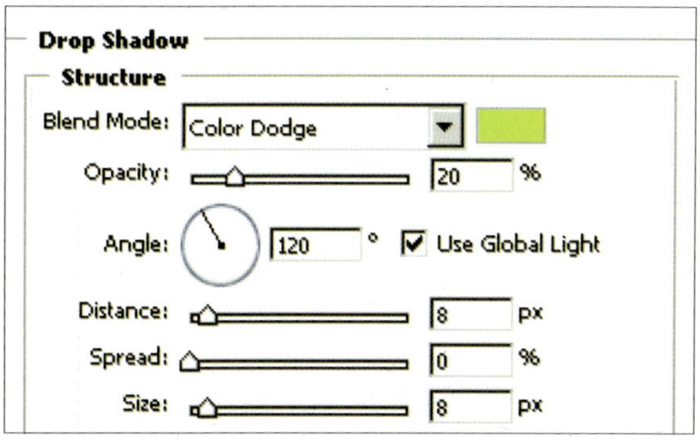

3-a

应用投影

03 制作标题的内部形态

下面我们来制作发光的霓虹灯效果。

同步骤 02 一样，利用选择工具 如图所示选择文字的内部对象，按 Ctrl+C 快捷键复制，然后按 Ctrl+V 快捷键粘贴到 Photoshop 的操作文件中。

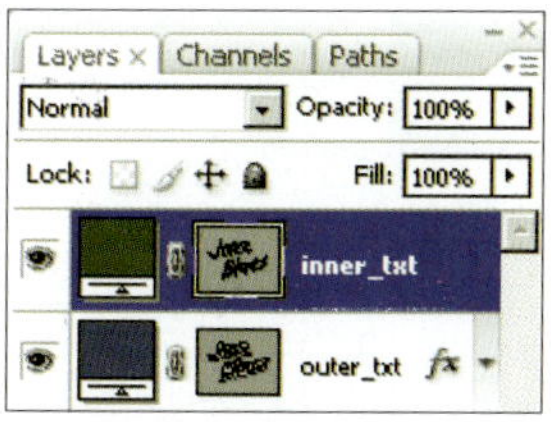

更改 inner_txt 图层的颜色

在 Paste（粘贴）对话框中选择 Shape Layer（形状图层），将图层重新命名为 inner_txt，然后将文字的颜色更改为 R:50,G:75,B:14。

单击图层面板下端的 Add a layer style（添加图层样式）按钮，选择 Drop Shadow（投影），如图 3-a 所示进行设置，表现突起的效果。

将图层的颜色设置为 R:180,G:213,B:64，将混合模式设置为 Color Dodge（颜色减淡），表现隐约的发散绿色光的效果。

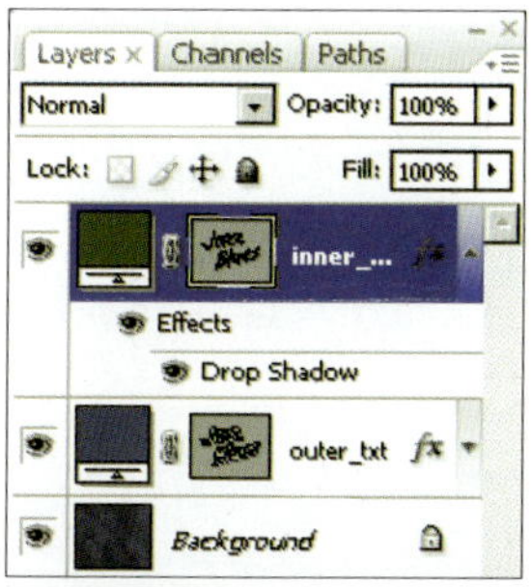

当前图层面板

放大的效果

隐藏形状图层边缘

在进行操作的过程中，形状图层的路径常常会遮盖操作对象的边缘。可以选择 View>Show>Target Path（视图 > 显示 > 目标路径）命令（Shift+Ctrl+H）隐藏路径，如果想要显示路径，则再次应用该命令即可。

利用投影的等高线表现多种阴影效果

如果利用投影的等高线选项，可以如下图所示表现弯曲的阴影，还可以表现多种阴影质感。

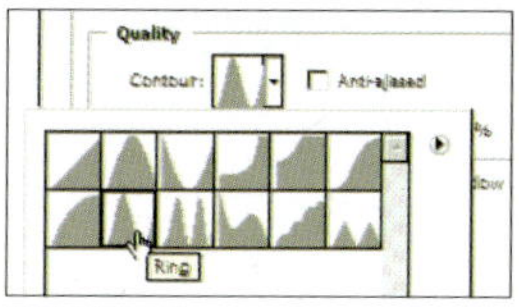

等高线设置

应用投影的效果

4-a

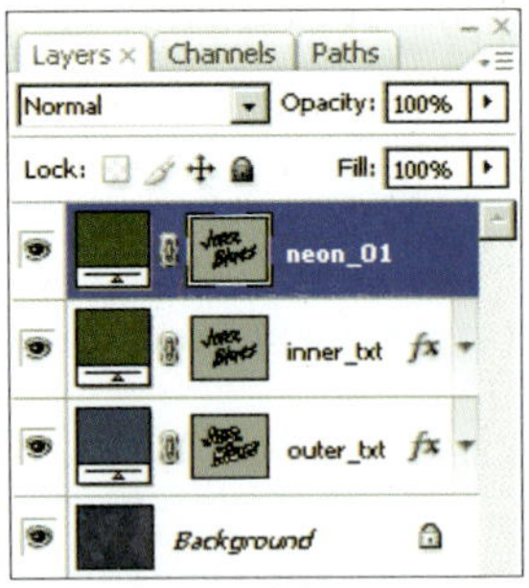

清除应用的图层样式

04 分割形状，制作发光效果 1

对霓虹灯效果重叠的部分进行分离，然后应用图层样式。

首先在inner_txt图层上单击鼠标右键，选择弹出菜单中的Duplicate Layer（复制图层）命令复制图层，将图层重新命名为neon_01。

在neon_01图层中单击鼠标右键，如图4-a所示选择Clear Layer Style（清除图层样式）对话框，清除图层样式中的Drop Shadow（投影）。

如图4-b所示在neon_01图层中利用直接选择工具 选择要删除的点，按Delete键按顺序删除。

如图4-c所示留下部分a,b,u,e的笔画，删除其他字母中的点，完成neon_01图层的形态。

如图4-d所示应用Drop Shadow（投影）。将颜色设置为R:183,G:255,B:45，将混合模式设置为Color Dodge（颜色减淡）。

投影效果和下端的inner_txt图层的投影重叠，强调发光效果。

4-b 直接选择工具

删除点

删除 J 形状中的点

删除 a 的笔画和 z 的形状

4-c 留下部分 a,b,u,e 的笔画

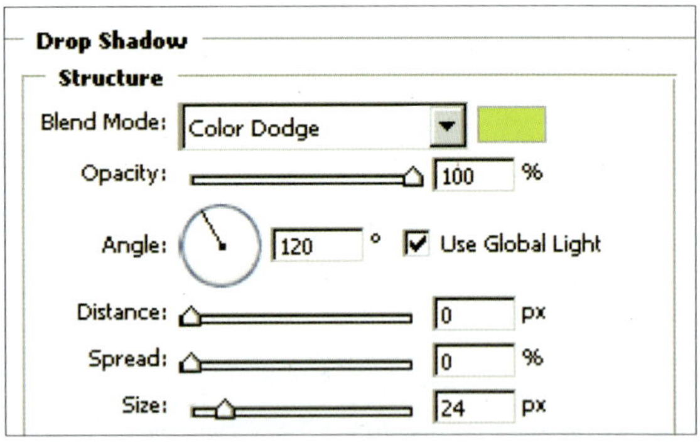

4-d

应用投影

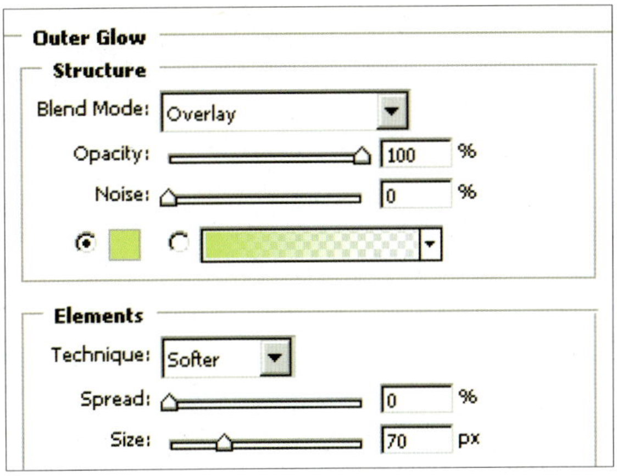

5-a

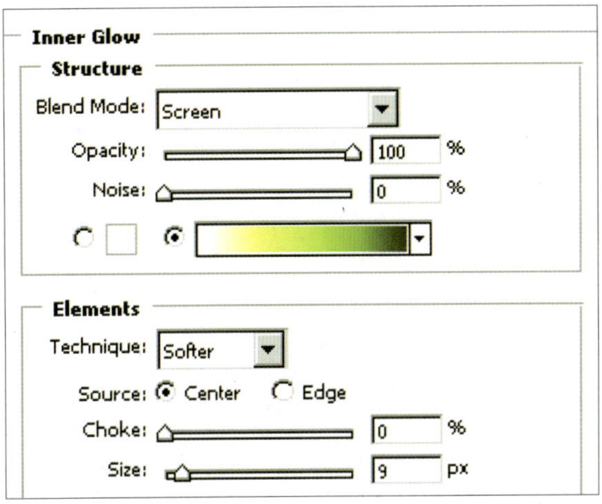

5-b

5-c（R:255,G:255,B:255）0%，（R:246,G:255,B:95）30%，（R:121,G:158,B:50）75%，（R:44,G:53,B:15）100%

应用内发光

05 制作发光效果 2

下面我们应用多种图层样式，逼真地表现霓虹灯效果。

选择 neon_01 图层，单击图层面板下端的 Add a new layer stlye（添加图层样式）按钮，选择 Outer glow（外发光），如图 5-a 所示进行设置，在文字轮廓上表现发光效果。

将图层颜色设置为 R:184,G:208,B:94，将混合模式设置为 Overlay（叠加），将 Size（大小）设置为 70px，表现光线扩散的效果。

最后选择 Inner glow（内发光），如图 5-b 所示进行设置，表现霓虹灯效果。

由于光的颜色不是单色，因此要对 Gradient Editor（渐变编辑器）对话框中的色标位置如图5-c所示进行设置。为了表现内侧扩展渐变效果，将 Source（源）设置为 Center（居中），表现逼真的效果。

应用外发光

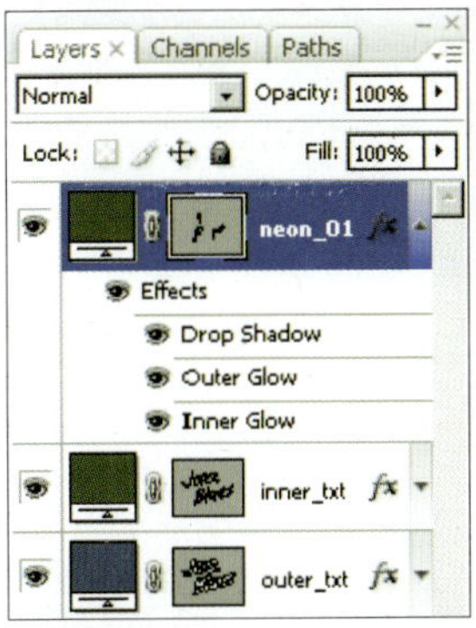

当前图层面板

放大的效果

放大的效果

应用图层样式没有固定顺序

应用图层样式的时候，我们是按照投影、外发光、内发光的顺序进行操作。读者可能会为表现图层样式的时候是否一定要按照这样的顺序疑惑，实际上没有必要按照顺序进行操作，只要逐个应用图层样式，就可以得到相同的效果。

清除图层样式

6-a 删除与 neon_01 图层重叠的部分

6-b 删除 a,b,u,e 的笔画

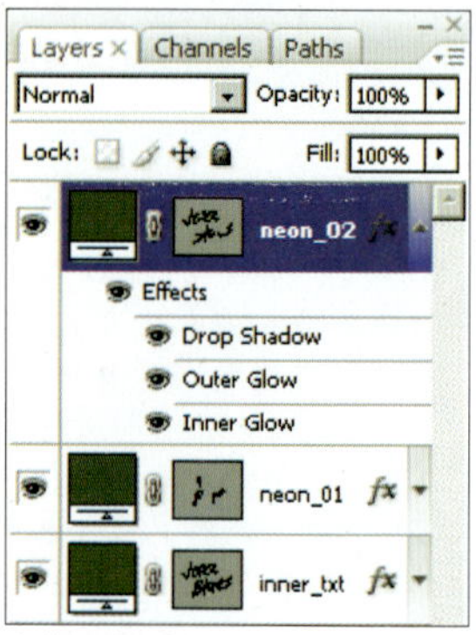

当前图层面板

06 制作发光效果 3

下面我们为 neon_01 图层以外的图层制作霓虹灯效果。

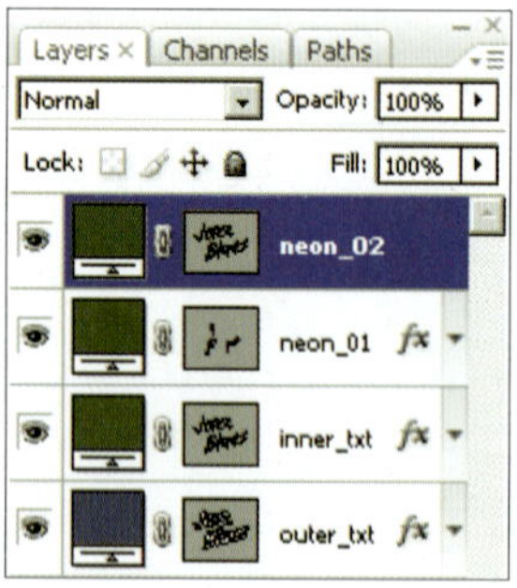

清除图层样式后的图层面板

首先将 inner_txt 图层拖动到图层面板下端的 Create a new layer（创建新图层）按钮上复制，将复制的图层放置到图层面板最上方，重新命名为 neon_2。

单击鼠标右键，选择Clear Layer Style（清除图层样式），清除图层样式中的 Drop Shadow（投影）。

利用直接选择工具 ，如图6-a所示删除neon_2和neon_01图层重叠的部分。

完成的 neon_02 图层形态如图 6-b 所示。

为了使neon_02图层应用neon_01图层的图层样式，选择neon_01图层，单击鼠标右键，从弹出菜单中选择Copy Layer Style（拷贝图层样式）命令。选择neon_02图层，单击鼠标右键，选择Paste Layer Style（粘贴图层样式）命令。

当前文件

关于表现发光效果的方法

在应用发光的方法中，Softer（柔和）表现更加柔和的效果，Precise 精确表现出较清晰的效果，因此可以更为有效地表现发光效果的是 Softer（柔和）。

应用 Precise（精确）的效果

应用 Softer（柔和）的效果

放大霓虹灯管交叉的效果

最后，将 neon_02 图层的 Fill（填充）设置为 0%，自然地表现交叉的霓虹灯效果。

将填充设置为 0% 之前的效果

将填充设置为 0% 之后的效果

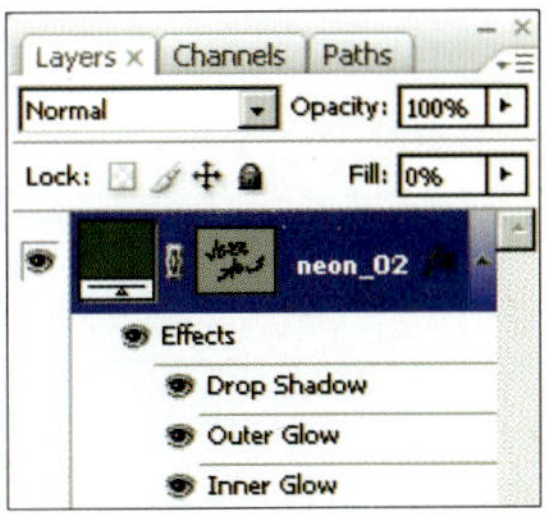

当前图层面板

07 添加点，完成制作 1

下面我们来添加其他要素，使作品更加完善。

首先在 outer_txt 图层上方创建新的图层，将其重新命名为 point。为了在霓虹灯的交点以及起点和终点绘制黑色的圆形，选择画笔工具，选择硬角画笔，确认前景色为黑色，绘制图像。

利用移动工具将圆形向右侧和下方移动，表现如图 7-a 所示的效果。

7-a

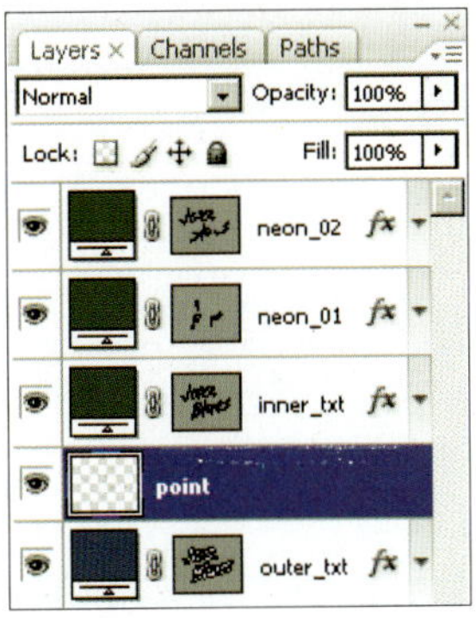

当前图层面板

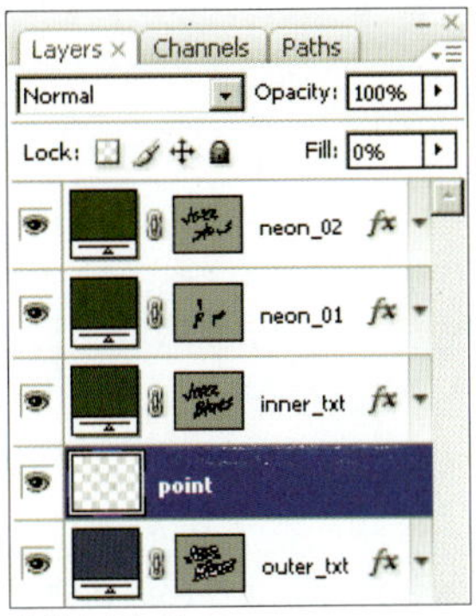

将填充设置为 0%

为了使圆形和霓虹灯效果更加协调，将 point 图层的 Fill（填充）设置为 0%，然后如图 7-b 所示应用 Drop Shadow（投影），显示整体轮廓，创建阴影。

投影

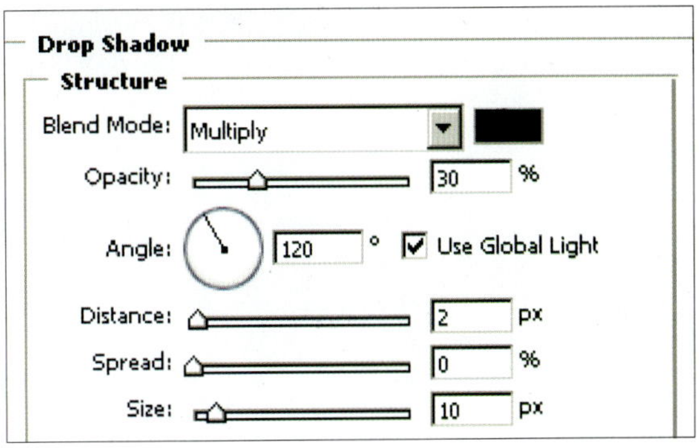

7-b

调节图层样式的时候，不要将透明度设置得过低

应用图层样式时需要调节多种选项，如果将不透明度设置得较低，调节其他选项的时候就很难直观地看到变化的效果。先调节其他选项，然后再更改透明度值，可以提高操作效率。

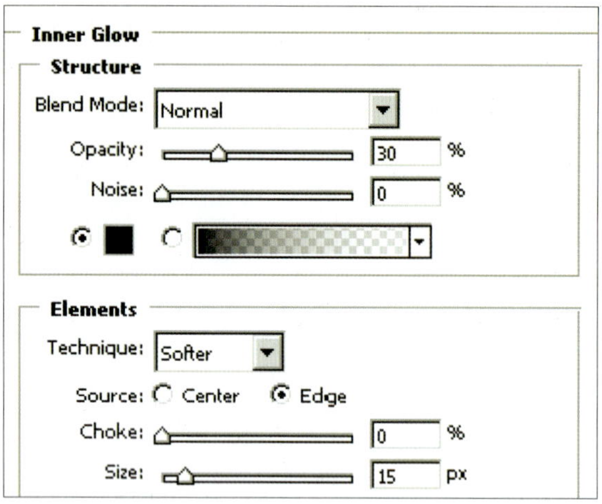

7-c

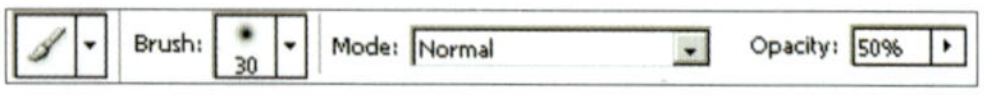

画笔工具选项栏

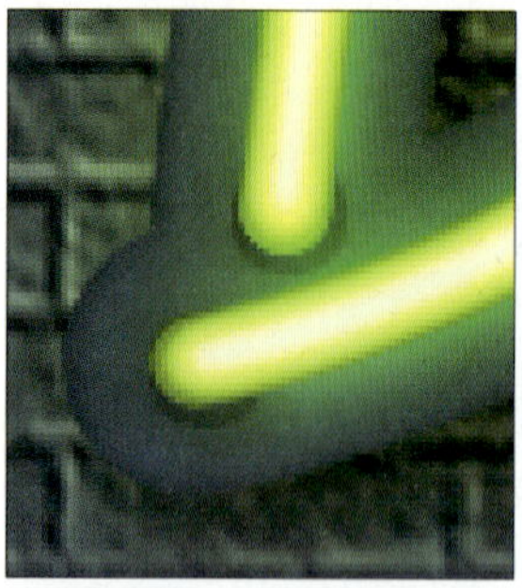

应用内发光

然后为了使霓虹灯内侧显得更明亮，使轮廓显得更暗，选择 Inner Glow（内发光），如图 7-c 所示进行设置。

在 neon_02 图层上方创建新的图层，将其重新命名为 highlight。

选择画笔工具，在选项栏中选择柔角画笔，调节透明度，确认前景色为白色，为文字重叠的部分添加高光效果。

希望读者可以绘制出将 point 图层的点连接成线的霓虹灯效果。

完成效果 1

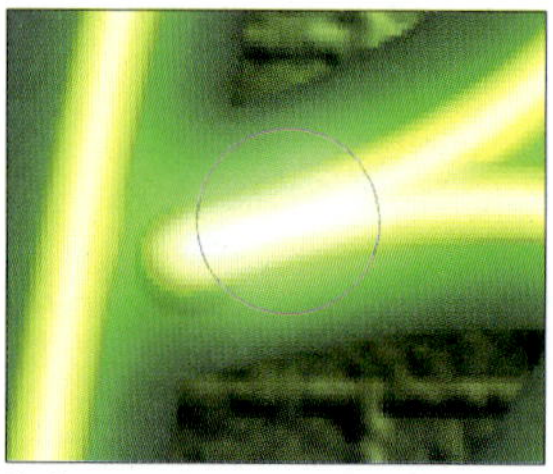

润色

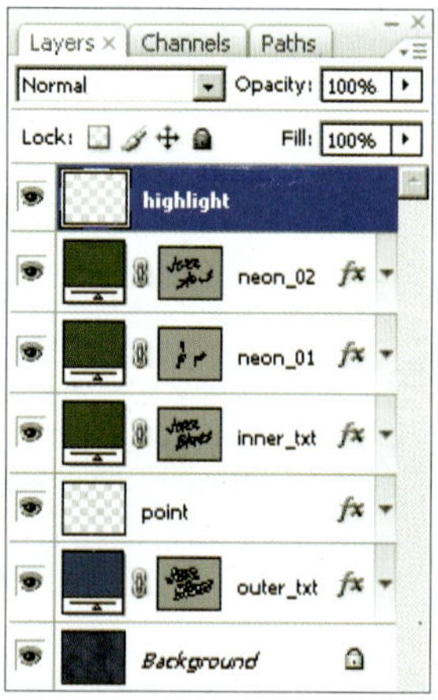

当前图层面板

1-a

THINK OVER!

1. 不分割形状，应用图层样式

在步骤 04，05，06 中我们将标题的文字笔画分割为两个图层应用图层样式。如果不分割图层直接应用图层样式，完成效果如图 1-a 所示，在笔划交叉的部分也表现了一定的发光效果。笔划相交的部分不是重叠，而是表现为连接的效果。

THINK OVER!

2. 利用描边表现发光效果

为了在 neon_01 图层中应用渐变效果，双击 neon_01 图层的 Inner Glow(内发光)，然后在 Gradient Editor(渐变编辑器）对话框中单击 New（新建）按钮。

在只激活 outer_txt 图层和 Background 图层的状态下，在 outer_txt 图层中单击 Add layer mask（添加图层蒙版）按钮，选择 Stroke（描边）。为了修改渐变，在 Gradient Editor（渐变编辑器）对话框中按住 Alt 键拖动 Gradient Editor（渐变编辑器）对话框中的色标，复制为左右对称的效果。

对其他选项如图 2-a 所示进行设置。

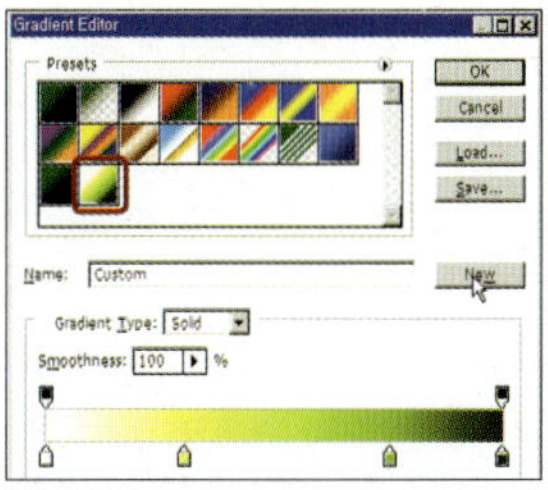

保存渐变

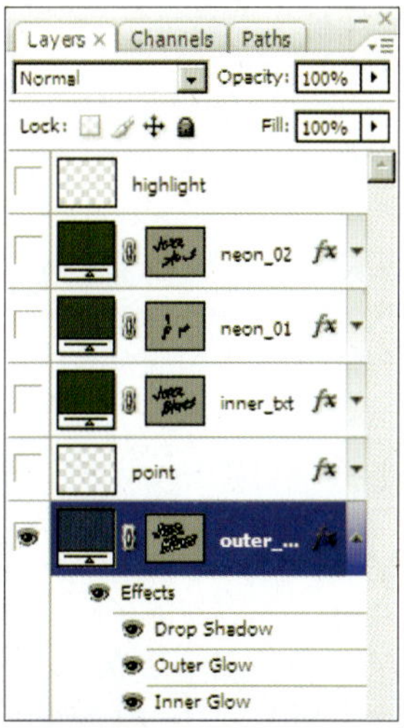

当前图层面板

当前文件

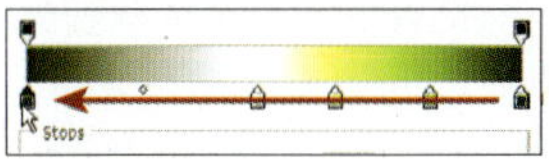

按住 Alt 键拖动

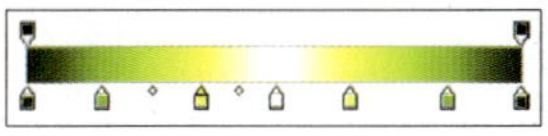

完成渐变条

应用描边

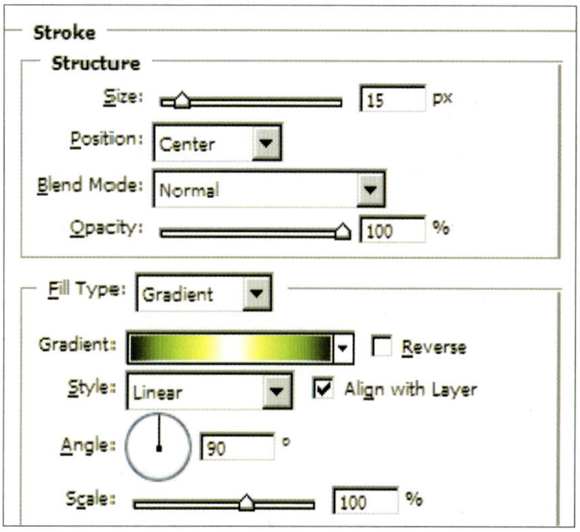

2-a

到目前为止的操作还是平面的形态，为了表现立体的霓虹灯效果，将描边的 Style(样式）设置为 Shape Burst，按照图形的形态应用渐变。

调整投影、外发光、内发光的值，完成图像，将 Fill（填充）设置为 0%。

Shape Burse

根据图像的形态应用渐变，可以轻松地表现霓虹灯效果，同时不受设置的 Angle（角度）的影响。

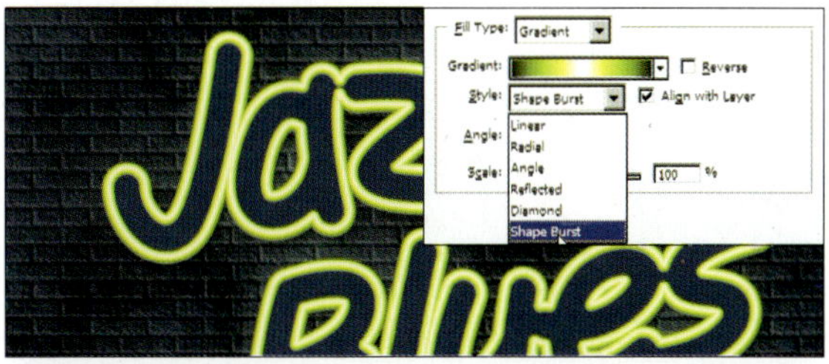

将描边样式设置为 Shape Burst

调节投影、外发光、内发光之后的效果

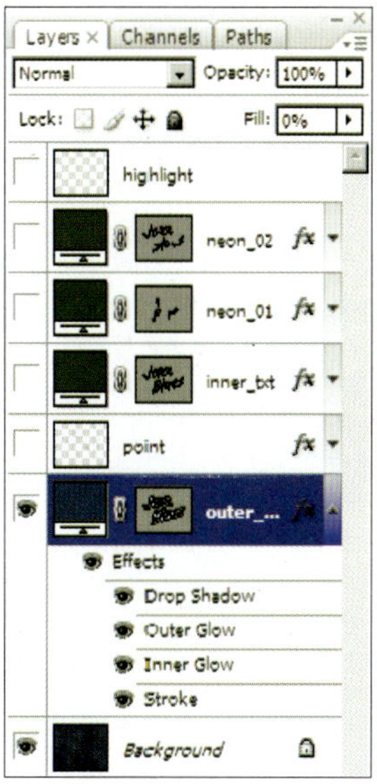

当前图层面板

08 创建电灯泡形态

接下来我们应用完成的文件，表现灯泡的效果。

打开 jazzblues_start.ai 文件，单击图层面板下端的 Create a new layer（创建新图层）按钮，创建新的图层，然后将 Layer 1 图层设置为锁定状态。

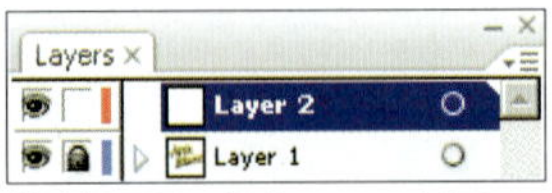

创建新图层，锁定 layer 1 图层

选择钢笔工具，将颜色模式中的 Fill Color（填色）设置为 None（无），将 Stroke Color（轮廓色）设置为白色，设置为只有轮廓没有填充色，在文字对象上如图 8-a 所示绘制只有路径状态的字母 J。

8-a 生成路径过程 1

8-b 生成路径过程 2，完成制作

按照电灯泡的形态表现为圆形效果，选择路径，如图 8-b 所示对描边面板进行设置。

这时，Dashed Line（虚线）的设置值是关于画笔绘制的路径的设置值，因此可能读者的效果会有所不同，按照绘制的路径进行调节即可。

对其他的文字也利用与上面相同的方法绘制电灯泡形态，绘制 a,b,e 等有连接部分的文字时，注意保留一定间距。

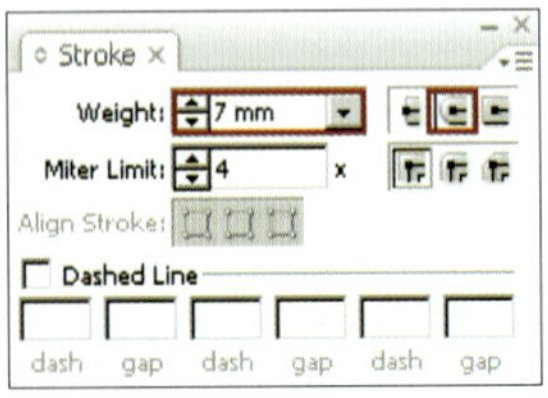

8-b 设置描边面板 1

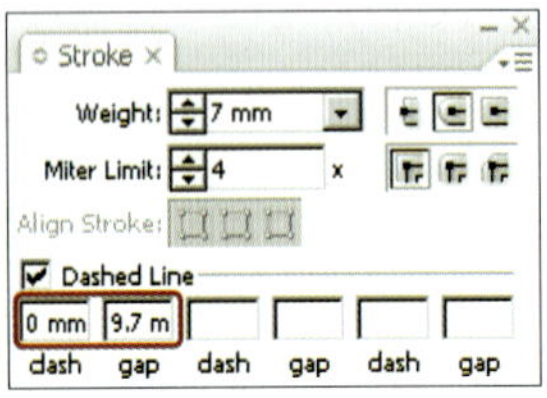

8-b 设置描边面板 2

8-b 应用设置的描边面板 1

8-b 应用设置的描边面板 2

完成电灯泡形态

完成的路径

按照路径根据 Gap 间隙不同的效果

下图是根据 gap 间隙值不同排列电灯泡形态的不同效果。减小间隙值，电灯泡之间的间距会变得过小，要保留一定的间距进行调节。

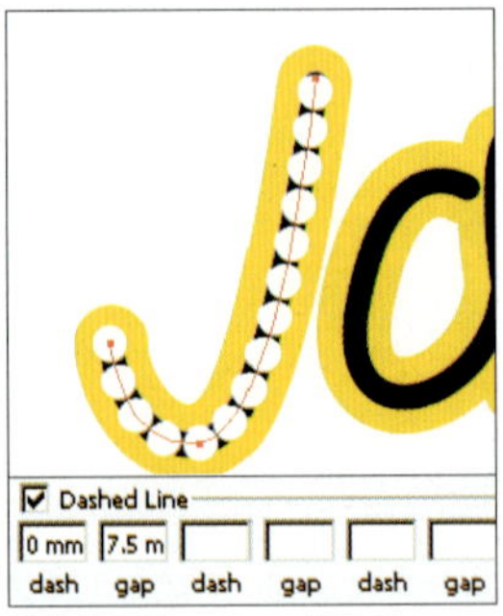

间隙设置为 7.5mm 的效果

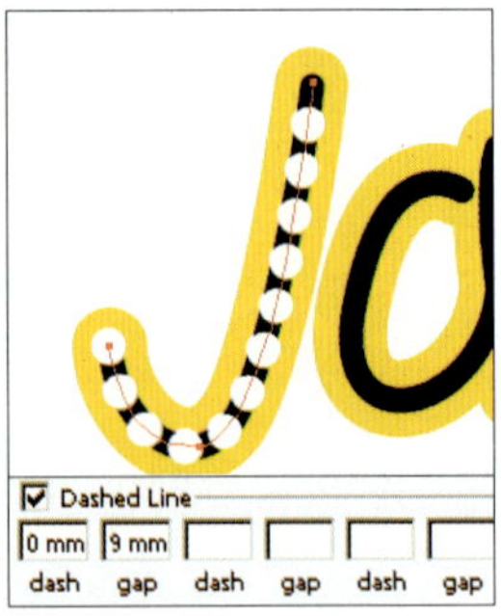

间隙设置为 9mm 的效果

全选后复制

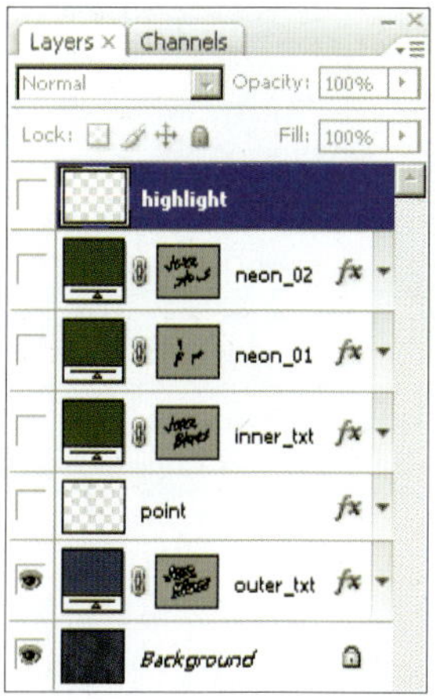

将 outer_txt 和 Background 图层设置为激活状态

只激活outer_txt和Background图层

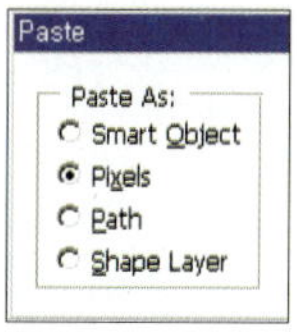

像素

09 应用图层样式

按 Ctrl+A 快捷键全选电灯泡形态的路径，按 Ctrl+C 快捷键复制，运行 Photoshop，然后打开 jazzblues_finish.psd 文件。

将 jazzblues_finish.psd 文件中除了 out_txt 图层和 Backgrond 图层以外的图层设置为非激活状态，选择 highlight 图层，按 Ctrl+V 快捷键粘贴路径，然后将粘贴得到的图层重新命名为 bulb。然后，在 Paste（粘贴）对话框中选择 Pixels（像素）。

当前文件

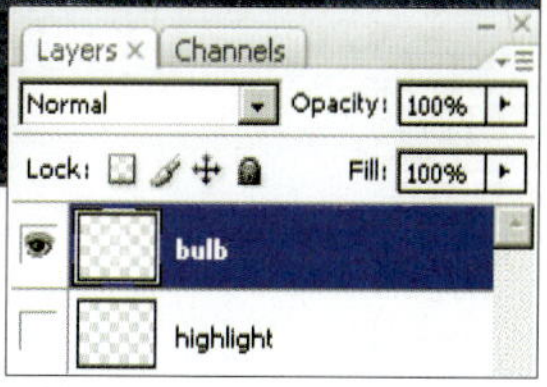

当前图层面板

当前文件

放大的效果

将鼠标光标放置在 neon_02 图层上，单击鼠标右键，从弹出菜单中选择 Copy Layer Style（拷贝图层样式）命令，复制 neon_02 图层中应用的图层样式。

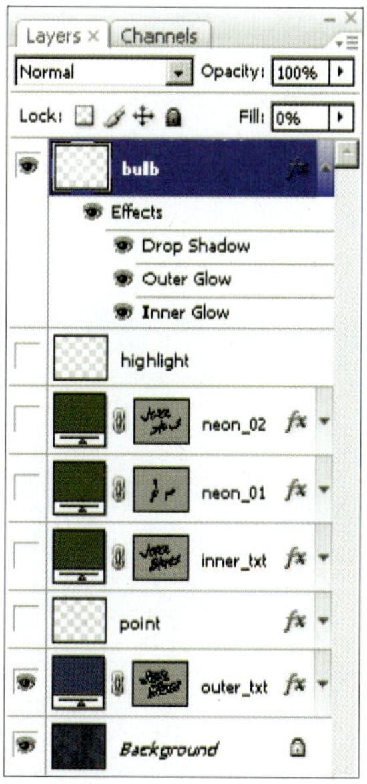

当前图层面板

选择 bulb 图层，单击鼠标右键，从弹出菜单中选择 Paste Layer Style（粘贴图层样式）命令。

将内发光的图案的源设置为 Edge

10 设置图层样式

下面我们按照电灯泡形态重新设置图层样式。

双击 bulb 图层的 Inner Glow（内发光），在 Layer Style（图层样式）对话框中选择 Inner Glow（内发光），如图 10-a 和 10-b 所示进行设置。

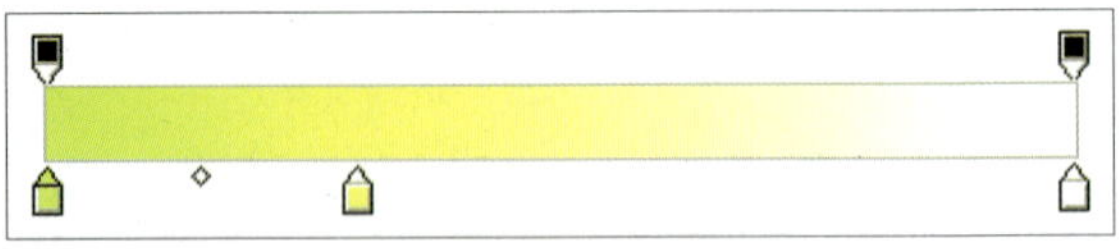

(R:181, G:246, B:97) 0%, (R:246, G:255, B:95) 30%, (R:255, G:255, B:255) 100% 10-a

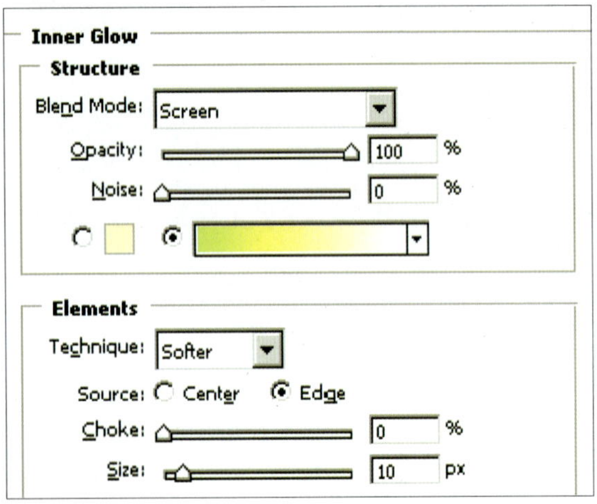

10-a

应用内发光

选择 Drop Shadow（投影），如图 10-b 所示进行设置，增加亮点。

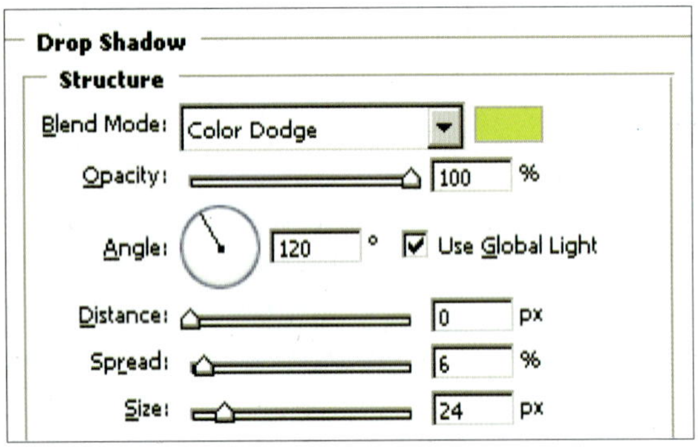

10-b

应用投影

11 表现阴影

Bulb 图层的图层样式中已经应用了投影，为了表现阴影效果，应直接创建阴影。在 highlight 图层上方创建新的图层，将其重新命名为 bulb_sh，然后按住 Ctrl 键单击 bulb 图层，载入选区。

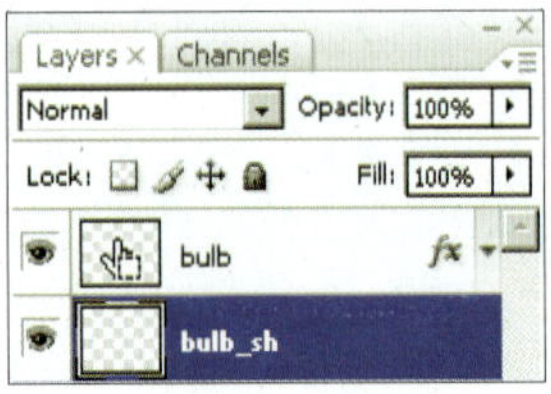

按住 Ctrl 键单击

载入选区

选择 bulb_sh 图层，确认前景色为黑色后，按 Alt+Delete 快捷键填充选区。

按 Ctrl+D 快捷键取消选区，选择移动工具，利用键盘上的方向键，将图像向右移动 2 像素，向下移动 2 像素。

选择 bulb_sh 图层，选择 Filter>Blur>Gaussian Blur（滤镜 > 模糊 > 高斯模糊）命令，将 Radius（半径）设置为 3pixels。

将 bulb_sh 图层的 Opacity（不透明度）设置为 20%。

确认前景色

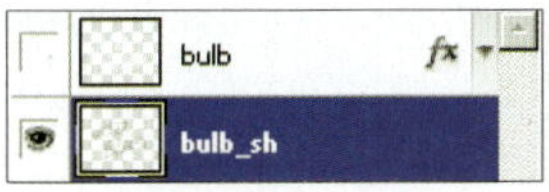

将 bulb 图层设置为非激活状态

将 bulb 图层设置为非激活状态后的效果

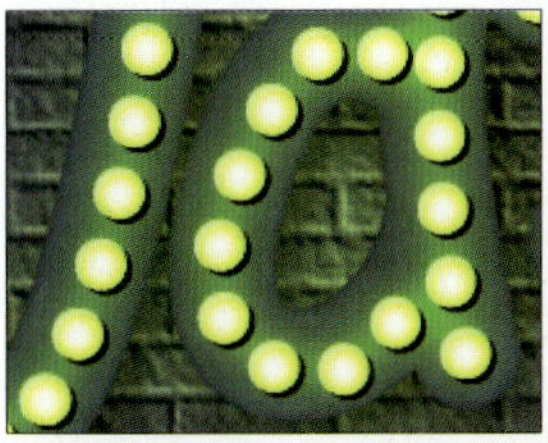
向右移动 2 像素，向下移动 2 像素

引用高斯模糊滤镜后的文件

当前文件

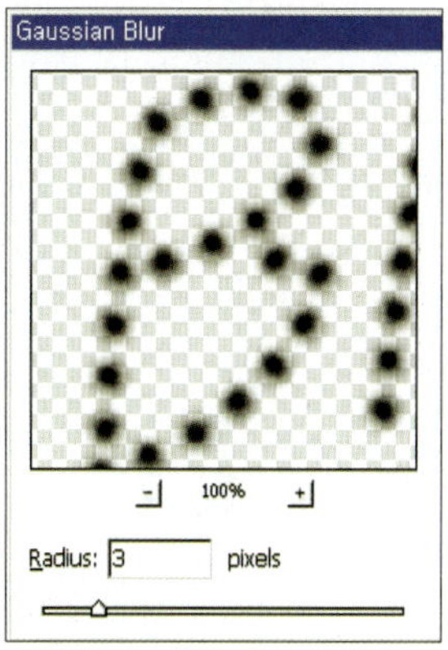

高斯模糊

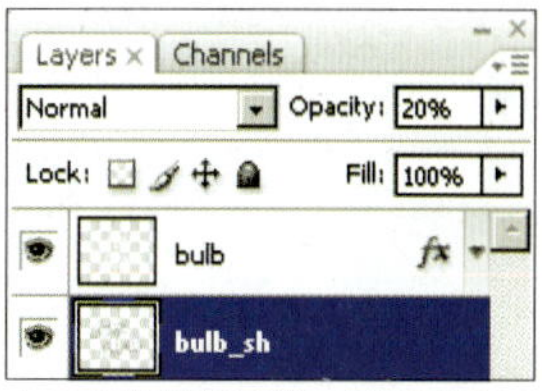

应用高斯模糊后将不透明度设置为 20%

12 填充颜色，完成制作 2

在 outer_txt 图层上方创建新图层，重新命名为 color。

选择 color 图层，选择 Layer >Create Clipping Mask（图层 > 创建剪贴蒙版）命令（Ctrl+Alt+G），将 color 图层的混合模式设置为 Color（颜色）。

将前景色设置为 R:242, G:101,B:34，选择画笔工具，在选项栏中选择柔角画笔，将画笔大小设置为 200pixels，将 Opacity（不透明度）设置为 30%。

对标题的末端部分进行润色，将 Opacity（不透明度）设置为 30%，在想要加深的部分反复单击即可。

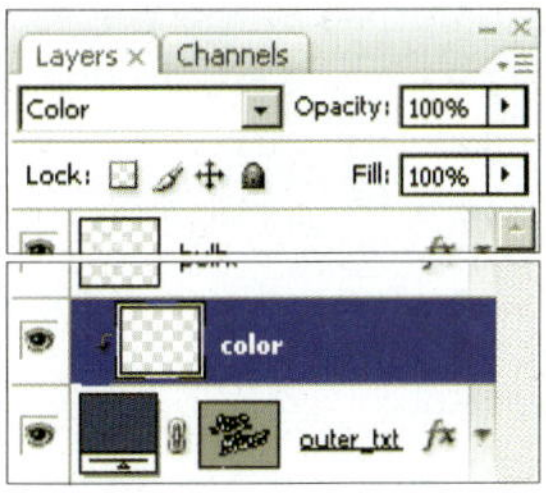

Color 图层

对文字末端进行润色

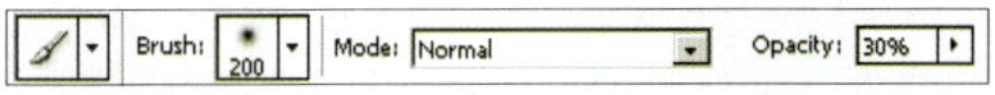

画笔工具选项栏

完成效果 2

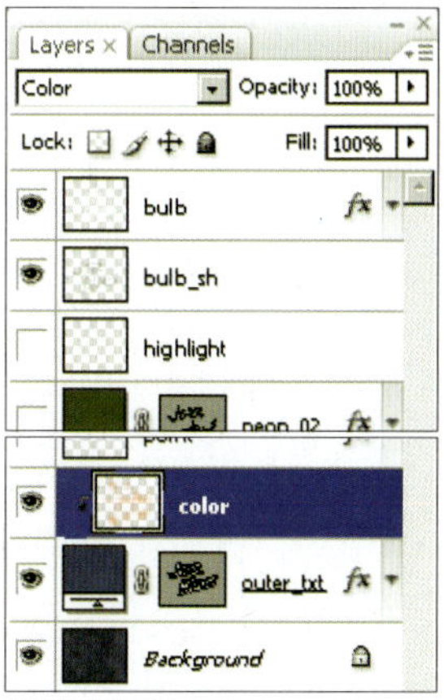

当前图层面板

15

15 SUN

重复应用形态，制作仿佛刻刀削出的文字特效。

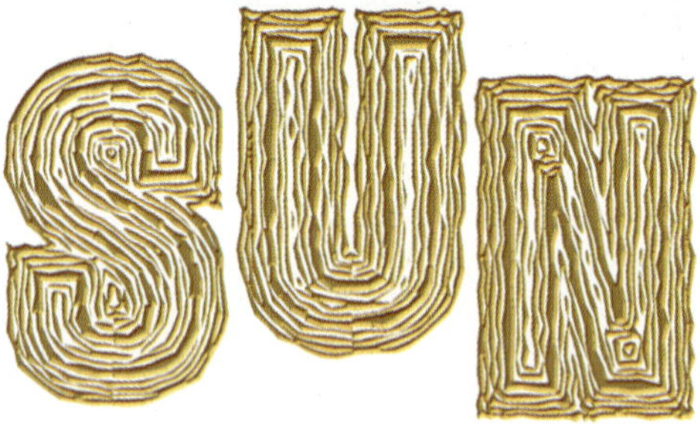

Source Location

Effects 15\

- sun_start.ai
- sun_finish1.ai
- sun_finish2.ai
- sun_finish.psd
- sun_apply.psd

01 确认操作文件

下面我们对形态进行多重复制，应用多种效果，创建褶皱形态，然后表现版画一样的标题效果。

打开 Sun_start.ai 文件。Layer 1 图层是输入文字后选择 Type>Create Outlines（文字 > 创建轮廓）命令（Shift+Ctrl+O），后选择 Object>Ungroup（对象 > 取消组合）命令（Shift+Ctrl+G）得到的效果。

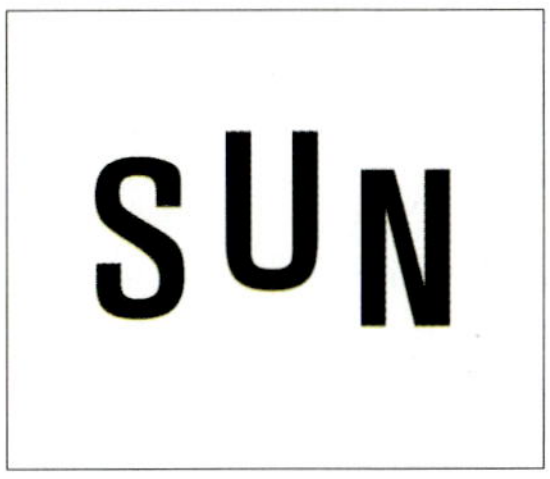

Sun_start.ai 文件

当前图层面板

02 设置描边

首先选择选择工具 ，拖动选择包含文件的 S,U,N 对象在内的整个文件。单击颜色模式的 Swap Fill and Stroke 按钮（Shift+X），将 Fill color（填充色）设置为 None（无），将 Stroke Color（轮廓色）设置为黑色。

选择所有对象，在描边面板中将 Weight（粗细）设置为 0.2mm。

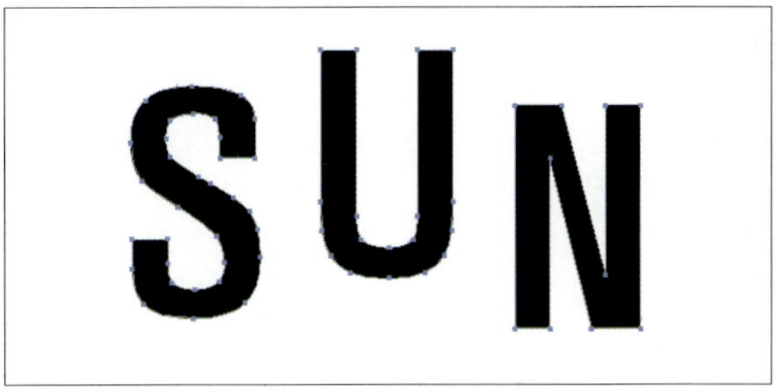

选择 S,U,N 对象

应用 Swap Fill and Stroke

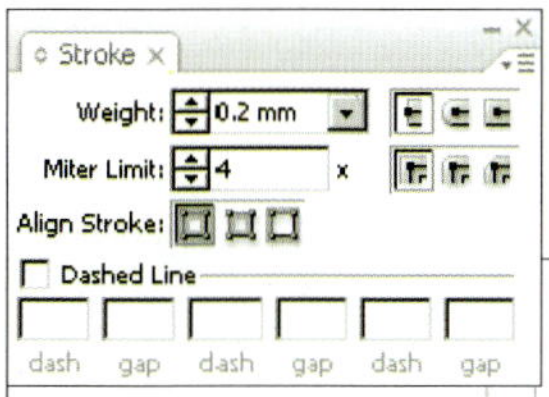

将描边面板中的粗细值设置为 0.2mm

03 录制动作

选择 Window>Actions（窗口 > 动作）命令，打开动作面板。

只选择 S 对象，单击图层面板下端的 Create New Action（创建新动作）按钮。

在打开的 New Action（新动作）对话框中单击 Record（录制），激活 Begin Recording（开始录制），开始录制。

选择S对象，选择Object>Path>Offset Path（对象>路径>偏移路径）命令，如图3-a所示进行设置。然后单击动作面板下端的Stop Playing/Recording（停止播放/录制）按钮，停止录制。

选择 S 对象

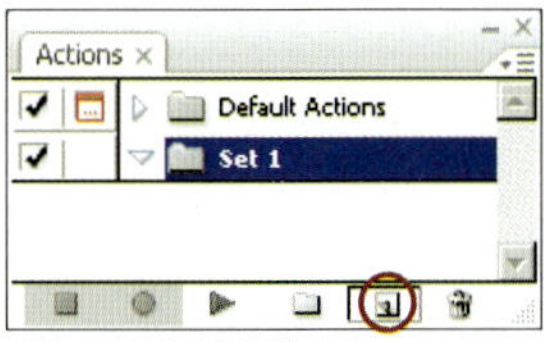

动作面板的创建新动作

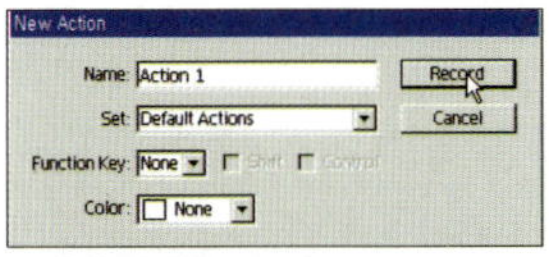

新动作对话框

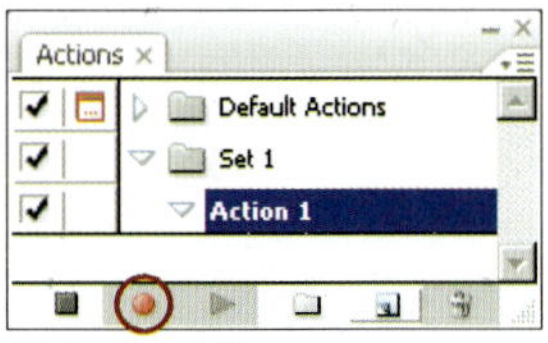

激活开始录制按钮

3-a

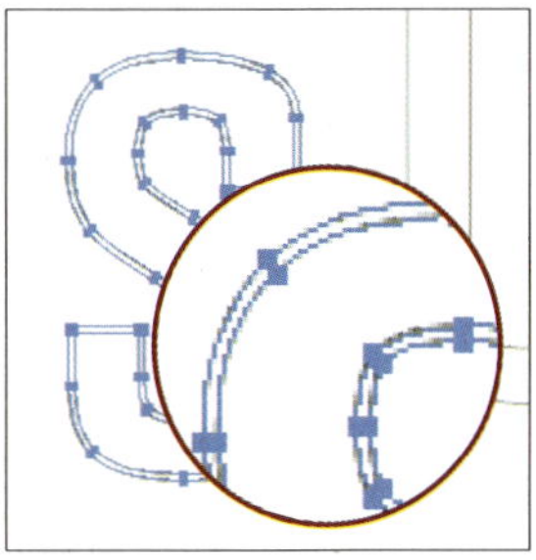
应用偏移路径

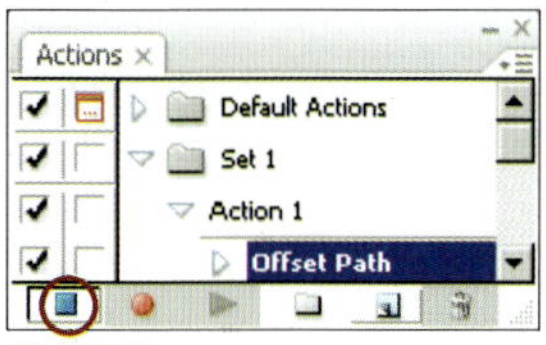

停止录制

单击播放当前所选任务按钮 5 次

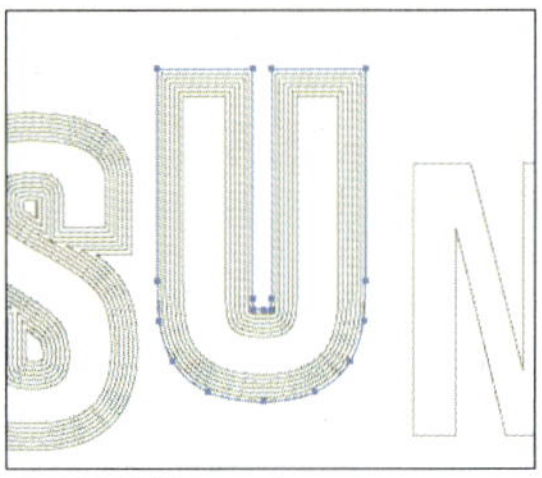

单击播放按钮 6 次

当前文件

04 运行动作

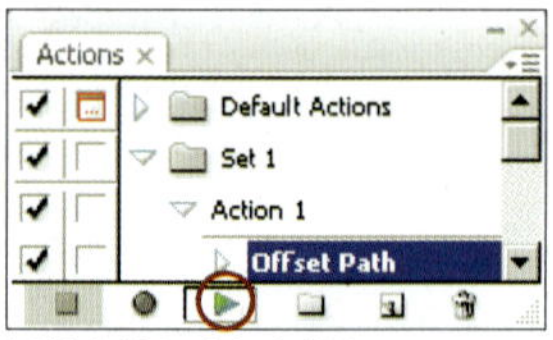

插放当前所选任务按钮

在文件的空白位置单击鼠标取消选择，选择应用了偏移路径的 S 对象最外侧的对象，单击动作面板下端 的 Play Current Selection（播放当前所选任务）按钮 5 次，每次应用的时候都选择最外侧的对象。

选择 U 对象，单击动作面板下端的播放按钮 6 次，每次应用的时候都选择最外侧的对象。

选择 N 对象，单击动作面板下端的（插放当前所选任务）按钮 6 次，每次应用的时候都选择最外侧的对象。

选择整体对象

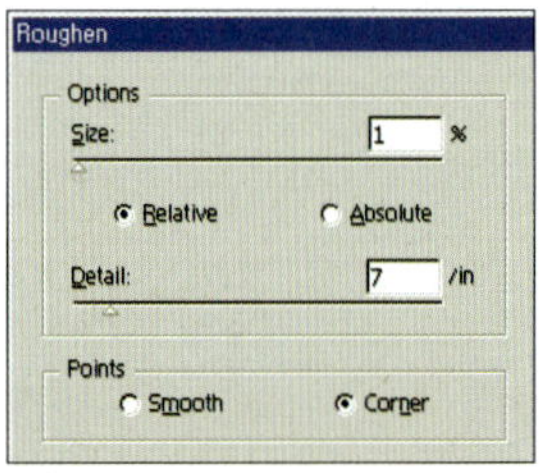

5-a

当前文件

05 变形形状

按 Ctrl+A 快捷键全选文件的对象，选择 Effect>Distort & Transform>Roughen（滤镜 > 扭曲 > 粗糙化）命令，如图 5-a 所示进行设置，表现弯曲的形态。

为没有快捷键的命令创建快捷键 1

在New Action（新动作）对话框中可以组合功能键、Shift键和Ctrl键创建快捷键。在创建动作的时候，可以为没有快捷键的Object>Path>Outline Stroke对象>路径>轮廓化描边等命令设置快捷键。

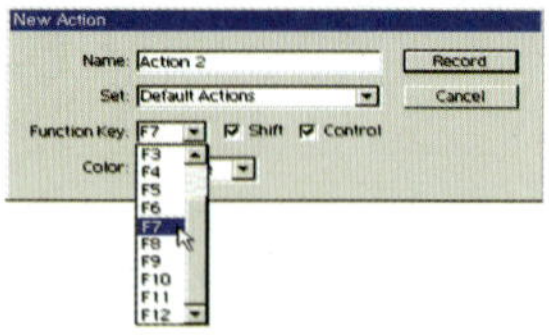

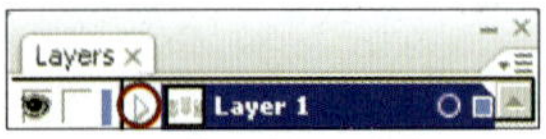

单击三角形按钮确认上方路径

将填色置于上方，应用颜色

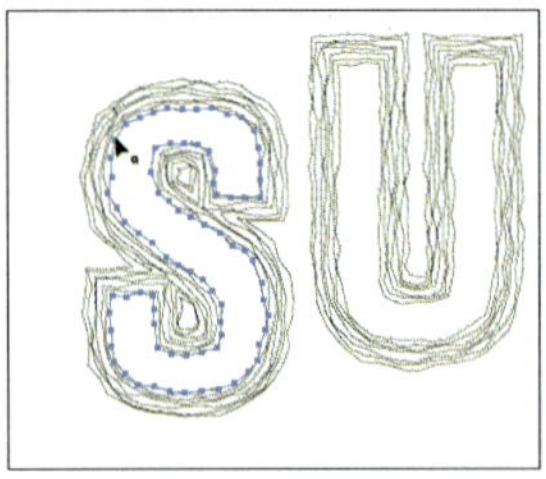

对嘴内侧的路径应用白色填色

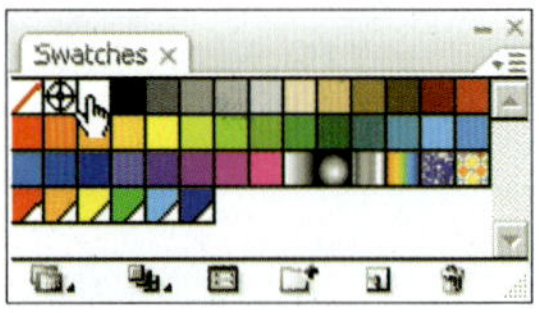

色板面板

06 填充颜色

单击图层面板中的三角按钮，确认上方路径。

从 S 对象的内部路径开始选择，在色板面板中选择所需的颜色进行填充。

利用与上面相同的方法对 N 和 U 应用填色。

选择路径时如果有困难，单击图层面板的 Layer 1 图层的三角形按钮，按住 Alt 键单击要应用颜色的图层，就可以轻松地填充颜色。

填充颜色

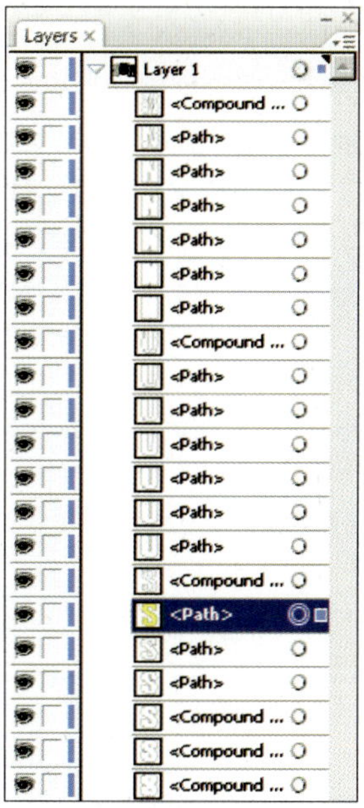

应用颜色的 S 对象

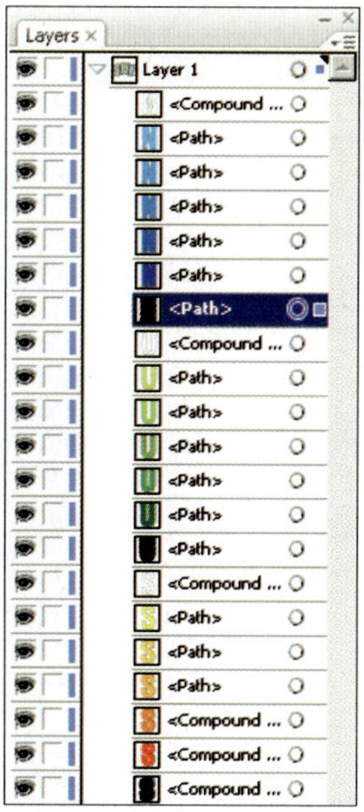

当前图层面板

当前文件

移动 U 对象

在取消选择的状态下确认文件

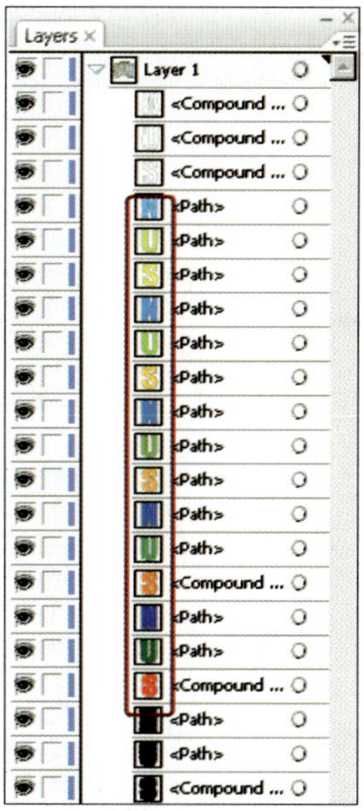

当前图层面板

07 组合位置

全选 U 对象，将其移动到与 S 对象重叠的位置。

将 U 对象放置于 S 对象上方，因此为了创建互相符合的状态，选择图层面板中 U 的相应对象，然后移动到 S 对象上方或下方。

利用与上面相同的方法移动 N 对象，排列图层，使其与 U 对象重叠。

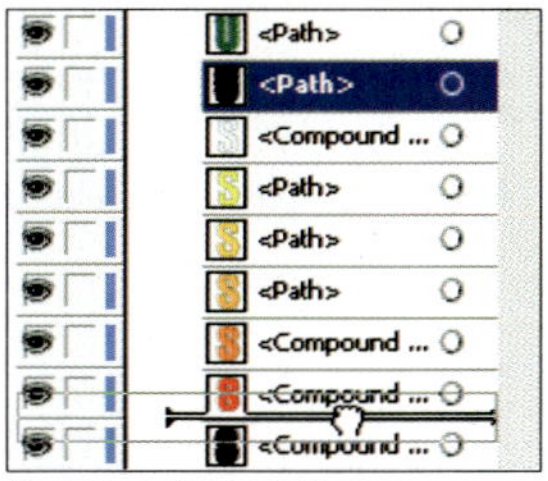

拖动放置到重叠的位置

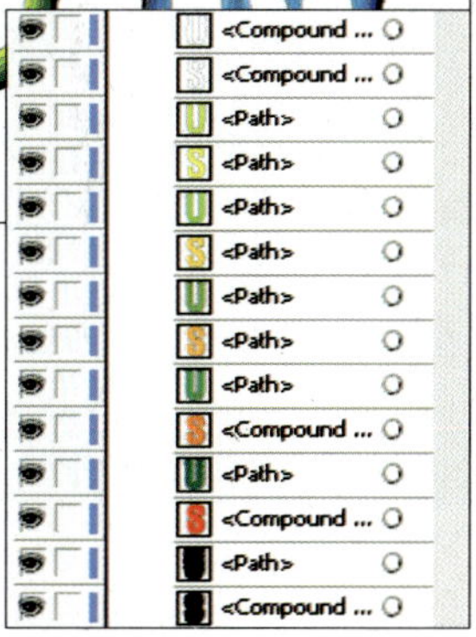

移动 U 图层，将其排列到与 S 图层重叠的位置

当前文件

08 导入到 Photoshop 中

下面我们将文字移动到 Photoshop 中表现多种效果。

选择选择工具 ，按 Ctrl+A 快捷键全选文件中的对象，按住 Alt 键向下拖动进行复制。选择复制的图层，将 Stroke color（轮廓色）设置为 None（无）。为了表现阴影，选择 Effect>Stylize>Drop Shadow（效果 > 风格化 > 投影）命令，如图 8-a 所示进行设置，在选择对象的状态下按 Ctrl+C 快捷键复制。

运行 Photoshop，选择 File>New（文件 > 新建）命令（Ctrl+N），如图 8-b 所示进行设置，创建新的文件。然后按 Ctrl+V 快捷键粘贴在 Illustrator 中复制的文件，按 Enter 键确认。

按住 Alt 键拖动

将轮廓色设置为无

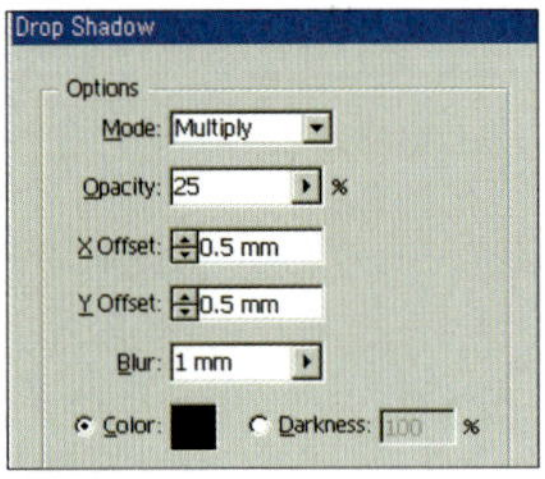

8-a

应用投影

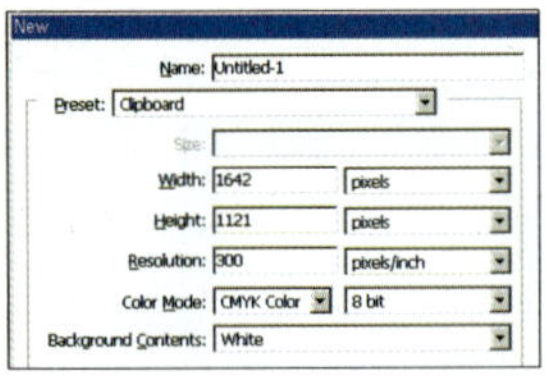

8-b

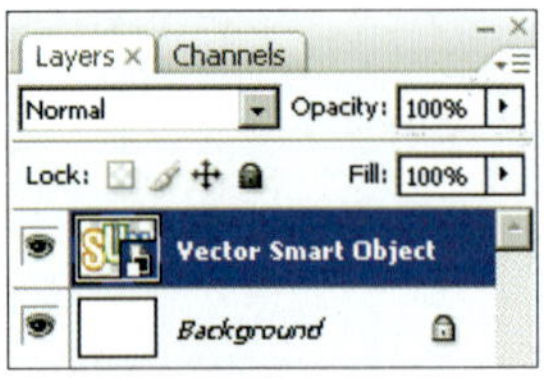

粘贴后的图层面板

09 表现版画效果，完成制作 1

下面我们在标题形态周围表现出版画效果。

选择 Vector Smart Object 图层，按 Ctrl+A 快捷键全选文件，按 Ctrl+C 快捷键复制。在通道面板中创建新的通道，然后按 Ctrl+V 快捷键粘贴到生成的 Alpha 1 通道中。载入选区，选择 Filter >Sketch>Photocopy（滤镜 > 素描 > 影印）命令，如图 9-a 所示进行设置，按 Ctrl+D 快捷键取消选区。必须在载入选区的状态下应用影印滤镜，如果在取消选区的状态下应用，黑色背景会变为白色。

选择Image>Adjustments>Threshold（图像>调整>阈值）命令（Ctrl+M），如图9-b所示进行设置，表现没有中间调的对比效果。

粘贴

Alpha 1 通道

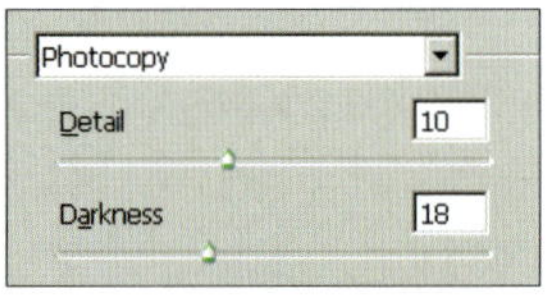

9-a

应用影印滤镜后的文件

应用阈值后的文件

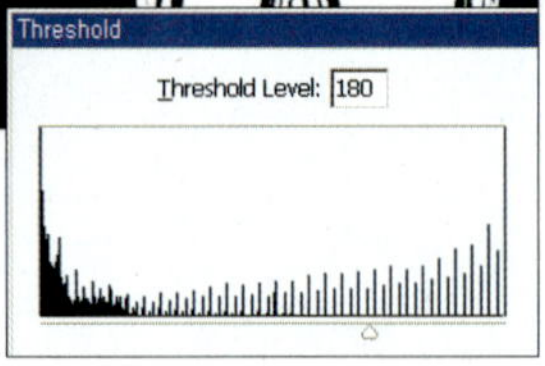

9-b

按住 Ctrl 键单击

应用前景色后的文件

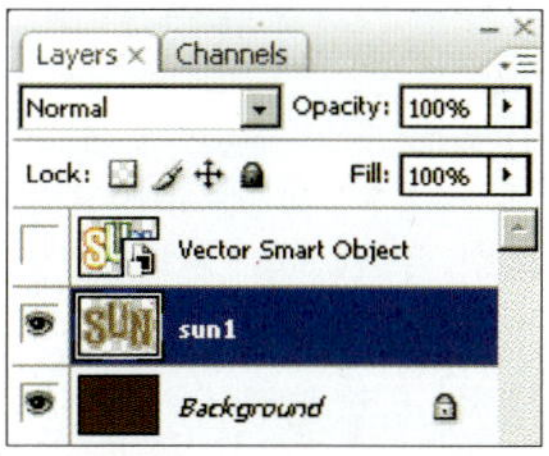

将 Vector Smart Object 图层设置为非激活状态

当前图层面板

按住 Ctrl 键单击 Alpha 1 通道载入选区，在图层面板的 Background 图层上方重建新的图层。将前景色设置为 R:140,G:98,B:57，按 Alt+Delete 快捷键填充载入的选区，将图层重新命名为 sun1，然后按 Ctrl+D 快捷键取消选区。

将Vector Smart Object图层设置为非激活状态，选择Background图层，然后将前景色设置为R:96,G:57,B:17，按Alt+Delete快捷键填充颜色。

为了表现立体感，选择sun1图层，选择Layer>Layer Style>Bevel and Emboss（图层>图层样式>斜面和浮雕）命令，如图9-c所示进行设置，将Shadow Mode（阴影模式）的Color（颜色）设置为R:53,G:21,B:13，表现深棕色的光。

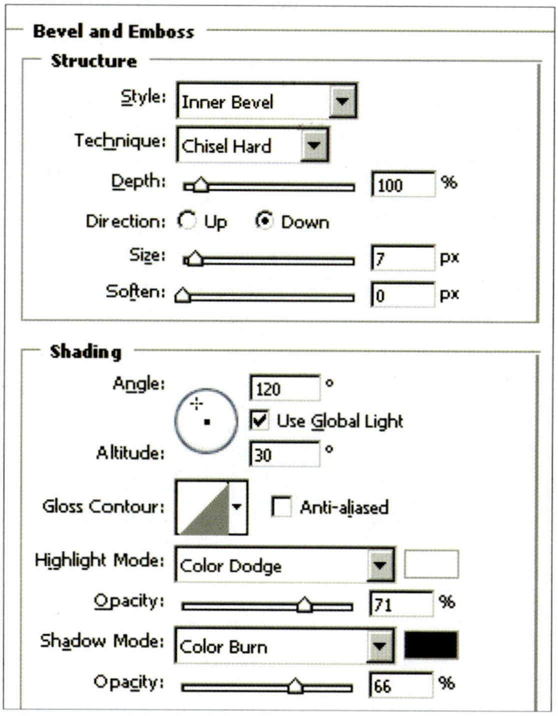

9-c

完成效果 1

不应用阈值应用色阶的效果

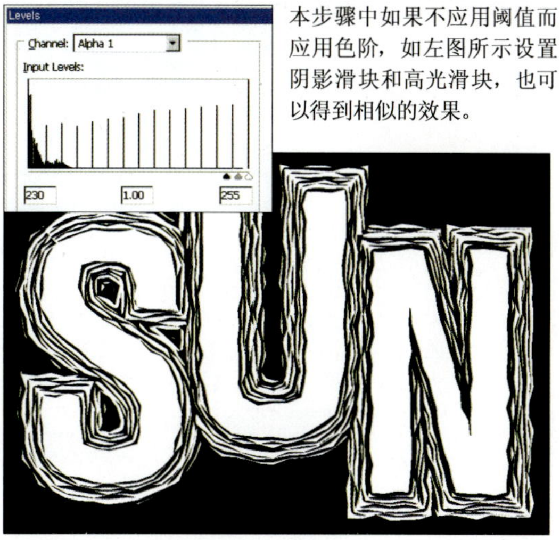

本步骤中如果不应用阈值而应用色阶，如左图所示设置阴影滑块和高光滑块，也可以得到相似的效果。

根据描边颜色和投影的不同设置而不同的效果

应用影印滤镜的时候，如果轮廓色为无，应用的投影为不规则的状态。在设置了轮廓色的状态下，会出现缝隙的，表现较窄的效果，轮廓色虽然是无，但是如果没有设置阴影，应用投影的效果间距会较大。投影的浓度设置得越深，挖空区域越窄，间距越大。

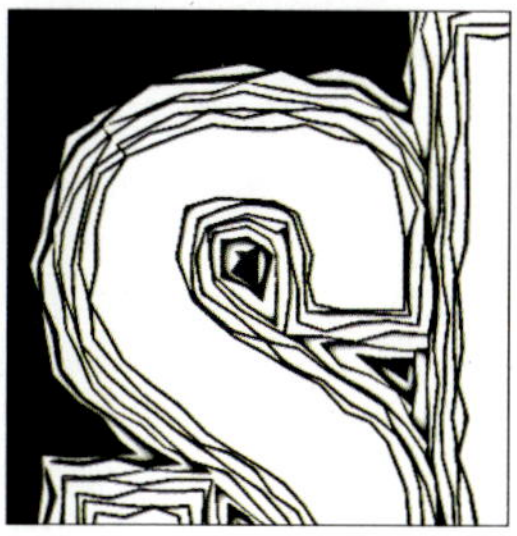

描边效果

10 版画技法表现及完成制作 2

下面我们我们在标题形态内部表现雕刻效果。

打开 sun_start.ai 文件。按 Ctrl+A 快捷键全选文件的对象，将填色设置为 None（无），将轮廓色设置为黑色，然后在选中对象的状态下，在描边面板中将 Weight（粗细）设置为 2mm。选择 Object>Path>Outline Stroke（对象 > 路径 > 轮廓描边）命令，创建为只有填色的对象。

像步骤 03 一样，只选择 S 对象，将应用偏移的过程录制为动作。本步骤中将 Offset 设置为 1.5mm。在文件的空白位置单击，取消选择。选择应用偏移路径的 S 对象最外侧的对象，然后单击动作面板下端的播放按钮 3 次，每次单击的时候都选择最外侧的对象进行应用。对其余的 U 和 N 也利用与上面相同的方法，按 4 次播放按钮。分别选择各个对象，然后在色板面板中选择满意的填色进行填充。按 Ctrl+A 快捷键全选文件的对象，应用步骤 09 中应用的粗糙化滤镜，创建折弯的形态，然后应用 Drop Shadow（投影）表现阴影。

Weight 设置为 2mm

描边路径

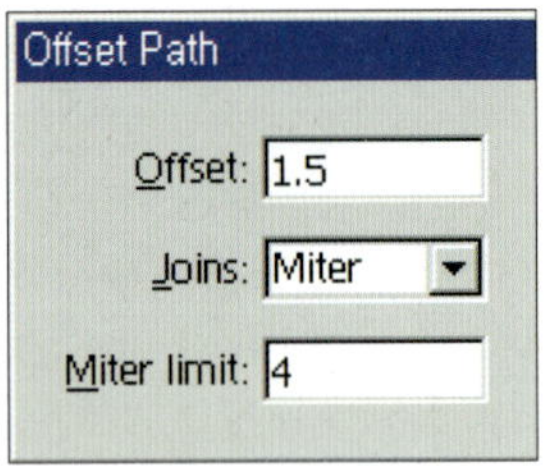

偏移为 1.5

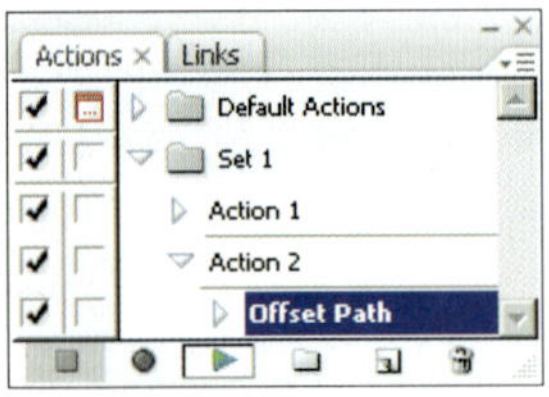

播放当前所选动作

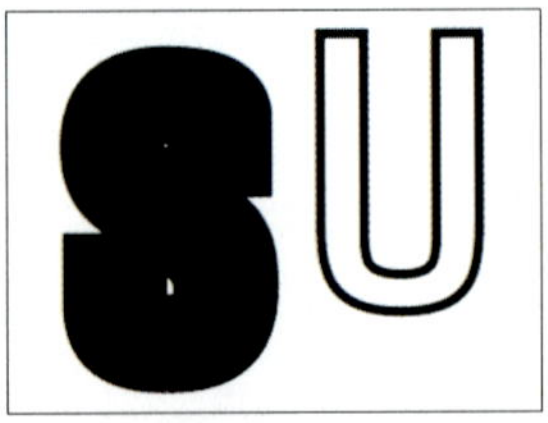
单击 3 次播放当前所选动作按钮

在描边中确认的效果

对 U 和 N 应用 4 次

在描边中确认的效果

应用填色的效果

应用粗糙化滤镜的效果

应用投影的效果

为没有快捷键的命令创建快捷键 2

选择 Edit>Keyboard Shortcuts（编辑 > 快捷键）命令（Alt+Shift+Ctrl+K），选择想要设置的命令，设置快捷键即可。设置快捷键的时候，如果与已有命令的快捷键相同，会在对话框下端弹出警告信息，设置为其他快捷键即可。

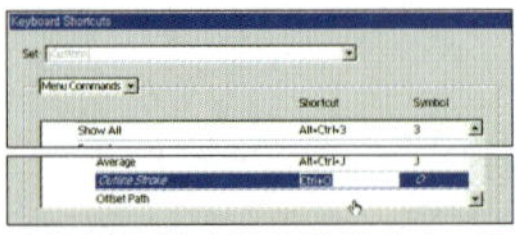
选择想要创建快捷键的命令，设置快捷键

确认设置快捷键的状态

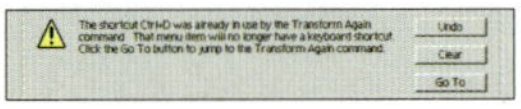
设置的快捷键与其他命令相同的警告信息

粘贴到 Photoshop 中

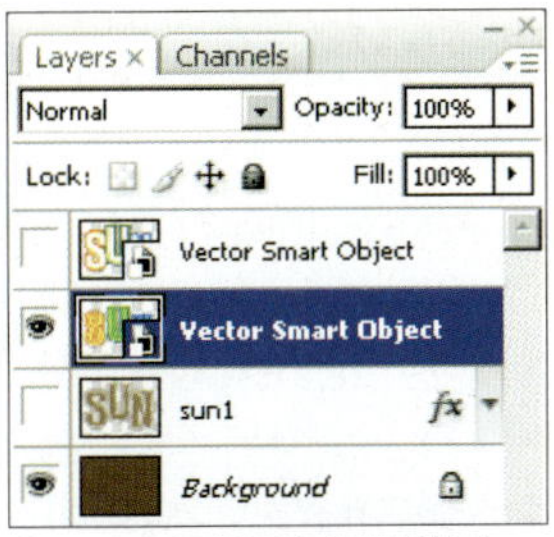

将 sun1 图层设置为非激活状态

应用影印滤镜后的文件

应用阈值后的文件

按 Ctrl 键单击

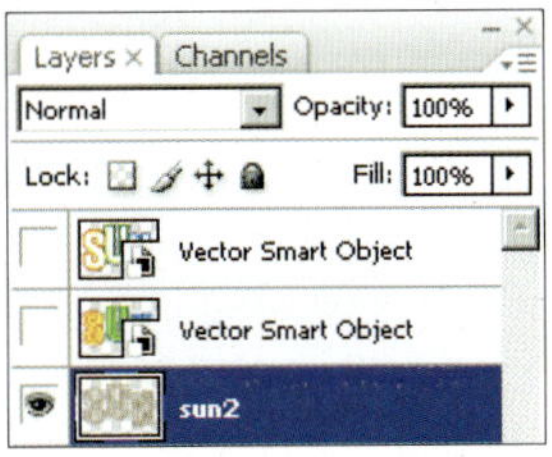

将 Vector Smart Object 图层设置为非激活状态

按Ctrl+A快捷键全选文件中的对象，按Ctrl+C快捷键复制，然后在Photoshop操作文件中选择sun1图层，按Ctrl+V快捷键粘贴，按Enter键确认。

将sun1图层设置为非激活状态，按Ctrl+A快捷键全选文件，然后按Ctrl+C快捷键复制，在通道面板中创建新的通道，按Ctrl+V快捷键粘贴。应用步骤09中应用的影印滤镜和阈值，然后按住Ctrl键单击Alpha 2通道，载入选区。

将图层面板的Vector smart Object 图层设置为非激活状态，在sun1图层上方创建新的图层，将其重新命名为sun2，按Alt+Delete快捷键填充与步骤09中相同的前景色。

按Ctrl+D快捷键取消选区，在sun1图层中单击鼠标右键，从弹出的菜单中选择Copy Layer Style（拷贝图层样式）命令。选择sun2图层，单击鼠标右键，从弹出的菜单中选择Paste Layer Style（复制图层样式）命令，完成操作。

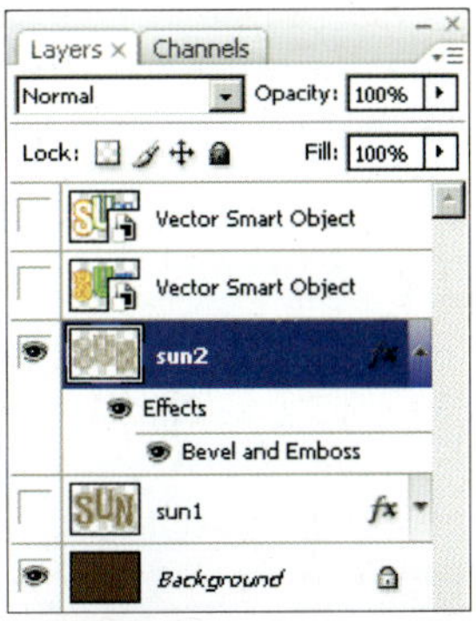

当前图层面板

应用前景色后的文件

完成效果 2

16 BBOY Step

创建缠在一起的线团形态，应用多种滤镜，制作混乱的文字特效。

Source Location

Effects 16\

- bboystep_start.ai
- bboystep_finish.psd
- bboystep_finish.ai
- bboystep_apply.psd

01 确认操作文件

下面我们为标题文字创建复杂地缠在一起的效果，然后应用滤镜，表现出手写的文字特效。

运行 Illustrator，打开 bboystep_start.ai 文件。素材是在 Illustrator 中输入文字后选择 Type>Create Outlines（文字 > 创建轮廓）命令（Shift+Ctrl+O）创建的。

Bboysetp_start.ai 文件　　当前图层面板

将文字创建为路径或者形状时的错误信息

在 Photoshop 中对标题文字应用 Create Work Path（创建工作路径）或者 Convert to Shape（转换为形状）命令转换为路径或者形状的时候，如果弹出错误信息，是由于在字符面板中将选择了 Faux Bold 或者 Faux Italic 的文字创建为矢量图像。如果想要将文字创建为路径或者形状，最好利用文字自身的厚度或者倾斜的形态操作。

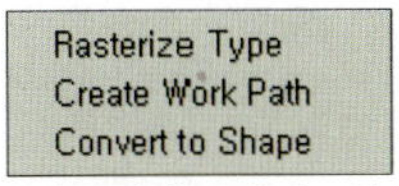

将文字变换为像素、路径和形态的命令

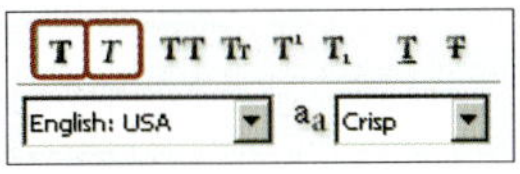

字符面板

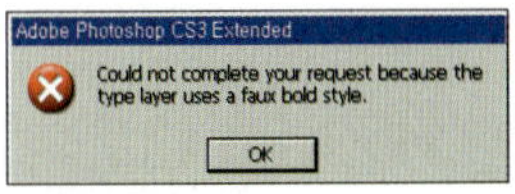

错误提示信息

02 制作线团效果 1

下面我们按照标题形态制作缠成一团的标题效果。

使用选择工具单击对象，为了弯曲标题文字，选择 Effect>Warp>Arc（效果 > 变形 > 弧形）命令，如图 2-a 所示进行设置。

可以看到标题按照弧形形态进行了变形。

选择标题形态，按 Ctrl+C 快捷键复制，按 Ctrl+V 快捷键粘贴，为了不与原图重叠，将粘贴的图像排列到文件的空白空间。为了表现缠成一团的线团效果，选择 Effect>Stylize>Scribble（效果 > 风格化 > 涂鸦）命令，如图 2-b 所示进行设置。

Variation 可以设置多种不同的不规则形态，数值越大，文字效果越不规则。

选择对象

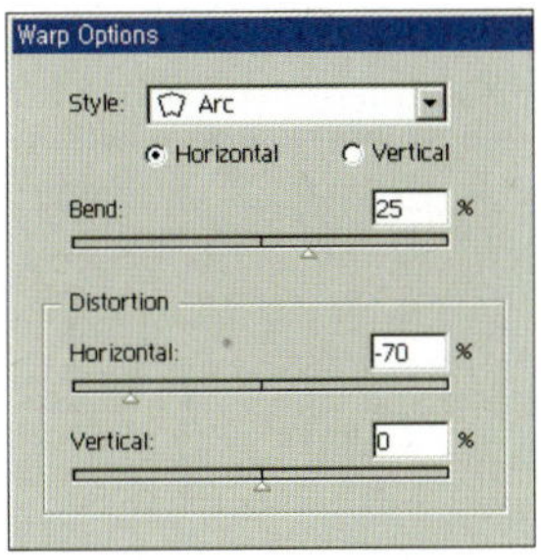

2-a

应用弧形

应用涂鸦效果 1

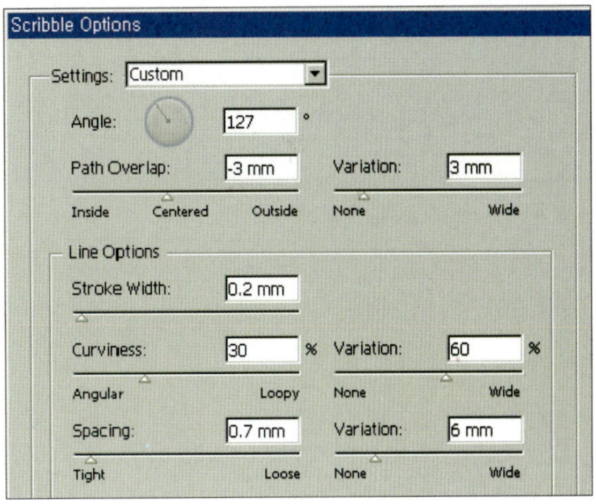

2-b

放置粘贴的对象

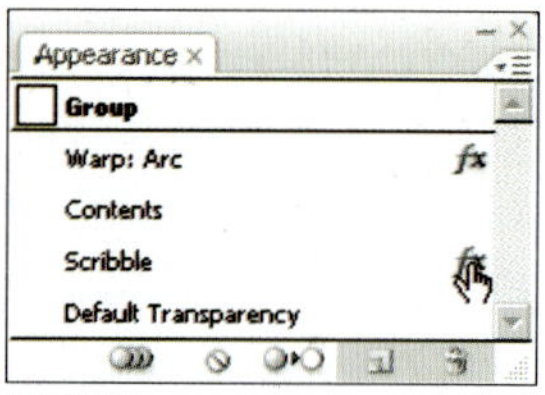

外观面板

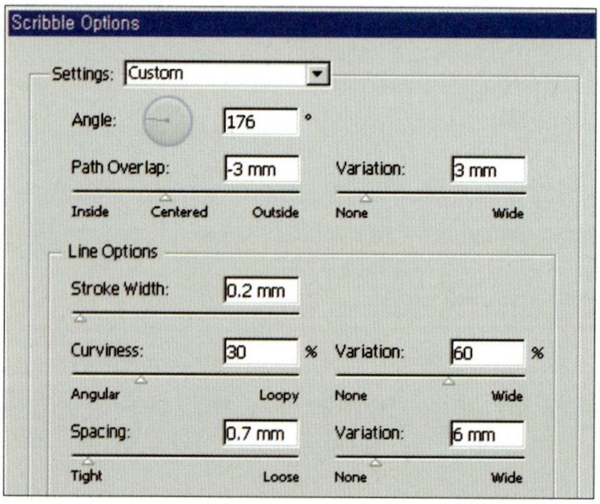

3-a

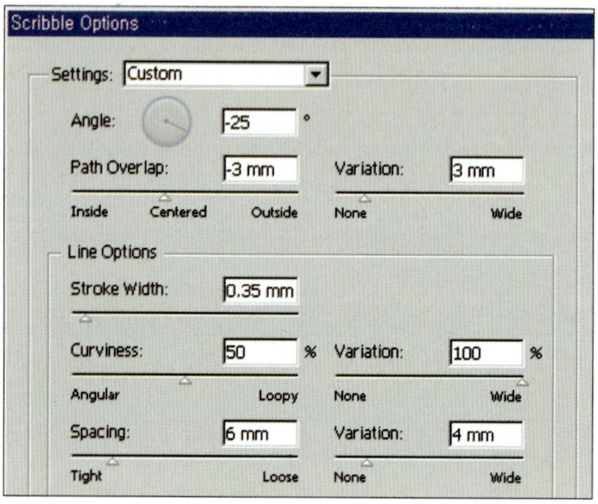

3-b

03 制作缠绕的线团效果 2

为了制作多种形态，按 Ctrl+C 快捷键复制应用了涂鸦效果的对象，按 Ctrl+V 快捷键粘贴，将复制的图像放置到文件中的空白空间。

选中粘贴得到的对象，双击外观面板中的 Scribble 的 fx 按钮，如图 3-a 所示进行设置，创建不同的效果。

如果没有显示外观面板，选择 Window>Appearance（窗口 > 外观）命令（Shift+F6），将其激活。

为了继续创建缠绕的线团效果，再次按 Ctrl+V 快捷键粘贴图像，放置到文件中的空白空间。

选中粘贴的对象，双击外观面板中的 Scribble 选项，在弹出的对话框中如图 3-b 所示设置角度、粗细，调节线条等多种选项。

为了添加其他形状，再次按 Ctrl+V 快捷键粘贴图像，放置到空白空间。然后选择粘贴的对象，双击外观面板中的 Scribble 选项，在弹出的对话框中如图 3-c 所示进行设置。

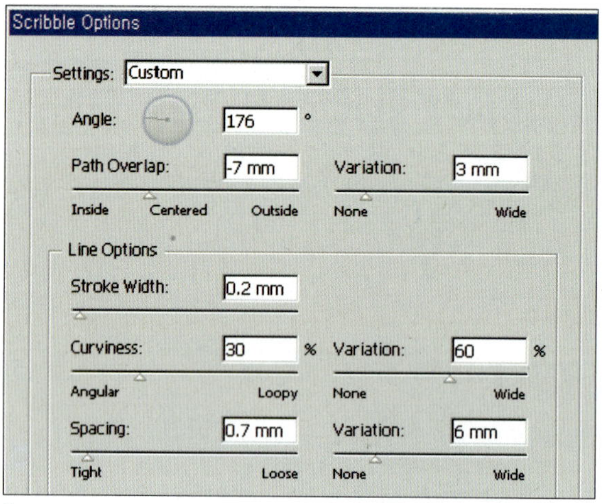

3-c

为轮廓应用潦草效果

本步骤中对填色应用了潦草效果，如果对轮廓色进行应用，会按照轮廓形成线团形态，创建出不同的效果。

轮廓色为黑色，填色为无的状态

进行多种设置的效果

Illustrator 的当前文件

04 组合素材

下面我们合并在 Illustrator 中制作的形态，创建更加复杂的标题效果。

选择最开始应用潦草效果的对象，按 Ctrl+C 快捷键复制。在 Photoshop 中选择 File>New（文件 > 新建）命令（Ctrl+N），将 Width（宽度）设置为 1300pixels，将 Height 设置为 1100pixels，将 Color Mode（颜色模式）更改为 RGB Color，创建新的文件。

按Ctrl+V快捷键粘贴从Illustrator中复制的对象，这时如果弹出Paste（粘贴）对话框，选择Pixels（像素），确认后导入图像。将粘贴得到的图层重新命名为b1。

按Ctrl+C快捷键复制对象，然后按Ctrl+V快捷键粘贴，创建为图层，按照粘贴的顺序，将图层重新命名为b2,b3,b4。

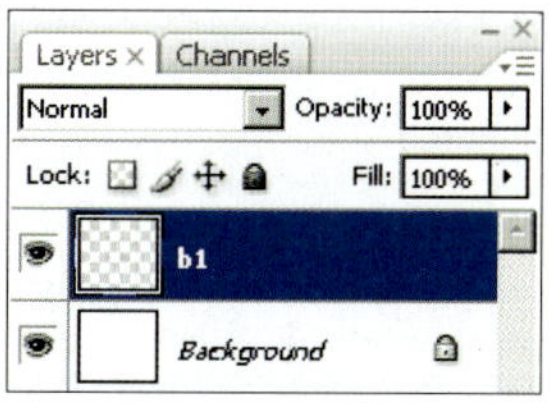

b1 图层

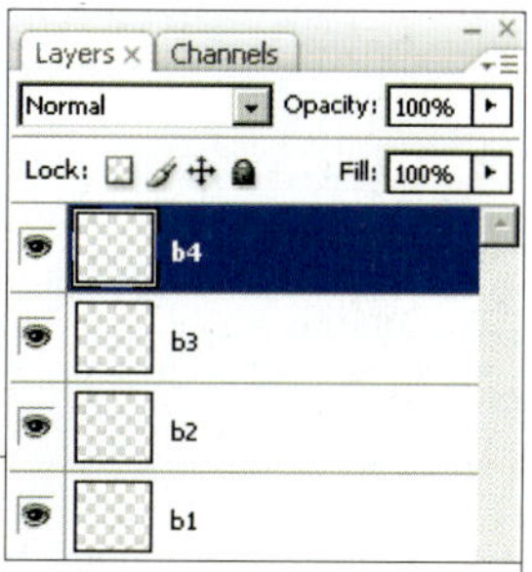

b4 图层

粘贴到新文件中

像素

利用拖动的方法将矢量对象导入到 Photoshop

利用从 Illustrator 中拖动到 Photoshop 中的方法也可以导入对象。但是如果想要在创建为智能对象的 Photoshop 中填充颜色，需要将图层进行栅格化。

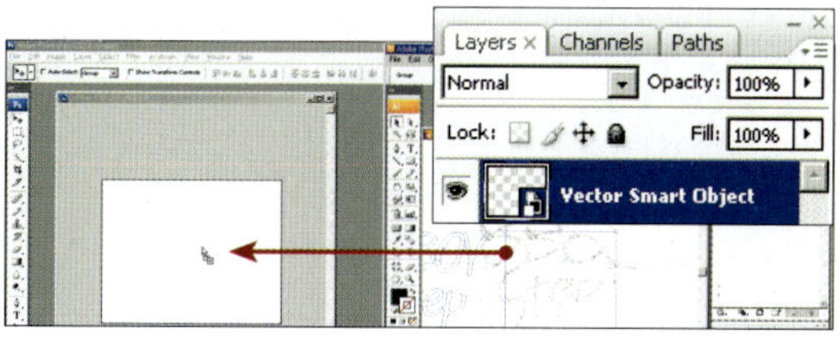

05 填充颜色及调整

下面我们为标题文字应用颜色。

选择 b1 图层，单击图层面板上端的 Lock transparent pixels（锁定透明像素）按钮，在色板面板中选择 Dark Red，按 Alt+Delete 快捷键填充颜色。

如果不显示色板面板，选择 Window>swatches（窗口 > 色板）命令激活。不更改 b3 图层的颜色，对 b2 和 b4 图层也利用相同的方法，参考图像填充颜色。为了将整体明亮的标题表现得更有重量感，选择 b4 图层，选择 Layer>New Adjustment Layer>Curves（图层 > 新建调整图层 > 曲线）命令，如图 5-a 所示进行设置。

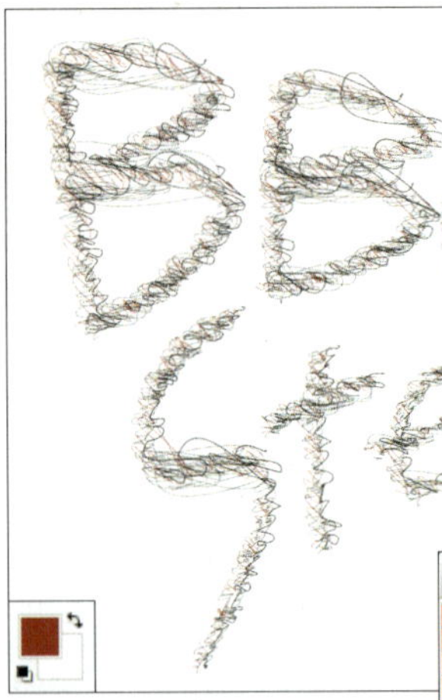

对 b1 图层应用颜色

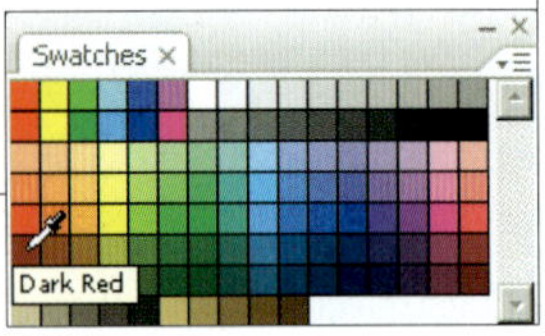

选择 Dark Red

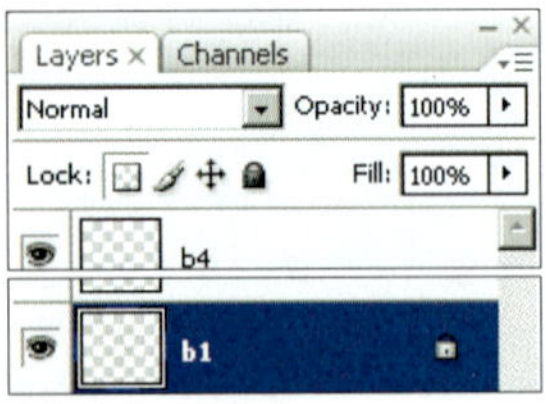

选择锁定透明像素 1

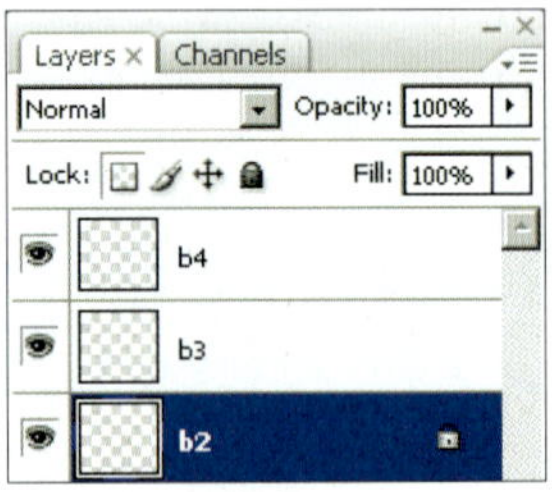

选择锁定透明像素 2

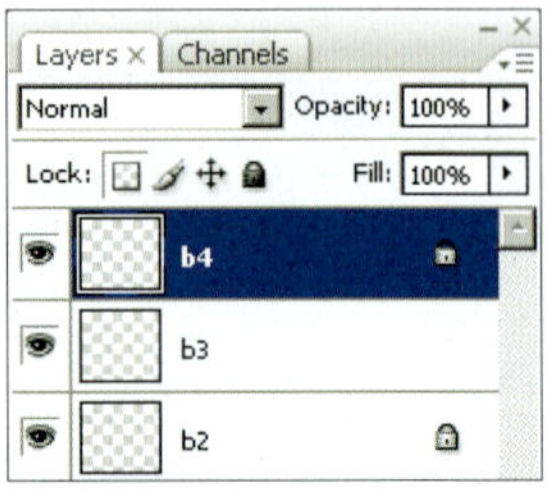

选择锁定透明像素 3

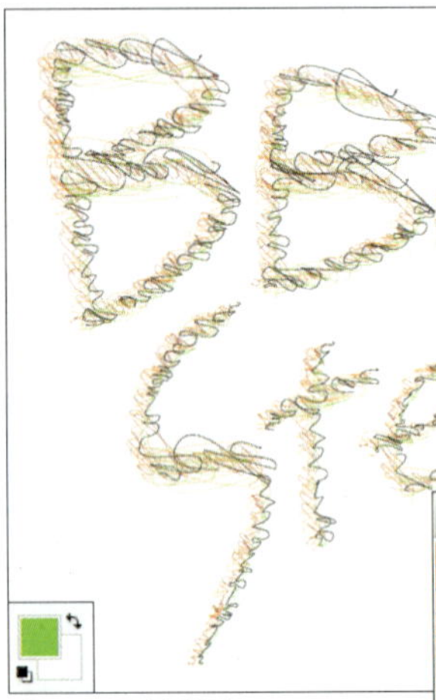

对 b4 图层应用颜色

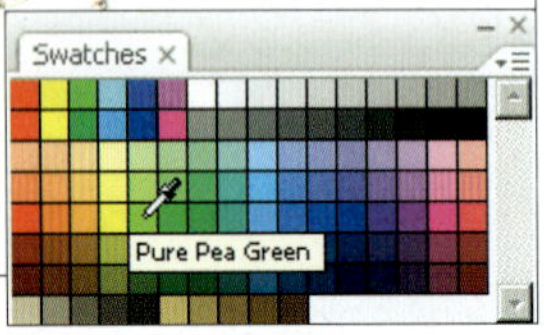

选择 Pure Pea Green

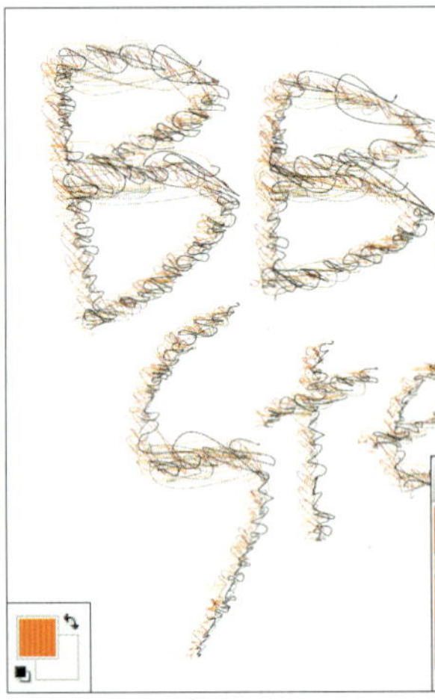

对 b2 图层应用颜色

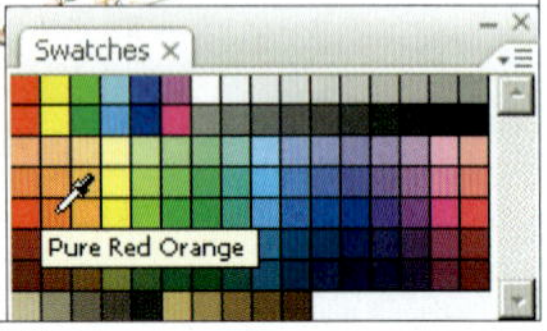

选择 Pure Red Orange

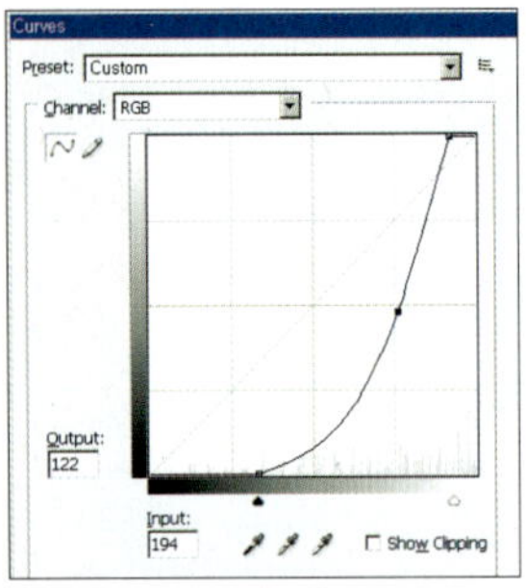

5-a

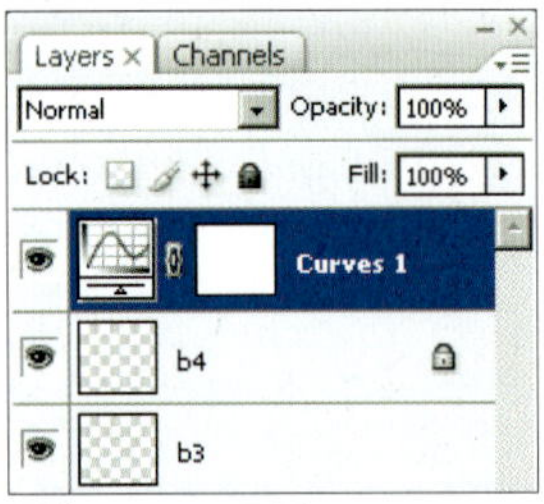

调整 Curves 1 图层

应用曲线的效果

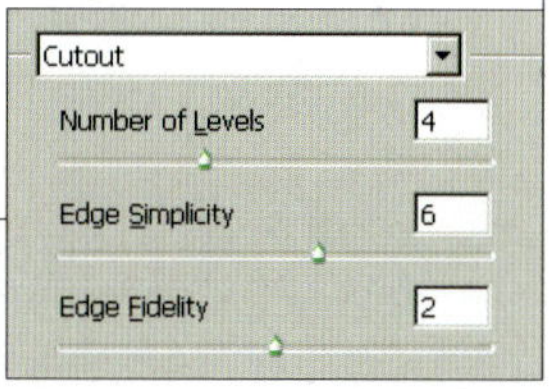

应用曲线及完成 1

6-a

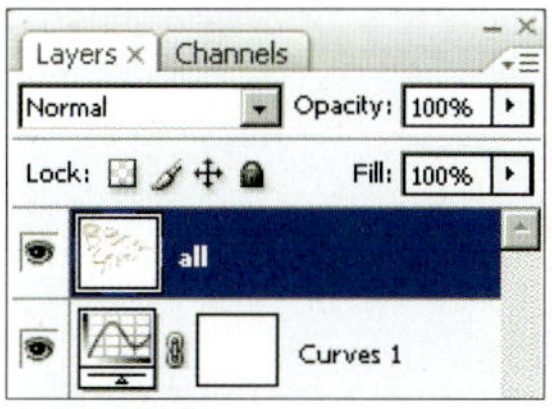

当前图层面板

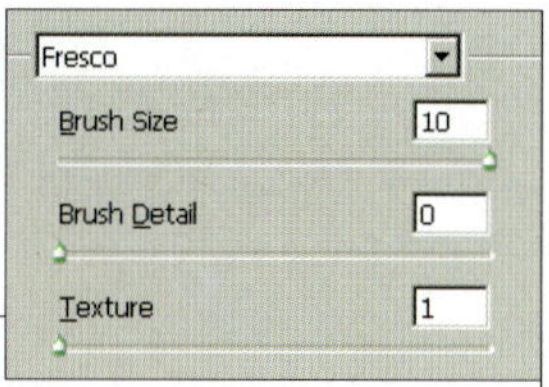

6-b

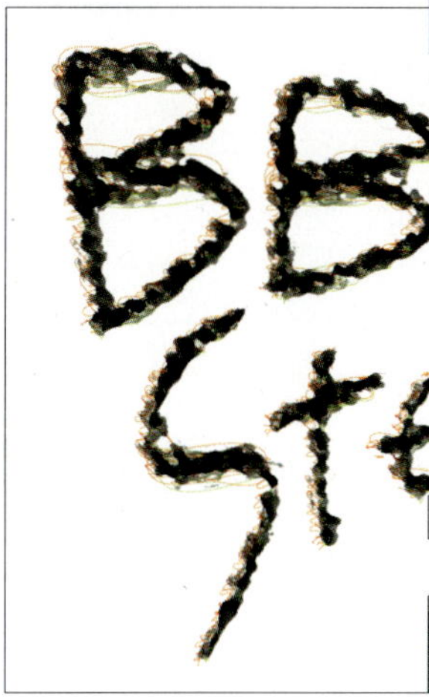

应用壁画滤镜的文件

在滤镜库中生成的效果图层

06 应用质感，完成制作

下面我们对标题图像应用滤镜，表现多种质感效果。

按 Ctrl+A 快捷键全选文件，为了复制可见区域，选择 Edit>Copy Merged（编辑 > 复制合并）命令（Ctrl+Shift+C），按 Ctrl+V 快捷键粘贴，将生成的图层重新命名为 all。

选择 all 图层，选择 Filter >Artistic>Cutout（滤镜 > 艺术效果 > 木刻）命令，如图 6-a 所示进行设置，将线条表现为面，将复杂的形态表现为单纯的形态，完成操作。

下面我们对标题图像应用其他滤镜，表现其他效果。

由于保存了最后复制的图像，因此再次按 Ctrl+V 快捷键粘贴图像，将得到的图像重新命名为 all2。

选择 all2 图层，选择 Filter>Artistic>Fresco（滤镜 > 艺术效果 > 壁画）命令，如图 6-b 所示进行设置。选择 Filter>Sketch>Graphic Pen（滤镜 > 素描 > 绘图笔）命令，如图 6-c 所示进行设置。

绘图笔滤镜不受前景色的影响，应用当前设置的颜色即可。本案例的前景色设置为 R:170,G:129,B:109。

完成效果 2

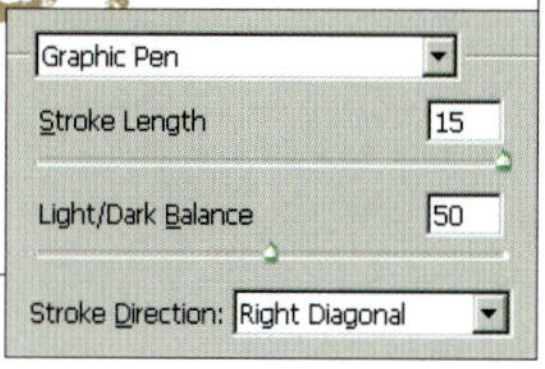

6-c

如果在应用木刻滤镜时出现文字消失的情况

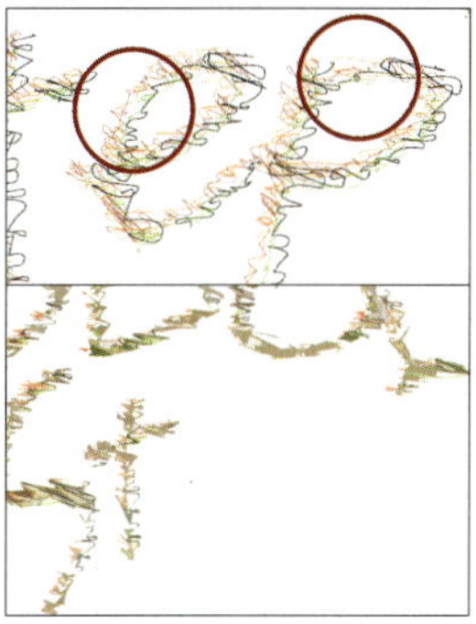

缠绕形态较弱，没有表现文字

应用木刻滤镜但是出现文字消失情况的话，出现这种情况是因为缠住的程度较弱进行单纯化的原因。调节木刻滤镜中的值，或者在 Illustrator 中创建更复杂的形态，然后再进行应用即可。

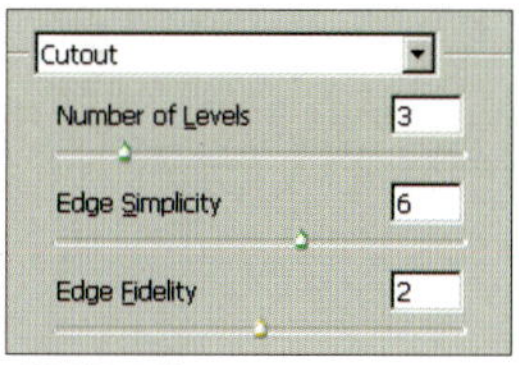

重新设置值

通过调整值避免文字消失的情况

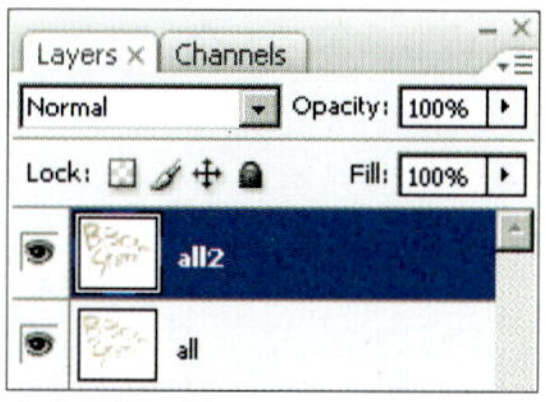

当前图层面板

17

17 Fighting

将利用毛笔绘制的图像创建为艺术画笔，制作动感文字特效。

Source Location

Effects 17\

- fighting_start.psd
- fighting_start.ai
- fighting_finish.psd
- fighting_finish.ai
- brush1.jpg
- brush2.jpg

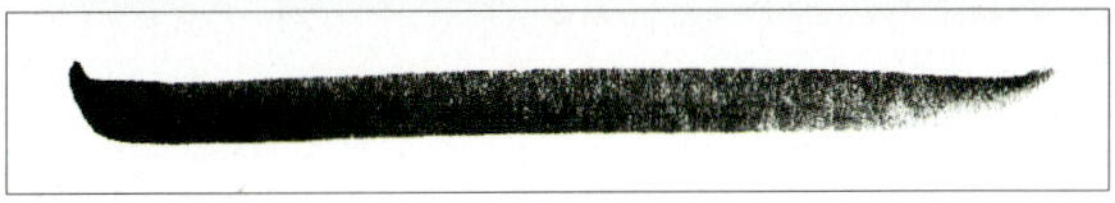

bursh1.jpg 文件

brush2.jpg 文件

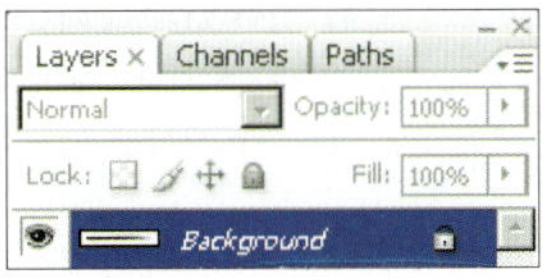

当前图层面板

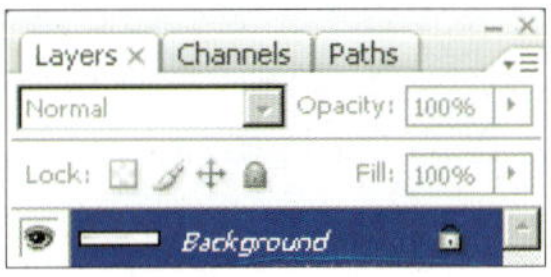

当前图层面板

01 确认操作文件

下面我们提取毛笔绘制的壁画图像，创建为艺术画笔，表现动感的标题效果。

打开 bursh1.jpg 文件和 brush2.jpg 文件。这两个图像都是扫描钢笔绘制的笔画得到的。

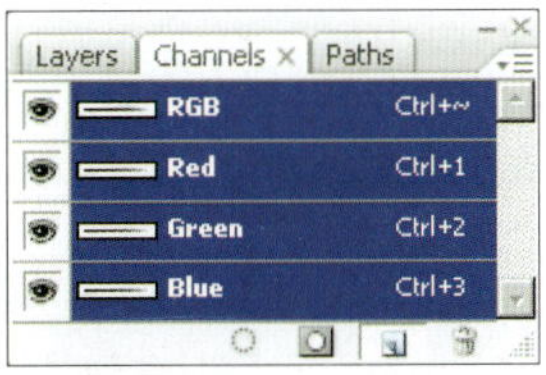

创建新通道

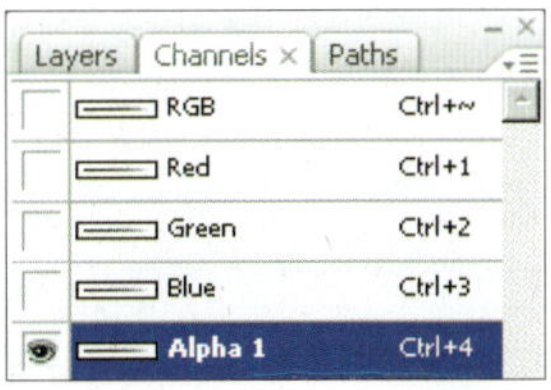

Alpha 1 通道

02 保存画笔形态

为了提取画笔形态，按 Ctrl+A 快捷键全选 brush1.jpg 文件，按 Ctrl+C 快捷键复制，单击通道面板下端的 Create new channel（创建新通道）按钮，创建新的通道。

按 Ctrl+V 快捷键将复制的图像粘贴到生成的 Alpha 1 通道，按 Ctrl+D 快捷键取消选区。

由于只需要提取笔画部分，选中 Alpha 1 通道，选择 Image>Adjustments>Invert（图像 > 调整 > 反相）命令（Ctrl+I），反转图像，将笔画图像调节为白色。

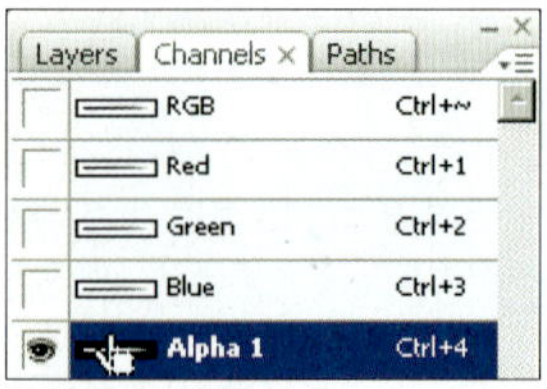

按住 Ctrl 键单击

载入 Alpha 1 通道

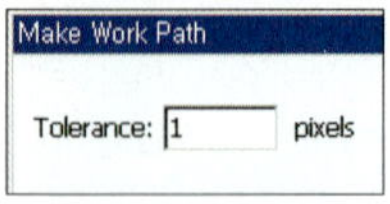

创建工作路径对话框

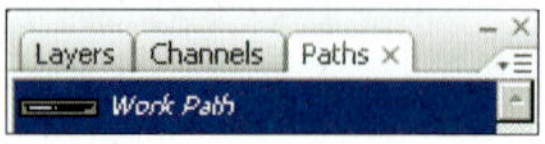

路径面板

如果想要在多个路径中选择所需路径

如果想要在多个路径中只选择所需路径，在导出路径对话框的Paths（路径）中选择所需的路径即可。默认设置为选择，保存路径面板中的所有路径。

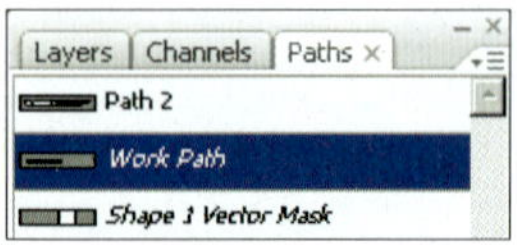

有多个路径的路径面板状态

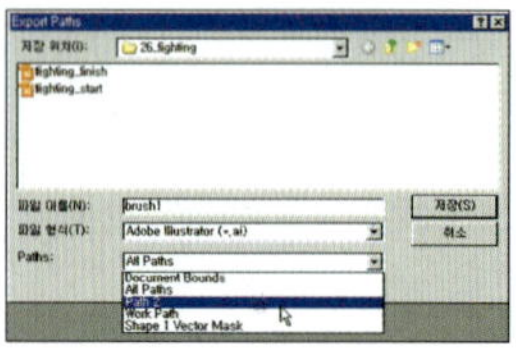

选择想要保存的路径

03 将选区转换为路径

下面我们将笔画转换为路径。

按住 Ctrl 键单击 Alpha 1 通道载入选区，在路径面板的扩展菜单中选择 Make Work Path（创建工作路径）命令，将 Tolerance（容差）设置为 1pixels， 将选区转换为路径。

选择 File>Export>Paths to Illustrator（文件 > 导出 > 路径到 Illustrator>）命令，保存为 brush1.ai 文件。对 brush2.jpg 文件也利用相同的方法进行操作，保存为 brush2.ai 文件。

应用创建工作路径后的文件

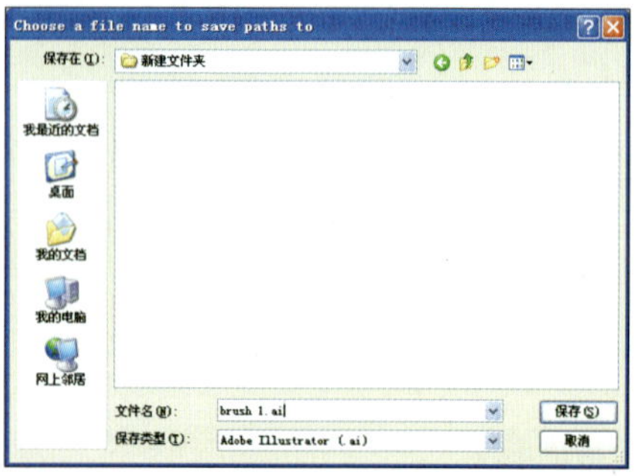

导出路径

Fighting_start.ai 文件

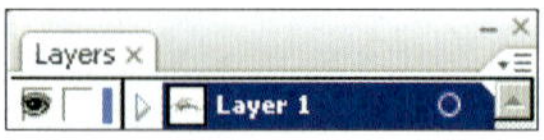

当前图层面板

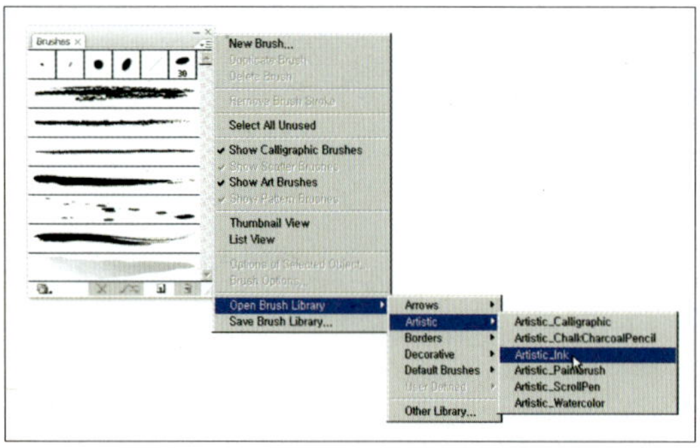

选择 Artistic_Ink

04 应用画笔

运行Illustrator，打开fighting_start.ai文件。

Fighting文字是利用钢笔工具制作的，下面我们利用Photoshop提供的基本画笔素材和之前步骤中创建的画笔素材进行制作。

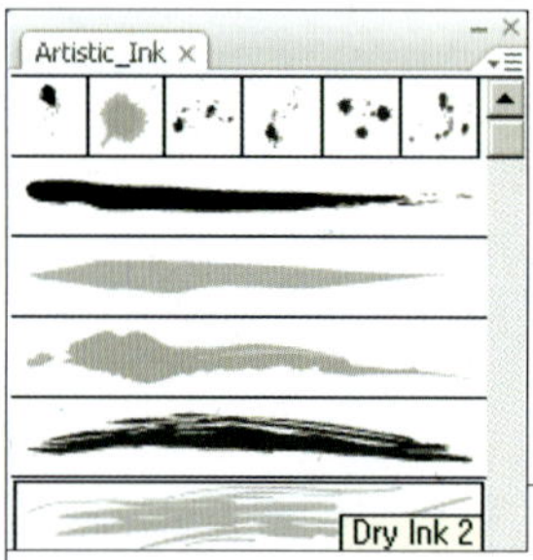

利用选择工具 全选文件中的对象，在画笔面板的扩展菜单中选择Open Bru-sh Library>Artistic> Artistic_ink（画笔库菜单>艺术效果>艺术效果_油墨）命令，应用Dry Ink 2画笔。

应用 Dry Ink 2 画笔

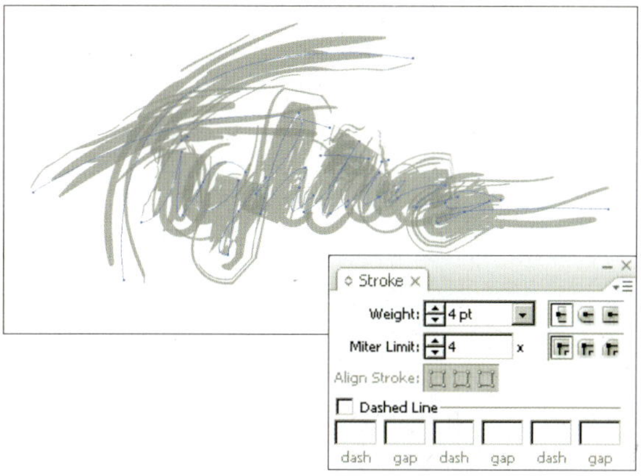

描边面板

应用轮廓色

如果想要在单位不同的状态下应用相同的值，要输入单位

本步骤中要将 Weight 值设置为 4pt，而当前操作文件的单位是 mm，为了输入 4pt，选择 Edit>Preferences>Units & Rales（编辑 > 首选项 > 单位与标尺），重新设置单位。如果不进行再设置的过程而直接输入 4pt，Photoshop 会自动换算为 mm 单位进行应用，虽然单位不同，但是可以应用相同的值。如果只输入 4，会设置为 4mm，表现出更细的轮廓。

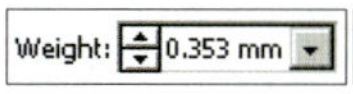

当前状态

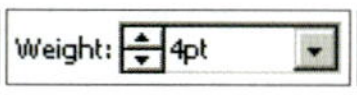

输入 4pt

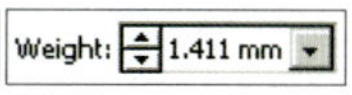

换算为 mm 的效果

05 调节画笔大小，填充颜色

为了将当前应用的画笔笔触变得更粗，将描边面板中的 Weight 值设置为 4pt，将填色设置为 None（无），将轮廓色设置为色板面板中的 Squash 颜色。

选择对象，按 Ctrl+C 快捷键复制，在 Photoshop 中打开 fighting_start.psd 文件。

按 Ctrl+V 快捷键，将复制的对象粘贴到 fighting_start.psd 文件中，然后在 Paste（粘贴）对话框中选择 Pixels（像素）后确认。将生成的图层重新命名为 stroke1。

fighting_start.psd 文件

当前图层面板

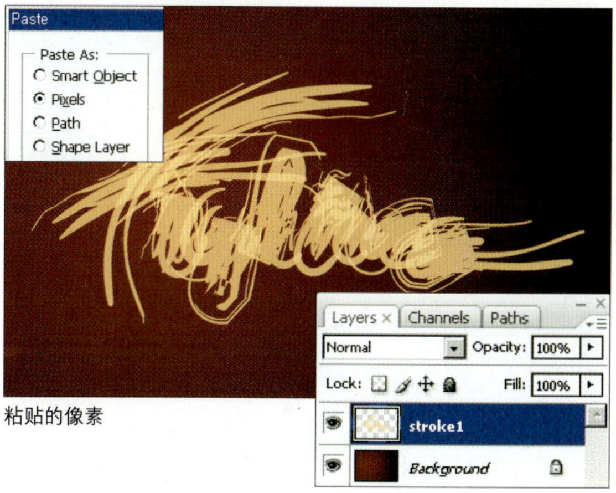

粘贴的像素

stroke1 图层

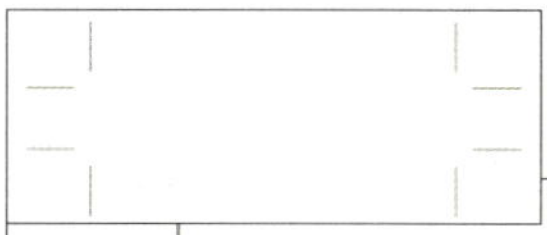

brush1.ai 文件

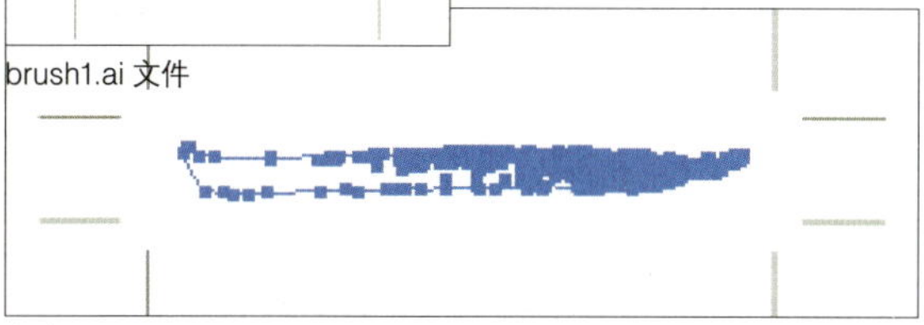

全选

隐藏边框

如果表现文件大小的边框影响操作，选择View>Hide Artboard（视图>隐藏边缘）命令即可隐藏。

06 载入画笔形态

下面我们载入创建为路径的画笔形态。

在 Illustrator 中打开步骤 03 中保存的 brush1.ai 文件。打开后的文件看起来没有任何内容，这是因为对象的填充色和轮廓色都被设置为无，所以看不到任何效果。使用选择工具 全选文件中的对象，然后将填充色设置为黑色，将轮廓色设置为无。

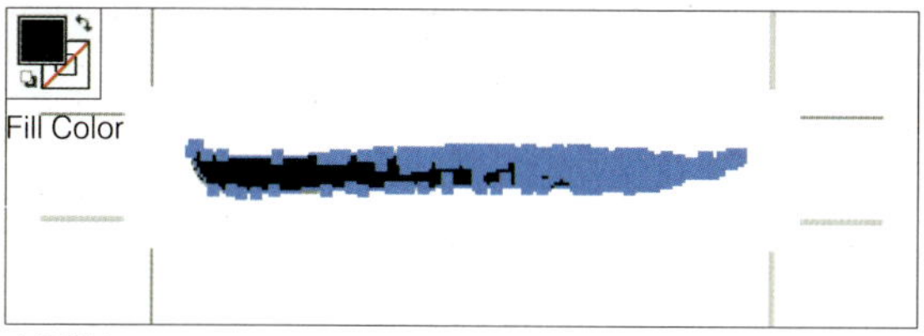

应用填色

使用选择工具全选文件中的对象，按 Ctrl+C 快捷键复制，然后按 Ctrl+V 快捷键粘贴到 fighting_start.ai 文件中，将对象拖动到画笔面板中，在 New Brush（新建画笔）对话框中选择 New Art Brush 新建艺术画笔后确认，然后对 Art Brush Options 对话框如图 6-a 所示进行设置。

对 brush2.ai 文件也利用相同的方法载入到画笔面板中，将复制来的 brush1.ai 和 brush2.ai 文件的对象从 fighting_start.ai 文件中删除。

New Brush 对话框

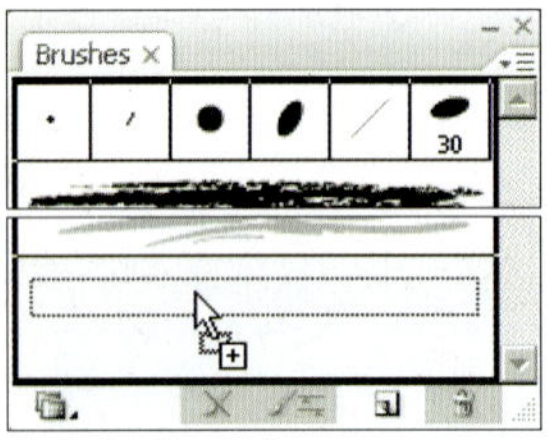

拖动到画笔面板中

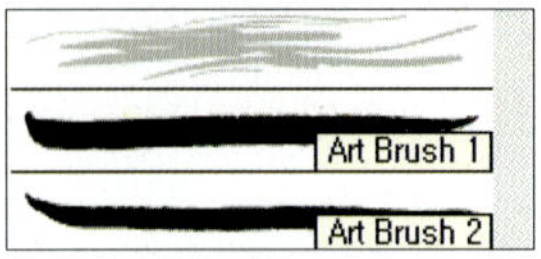

载入到画笔面板的 Art Brush 1 和 Art Brush 2 画笔

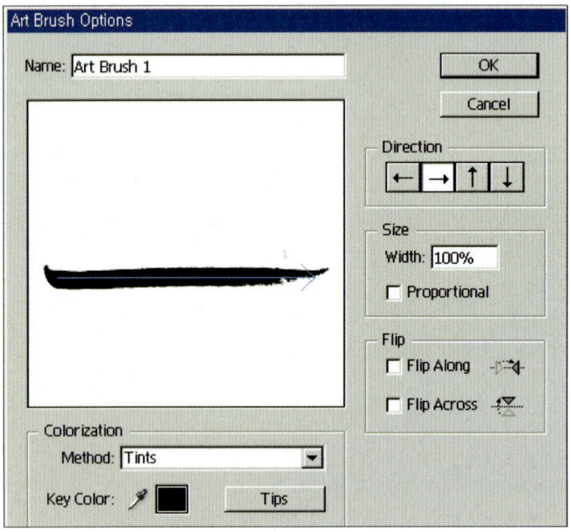

6-a

多种画笔类型

如果无法载入为书法画笔，单击画笔面板下端的 New Brush 按钮可以选择设置（角度，圆角程度），可以根据对象的轮廓应用形状。散点画笔是根据对象的轮廓随意设置，图案画笔是根据对象的形态进行罗列。

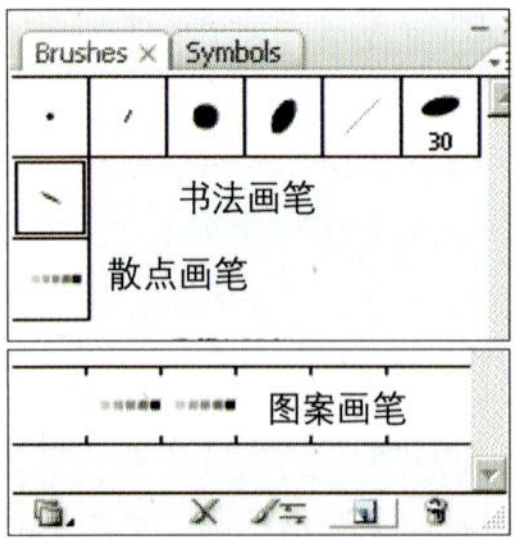

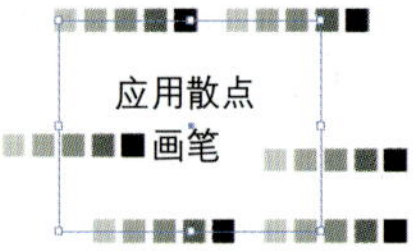

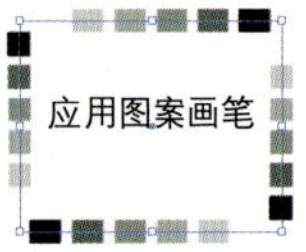

07 应用载入的画笔

下面我们在路径中应用载入的画笔。

按Ctrl+A快捷键全选fighting_start.ai文件中的对象，按Ctrl+C快捷键复制，然后选择Object>Lock> Selection（对象>锁定>选择）命令（Ctrl+2），设置为非选择状态后锁定。选择Edit>Paste in Front（编辑>贴在前面）命令（Ctrl+F），粘贴在锁定的对象上方。

粘贴到锁定的对象上方

根据 Colorization（着色）的方法设置而不同的效果

如果将 Art Brush Options 艺术对话框的 Colorization 中 Method（方法）设置为 None（无）的话，即使更改轮廓色，也会维持载入的颜色。

色相转换利用艺术画笔的核心颜色表现轮廓色，其他轮廓色和艺术画笔的颜色相关的色相环的相反色进行表现。色相转换受主颜色的影响，如果主颜色与轮廓色相同，则没有任何变化。

例如，显示 A 的颜色，是因为在色相环中确认可以看到，设置为主颜色的艺术画笔颜色 B 变为轮廓色 C，D 的颜色转换为 A，变为红色。

艺术画笔

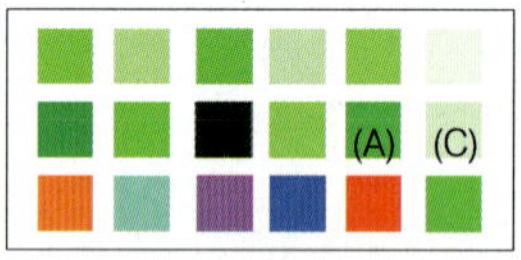

从上至下设置为淡色，淡色和暗色色相转换的效果

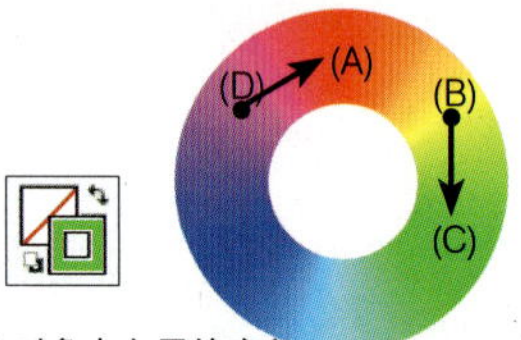

在对象中应用轮廓色

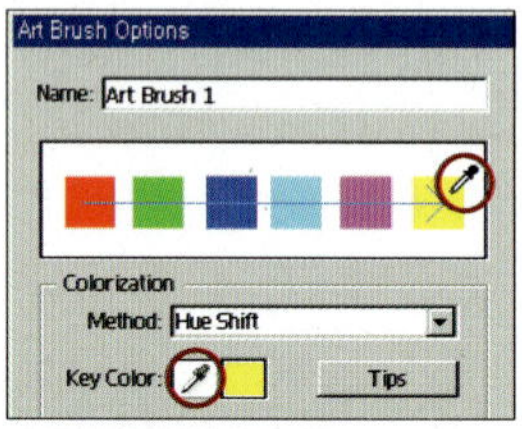

设置色相转换的主颜色

在笔画内部表现气孔

在 Illustrator 中打开导入的路径的时候，不是编辑的状态。变为路径状态，创建为内部没有孔的笔画。全选对象，然后为了在内部表现孔，单击路径查找器面板中的 Subtract from shape area（与形状区域相减）按钮。

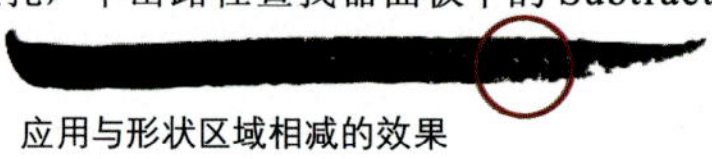
应用与形状区域相减的效果

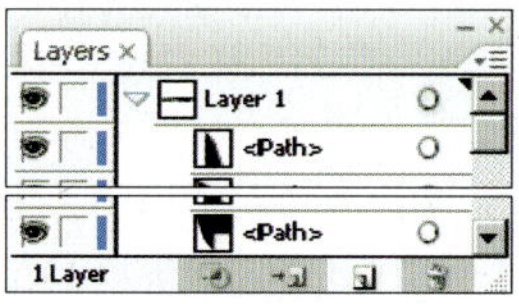

打开导出的路径后的面板状态

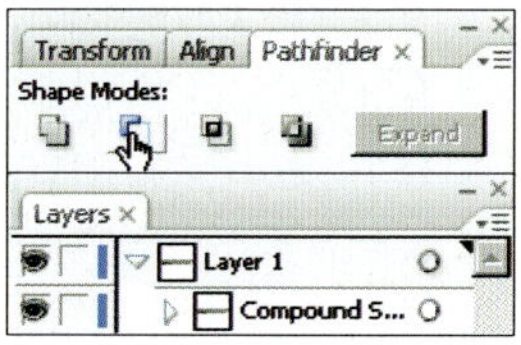

应用与形状区域相减后的面板状态

应用轮廓色　　应用 Art Brush 1 画笔

利用 Sactter 画笔装饰

本步骤中应用了艺术画笔，但是绘制装饰要素后载入为散点画笔后应用，可以出表现不同的效果。

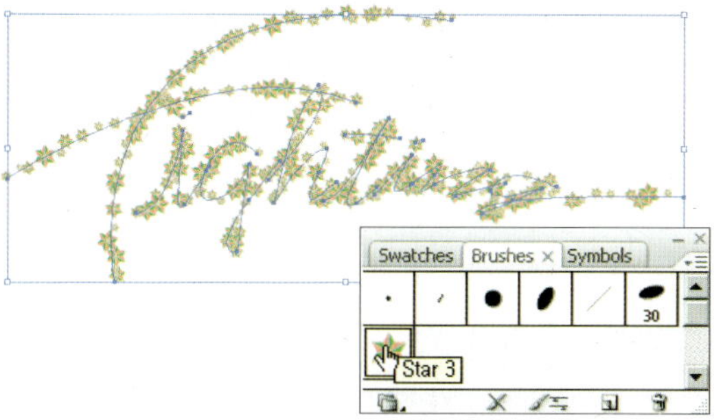

选择应用的散点画笔

选择粘贴的对象，应用 Art Brush 1 画笔，将填充色设置为 None，轮廓色设置为红色，为了绘制较细的线条，将描边面板中的 Weight 设置为 1.6pt。

为了稍稍强调字母 f，使用选择工具 选择标题中的字母 f，应用 Art Brush 2 画笔，然后将描边面板中的 Weight（粗细）设置为 3pt。

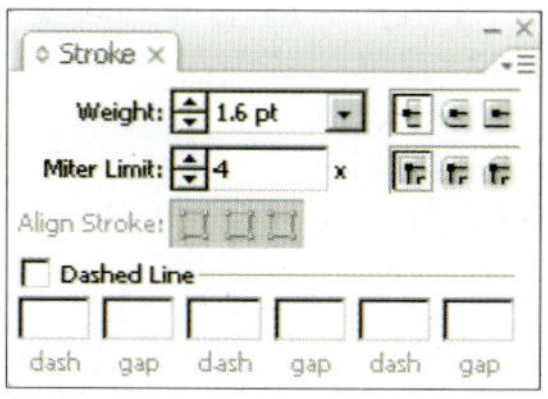

描边面板

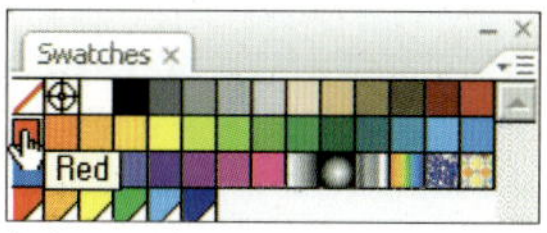

红色

对字母 f 的轮廓应用 Art Brush 2 画笔

选择文件中的对象

当前文件

08 打开对象

按 Ctrl+A 快捷键全选文件中的对象。按 Ctrl+C 快捷键复制，在 Photoshop 中的 fighting_start.psd 文件中按 Ctrl+V 快捷键粘贴图像。在 Paste（粘贴）对话框中选择 Pixels（像素）后确认，然后将生成的图层重新命名为 stroke2。

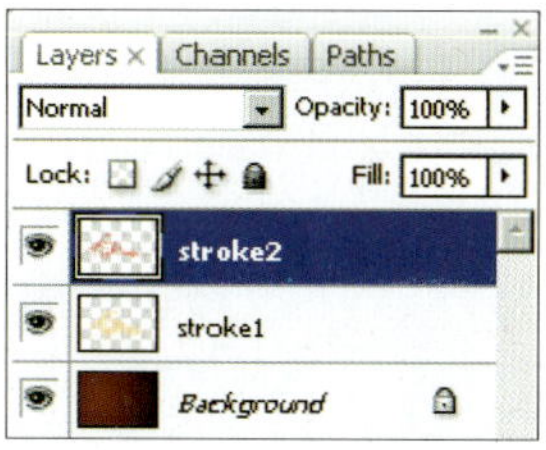

stroke2 图层

如果想要将对象保存为半透明艺术画笔

如果想要创建像 Dry Ink 2 画笔一样的半透明艺术画笔，可以选择要保存为艺术画笔的对象，在透明度面板中将 Opacity（不透明度）值设置为 50%。

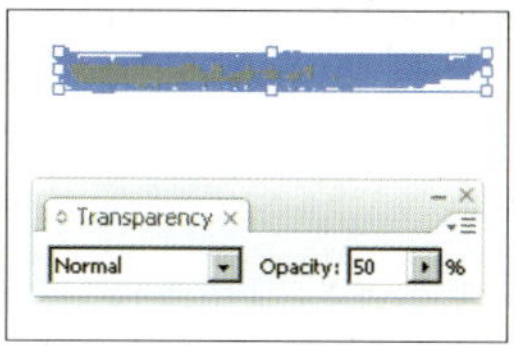

将不透明度设置为 50%

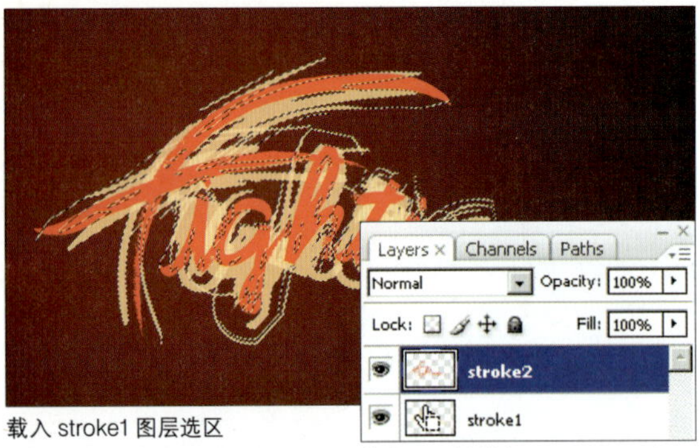

载入 stroke1 图层选区

按住 Ctrl 键单击

删除裁切线

在 Illustrator 中打开导出的路径会显示裁切线，选择 Object>Crop Area> Release 命令，删除裁切线，只显示矩形形态。按 Delete 键可以删除矩形对象。

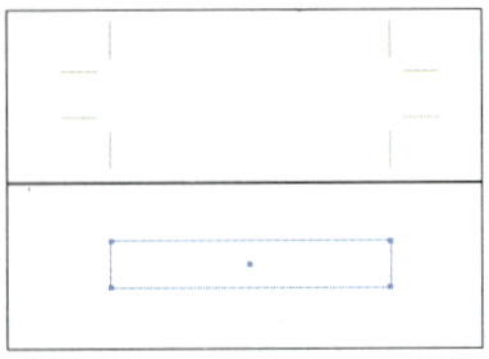

选择 Object>Crop Area>Release 命令的效果

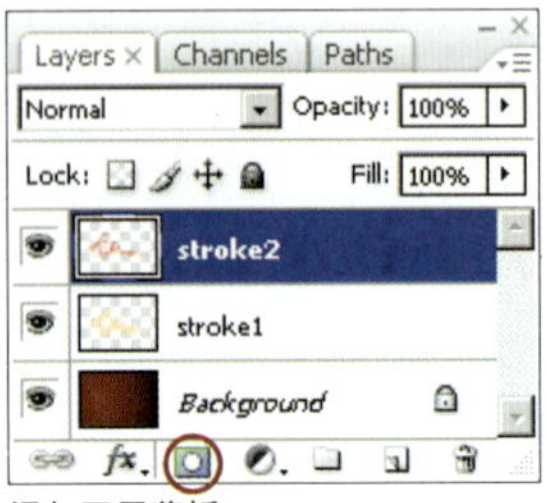

添加图层蒙板

09 控制表现区域

为了只表现 stroke2 图层的形态下方的 stroke1 图层图像，选择 stroke2 图层，按住 Ctrl 键单击 stroke1 图层载入选区，然后单击图层面板下端的 Add layer mask（添加图层蒙版）按钮。

为了对 Stroke1 图层应用滤镜效果，再次按住 Ctrl 键单击 stroke1 图层载入选区，选择 Select>Save Selection（选择 > 存储选区）命令选区，按 Ctrl+D 快捷键取消选区。

应用蒙版

当前图层面板

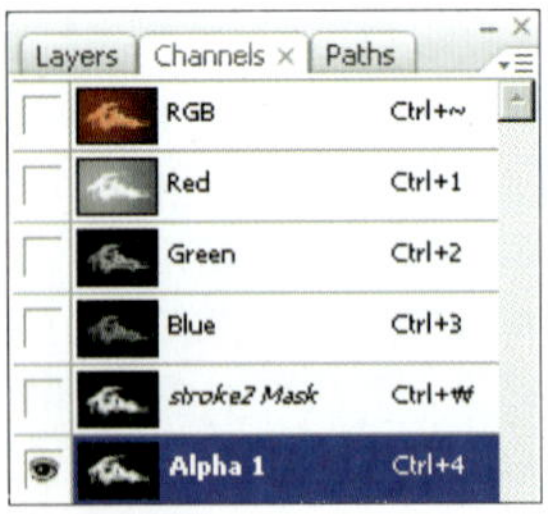

Alpha 1 通道

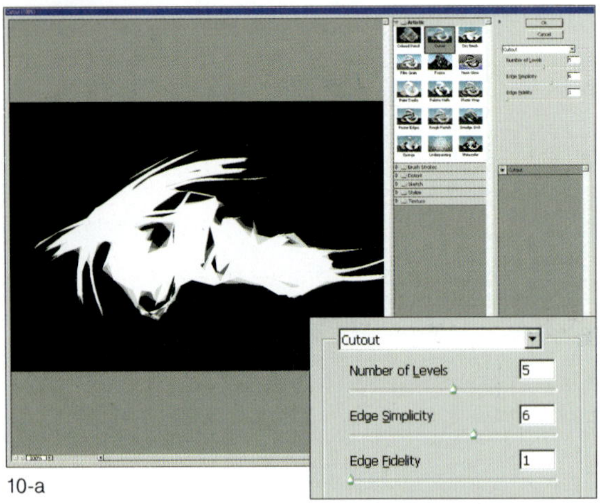

10-a

10 利用滤镜进行多种表现

下面我们在生成的通道中应用滤镜表现新形态。

选择通道面板中的Alpha 1通道，选择Filter > Artistic>Cutout（滤镜>艺术效果>木刻）命令，如图10-a所示进行设置。单击对话框右侧的New effect layer（新建效果图层）按钮，选择Filter>Brush Strokes>Angled Strokes（滤镜>画笔描边>成角的线条）命令，如图10-b所示进行设置，强调边缘，表现更加粗糙的效果。

应用新建效果图层后应用 Angled Strokes 命令（10-b）

载入 Alpha 1 通道区域

完成效果 1

11 应用形态，完成制作 1

为了在图层中应用形态，按住 Ctrl 键单击 Alpha 1 通道载入选区。

选择图层面板中的 stroke1 图层，单击图层面板下端的 Create a new layer（创建新图层）按钮。选择创建的 Layer 1 图层，确认前景色为黑色，按 Alt+Delete 快捷键填充前景色。将图层重新命名为 stroke3，按 Ctrl+D 快捷键取消选区。

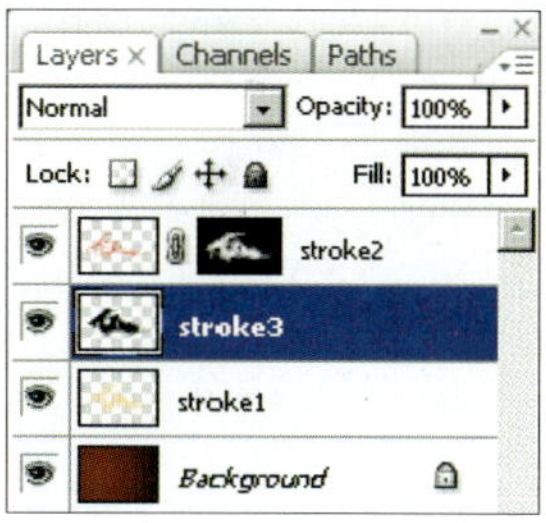

当前图层

虽然在操作中没有对图层的混合模式和透明度进行设置，但是进行了上面的步骤后，就可以表现出多种效果。或者在步骤 10 中应用其他滤镜，也可以得到更加多样的效果。

12 添加图层样式，完成制作 2

下面我们添加图层样式，强调标题形态。

按住Shift键单击stroke2图层蒙版，将蒙版设置为非激活状态，选择stroke2图层。选择Layer>Layer Style>Drop Shadow（图层>图层样式>投影）命令，如图12-a所示进行设置，表现阴影。同时，将Blend Mode（混合模式）的颜色设置为R:255,G:150,B:1。

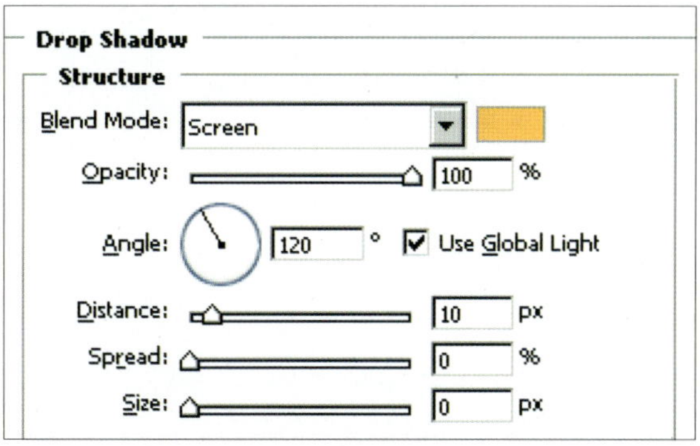

12-a

为了在阴影和 stroke2 图层的图像之间表现缝隙，表现突出的标题效果，在 Layer Style（图层样式）对话框中选择 Stroke（描边），如图 12-b 所示进行设置。

只有将描边的 Opacity（不透明度）设置为 0%，才能按照 Size（大小）值隐藏阴影。不仅是投影，其他图层样式的所有效果和应用的图层的形态都会变得透明。

stroke2　　Layer Mask

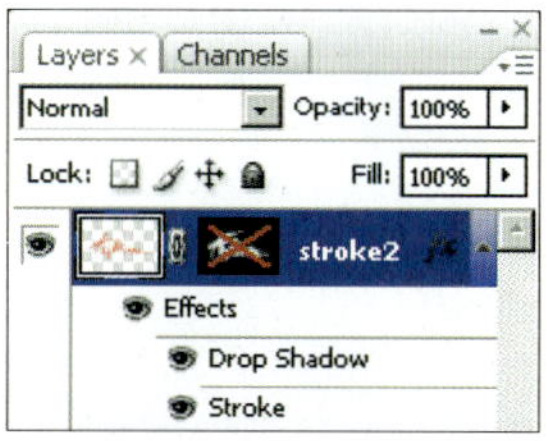

当前图层面板

应用投影后的文件

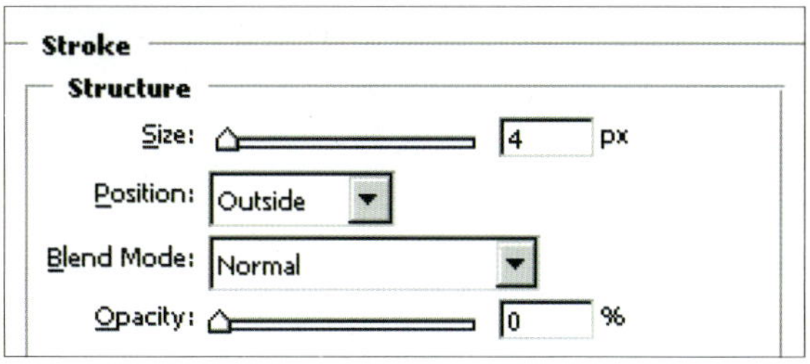

12-b

完成效果 2

18

18 TURNING POINT

分离纹理的质感和形态，强调边缘，制作粗糙撕裂的文字特效。

Source Location

Effects 18\

- turning point_start.psd
- turning point_finish.psd
- turning point_apply.psd
- oilmagicink.psd
- spreadtexture.jpg

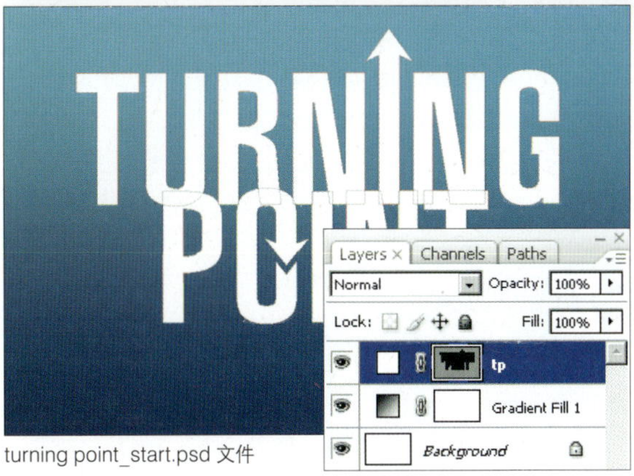

turning point_start.psd 文件

当前图层面板

01 确认操作文件

下面我们提取素材纹理的质感和形态，然后应用滤镜表现粗糙撕裂的标题效果。

打开 turning point_start.psd 文件。tp 图层是输入文字后在文字图层中单击鼠标右键，从弹出菜单中选择 Convert to Shape（转换为形状）命令创建的形状图层。再利用钢笔工具添加锚点，移动锚点进行变形，背景是利用 Layer>New Fill Layer>Gradient（图层 > 新建填充图层 > 渐变）命令创建的。

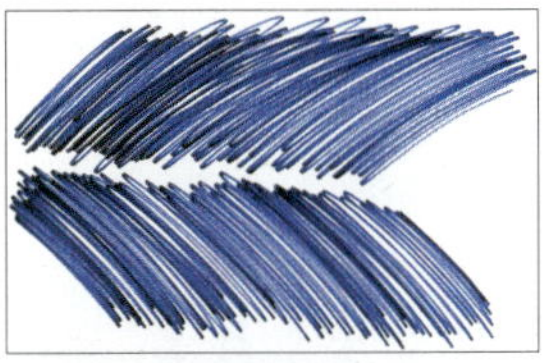

oilmagicink.psd 文件

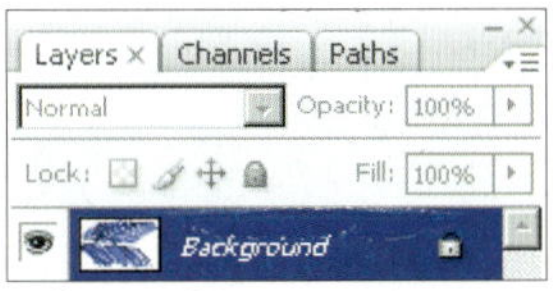

当前图层面板

粘贴后放置

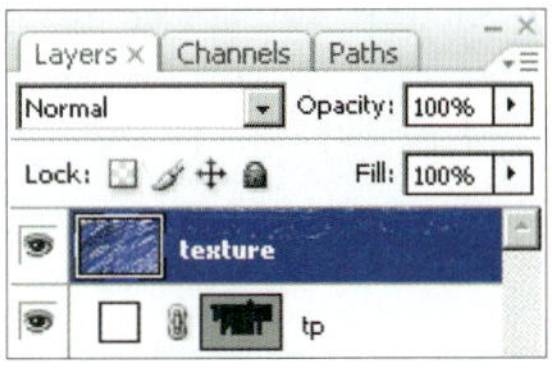

当前图层面板

02 打开素材

首先打开oilmagicink.psd文件，按Ctrl+A快捷键全选文件，然后按Ctrl+C快捷键复制，选择turning point_start.psd文件，选中tp图层，按Ctrl+V快捷键粘贴，利用移动工具将所需的部分放置到文件中，将图层重新命名为texture。oilmagicink.psd文件是利用魔术笔绘制之后扫描得到的图像，利用魔术笔的不规则浓度和没有应用的空白空间，可以表现出粗糙的质感。

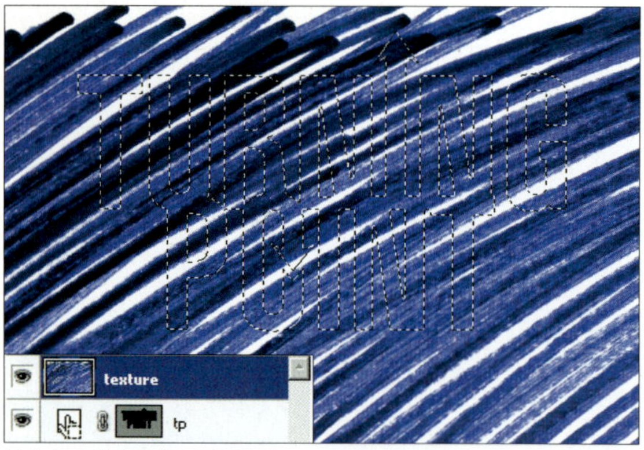

按住 Ctrl 键单击载入图层选区

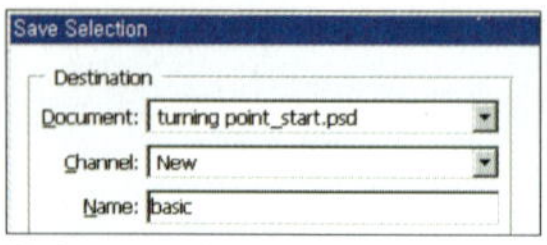

将名称设置为 basic

保存的 basic 通道

03 保存基本素材，创建形态

下面我们来制作标题文字之间的缝隙。

按住 Ctrl 键单击 tp 图层载入选区，选择 Select>Save Selection（选择 > 存储选区）命令，在 Save Selection（存储选区）对话框中将 Name（名称）设置为 basic，保存为通道。

选中 texture 图层，按 Ctrl+A 快捷键全选图像，按 Ctrl+C 快捷键复制，然后单击通道面板下端的 Create new channel（创建新通道）按钮，创建新的通道，按 Ctrl+V 快捷键粘贴。

basic 通道

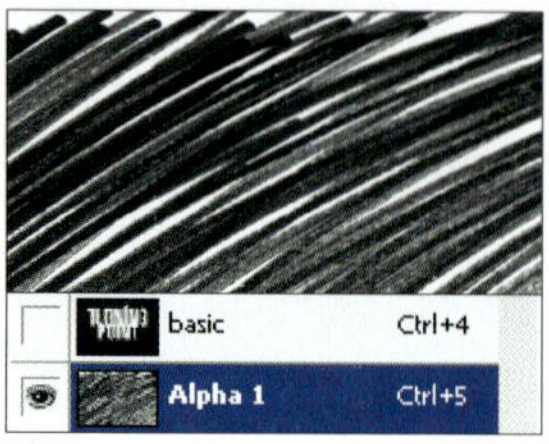

粘贴

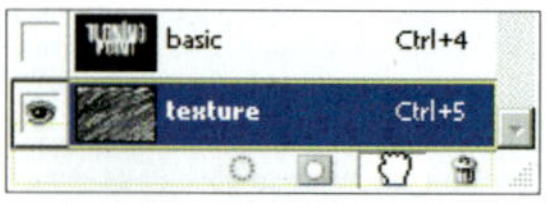

拖动到创建新通道按钮上

当前文件

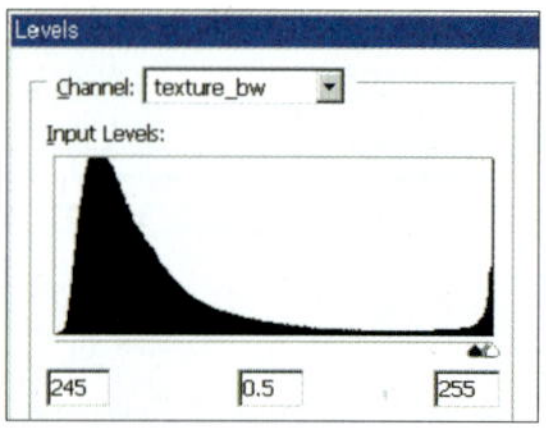

3-a

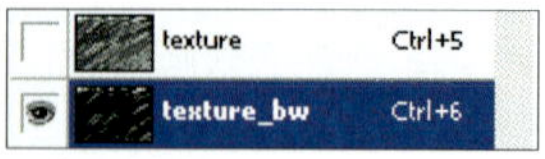

当前通道面板

按 Ctrl+D 快捷键取消选区，将粘贴的通道重新命名为 texture，将 texture 通道拖动到通道面板下端的 Create new channel（创建新通道）按钮上复制，然后将新通道重新命名为 texture_bw。

为了增强 texture_bw 通道的对比度，选择 Image>Adjustments>Levels（图像 > 调整 > 色阶）命令（Ctrl+L），如图 3-a 所示进行设置。

texture_bw 通道的白色区域将作为标题文字之间的缝隙使用。

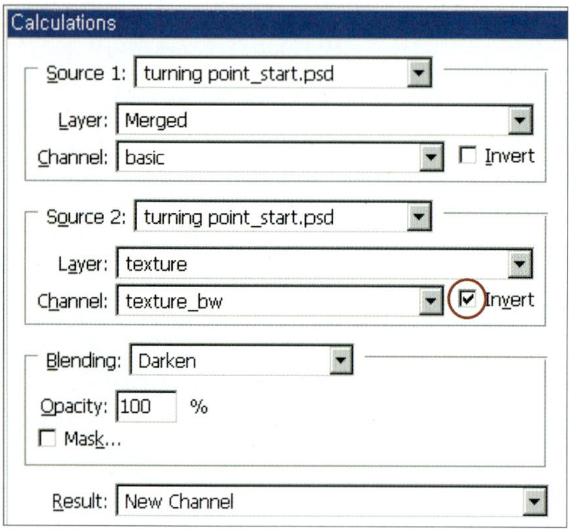

4-a

04 制作粗糙的轮廓

下面我们为标题制作粗糙的轮廓。

为了合成 basic 通道和 texture_bw 通道，选择 Image>Calculations（图像 > 计算）命令，如图 4-a 进行设置。由于 texture_bw 的情况必须在反转图像的状态下合成，勾选 Invert（反相）复选框。将生成的通道重新命名为 basic_cal。

合成 basic 通道和 texture_bw 通道

basic_cal 通道

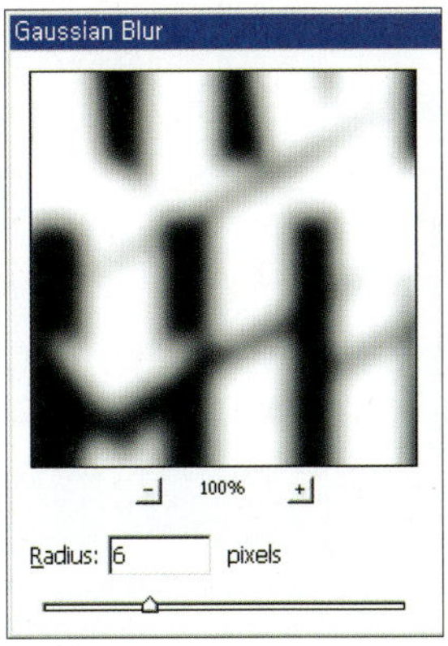

4-b

复制的 rough_edge 通道

应用高斯模糊滤镜后的文件

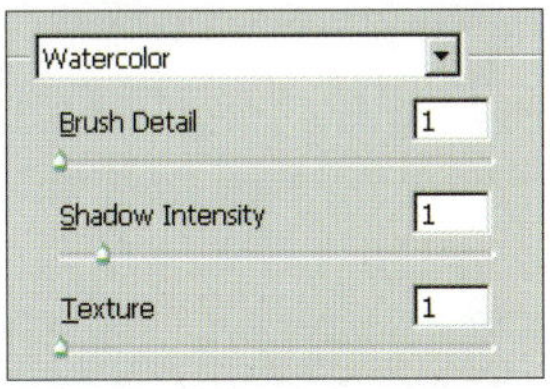

4-c

将 basic_cal 通道拖动到通道面板下端的 Create new channel（创建新通道）按钮上复制，将复制的通道重新命名为 rough_edge。

然后选择 Filter>Blur>Gaussian Blur（滤镜 > 模糊 > 高斯模糊）命令，如图 4-b 所示进行设置，然后选择 Filter >Artistic>Watercolor（滤镜 > 艺术效果 > 水彩）命令，如图 4-c 所示进行设置。

在选择rough_edge通道状态下，按住Ctrl键单击basic 通道载入选区，然后在选择Image>Adjustments>Invert（图像>调整>反相）命令（Ctrl+I），反转图像。

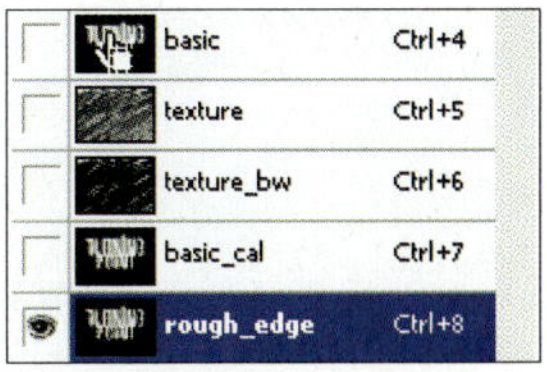

按住 Ctrl 键单击 basic 通道

应用水彩滤镜后的文件

反转图像

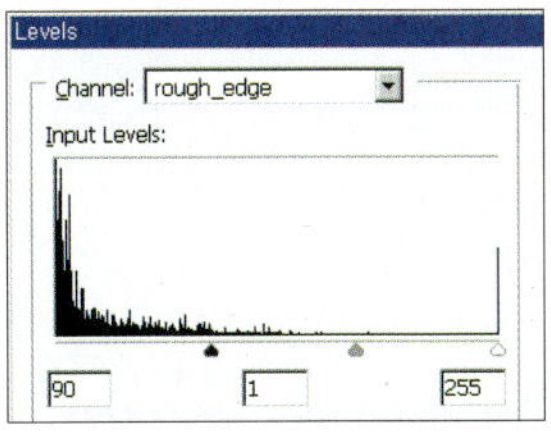

4-d

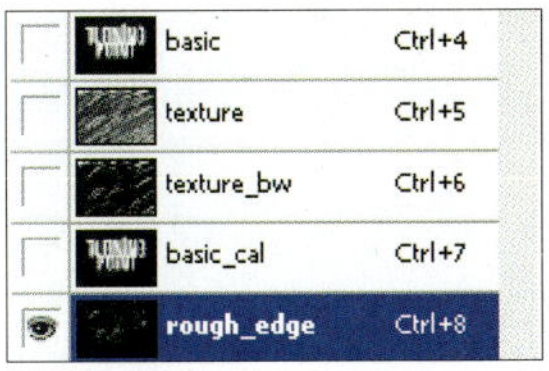

当前通道面板

当前文件

按 Ctrl+D 快捷键取消选区。为了更加强烈地表现对比效果，选择 Image>Adjustments>Levels（图像 > 调整 > 色阶）命令（Ctrl+L），如图 4-d 所示进行设置，强调划痕效果。

模糊后应用水彩滤镜的原因

应用高斯模糊滤镜之后应用水彩滤镜是因为如果直接对基本形态应用水彩滤镜，会如图所示形成单调的效果。而应用高斯模糊滤镜将图像模糊后，可以表现出丰富的变化效果。

除了高斯模糊滤镜外，进行基本变形（模糊工具，涂抹工具，液化，扭曲滤镜等）或者利用画笔工具进行润饰，都可以表现出丰富的质感。

对 rough_edge 通道应用水彩滤镜的效果

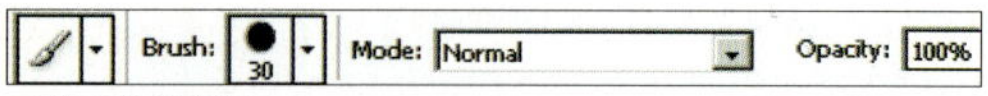

画笔工具选项栏

5-a

将 rough_edge 通道载入选区

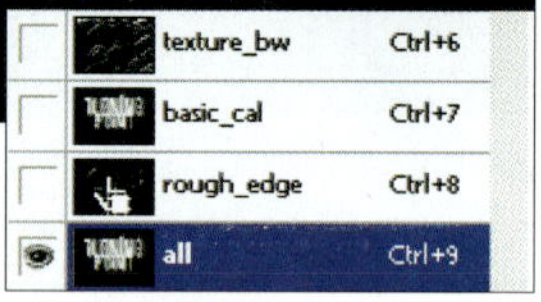

按住 Ctrl 键单击

05 创建粗糙的轮廓

下面我们将粗糙的轮廓形态应用于标题文字。

首先为了删除不需要的图像，选择画笔工具，在选项栏中选择硬角 30pixels 画笔，确认前景色为黑色，如图 5-a 所示进行润饰。

为了在出现划痕的文字区域应用步骤 04 中制作的效果区域，将 basic_cal 通道拖动到通道面板下端的 Create new channel（创建新通道）按钮上复制，将其重新命名为 all。

选中 all 通道，按住 Ctrl 键单击 rough_dege 通道载入选区，选择 Image>Adjustments>Levels（图像 > 调整 > 色阶）命令（Ctrl+L），在 Levels（色阶）对话框中将 Output Levels（输出色阶）设置为 0,70，强调轮廓。

当前文件

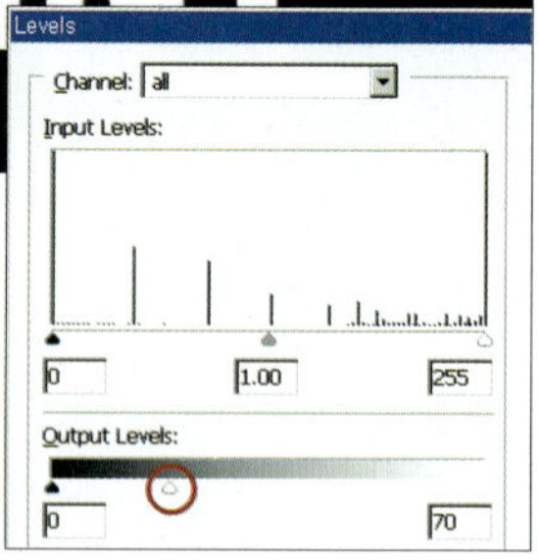

将输出色阶设置为 0,70

使用滤镜所需的质感

应用滤镜不仅可以表现出整体的效果，对于不需要应用滤镜的部分，可以利用本步骤中的方法删除，这样可以得到更好的效果。

按住 Ctrl 键单击 all 通道载入选区

应用白色

放大的效果

06 应用图层样式

按住 Ctrl 键单击 all 通道载入选区，选择图层面板中的 texture 图层，单击图层面板下端的 Create a new layer（创建新图层）按钮创建新的图层。选择新生成的图层，确认背景色为白色，按 Ctrl+ Delete 快捷键为载入的选区填充白色，然后按 Ctrl+D 快捷键取消选区。将图层重命名为 all，把 texture 图层和 tp 图层设置为非激活状态。

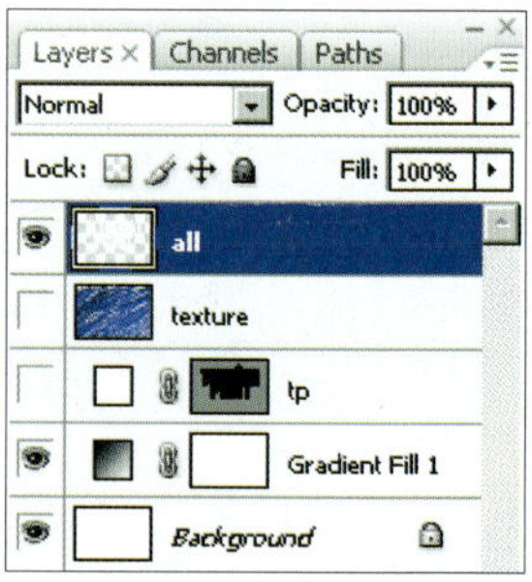

把 texture 图层和 tp 图层设置为非激活状态

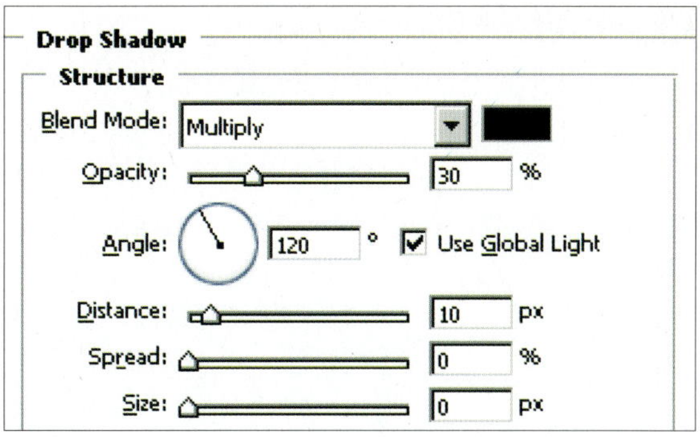

6-a

选择 all 图层，选择 Layer>Layer Style>Drop Shadow（图层 > 图层样式 > 投影）命令，如图 6-a 所示进行设置，强调阴影效果。

当前文件

当前图层面板

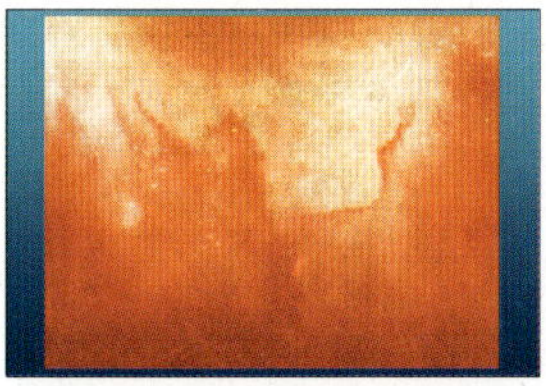
打开 spreadtexture.jpg 文件

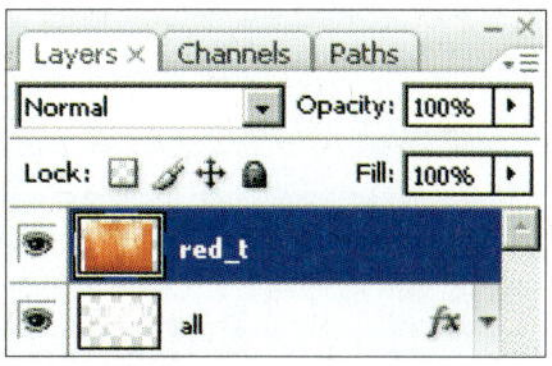

当前图层面板

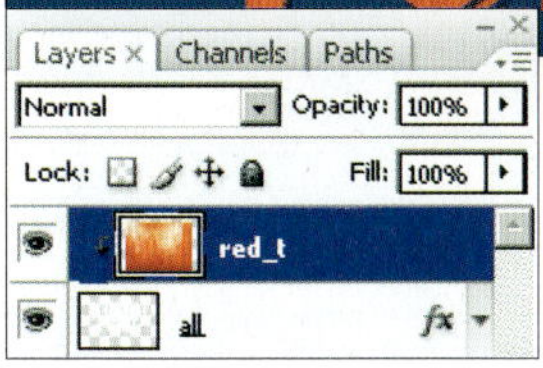

剪贴

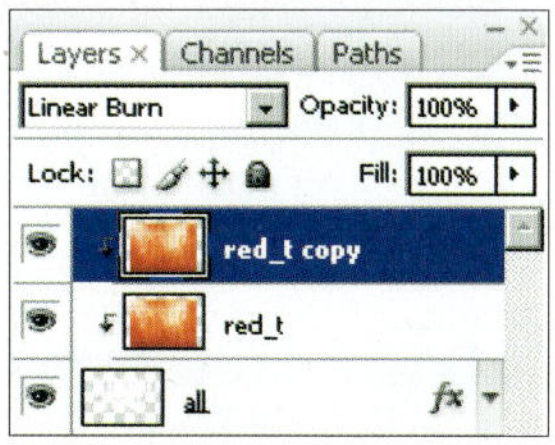

保持剪贴复制后更改图层混合模式

利用混合模式调整图像

混合模式常用于与其他图像合成的情况下，但是像本步骤一样，复制图像后设置混合模式，可以对图像进行调整。如果合成的程度较强，可以通过填充或者不透明度进行调节。

不复制图像，利用曲线命令如右图所示进行调节，可以表现相似的图像效果。

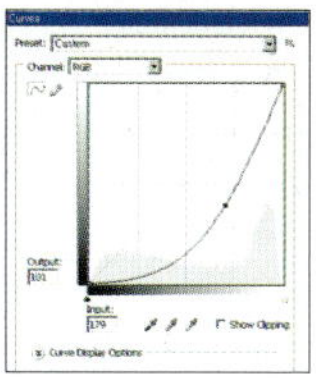

07 为标题制作纹理

打开 spreadtexture.jpg 文件。按 Ctrl+A 快捷键全选文件，按 Ctrl+C 快捷键复制，选择 turningpoint_start.psd 文件的 all 图层，按 Ctrl+V 快捷键粘贴，将其产生的图层重新命名为 red_t。

为了只在all图层的区域表现red_t图层的效果，选中red_t图层，选择Layer >Create Clipping Mask（图层>创建剪贴蒙版）命令（Ctrl+Alt+G）进行剪贴，将red_t图层拖动到图层面板下端的Create a new layer（创建新图层）按钮上复制。

复制剪贴的图层时，如果想要保持剪贴的状态，将图层拖动到 Create a new layer（创建新图层）按钮上即可。在剪贴的图层之间复制图层时，按住 Alt 键拖动到所需的位置就可以保持原状态进行复制。

选择复制的 red_t copy 图层，将图层混合模式设置为 Linear Burn（线性加深），使图像整体变亮，表现更强的效果。

当前文件

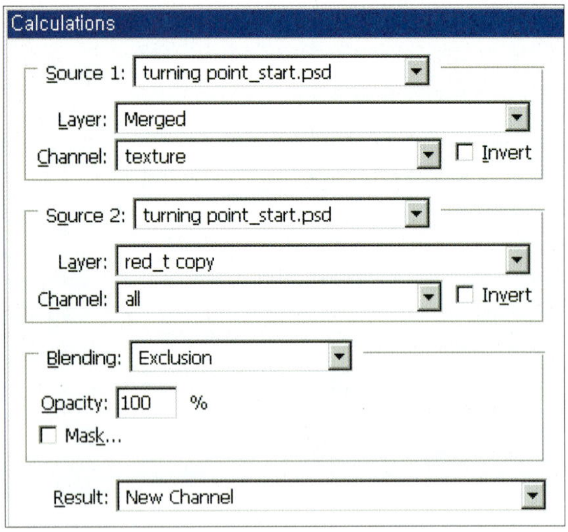

8-a

将相同的颜色创建为不同混合模式的效果

Exclusion（排除）合成相同的颜色创建为黑色，因此texture 通道的白色和 all 通道的白色重叠的标题形态内部缝隙表现为黑色效果。设置为Difference（差值）也可以得到相似的效果。

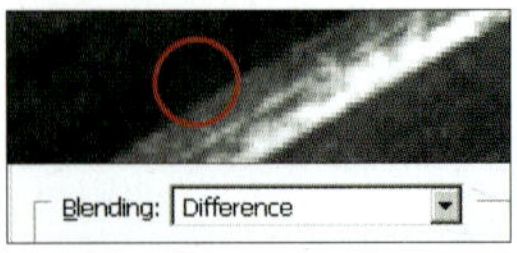

将混合模式设置为 Difference 的效果

08 制作粗糙的轮廓，完成制作 1

下面我们为分开的形态制作粗糙的轮廓。

在通道面板中选择 Image>Calculations（图像 > 计算）命令，如图 8-a 所示进行设置后确认。合成 texture 通道和 all 通道，将生成的 Alpha 1 通道重新命名为 bl_edge。

合成 texture 通道和 all 通道

当前通道面板

放大的效果

应用剪贴后的文件

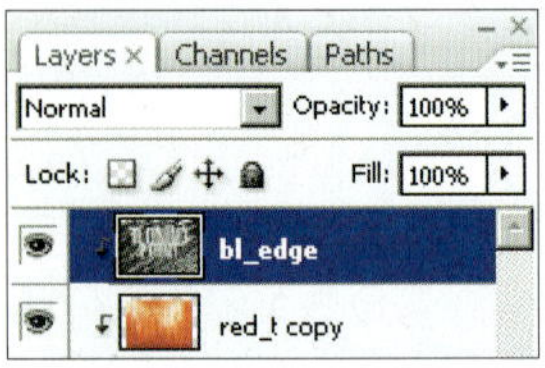

剪贴

应用剪贴后放大的效果

按 Ctrl+C 快捷键复制通道的原因

一般来说，在通道中操作的效果作为载入选区使用，本步骤中没有载入，而是利用了按 Ctrl+C 快捷键复制的方法。这是因为不是作为区域应用，而是由于黑色图像需要缝隙，所以按 Ctrl+C 快捷键复制。

按Ctrl+A快捷键全选当前文件，按Ctrl+C快捷键复制，然后选择图层面板中的red_t copy图层，按Ctrl+V快捷键粘贴，将图层重新命名为bl_edge。

为了只在 all 图层的区域表现 red_t 图层的效果，选中 bl_edge 图层，选择 Layer >Create Clipping Mask（图层 > 创建剪贴蒙版）命令（Ctrl+Alt+G）进行剪贴。

将 bl_edge 图层的混合模式设置为 Color Burn（颜色加深），为了表现更加强烈的对比效果，选择 Image> Adjustments> Levels（图像 > 调整 > 色阶）命令（Ctrl+L），如图 8-b 所示进行设置。

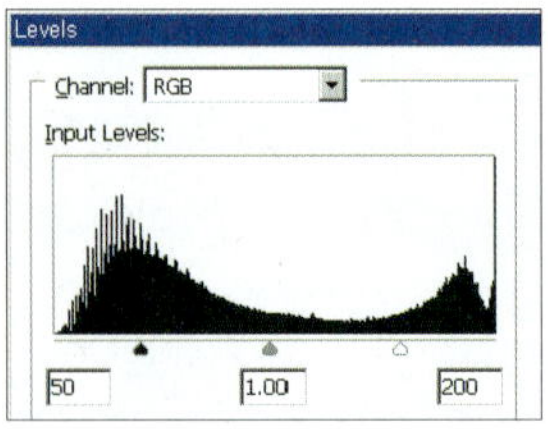

8-b

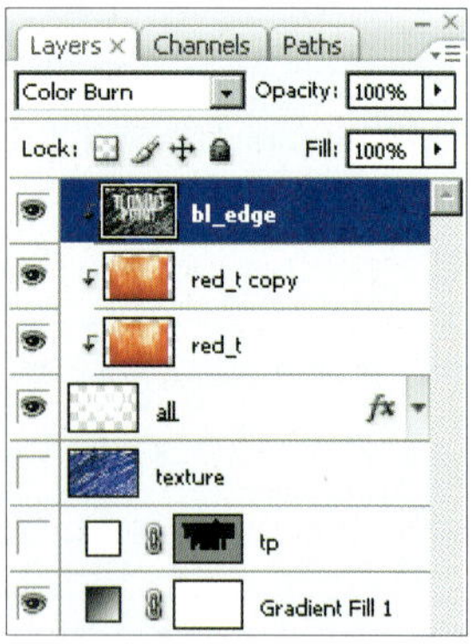

当前图层面板

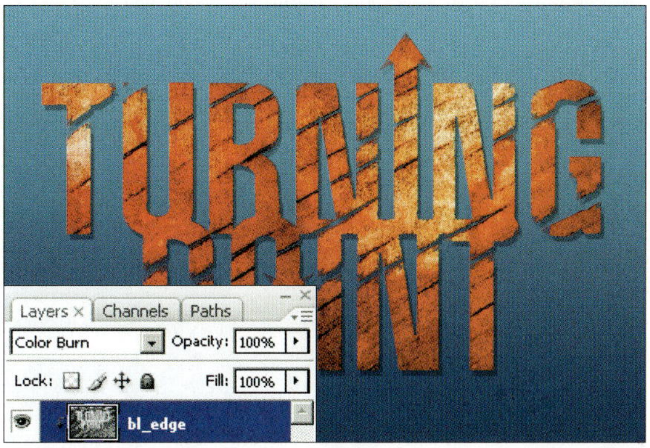

将混合模式设置为颜色加深

应用色阶，完成效果 1

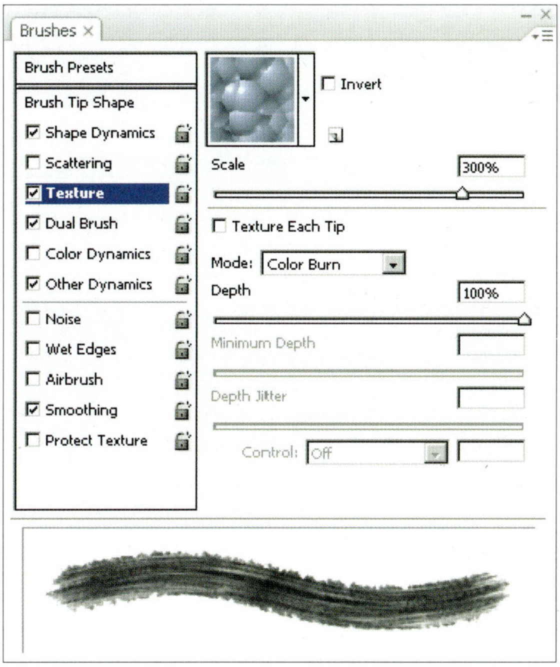

9-a

09 选择画笔并设置

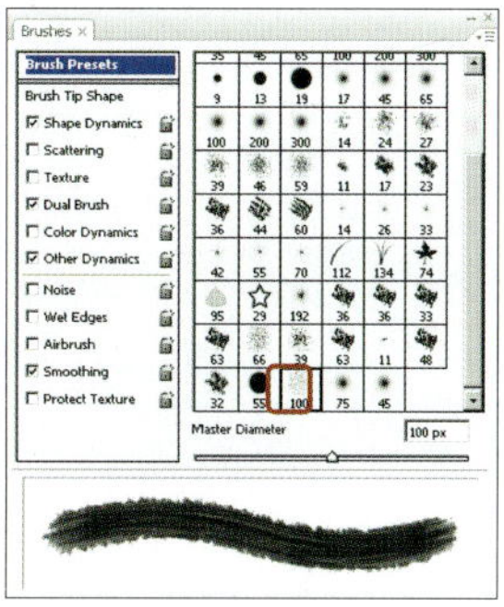

选择 Rough Round Bristle

下面我们在轮廓上应用画笔表现浓度。

选择画笔工具，选择 Window>Brushes（窗口>画笔）命令（F5）激活画笔面板。

在画笔面板的画笔预设中选择 Rough Round Bristle，勾选 Texture（纹理）复选框，如图 9-a 所示进行设置。

在选项栏中将画笔大小设置为 20pixels。

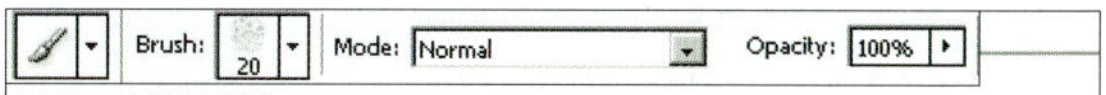

画笔工具选项栏

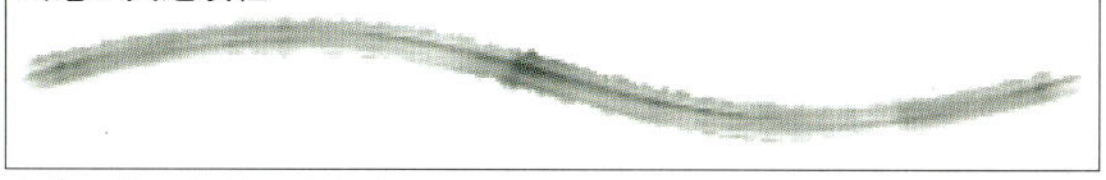

当前画笔面板的预览状态

10 描边路径

单击矢量蒙版缩览图

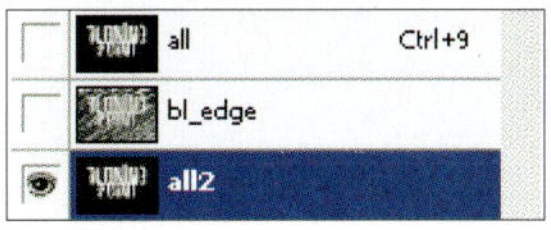

all2 通道

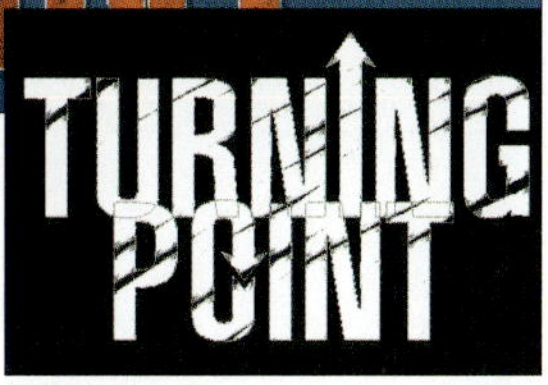

复制后的文件

选择 tp 图层的矢量蒙版缩览图，激活路径面板中的 tp Vector Mask，将通道面板中的 all 通道拖动到通道面板下端的 Create new channel（创建新通道）按钮上复制，将复制的通道重新命名为 all2。

为了合并路径重叠的部分，将路径面板中的 tp Vector Mask 路径拖动到路径面板下端的 Create new path（创建新路径）按钮上复制，然后选择路径选择工具。

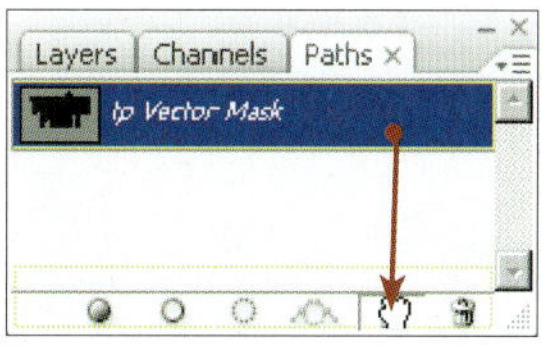

拖动到创建新路径按钮上复制

合并路径的效果

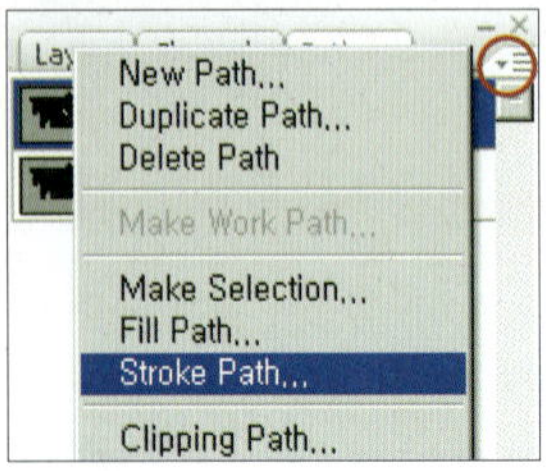

描边路径

确认前景色

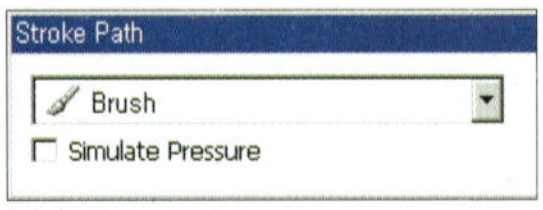

描边路径对话框

如果没有合并路径

如果不执行 Combine 就应用画笔，不会只在标题的轮廓上应用画笔，路径重叠的部分也应用画笔，对标题的内部也有影响，因此要先合并路径。

确认路径重叠的部分

选择复制的path 1路径，单击选项栏中的Combine（组合）按钮合并路径。然后确认前景色为黑色，在面板扩展菜单中选择Stroke Path（描边路径）。在Stroke Path（描边路径）对话框中选择画笔后确认，这时需要将Simulate Pressure（模拟压力）设置为非激活状态。按照路径应用在步骤09中设置的画笔。

当前文件

是否勾选 Simulate Pressure（模拟压力）复选框

是否勾选描边路径的 Simulate Pressure（模拟压力）复选框，会产生不同的效果，如果不勾选复选框，会对标题轮廓整体产生影响。

未勾选的状态

勾选的状态

应用色阶后的文件

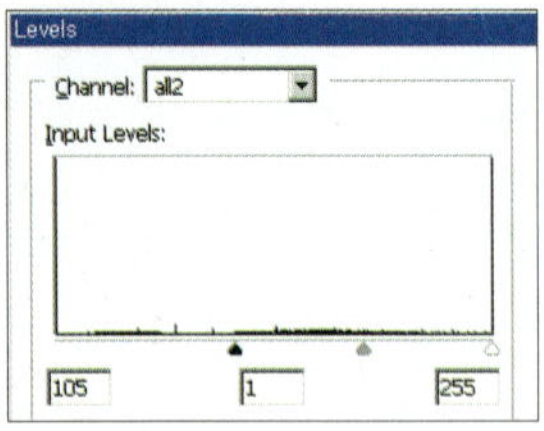

11-a

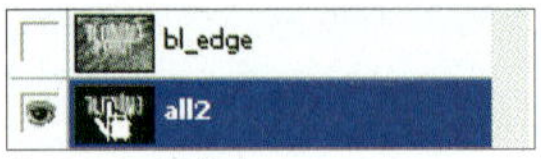

按住 Ctrl 键单击

填充白色

11 填充对比强烈的质感，完成制作 2

下面我们将标题形态与纹理合成，表现对比强烈的效果。

选择 View>Extras（视图 > 其余内容）命令（Ctrl+H）将路径设置为非激活状态。为了表现强烈的对比效果，选择 all2 图层，选择 Image>Adjustments>Levels（图像 > 调整 > 色阶）命令（Ctrl+L），如图 11-a 所示进行设置，利用描边路径使灰色图像变得更暗，表现粗糙的效果。

按住 Ctrl 键单击 all2 图层载入选区，在图层面板最上端创建新的图层，然后在载入的选区填充白色。按Ctrl+D 快捷键取消选区，将all, red_t, red_t copy, bl_edge 图层设为非激活状态。

当前文件

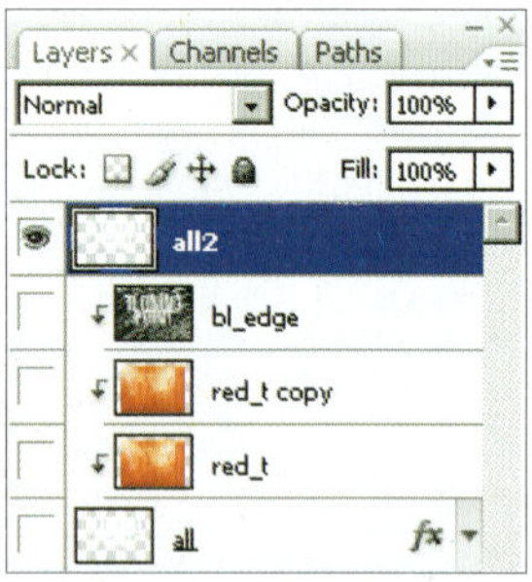

将 all, red_t, red_t copy 和 bl_edge 图层设置为非激活状态

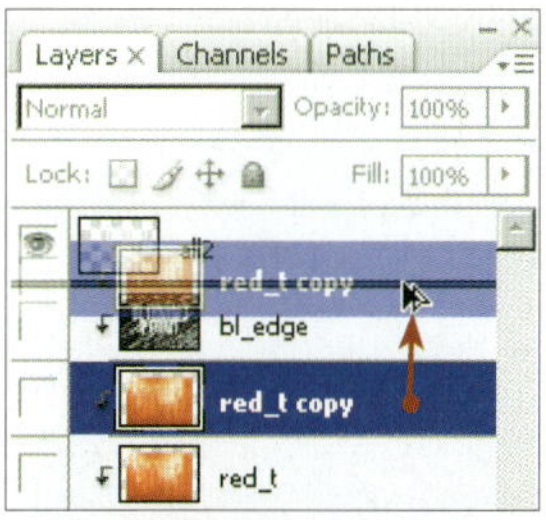

按住 Alt 键拖动图层进行复制

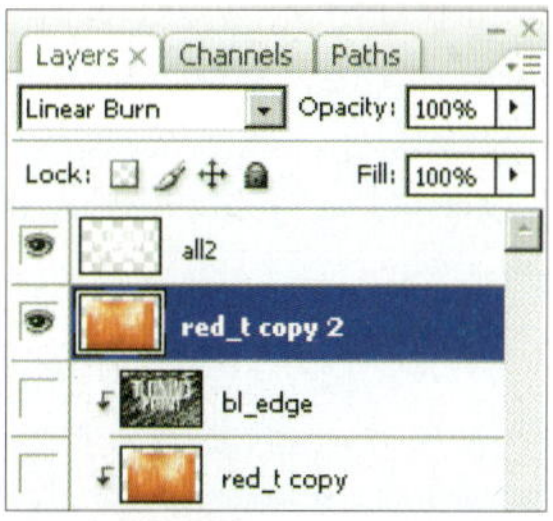

激活复制的图层

按住Alt键将red_t copy图层拖动到bl_edge图层上方复制。激活复制的red_t copy 2图层，表现背景，然后将all2图层的混合模式设置为Hard Mix，表现对比强烈的效果。

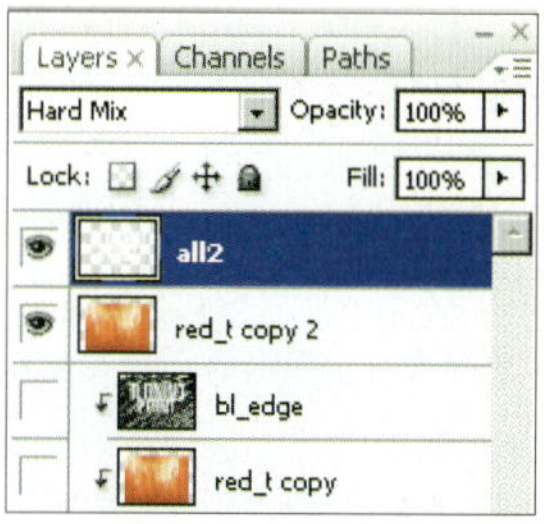

将 all2 图层的混合模式设置为 Hard Mix

激活复制的 red_t copy 2 图层后的文件

更改 all2 图层混合模式后的文件

复制的 bl_edge copy 图层

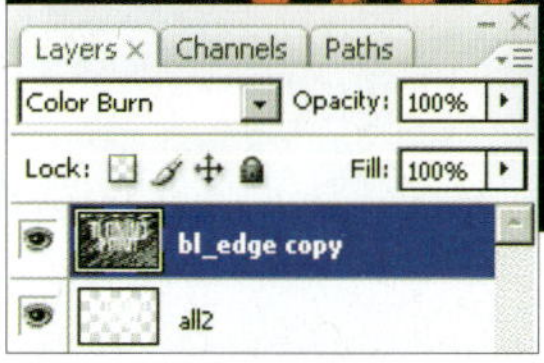

激活 bl_edge copy 图层

为了强调有划痕部分的标题边缘，按住 Alt 键单击 bl_edge 图层，将其拖动到最上方复制后激活。为了只在 all2 图层的区域表现效果，选择 bl_dege copy 图层，选择 Layer >Create Clipping Mask（图层 > 创建剪贴蒙版）命令（Ctrl+Alt+G）进行剪贴。

由于 bl_edge copy 图层的混合模式为 Color Burn（颜色加深），即使与白色图像的 all2 图层合并也不会产生变化，因此应将混合模式设置为 Normal（正常）。

为了表现粗糙撕裂的形态，将图层的 Opacity（不透明度）设置为 15%。

all2 图层和 bl_edge copy 图层是将 bl_edge copy 图层的不透明度应用于 all2 图层的效果设置为 Hard Mix 后与下方图层合成的效果。

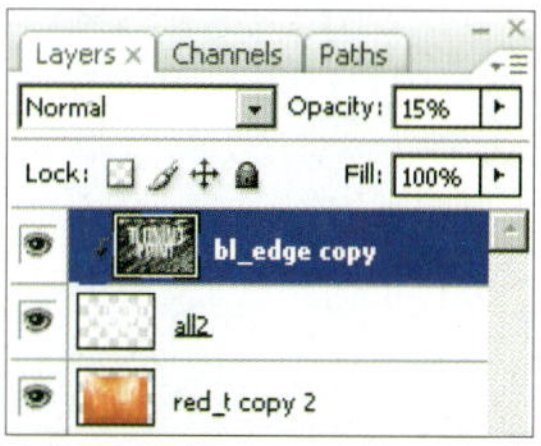

当前图层面板

剪贴

将混合模式设置为正常

当前文件

19

19 HALLO!

制作多彩的玻璃表面一样的文字特效。

Source Location

Effects 19\

hallo_start.psd

hallo_finish.psd

hallo_apply1.psd

hallo_apply2.psd

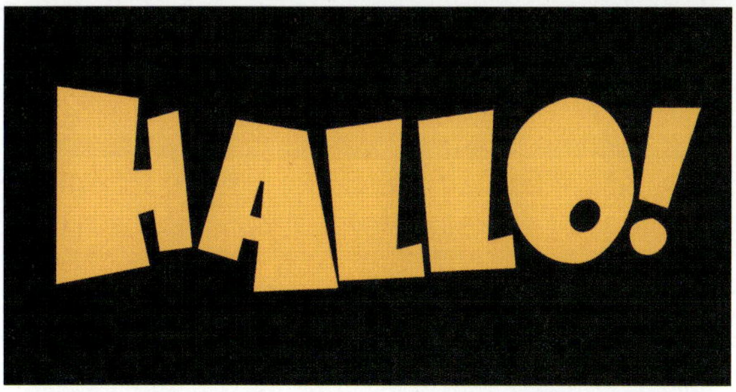

hallo_start.psd 文件

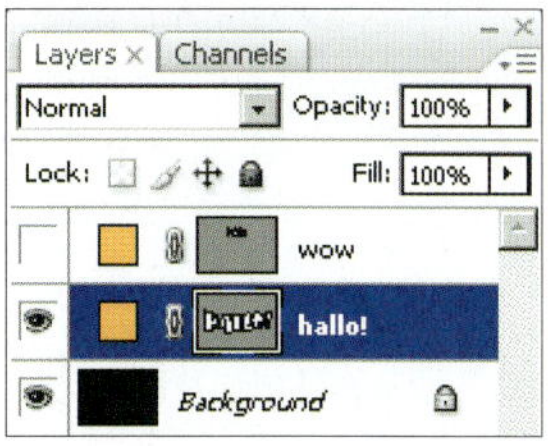

当前图层面板

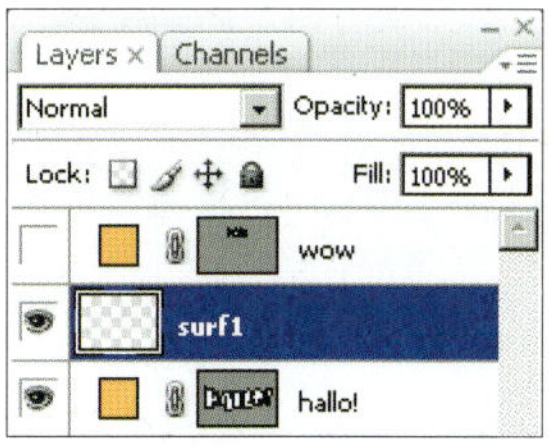

生成 surf1 图层

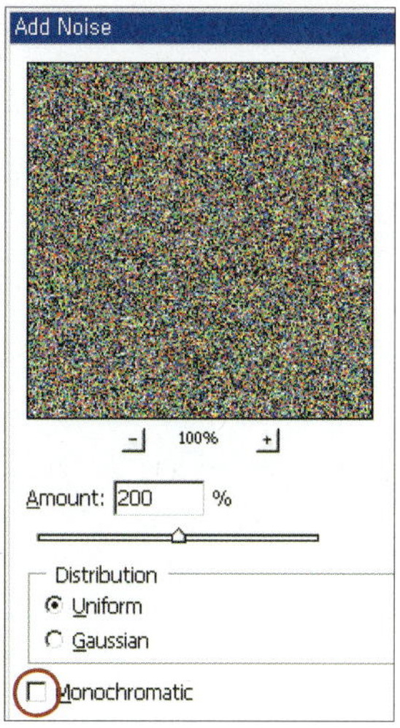

数量为 200%

01 确认操作文件，制作素材

下面我们混合滤镜效果，制作质感，合成图像，表现出多彩的玻璃表面标题效果。

打开 hallo_start.psd 文件。hallo!,wow 图层是输入文字后在文字图层中单击鼠标右键选择 Convert to Shape（转换为图形）命令创建为形状图层的效果。

为了创建制作纹理需要的基本素材，选择 hallo! 图层，单击图层面板下端的 Create a new layer（创建新图层）按钮创建新的图层，将其重新命名为 surf1。

选择 surf1 图层，确认前景色为黑色，按 Alt+Delete 快捷键填充前景色。选择 Filter>Noise>Add Noise（滤镜 > 杂色 > 添加杂色）命令，将 Amount（数量）设置为 200%，为了应用多种原色粒子，取消勾选 Monochromatic（着色）复选框。

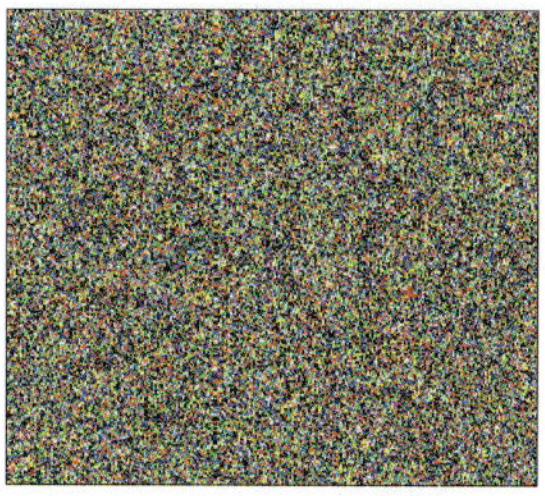

应用 200% 添加杂色的文件

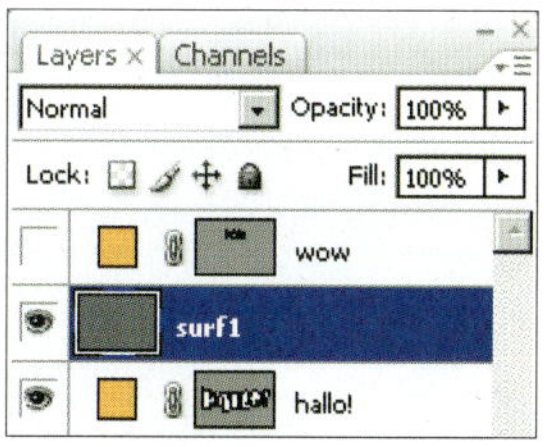

当前图层面板

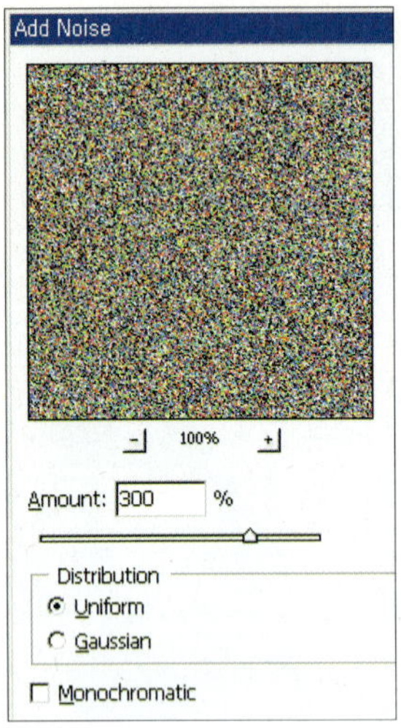

数量为 300%

应用 300% 添加杂色后的文件

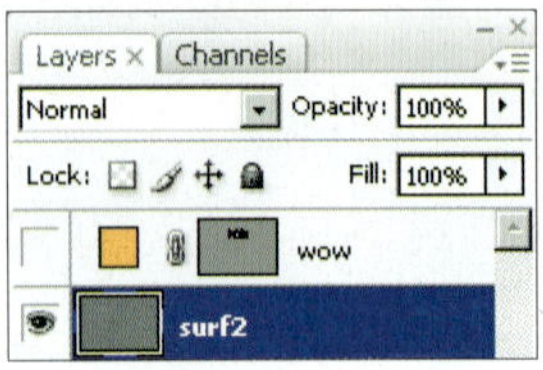

当前图层面板

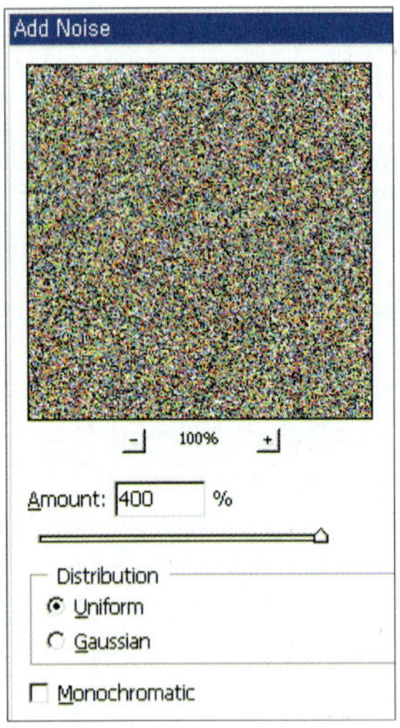

数量为 400%

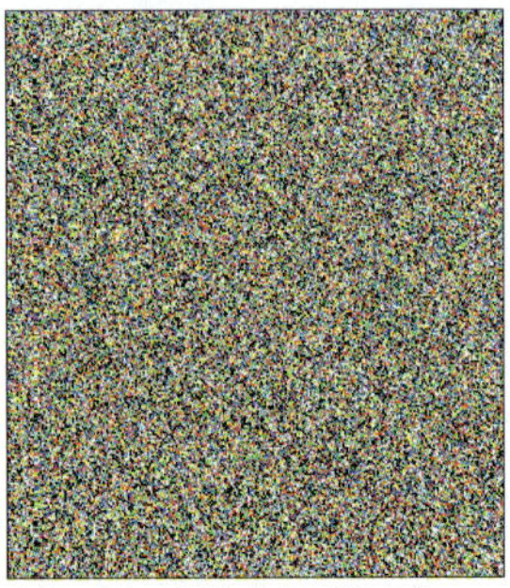
应用 400% 添加杂色后的文件

02 创建粒子

为了制作构造复杂的纹理，下面我们在多个图层中多样地分布粒子。

在 surf1 图层上方创建新的图层，将其重新命名为 surf2，然后填充为黑色。

选择 surf2 图层，按 Alt+Ctrl+F 快捷键，打开最后一次对图像应用的滤镜 Add Noise（添加杂色）对话框，将 Amount（数量）设置为 300% 后确认。

再次在 surf2 图层上方创建新的图层，将其重新命名为 surf3，将图层填充为黑色。

选择 surf3 图层，按 Alt+Ctrl+F 快捷键，打开最后一次对图像应用的滤镜 Add Noise（添加杂色）对话框，将 Amount（数量）设置为 400% 后确认。

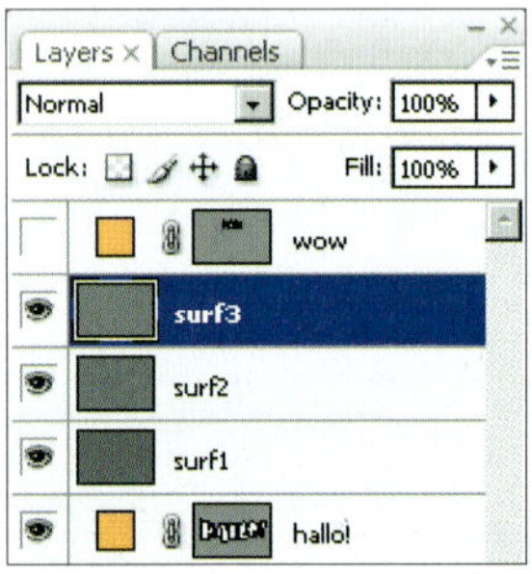

当前图层面板

如果每个图层都应用相同的值，会创建出相同的粒子和颜色，所以要通过调整数量值来表现图案的变化。

通过其他方法更改图案和颜色

调整杂色滤镜对话框中的数量值可以更改图案和颜色。如果想要只应用一次添加杂色滤镜并且改变图案和颜色，可以在应用杂色滤镜后复制图层两次，分别调整复制的图层的色调。为了给黑色的图案添加变化，选择Edit>Transform>Flip Horizontal（编辑>变换>水平翻转）命令或Edit>Transform>Flip Vertical（编辑>变换>垂直翻转）命令即可。

应用前

应用后

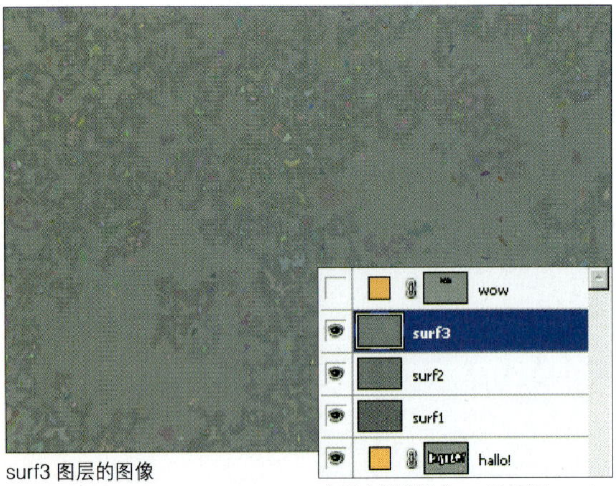

surf3 图层的图像

应用木刻滤镜的 surf3 图层

03 扩大粒子及单纯化

下面我们表现多种颜色和形状复杂重叠的图像效果。

选择 surf3 图层，选择 Filter >Artistic>Cutout（滤镜 > 艺术效果 > 木刻）命令，如图 3-a 所示进行设置后确认。

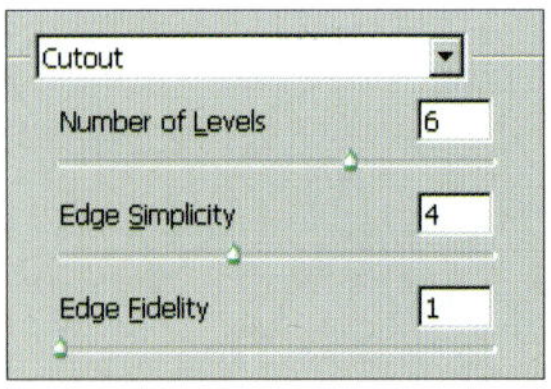

3-a

对 surf2 图层和 surf1 图层也按 Ctrl+F 快捷键应用同样值的木刻效果。

surf2 图层图像

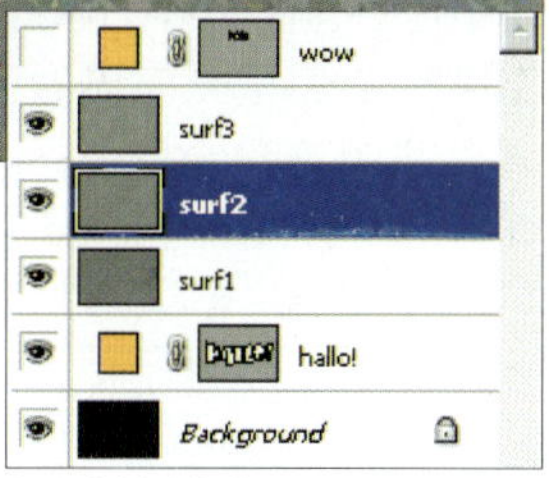

应用木刻滤镜的 surf2 图层

surf1 图层图像

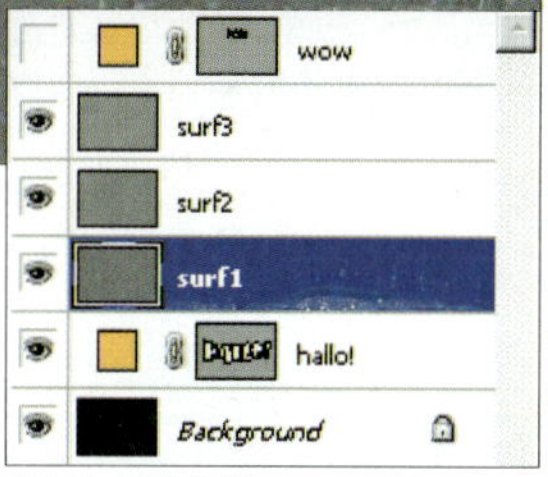

应用木刻滤镜的 surf1 图层

只激活 hallo!,Background 图层的效果

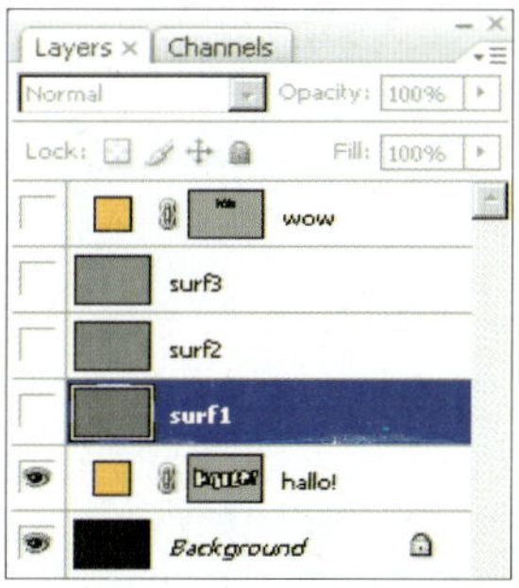

将 surf1,surf2 和 surf3 图层设置为非激活状态

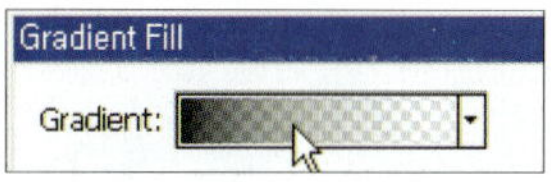

编辑渐变

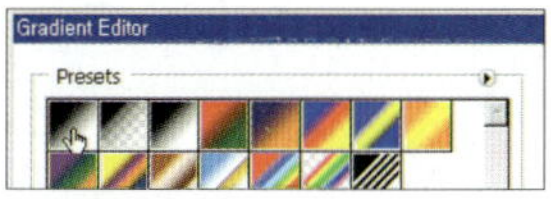

选择前景到背景

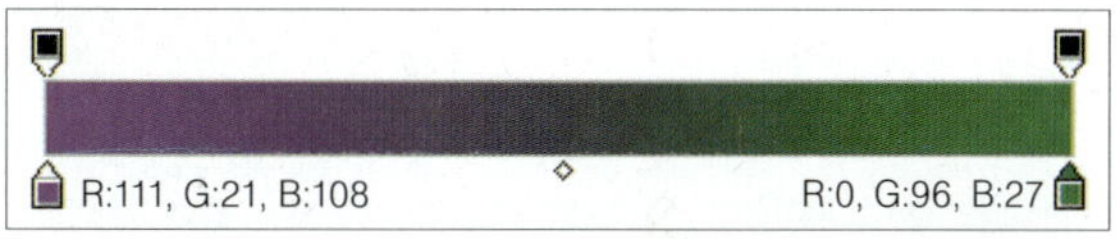

完成渐变

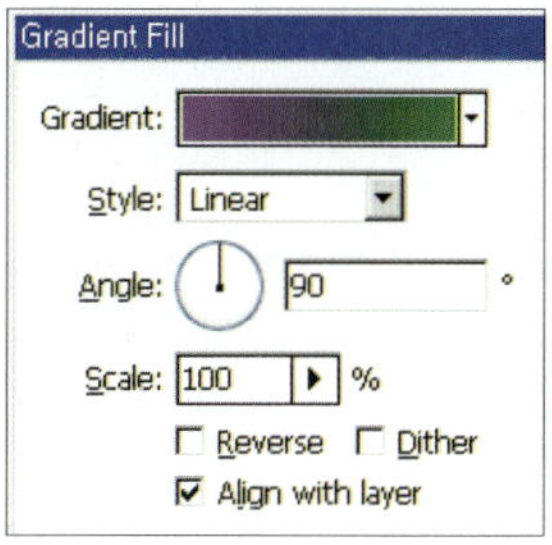

4-a

当前文件

04 填充颜色

下面我们来创建用来合成的背景图像。

将 surf1,surf2 和 surf3 图层设置为非激活状态，选择 hallo！图层，选择 Layer>New Adjustment Layer>Gradient（图层 > 新建调整图层 > 渐变）命令。

为了更改 Gradient Fill（渐变填充）对话框中的渐变色，单击 Edit the Gradient，选择 Presets（预设）中的 Foreground to Background（前景到背景）。

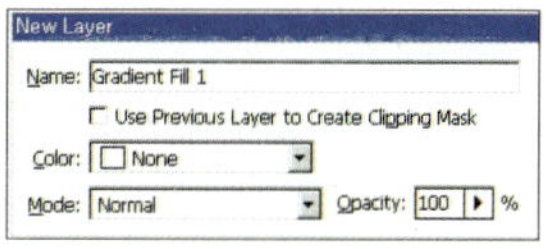

新图层

在Gradient Editor（渐变编辑器）对话框中将渐变条的左侧色标设置为R:111,G:21,B:108，右侧色标设置为R:0,G:96,B:27，如图4-a所示将Style（样式）设置为Linear（线性），将Angle（角度）设置为90°，将Scale（缩放）设置为100%。

将渐变颜色设置的更暗一些，饱和度更低一些，合成 surf1,surf2 和 surf3 图层的时候才能表现出丰富的色调。如果选择了过于明亮或者饱和度过高的颜色，得到的图像效果会显得过于单调。

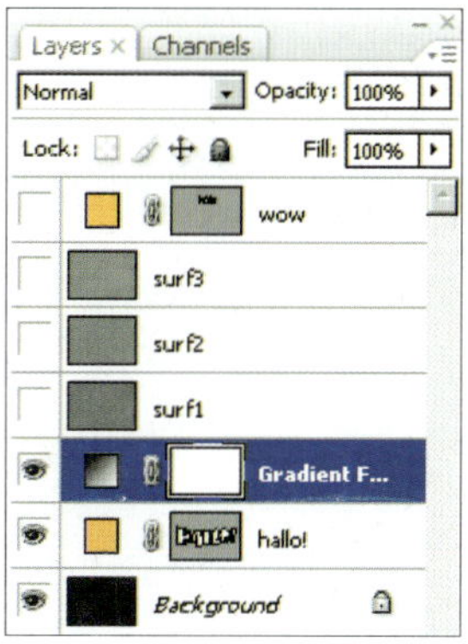

当前图层面板

05 合成图像 1

下面我们设置图层的混合模式，将制作的素材与渐变效果进行合成。

激活 surf1 图层，将图层的混合模式设置为 Color Dodge（颜色减淡）。激活 surf1,surf2,surf3 图层，将三个图层的混合模式全部设置为 Overlay（叠加）。

透过 surf1,surf2,surf3 图层的白色图像，粒子图像明暗对比度鲜明，粒子的形态互相重叠，表现出更加复杂的效果。

为了使 Gradient Fill1，surf1,surf2,surf3 图层及在 hallo! 图层的标题区域显示效果，选择 surf3 图层，按住 Shift 键单击 Gradient Fill 1 图层全选图层后，选择 Layer >Create Clipping Mask（图层 > 创建剪贴蒙版）命令（Ctrl+Alt+G）剪贴到 hallo! 图层。

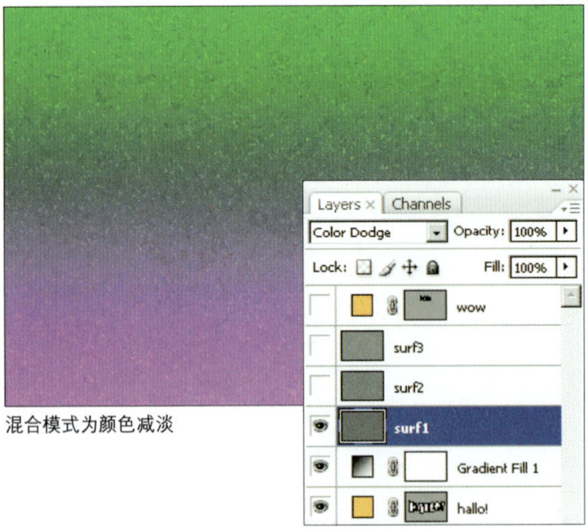

混合模式为颜色减淡

surf1 图层

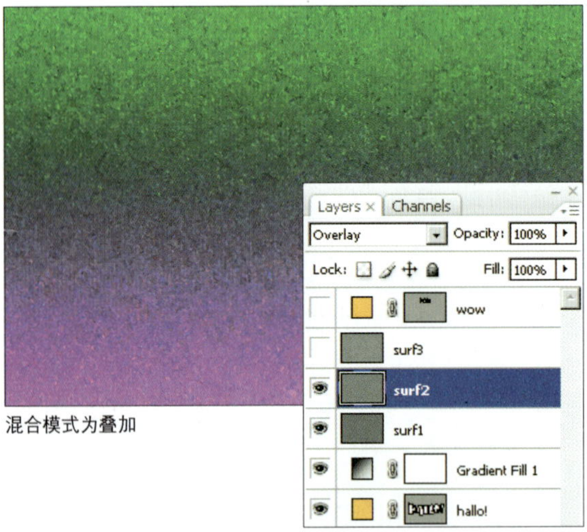

混合模式为叠加

surf2 图层

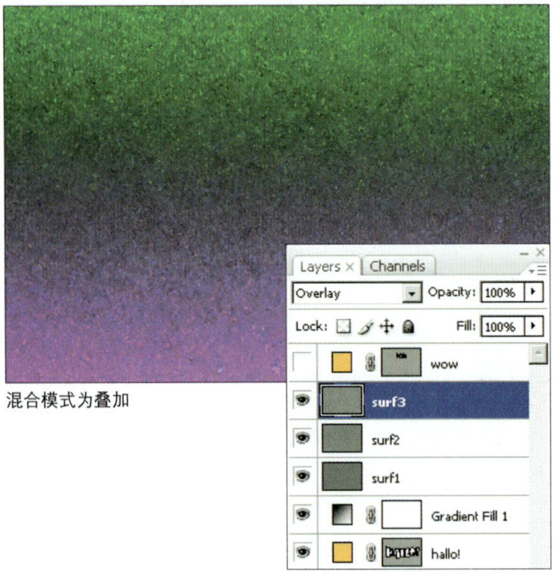

混合模式为叠加

surf3 图层

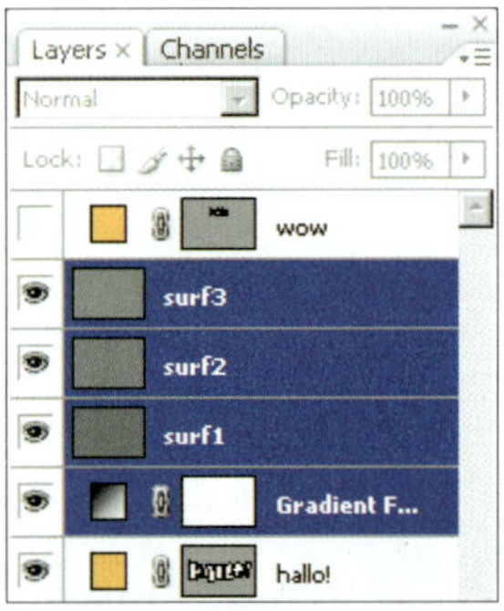

全选 Gradient Fill1, surf1,surf2, surf3 图层

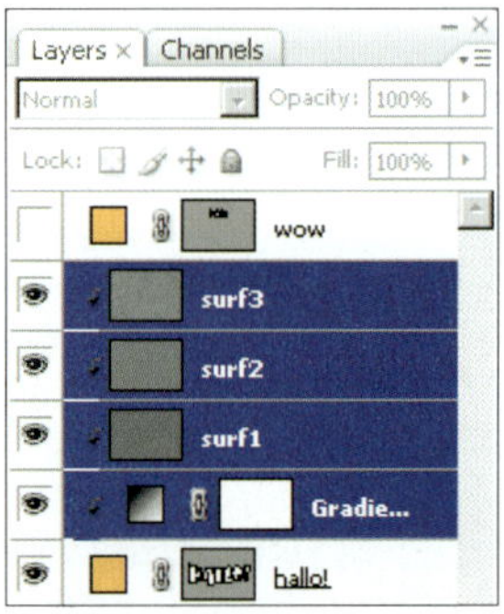

剪贴到 hallo! 图层

当前文件

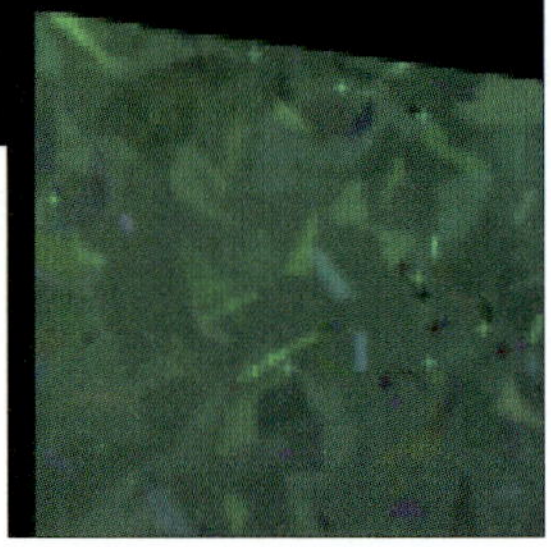

放大的效果

对 surf1，surf2，surf3 图层应用 USM 滤镜

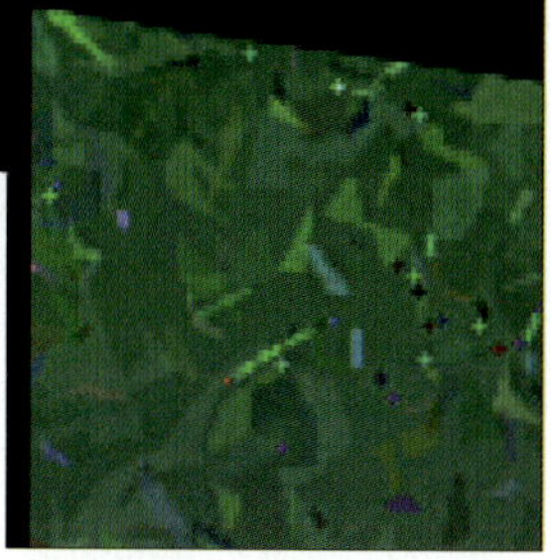

放大的效果

06 强调质感

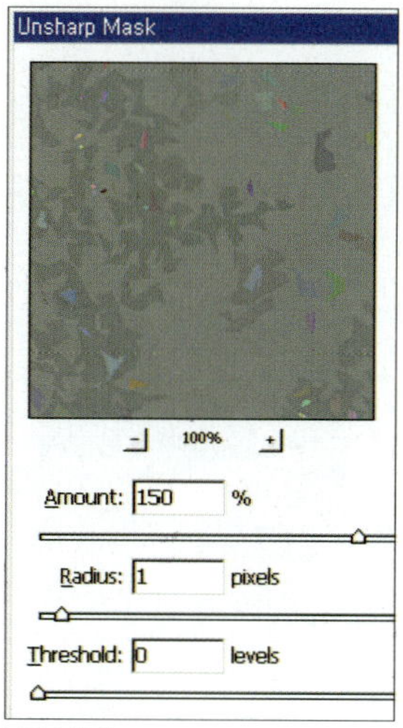

USM 滤镜

为了更加清晰地表现粒子形态，选择surf3图层，选择Filter>Sharpen>Un-sharp Mask（滤镜>锐化>USM锐化）命令，将Amount（数量）设置为150%，将Radius（半径）设置为1pixels，将Threshold（阈值）设置为0levels。

对 surf2 图层和 surf1 图层也按 Ctrl+F 快捷键应用最后一次应用过的滤镜效果，使粒子形态表现得更加清晰。

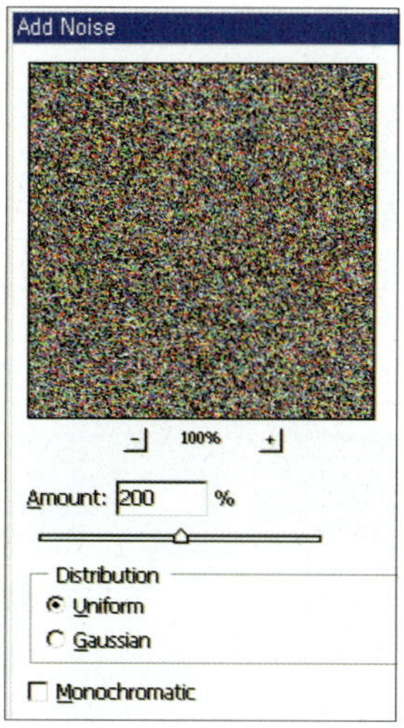

7-a

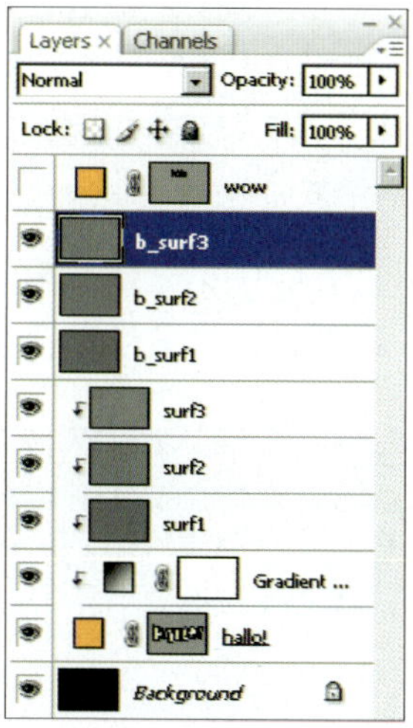

当前图层面板

07 创建大的粒子

下面我们来创建更大的粒子形态。

在 surf3 图层上方创建新的图层并将其重新命名为 b_surf1，将新创建的图层填充为黑色。

选择 b_surf1 图层，选择 Filter>Noise>Add Noise（滤镜 > 杂色 > 添加杂色）命令，如图 7-a 所示进行设置。

b_surf3 图层的图像

利用与上面相同的方法对 b_surf2 图层应用 Amount（数量）为 300%，对 b_surf3 应用 Amount（数量）为 400% 的杂色滤镜。

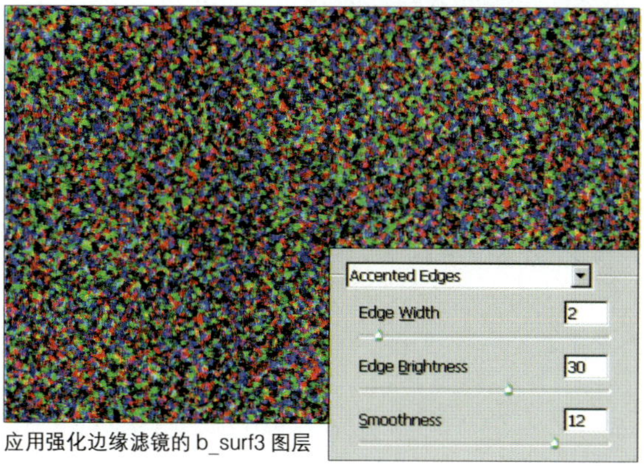

应用强化边缘滤镜的 b_surf3 图层

8-a

08 扩大粒子

下面我们来扩大粒子。

首先为了扩大颜色的边界，选择 b_surf3 图层，选择 Filter>Brush Strokes>Accented Edges（滤镜 > 画笔描边 > 强化的边缘）命令，如图 8-a 所示进行设置。

对 b_surf2,b_surf1 图层按 Ctrl+F 快捷键应用相同数值的强化的边缘滤镜。

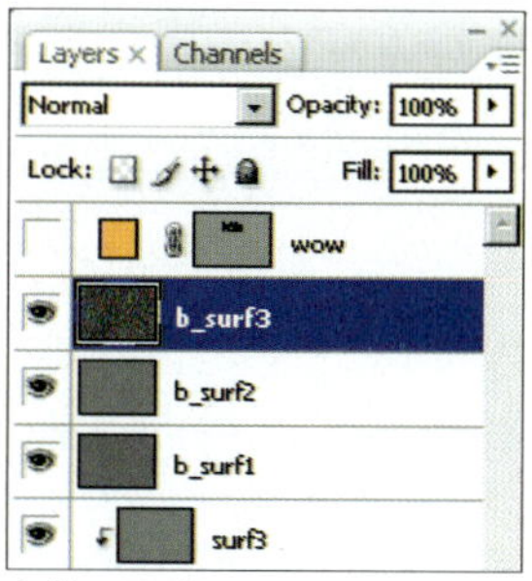

当前图层面板

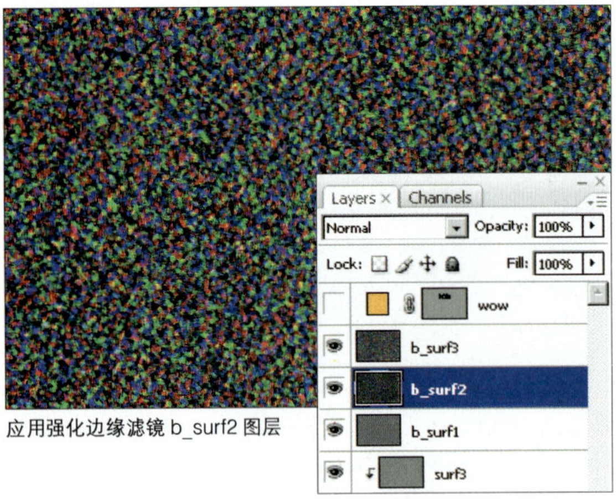

应用强化边缘滤镜 b_surf2 图层

b_surf2 图层

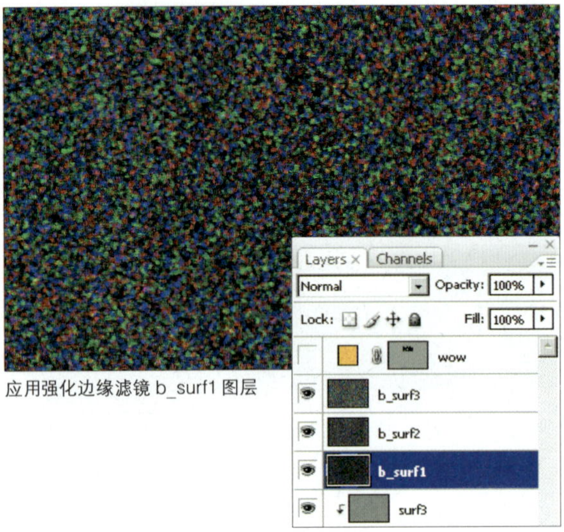

应用强化边缘滤镜 b_surf1 图层

b_surf1 图层

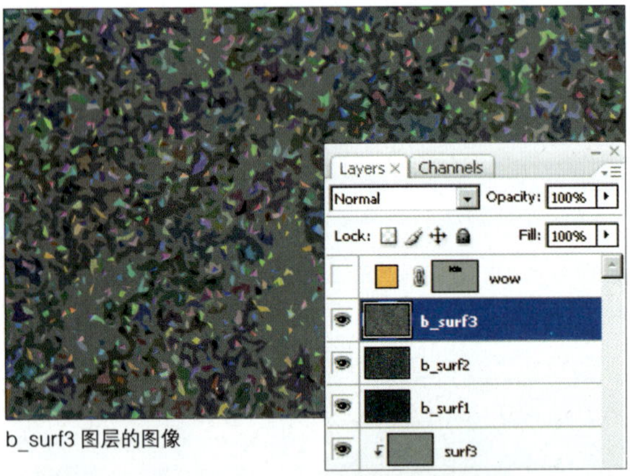

b_surf3 图层的图像

应用 cutout 滤镜的 b_surf3 图层

为了使颜色更加单纯化，选择b_surf3图层，选择Filter>Artistic>Cutout（滤镜>艺术效果>木刻）命令，如图8-b所示进行设置后确认。

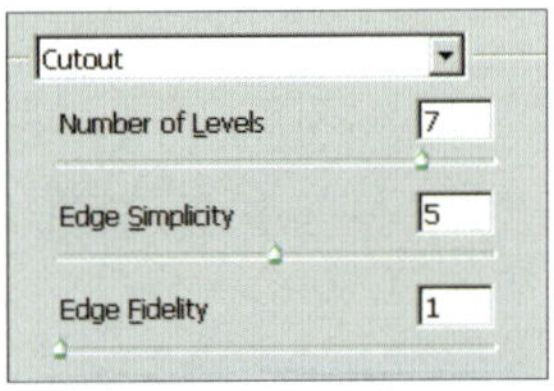

8-b

对 b_surf2,b_surf1 图层按Ctrl+F 快捷键应用相同数值的木刻滤镜。

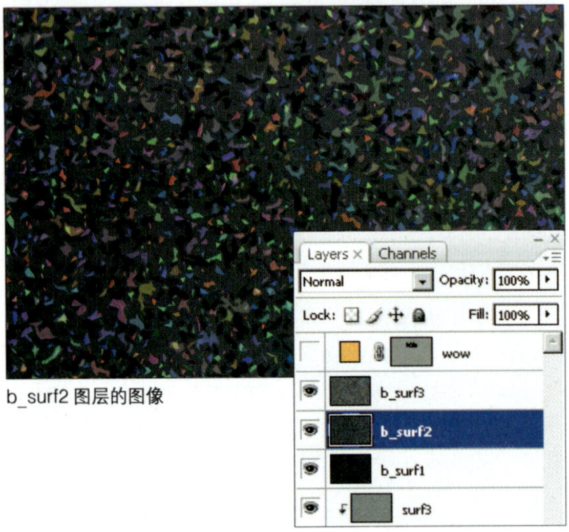

b_surf2 图层的图像

应用 cutout 滤镜的 b_surf2 图层

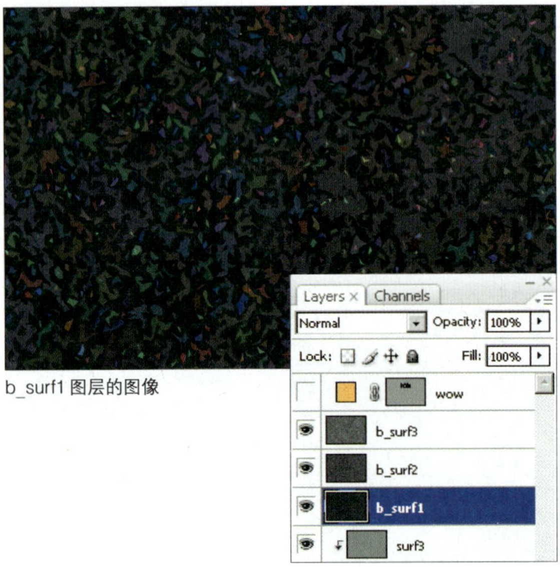

b_surf1 图层的图像

应用 cutout 滤镜的 b_surf 图层

09 合成粒子 2

下面我们来设置图层的混合模式，合成图像。

为了边确认合成的效果边进行操作，将 b_surf2 图层和 b_surf3 图层设置为非激活状态，选择 b_surf1 图层，将图层混合模式设置为 Color Dodge（颜色减淡），然后激活 b_surf2 图层，将图层混合模式设置为 Color Dodge（颜色减淡）。这样，图像整体变得更加明亮，表现出反光的效果。

激活 b_surf3 图层，如果将图层混合模式设置为 Color Dodge（颜色减淡）图像会过于明亮，因此将图层混合模式设置为 Overlay（叠加），然后将 Opacity（不透明度）设置为 50%。

为了使b_surf1，b_surf2，b_surf3图层的效果只在hallo!图层区域显示，选择b_surf3图层，按住Shift键全选图层，然后选择Layer>Create Clipping Mask（图层>创建剪贴蒙版）命令（Ctrl+Alt+G），剪贴到hallo!图层。

将 b_surf1 图层的混合模式设置为颜色减淡

b_surf1 图层

将 b_surf2 图层的混合模式设置为颜色减淡

b_surf2 图层

将 b_surf3 图层的混合模式设置为叠加

b_surf3 图层

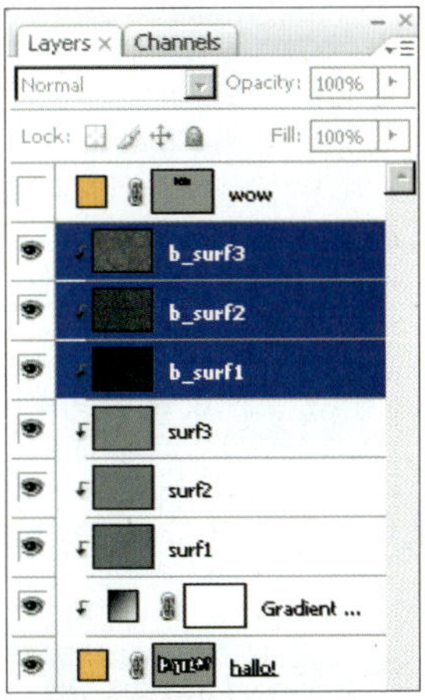

剪贴到 hallo! 图层

当前文件

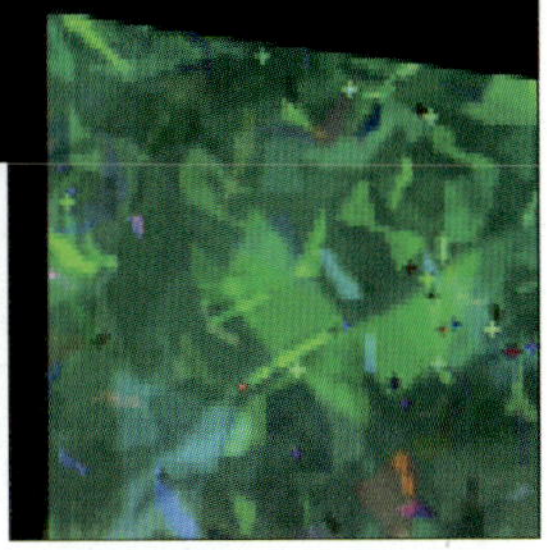
放大的效果

如果设置为颜色减淡

本步骤中没有将 b_surf3 图层的混合模式设置为颜色减淡，而是设置为叠加，这是因为如果将 b_surf3 图层的混合模式设置为颜色减淡，整体图像会过于明亮，因此设置为叠加，与所需效果更加相符。

当前文件

对至今为止完成的质感应用滤镜

为了对本步骤位置制作的标题应用滤镜，表现不同的质感，由于图像是有多重质感构成的多个图层状态，因此要合并图层。首先将 Background 图层设置为非激活状态，按 Ctrl+V 快捷键复制，然后选择 Edit>Copy Merged（编辑 > 复制合并）命令（Ctrl+Shift+C）。按 Ctrl+V 快捷键粘贴，对生成的图层应用所需的滤镜即可。

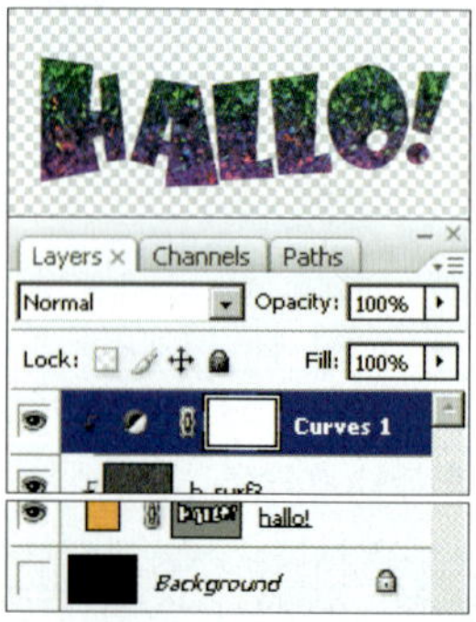

将 Background 图层设置为非激活状态后合并

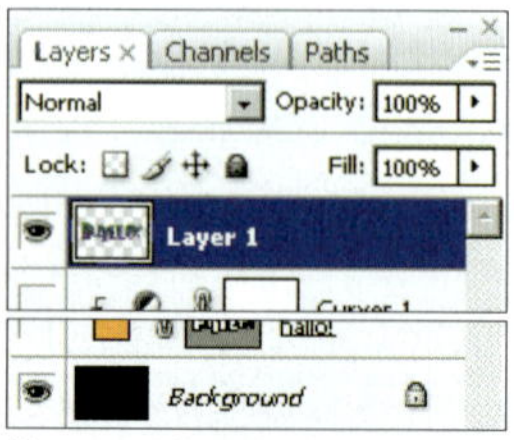

按 Ctrl+V 快捷键粘贴后激活 Background 图层

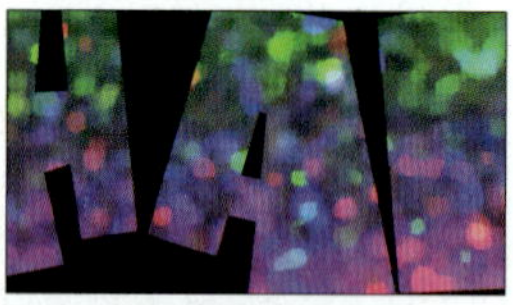

应用所需滤镜的效果

10 增强对比度

下面我们来增强整体图像的对比度，使图像不再显得模糊不清。

选择b_surf3图层，选择Layer>New Adjustment Layer>Curves（图层>新建调整图层>曲线）命令，如图10-a所示进行设置，增强对比度。

为了只在 hallo! 图层的区域显示效果，选择 Curves 1 图层，选择 Layer >Create Clipping Mask（图层 > 创建剪贴蒙版）命令（Ctrl+Alt+G），剪贴到 hallo! 图层。

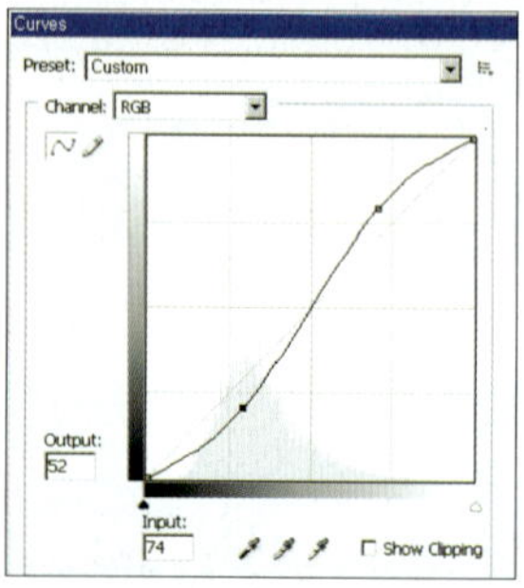

10-a

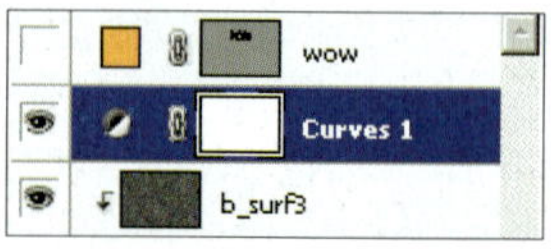

Curves 1 图层

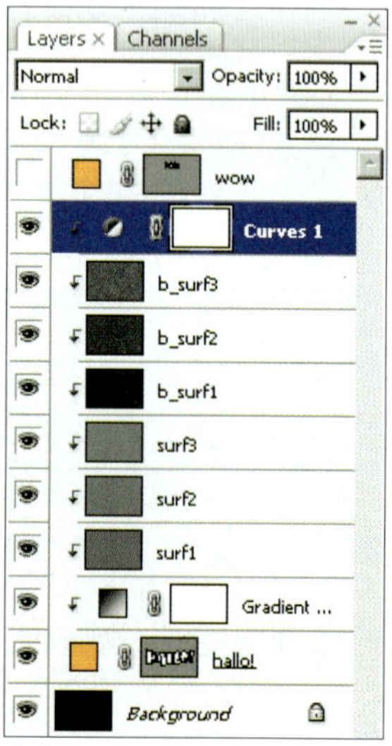

剪贴到 hallo! 图层

11 更改颜色 1

下面我们来更改部分文字的颜色。

为了更改颜色，选择多边形套索工具 ，如图 11-a 所示选择标题形态不规则的区域。然后选择 Curves 1 图层，选择 Layer>New Adjustment Layer>Hue/Saturation（图层 > 新建调整图层 > 色相 / 饱和度）命令，如图 11-b 所示进行设置。

为了只在 hallo! 图层的区域应用，选择 Hue/Saturation 1 图层，选择 Layer >Create Clipping Mask（图层 > 创建剪贴蒙版）命令（Ctrl+Alt+G），剪贴到 hallo! 图层。

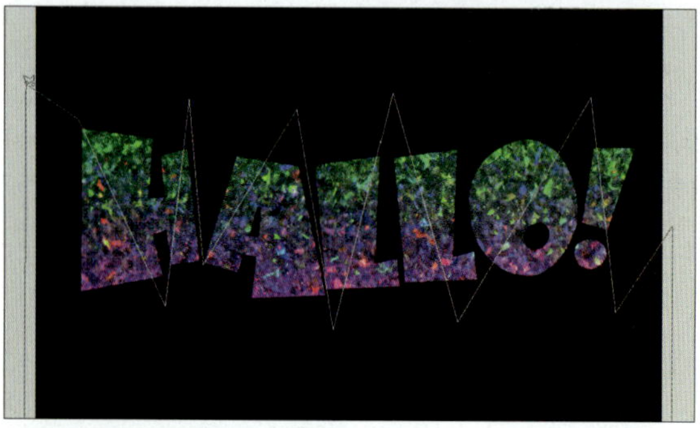

11-a

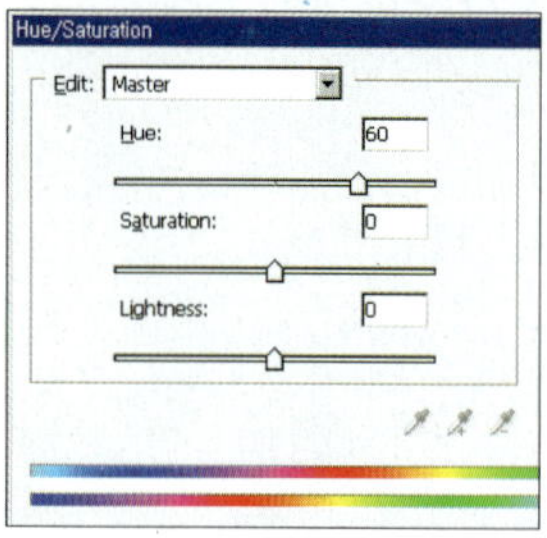

11-b

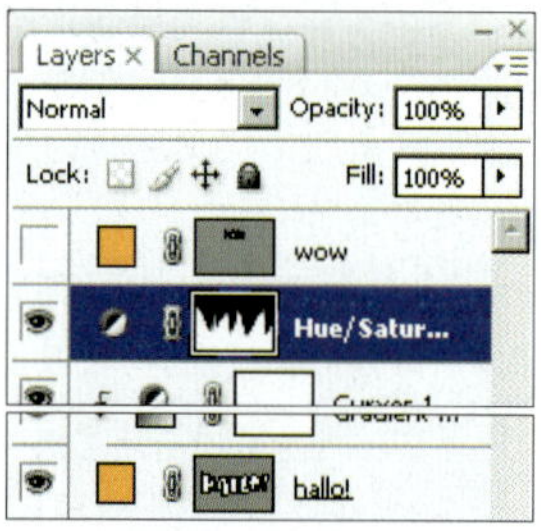

Hue/Saturation 1 图层

如果选区的边缘是圆形

如果选区的边缘为圆形，是因为在选项栏中将 Feather（羽化）值设置为了 0px 以上的值。应用选择工具的时候，常常需要确认消除锯齿和羽化值的设置然后再进行操作。否则经常需要对花费时间对设置的选区进行取消后重新操作。

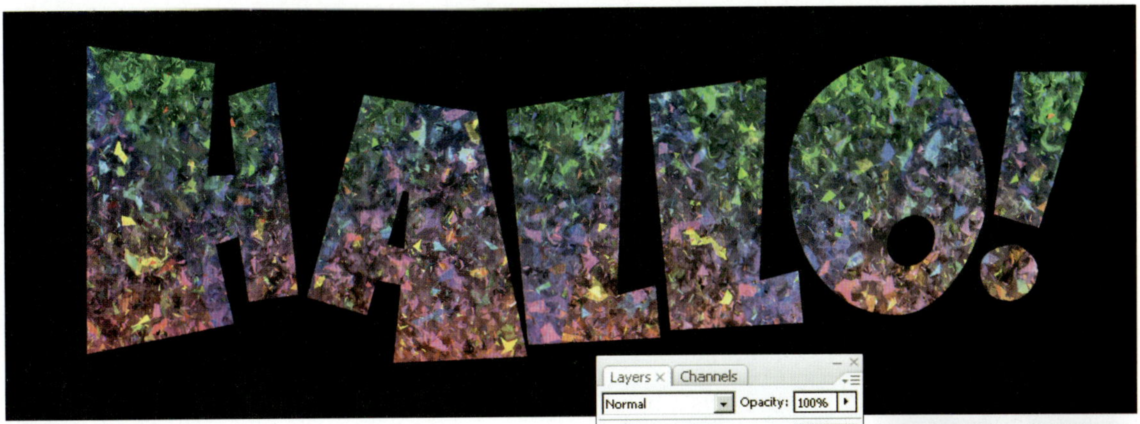

当前文件

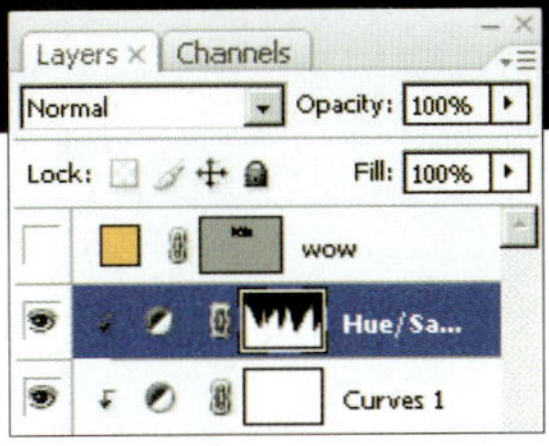

当前图层面板

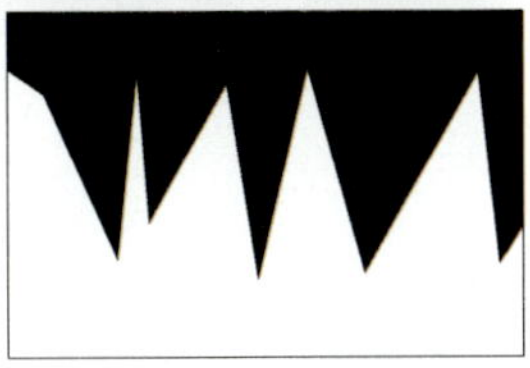

Hue/Saturation 1 图层蒙版区域

12 更改颜色 2

下面我们继续更改标题文字部分区域的颜色，与之前应用的 Hue/Saturation 效果重叠。

为了更改颜色，选择多边形套索工具，如图12-a所示选择区域，然后选择Layer>New Adjustment Layer>Hue/Saturation（图层>新建调整图层>色相/饱和度）命令，如图12-b所示进行设置。

为了只在 hallo! 图层的区域应用设置，选择 Hue/Saturation 2 图层，选择 Layer >Create Clipping Mask（图层 > 创建剪贴蒙版）命令（Ctrl+Alt+G），剪贴到 hallo! 图层。应用了色相 / 饱和度的图层表现出多彩的颜色。

12-a

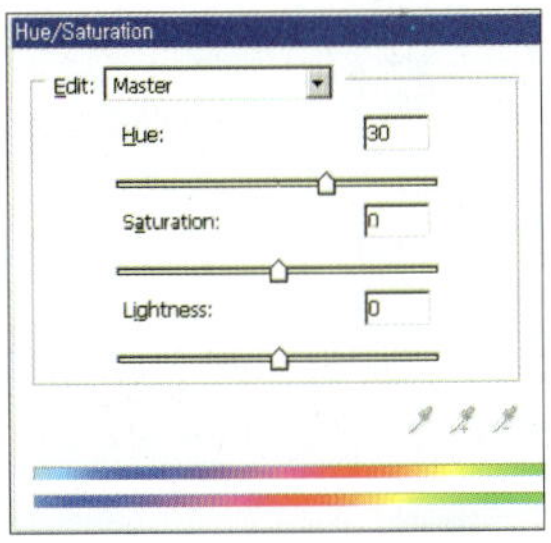

12-b

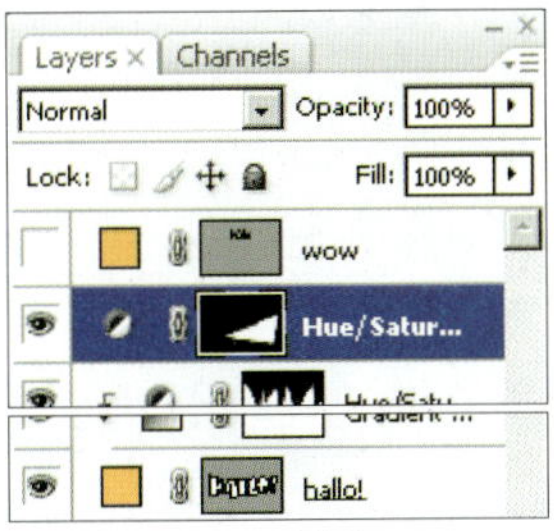

Hue/Saturation 2 图层

Hue/Saturation 图层蒙版区域

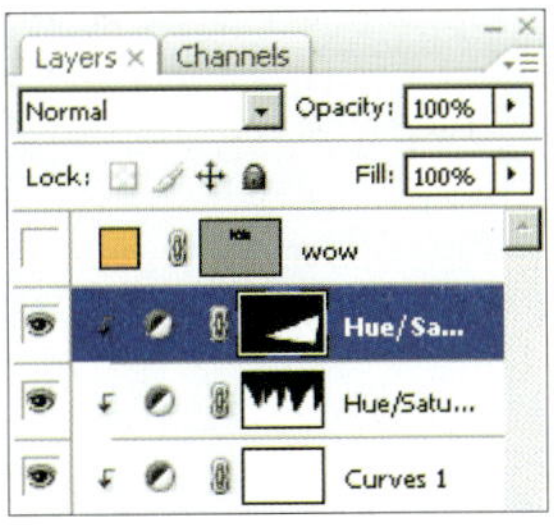

当前图层面板

当前文件

放大的效果

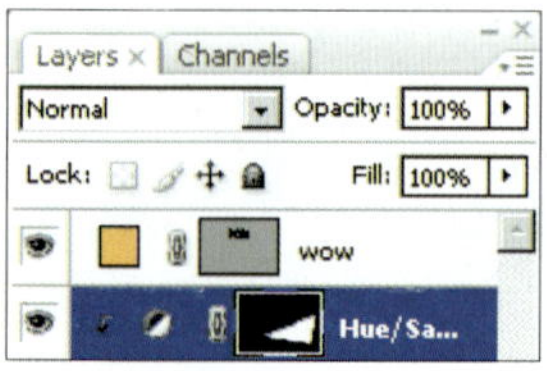

激活 wow 图层

wow 图层图像

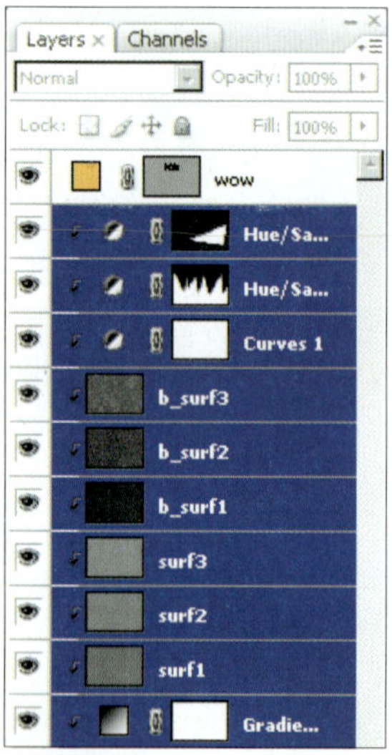

选择图层

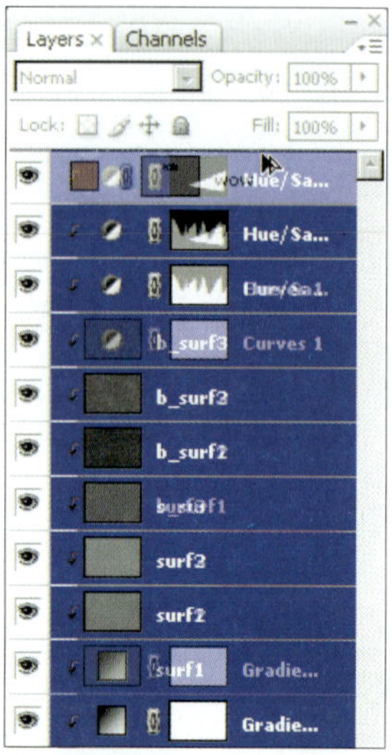

按住 Alt 键拖动

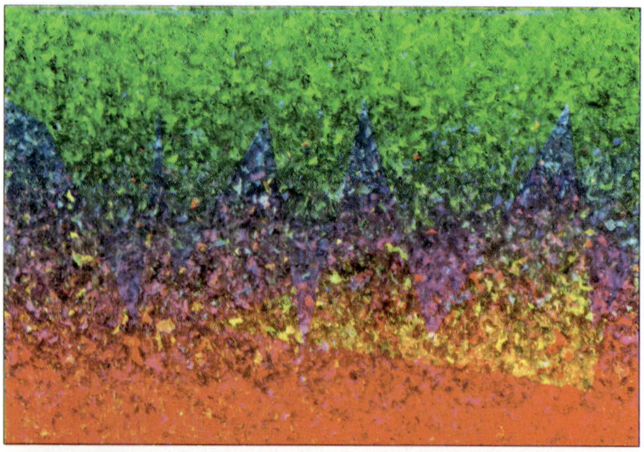
复制后的文件

剪贴到 wow 图层

13 将制作的素材应用于其他形状

下面我们利用到目前为止制作的素材表现其他文字特效。

激活 wow 图层，选择 Hue/Saturation 2 图层，按住 Shift 键单击 Gradient Fill 1 图层，选择 Hue/Saturation 2，Hue/Saturation 1，Curves 1, b_surf3, b_surf2, b_surf1, surf3, surf2, surf1, Gradient Fill1 图层，按住 Alt 键拖动到 wow 图层上复制。

为了只在 wow 图层的区域表现效果，选择复制的图层，选择 Layer >Create Clipping Mask（图层 > 创建剪贴蒙版）命令（Ctrl+Alt+G），剪贴到 wow 图层。

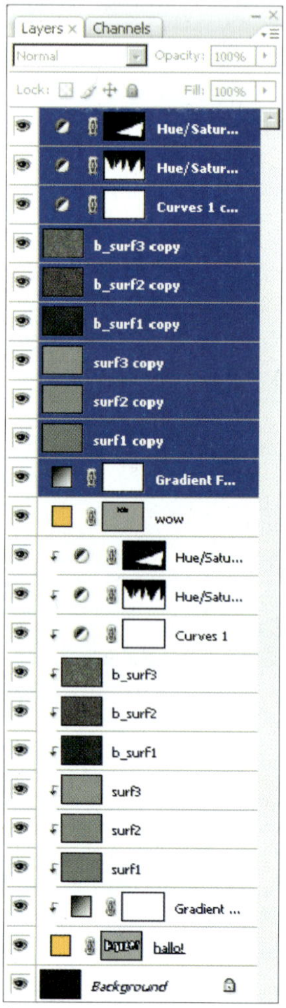

复制的图层

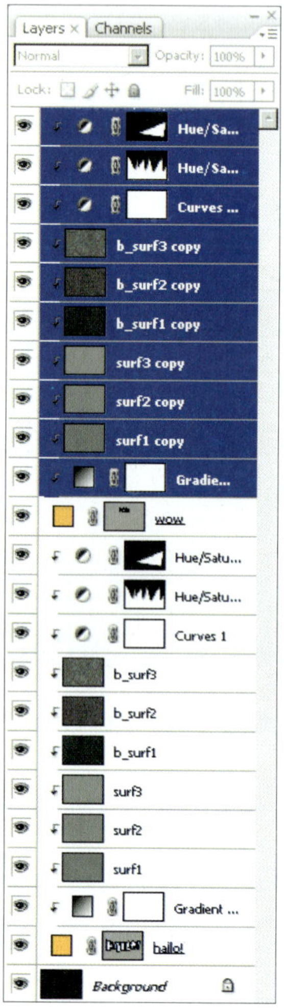

剪贴到 wow 图层

更改应用的调整图层

有的时候可能要将应用的调整图层更改为其他调整图层，选择 Layer>Change Layer Content 图层 > 更改图层内容命令，可以在保持蒙版状态的状态下只更改调整图层。

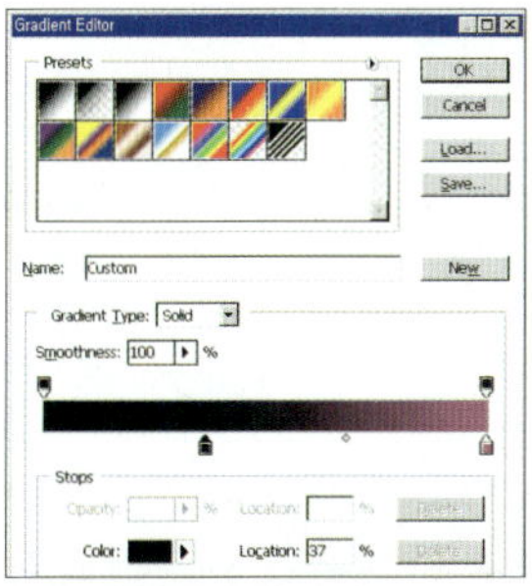

调节色标表现阴影

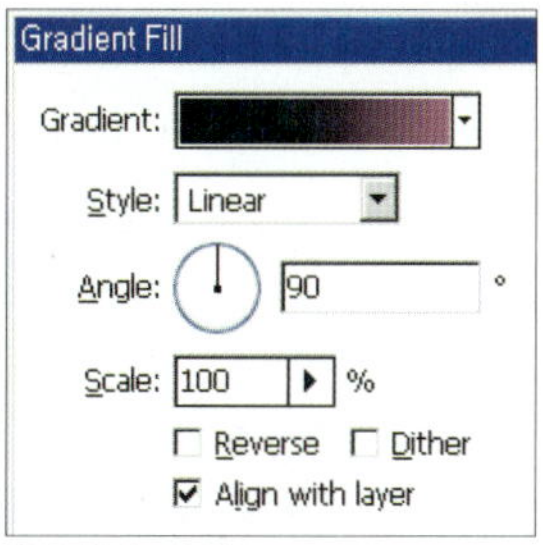

渐变填充对话框

完成效果

如果将合成背景设置得更加明亮

在步骤 04 中如果将渐变的颜色设置的更加明亮，以颜色减淡或叠加的方式和图层合成，会得到如下图所示的效果，因此应选择较深的颜色。为了解决图像过亮的问题，可以使用减少应用的粒子的浓度，但是最好是从一开始对过于明亮的背景应用适合的混合模式。

14 更改颜色，完成制作

下面我们更改标题的颜色，完成制作。

双击 Gradient Fill 1 copy 图层，单击打开的 Gradient Fill（渐变填充）对话框的渐变编辑器。

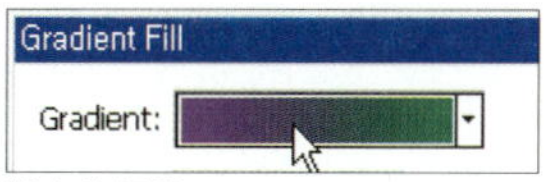

渐变编辑器

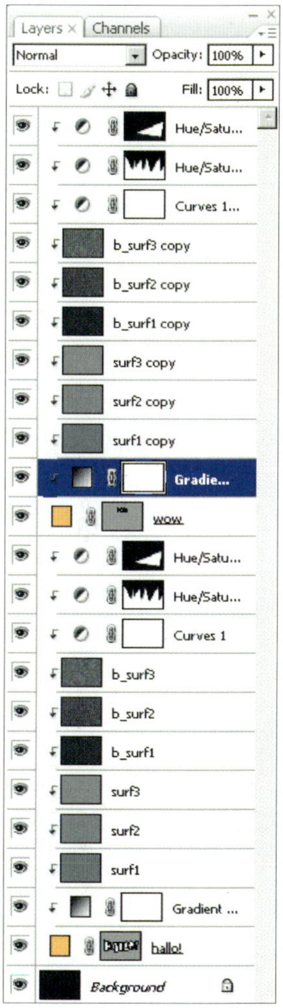

当前图层面板

将 Gradient Editor（渐变编辑器）对话框左侧色标的颜色设置为 R:0,G:0,B:0，右侧色标的颜色设置为 R:150,G:69,B:104，然后确认在文件中应用的效果，移动左侧色标，调节阴影，完成制作。

TEXTURE

滤镜工具中含有众多形成像素的属性，将这些属性混合使用，可以表现出与应用一种滤镜完全不同的效果。下面我们通过润饰、调整、合成，表现多样的质感。希望读者在操作的时候，除了本书中介绍的数值，可以尝试设置为不同的数值，同时确认效果，以便更加熟悉操作。

Texture 1

利用差值混合模式表现尖锐形态的弯曲质感。

Source Location

texture / texture1_finish.psd

1-a 渐变工具选项栏

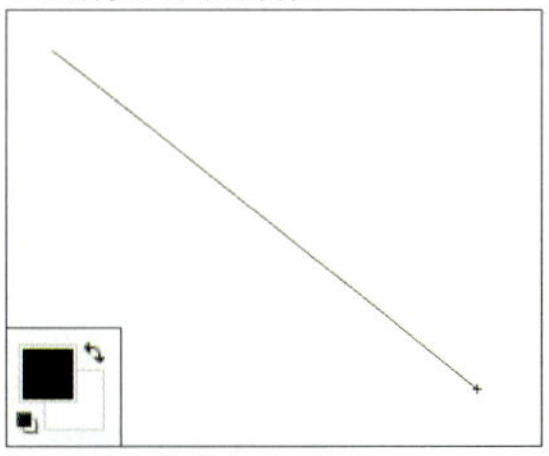

按照对角线方向拖动

应用渐变

混合模式为差值

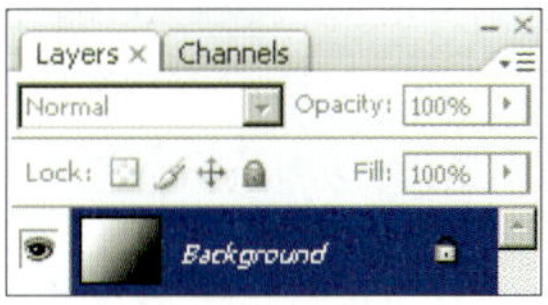

应用渐变后的图层面板

设置为差值后应用渐变的过程 1

01 应用差值

创建宽为 500pixels，高为 400pixels 的图层。

选择渐变工具，确认前景色为黑色，背景色为白色，在选项栏中如图 1-a 所示进行设置，然后按照对角线方向进行拖动，应用渐变。再次在选项栏中将 Mode（模式）设置为 Difference（差值），在多个方向进行多次绘制后应用图像模式。

设置为差之后应用渐变的过程 2

02 利用光照效果表现韵律感

将Background图层拖动到图层面板下端的Create a new layer（创建新图层）按钮上复制，然后选择Filter>Render>Lighting Effects（滤镜>渲染>光照效果）命令，如图2-a所示进行设置，表现弯折的效果。在Texture Channel（纹理通道）中选择适当的通道（由于是灰色调图像，Red,Green,Blue通道的状态相同），调节Height（高度）值。

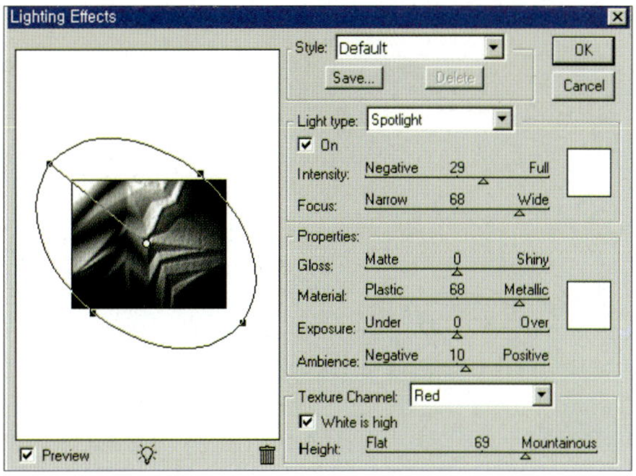

2-a

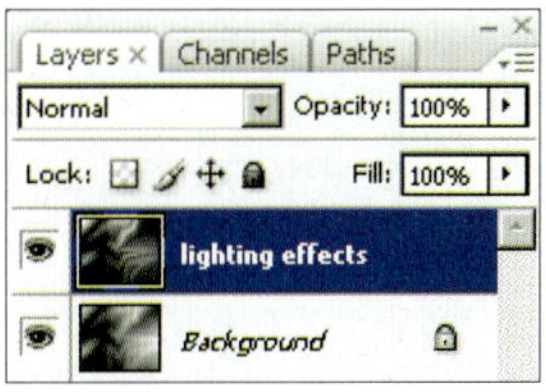

当前图层面板

应用光照效果滤镜

应用浮雕滤镜

03 利用浮雕滤镜增加韵律感

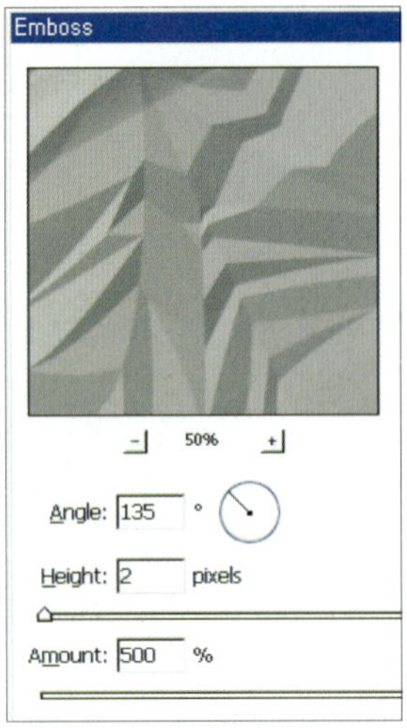

3-a

为了利用其他方法表现弯折效果，将Background图层拖动到图层面板下端的Create a new layer（创建新图层）按钮上复制，选择Filter>Stylize> Emboss（滤镜>风格化>浮雕）命令，如图3-a进行设置。

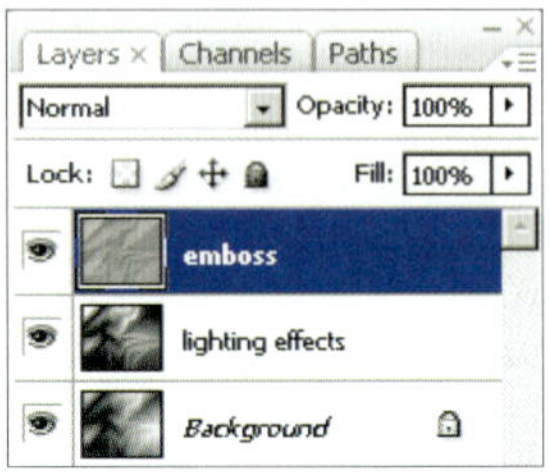

当前图层面板

4-a 渐变工具选项栏

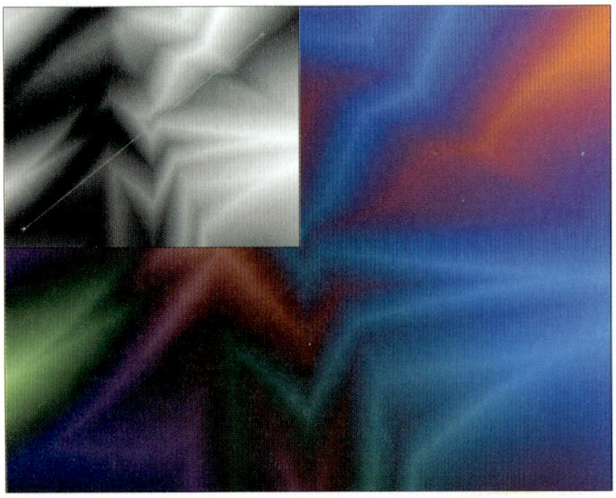

应用渐变

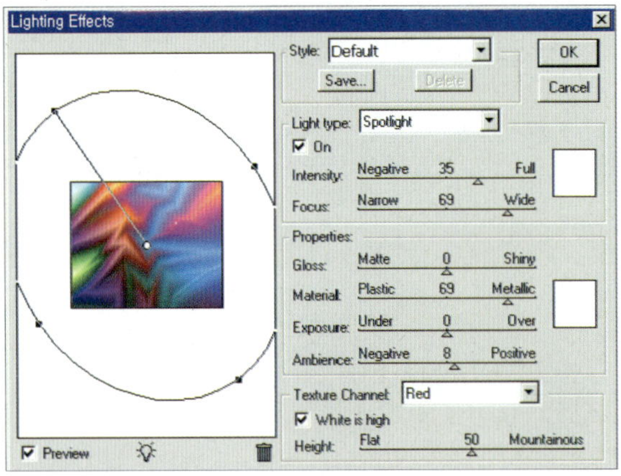

4-b

04 表现彩色的弯折效果

为了表现彩色的弯折效果，将 Background 图层拖动到图层面板下端的 Create a new layer（创建新图层）按钮上复制，然后放置到图层面板最上方。选择渐变工具，如图 4-a 所示进行设置，在文件中拖动应用。选择 Filter>Render>Lighting Effects（滤镜 > 渲染 > 光照效果）命令，如图 4-b 所示进行设置，表现彩色的弯折效果。

应用光照效果

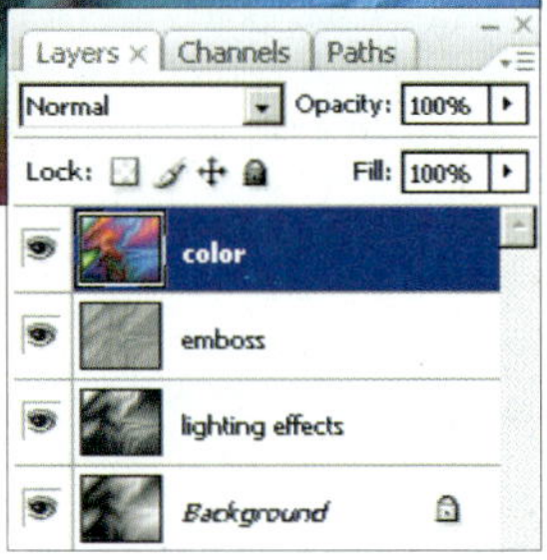

当前图层面板

Texture 2

表现山峰线形态的层次质感。

Source Location

texture / texture2_finish.psd

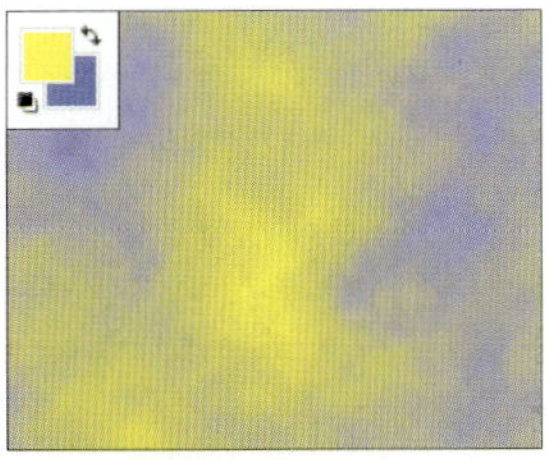

应用云彩滤镜

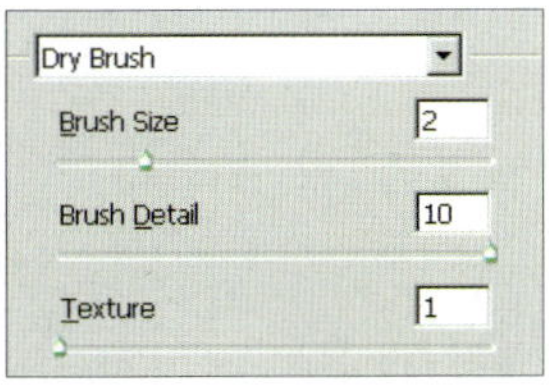

1-a

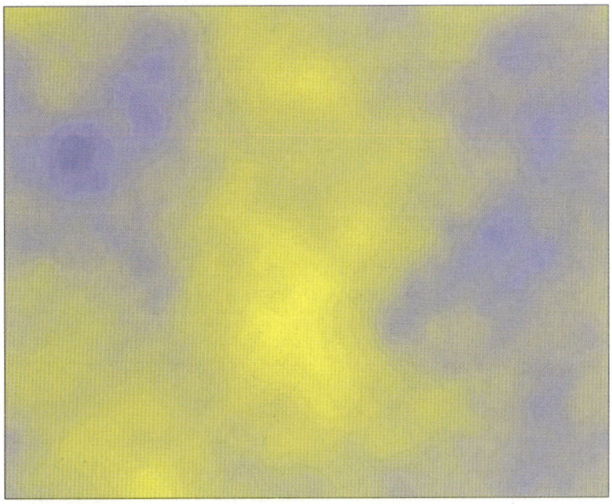

应用干画笔滤镜

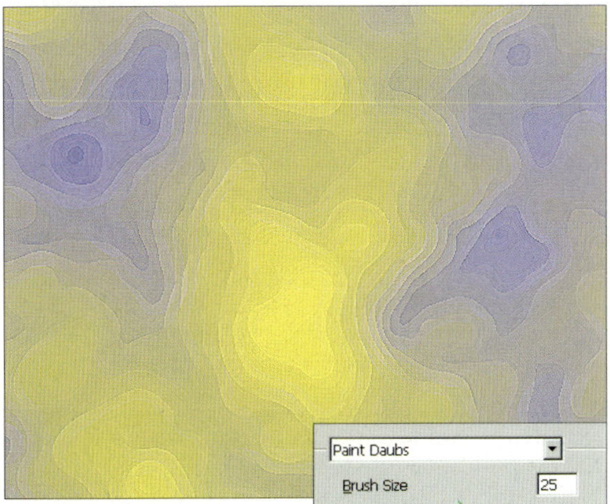

应用 Paint Daubs 滤镜

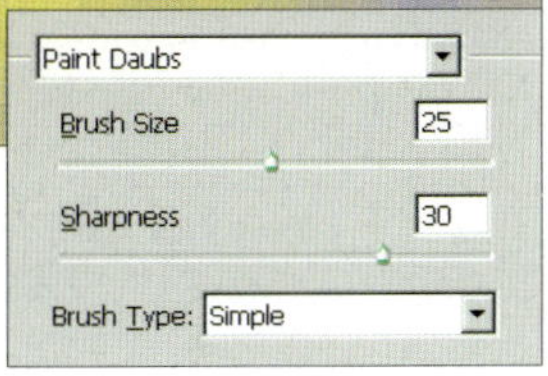

1-b

创建由山峰线构成的图像

创建宽为500pixels，高为400pixels的图层。

将前景色设置为R:255,G:222,B:0，背景色设置为R:107,G:101,B:224。选择Filter>Render>Clouds（滤镜>渲染>云彩）命令，然后选择Filter >Artistic> Dry Brush（滤镜>艺术效果>干画笔）命令，如图1-a所示进行设置，使图像单纯化。

为了强调形态边缘，表现柔和的曲线形态，选择Filter>Artistic>Paint Daubs（滤镜>艺术效果>绘画涂抹）命令，如图1-b所示进行设置。选择Filter>Render>Lighting Effects（滤镜>渲染>光照效果）命令，如图1-c所示进行设置，创建有韵律的边缘，表现彩色的山峰线质感。选择Filter>Stylize>Emboss（滤镜>风格化>浮雕）命令也可以表现富有韵律感的效果，但是如果是有颜色的图像，则只保存应用Height值的边部分的颜色，其他创建为50%灰，整体上会丢失颜色，因此应采用光照效果。

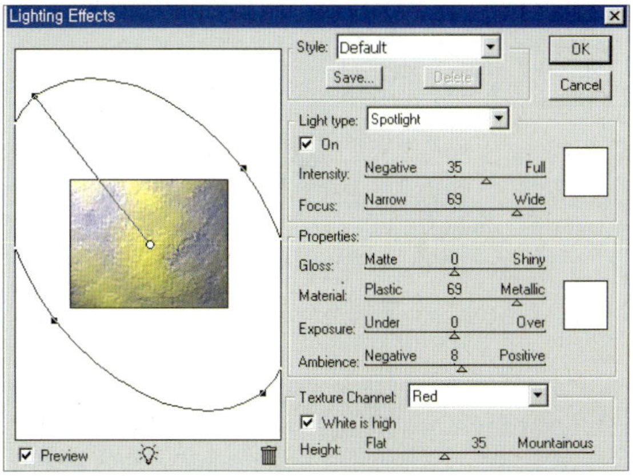

1-c

应用光照效果滤镜

Texture 3

下面我们来表现岩石质感。

Source Location

texture / texture3_finish.psd

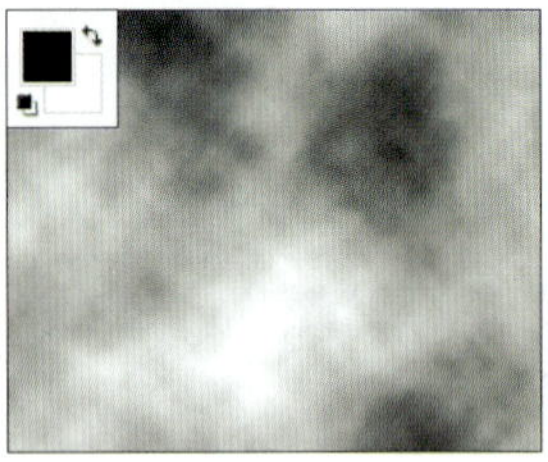

云彩滤镜

分层云彩滤镜

再次应用分层云彩滤镜

01 质感细分化

创建宽为500pixels，高为400pixels的文件。

确认前景色为黑色，背景色为白色，选择Filter>Render>Clouds（滤镜>渲染>云彩）命令，然后选择Filter>Render>Difference Clouds（滤镜>渲染>分层云彩）命令，可以表现翻转后细致的质感。按Ctrl+F快捷键，再应用一次最后应用过的分层云彩滤镜，表现更加细致的质感。

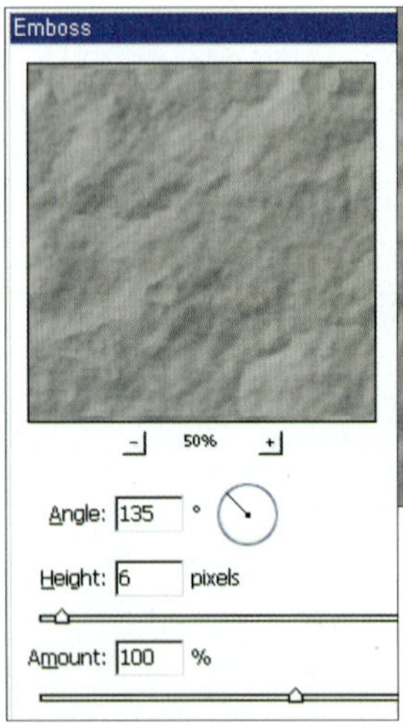

2-a

应用浮雕滤镜

02 创建表面

选择 Filter>Stylize>Emboss（滤镜 > 风格化 > 浮雕）命令，如图 2-a 所示进行设置，表现出韵律感。然后选择 Filter>Brush Strokes>Accented Edges（滤镜 > 画笔描边 > 强化的边缘）命令，如图 2-b 所示进行设置，表现出质感。

单击图层面板下端的 Create new fill or adjustment layer（创建新的填充或调整图层）按钮，选择 Gradient Map（渐变映射），单击 Gradient Map（渐变映射）对话框中的渐变条。如图 2-c 所示对 Gradient Editor（渐变编辑器）对话框中的渐变条进行设置，为较暗的图像填充深褐色，为明亮的区域填充土黄色。

创建新的填充或调整图层 > 渐变映射

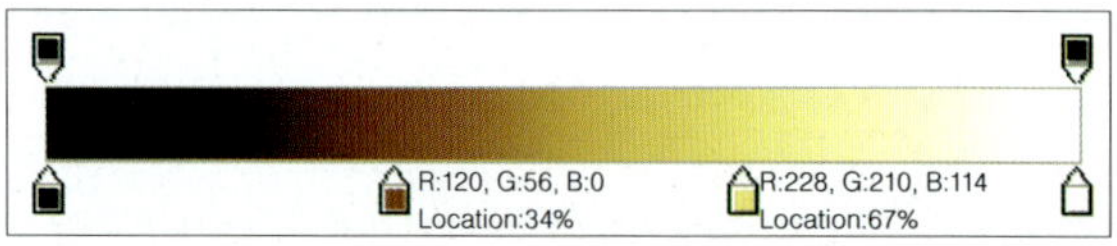

2-c

应用强化的边缘

2-b

应用渐变映射

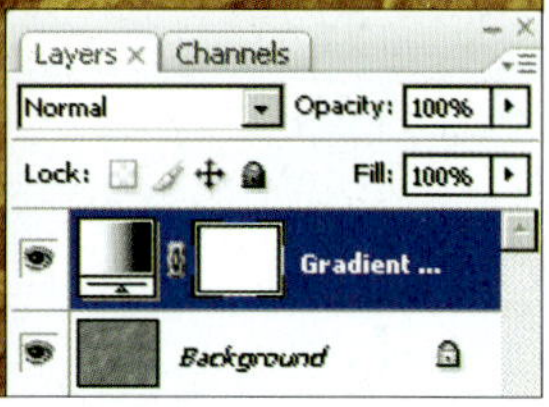

当前图层面板

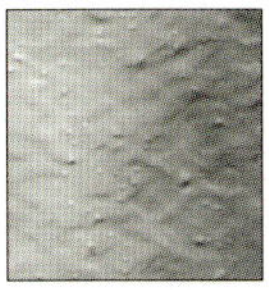

Texture 4

下面我们表现有小石头的久远的墙壁质感。

Source Location

texture / texture4_finish.psd

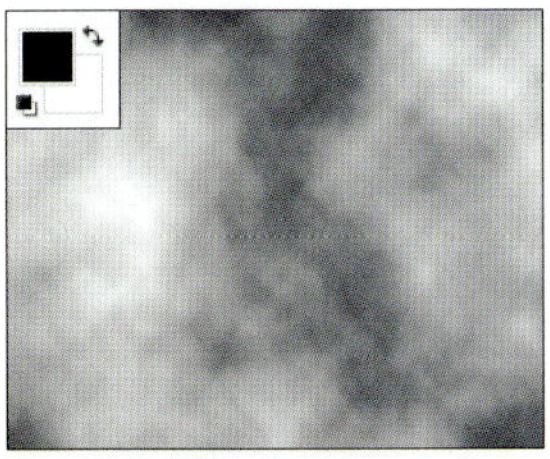

应用云彩滤镜

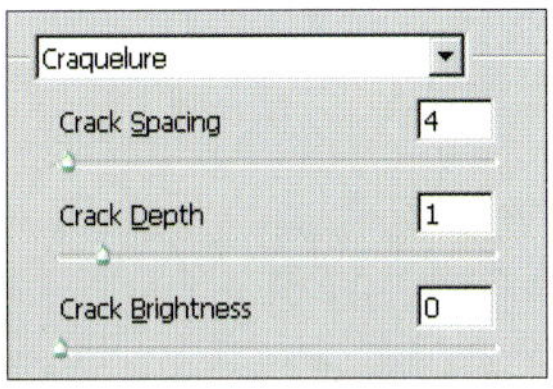

1-a

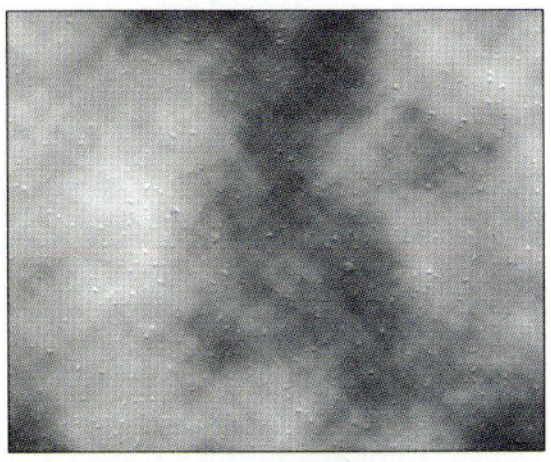

应用 Craquelure 滤镜

创建久远的墙壁

创建宽为 500pixels，高为 400pixels 的文件。

确认前景色为黑色，背景色为白色，选择Filter>Render>Clouds（滤镜>渲染>云彩）命令，创建云彩质感。然后选择Filter>Texture>Craquelure（滤镜>纹理>龟裂缝）命令，如图1-a所示进行设置，表现小石头质感。

为了加强质感，按两次 Ctrl+F 快捷键，应用两次 Craquelure 滤镜。

单击图层面板下端的 Create new fill or adjustment layer（创建新的填充或调整图层）按钮，选择 Color Balance（色彩平衡），如图 1-b 所示进行设置。选择 Background 图层，选择 Image>Adjustments>Levels（图像 > 调整 > 色阶）命令（Ctrl+L），向右拖动 Output Levels（输出色阶）的阴影滑块，使图像表现得更加明亮，表现整体模糊的效果。

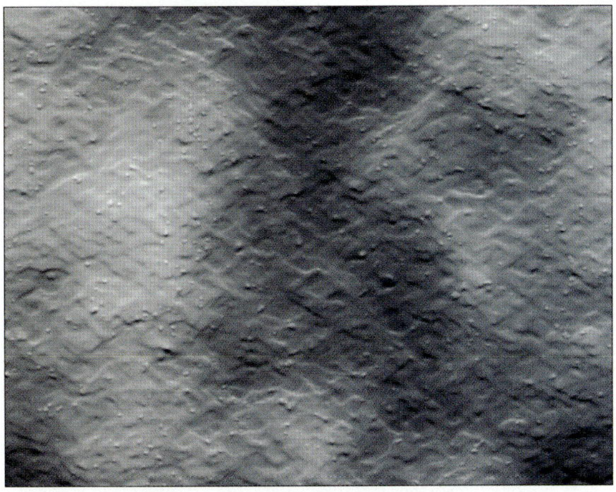

按两次 Ctrl+F 快捷键

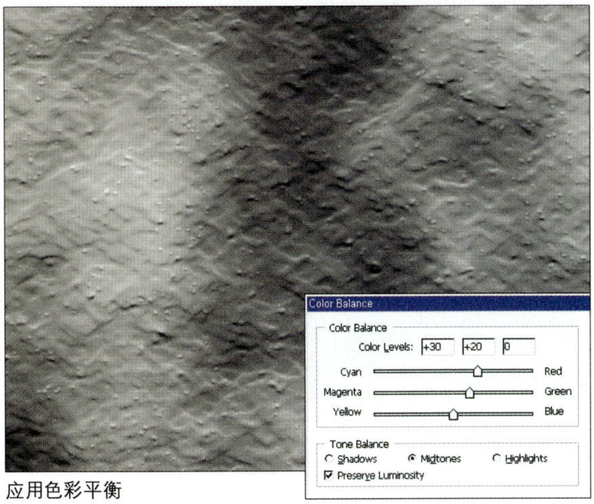

应用色彩平衡

1-b

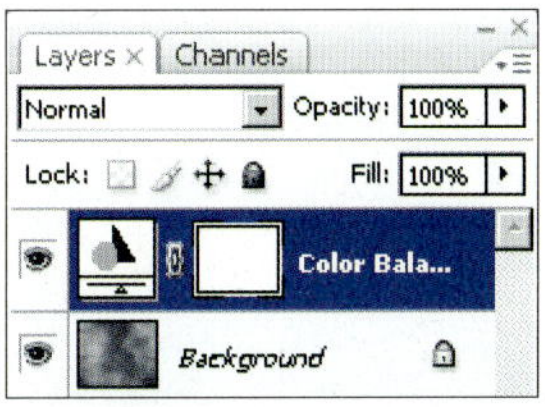

当前图层面板

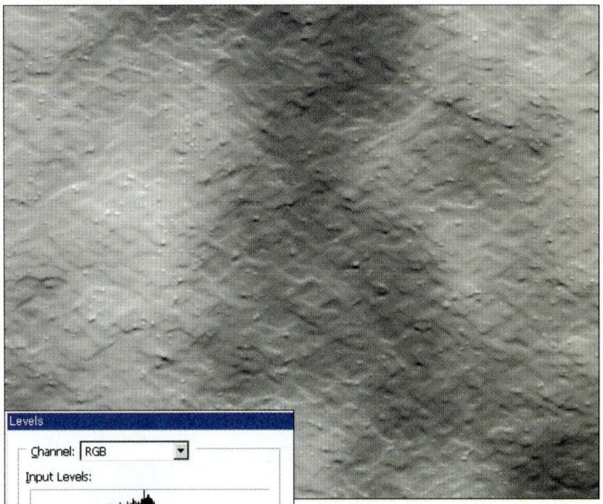

应用色阶

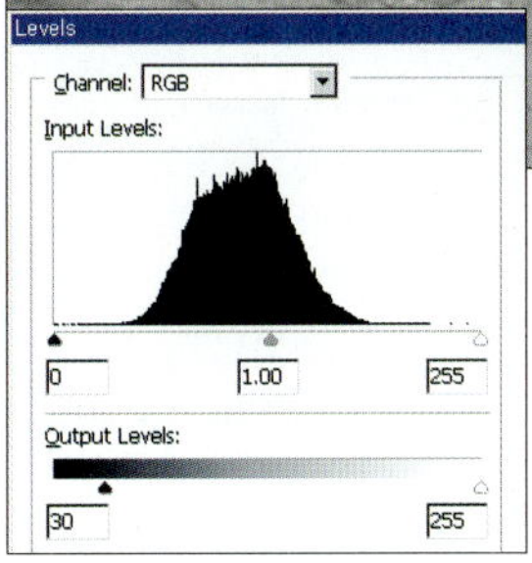

调节输出色阶的阴影滑块

Texture 5

下面我们来表现黄金、青铜等矿石表面的质感。

Source Location

texture / texture5_finish.psd

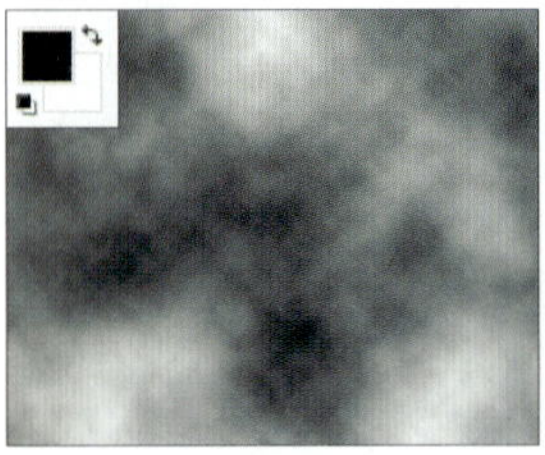

云彩滤镜

Bas Relief 滤镜

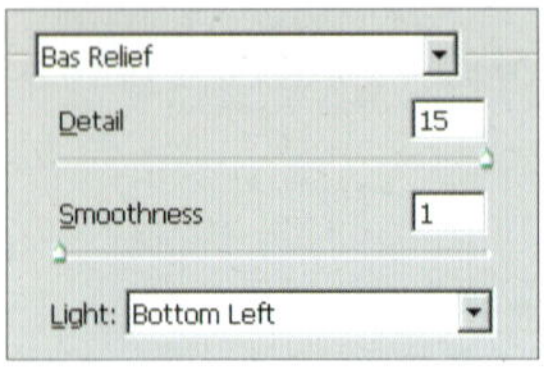

1-a

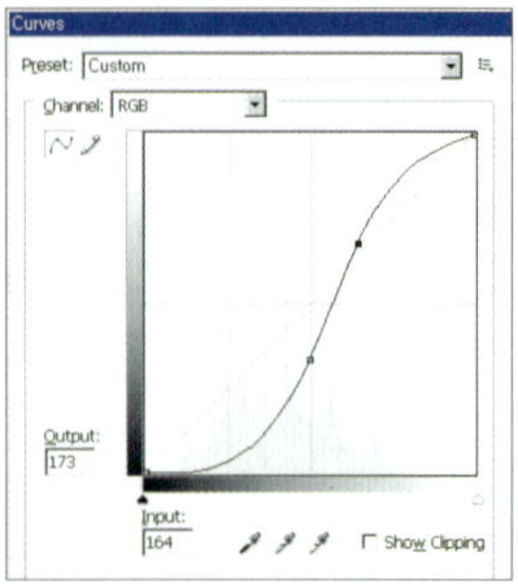

1-b

应用曲线

创建金矿石表面

创建宽为500pixels，高为400pixels的文件。

确认前景色为黑色，确认背景色为白色，选择Filter>Render>Clouds（滤镜>渲染>云彩）命令。然后将前景色设置为R:96,G:57,B:19，将背景色设置为R:198,G:156,B:109，选择Filter >Sketch>Bas Relief（滤镜>素描>基底凸现）命令如图1-a所示进行设置，表现矿石表面的效果。如果对得到的效果不满意，可以在应用滤镜的时候更改Light（亮度）设置，找到自己所需的效果。

为了表现有重量感的效果，单击图层面板下端的Create new fill or adjustment layer（创建新的填充或调整图层）按钮，选择Curves（曲线），如图1-b所示进行设置，表现对比强烈的效果。将Background图层拖动到图层面板下端的Create a new layer（创建新图层）按钮上复制，按Ctrl+F快捷键应用最后一次应用的滤镜，表现更加细致的效果。

将Background图层拖动到图层面板下端的Create a new layer（创建新图层）按钮上复制，将复制的图层放置于Background copy图层上方。选择Filter>Sharpen>Unsharp Mask（滤镜>锐化>USM锐化）命令，如图1-c所示进行设置，表现更有光彩的效果。

1-c

按Ctrl+F快捷键应用最后一次应用的滤镜

当前图层面板

应用锐化

当前图层面板

Texture 6

下面我们来表现灰尘覆盖的效果。

Source Location

texture / texture6_finish.psd

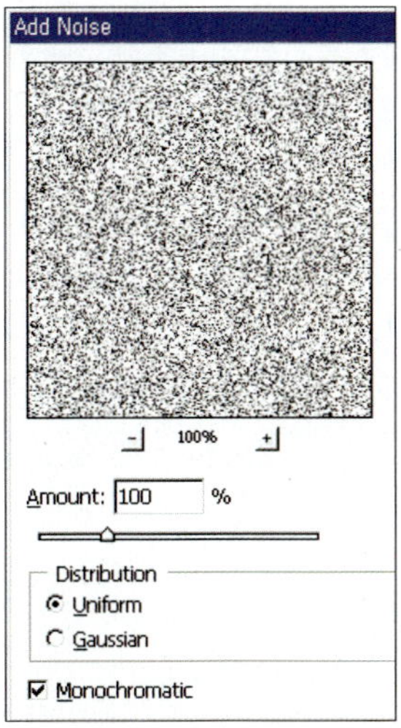

1-a

应用添加杂色滤镜

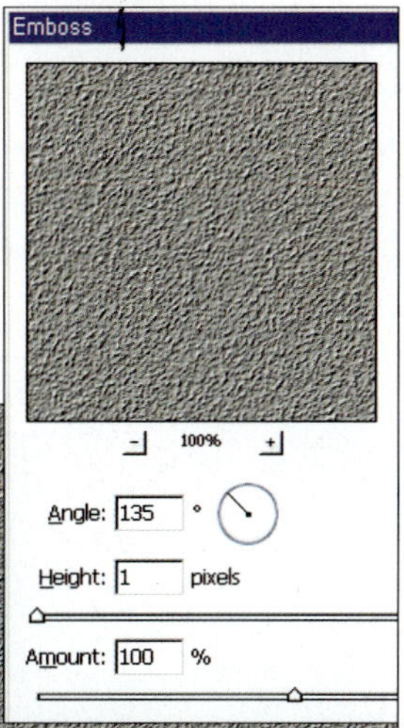

1-b

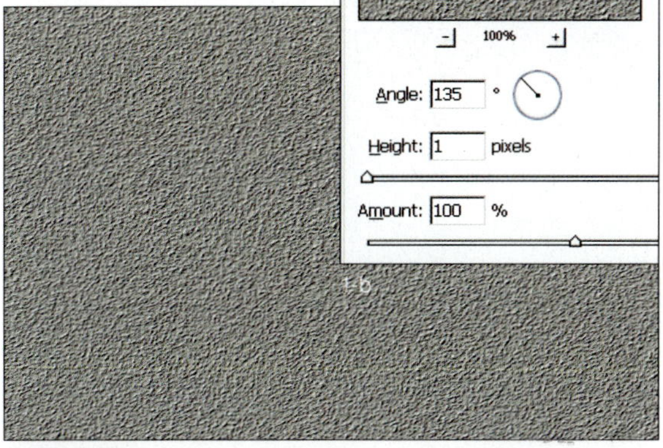

应用浮雕滤镜

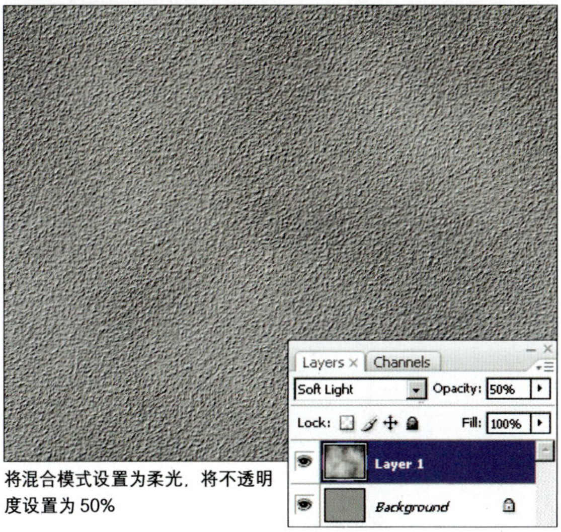

将混合模式设置为柔光，将不透明度设置为 50%

当前图层面板

01 创建灰尘表面

创建宽为 500pixels，高为 400pixels 的文件。

选择 Filter>Noise>Add Noise（滤镜 > 杂色 > 添加杂色）命令，如图 1-a 所示进行设置，表现杂点。选择 Filter>Stylize>Emboss（滤镜 > 风格化 > 浮雕）命令，如图 1-b 所示进行设置，为粒子增加韵律感。

单击图层面板下端的Create a new layer（创建新图层）按钮创建新的图层。选择Layer 1图层，确认前景色为黑色，背景色为白色，然后选择Filter>Render>Clouds（滤镜>渲染>云彩）命令，表现云彩效果。

在图层面板中将图层混合模式设置为 Soft Light（柔光），将 Opacity（不透明度）设置为 50%，表现微微突起的质感。如果想要添加颜色，在应用云彩滤镜之前将前景色和背景色设置为所需的颜色即可。

由于图像是灰色调，因此选择 Background 图层，选择 Image>Adjustments>Invert（图像 > 调整 > 反相）命令（Ctrl+I）命令，反转图像。

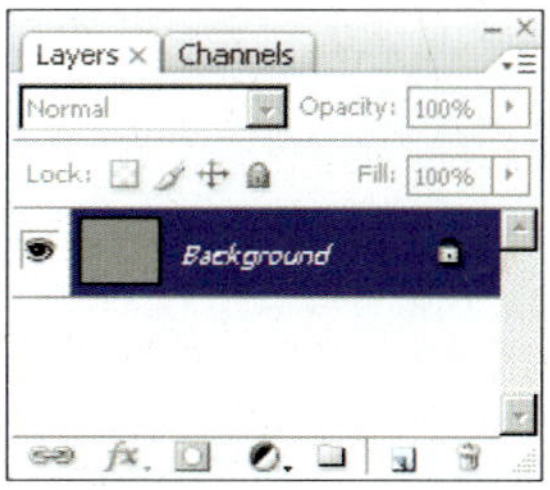

创建新图层

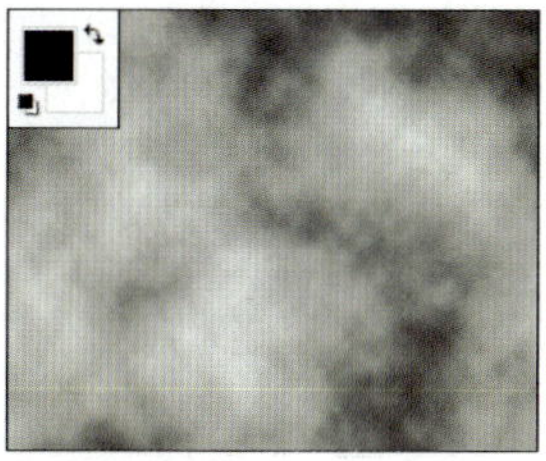

应用云彩滤镜

翻转 Background 图层图像

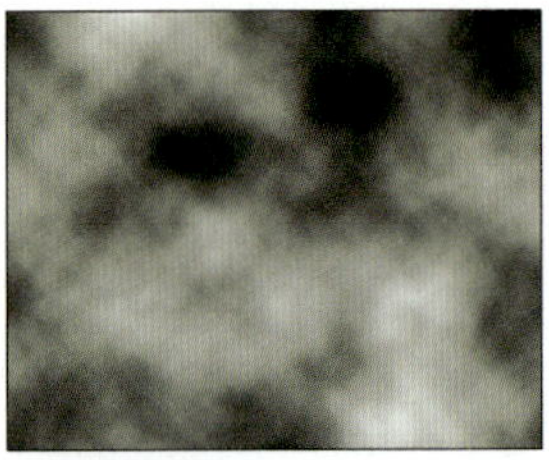

应用云彩滤镜

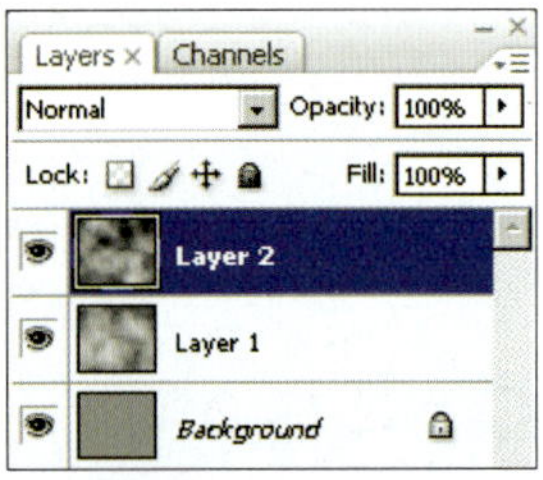

Layer 2 图层

设置混合模式和不透明度

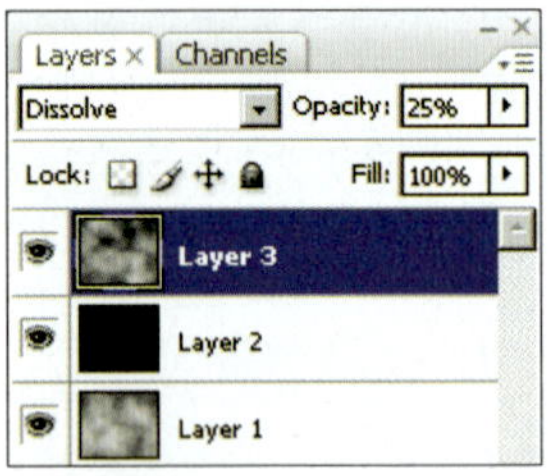

将混合模式设置为溶解，将不透明度设置为 25%

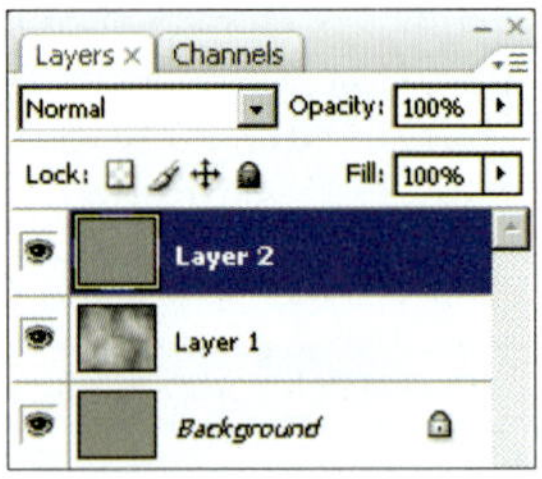

向下合并

02 创建浓度不同的灰尘表面

下面我们应用多种浓度表现粒子的韵律感。

在图层面板上端创建新的图层，选择 Filter>Render>Clouds（滤镜 > 渲染 > 云彩）命令，表现云彩效果。

将应用云彩滤镜的 Layer 2 图层拖动到图层面板下端的 Create a new layer（创建新图层）按钮上复制，将复制的图层重新命名为 Layer 3。选择 Layer 2 图层，确认前景色为黑色，按 Alt+Delete 快捷键填充颜色。

选择复制得到的 Layer 3 图层，将图层混合模式设置为 Dissolve（溶解），将 Opacity（不透明度）设置为 25%，表现杂点。然后选择 Layer>Merge Down（图层 > 向下合并）命令（Ctrl+E）合并图层。选择 Filter>Stylize> Emboss（滤镜 > 风格化 > 浮雕）命令，如图 2-a 所示进行设置，表现各部分浓度不同的韵律效果。

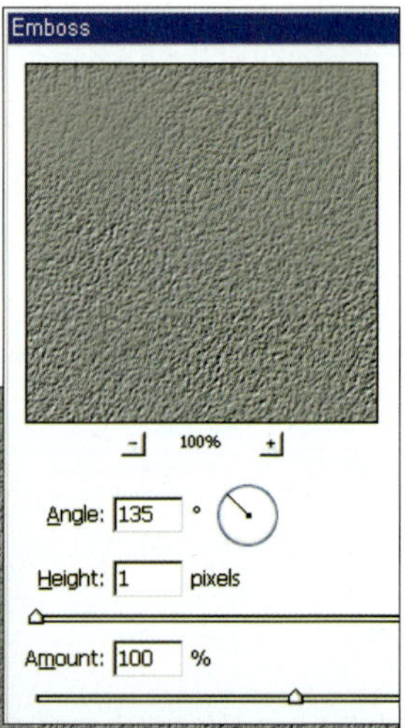

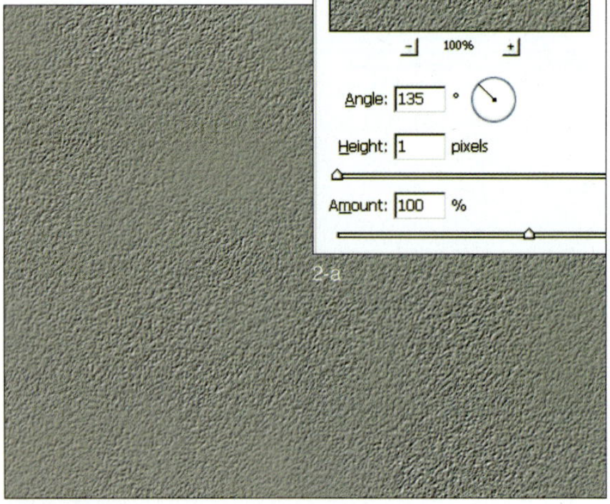

应用浮雕滤镜

受前景色和背景色影响的滤镜

标记 F 的滤镜会受前景色影响，标记 B 的滤镜会受背景色影响。标记 F/B 的滤镜会受前景色和背景色影响。

Texture 7

下面我们来表现像月球表面的溪谷一样的质感。

Source Location

texture / texture7_finish.psd

应用云彩滤镜

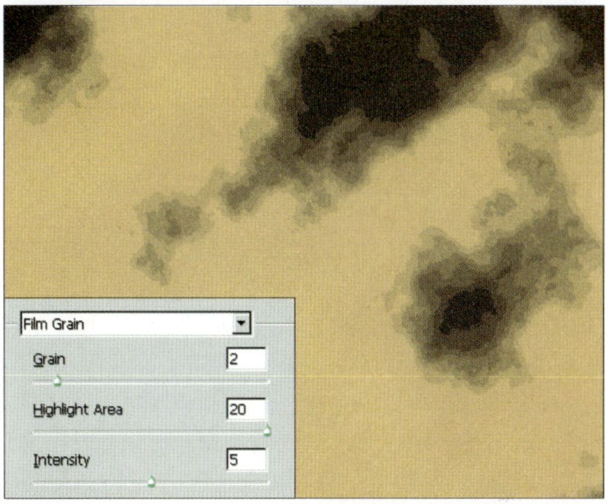

1-a

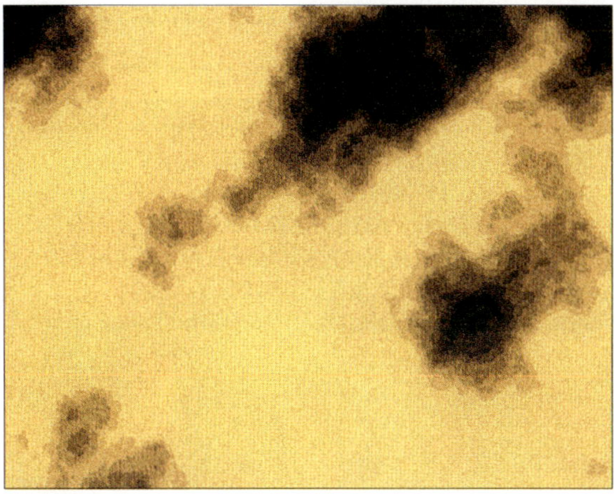

应用曲线

创建深深的溪谷

创建宽为 500pixels，高为 400pixels 的文件。

将前景色设置为 R:82,G:64,B:39，将背景色设置为 R:53,G:36,B:28，选择 Filter>Render>Clouds（滤镜 > 渲染 > 云彩）命令，表现云彩效果。

选择 Filter >Artistic>Film Grain（滤镜 > 艺术效果 > 胶片颗粒）命令，如图 1-a 所示提高 Highlight Area 的值，扩大图像明亮的部分，强调暗淡的部分，表现出月球表面的溪谷一样的质感效果。

选择 Filter>Noise>Add Noise（滤镜 > 杂色 > 添加杂色）命令，如图 1-b 所示进行设置，为图像添加粗糙的粒子。单击图层面板下端的 Create new fill or adjustment layer（创建新的填充或调整图层）按钮，选择 Curves（曲线），如图 1-c 所示进行设置，增强对比效果。

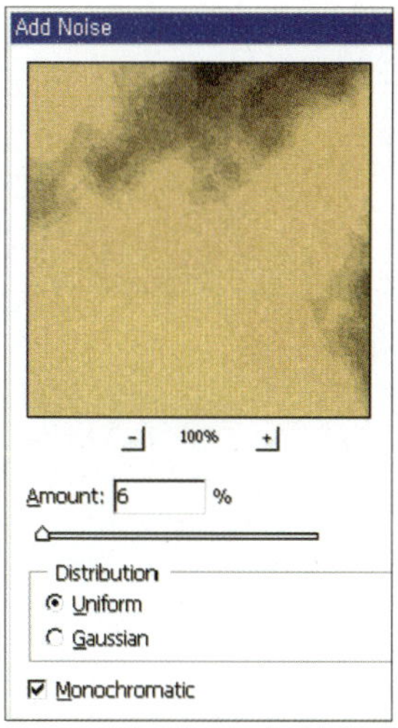

1-b

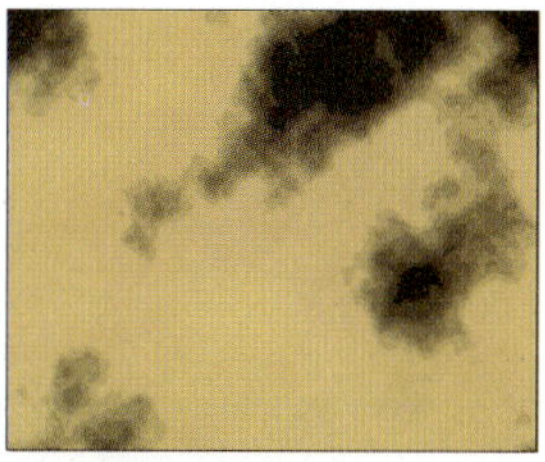

应用添加杂色滤镜

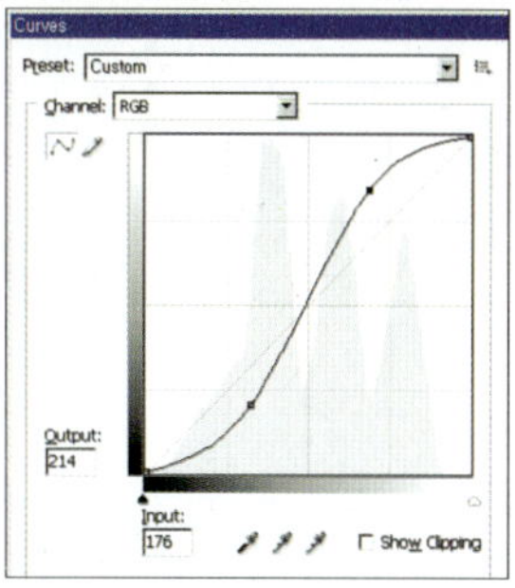

1-c

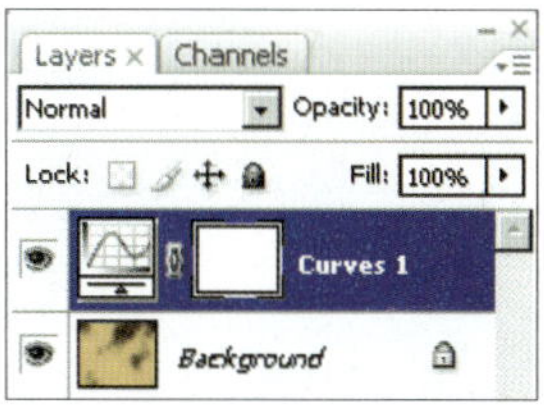

当前图层面板

Texture 8

下面我们使图像单纯化，表现出青蛙花纹的效果。

Source Location

texture / texture8_finish.psd

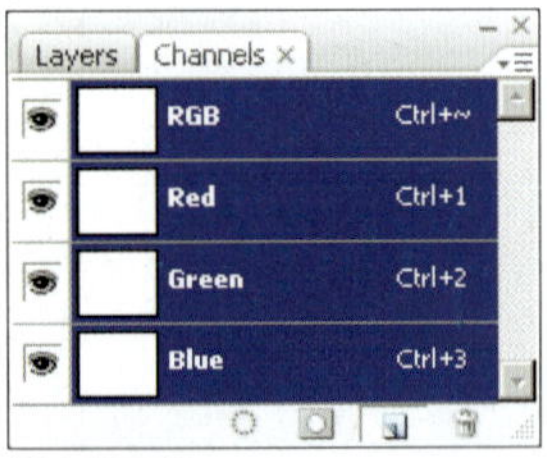

创建新通道

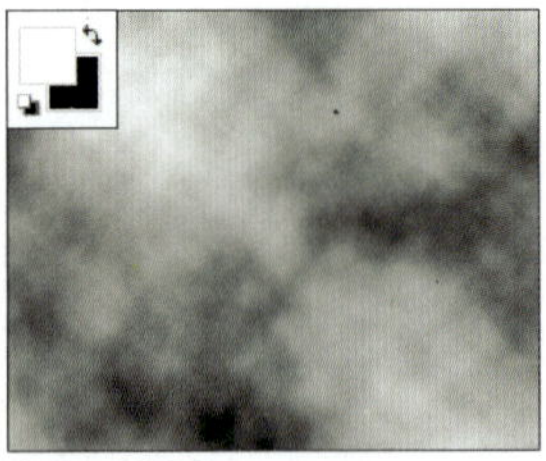

应用云彩滤镜

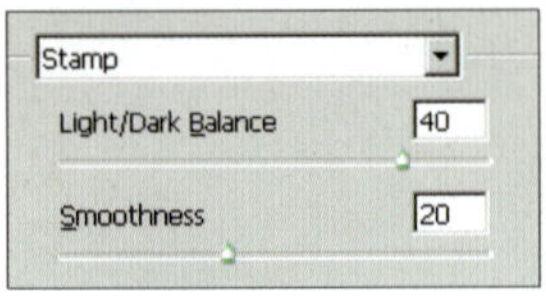

1-a

Alpha 1 通道

Alpha 2 通道

01 创建基本形态

创建宽为 500pixels，高为 400pixels 的文件。

单击通道面板下端的 Create new channel（创建新通道）按钮，创建新的通道。确认前景色为白色，背景色为黑色，然后选择 Filter>Render>Clouds（滤镜>渲染>云彩）命令，表现云彩效果。

选择 Alpha 1 通道，选择 Filter >Sketch>Stamp（滤镜>素描>图章）命令，如图 1-a 所示进行设置，将图像感创建为单纯化的形态。如果想要创建更加完美的图像，增加 Smoothness（平滑度）值即可。

为了增深效果，单击通道面板下端的Create new channel（创建新通道）按钮，创建新的通道，选择创建的Alpha 2通道，选择Filter>Render>Clouds（滤镜>渲染>云彩）命令，然后选择Filter >Sketch> Stamp（滤镜>素描>图章）命令，如图1-a所示进行设置，将质感单纯化。

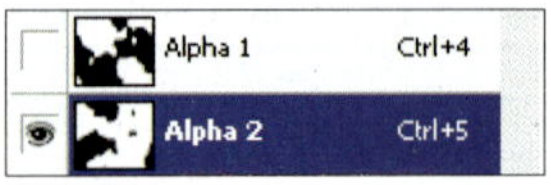

通道面板

填充前景色

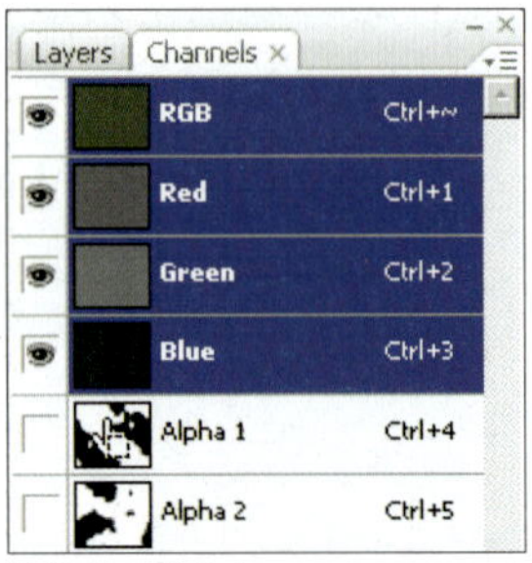

按住 Ctrl 键单击

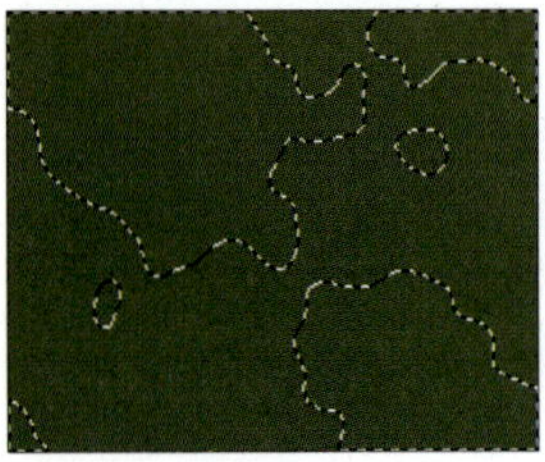

载入 Alpha 1 通道

Layer 1 图层

02 填充颜色

下面我们为图像填充颜色。

在图层面板中将前景色设置为 R:64,G:7,B:30，选择 Background 图层，按 Alt+Delete 快捷键填充前景色。单击图层面板下端的 Create a new layer（创建新图层）按钮，创建新的图层，将前景色设置为 R:193,G:121,B:36，按住 Ctrl 键单击通道面板中的 Alpha 1 通道载入选区，选择 Layer 1 图层，按 Alt+Delete 快捷键用前景色填充载入的选区。按 Ctrl+D 快捷键取消选区。

通过合成通道单纯化

本例中利用图章滤镜使云彩质感单纯化，选择 Calculations（计算）的源一样的通道，然后将 Blending（混合）设置为 Hard Mix（强混合）也可以使图像单纯化。但是由于效果比使用图章滤镜的效果更加粗糙，因此只有对通道应用高斯模糊后再进行计算，才能得到类似的效果。

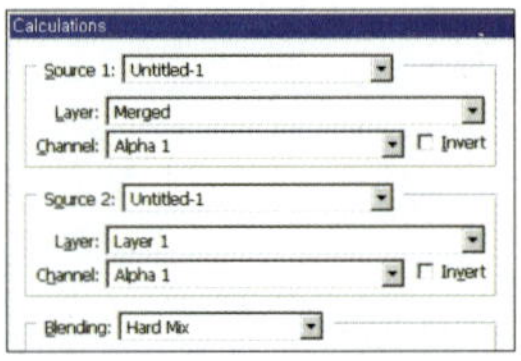

将“混合”设置为强混合模式

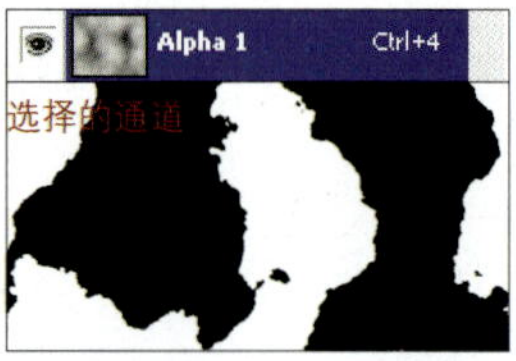

将计算设置为 Hard Mix 单纯化的效果

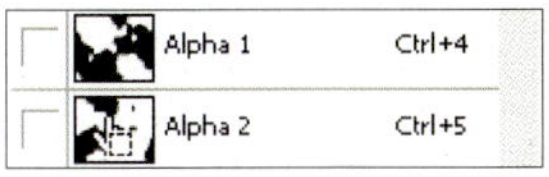

按住 Ctrl 键单击

对 Layer 2 图层填充颜色

再次单击图层面板下端的Create a new layer（创建新图层）按钮，创建新的图层。将前景色设置为R:140, G:98,B:57，按住Ctrl键单击通道面板中的Alpha 2通道载入选区。选择Layer 2图层，按Alt+Delete快捷键填充前景色。

按 Ctrl+D 快捷键取消选区，将 Layer 2 图层的 Opacity（不透明度）设置为 66%，表现青蛙花纹一样的效果。

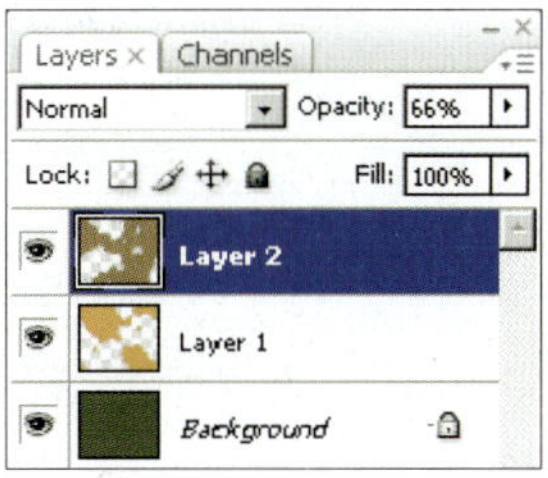

将不透明度设置为 66%

希望读者可以更改混合模式，尝试各种不同的效果。

调节不透明度

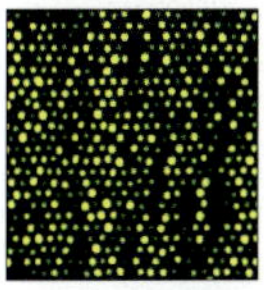

Texture 9

下面我们表现按照明暗程度分布粒子，表现好像点状粒子落下的效果。

Source Location

texture / texture9_finish.psd

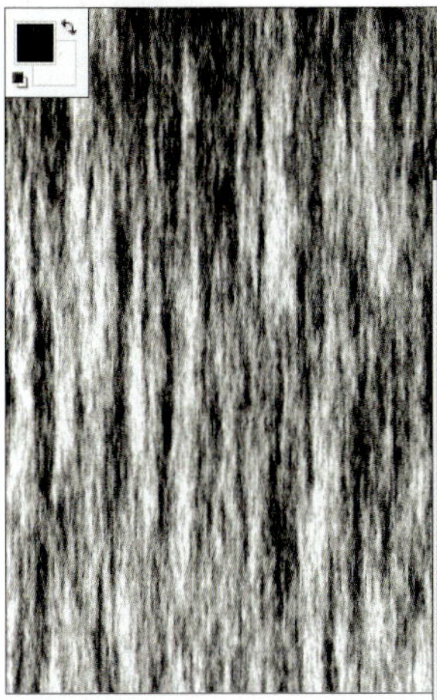

应用纤维滤镜

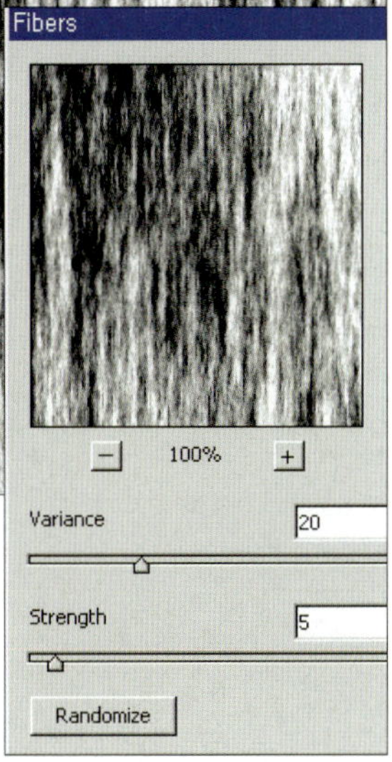

1-a

01 创建基本素材的质感及形态

创建宽为 500pixels，高为 400pixels 的文件。

确认前景色为黑色，背景色为白色，选择 Filter>Render>Fibers（滤镜 > 渲染 > 纤维）命令，如图 1-a 所示进行设置，表现纤维组织效果，这时如果勾选 Randomize（随机化）复选框，可以表现出多样的质感。

直接应用纤维

将纤维滤镜应用于图像，可能会弹出无法对没有像素的透明图层进行应用的提示框。如果想要应用滤镜，对图层填充颜色后即可应用。

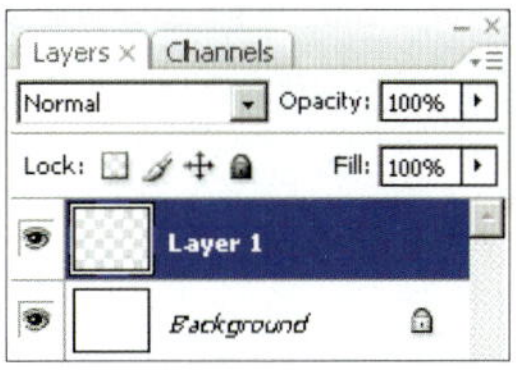

选择没有像素的图层的状态

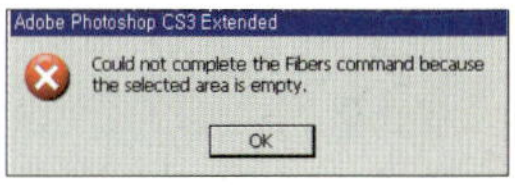

提示框

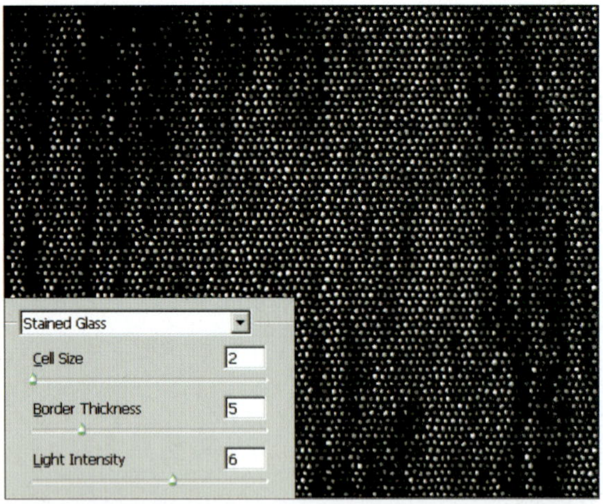

1-b

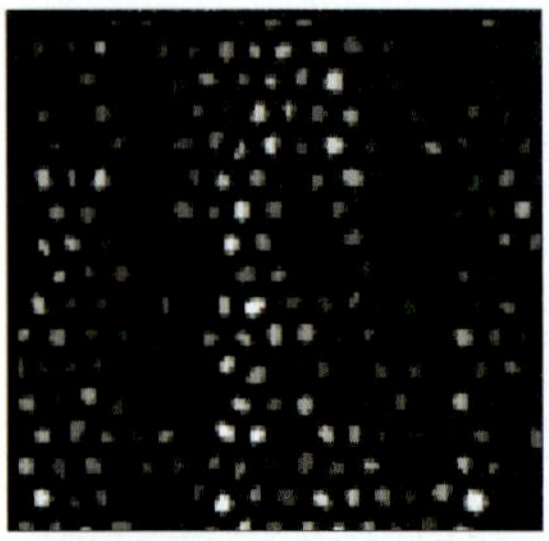

应用 Stained Glass 放大后的效果

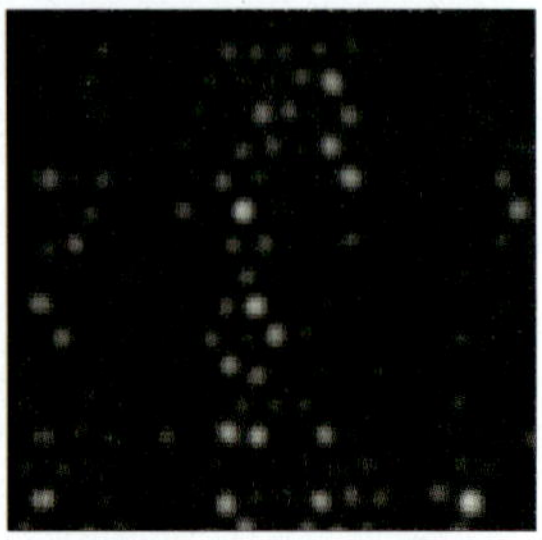

应用半调图案后放大的效果

选择 Filter>Texture>Stained Glass（滤镜 > 纹理 > 染色玻璃）命令，如图 1-b 所示进行设置，表现染色玻璃效果。如果图像过于明亮或者填充了颜色，请确认当前前景色的状态。染色玻璃滤镜是受前景色影响的滤镜。因此在应用滤镜前要先设置自己需要的颜色。

为了创建圆形粒子，选择 Filter >Sketch>Halftone Pattern（滤镜 > 素描 > 半调图案）命令，如图 1-c 所示进行设置。

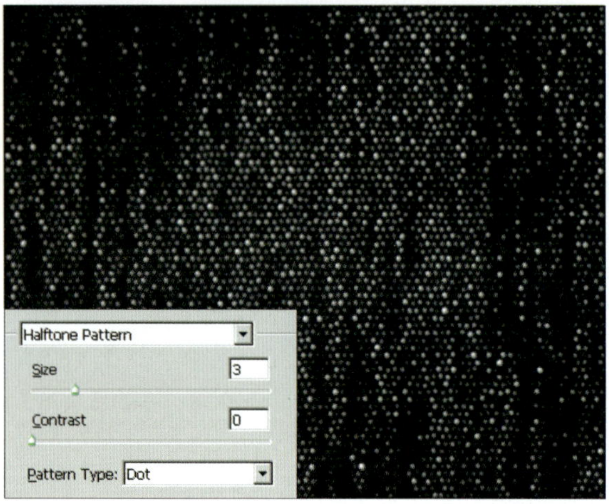

1-c

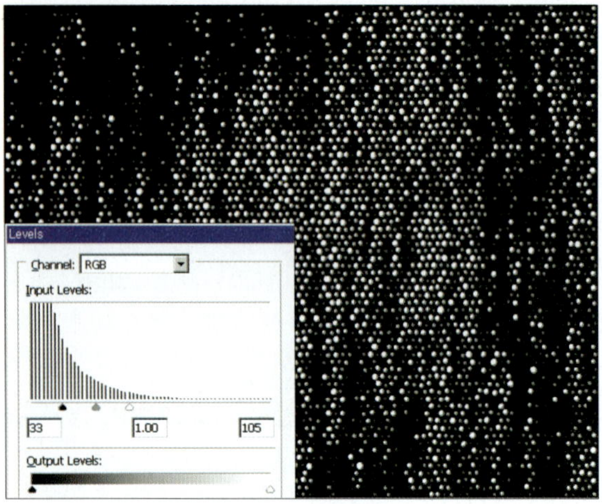

2-a

应用色阶

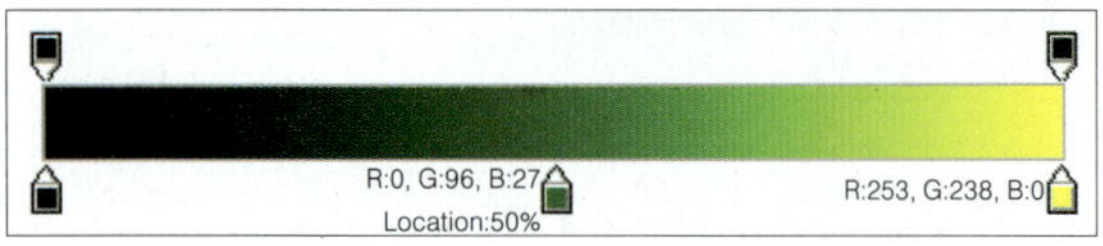

2-b

02 填充颜色

为了使模糊的图像更加鲜明，选择 Image>Adjustments>Levels（图像 > 调整 > 色阶）命令（Ctrl+L），如图 2-a 所示进行设置，增强对比效果。单击图层面板下端的 Create new fill or adjustment layer（创建新的填充或调整图层）按钮，选择 Gradient Map（渐变映射），如图 2-b 所示进行设置，填充颜色。

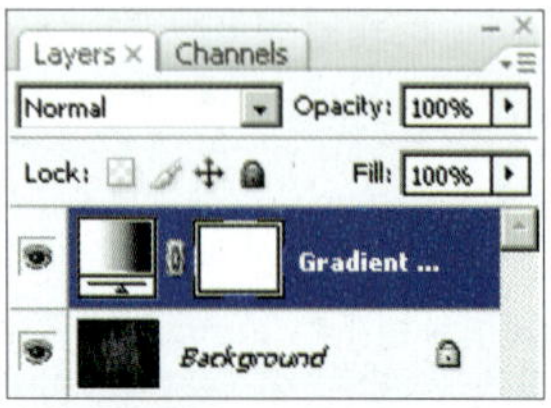

当前图层面板

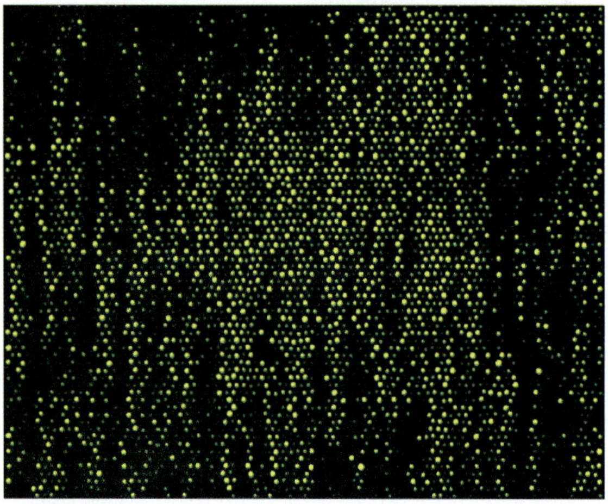

应用渐变映射

Texture 10

下面我们更改滤镜的数值，对同一滤镜进行多次应用，表现网状的质感。

Source Location

texture / texture10_finish.psd

应用前景色

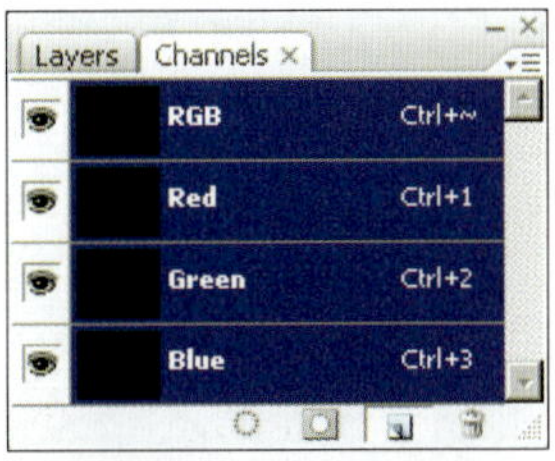

创建新通道

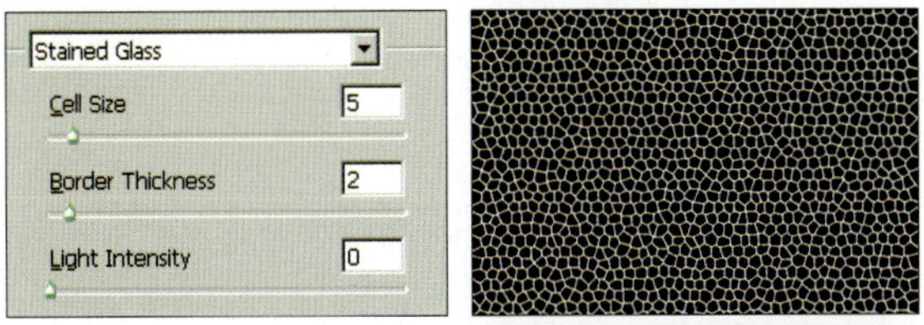

1-a

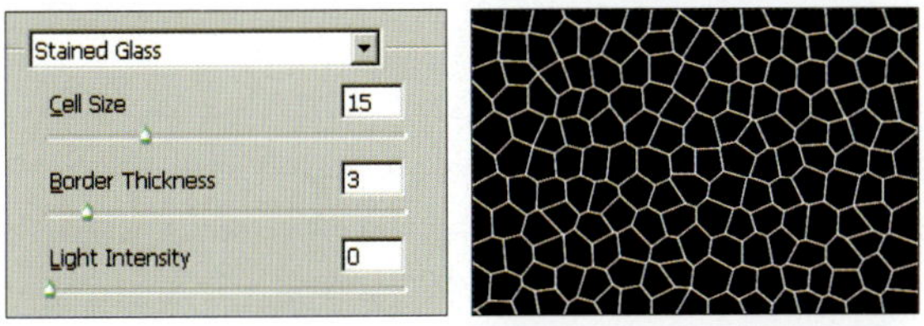

1-b

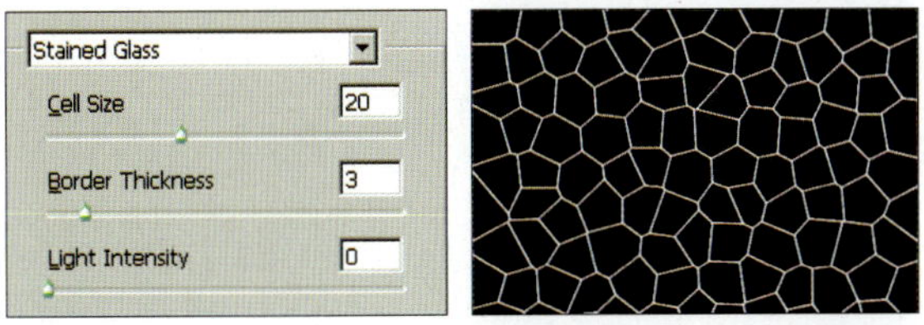

1-c

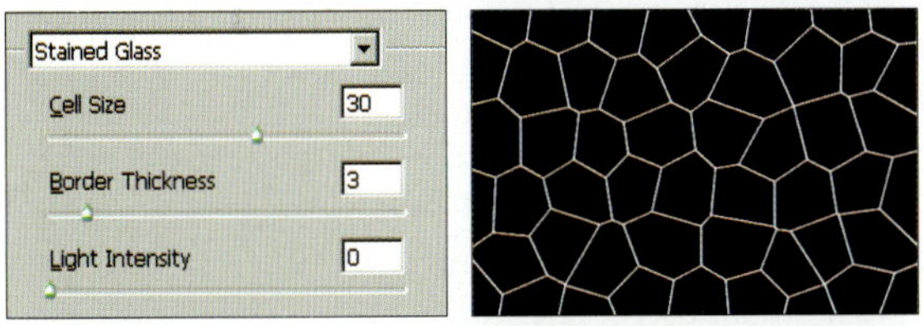

1-d

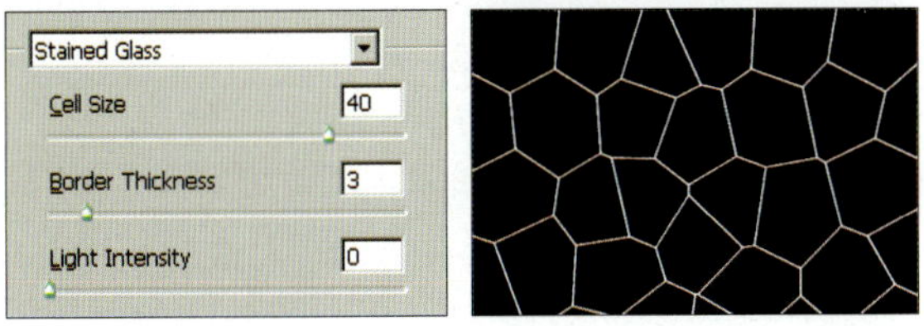

1-e

01 创建多样的基本素材

创建宽为 500pixels，高为 400pixels 的文件。

将前景色设置为R:197,G:230,B:191，按Alt+Delete快捷键为Background图层填充前景色。单击通道面板下端的Create new channel（创建新通道）按钮，创建新的通道，确认前景色为白色，选择Filter>Texture>Stained Glass（滤镜>纹理>染色玻璃）命令，如图1-a所示进行设置，表现间距较小的网状数量。

单击Create new channel（创建新通道）按钮创建新的通道，选择生成的Alpha 2通道，按Ctrl+Alt+F快捷键对染色玻璃对话框如图1-b所示进行设置后确认。

利用与上面相同的方法，来创建 Alpha 3, Alpha 4, 在 Alpha 5, Alpha 6 通道后分别对通道应用如图 1-c, 1-d, 1-e, 1-f 所示的染色玻璃滤镜。

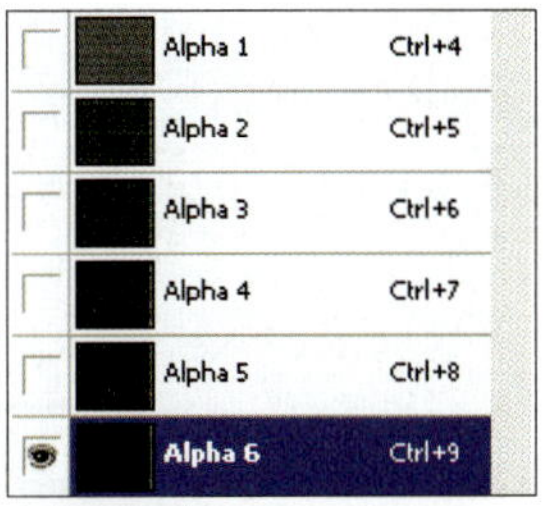

当前通道面板

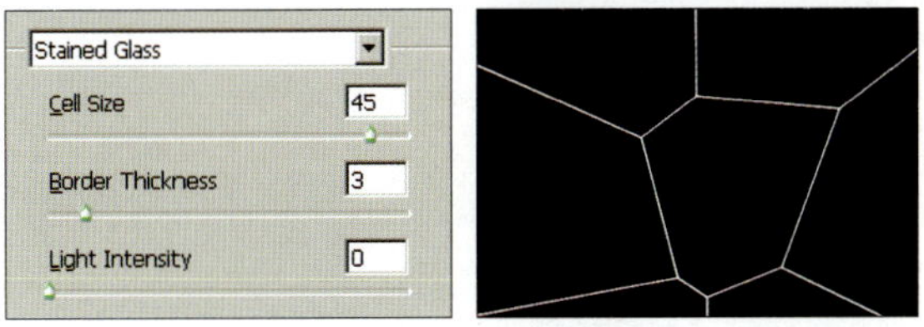

1-f

按住 Ctrl 键单击 Alpha 1 通道载入选区，单击图层面板下端的 Create a new layer（创建新图层）按钮创建新的图层，选择创建的 Layer 1 图层，将前景色设置为 R:60,G:184,B:120，按 Alt+Delete 快捷键填充前景色。

按 Ctrl 键单击

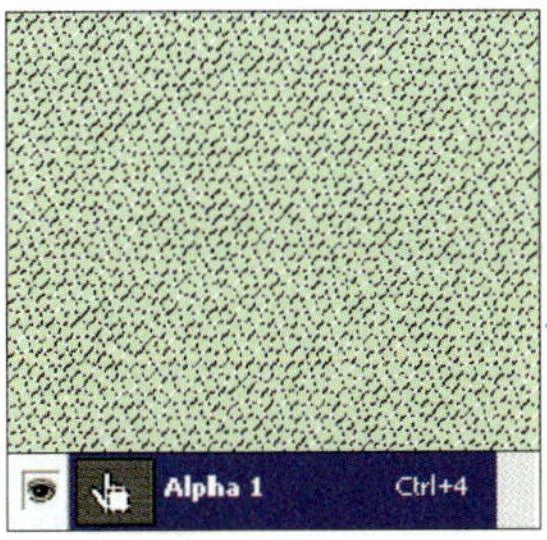

按 Ctrl 键单击

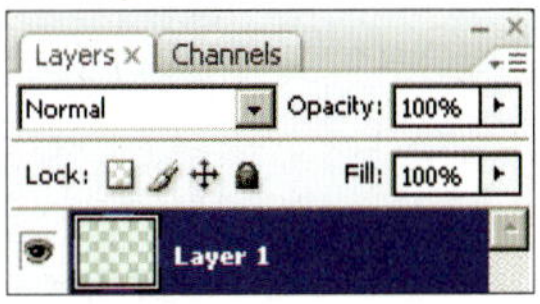

当前图层面板

当前文件

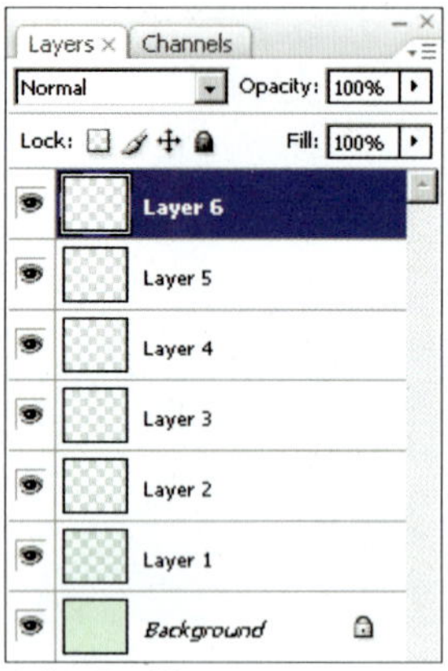

当前图层面板

利用与上面相同的方法分别载入 Alpha 2 通道至 Alpha 6 通道，创建新的图层后填充前景色，然后按 Ctrl+D 快捷键取消选区。

02 表现阴影及韵律感

选择 Layer 6 图层，单击图层面板下端的 Add a layer style（添加图层样式）按钮，选择 Drop Shadow（投影），如图 2-a 所示进行设置表现阴影。选择 Bevel and Emboss（斜面和浮雕），如图 2-b 所示进行设置，表现有韵律感的效果。

为了对其他图层也应用相同的图层样式，在 Layer 6 图层中单击鼠标右键，从弹出菜单中选择 Copy Layer Style（拷贝图层样式），复制图层样式。

选择 Layer 5 图层，按住 Shift 键单击 Layer 1 图层，选中除 Layer 6 和 Background 图层以外的图层，单击鼠标右键，选择 Paste Layer Style（复制图层样式），粘贴图层样式。

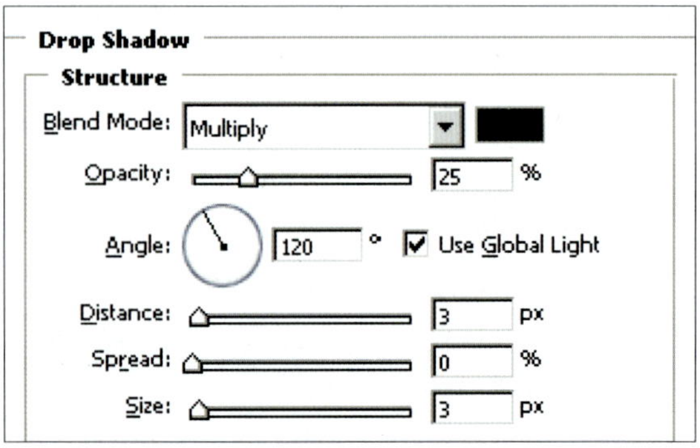

2-a

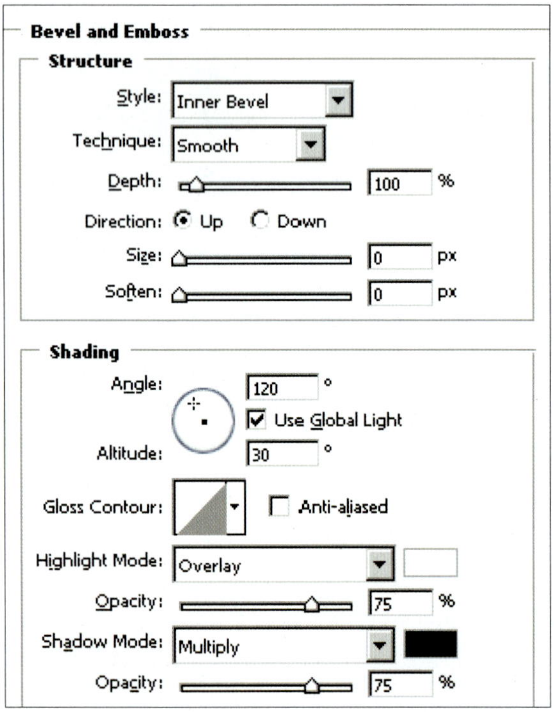

2-b

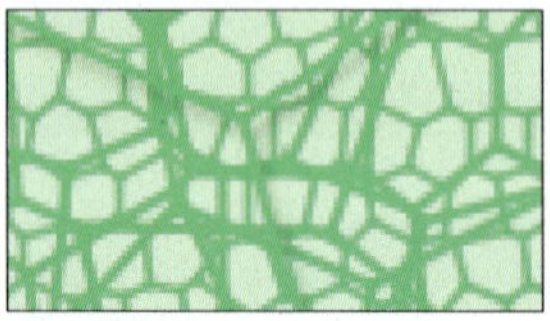

应用投影

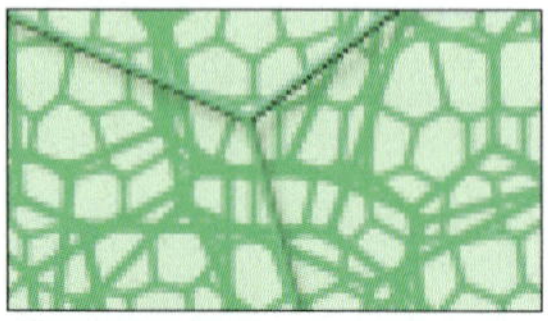

应用斜面和浮雕

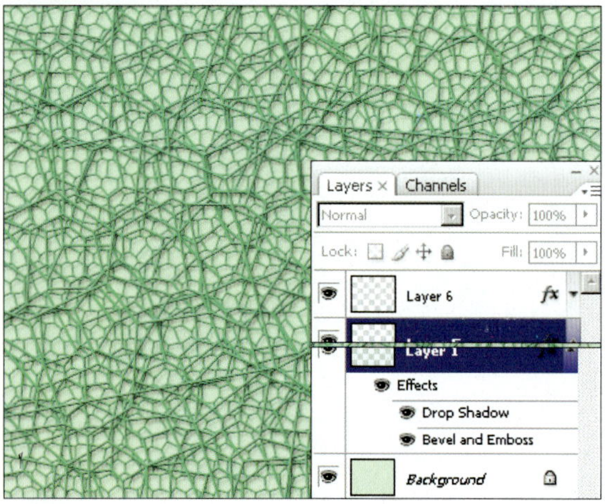

当前文件　当前图层面板

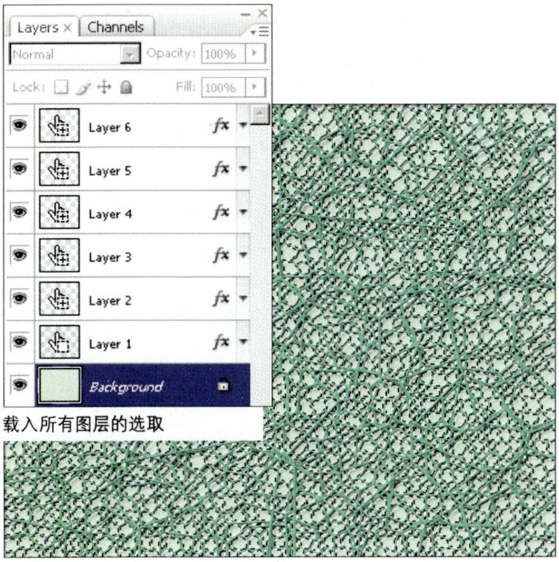

载入所有图层的选取

反转选区

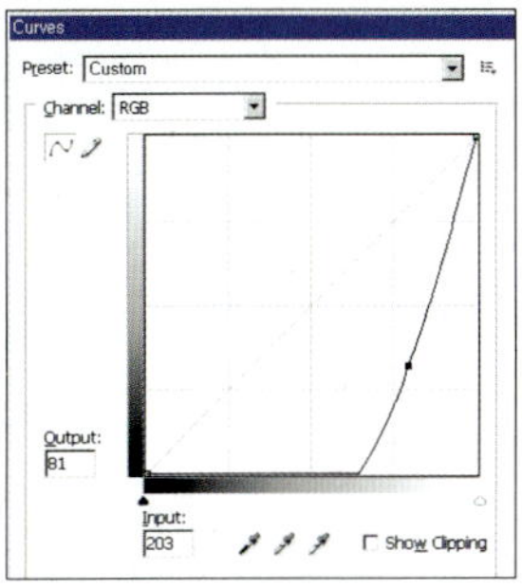

3-a

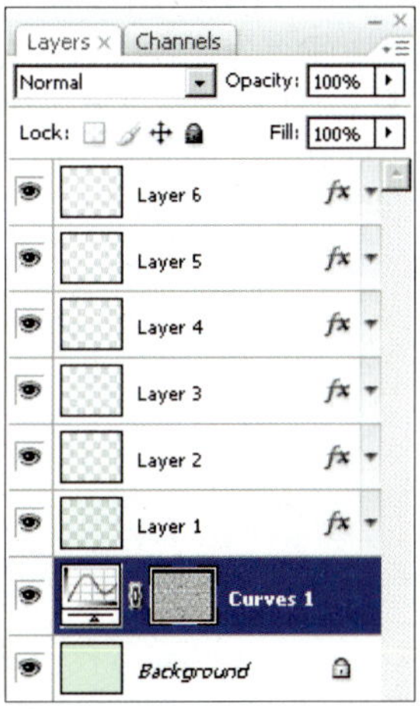

Curves 1 图层

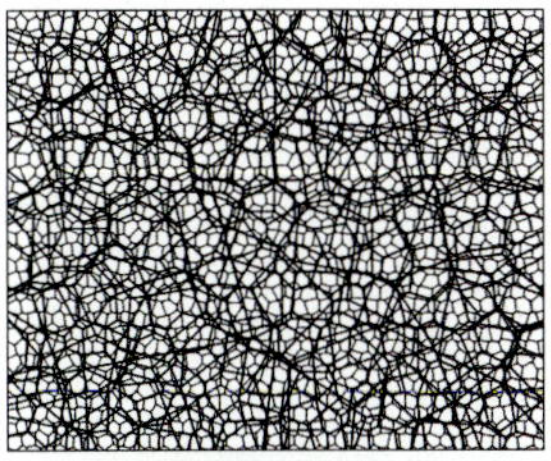

Curves 1 图层蒙版区域

应用调整曲线

03 应用形状表现其他质感

按住 Ctrl 键单击 Layer 1 图层载入选区，按住 Ctrl+Shift 快捷键分别单击 Layer 2, Layer 3, Layer 4, Layer 5, Layer 6 图层。

对载入的选区执行 Select>Inverse（选择 > 反选）命令（Shift+Ctrl+I）进行反转，选择 Background 图层，单击图层面板下端的 Create new fill or adjustment layer（创建新的填充或调整图层）按钮，选择 Curves（曲线），如图 3-a 所示进行设置。

在 Curves 1 图层中单击鼠标右键，从弹出菜单中选择 Copy Layer Style（拷贝图层样式），将 Layer 1 图层至 Layer 6 图层设置为非激活状态，表现出好像爬虫类生物的皮肤一样的质感。

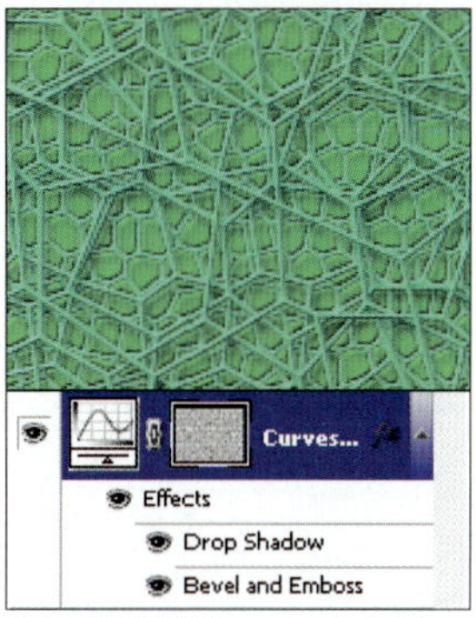

应用图层样式的 Curves 1 图层

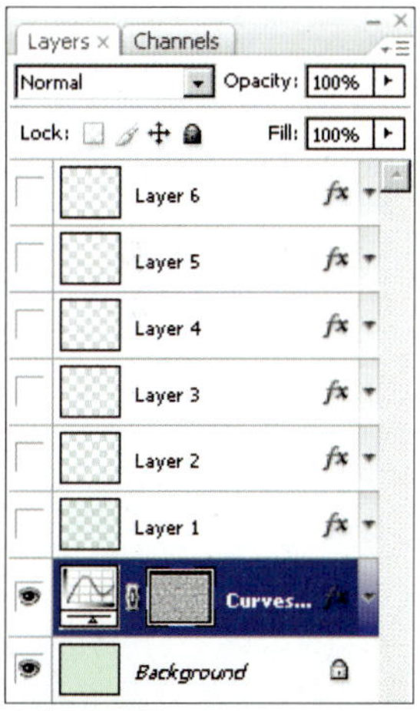

当前图层面板

只激活 Curves 1, Background 图层的状态

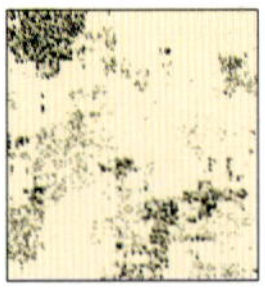

Texture 11

表现粗糙表面质感效果。

Source Location

texture / texture11_finish.psd

填充前景色

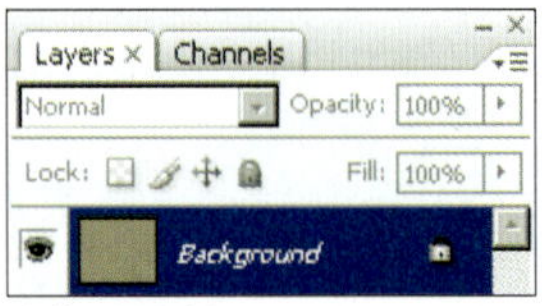

当前图层面板

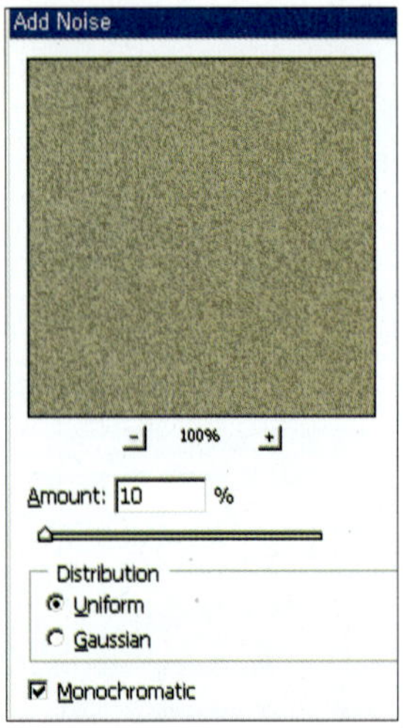

1-a

应用添加杂色滤镜

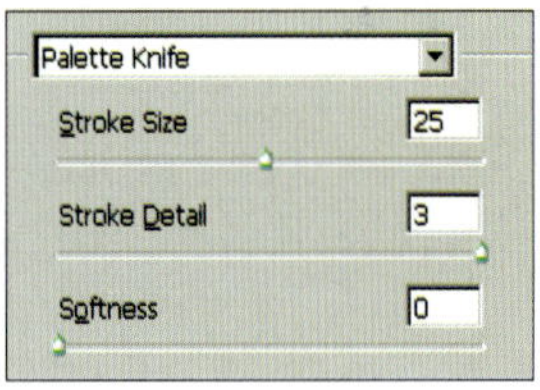

1-b

应用调色刀滤镜

应用绘画涂抹滤镜

01 制作粗糙质感 1

创建宽为 500pixels，高为 400pixels 的文件。

将前景色设置为 R:152,G:134,B:117，选择 Background 图层，按 Alt+Delete 快捷键填充前景色。

选择 Backgound 图层，选择 Filter>Noise>Add Noise（滤镜 > 杂色 > 添加杂色）命令，如图 1-a 所示进行设置，表现杂色效果。

选择 Filter >Artistic>Palette Knife（滤镜 > 艺术效果 > 调色刀）命令，如图 1-b 所示进行设置，表现用油画中使用的调色刀工具绘制的效果。

最后选择 Filter >Artistic> Film Grain（滤镜 > 艺术效果 > 胶片颗粒）命令，如图 1-c 所示进行设置，增强图像的对比，添加杂色，表现粗糙质感。

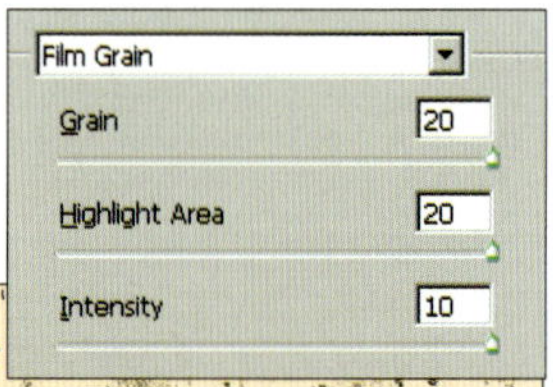

1-c

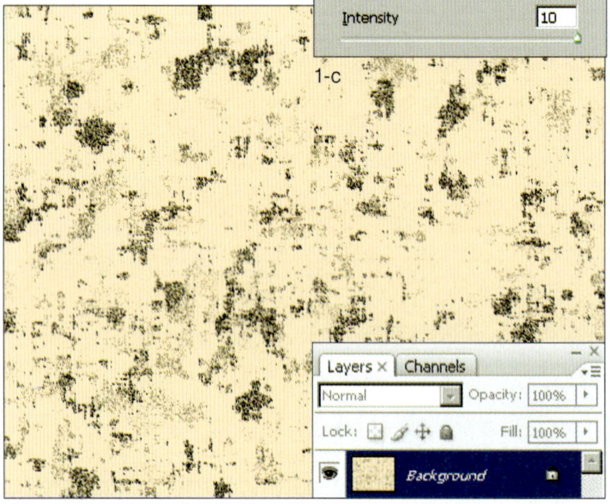

应用胶片颗粒滤镜

应用胶片颗粒滤镜后的图层面板

为了表现其他质感，单击图层面板下端的Create a new layer（创建新图层）按钮，创建新的图层，利用与上面相同的方法应用调色刀滤镜。然后选择Filter > Artistic>Paint Daubs（滤镜>艺术效果>绘画涂抹）命令，如图1-d所示进行设置，使边缘变得清晰，表现粗糙的质感。如果只想要清晰的形态，选择Filter> Sharpen>Unsharp Mask（滤镜>锐化>USM锐化）命令也可以得到相同的效果，但是绘画涂抹滤镜Daubs不仅可以表现出清晰的效果，还提供了多种选项设置，可以得到多样的质感。

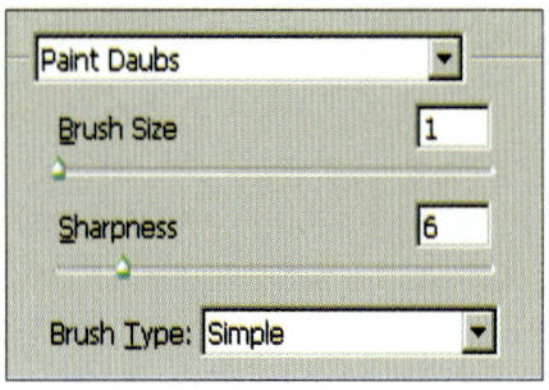

1-d

02 制作粗糙质感 2

下面我们来将粗糙的效果限定在图像的特定部分。

单击图层面板下端的 Create a new layer（创建新图层）按钮，创建新的图层，确认前景色为黑色，背景色为白色，然后选择 Filter>Render>Clouds（滤镜 > 渲染 > 云彩）命令，表现云彩效果。选择 Layer 2 图层，选择 Filter>Noise>Add Noise（滤镜 > 杂色 > 添加杂色）命令，如图 2-a 所示进行设置，表现杂色效果。为了扩大杂点，强调边缘，选择 Filter >Artistic>Paint Daubs（滤镜 > 艺术效果 > 绘画涂抹）命令，如图 2-b 所示进行设置。

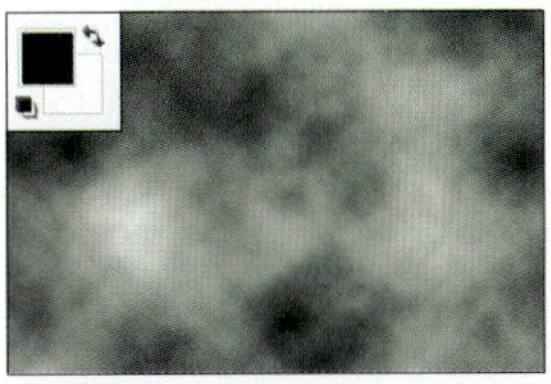

云彩滤镜

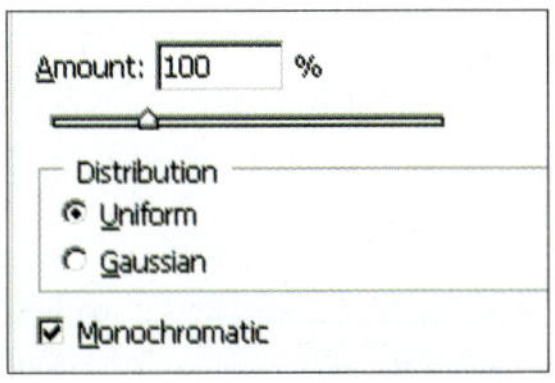

2-a

应用添加杂色滤镜

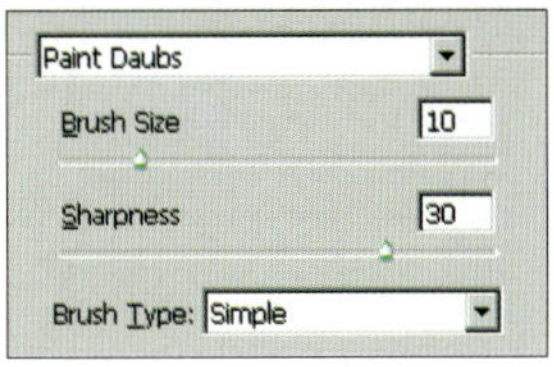

2-b

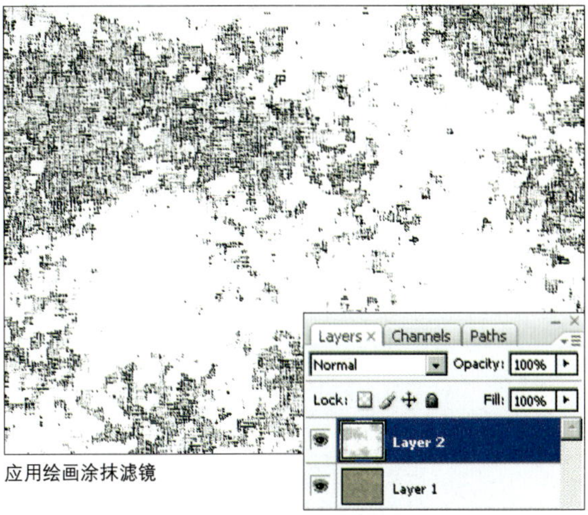

应用绘画涂抹滤镜

当前图层面板

Texture 12

下面我们来表现像是细菌或者组织结合在一起的形态。

Source Location

texture / texture12_finish.psd

创建粒子

创建宽为 500pixels，高为 400pixels 的文件。

确认前景色为黑色后，按 Alt+Delete 快捷键，将 Back ground 图层填充为黑色。

选择 Filter>Texture>Patchwork（滤镜 > 纹理 > 拼缀图）命令，如图 1-a 所示进行设置，创建小矩形形态的粒子。选择 Filter>Brush Strokes>Accented Edges（滤镜 > 画笔描边 > 强化的边缘）命令，如图 1-b 所示进行设置，使小矩形单纯化，表现边缘清晰的图像。

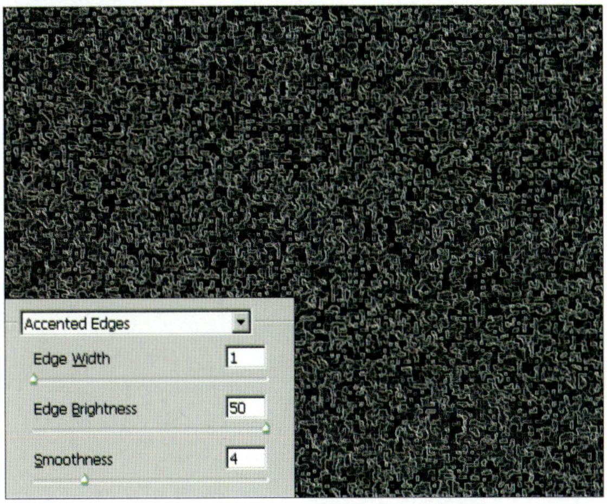

1-b

应用强化的边缘滤镜

应用拼缀图滤镜

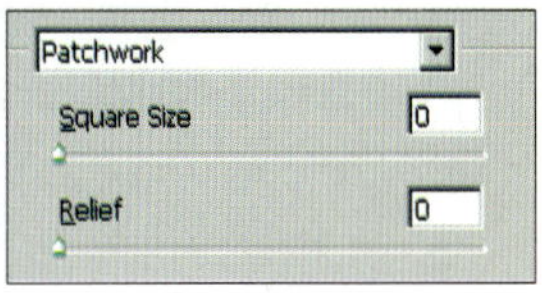

1-a

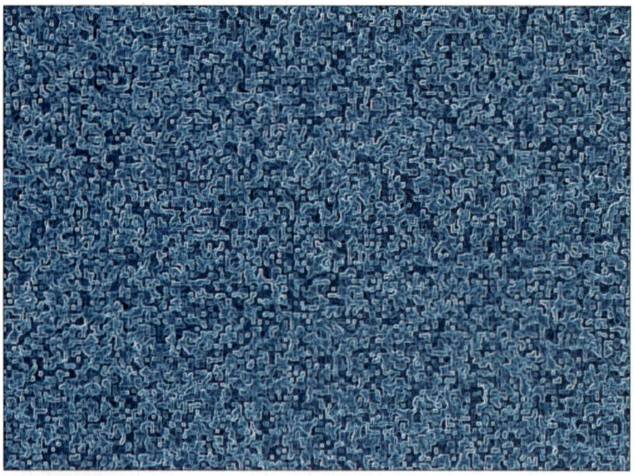

应用色彩平衡

单击图层面板下端的 Create new fill or adjustment layer（创建新的填充或调整图层）按钮，选择 Color Balance（色彩平衡），如图 1-c 所示进行设置，填充颜色。

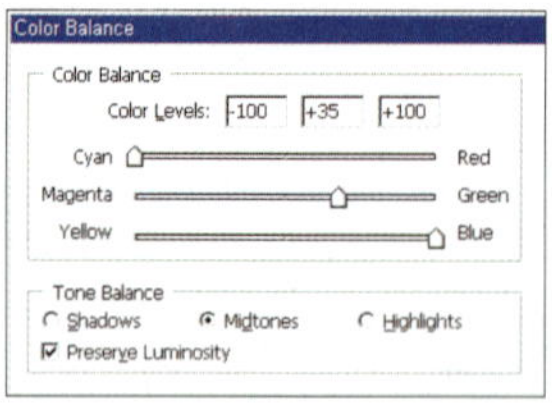

1-c

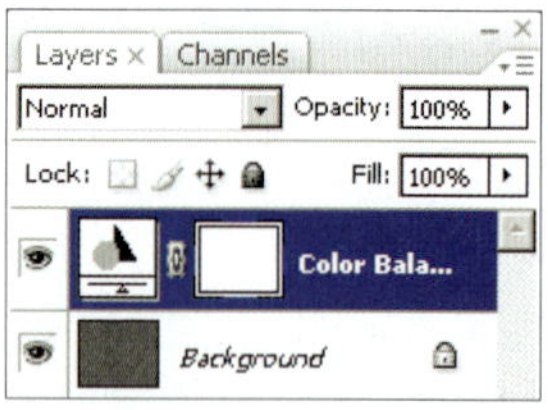

当前图层面板

Texture 13

下面我们来表现历史久远的模板表面质感。

Source Location

texture / texture13_finish.psd

创建粗糙的表面

创建宽为 500pixels，高为 400pixels 的文件。

选择 Background 图层，将该图层前景色设置为 R:127, G:83,B:12，按 Alt+Delete 快捷键填充前景色。

选择 Filter >Artistic>Film Grain（滤镜 > 艺术效果 > 胶片颗粒）命令，如图 1-a 所示进行设置，表现杂点效果。

选择 Filter>Brush Strokes>Ink Outlines（滤镜 > 画笔描边 > 墨水轮廓）命令，如图 1-b 所示进行设置，在杂点上表现钢笔效果，增强粗糙质感。为了创建其他的效果，单击图层面板下端的 Create a new layer（创建新图层）按钮创建新的图层，按 Alt+Delete 快捷键填充前景色后如图 1-c 所示对墨水轮廓滤镜进行设置。

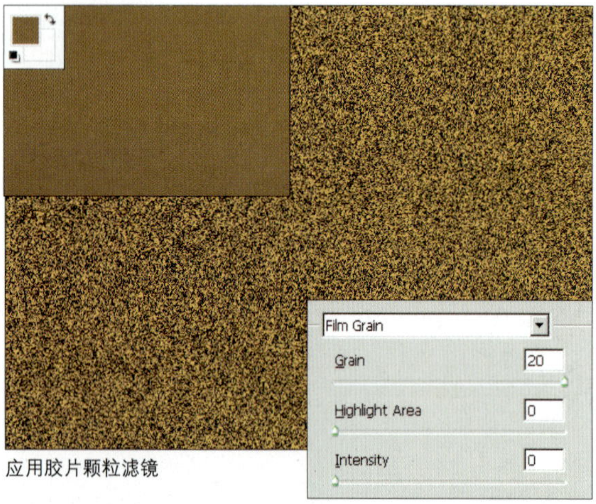

应用胶片颗粒滤镜

1-a

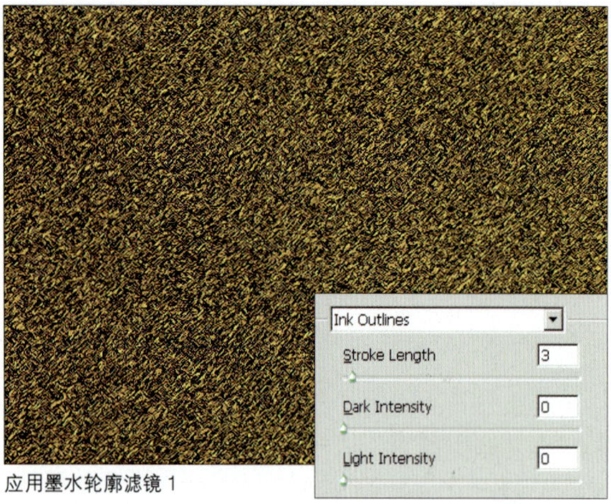

应用墨水轮廓滤镜 1

1-b

应用墨水轮廓滤镜 2

1-c

Texture 14

下面我们利用渐变表现菱形形态的质感。

Source Location

texture / texture14_finish.psd

创建菱形形态

创建宽为 500pixels，高为 400pixels 的文件。

选择 Background 图层，确认前景色为黑色，按 Alt+Delete 快捷键填充前景色。

选择渐变工具，在选项栏中将渐变条设置为 Fore ground to Background（前景到透明），Style（样式）设置为 Diamond Gradient（菱形渐变），Mode（模式）设置为 Screen（滤色），创建带有滤色混合模式的菱形渐变图形。

利用与上面相同的方法应用于文件，创建多个菱形渐变，选择 Filter >Sketch>Bas Relief（滤镜 > 素描 > 基底凸现）命令，如图 1-a 所示进行设置，表现立体的质感。然后为了添加粒子表现柔和的效果，选择 Filter> Noise>Add Noise（滤镜 > 杂色 > 添加杂色）命令，如图 1-b 所示进行设置。为了表现其他效果，单击图层面板下端的 Create a new layer（创建新图层）按钮创建新的图层，利用与上面相同的方法应用基底凸现滤镜，在图像中添加杂色，将 Amount（数量）设置为 50%。虽然应用了相同的滤镜，但是由于数量值不同，因而表现出不同的感觉。

渐变工具选项栏

应用前景色后应用渐变

应用最终渐变后的文件

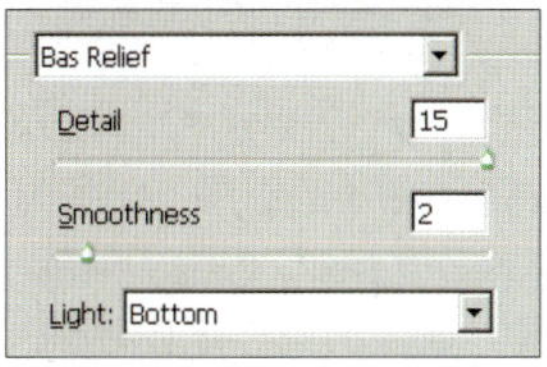

1-a

应用 Bas Relief

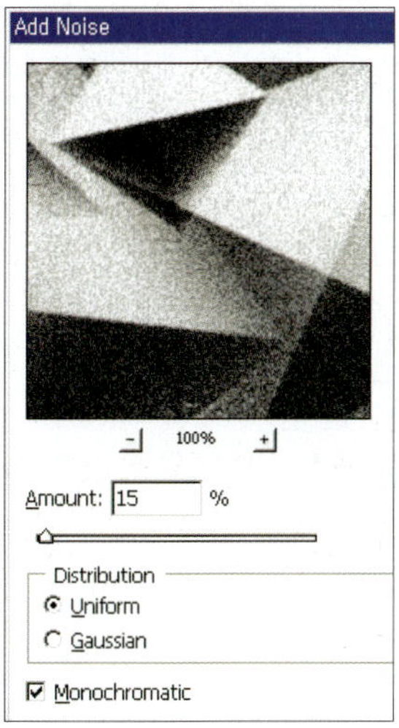

1-b

放大的效果

当前图层面板

应用添加杂色

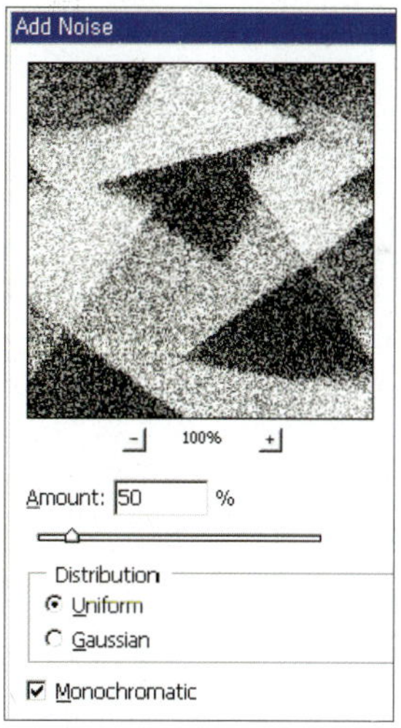

将数量设置为 50%

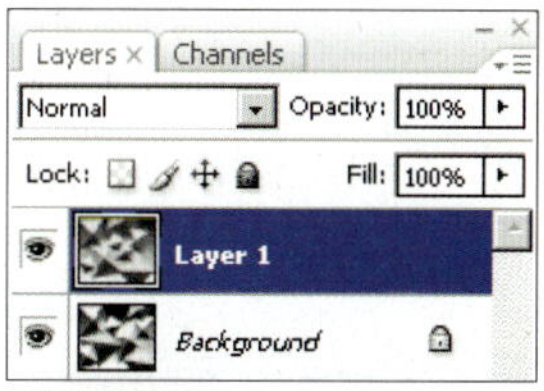

当前图层面板

将数量设置为 50%

Texture 15

下面我们表现发光的金属质感。

Source Location

texture / texture15_finish.psd

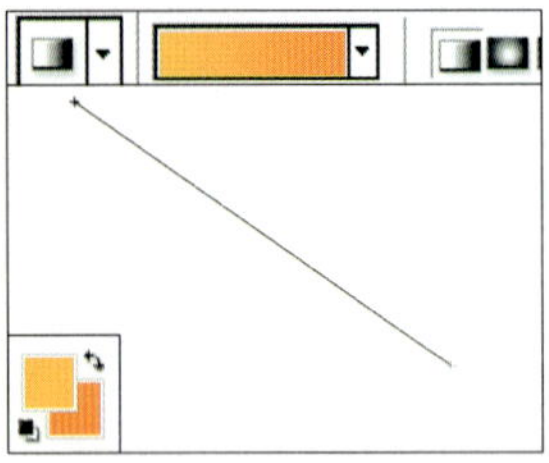

1-a

当前文件

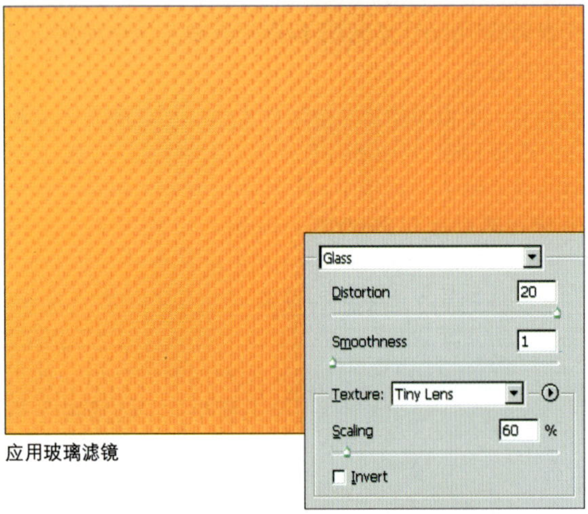

应用玻璃滤镜

1-b

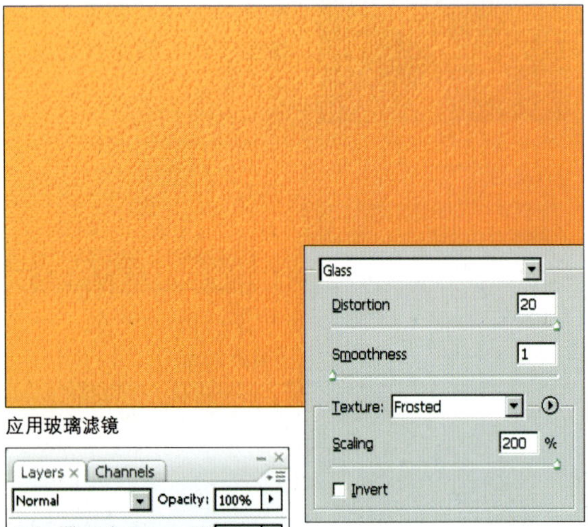

应用玻璃滤镜

1-c

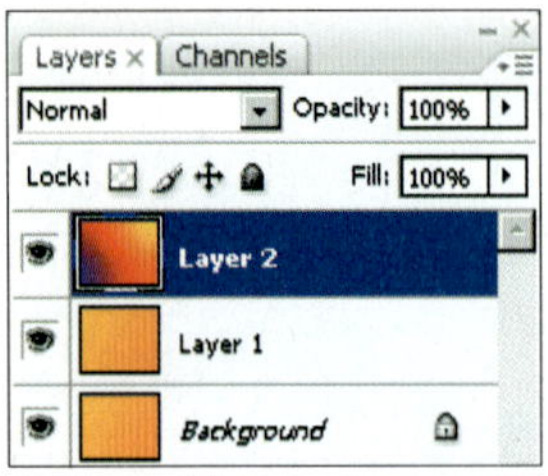

当前图层面板

创建多样的金属表面效果

创建宽为 500pixels，高为 400pixels 的文件。

将前景色设置为 R:247,G:148,B:29，背景色设置为 R:247,G:106,B:29，选择渐变工具，如图 1-a 所示对选项栏进行设置。然后在文件中按照从左上至右下的方向拖动，绘制渐变效果。选择 Filter>Distort>Glass（滤镜 > 扭曲 > 玻璃）命令，如图 1-b 所示进行设置，表现光泽的表面效果。

为了创建其他效果，单击图层面板下端的 Create a new layer（创建新图层）按钮创建新的图层，应用渐变后选择 Filter>Distort>Glass（滤镜 > 扭曲 > 玻璃）命令，如图 1-c 所示进行设置，表现历史久远的效果。

下面重新对渐变条进行设置，表现其他效果。创建新的图层后选择渐变工具，在选项栏中单击渐变条，选择Blue,Red,Yellow渐变，然后在文件中按照对角线方向拖动绘制。选择Filter>Distort>Glass（滤镜>扭曲>玻璃）命令，如图1-a所示进行设置，表现出梦幻般的质感。单一色调中没有任何变化，色彩越丰富，表现的效果越强烈。

渐变工具选项栏

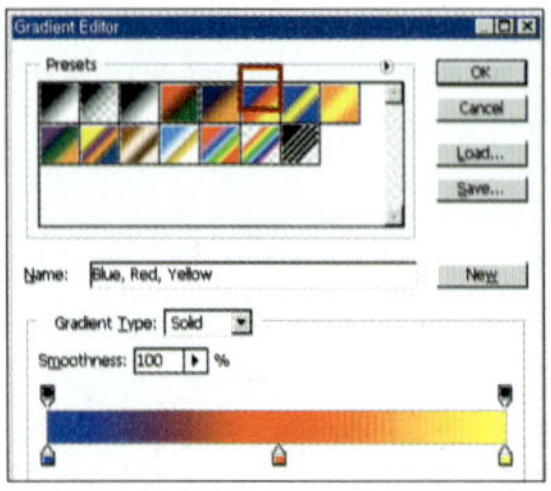

选择颜色

在文件中拖动绘制

应用玻璃滤镜

Texture 16

下面我们在金属表面上表现出发际线一样的质感。

Source Location

texture / texture16_finish.psd

创建 Hair Line 质感

创建宽为 500pixels，高为 400pixels 的文件。

选择渐变工具，在选项栏中单击渐变条，在弹出的 Gradient Editor（渐变编辑器）对话框中如图 1-a 所示对渐变条进行设置。

在文件中按照射线方向拖动绘制渐变效果。为了应用杂色效果，选择 Filter>Noise>Add Noise（滤镜 > 杂色 > 添加杂色）命令，如图 1-b 所示进行设置。为了表现横向划痕效果，选择 Filter>Blur>Motion Blur（滤镜 > 模糊 > 动感模糊）命令，如图 1-c 所示进行设置，增加杂点。

为了表现对比强烈的效果，应选择 Filter>Sharpen>Unsharp Mask（滤镜 > 锐化 >USM 锐化）命令，如图 1-d 所示进行设置。

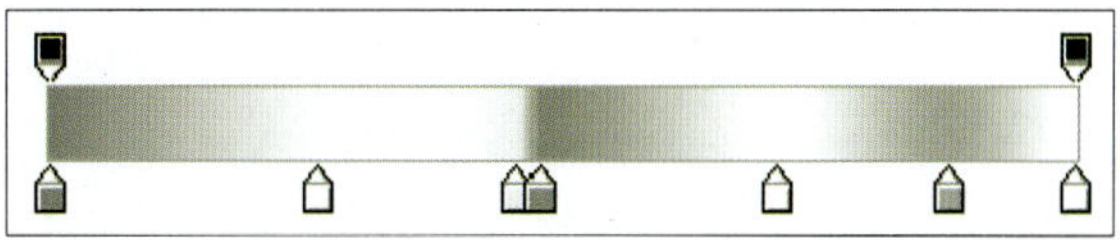

1-a

渐变工具选项栏

应用渐变

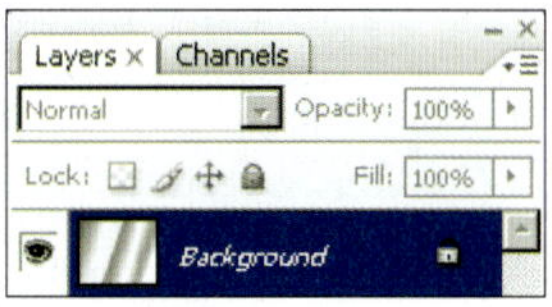

当前图层面板

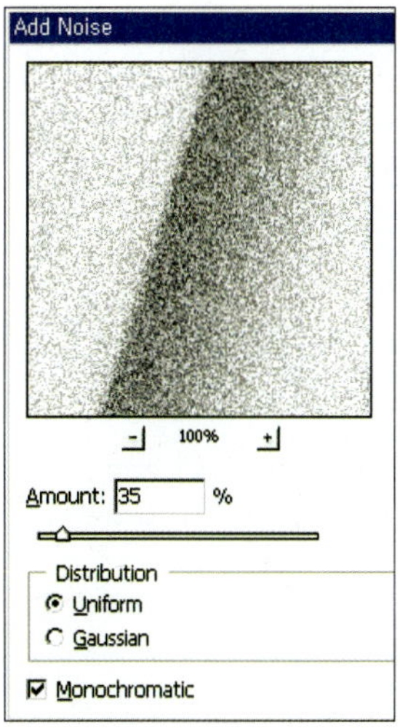

1-b

应用添加杂色滤镜

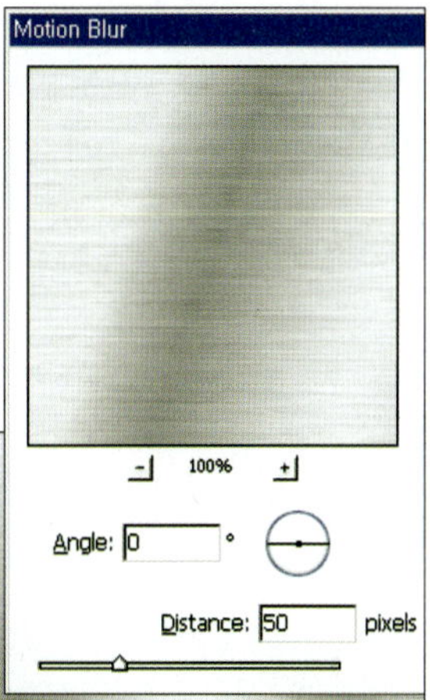

1-c

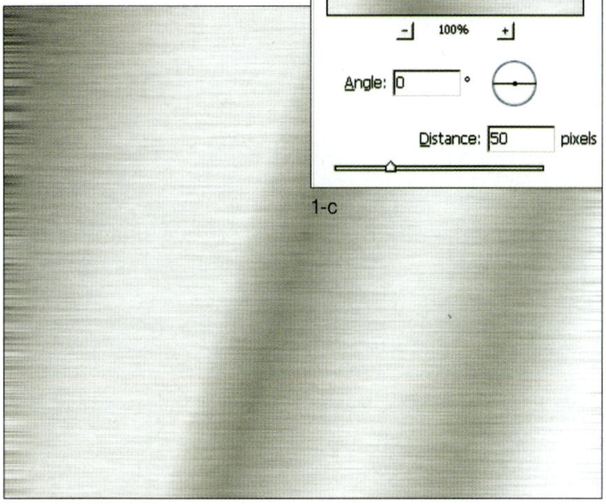

应用动感模糊滤镜

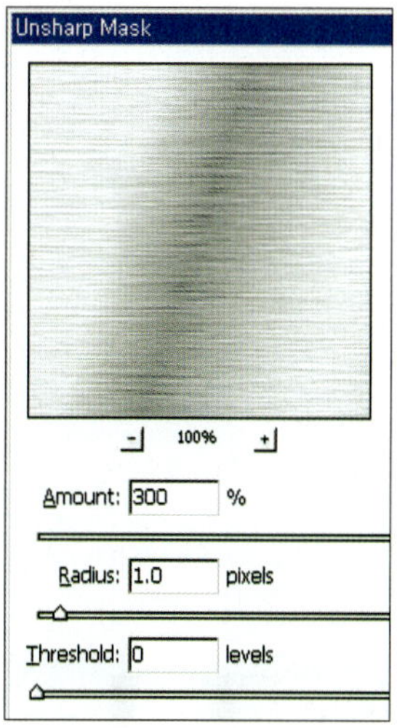

1-d

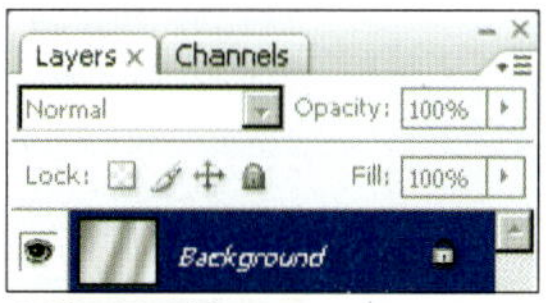

当前图层面板

应用 USM 锐化滤镜

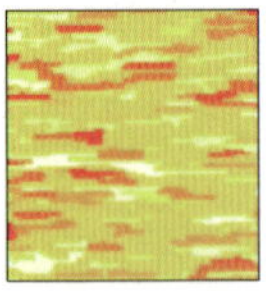

Texture 17

下面我们来表现绘画般的水波纹质感。

Source Location

texture / texture17_finish.psd

创建水波纹质感

创建宽为 500pixels，高为 400pixels 的文件。

选择Background图层，选择Filter>Noise>Add Noise（滤镜>杂色>添加杂色）命令，如图1-a所示进行设置。由于粒子较为粗糙且对比强烈，选择Filter>Blur>Gaussian Blur（滤镜>模糊>高斯模糊）命令，如图1-b所示进行设置。选择Filter>Stylize> Wind（滤镜>风格化>风）命令，如图1-c所示进行设置，表现好像从右至左逐渐变化的质感。

选择 Filter >Artistic>Cutout（滤镜 > 艺术效果 > 木刻）命令，如图 1-d 所示进行设置，使质感单纯化。然后选择 Layer>New Adjustment Layer>Gradient Map（图层 > 新建调整图层 > 渐变映射）命令，在 Gradient Map（渐变映射）对话框中单击渐变条，在弹出的 Gradient Editor（渐变编辑器）对话框中如图 1-e 所示对渐变条进行设置。

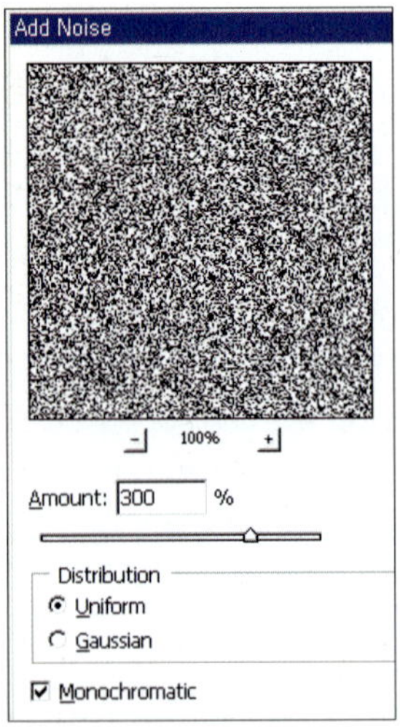

1-a

应用添加杂色滤镜

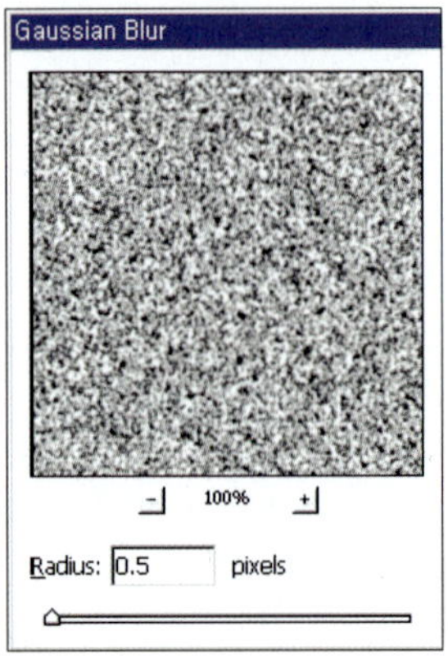

1-c

应用高斯模糊滤镜

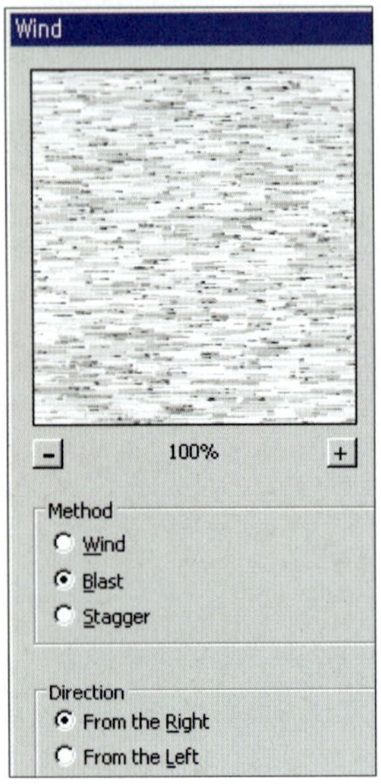

1-b

应用风滤镜

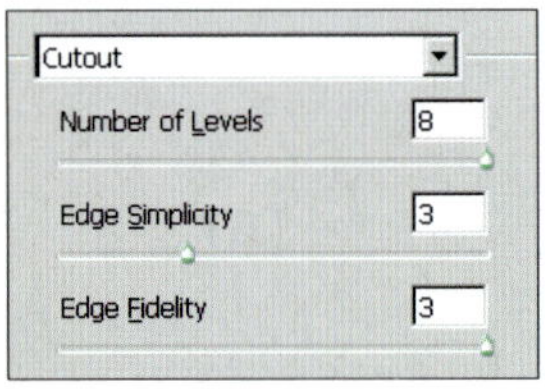

1-d

应用木刻滤镜

1-e

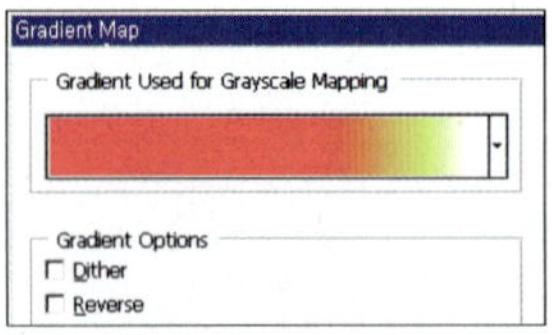

渐变映射对话框

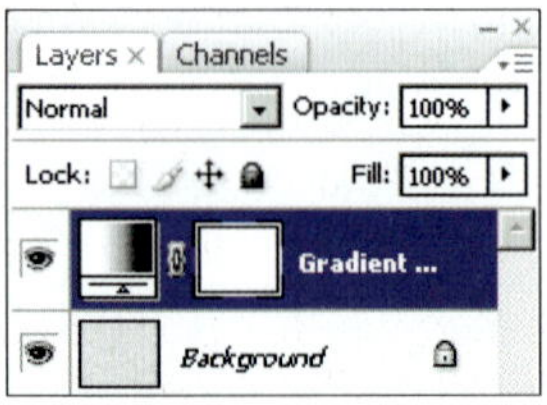

当前图层面板

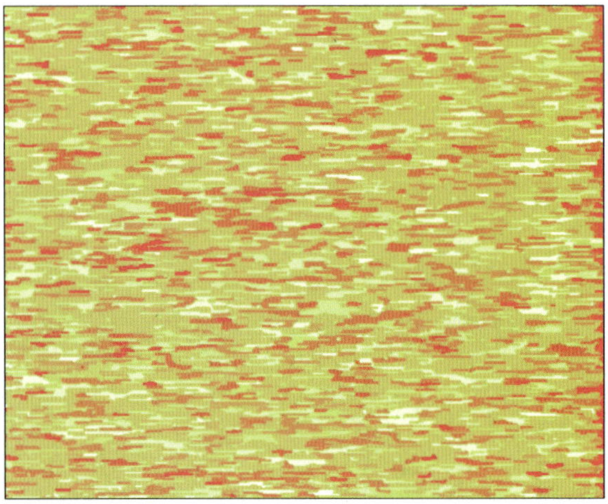

应用渐变映射

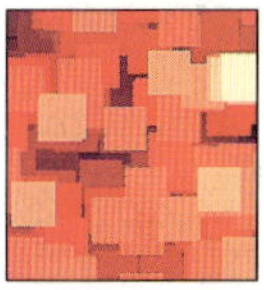

Texture 18

下面我们来表现由矩形构成的虚拟空间效果。

Source Location

texture / texture18_finish.psd

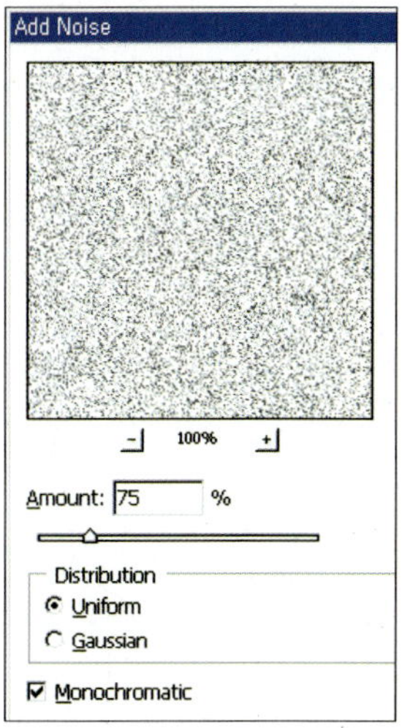

1-a

应用添加杂色滤镜

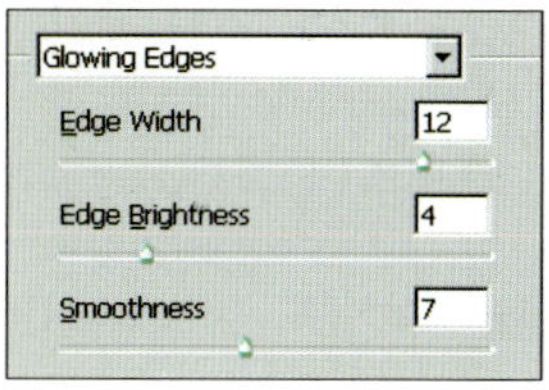

1-b

01 创建矩形形态

创建宽为 500pixels，高为 400pixels 的文件。

选择 Filter>Noise>Add Noise（滤镜 > 杂色 > 添加杂色）命令，如图 1-a 所示进行设置，表现杂点效果。选择 Filter>Stylize>Glowing Edges（滤镜 > 风格化 > 照亮边缘）命令，如图 1-b 所示进行设置，为粒子应用发光效果，表现矩形形态的图像。矩形形态的大小根绝 Edge Width（边缘宽度）值的设置有所不同。由于本步骤中边缘宽度值为 14，因此对于创建大的矩形形态有了一定限制。

应用照亮边缘滤镜

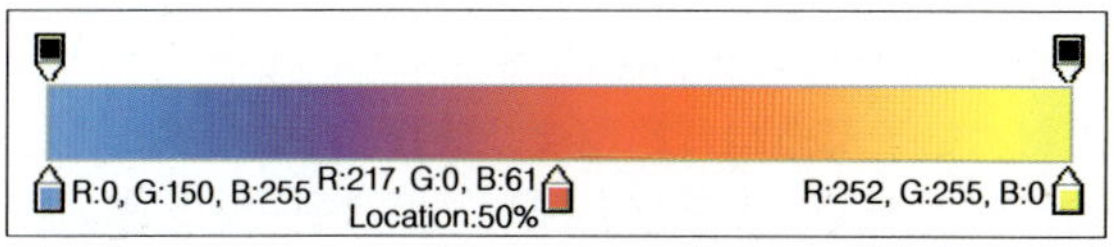

1-a

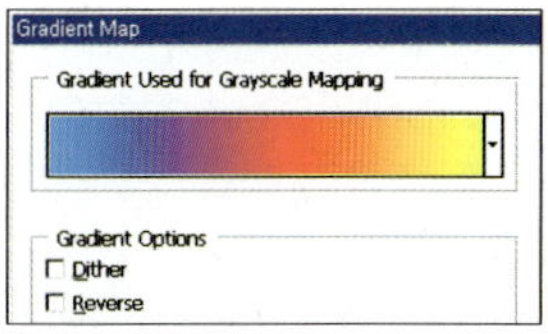

渐变映射对话框

应用渐变映射

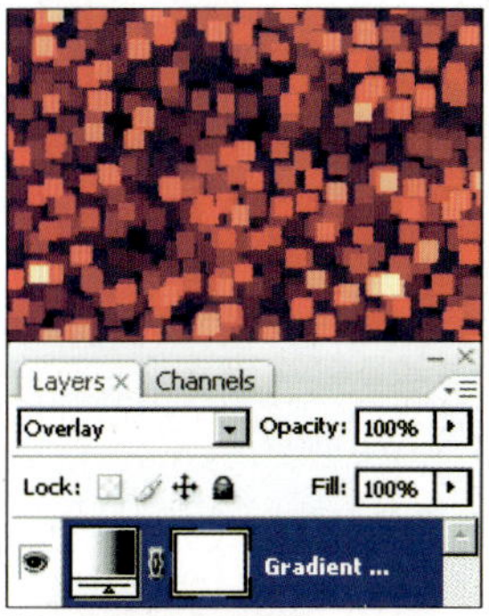

将混合模式设置为叠加

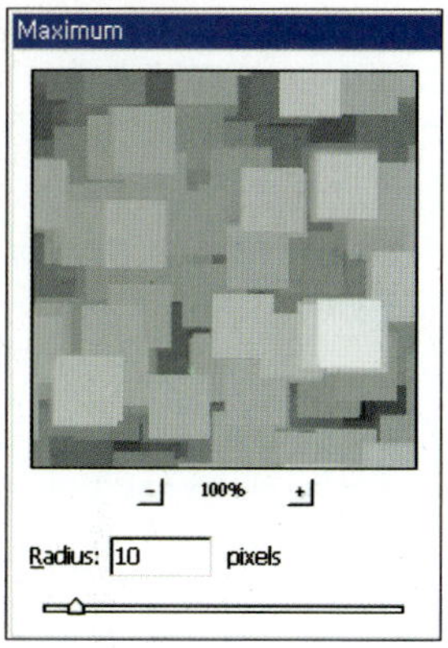

1-b

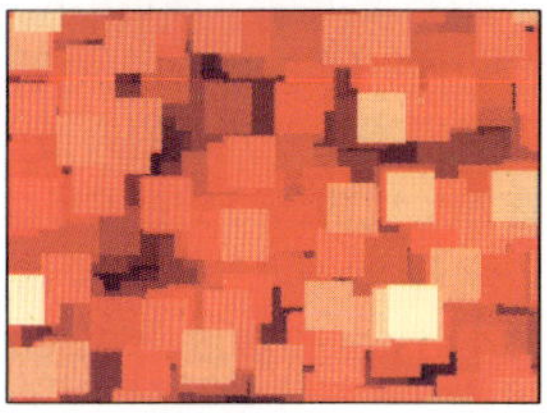

将模式设置为叠加

02 填充颜色

下面我们为矩形形态应用颜色并放大。

首先选择 Layer>New Adjustment Layer>Gradient Map（图层 > 新建调整图层 > 渐变映射）命令，在弹出的 Gradient Map（渐变映射）对话框中单击 Gradient Edit（渐变编辑器）。

在 Gradient Editor（渐变编辑器）对话框中如图 1-a 所示对渐变条进行设置，并将生成的 Gradient Map 1 图层的混合模式设置为 Overlay（叠加）。

选择 Background 图层，选择 Layer>New>Layer via Copy（图层 > 新建 > 通过复制的图层）命令（Ctrl+J）进行复制。选择复制得到的 Background copy 图层，为了放大矩形形态，选择 Filter>Other> Maximum（滤镜 > 其他 > 最大化）命令，如图 1-b 所示进行设置。

为了使放大的矩形形态图像的边缘表现得更加清晰，选择 Filter>Sharpen> Un sharp Mask（滤镜 > 锐化 > USM 锐化）命令，如图 1-c 所示进行设置。

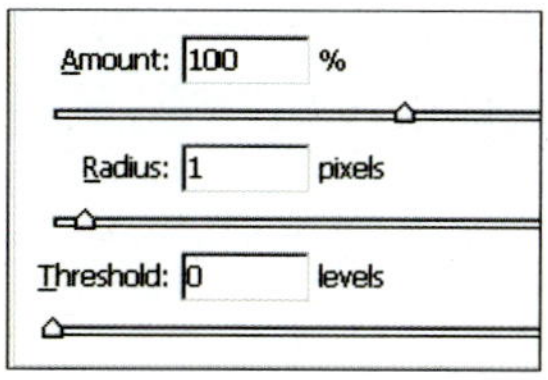

1-c

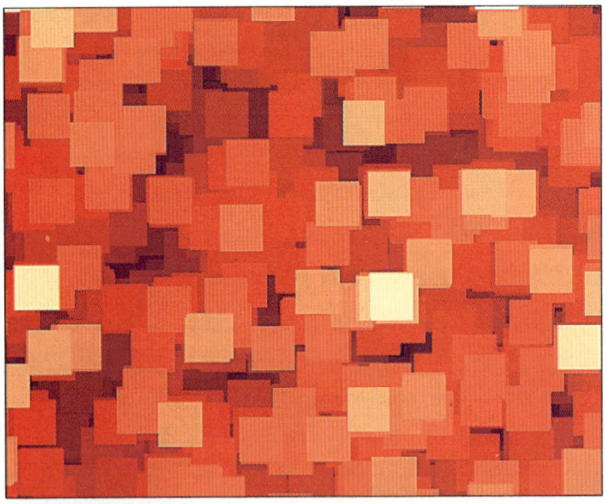

应用 USM 锐化滤镜

如果想要放大杂点粒子

本步骤中是创建矩形后放大图像，如果在步骤 01 中应用杂色滤镜后直接为了放大粒子应用最大化滤镜，会得到如左图所示的变亮并放大的填充为白色的图像效果。

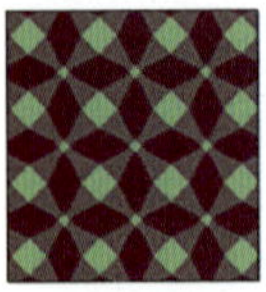

Texture 19

下面我们在基本的图案图像上应用多种滤镜表现多种图案。

Source Location

texture / texture19_start.psd
/ texture19_finish.psd

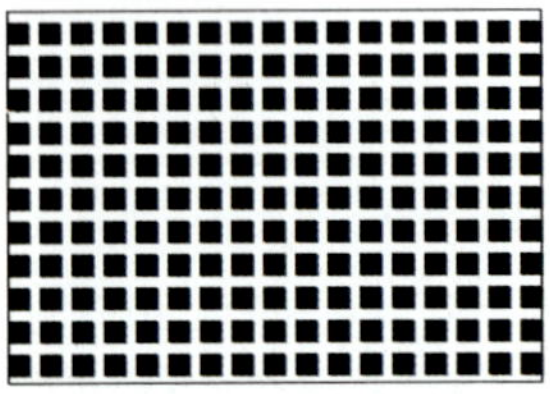

texture19_start.psd 文件

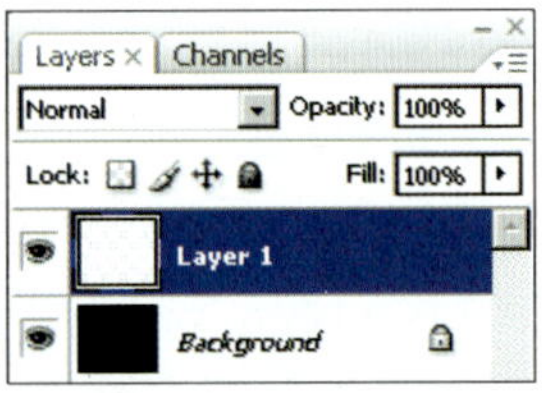

图层面板

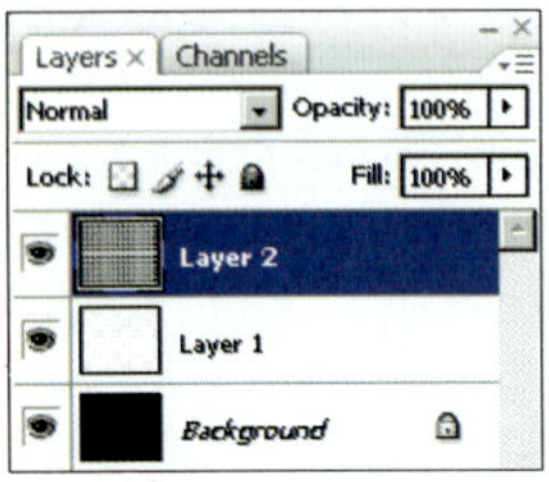

Layer 2 图层

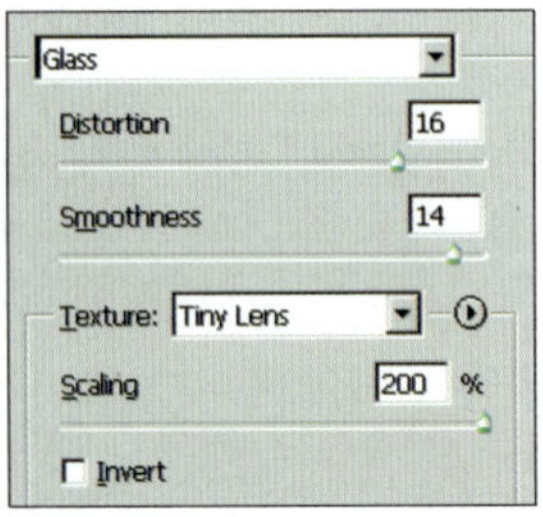

1-a

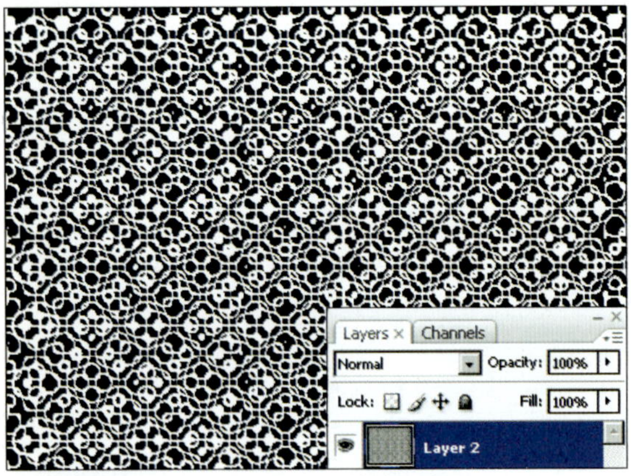

应用玻璃滤镜

当前图层面板

01 利用基本形态创建图案

打开 texture19_start.psd 文件。

素材由格子形态构成的图像。选择 Layer 1 图层，按 Ctrl+A 快捷键全选文件，为了复制当前可见区域，选择 Edit>Copy Merged（编辑 > 复制合并）命令（Ctrl+Shift+C），然后按 Ctrl+V 快捷键粘贴。选择粘贴得到的 Layer 2 图层，选择 Filter>Distort>Glass（滤镜 > 扭曲 > 玻璃）命令，如图 1-a 所示进行设置，表现扭曲的效果。

粘贴

为了提取图像中的白色区域，选择 Layer 2 图层，按 Ctrl+A 快捷键全选，按 Ctrl+C 快捷键复制。单击通道面板下端的 Create new Channel（创建新通道）按钮创建新的通道，然后按 Ctrl+V 快捷键粘贴。像上面的步骤这样利用图层进行制作的方法，为的只提取图像中的白色区域，在通道中粘贴基本的格子图案后，应用多种滤镜可以表现多样的效果。

首先将 Layer 2 图层设置为非激活状态，选择 Layer 1 图层，按 Ctrl+A 快捷键粘贴，然后按 Ctrl+C 快捷键复制。

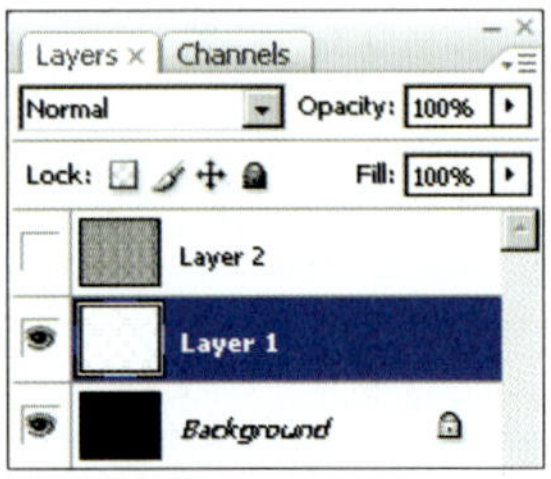

复制 Layer 1 图层

单击通道面板下端的 Create new Channel（创建新通道）按钮创建新的通道，选择生成的通道，按 Ctrl+V 快捷键粘贴，然后按 Ctrl+D 快捷键取消选区，以便进行下面的操作。

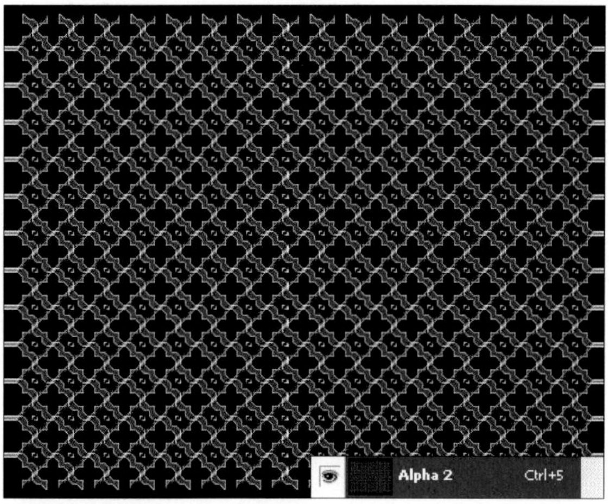

应用彩色铅笔滤镜

选择 alpha 2 通道，选择 Filter >Artistic>Colored Pencil（滤镜 > 艺术效果 > 彩色铅笔）命令，如图 1-b 所示进行设置。在照片图像中应用彩色铅笔滤镜，可以表现利用彩色铅笔绘制的效果，但是应用在这样形态单一的通道中，会表现完全不同的图像。当应用滤镜的对象不是普通图像的时候，可以表现出意想之外的效果，也许会有新的发现。

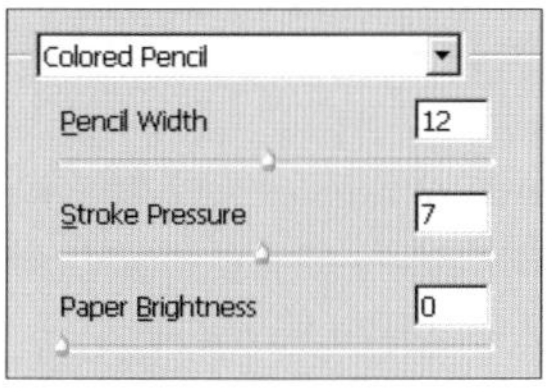

1-b

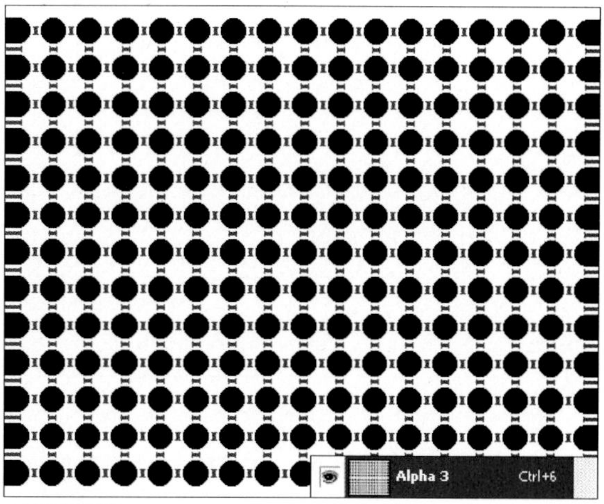

应用壁画滤镜

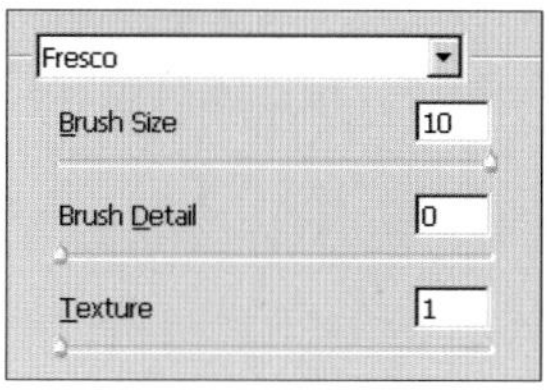

1-c

创建通道，然后按 Ctrl+V 快捷键在创建的通道中粘贴复制的图像，然后按 Ctrl+D 快捷键取消选区。

选择 Alpha 3 通道，选择 Filter >Artistic>Fresco（滤镜 > 艺术效果 > 壁画）命令，如图 1-c 所示进行设置。

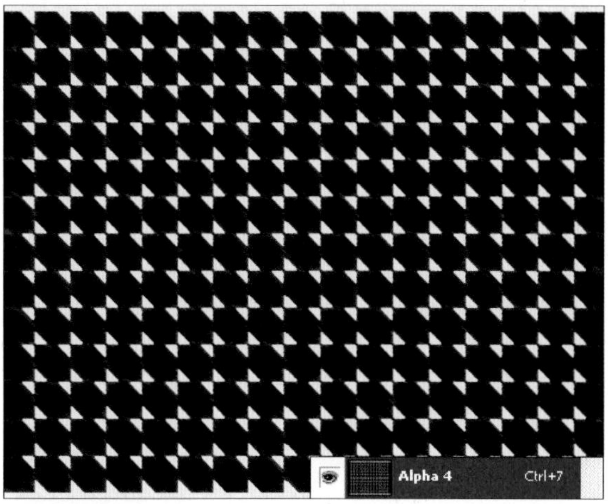

应用涂抹棒滤镜

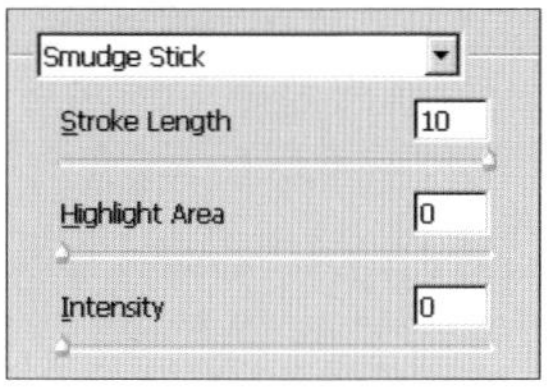

1-d

创建通道，然后按Ctrl+V 快捷键在创建的通道中粘贴复制的图像，然后按Ctrl+D快捷键取消选区。

选择 Alpha 4 通道，选择 Filter >Artistic>Smudge Stick（滤镜 > 艺术效果 > 涂抹棒）命令，如图 1- d 所示进行设置。

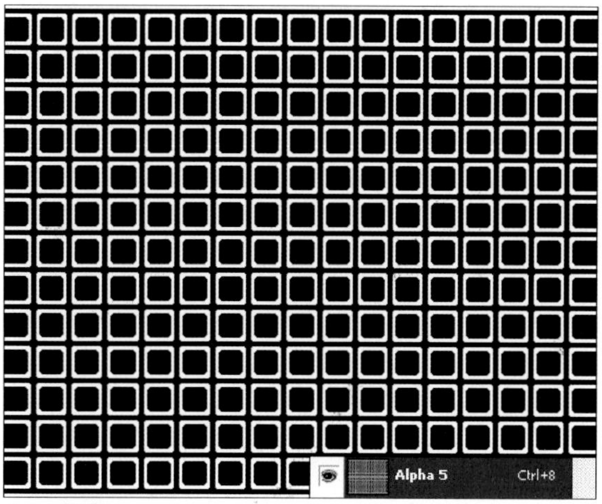

应用水彩滤镜

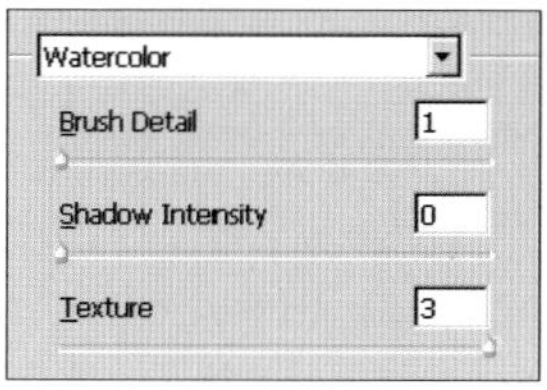

1-e

创建通道，然后按Ctrl+V 快捷键在创建的通道中粘贴复制的图像，然后按Ctrl+D快捷键取消选区。

选择Alpha 5通道，选择Filter>Artistic>Watercolor（滤镜>艺术效果>水彩）命令，如图1- e所示进行设置。

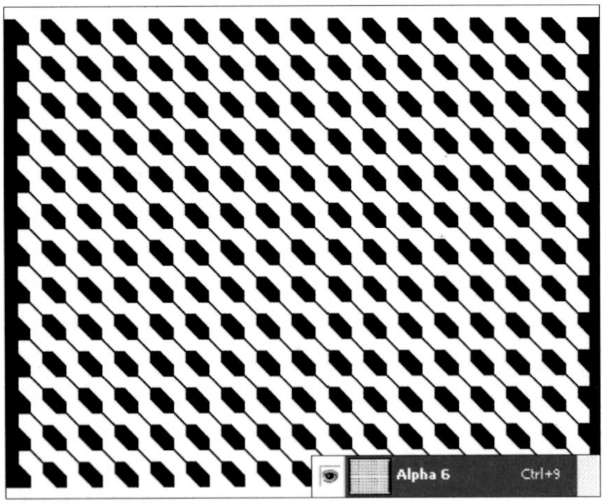

应用成角的线条滤镜 1

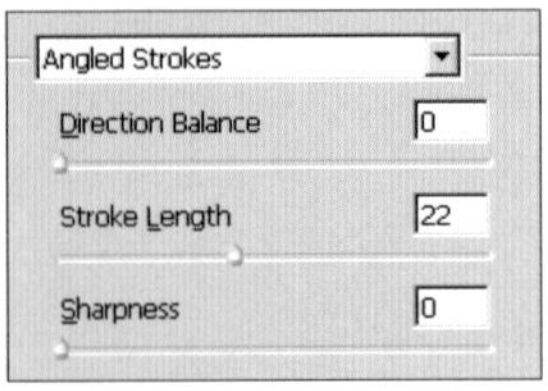

1-f

创建通道，然后按Ctrl+V快捷键在创建的通道中粘贴复制的图像，然后按Ctrl+D快捷键取消选区。

选择Alpha 6通道，选择Filter>Brush Strokes>Angled Strokes（滤镜>画笔描边>成角的线条）命令，如图1-f所示进行设置。

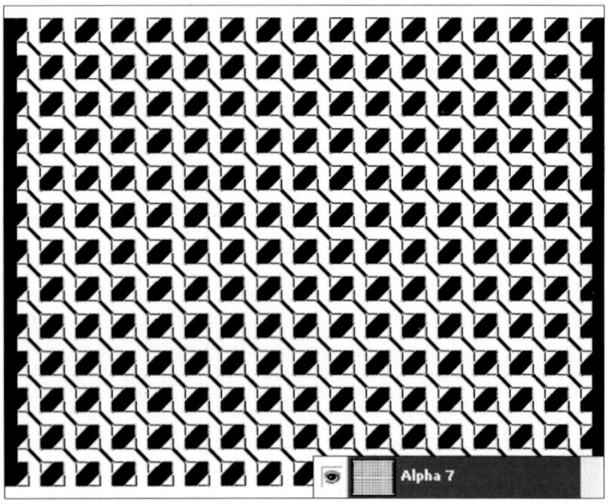

应用成角的线条滤镜 2

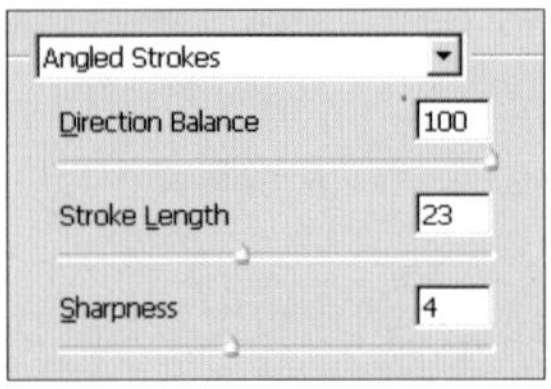

1-g

创建通道，然后按Ctrl+V快捷键在创建的通道中粘贴复制的图像，然后按Ctrl+D快捷键取消选区。

选择Alpha 7通道，选择Filter>Brush Strokes>Angled Strokes（滤镜>画笔描边>成角的线条）命令，如图1-g所示进行设置。

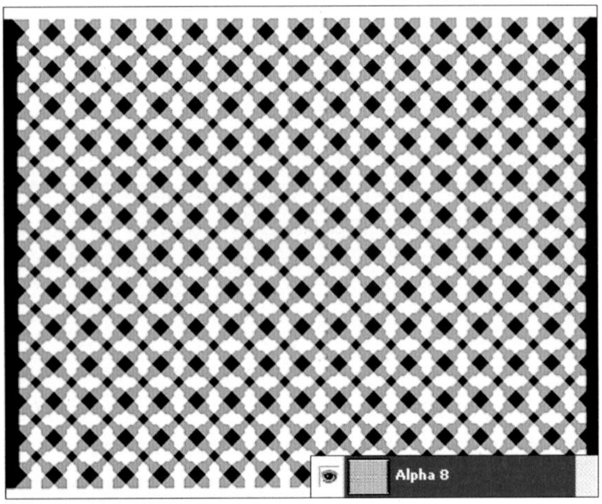

应用阴影线滤镜 1

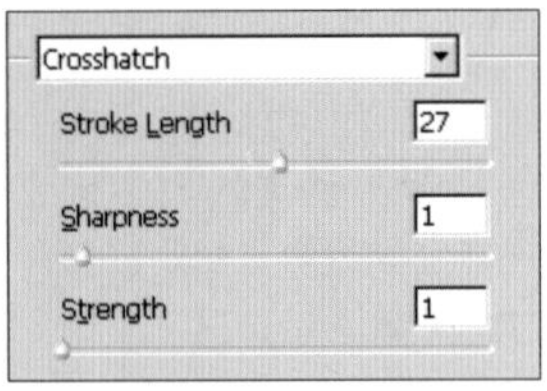

1-h

创建通道，然后按Ctrl+V快捷键在创建的通道中粘贴复制的图像，然后按Ctrl+D快捷键取消选区。

选择Alpha 8通道，选择Filter>Brush Strokes>Crosshatch（滤镜>画笔描边>阴影线）命令，如图1-h所示进行设置。

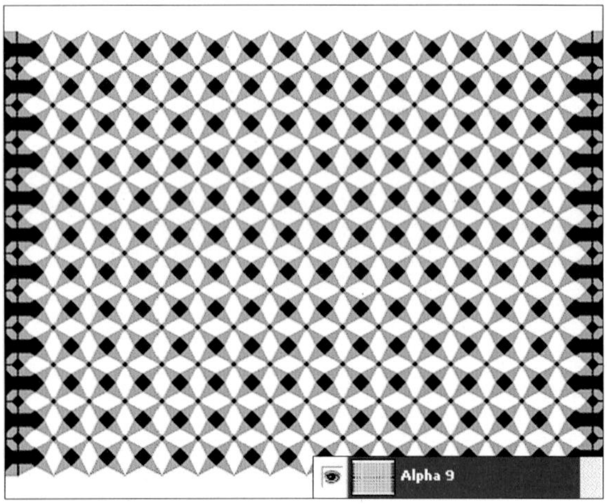

应用阴影线滤镜 2

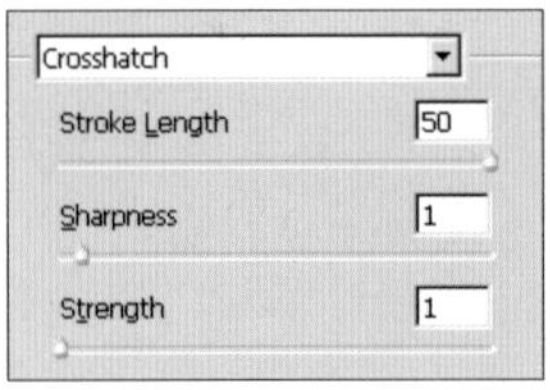

1-i

创建通道，然后按Ctrl+V快捷键在创建的通道中粘贴复制的图像，然后按Ctrl+D快捷键取消选区。

选择Alpha 9通道，选择Filter>Brush Strokes>Crosshatch（滤镜>画笔描边>阴影线）命令，如图1-i所示进行设置。

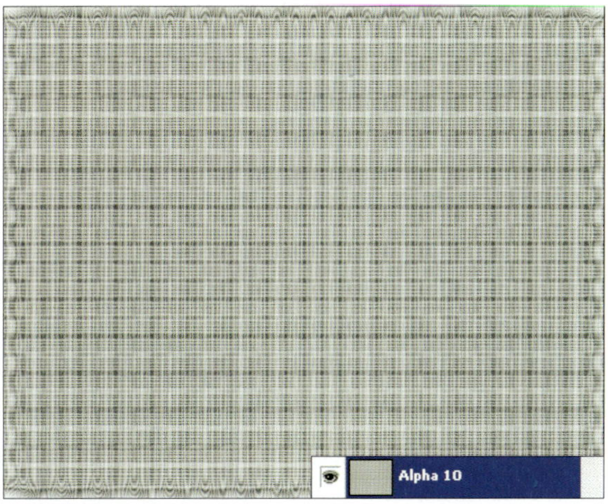

应用铬黄渐变滤镜

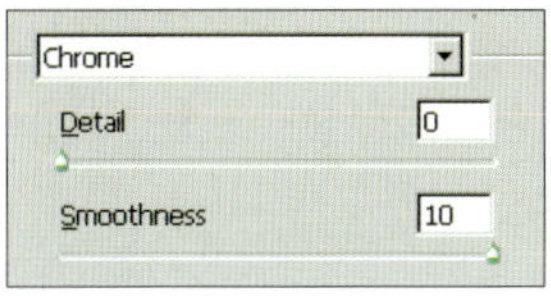

1-j

创建通道，然后按 Ctrl+V 快捷键在创建的通道中粘贴复制的图像，然后按 Ctrl+D 快捷键取消选区。

选择 Alpha 10 通道，选择 Filter >Sketch>Chrome（滤镜 > 素描 > 铬黄渐变）命令，如图 1-j 所示进行设置。

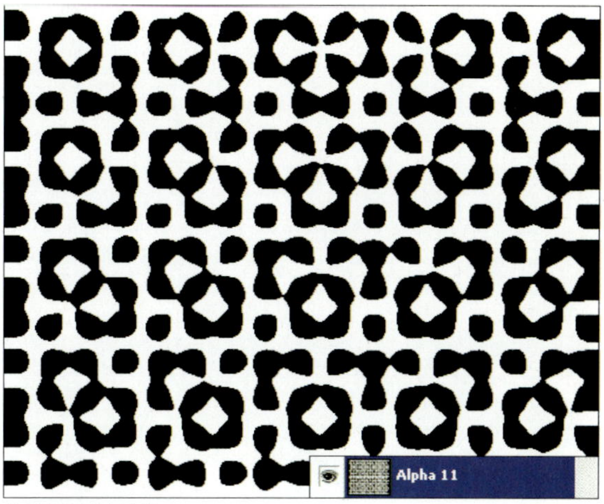

应用半调图案滤镜

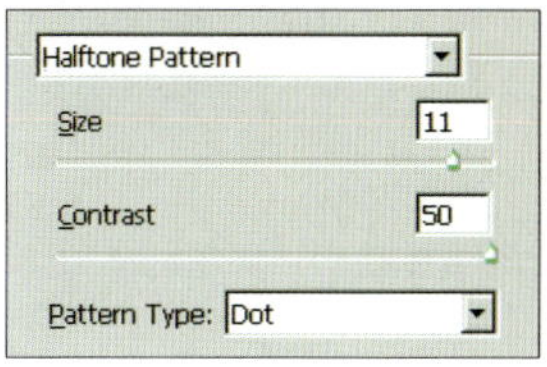

1-k

创建通道，然后按 Ctrl+V 快捷键在创建的通道中粘贴复制的图像，然后按 Ctrl+D 快捷键取消选区。

选择 Alpha 11 通道，选择 Filter >Sketch>Halftone Pattern（滤镜 > 素描 > 半调图案）命令，如图 1-k 所示进行设置。

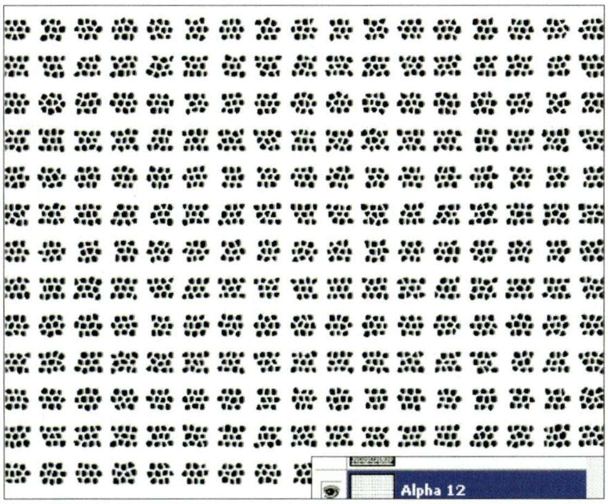

应用染色玻璃滤镜

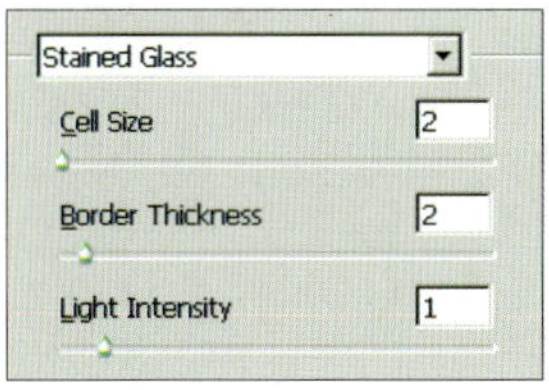

1-l

创建通道，然后按 Ctrl+V 快捷键在创建的通道中粘贴复制的图像，然后按 Ctrl+D 快捷键取消选区。

选择 Alpha 12 通道，选择 Filter>Texture>Stained Glass（滤镜 > 纹理 > 染色玻璃）命令，如图 1-l 所示进行设置。

02 为制作的图案应用颜色及图层样式

下面我们为步骤 01 制作的图像填充颜色。

选择 Layer 2 图层，单击图层面板下端的 Create a new layer（创建新图层）按钮创建新的图层，将前景色设置为 R:117,G:153,B:118，按 Alt+Delete 快捷键填充前景色。

设置前景色

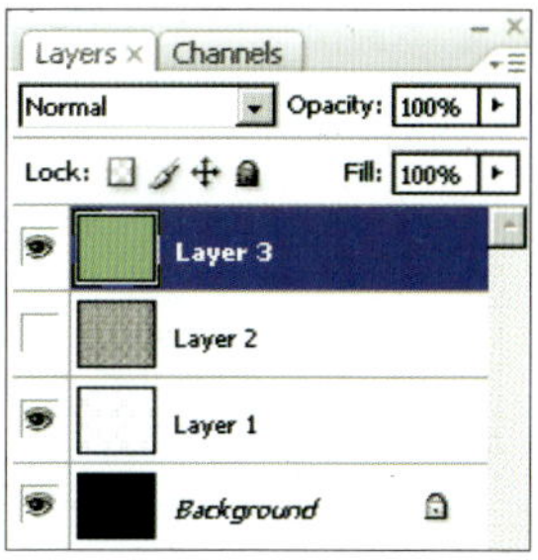

Layer 3 图层

按住 Ctrl 键单击通道面板中的 Alpha 9 通道载入选区。在图层面板最上端创建新的图层，将前景色设置为 R:96,G:16,B:62，按 Alt+Delete 快捷键为载入的选区填充前景色，按 Ctrl+D 快捷键取消选区。表现复古的图像效果。

为了对其他形态进行应用，将 Layer 4 图层设置为非激活状态，在图层面板最上端创建新的图层，按住 Ctrl 键单击 Alpha 11 通道载入选区。选择生成的 Layer 5 图层，将前景色设置为 R:39,G:96,B:90，按 Alt+Delete 快捷键填充前景色，按 Ctrl+D 快捷键取消选区。

将Layer 5图层设置为非激活状态，选择Layer 4图层后激活Layer 5图层，单击图层面板下端的Add a layer style（添加图层样式）按钮，选择Bevel and Emboss（斜面和浮雕），如图2-a所示进行设置，表现韵律感。在Layer 4图层中单击鼠标右键，从弹出菜单中选择Copy Layer Style（拷贝图层样式），复制图层样式。

将 Layer 4 图层设置为非激活状态，选择 Layer 5 图层，单击鼠标右键，从弹出菜单中选择 Paste Layer Style（复制图层样式），如图 2-b 所示进行设置。

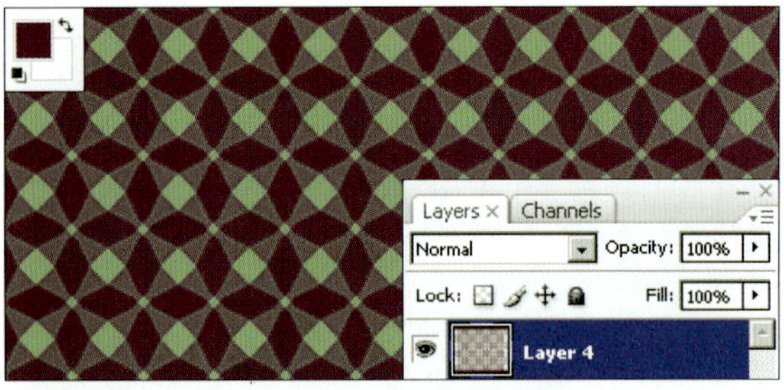

应用前景色 当前图层面板

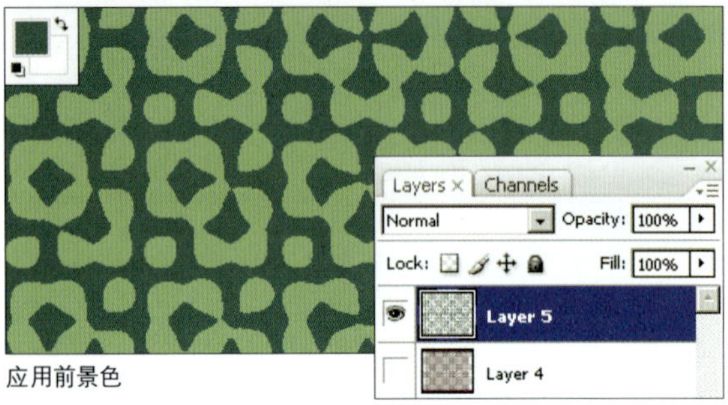

应用前景色 当前图层面板

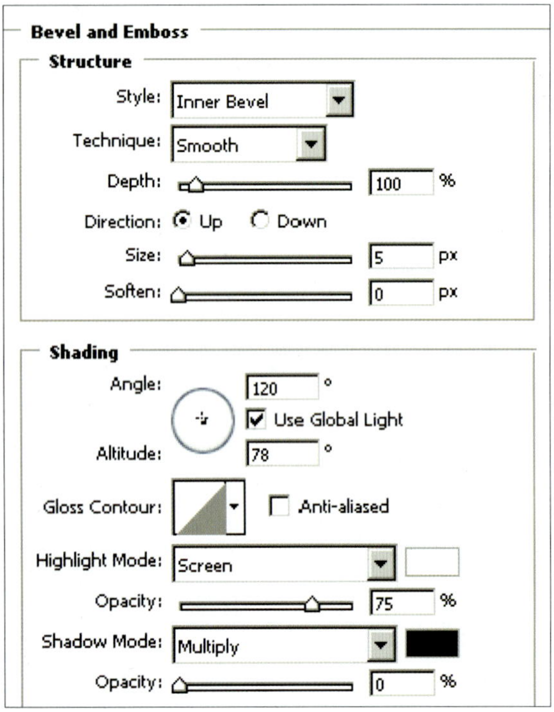

2-a

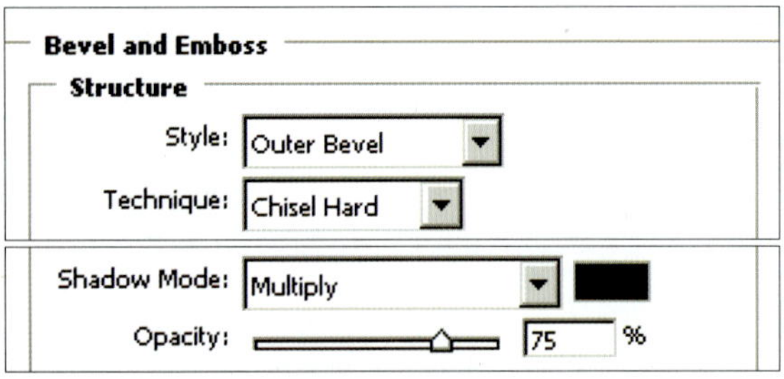

2-b

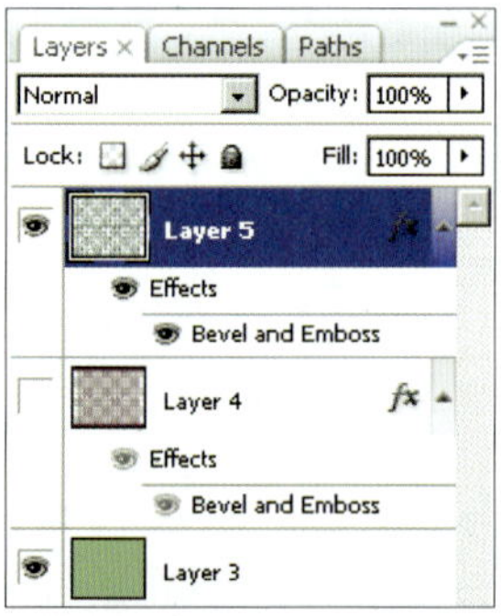

当前图层面板

应用斜面和浮雕

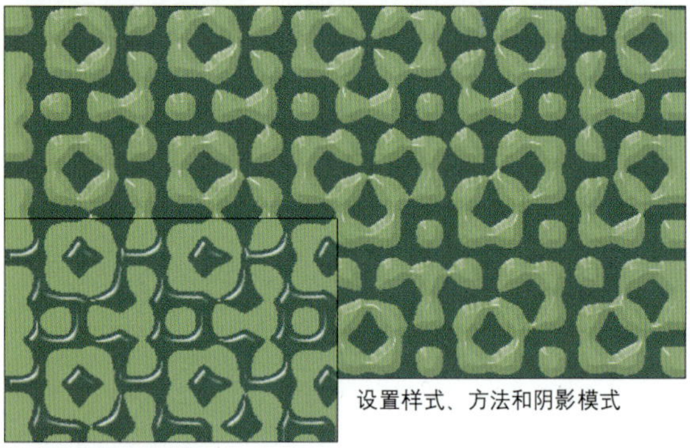
设置样式、方法和阴影模式

粘贴图层样式的效果

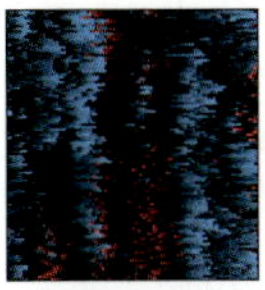

Texture 20

下面我们来表现粗糙的绒面质感。

Source Location

texture / texture20_finish.psd

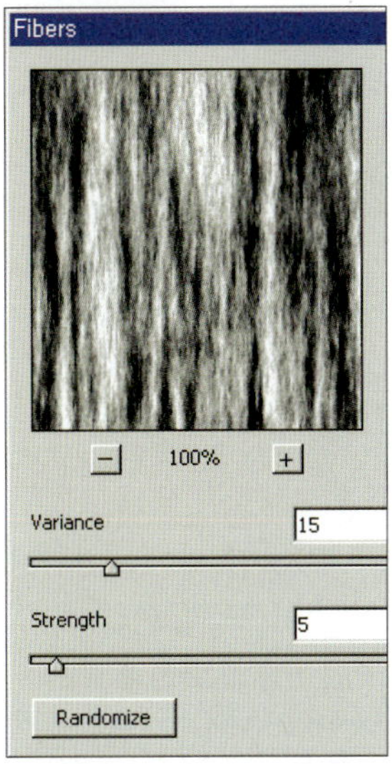

1-a

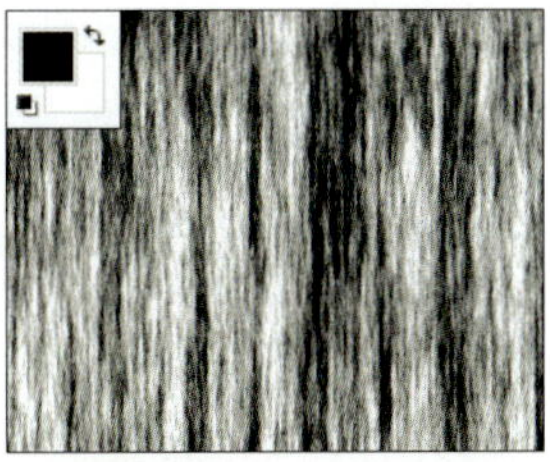

应用纤维滤镜

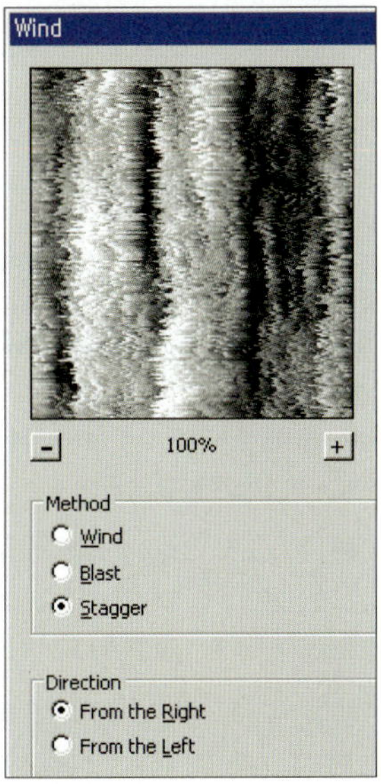

1-b

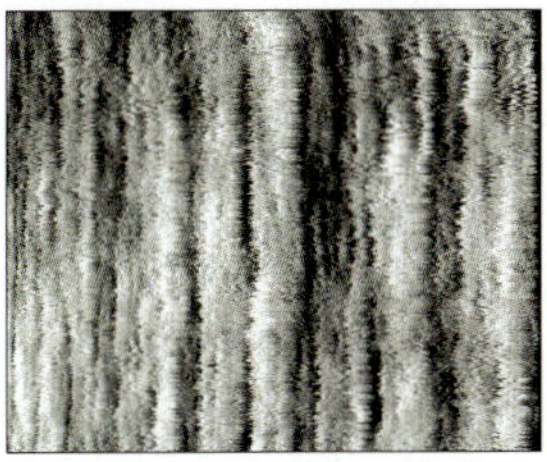

应用风滤镜

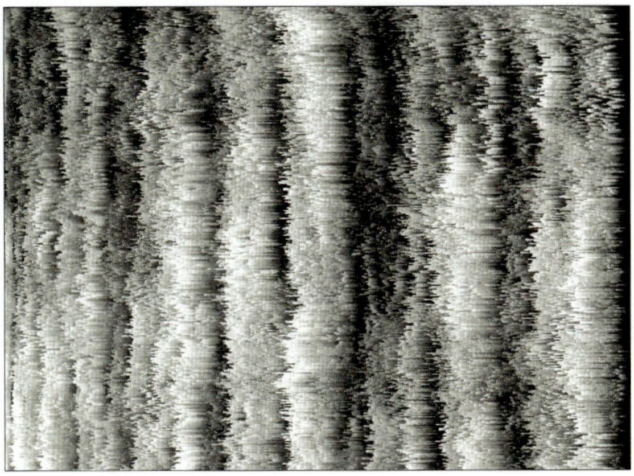

按 Ctrl+F 快捷键再次应用滤镜

制作绒面质感

创建宽为 500pixels，高为 400pixels 的文件。

选择 Background 图层，将前景色设置为黑色，背景色设置为白色，选择 Filter>Render>Fibers（滤镜 > 渲染 > 纤维）命令，如图 1-a 所示进行设置后确认。

选择Filter>Stylize>Wind（滤镜>风格化>风）命令，如图1-b所示进行设置，表现好像在风中飞扬的效果。按Ctrl+F快捷键再次应用之前应用的风滤镜，选择Layer>New Adjustment Layer>Gradient Map（图层>新建调整图层>渐变映射）命令，在Gradient Map（渐变映射）对话框中单击渐变条，在弹出的Gradient Editor（渐变编辑器）对话框中如图1-c所示对渐变条进行设置，填充颜色。

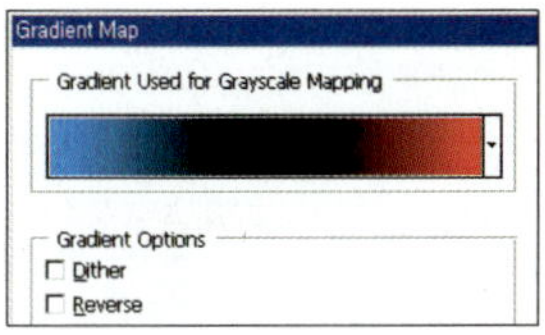

渐变映射对话框

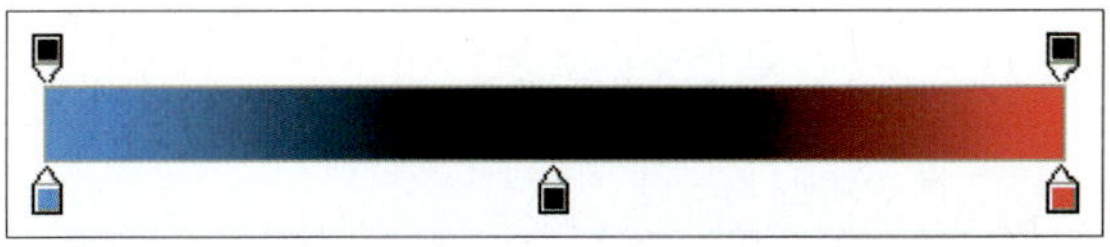

1-c

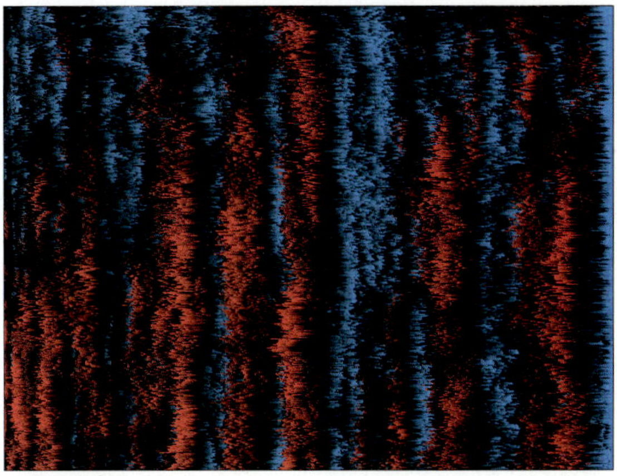

应用渐变映射

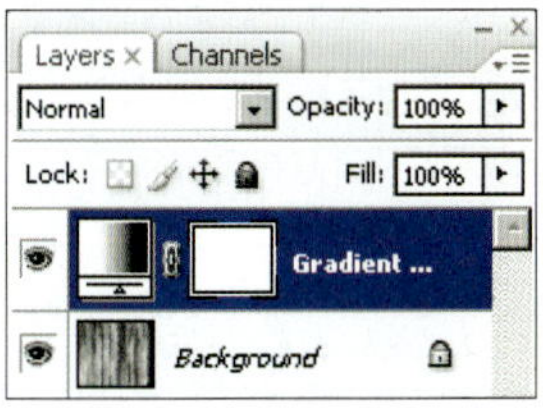

生成的 Gradient Map 1 图层

Texture 21

下面我们来表现杂色渐变和变形的质感。

Source Location

texture / texture21_finish.psd

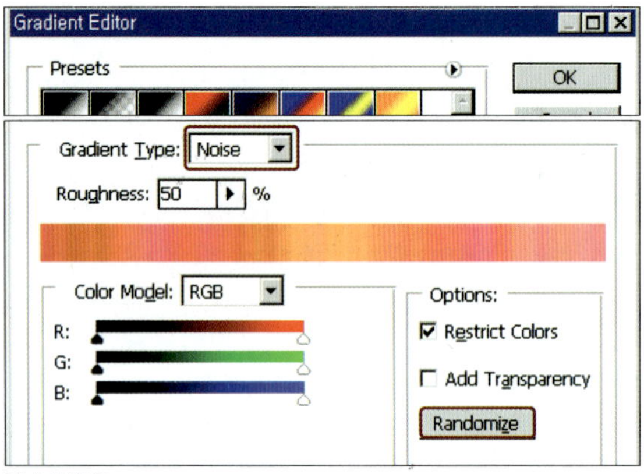

渐变编辑器

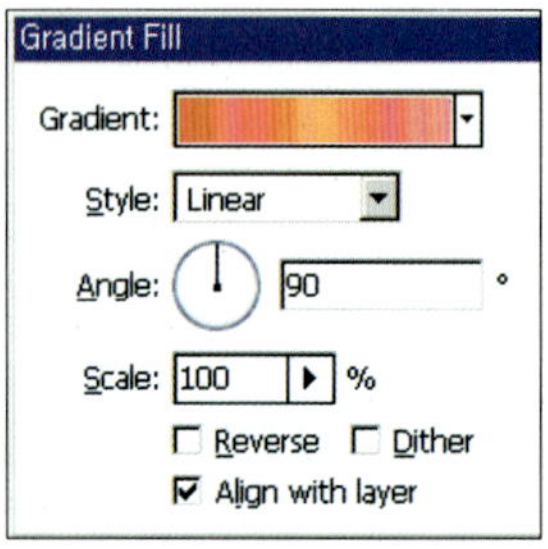

应用渐变填充

1-a

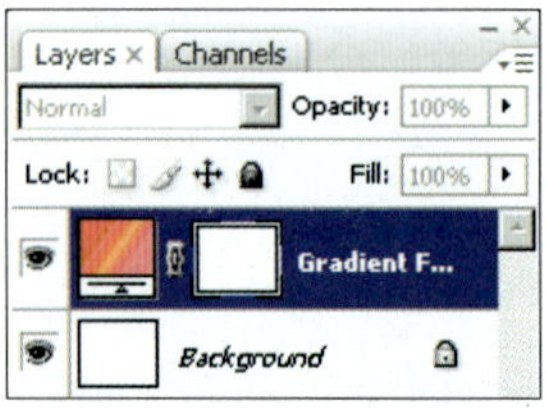

生成的 Gradient Fill 1 图层

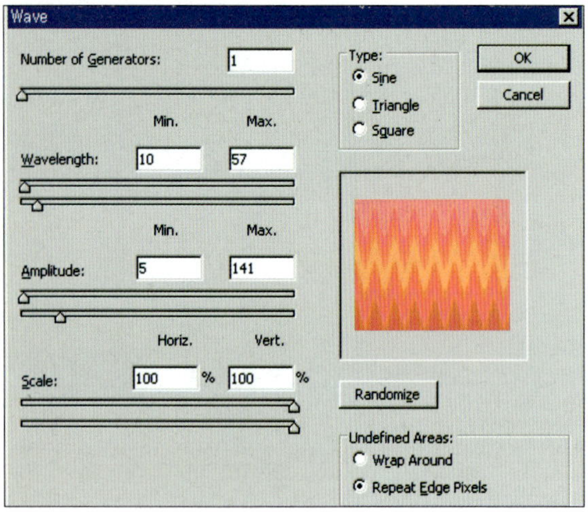

1-b

01 创建杂色渐变和变形 1

创建宽为 500pixels，高为 400pixels 的文件。

选择 Background 图层，选择 Layer>New Adjustment Layer>Gradient Fill（图层 > 新建调整图层 > 渐变填充）命令，在 Gradient Fill（渐变填充）对话框中单击渐变条。

在打开的 Gradient Editor（渐变编辑器）对话框中将 Gradient Type（渐变类型）设置为 Noise，反复单击 Randomize（随机化）按钮，创建出所需的渐变条，如图 1-a 所示对 Gradient Fill（渐变填充）对话框进行设置。将 radient Editor（渐变编辑器）对话框中的 Roughness 值设置得高一些，表现增强杂色渐变的对比性。

由于Gradient Fill1图层无法应用滤镜更改渐变的形态，因此要将效果创建为图像图层，按Ctrl+A快捷键全选文件，为了复制当前可见区域，选择Edit>Copy Merged（编辑>复制合并）命令（Ctrl+Shift+C），按Ctrl+V快捷键粘贴。

选择粘贴的 Layer 1 图层，选择 Filter>Distort>Wave（滤镜 > 扭曲 > 波浪）命令，如图 1-b 所示进行设置。

如果在设置的过程中对效果不满意，可以单击渐变编辑器中的 Randomize（随机化）按钮，创建出满意的效果。

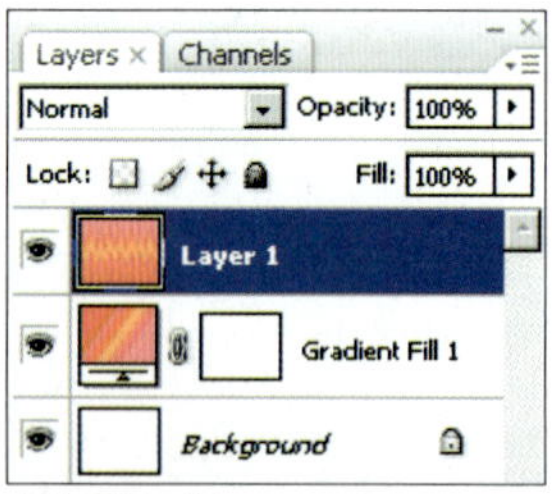

当前图层面板

应用波浪滤镜

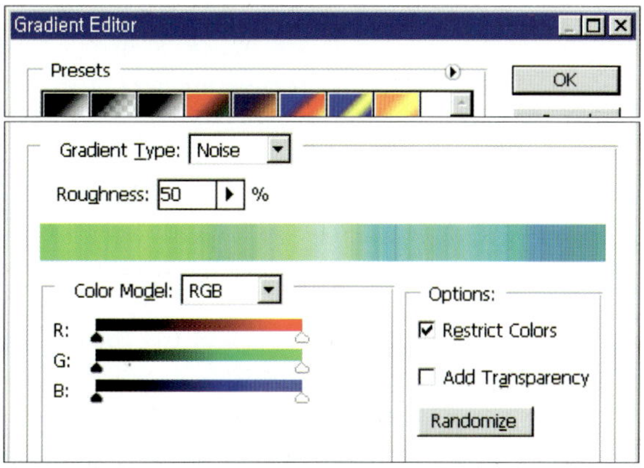

渐变编辑器

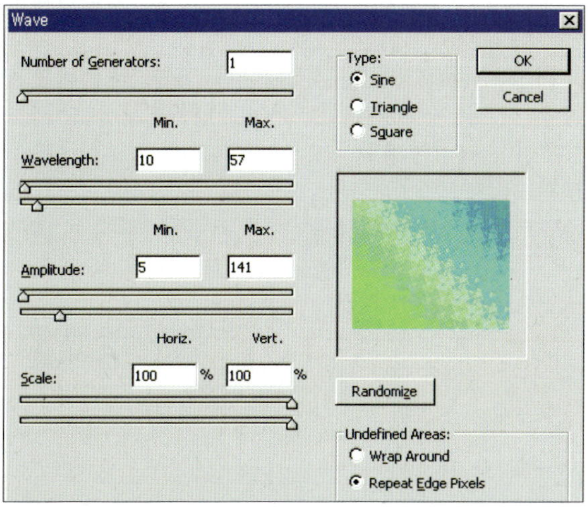

2-b

应用波浪滤镜

02 创建杂色渐变和变形 2

下面我们创建其他形态的纹理。

按住Alt键将Gradient Fill 1图层拖动到上方进行复制，双击复制得到的Gradient Fill 1 copy图层，打开Gradient Fill（渐变填充）对话框。

在 Gradient Fill（渐变填充）对话框中单击渐变条，单击 Gradient Editor（渐变编辑器）对话框中的 Randomize（随机化）按钮，创建出所需的渐变效果。

如图 2-a 所示对 Gradient Fill（渐变填充）对话框进行设置。按 Ctrl+A 快捷键全选应用渐变填充的图像，选择 Edit>Copy Merged（编辑 > 复制合并）命令（Ctrl+Shift+C），按 Ctrl+V 快捷键粘贴。选择粘贴得到的 Layer 2 图层，选择 Filter>Distort>Wave（滤镜 > 扭曲 > 波浪）命令，如图 12-b 所示进行设置。如果在设置的过程中对效果不满意，可以反复单击 Randomize（随机化）按钮，直到创建出满意的效果。

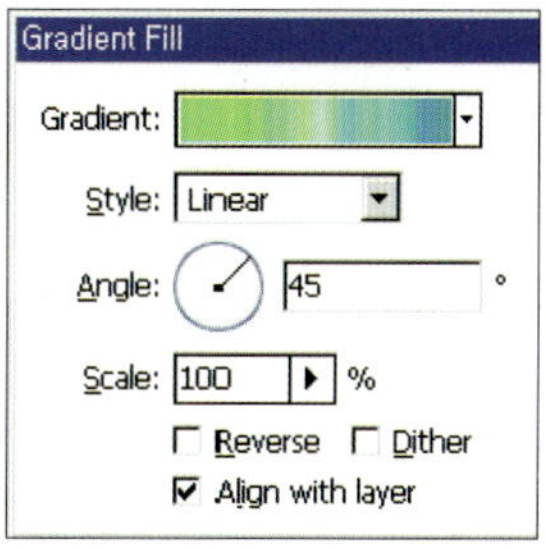

2-a

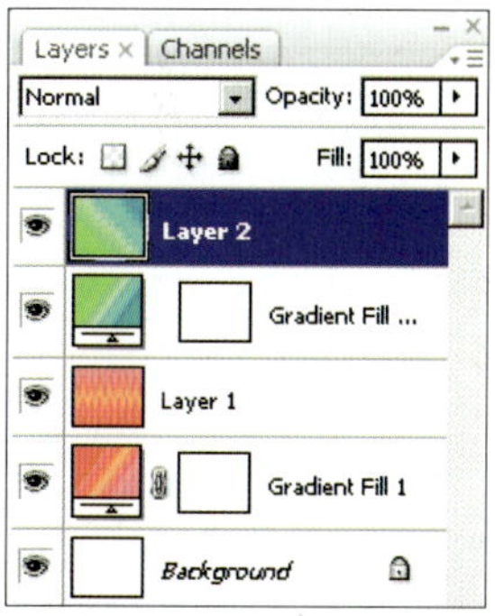

当前图层面板

调节杂色渐变颜色范围

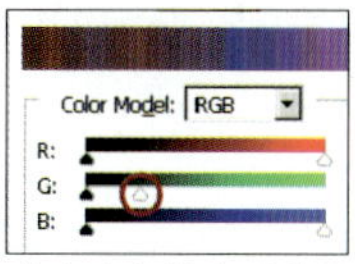

减少滤色的表现范围，主要以红和蓝色相进行表现

如果想要在杂色渐变中尽快得到接近于所需效果的颜色，只要在 Color Mode（颜色模式）中调节 R,G,B 的值即可。

创建效果鲜明的杂色渐变

如果将 Roughness（粗糙度）设置为 100%，可以形成由清晰的线条构成的杂色渐变。这里如果应用波浪滤镜，可以表现出如下图所示的效果。

应用波浪滤镜

Texture 22

下面我们来应用多种颜色的灯光照明的彩色质感。

Source Location

texture / texture22_finish.psd

将颜色设置为 R:188,G:188,B:188

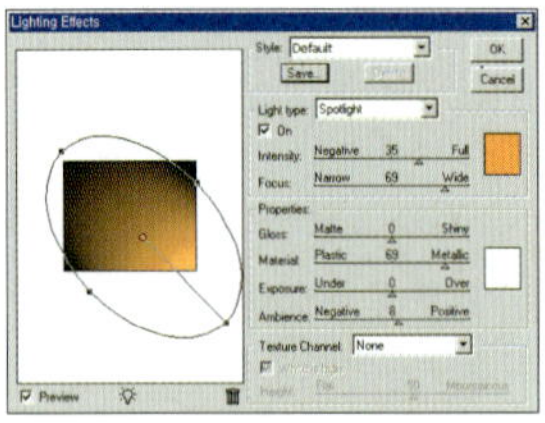

1-a 更改颜色后调节幅度和大小

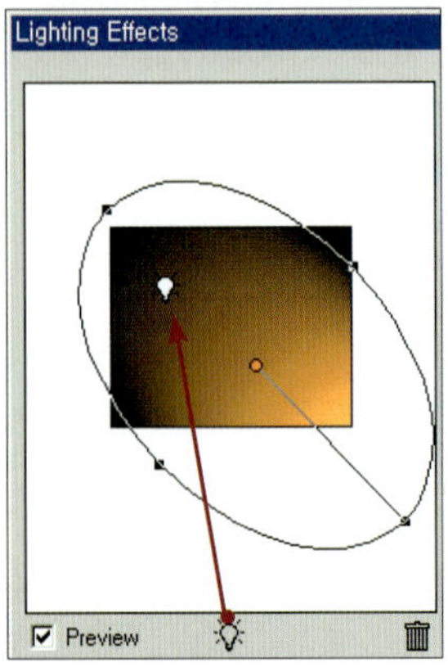

拖动灯泡图标添加灯光

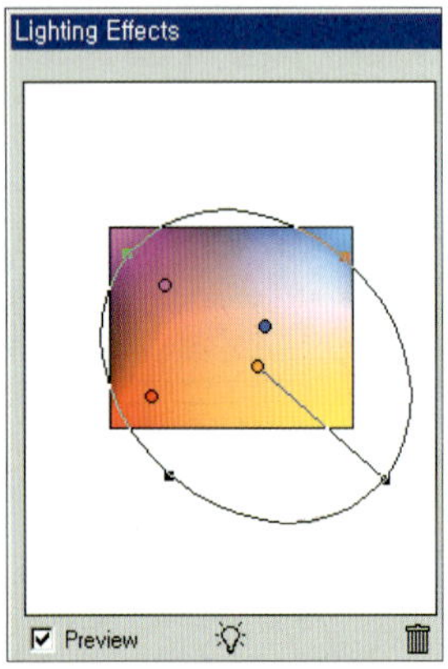

1-b

01 应用光照效果

创建宽为 500pixels，高为 400pixels 的文件。

选择Background图层，将前景色设置为R:188,G:188,B:188，按Alt+Delete快捷键填充前景色。选择Filter>Render>Lighting Effects（滤镜>渲染>光照效果）命令，将Light Color设置为R:244,G:135,B:27，如图1-a所示调节光的幅度和大小，然后将下方的灯泡图标拖动到预览窗口中，添加灯光。

将 Light Color 更改为所需的颜色，调节灯光的幅度和大小，其它选项保留默认值。利用同样的方法添加灯光，设置颜色后调节幅度和大小，创建如图 1-b 所示的多种颜色的灯光的效果。

应用光照效果后的文件

当前图层面板

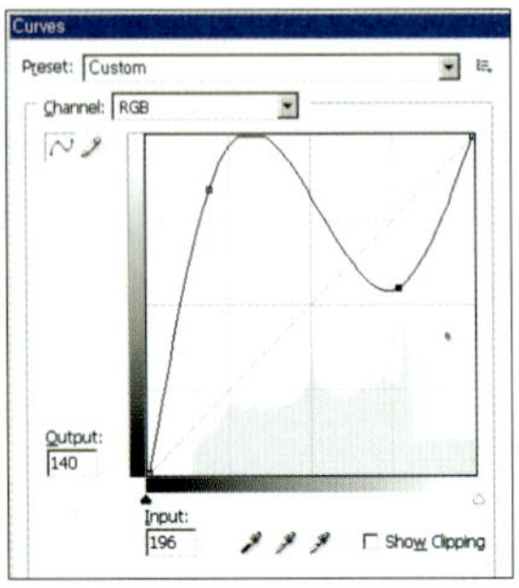

2-a

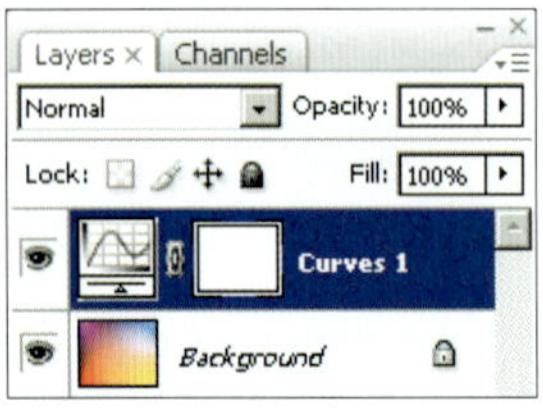

应用曲线后的图层面板

02 补正图像

选择应用了光照效果的Background图层之后，选择Layer>New Adjustment Layer>Curves（图层>新建调整图层>曲线）命令，如图2-a所示进行设置，表现出明亮的梦幻般的氛围。或者如图2-b所示进行设置，表现出较暗的效果，多进行试验，就能得到自己所需的效果。

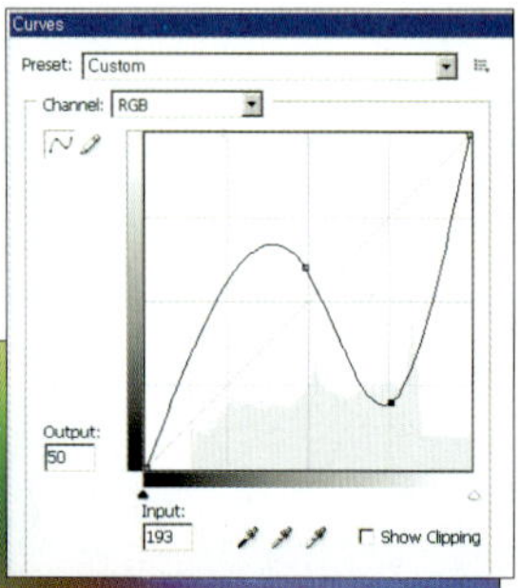

2-b

应用曲线

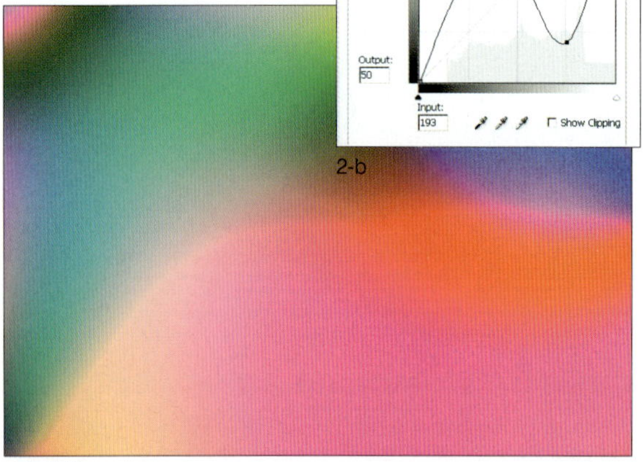

应用曲线

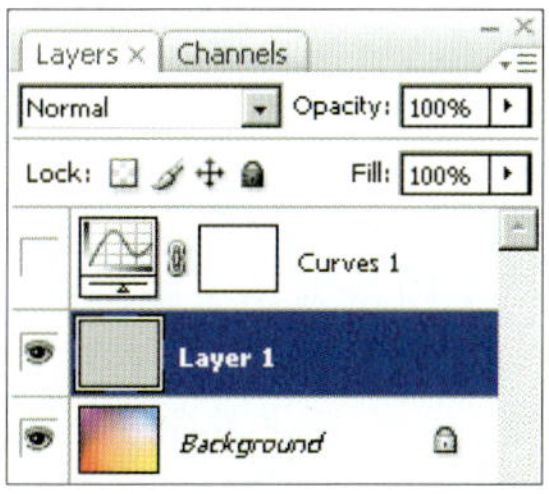

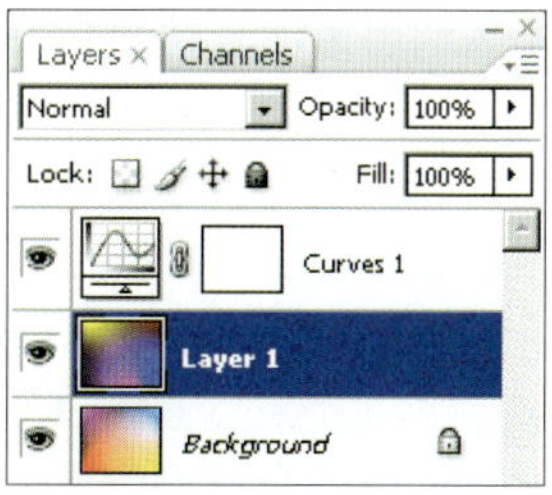

将 Curves 1 图层设置为非激活状态后创建新图层

当前图层面板

对 Layer 1 图层应用光照效果

为了表现其他质感效果，将 Curves 1 图层设置为非激活状态，在 Background 图层上方创建新的图层，然后利用与步骤 01 相同的方法应用光照效果，激活 Curves 1 图层。按照这种方法继续进行操作，可以得到多种效果。

激活 Curves 1 图层

Texture 23

下面我们来应用画笔的润饰属性，表现多彩的质感效果。

Source Location

texture / texture23_finish.psd

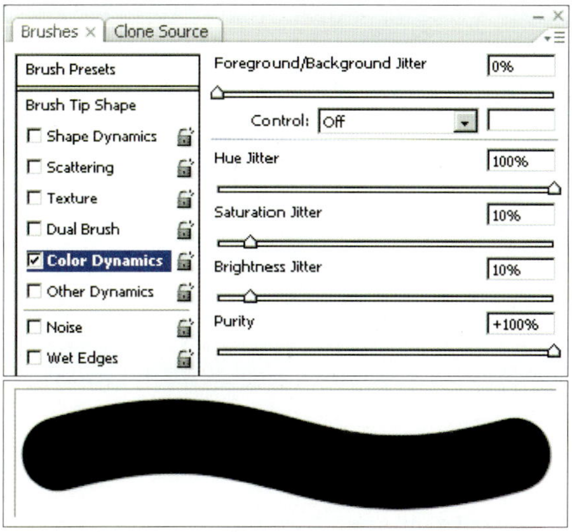

1-a

01 设置画笔并润饰图像

创建宽为 500pixels，高为 400pixels 的文件。

选择 Background 图层，将前景色设置为既不会太亮也不会太暗的中间色调，选择画笔工具，在选项栏中选择硬角 100pixels 画笔，为了进行润饰的时候颜色有多种变化，选择画笔面板中的 Color Dynamics（颜色动态），然后如图 1-a 所示进行设置。

在文件中单击，按照多种方向进行拖动，表现应用多种颜色的效果。

在文件中应用画笔

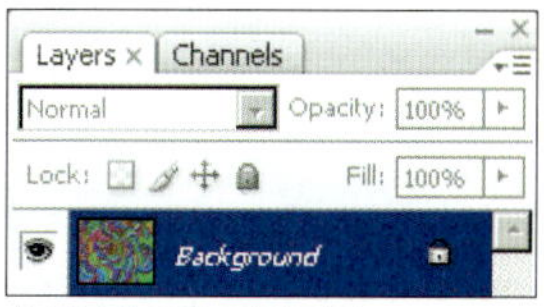

应用画笔后的图层面板

调节画笔间距

如果想要调节在本步骤中应用于文档中的画笔的间距，在画笔面板中调节 Brush Tip Shape（画笔形态）的 Spacing（主直径）值后进行应用即可。

02 利用多种滤镜进行强调

下面我们利用多种滤镜创建多种效果。

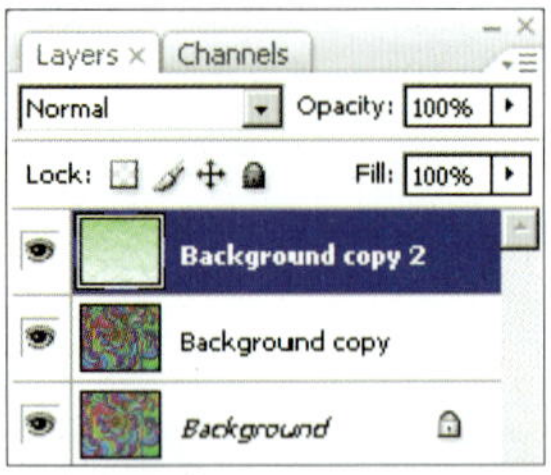

当前图层面板

选择 Background 图层，拖动到图层面板下端的 Create a new layer（创建新图层）按钮上复制，选择 Filter>Brush Strokes> Ink Outlines（滤镜 > 画笔描边 > 墨水轮廓）命令，如图 2-a 所示进行设置，使形态边线表现出利用墨水勾绘的效果，进行强调。

再次选择 Background 图层，拖动到图层面板下端的 Create a new layer（创建新图层）按钮上复制，选择 Filter >Sketch>Bas Relief（滤镜 > 素描 > 基底凸现）命令，如图 2-b 所示进行设置，表现单纯立体的图像。

下面为了使画笔更加多样地分开，单击图层面板下端的 Create a new layer（创建新图层）按钮创建新的图层。选择画笔面板中的 Scattering，然后如图 2-c 所示进行设置。在文件中进行润色，应用画笔后应用与之前设置相同的 Ink Outlines 滤镜。

本步骤中虽然应用了单纯的圆形画笔，但是如果读者制作多种形态的画笔后进行应用，可以表现出更加多样的质感效果。

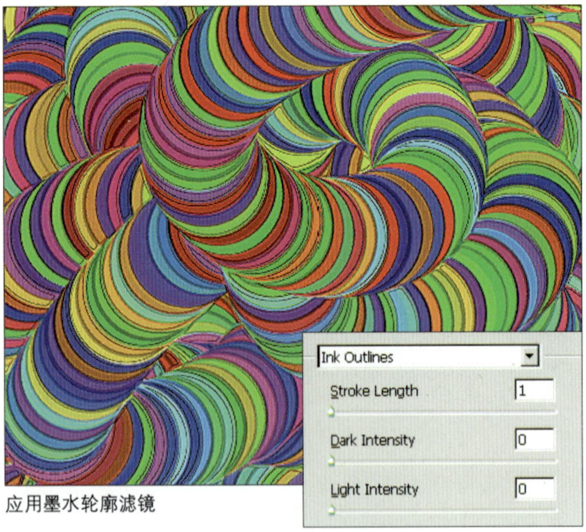

应用墨水轮廓滤镜

2-a

应用基底凸现滤镜

2-b

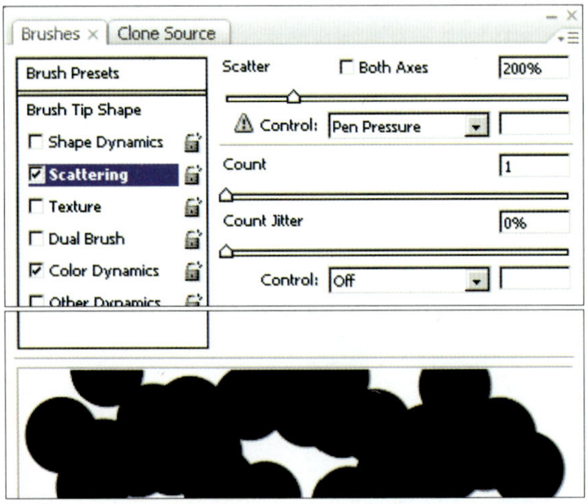

2-c

在文件中应用设置的画笔

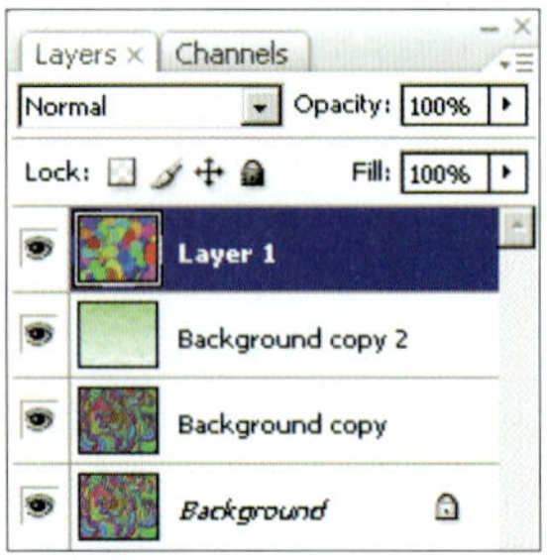

当前图层面板

应用墨水轮廓滤镜

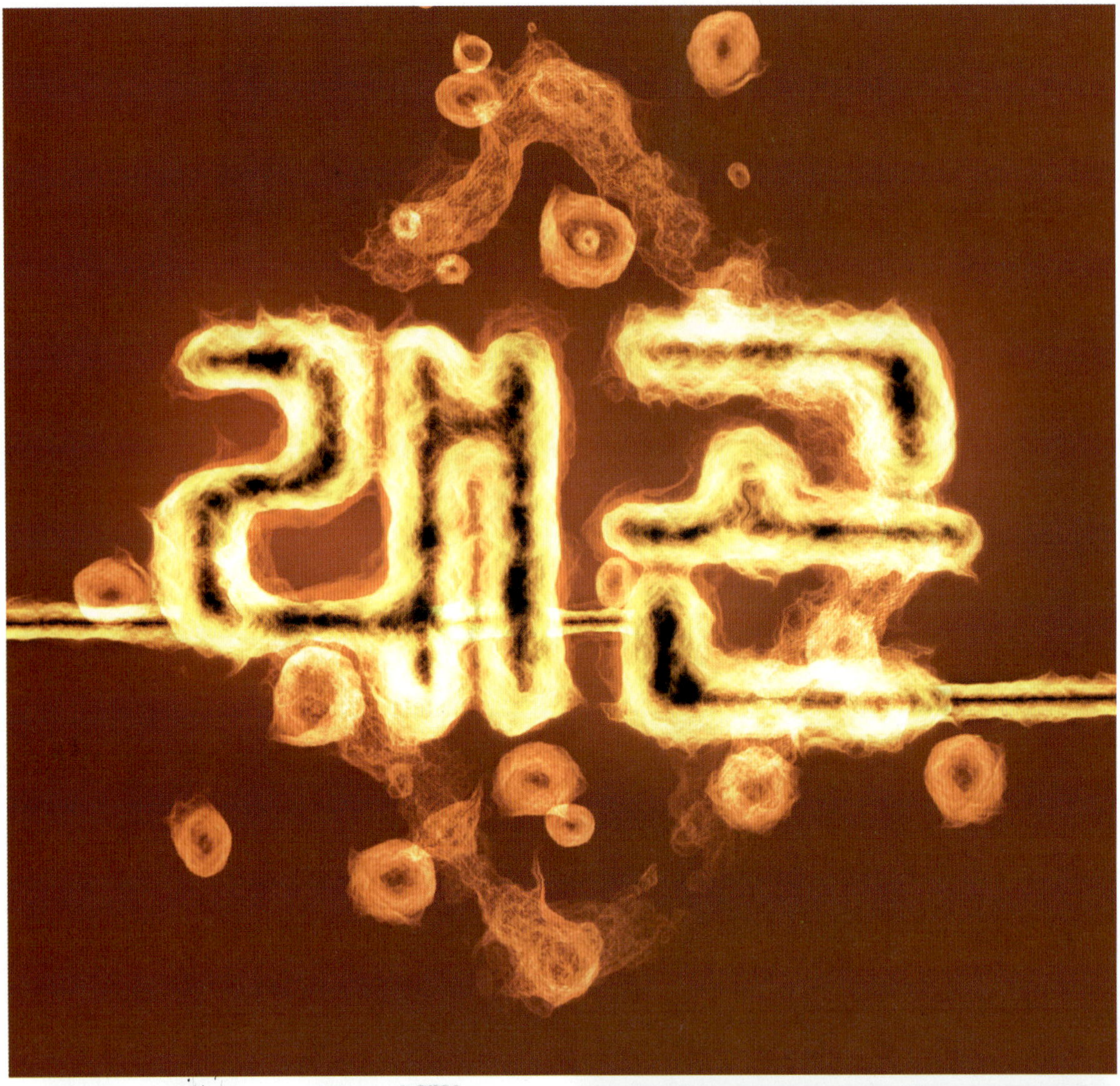

20

20 raegon

利用计算和图层的混合模式，制作被火焰包围的文字特效。

Source Location

Effects 20\

raegon_start.psd

raegon_finish.psd

raegon_apply.psd

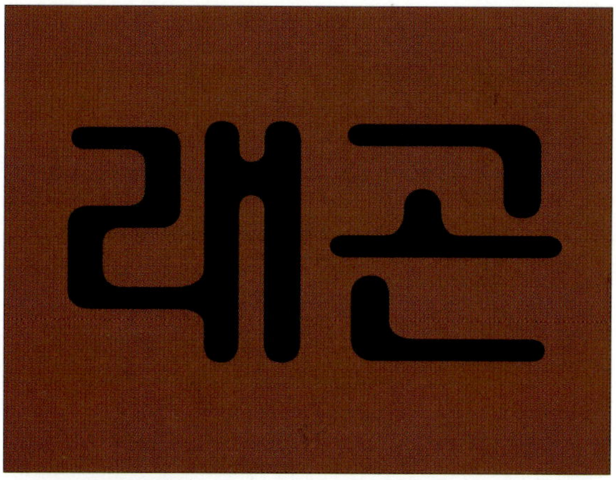

raegon_start.psd 文件

01 确认操作文件

下面我们将多个的通道通过计算合成，然后利用图层的混合模式表现出被火焰包围的标题效果。

打开 raegon_start.psd 文件。basic 图层是对输入文字栅格化得到的效果。比起使用带有边角的形态，使用圆角形态的标题形态更好。

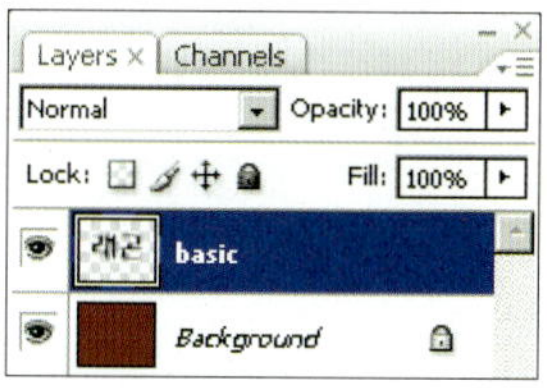

当前图层面板

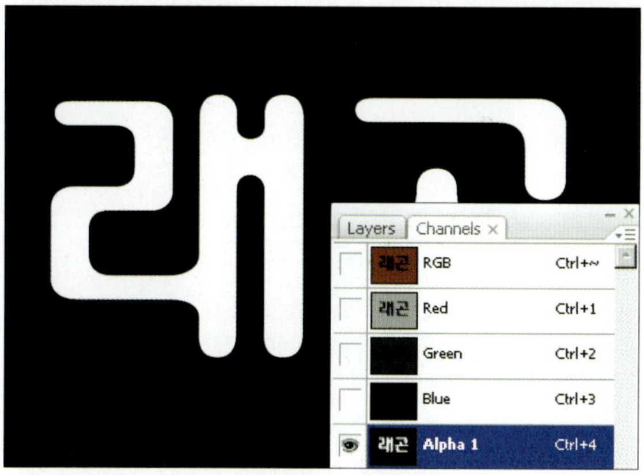

当前通道面板

02 保存选区

由于要在通道中制作素材，因此按住 Ctrl 键单击 basic 图层载入选区，然后选择 Select>Save Selection（选择 > 存储选区）命令，在通道中保存载入的选区。

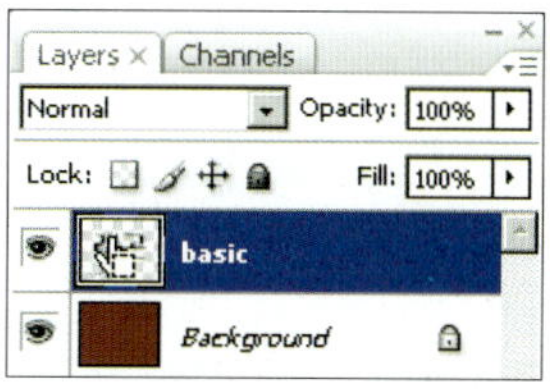

按住 Ctrl 键单击

按 Ctrl+D 快捷键取消选区，以方便下面的操作。

查看通道面板，可以看到 basic 图层的区域生成了 Alpha 1 通道。

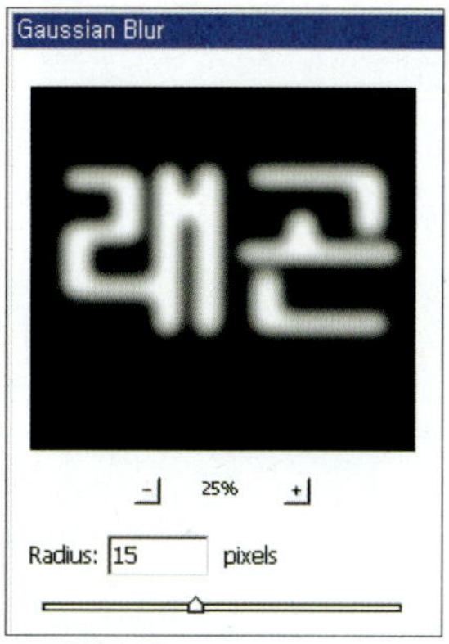

高斯模糊滤镜

应用高斯模糊滤镜后的效果

当前通道面板

Create new channel

对 cloud1 通道应用云彩滤镜

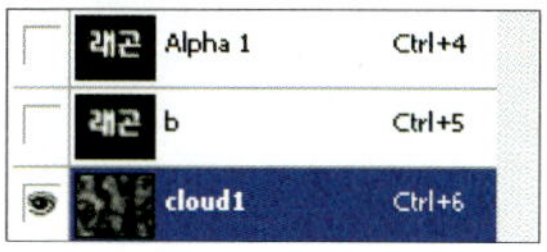

cloud1 通道

03 创建质感

将 Alpha 1 通道拖动到通道面板下端的 Create new channel（创建新通道）按钮上复制，将复制得到的新通道重新命名为 b。

选择b通道，选择Filter>Blur>Gaussian Blur（滤镜>模糊>高斯模糊）命令，将Radius（半径）设置为15pixels。

单击通道面板下端的 Create new channel（创建新通道）按钮创建新的通道，将其重新命名为 cloud1。

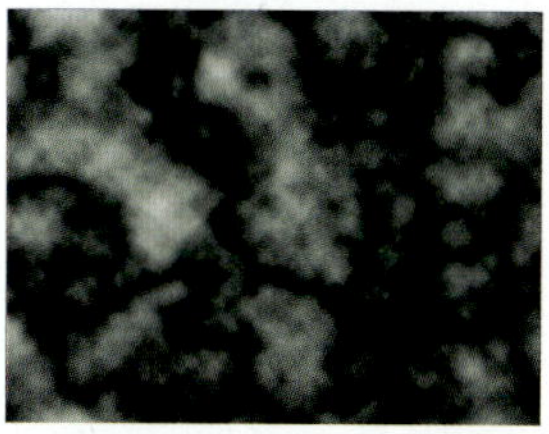

对 cloud1 通道应用分层云彩滤镜

选择cloud1通道，选择Filter>Render>Clouds（滤镜>渲染>云彩）命令。为了表现更加复杂形态的纹理，再次选择Filter>Render>Difference Clouds（滤镜>渲染>分层云彩）命令，进行操作。

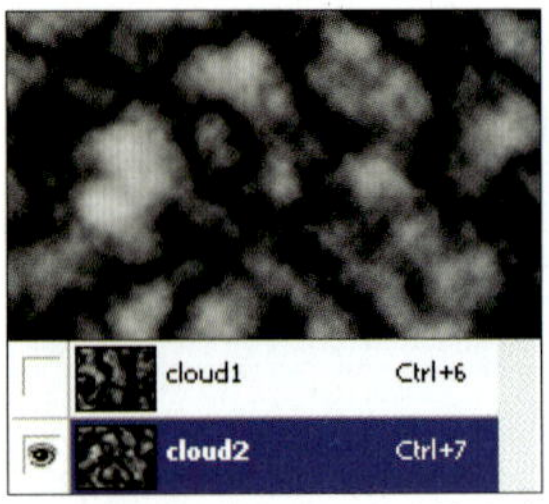

对 cloud2 通道应用云彩滤镜和分层云彩滤镜

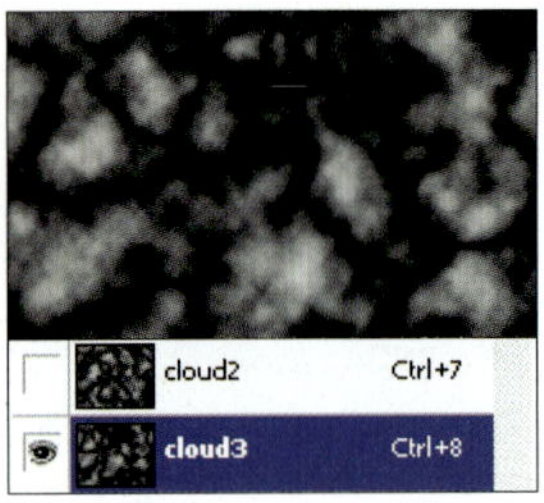

对 cloud3 通道应用云彩滤镜和分层云彩滤镜

单击两次通道面板下端的 Create new channel（创建新通道）按钮创建新的通道，分别将新图层重新命名为 cloud2 和 cloud3。对两个图层选择 Filter>Render>Clouds（滤镜 > 渲染 > 云彩）命令和 Filter>Render>Difference Clouds（滤镜 > 渲染 > 分层云彩）命令。

随机应用云彩滤镜

由于云彩滤镜和分层云彩滤镜都是随机应用，可以表现出多样的质感。由于它们的这种属性，在表现大理石等质感时非常有效。

04 合成标题和质感

下面我们来合成制作的通道素材。

选择 Image>Calculations（图像 > 计算）命令，如图 4-a 所示进行设置，勾选 Source 1 的 Invert 复选框，将 Blending Mode（混合模式）设置为 Add。将合成的通道重新命名为 cal1。

选择 cal1 通道，选择 Filter>Stylize>Find Edges（滤镜 > 风格化 > 查找边缘）命令，表现由线条构成的标题图像。选择 Image>Adjustments>Invert（图像 > 调整 > 反相）命令（Ctrl+I），将标题颜色反转为白色。

当前通道的图像较为模糊，即使按住 Ctrl 键单击也无法提取，或者提取后也较模糊，为了使图像效果更明亮一些，选择 Image>Adjustments> Curves（图像 > 调整 > 曲线）命令（Ctrl+M），如图 4-b 所示进行设置。

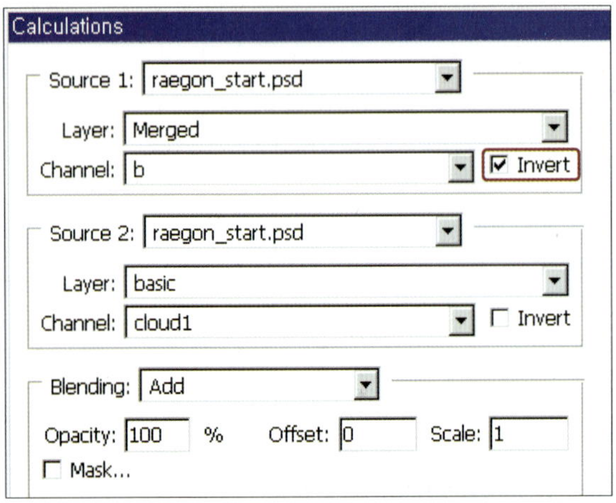

4-a

翻转 b 通道图像

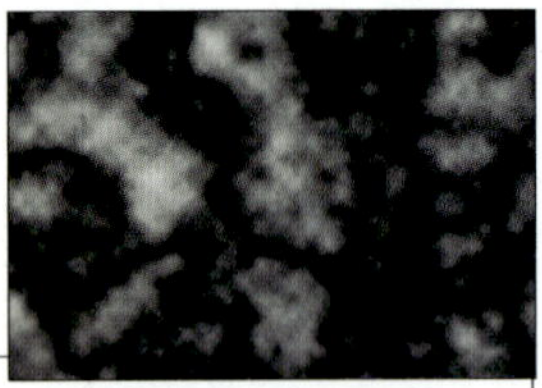

cloud1 通道

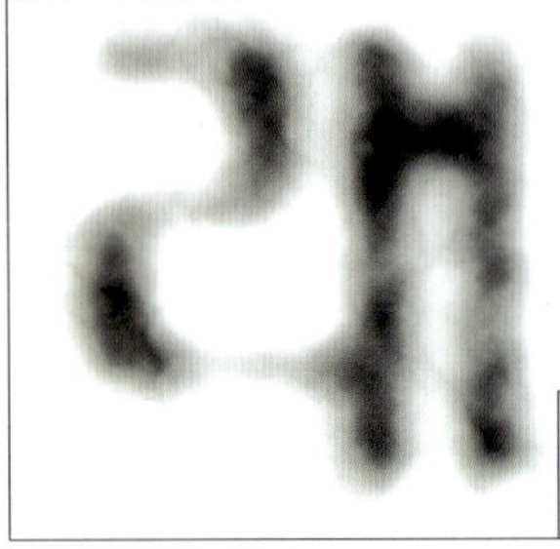

合成 b 通道和 clound1 通道

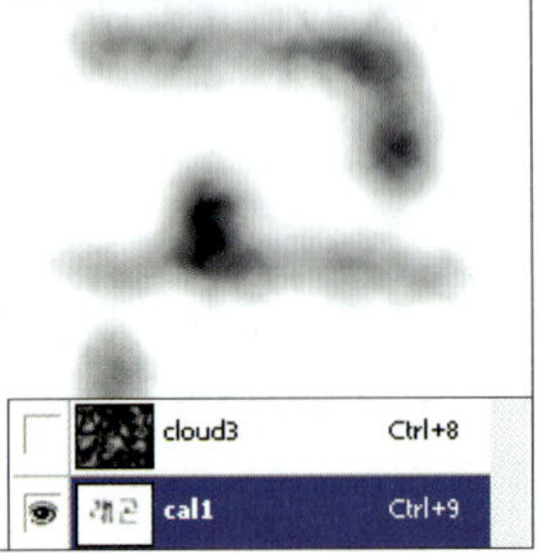

cal1 通道

应用查找边缘滤镜

反转图像

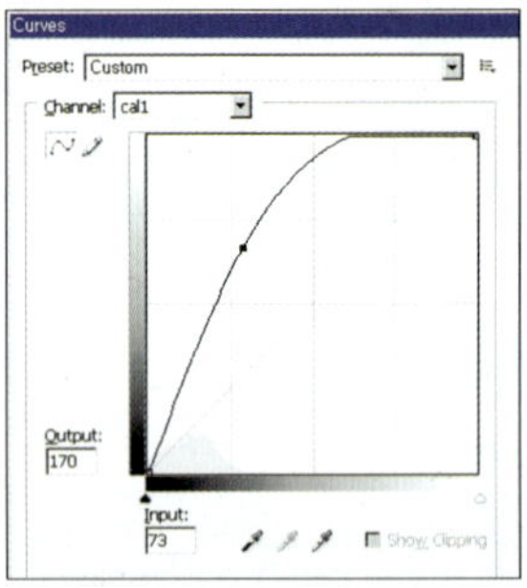

4-b

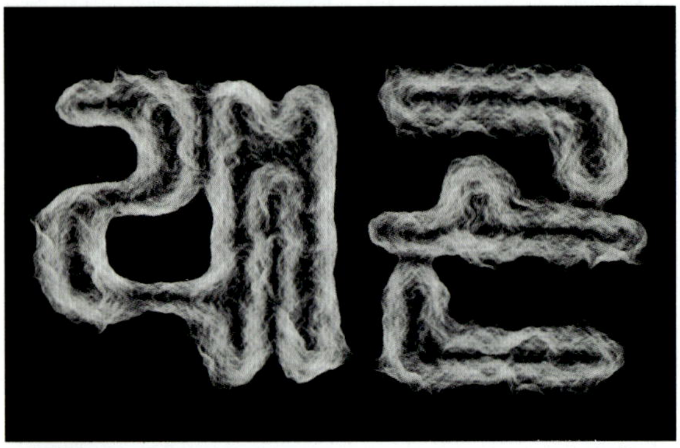

应用曲线

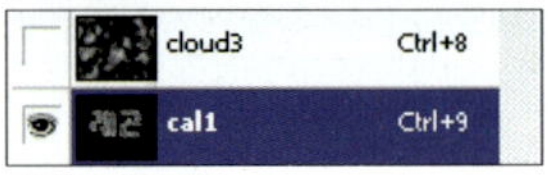

当前通道面板

利用与上面相同的方法合并 b 通道和 cloud2 通道，将其重新命名为 cal2，并应用查找边缘滤镜、反相和曲线命令。

再次合并 b 通道和 cloud3 通道，将其重命名为 cal3，并应用查找边缘滤镜、反相和曲线命令。

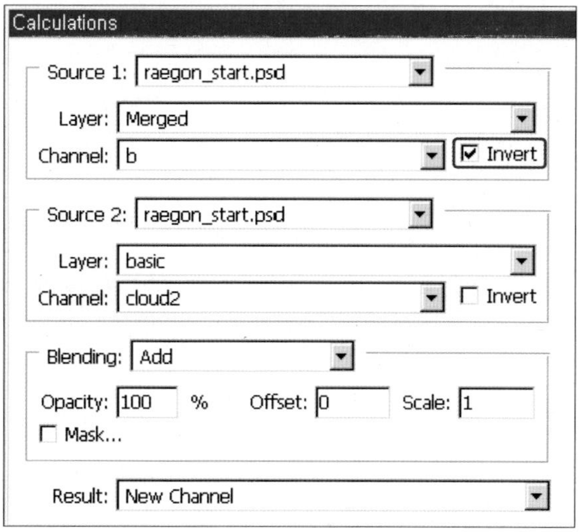

合并 b 通道和 cloud2 通道

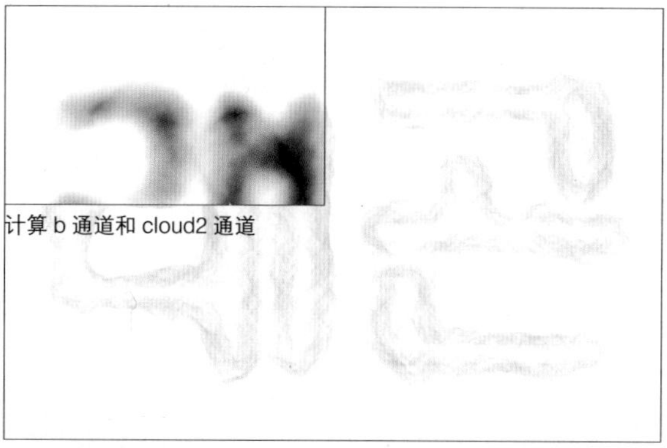

计算 b 通道和 cloud2 通道

应用查找边缘滤镜

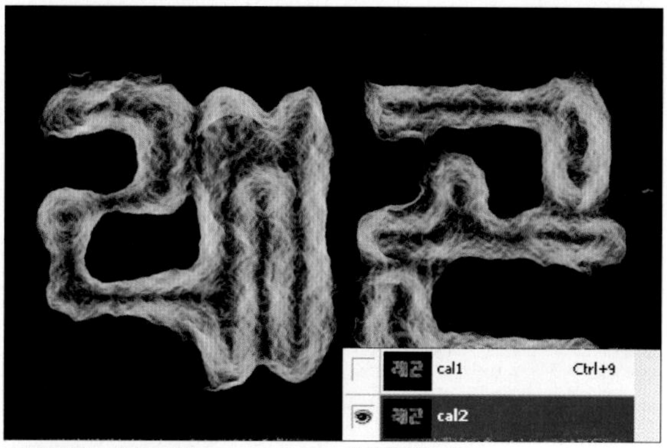

反转图像，应用曲线　　当前通道面板

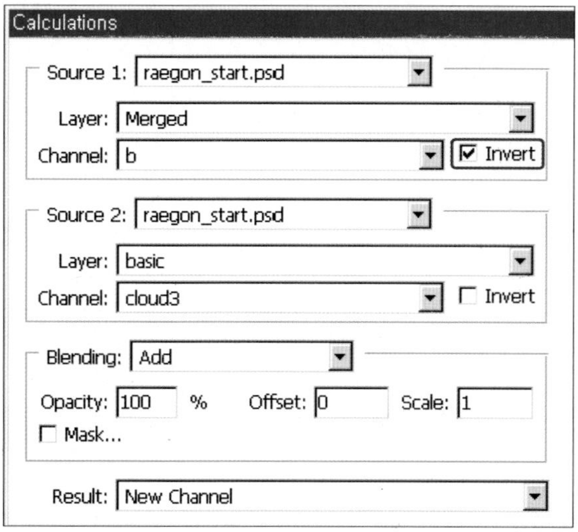

合并 b 通道和 cloud3 通道

增加亮度的 Add 选项

为了增加明亮的区域，Add 选项比应用滤色的效果更加明亮。Add（叠加）与应用线性减淡的效果相似，可以在计算的混合中进行应用。

计算 b 通道和 cloud3 通道

应用查找边缘滤镜

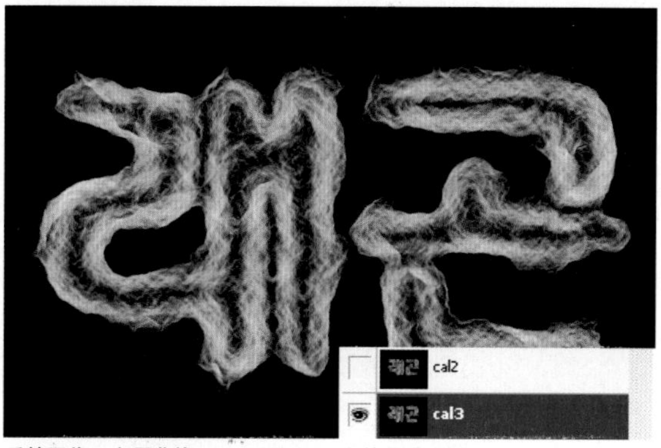

反转图像，应用曲线　　当前通道面板

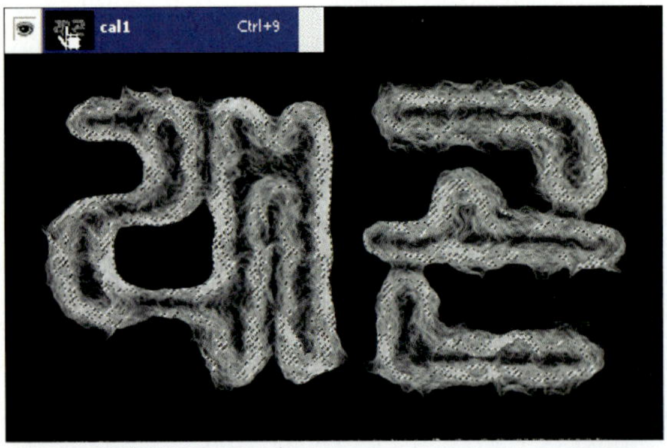

按住 Ctrl 键单击载入选区

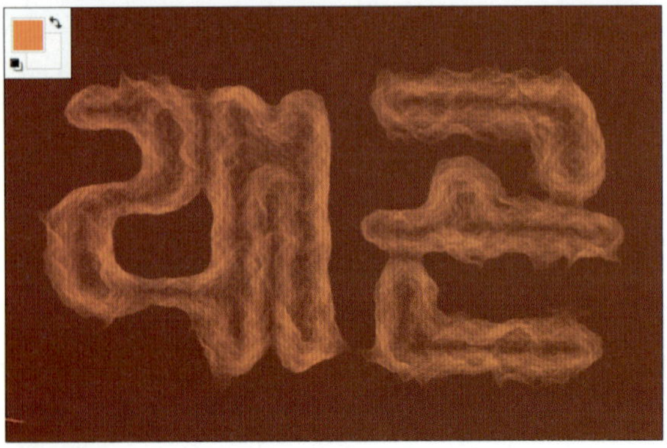

填充前景色

05 利用混合模式表现火焰效果 1

按住 Ctrl 键单击 cal1 通道载入选区，选择图层面板中的 basic 图层，单击图层面板下端的 Add a layer style（添加图层样式）按钮创建新的图层。

将生成的图层重新命名为 c1，将前景色设置为 R:242,G:101,B:34，然后按 Alt+Delete 快捷键填充载入的选区。

按 Ctrl+D 快捷键取消选区，为了方便后面的操作，将 basic 图层设置为非激活状态。

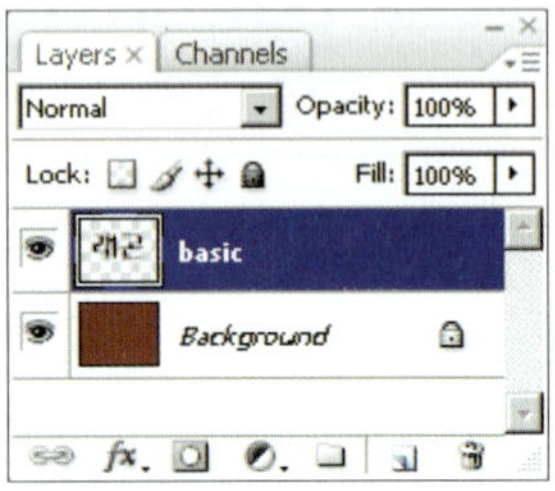

创建新的图层

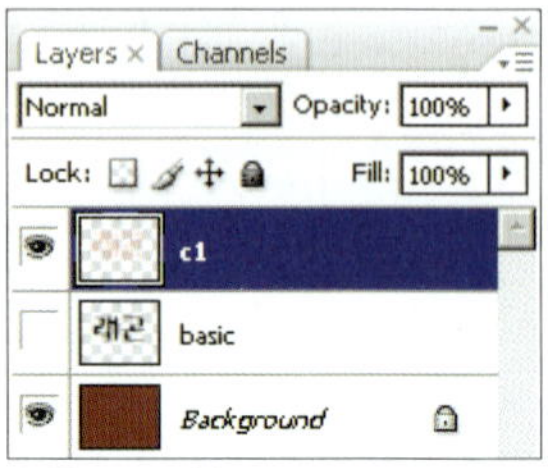

当前图层面板

载入通道提示框

载入通道的时候，有时会出现如左图所示的提示框。这是因为通道图像的浓度太低，无法显示选区。在步骤 04 中如果没有应用曲线的过程，就会出现提示框。

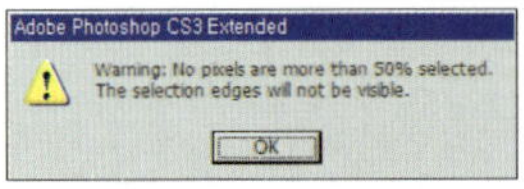

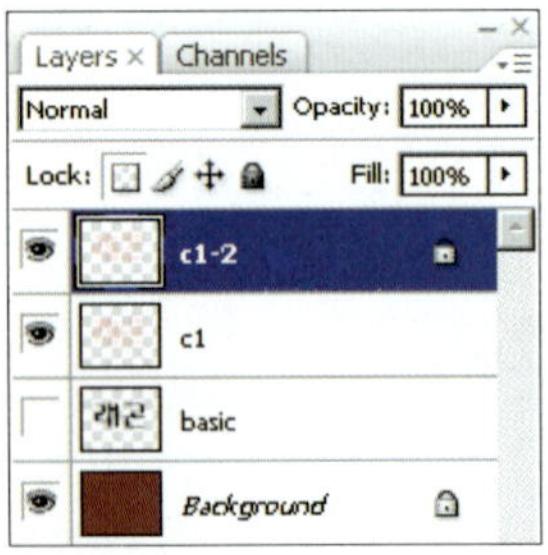

锁定透明像素

确认前景色

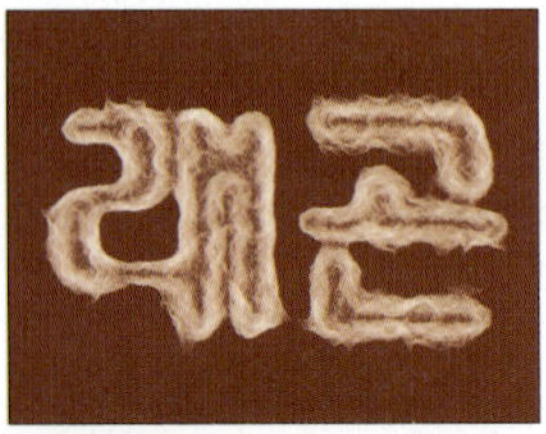

应用前景色

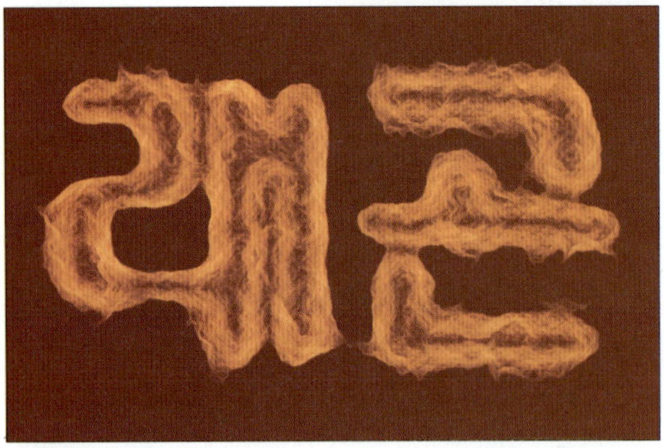

应用叠加

06 利用混合模式表现火焰效果 2

下面我们利用混合模式来创建火焰图像。

在 c1 图层中单击鼠标右键，选择 Duplicate Layer（复制图层）命令复制图层，将其重新命名为 c1-2。

选择c1-2图层，单击图层面板上端的Lock transparent pixels（锁定透明像素）按钮。然后确认前景色为白色，按Alt+Delete快捷键填充图层。将混合模式设置为Overlay（叠加），与背景图像合为一体。

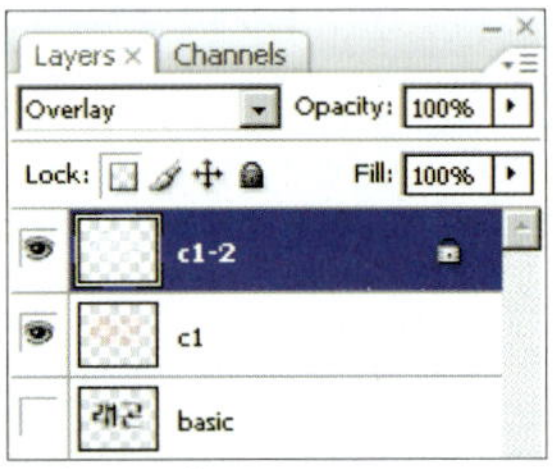

当前图层面板

如果不选择锁定透明像素而填充颜色

只要按住 Shift 键按 Alt+Delete 快捷键，即使没有选择锁定透明像素，也可以填充前景色，按 Shift+Ctrl+Delete 快捷键可以填充背景色。

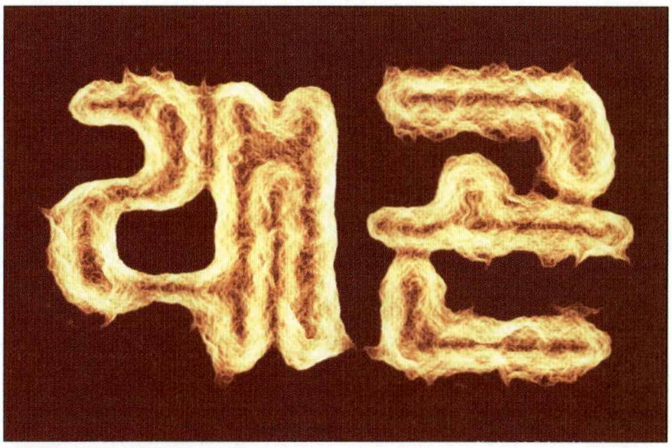

复制三次 c1-2 图层的效果

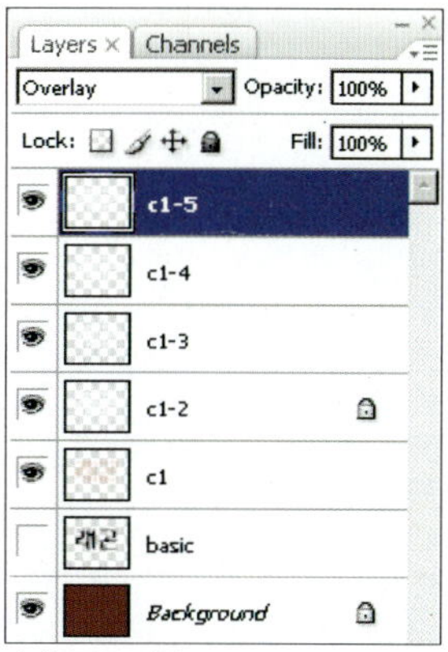

当前图层面板

选择 c1-2 图层，选择 3 次 Layer>New>Layer via Copy（图层 > 新建 > 通过复制的图层）命令(Ctrl+J)，增强合成效果。

将复制得到的图层重新命名为 c1-3, c1-4, c1-5。

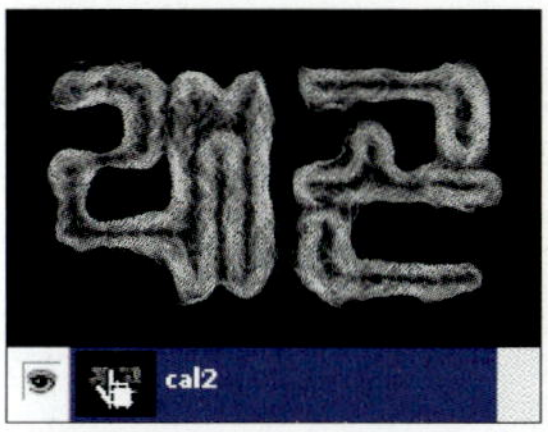

按住 Ctrl 键单击载入选区

为 c2 图层填充白色

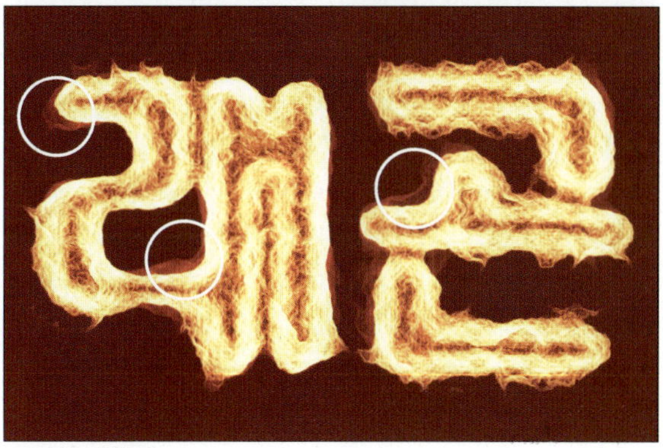

应用叠加的效果

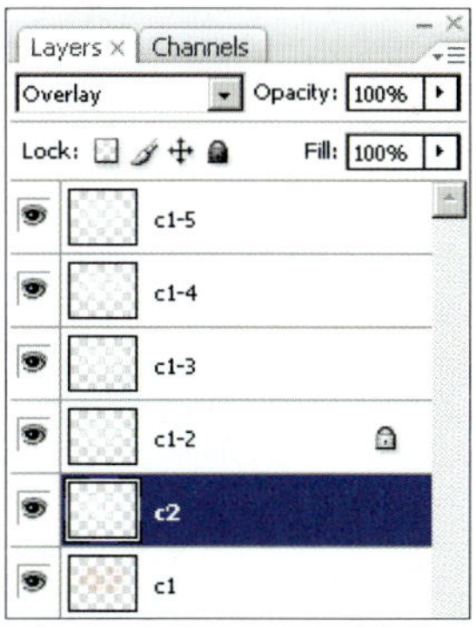

应用叠加

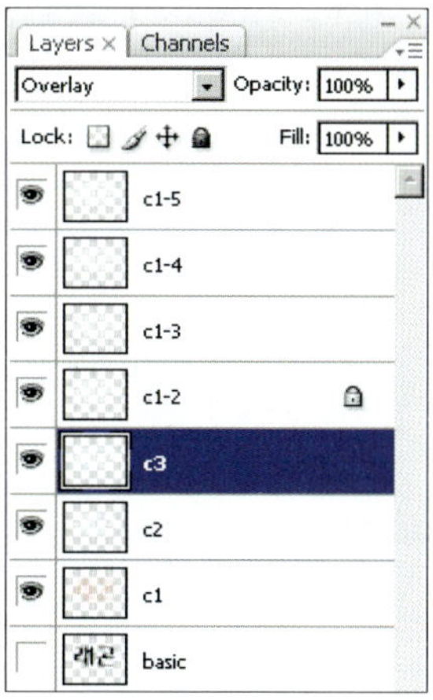

应用叠加

07 利用混合模式表现火焰效果 3

下面我们在标题中表现多样的火焰形态。

按住 Ctrl 键单击通道面板中的 cal2 通道载入选区，选择图层面板中的 c1 图层。单击图层面板下端的 Create a new layer（创建新图层）按钮创建的图层，将生成的图层重新命名为 c2。

选择 c2 图层，按 Alt+Delete 快捷键为选区填充白色，然后按 Ctrl+D 快捷键取消选区，将混合模式设置为 Overlay（叠加）。

为了添加其他的效果，按住 Ctrl 键单击通道面板中的 cal3 通道载入选区。

选择图层面板中的c2图层，然后单击图层面板下端的 Create a new layer（创建新图层）按钮创建的图层，将生成的图层重新命名为c3。

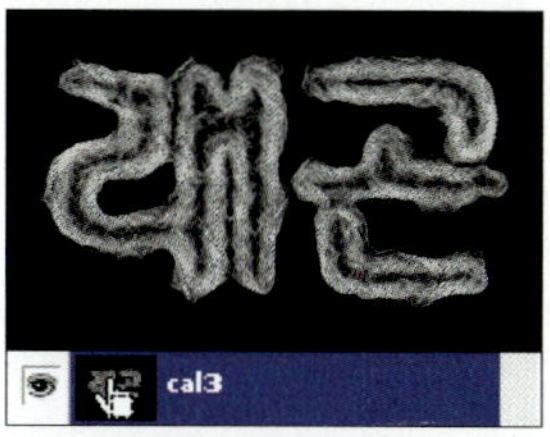

按住 Ctrl 键单击载入选区

选择c3图层，按Alt+Delete快捷键为选区填充白色，再按Ctrl+D快捷键取消选区，将混合模式设置为Overlay（叠加）。

这样，标题整体变得更加明亮了。

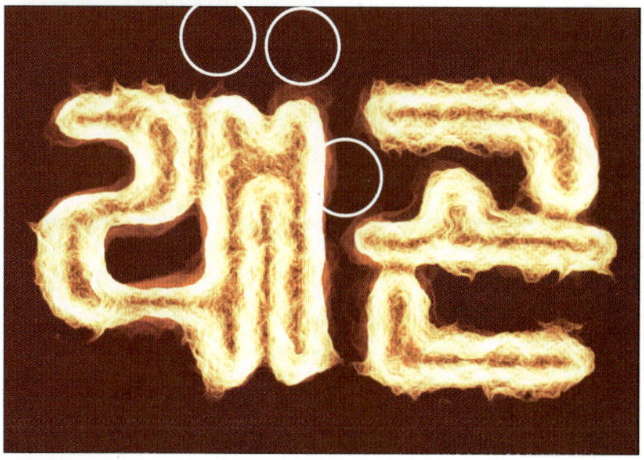

应用叠加

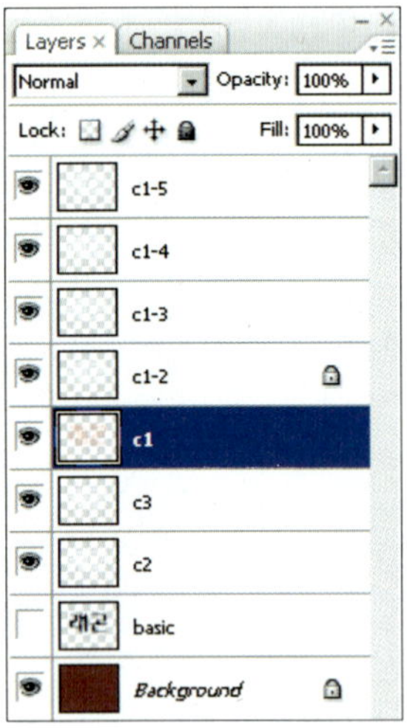

7-a

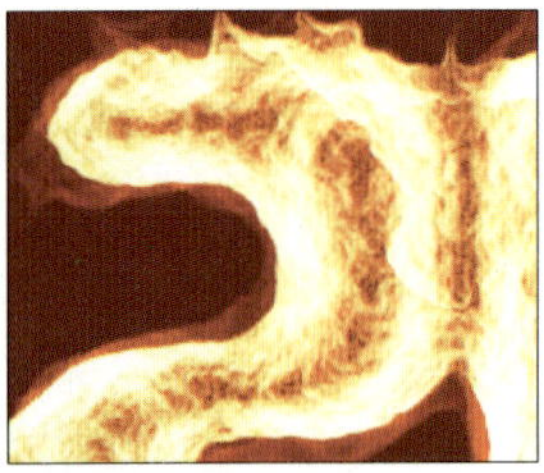
调整位置前放大的效果

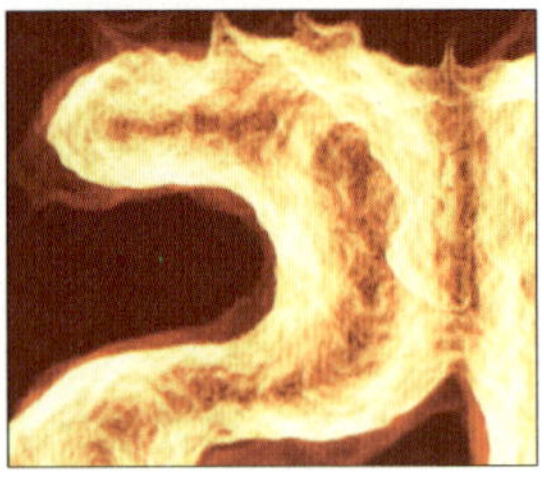
调整位置后放大的效果

观察到目前为止的图像，我们可以发现火焰效果过于明亮。下面我们来更改图层的位置，补正图像。

如图 7-a 所示将 a 图层的混合模式设置为 Normal（正常），将 c1 图层放置于 c3 图层上方，降低图像的亮度。

如果不移动图层位置，只要调节叠加模式的图层的不透明度也可以调节整体的亮度。

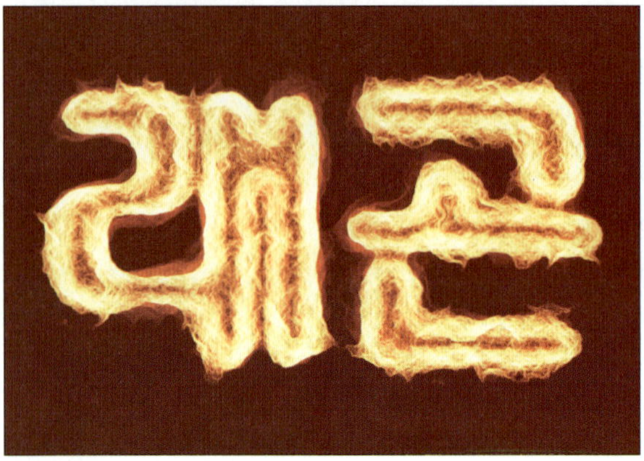
当前文件

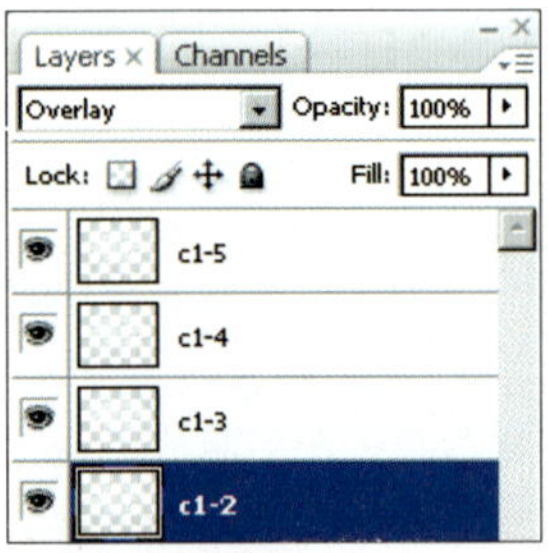

取消锁定透明像素

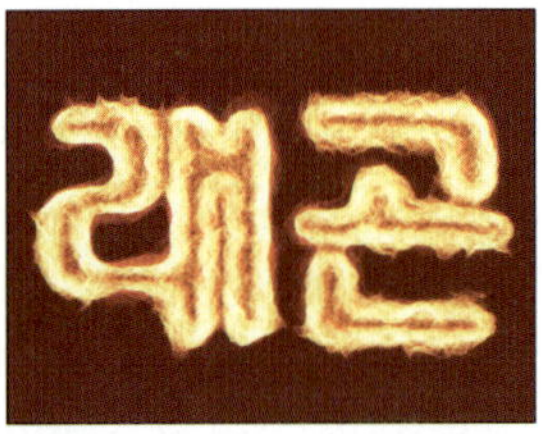
选择c1-2图层后应用高斯模糊滤镜

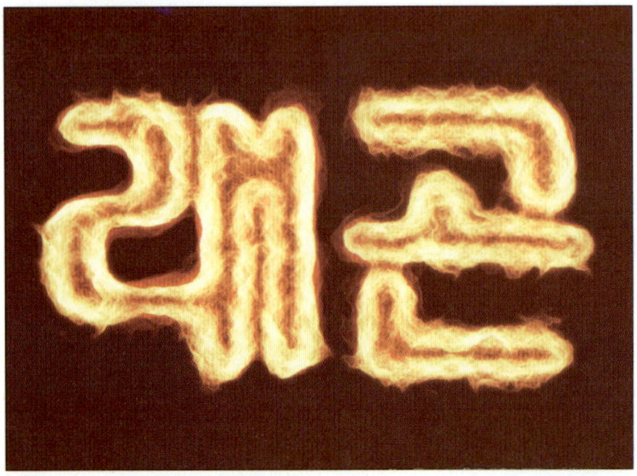
选择 c1 图层后应用高斯模糊滤镜

取消锁定透明像素的原因

设置为锁定透明像素的话，会保护透明区域，应用高斯模糊滤镜的时候，无法表现出图像变得模糊和放大的效果，因此要取消锁定透明像素后进行操作。

08 柔和地表现标题图像

下面我们应用滤镜柔和地表现标题图像。

选择 c1-2 图层，取消选择图层面板上端的 Lock transparent pixels（锁定透明像素）图标。然后选择 Filter>Blur>Gaussian Blur（滤镜 > 模糊 > 高斯模糊）命令，将 Radius（半径）设置为 4pixels，表现模糊的效果。

选择 c1 图层，按 Ctrl+F 快捷键，再次应用高斯模糊滤镜。

这样我们就可以看到柔和的火焰图像。

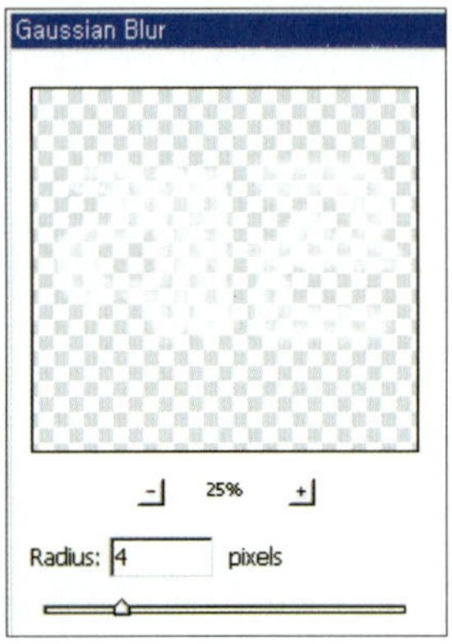

高斯模糊

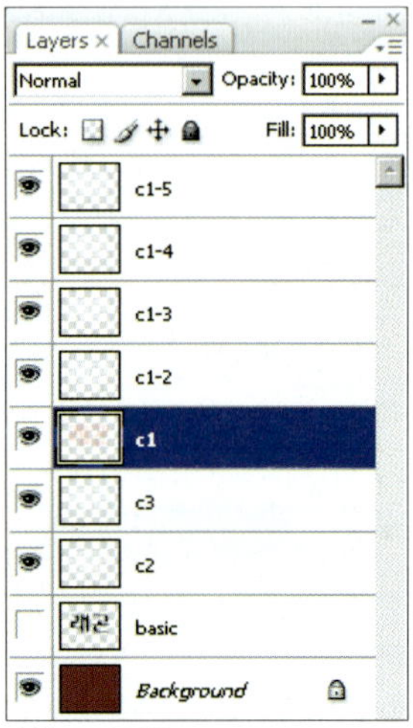

当前图层面板

09 表现出重量感，完成制作

选择 basic 图层，单击图层面板下端的 Create a new layer（创建新图层）按钮创建新的图层，将其重新命名为 shadow。按住 Ctrl 键单击通道面板中的 b 通道载入选区。

选择图层面板中的 shadow 图层，按 Alt+Delete 快捷键将选区填充为黑色，然后按 Ctrl+D 快捷键取消选区。

由于左侧图像较暗，区域较大，因此要缩小黑色图像的范围。

选择 shadow 图层，选择 Filter>Other>Maximum（滤镜 > 其他 > 最大化）命令，将 Radius（半径）设置为 15pixels。

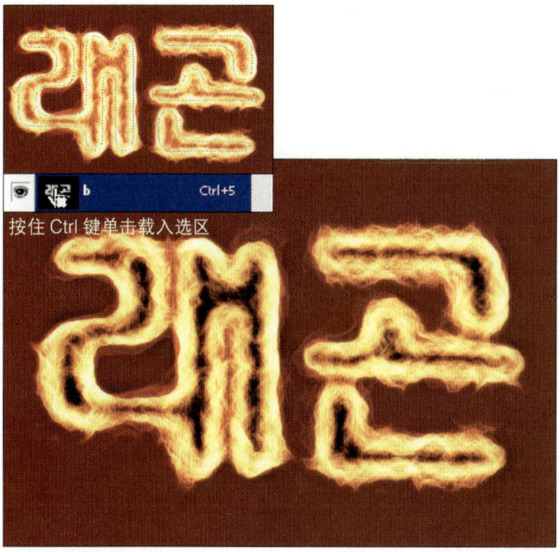

为载入的选区填充黑色

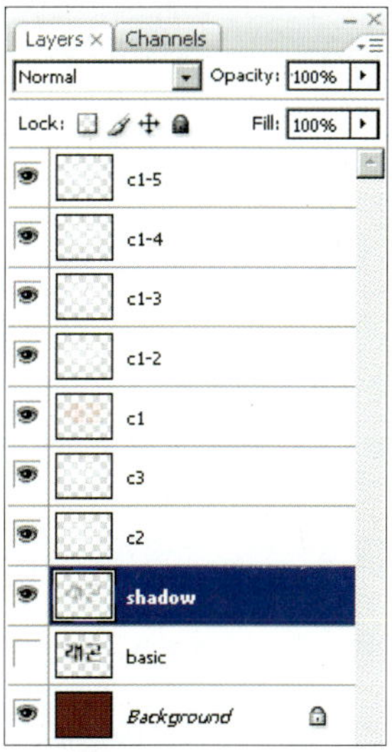

当前图层面板

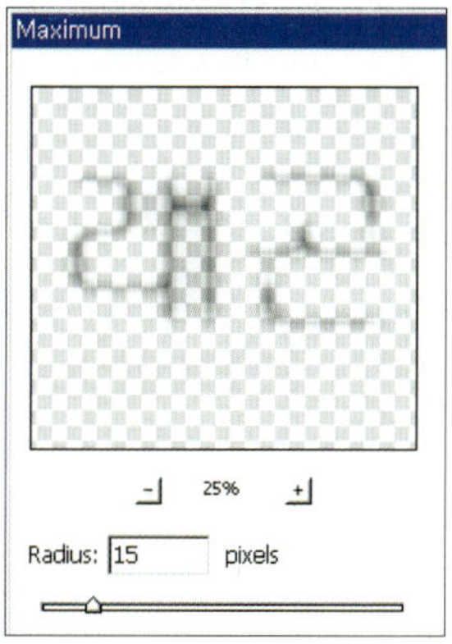

最大化

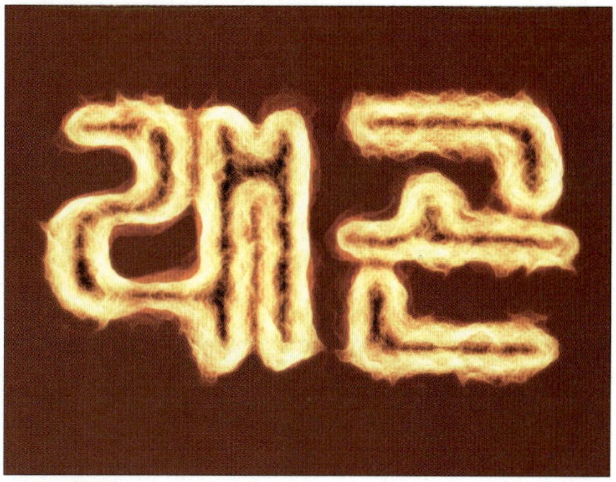

最终完成效果

b 通道

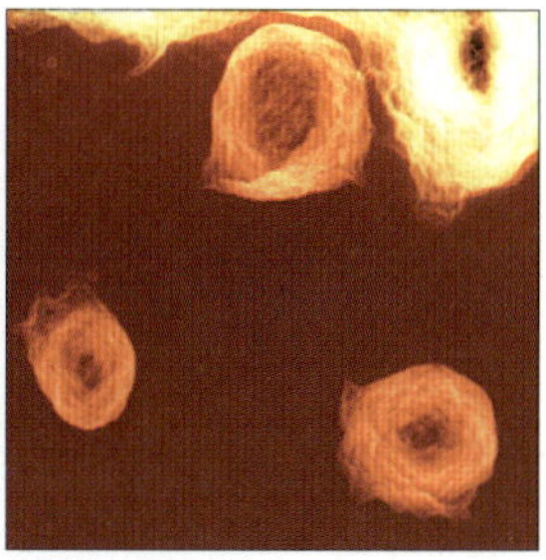

制作的图像

THINK OVER!

1. 制作多种形态的火焰效果

将 b 通道与其他通道合并，制作图像。将 b 通道创建为如左图所示的形态，与通道进行计算，表现抽象形态的图像。

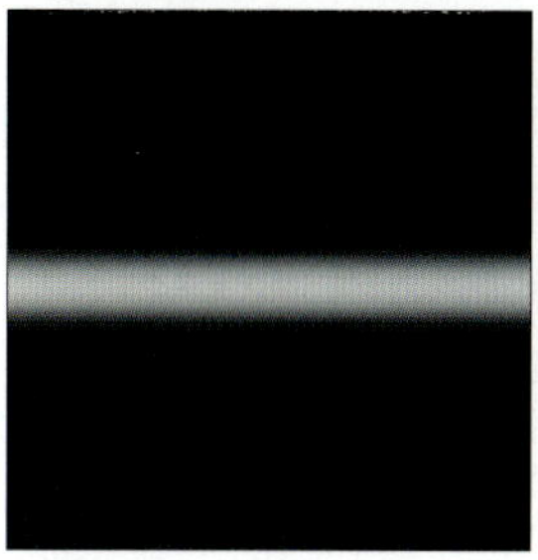

b 通道

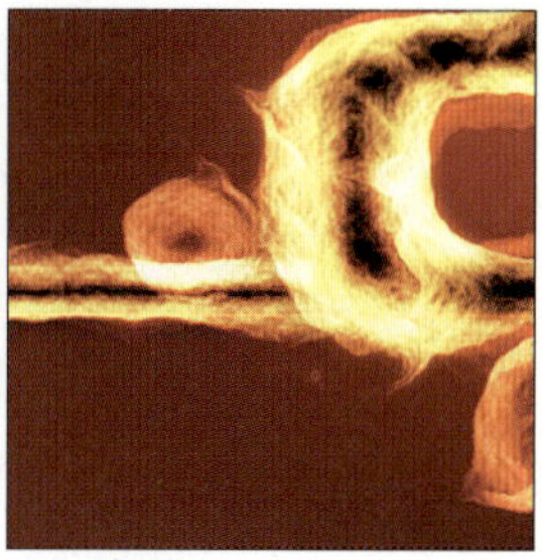

制作的图像

当前 b 通道

勾选反相后反转 b 通道图像的状态下应用，得到相同的效果

效果

THINK OVER!

2. 更改计算设置

在步骤 04 中为了合并通道，我们在计算对话框中勾选了 Source 1 的 Invert（反相）进行应用。如果不勾选复选框，则会得到如左图所示的效果。

如果不勾选 Invert（反相），想要得到相同的效果，按 Ctrl+I 快捷键反转 b 通道图像，然后进行计算即可。

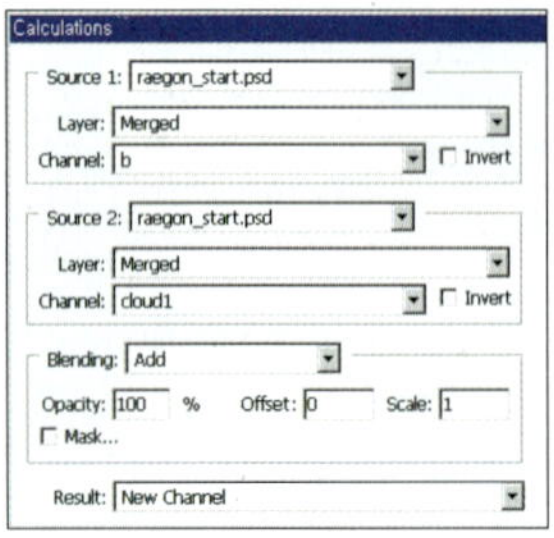

没有勾选反相的效果

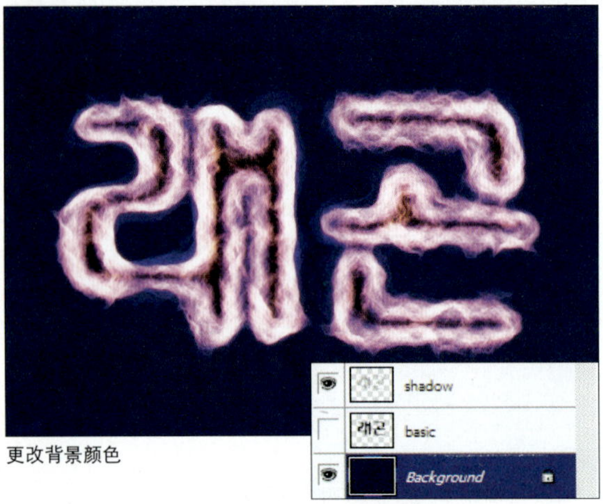

更改背景颜色

当前图层面板

载入选区

THINK OVER!

3. 保留标题颜色

下面我们制作为图像的背景保留标题颜色的效果。

更改 Background 图层的颜色，应用图层的混合模式，都可以更改文字整体的颜色。

为了即使更改背景颜色，文字颜色也能够保留，按住 Ctrl 键单击 shadow 图层载入选区，在 c2 图层中按 Ctrl+Shift 快捷键选择到 c1-5 图层，分别单击添加选区。

为了复制显示的选区，选择Edit>Copy Merged（编辑>复制合并）命令（Ctrl+Shift+C），然后按Ctrl+V 快捷键粘贴到Background 图层上方。

只激活 Background 图层和 Layer 1 图层，可以看到即使背景颜色更改，文字颜色也保留原样的效果，如图 3-a 所示。

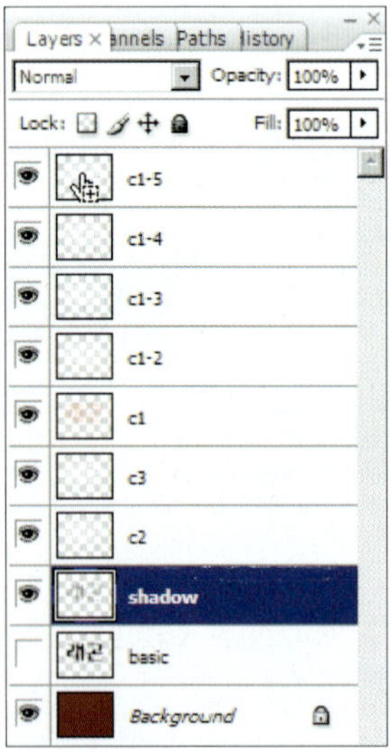

当前图层面板

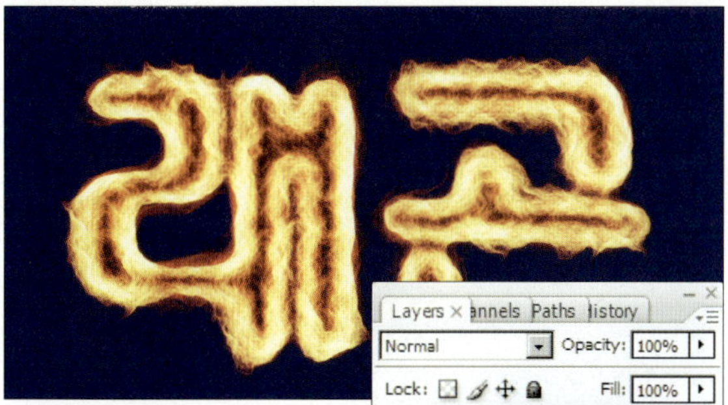

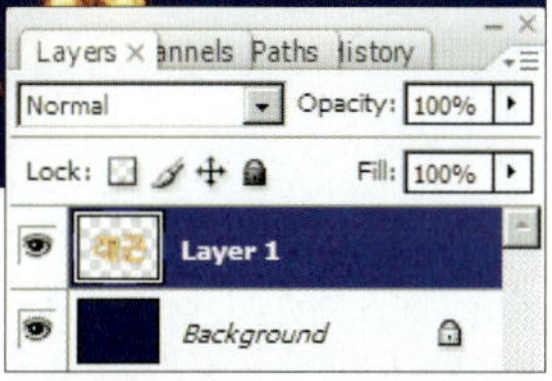

3-a 粘贴的效果

当前图层面板

如果不想要复制合并的效果，而是想保留图层状态，随意更改标题颜色，可以在载入选区后选择 Background 图层，按 Ctrl+C 快捷键复制后按 Ctrl+V 快捷键粘贴，显示如图 3-b 的效果。

保留原背景颜色，我们可以看到即使更改 Background 图层，颜色也保留原样。

为了将多个图层合并为一个图层，如图 3-c 所示对图层按 Ctrl+E 快捷键合并图层，若是将图层混合模式更改为 Normal（正常），就无法保留颜色。

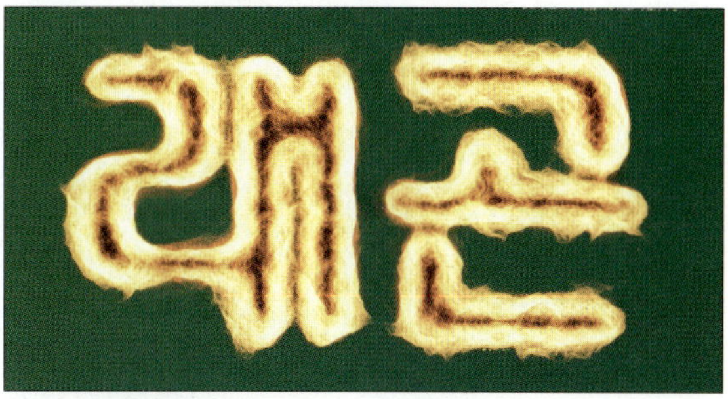

3-b 粘贴的效果

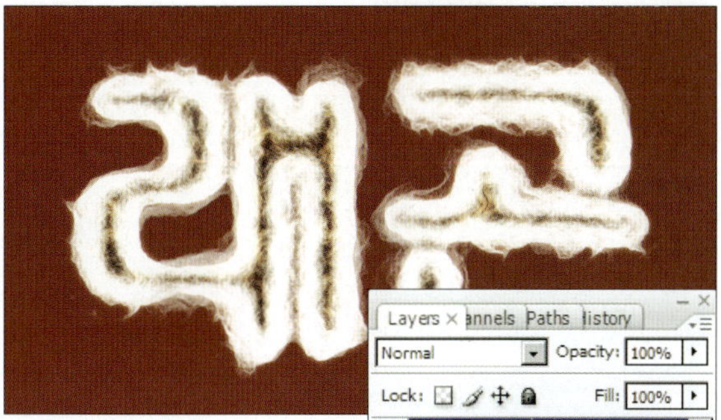

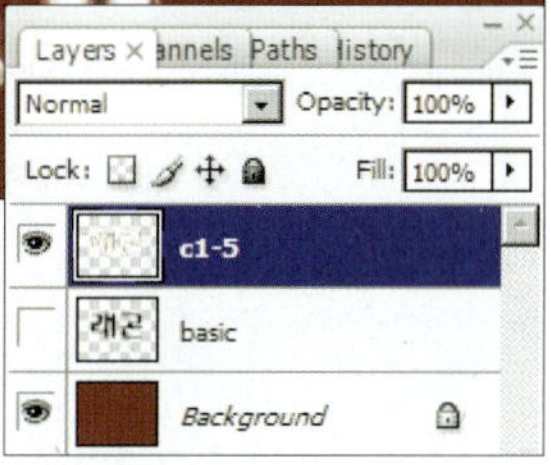

3-c 合并图层的效果

当前图层面板

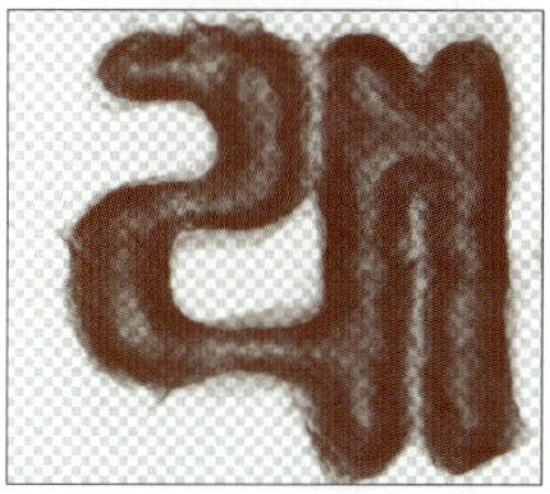

Layer 1 图层的状态

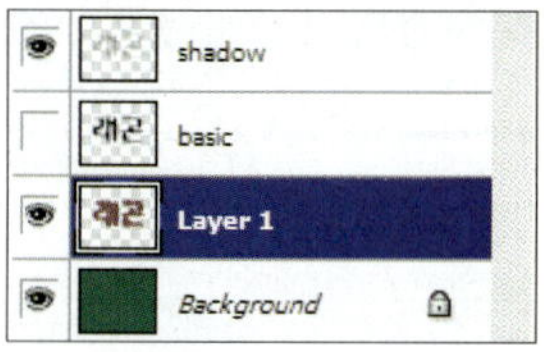

当前图层面板

Alpha 1 通道

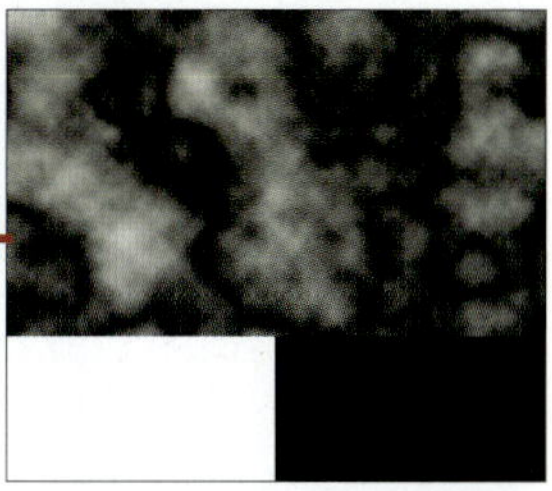

cloud 1 通道

b 通道

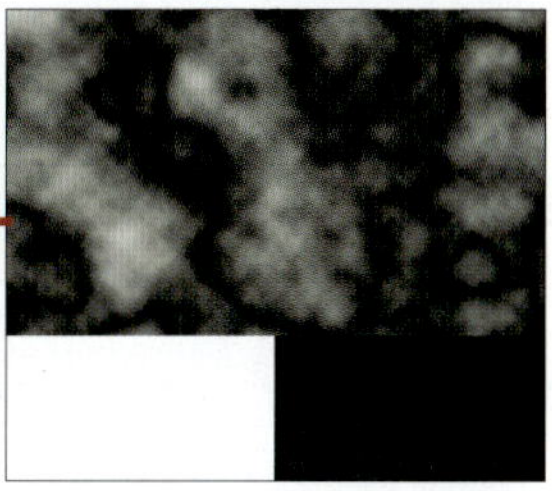

cloud 1 通道

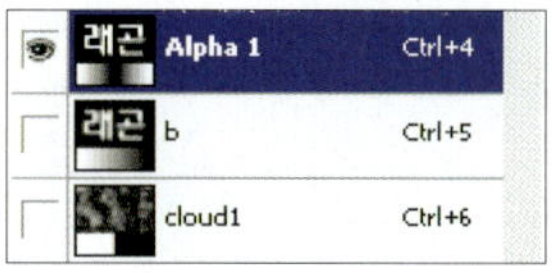

当前通道面板

THINK OVER!

4. 关于合成通道

计算命令可以合成通道，大小相同的文件和通道都可以合成，表现出多样的图像效果。在计算选项卡中，对 Alpha 1 通道、b 通道和 cloud 1 通道如下图所示进行设置 1（单纯的形态 Alpha 1 通道和复杂的质感 cloud1 通道）和设置 2（柔和的形态 b 通道和复杂的质感 cloud 1 通道），观察合成效果。

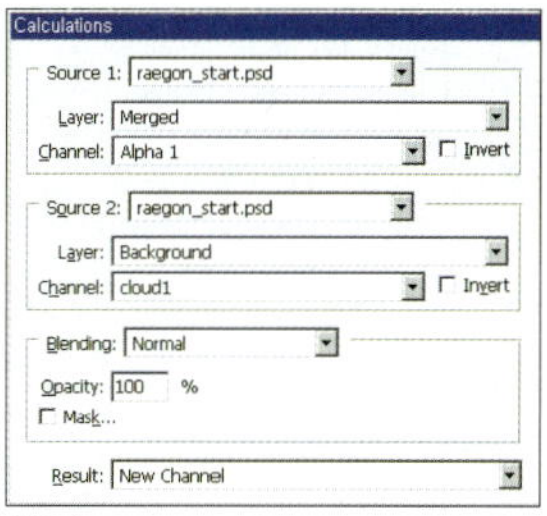

设置 1

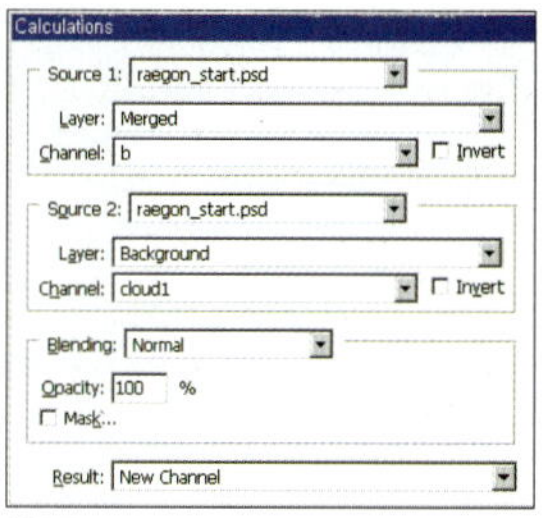

设置 2

保留原样显示 Source 1（源 1）。

设置 1 设置为正常合成的效果

设置 2 设置为正常合成的效果

比较两个 Source（源），显示较暗的效果。

设置 1 设置为变暗合成的效果

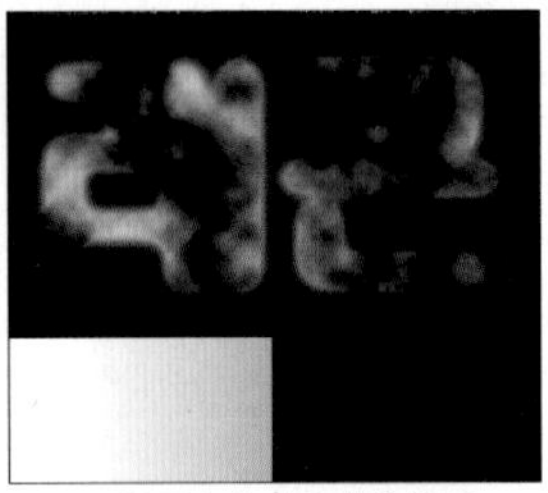

设置 2 设置为变暗合成的效果

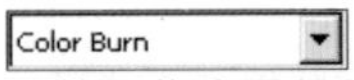

创建为颜色加深的效果，越接近中间调的图像表现得越暗。

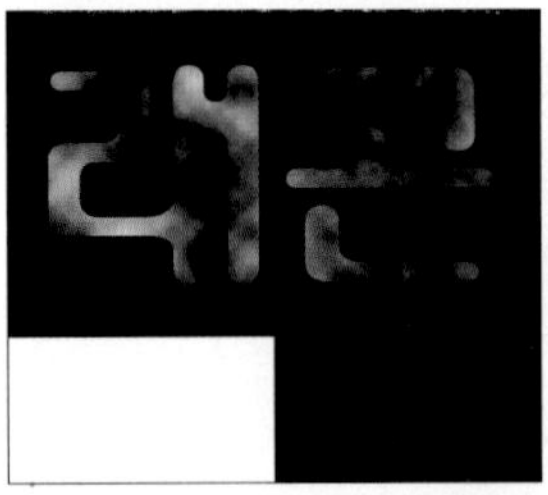

设置 1 设置为颜色加深合成的效果

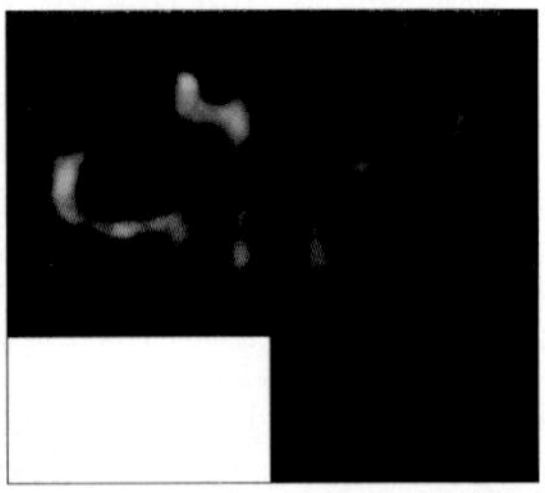

设置 2 设置为颜色加深合成的效果

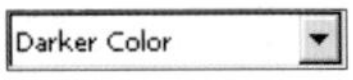

由于通道中只有 K（黑色）值，只显示源 1。

设置1 设置为颜色加深合成的效果

设置2 设置为颜色加深合成的效果

在通道中无法调节透明度

在通道中无法调节透明度，因此无法设置混合模式。由于也没有颜色值，所以无法设置色相、饱和度、颜色、亮度等混合模式。

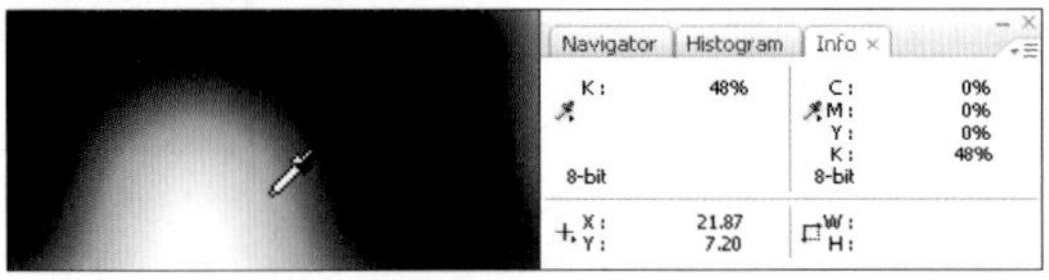

利用滴管工具对通道图像取样，在信息面板中看不到没有颜色值

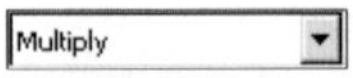

将两个 Source 的两个颜色相加，得到更暗的颜色。与线性加深相同，能够利用较暗的颜色减去明亮的颜色，在创建形态的时候非常有用。

设置 1 设置为正片叠底合成的效果

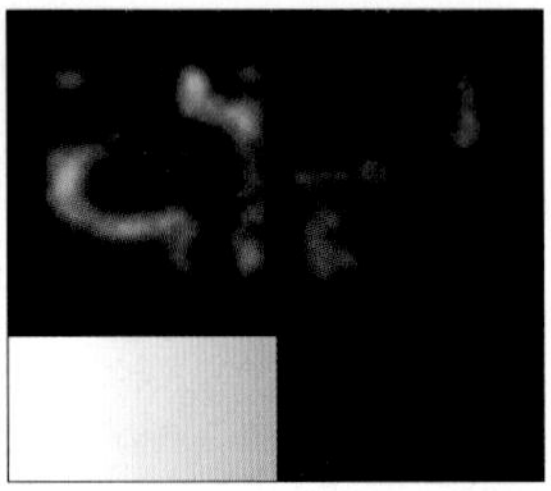

设置 2 设置为正片叠底合成的效果

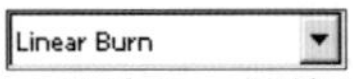

加入较暗的图像，降低亮度，制作更暗的效果，越接近中间调的部分越表现出越暗的效果。

设置 1 设置为线性加深合成的效果

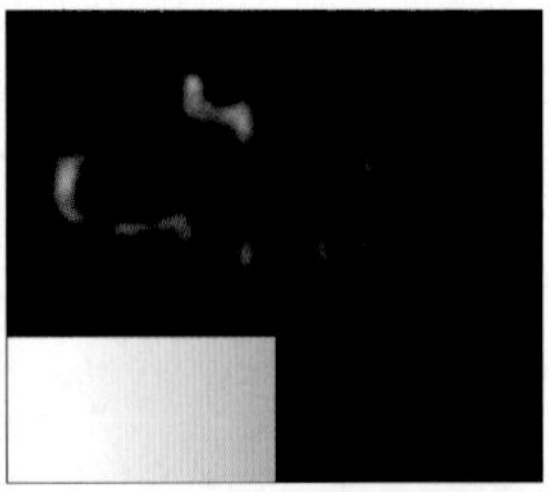

设置 2 设置为线性加深合成的效果

勾选反相，在反转图像状态下合成

勾选对话框中 Source 1（源 1）和 Source 2（源 2）的右侧的 Invert（反相），在翻转图像的状态下合成。

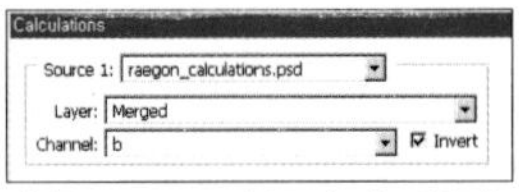

选择source1（源1）的反相复选框

源 1 的状态

Lighten 两个 Source（源）显示为明亮的颜色。

设置 1 设置为变亮合成的效果

设置 2 设置为变亮合成的效果

Screen 将两个 Source（源）的明亮颜色相加，表现更明亮的效果。透过黑色。

设置 1 设置为滤色合成的效果

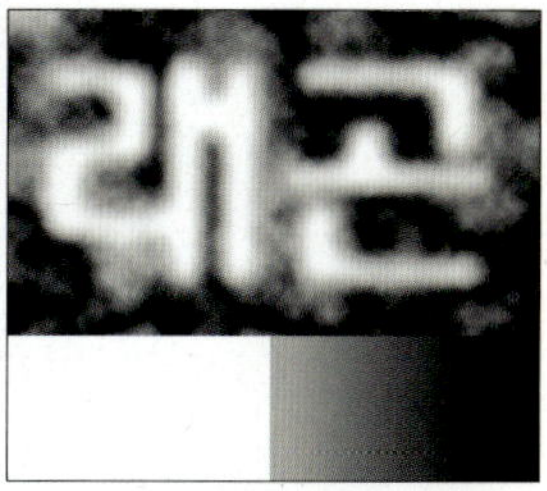

设置 2 设置为滤色合成的效果

Color Dodge 创建得较为明亮，越接近中间调的部分表现得越明亮，可以保留 Source 2 的黑色。

设置 1 设置为颜色减淡合成的效果

设置 2 设置为颜色减淡合成的效果

Linear Dodge (Add) 加入明亮的效果，提高亮度，使图像表现得更为明亮，越接近中间调的部分表现得越明亮。

设置 1 设置为颜色减淡合成的效果

设置 2 设置为颜色减淡合成的效果

Lighter Color 在通道中只有 K（黑色）值，因此维持 Source 1（源 1）的效果进行显示。

设置1 设置为颜色减淡合成的效果

设置2 设置为颜色减淡合成的效果

在计算中应用蒙版

在计算中利用蒙版可以调节合成效果的范围，透过蒙版的黑色，显示 Source 2 的图像。

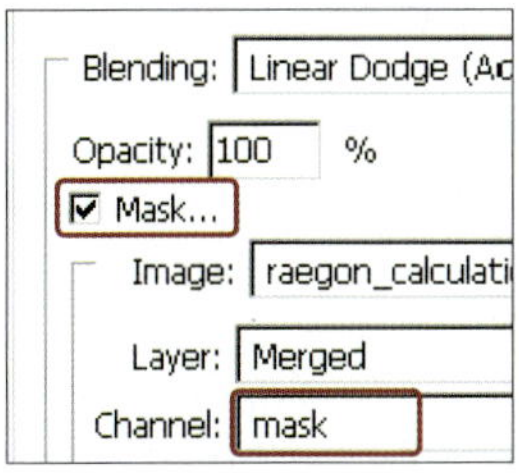

设置 2 的状态下勾选蒙版复选框

作为蒙版使用的 mask 通道

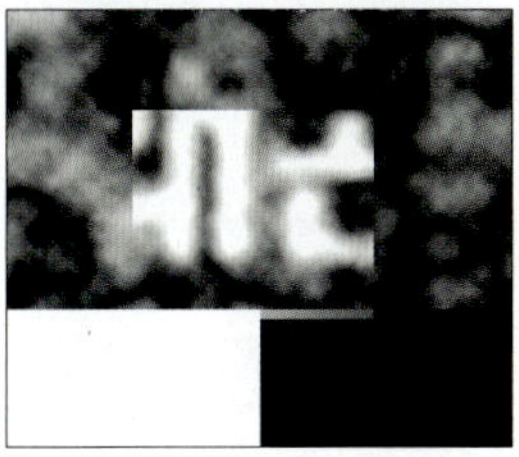

作为蒙版使用的 mask 通道

利用通道图像在图层中合成

为了创建形态，不利用计算命令，将各个通道创建为图层，然后按 Ctrl+Alt+~ 快捷键载入选区，填充颜色，也可以进行操作。但是这样操作的话，会创建很多图层，不仅文件占空间大，而且图层结构会很复杂。

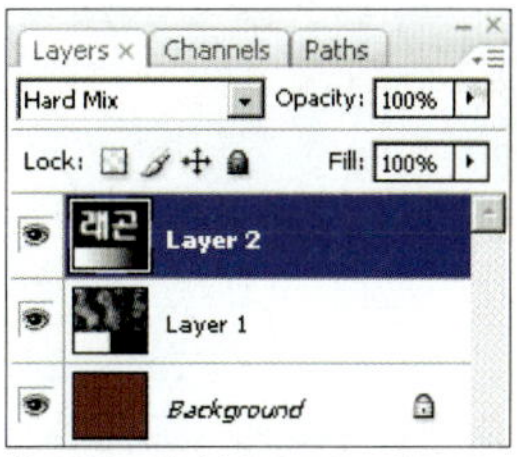

将通道图像创建为图层后设置混合模式

在图层中合成的效果

按 Ctrl+Alt+ ~快捷键载入选区

在载入的选区中填充颜色的效果

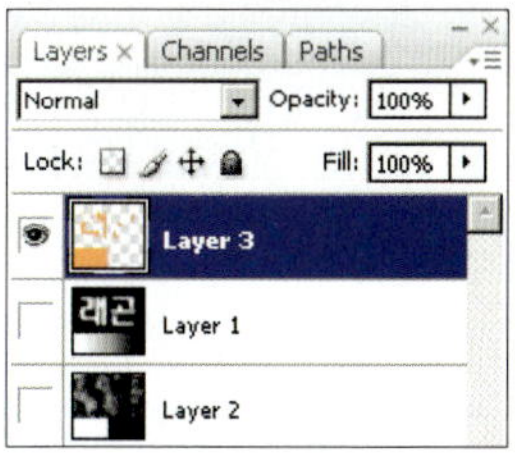

当前图层面板

Overlay 正片叠底和绿色混合的效果，暗的部分更暗，明亮的部分更亮，表现出对比强烈的图像。透过中间灰色，保留 Source 2（源 2）的白色和黑色。

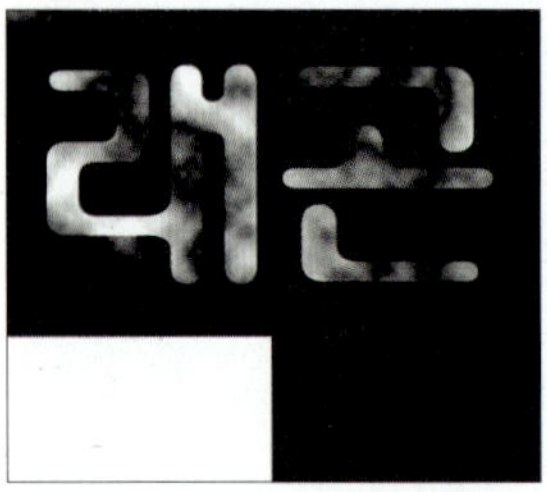

设置 1 设置为叠加合成的效果

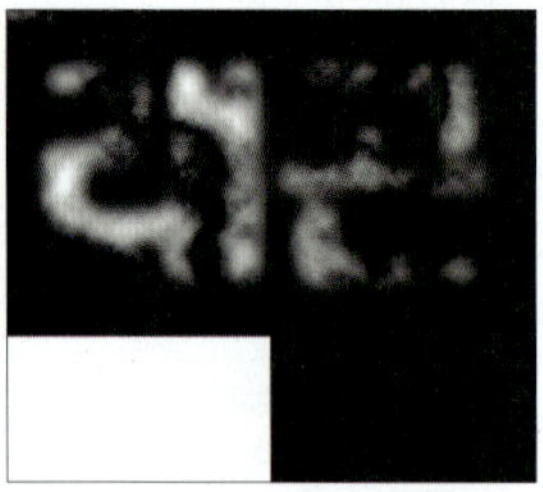

设置 2 设置为叠加合成的效果

Hard Light 添加明亮和暗淡的图像增强对比，比叠加的对比更加强烈，但是表现得更加柔和。

设置 1 设置为强光模式合成的效果

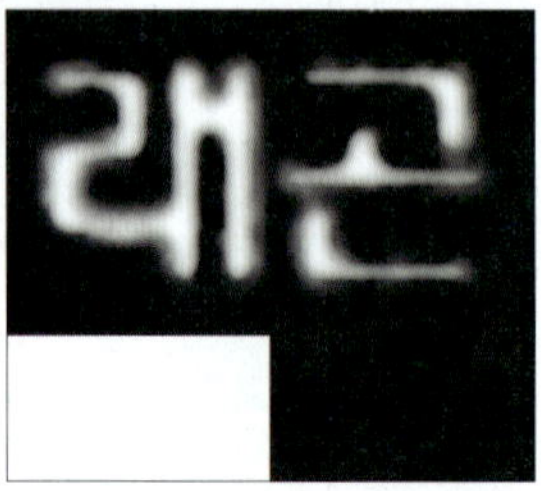

设置 2 设置为强光模式合成的效果

Linear Light 添加明亮和暗淡的图像增强对比，比强光模式的对比更强，但是比强光模式的效果更柔和。

设置 1 设置为线性光合成的效果

设置 2 设置为线性光合成的效果

Hard Mix 创建对比强烈的图像，在创建单纯形态的时候非常有用，使用在云彩等质感中，可以表现出块状的形态。

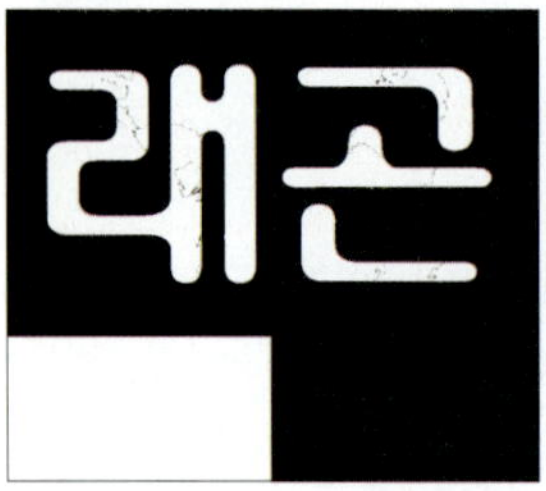

设置 1 设置为强混合模式合成的效果

设置 2 设置为强混合模式合成的效果

Soft Light 可以创建比对比叠加更柔和的图像。

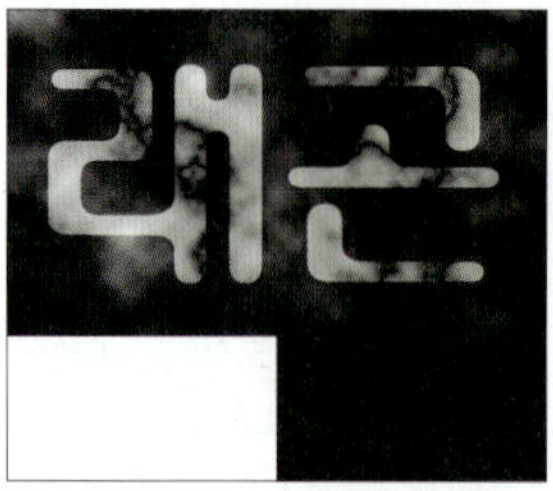

设置 1 设置为柔光合成的效果

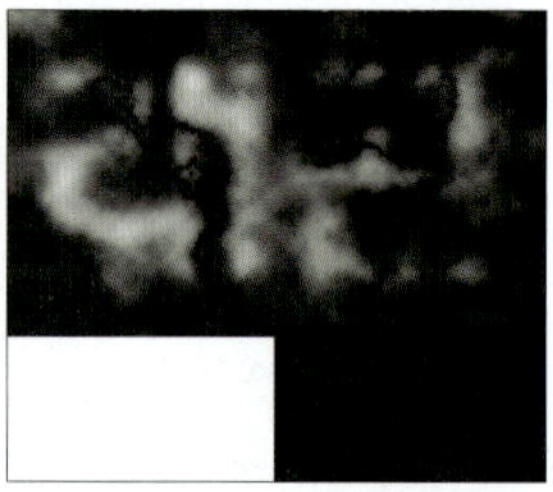

设置 1 设置为柔光合成的效果

Vivid Light 颜色减淡和颜色加深混合的效果，距 50% 灰越远，中间阶段越少，创建为对比更强的图像。透过中间灰色。

设置 1 设置为亮光合成的效果

设置 2 设置为亮光合成的效果

Pin Light 添加明亮和暗淡的图像，增强对比，表现出变暗和变亮的效果。

设置 1 设置为点光合成的效果

设置 2 设置为点光合成的效果

如果出现没有创建的通道

如果通道面板中出现了没有创建的通道，是由于选择应用了蒙版的图层的状态，所以会在通道中显示蒙版的状态，选择没有蒙版的图层就会消失，因此不需要考虑这个问题，继续进行操作即可。

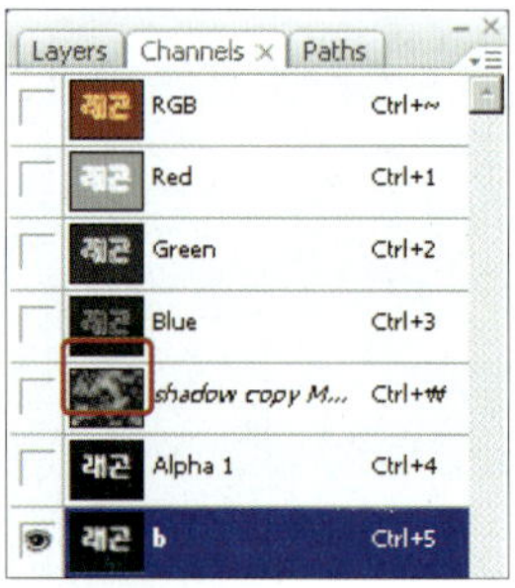

显示新通道

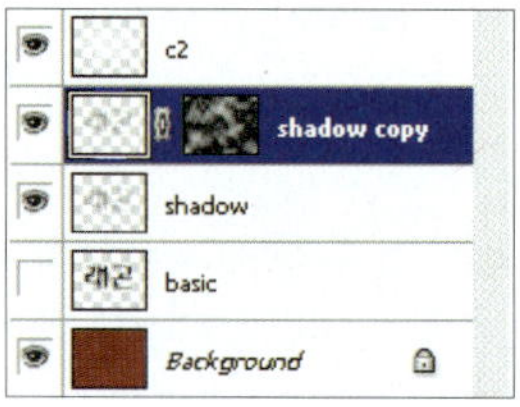

选择应用了蒙版的图层的状态

Add 添加 Source 1（源 1）的明亮图像，使图像变得更加明亮，得到和线性减淡类似的效果。

设置 1 设置为加法合成的效果

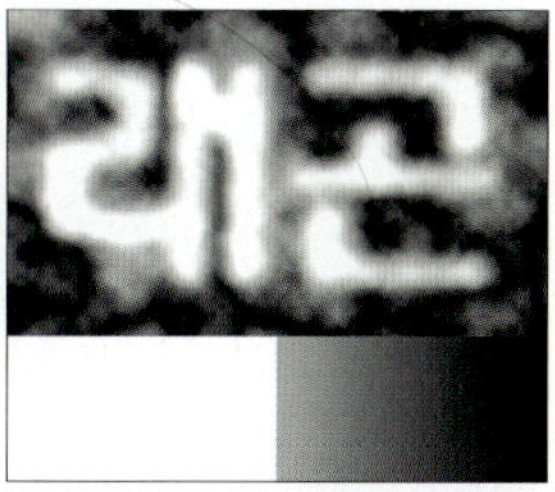
设置 2 设置为加法合成的效果

Difference 比较源 1 和源 2，源 1 的白色图像是反转源 2 图像后将相同颜色创建为黑色，其余的是减去源 2 的图像反转合成的效果。透过源 1 的黑色。

设置 1 设置为差值合成的效果

设置 2 设置为差值合成的效果

Exclusion 创建与差值合成相似的效果，但是对比较弱，表现出柔和的效果。

设置 1 设置为排除合成的效果

设置 1 设置为排除合成的效果

Subtract 创建减去源 1的明亮图像的效果。越是明亮的图像表现得越暗，创建与线性加深相似的效果。

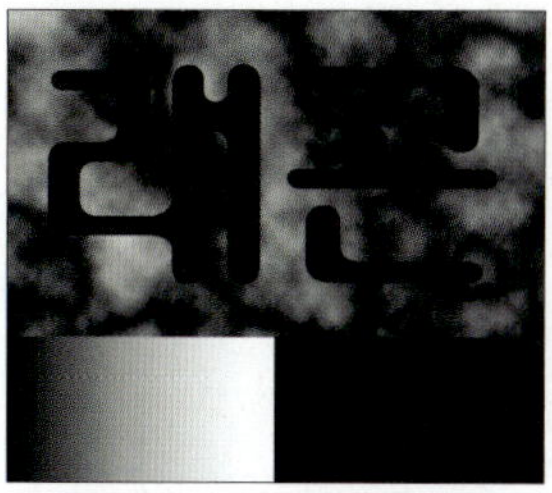
设置 1 设置为减法合成的效果

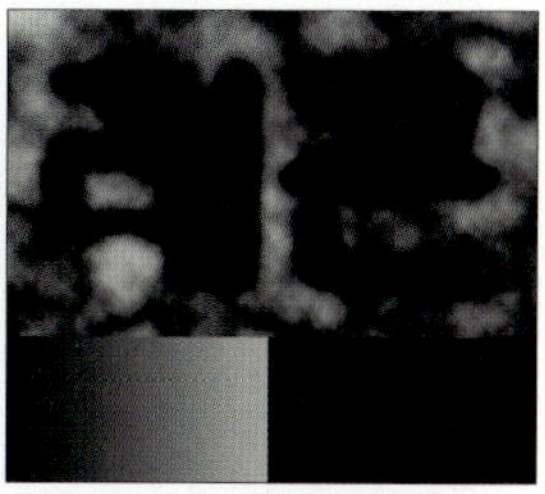
设置 1 设置为减法合成的效果

利用 Subtract 减法合成创建与线性加深相同的效果

在减法合成的设置 2 中，源勾选了源 1 的反相复选框，可以得到与线性加深相同的效果。相反，在线性加深的设置 2 中，勾选源 2 的反相复选框，可以得到与减法合成相同的效果。

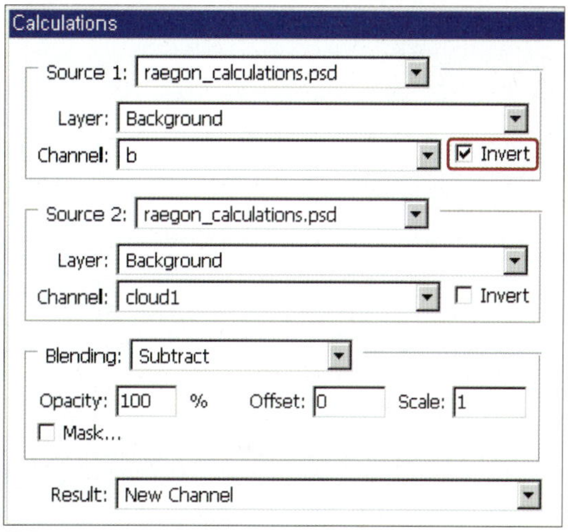

设置 2

Love is Lie
그녀를 위한
사랑스런 거짓말이 시작된다.

21

Lie

21 Love is Lie

利用弯曲工具对图像进行变形，然后混合使用多种滤镜效果，制作被白雪覆盖的文字特效。

Lie

Source Location

Effects 21\

- lovelie_start.ai
- lovelie_start.psd
- lovelie_finish.psd
- lovelie_apply.psd

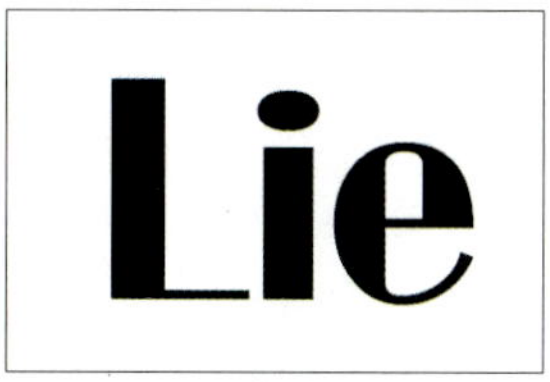

lovelie_start.ai 文件

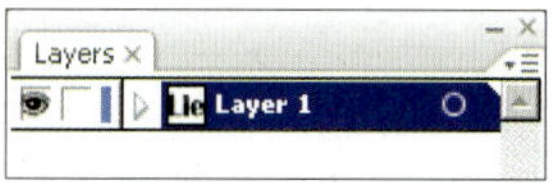

Layer 1 图层

01 确认操作文件

下面我们对形状变形后，混合应用多种滤镜，表现出被白雪覆盖的标题效果。

在 Illustrator 中打开 lovelie_start.ai 文件。标题的素材是在 Illustrator 中输入文字后选择 Type>Create Outlines（文字 > 创建轮廓）命令（Shift+Ctrl+O）得到的效果。

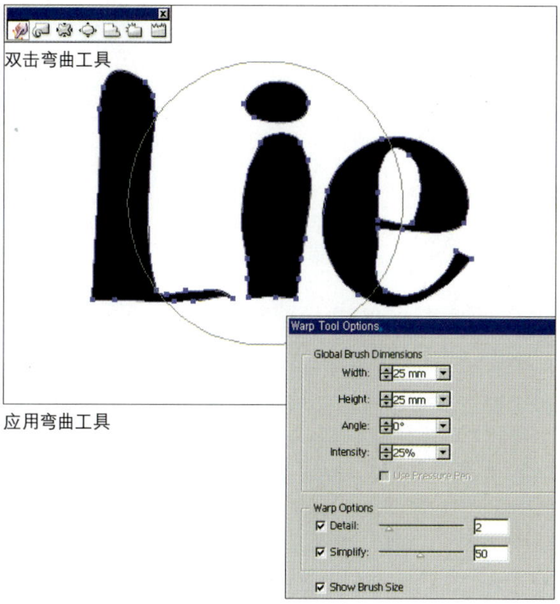

应用弯曲工具

2-a

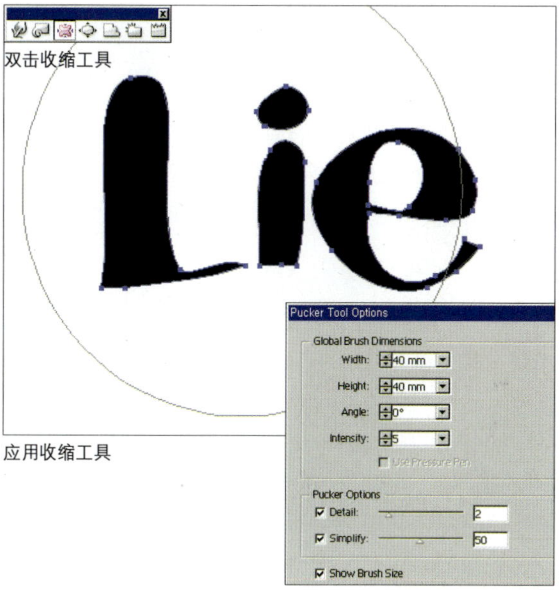

应用收缩工具

2-b

02 标题变形

下面我们将创建的直线形态表现为柔和的曲线效果。

双击 Warp（弯曲）工具（Shift+R），打开对话框。如图 2-a 所示进行设置。单击标题文字，对形态进行拖动变形。

调节强度

直接应用弯曲工具或者收缩工具无法快速对形态进行表现。双击工具，在打开的对话框中将 Intensity 设置得较低，仔细观察变形的过程进行调节。

双击 Pucker（收缩）工具，打开对话框，如图 2-b 所示进行设置，单击标题文字进行拖动，表现出突出的效果。

变形过程不是一次性完成的，需要反复更改工具并调节，直到创建出所需的形态。

利用弯曲工具进行多种变形

利用弯曲工具可以进行如下图所示的多种变形。

lovelie_star.psd 文件

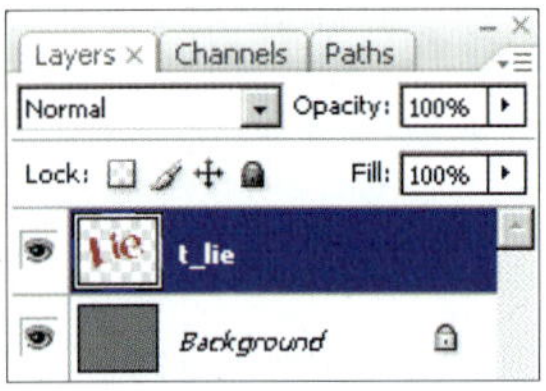

当前图层面板

当前文件

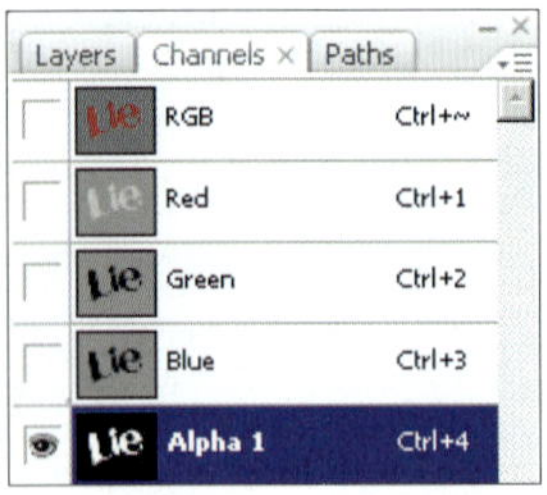

Alpha 1 通道

03 保存形态

下面我们将标题形态保存为通道素材。

运行 Photoshop，打开 lovelie_star.psd 文件。

t_lie 图层是按 Ctrl+C 快捷键复制之前步骤制作的对象，然后按 Ctrl+V 快捷键以像素形式粘贴到 Photoshop 中的效果。

为了在通道中制作质感，按住 Ctrl 键单击 t_lie 图层载入选区，选择 Select>Save Selection（选择 > 存储选区）命令保存选区，然后按 Ctrl+D 快捷键取消选区。

利用载入选区命令载入选区

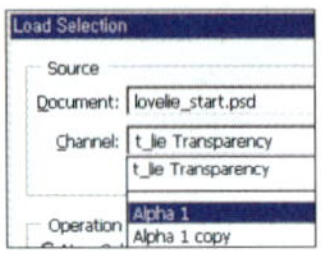

为了载入通道或者图层的选区，我们通常使用按住Ctrl键单击的方法。还可以选择Select>Load Selection（选择>载入选区）命令，选择相应的通道或图层载入。

04 表现积雪的效果

下面我们混合多种滤镜，表现积雪的效果。

为了备份基本形态，将 Alpha 1 通道拖动到通道面板下端的 Create new channel（创建新通道）按钮上复制。选择复制得到的 Alpha 1 copy 通道，选择 Filter>Artistic>Rough Pastels（滤镜 > 艺术效果 > 粗糙蜡笔）命令，如图 4-a 所示进行设置，表现出如图所示的效果。

为了按照一定的方向表现标题效果，选择Filter>Distort>Glass（滤镜>扭曲>玻璃）命令，如图4-b所示进行设置，表现部分模糊的效果。也可以选择Filter>Brush Strokes>Crosshatch（滤镜>画笔描边>阴影线）命令，如图4-c所示进行设置。

希望读者可以多样地设置目前为止应用的滤镜的值，或者加入其他滤镜，表现出创造性的形态。

应用阴影线滤镜

4-a

应用玻璃滤镜

4-b

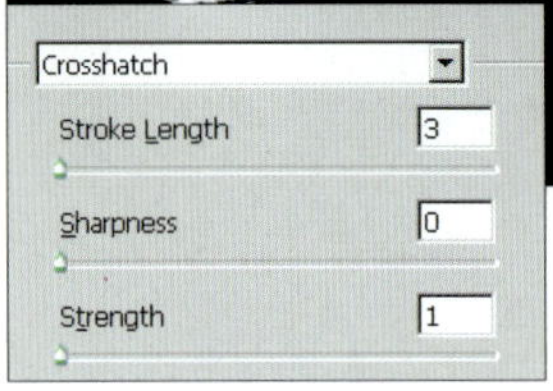

4-c

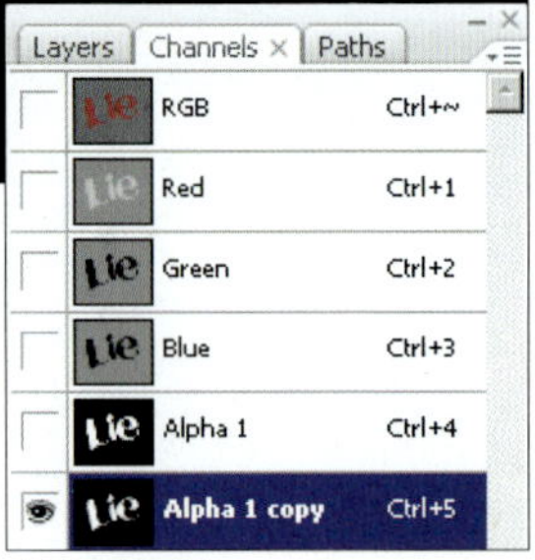

当前通道面板

05 简化图像

下面我们简化图像的显示效果。

选择Alpha 1 copy通道，选择Image>Adjustments>Levels（图像>调整>色阶）命令（Ctrl+L），如图5-a所示缩小阴影滑块和高光滑块的间距，创建清晰的效果。

按住Ctrl键单击Alpha 1 copy通道载入选区，选择t_lie图层，单击图层面板下端的Create a new layer（创建新图层）按钮创建新的图层，将其重新命名为snow。

选择snow图层，确认前景色为白色，按Alt+Delete快捷键填充前景色。按Ctrl+D快捷键取消选区。

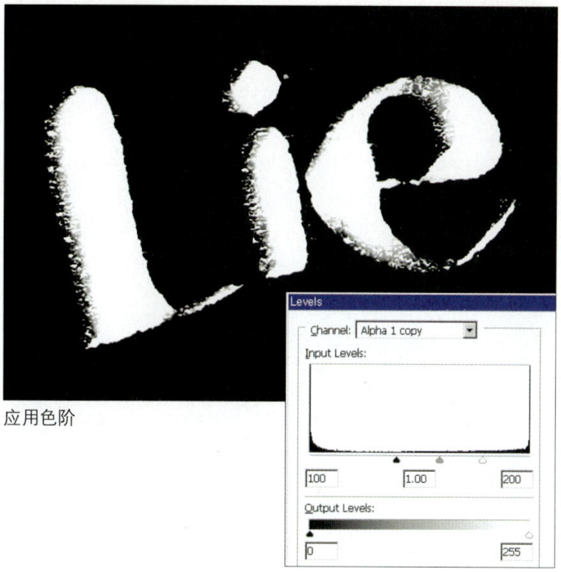

应用色阶

5-a

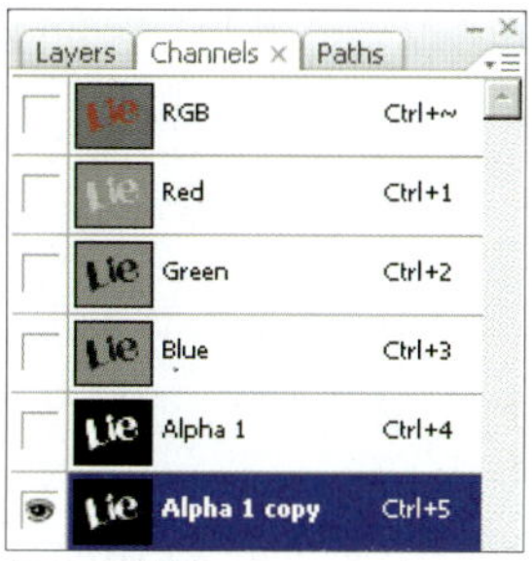

按 Ctrl 键单击

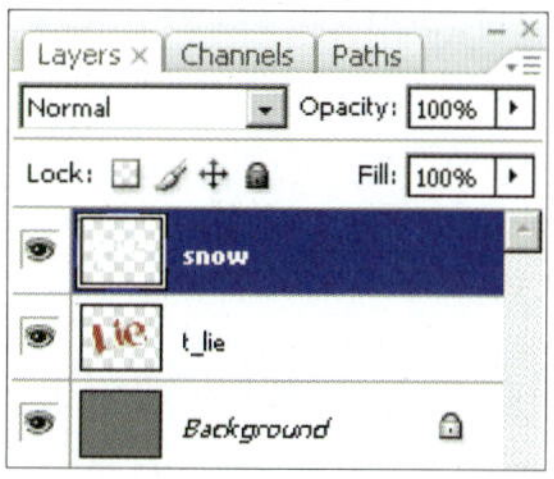

当前图层面板

应用前景色

06 添加图层样式

选择 snow 图层，单击图层面板下端的 Add a layer style（添加图层样式）按钮，选择 Drop Shadow（投影），取消勾选 Use Global Light（使用全局光）复选框，如图 6-a 所示进行设置，表现出积雪的效果。

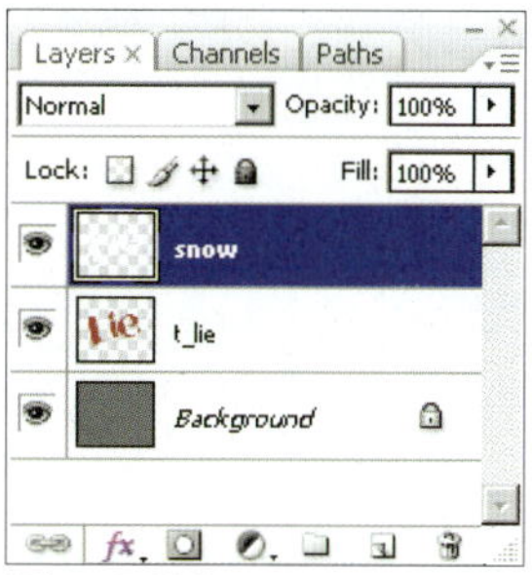

添加图层样式

选择图层样式的方法

为了应用图层样式，我们可以利用图层面板下端的按钮，也可以利用上端菜单中的Layer>Layer Style（图层>图层样式）命令，双击图层也可以选择图层样式。读者在操作的时候可以使用与笔者不同的方法。

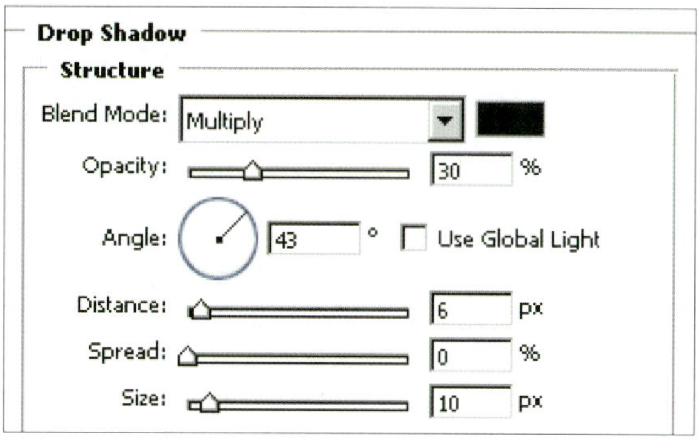

6-a

应用投影

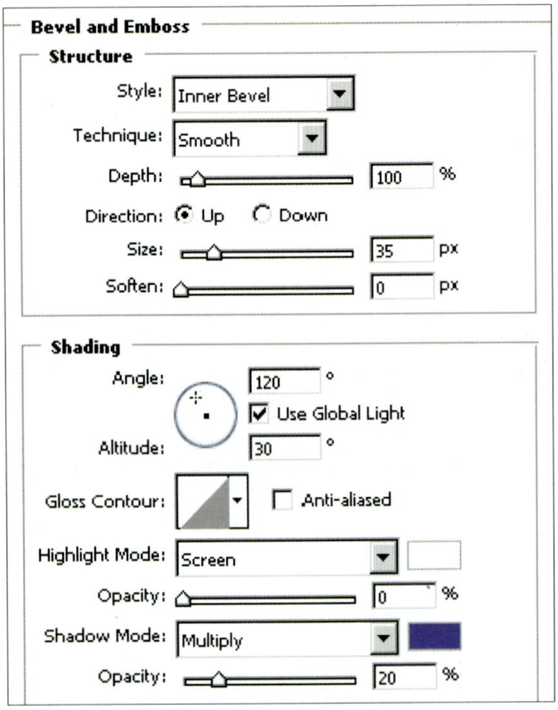

6-b

为了表现积雪的效果，选择 Bevel and Emboss（斜面和浮雕），如图 6-b 所示进行设置。

双击 Shadow Mode（阴影模式）的 Color（颜色），设置为 R:47,G:109,B:153，表现出蓝色光的效果。

当前文件

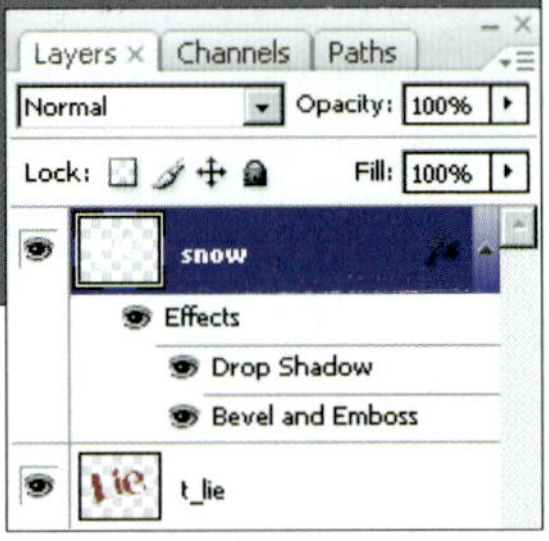

当前图层面板

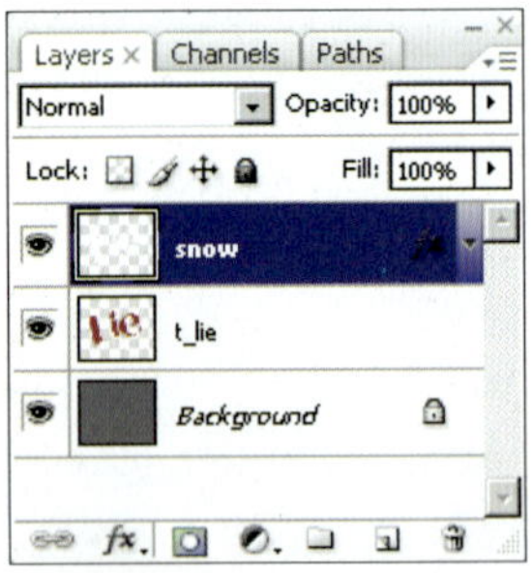

添加图层蒙版

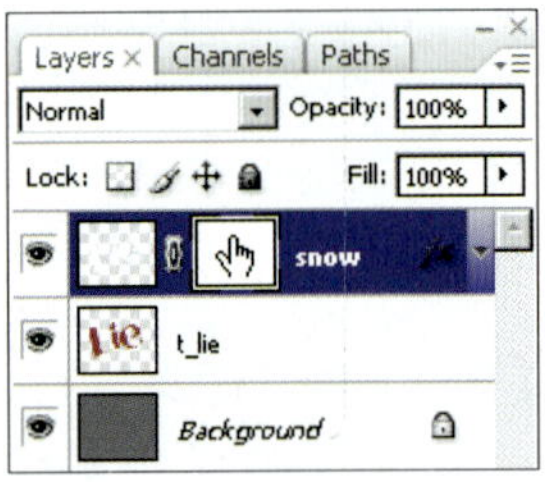

选择 snow 图层蒙版

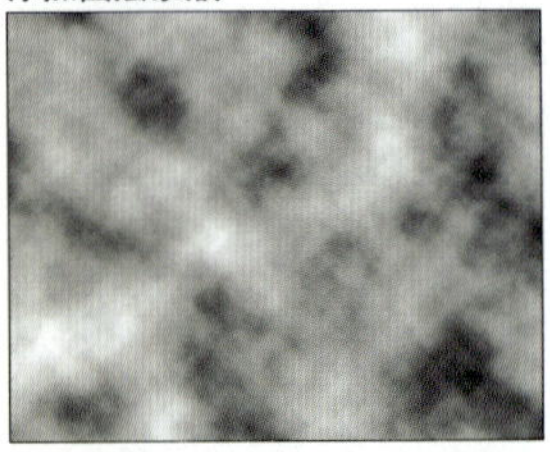
应用云彩滤镜后的 snow 图层蒙版

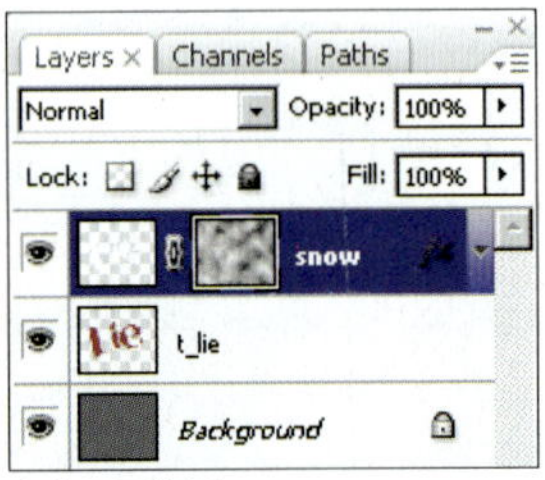

当前图层蒙版

如果想要设置对比较弱的云彩图像

本步骤中创建了亮度对比强烈的云彩图像，如果想要创建

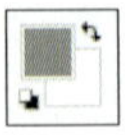

对比较弱的云彩图像，如左图所示将前景色和背景色的亮度差异设置得较小即可。

07 表现弯曲的效果

下面我们在标题内部表现弯曲的效果。

选择 snow 图层，单击图层面板下端的 Add layer mask（添加图层蒙版）按钮，单击 snow 图层的蒙版，选择 Filter>Render>Clouds（滤镜 > 渲染 > 云彩）命令。

应用云彩滤镜后，较暗的图像是积雪融化的部分，明亮的部分是积雪堆积的部分。

应用云彩滤镜

应用色阶

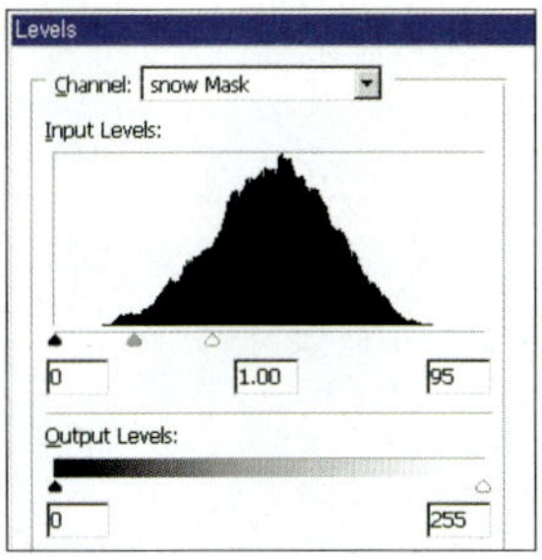

7-a

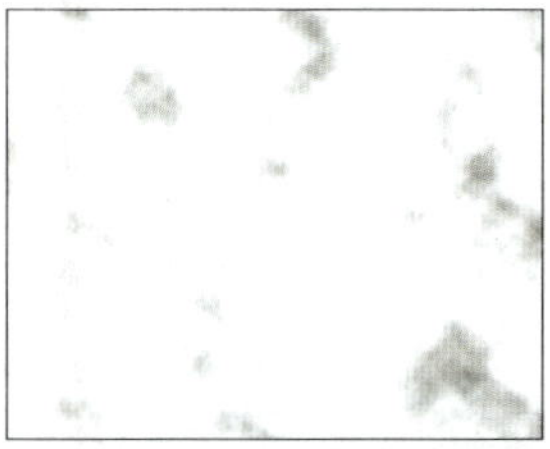

对 snow 图层蒙版应用色阶的效果

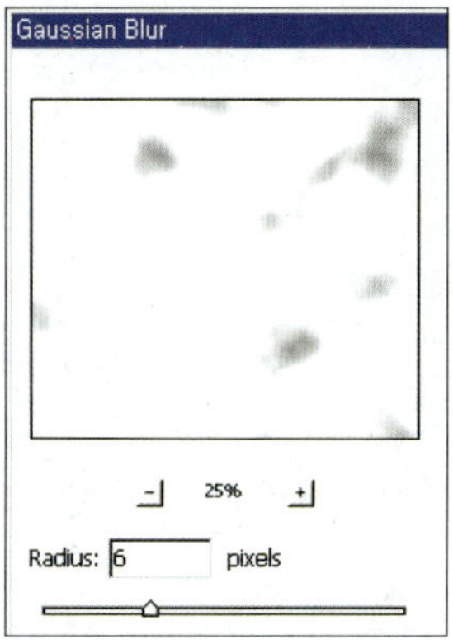

7-b

重新设置调整数值

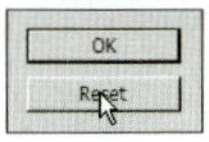

调节滤镜值后如果想要返回到初始状态，可以按住Alt键，然后单击Reset按钮即可。

对曲线等调整命令也可以像这样按住Alt键进行重设。

为了表现清晰的效果，选择 snow 图层蒙版，选择 Image>Adjustments>Levels（图像 > 调整 > 色阶）命令（Ctrl+L），如图 7-a 所示进行设置。

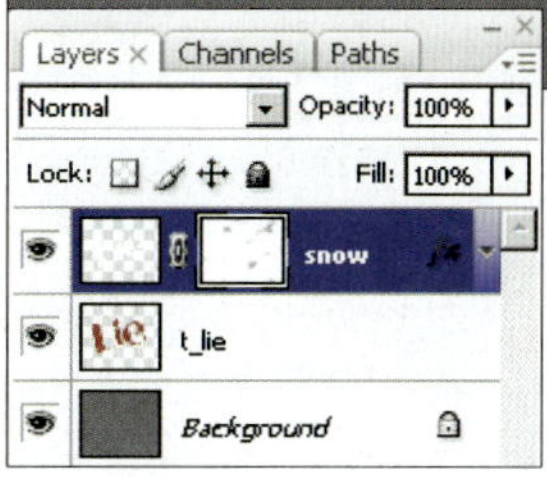

当前图层面板

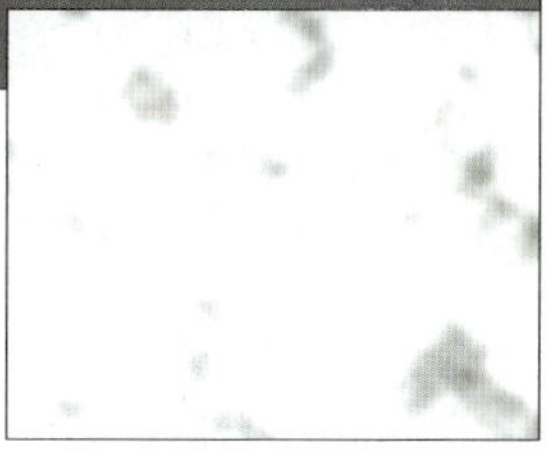

为 snow 图层蒙版应用模糊的效果

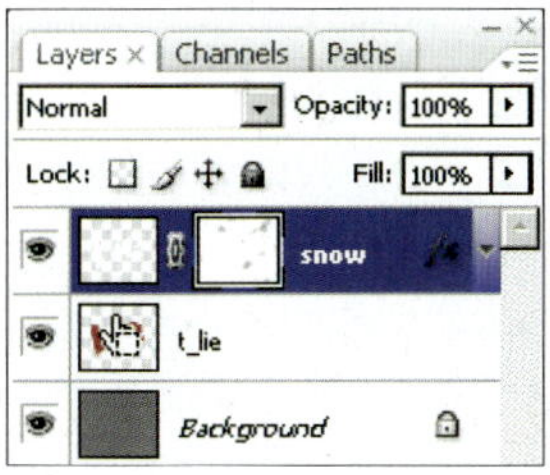

按住 Ctrl 键单击

载入 t_lie 图层选区

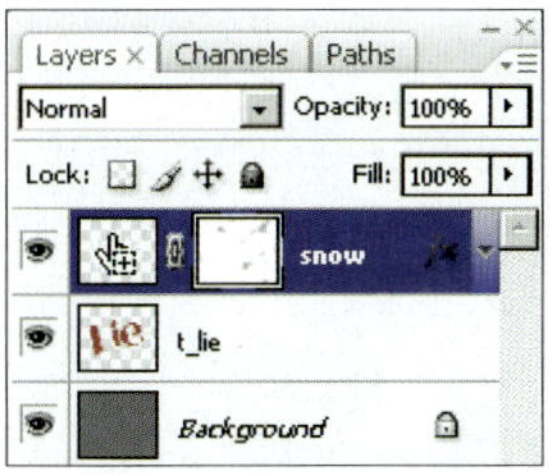

按 Ctrl+Shift 快捷键单击，在 t_lie 图层区域中添加 snow 图层选区

在 t_lie 图层区域上添加 snow 图层选区后载入

08 删除图层样式，完成制作

下面我们将积雪的阴影只应用于红色区域内部。

选择 snow 图层，按住 Ctrl 键单击 t_lie 图层载入选区，按 Ctrl+Shift 快捷键单击 snow 图层添加选区。

选择 Select>Inverse（选择 > 反选）命令（Shift+Ctrl+I），翻转载入的选区，选择 snow 图层蒙版，确认前景色为黑色，按 Alt+Delete 快捷键填充图层，按 Ctrl+D 快捷键取消选区。

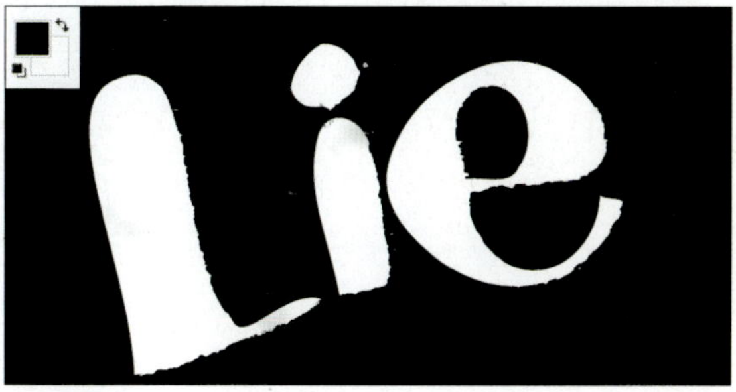

Layer Mask

应用前景色

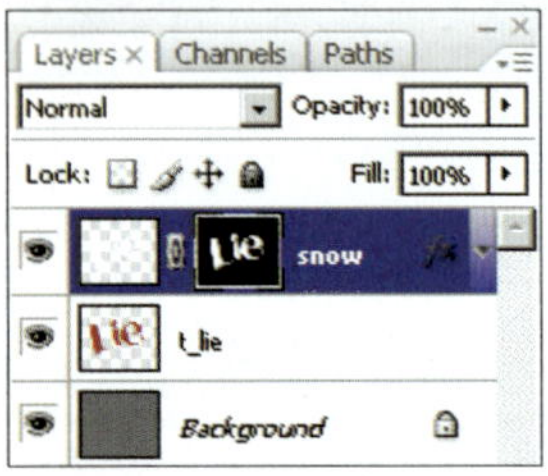

应用前景色后的图层面板

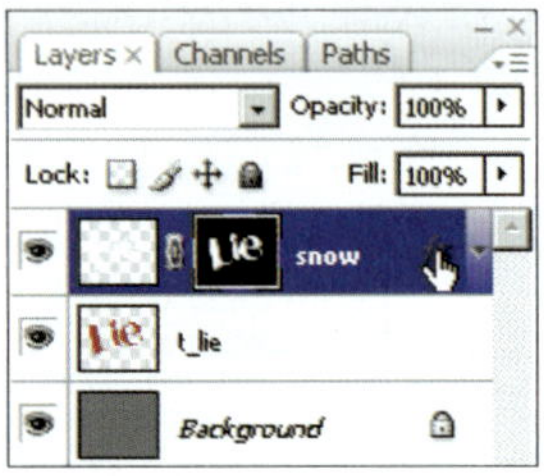

双击图层样式

为了只在图像的白色区域显示图层样式，双击在 snow 图层中应用的图层样式，选择 Blending Options（混合选项）的 Layer Mask Hides Effects（图层蒙版隐藏效果），只在蒙版的区域即白色区域显示阴影。

放大图像，然后仔细观察选择 Layer Mask Hides Effects（图层蒙版隐藏效果）前后的效果。

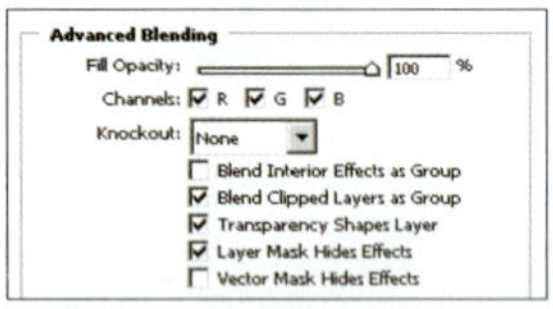

选择"图层蒙版隐藏效果"

最终完成效果

应用木刻滤镜

THINK OVER!

1. 应用多种滤镜

为了创建与在步骤 04 中创建的效果不同的形态，替代 Crosshatch 选择 Filter >Artistic>Cutout（滤镜 > 艺术效果 > 木刻）命令，创建粗糙单纯化的图像，再次替代 Crosshatch 选择 Filter >Sketch>Stamp（滤镜 > 素描 > 图章）命令，表现轮廓柔和的效果。

除了应用阴影滤镜的步骤，希望读者可以在应用粗糙蜡笔玻璃滤镜的步骤中 Pastels, Glass 也利用其他方法表现多样的效果。

应用图章滤镜

THINK OVER!

2. 表现柔和的效果

下面我们利用在步骤 05 中创建的通道，使积雪效果表现得更加柔和。

复制Alpha 1 copy图层，选择Filter>Blur>Gaussian Blur（滤镜>模糊>高斯模糊）命令，如图2-a所示进行设置，表现柔和模糊的效果。然后选择Image>Adjustments> Levels（图像>调整>色阶）命令（Ctrl+L），如图2-b所示进行设置，表现清晰的效果。

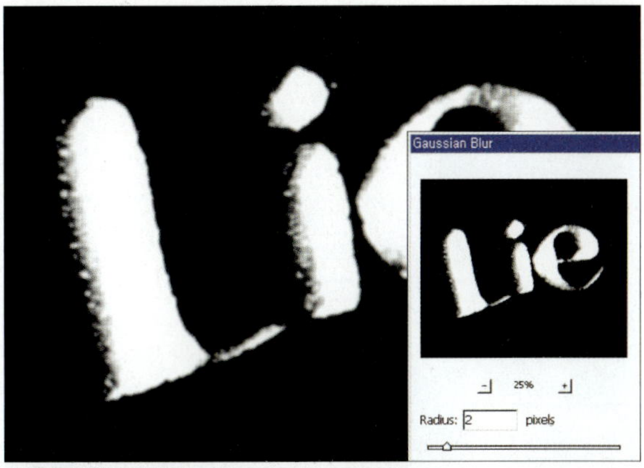

应用高斯模糊滤镜

2-a

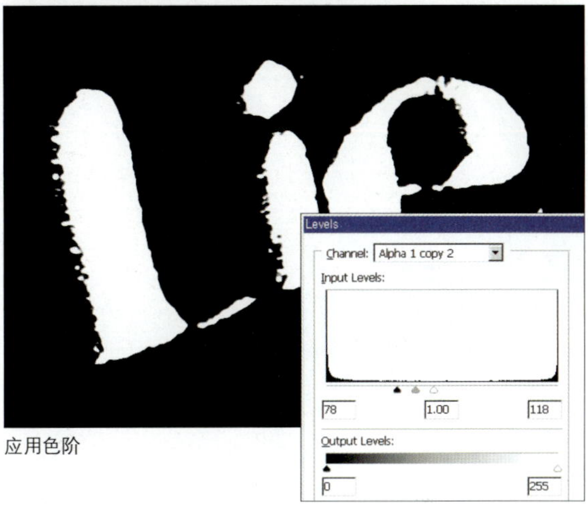

应用色阶

2-b

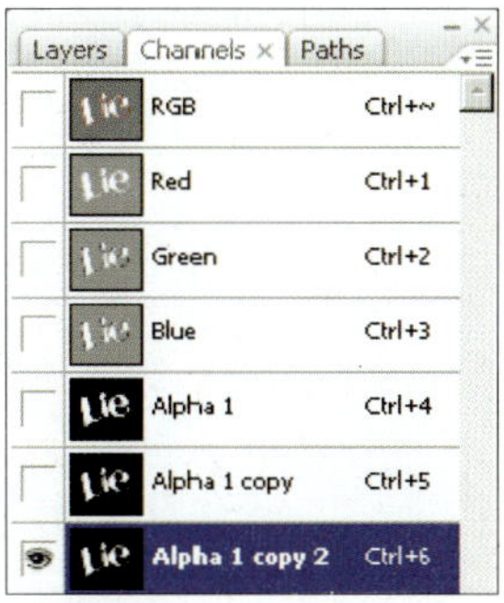

当前通道面板

最终完成效果

THINK OVER!

3. 更改应用效果的方向

制作完成后，我们可以看到标题是从右侧向左侧分布粒子。下面我们通过简单的方法更改效果的分布方向。

首先复制 Alpha 1 通道，然后选择 Edit>Transform>Flip Horizontal（编辑 > 变换 > 水平翻转）命令，左右翻转，然后应用 Rough Pastels（粗糙彩笔）。

再次选择 Edit>Transform>Flip Horizontal（编辑 > 变换 > 水平翻转）命令翻转，应用玻璃、阴影滤镜。可以看到完成的效果按照不同的方向进行了应用。

左右翻转

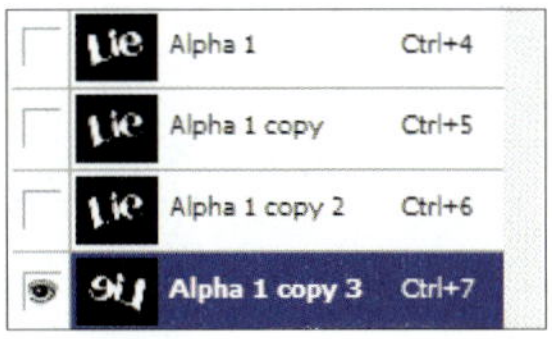

当前通道面板

再次翻转后应用 Glass, Crosshatch 滤镜

可以看到与之前完成效果相反的方向进行了应用

22 STAR SEOUL

利用路径和画笔的多种选项，制作出沿曲线喷洒的华丽文字特效。

Source Location

Effects 22\

star seoul_start.psd
star seoul_finish1.psd
star seoul_finish2.psd
alphabetall.psd

01 确认操作文件

下面我们对按照滤镜制作的粒子应用混合模式表现出华丽的标题效果。

打开 star seoul_start.psd 文件。alphabet 图层是输入文字后栅格化得到的效果。

利用移动工具 移动 alphabet 图层，可以确认从 A 到 Z 的所有文字。

下面我们为字母 A 应用效果。

star seoul_start.psd 文件

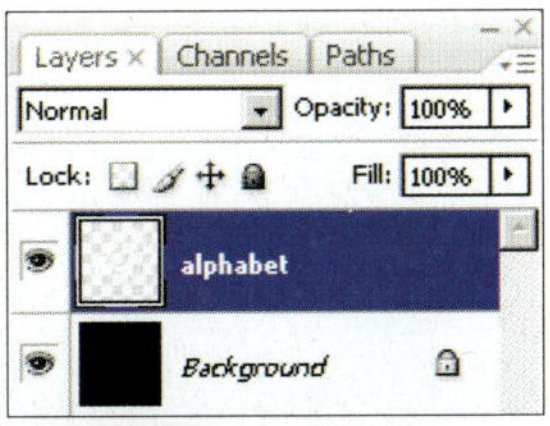

当前图层面板

alphabel 图层的所有文字

02 创建文字效果

下面我们创建应用效果的 A 形态的路径。

选择钢笔工具 ，在选项栏中选择路径，按照标题文字的形态创建路径。

查看在路径面板中确认，我们可以看到新生成的 Work Path。

钢笔工具选项栏

生成路径的过程

完成的路径

当前路径面板

03 创建画笔素材

下面我们创建要在路径上应用的画笔素材。

将图层面板中的 alphabet 图层设置为非激活状态，单击图层面板下端的 Create a new layer（创建新图层）按钮，在图层面板最上方创建新的图层，将新建的图层命名为 brush。

如果路径处于激活状态会影响操作，选择 View>Extras（视图 > 其余内容）命令（Ctrl+H）隐藏路径。

选择brush图层，选择矩形选框工具 ，在文件中按住Shift键拖动，选择要进行设置的Width（宽度）为278pixels，Height（高度）为278pixels的区域。可在信息面板中边确认大小边拖动。

确认前景色为黑色，按 Alt+Delete 快捷键填充选区。

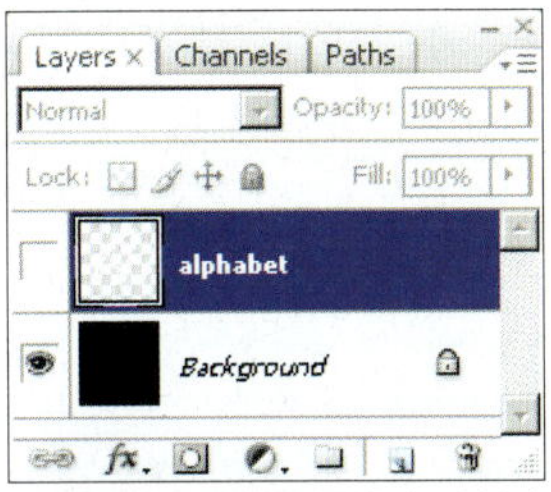

将图层设置为非激活状态后创建新的图层

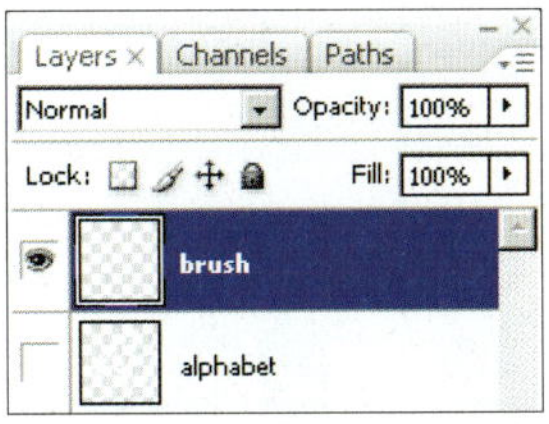

声场的 brush 图层

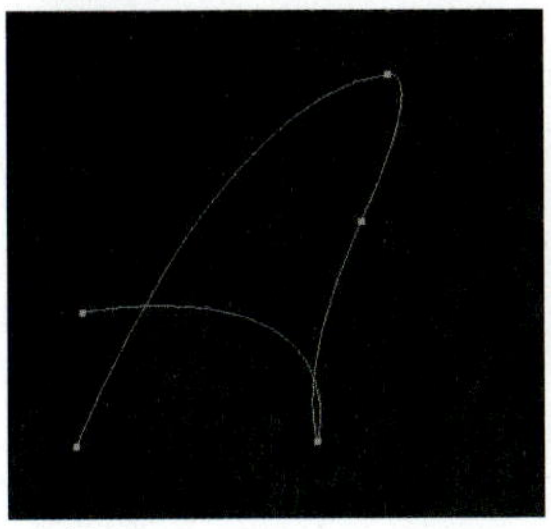

当前文件

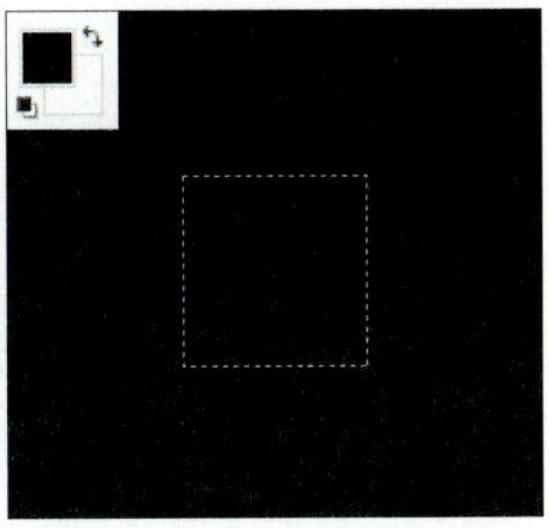

将路径设置为非激活状态后选择区域

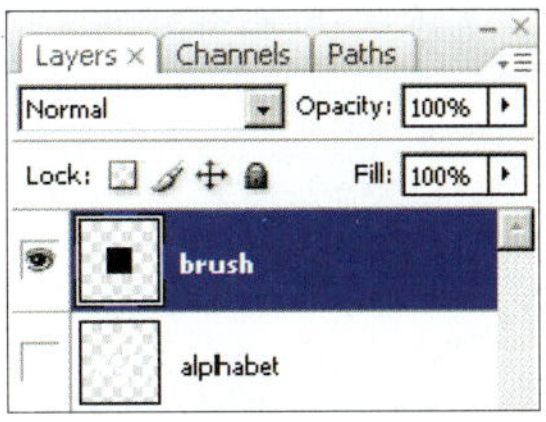

将选区设置为黑色

应用镜头光晕滤镜后的文件

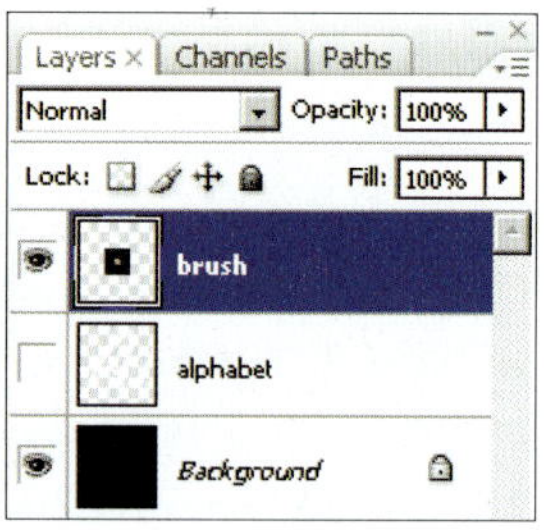

当前图层面板

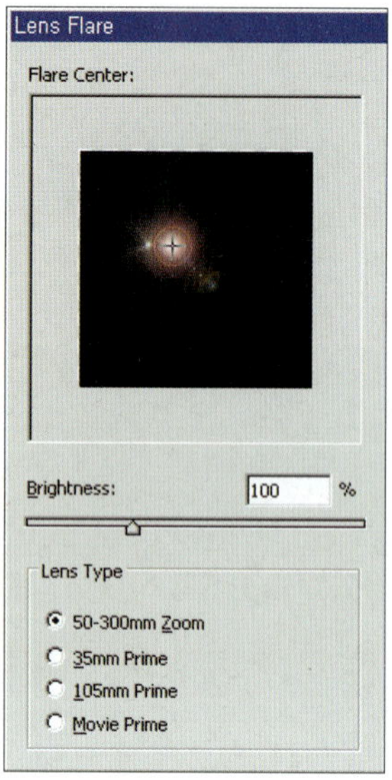

3-a

选择Filter>Render>Lens Flare（滤镜>渲染>镜头光晕）命令，如图3-a所示进行设置，然后将Flare Center的点移动到图像中央，使光晕表现在图像中央。

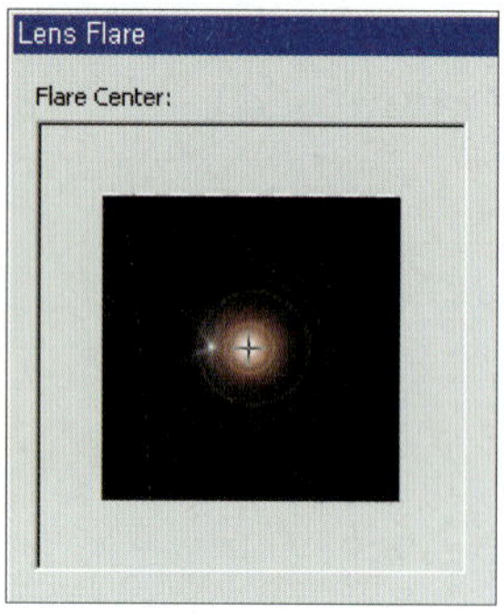

单击中央移动点的状态

如果在没有图像的图层中应用镜头光晕

如果在没有图像的图层中应用镜头光晕，会弹出“没有应用对象”的提示框。

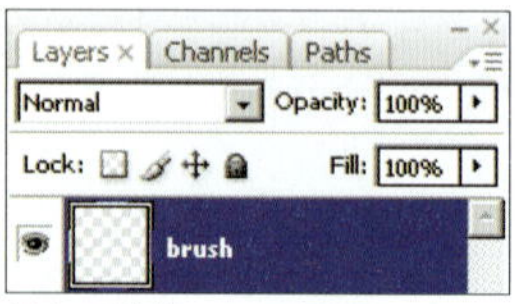

没有图像的 brush 图层

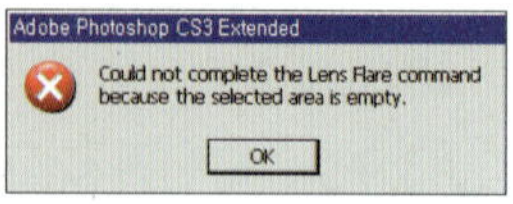

提示框

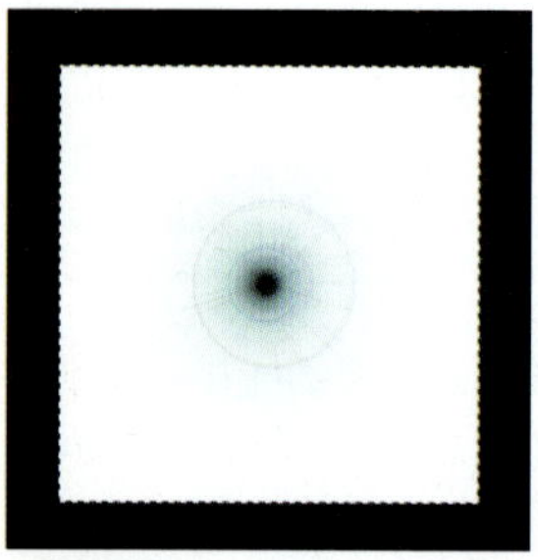

反转图像

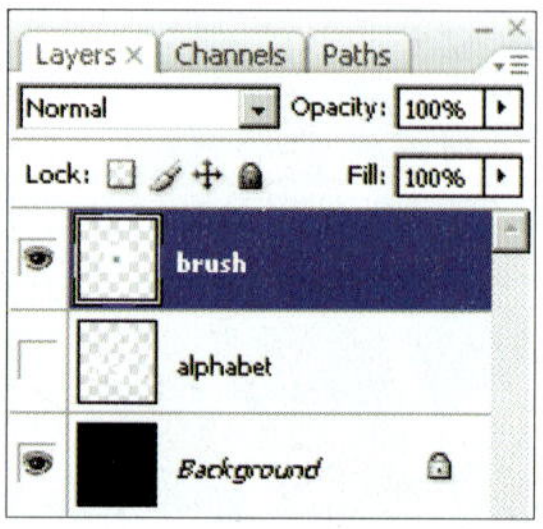

反转图像后的图层面板

当前文件

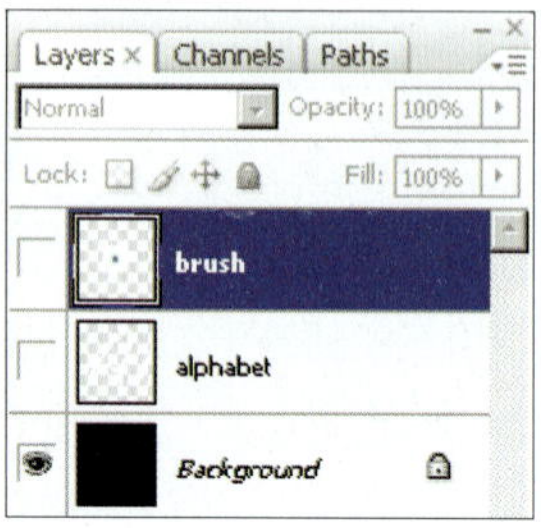

当前图层面板

04 载入画笔

下面我们将素材载入为画笔。

为了对较暗的部分加以润色，选择 brush 图层，选择 Image>Adjustments>Invert（图像 > 调整 > 反相）命令（Ctrl+I），翻转光和背景。

为了将光晕图像创建为画笔，载入 brush 图层的区域，选择 Edit>Define Brush Preset（编辑 > 自定义画笔预设）命令，在弹出的 Brush Name（画笔名称）对话框中将 Name（名称）设置为 l_stroke 后确认。按 Ctrl+D 快捷键取消选区，将 brush 图层设置为非激活状态。

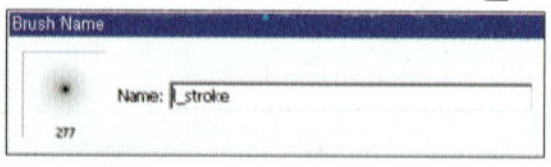

载入画笔

如果 Define Brush Preset 处于非激活状态

如果想要载入画笔但是自定义画笔预设命令处于非激活状态，请确认路径是否处于激活状态。如果已经激活，应在路径面板的空白位置单击取消，或者选择 View>Show>Target Path（视图 > 显示 > 目标路径）命令（Shift+Ctrl+H）设置为非激活状态后应用自定义画笔预设命令。

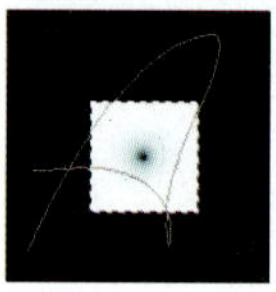

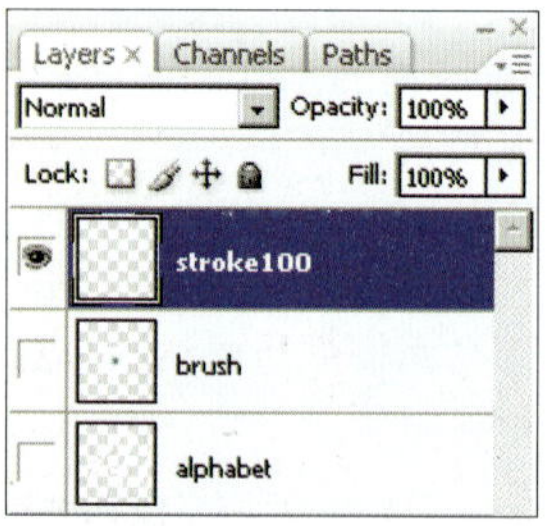

stroke100 图层

 “切换画笔调板” 按钮

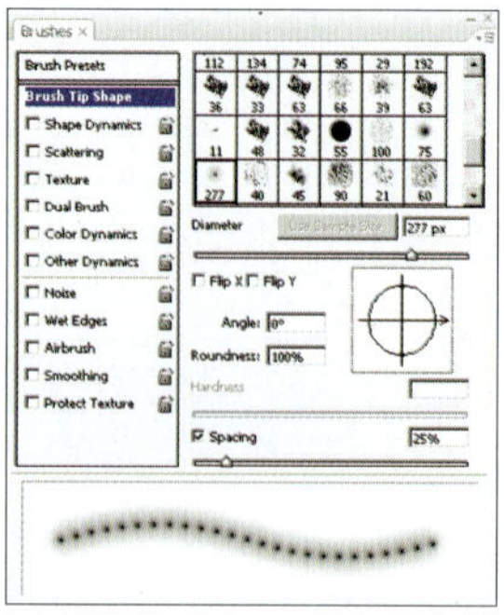

默认值

05 应用画笔 1

下面我们应用载入的画笔。

在图层面板最上端创建新的图层，将其命名为 stroke100。

选择 stroke100 图层，选择画笔工具，单击选项栏中的 Toggle the Brushes palette（切换画笔调板）按钮，打开画笔面板。

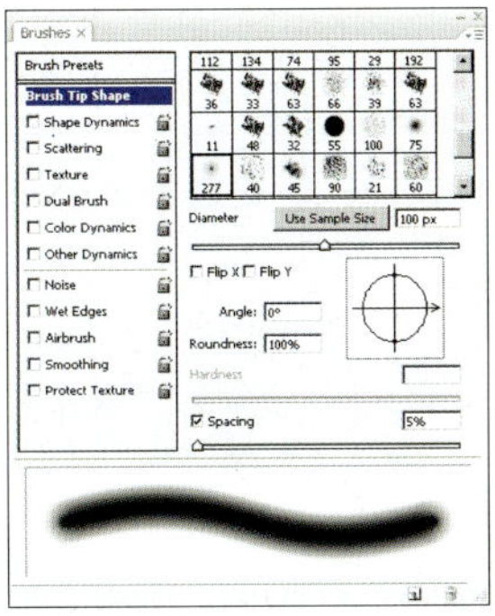

调节间距

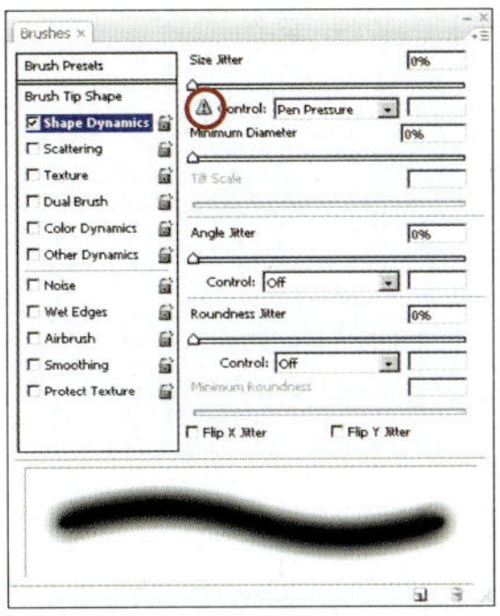

选择形状动态，由于没有设置数位板等设备，因此画面上没有任何变化

选择 Brush Presets（画笔预设），选择作为画笔载入的 l_stroke 画笔。为了调节画笔的间距，选择 Brush Tip Shape，将画笔的 Diameter 设置为 100pixels，将 Spacing 设置为 5%。

为了创建比普通画笔更有动感的画笔效果，选择 Shape Dynamics（形状动态），保留默认设置。

笔者没有设置数位板等设备，因此即使选择了形状动态，预览中也没有任何变化，如果设置了这些设备，会出现如右图所示的效果。

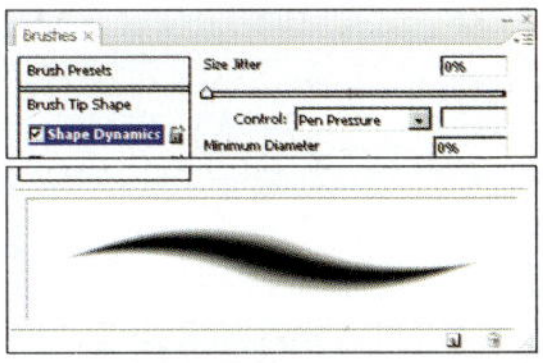

设置了数位板的情况下的形状动态效果

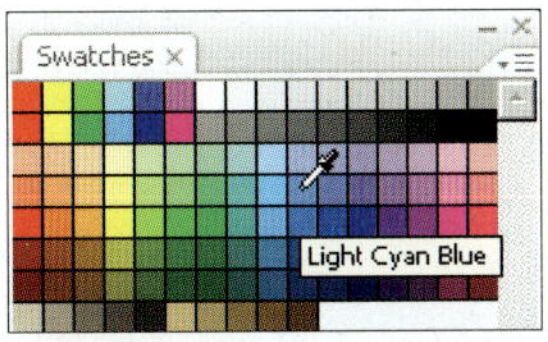

色板面板

前景色

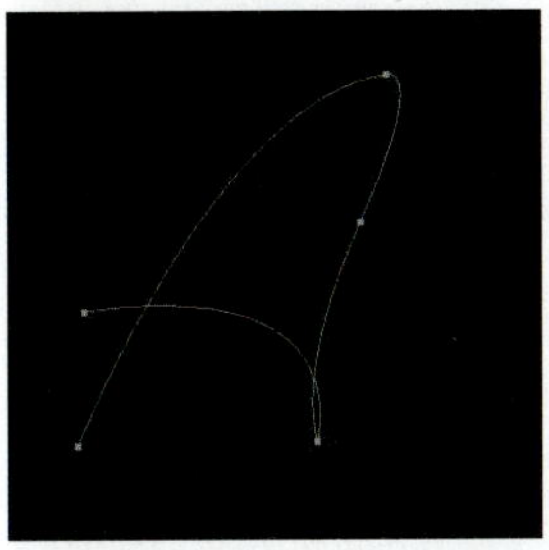

激活路径

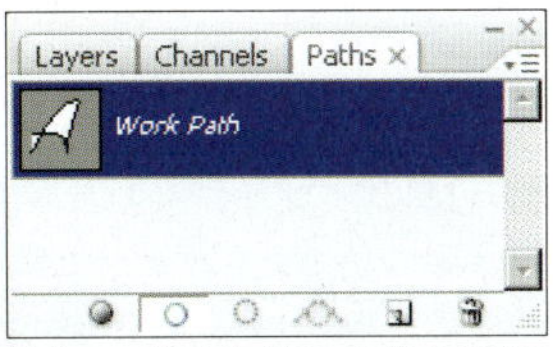

按住 Alt 键单击“用画笔描边路径”按钮

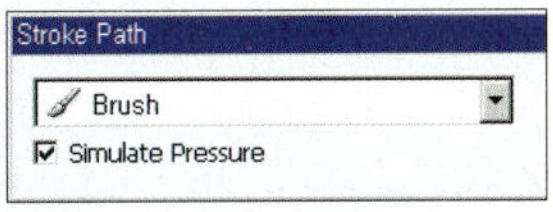

勾选“模拟压力”复选框

将前景色设置为色板面板中的 Light Cyan Blue，然后选择 View>Extras（视图 > 其余内容）命令（Ctrl+H），激活路径，按住 Alt 键单击路径面板下端的 Stroke path with brush（用画笔描边路径）按钮。这时在 Stroke Path（描边路径）对话框中选择画笔，勾选 Simulate Pressure（模拟压力）复选框，沿路径应用画笔。

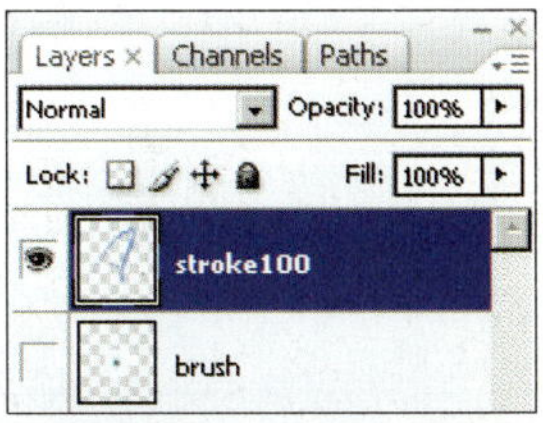

当前图层面板

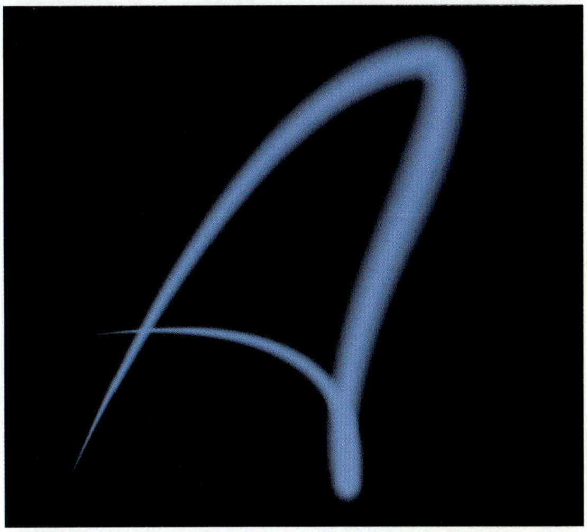

当前文件

绘制一定线条的情况 1

没有勾选 Stroke Path（描边路径）对话框中的 Simulate Pressure 复选框，就会出现如下图一样的效果。

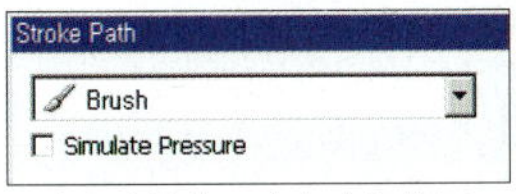

没有勾选模拟压力复选框效果

效果图

绘制一定线条的情况 2

在勾选模拟压力复选框的状态下，将形状动态中 Size Jitter（大小抖动）的 Control（控制）设为 Off（关），绘制的线条也粗细一致。即使在形状动态中将大小抖动的控制设为 Pen Pressure（钢笔压力），Mini-mum Diameter（最小圆度）设为 100%，也只会绘制粗细一致的线条。

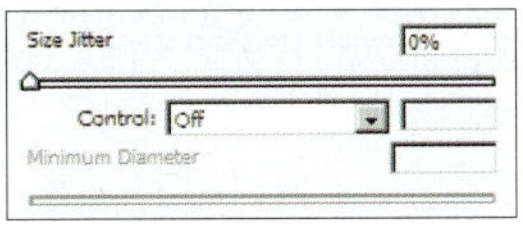

将 Control 设置为 Off

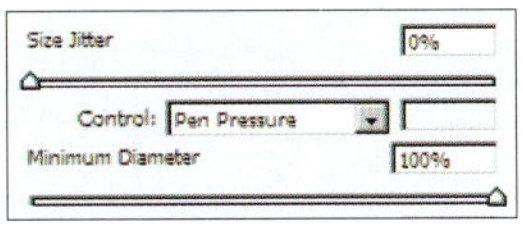

将最小圆度设置为 100%

通过选择面板菜单打开对话框

为了打开 Stroke Path（描边路径）对话框，按住 Alt 键单击面板下端的 Stroke path with brush（用画笔描边路径）按钮即可。

利用路径面板菜单也可以打开该对话框。

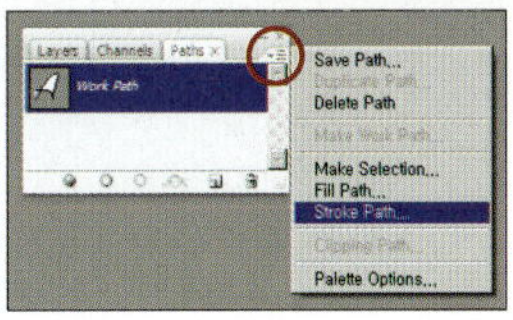

06 应用画笔 2

下面我们表现边缘浓度较高的水彩画笔效果。

在图层面板最上方创建新的图层，将其重新命名为stroke150。

勾选画笔面板的 Wet Edges（湿边），按键盘上的] 键，将 Brush Size（画笔大小）设置为 150pixels，然后单击路径面板下端的 Stroke path with brush（用画笔描边路径）按钮。

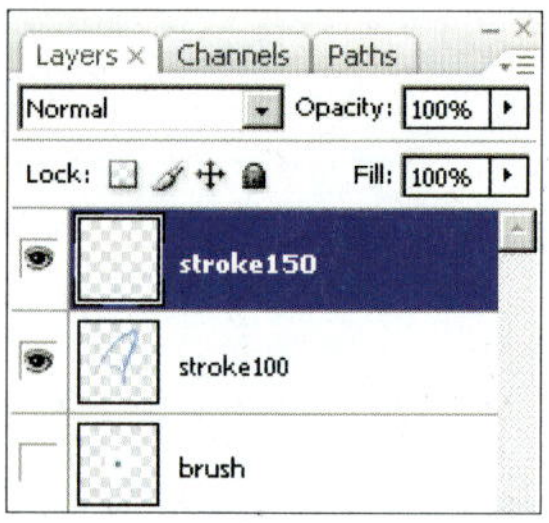

stroke150 图层

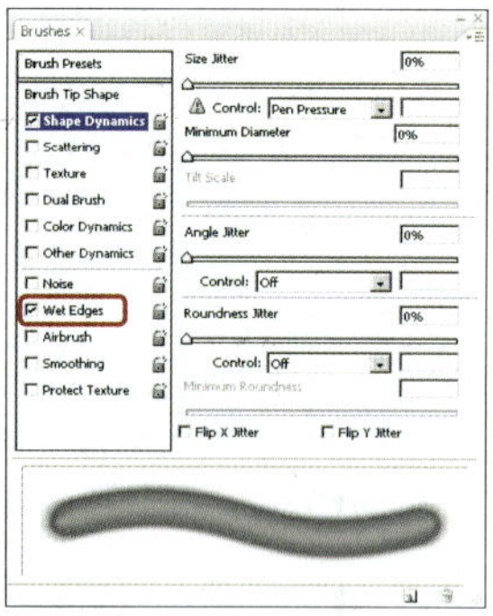

勾选湿边

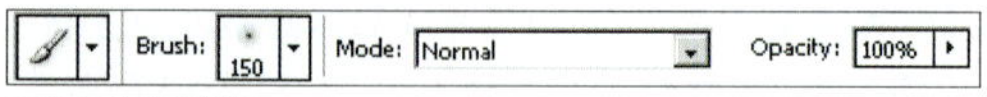

画笔工具选项栏

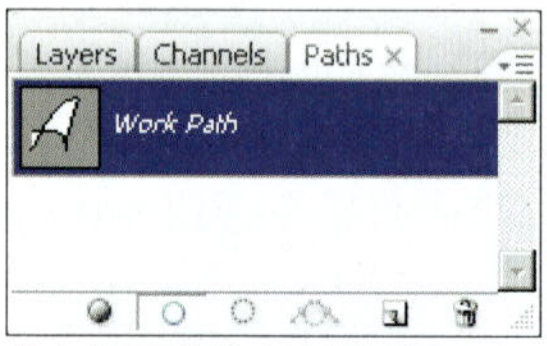

单击"用画笔描边路径"按钮

这时，在 Stroke Path（描边路径）对话框中选择 Brush（画笔），勾选 Simulate Pressure（模拟压力）后确认，在路径的描边上应用画笔。

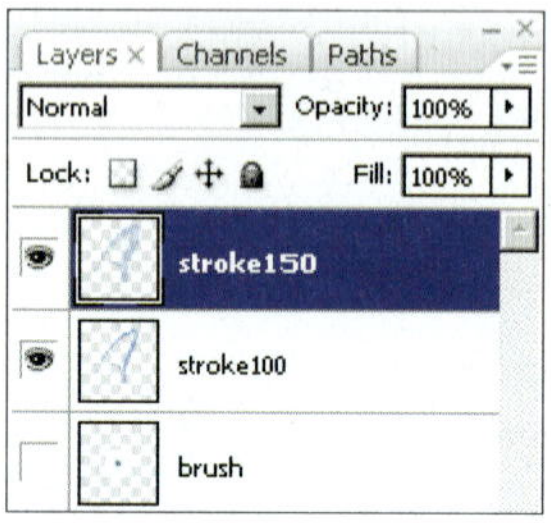

当前图层面板

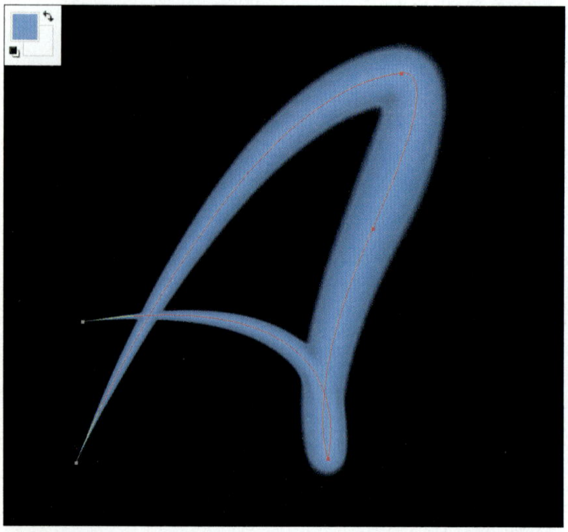

当前文件

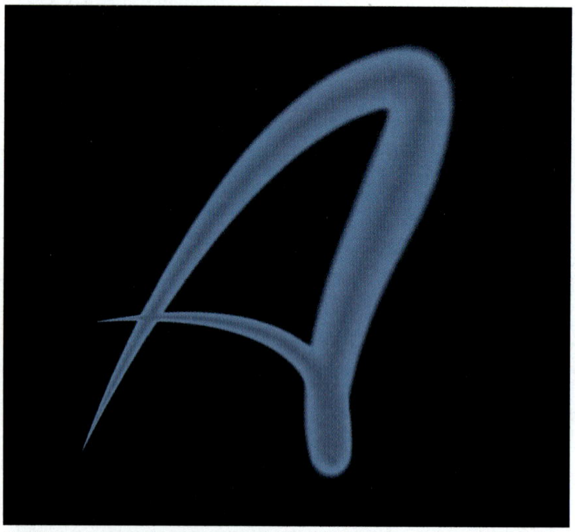

只激活 stroke150 和 Background 图层确认效果

07 应用画笔 3

下面我们分散地表现笔刷轨迹。

在图层面板的最上方创建新的图层，将其重新命名为b_glow。单击工具箱中的 Switch Foreground and Background Colors（切换前景色和背景色）按钮，交换前景色和背景色，取消选择 Wet Edges（湿边）。为了分散地表现笔刷轨迹，选择 Scattering（散布），然后如图 7-a 所示进行设置。

按键盘上的 [键，将 Brush Size（画笔大小）设置为 100pixels，然后单击路径面板下端的 Stroke path with brush（用画笔描边路径）按钮。

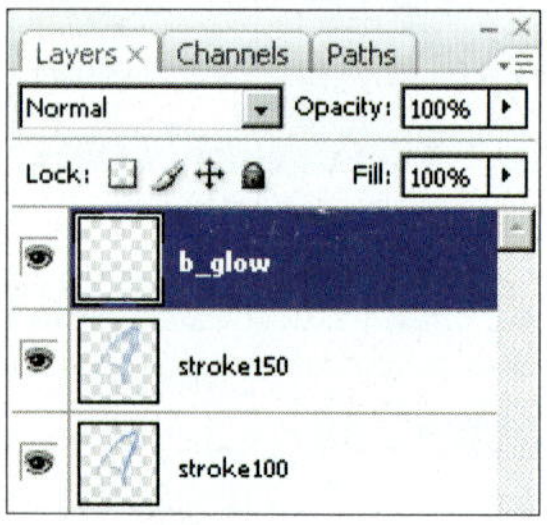

b_glow 图层

切换前景色和背景色

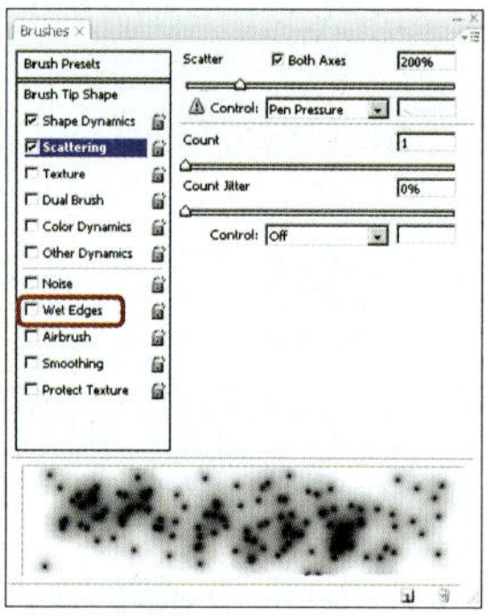

取消选择湿边（7-a）

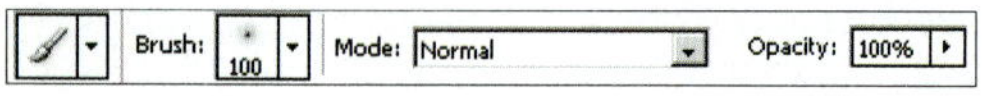

画笔工具选项栏

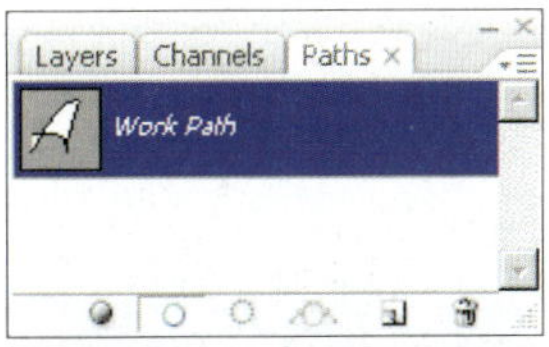

单击 Stroke path with brush 按钮

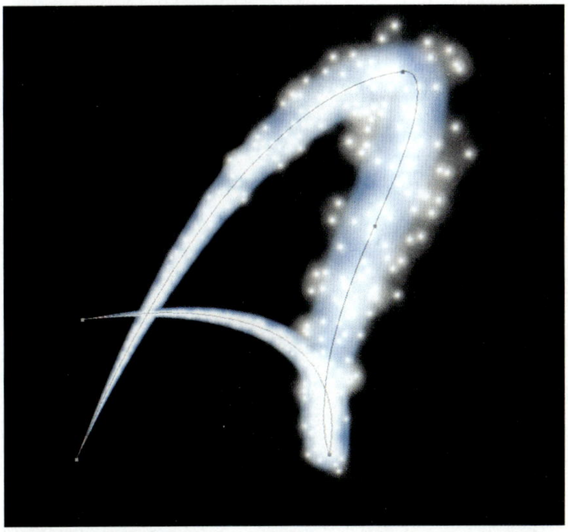

当前文件

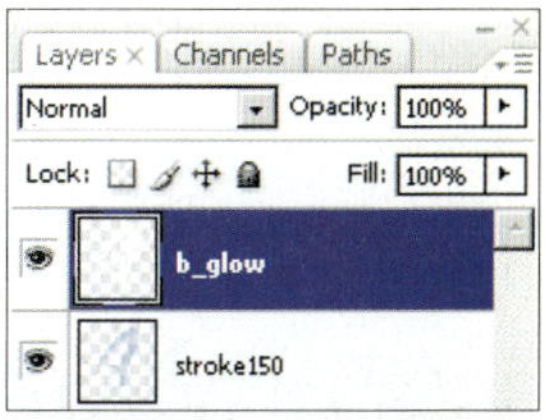

当前图层面板

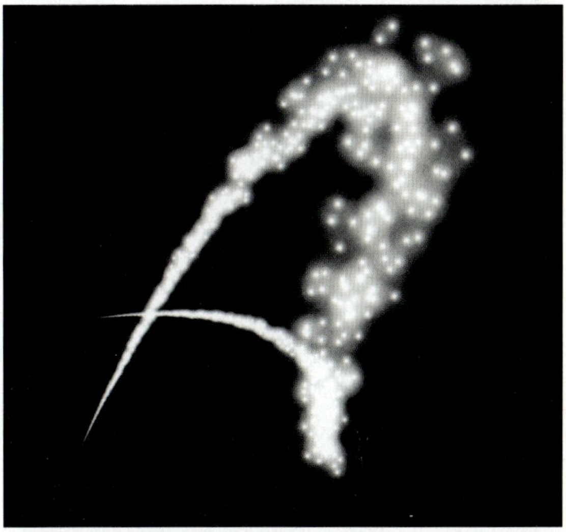

只激活 b_glow 和 Background 图层确认效果

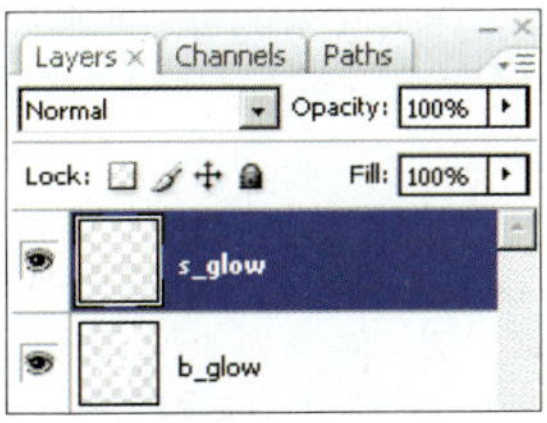

s_glow 图层

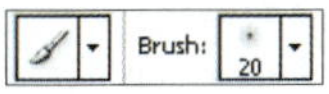

画笔工具选项栏

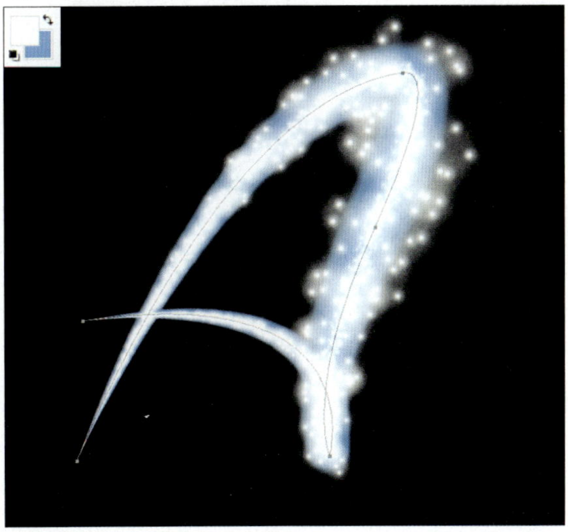

当前文件

为了应用较小形态的画笔，在图层面板最上方创建新的图层，将其重新命名为 s_glow。选择 s_glow 图层，按键盘上的 [键，将 Brush Size（画笔大小）设置为 200pixels，单击路径面板下端的 Stroke path with brush（用画笔描边路径）按钮。

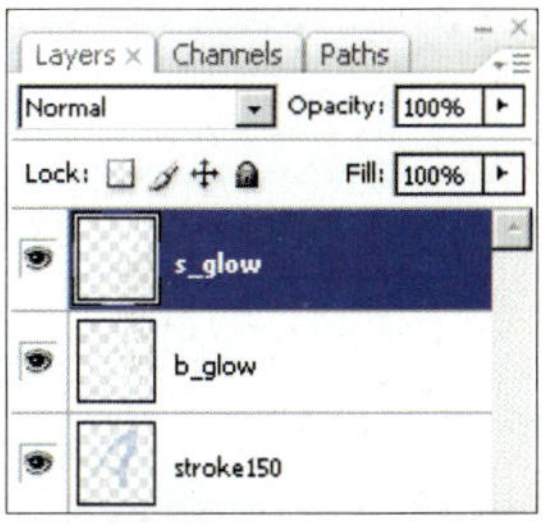

当前图层面板

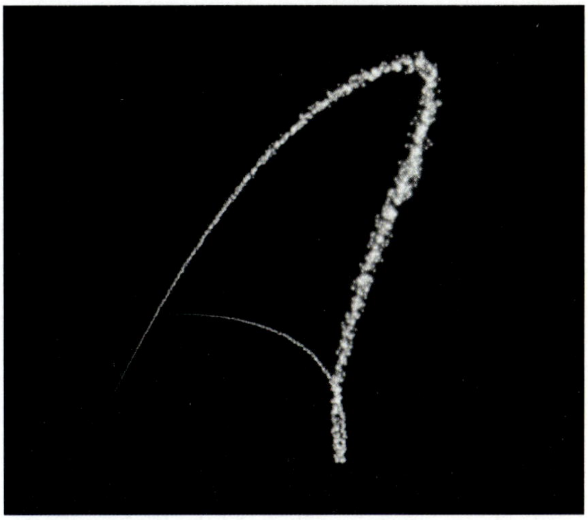

只激活 s_glow 和 Background 图层确认效果

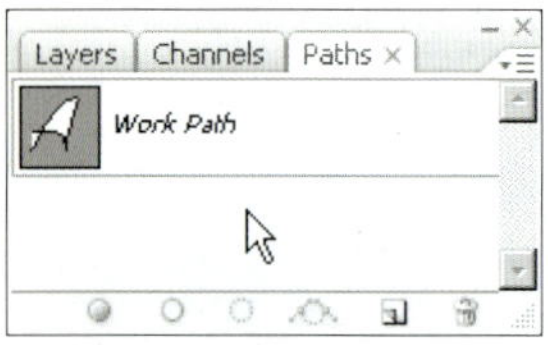

在空白位置单击鼠标左键

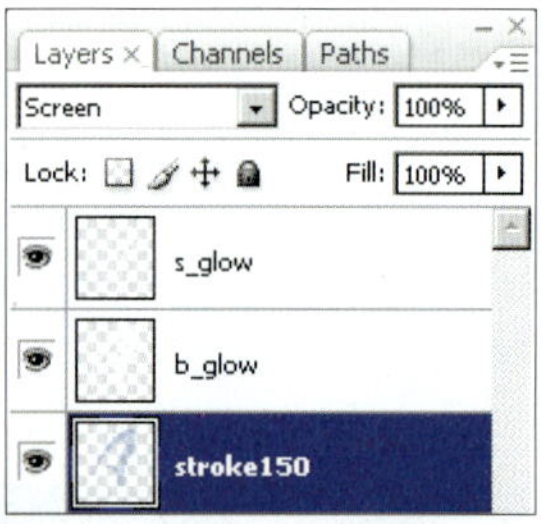

滤色混合模式

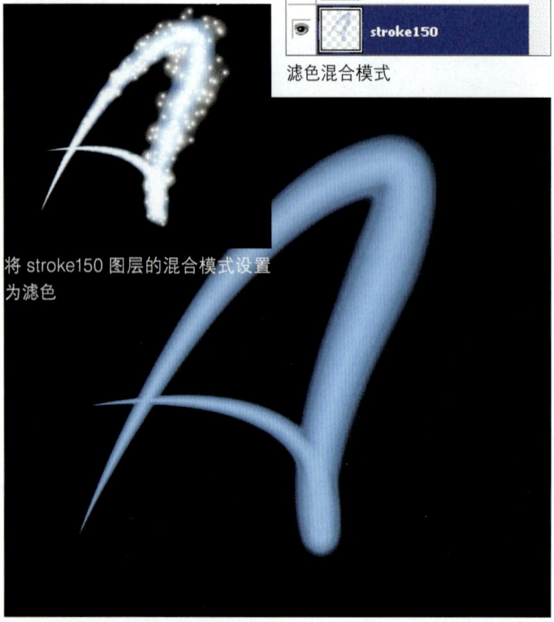
将 stroke150 图层的混合模式设置为滤色

将 b_glow 和 s_glow 图层设置为非激活状态确认效果

08 混合画笔及补正图像

下面我们合成利用画笔绘制的图层，表现效果出色的图像。

为了合成图层，在路径面板的空白位置单击鼠标左键，取消路径操作状态。将图层面板中的 stroke150 图层的混合模式设置为 Screen（滤色），然后将 b_glow 图层的混合模式设置为 Overlay（叠加），表现出部分反射光线的图像效果。

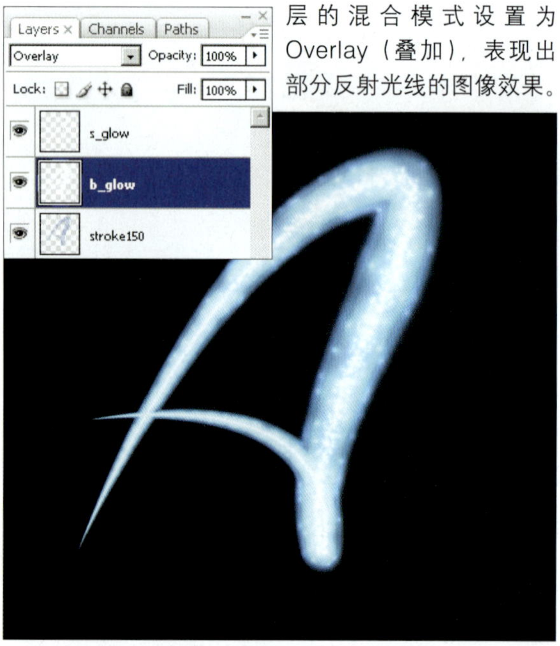

将 b_glow 图层的混合模式设置为叠加

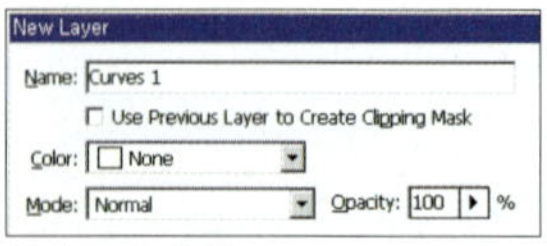

新建图层对话框

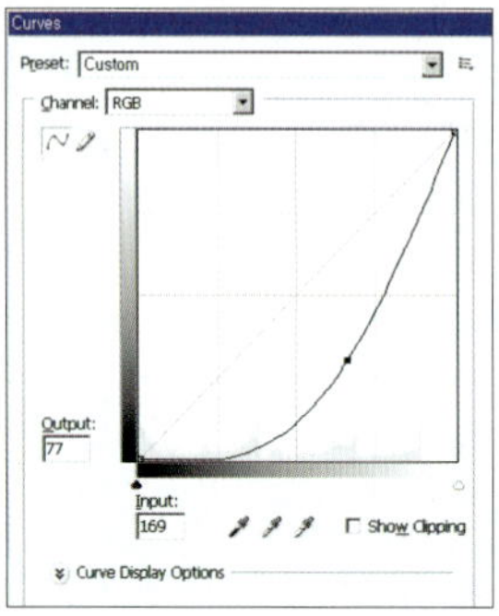

8-a

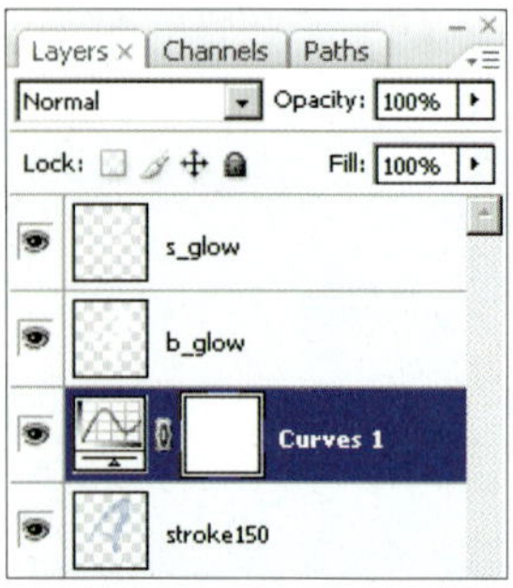

Curves 1 图层

为了使整体图像表现得更明亮，选择stroke150图层，选择Layer>New Adjustment Layer>Curves（图层>新建调整图层>曲线）命令，如图8-a所示进行设置。

选择Curves 1图层，选择Layer >Create Clipping Mask（图层>创建剪贴蒙版）命令（Ctrl+Alt +G）进行剪贴，只在描边较粗的stroke150图层应用曲线效果。

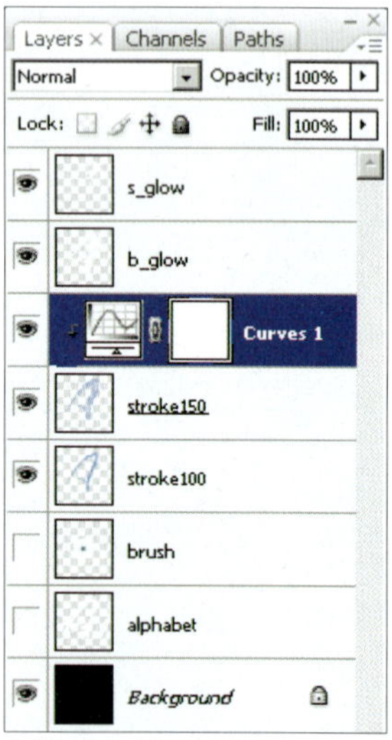

当前图层面板

在剪贴蒙版状态下补正

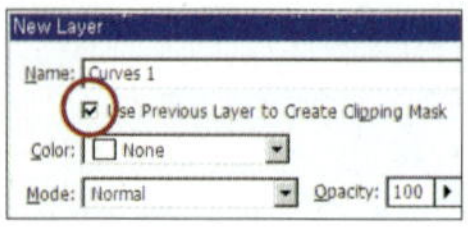

在勾选 Use Previous Layer to Create Clipping Mask 复选框的状态下应用曲线，可以在应用剪贴蒙版的状态下补正。补正后不需要选择 Layer >Create Clipping Mask（图层>创建剪贴蒙版）命令（Ctrl+Alt+G）。

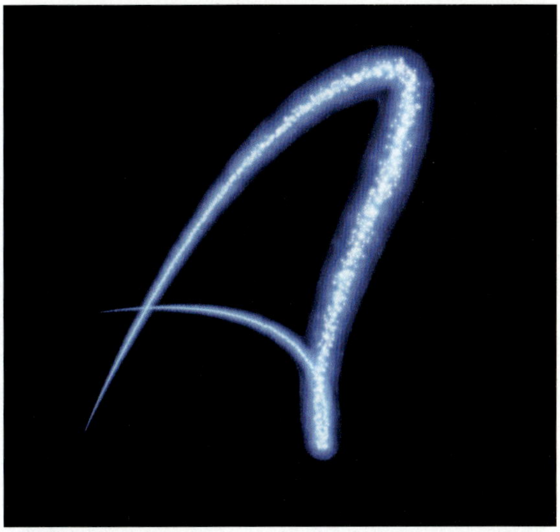

应用曲线

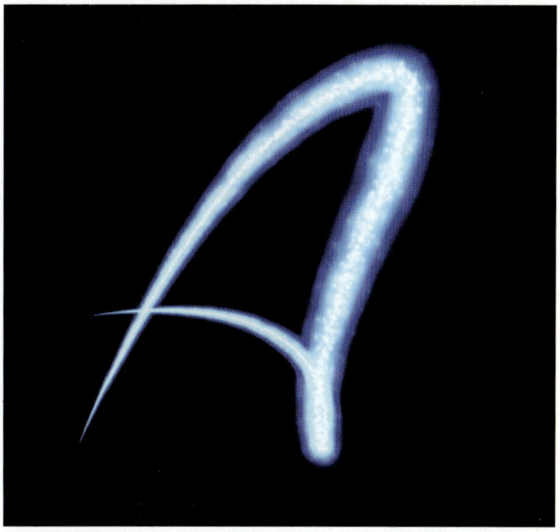

创建剪贴蒙版

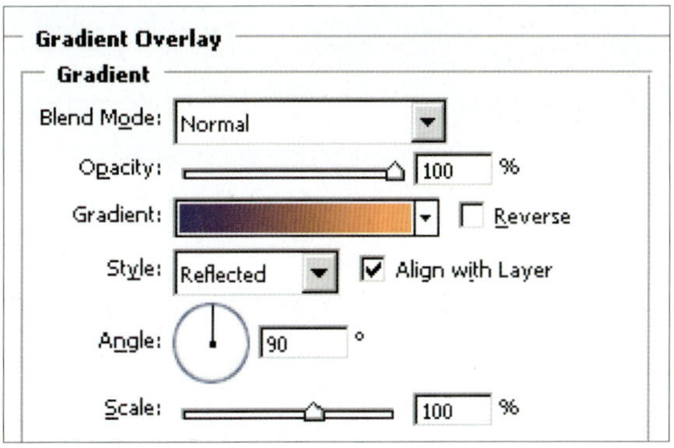

9-a

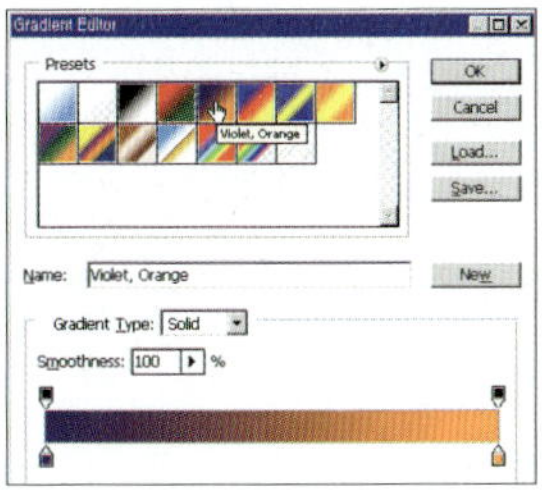

渐变编辑器

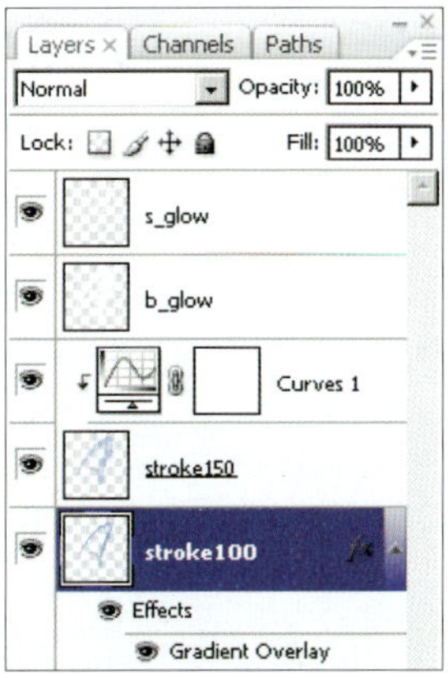

对 stroke100 图层应用图层样式

利用画笔工具代替渐变叠加

本步骤中利用渐变叠加表现了多彩的图像，如果利用画笔工具，选择 Lock transparent pixels（锁定透明像素），可以用多种颜色润饰图像，得到更加梦幻的图像效果。但是，选择颜色时要考虑到图层的混合模式，应选择较暗且饱和度较强的颜色。

09 填充颜色，完成制作 1

下面我们创建多彩的标题效果。

选择stroke100图层，选择Layer>Layer Style>Gradient Overlay（图层>图层样式>渐变叠加）命令，如图9-a所示进行设置。然后在Gradient Editor（渐变编辑器）对话框中选择Violet,Orange。

由于将混合模式设置为Normal（正常），没有显示出蓝色图像，渐变颜色和上方图层混合，表现出梦幻般的标题效果。

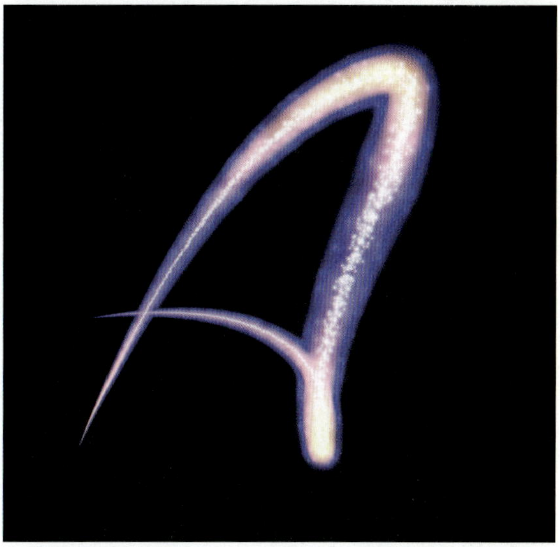

应用渐变叠加后的图层

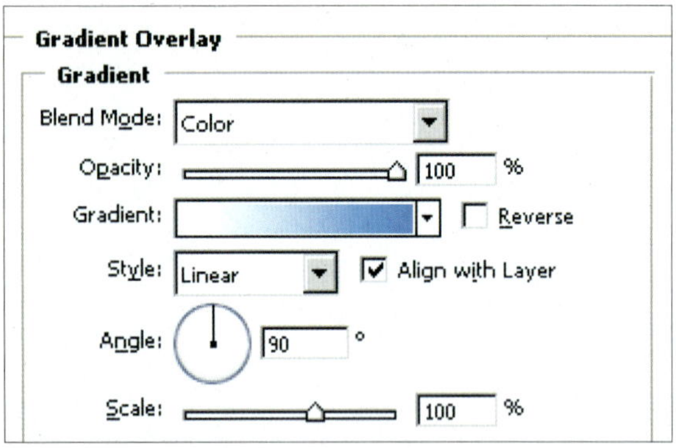

9-b

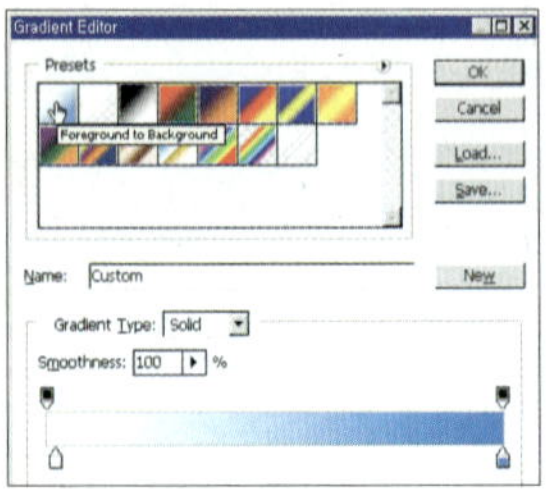

渐变编辑器

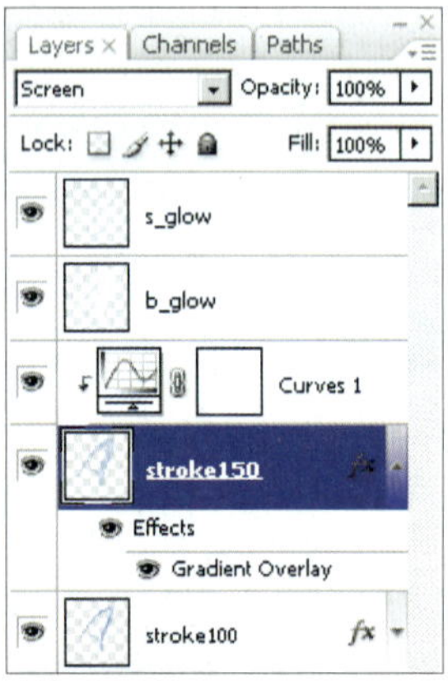

当前图层面板

为了在标题文字上端应用多种颜色，双击 Stroke150 图层，打开 Layer Style（图层样式）对话框，选择 Gradient Overlay（渐变叠加），如图 9-b 所示进行设置后确认完成。

对其他文字也利用相同的方法进行处理。

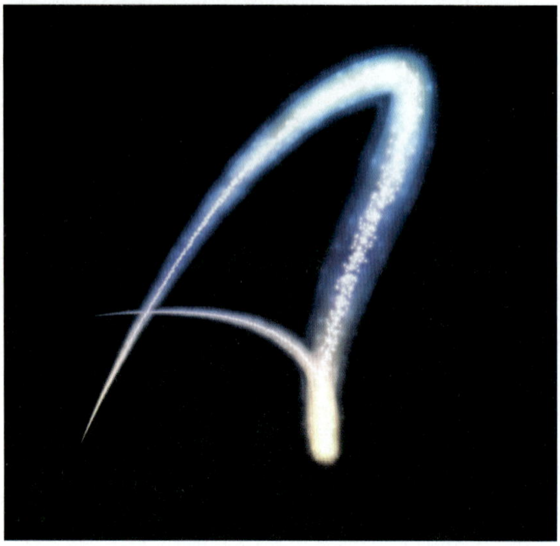

完成效果 1

alphabetall.psd 文件

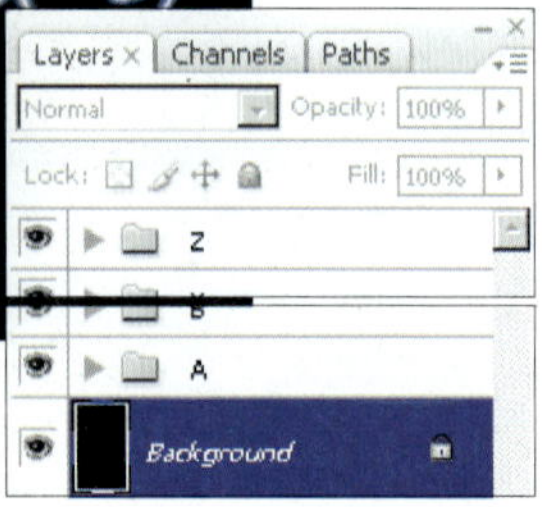

alphabetall.psd 文件的图层面板

10 组合文字

下面我们组合并排列完成的文字。

选择File>New（文件>新建）命令（Ctrl+N），将Name（名称）设置为star_seoul，将Width设置为1500pixels，将Height设置为1000pixels，创建新的文件。

对star_seoul文件的Background图层填充黑色，然后打开制作了所有文字的alphabetall.psd文件。

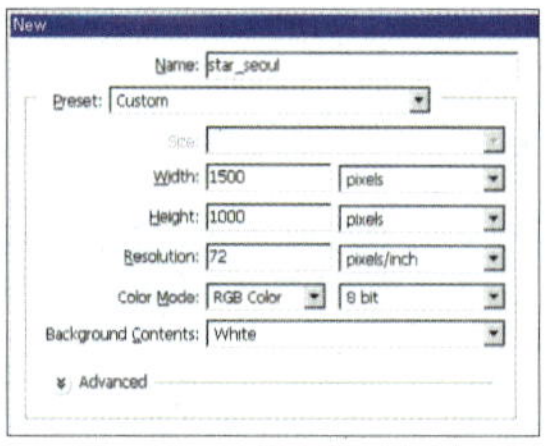

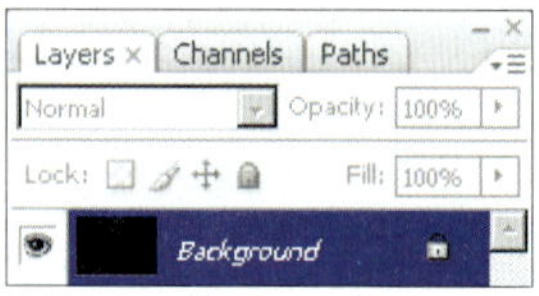

当前图层面板

按 Ctrl+T 快捷键确认文件外的图像位置

超出文件的图层图像

将较大文件的图层拖动到较小的文件中的时候，经常无法确认超出文件外的图像。这时，按 Ctrl+- 快捷键缩小画面，然后按 Ctrl+T 快捷键激活变形框，可以确认图像的位置和范围。

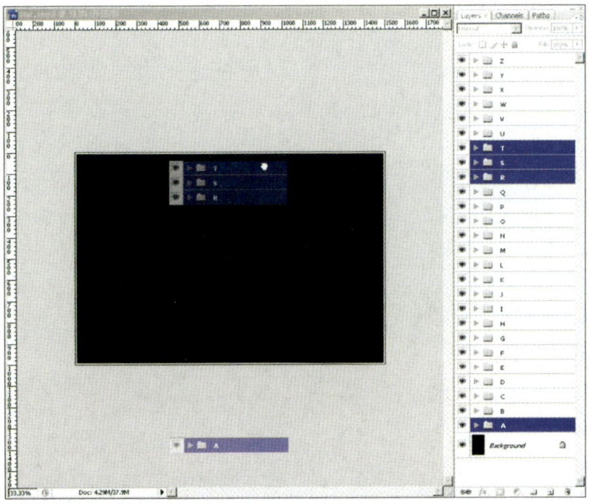

拖动到 star_seoul 文件

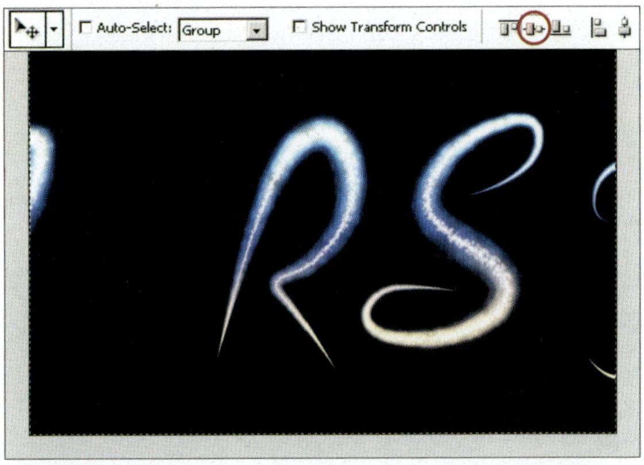

垂直居中对齐

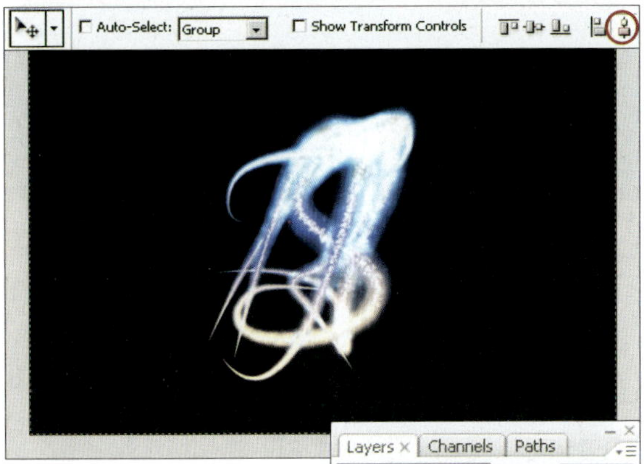

垂直水平对齐

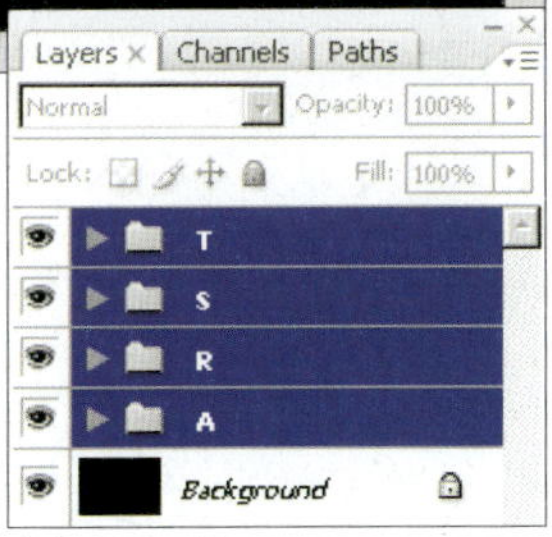

当前图层面板

选择 S 图层组，按住 Ctrl 键分别单击 T,A,R 图层组，全选 S, T,A,R 图层组，将图层组拖动到 star_seoul 文件。

由于导入的图像大小超出当前文件，因此将导入的图像为了整理到文件的中央，按 Ctrl+A 快捷键全选文件，选择移动工具，在选项栏中选择 Align vertical centers（垂直居中对齐），然后选择 Align horizontal centers（垂直水平对齐）将图像排列到中央。

按 Ctrl+D 快捷键取消选区，全选 S,T,A,R 图层组，选择 Edit>Free Transform（编辑 > 自由变换）命令（Ctrl+T），在选项栏中将 W 设置为 80%，将 H 设置为 80% 后确认。

选择移动工具，分别选择各个图层组，如图 10-a 所示放置到文件的上方。

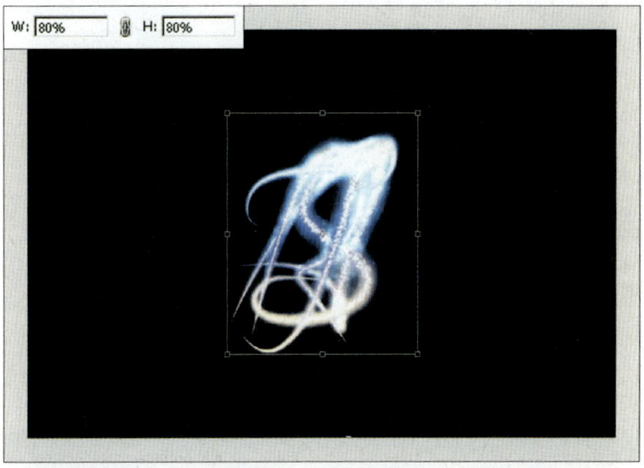

将 W 设置为 80%，将 H 设置为 80% 缩小

10-a

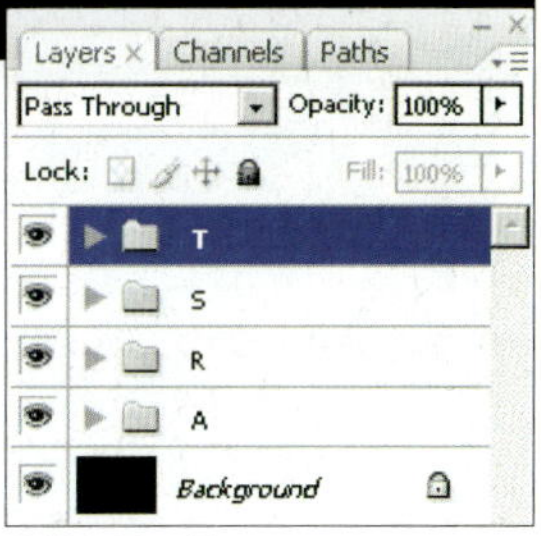

当前图层面板

排列到中央

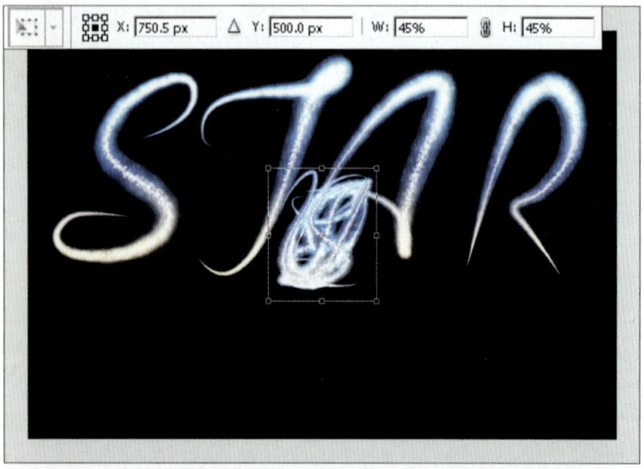

将 W 设置为 45%，将 H 设置为 45%

11-a

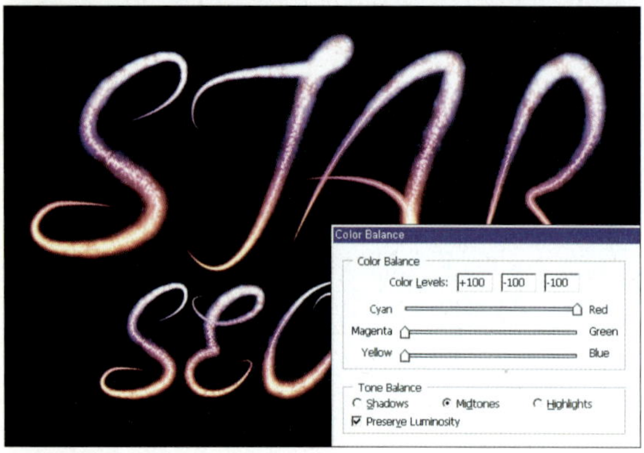

应用中间调

11-b

11 填充颜色，完成制作 2

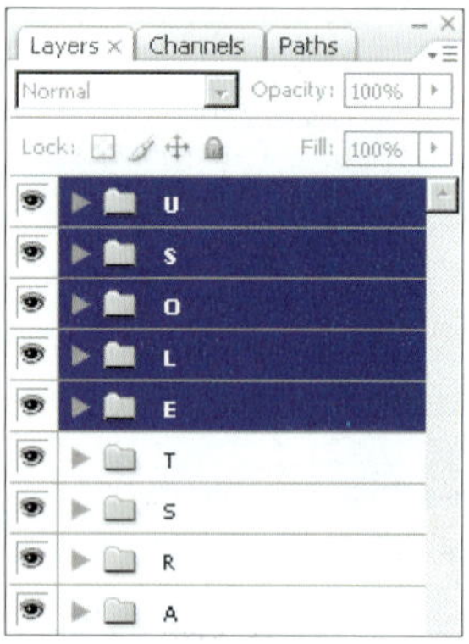

"S"，"E"，"O"，"U"，"L"图层组

利用与上面相同的方法将S,E,O,U,L图层组拖动到star_seoul文件中并放置到中央，然后选择Edit>Free Transform（编辑>自由变换）命令（Ctrl+T），在选项栏中将W设置为45%，将H设置为45%后确认。

选择移动工具，分别选择各个图层组，如图11-a所示放置到文件的上方。

为了将调整图层放置到最上方，选择U图层组，选择Layer>New Adjustment Layer>Color Balance（图层>新建调整图层>色彩平衡）命令，在Color Balance（色彩平衡）对话框中选择Midtone（中间调），如图11-b所示进行设置。表现红光强烈的图像效果，选择Shadows（阴影），如图11-c所示进行设置，补正为发红色光的效果。

应用阴影

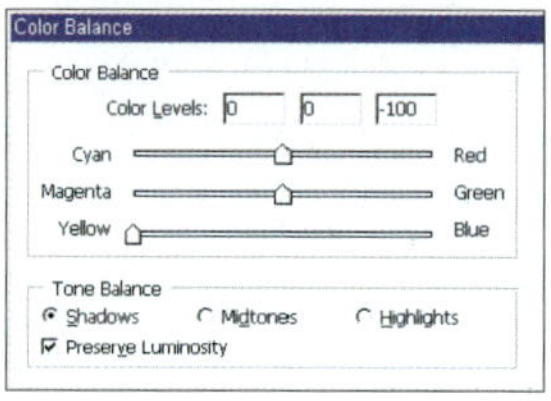

11-c

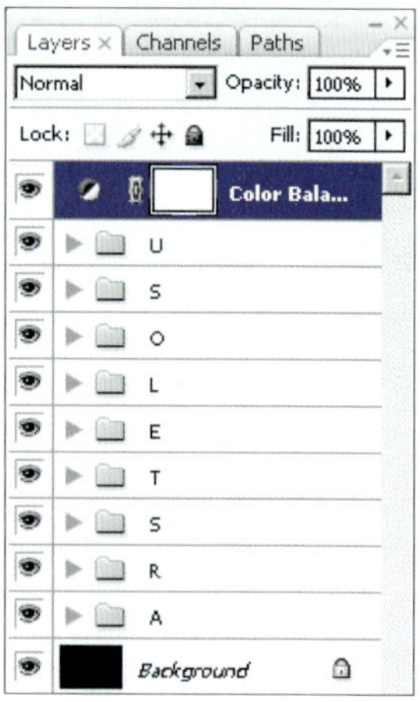

Color Balance 1 图层

渐变工具选项栏

从上向下拖动绘制

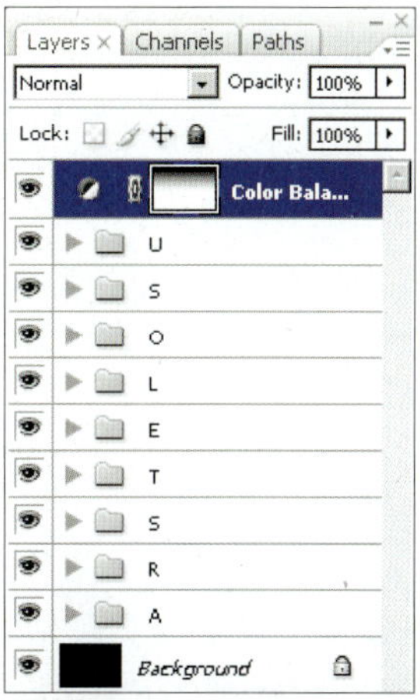

当前图层面板

为了去除标题图像上端的红色光，再选择Color Balance 1图层，选择渐变工具，在文件上从上向下拖动绘制，应用色彩平衡效果。

Color Balance 1 图层蒙版区域

完成效果 2

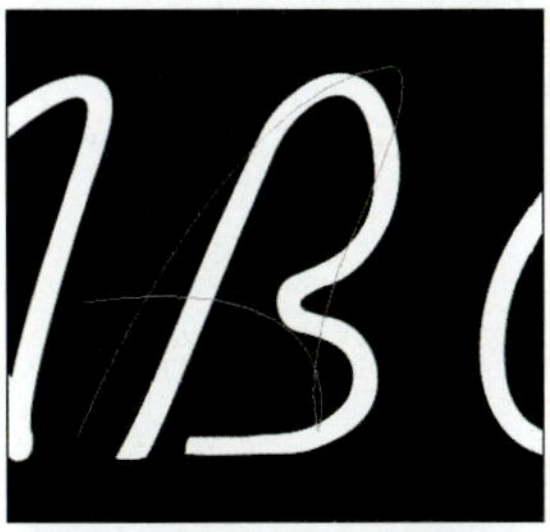

排列 B

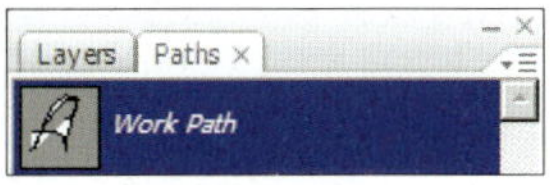

1-a 与 A 形态重叠

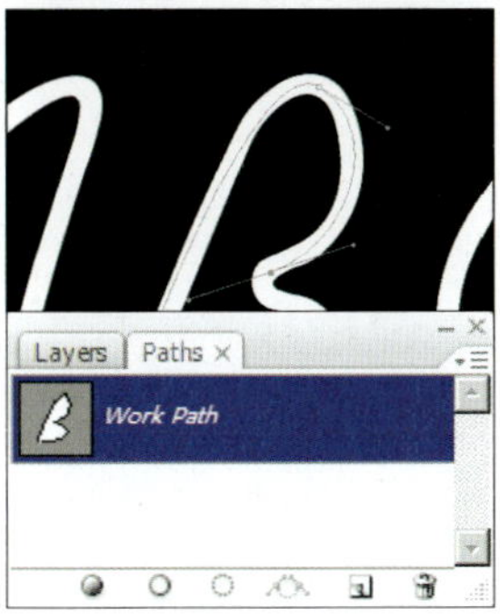

1-b A 形态消失

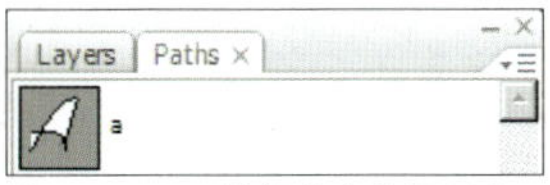

将 Work Path 路径的名称设置为 a

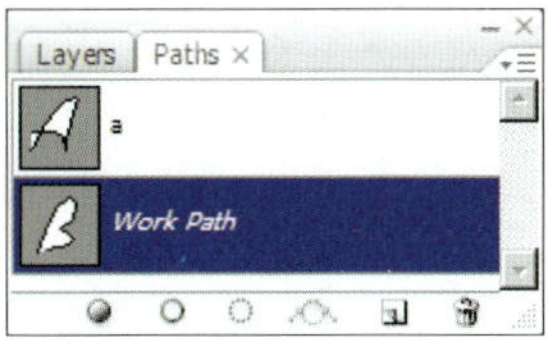

1-c 完成 B

THINK OVER!

更改工作路径的名称后操作

在步骤 02 中我们创建了字母 A 的路径。为了制作字母 B 的路径，移动 alphabet 图层，激活 Work Path 路径后绘制，如图 1-a 所示与 A 重叠，在路径面板中的空白位置单击，设置为非激活状态。

这里如果直接进行路径操作，制作的 A 形态会消失，只留下 B。（1-b）由于路径操作是在 Work Path 路径中进行，因此已有的内容会消失。

为了解决这一问题，将 Work Path 路径重新命名为 a，在路径面板的空白位置单击鼠标左键，设置为非激活状态后绘制 B 形态即可。如（1-c）所示。

对其他字母也利用同样的方法完成。

23

작전

23 作战

将标题文字与破碎玻璃效果的形态组合，制作出震撼的文字特效。

Source Location

Effects 23\

operation_start.psd
operation_finish.psd
operation_apply.psd

01 确认操作文件

下面我们将破裂的玻璃图像和标题文字合成，然后在图像缝隙之间表现出强调的效果。

打开 operation_finish.psd 文件。operation 图层是输入文字后在文字图层中单击鼠标右键，在弹出的菜单中应用 Convert to Shape（转换为形状）命令转换为形状图层的效果。

为了清晰地表现破裂的玻璃图像，选择 Background 图层，选择 Filter>Sharpen>Unsharp Mask（滤镜 > 锐化 >USM 锐化）命令，如图 1-a 所示进行设置后确认。

拍摄照片

operation_finish.psd 文件

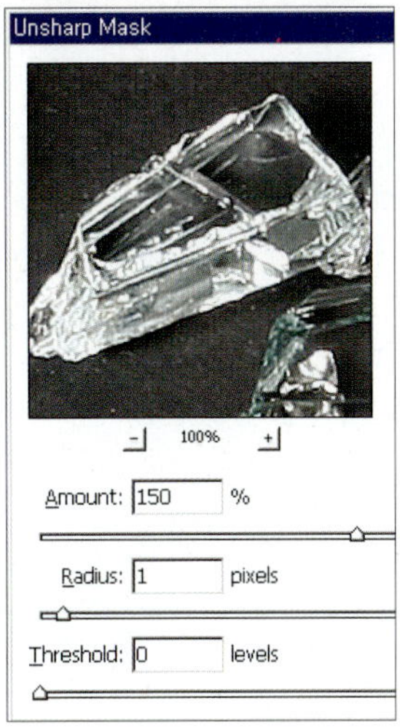

1-a

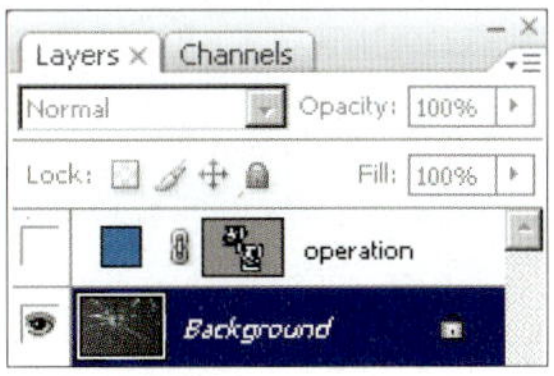

当前图层面板

应用 USM 锐化滤镜

02 提取区域

下面我们提取裂缝的形态。

按 Ctrl++ 快捷键将图像放大到适当的大小，为了提取破裂的玻璃的内部区域，利用多边形套索工具选择最大的区域，再按住 Shift 键单击选择其他区域。

载入提取的区域，选择Select>Save Selection（选择>存储选区）命令，将名称设置为outline后确认，保存为通道，然后按Ctrl+D快捷键取消选区。

观察通道面板，可以确认保存的通道和笔者提供的通道（outline 通道）。如果仔细的提取了图像，即使使用保存的通道也没有关系，希望读者可以用所需的通道进行操作。

选择内部区域

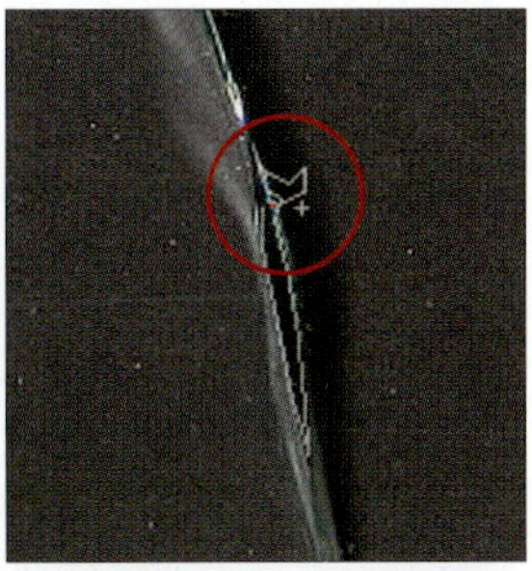

为了添加区域，按住 Shift 键单击

提取的区域

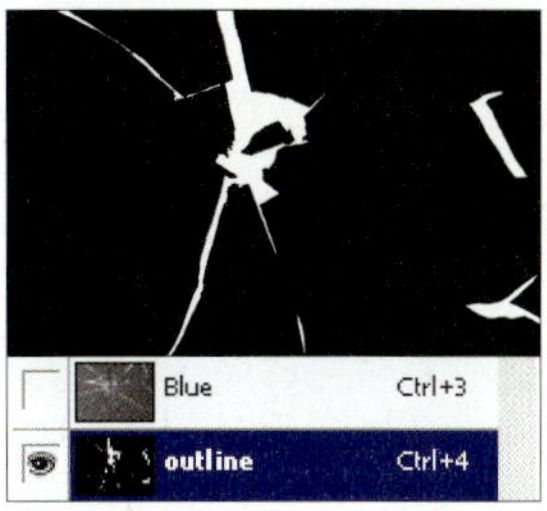

保存的 outline 通道

保存的 outline 通道

为了提取细致的形态，按Ctrl++快捷键放大画面进行操作。画面外的区域很难提取，这时按空格键（转换为手形工具的形状）后拖动图像就可以显示出文件外的区域，方便进行操作。

03 创建素材

下面我们创建变形标题的素材。

在通道中选择对比强烈的 Green 通道，拖动到通道面板下端的 Create new channel（创建新通道）按钮上复制。选择复制得到的 Green copy 通道，选择 Image>Adjustments>Levels（图像 > 调整 > 色阶）命令（Ctrl+L），如图 3-a 所示进行设置，表现对比强烈的效果。

按 Ctrl+A 快捷键全选文件，按 Ctrl+C 快捷键复制，选择 File>New（文件 > 新建）命令（Ctrl+N），创建新的文件。

选择生成的文件，按 Ctrl+V 快捷键粘贴图像，选择 File>Save As（文件 > 存储为）命令（Shift+Ctrl+S），将名称设置为 source.psd 保存。

Red 通道

Green 通道

Blue 通道

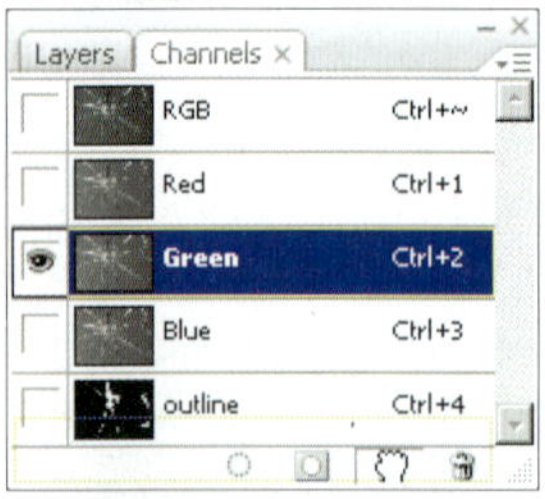

Blue 通道

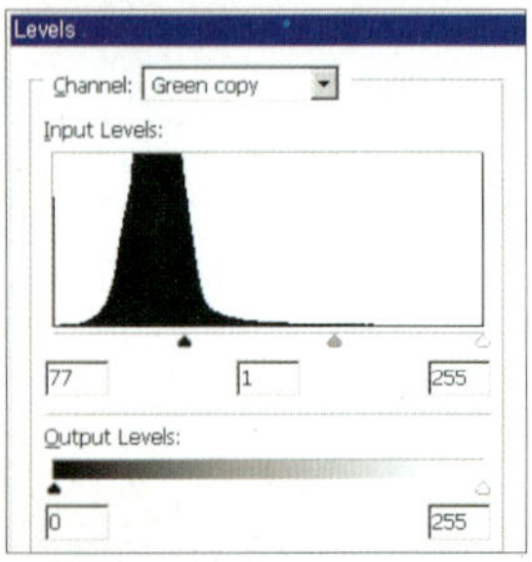

3-a

Green copy 通道

表现强的对比

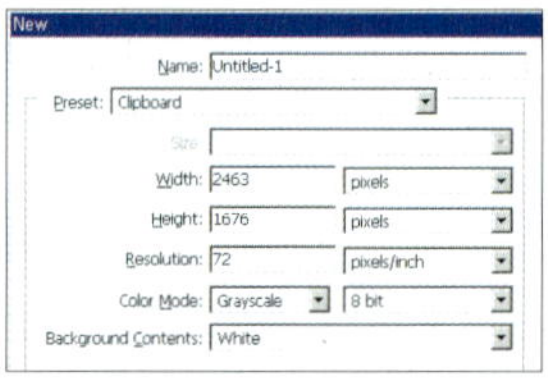

创建新文件

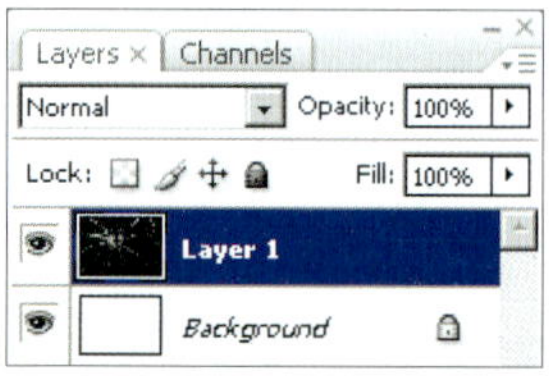

粘贴

存储为

要复制的时候，连图像的属性一同保存

按 Ctrl+C 快捷键复制图像时也保存了图像的大小、分辨率和颜色模式。选择 File>New（文件 > 新建）命令，弹出按照图像的属性设置的对话框。本步骤中在颜色模式为 RGB 的文件中操作，或者设置为灰度的原因，是因为复制了通道图像。

04 应用素材

选择 operation_start.psd 文件，按 Ctrl+D 快捷键取消选区。

在 Background 图层上方创建新的图层，确认前景色为黑色，按 Alt+Delete 快捷键填充图层，并将其重新命名为 bg。

选择 operation 图层，拖动到图层面板下端的 Create a new layer（创建新图层）按钮上复制，将其重新命名为 operation_dis，激活图层。

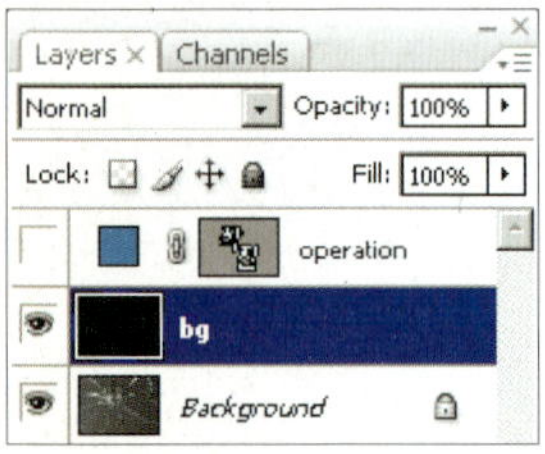

bg 图层

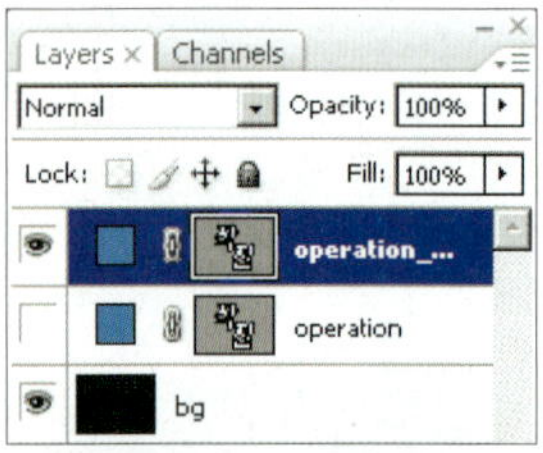

复制的 operation_dis 图层

当前文件

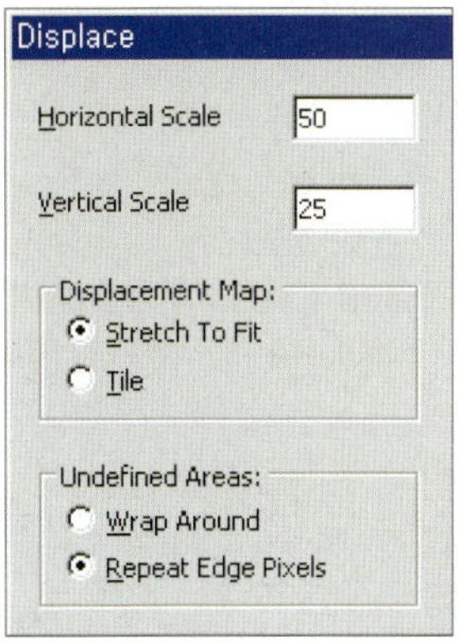

4-a

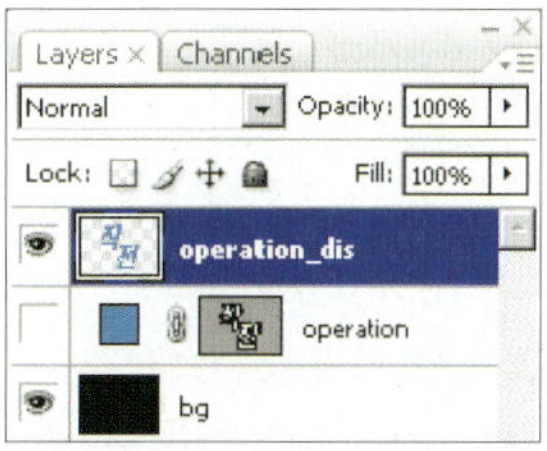

栅格化的图层

下面利用步骤 03 中保存的 source.psd 文件的明暗效果进行变形。

为了使形状图层图像化，选择 operation_dis 图层，选择 Layer>Rasterize>Layer（图层 > 栅格化 > 图层）命令。

选择 Filter>Distort>Displace（滤镜 > 扭曲 > 置换）命令，如图 4-a 所示进行设置，在对话框中选择保存的 source.psd 文件后确认。

根据素材的形态调整图像。

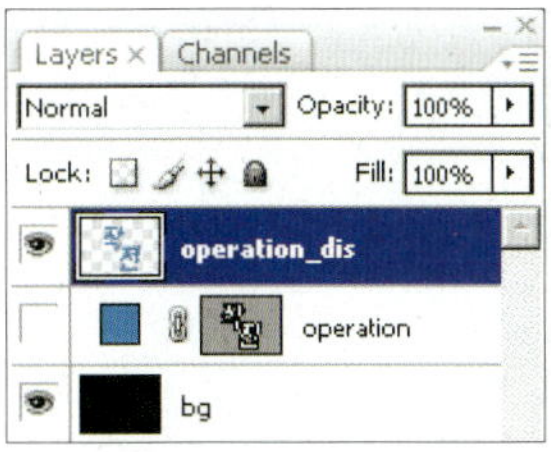

当前图层面板

当前文件

05 填充破碎的质感效果

下面我们为标题填充破碎的质感效果。

选择 Background 图层，拖动到图层面板下端的 Create a new layer（创建新图层）按钮上复制，将复制得到的图层放置于图层面板最上方，并将其重命名为 surface1。

按住 Ctrl 键单击 operation_dis 图层载入选区，选择 surface1 图层，单击图层面板下端的 Add layer mask（添加图层蒙版）按钮，将破裂的图像按照标题的形态进行调整。将 surface1 图层的混合模式设置为 Overlay（叠加），与下方的图层的颜色自然地合成。

添加图层蒙版

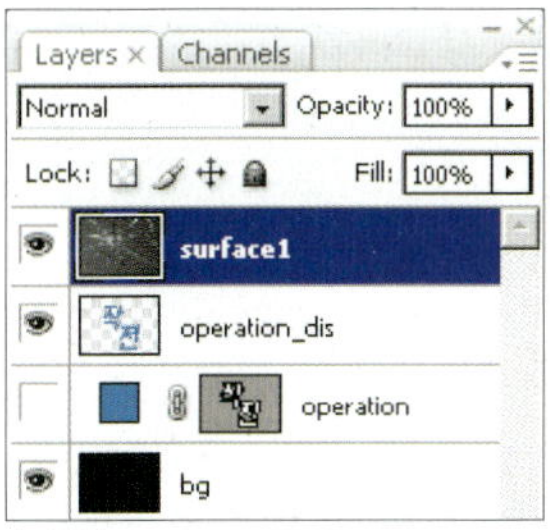

复制的 surface1 图层

当前文件

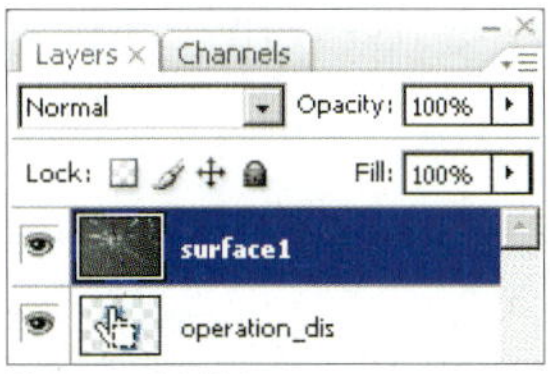

按住 Ctrl 键单击

载入 operation_dis 图层选区

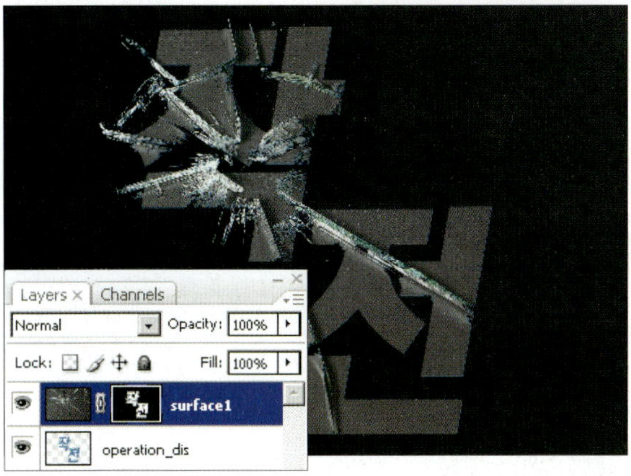

应用添加图层蒙版的效果

当前文件

当前图层面板

06 填充颜色

下面我们为破裂的缩隙填充不同的颜色。

选择 operation_dis 图层，按住 Ctrl 键单击通道面板中的 Green copy 通道载入选区。选择 Layer>New Adjustment Layer>Hue/Saturation（图层 > 新建调整图层 > 色相 / 饱和度）命令，如图 6-a 所示进行设置，创建表现出黄色的玻璃破裂的效果。

为了只在 operation_dis 图层的区域应用图像效果，选择 Hue/Saturation 1 图层，选择 Layer >Create Clipping Mask（图层 > 创建剪贴蒙版）命令（Ctrl+Alt+ G），剪贴到 operation_dis 图层。

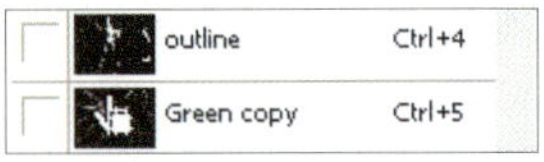

按住 Ctrl 键单击

载入选区

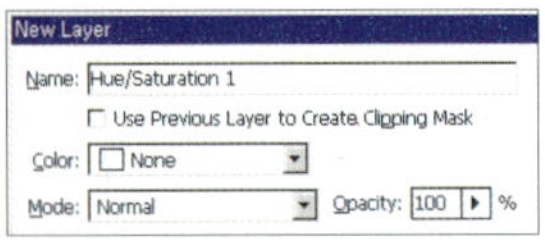

New Layer

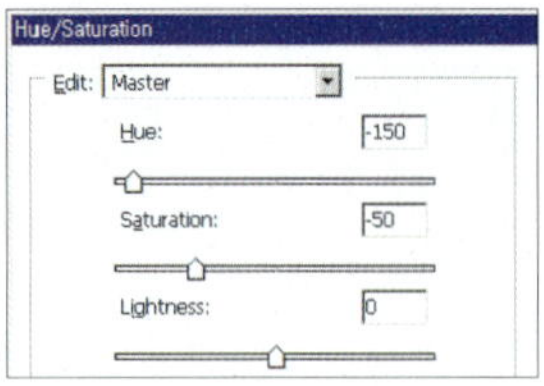

6-a

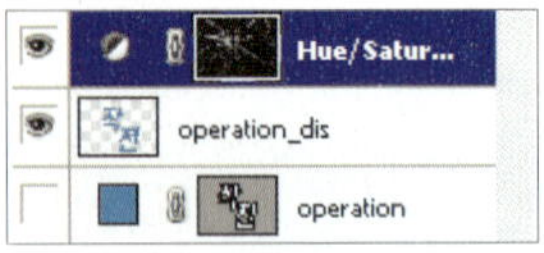

Hue/Saturation 1 图层

Hue/Saturation 1 图层蒙版区域

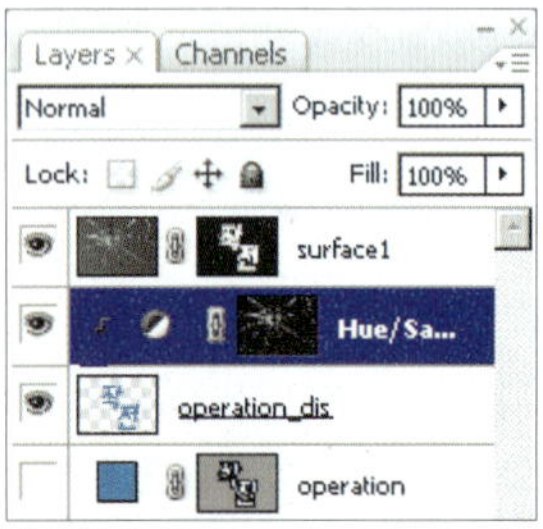

创建剪贴蒙版

应用色相 / 饱和度后创建剪贴蒙版

07 按照破裂的形态分离

为了区分标题区域，调节标题位置，选择 operation_dis 图层，按住 Ctrl 键单击通道面板中的 outline 通道载入 outline 通道选区。

单击图层面板下端的 Add layer mask（添加图层蒙版）按钮，然后在蒙版区域选择 Image>Adjustments>Invert（图像 > 调整 > 反相）命令（Ctrl+I），反转图像。

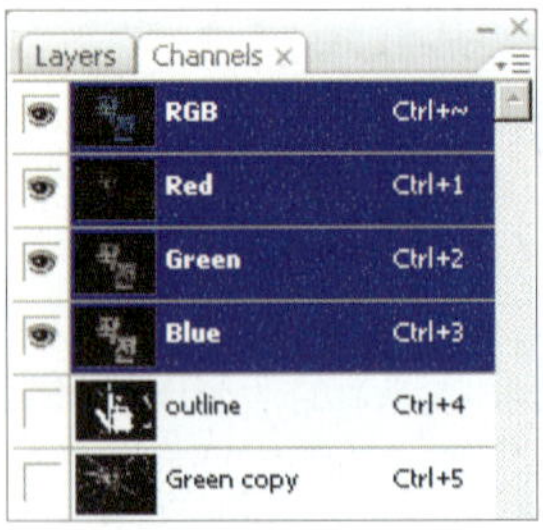

按住 Ctrl 键单击

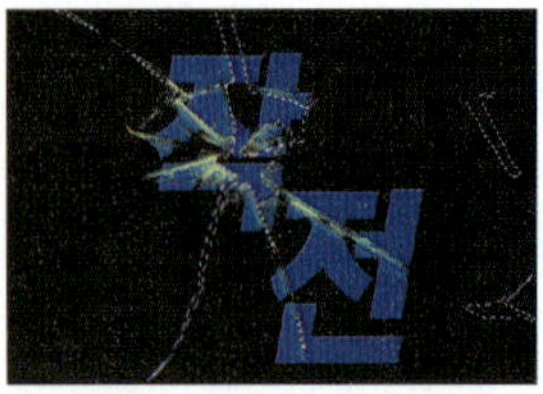
载入选区

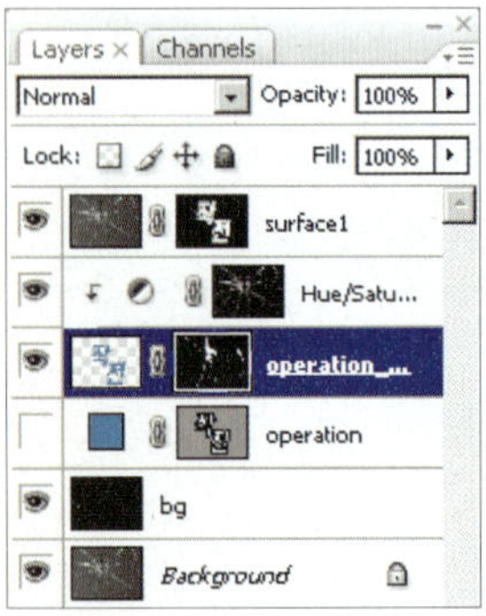

添加图层蒙版

添加图层蒙版后的文件

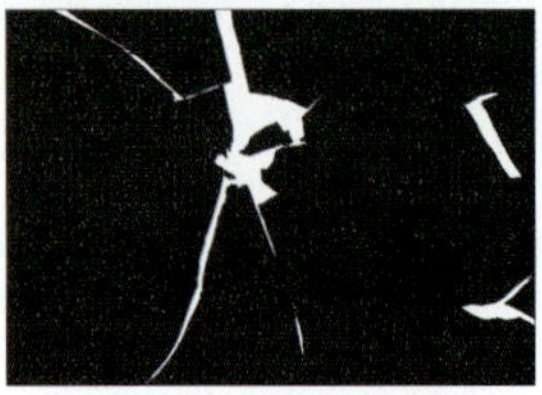
operation_dis 图层蒙版区域

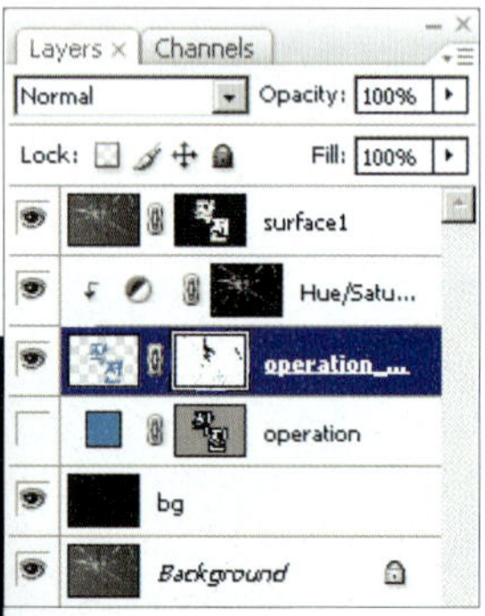

当前图层面板

当前文件

反转图像后的蒙版区域

激活 operation 图层，双击图层缩览图，将 Color（颜色）设置为 R:129,G:113,B:8，然后按住 Ctrl 键单击 operation_dis 图层蒙版，载入图层蒙版区域。

选择 operation 图层，单击图层面板下端的 Add layer mask（添加图层蒙版）按钮，为载入的选区应用蒙版。对蒙版区域执行 Image>Adjustments>Invert（图像 > 调整 > 反相）命令（Ctrl+I），反转图像，只在玻璃区域以外的部分显示效果。

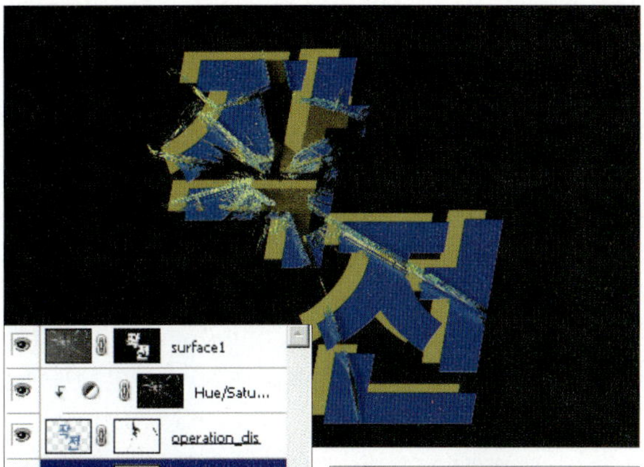
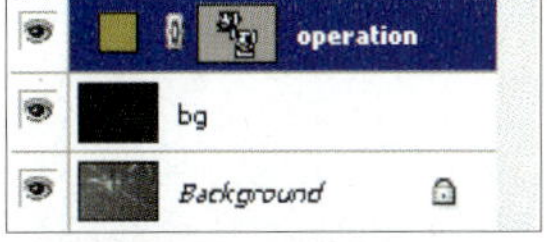

operation 图层，更改颜色

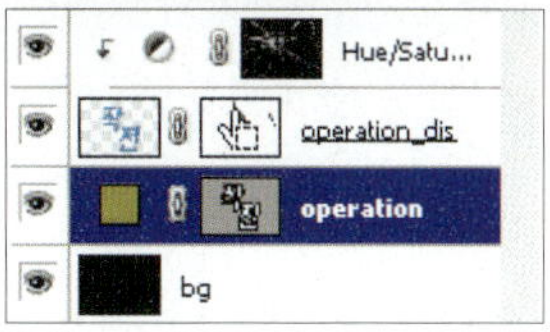

按住 Ctrl 键单击

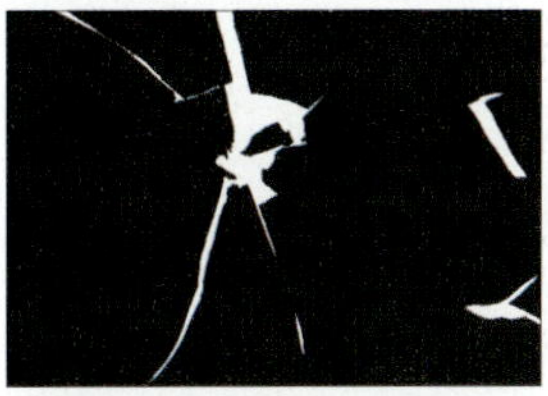
反转图像后的蒙版区域

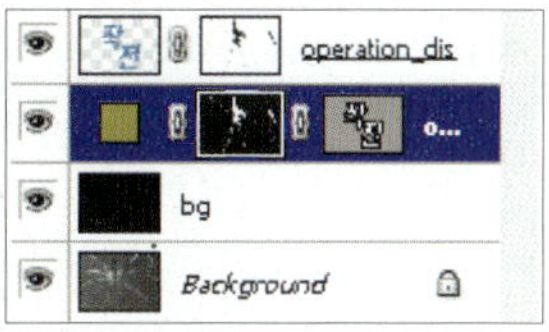

当前图层面板

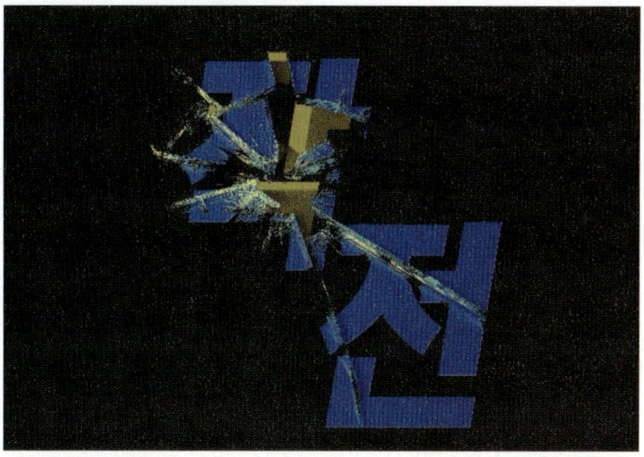
当前文件

08 调节图像表现区域

放大当前的图像文件，可以看到 surface1 图层图像没有受 operation 图层整体影响，一部分显露了出来。下面我们来放大蒙版区域。

选择 surface1 图层蒙版，按住 Ctrl 键单击 operation 矢量蒙版，载入 operation 矢量蒙版区域，按 Shift+Ctrl+Alt 键单击 operation 图层蒙版，提取相交的选区。

确认前景色为白色，选择 surface1 图层蒙版，按 Alt+Delete 快捷键在 surface1 图层蒙版中填充颜色，按 Ctrl+D 快捷键取消选区。

载入 operation 矢量蒙版区域

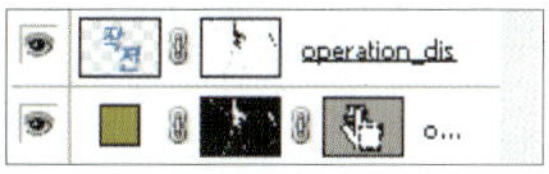

按住 Ctrl 键单击

提取相交的选区

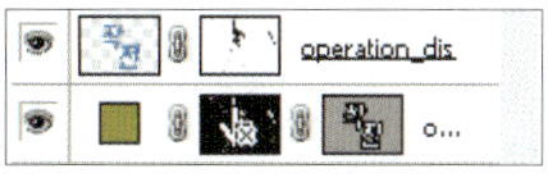

按住 Shift+Ctrl+Alt 键单击

surface1 图层蒙版区域

前景色

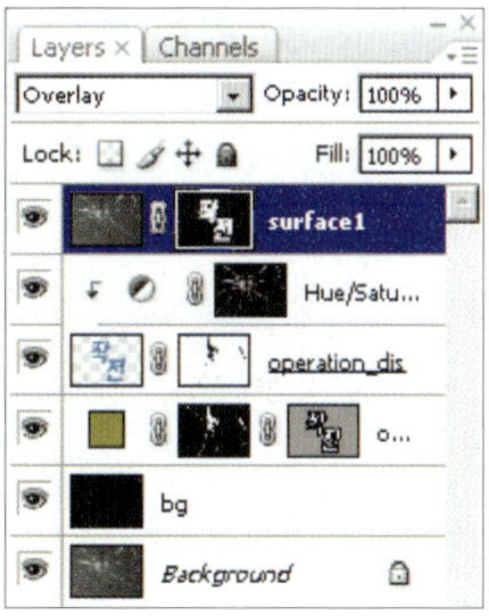

应用白色

当前文件

09 部分强调

下面强调破碎的玻璃中心的效果，使标题文字更加突出。

将Background图层拖动到图层面板下端的Create a new layer（创建新图层）按钮上复制，将复制的图层重新命名为surface2，放置到图层面板最上方。

选择surface2图层，单击图层面板下端的Add layer mask（添加图层蒙版）按钮，为surface2图层应用蒙版。选择图层蒙版，选择Image>Adjustments>Invert（图像>调整>反相）命令（Ctrl+I），反转图像。

选择surface2图层蒙版，按住Ctrl键单击Hue/Saturation 1图层蒙版，载入Hue/Saturation 1图层蒙版。

选择Hue/Saturation 1图层蒙版，选择画笔工具，在选项栏中选择柔角700pixels画笔，将Opacity（不透明度）设置为100%。确认前景色为白色，在载入选区的缝隙中央进行润饰。

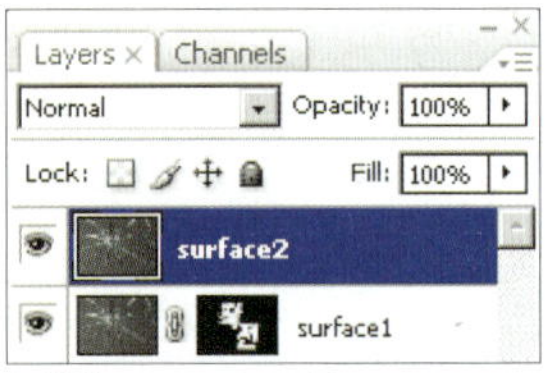

复制的 surface2 图层

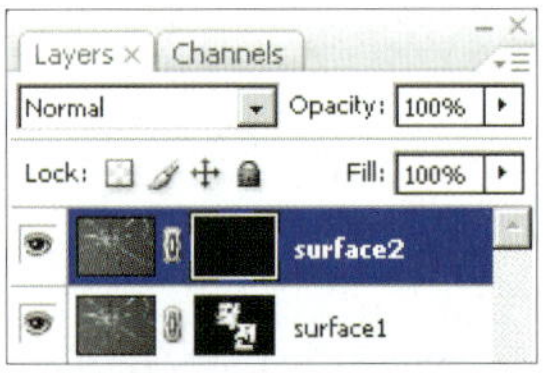

反转蒙版图像

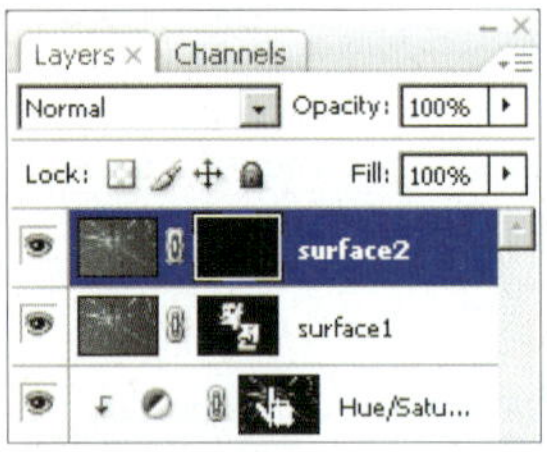

按住 Ctrl 键单击

载入 Hue/Saturation 1 图层蒙版选区

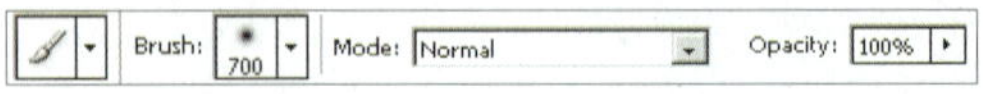

画笔工具选项栏

在中央应用 3 次

surface2 图层蒙版区域

下面我们制作散落的玻璃碎片效果。

选择 surface2 图层蒙版，按住 Ctrl 键单击玻璃碎片所在的 operation_dis 图层蒙版，载入图层蒙版区域。调节画笔大小，为掉落下来的玻璃碎片填充白色。

按 Ctrl+D 快捷键取消选区，将 surface2 图层的混合模式设置为 Screen（滤色），显示下方图层的蓝色图像。

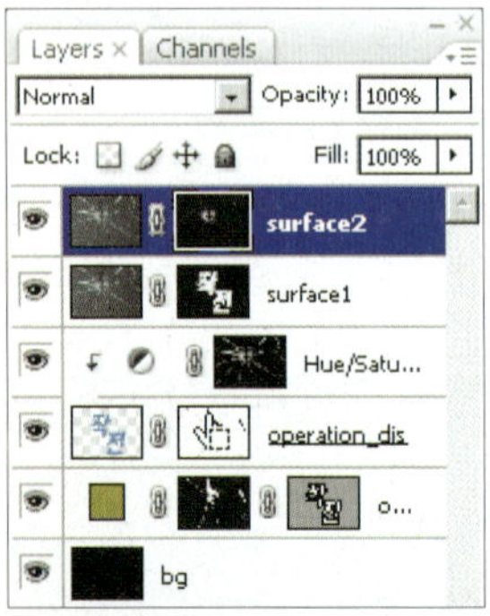

按住 Ctrl 键单击

载入 operation_dis 图层蒙版区域

surface2 图层蒙版区域

调节画笔大小后对碎片应用

将混合模式设置为滤色

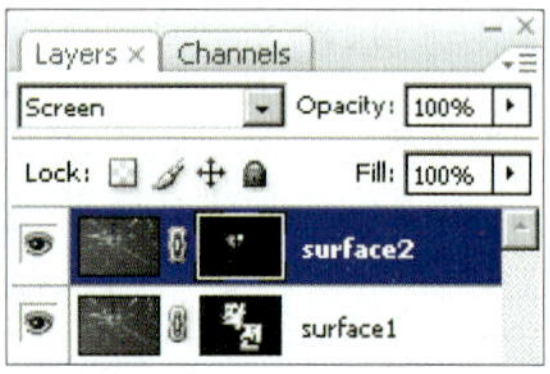

当前图层面板

10 表现阴影效果

下面我们在图片中的玻璃区域表现阴影效果。

因为要在 operation 图层内部表现阴影，因此我们先在 operation 上方创建新的图层，将其重新命名为 shadow。

阴影形态是蓝色的文字标题区域和玻璃区域交叉的部分，按住 Ctrl 键单击 operation_dis 图层蒙版，载入图层蒙版区域，按 Shift+Ctrl+Alt 快捷键单击 operation_dis 图层，提取相交区域的图像。

选择 shadow 图层，确认前景色为黑色，按 Alt+Delete 填充载入的选区，然后按 Ctrl+D 快捷键取消选区。

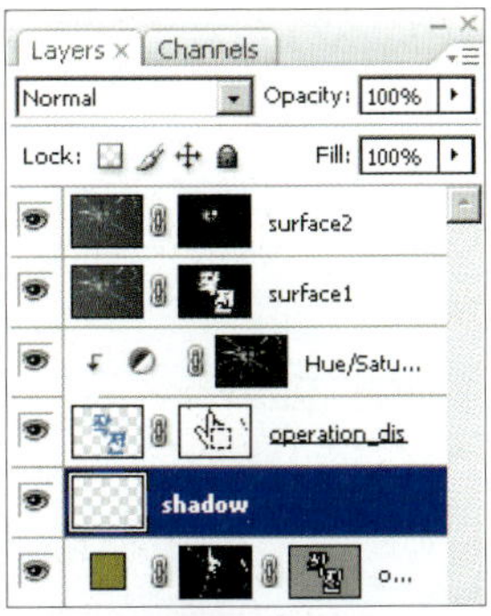

按住 Ctrl 键单击

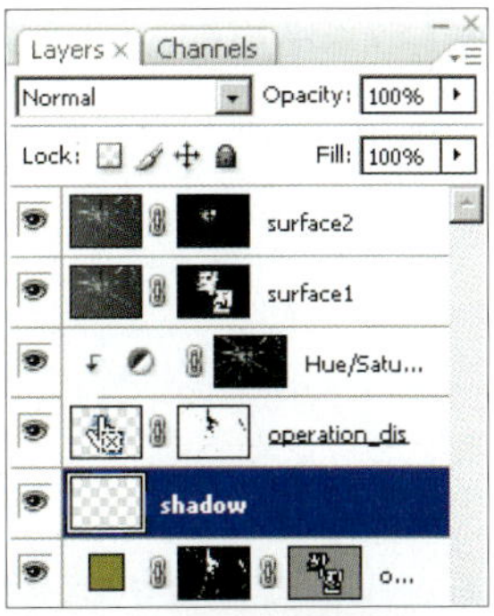

按 Shift+Ctrl+Alt 快捷键单击

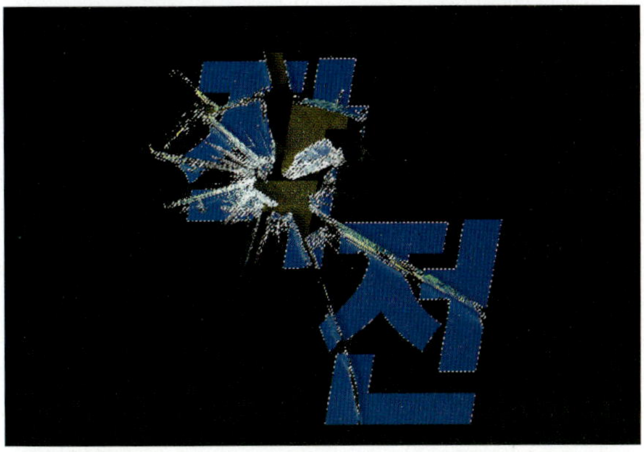
提取相交的区域

只激活 shadow 图层后的效果

选择移动工具，按住 Shift 键后按两次键盘上的向右方向键，将图像向右移动 20pixels，按住 Shift 键按向下方向键一次，将图像向下移动 10pixels。

将 shadow 图层的 Opacity（不透明度）设置为 50%，表现自然的效果。选择 Layer >Create Clipping Mask（图层 > 创建剪贴蒙版）命令（Ctrl+Alt+G），进行剪贴，只在 operation 图层区域显示效果。

向右移动20pixels，向下移动10pixels

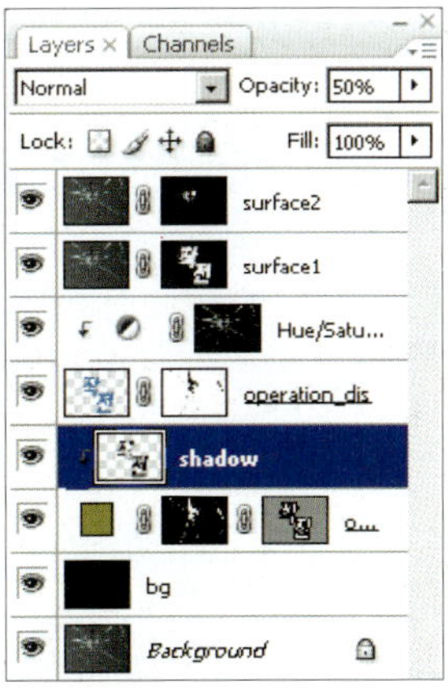

当前图层面板

当前文件

利用键盘设置不透明度值

为了调节图层的透明度，可以在输入框中直接输入，也可以移动滑块进行调整。利用键盘上的数字就可以轻松地输入数值，但是如果要将不透明度设置为 50%，可以按键盘上的 5 和 0 键。

但是，像画笔工具一样，我们也可以在选项栏中可以选择设置不透明度的工具，设置不透明度。

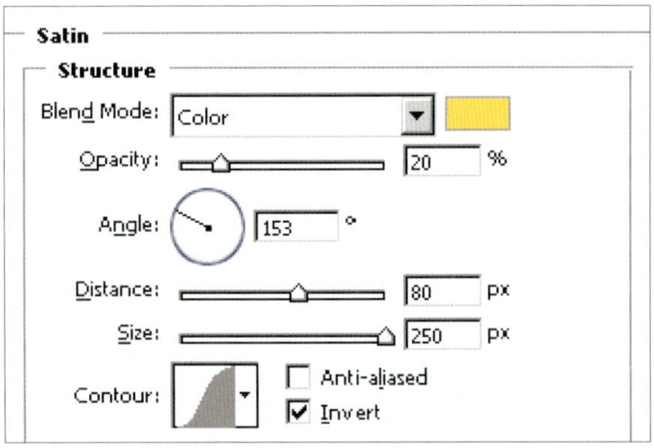

11-a

完成制作

11 应用图层样式，完成制作

下面我们在标题内部填充较暗的颜色。

双击 opeartion_dis 图层，在 Layer Style（图层样式）中选择 Satin，如图 11-a 所示进行设置后确认。

这时，将 Color（颜色）设置为 R:255,G:198,B:0，表现出黄色的图像效果，完成制作。

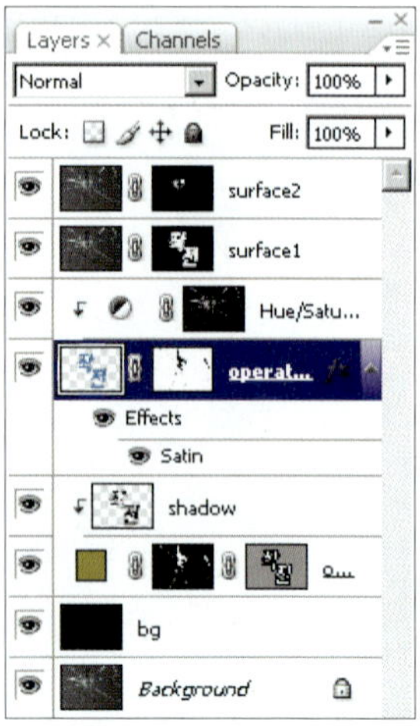

当前图层面板

如果没有表现为所需的颜色

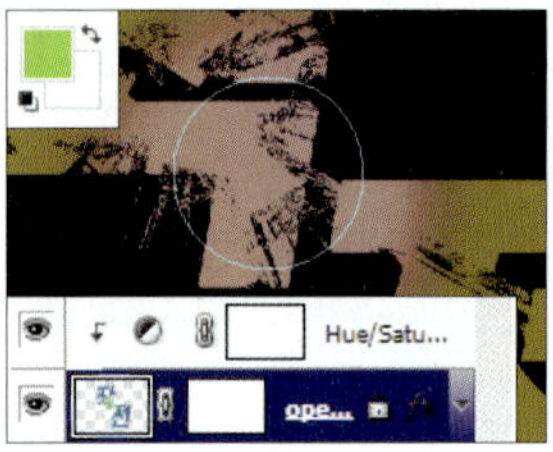

当前图层面板状态

在润饰图像的时候如果没有出现所需的颜色，请先确认在上方是否有调整图层。由于调整图层会对下方所有从属图层产生影响，因此会出现这种情况。

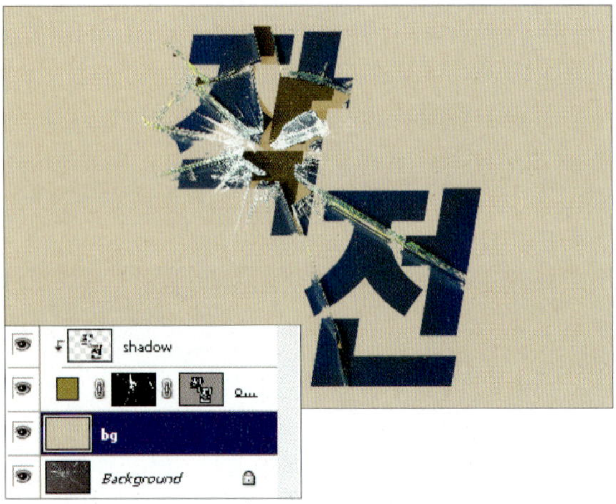

bg 图层，更改颜色

THINK OVER!

解决更改背景颜色时的问题

在更改 bg 图层颜色的时候，会出现如左图所示的效果。

由于 surface1 图层区域受背景颜色的影响，为了再次整理蒙版，选择 surface1 图层蒙版，确认前景色为黑色，按 Alt+Delete 快捷键填充颜色。

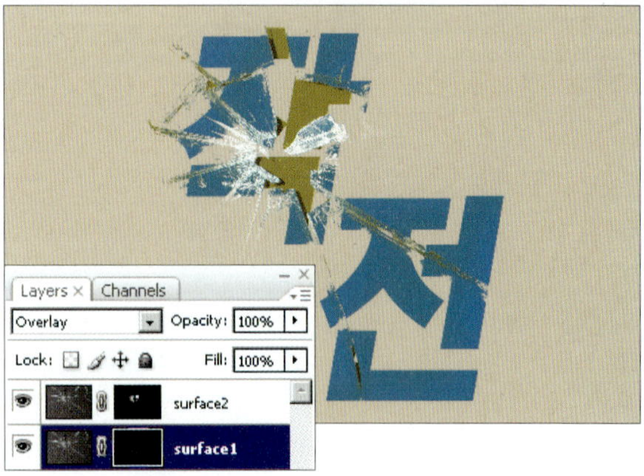

为 surface1 图层蒙版填充黑色

按住Ctrl键单击operation图层蒙版载入选区，按Shift+Ctrl+Alt快捷键，单击operation图层蒙版，提取相交的选区。

选择 surface1 图层蒙版，确认前景色为白色，按 Alt+Delete 快捷键为载入的相交区域填充白色。

按住 Ctrl 键单击 operation_dis 图层蒙版载入选区，按 Shift+Ctrl+Alt 快捷键，单击 operation_dis 图层蒙版，提取相交的区域。

选择 surface1 图层蒙版，确认前景色为白色，按 Alt+Delete 快捷键为载入的相交选区填充白色，按 Ctrl+D 快捷键取消选区。

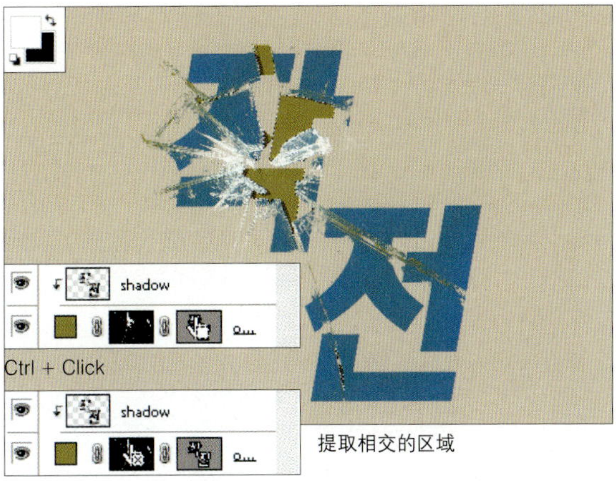
Ctrl + Click

提取相交的区域

按 Shift+Ctrl+Alt 快捷键单击

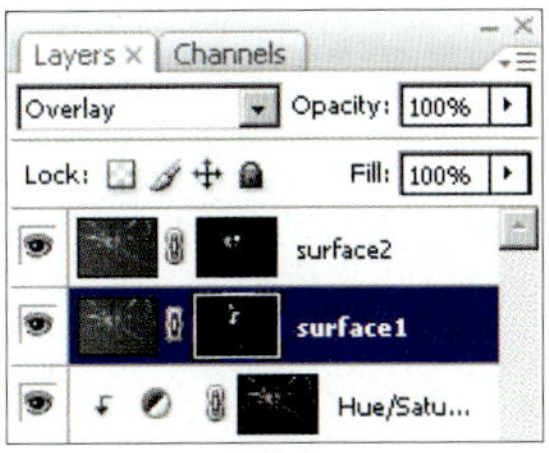
为相交的区域填充白色

为相交的区域填充白色后的文件

surface1 图层蒙版区域

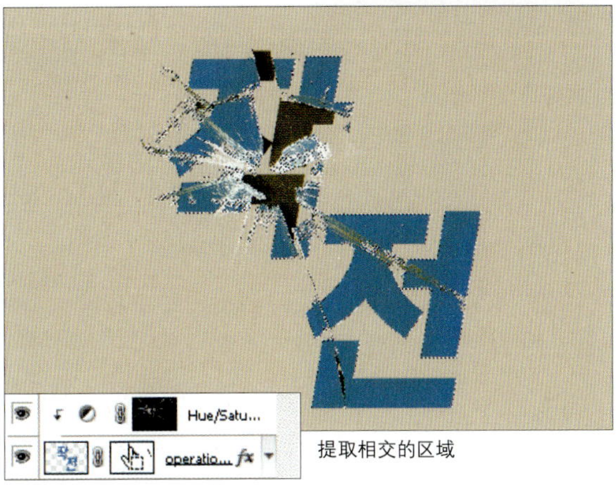
提取相交的区域

按住 Ctrl 键单击

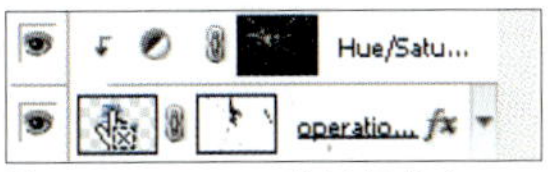
按 Shift+Ctrl+Alt 快捷键单击

surface1 图层蒙版区域

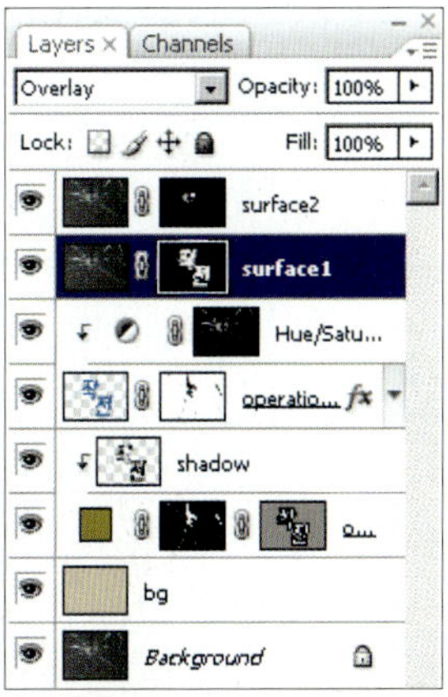
当前图层面板

最终完成效果

24 FLUX

24 FLUX
将标题文字变形为水波形态，然后赋予其质感，制作粗糙的文字特效。

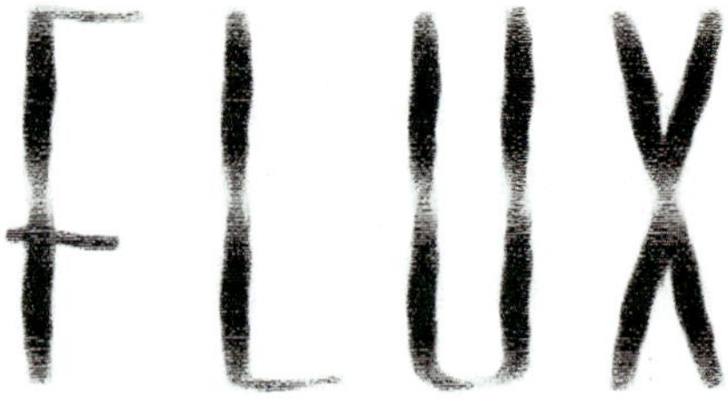

Source Location

Effects 24\

- flux_start.psd
- flux_finish.psd
- flux_apply.psd
- rock.jpg

flux_start.psd 文件

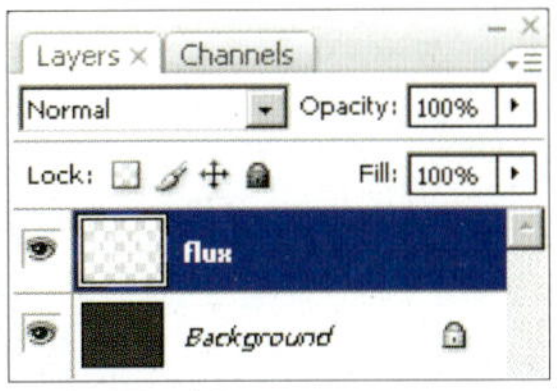

当前图层面板

01 确认操作文件

下面将基本的形态变形为多样的水波纹，然后与其他形态合并，创建新的形态，表现粗糙的标题效果。

打开 flux_start.psd 文件。flux 图层是输入文字后栅格化得到的效果。

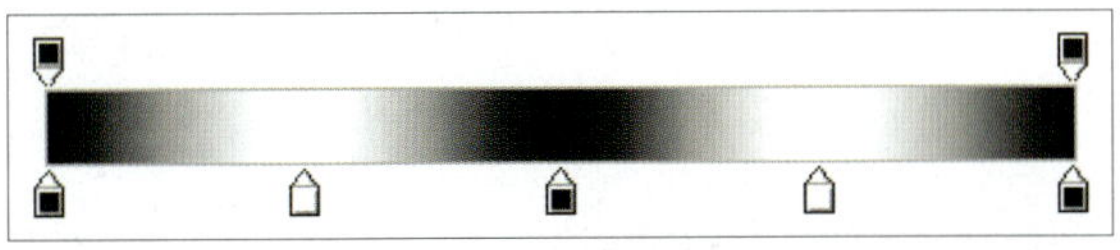

渐变条

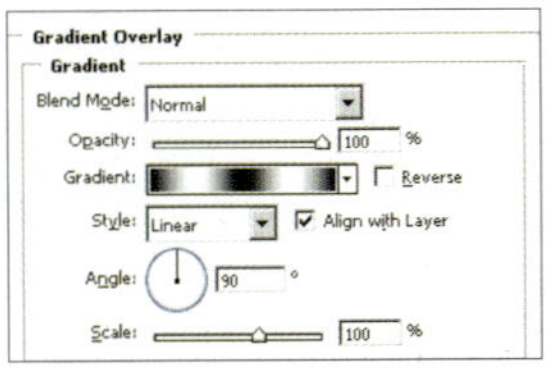

2-a

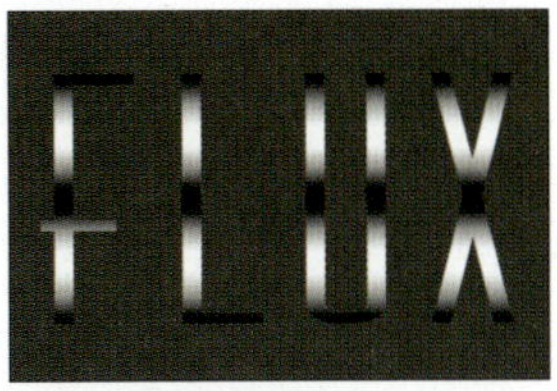

更改不透明度前的状态

将不透明度设置为 45%

调节渐变叠加和不透明度后的文件

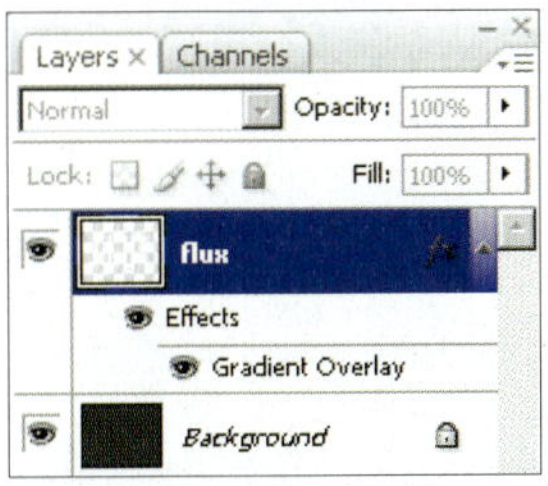

应用渐变叠加后的图层面板

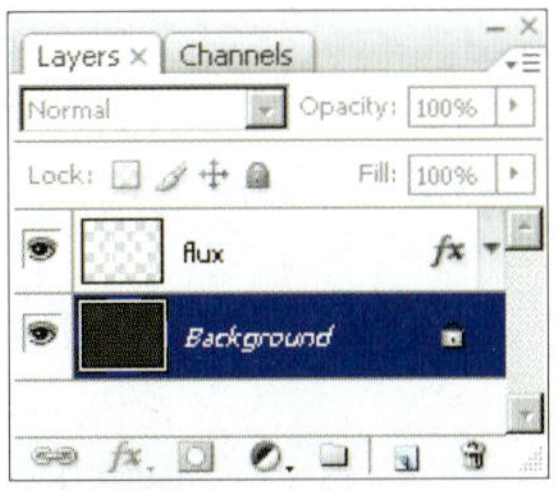

创建新图层

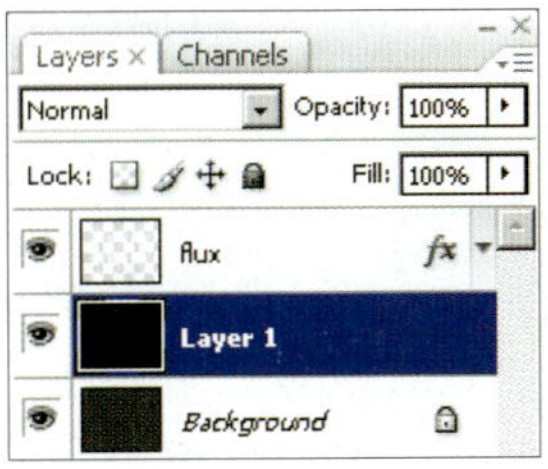

生成的图层

填充前景色

02 添加阴影

下面我们为标题文字添加隐约的阴影。

选择 flux 图层，选择 Layer>Layer Style>Gradient Overlay（图层 > 图层样式 > 渐变叠加）命令，如图 2-a 所示进行设置。将 Opacity（不透明度）设置为 45%，降低透明度，表现出利用灰色渐变填充的效果。

为了将 flux 图层的对象转移到通道中，选择 Background 图层，单击图层面板下端的 Create a new layer（创建新图层）按钮创建新的图层。

选择生成的 Layer 1 图层，确认前景色为黑色，按 Alt+Delete 快捷键填充颜色。填充黑色的原因是为了只提取标题的形态，在背景是黑色的状态下将标题形态导入到通道中。

按 Ctrl+A 快捷键全选文件，为了复制当前可见区域，选择 Edit>Copy Merged（编辑 > 复制合并）命令（Ctrl+Shift+C）。

单击通道面板下端 Create new channel（创建新通道）按钮创建新的通道，按 Ctrl+V 快捷键粘贴，按 Ctrl+D 快捷键取消选区。

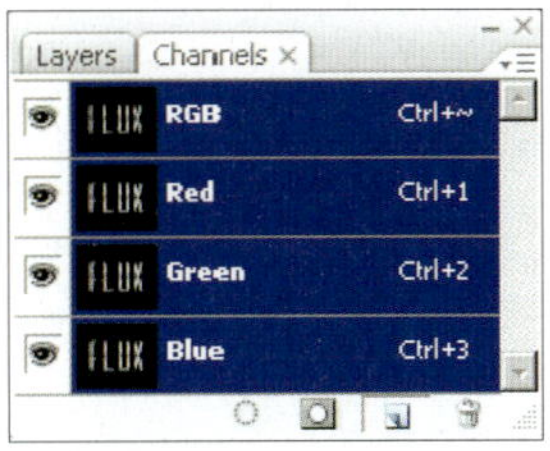

创建新通道

粘贴到新通道中

对渐变进行重新设置，创建相同的效果

本步骤中设置渐变叠加的渐变条后降低不透明度，创建与应用灰色系列的渐变相同的效果。若不降低透明度，如下图所示将渐变条的色标设置为灰色，也可以得到相同的效果。

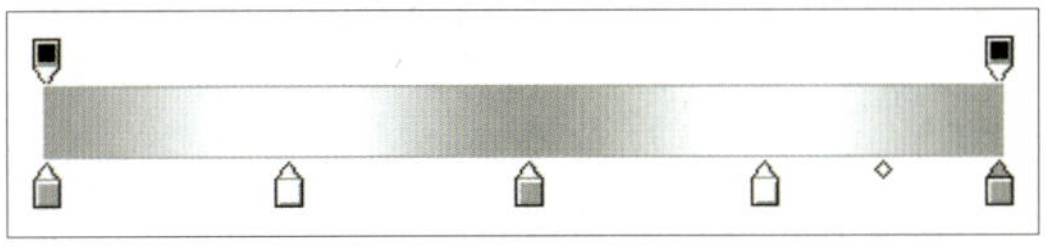

渐变条

03 创建水波形态

下面我们来创建多样的水波形态。

将 Alpha 1 通道拖动到通道面板下端的 Create new channel（创建新通道）按钮上复制。利用与上面相同的方法再复制 3 次，在通道面板中创建 5 个新通道。

选择Alpha 1通道，选择Filter>Distort>Wave（滤镜>扭曲>波浪）命令，如图3-a所示进行设置，表现扭曲的效果。

选择 Alpha 1 copy 通道，按 Alt+Ctrl+F 快捷键打开最后应用的 Wave（波浪）对话框，单击 Randomize（随机化）按钮，表现不同的扭曲效果。

随机化制作会表现出与书中不同的效果，因此希望读者可以反复应用，直到得到满意的效果。

选择 Alpha 1 copy 2 通道，按 Alt+Ctrl+F 快捷键打开最后应用的 Wave（波浪）对话框，如图 3-b 所示进行设置，表现更强烈的扭曲效果。

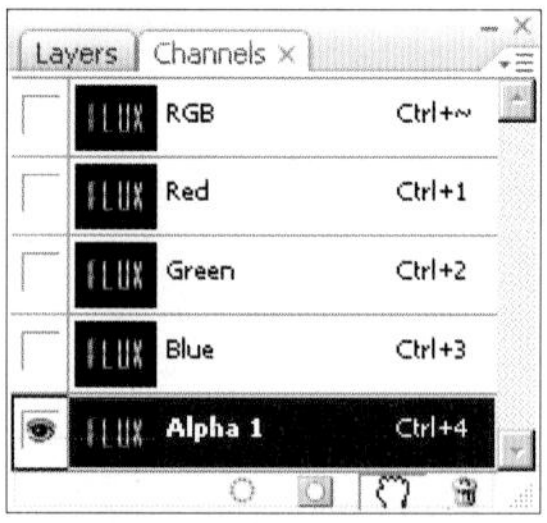

复制

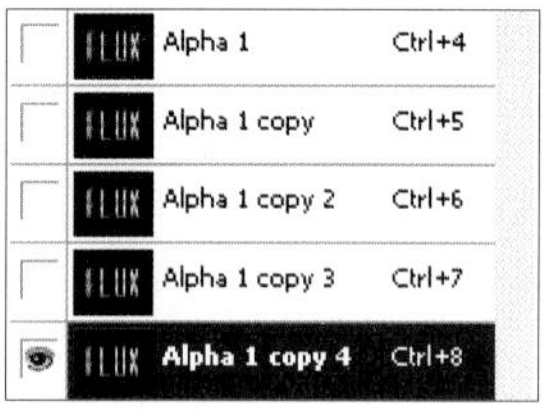

复制的通道

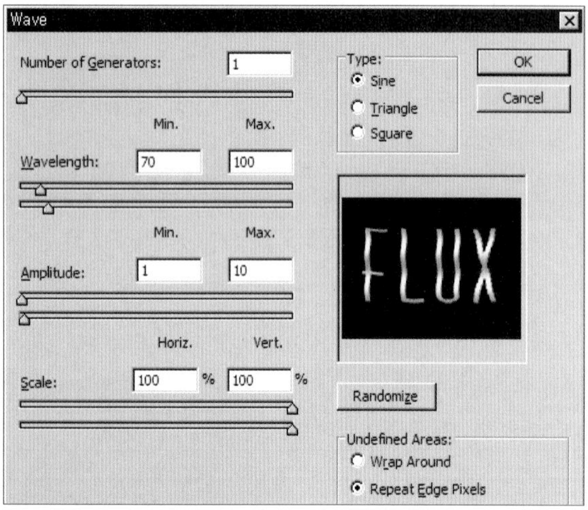

3-a

在 Alpha 1 通道中应用波浪滤镜

Alpha 1 通道

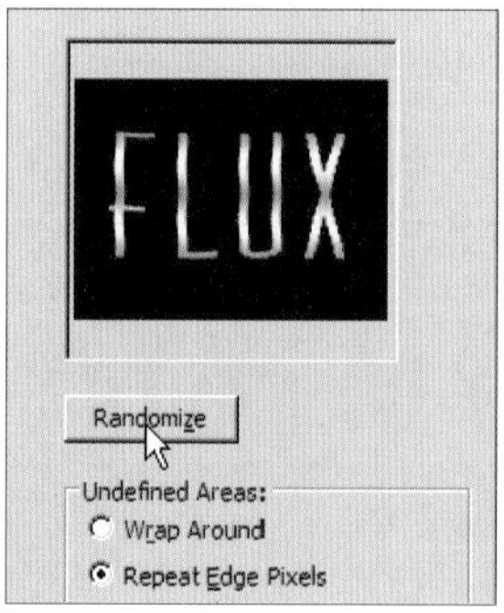

随机化

Alpha 1 copy 通道

对 Alpha 1 copy 通道随机应用波浪效果

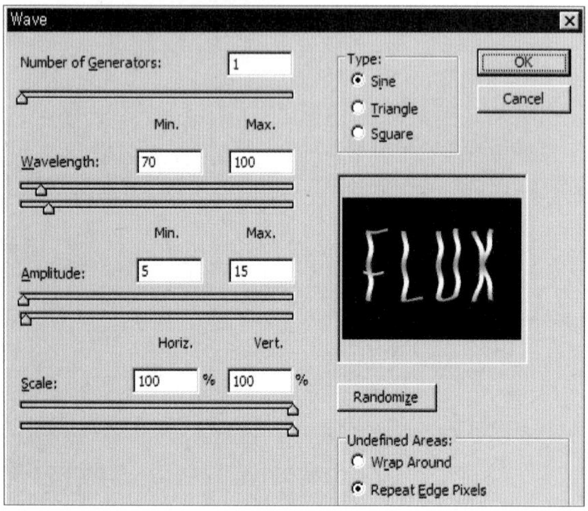

3-b

利用与上面相同的方法分别选择 Alpha 1 copy 3 通道和 Alpha 1 copy 4 通道，按 Alt+Ctrl+F 快捷键打开最后应用的 Wave（波浪）对话框，单击 Randomize（随机化）按钮，表现其他形态的扭曲效果。

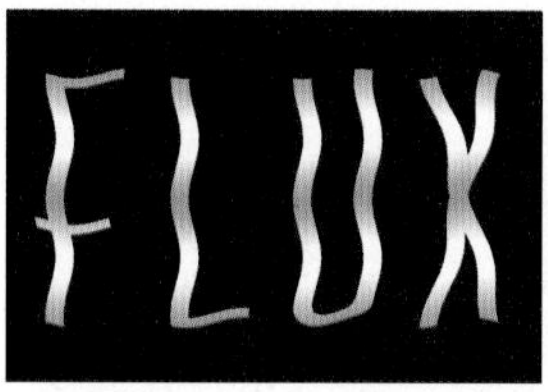
在 Alpha 1 copy 2 通道中应用波浪滤镜

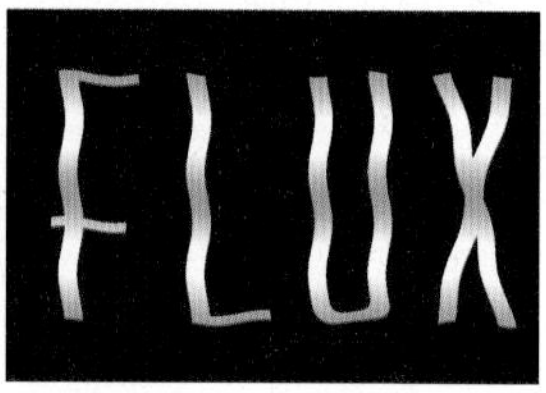
对 Alpha 1 copy 3 通道随机应用波浪效果

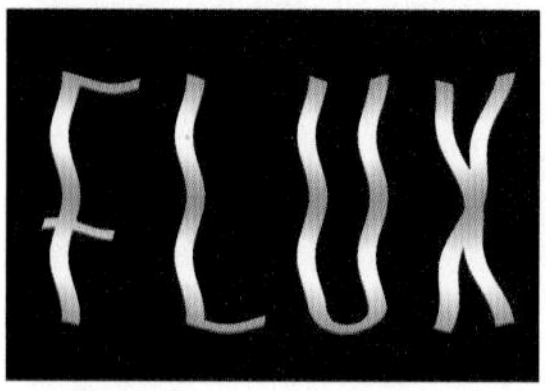
对 Alpha 1 copy 4 通道随机应用波浪效果

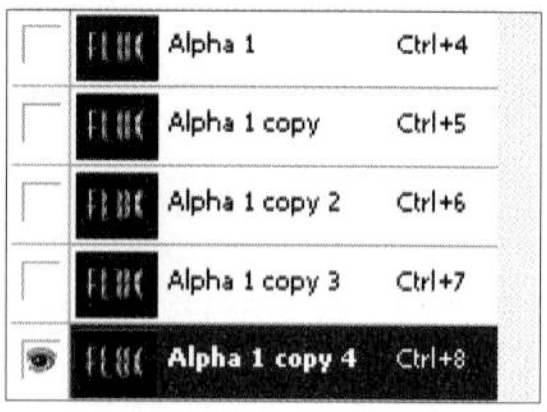

当前通道面板

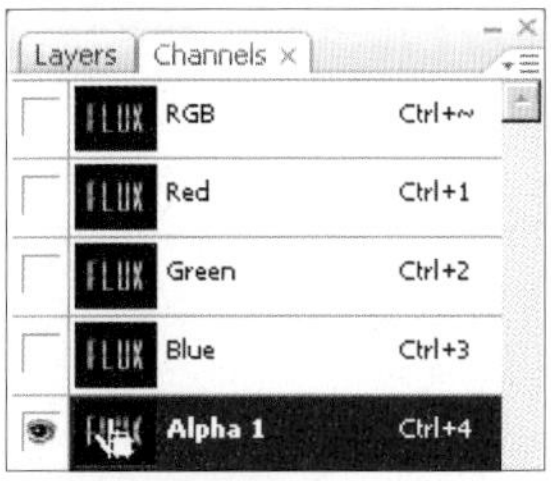

按住 Ctrl 键单击

填充白色

将 flux 图层设置为非激活状态后的文件

载入 Alpha 1 通道选区

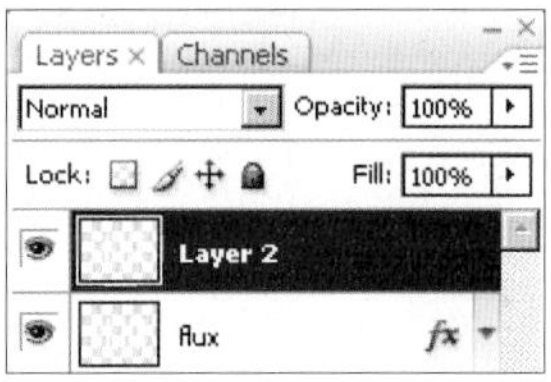

Layer 2 图层

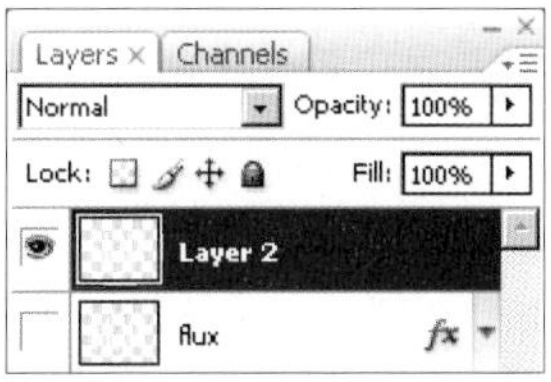

将 flux 图层设置为非激活状态

04 组合形态

下面我们将在通道中制作的素材合并为图层。

按住 Ctrl 键单击 Alpha 1 通道载入选区，在图层面板的 flux 图层上方创建新的图层。选择得到的 Layer 2 图层，确认背景色为白色，按 Ctrl+Delete 快捷键填充载入的选区。

按 Ctrl+D 快捷键取消选区，将 flux 图层设置为非激活状态。

利用与上面相同的方法分别按住 Ctrl 键单击 Alpha 1 copy 图层、Alpha 1 copy 2 图层、Alpha 1 copy 3 图层和 Alpha 1 copy 4 图层载入选区，在图层面板中创建新的图层，分别填充白色，然后按 Ctrl+D 快捷键取消选区。

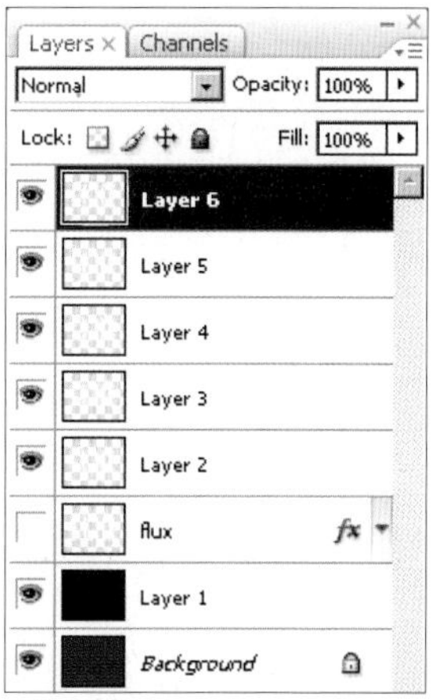

当前图层面板

为 Layer 3 图层填充白色

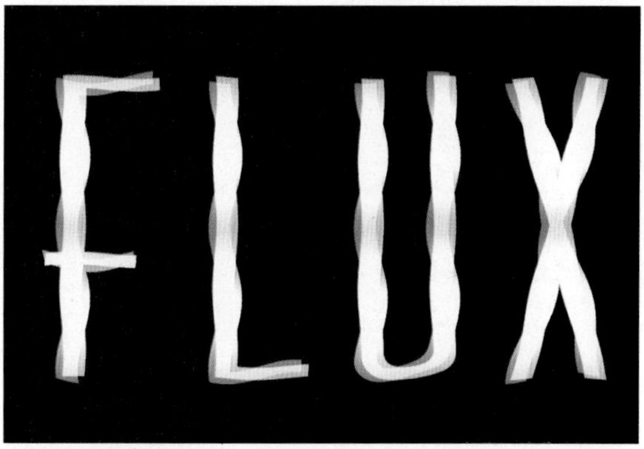

为 Layer 4 图层填充白色

为 Layer 5 图层填充白色

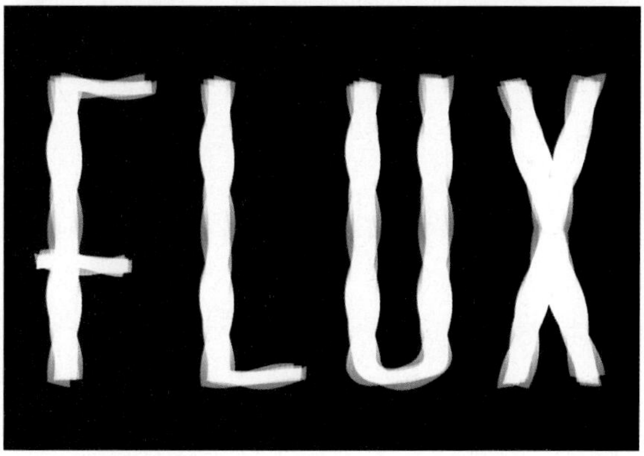

为 Layer 6 图层填充白色

当前文件

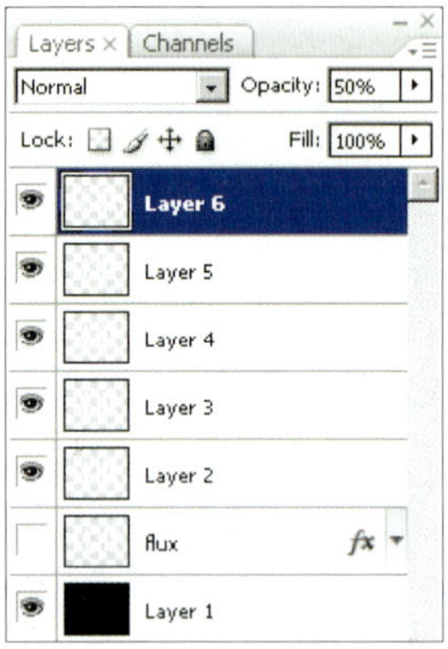

将不透明度设置为 50%

合并图层之后，图像中半透明的部分也会变得不透明，因此，将 Layer 6 图层、Layer 5 图层、Layer 4 图层、Layer 3 图层和 Layer 2 图层的 Opacity（不透明度）设置为 50%。

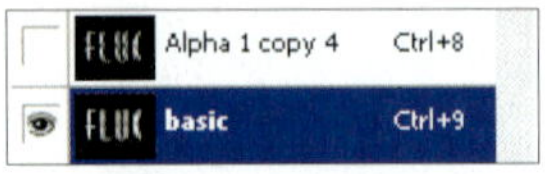

basic 通道

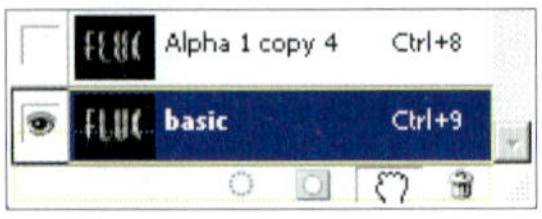

粘贴到通道中

拖动到创建新通道按钮上复制

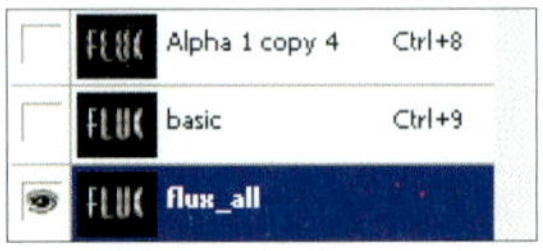

flux_all 通道

应用炭精笔滤镜

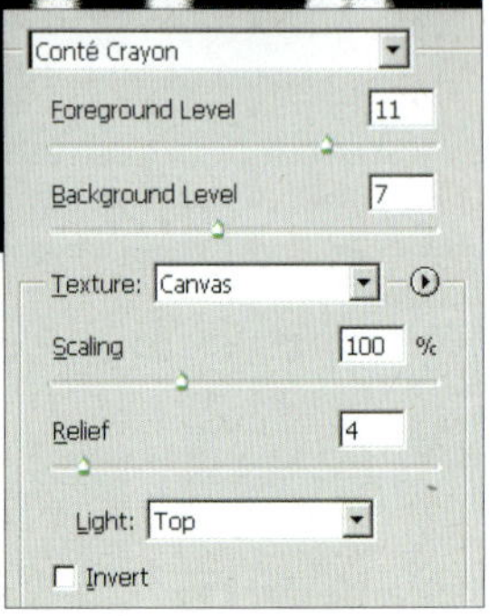

5-a

05 表现粗糙的划痕效果

下面我们在重叠的形态上应用滤镜，表现粗糙的划痕效果。

按 Ctrl+A 快捷键全选文件，复制可见选区，选择 Edit> Copy Merged（编辑>复制合并）命令(Ctrl+Shift+C)，单击通道面板下端的 Create new channel（创建新通道）按钮创建新的通道，按 Ctrl+V 快捷键粘贴。

按 Ctrl+D 快捷键取消选区，将新通道重新命名为 basic。为了复制基本形态，将 basic 通道拖动到通道面板下端的 Create new channel（创建新通道）按钮上复制，将得到的通道重新命名为 flux_all。

选择 flux_all 通道，选择 Filter >Sketch>Conte Crayon（滤镜 > 素描 > 炭精笔）命令，如图 5-a 所示进行设置，表现粗糙的划痕。

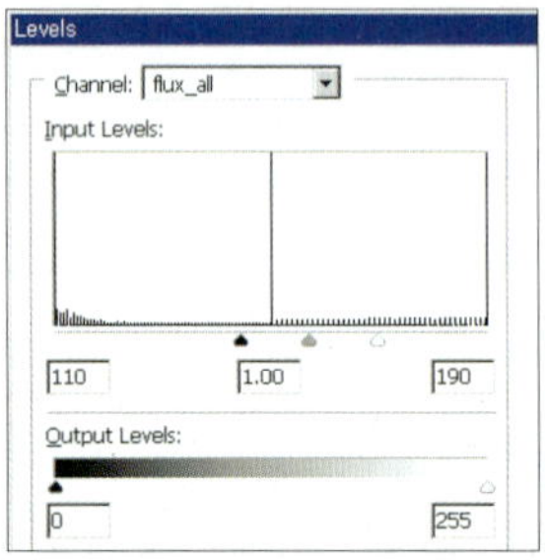

5-b

为了去除背景上的杂点，选择Image>Adjustments > Levels（图像>调整>色阶）命令（Ctrl+L），如图5-b所示进行设置，使标题的上下端和中央表现的较为暗淡，同时增强明亮的区域，创建整体对比强烈的效果。

应用色阶

在通道中应用波浪滤镜的原因

在 flux 通道中应用波浪滤镜是因为在标题中应用的渐变不会变形，保持在渐变叠加中应用的值，只对形态进行变形。如果想要在图层中得到相同的效果，有很多方法，但是在图像中直接对渐变进行润饰后再进行操作。

在图层中应用波浪滤镜

在通道中应用波浪滤镜

06 添加质感效果

下面我们为标题添加粗糙的质感效果。

按住 Ctrl 键单击 flux_all 通道载入选区，将图层面板中的 Layer 6 图层、Layer 5 图层、Layer 4 图层、Layer 3 图层和 Layer 2 图层设置为非激活状态。

在图层面板最上方创建新的图层，确认背景色为白色，按 Ctrl+Delete 快捷键填充载入的选区。

按 Ctrl+D 快捷键取消选区，将图层重新命名为 flux_all，将 Layer 1 图层拖动到图层面板下端的 Delete layer（删除图层）按钮上删除。

为了在标题文字中表现阴影效果，用鼠标右键单击 flux 图层，在弹出菜单中选择 Copy Layer Style（拷贝图层样式），复制渐变叠加，然后在 flux_all 图层上单击鼠标右键，从弹出菜单中选择 Paste Layer Style（粘贴图层样式）。

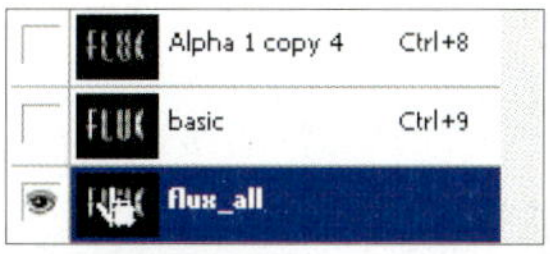

按住 Ctrl 键单击

为新建的图层填充白色

载入 flux_all 图层选区

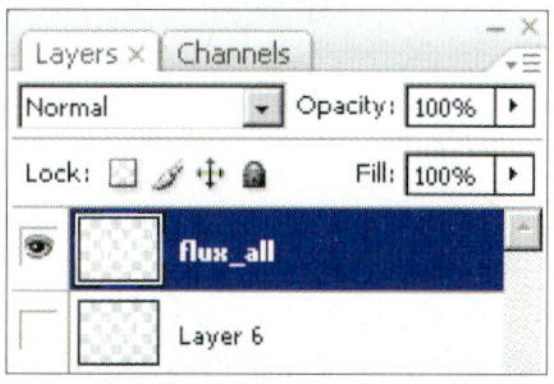

flux_all 图层

当前文件

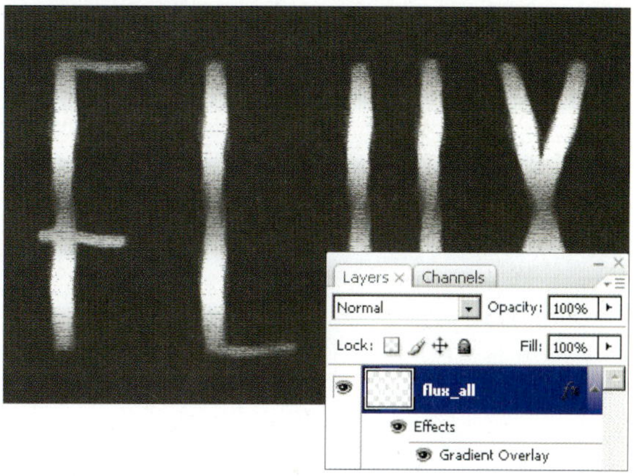

粘贴图层样式

选择 File>Open（文件 > 打开）命令（Ctrl+S），打开 rock.jpg 文件，按 Ctrl+A 快捷键全选，按 Ctlr+C 快捷键复制。

选择 flux_strat.psd 文件的 flux_all 图层，按 Ctrl+V 快捷键粘贴，将其重新命名为 rock。为了只在图层的区域表现图像效果，选择 rock 图层，选择 Layer>Create Clipping Mask（图层 > 创建剪贴蒙版）命令（Ctrl+Alt+G），剪贴到 flux_all 图层。

rock.jpg 文件

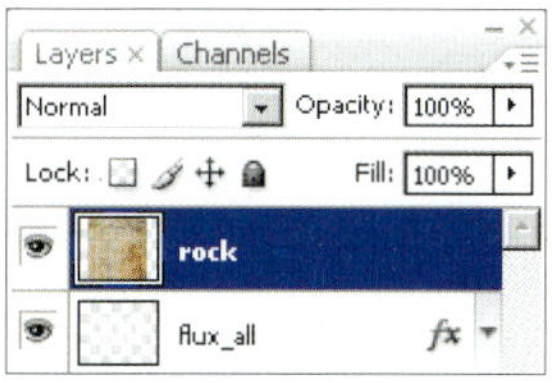

rock 图层

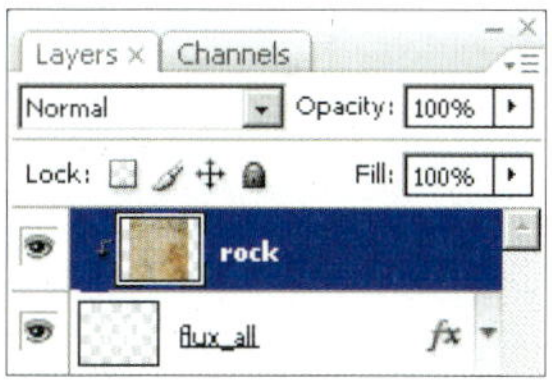

创建剪贴蒙版

当前文件

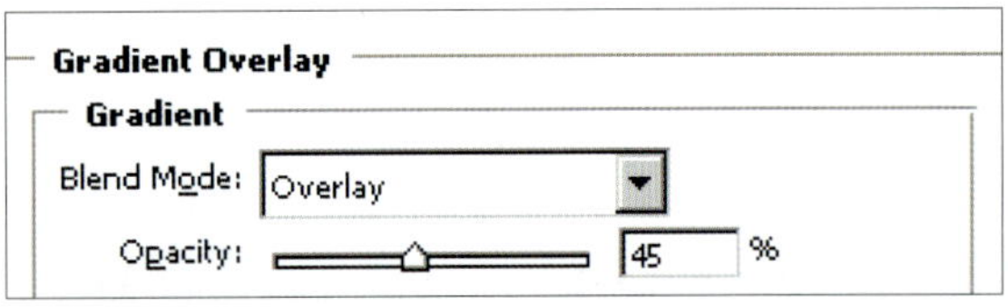

将混合模式设置为叠加

应用渐变

07 使图像更加清晰

下面我们将昏暗的质感调整为对比强烈的效果。

双击应用于flux_all图层的渐变叠加，将混合模式设置为Overlay（叠加），增强对比效果。

选择rock图层，选择Filter>Sharpen>Unsharp Mask（滤镜>锐化>USM锐化）命令，如图7-a所示进行设置，表现清晰效果。

7-a

应用USM锐化滤镜

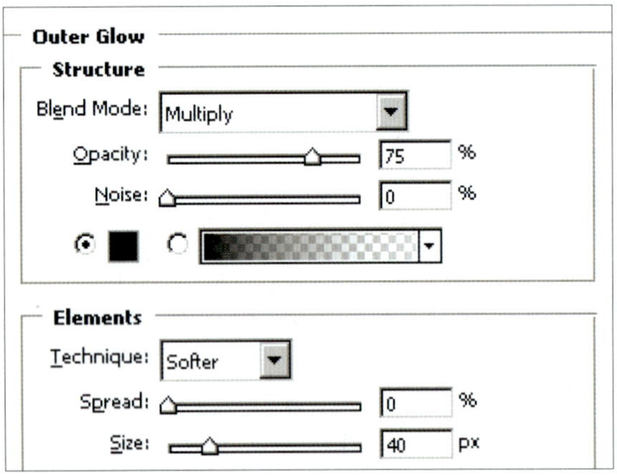

8-a

08 表现立体感，完成制作

下面我们利用标题的形态，表现立体感。

双击flux_all图层，在打开的Layer Style（图层样式）对话框中选择Outer Glow（外发光），如图8-a所示进行设置，强调标题形态。

选择Drop Shadow（投影），将Distance（距离）设置为0px，Size（大小）设置为40px，也可以得到相同的效果。

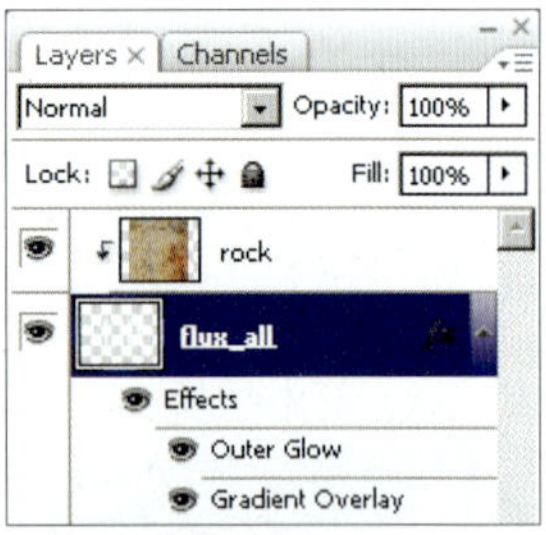

当前图层面板

应用外发光

以通道形式打开图层图像的原因

在之前的步骤中将制作为基本素材的图层图像先以通道形式打开，再以图层打开完成图像，这是因为图层的图像是不透明的灰色。为了将灰色图像创建为存在透明值的图像，以通道形式打开，载入后填充图层。

不以通道形式打开，在图层中确认的效果

将图层图像以通道形式打开后载入，在图层中填充颜色的效果

向右拖动

按住 Ctrl 键单击

按住 Ctrl 键单击 flux_all 图层载入选区。选择矩形选框工具，利用键盘上的方向键或者是鼠标拖动图像，将标题的一大部分向右拖动。选择 rock 图层，单击图层面板下端的 Create new fill or adjustment layer（创建新的填充或调整图层）按钮，选择 Curves（曲线），如图 8-b1 所示进行设置，降低整体的亮度，如图 8-b2 所示进行设置，表现较暗的、对比强烈的效果。

曲线会对标题的阴影产生影响，因此为了只在 flux_all 图层应用曲线效果，选择 Curves 1 图层，选择 Layer >Create Clipping Mask（图层 > 创建剪贴蒙版）命令（Ctrl+Alt+G），剪贴到 flux_all 图层。

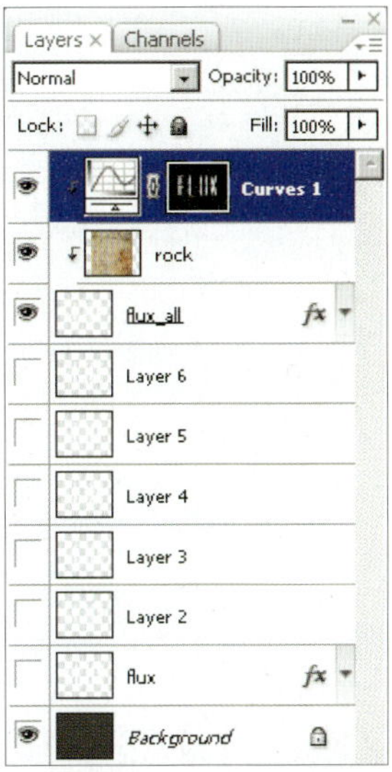

当前图层面板

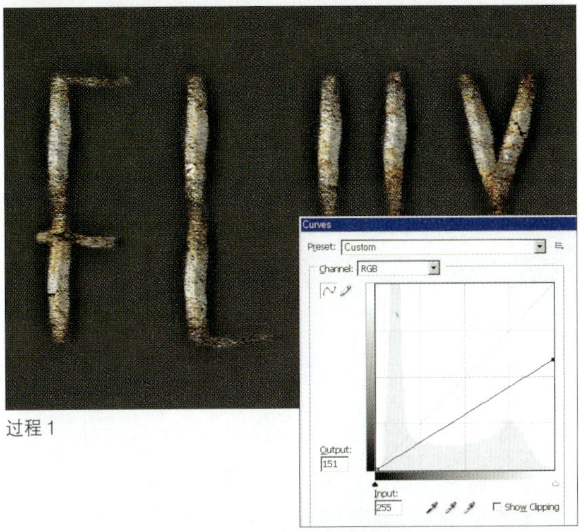

过程 1

8-b1 过程 1

最终完成效果

过程 2

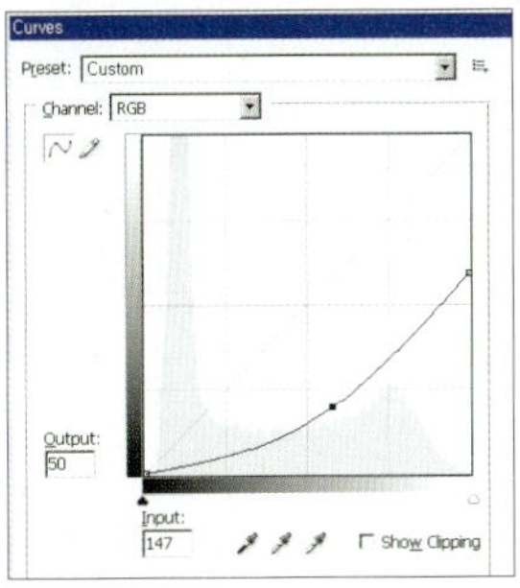

8-b2 过程 2

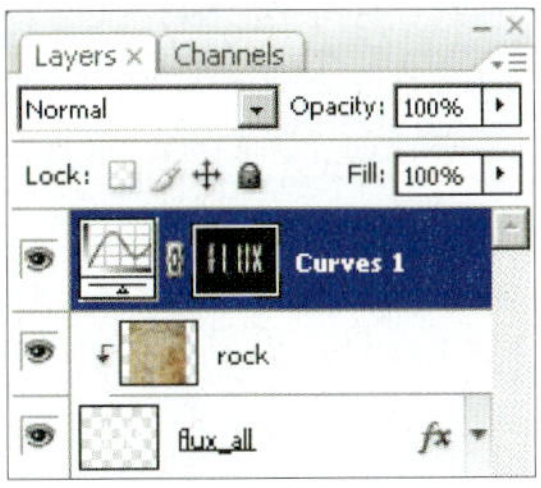

当前图层面板

想要移动选区的时候，在选择选区的状态下移动

想要移动选区的时候，利用矩形选框工具的区域选择工具，可以只移动选区。利用移动工具，会连同选区内的对象一起移动，这一点需要多加注意。

BEAUTIFUL
MAN
WOMAN

BEAUTIFUL WOMAN

25 Beautiful Woman

应用素材照片中的图案，制作光彩华丽的文字特效。

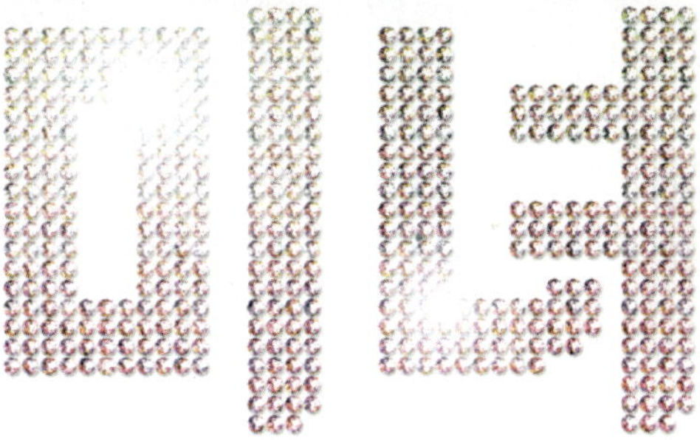

Source Location

Effects 25\

diamond.psd

beautiful_start.psd, beautiful_finish1.psd,

beautiful_finish2.psd, beautiful_finish3.psd

beautiful_apply1.psd, beautiful_apply2.psd

diamond.psd 文件

生成形状

多边形工具选项栏

01 确认操作文件

下面我们利用宝石照片和图层样式中的图案表现闪烁的标题效果。

打开 diamond.psd 文件，为了只提取宝石形态，选择多变形工具，在选项栏中将 Sides（边）设置为 8，在宝石图像中央单击，然后拖动创建八边形。

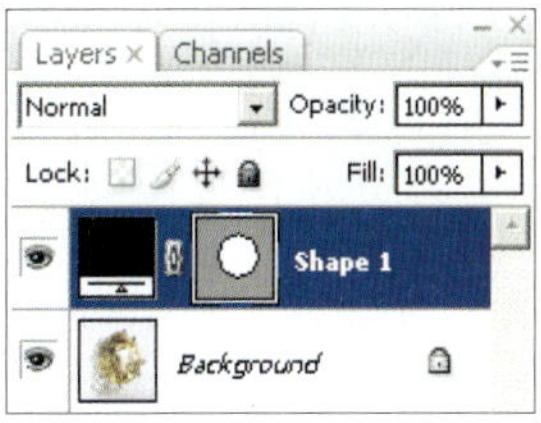

当前图层面板

02 载入图案

按住 Ctrl 键单击生成的 Shape 1 图层载入选区，选择 Background 图层，按 Ctrl+C 快捷键复制，按 Ctrl+V 快捷键粘贴。

将 Shape 1 图层和 Background 图层设置为非激活状态，在利用矩形选框工具 应用为图案的时候，要注意在宝石和宝石之间保留一定的缝隙。如果选区不是折角的形态而是圆形形态，将 Feather（羽化）值设置为 0px。

为了将素材载入为图案，选择 Edit>Define Pattern（编辑 > 自定义图案）命令，将其命名为 dia 后确认。

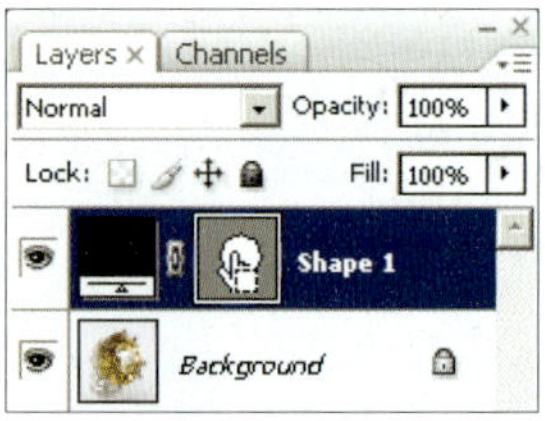

按住 Ctrl 键单击

载入选区

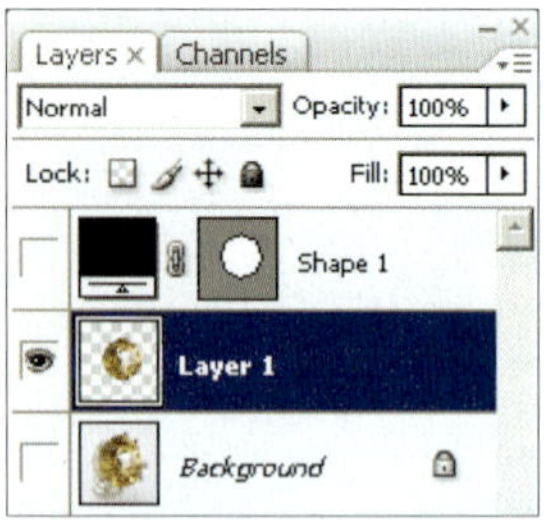

粘贴

粘贴的图像

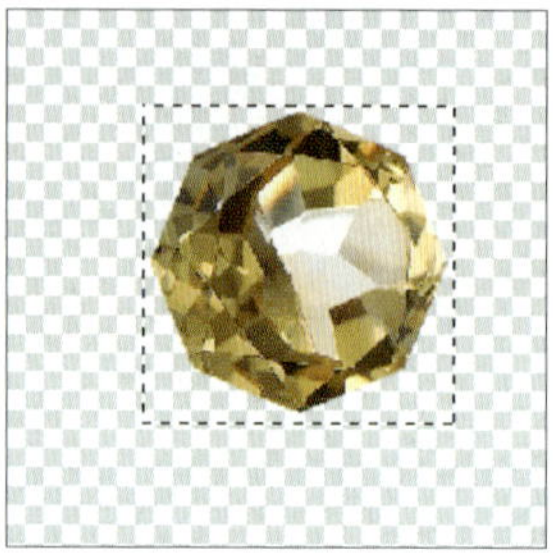
载入包含宝石的选区

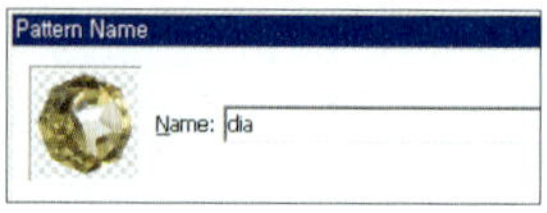

图案名称对话框

03 应用图案

下面我们来应用载入的图案。

打开 beautiful_start.psd 文件。lady 图层是输入文字后栅格化得到的。

选择 lady 图层，单击图层面板下端的 Add a layer style（添加图层样式）按钮，选择 Pattern Overlay（图案叠加）。单击图案，选择保存的 dia 图案，将 Scale 设置为 5%，创建由小宝石构成的标题形态。

将 lady 图层的 Fill（填充）设置为 0%，为了备份基本形态，将 lady 图层拖动到图层面板下端的 Create a new layer（创建新图层）按钮上复制，然后将 lady 图层设置为非激活状态。

beautiful_start.psd 文件

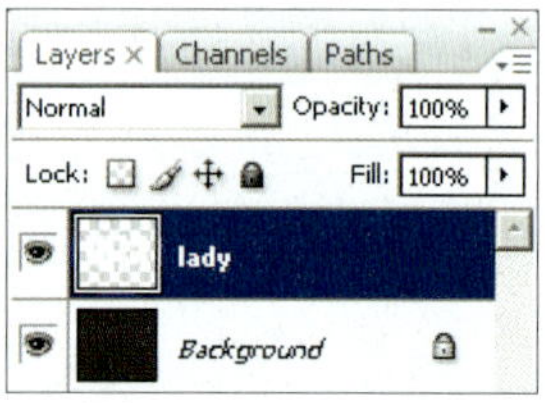

图层叠加

添加图层样式

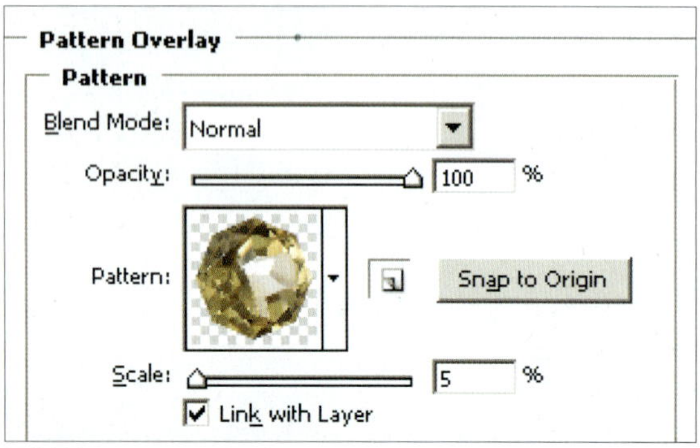

图案叠加

应用图案叠加后的文件

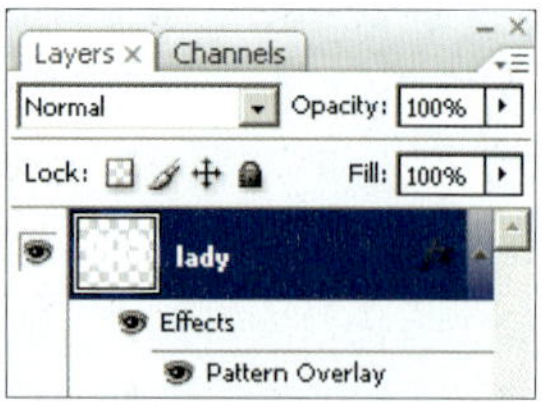

应用图案叠加后的图层面板

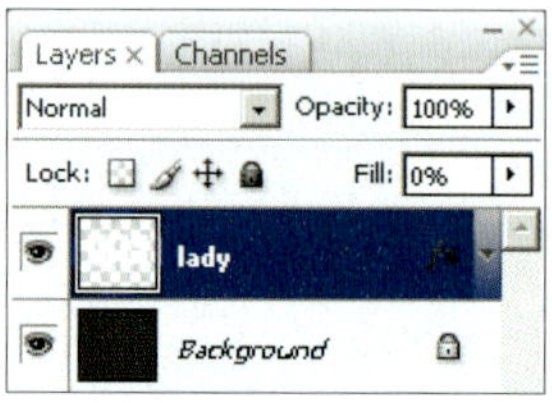

将填充设置为 0%

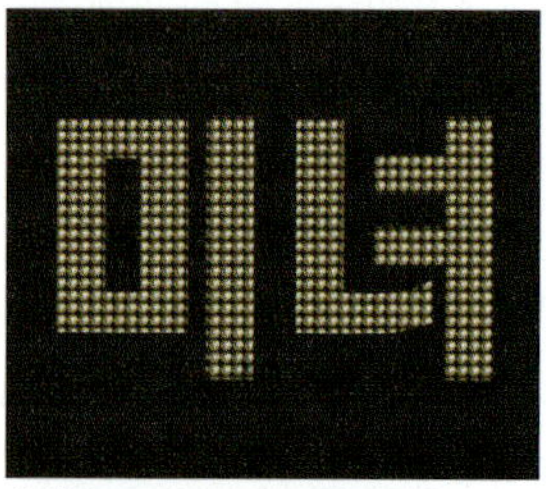
将填充设置为 0% 后的文件

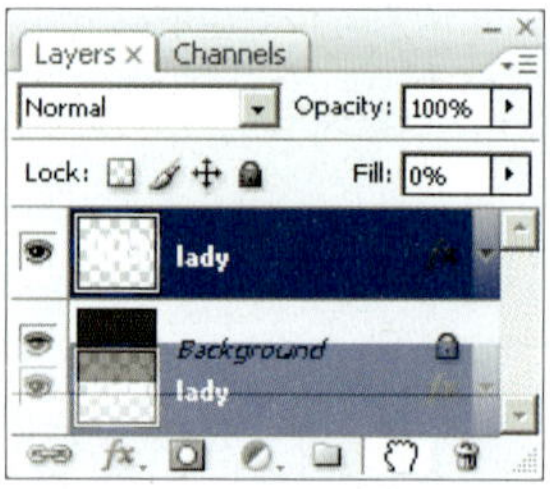

将图层拖动到创建新图层按钮上

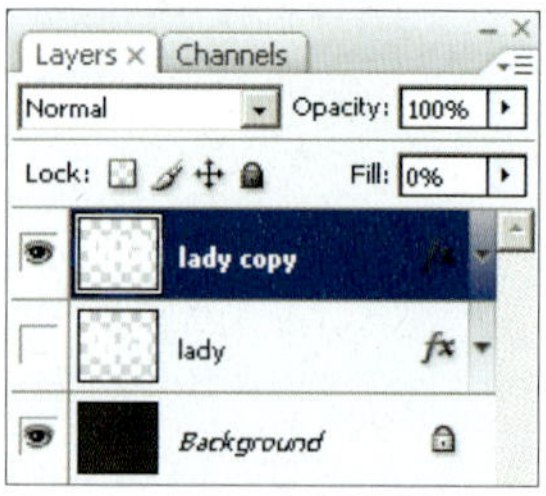

将 lady 图层设置为非激活状态

04 调整表现效果的范围

下面我们调整标题的形态，制作图案被遮挡的部分。

首先将 lady copy 图层重新命名为 lady_p。选择 lady_p 图层，选择矩形选框工具，选择要裁剪的部分区域。然后选择移动工具，按住 Alt 键和向左方向键移动并放大。

按住 Alt 键按方向键，直到得到完整的宝石形态，按 Ctrl+D 快捷键取消选区。

这时，如果一下子放大得过多，会出现需要再次裁剪的图案，因此要一点点的放大。

对标题文字内部不需要的部分可以利用矩形选框工具选择区域，然后按 Delete 键删除。

对其他要裁剪的部分以及不需要的区域利用与上面相同的方法调整，得到所需的标题形态，然后按 Ctrl+D 快捷键取消选区。

载入裁剪部分的选取

按住 Alt 键按向左方向键

完整的形态

载入不需要的区域

按 Delete 键删除不需要的部分

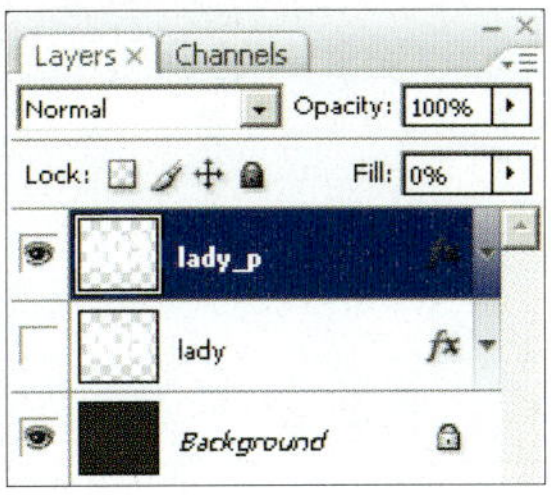

当前图层面板

当前文件

05 图层样式

在当前状态下应用 Drop Shadow（投影）效果不会按照宝石的形态应用，而是会按照标题的形态应用，因此我们要将图案创建为图像。

将 Background 图层设置为非激活状态，按住 Ctrl 键单击 lady_p 图层，载入 lady_p 图层选区。

在当前载入选区中安 Shift+Ctrl+C 快捷键复制显示的部分，按 Ctrl+V 快捷键粘贴，将生成的图层重新命名为 title。

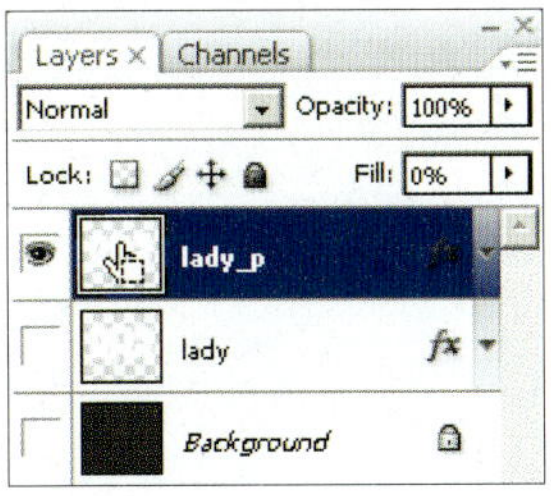

按住 Ctrl 键单击

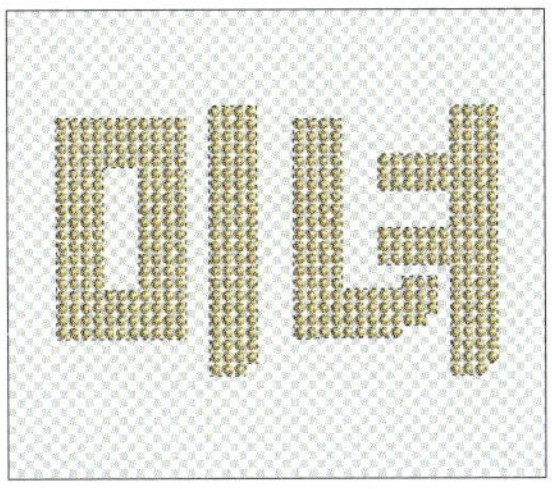
载入选区

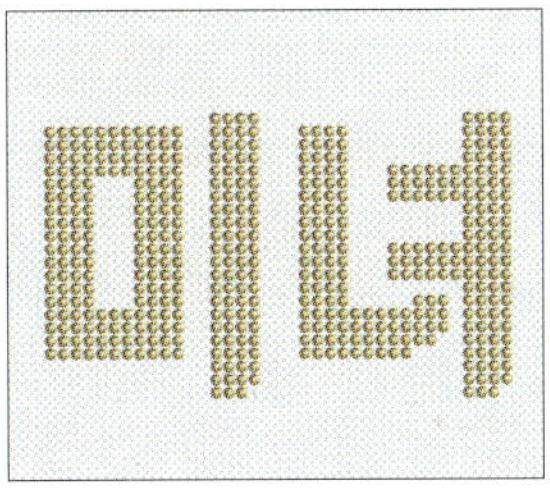
粘贴

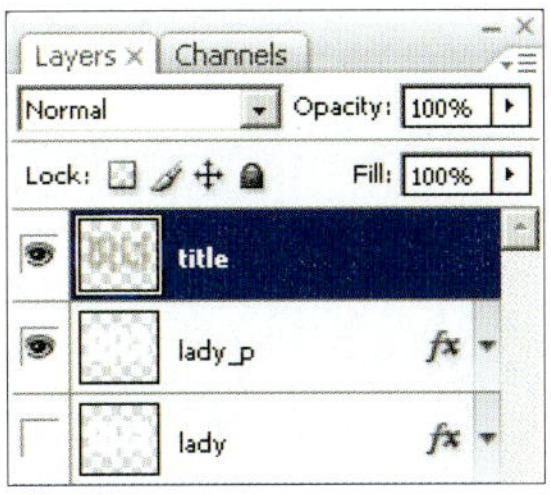

title 图层

一点点放大标题区域

放大过多的效果

由于应用图案叠加会按照放大的区域显示图案，如果一下扩大得过多，宝石会很难对齐，因此要一点点放大。

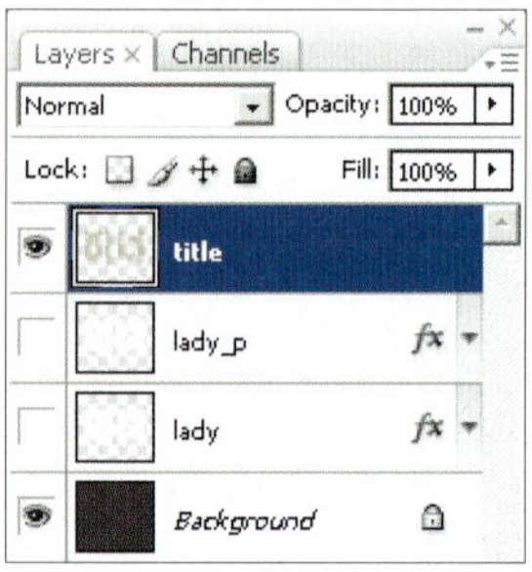

激活 Background 图层

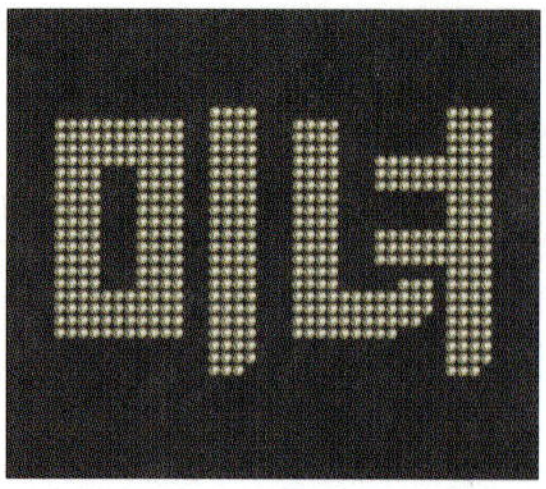
激活Background图层和title图层

将 lady_p 图层设置为非激活状态，激活 Background 图层。

选择 title 图层，单击图层面板下端的 Add a layer style（添加图层样式）按钮，选择 Drop Shadow（投影），如图 5-a 所示进行设置。然后选择 Inner Shadow（内阴影），如图 5-b 所示进行设置，强调宝石形态，表现更有韵律感的效果。

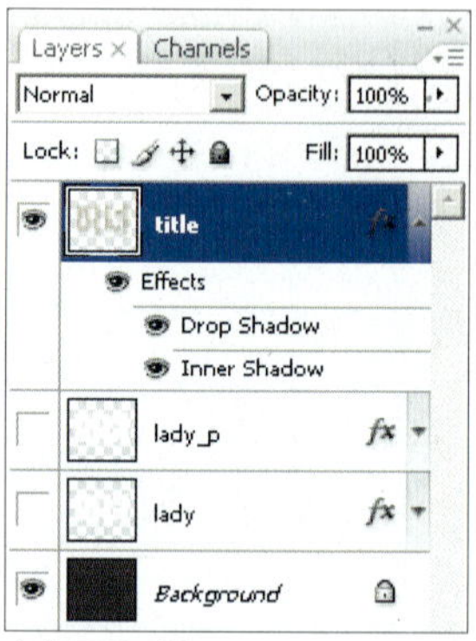

当前图层面板

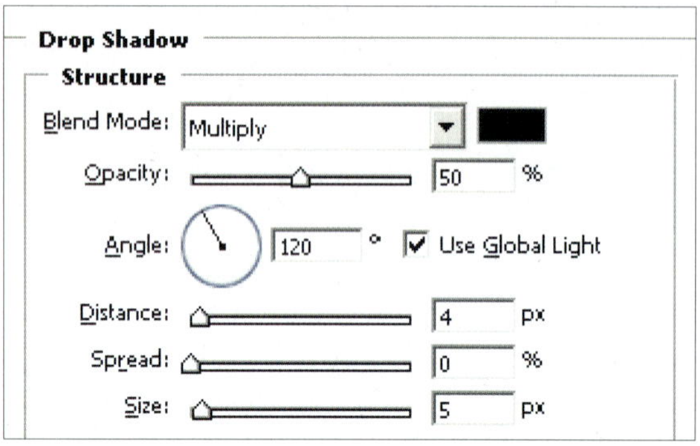

5-a

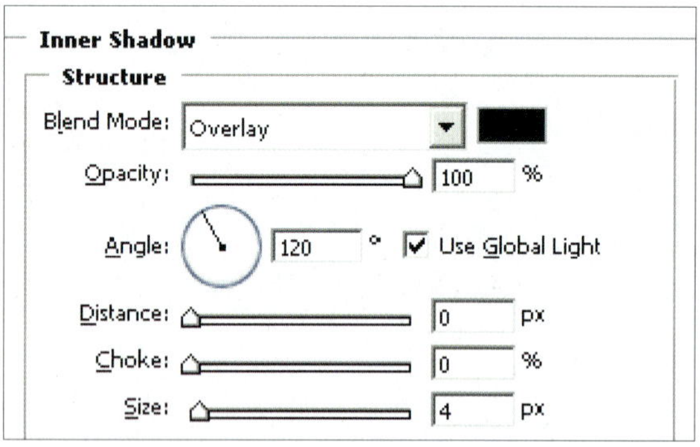

5-b

应用投影

应用内阴影

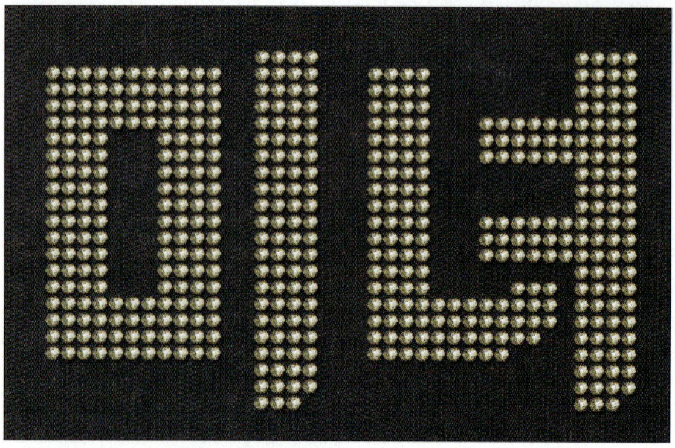
当前文件

如果只有宝石图像没有单独分离

如果在 lady_p 图层中应用投影效果，则不会按照宝石形态创建阴影，而是按照标题形态创建阴影。

效果

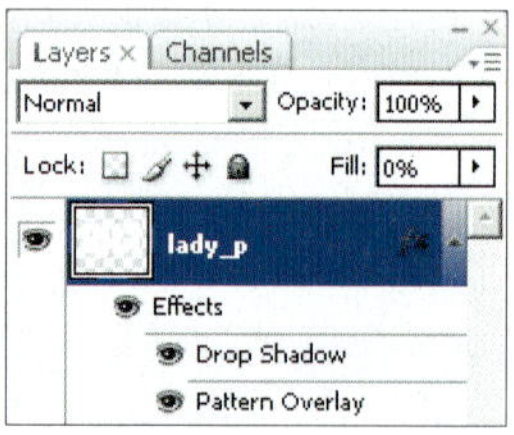

当前图层面板

如果不将 Background 图层设置为非激活状态

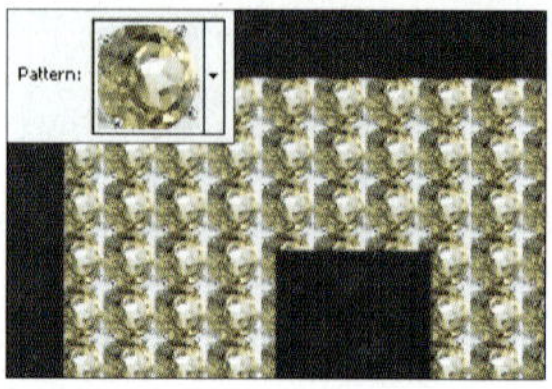

效果

载入图案的时候，如果不先将 Background 图层设置为非激活状态，会出现如左图所示的效果，在宝石和宝石之间出现填充效果。

复制和复制合并的差别

1. 按Ctrl+A快捷键全选图像，按Ctrl+C快捷键复制，按Ctrl+V快捷键粘贴的情况下，只会复制没有效果的lady_p图层。

全选，复制，粘贴

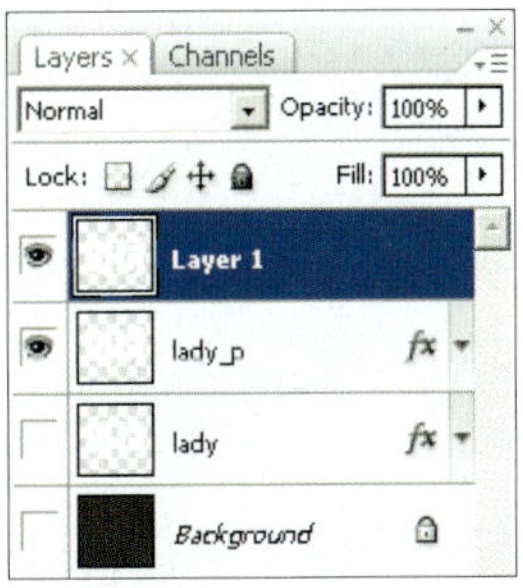

当前图层面板

2. 按 Ctrl+A 快捷键全选，按 Shift+Ctrl+C 快捷键复制合并，按 Ctrl+V 快捷键粘贴的时候，会复制当前显示的所有图像。

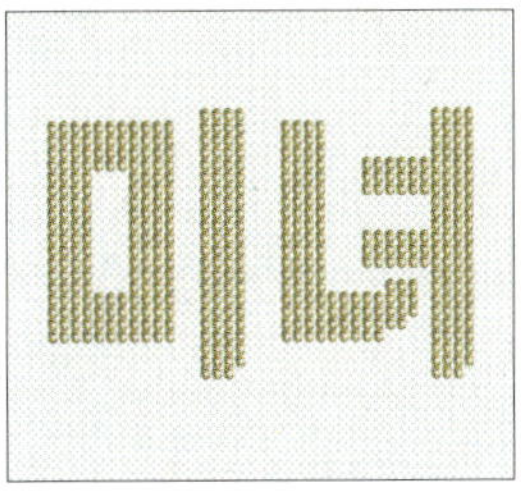

全选，复制合并，粘贴

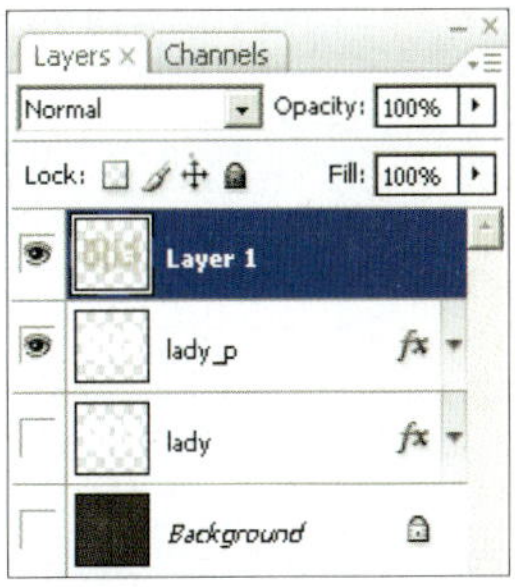

当前图层面板

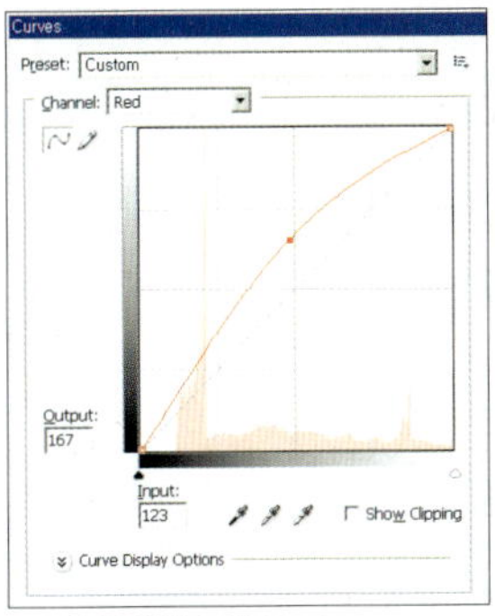

6-a 将通道设置为 Red

在 Red 通道中应用曲线的效果

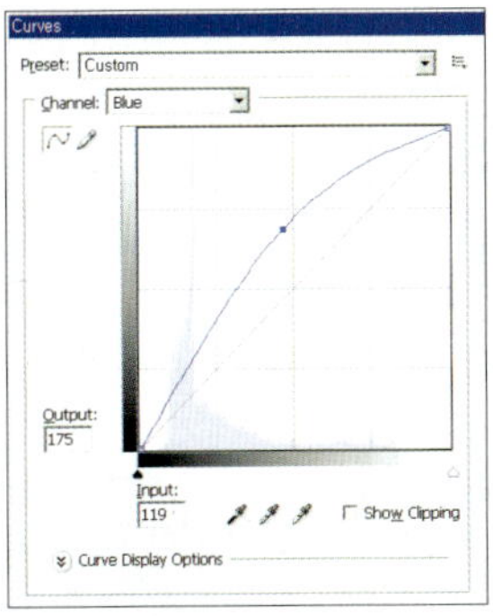

6-b 将通道设置为 Blue

在 Blue 通道中应用曲线的效果

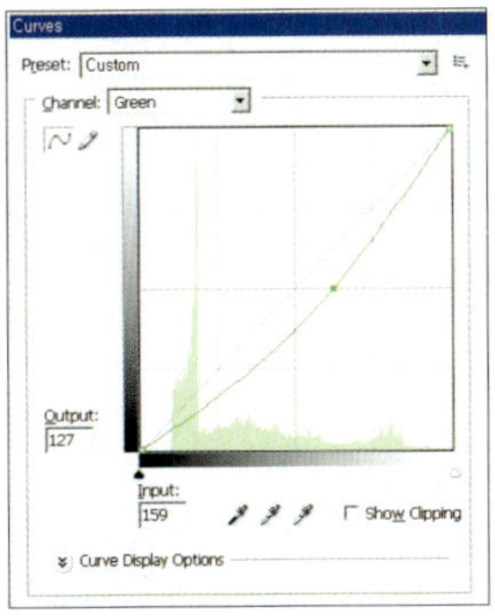

6-c 将通道设置为 Green

在 Green 通道中应用曲线的效果

06 补正宝石图像

下面我们来更改宝石的颜色。

选择 title 图层，单击图层面板下端的 Create new fill or adjustment layer（创建新的填充或调整图层）按钮，选择 Curves（曲线）。在 Curves（曲线）对话框中将 Channel（通道）设置为 Red。如图 6-a 所示增加 Red 通道，将 Channel（通道）设置为 Blue。

创建新的填充或调整图层

为了进一步强调紫色效果，最后将 Channel（通道）设置为 Green，表现柔和的效果。

为了使设置的颜色只对一半图像产生影响，选择渐变工具，选择 Curves 1 图层蒙版，按住 Shift 键从标题上端拖到下端绘制渐变效果。

虽然在步骤中应用的是渐变工具，但是利用黑色画笔润饰也可以只在所需区域表现效果。

渐变工具选项栏

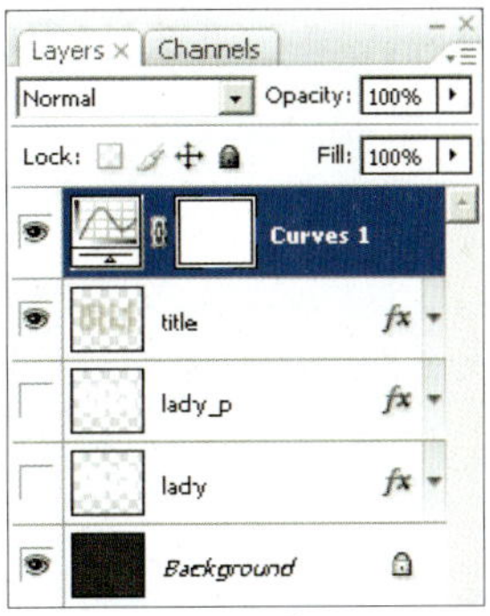

选择 Curves 1 图层蒙版

从上端拖动到下端绘制渐变效果

应用渐变后的文件

蒙版区域

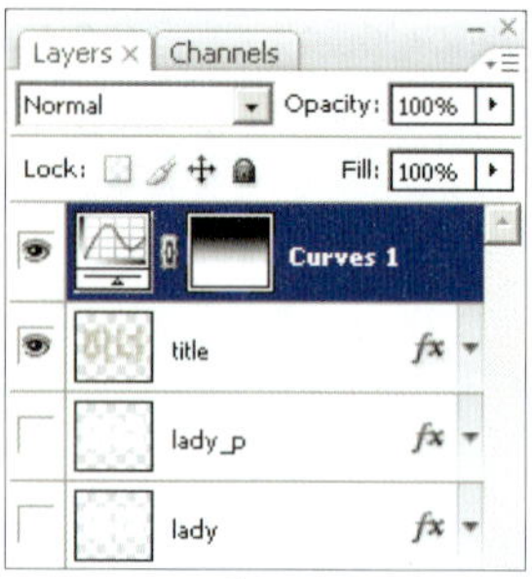

Curves 1 图层蒙版

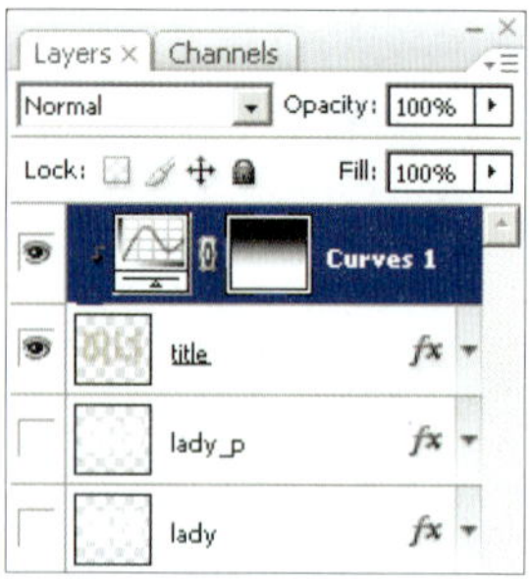

创建剪贴蒙版

为了只在宝石图像区域应用渐变效果，选择 Curves 1 图层，选择 Layer >Create Clipping Mask（图层 > 创建剪贴蒙版）命令（Ctrl+Alt+G），剪贴到 title 图层。

当前文件

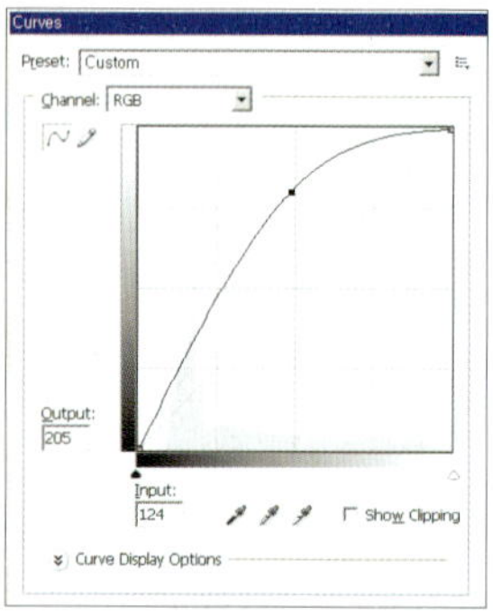

7-a

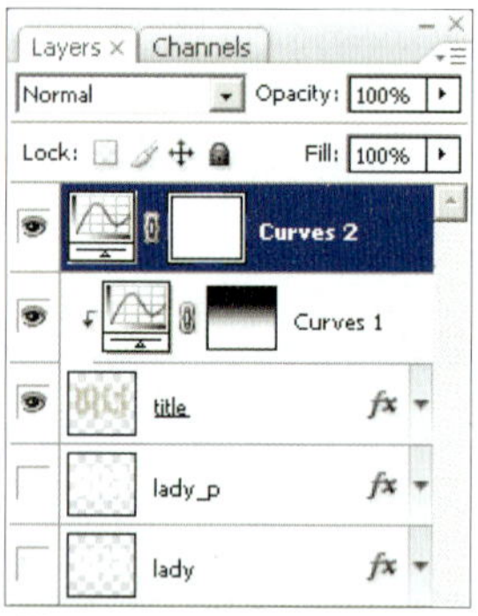

选择 Curves 2 图层蒙版

应用曲线后的文件

07 明亮的区域

下面我们在标题中制作明亮的发光的区域。

选择 Curves 1 图层，单击图层面板下端的 Create new fill or adjustment layer（创建新的填充或调整图层）按钮，选择 Curves（曲线），如图 7-a 所示进行设置，将图像整体表现得更明亮。

为了在图像的部分区域应用曲线效果，选择渐变工具 ，选择 Curves 2 图层蒙版，在上端选项栏中选择 Radial Gradient（径向渐变）。如图 7-b 所示在想要表现明亮效果的区域拖动。

渐变工具选项栏

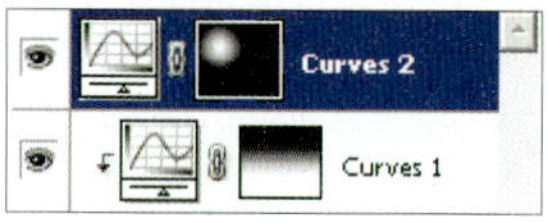

Curves 2 图层蒙版

应用渐变后的文件

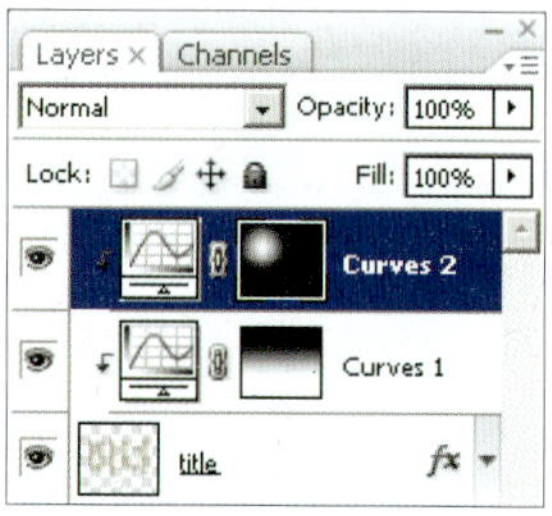

创建剪贴蒙版

为了只在宝石区域应用渐变效果，选择 Curves 2 图层，选择 Layer >Create Clipping Mask（图层 > 创建剪贴蒙版）命令（Ctrl+Alt+G），剪贴到 title 图层。

创建剪贴蒙版后的文件

将 Curves 2 图层拖动到图层面板下端的 Create a new layer（创建新图层）按钮上复制。选择 Curves 2 copy 图层蒙版，在想要表现得明亮的部分绘制渐变效果。

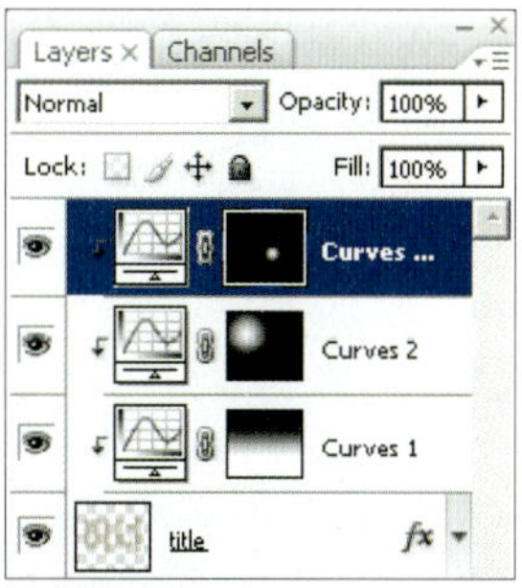

当前图层面板

在想要表现明亮效果的部分拖动绘制

Curves 2 copy 图层蒙版区域

应用渐变后的文件

08 添加镜头光晕

下面我们在明亮的区域添加镜头光晕，强调标题效果。

在图层面板最上方创建新的图层，将其重新命名为 lf。确认前景色为黑色，按 Alt+Delete 快捷键填充图层。

选择lf图层，选择Filter>Render>Lens Flare（滤镜>渲染>镜头光晕）命令，如图8-a所示进行设置，表现光照效果。

由于光的范围过大，为了表现添加一些的效果，选择 lf 图层，选择 Image>Adjustments>Levels（图像 > 调整 > 色阶）命令（Ctrl+L），如图 8-b 所示进行设置。将滴管工具放置于文件的边缘，确认信息面板中的颜色值为 R:0, G:0,B:0。如果不是，在移动的时候就会出现边缘的颜色。

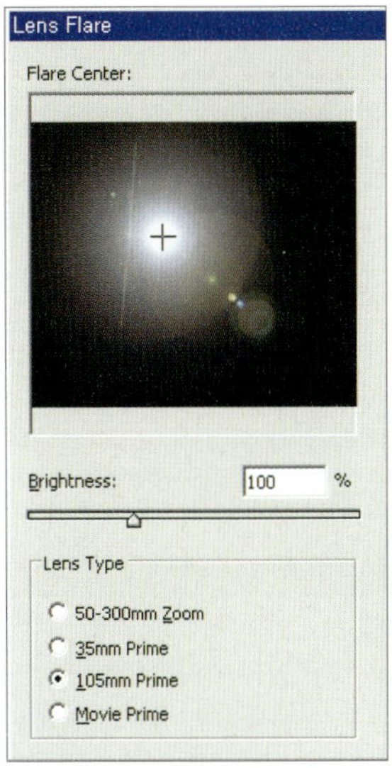

8-a

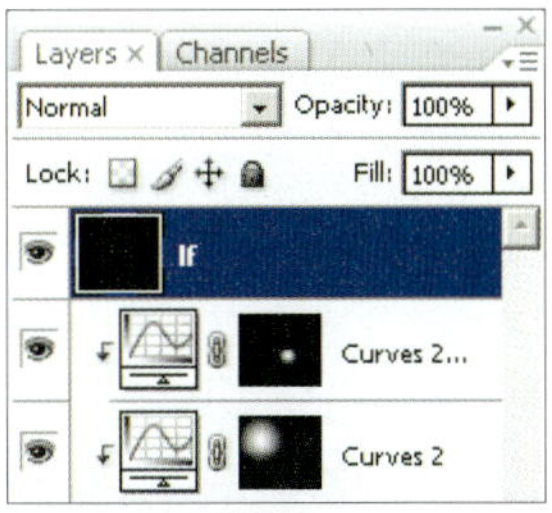

为 lf 图层应用黑色

应用镜头光晕后的文件

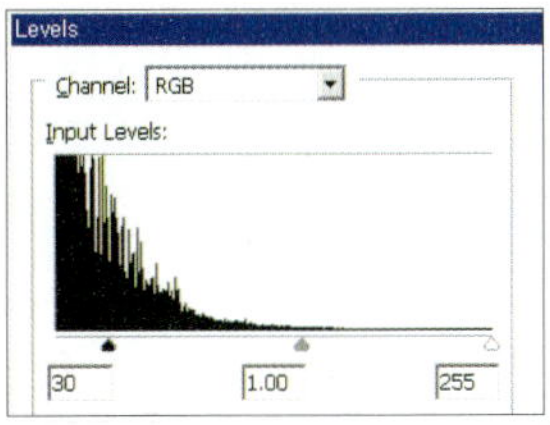

8-b

应用色阶后的文件

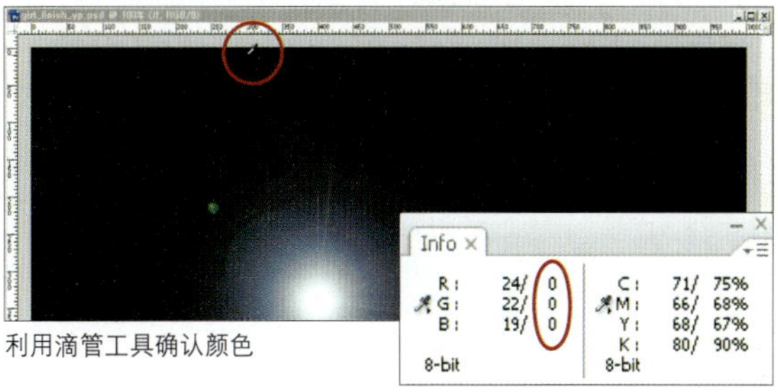

利用滴管工具确认颜色

信息面板

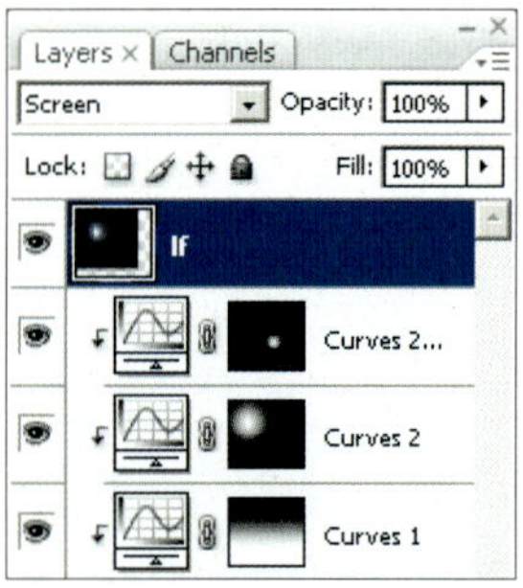

将混合模式设置为滤色

放置

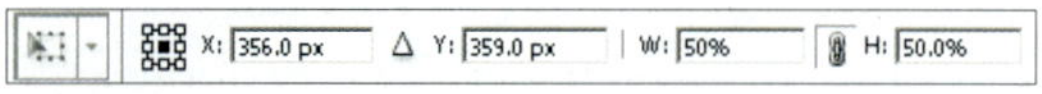

变换选项栏

放置

将lf图层的混合模式设置为Screen（滤色），利用移动工具拖动调整放置步骤07中表现的第一个高光的位置。

复制lf图层，选择复制得到的lf copy图层，选择Edit>Transform>Scale（编辑>变换>缩放）命令，在选项栏中将W设置为50%，将H设置为50%，按Enter键确认缩小。放置于在步骤07中表现的第二个高光处。

复制后将 W 设置为 50%，将 H 设置为 50% 缩小

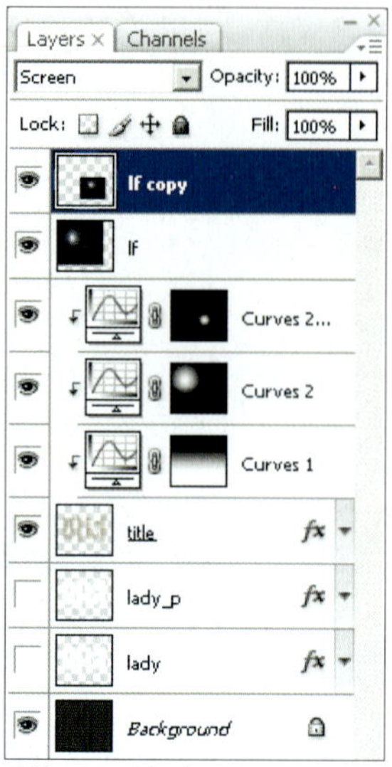

当前图层面板

如果图像的边缘不是黑色（R:0, G:0,B:0）

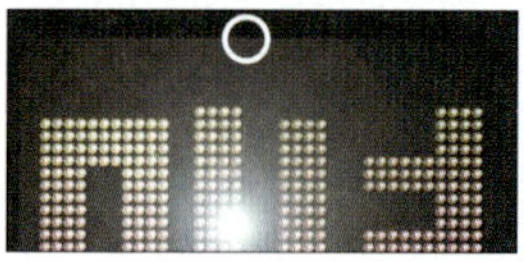

放置的时候出现裁剪的边界

如果图像边缘不是黑色的话，移动应用的镜头光晕的时候就会出现如下图所示的裁剪边界。

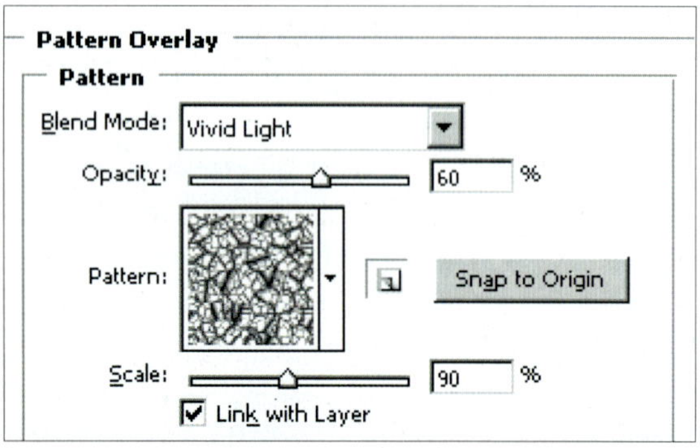

9-a

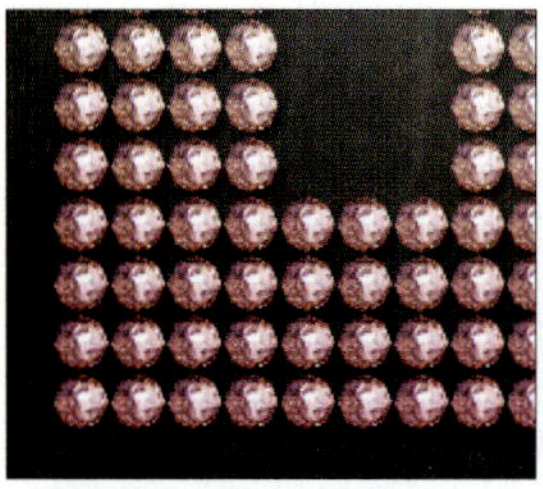

应用图案叠加前放大的效果

应用图案叠加后放大的效果

09 表现多样地分布的光泽

确认当前完成的效果，我们可以看到宝石的光泽部分是按照相同的形态和方向排列。

下面我们在多个位置为受到光照的宝石应用高光和阴影，表现光泽位置不同的效果。

选择 title 图层，单击图层面板下端的 Add a layer style（添加图层样式）按钮，选择 Pattern Overlay（图案叠加），如图 9-a 所示进行设置，增强对比效果。

我们可以看到宝石的高光位置是多变的。

制作复杂的形态，表现多样的效果

如下图所示，选择枯燥形态的质感，只出现单纯的效果。在利用混合模式进行操作的时候，设置为何种混合模式很重要，但是选择与所需相符的质感。因此，要同时考虑混合模式和质感进行操作。

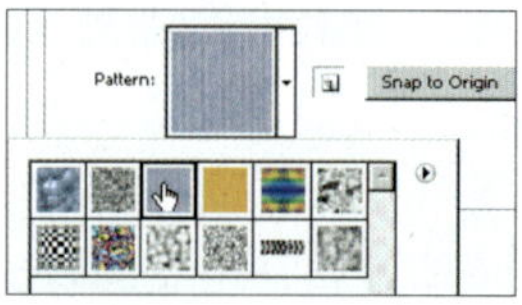

利用其他混合模式表现和 Vivid Light（高光）相似的效果

虽然将图案叠加的混合模式设置为了亮光，实际上将混合模式设置为 Hard Mix（强混合）后将 Opacity（不透明度）设置为 30~45%，也可以得到很好的效果，如果将叠加设置为 100%，可以得到相同的效果。

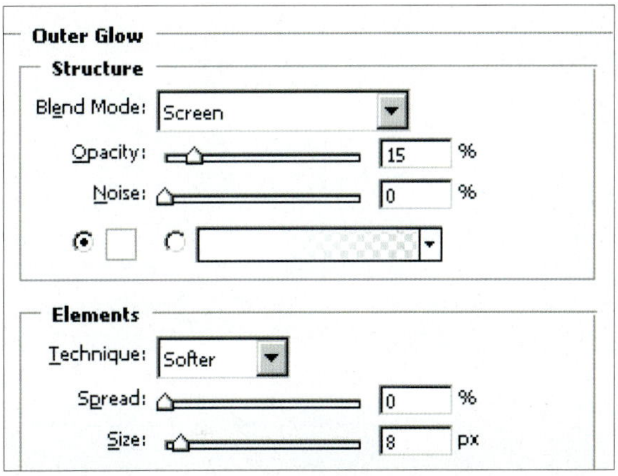

9-b

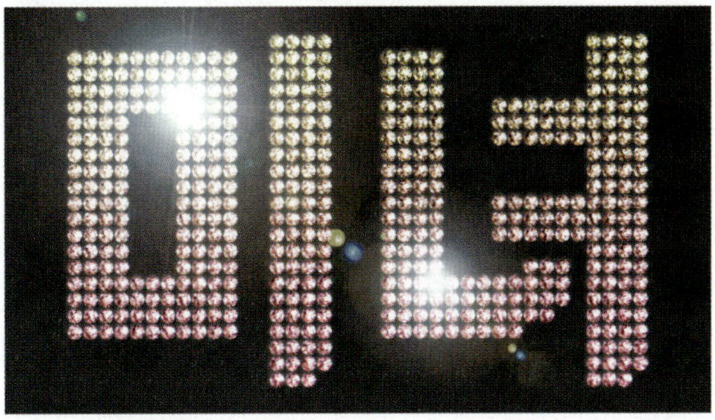

应用外发光和内发光

为了表现光线发散的效果，选择 Outer Glow（外发光），如图 9-a 所示进行设置，选择 Inner Glow（内发光），如图 9-c 所示进行设置。这时，还要将两个效果的颜色都设置为白色。

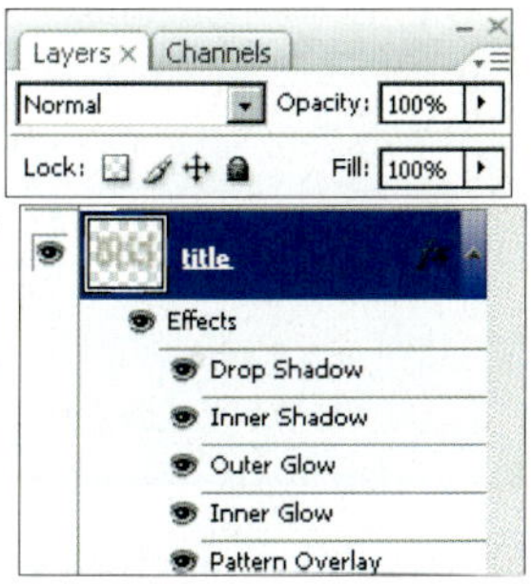

当前图层面板

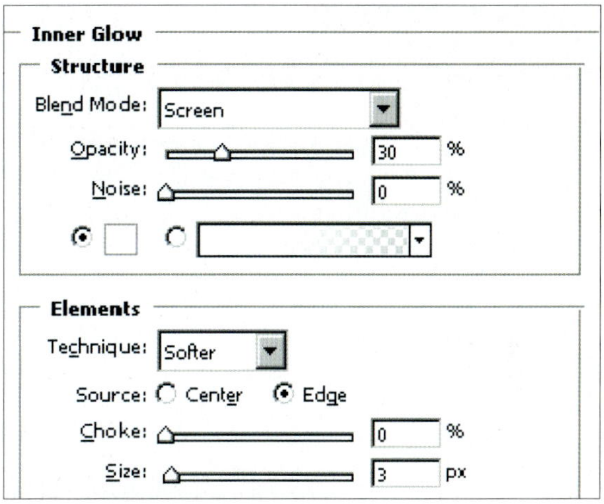

9-c

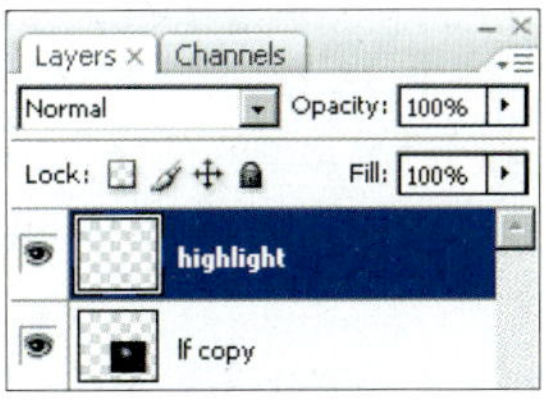

生成 hightlight 图层

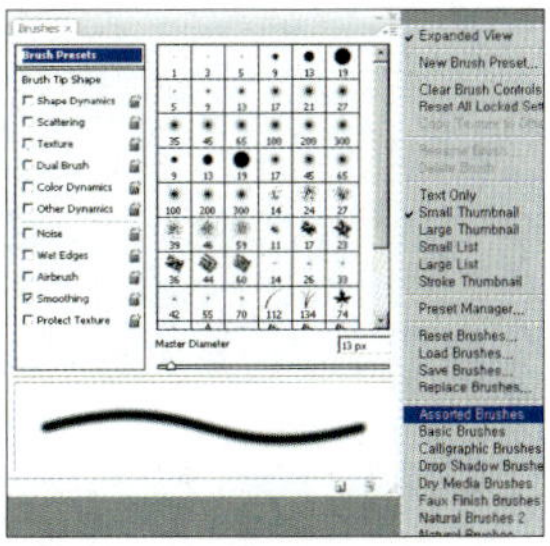

选择 Assorted Brushes

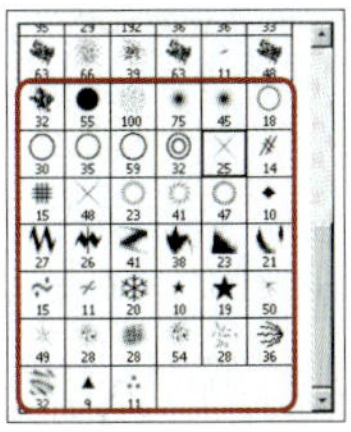

Assorted Brushes

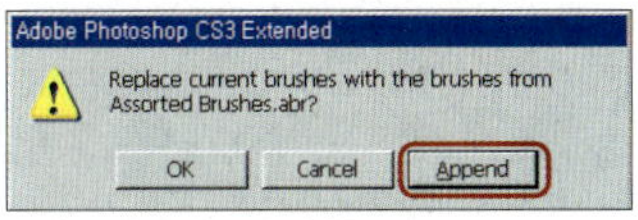

在确认信息窗口中选择追加

前景色

画笔工具选项栏

选择追加

选择 Assorted Brushes 的时候，出现的对话框询问是否用选择的画笔列表替换当前画笔列表。
单击 OK 按钮更改为画笔，如果单击 Append（追加）按钮，会添加当前画笔列表。

10 绘制闪烁的高光效果

下面我们在宝石图案上添加闪烁的高光效果。

在图层面板最上方创建新的图层，将其重新命名为 highlight，选择画笔工具 ，选择 Window>Brushes（窗口 > 画笔）命令，激活画笔面板，在画笔面板的扩展菜单中选择 Assorted Brushes，在弹出的确认框中单击 Append（追加）按钮。确认画笔面板中的画笔列表，可以看到添加 Assorted Brushes 画笔的效果。

选择 Crosshatch 1 画笔，将前景色设置为白色，在选项栏中将 Opacity（不透明度）设置为 50%。选择 highlight 图层，在想要表现高光效果的宝石上单击鼠标左键，若反复单击，还可以表现较强的高光效果。

为了绘制不同的高光效果，选择 Crosshatch 4 画笔，利用与上述相同的方法绘制高光，然后分别选择 Starburst-Small 画笔和 Starburst-Large 画笔，绘制其他形态的高光效果。

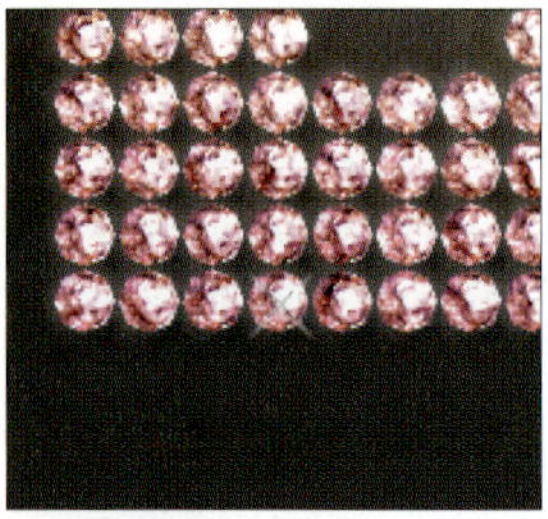

在宝石中绘制高光效果 1

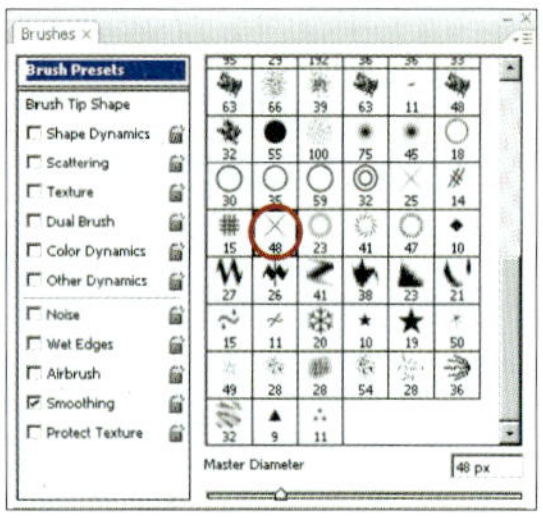

Crosshatch 4 画笔

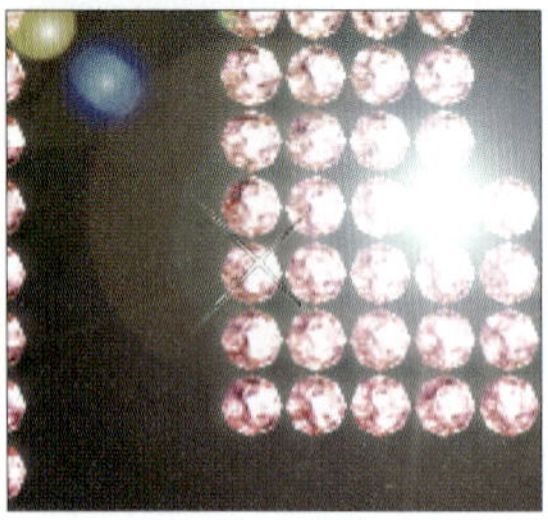

在宝石中绘制高光效果 2

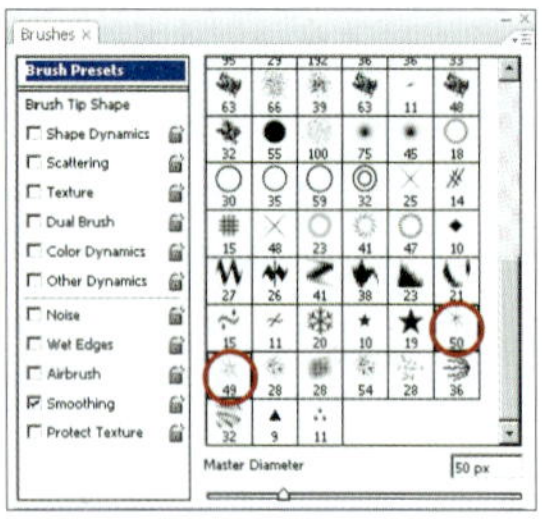

Starburst-Small 画笔和 Starburst-Large 画笔

当前文件

激活 highlight 和 Background 图层确认的效果

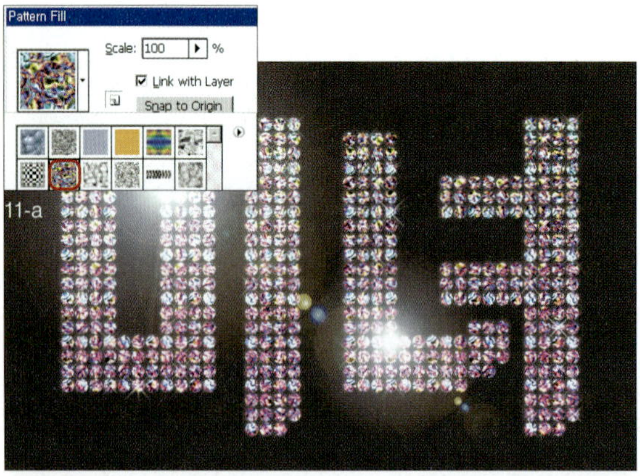

应用图案填充前的文件

应用图案填充后的文件

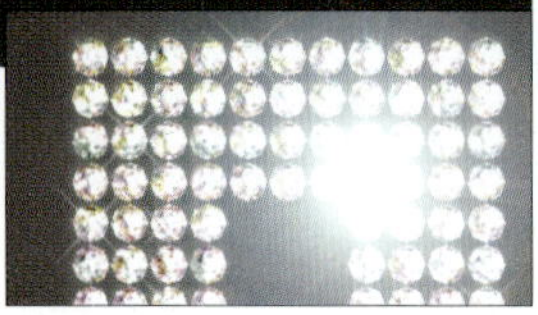

放大的效果

11 填充多种颜色，完成制作 1

下面我们为由单色构成的宝石图案添加多种颜色。

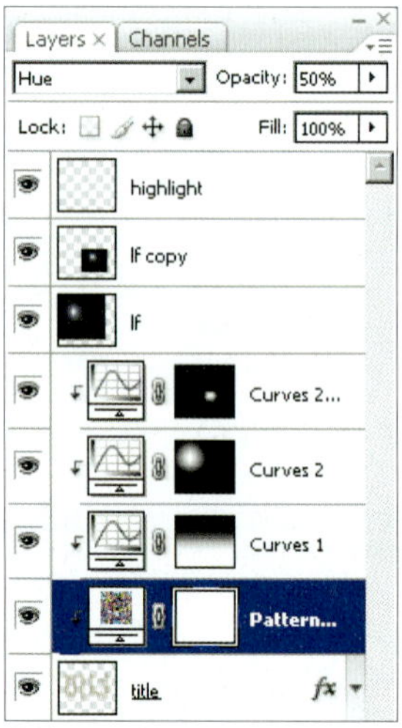

当前图层面板

选择 title 图层，单击图层面板下端的 Create new fill or adjustment layer（创建新的填充或调整图层）按钮，选择 Pattern（图案）。

在打开的 Pattern Fill（图案填充）对话框中如图 11-a 所示进行设置，将 Pattern（图案）设置为 Nebula 后确认。

将 Pattern Fill 1 图层的混合模式设置为 Hue（色相），将 Opacity（不透明度）设置为 50%，降低颜色的浓度，表现若隐若现的效果。

利用图案大小调节整体氛围

本步骤中将图案填充的 Scale（缩放）设置为 100%，在一颗宝石上表现不同的光，如果设置为 1000%，可以对标题整体大范围的应用，填充多样的颜色，表现柔和的标题效果。

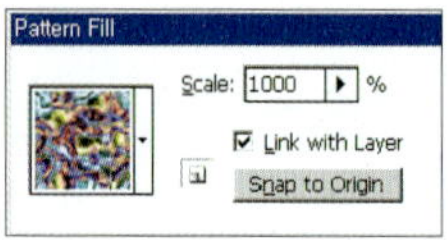

将 Scale 设置为 100%

将 Scale 设置为 100% 的文件

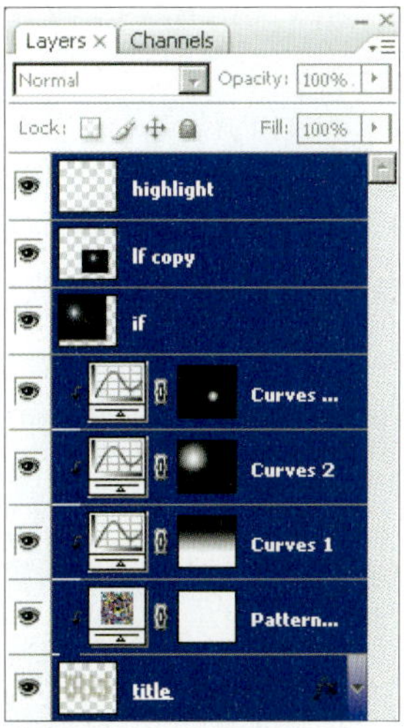

选择图层

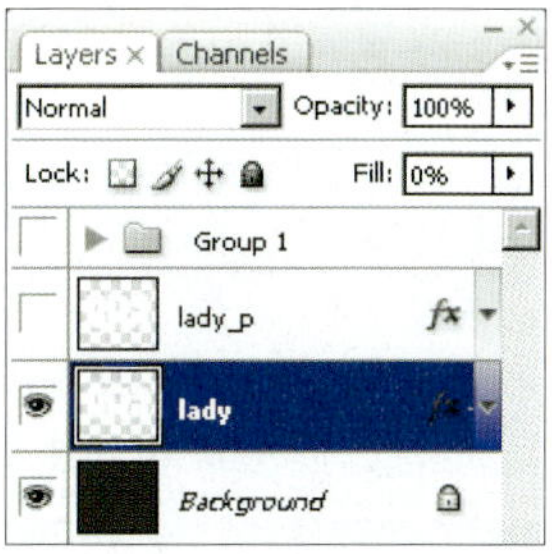

将图层组设置为非激活状态，激活 lady 图层

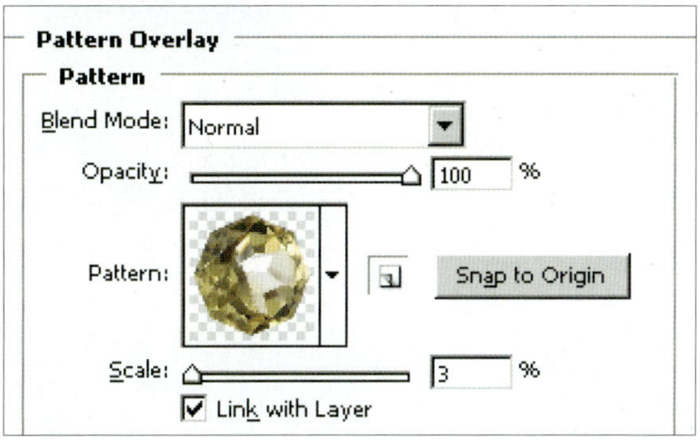

图案叠加

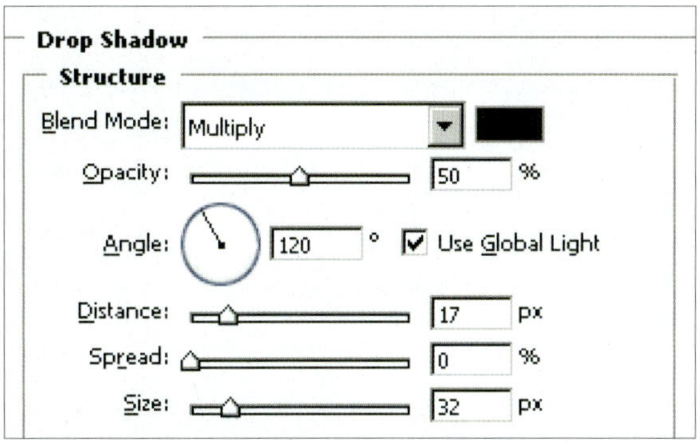

12-a

更改图层内容，表现其他效果

选择 Pattern Fill 1 图层，选择 Layer >Change Layer Contnet（图层 > 调整图层内容）命令，选择渐变设置后，将图层混合模式设置为受饱和度和色调影响的 Color（滤色），表现更加多彩的颜色效果。

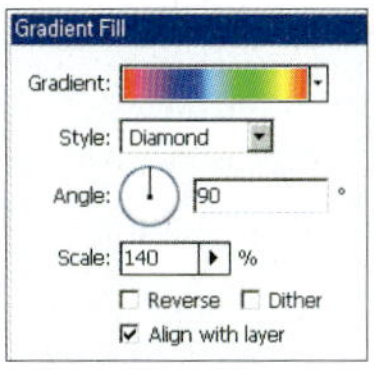

渐变填充对话框

将混合模式设置为 Color 后的文件

12 调节宝石大小，创建轮廓

下面我们应用之前制作的图层样式表现标题效果。

选择 highlight 图层，按住 Shift 键单击 title 图层。

选择从 title 图层到 highlight 图层，选择 Layer>Group Layers 命令（Ctrl+G），组合图层并 将图层组设置为非激活状态，激活 lady 图层。

lady 图层

双击应用于 lady 图层的图案叠加效果，打开对话框。

将图案叠加的 Scale 设置为 3%，缩小宝石尺寸。选择投影，如图 12-a 所示进行设置，表现阴影。

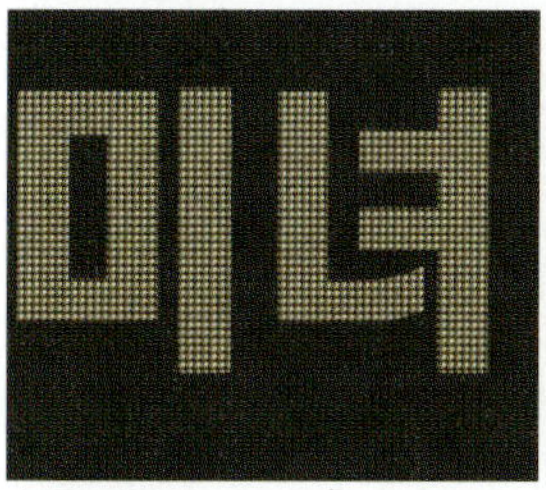
应用图案叠加

放大的效果

应用投影

放大的效果

为了应用轮廓，选择 Stroke（描边），如图 12-b 所示进行设置。单击渐变条，将渐变条的左侧第一个和第三个色标设置为 R:141,G:33,B:59，左侧第二个和第四个色标设置为 R:57,G:6,B:18，然后将色标的位置从左设置为 0%，36%，72%，100%。

为了表现立体的标题轮廓，选择 Bevel and Emboss（斜面和浮雕），如图 12-c 所示进行设置。

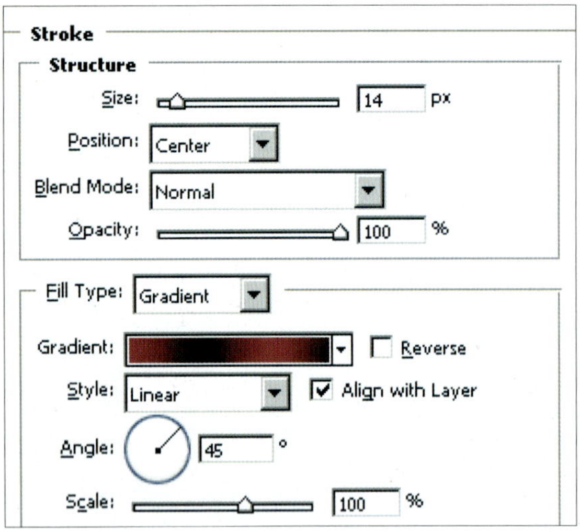

12-b

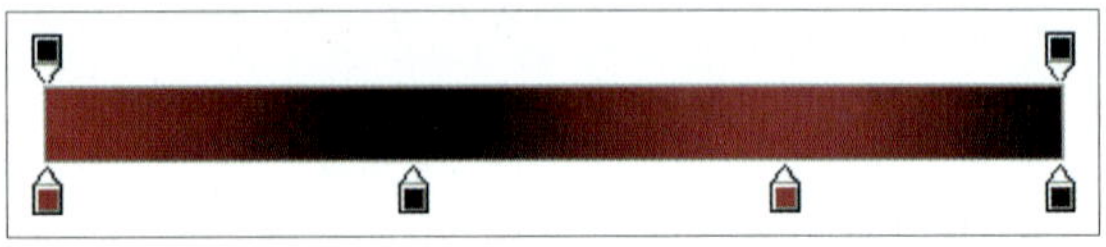

渐变条

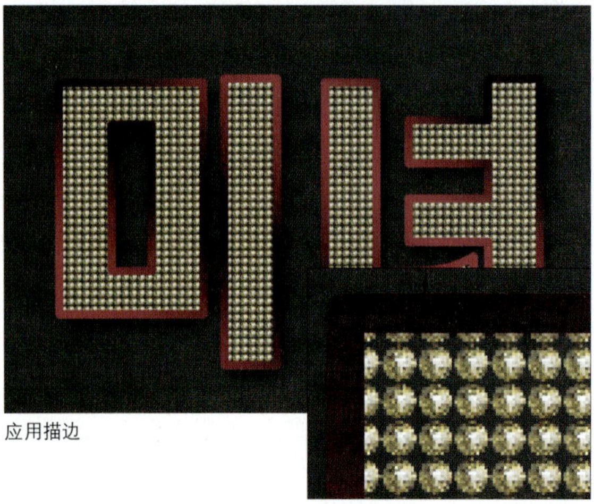

应用描边

放大的效果

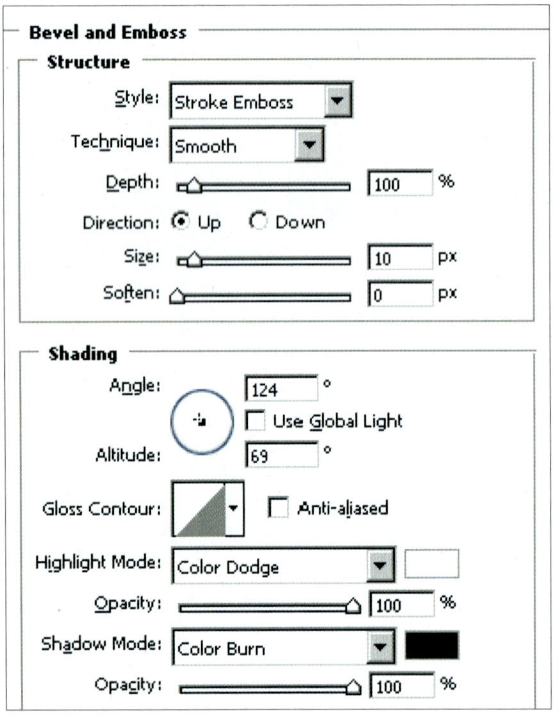

12-c

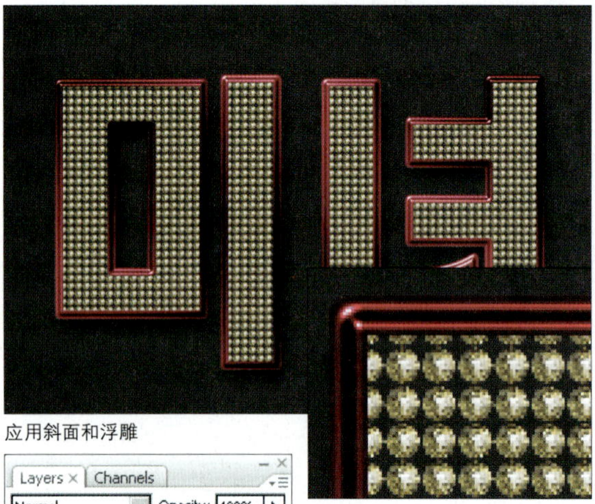

应用斜面和浮雕

放大的效果

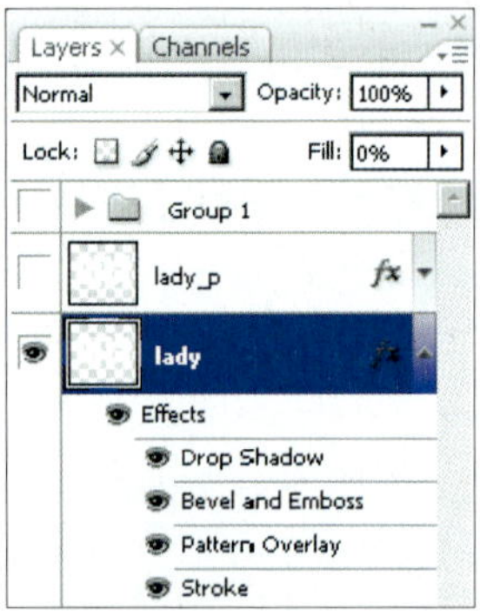

当前图层面板

13 填充多样的颜色

由于在制作宝石图像使用了图案叠加，因此无法在同一个图层中应用两次图案叠加，下面我们来分离效果后应用多样的颜色。

将 lady 图层的图层样式中除图案叠加外的其他效果设置为非激活状态，将 Background 图层也设置为非激活状态。

按住 Ctrl 键单击 lady 图层，载入 lady 图层选区。为了复制可见区域，选择 Edit>Copy Merged（编辑 > 复制合并）命令（Ctrl+Shift+C），按 Ctrl+V 快捷键粘贴。

将粘贴的图层的重新命名为 title2，放置于 Background 图层上方，激活 Background 图层。在 lady 图层的图层样式中值将图案叠加设置为非激活状态，激活其他效果。

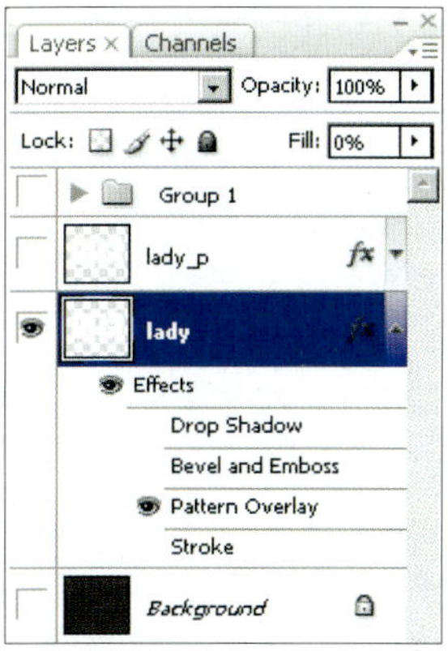

只激活图案叠加

将 Background 图层设置为非激活状态后的文件

载入区域

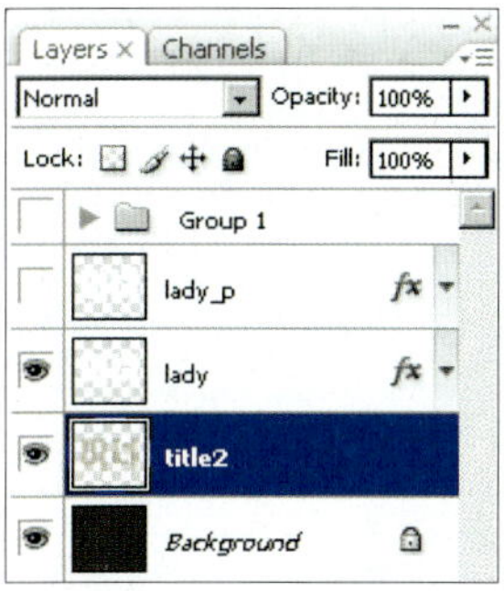

title2 图层

激活 Background 图层

当前文件

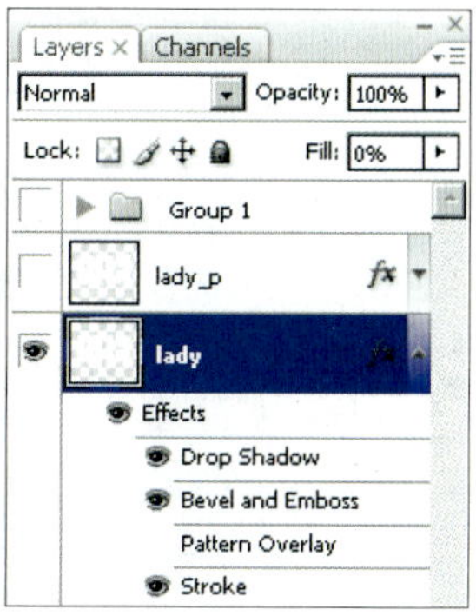

当前图层面板

选择 title2 图层，单击图层面板下端的 Create new fill or adjustment layer（创建新的填充或调整图层）按钮，选择 Pattern（图案）。

在 Pattern Fill（图案填充）对话框中如图 13-a 所示将 Pattern 设置为 Nebula。为了制作自然的合成效果，将 Pattern Fill 2 图层的混合模式设置为 Hue（色相），将 Opacity（不透明度）设置为 30%。

为了使Pattern Fill 2图层的效果只在title2图层的区域表现，选择Pattern Fill 2图层，选择Layer >Create Clipping Mask（图层>创建剪贴蒙版）命令（Ctrl+Alt+G），剪贴到title2图层。

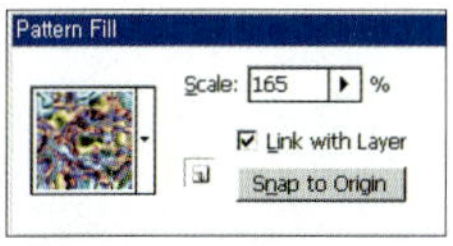

13-a

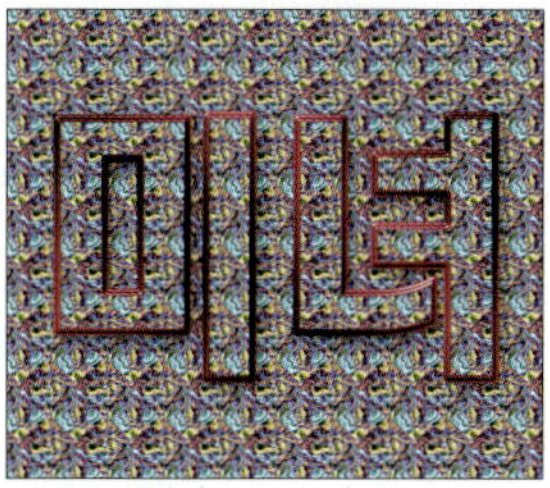

应用图案填充

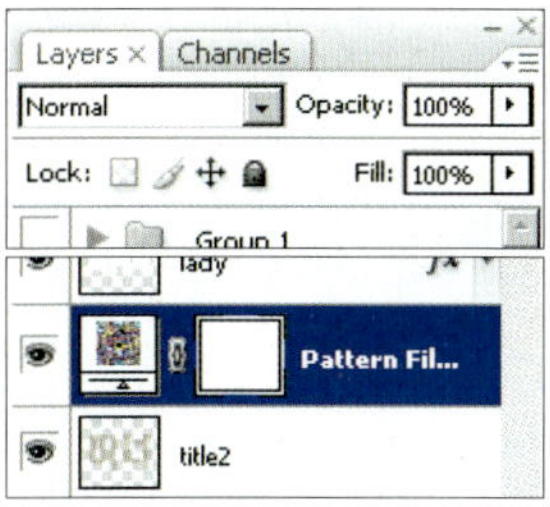

Pattern Fill 2 图层

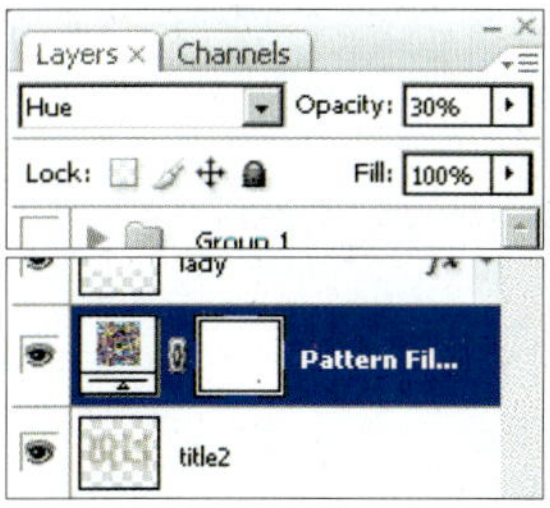

将混合模式设置为色相，将不透明度设置为 30%

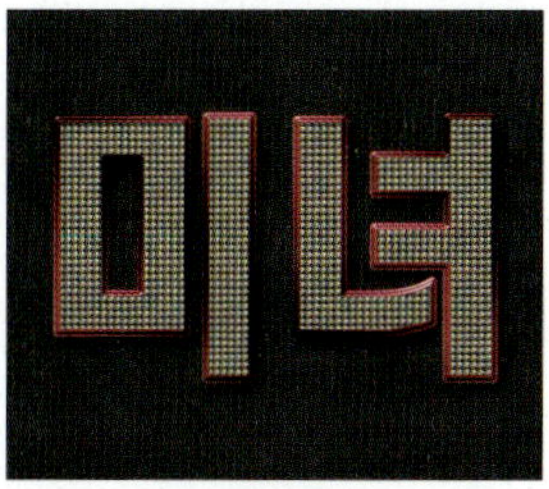

设置混合模式和不透明度后的文件

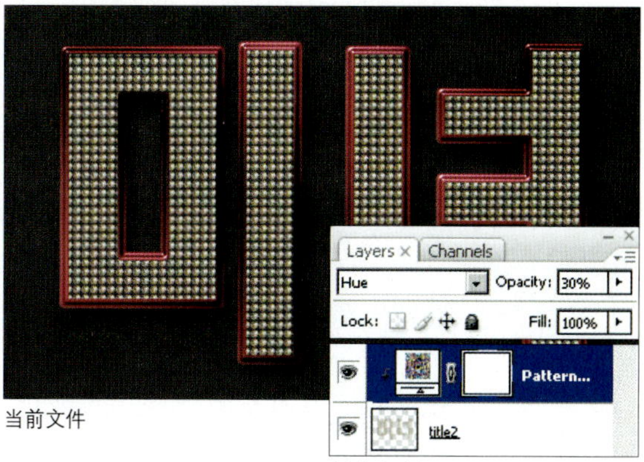

当前文件

创建剪贴蒙版

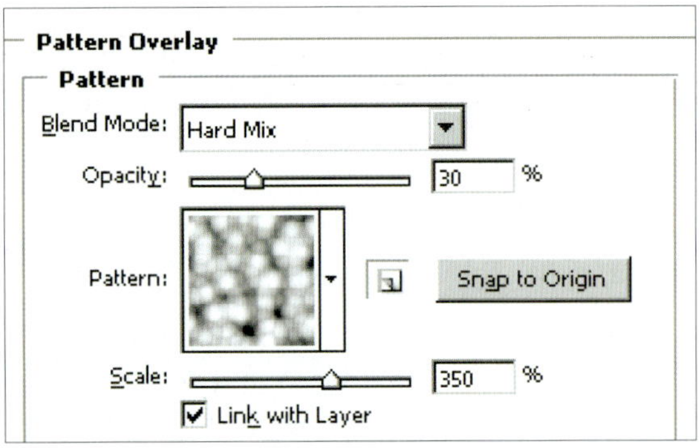

14-a

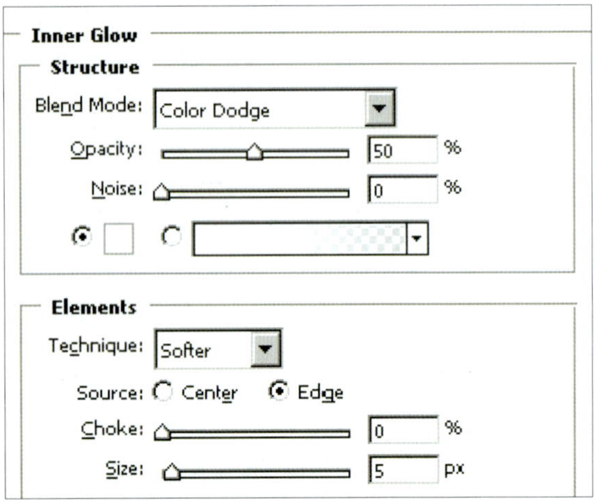

14-b

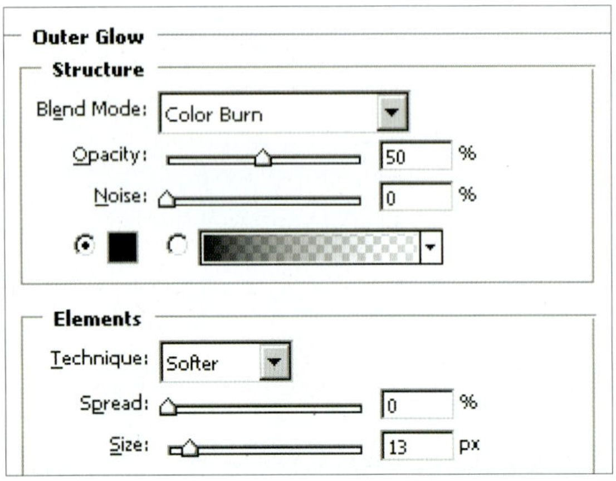

14-c

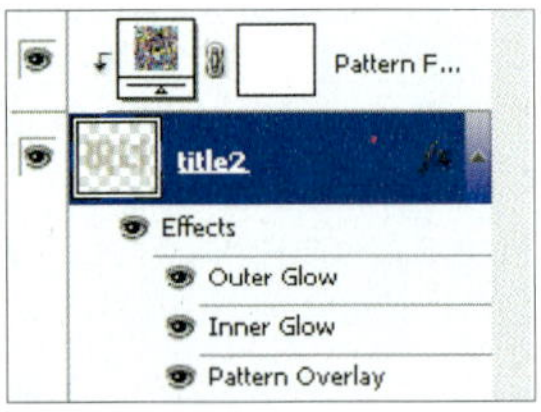

当前图层面板

14 调节宝石亮度，强调标题轮廓

下面我们调节宝石图案的亮度，强调标题轮廓。

选择 title2 图层，选择 Layer>Layer Style>Pattern Overlay（图层 > 图层样式 > 图案叠加）命令，如图 14-a 所示进行设置，将图案设置为 Molecular，调节宝石图案的亮度。如果应用混合模式中的叠加、柔光、强光、点光、线性光，会使图像显得过亮或者对比较弱，因此设置为 Hard Mix 后调节浓度。

选择 Inner Glow（内发光），如图 14-b 所示进行设置，使图像明亮一些。选择 Outer Glow（外发光），如图 14-c 所示进行设置，将轮廓调节得暗一些，使宝石图案更加突出。

应用图案叠加

放大的效果

应用内发光

放大的效果

应用外发光

放大的效果

15 调整高光和镜头光晕，完成制作 2

下面我们来调整高光和镜头光晕，制作闪烁的图像效果。

在 lady 图层上方创建新的图层，将其命名为 highlight 2，同步骤 10 一样，利用画笔绘制高光效果。

为了表现宝石图案闪烁效果，选择 Group 1 图层组中的 lf 和 lf copy 图层，按住 Alt 键拖动到 highlight 2 图层上方复制并排列。

表现高光

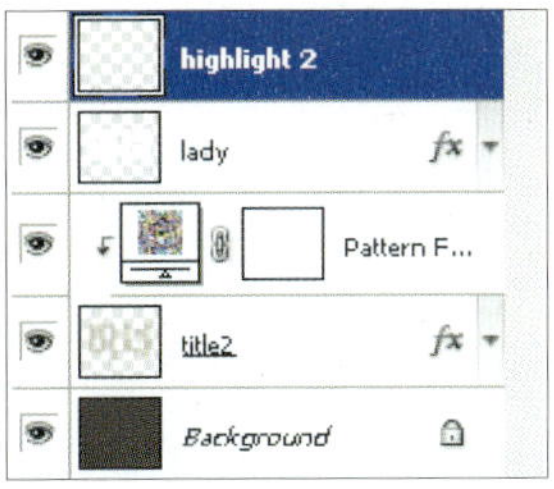

highlight 2 图层

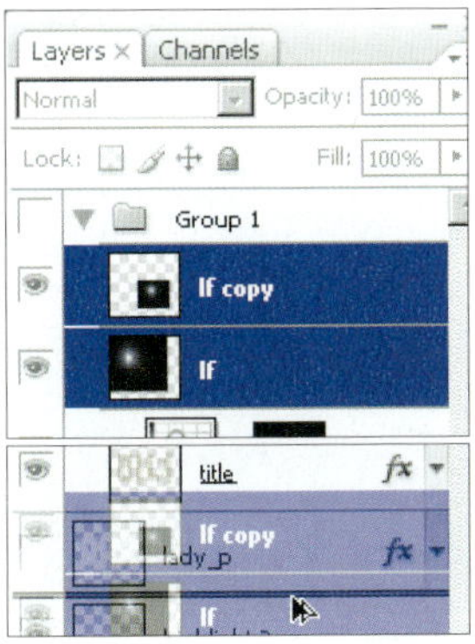

按住 Alt 键单击

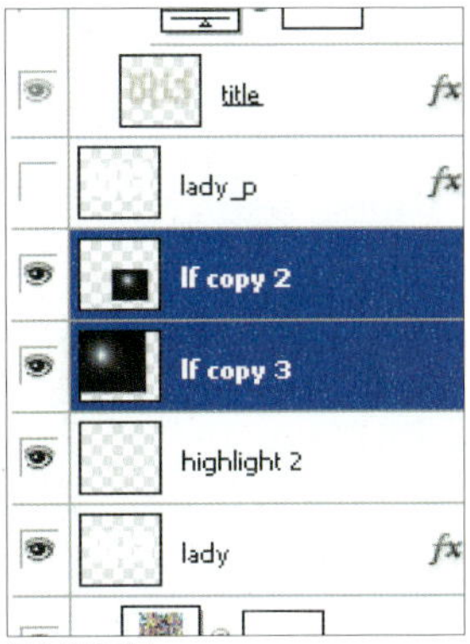

复制的图层

当前文件

highlight 2 图层的状态

选择 lf copy 2 图层，选择 Layer>New>Layer via Copy（图层 > 新建 > 通过复制的图层）命令（Ctrl+J），在选项栏中将 W 设置为 30%，将 H 设置为 30%，然后按 Enter 键确认，使用移动工具将图像放置到所需的位置。

表现发散的效果，完成制作。

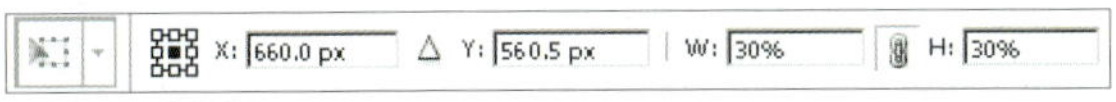

变形工具选项栏

缩小

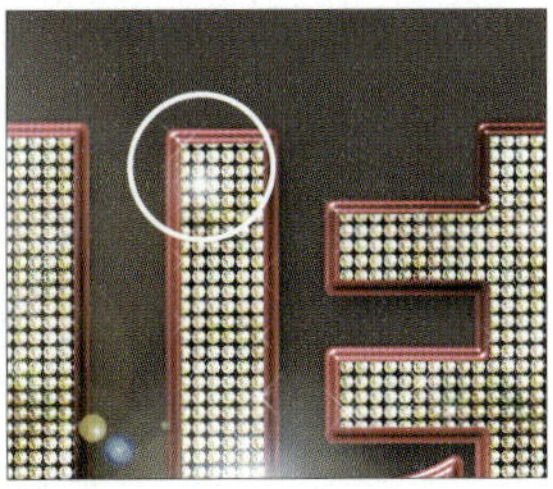

放置

完成效果 2

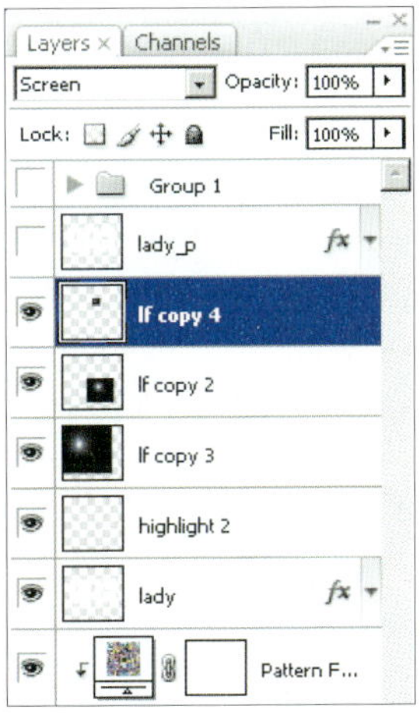

复制后缩小放置的 lf copy 4 图层

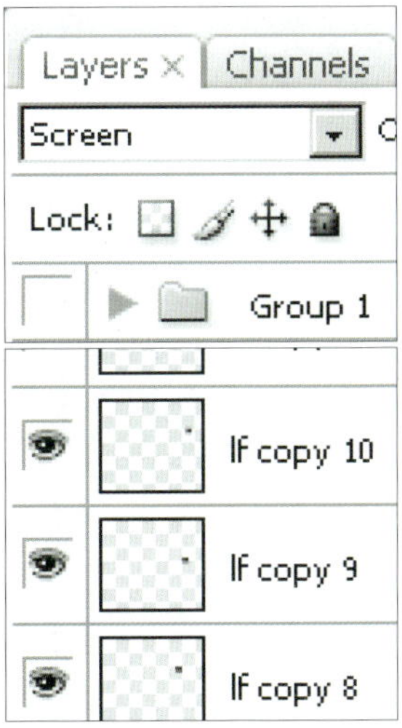

当前图层面板

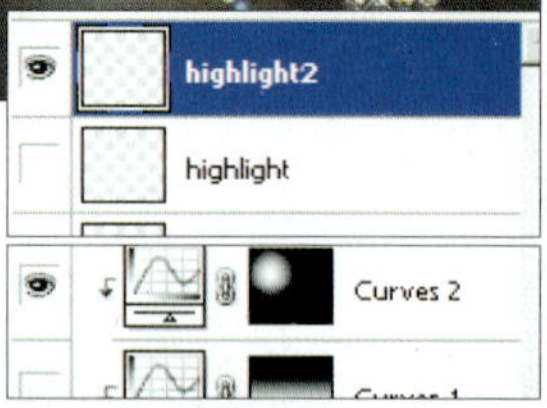

将 Curves 1 图层设置为非激活状态，表现高光 1

highlight2 图层

表现高光 2

只激活 highlight2 图层确认

THINK OVER!

创建宝石闪烁的动画

下面我们应用在步骤 11 中完成的文件，创建宝石闪烁的动画。

首先要表现多样的颜色，将 Curves 1 图层设置为非激活状态。为了在多个位置表现闪烁的高光，将 highlight 图层设置为非激活状态，在图层面板最上方创建新的图层，然后将其重新命名为 highlight2。参考步骤 10 在图像中的多个位置创建高光效果，在图层面板最上方创建 highlight3 图层，添加高光。

为了表现多样的颜色，在图层样式中双击 Pattern Overlay（图案叠加），将图案设置为 Nebula，表现多样的颜色。

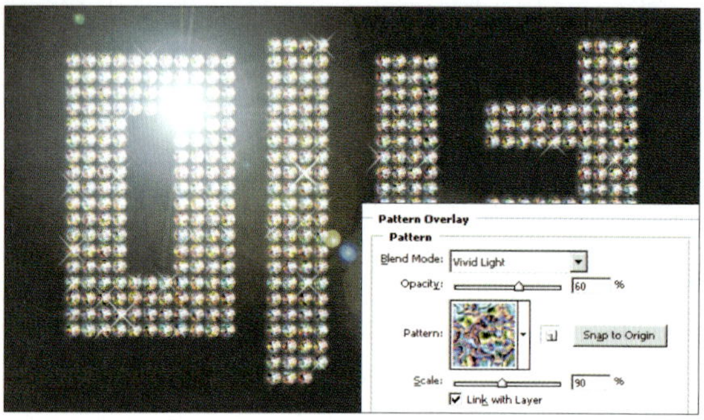

更改图案后的文件　　Nebula 图案

单击复制选中的帧按钮复制

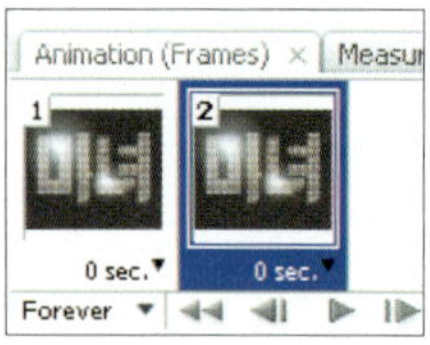

复制的 Frame 2

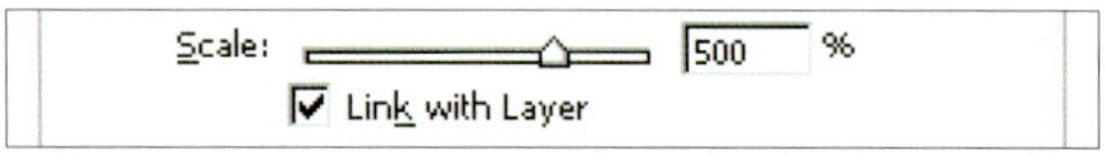

将缩放设置为 500%

表现颜色和高光效果

选择 Window>Animation（窗口 > 动画）命令，打开动画面板，添加帧，在各个帧中应用不同的颜色和高光，表现颜色改变的闪烁效果。

动画面板的 Frame 1 设置为当前文件的图像，为了添加其他形态，单击动画面板下端的 Duplicates selected frames（创建新动作）按钮复制。选择复制得到的 Frame 2 图层，将 highlight3 图层设置为非激活状态，激活 highlight2 图层，表现其他位置的高光效果。

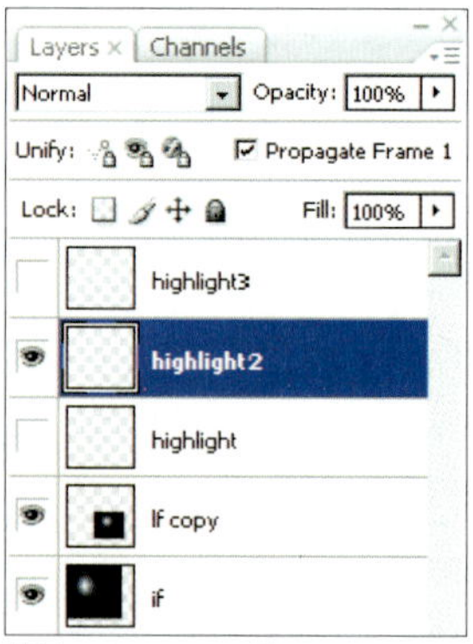

激活 highlight2 图层

为了使颜色也产生变化，双击 title 图层样式中的 Pattern Overlay（图案叠加），将 Scale（缩放）设置为 500% 后确认。

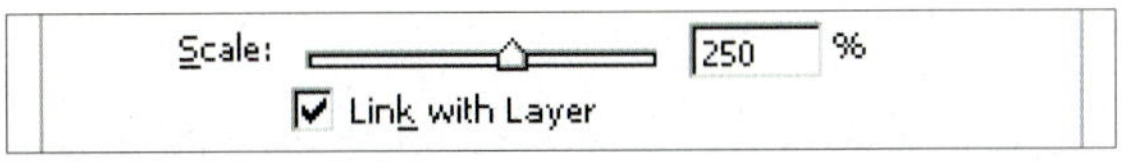

将缩放设置为250%

表现颜色和高光效果

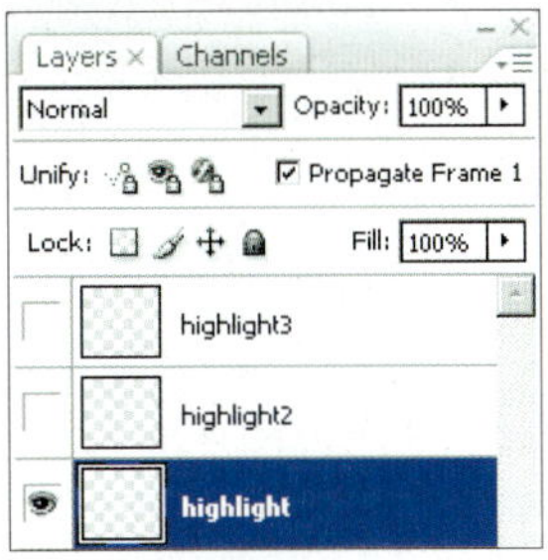

激活 highlight 图层

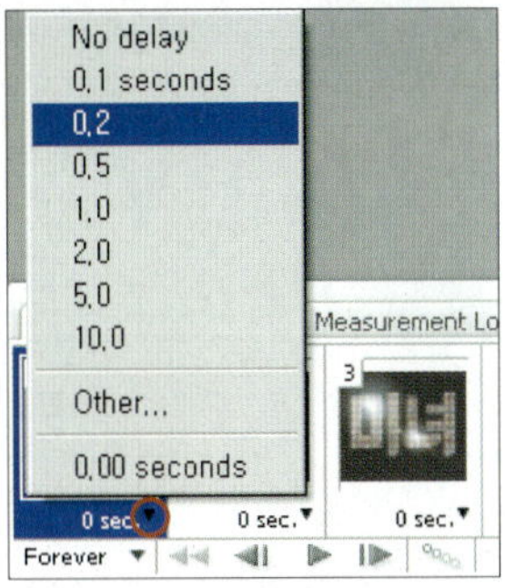

单击选择循环选项按钮

设置动画面板的动画

打开动画面板的时候，如下图所示，如果设置为 Timeline Animation，单击动画面板下端的 Convert to frame animation 按钮，转换为 Frame Animation。

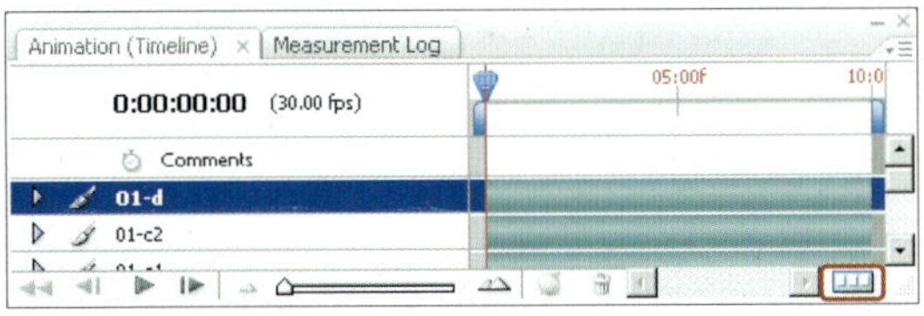

单击 Convert to frame animation 按钮

设置 Frame Delay Time

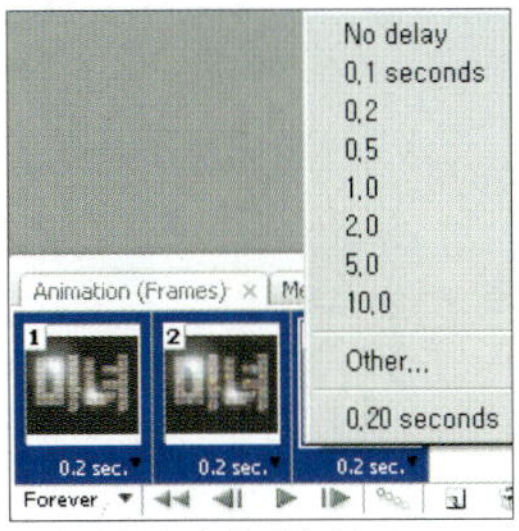

一次性对所有帧进行设置

本步骤中的 Selects frame delay time 设置是每帧选择设置，如果想在所有帧中设置相同的时间，选择 Frame3，按住 Shift 键单击 Frame 1，选择所有帧，即可一次性进行设置。

利用与上面相同的方法复制帧，选择复制得到的 Frame 3 帧，将 highlight2 图层设置为非激活状态，激活 highlight 图层，表现其他位置的高光效果。

为了使颜色也产生变化，双击 title 图层的图层样式中的 Pattern Overlay（图案叠加），将 Scale（缩放）设置为 250%。

播放制作完成的动画时，为了设置在各个帧停留的时间，单击 Frame 下端的 Selects frame delay time（倒三角形图标），选择所需的时间。

这时，选择 Other，在 Set Frame Delay 对话框中输入所需的时间。

如果为所有帧都设置了时间，确认动画面板下端的 Selects looping options（选择循环选项）设置为Forever，单击Plays animation按钮，确认动画效果，如果对播放时间或者动画效果不满意，可以再次调整。

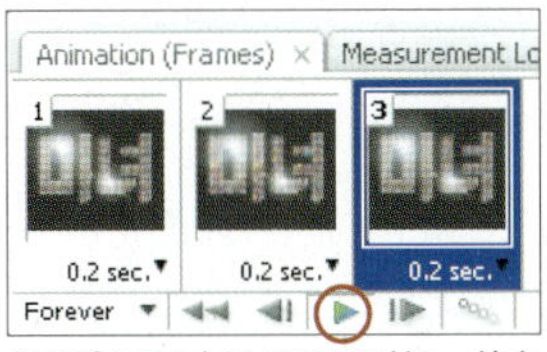

在所有图层中设置延迟时间，单击播放动画按钮确认

选择 File > Save for Web& Devices 命令（Alt+Shift+Ctrl+S），在对话框中设置为 GIF 后保存。

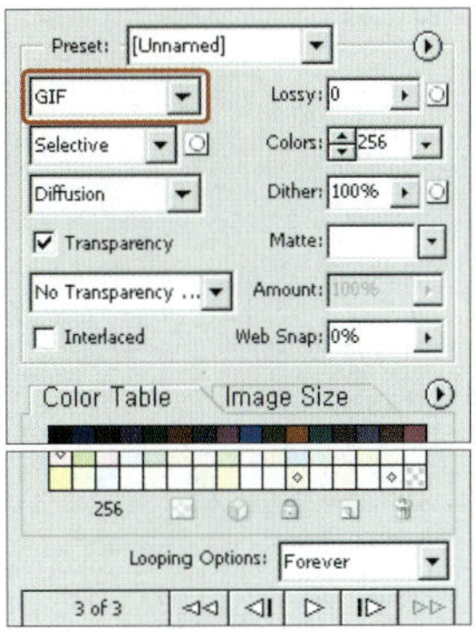

Save for Web&Devices 对话框

确认保存的文件，可以看到完成了闪烁的动画效果。

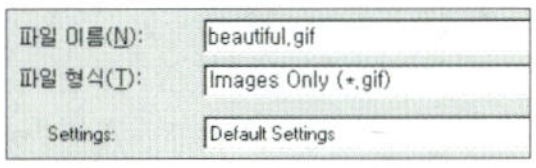

保存

设置播放次数

本步骤中将 Selects looping options 设置为 Forever，创建了无限循环的动画，如果选择 Once，会创建只播放一次的动画，单击 Other 可以设置反复的次数。

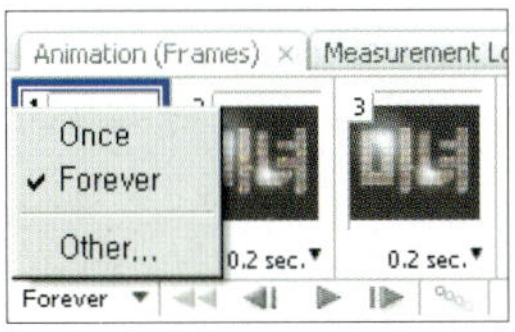

设置循环选项

Set Loop Count 对话框

26 **EVENT**
利用 RGB 和 CMYK 等颜色混合方法制作印刷品一样的文字特效。

Source Location

Effects 26\

event_start.psd

event_finish.psd

event_apply.psd

01 填充基本颜色

下面我们应用混合模式和 RGB、CMYK 等混合模式等方法表现印刷品一样的标题图像。

打开 event_start.psd 文件。event 图层是输入文字后栅格化得到的效果。

选择 event 图层，选择 3 次 Layer>New>Layer via Copy（图层 > 新建 > 通过复制的图层）命令（Ctrl+J），复制 3 次 event 图层。

将 event 图层设置为非激活状态，将图层从上至下命名为 r,g,b。选择 r 图层，单击色板面板中的 RGB Red 颜色，设置为前景色，按 Shift+Alt+Delete 快捷键为 r 图层的图像应用 RGB Red 颜色。利用与上面相同的方法对 g 图层应用色板面板中的 RGB Green 颜色，对 b 图层的图像应用色板面板中的 RGB Blue 颜色。

event_start.psd 文件

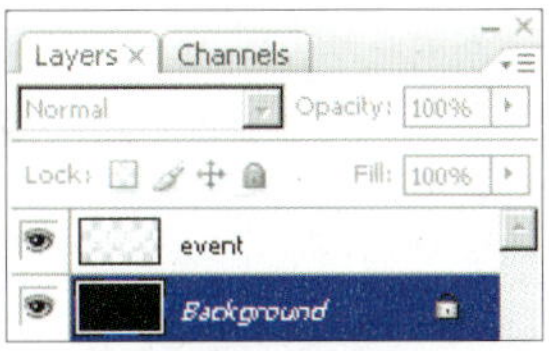
当前图层面板

RGB Red 颜色

应用颜色后的 r 图层

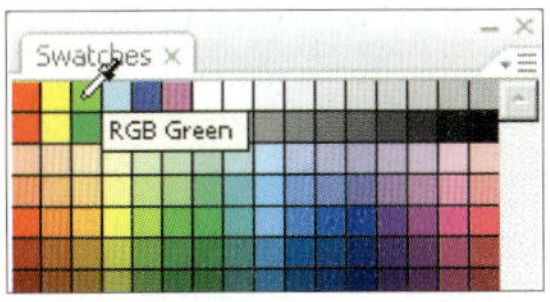
RGB Green 颜色

应用颜色后将 r 图层设置为非激活状态后确认的效果

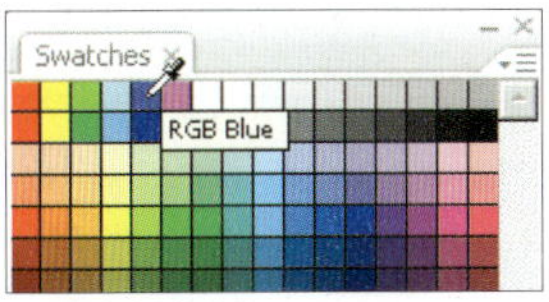
RGB Blue 颜色

应用颜色后将 r,g 图层设置为非激活状态后确认的效果

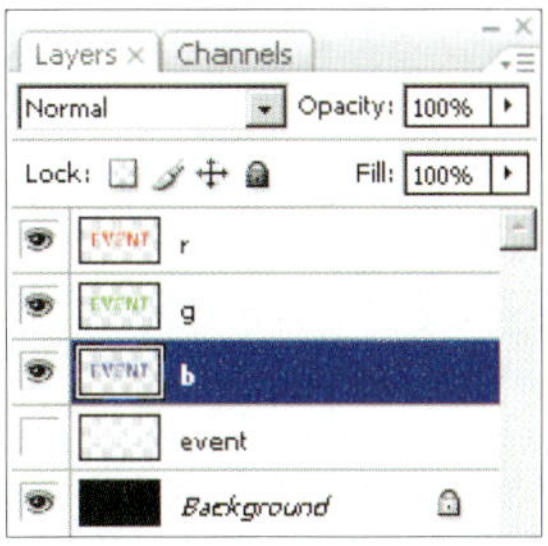
当前图层面板

02 利用三原色属性制作标题效果

下面我们利用光的三原色属性表现标题效果。

将 r,g,b 图层的混合模式设置为 Screen（滤色），设置为带有 RGB 颜色属性的图层，然后按 Esc 键激活，取消混合模式。

选择移动工具，选择 r 图层，按住 Shift 键按一次向左方向键，将图像向左移动 10pixels。利用与上面相同的方法对 g 图层利用向上方向键，对 b 图层利用向右方向键移动 10pixels。

由于图层的混合模式为滤色，因此颜色重叠的部分表现为白色，我们可以确认 RGB 是一种减法混合模式。当前图像效果显得有些夸张，若在刚才的步骤中将 r,g,b 图层移动 1~2pixels，可以得到更好的效果。

移动 r,g,b 图层的图像

如果更改混合模式并保持激活的状态，利用方向键可以轻松地更改混合模式。但是利用方向键无法移动选择的图像或者图层会发生更改激活的混合模式的问题。为了预防这一问题，应更改混合模式，然后按 Esc 键完成。

激活的状态

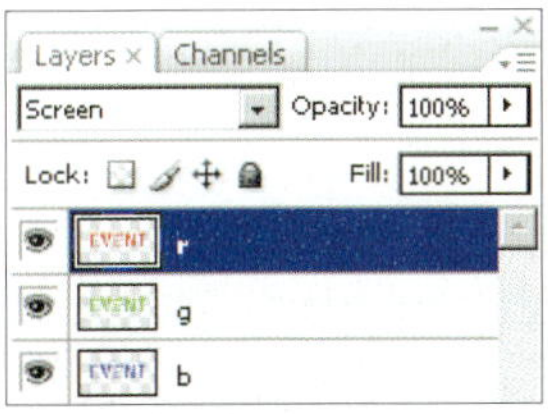
更改 r,g,b 图层的混合模式

更改 r,g,b 图层的混合模式

更改 r,g,b 图层的混合模式

将 g 图层的图像向上移动 10pixels

将 b 图层的图像向右移动 10pixels

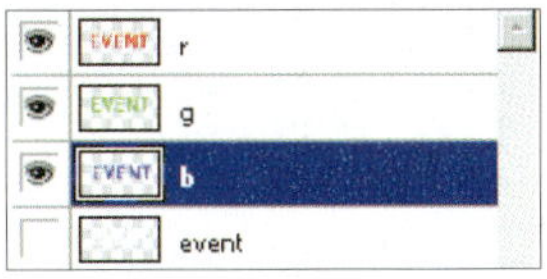
移动 r,g,b 图层的图像

如图 2-a 所示更改 Background 图层的颜色，会看到与背景颜色混合的 RGB 颜色消失了。

为了不让应用滤色混合模式的图层颜色改变，我们要创建符合形态的黑色背景。

再次将 Background 图层的颜色设置为黑色，按住 Ctrl 键单击 b 图层，将 b 图层载入选区，按 Shift+Ctrl 快捷键分别单击 g,r 图层，将 r,g,b 图层载入选区。

将前景色设置为黑色，选择 event 图层，选择 Layer>New Fill Layer>Solid Color（图层 > 新建填充图层 > 实色）命令。

由于将前景色填充为黑色，在应用实色的时候，可以看到图层颜色被设置为默认的黑色。载入 r,g,b 图层的选区，可以看到在图层蒙版中只显示了载入的选区。

更改 Background 图层的颜色，可以看到图像保留了原本的效果。但是仔细确认轮廓，可以看到由于图像已经消除锯齿，与黑色混合后显示出较深的轮廓。

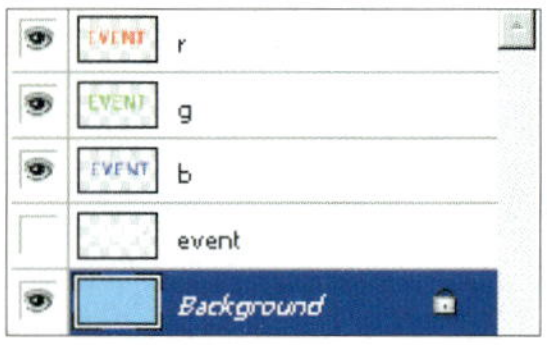

为了确认更改 Background 图层的颜色

2-a

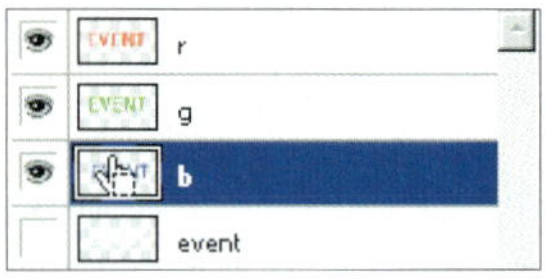

按住 Ctrl 键单击

载入 r,g,b 图层选区

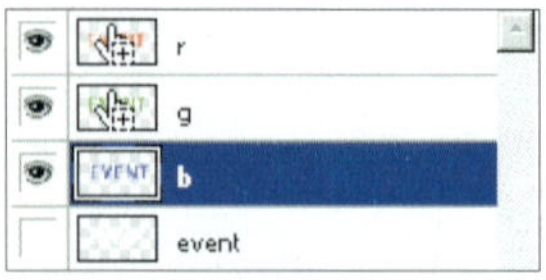

按 Shift+Ctrl 键单击

当前文件

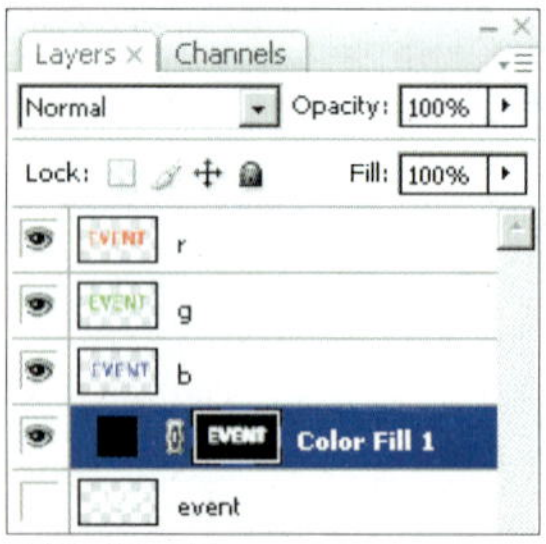

当前图层面板

前景色

Color Fill 1 图层蒙版区域

为了确认更改 Background 图层的效果

放大的效果

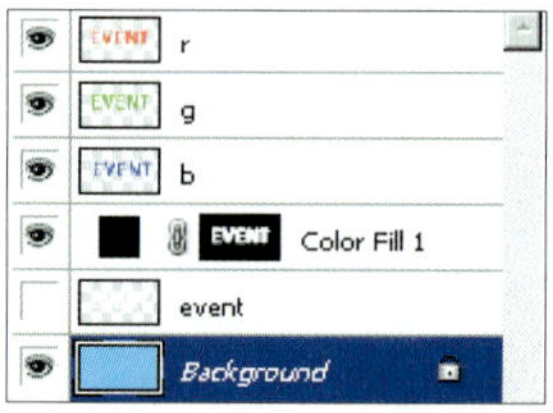

更改 Background 图层的颜色

为了解决轮廓变深的问题，只激活 r,g,b 图层，按 Ctrl+A 快捷键全选图像，为了复制当前可见区域，选择 Edit>Copy Merged（编辑 > 复制合并）命令（Ctrl+Shift+C），按 Ctrl+V 快捷键粘贴，将粘贴得到的图层重新命名为 rgb_all，将 r,g,b 图层设置为非激活状态，然后激活 Background 图层，可以看标题轮廓变得清晰。

激活 r,g,b 图层的状态

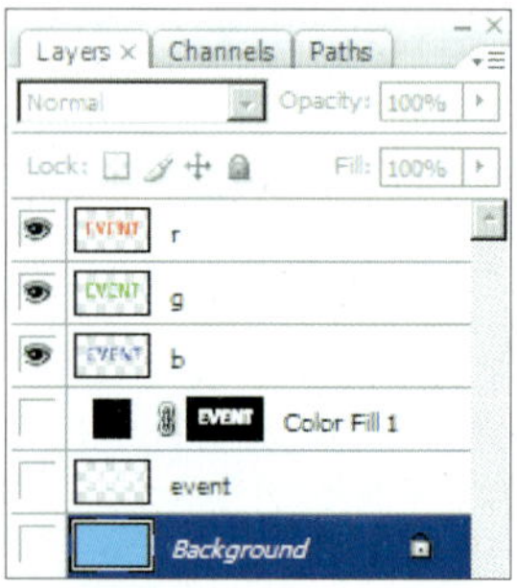

当前图层面板

激活 Background 图层

放大的效果

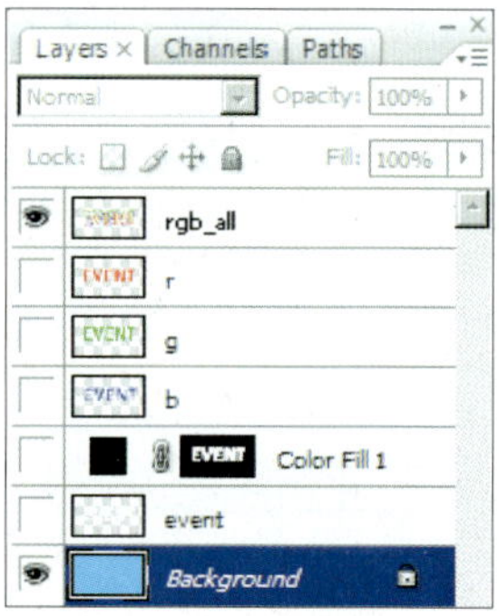

更改 Background 图层的颜色

03 利用 CMYK 属性制作标题效果

下面我们利用 CMYK 的属性创建标题效果。

首先选择 Color Fill 1 图层，按住 Shift 键单击 rgb_all 图层，选择 r,g,b,Color Fill 1 图层，选择 Layer>Group Layers 命令（Ctrl+G），将图层组重新命名为 rgb。

选择 rgb 图层组，单击鼠标右键，选择弹出菜单中的 Duplicate Group（复制组），在打开的的对话框中将 As 设置为 cmt，然后将 rgb 图层组设置为非激活状态。

将 Background 图层填充为 20%。单击 cmy 图层组的三角形按钮展开图层组，将 rgb_all copy 图层设置为非激活状态，激活 r copy, g copy, b copy 图层，将其重新命名为 c,m,y。

选择 c 图层，选择 Image>Adjustments>Invert（图像 > 调整 > 反相）命令（Ctrl+I），反转图像。将混合模式设置为 Multiply（正片叠底）。对 m,y 图层也分别按照相同的方法反转图像，将混合模式设置为 Multiply（正片叠底）。

将 Background 图层的颜色设置为黑色后，颜色并没有变化，因此要像步骤 02 一样只激活所需的图层，选择 Edit>Copy Merged（编辑 > 复制合并）命令（Ctrl+Shift+C），保留背景和标题文字的颜色。

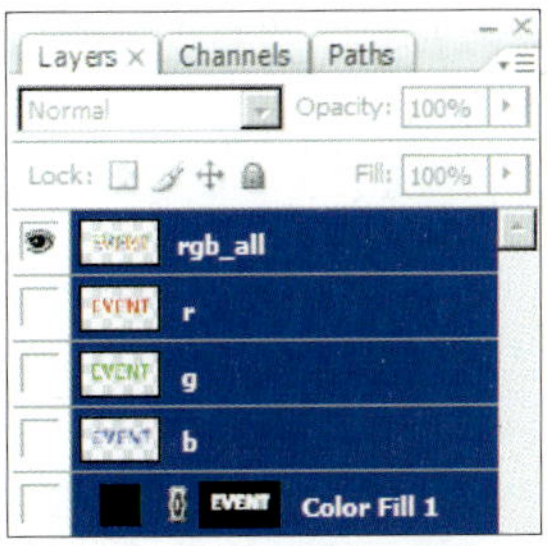

选择 rgb_all~Color Fill 1 图层

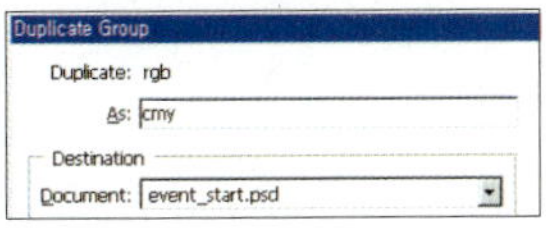

打开 Duplicate Group 对话框

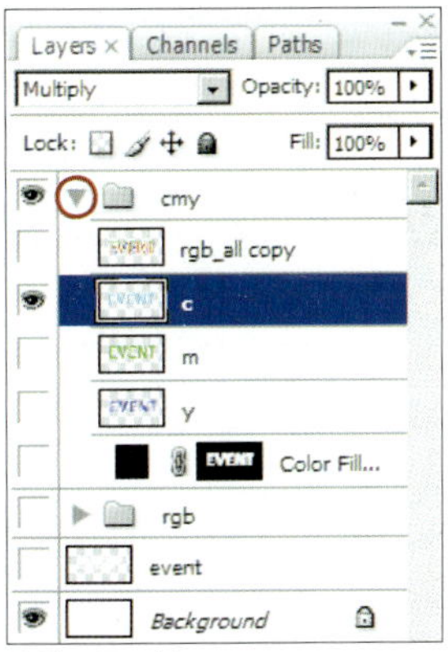

当前图层面板

反转 m 图层图像后更改混合模式

反转 y 图层图像后更改混合模式

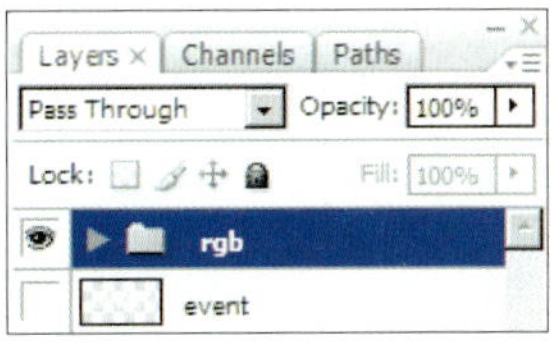

图层组

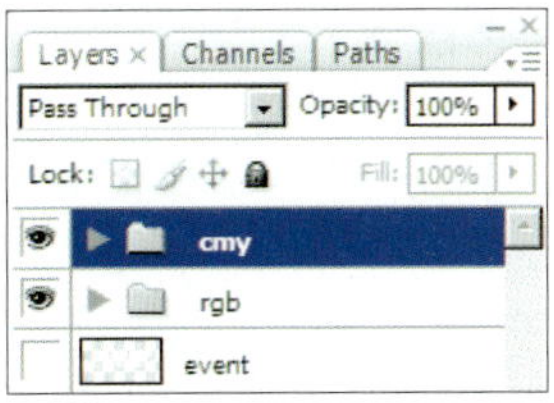

图层组

反转 c 图层的图像

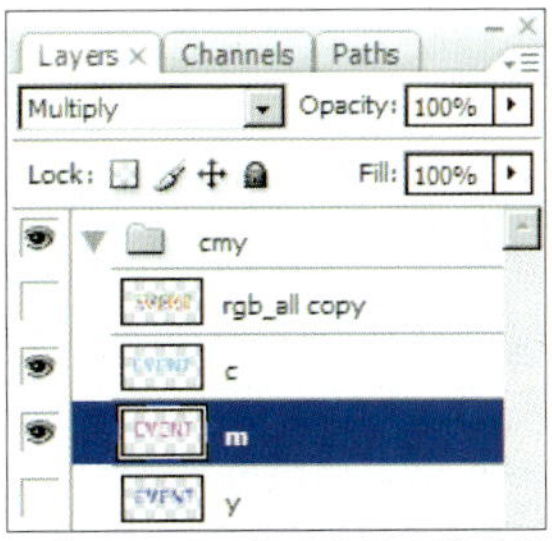

反转 m 图层图像后将混合模式设置为正片叠底

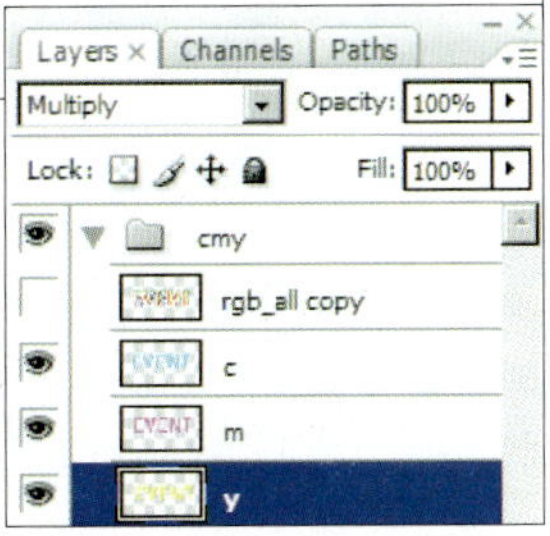

反转 y 图层图像后更改混合模式

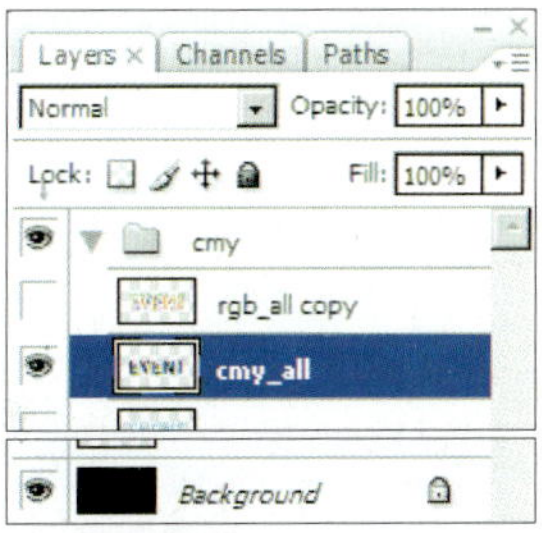

当前图层面板

当前图层面板

RGB 和 CMYK 的混合原理

如下两图为 RGB 和 CMYK 的混合原理。参考这两幅图进行操作会轻松很多。

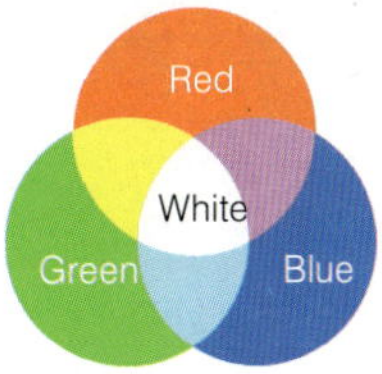

RGB 原理

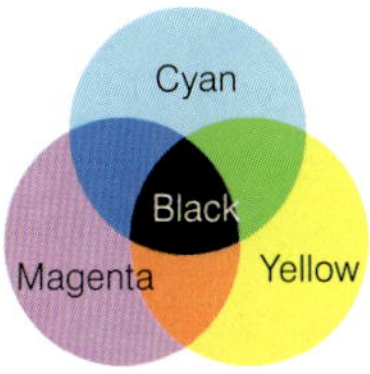

CMYK 原理

04 利用通道创建网点

下面利用在之前过程中学习的方法，在通道中创建多样的网点形态，表现多彩的标题效果。

按住Ctrl键单击event图层载入选区，选择Select>Save Selection（选择>存储选区）命令，将载入的选区保存为通道。

按 Ctrl+D 快捷键取消选区，将通道面板中保存的 Alpha 1 通道拖动到通道面板下端的 Create new channel（创建新通道）按钮上复制，然后将新通道重命名为 blur。

选择 blur 通道，选择 Filter>Blur>Gaussian Blur（滤镜 > 模糊 > 高斯模糊）命令，将 Radius（半径）设置为 5pixels。

创建新的通道，将其重新命名为 cloud1。确认前景色为白色，背景色为黑色。选择 cloud1 通道，按住 Ctrl 键单击 blur 通道，将 blur 通道载入选区，按住 Alt 键选择 Filter>Render>Clouds（滤镜 > 渲染 > 云彩）命令，在载入的选区中表现对比强烈的云彩效果。

按住 Alt 键应用云彩滤镜会表现出对比更强烈的云彩效果。

按住 Alt 键应用云彩滤镜时，利用鼠标左键单击滤镜菜单，在单击的状态下查找 Render>Clouds（渲染 > 云彩）的路径。

将 blur 通道载入选区，再次创建新的图层，将其重新命名为 cloud2。按住 Alt 键选择 >Render>Clouds（滤镜 > 渲染 > 云彩），制作对比强烈的云彩效果。

利用与上面相同的方法创建 cloud3 通道后按 Ctrl+D 快捷键取消选区。

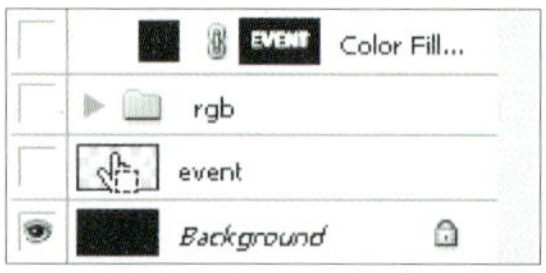

按 Ctrl 键单击

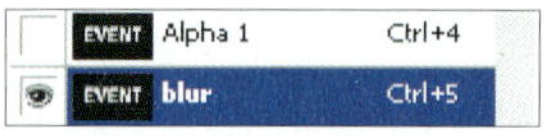

复制的 blur 通道

blur 通道的图像

高斯模糊

应用高斯模糊后的文件

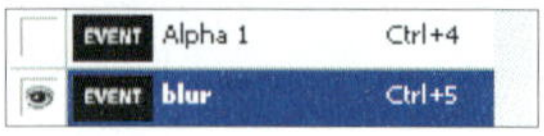

blur 通道

前景色

将 blur 通道载入选区

按住 Alt 键在 cloud1 通道中应用云彩滤镜

按住 Alt 键在 cloud2 通道中应用云彩滤镜

按住 Alt 键在 cloud3 通道中应用云彩滤镜

为了创建由网点构成的标题效果，选择 cloud3 通道，选择 Image>Adjustments>Invert（图像 > 调整 > 反相）命令（Ctrl+I）反转图像，选择 Filter>Pixelate>Color Halftone（滤镜 > 像素化 > 彩色半调）命令，如图 4-a 所示进行设置。

选择 cloud3 通道，选择 Image>Adjustments>Invert（图像 > 调整 > 反相）命令（Ctrl+I），反转图像。利用与上面相同的方法选择 cloud2 和 cloud1 通道，反转图像后应用彩色半调滤镜，再次反转图像。

对 cloud3 通道应用彩色半调滤镜

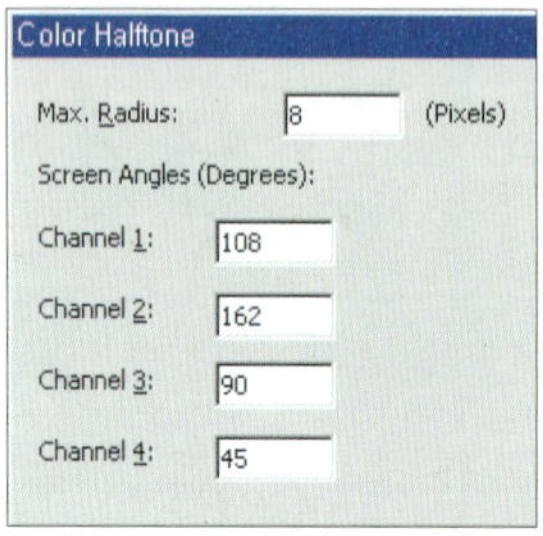

4-a

对 cloud3 通道应用彩色半调滤镜

反转 cloud3 通道图像

cloud1 通道的最终效果

cloud2 通道的最终效果

将 cloud1 通道载入选区

在 r 图层中应用 RGB Red 颜色

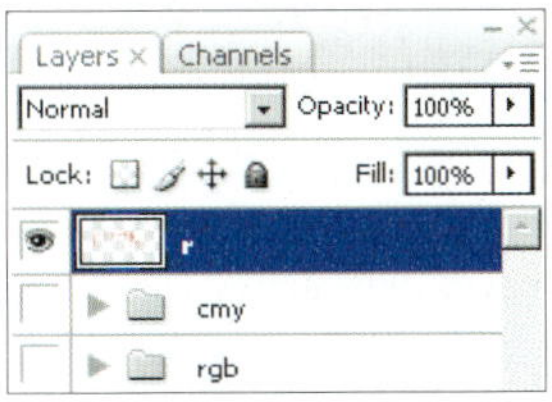

r 图层

在 g 图层中应用 RGB Green 颜色

在 b 图层中应用 RGB Blue 颜色

更改混合模式后的文件

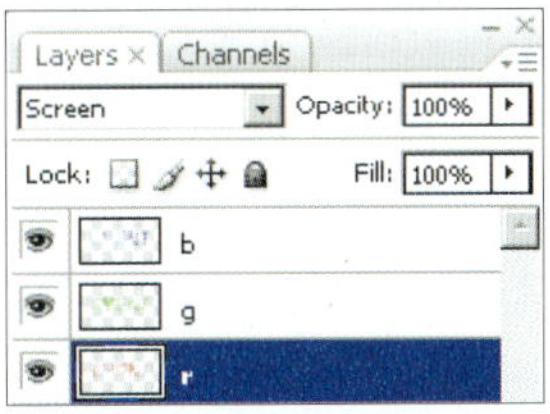

将混合模式设置为滤色

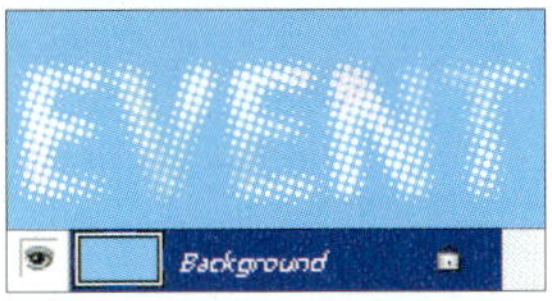

合并为一个图层之前更改 Back-ground 图层的颜色的效果

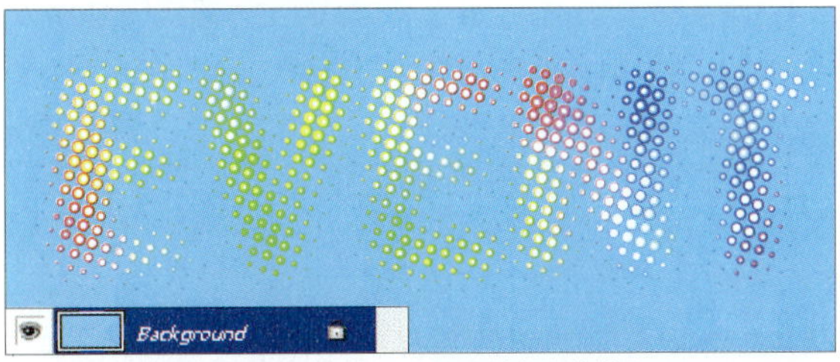

合并为一个图层，更改 Background 图层的颜色的效果

当前文件

05 混合网点，填充颜色

按住Ctrl键单击cloud1通道载入选区，将图层面板中的cmy图层组设置为非激活状态。

在cmy图层组上方创建新的图层，将其重新命名为r。然后在载入的选区中将色板面板中的RGB Red颜色设置为前景色，按Alt+Delete快捷键填充图层。

载入cloud2通道选区，在r图层上方创建新的图层，然后将其重新命名为g，应用色板面板中的RGB Green填充图层。

载入cloud3通道选区，在g图层上方创建新的图层，然后将其重新命名为b，应用色板面板中的RGB Blue填充图层。按Ctrl+D快捷键取消选区，将r,g,b图层混合模式设置为Screen（滤色）。

即使更改背景的颜色，应用了滤色混合模式的图像也会维持原状。选择Edit>Copy Merged（编辑>复制合并）命令（Ctrl+Shift+C）创建完成的标题，组合为dot1图层组。

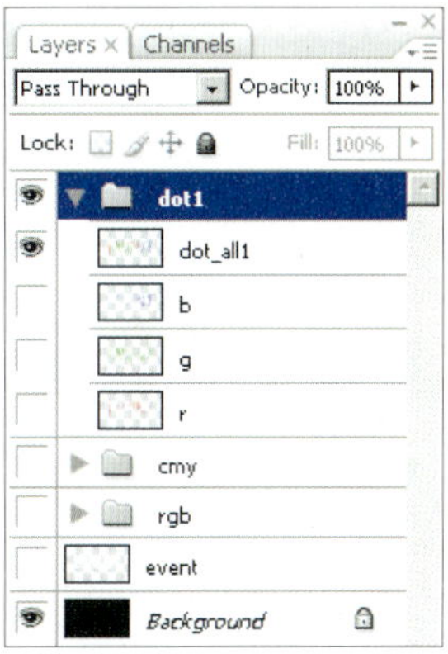

当前图层面板

通过移动 RGB 通道表现图像效果

如果想要移动 Reb,Green,Blue 通道，在选择 Background 图层的状态下就可以移动。但是其他图层也不会发生变化，只能移动 Background 图层。利用这种属性，通过如下图所示的过程表现案例中所示的效果。

如果选择 Background 图层以外的图层，移动 Reb,Green,Blue 通道的时候，图层的投影区域无法表现，会弹出提示框。

移动通道前合并标题和背景的文件状态

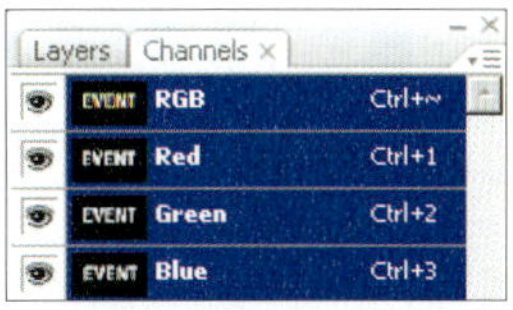

分别移动 Reb,Green,Blue 通道

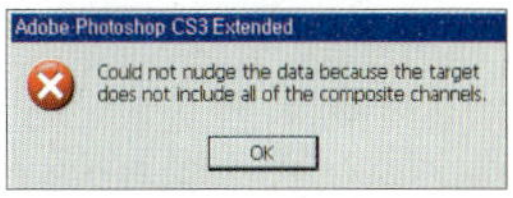
Adobe Photoshop CS3 Extended
Could not nudge the data because the target does not include all of the composite channels.
OK

移动通道后的文件状态，图层面板的状态

移动通道后的文件状态，图层面板的状态

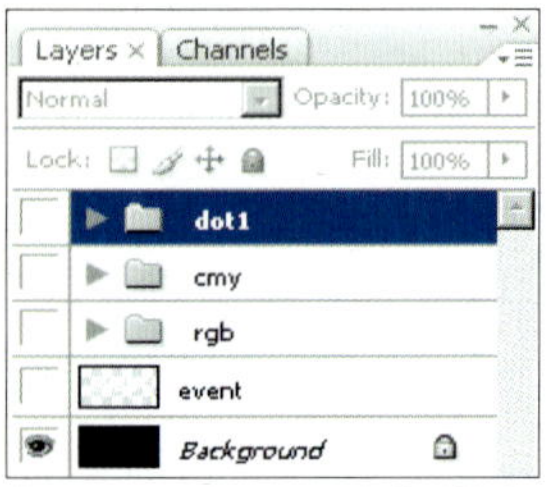

将 dot1 图层组设置为非激活状态

对 Background 图层应用云彩滤镜

反转 Background 图层图像

应用彩色半调滤镜

Red 通道状态

Red 通道状态

06 利用图层制作网点，填充颜色

下面我们利用图层图像表现多彩的标题效果。

将dot1图层组设置为非激活状态，选择Background图层，按住Ctrl键单击通道面板中的blue通道载入选区。

选择Background图层，确认前景色为黑色，背景色为白色，选择Filter>Render>Clouds（滤镜>渲染>云彩）命令，对载入的选区应用云彩效果，然后按Ctrl+D快捷键取消选区。选择Image> Adjustments> Invert（图像>调整>反相）命令（Ctrl+I），反转图像。选择Filter>Pixelate>Color Halftone（滤镜>像素化>彩色半调）命令，在Color Halftone（彩色半调）对话框中设置为Defaul（默认）后确认。我们可以看到Red, Green, Blue通道按照Background图层的图像分布了网点。

为了创建像这种随意分布的网点，应用云彩滤镜，对Red, Green, Blue通道分别应用彩色半调滤镜。由于背景图像为灰色，会创建像图案一样的Red, Green, Blue通道。

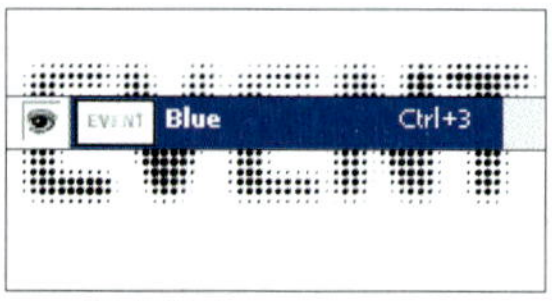

Blue 通道状态

对 r 图层应用 RGB Red 颜色

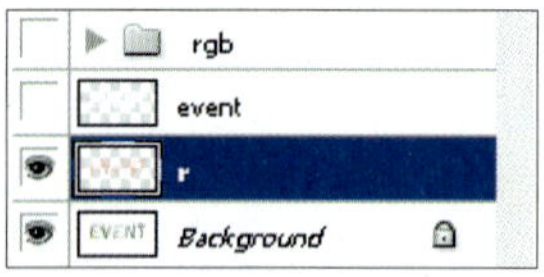

r 图层

对 g 图层应用 RGB Green 颜色

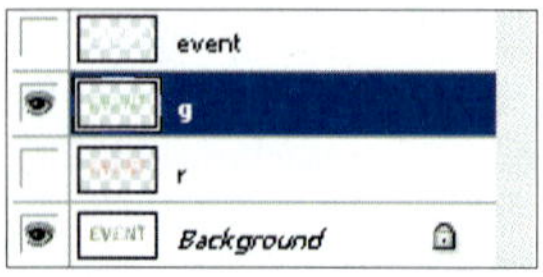

g 图层

对 b 图层应用 RGB Blue 颜色

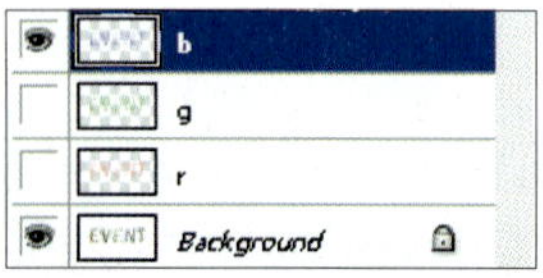

b 图层

更改 r,g,b 图层的混合模式

按住 Ctrl 键单击 Red 通道载入选区，选择 Select> Inverse（选择 > 反选）命令（Shift+Ctrl+I）反转载入的选区。在 Background 图层上方创建新的图层，将其重新命名为 r。选择 r 图层，应用色板面板中的 RGB Red 颜色，提取通道区域，将 r 图层设置为非激活状态。

对 Green 通道和 Blue 通道也分别按照上面的步骤载入选区提取，反转载入的选区，然后创建新图层，应用 RGB Green 和 RGB Blue 颜色。将应用颜色的图层分别命名为 g 和 b。

在提取通道的时候，应在只激活 Background 图层的状态下进行。如果激活了其他图层，其他图层的颜色会显示在通道中。

按 Ctrl+D 快捷键取消选区，激活 r,g,b 图层，在 Background 图层上方创建新的图层。应用黑色填充背景，然后将 r,g,b 图层的混合模式设置为 Screen（滤色）。

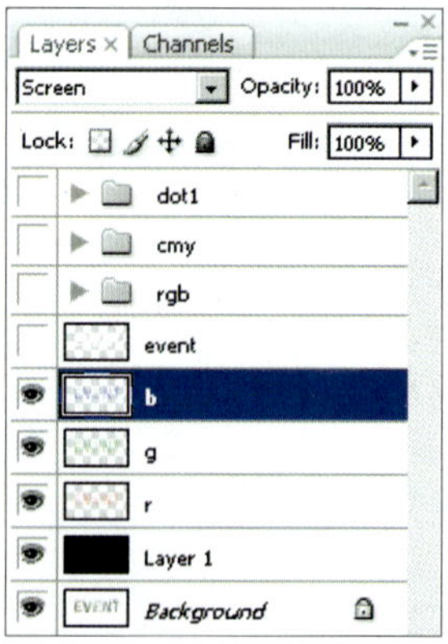

将混合模式设置为滤色

提取 RGB 通道时的注意事项

利用 RGB 通道载入图像的时候，应在只激活 Background 图层的状态下载入通道选区。如果在激活了其他图层的状态下进行操作，通道状态会如下图所示表现为与只激活 Background 图层相同的图像效果。

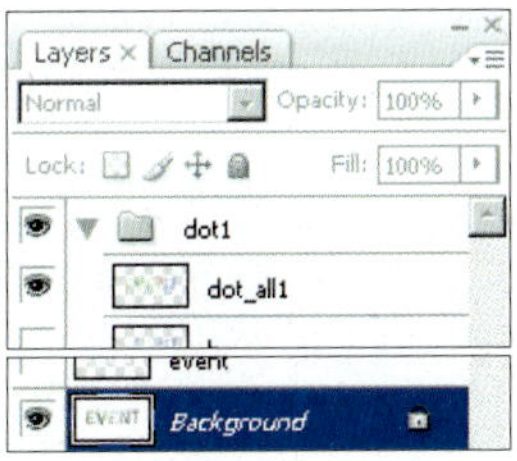

激活其他图层的状态

激活其他图层的状态

即使更改背景的颜色，图像也会保持应用滤色模式的效果，像步骤02一样只激活所需的图层，选择 Edit>Copy Merged（编辑>复制合并）命令（Ctrl+Shift+C），创建完成的标题形态，组合为图层组并重新命名为dot2。

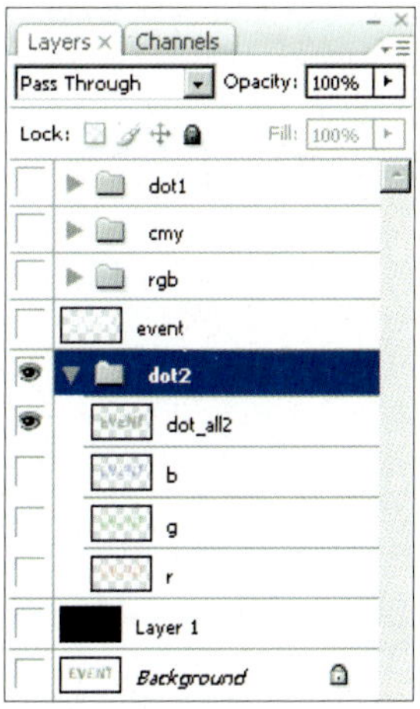

当前图层面板

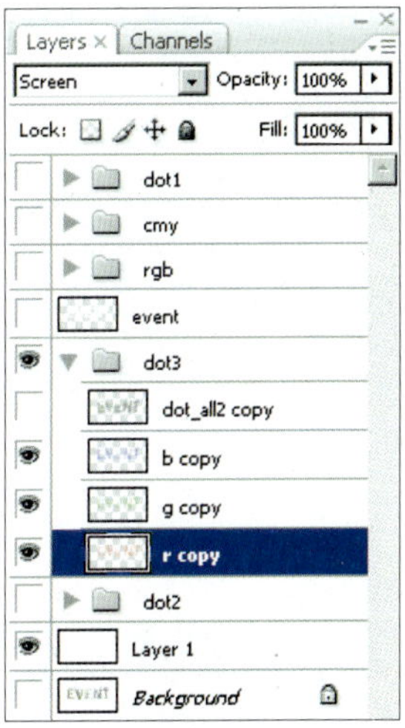

将 dot2 图层组设置为非激活状态

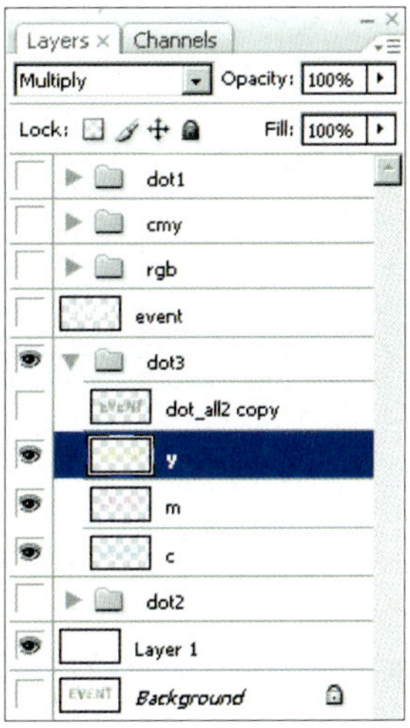

将 dot_all2 copy 图层设置为非激活状态

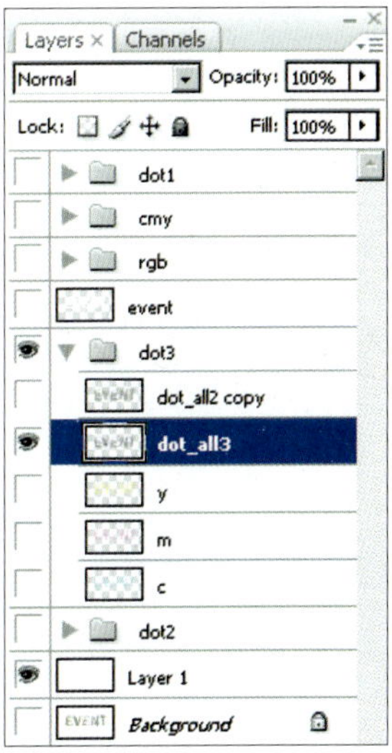

当前图层面板

07 表现减法混合的标题效果

下面我们来将在步骤 06 中创建的效果表现为 CMYK 属性效果。

选择 dot2 图层组，单击鼠标右键，选择菜单中的 Duplicate Group（复层组）命令，在弹出的对话框中将 As 设置为 dot3 后确认，将 dot2 图层设置为非激活状态。

单击 dot3 图层组的三角形按钮展开，然后将 dot_all2 copy 图层设置为非激活状态。激活 Layer 1 图层组，然后填充白色。激活 r copy，g copy, b copy 图层。将图层重新命名为 c,m,y，分别在三个图层上选择 Image>Adjustments>Invert（图像 > 调整 > 反相）命令（Ctrl+I）反转图像，将图层混合模式设置为 Multiply（正片叠底）。

即使背景颜色更改，应用了正片叠底模式的图像也会保持原状。像步骤 02 一样只激活图层，然后按 Ctrl+A 快捷键复制，选择 Edit>Copy Merged（编辑 > 复制合并）命令（Ctrl+Shift+C），完成标题制作。

当前文件

27 QUNYVINY

混合应用多种颜色的柔和的曲线，制作富有动感的文字特效。

Source Location

Effects 27\
- qunyviny_start.ai
- qunyviny_finish.ai
- qunyviny_finish.psd
- qunyviny_apply.psd

01 确认操作文件

绘制柔和的路径曲线，然后应用混合效果创建整体形态，绘制多彩的线条，表现标题效果。

打开 qunyviny_start.ai 文件。素材文件是在 Illustrator 中输入文字后选择 Type>Create Outlines（文字 > 创建轮廓）命令（Shift+Ctrl+O）得到的效果。

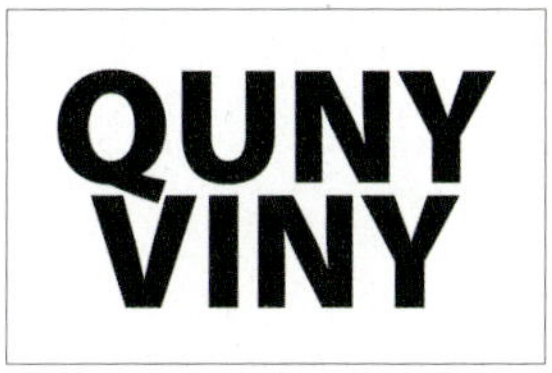

qunyviny_start.ai 文件

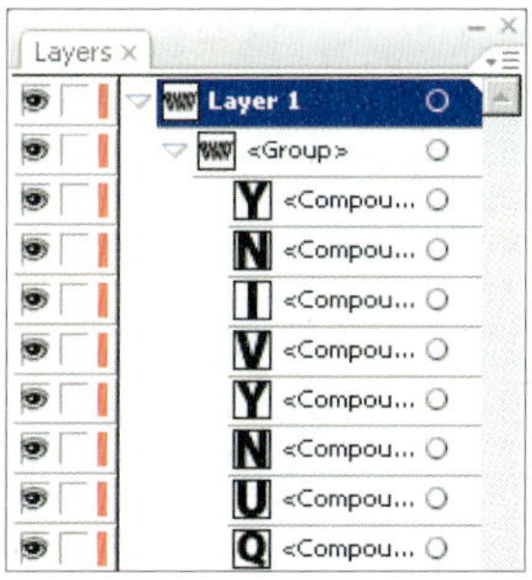

qunyviny_start.ai 文件

02 应用混合效果

下面我们按照标题文字创建混合线条的基本形态。

为了在操作过程中不选择Layer 1图层的对象，按Ctrl+A快捷键全选文件中的对象，选择Object>Lock>Selection（对象>锁定>所选对象）命令（Ctrl+2）锁定。

单击图层面板下端的Create a new layer（创建新图层）按钮创建新的图层，将其重新命名为line。

选择钢笔工具 ，将颜色模式中的填充色设置为None，将轮廓色设置为色板面板中的C:0,M:35,Y:85,K:0，如图2-a所示绘制路径。

锁定

生成 line 图层

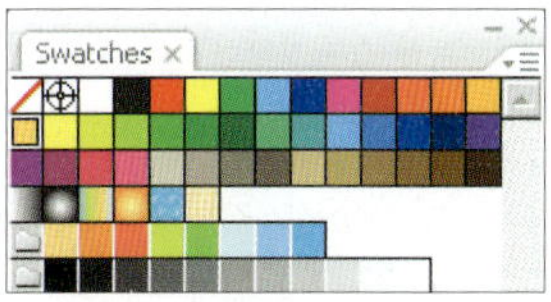

C:0,M:35,Y:85,K:0

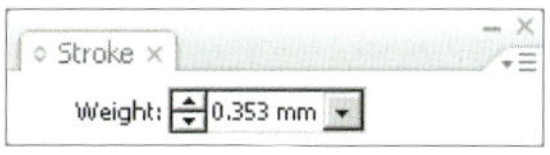

描边面板

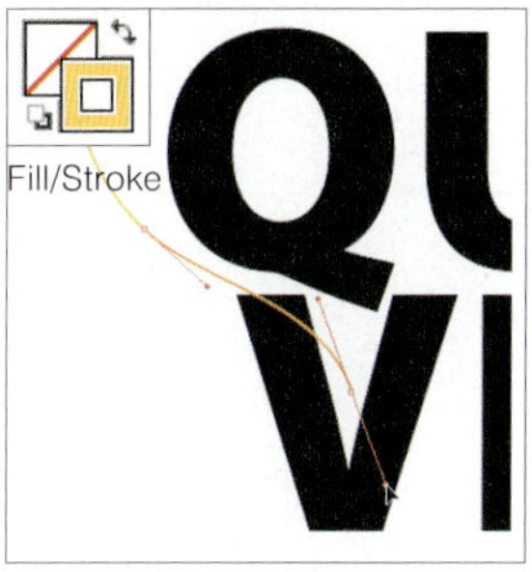

2-a 在下端生成路径

在上端生成路径

选择混合工具 ，首先单击左侧路径上端的点，然后单击右侧路径上端的点应用混合。双击混合工具 ，在打开的 Blend Options（混合选项）对话框中如图 2-b 所示进行设置。

选择直接选择工具 ，选择右侧的路径，然后在色板面板中将颜色设置为 C:15,M:100,Y:90,K:10，在描边面板中将 Weight（宽度）设置为 0.1mm。

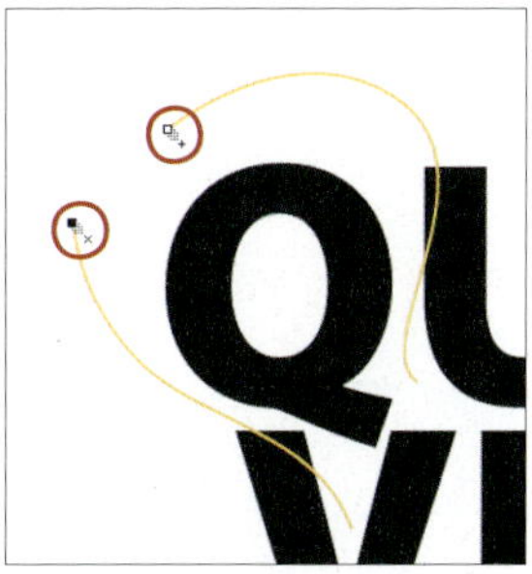
应用混合工具

混合的路径

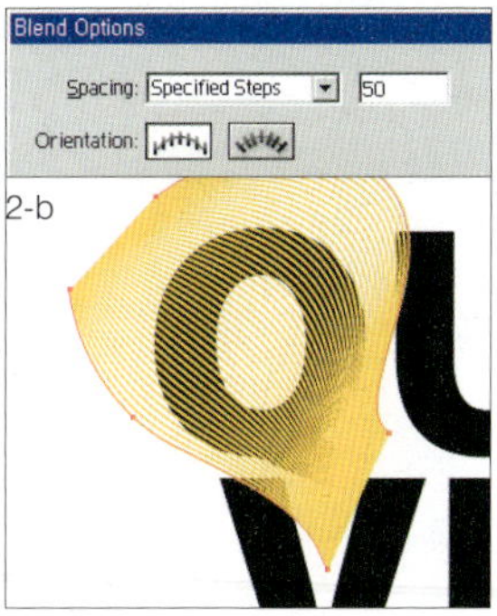

设置混合选项

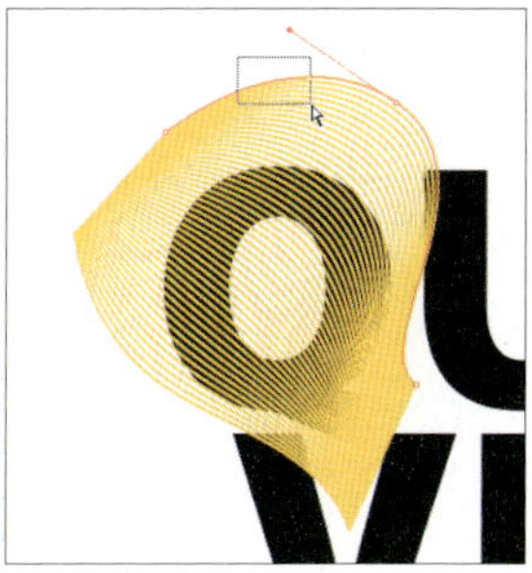
选择上端路径

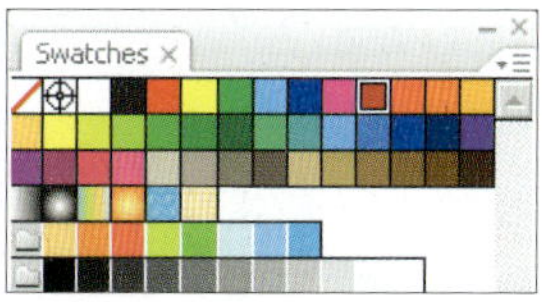

C:15,M:100,Y:90,K:10

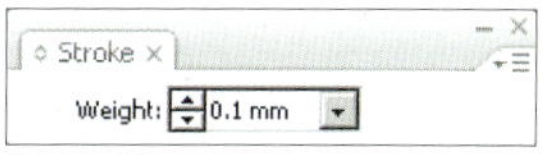

描边面板

设置上端路径，轮廓色和粗细

混合效果快捷键

本步骤中应用混合工具的时候，单击点应用混合效果，利用直接选择工具选择两个上端的点，选择 Object>Blend>Make（对象 > 混合 > 建立）命令（Alt+Ctrl+B）也可以得到与案例中相同的效果。

对其他文字也像字母 Q 一样参考文字形态创建路径，应用混合效果，然后更改路径的颜色和轮廓。

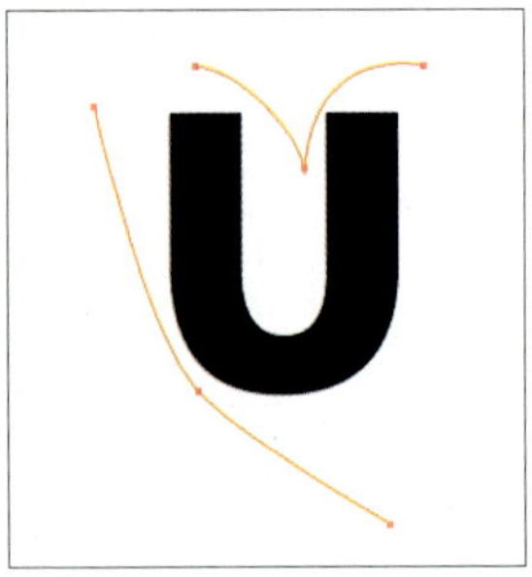
生成路径

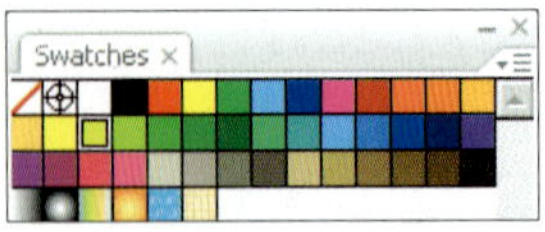

C:20,M:0,Y:100,K: 0

应用混合工具后设置混合选项

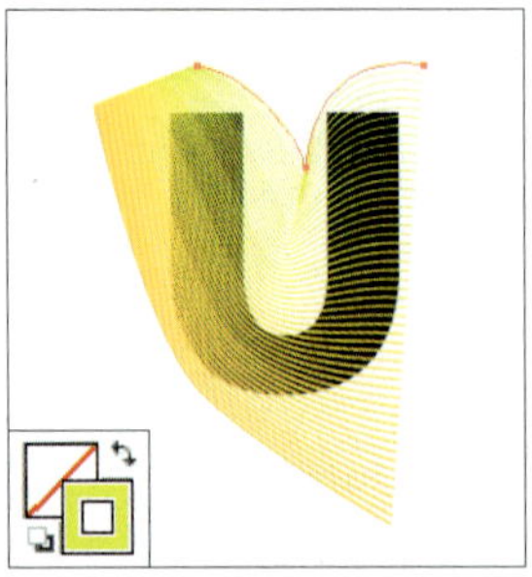
设置上端路径，轮廓色和粗细

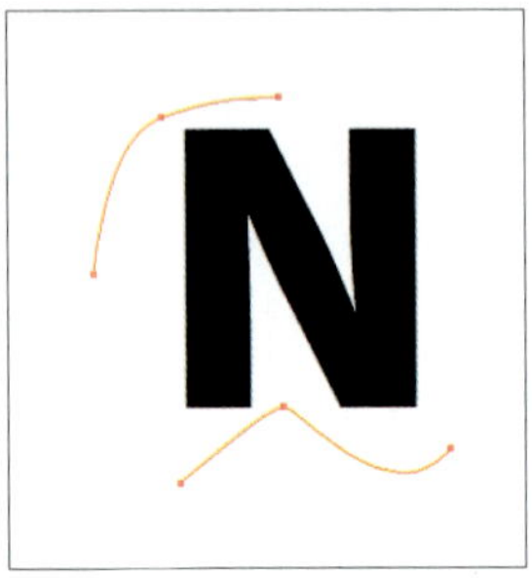
生成路径

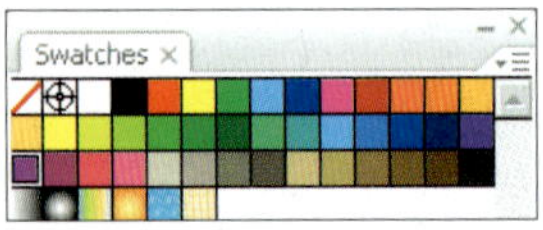

C:5 0,M:100,Y: 0,K: 0

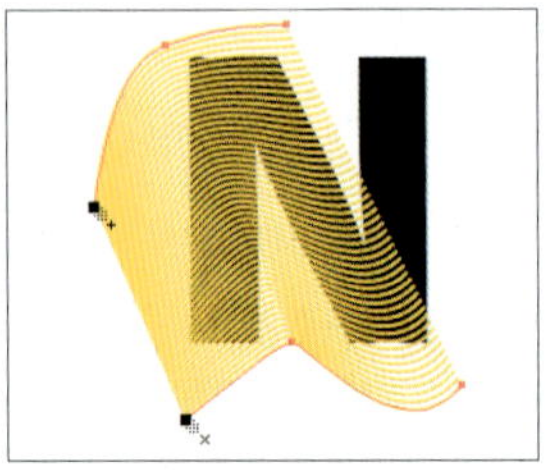
应用混合工具后设置混合选项

设置上端路径，轮廓色和粗细

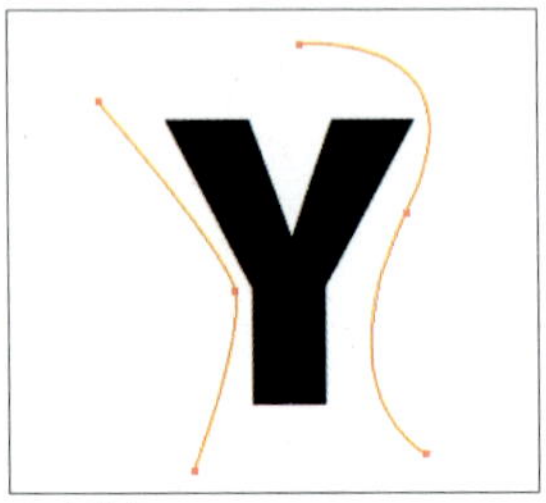
生成路径

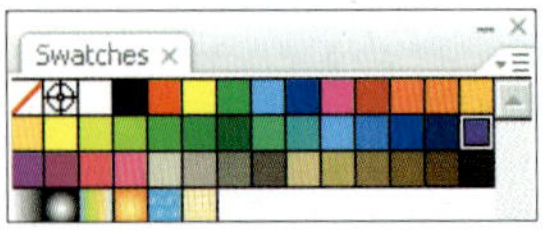

C: 75,M:100,Y: 0,K: 0

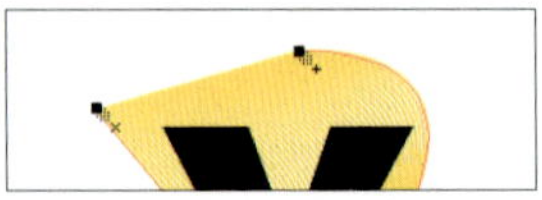
应用混合工具后设置混合选项

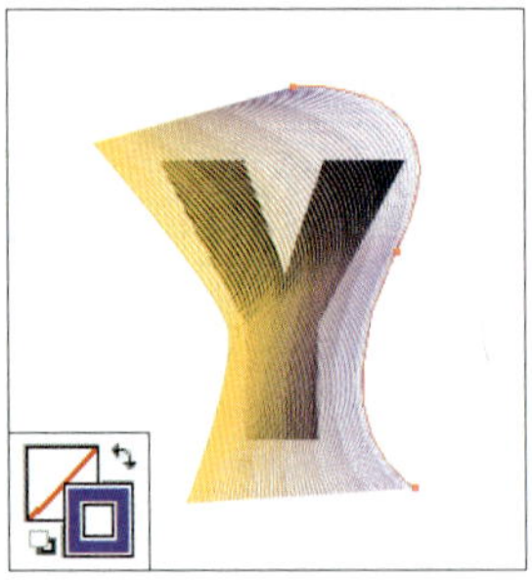
设置上端路径，轮廓色和粗细

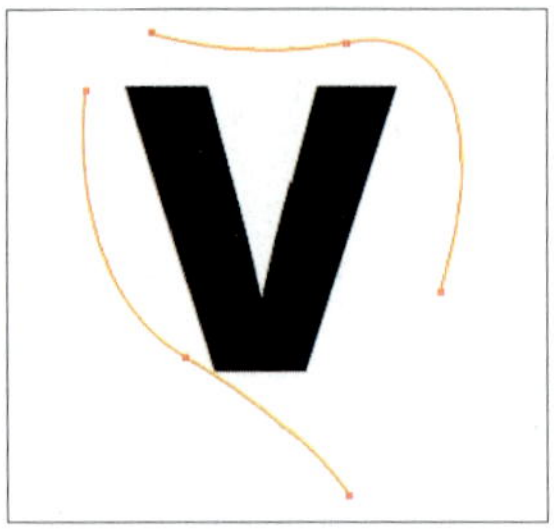
生成路径

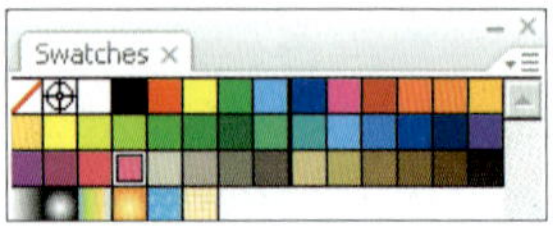

C: 0,M:95,Y:20,K: 0

应用混合工具后设置混合选项

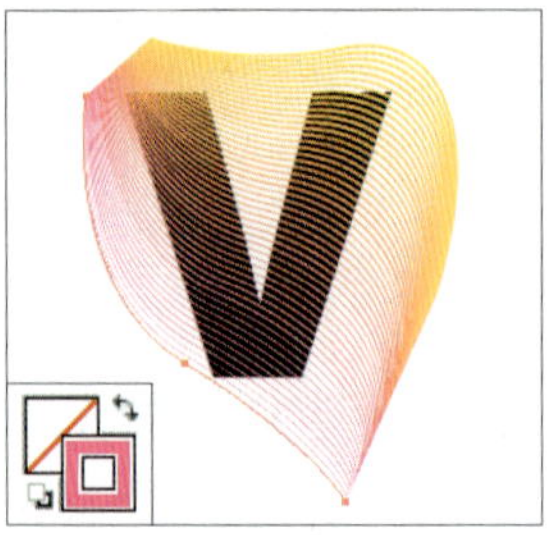
设置上端路径，轮廓色和粗细

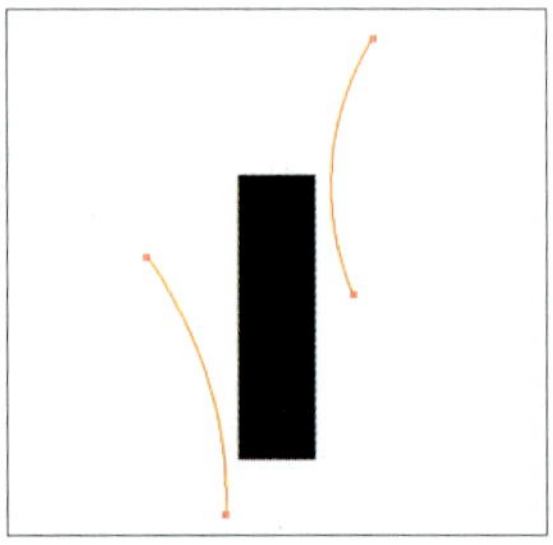
生成路径

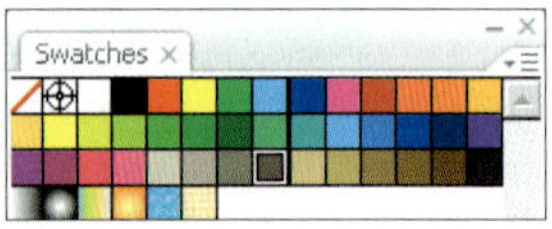

C: 55,M:60,Y:65,K:40

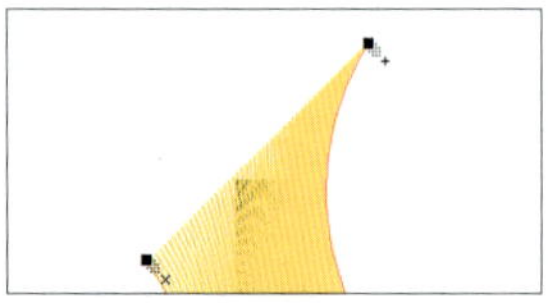
应用混合工具后设置混合选项

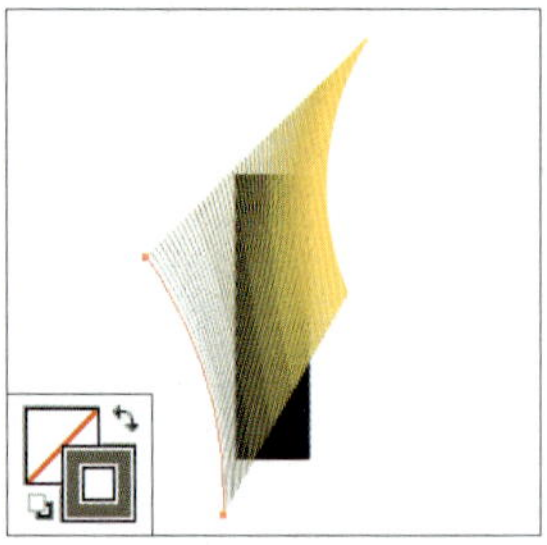
设置上端路径，轮廓色和粗细

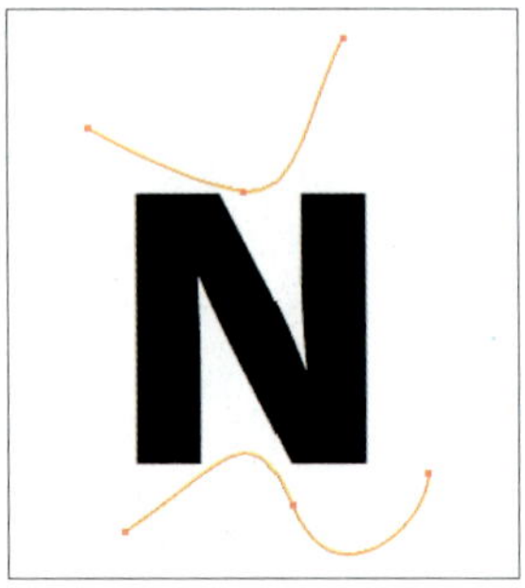
生成路径

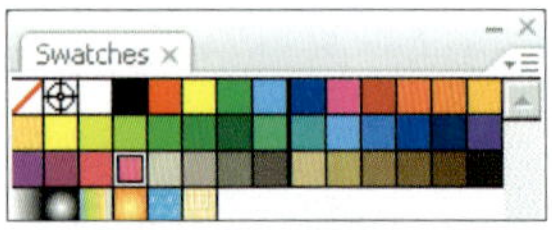

应用混合工具后设置混合选项

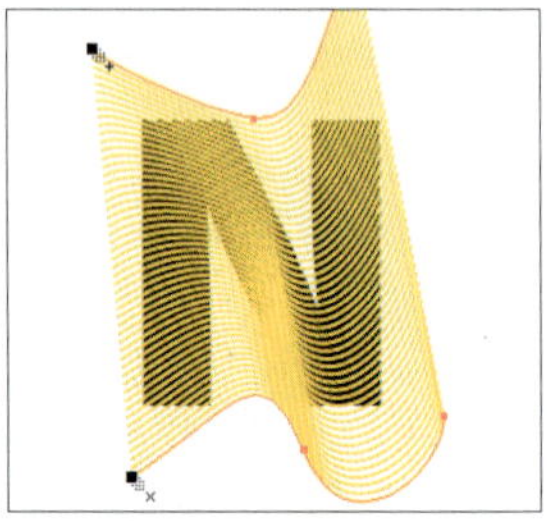
应用混合工具后设置混合选项

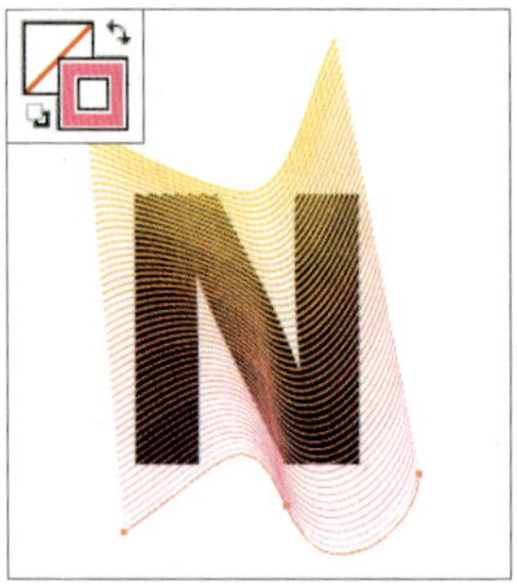
设置上端路径，轮廓色和粗细

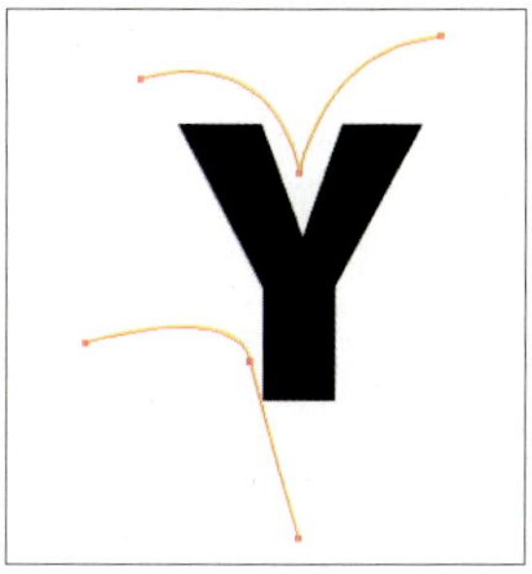

生成路径

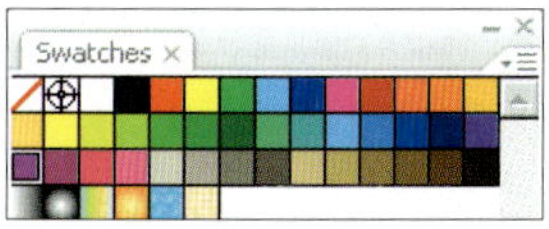

C: 55,M:60,Y:65,K:40

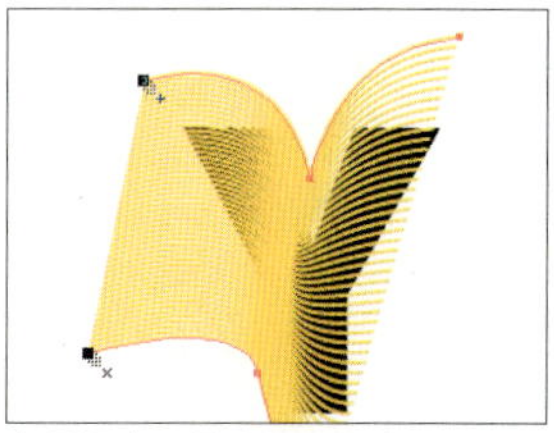

应用混合工具后设置混合选项

设置上端路径，轮廓色和粗细

当前文件

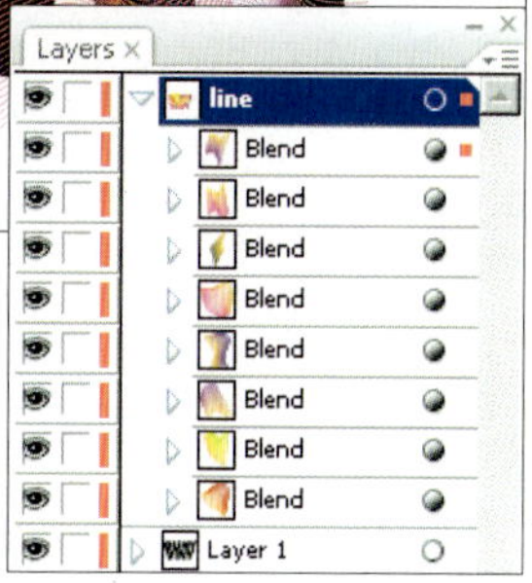

当前图层面板

粘贴在上方

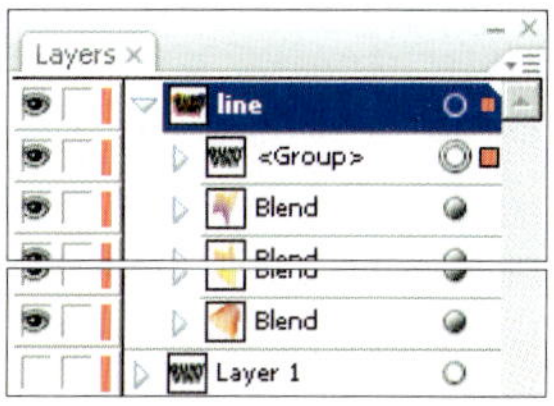

粘贴的对象

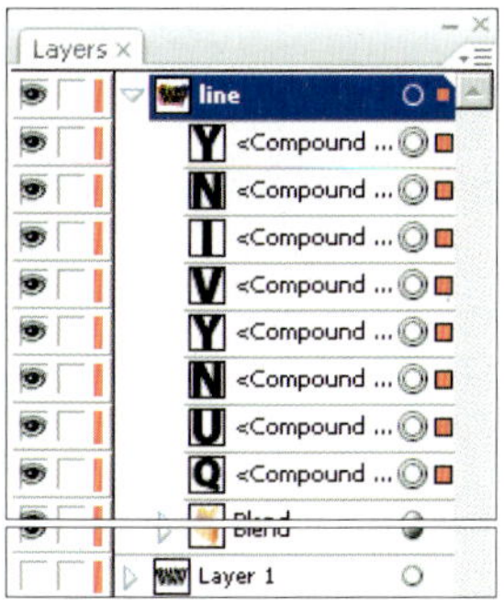

取消组合

选择字母 Q 和混合对象

应用剪贴蒙版

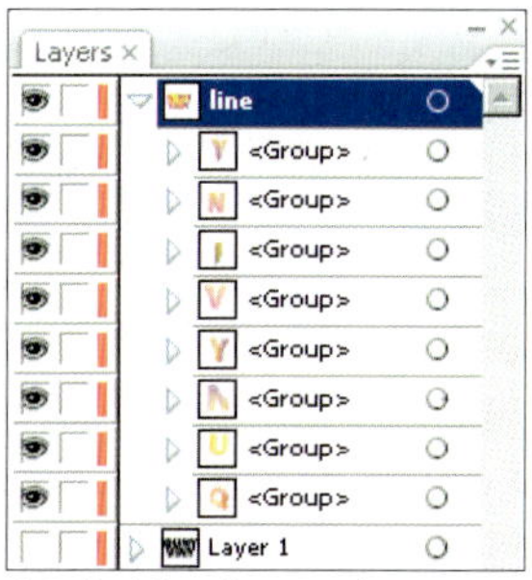

应用剪贴蒙版的图层面板

03 应用剪贴蒙版

下面我们应用剪贴蒙版，只在文字区域显示混合效果。

选择 Object>Unlock All（对象 > 全部解锁）命令（Alt+Ctrl+2），取消锁定。

选择 Layer 1 图层的对象，按 Ctrl+C 快捷键复制图像，将 Layer 1 图层设置为非激活状态，选择 line 图层，在文件上方的合适位置按 Ctrl+F 快捷键粘贴。

由于在组合化的对象中不能应用蒙版，选择粘贴在图像上方的对象，选择 Object>Unlock All（对象 > 全部解锁）命令（Alt+Ctrl+2），取消组合。

利用选择工具 选择字母 Q 和在字母 Q 中应用的混合对象，选择 Object>Clipping Mask>Mask（对象 > 剪切蒙版 > 建立）命令（Ctrl+7），只在字母 Q 区域显示混合对象。

对其他字母和混合对象也按同样的方法应用蒙版。

当前文件

04 修改混合对象的路径

确认标题效果时，可以看到混合对象没有在文字对象区域表现出来。下面我们来修改混合对象的路径，表现标题效果。

在当前状态下不能很好地确认路径的位置，很难选择路径。为了方便地修改路径，选择 View>Outline（视图 > 轮廓）命令（Ctrl+Y），转换到轮廓显示状态，利用直接选择工具 ，如图 4-a 所示调节上端路径的点，修改为混合包含文字对象，选择 View>Preview（视图 > 预览）命令（Ctrl+Y）进行确认。

没有显示的混合对象

轮廓线

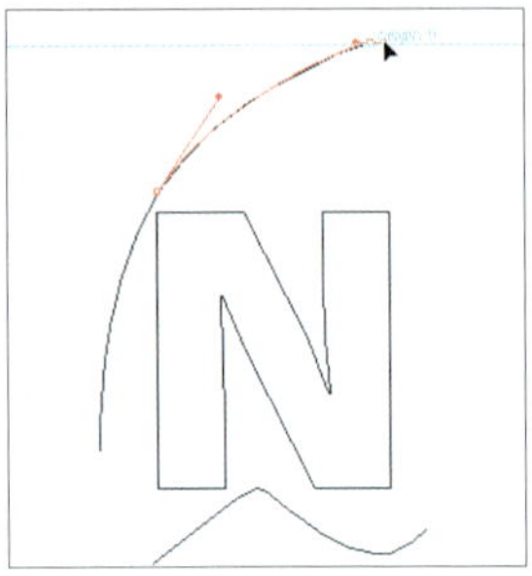

4-a

预览显示

利用相同的方法对其他没有显示的混合对象的路径进行修改。如果对曲线的表现不满意，重新调整路径即可。

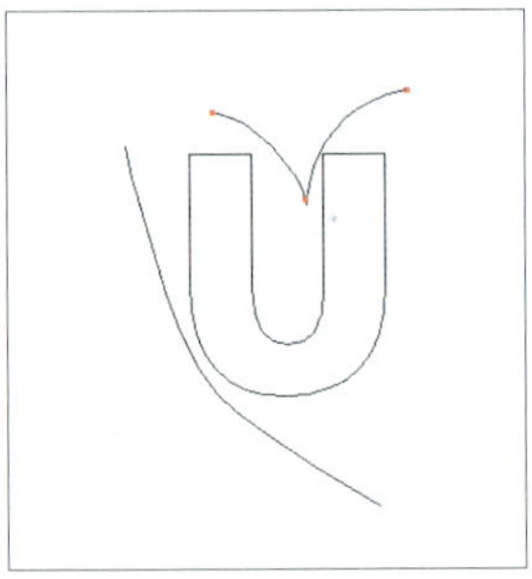

上端 U 对象

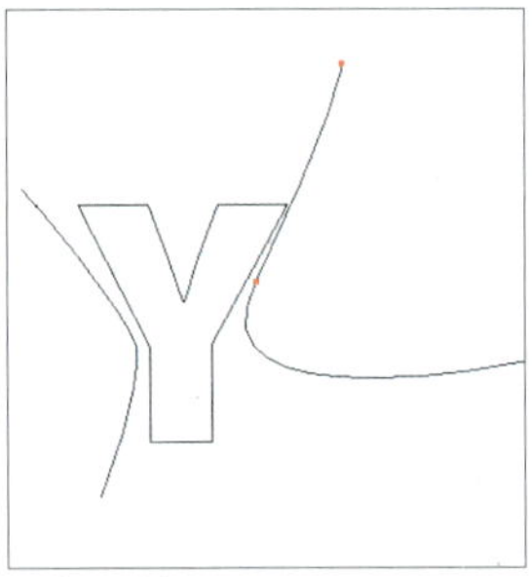

上端 Y 对象

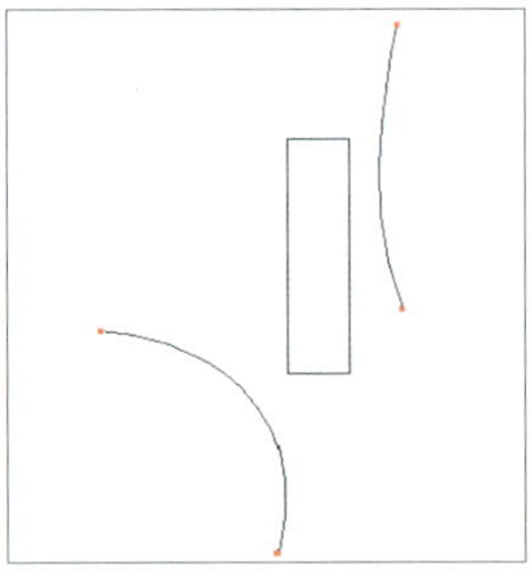

上端 I 对象

轮廓线

当前文件

删除绘制的路径的时候，要准确地删除

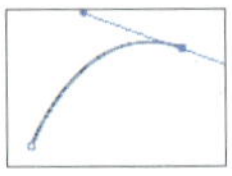

绘制的路径

绘制的路径

在绘制路径的过程中如果需要取消路径的话，可以按 Delete 键删除，这时要删除到没有留下的杂散点。

杂散点利用文字工具单击后不输入，再进行其他操作的时候也会留下，因此要注意。

杂散点引起的混合效果

杂散点一起混合的话，会得到如下图所示的效果。如果创建的不是所需的效果，或者是弹出警告对话框，抑或者是命令不能使用，应先确认图像中是否包含杂散点。

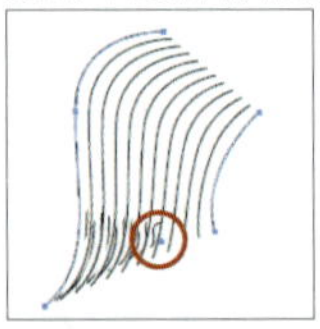

选择杂散点的状态下混合的效果

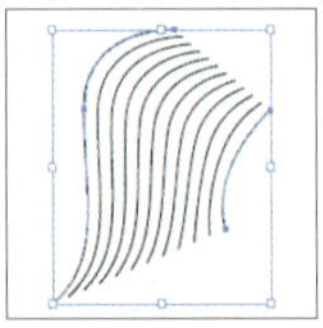

删除杂散点的状态下混合的效果

取消剪贴蒙版

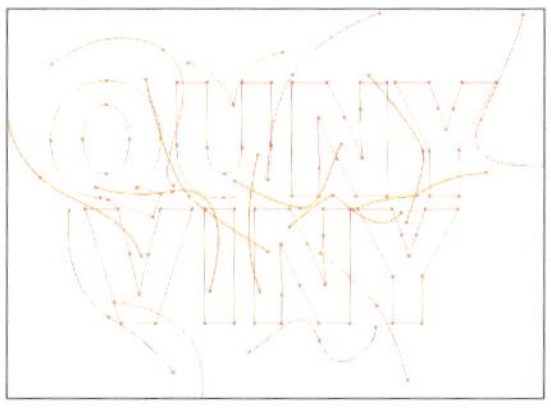

取消混合

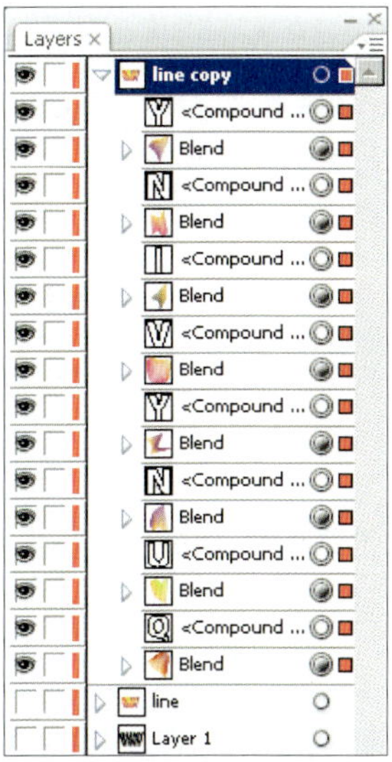

取消剪贴蒙版后的图层面板

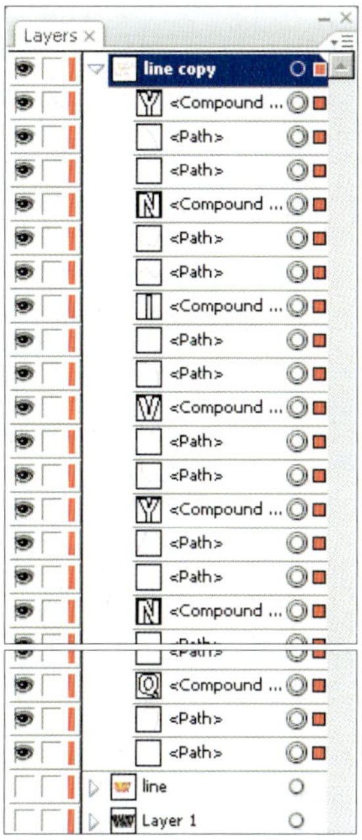

取消剪贴蒙版后的图层面板

05 在混合对象中添加路径

下面我们在混合对象中添加路径，表现动态混合效果。

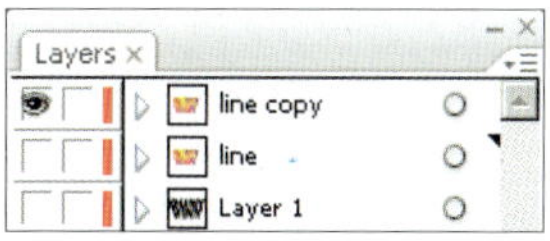

取消剪贴蒙版后的图层面板

将 line 图层拖动到图层面板下端的 Create a new layer（创建新图层）按钮上复制，将 line 图层设置为非激活状态。

按 Ctrl+A 快捷键全选 line copy 图层的对象，为了取消剪贴蒙版和混合效果，首先选择 Object> Clipping Mask>Release（对象 > 剪贴蒙版 > 释放）命令（Alt+Ctrl+7），清除剪贴蒙版。然后选择 Object> Blend>Release（对象 > 混合 > 释放）命令（Alt+Shift+Ctrl+B），清除混合效果。

激活 Layer 1 图层，单击 Toggles Lock 锁定，选择 line copy 图层，在文件的空白位置单击鼠标，按 Shift+Ctrl+A 快捷键取消选区。

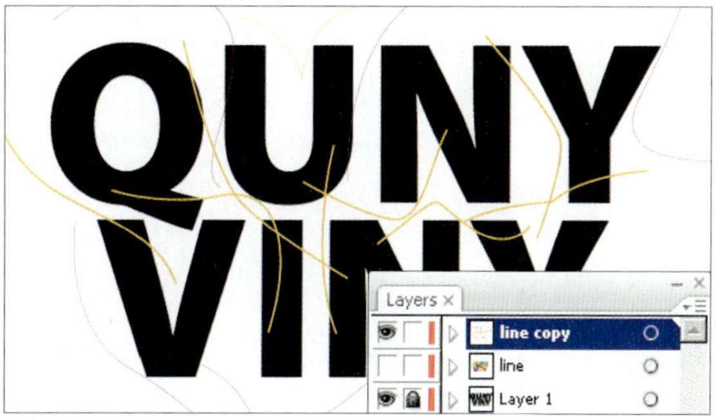

当前文件　　当前图层面板

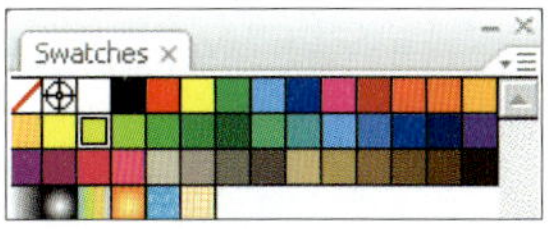

C:20,M:0,Y:100,K:0

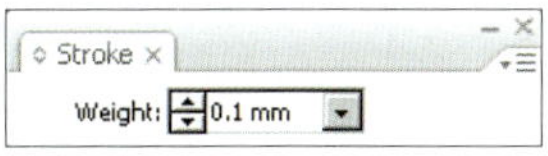

描边面板

5-a

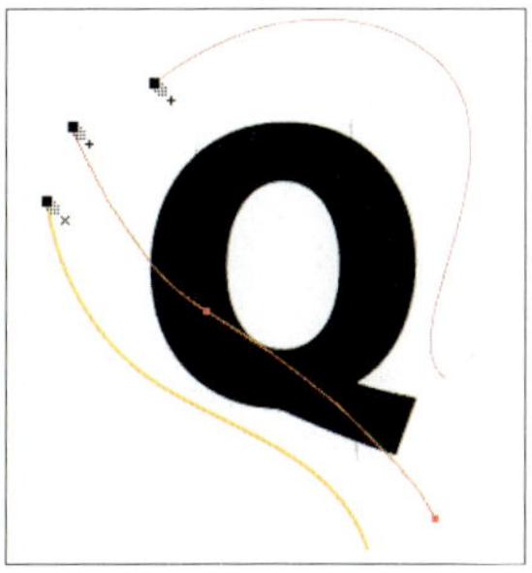

应用混合工具

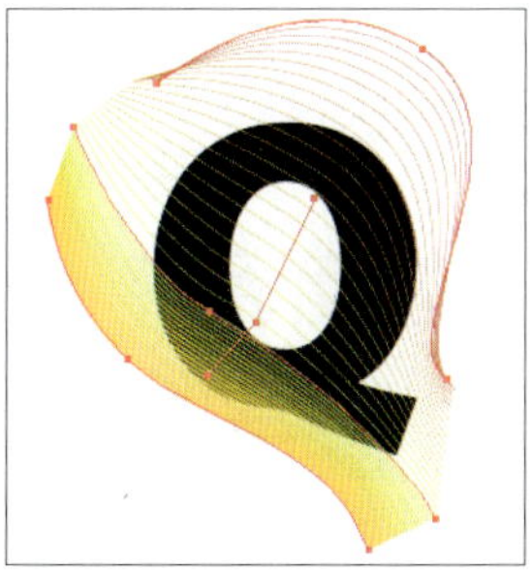

设置混合选项

选择钢笔工具，将颜色模式的填充色设置为None，将轮廓色设置为所需的颜色。

在描边面板中将Weight设置为0.1mm，在字母Q中的混合对象的路径之间如图5-a所示添加路径。

选择混合工具，单击左侧路径上端的点，单击中间路径上端的点，单击右侧路径上端的点，应用混合效果。双击混合工具，在Blend Options（混合选项）对话框中如图5-b所示进行设置。

5-b

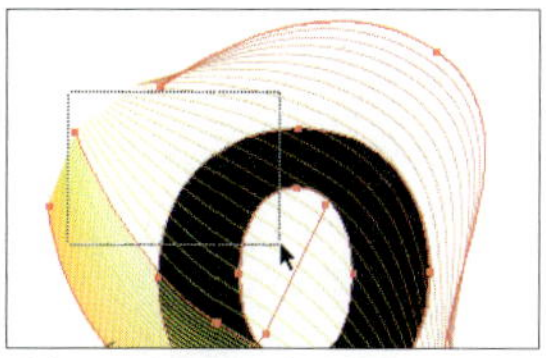

选择 Q 对象和混合对象

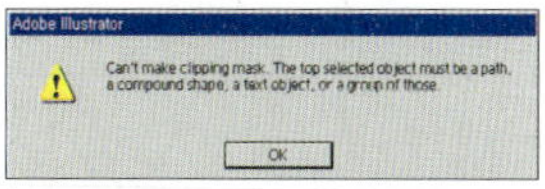

提示框

为了应用剪贴蒙版，利用选择工具选择字母Q和混合对象，选择Object> Clipping Mask> Make（对象>剪切蒙版>建立）命令（Ctrl+7）。由于混合对象比蒙版区域Q对象稍向上，会弹出提示框。

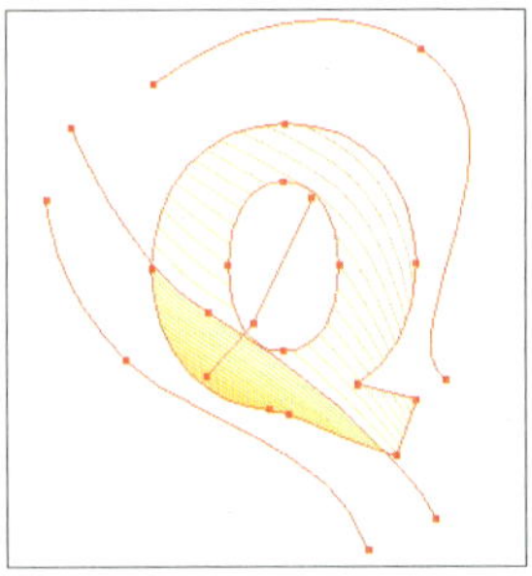

应用剪贴蒙版

在轮廓状态下确认

在轮廓状态下确认 Stray Point

预览状态

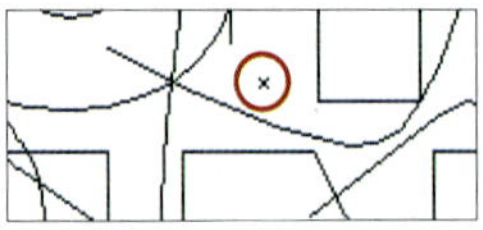

在轮廓状态下确认

确认提示框，在文件的空白位置单击鼠标左键，取消选择。选择混合对象，选择 Object>Arrange>Send to Back 命令（对象 > 排列 > 置于底层）（Shift+Ctrl+[），移动到最后，选择字母 Q 和字母 Q 中的混合对象，选择 Object>Clipping Mask>Make（对象 > 剪贴蒙版 > 建立）命令（Ctrl+7）。

将 Layer 1 图层设置为非激活状态后，我们可以看到只有字母 Q 区域可以见到混合对象，根据混合对象的路径混合效果的间距有所不同，表现出更有动感的效果。

如果对添加的路径不满意，可以利用直接选择工具，调节点和手柄，也可以更改颜色。

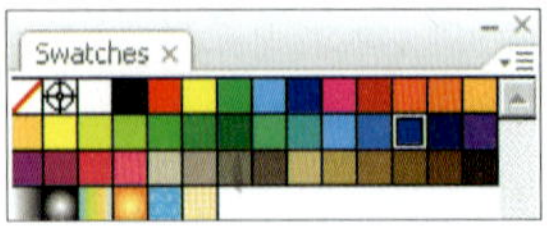

C:100,M:95,Y:5,K:0

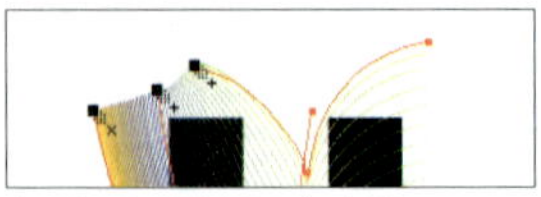

应用混合后设置混合选项

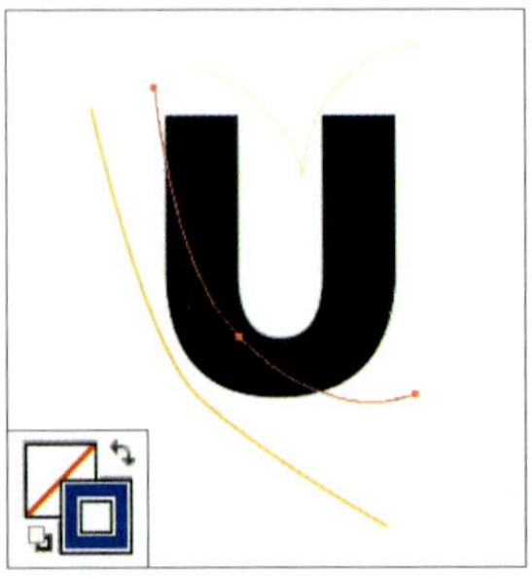

生成路径

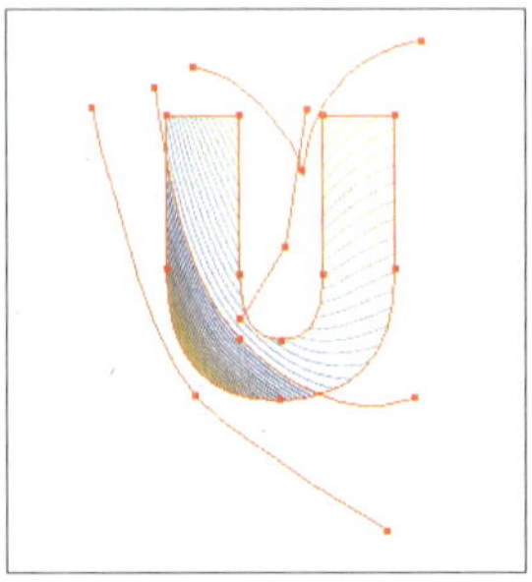

应用剪贴蒙版

对其他文字对象和混合对象也利用与上面相同的方法添加路径表现混合效果。下图为笔者操作的步骤。

CMYK Blue

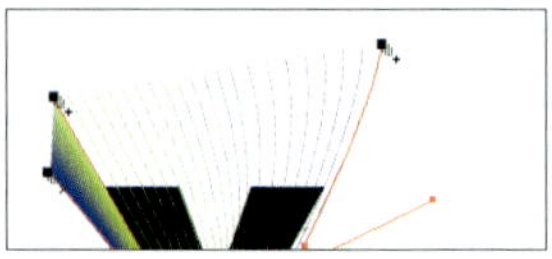

应用混合后设置混合选项

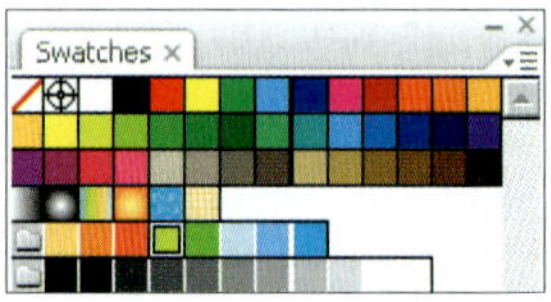

C:30, M:0, Y:95, K:0

左侧路径的颜色

中间路径的颜色

生成路径后，修改上端和下端的路径

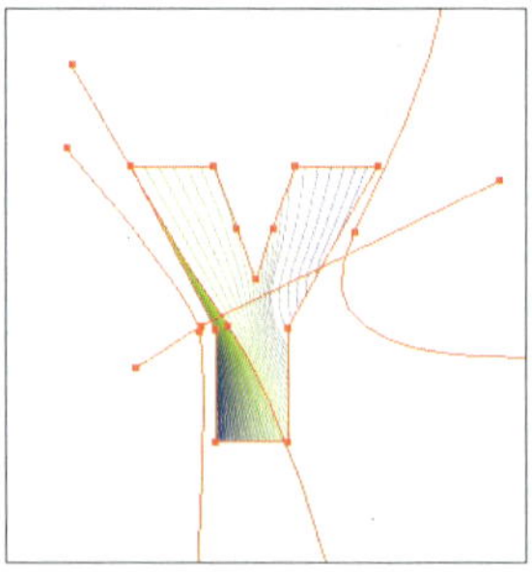

应用剪贴蒙版

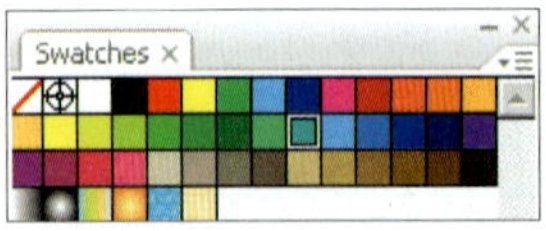

C:80,M:10,Y:45,K:0

生成路径后，修改上端和下端的路径

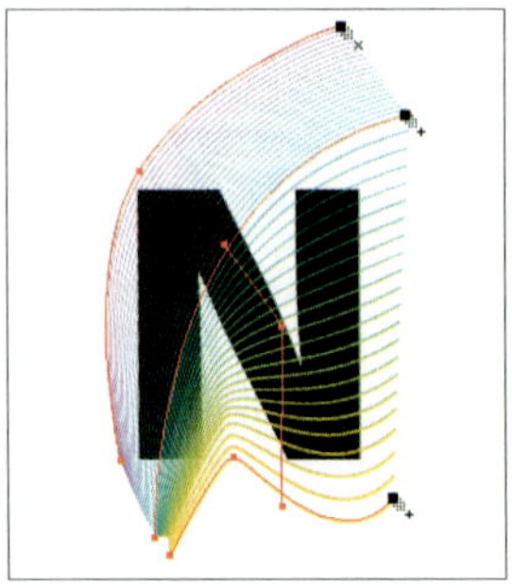

应用混合后设置混合选项

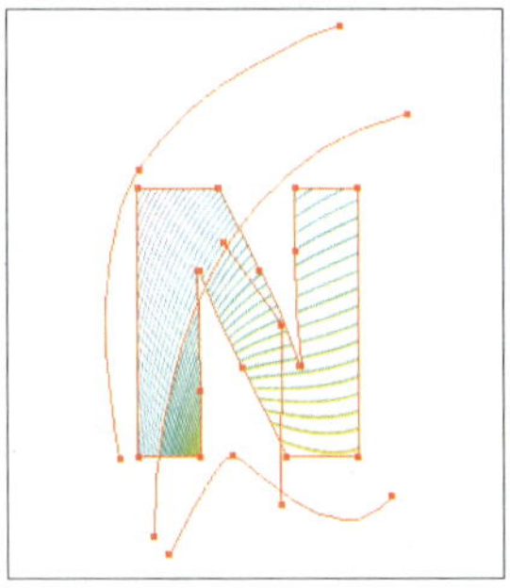

应用剪贴蒙版

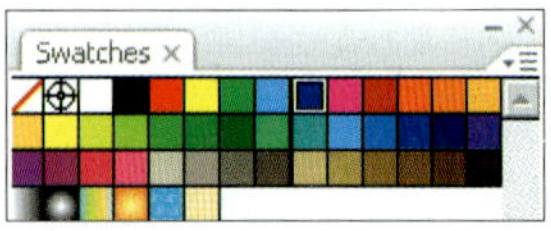

CMYK Blue

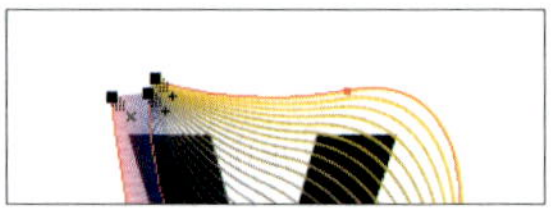

应用混合后设置混合选项

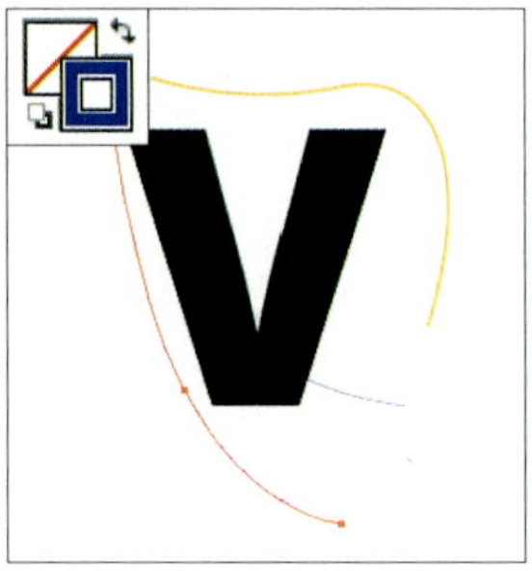

生成路径后，修改左侧的路径

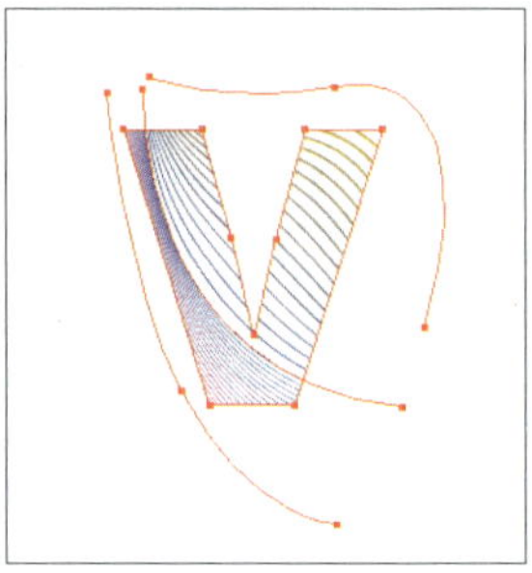

应用剪贴蒙版

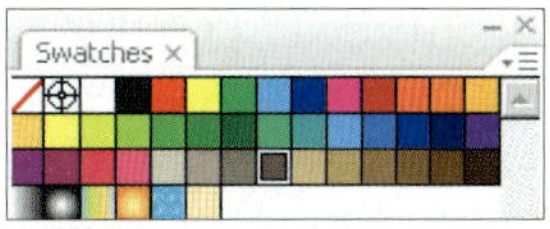

C:55,M:60,Y:65,K:40

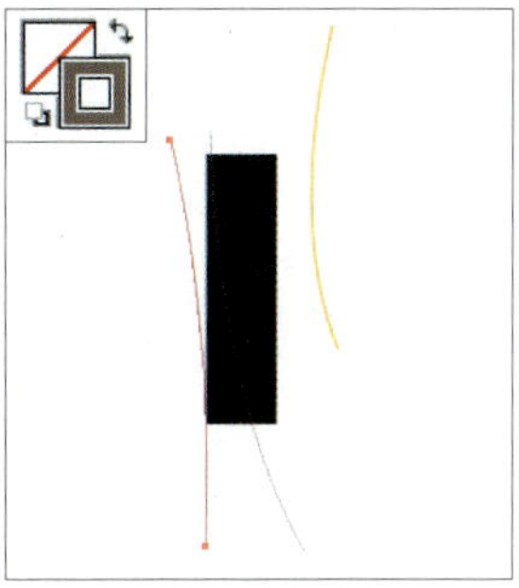

生成路径后，修改左侧路径

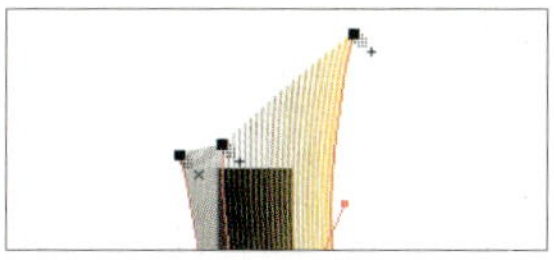

应用混合后设置混合选项

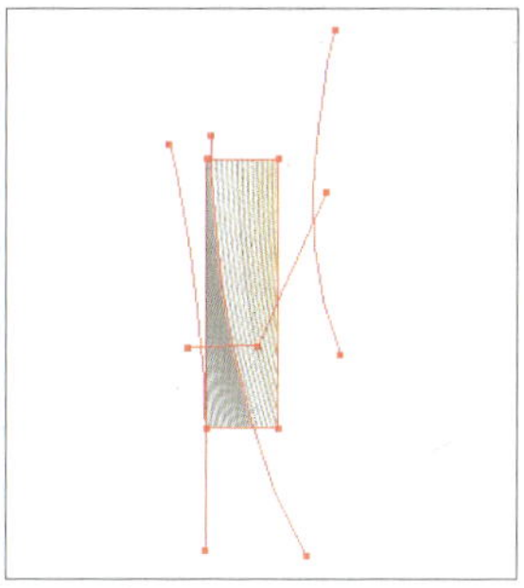

应用剪贴蒙版

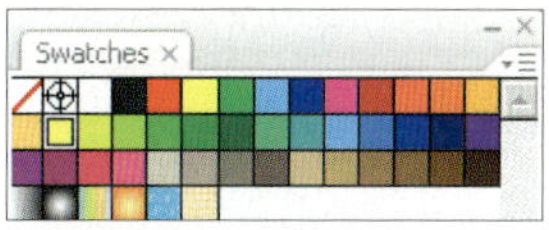

C:5, M:0, Y:90, K:0

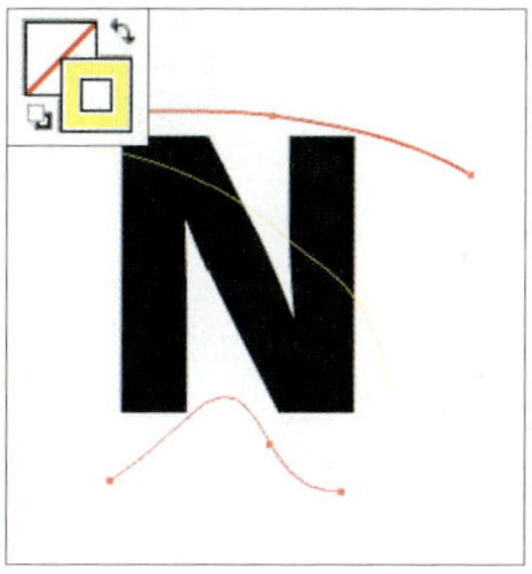

生成路径后，修改上端和下端的路径

应用混合后设置混合选项

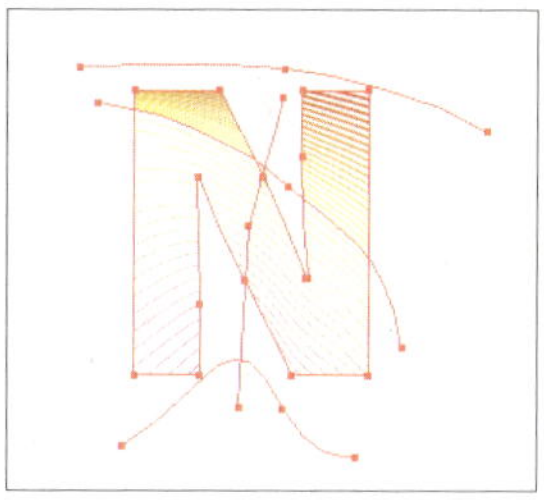

应用剪贴蒙版

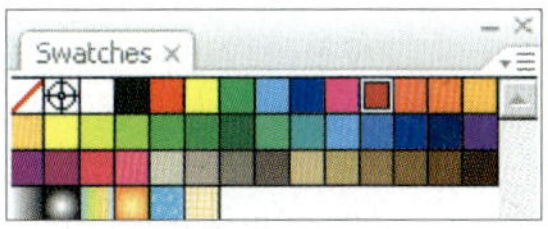

C:15, M:100, Y:90, K:10

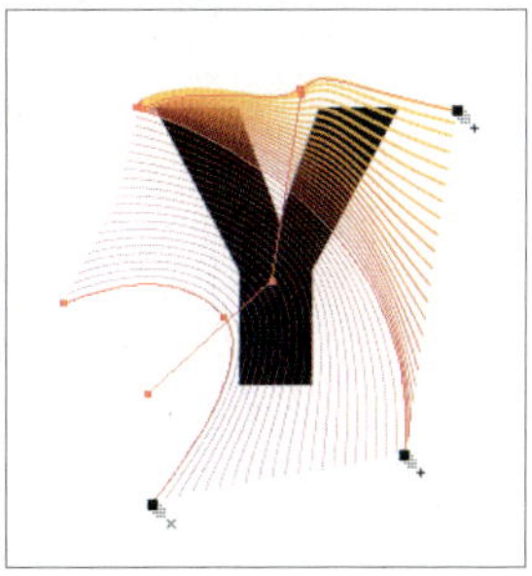

生成路径后，修改上端和下端的路径

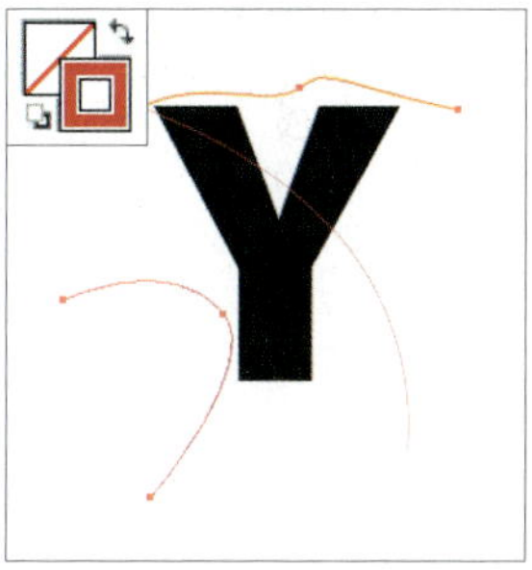

应用混合后设置混合选项

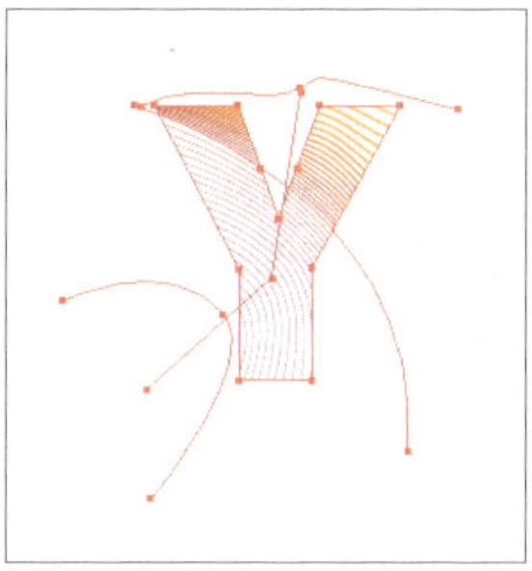

应用剪贴蒙版

当前文件

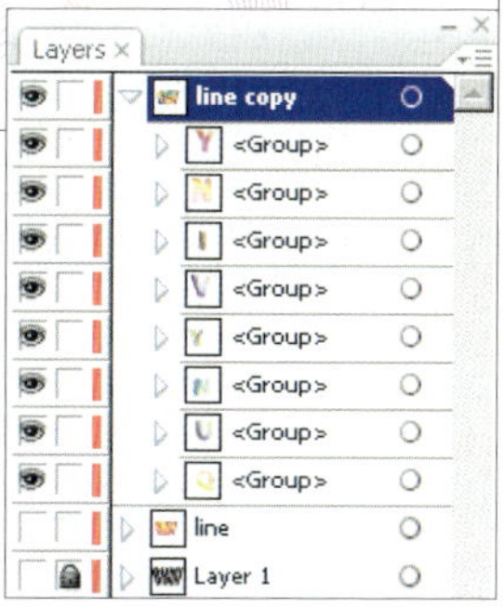

当前图层面板

利用菜单选择

选择 Select>Object>Stray Points（选择 > 对象 > 游离点）命令，选择文件中的所有游离点。

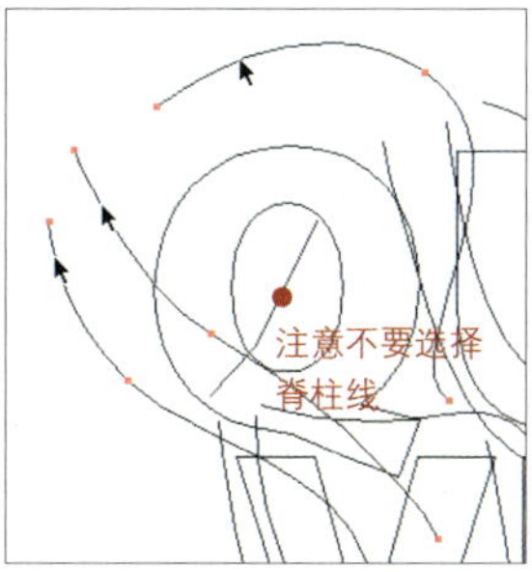

利用组合选择工具选择 3 个路径

06 以点的形态表现线条

下面我们将混合效果中的线条以点的形态来表现。

将 line copy 图层拖动到图层面板下端的 Create a new layer（创建新图层）按钮上复制。将 line copy 图层设置为非激活状态，然后选择 line copy 2 图层，选择 View>Outline（视图 > 轮廓）命令（Ctrl+Y），转换为轮廓显示状态。利用直接选择工具 或者组合选择工具 ，选择字母 Q 对象上端的路径，按住 Shift 键分别单击选择中间和下端的路径。不要选择脊柱线，只选择混合线条。

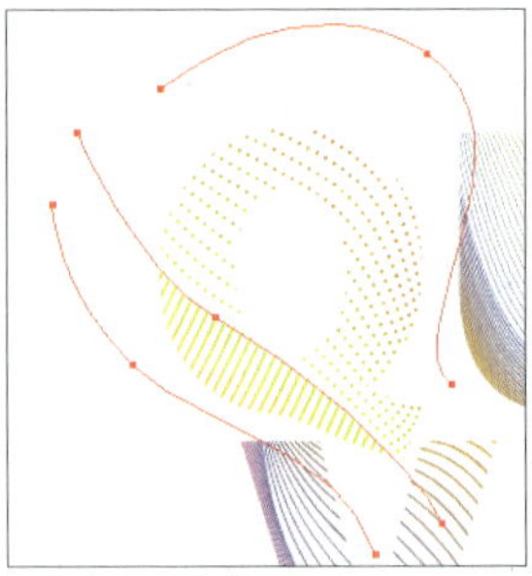

以点表现线条效果

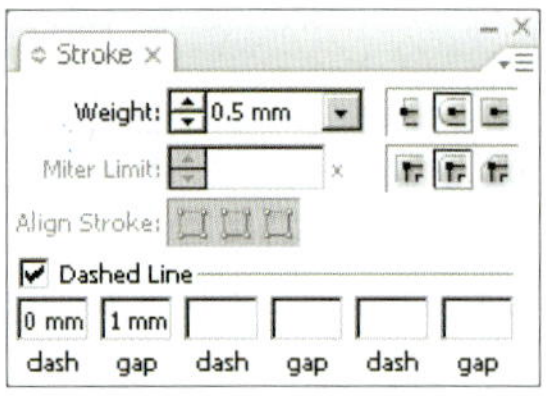

描边面板

当前文件

选择 3 个路径，在描边面板中将 Weight（宽度）设置为 0.5mm，勾选 Dashed Line 复选框，将 dash 设置为 0mm，将 gap 设置为 1mm，以点表现线条效果。对其他混合对象的路径也利用上面的方法进行选择和应用。

当前图层面板

轻松地选择被遮挡的对象

选择较大的对象下面的对象的时候，如果想要直接选择，容易选择上方较大的对象。只要转换为轮廓状态后选择就可以轻松地进行选择。在较大对象的填充色为 None（无）的状态下就没有必要转换为轮廓状态，直接选择即可。

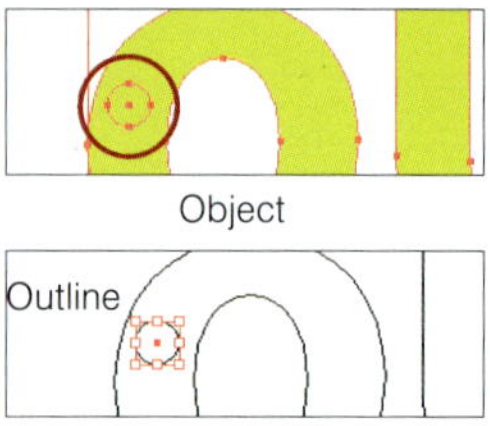

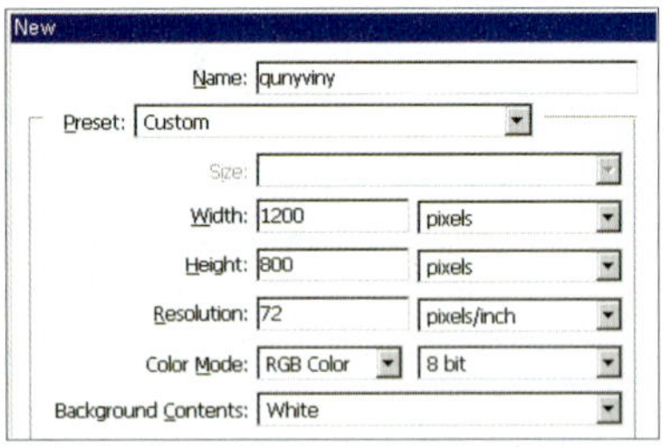

新建

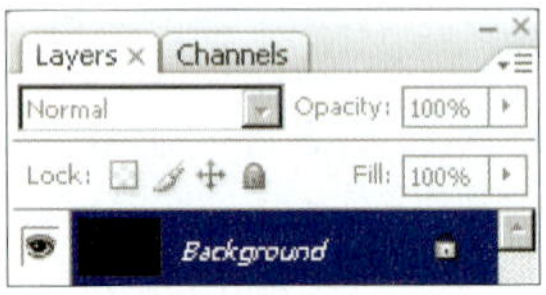

反转图像后的图层面板

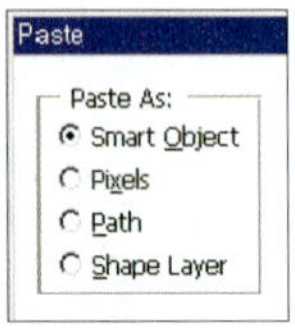

智能对象

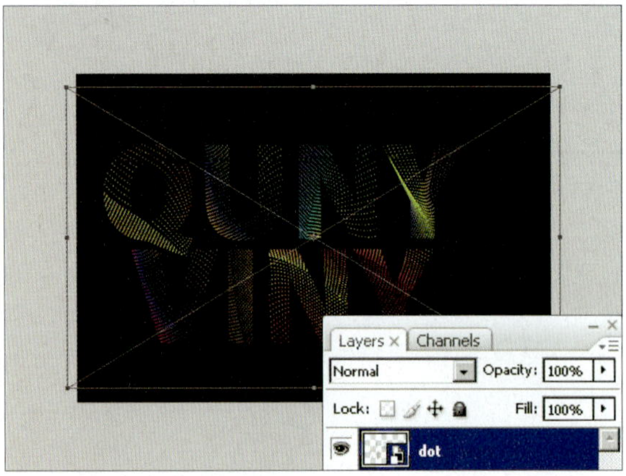

将 W 设置为 300%，将 H 设置为 dot 图层 300%，放大图像

07 放置制作的对象

下面我们在 Photoshop 中修饰标题效果。

按 Ctrl+A 快捷键全选当前文件，按 Ctrl+C 快捷键复制。

运行 Photoshop，选择 File>New（文件 > 新建）命令（Ctrl+N），将 Width 设置为 1200pixels，将 Height 设置为 800pixels，将 Resolution（分辨率）设置为 72pixels/inck，创建新的文件。将背景色填充为黑色，选择 Background 图层，选择 Image>Adjust-ments>Invert（图像 > 调整 > 反相）命令（Ctrl+I），反转图像。

按 Ctrl+V 快捷键粘贴在 Illustrator 中复制的对象，在打开的 Paste（粘贴）对话框中设置为 Smart Object（智能对象）。

激活粘贴对象的变形框，在选项栏中将 W 设置为 300%，将 H 设置为 300%，将粘贴的 Vector Smart Object 图层的名称设置为 dot。

在 Illustrator 中将 line copy 2 图层设置为非激活状态，激活 line copy 图层，按 Ctrl+A 快捷键全选文件中的对象，按 Ctrl+C 快捷键复制。

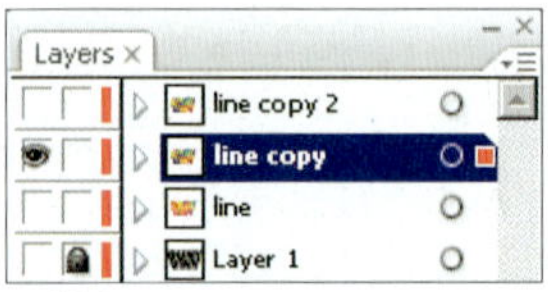

只激活 line copy 图层

按 Ctrl+V 快捷键在 Photoshop 当前操作的文件中以智能对象粘贴图像。激活变形框，在选项栏中将 W 设置为 300%，将 H 设置为 300%，放大图像。将粘贴得到的图层的名称设置为 line1。

利用与上面相同的方法将 Illustrator 中的 line 图层也粘贴到 Photoshop 的文件中，将新图层重命名为 line2。

将 W 设置为 300%，将 H 设置为 300%，放大图像

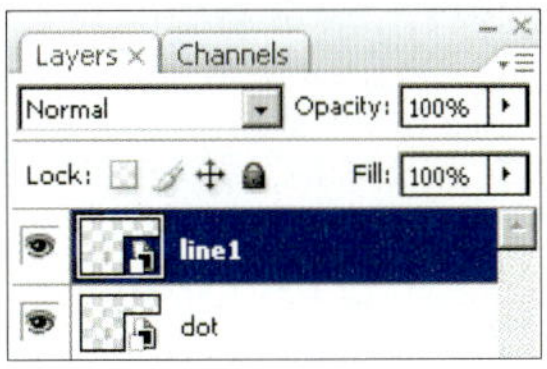

line1 图层

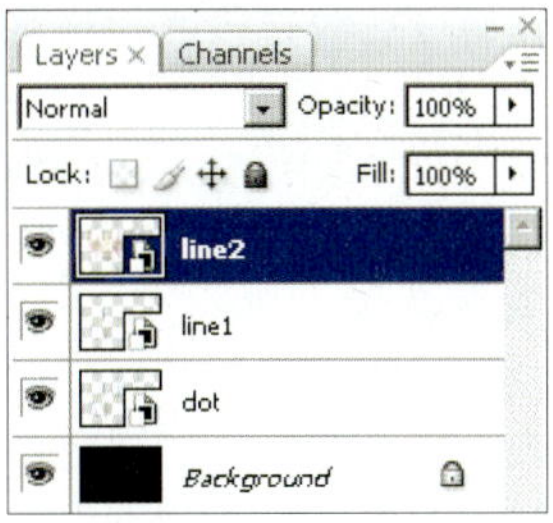

当前图层面板

当前文件

下面我们将粘贴的对象整理到文件中央。

选择 line2 图层，按住 Shift 键单击 dot 图层，全选 dot, line1, line2 图层。

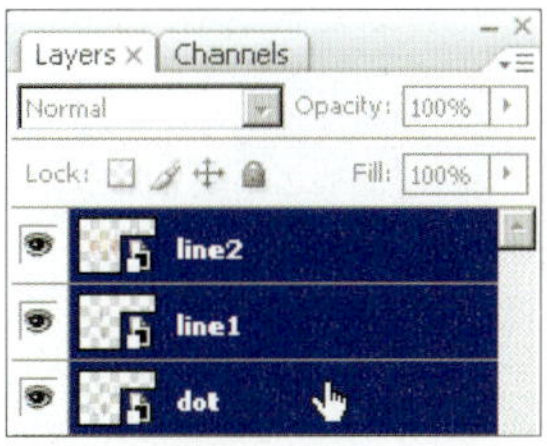

按住 Shift 键单击

选择选择工具，按 Ctrl+A 快捷键全选文件，然后在选项栏中选择 Align vertical centers（垂直居中排列），排列到选区内垂直居中的位置，然后选择 Align horizontal centers（垂直水平排列），排列到水平居中的位置。

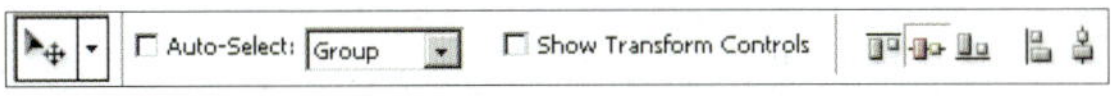

移动工具选项栏

排列到垂直中央

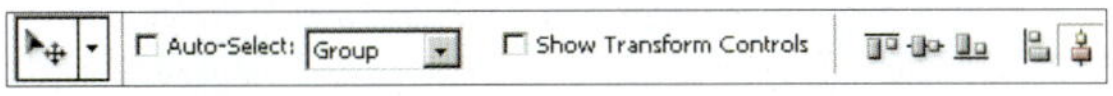

移动工具选项栏

排列到水平中央

按 Ctrl+D 快捷键取消选区，如图 7-a 所示将 dot 图层放置于图层面板最上方，然后将 line2 图层放置于图层面板最下方。

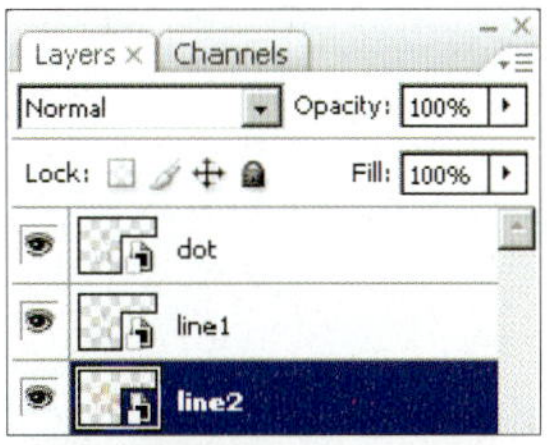

7-a 当前图层面板

当前文件

08 再次排列图像，完成制作

将 dot 和 line1 图层的对象向右移动

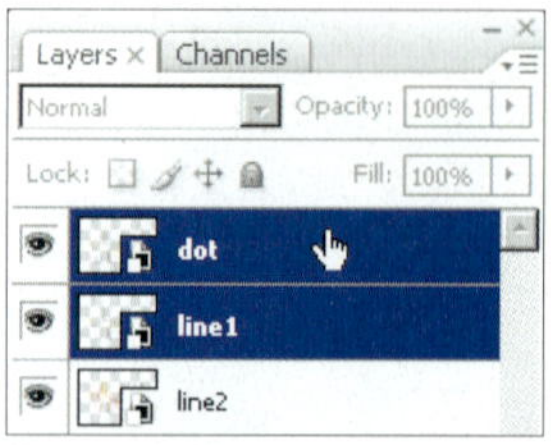

按住 Ctrl 键单击

选择line1图层，按住Ctrl键选择dot图层，在选择line1和dot图层的状态下按键盘上的向右方向键将图像移动适当的位置。为了备份dot图层，选择dot图层，选择Layer> New> Layer via Copy（图层>新建>通过复制的图层）命令（Ctrl+J）复制，将复制得到的dot copy图层设置为非激活状态。

选择 dot 图层，单击鼠标右键，从弹出菜单中选择 Rasterize Layer（栅格化图层）。然后确认背景色为白色，按 Shift+Ctrl+Delete 快捷键在保持透明选区的状态下为图像填充白色。将 dot 图层的混合模式设置为 Overlay（叠加），与线条自然地合成。由于清晰度较低，将 line1 图层的 Opacity（不透明度）设置为50%，使 line2 图层的文字更清晰可见。

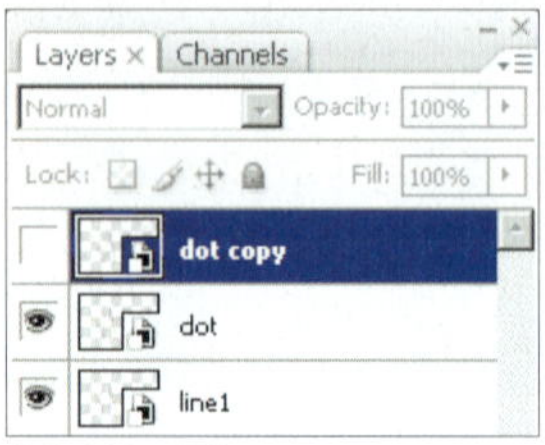

将复制得到的 dot copy 图层设置为非激活状态

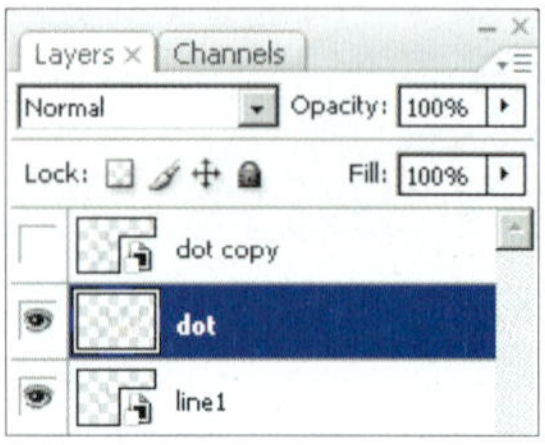

栅格化图层

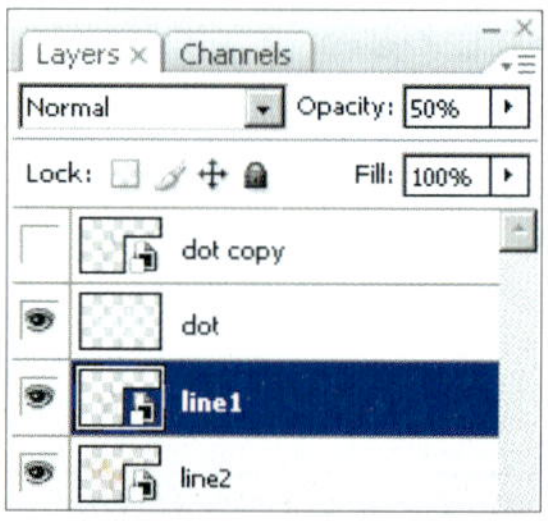

当前图层面板

按 Shift+Ctrl+Delete 快捷键填充背景色

最终完成效果

将混合模式设置为叠加

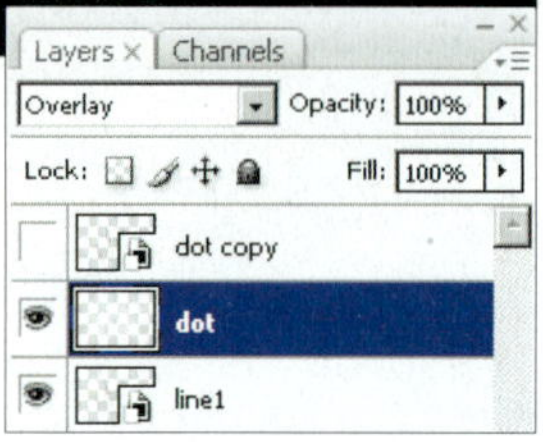

当前图层面板

利用蒙版进行调节

在本步骤中利用混合模式和透明度进行组合，在图层中应用蒙版，然后利用渐变工具对现实的区域进行调节，也可以表现相同的效果。

应用蒙版

双击

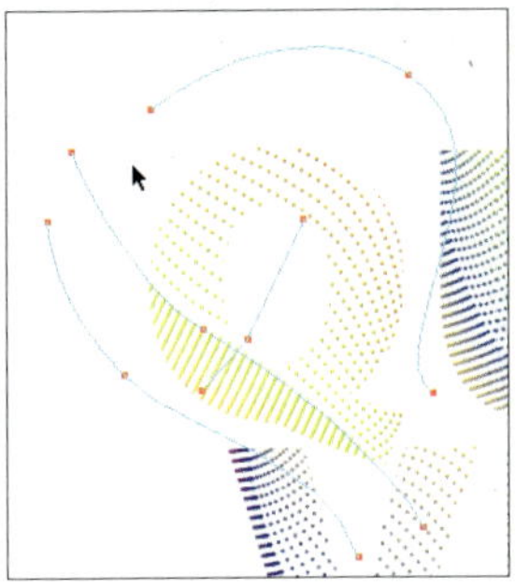
在混合对象内侧单击

生成的 Vector Smart Object.ai

选择所有混合对象

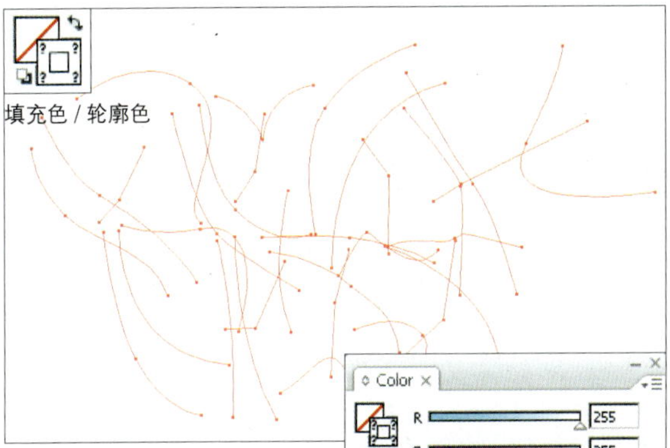
填充色 / 轮廓色

在混合对象中应用白色

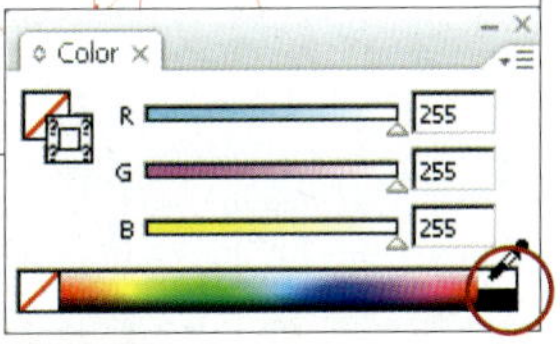

颜色面板

在 Photoshop 中确认

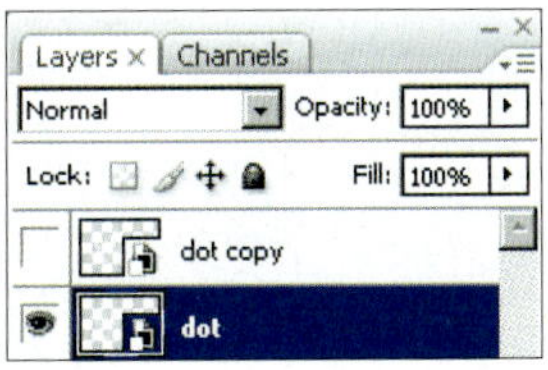

dot 图层

选择混合对象

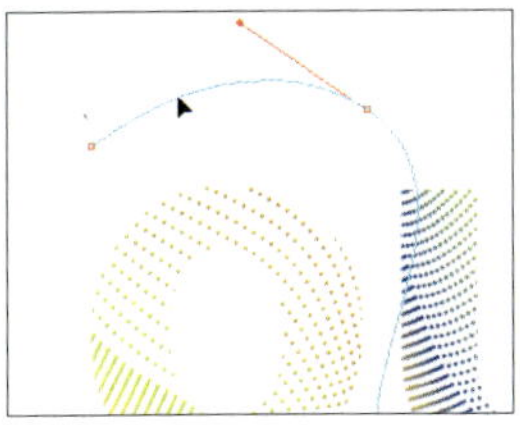
在路径中单击的情况

为了选择混合对象，不在应用混合的对象内侧单击，而在路径上单击，可以只选择单击的路径。利用选择工具不仅可以选择混合对象，也可以选择作为剪贴蒙版使用的对象，因此应利用直接选择工具。

THINK OVER!

更改智能对象的颜色

下面我们更改智能对象的颜色。

为了备份 dot 图层，选择 Layer>New>Layer via Copy（图层 > 新建 > 通过复制的图层）命令（Ctrl+J）复制，然后将复制得到的 dot copy 图层设置为非激活状态。

在 dot 图层中为了只更改点形态的对象的颜色，双击 dot 图层，在 Illustrator 中生成可以修改智能对象的 Vector Smart Object.ai 文件。

选择直接选择工具 ，单击字母 Q 中混合对象的内侧，选择混合对象，按住 Shift 键对其他混合对象也利用与上面相同的方法全部选中。

确认颜色模式的轮廓色位于上方，在颜色面板中选择白色，更改混合对象的轮廓色。选择 File>Save（文件 > 存储）命令（Ctrl+S），保存 Photoshop 的操作文件。

应用混合的对象的颜色时的注意事项

在 Illustrator 中操作的时候选择作为剪贴蒙版使用的对象，若要更改轮廓色的话，在剪贴蒙版中也会应用颜色，创建白色轮廓的线条，因此选择的时候要多加注意。

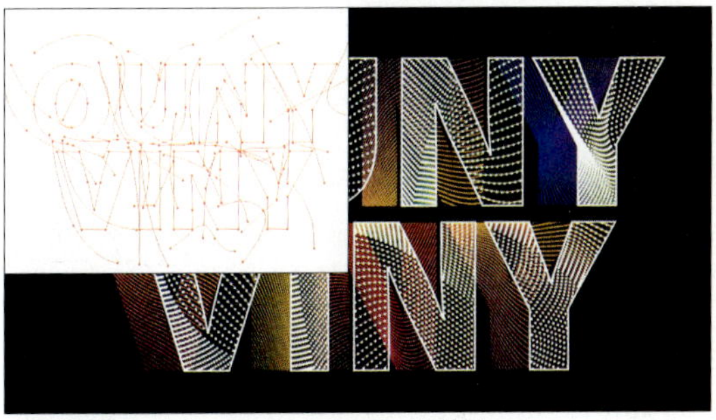
连同剪贴蒙版对象一同选择进行更改时的效果

可以看到更改的内容直接应用于 dot 图层。这样创建为智能对象的话，随时可以进行轻松的修改操作，非常方便。

但是为了保护原图像而备份的 dot copy 图层的对象也受到影响，因此在步骤 08 中要进行栅格化图层后的操作。

dot copy 图层的对象

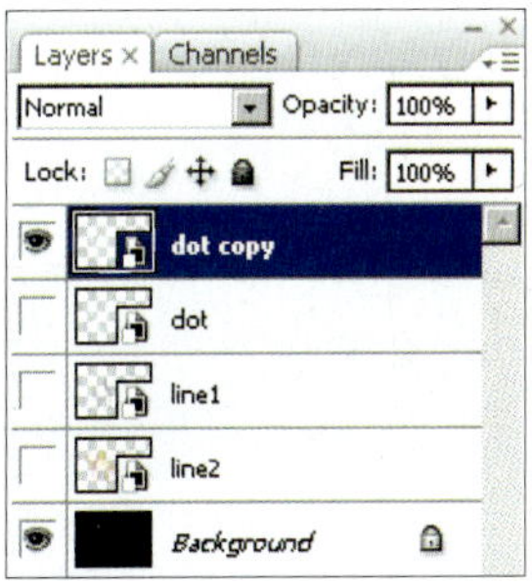

只激活 dot copy 和 Background 图层确认的效果

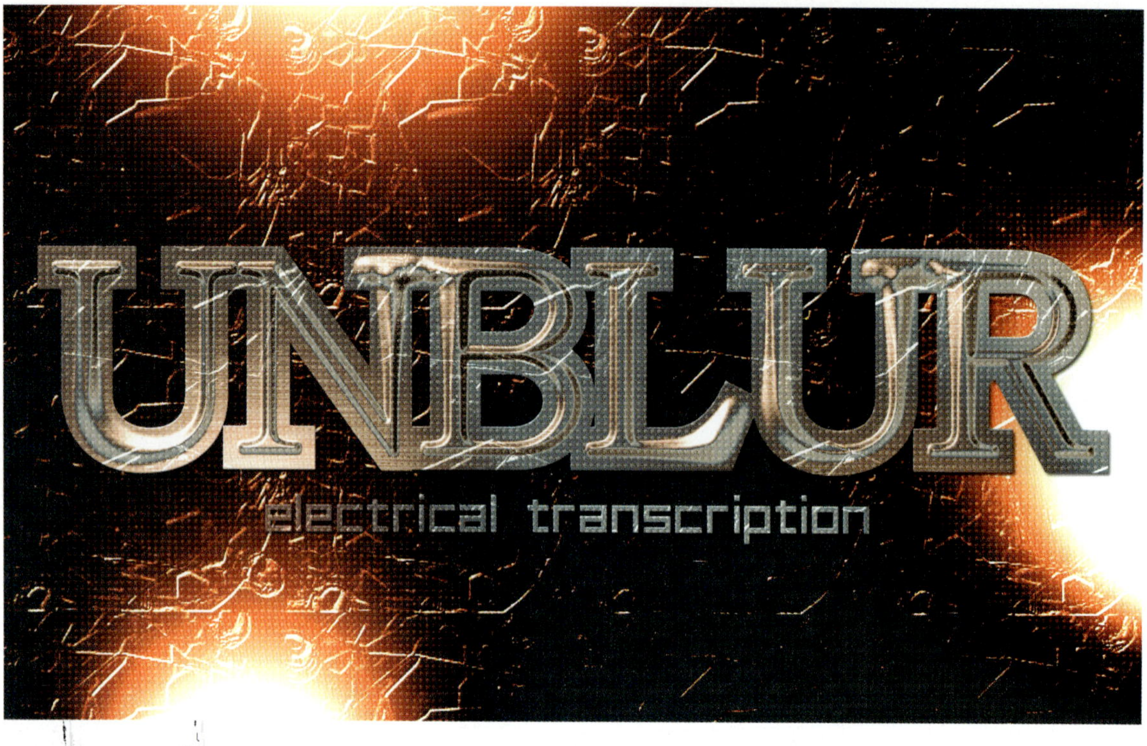

28

28 UNBLUR

应用光线创建具有韵律感的形态，制作机械感的文字特效。

Source Location

Effects 28\

- unblur_start.psd
- unblur_finish1.psd
- unblur_finish2.psd
- unblur_finish3.psd
- unblur_apply1.psd
- unblur_apply2.psd
- source.psd

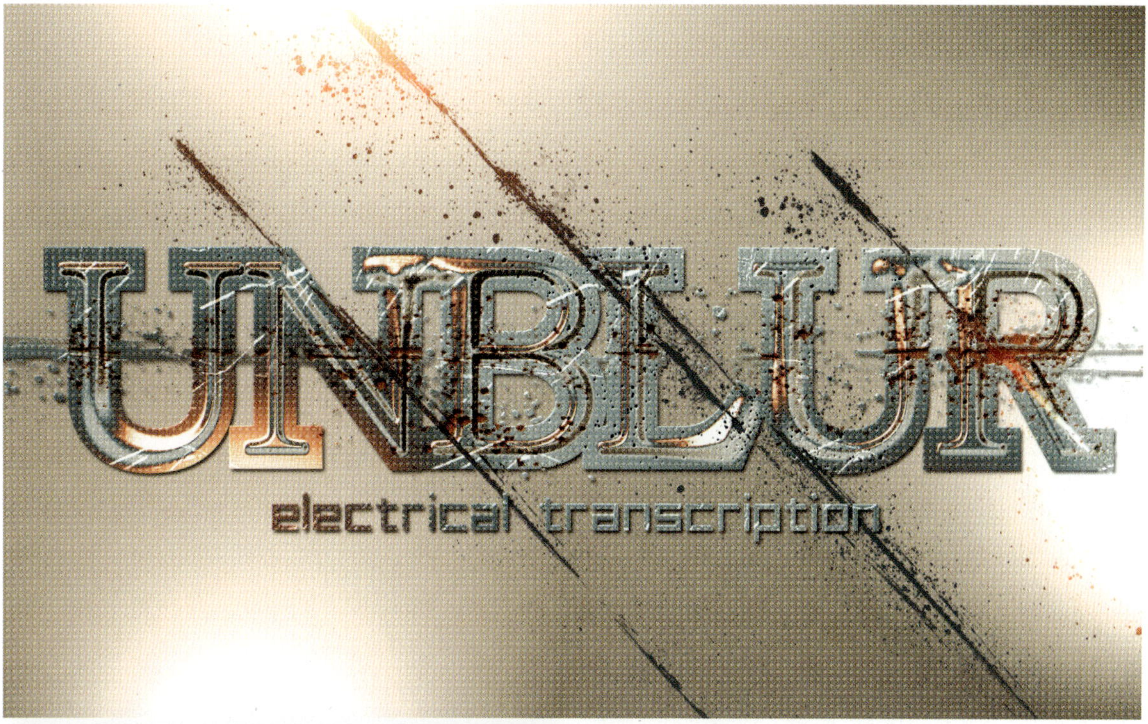

unblur_start.psd 文件

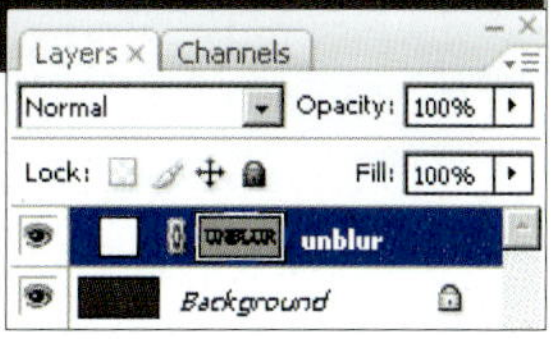

带有形状属性的图层

01 确认操作文件

利用光照效果制作形态后进行调整，表现出机械感的文字效果。

打开unblur_start.psd文件。unblur图层是输入文字后在文字图层中单击鼠标右键，选择弹出菜单中的Convert to Shape（转换为图形）命令创建为形状图层的效果。unblur图层的形状是从Illustrator中导入的。为了作为素材应用，要将其转换为带有矢量属性的形状。

在 CMYK 模式中设置为非激活状态的滤镜

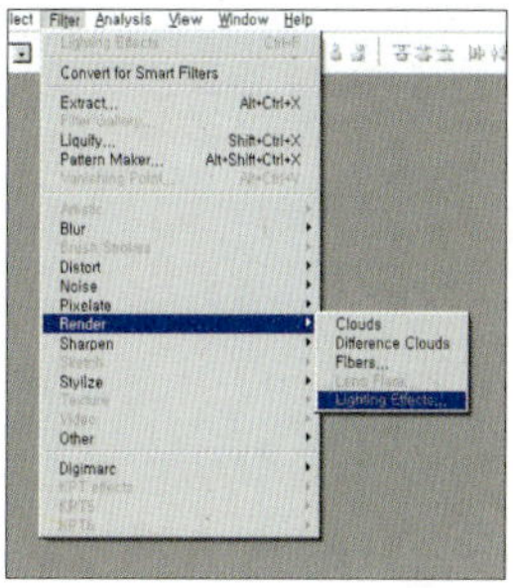

非激活状态的滤镜

当前文件的操作模式是 RGB 模式，但在 CMYK 模式中有些滤镜为非激活状态而无法使用，要将 CMYK 模式转换为 RGB 模式后才能应用滤镜。本步骤中要制作的光照效果也是在 CMYK 模式中无法应用的。

02 指定要模糊的区域

选择 unblur 图层，单击图层面板下端的 Create a new layer（创建新图层）按钮，在 unblur 图层上方创建新的图层，然后将其重新命名为 blur。

创建新图层

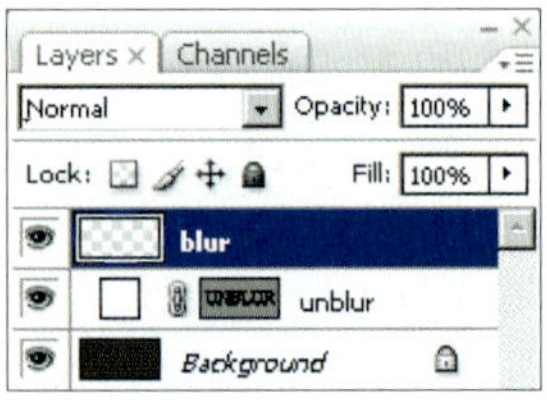

创建新的图层

前景色

选择 blur 图层，确认前景色为黑色，选择画笔工具，然后在画笔工具选项栏中选择柔角的 300pixels 画笔，将 Opacity（不透明度）设置为 100%。如图 2-a 所示在文件中绘制需要模糊的区域。

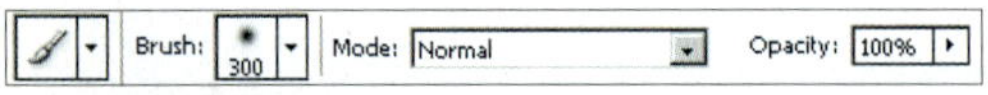

画笔工具选项栏

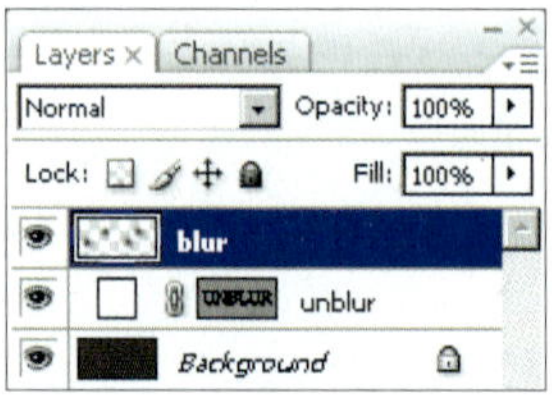

当前图层面板

2-a

03 将文字形态变得模糊

下面我们将文字的形态变得模糊。

按住 Ctrl 键单击 blur 图层，载入 blur 图层选区，选择 Select>Save Selection（选择 > 存储选区）命令，将其命名为 blur，保存要将文字变模糊的区域。

载入 blur 图层选区

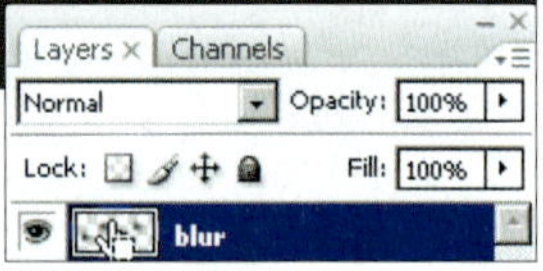

按住 Ctrl 键单击

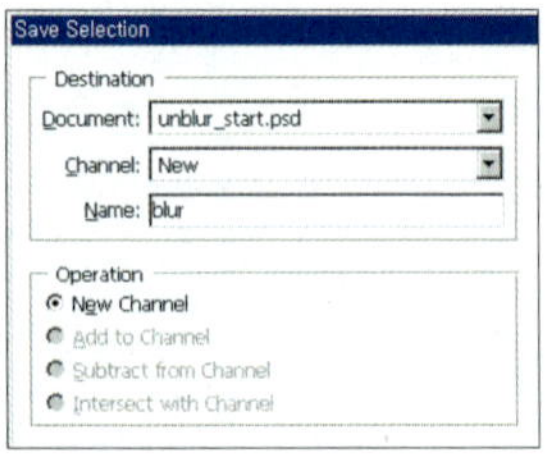

存储选区

为了保存文字形态，按住 Ctrl 键单击 unblur 图层，载入 unblur 图层选区，选择 Select>Save Selection（选择 > 存储选区）命令，将其重新命名为 unblur 保存。按 Ctrl+D 快捷键取消选区。

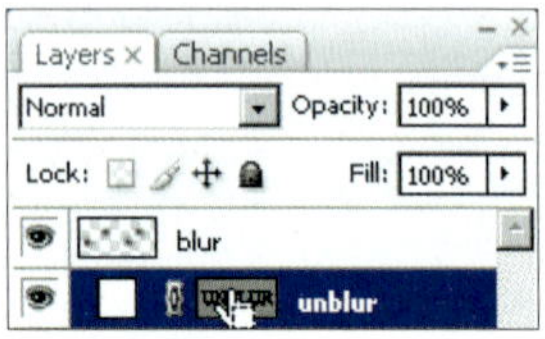

按住 Ctrl 键单击

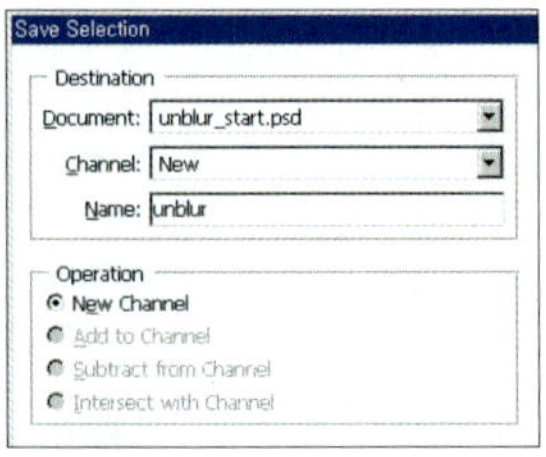

存储选区

将通道面板中的 unblur 通道拖动到通道面板下端的 Create new channel（创建新通道）按钮上复制，将得到的通道重新命名为 lb。

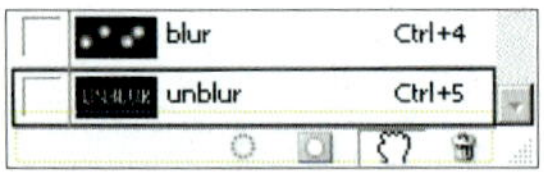

拖动到"创建新通道"按钮上

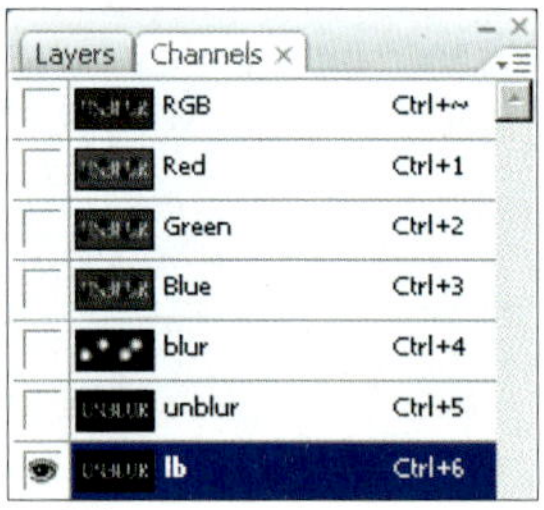

lb 通道

选择复制的 lb 通道，选择 Filter>Blur>Lens Blur（滤镜 > 模糊 > 镜头模糊）命令，如图 3-a 所示进行设置，将 blur 通道选区的焦点变得模糊。

复制 lb 通道，将其重新命名为 gb。选择 gb 通道，选择 Filter>Blur>Gaussian Blur（滤镜 > 模糊 > 高斯模糊）命令，将 Radius（半径）设置为 2pixels，使图像整体变得模糊。

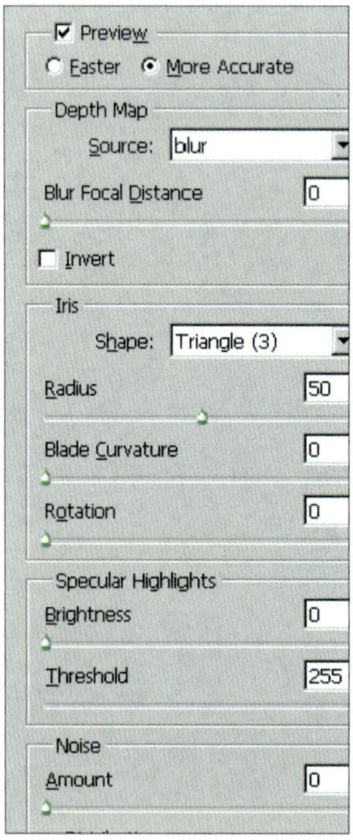

3-a

应用镜头模糊滤镜后的文件

应用高斯模糊滤镜后的文件

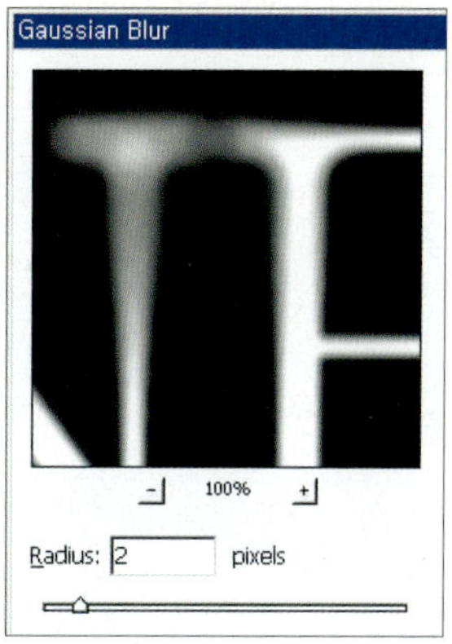

高斯模糊滤镜

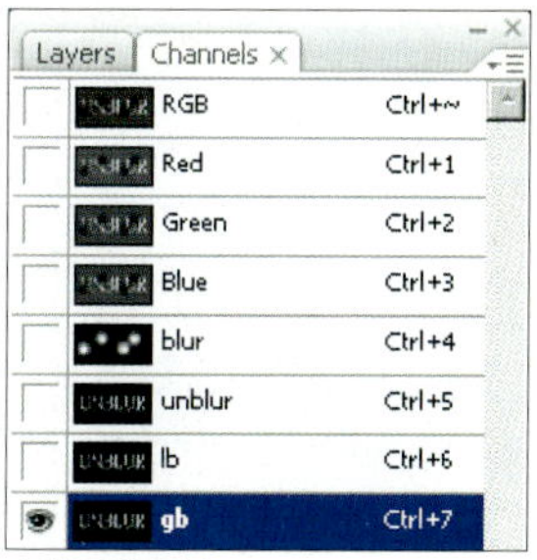

当前通道面板

利用模糊工具或者高斯模糊进行模糊的情况

为了将部分图像变得模糊，可以利用模糊工具对所需的部分进行润饰，或者利用椭圆选框工具，设置 Feather（羽化）值，选择所需的部分，然后应用高斯模糊，都可以将所需的部分变得模糊。但是如果使用模糊工具，润饰的时候很难调节模糊的强弱，高斯模糊也较难调节模糊的强弱，因此很难表现出像本步骤一样的效果。

应用模糊工具

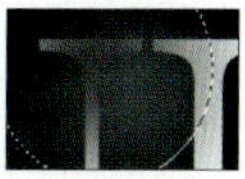

在选区中应用高斯模糊滤镜

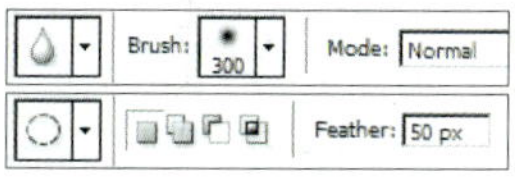

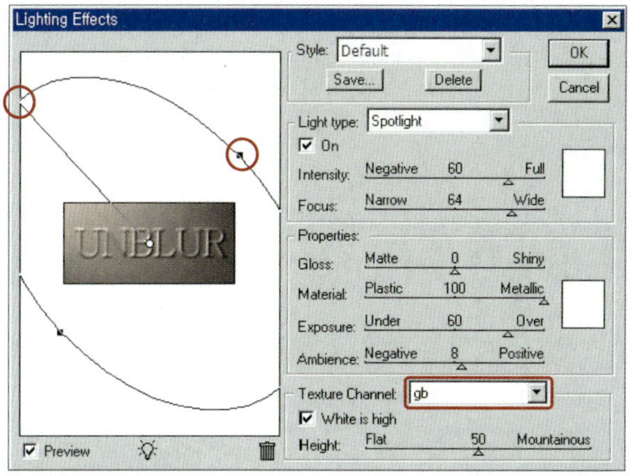

4-a 光照效果过程 1

04 利用模糊的形态表现浮雕效果

下面我们利用保存在通道中的素材表现浮雕效果。

将图层面板中的 blur 图层和 unblur 图层设置为非激活状态，复制 Background 图层，然后将复制得到的图层重新命名为 le。

当前图层面板

选择 le 图层，选择 Filter>Render>Lighting Effects（滤镜 > 渲染 > 光照效果）命令，如图 4-a 所示进行设置。在纹理通道中选择 gb，在 Preview（预览）对话框中调节光线的角度、方向和范围。

为了添加新的光照效果，单击对话框下端灯泡形状的按钮拖动到预览画面上，添加灯光效果。然后保留选项的默认值，调节灯光的角度、方向和范围。

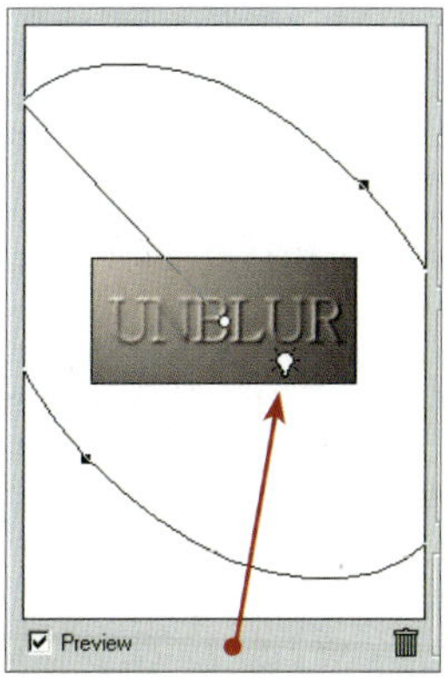

光照效果过程 2，添加灯光

调节阴刻、阳刻效果

如果想要表现阴刻、阳刻效果，取消选择 White is high（白色部分凸起）即可。

在选择的状态下想要创建阴刻效果的话，需要将 gb 通道的图像反转。

取消勾选“白色部分凸起”

调节深度

如果想要调节深度，调节光照效果的 Height（高度）滑块即可。

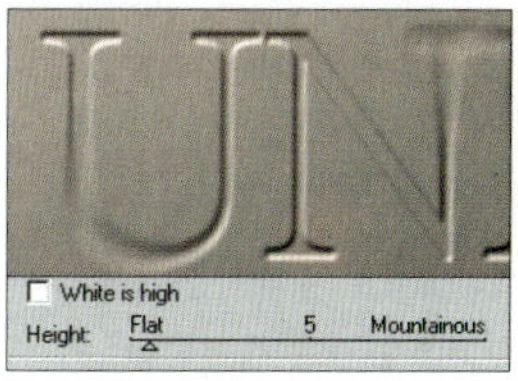

将“高度”设置为 5

将“高度”设置为 10

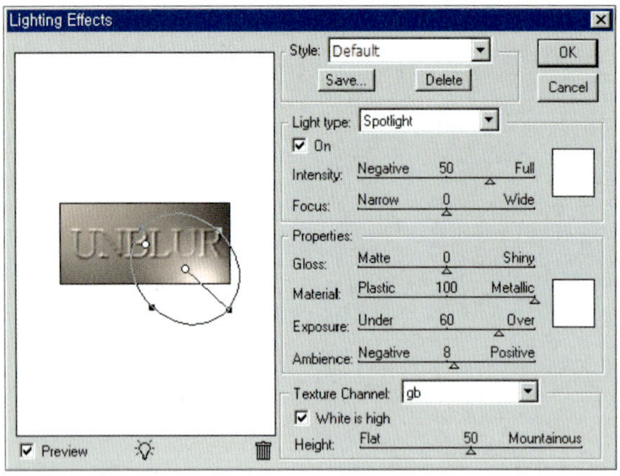

光照效果过程 3

再次单击对话框下端灯泡形状的按钮拖动到预览画面上，添加灯光。然后保留选项的默认值，调节灯光的角度、方向和范围。

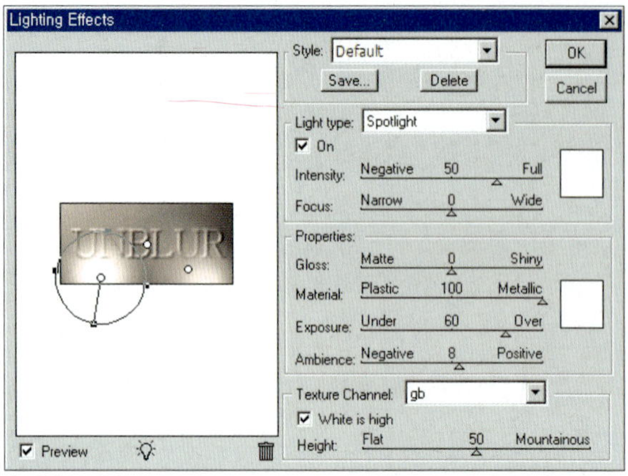

光照效果过程 4

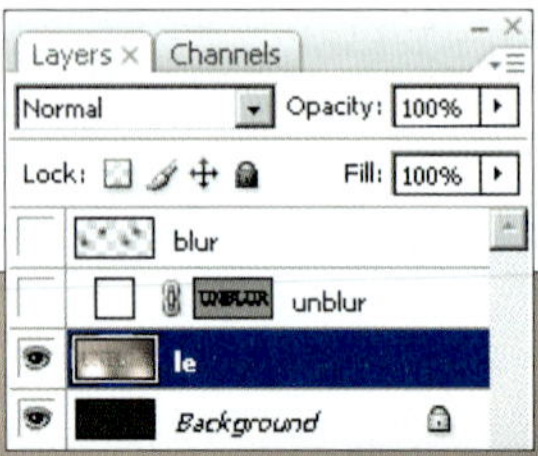

当前图层面板

当前文件

利用应用高斯模糊滤镜的原因

如果在步骤 03 中不应用高斯模糊而应用光照效果，图层效果会表现得比较粗糙。

应用高斯模糊滤镜的效果

不应用高斯模糊滤镜的效果

更改灯光颜色

如果更改灯光的颜色，可以得到多彩的照明效果，表现华丽的文字效果。

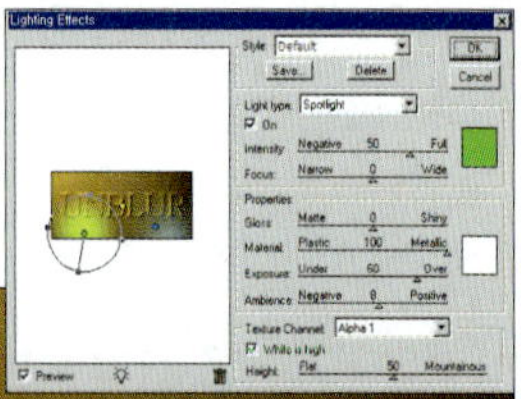

更改灯光颜色的效果

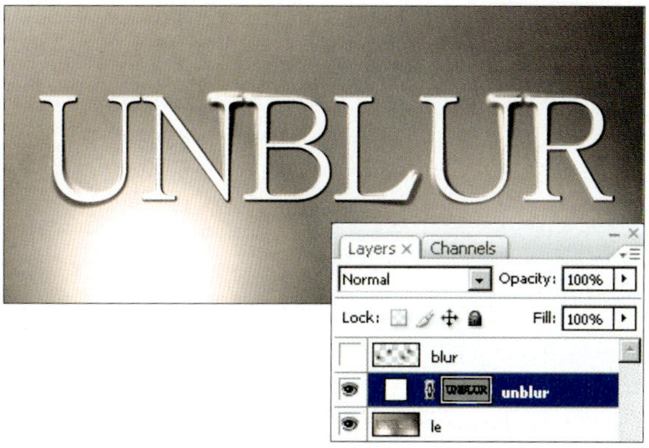

激活 unblur 图层

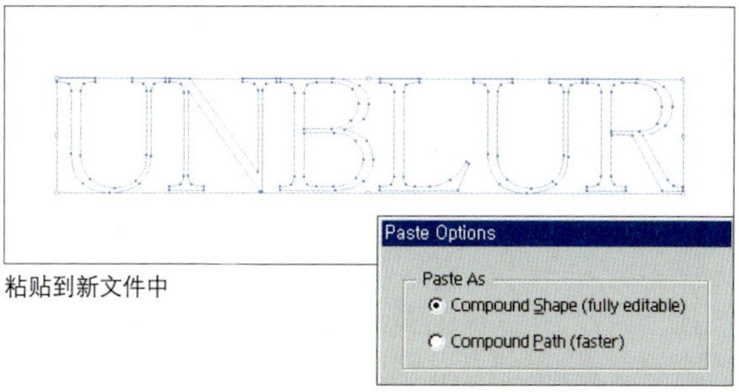

粘贴到新文件中

Compound shape

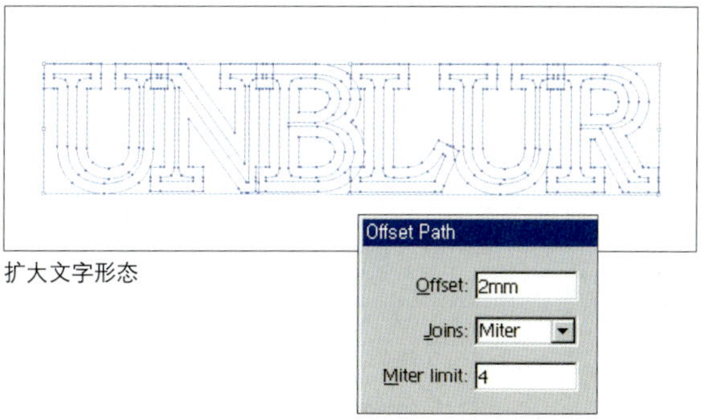

扩大文字形态

5-a

根据“连接”设置的边角变化

利用偏移路径的 Joins（连接）选项可以将扩大的边角设置为 Round（圆角）或者 Bevel（斜接）。

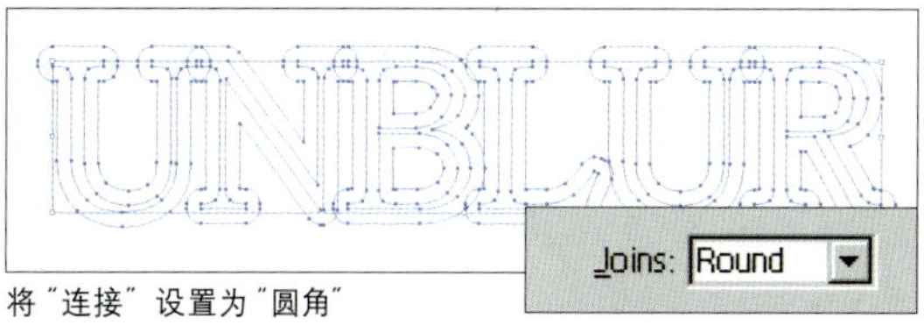

将“连接”设置为“圆角”

将“连接”设置为“斜接”

05 扩大标题形态

激活 unblur 图层，选择 unblur 图层的矢量蒙版，显示路径。如果不显示路径，选择 View>Show>Target Path（视图 > 显示 > 目标路径）命令（Shift+Ctrl+H）命令激活。

在形态扩大上，Illustrator 非常有效。在激活路径的状态下按 Ctrl+C 快捷键复制图像，运行 Illustrator，选择 File>New（文件 > 新建）命令（Ctrl+N）创建新的文件，按 Ctrl+V 快捷键粘贴图像。选择 Paste Options（粘贴选项）对话框中的 Compound Shape。

选择粘贴的对象，选择 Object>Path>Offset Path（对象 > 路径 > 偏移路径）命令，如图 5-a 所示进行设置后，创建扩大文字形态的效果。

按 Ctrl+C 快捷键复制应用偏移路径的对象，选择 Photoshop 中当前操作文件的 unblur 图层，按 Ctrl+V 快捷键粘贴，创建应用白色的形状图层。在 Paste（粘贴）对话框中选择 shape Layer（形状图层）后确认。由于前景色是白色，所以生成了白色的形状图层。在操作进行中颜色并不重要，因此按照当前设置的颜色进行操作即可。

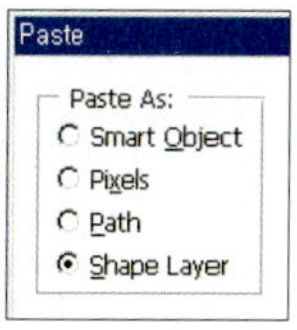

粘贴为形状图层

粘贴的效果

粘贴

利用 Expand 命令扩大标题形态

利用 Photoshop 中的 Select>Modify>Expand（选择 > 修改 > 扩展）命令扩大文字形态的话，边角会变为斜面形态，柔和的圆形扩大后也会变为粗糙的形态。

载入 unblur 图层的状态下扩大后填充白色的效果

与 unblur 图层的对象对齐的效果

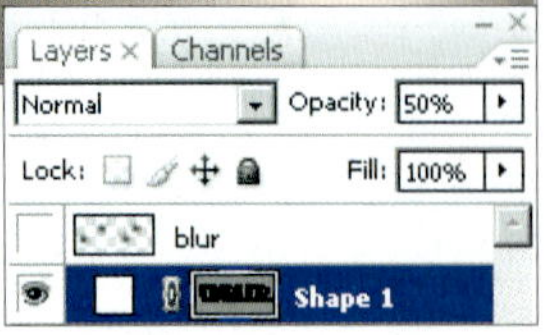

将不透明度设置为 50%

当前文件

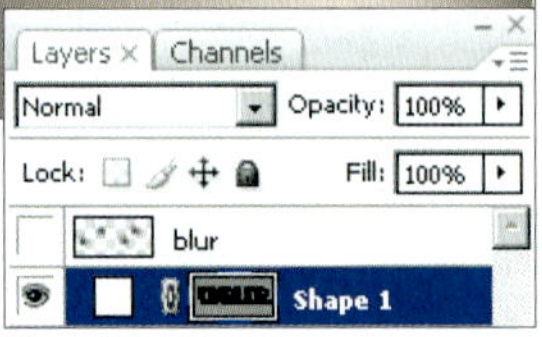

将不透明度设置为 100%

由于 Shape 1 图层和 unblur 图层的位置不一致，将 Shape 1 图层的 Opacity（不透明度）设置为 50%，确认下方图像的位置。为了轻松地对齐图层图像选择 View>Snap（视图 > 对齐）命令（Shift+Ctrl+；），选择移动工具拖动图像，与 unblur 图层的对象对齐，将 Opacity（不透明度）设置为 100%。

将unblur图层设置为非激活状态，将Shape 1图层放置于Background图层上方。为了只在Shape 1图层区域显示le图层的效果，选择le图层，选择Layer>Create Clipping Mask（图层>创建剪贴蒙版）命令（Ctrl+Alt+G），剪贴到Shape 1图层。

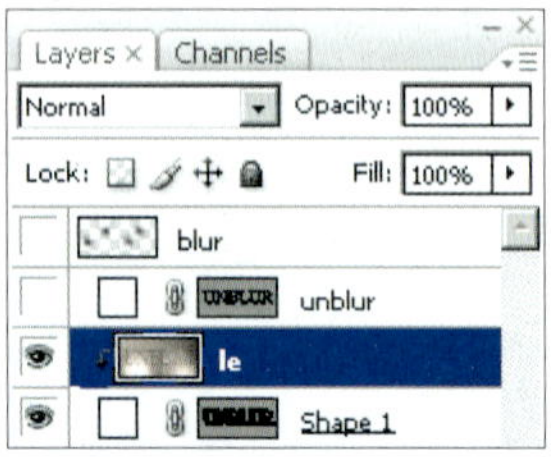

创建剪贴蒙版

当前文件

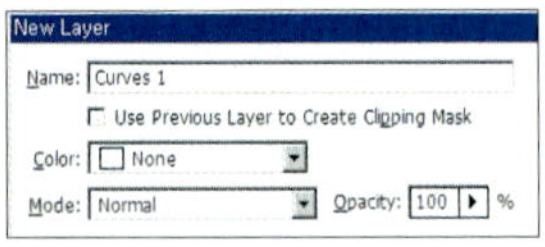

图层 > 新建调整图层 > 曲线

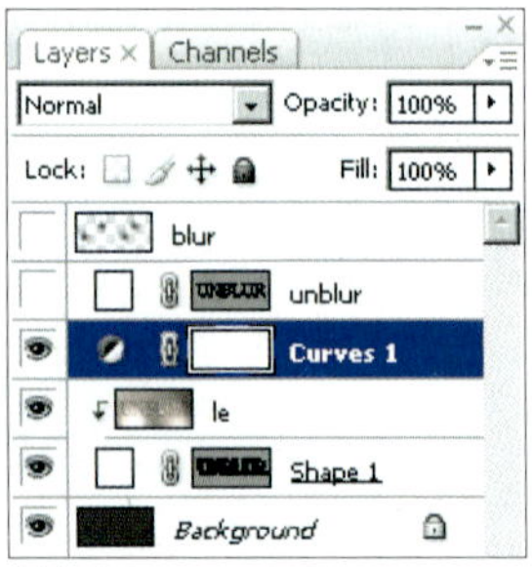

创建的 Curves 1 图层

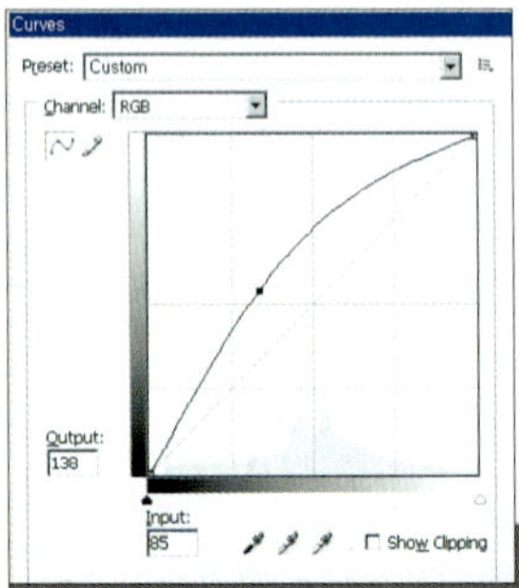

应用曲线的过程 1

应用曲线过程 1 的效果

06 创建对比强烈的图像效果

下面我们将文字调整为对比强烈的图像效果。

选择le图层，选择Layer>New Adjustment Layer>Curves（图层>新建调整图层>曲线）命令，如图6-a所示进行设置，表现出机械感的效果。然后选择Layer>Create Clipping Mask（图层>创建剪贴蒙版）命令（Ctrl+Alt+G），进行剪贴，只在Shape 1图层的文字内侧区域显示图像效果。

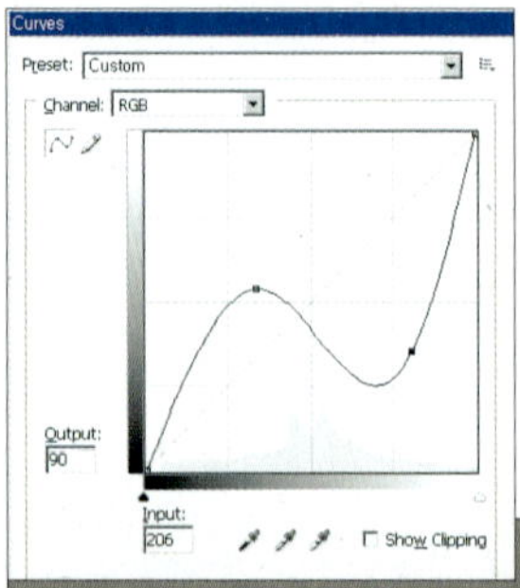

6-a 应用曲线的过程 2

应用曲线过程 2 的效果

剪贴的效果

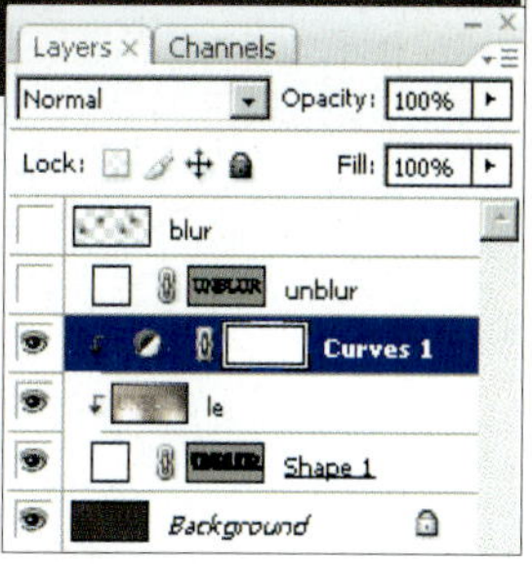

当前图层面板

利用混合模式创建对比强烈的效果

本步骤中利用调整曲线反转图像，表现对比强烈的图像效果，利用图层的混合模式也可以表现相似的效果。首先复制 le 图层，反转复制的图层的图像，然后将图层的混合模式设置为差值，创建反转的合成效果。为了表现更加强烈的图像，再次复制 le copy 图层。

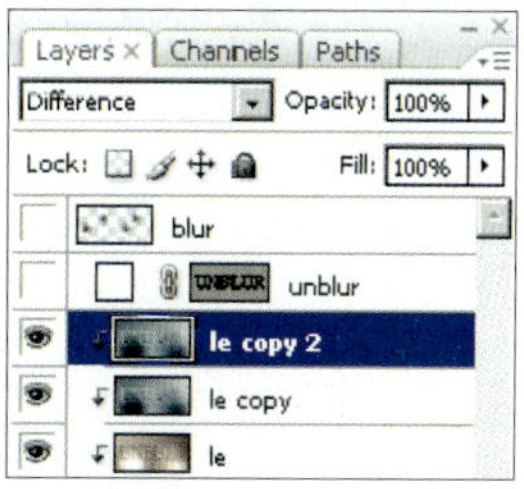

当前图层面板

应用差值的效果

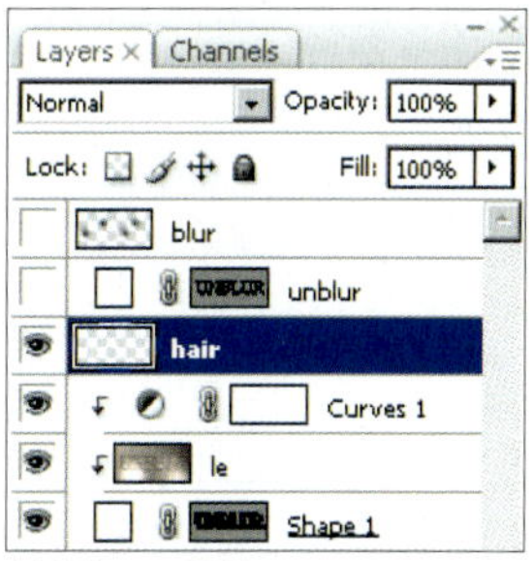

创建的 hair 图层

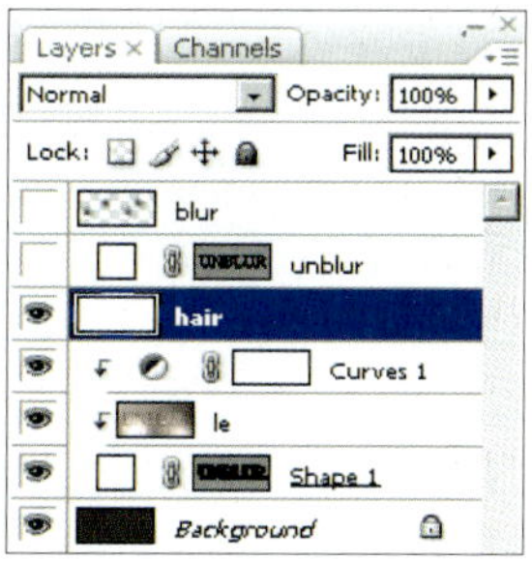

填充白色

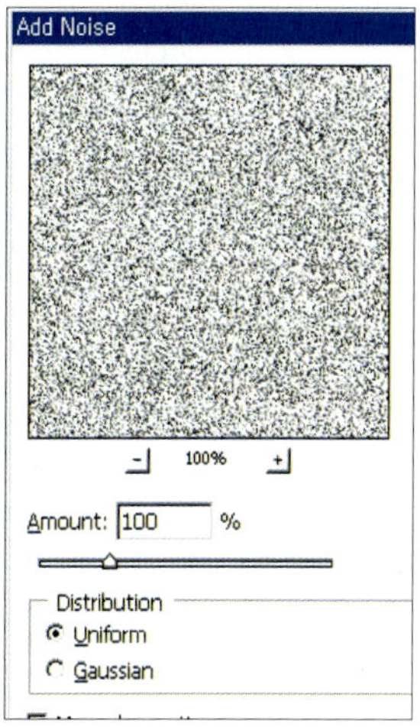

7-a

应用"添加杂色"滤镜后的文件

应用"动感模糊"滤镜后的文件

07 表现素描效果

下面我们在文字表面表现素描效果。

选择 Curves 1 图层，单击图层面板下端的 Create a new layer（创建新图层）按钮，创建新的图层，将其重新命名为 hair。

选择 hair 图层，确认前景色为白色，按 Alt+Delete 快捷键填充前景色。然后选择 Filter>Noise>Add Noise（滤镜 > 杂色 > 添加杂色）命令，如图 7-a 所示进行设置，表现粗糙的效果。

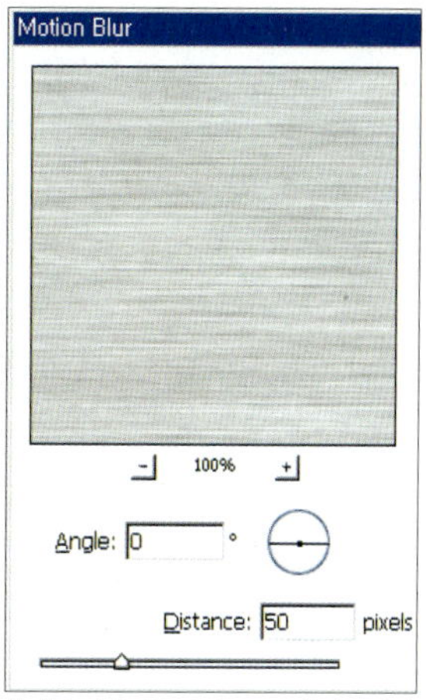

将"角度"设置为 0°，将"距离"设置为 50pixels

选择 Filter>Blur>Motion Blur（滤镜 > 模糊 > 动感模糊）命令，将 Angle（角度）设置为 0°，将 Distance（距离）设置为 50pixels，创建纤细的线条。

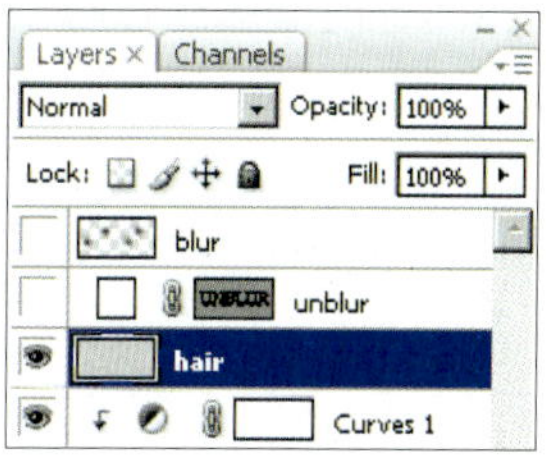

当前图层面板

将混合模式更改为叠加后的文件

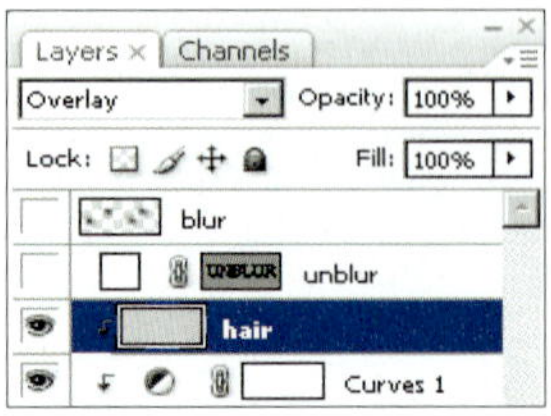

当前图层面板

将hair图层的混合模式设置为Overlay（叠加），为了只在Shape 1图层的区域显示图像效果，选择hair图层，选择Layer>Create Clipping Mask（图层>创建剪贴蒙版）命令（Ctrl+ Alt+G），剪贴到Shape 1图层。

当前文件

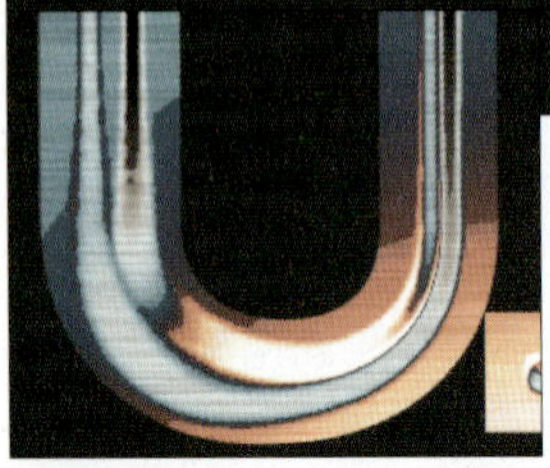

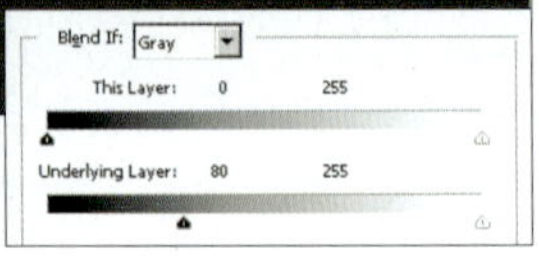

将“下一图层”设置为 80

放大的效果

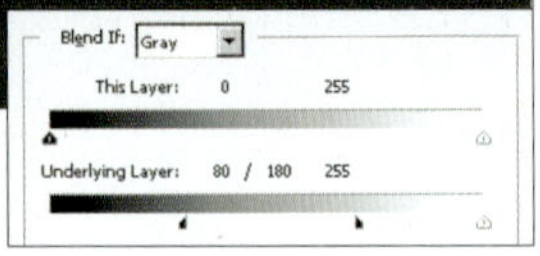

将“下一图层”设置为80/180

放大的效果

08 应用图层样式，限制表现范围，完成制作 1

下面我们制作标题在明亮的区域显示的效果。

双击 hair 图层，打开 Layer Style（图层样式）对话框，在 Blending Options（混合选项）的 Blend If（混合颜色带）中将 Underlying Layer（下一图层）的黑色三角滑块向右拖动，放置于 80 的位置。按住 Alt 键单击黑色滑块的右侧，向右拖动，放置到 180 的位置后确认。

双击 Shape 1 图层，选择图层样式中的 Drop Shadow（投影），如图 8-a 所示进行设置，然后选择 Bevel and Emboss（斜面和浮雕），如图 8-b 所示进行设置，强调形状的轮廓，表现标题的立体感。

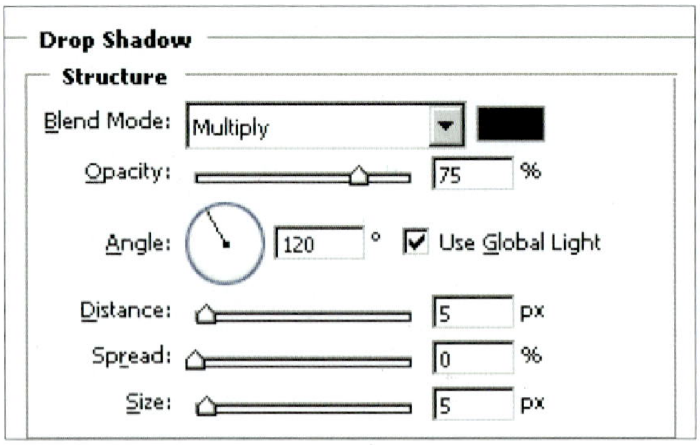

8-a

应用投影的效果

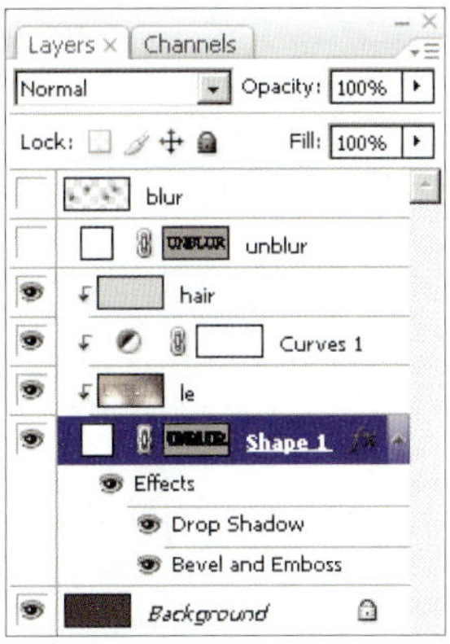

当前图层面板

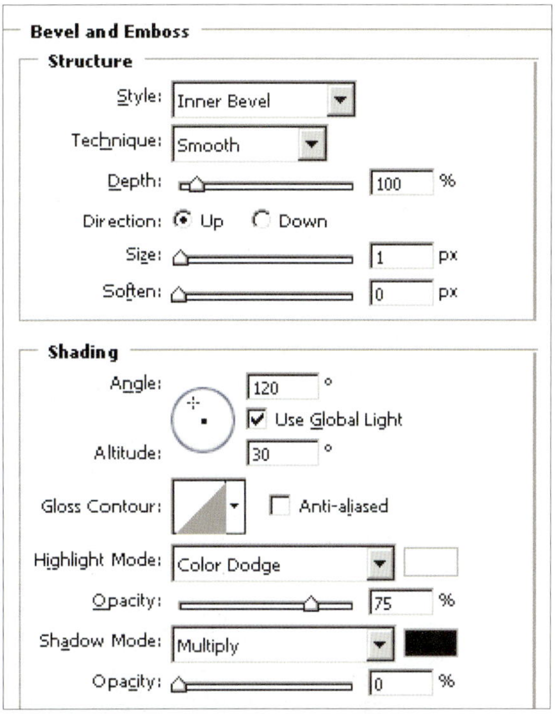

8-b

完成效果 1

利用最小值滤镜扩展效果

利用 Photoshop 中的 Filter>Other>Minimum（滤镜 > 其他 > 最小值）命令放大的话，边角为折角形态，如果是圆角放大，会表现出不自然的效果。最小值滤镜在放大图像的过程中会使透明区域缩小。

应用非激活状态的滤镜

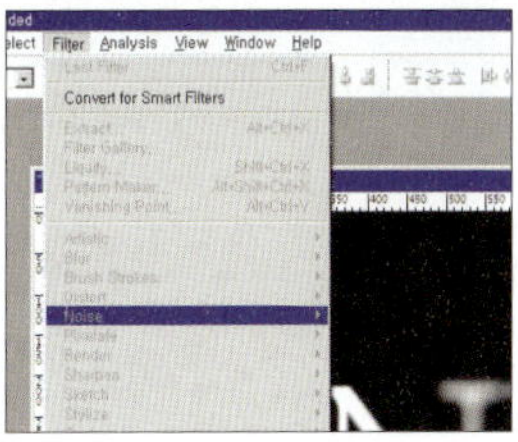

想要在通道中应用滤镜的时候，如果滤镜处于非激活状态，是因为选择了非激活状态的图层。选择激活的图层即可进行应用。

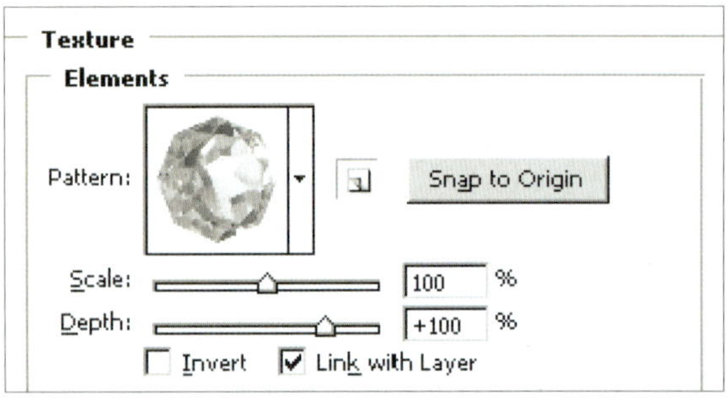

选择图案

应用图案的文件

放大的效果

将“深度”设置为500%

放大的效果

09 应用图层样式，完成制作 2

下面我们应用图层样式表现其他效果。

双击 Shape 1 图层，在 Layer Style（图层样式）对话框中选择 Bevel and Emboss（斜面和浮雕）中的 Texture（纹理）复选框，选择在实例 25 中创建的 dia 图案，然后将 Depth（深度）设置为 500%，表现出更强烈的效果。勾选 Pattern Overlay（图案叠加），选择在实例 25 中创建的 dia 图案，将混合模式设置为 Soft Light（柔光），将 Scale（缩放）设置为 2%，表现自然合成的效果。

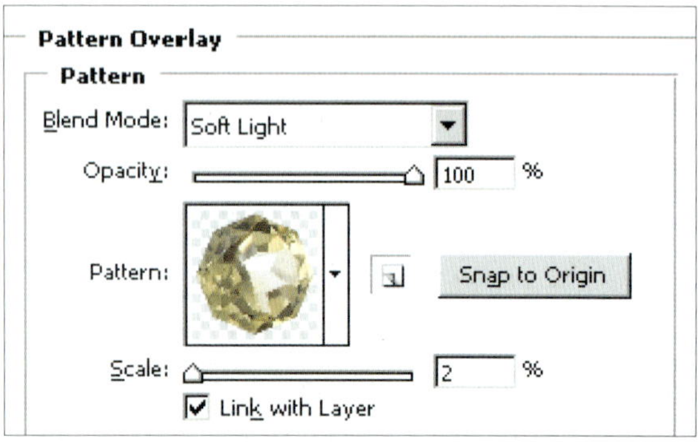

图案叠加

完成效果 2

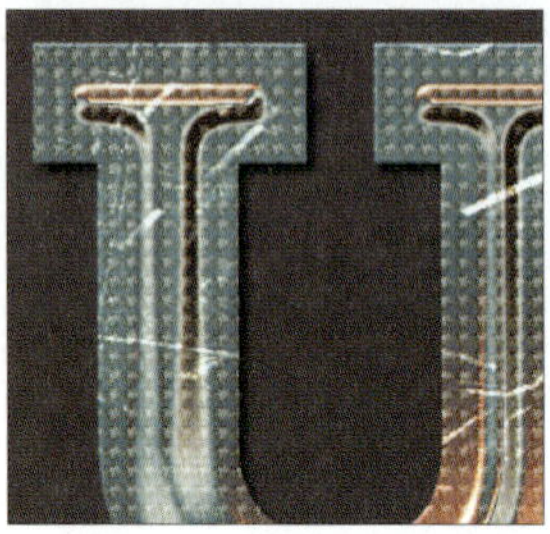

放大的效果

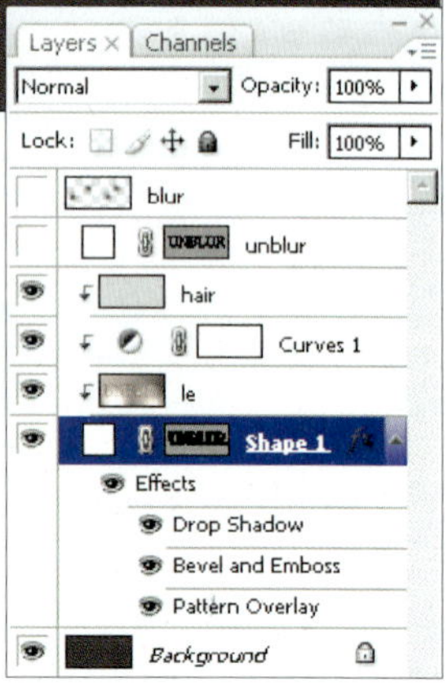

当前图层面板

利用图案叠加表现图像效果

在图案叠加中将模式设置为叠加，将 scale（缩放），设置为 100%，可以表现出如下图所示的效果。反复应用图案叠加，应用多样的图案可以制作出出色的图像效果。

10 制作粗糙的质感效果

下面我们增加或减少 source.psd 文件的粗糙质感，使文件图像效果更加完美。

选择 hair 图层，打开 source.psd 文件。

选择移动工具，将 Layer 1 图层拖动到操作中的文件中，放置于 hair 图层上方，并移动到要表现质感的位置，然后将图层重命名为 s1。

把 source.psd 文件的 Layer 2 图层也拖动到文字文件中，放置于 s1 图层上方，与 s1 图层合并，然后将图层重新命名为 s2，将 s1 和 s2 图层设置为非激活状态。

由于要编辑 Shape 1 图层，按住 Alt 键单击图层向下拖动复制，将复制得到的 Shape 1 copy 图层设置为非激活状态。

source.psd 文件

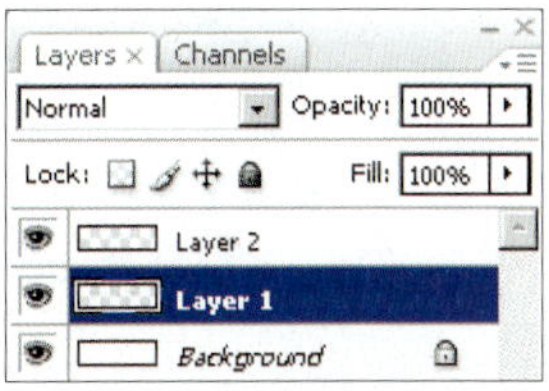

source.psd 文件的图层面板

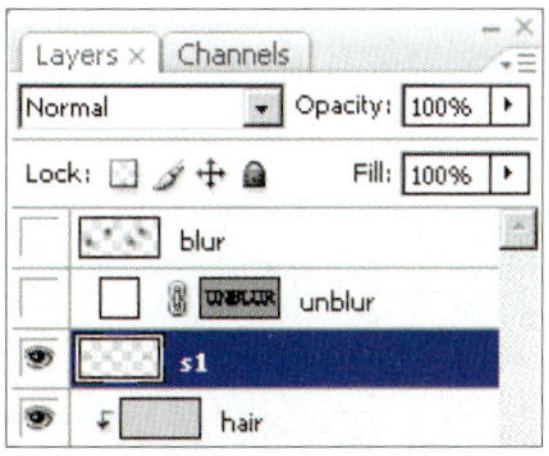

移动到操作文件后更改名称

排列移动的 s1 图层

排列移动的 s2 图层

移动后更改名称

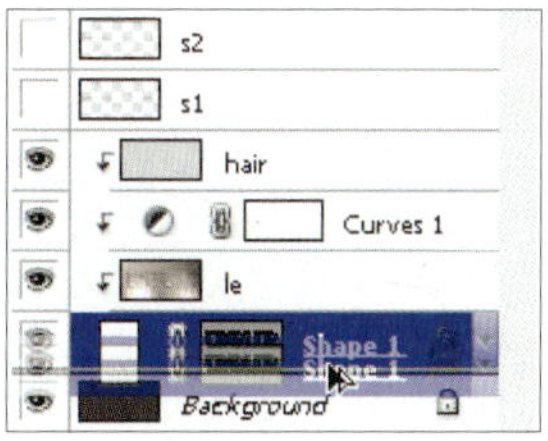

按住 Alt 键拖动

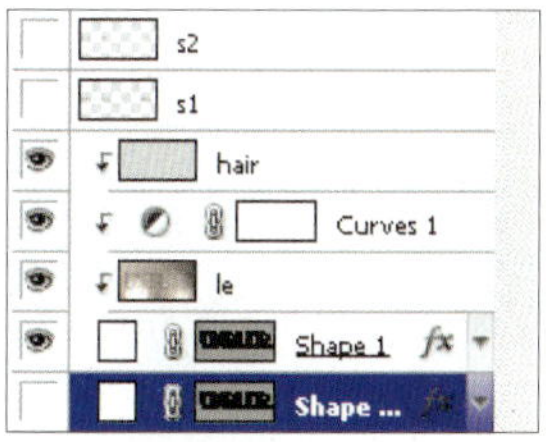

将复制得到的 Shape 1 copy 图层设置为非激活状态

11 在形态中加入质感并进行调整 1

下面我们调整排列质感形态。

在Shape 1矢量蒙版中单击鼠标右键，选择弹出菜单中的Rasterize Vector Mask（栅格化矢量蒙版）命令，创建为图层蒙版，按住Ctrl键单击s1图层载入选区。

选择Shape 1图层蒙版，确认背景色为黑色，按Ctrl+Delete快捷键填充载入的选区。

如果看不到填充的图像，按Ctrl+H快捷键隐藏选区即可。

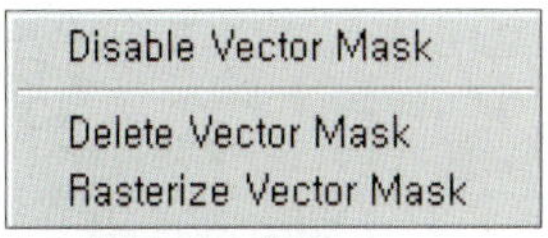

矢量蒙版的弹出菜单

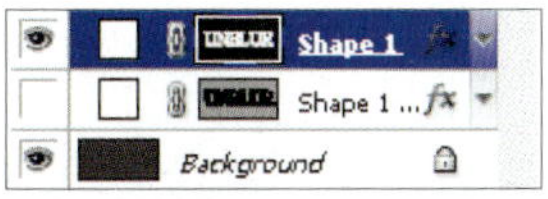

栅格化矢量蒙版

按住 Ctrl 键单击 s1 图层载入选区

在 Shape 1 图层蒙版中按 Ctrl+Delete 快捷键

当前文件

Shape 1 图层蒙版区域

按住 Ctrl 键单击　　载入 s2 图层的选区

在 Shape 1 图层蒙版中按 Alt+Delete 快捷键　　当前文件

为了在文字上添加印记，按住 Ctrl 键单击 s2 图层载入选区。选择 Shape 1 图层蒙版，确认前景色为白色，按 Alt+Delete 快捷键在蒙版区域填充白色，按 Ctrl+D 快捷键取消选区。

Shape 1 图层蒙版区域

12 在形态中加入质感并进行调整 2

按住 Ctrl 键单击 s1 图层载入选区，为了不对文字形态的内部区域产生影响，按住 Ctrl+Alt 键单击备份的 Shape 1 copy 图层，减去选区。

为了在 s2 图层的选区中也不表现图层效果，按住 Ctrl+Alt 快捷键单击 s2 图层减去选区。选择 Shape 1 图层蒙版，确认前景色为白色，按 Alt+Delete 快捷键在蒙版区域填充颜色，添加可见区域，然后按 Ctrl+D 快捷键取消选区。

按住 Ctrl 键单击　　载入 s1 图层选区

按住 Ctrl+Alt 快捷键单击　　减去 Shape 1 copy 图层形状区域

按住 Ctrl+Alt 快捷键单击　　减去 s2 图层区域

当前文件

Shape 1 图层蒙版区域

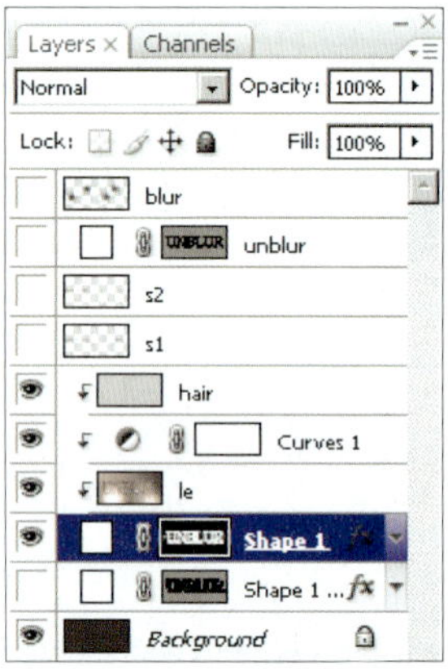

当前图层面板

当前文件的放大效果

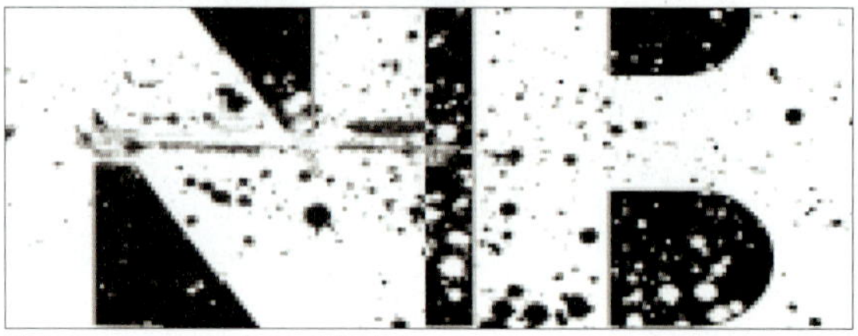

放大 Shape 1 图层蒙版区域的效果

13 调整文字内侧质感轮廓，完成制作

按住Ctrl键单击s1图层载入选区，按住Shift+Alt+Ctrl快捷键单击Shape 1 copy图层，提取s1图层和Shape 1 copy图层相交的区域。

为了减去利用s2图层添加的选区，按住Ctrl+Alt快捷键单击s2图层，选择Select>Save Selection（选择>存储选区）命令，将载入的选区保存为通道。

按Ctrl+D快捷键取消选区，将通道面板中保存的Alpha 1通道拖动到通道面板下端的Create new channel（创建新通道）按钮上复制，将复制的通道重新命名为ss。

选择ss通道，选择Filter>Other> Maximum（滤镜>其他>最大值）命令，在对话框中将Radius（半径）设置为1pixels，扩展文字轮廓。

为了表现粗糙的轮廓，选择Filter>Brush Strokes>Sprayed Strokes（滤镜>画笔描边>喷色描边）命令，如图13-a所示进行设置。

按住 Ctrl 键单击　　载入 s1 图层选区

按住 Shift+Alt+Ctrl 键单击　　提取相交的区域

按住 Ctrl+Alt 键单击　　减去 s2 图层选区

ss 通道形态

ss 通道

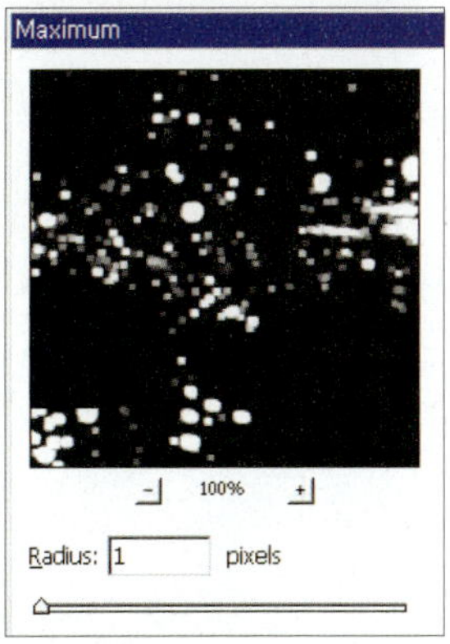

最大值滤镜

扩大选区

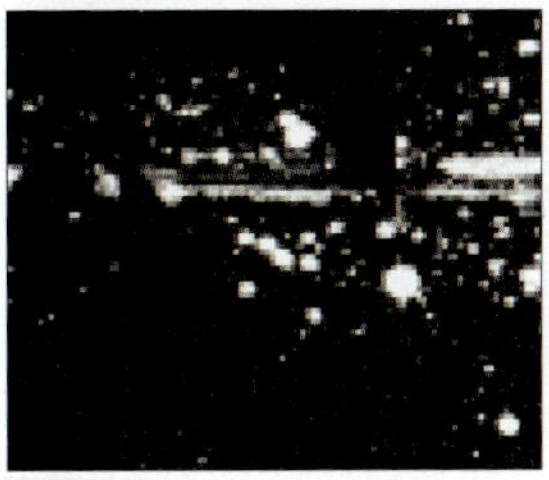
ss 通道状态

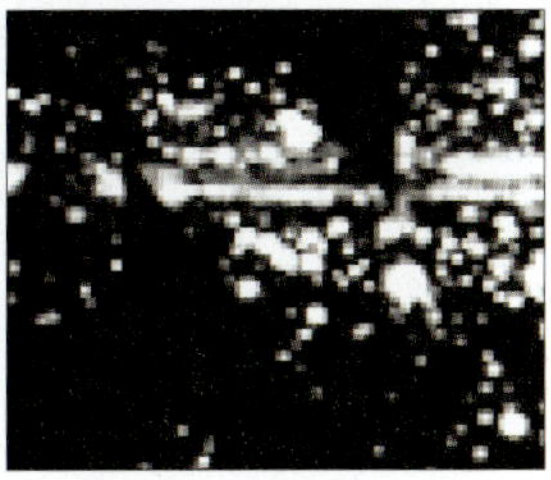
扩大区域后放大的效果

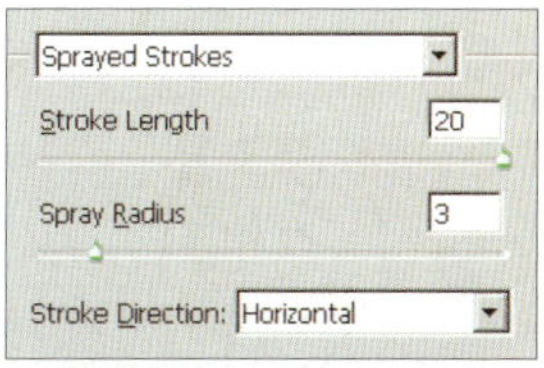

13-a

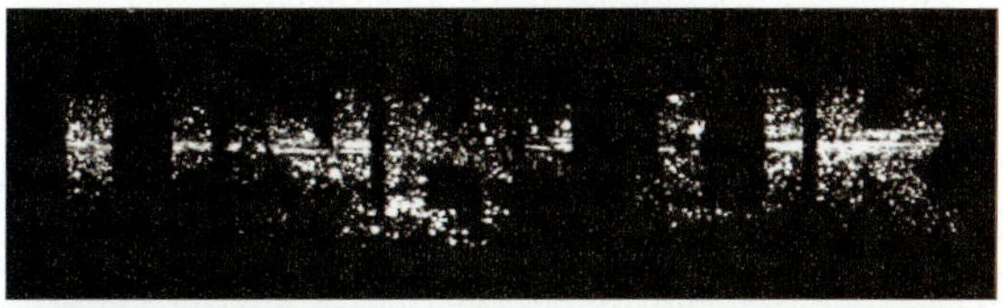
应用喷色描边滤镜后的文件

应用喷色描边滤镜后放大的效果

利用撕边滤镜表现得更粗糙

本过程中应用喷色描边滤镜表现粗糙的感觉，利用Filter>Sketch>Torn Edges（滤镜>素描>撕边）命令也可以得到类似的效果。

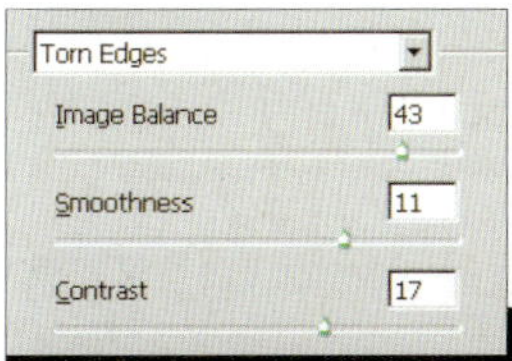

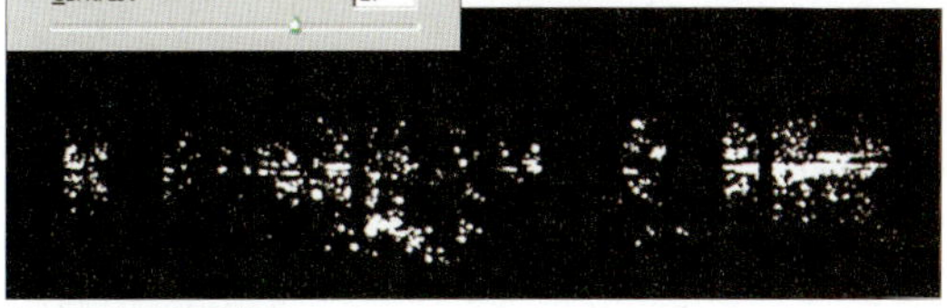
应用撕边滤镜的效果

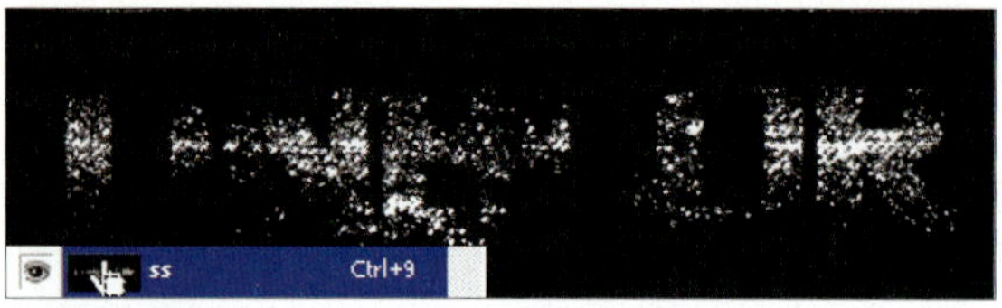

按住 Ctrl 键单击　　载入 ss 通道选区

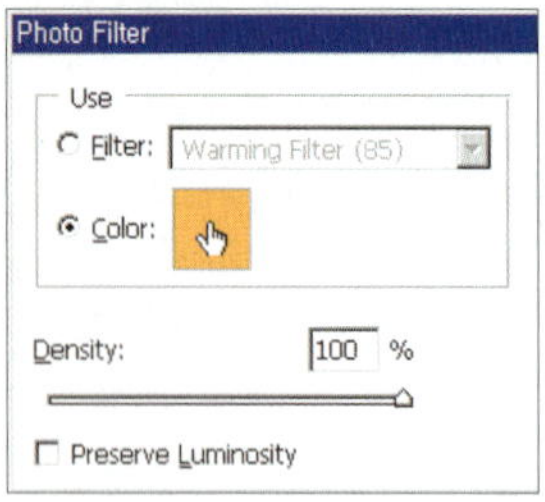

13-b 单击颜色

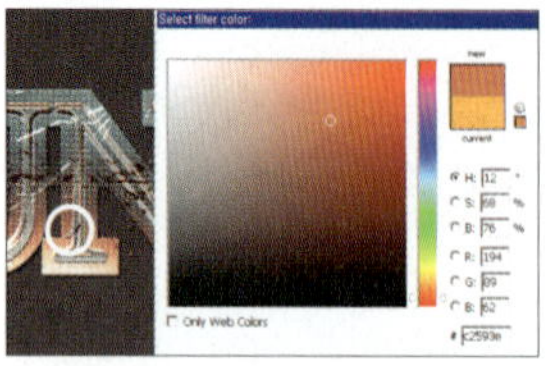

选择颜色

按住Ctrl键单击ss通道载入选区，选择图层面板中的hair图层，选择Layer>New Adjustment Layer>Photo Filter（图层>新建调整图层>照片滤镜）命令，如图13-b所示进行设置。在Select filter color（选择滤镜颜色）对话框中利用吸管单击字母N下端的颜色进行设置。提高Photo Filter（照片滤镜）对话框中的Density（浓度）值，为了表现整体较暗的效果，取消勾选Preserve Lumino-sity（保留明度）复选框。

照片滤镜命令的主要用途就是将由于色温不合适而出现黄色或者蓝色的照片恢复为自然的颜色。

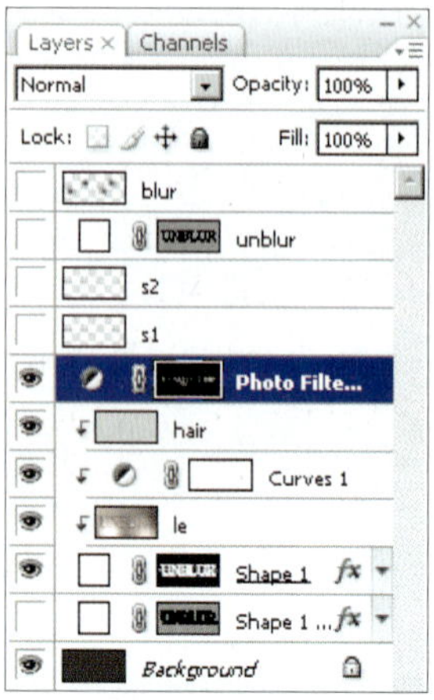

当前图层面板

保留明度

如果勾选 Preserve Luminosity（保留明度），会维持图像色调的均衡。本步骤中为了表现没有光泽的单调的图像，因此取消选择 Preserve Luminosity（保留明度）复选框。

完成效果 3

创建僵硬的浮雕效果

创建柔和的浮雕效果

创建轮廓清晰，内部柔和的浮雕效果

THINK OVER!

根据纹理通道不同表现不同效果

根据纹理通道中通道状态的不同，可以以多样的样式表现阴刻、阳刻效果。希望读者参看通道状态确认效果的差异。

创建描边形态的浮雕效果

创建多重描边形态的浮雕效果

创建不均衡的浮雕效果

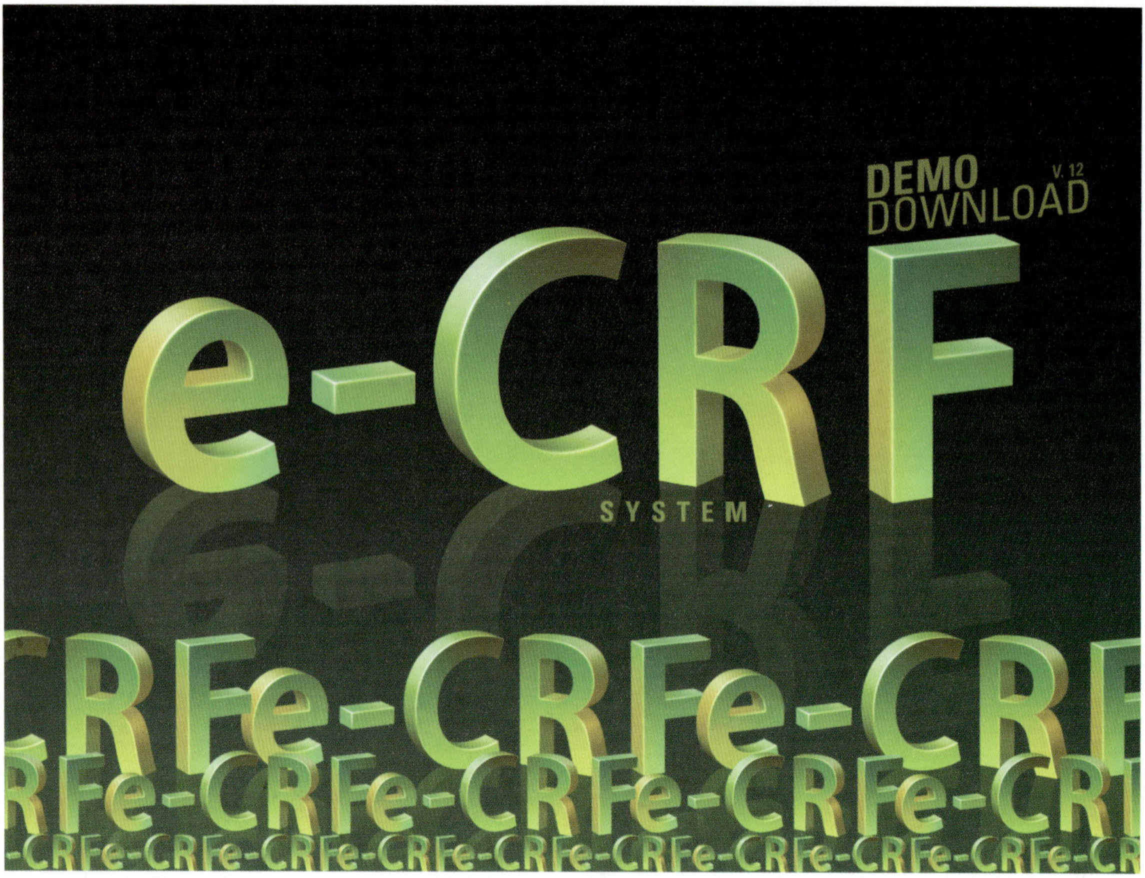

29 e-CRF

对 3D 形态的各个面进行润饰，制作立体效果的文字。

Source Location

Effects 29\

- ecrf_start.ai
- ecrf_start.psd
- ecrf_finish.ai
- ecrf_finish1.psd
- ecrf_finish2.psd
- ecrf_finish3.psd
- ecrf_apply1.psd
- ecrf_apply2.psd

01 确认操作文件

下面我们将三维形态的各个面润饰为所需的颜色，表现突出各种色彩的文字效果。

在 Illustrator 中打开 ecrf_start.ai 文件。提供的基本素材文件是在 Illustrator 中输入文字后，选择 Type>Create Outlines（文字 > 创建轮廓）命令（Shift+Ctrl+O）创建的效果。

为了在各个对象中应用 3D 效果，将对象组合为图层组，按 Ctrl+A 快捷键全选文件中的对象，选择 Object> Ungroup（对象 > 取消编组）命令（Shift+Ctrl+G）。

ecrf_ start.ai 文件

当前图层面板

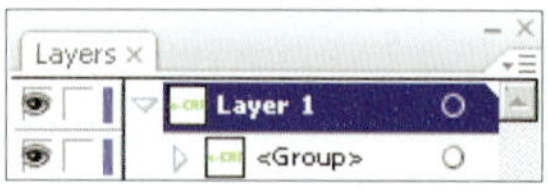

确认图层组

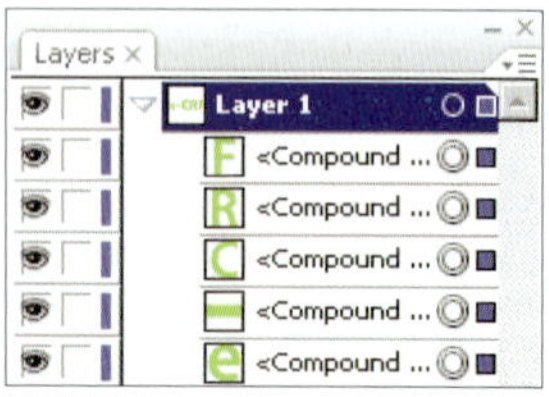

取消编组

水平，复制

单击 F 上端左侧锚点

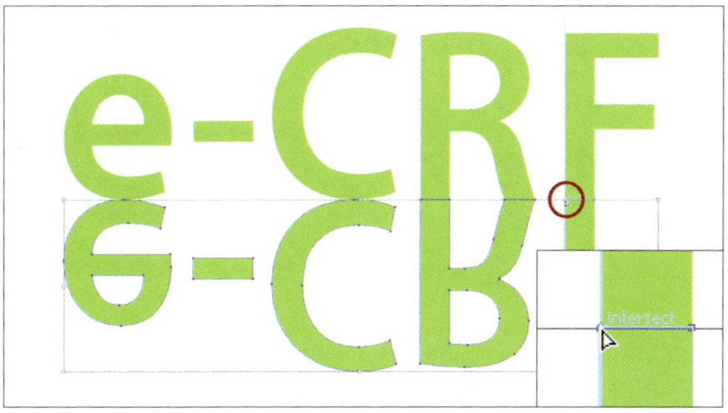

拖动到 intersect

02 创建反射形态

下面我们创建并排列作为文字的反射形态使用的对象。

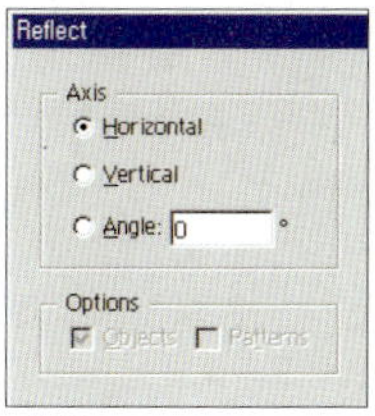

水平

为了在文件下端创建反射的对象，按 Ctrl+A 快捷键全选文件，双击镜像工具，在 Reflect 镜像对话框中选择 Horizontal（水平），然后单击 Copy（复制）按钮以翻转的形态复制图像。

利用选择工具选择复制的对象，单击复制的 F 上端左侧的锚点后拖动，将其放置于原本 F 下端左侧的锚点上，出现 intersect 的标识后释放鼠标。

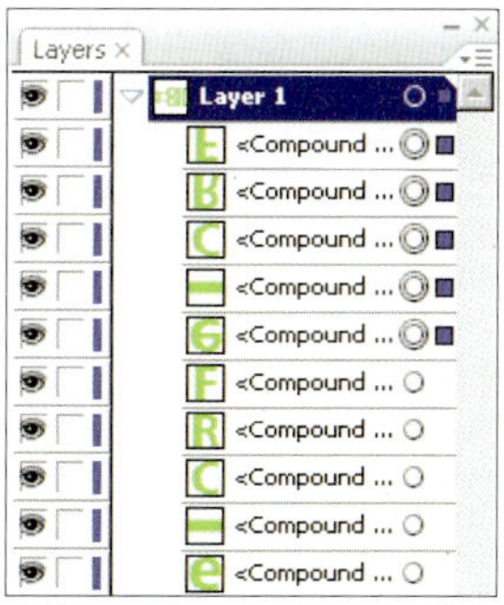

当前图层面板

如果看不到锚点或者intersect标识，选择View>Smart Guide（视图>智能参考线）命令（Ctrl+U），激活智能参考线。

03 应用 3D 效果

下面我们应用3D效果创建多种角度的具有立体感的标题效果。

选择两个e对象，选择Object>Group（对象>编组）命令（Ctrl+G）组合为图层组，然后对其他对象也两两选择，组合为图层组。选择e图层组，选择Effect>3D>Extrude & Bevel（效果>3D>凸出和斜角）命令，如图3-a所示进行设置。然后单击More Options（更多选项）按钮，设置光的方向。

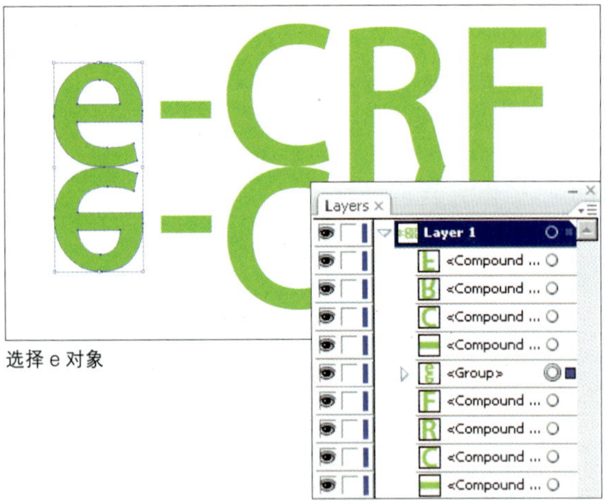

选择 e 对象

编组的图层

两两组合

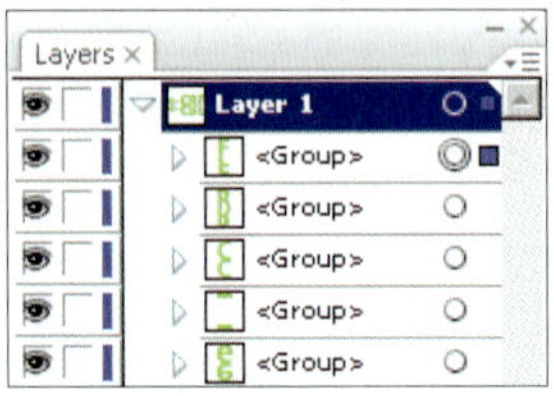

两两组合后的图层

对 e 图层组应用凸出和斜角

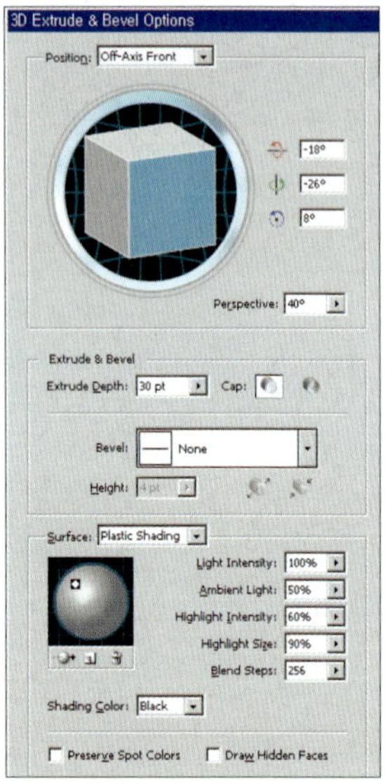

3-a

为了对其他图层组也应用相同的效果，在图层面板中单击e对象所在的图层组的Target，按住Alt键拖动到上方的图层组的Target进行复制。利用与上面相同的方法对其他图层组也进行复制并应用其他的效果。

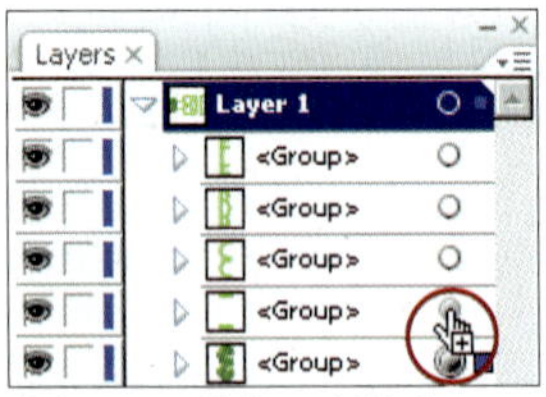

单击 Target 按住 Alt 键拖动

复制并应用 3D 效果

对所有图层组应用凸出和斜角

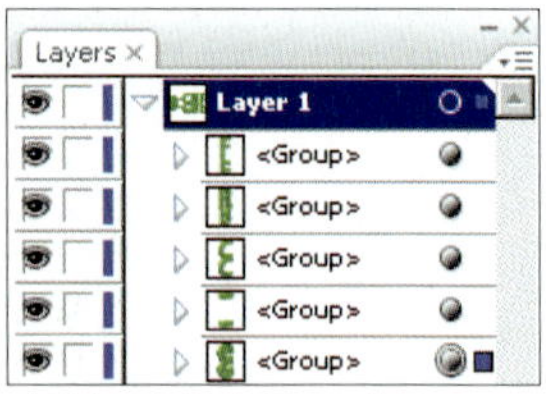

对所有图层组应用 3D 效果

利用鼠标拖动，调节轴

在凸出和斜角对话框的轴预览中，将鼠标光标放置于立方体的边角外侧，当光标变形时，可以进行多种调节。

下面我们对 R 图层组的对象调整方向。

选择 R 图层组，双击外观面板中的 3D Extrude & Bevel，打开 3D Extrude & Bevel Options（3D 凸出和斜角选项）对话框，如图 3-b 所示设置角度。

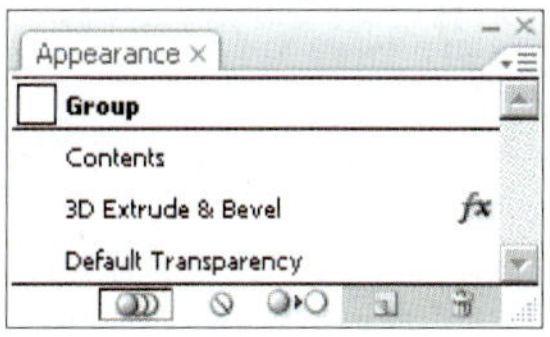

外观面板

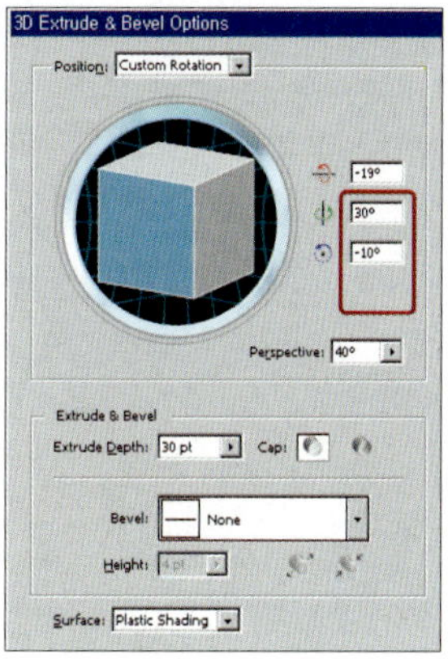

3-b

当前文件

如果不编组为图层组而进行应用

如果不编组为图层组而应用 3D 效果，会创建与下方的对象不相符的形态，很难对齐。但是，如果将 Perspective（透视）值设置为 0，与组无关，只调节粗细进行对齐。

编组并应用的效果

不编组而应用的效果

04 取消组合

下面我们分离应用效果的对象。

将 Layer 1 图层拖动到图层面板下端的 Create a new layer（创建新图层）按钮上复制，然后将 Layer 1 图层设置为非激活状态。

按 Ctrl+A 快捷键全选文件的对象，选择 Object>Expand Appearance（对象 > 扩展外观）命令，将 3D 效果对象化。在全选对象的状态下应用 3 次 Object>Ungroup（对象 > 取消编组）命令（Shift+ Ctrl+G），取消所有编组，在文件的空白位置单击取消选区。

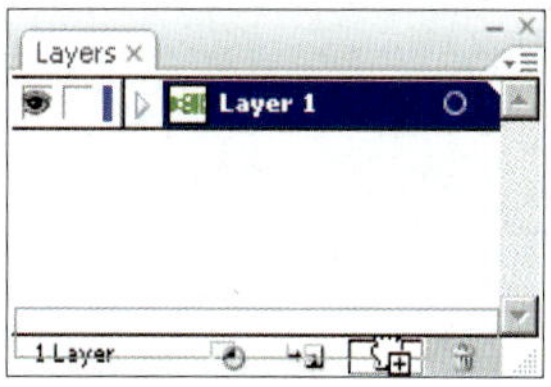

复制图层

将 Layer 1 图层设置为非激活状态

扩展外观

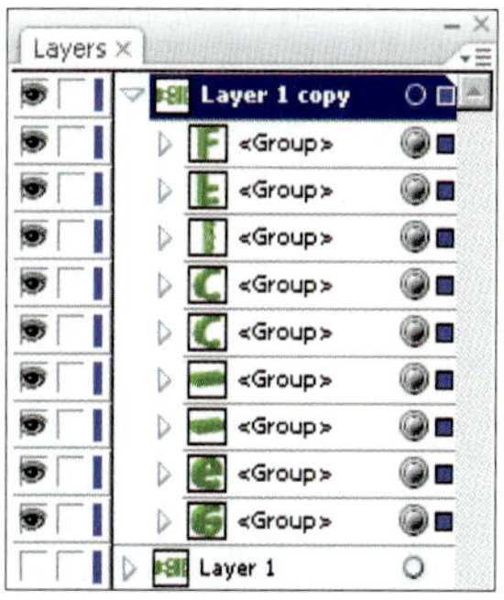

应用 1 次取消编组

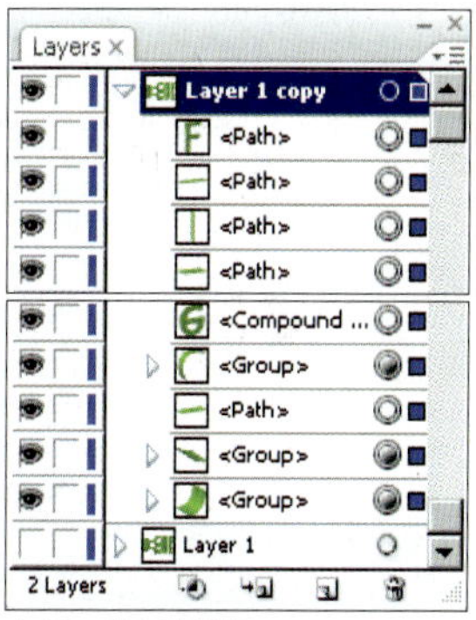

应用 3 次取消编组

确认图层面板的状态进行操作

Illustrator 不能像 Photoshop 那样创建图层进行操作，因此对象属于默认的 Layer 1 图层，这样操作下去很难确认对象的形态，更难选择重叠的对象。这时，单击图层面板的扩展按钮，不仅可以一眼看到对象的状态，还可以轻松地选择难以选择的对象。

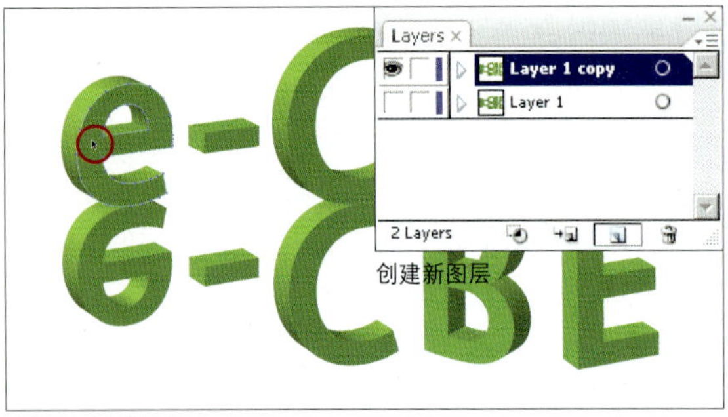

选择 e 对象的正面

按住 Shift 键全选其他上端对象的正面

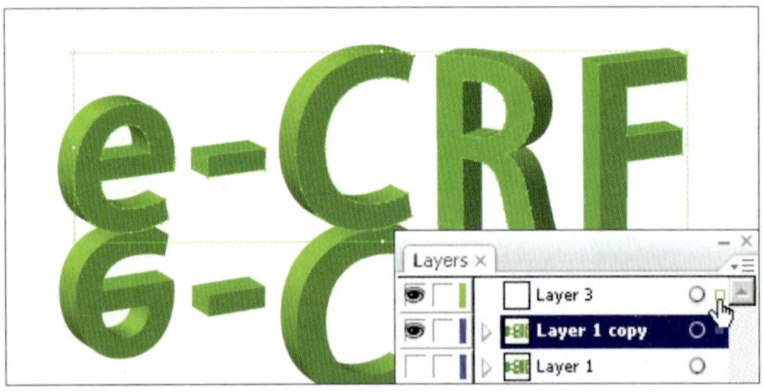

移动的对象　　移动到 Layer 3 图层

选择上端对象

05 分离对象

下面我们来分离对象的面。

单击图层面板下端的 Create a new layer（创建新图层）按钮创建新的图层。利用选择工具 ，单击对象的正面，然后按住 Shift 键选择其他上端对象的正面。将 Layer 1 copy 图层的 Indicates Selected Art（指示所选图像）拖动到 Layer 3 图层，将前面对象移动到 Layer 3 图层。

将 Layer 3 图层设置为非激活状态，在 Layer 1 copy 图层上方创建新的图层。

选择其他上端对象，单击对象的 Layer 1 copy 图层的 Indicates Selected Art（指示所选图像），拖动到生成的 Layer 4 图层。

当前文件

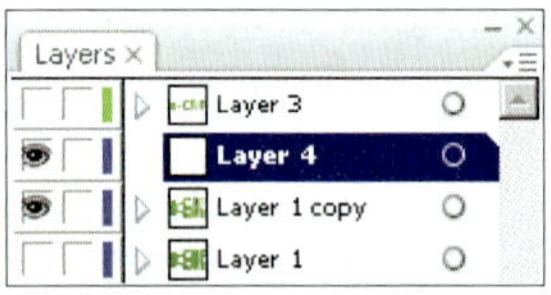

创建新的图层

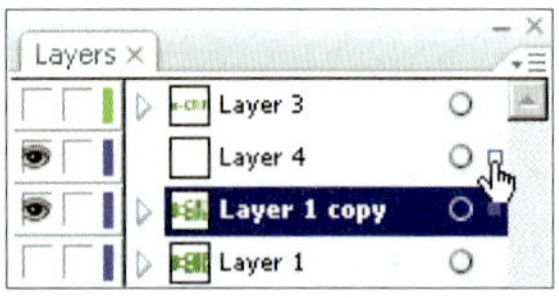

移动到 Layer 4 图层

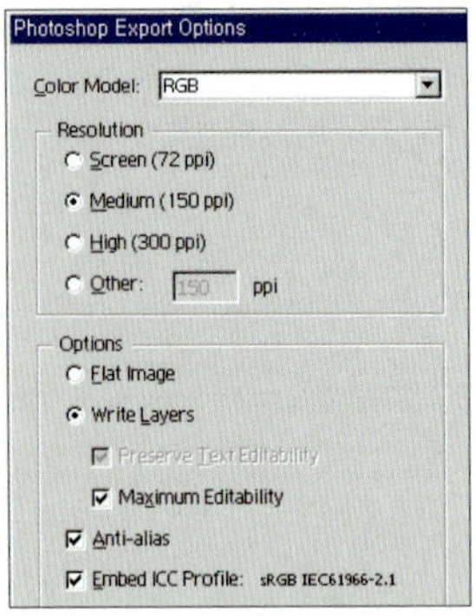

6-a "Photoshop 输出设置" 的对话框

导出的时候将 Write Layer 设置为非激活状态

在Illustrator中以CMYK模式操作后导出，将Photoshop Export Options对话框中的颜色模式设置为RGB，Write Layer处于非激活状态。

要保存为RGB模式，将Illustrator中制作的文件更改为File>Document Color Mode（文件>文档颜色模式）中的RGB，然后导出。

在RGB模式中操作，即使将对话框中的Color Model设置为CMYK，Write Layer也处于非激活状态。

06 导出

下面我们将分离的面保存为 Photoshop 文件。

激活 Layer 3 图层，选择 File>Export（文件 > 导出）命令，将文件保存为 ecrf_start.psd 文件，然后打开 Photoshop Export Options（Photoshop 输出设置）对话框，如图 6-a 所示进行设置后确认。

特别要注意的是，为了在保持图层的状态下导入，要选择 Write Layers。

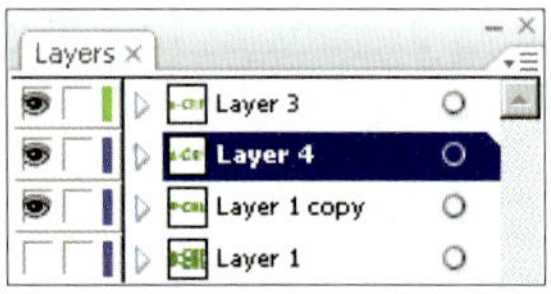

激活 Layer 3 图层

ecrf_start.psd 文件

当前图层面板

07 在 Photoshop 中粘贴和排列效果

运行 Photoshop，选择 File>Open（文件 > 打开）命令（Ctrl+O），打开在 Illustrator 中完成的 ecrf_start.psd 文件。

利用缩放工具放大文件，可以看到分离的文字之间出现了透明的缝隙。

为了解决这一问题，在 Illustrator 中单击 Layer 3 图层的 Target，选择对象，按 Ctrl+C 快捷键复制，按 Ctrl+V 快捷键粘贴到 Photoshop 中的 ecrf_start.psd 文件中。

在 Paste（粘贴）对话框中选择 Pixels（像素）。将名称设置为 front，将除 front 图层以外的图层和图层组设置为非激活状态。

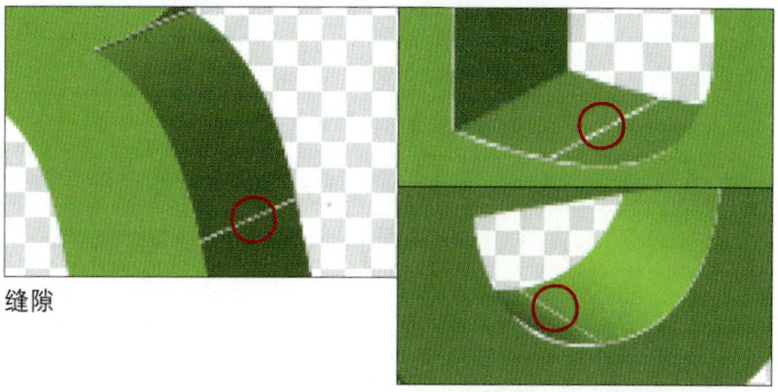

缝隙

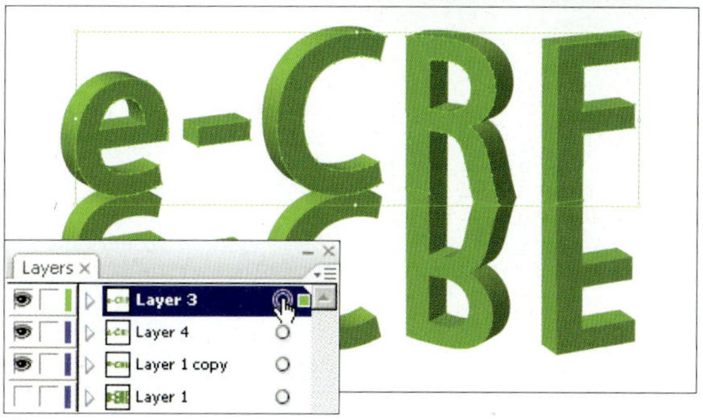

选择 Layer 3 图层的 Target

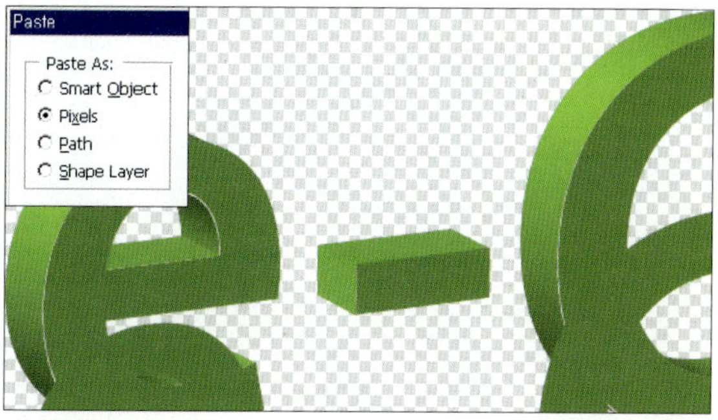

粘贴的图像

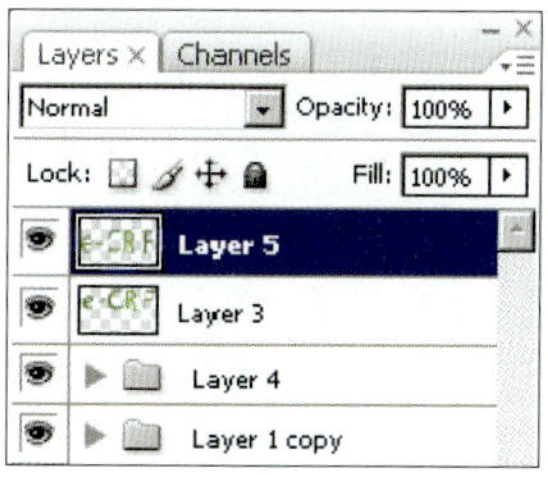

粘贴

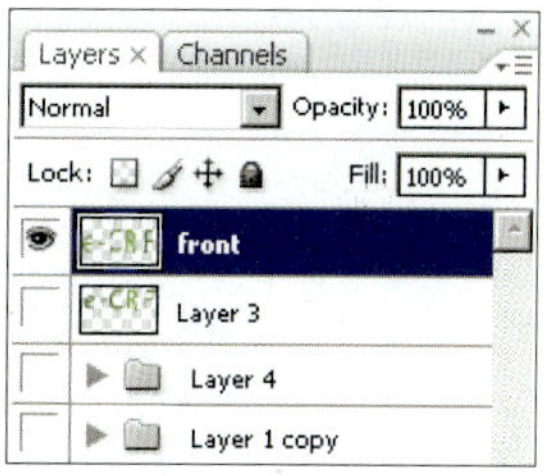

只激活 front 图层

在Illustrator中单击Layer 4图层的Target，选择对象，按Ctrl+C快捷键复制，然后选择Photoshop中的ecrf_start.psd文件，按Ctrl+V快捷键粘贴。

这时，在Paste（粘贴）对话框中选择Pixels（像素），将图层放置于front图层下方，然后将其重新命名为extrude。

复制

选择 Layer 4 图层的 Target

粘贴的图像

在 Illustrator 中单击 Layer 1 copy 图层的 Target，按 Ctrl+C 快捷键复制，选择 Photoshop 中的 ecrf_start.psd 文件，按 Ctrl+V 快捷键粘贴。

这时，在 Paste（粘贴）对话框中选择 Pixels（像素），将得到的新图层放置于 extrude 图层下方，然后将其重命名为 reflect。

选择 extrude 图层，利用移动工具将 extrude 图层的图像对齐到文件的顶端。选择 front 图层，将 front 图层的图像和 extrude 图层的图像对齐。

选择 Layer 1 copy 图层并复制

粘贴的图像

排列到文件的顶端

将 front 图层的图像与 textrude 图层的图像对齐

利用选区整理

本步骤中利用移动工具移动图像，选择移动工具，按Ctrl+A快捷键全选文件，然后选择Align top edges（顶对齐），对齐到顶端。由于是全选图像的状态，因此可以轻松地对齐到图像顶端。

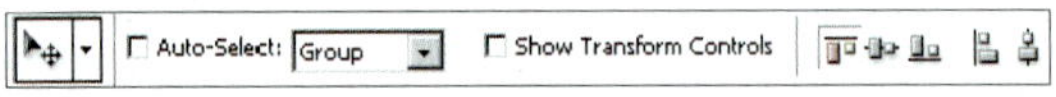

顶对齐

下面为了打开标题合并的状态，在 Illustrator 中单击 Layer 4 图层的 Target，然后按住 Shift 键单击 Layer 3 图层的 Target，全选两个图层的对象。按 Ctrl+C 快捷键复制，按 Ctrl+V 快捷键粘贴到 Photoshop 的 ecrf_start.psd 文件。这时，在 Paste（粘贴）对话框中选择 Pixels（像素），将新图层放置于 front 图层下方，然后将其重新命名为 all。

将 extrude 图层设置为非激活状态，选择 all 图层，将 all 图层的对象对齐到文件的顶端。

选择 reflect 图层，将 reflect 图层的图像对齐到文件的底端，然后在图层面板中将 Opacity（不透明度）设置为 40%。

选择 Layer 4 图层的 Target

按住 Shift 键选择 Layer 3 图层的 Target

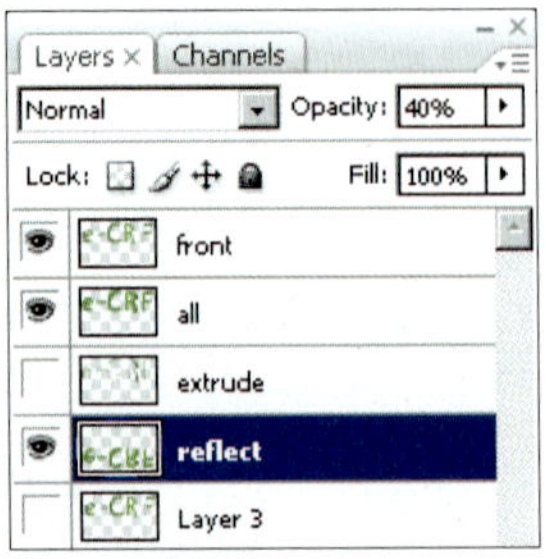

将不透明度设置为 40%

当前文件

导出没有缝隙的对象

从Illustrator中导入图像的时候会出现缝隙，这是因为在剪贴路径的状态下导入而产生的，主要出现于曲线形态中。在Illustrator中选择Layer 4和Layer 1 copy图层的对象，选择Object>Clipping Mask>Release（对象>剪贴蒙版>释放）命令，解除剪贴路径，可以看到圆角的部分没有缝隙。导出后在Photoshop中确认，可以看到在图层面板中Layer 4图层组和Layer 1 copy图层组创建为Layer 4图层和Layer 1 copy图层。

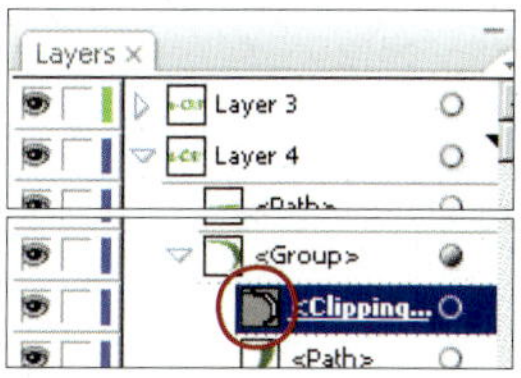

确认剪贴路径

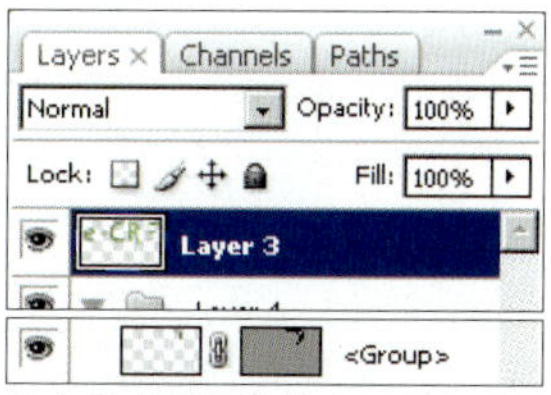

在有剪贴路径的状态下导出时的图层面板状态

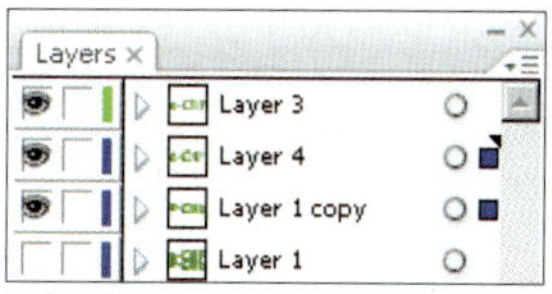

选择对象

没有缝隙的效果

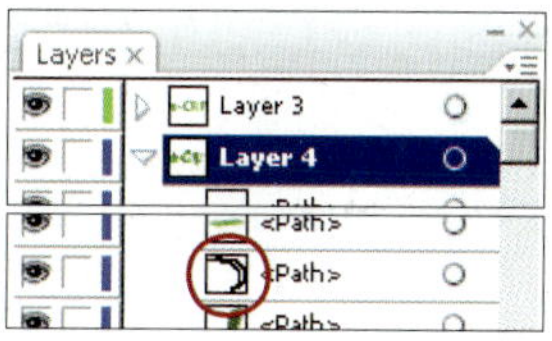

将剪贴路径创建为路径

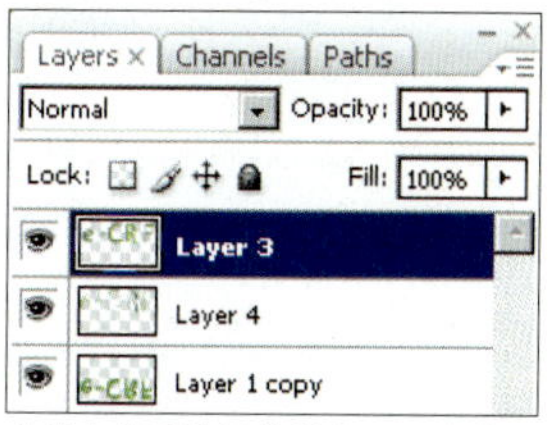

在没有剪贴路径的状态下导出的图层面板状态

扩大画布

前景色 / 背景色

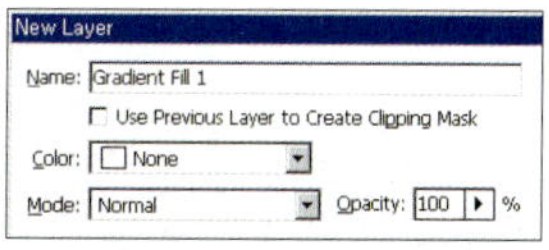

创建新图层

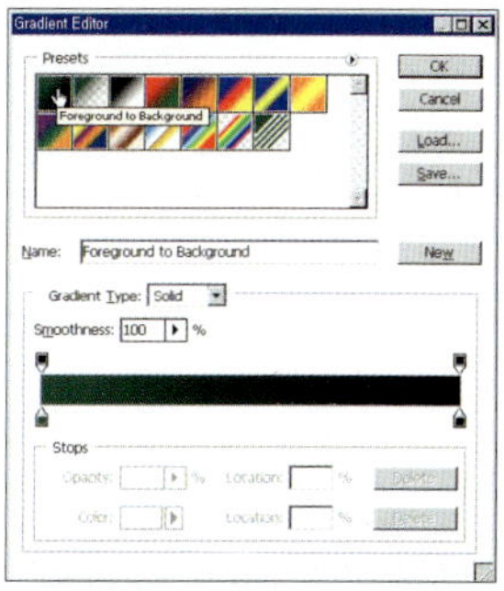

前景到背景

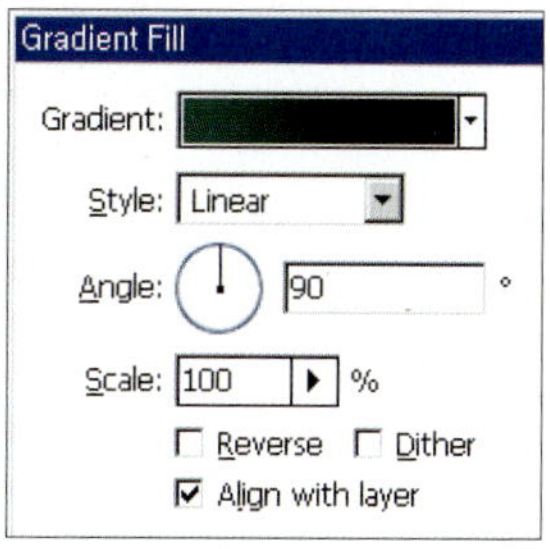

8-a 渐变填充

当前文件

08 创建背景

下面我们来扩大文件，创建背景。

选择 Image>Canvas Size（图像 > 画布大小）命令（Alt+Ctrl+C），在 Canvas Size（画布大小）对话框中将 Width（宽度）设置为 22cm，将 Height（高度）设置为 12cm。

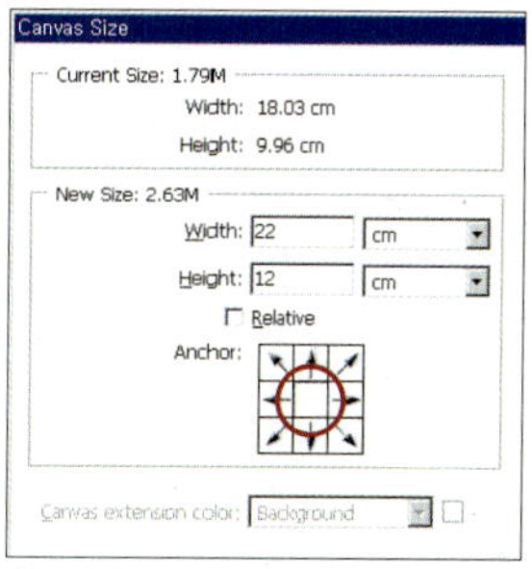

"画布大小" 对话框

为了设置渐变应用的颜色，将前景色设置为 R:23, G:70, B:40，将背景色设置为黑色。

选择 Layer>New Adjustment Layer>Gradient（图层 > 新建调整图层 > 渐变）命令，在 Gradient Fill（渐变填充）对话框的 Gradient Editor（渐变编辑器）对话框中选择 Foreground to Background（前景色到背景色渐变），如图 8-a 所示进行设置。

将生成的 Gradient Fill 1 图层放置于图层面板最上方。

将其拖动到图层面板下端的 Create a new layer（创建新图层）按钮上复制，将其重新命名为 all_re，然后将 all 图层设置为非激活状态。

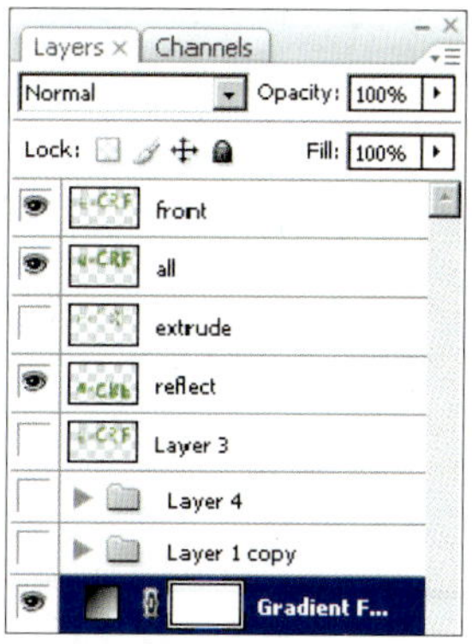

放置到图层面板最上方

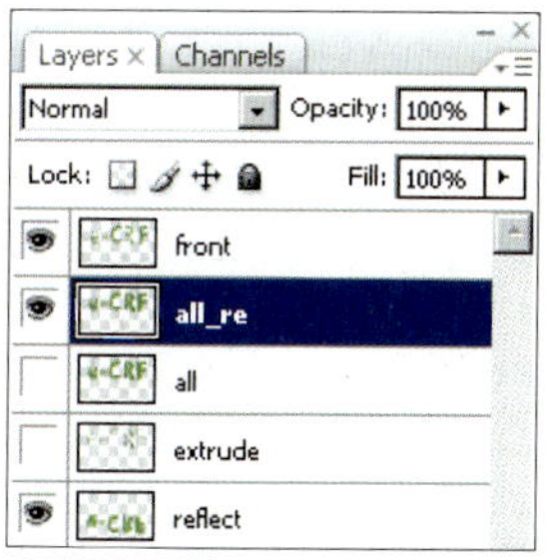

当前图层面板

09 表现高光和阴影

下面我们润饰图像，表现文字的明暗效果。

选择 all_re 图层，选择减淡工具，在选项栏中选择柔角 50pixels 画笔，将 Range（范围）设置为 Midtones（中间调），将 Exposure（曝光度）设置为 50%，然后在想要表现高光的部分进行润饰，表现更加明亮的效果。

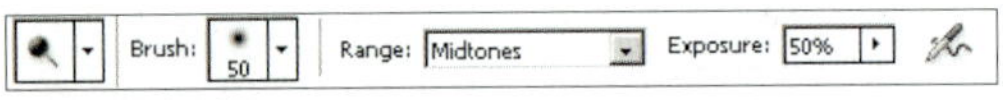

减淡工具选项栏

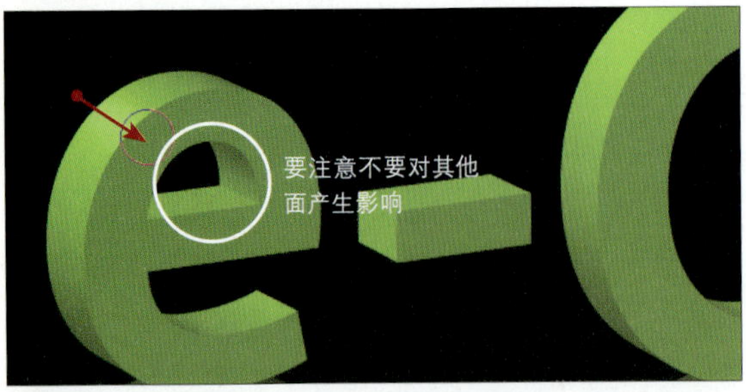

润饰

润饰高光部分

在只激活 all_re 图层的状态下确认高光

下面要在图像中表现阴影区域，选择加深工具，在选项栏中将 Exposure（曝光度）设置为 20%，在想要表现阴影的部分进行润饰。

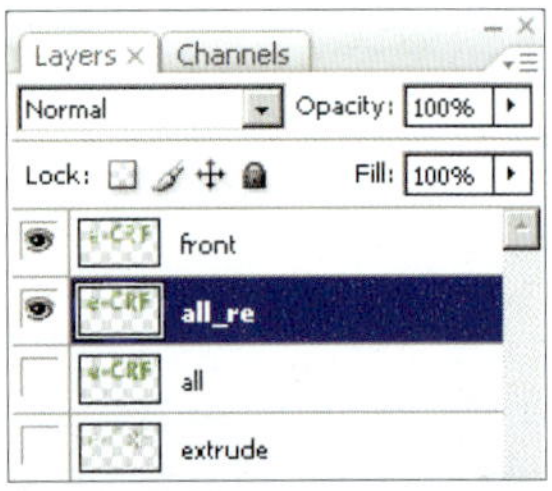

当前图层面板

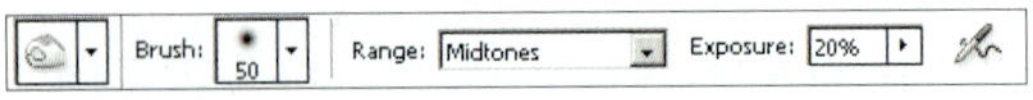

加深工具选项栏

润饰

润饰阴影部分

在只激活 all_re 图层的状态下确认阴影

使用较大画笔时的注意事项

利用较大的画笔进行操作的时候，可能会对不需要表现高光的部分也进行了处理，因此需要小心地绘制。最好的方法是先设置选区然后进行操作。

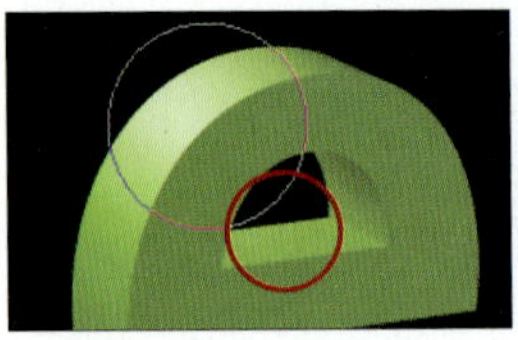

对不需要高光的部分进行润饰

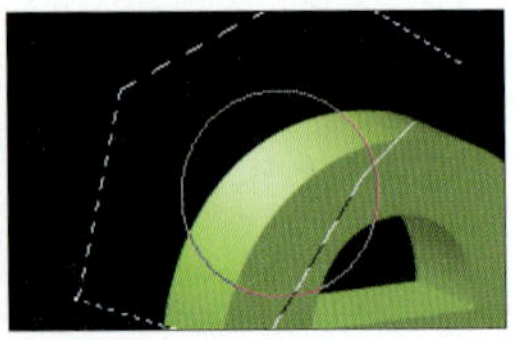

设置选区后进行润饰

利用调整图层进行润饰

本步骤中利用减淡工具和加深工具表现了明亮和暗淡的效果。除此以外，利用调整图层调节明暗后将蒙版设置为黑色，再利用画笔进行调节，也可以表现出明亮和暗淡的效果。

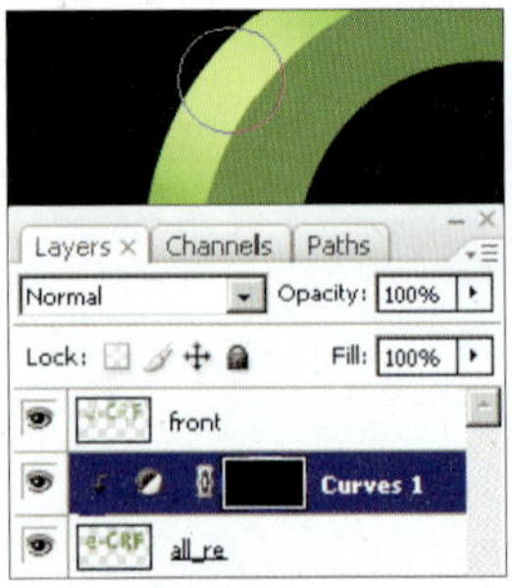

将调整曲线设置得较明亮后在蒙版中润饰

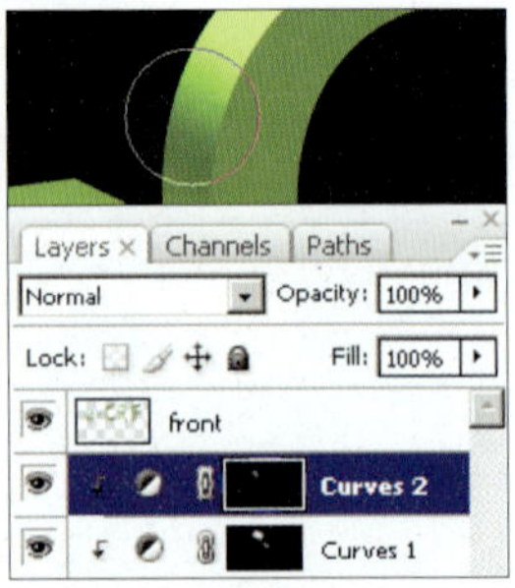

将调整曲线设置得较暗淡后在蒙版中润饰

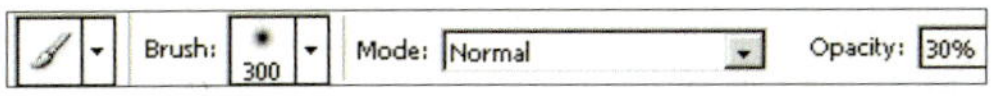

画笔工具选项栏

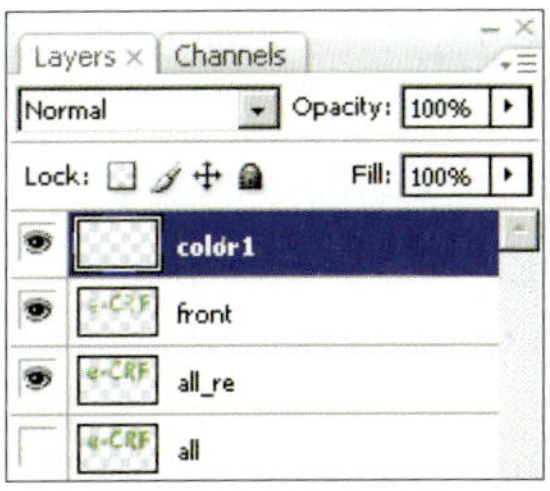

color1 图层

应用前景色的过程

应用前景色

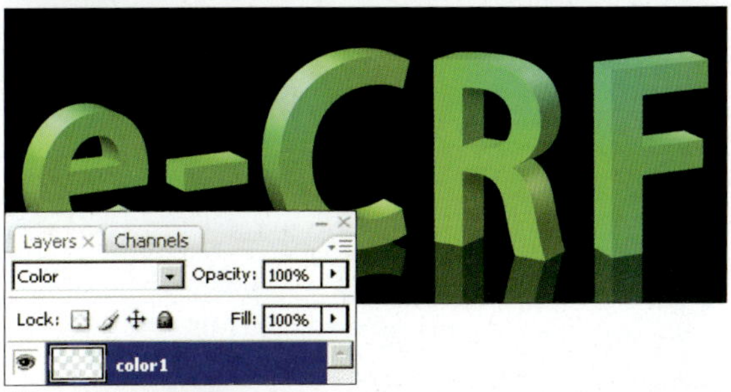

将混合模式设置为颜色

应用前景色

活用画笔工具的混合模式

本步骤中利用画笔工具和图层的混合模式进行了着色操作。另一种方法是将画笔工具的混合模式设置为颜色。如果对润饰结果不满意，复制 front 图层，将 front 图层设置为非激活状态，然后为了只在 front copy 图层区域润饰，选择 Lock transparent pixels（锁定透明像素），然后直接在 front 图层中进行润饰即可。

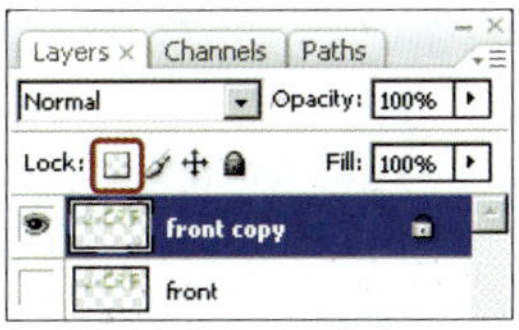

复制并选择锁定透明像素

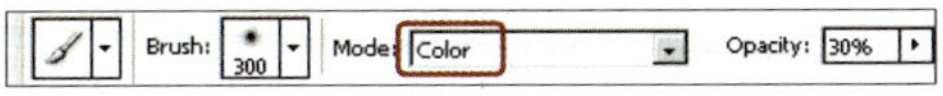

10 填充颜色

下面我们来随意地填充颜色。

单击图层面板下端的 Create a new layer（创建新图层）按钮，在图层面板最上端创建新的图层，然后将其重新命名为 color1，选择画笔工具，将前景色设置为 R:0,G:169,B:157，在选项栏中选择柔角 300pixels 画笔，将 Opacity（不透明度）设置为 30%。在想要应用颜色的区域单击进行润饰，再将混合模式设置为 Color（颜色）。

在 color1 图层上方创建新的图层，命名为 color2。将前景色设置为 R:247,G:148,B:29，在想要应用颜色的区域单击进行润饰，再将混合模式设置为 Color（颜色）。

为了只在 front 图层的区域显示效果，选择 color2 图层，按住 Shift 键选择 color1 图层。选中 color1 和 color2 图层，选择 Layer >Create Clipping Mask（图层 > 创建剪贴蒙版）命令（Ctrl+Alt+G），进行剪贴，只在 front 图层表现混合效果。

设置混合模式后的文件

将混合模式设置为颜色

创建剪贴蒙版后的文件

创建剪贴蒙版

下面我们对 all_re 图层填充颜色。

选择 color1 图层和 color2 图层，按住 Alt 键拖动到 all_re 图层上方复制。

为了只在 all_re 图层的区域显示图像效果，选择复制得到的 color1 copy 图层和 color2 copy 图层，选择 Layer >Create Clipping Mask（图层 > 创建剪贴蒙版）命令（Ctrl+Alt+G），剪贴到 all_re 图层。

由于应用颜色的位置重叠，选择 color1 copy 图层和 color2 copy 图层，选择移动工具，按向上方向键一次，使图像向上移动 10pixels，表现出文字面和边界面区分开来的效果。

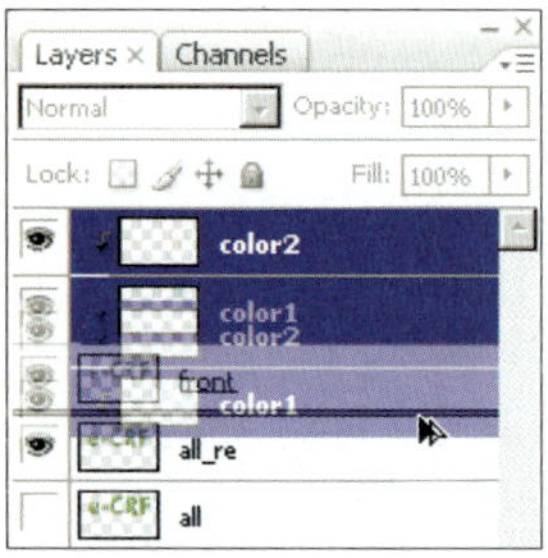
按住 Alt 键拖动

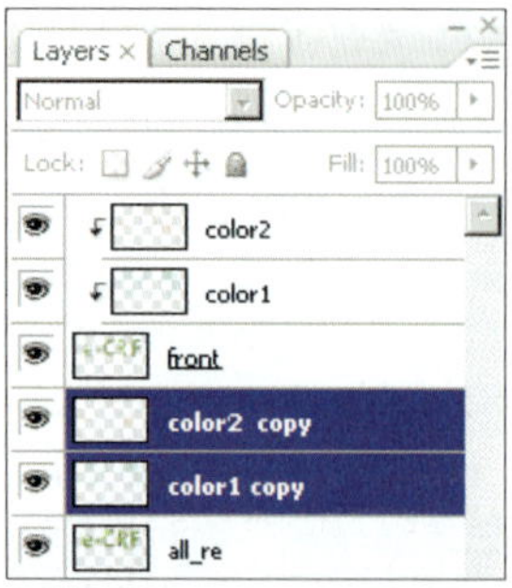
复制的图层

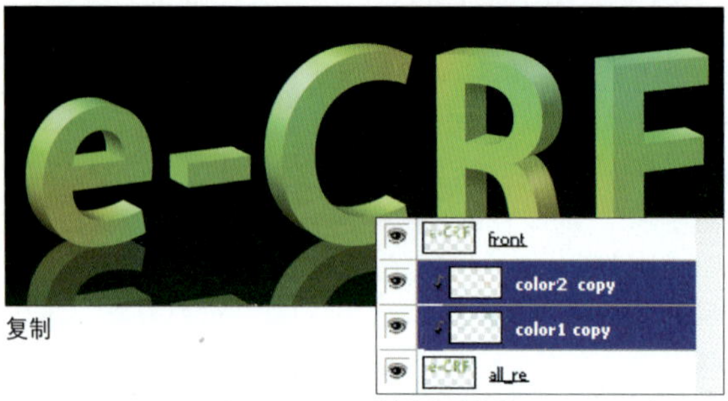
复制

创建剪贴蒙版

向上移动 10pixels

由于颜色的浓度较弱，下面我们来表现得更深一些，选择 color2 copy 图层，选择 Layer>New>Layer via Copy（图层 > 新建 > 通过拷贝的图层）命令（Ctrl+J）复制。

为了只在 all_re 图层的区域显示，选择 color2 copy 2 图层，选择 Layer >Create Clipping Mask（图层 > 创建剪贴蒙版）命令（Ctrl+Alt+G），剪贴到 all_re 图层。

当前文件

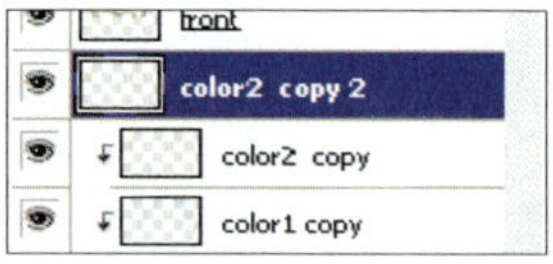
通过拷贝的图层

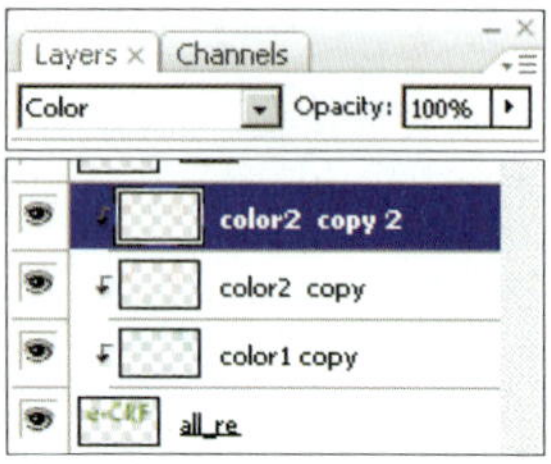
创建剪贴蒙版

更改颜色的色相和颜色

色相混合模式只对色调产生影响，对饱和度和亮度没有影响，颜色混合模式对色调和饱和度产生影响，对亮度没有影响，因此如果想要进行单纯的色调更改，就要使用色相混合模式，如果想要对色调和饱和度进行更改，就要使用颜色混合模式。特别是对黑白图像填充颜色的时候，使用颜色混合模式即可。色相混合模式对没有饱和度的黑白图像不会产生任何效果。

11 在边角部分表现高光 1

下面我们在边角部分添加高光。

在图层面板最上方创建新的图层，将其重新命名为 edge1。选择 edge1 图层，按住 Ctrl 键单击 front 图层载入选区。

载入 front 图层选区

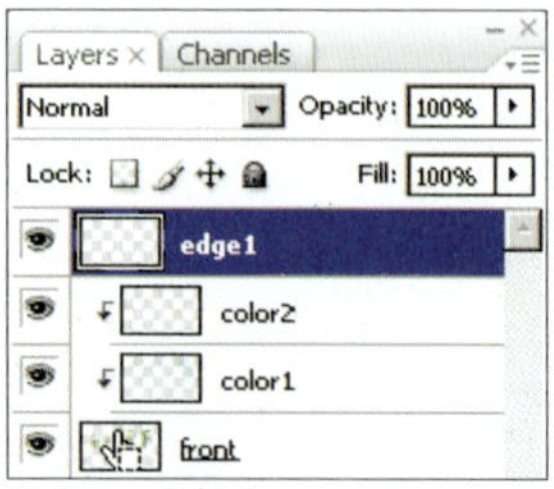
按住 Ctrl 键单击

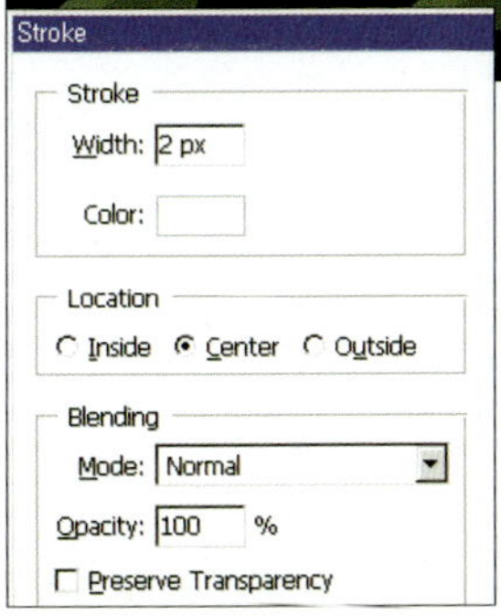

11-a

应用模糊滤镜

隐藏描边效果的状态

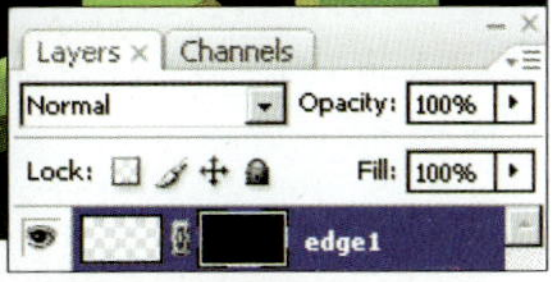

反转蒙版区域图像

对其他对象进行润饰，表现高光

选择 Edit>Stroke（编辑 > 描边）命令，如图 11-a 所示进行设置，按 Ctrl+D 快捷键取消选区。

由于图像效果过于清晰，选择 edge1 图层，选择 Filter>Blur>Blur（滤镜 > 模糊 > 模糊）命令，表现更加柔和的效果。

添加图层蒙版效果

为了只在发光的区域内表现高光效果，选择 edge1 图层，单击图层面板下端的 Add layer mask（添加图层蒙版）按钮，选择 edge1 图层蒙版，选择 Image>Adjustments>Invert（图像 > 调整 > 反相）命令（Ctrl+I），反转图像。

确认前景色为白色，选择画笔工具，在选项栏中选择柔角 50pixels 画笔，将 Opacity（不透明度）设置为 30%。

选择 edge1 图层蒙版，在需要表现高光效果的部分进行润饰，表现更加明亮的效果。

前景色

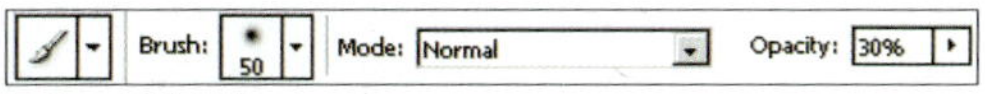

画笔工具选项栏

润饰

反复应用表现强烈的高光

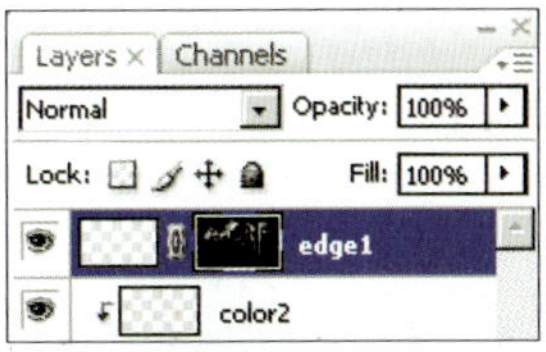

润饰后的图层面板

在不需要的部分应用的高光效果

利用黑色润饰后隐藏高光效果

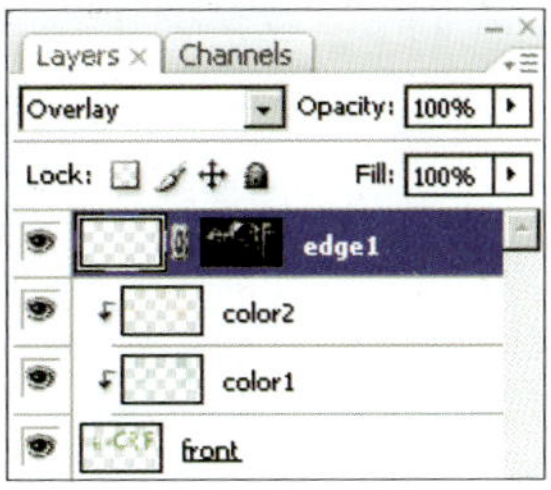

将混合模式设置为叠加

在内侧的轮廓上不能表现高光效果，利用缩放工具放大后仔细确认。如果发现表现了高光的部分，选择画笔工具，将前景色设置为黑色，在选项栏中将 Opacity（不透明度）设置为 100%，选择 edge1 图层蒙版，进行润饰 。

润饰操作结束后，将 edge1 图层的混合模式设置为 Overlay（叠加），与背景自然地合成。

当前文件

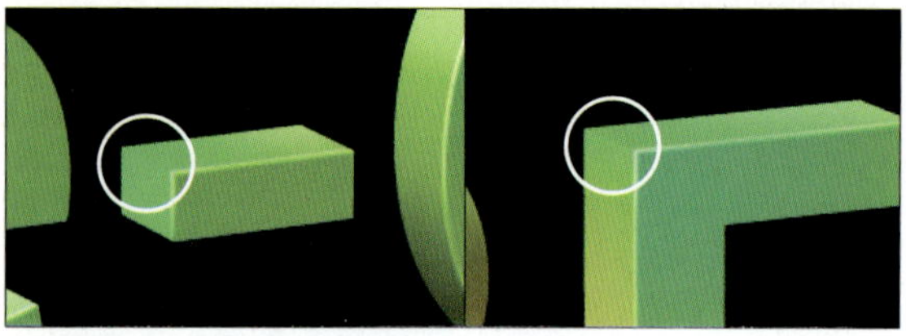

在边缘上没有表现高光的部分

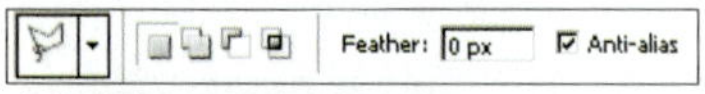

多边形套索工具选项栏

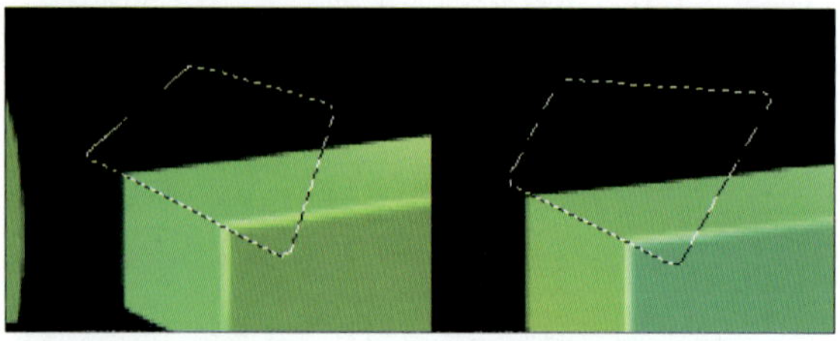

选择 - 中表现边缘的区域　　选择 F 中表现边缘的区域

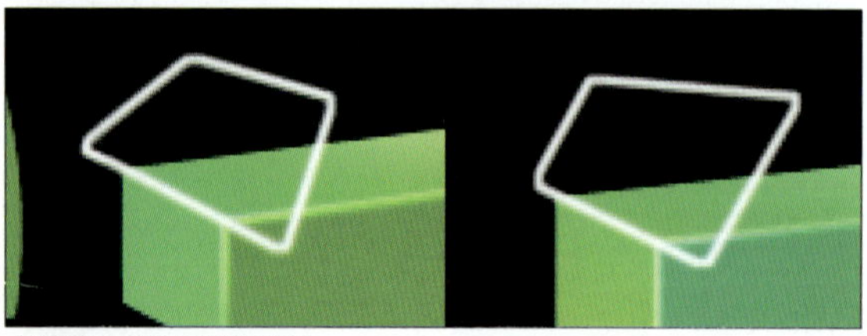

应用描边后应用模糊滤镜

12 在边角部分表现高光 2

下面我们在没有表现边缘的部分表现边缘。

可以看到在“-”和“F”的边缘没有表现出高光效果。在图层面板最上方创建新的图层，将其重新命名为edge2。

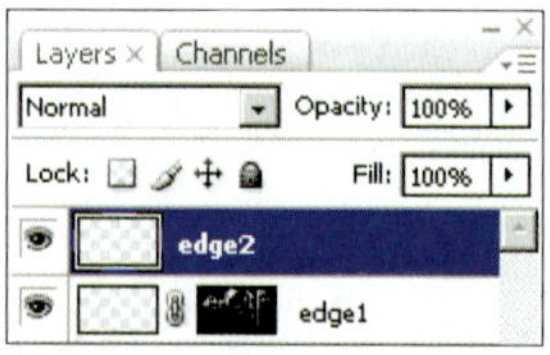

创建 edge2 图层

对没有表现边缘的“-”图像执行 View> Zoom In（视图 > 放大）命令（Ctrl++），选择多边形套索工具，选择要表现边缘的区域。

按住Shift键添加要作为“F”的边缘表现的抽出区域，选择Edit>Stroke（编辑 > 描边）命令，如图12-a所示进行设置，然后按Ctrl+D快捷键取消选区。

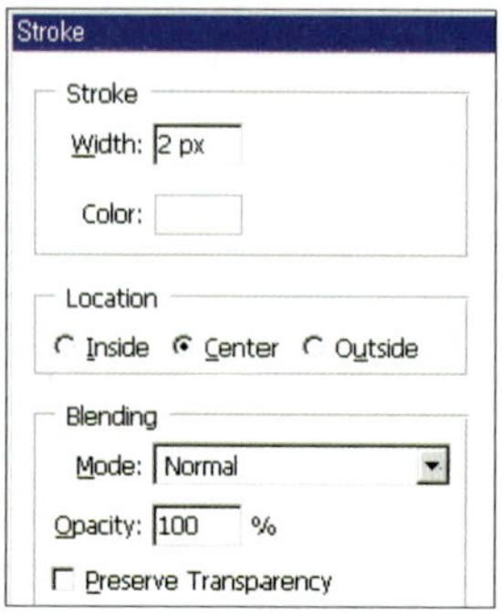

12-a

由于图像效果过于清晰，选择 edge2 图层，选择 Filter>Blur>Blur（滤镜 > 模糊 > 模糊）命令，表现更加柔和的效果。

润饰

为了只在一定范围表现图像效果，选择 edge2 图层，单击图层面板下端的 Add layer mask（添加图层蒙版）按钮，选择 Image>Adjustments>Invert（图像 > 调整 > 反相）命令（Ctrl+I），反转图像。

确认前景色为白色，利用画笔工具在选择 edge2 图层蒙版的状态下在想要表现高光的部分润饰。

完成润饰操作后，将 edge2 图层的混合模式设置为 Overlay（叠加），与背景自然地合成。

当前文件

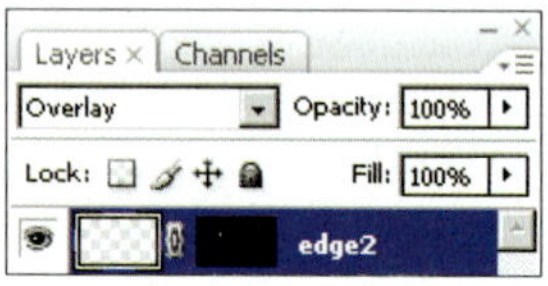

将混合模式设置为叠加

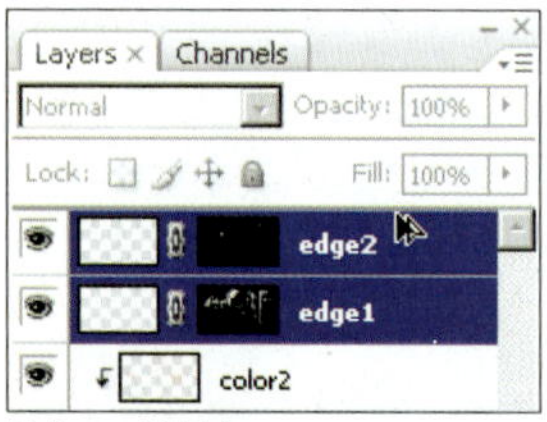

按住 Alt 键单击

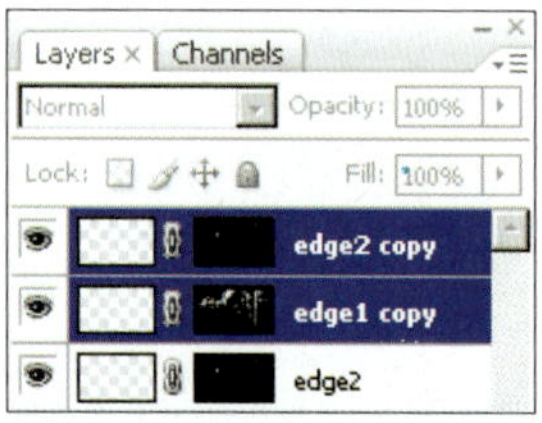

复制

创建反转图像的蒙版

本步骤中添加图层蒙版后为了隐藏效果，按Ctrl+I快捷键反转图像。更简单的方法是按住Alt键单击“添加图层蒙版”按钮，可以创建以黑色填充的蒙版。

13 调节整体色调 1

下面我们在边缘上表现光泽，调节图像整体效果。

选择 edge2 图层，按住 Shift 键选择 edge1 图层。在选择 edge1 和 edge2 图层的状态下按住 Alt 键拖动到 edge2 图层上方复制。选择复制得到的 edge1 copy 图层和 edge2 copy 图层，选择 Layer>Merge Layers（图层 > 向下合并）命令（Ctrl+E），合并为一个图层组。

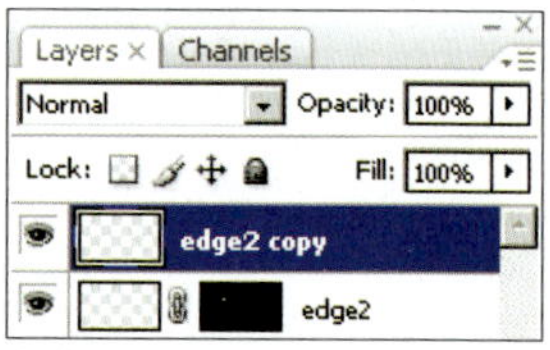

合并图层

当前文件

应用高斯模糊滤镜的效果

选择 edge2 copy 图层，选择 Filter>Blur> Gaussian Blur（滤镜 > 模糊 > 高斯模糊）命令，将 Radius（半径）设置为 2pixels。将混合模式设置为 Overlay（叠加），表现发光的效果。

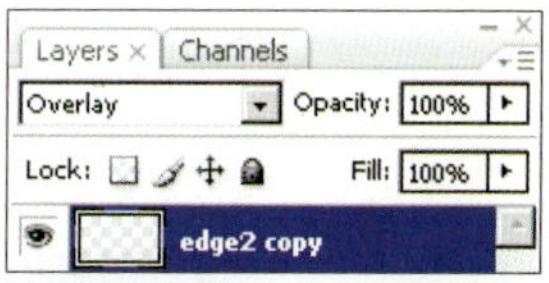

混合模式为叠加

应用高斯模糊滤镜前的状态

应用高斯模糊滤镜后的效果

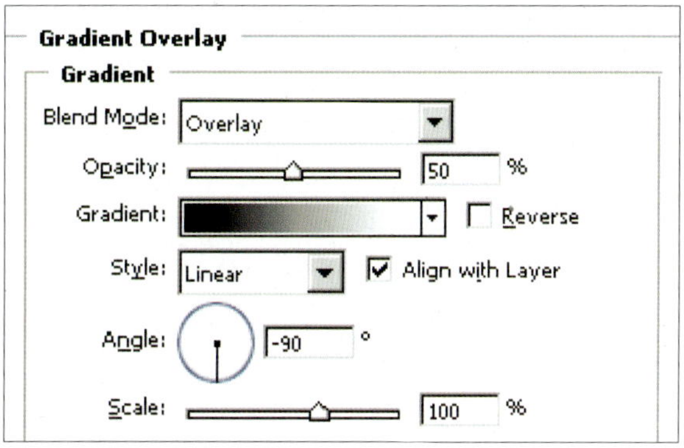

13-a

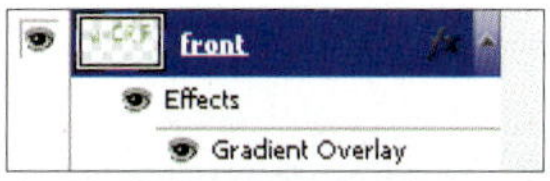

应用渐变叠加后的图层面板

应用渐变叠加

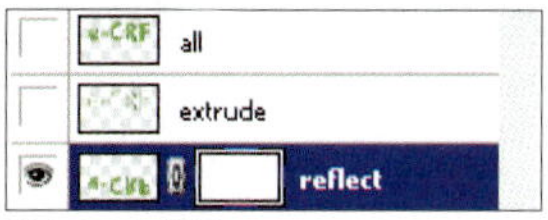

添加图层蒙版

默认前景色和背景色

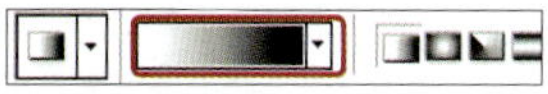

渐变工具选项栏

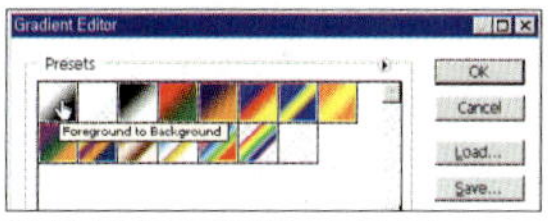

选择“前景色到背景色渐变”

选择 front 图层，选择 Layer>Layer Style>Gradient Overlay（图层 > 图层样式 > 渐变叠加）命令，如图 13-a 所示进行设置，表现整体的明暗效果。

为了调节标题图像的颜色浓度，选择 reflect 图层，单击图层面板下端的 Add layer mask（添加图层蒙版）按钮。选择 reflect 图层蒙版，确认前景色为白色，背景色为黑色，选择渐变工具，在选项栏中单击渐变条，在 Gradient Editor（渐变编辑器）对话框中选择 Foreground to Background（前景色到背景色渐变）。在文件上端单击，向下拖动，绘制逐渐模糊的效果，完成制作。

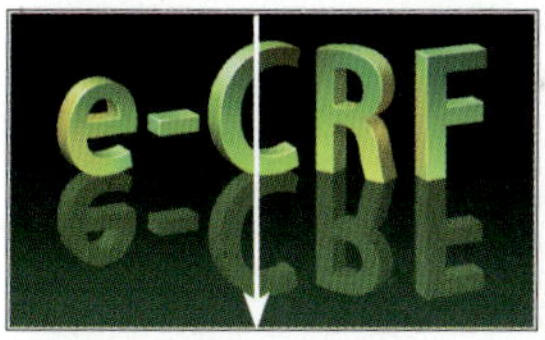

在文件上端单击，向下拖动

蒙版区域

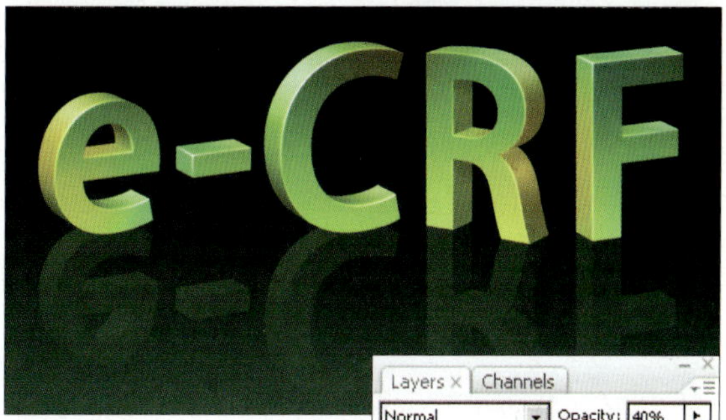

完成效果 1

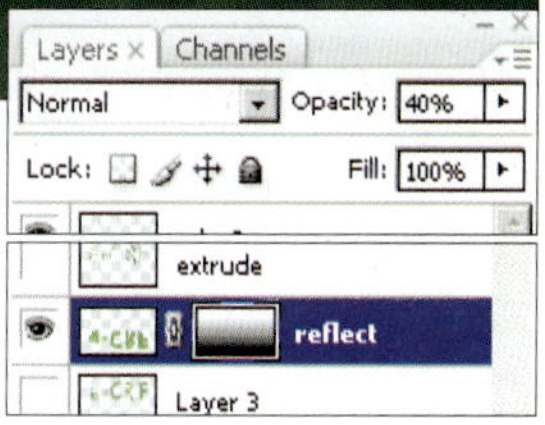

当前图层面板

14 更改颜色

下面我们为完成的标题更改颜色，表现发光效果。

选择 color2 图层，单击图层面板下端的 Create new fill or adjustment layer（创建新的填充或调整图层）按钮，选择 Color Balance（色彩平衡），如图 14-a 所示进行设置，表现发出绿色光的效果。然后为了只在文字区域应用，创建剪贴蒙版剪贴到 front 图层。

按住 Alt 键单击 Color Balance 1 图层，拖动到 color2 copy 2 图层上方复制。将复制得到的 Color Balance 1 copy 图层剪贴到 all_re 图层，只显示文字效果。

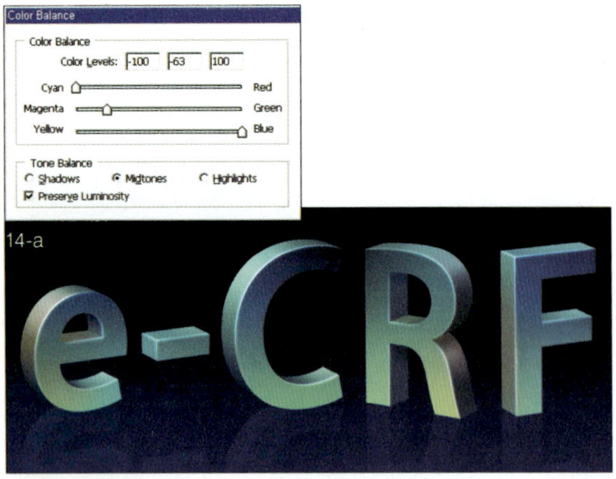

应用色彩平衡

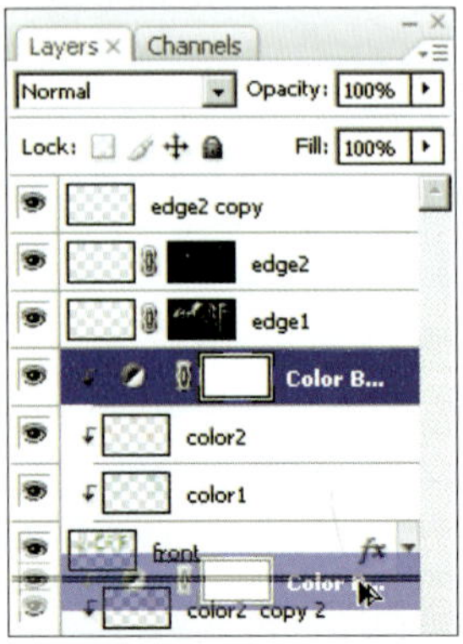

按住 Alt 键单击

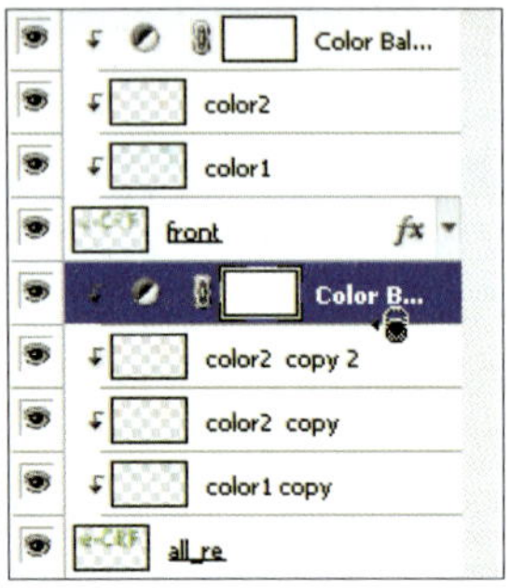

剪贴

剪贴

复制后剪贴

按住Ctrl键单击载入all_re图层选区，为了复制当前可见区域，选择Edit>Copy Merged（编辑>合并拷贝）命令（Ctrl+Shift+C），为了将其放置于图层面板最上方，选择edge2 copy图层，按Ctrl+V快捷键粘贴，将粘贴得到的图层重新命名为s_glow。确认前景色为白色，背景色为黑色，选择s_glow图层，选择Filter > Sketch>Photocopy（滤镜>素描>影印）命令，如图14-b所示进行设置，在文字的边界部分表现明亮的效果。

将 s_glow 图层的混合模式设置为 Color Dodge（颜色减淡），表现出隐约发光效果。

按住 Ctrl 键单击

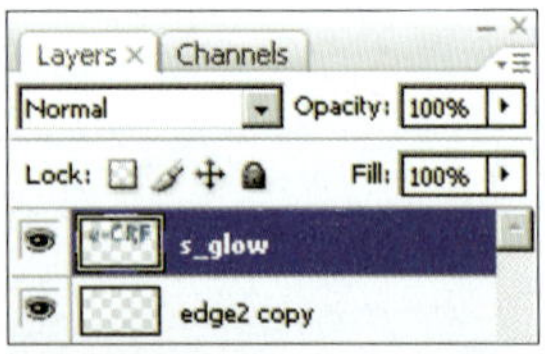

粘贴后更改名称

应用影印滤镜

将混合模式设置为颜色减淡

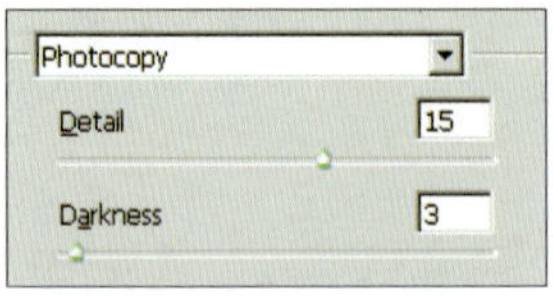

14-b

放大的效果

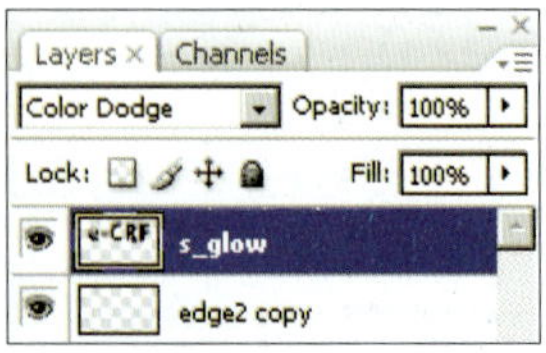

当前图层面板

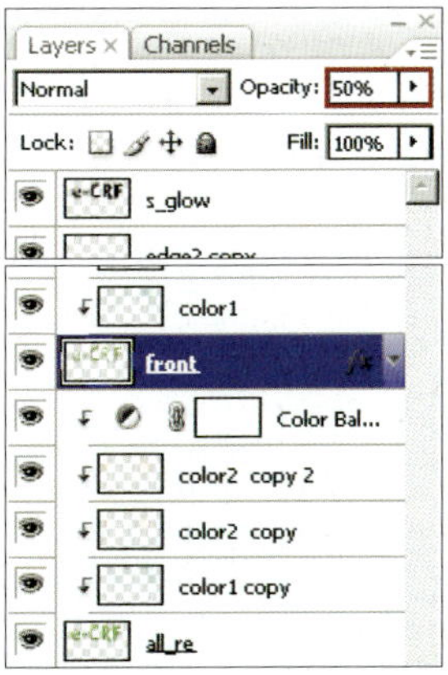

将 front 图层的不透明度设置为 50%

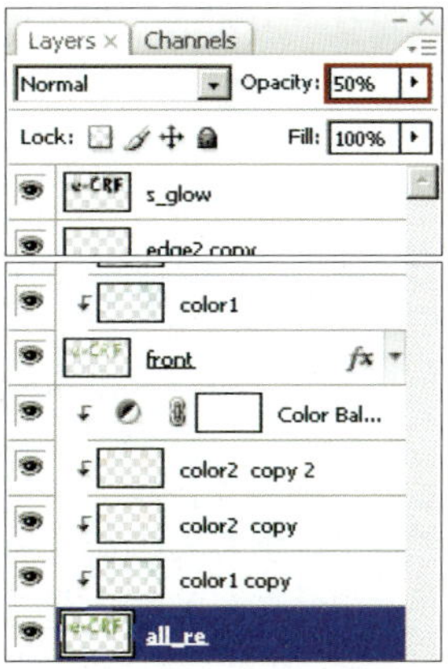

将 all_re 图层的不透明度设置为 50%

选择 front 图层，将 Opacity（不透明度）设置为 50%。选择 all_re 图层，将 Opacity（不透明度）设置为 50%。如果只调节 all_re 图层的不透明度，可以表现出 front 图层浮起的文字效果。

完成效果 2

调节强烈表现的颜色减淡的浓度

本步骤中应用Photocopy（影印）滤镜并且将混合模式设置为颜色减淡进行合成。这里为了降低合成的效果的浓度，调节不透明度，在合成的状态下创建浓度较低的图像，整体会显得没有生气，降低Fill（填充）值，或者选择Image>Adjustments>Levels（图像>调整>色阶）命令（Ctrl+L），调节Output（输出色阶）值，可以降低浓度但是保留颜色，因此使用填充来降低浓度可以得到较好的效果。像这样表现出填充和不透明度的差别的混合模式有带有减淡和加深属性的混合模式（颜色加深、线性加深、颜色减淡、线性减淡、亮光、线性光、强混合）以及差值。

利用填充或者色阶调节效果

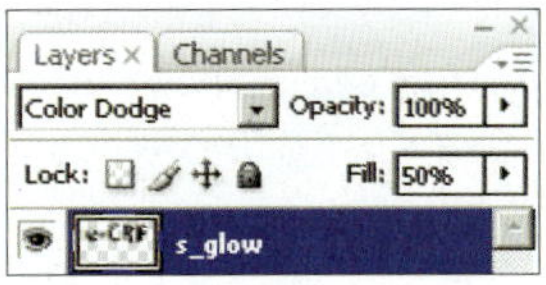

将填充设置为 50%

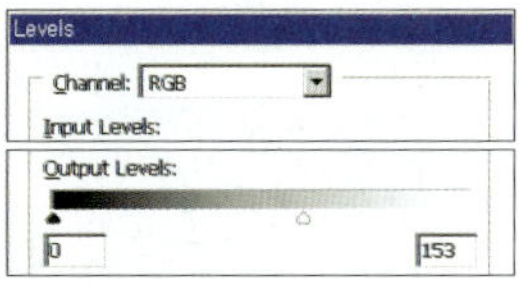

调整输出色阶

确认强烈表现的发光效果

利用 s_glow 图层的不透明度调节效果

将不透明度设置为 50%

设置不透明度后的文件

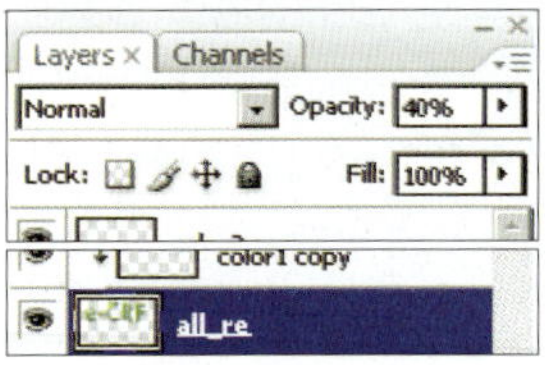

将 all_re 图层不透明度设为 40%

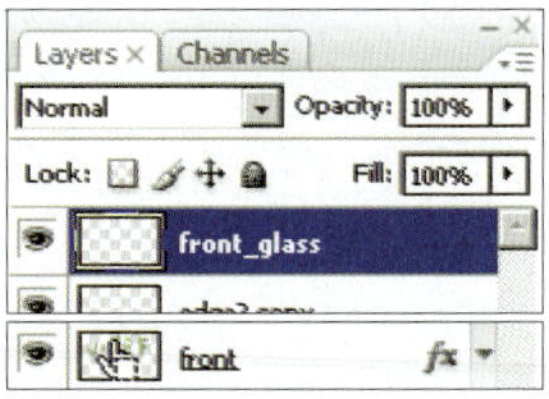

创建 front_glass 图层

15 表现反射效果 1

在文字表面表现反射效果。

将 all_re 图层的 Opacity（不透明度）设置为 40%，表现半透明的效果。在 edge2 copy 图层上方创建新的图层，重命名为 front_glass。选择 front_glass 图层，按住 Ctrl 键单击 front 图层载入选区。

载入 front 图层选区

在载入的选区填充黑色

设置填充后的文件

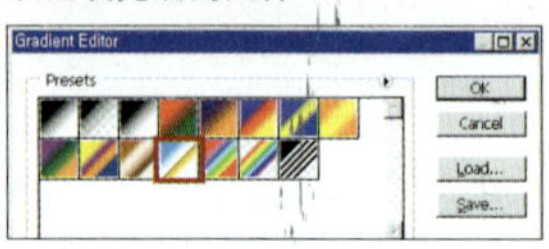

选择"铬黄渐变"

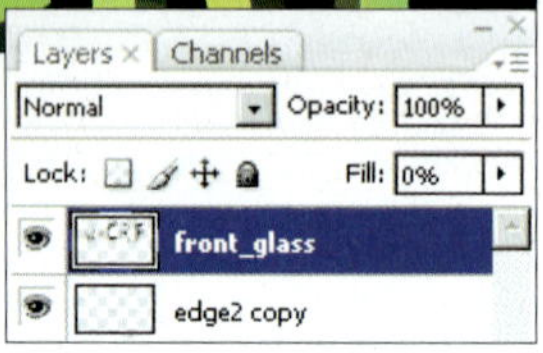

将填充设置为 0%

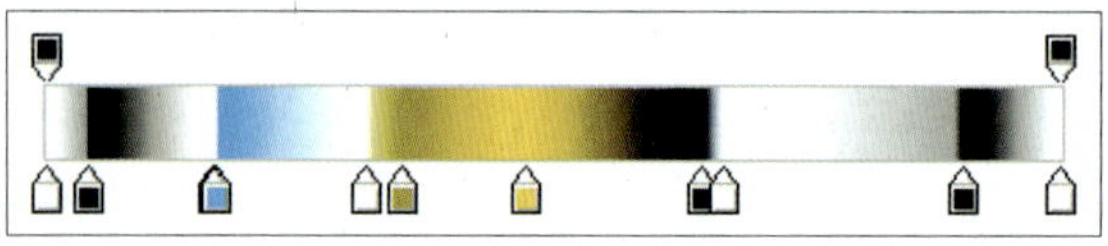

15-a

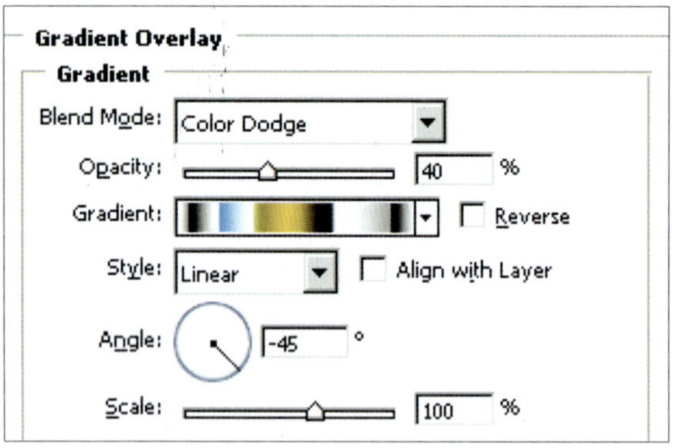

15-b

选择 front_glass 图层，将载入的选区填充为黑色，按 Ctrl+D 快捷键取消选区。将 front_glass 图层的 Fill（填充）设置为 0%。虽然填充了黑色，但是由于填充值为 0%，因此使用其他颜色填充也可以。

选择 Layer>Layer Style>Gradient Overlay（图层 > 图层样式 > 渐变叠加）命令，在 Gradient Editor（渐变编辑器）对话框中选择 Chrome（铬黄渐变），然后在下端添加色标，排列并更改颜色，如图 15-a 所示进行设置。

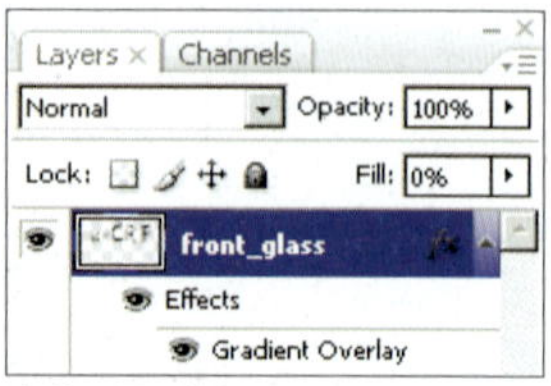

当前图层面板

对其他选项值如图 15-b 所示进行设置。

当前文件

通过更改混合模式表现出其他的效果

将混合模式设置为线性减淡，将不透明度设置为 40%

将混合模式设置为滤色，将不透明度设置为 70%

16 表现反射效果 2

下面应用完成的效果，制作与文字方向相符的质感。

将 front_flass 图层设置为非激活状态，在图层面板最上方创建新的图层，将其重新命名为 e_glass。

选择矩形选框工具 ⬚，选择包含 e 在内的区域。

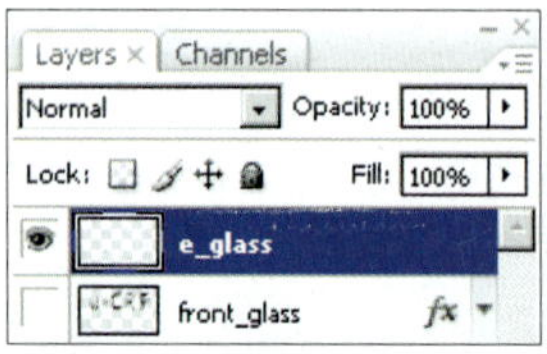

创建 e_glass 图层

载入包含 e 在内的区域

按住 Alt+Shift+Ctrl 快捷键单击 front 图层，提取包含 e 的区域和与 front 图层区域相交的区域。选择 e_glass 图层，为相交的区域填充黑色，按 Ctrl+D 快捷键取消选区。

将 e_glass 图层的 Fill（填充）设置为 0%，选择 Layer>Layer Style>Gradient Overlay（图层 > 图层样式 > 渐变叠加）命令，在 Gradient Editor（渐变编辑器）对话框中选择 Chrome（铬黄渐变）后确认。对其他选项如图 16-a 所示进行设置。

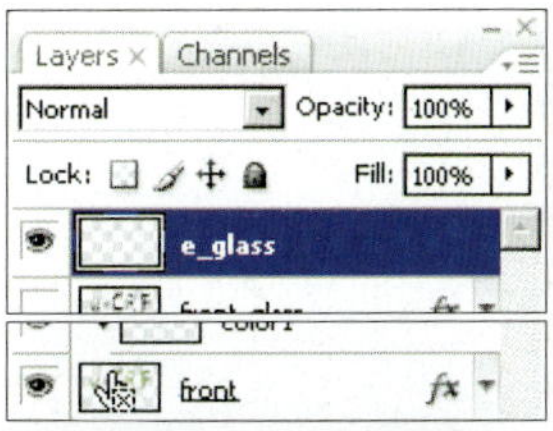

按住 Alt+Shift+Ctrl 快捷键单击

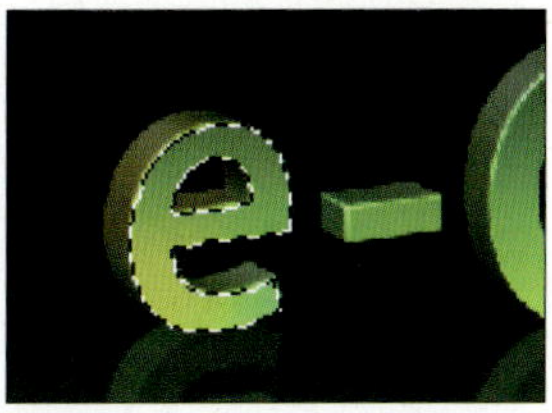
提取相交的区域

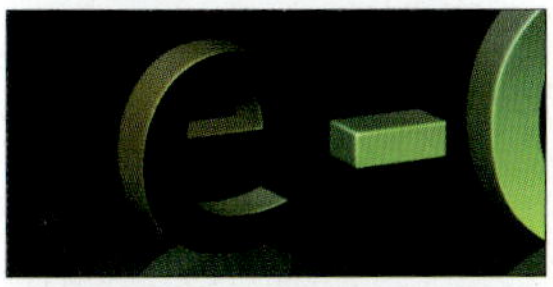
为载入的区域填充黑色

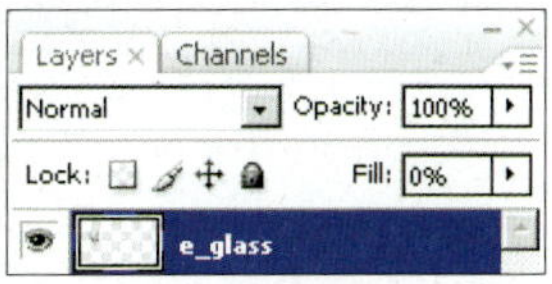

e_glass 图层，填充设置为 0%

填充设置为 0% 后的文件

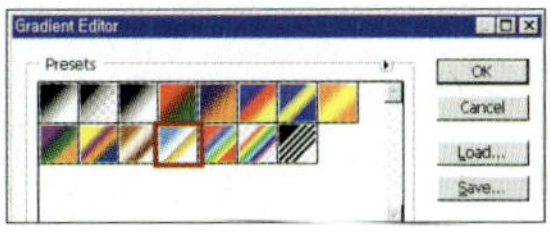

选择“铬黄渐变”

应用渐变叠加后的文件

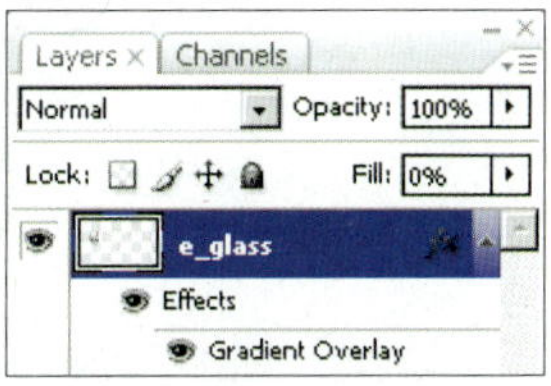

当前图层面板

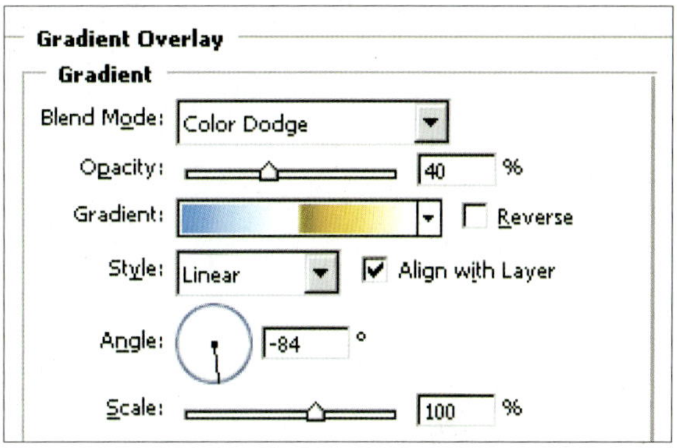

16-a

利用与上面相同的方法创建新图层，将其重新命名为 c_glass，载入包含 - 和 C 在内的选区，提取与 front 图层相交的选区，填充颜色。

按 Ctrl+D 快捷键取消选区，将 c_glass 图层的 Fill（填充）设置为 0%，如图 16-a 所示对 Gradient Overlay（渐变叠加）进行设置，将 Angle（角度）设置为 -86°。对其他文字也利用与上面相同的方法进行设置，将字母 R 的渐变叠加的角度设置为 -97°，将字母 F 的渐变叠加的角度设置为 -84°。

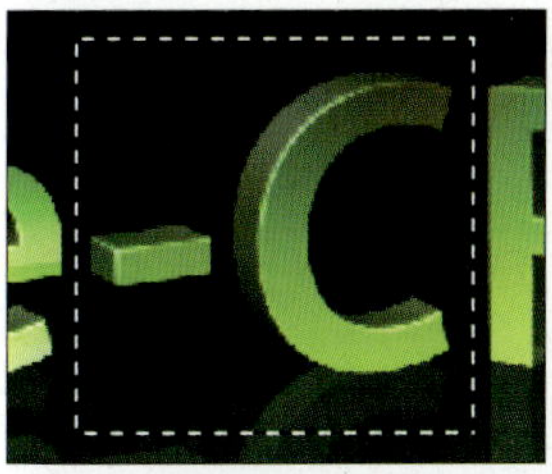
载入包含 - 和 C 在内的选区

提取相交的选区

将角度设置为 -86°

将角度设置为 -97°

将角度设置为 -84°

完成效果 3

30

30 K1

对应用了图层样式的图像加入质感效果，制作沉重的钢铁质感文字特效。

Source Location

Effects 30\

- k1_start.psd
- k1_finish1.psd
- k1_finish2.psd
- k1_apply.psd
- source.jpg
- austria_finish2.psd

k1_start.psd 文件

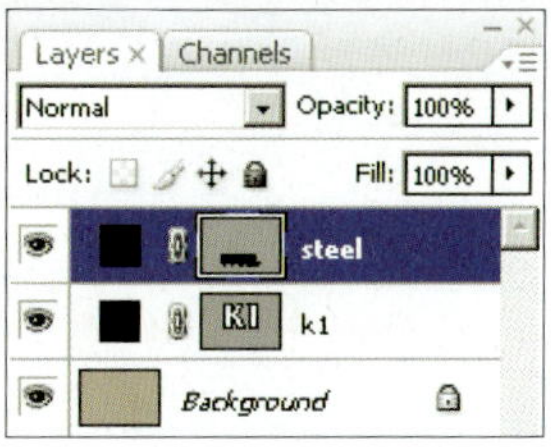

k1_start.psd 文件的图层面板

austria_finish2.psd 文件

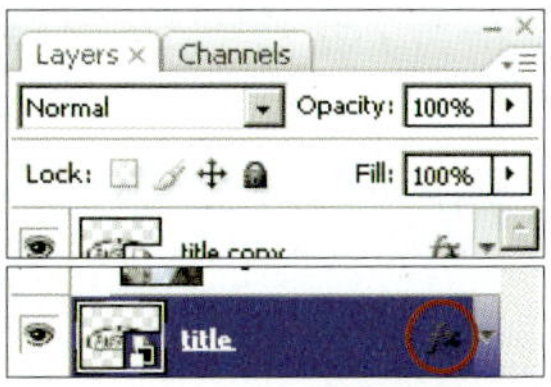

austria_finish2.psd 文件的图层面板

粘贴图层样式后的文件

01 确认操作文件，应用图层样式

下面我们在图层样式中应用质感和滤镜，表现沉重的钢铁质感文字效果。

打开 k1_start.psd 文件和 austria_finish2.psd 文件。

k1_start.psd 文件的 steel 图层、k1 图层是输入文字后在文字图层中单击鼠标右键，选择 Convert to Shape（转换为形状）命令创建的形状图层。

首先应用 austria_finish2.psd 文件的 title 图层中的图层样式，单击鼠标右键，从弹出菜单中选择 Copy Layer Style（拷贝图层样式），然后关闭 austria_finish2.psd 文件。

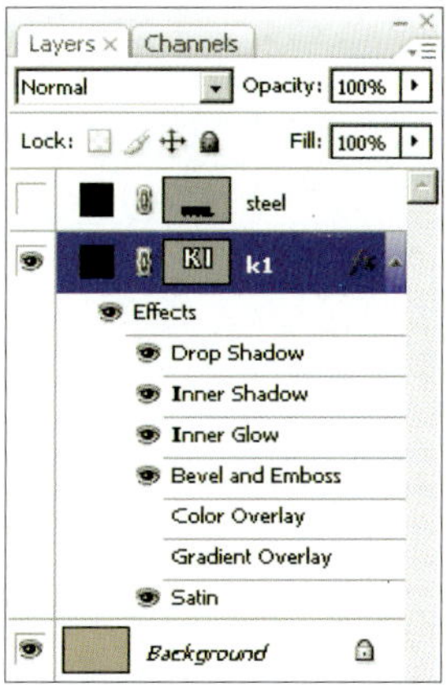

当前图层面板

将 k1_start.psd 文件的 steel 图层设置为非激活状态，选择 k1 图层，单击鼠标右键，从弹出菜单中选择 Paste Layer Style（粘贴图层样式），粘贴复制的图层样式。

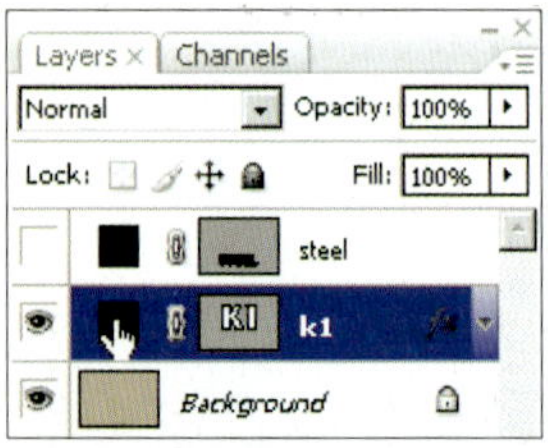

双击 k1 图层缩览图

更改 k1 图层颜色

将内发光和光泽设置为非激活状态

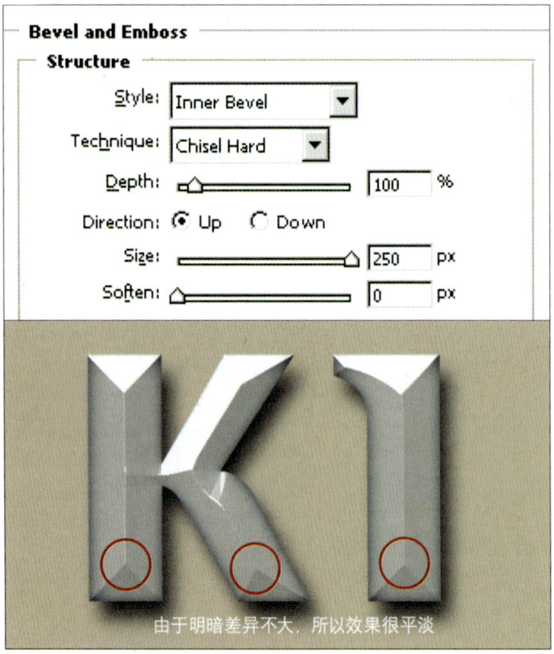

更改"方法"后的文件

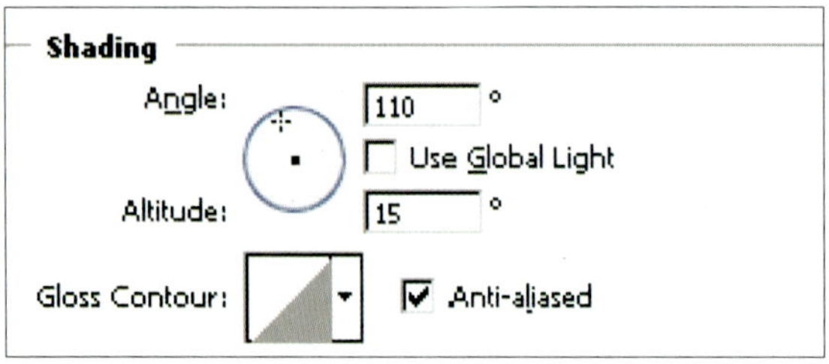

更改光泽等高线的角度和高度

02 调整图层样式

由于 k1 图层的图像为黑色，没有显示出应用混合模式的效果，双击 k1 图层缩览图，将颜色设置为 R:137, G:137,B:137。

双击 k1 图层，打开 Layer Style（图层样式）对话框，将不需要的 Inner Glow（内发光）和 Satin（光泽）效果取消，设置为非激活状态。

选择 Bevel and Emboss（斜面和浮雕），将 Technique（方法）设置为 Chisel Hard（雕刻清晰），表现尖锐的效果，然后将 Size（大小）设置为 250px，表现折角形态。

由于折角的文字看起来很平淡，为了表现更加尖锐的效果形态，将 Gloss Contour（光泽等高线）设置为 Linear（线性），将 Angle（角度）设置为 110°，将 Altitude（高度）设置为 15°。将 Shadow（阴影）的 Opacity（不透明度）设置为 35%。

更改光泽等高线的角度和高度后的文件

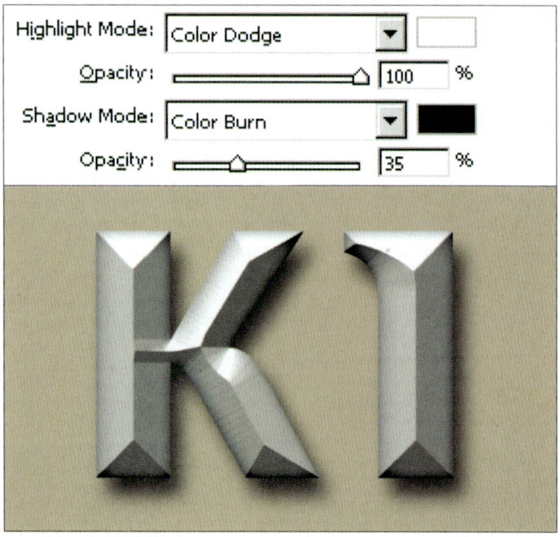

更改明暗浓度后的文件

03 排列素材

下面我们将提供的素材放置到文字上。

选择 File>Open（文件 > 打开）命令（Ctrl+O），打开 source.jpg 文件。

按 Ctrl+A 快捷键全选 source.jpg 文件，按 Ctrl+C 快捷键复制，选择 k1_start.psd 文件中的 k1 图层，按 Ctrl+V 快捷键粘贴，将图层重新命名为 pic。

将 pic 图层的 Opacity（不透明度）设置为 50%，利用移动工具 在 k1 图层选区内放置素材，然后将 Opacity（不透明度）设置为 100%。

将pic图层拖动到图层面板下端的Create a new layer（创建新图层）按钮上复制，将pic图层设置为非激活状态，将复制后的图层名称设置为pic1，放置于k1图层上方。

由于效果过于鲜明，选择pic1图层，选择Filter>Blur>Gaussian Blur（滤镜>模糊>高斯模糊）命令，将Radius（半径）设置为8pixels，将图像变模糊。

source.jpg 文件

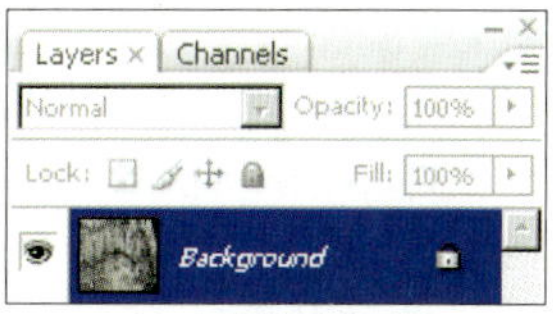

source.jpg 文件的图层面板

粘贴到 k1_start.psd 文件

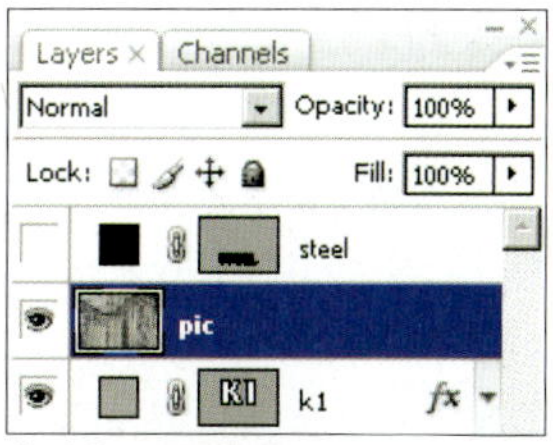

粘贴的 pic 图层

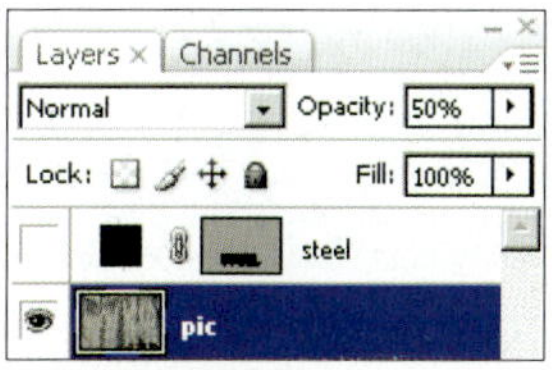

将不透明度设置为 50%

放置

放置后将不透明度设置为 100%

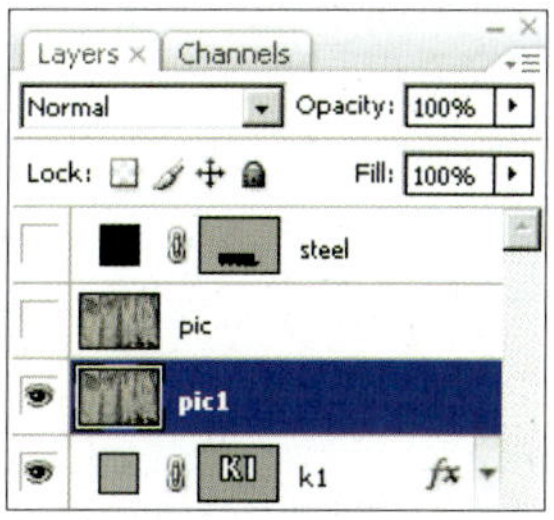

放置到复制的 k1 图层上方

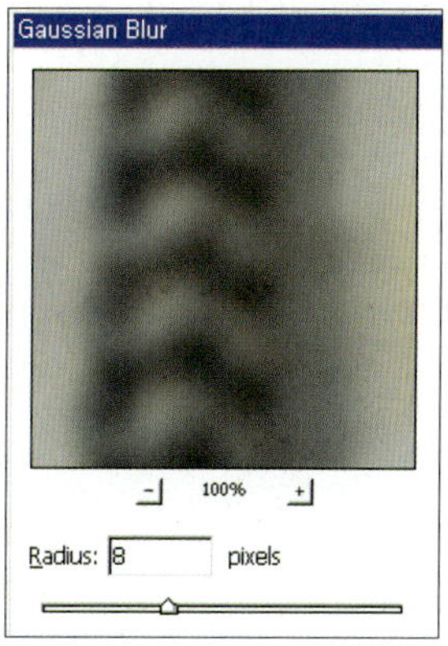

高斯模糊

应用高斯模糊滤镜后的 pic1 图层

04 创建折射素材

将 pic1 图层设置为非激活状态，为了创建黑色背景，在 Background 图层上方创建新的图层，将其重新命名为 bg_black。选择 bg_black 图层，确认前景色为黑色，按 Alt+Delete 快捷键填充图层。

按 Ctrl+A 快捷键全选文件，按 Shift+Ctrl+C 快捷键复制当前可见区域，然后在通道面板中创建新的通道，按 Ctrl+V 粘贴。

将粘贴得到的通道重新命名为 source1，按 Ctrl+D 快捷键取消选区，将 source1 通道拖动到通道面板下端的 Create new channel（创建新通道）按钮上复制，将复制得到的通道重新命名为 source2。

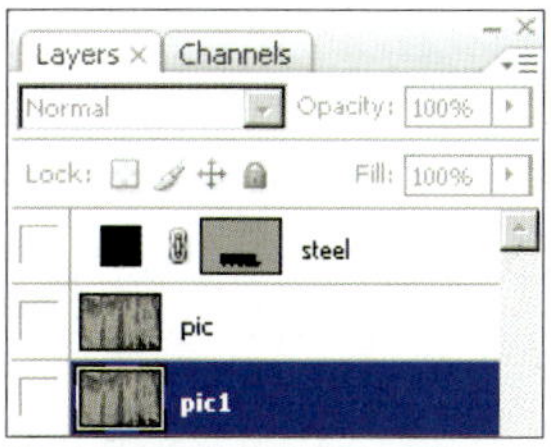

将 pic1 图层设置为非激活状态

将 pic1 图层设置为非激活状态后的文件

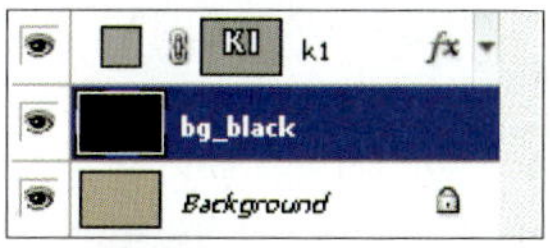

bg_black 图层

填充黑色后的文件

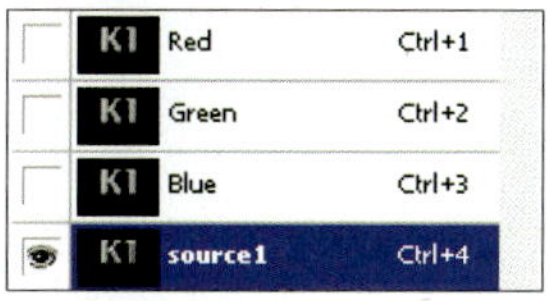

粘贴到通道中

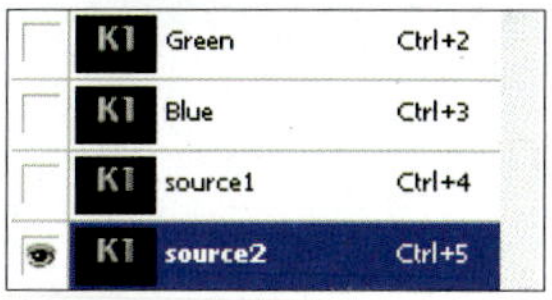

复制的 source2 通道

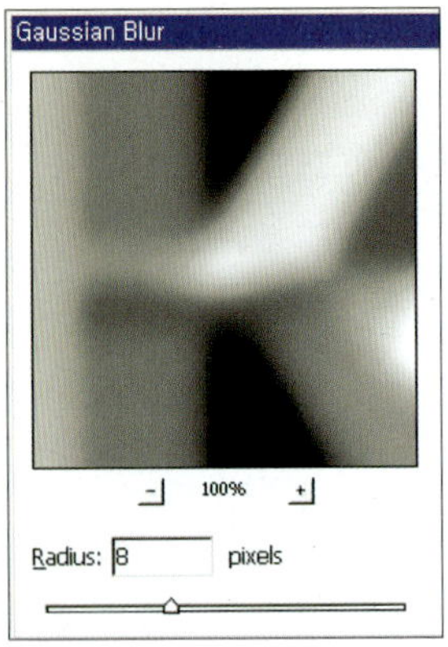

高斯模糊

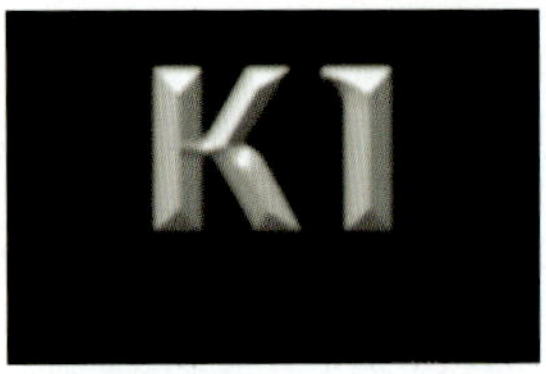

应用高斯模糊滤镜后的 source2 通道

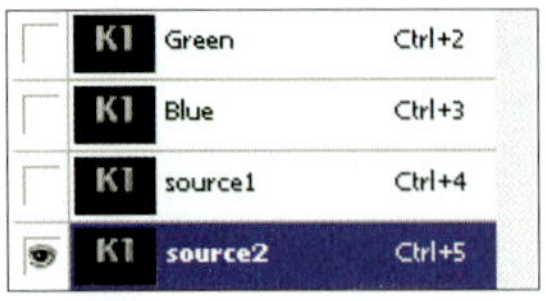

通道面板

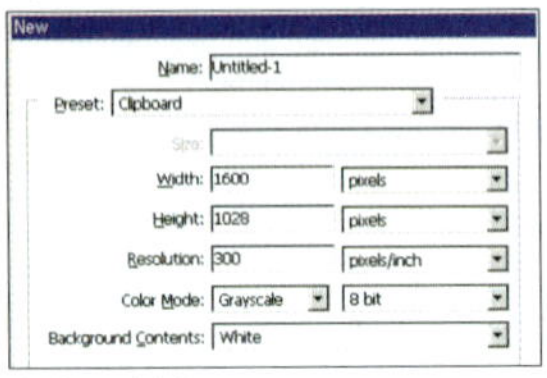

文件 > 新建

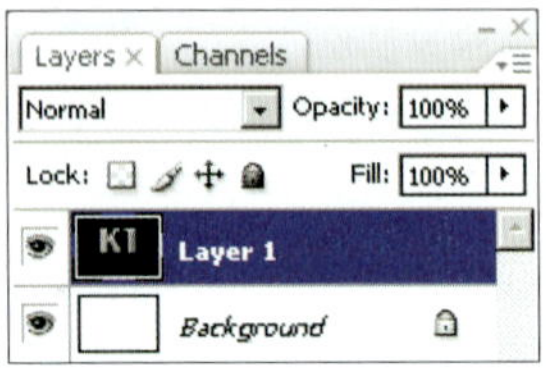

粘贴到新文件中

选择 source2 通道，选择 Filter>Blur>Gaussian Blur（滤镜 > 模糊 > 高斯模糊）命令，将 Radius（半径）设置为 8pixels，表现更加柔和的效果。

选择 source2 通道，按 Ctrl+A 快捷键全选文件，按 Ctrl+C 快捷键复制，选择 File>New（文件 > 新建）命令（Ctrl+N）创建新的文件。按 Ctrl+V 快捷键粘贴到创建的文件中，选择 File> Save As（文件 > 存储为）命令（Shift+Ctrl+S），将文件名设置为 source2.psd 后保存。

为了保存 k1_start.psd 文件的 source1 通道，将其选中并激活，在全选文件的状态下按 Ctrl+C 快捷键复制。

选择File>New（文件>新建）命令（Ctrl+N）创建新的文件，按Ctrl+V快捷键粘贴到新文件中，选择File>Save As（文件>存储为）命令（Shift+Ctrl+S），将文件名设置为source1.psd后保存。

选择 source1 通道并激活

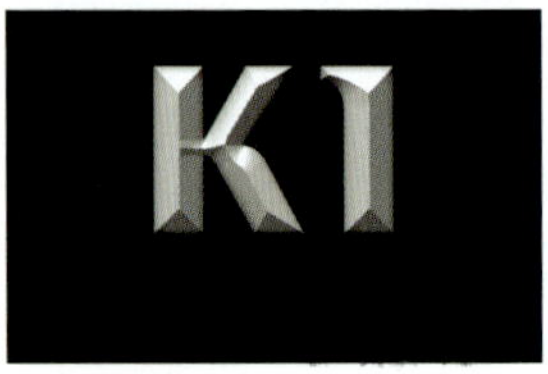

粘贴到新文件中

05 应用折射素材

下面我们利用制作的素材表现折射质感。

全选 k1_start.psd 文件，将图层面板中的 bg_black 图层设置为非激活状态。选择 pic1 图层并激活，为了备份折射的图像，将图层拖动到图层面板下端的 Create a new layer（创建新图层）按钮上复制。将复制得到的 pic1 copy 图层设置为非激活状态。

选择pic1图层，选择Filter>Distort>Glass（滤镜>扭曲>玻璃）命令，为了应用步骤04中制作的素材，单击Texture（纹理）右侧的三角按钮，载入纹理，然后打开source.psd文件，如图5-a所示进行设置。

为了只在k1图层的区域显示应用了玻璃滤镜的效果，选择pic1图层，选择Layer >Create Clip-ping Mask（图层>创建剪贴蒙版）命令（Ctrl+Alt+ G），剪贴到k1图层。

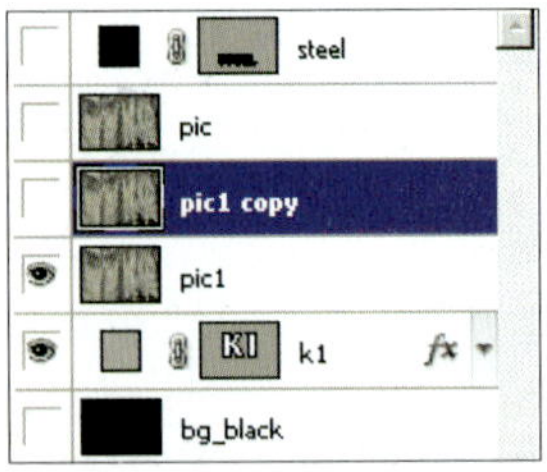

将复制得到的 pic1 copy 图层设置为非激活状态

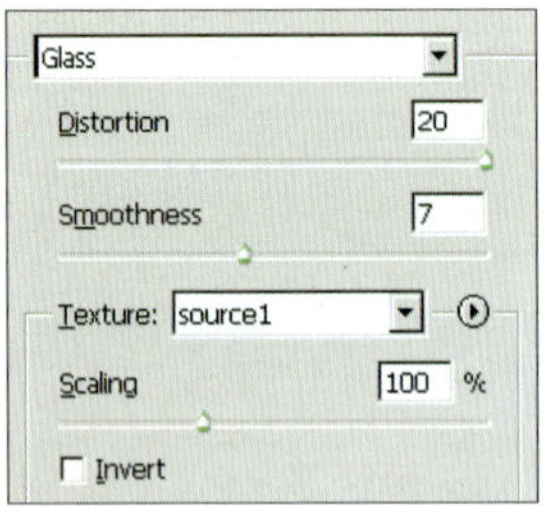

5-a

应用玻璃滤镜后的文件

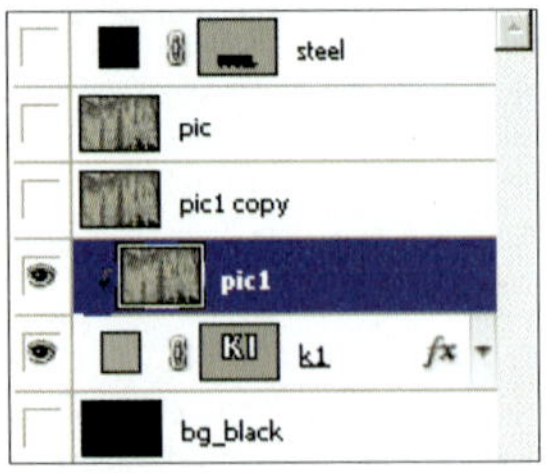

剪贴到 k1 图层

剪贴的效果

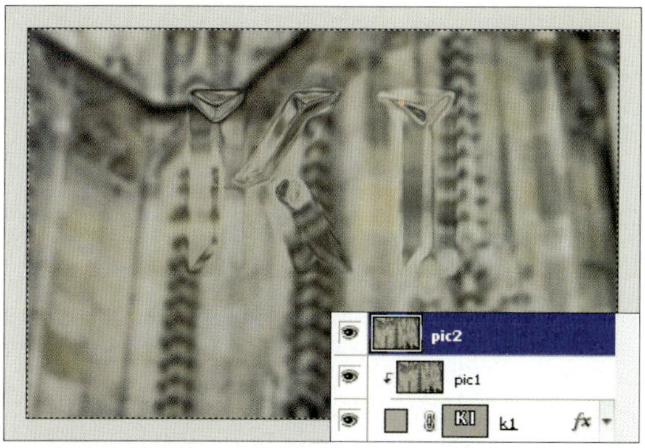

应用玻璃滤镜后的文件　　pic2 图层

为了在 pic1 copy 图层中表现玻璃质感，选择并激活 pic1 copy 图层，将其重新命名为 pic2。

按 Ctrl+Alt+F 快捷键，打开最后一次应用过的滤镜 Glass（玻璃）对话框，单击纹理右侧的三角形按钮，载入纹理，打开 source2.psd 文件。

确认 Distortion（扭曲度）和 Smoothness（平滑度）与之前设置的值相同，表现玻璃质感。

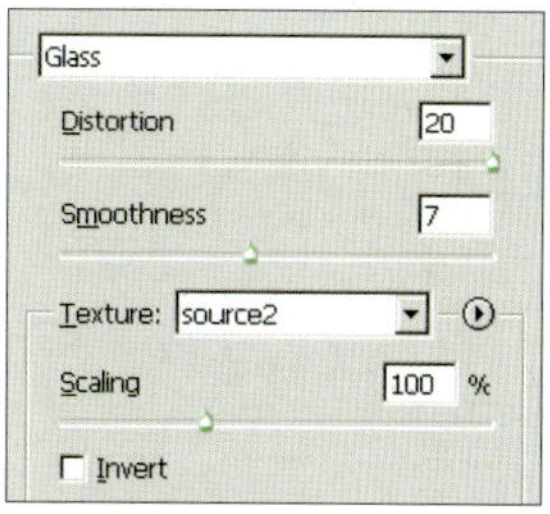

玻璃滤镜对话框

按 Ctrl+D 快捷键取消选区，为了只在 k1 图层的选区表现 pic2 图层的效果，选择 pic2 图层，选择 Layer > Create Clipping Mask（图层 > 创建剪贴蒙版）命令（Ctrl+Alt+G），剪贴到 k1 图层。

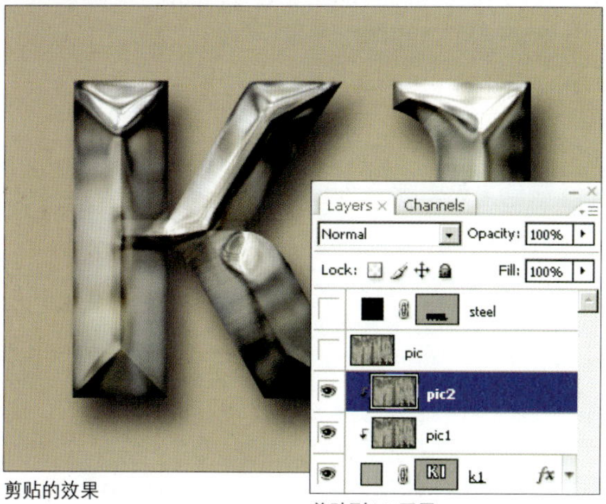

剪贴的效果　　剪贴到 k1 图层

不全选而应用玻璃滤镜的情况

不全选而应用玻璃滤镜的情况

本步骤中若不按 Ctrl+A 快捷键全选文件应用玻璃滤镜的话，由于 pic2 图层的大小比纹理 source2.psd 文件更大，因此滤镜效果不是应用在文件中央，而是如左图所示，以上端为基准进行应用，表现出贴片效果。

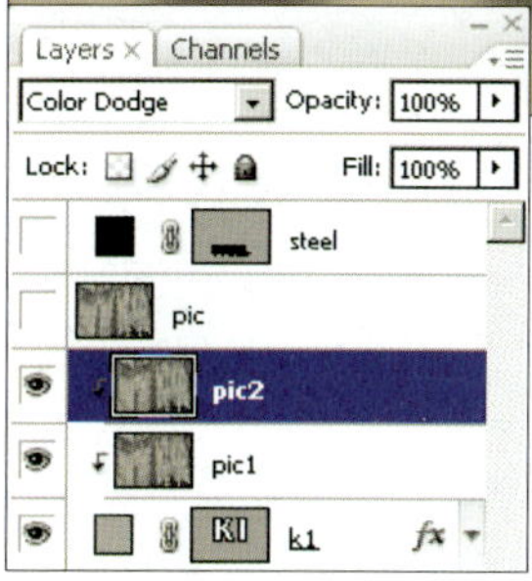

当前图层面板　　将混合模式设置为颜色减淡的效果

06 扩大明亮的区域

下面我们将整体暗淡的图像调整得更加明亮。

由于 pic2 图层的图像把下方的 pic1 图层的玻璃质感遮挡了，将 pic2 图层的混合模式设置为 Color Dodge（颜色减淡），创建明亮的效果。

双击 pic2 图层，打开 Layer Style（图层样式）对话框，在 Blending Options（混合选项）的 Blend If（混合颜色带）中将 This Layer（本图层）的黑色滑块向右拖动，放置于 130 的位置，去除黑色。

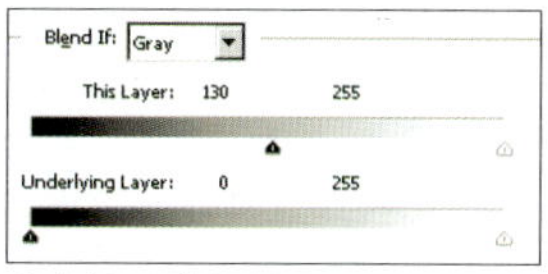

将“本图层”设置为 130

当“本图层”为 130 时的文件

当前文件

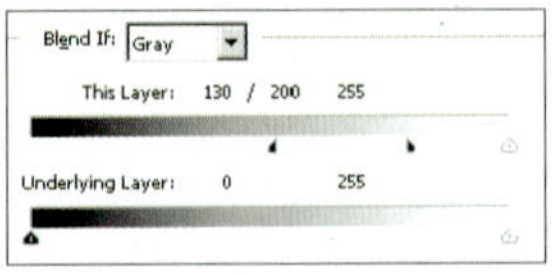

"本图层"设置为 130/200

按住 Alt 键单击黑色滑块的右侧，向右拖动，将其放置到 200 的位置，柔和地表现明亮的效果。

利用调整图层表现明亮的效果

为了将文字明亮的部分表现得明亮，还可以应用调整曲线，然后设置为 Color Dodge（颜色减淡），将滑块调节到合适的位置，可以得到相似的效果。

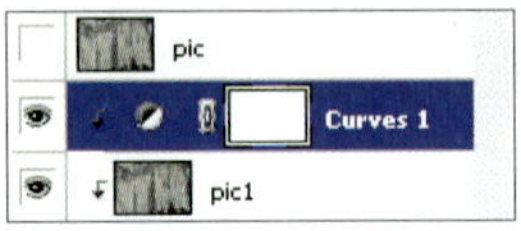

Curves 1 图层

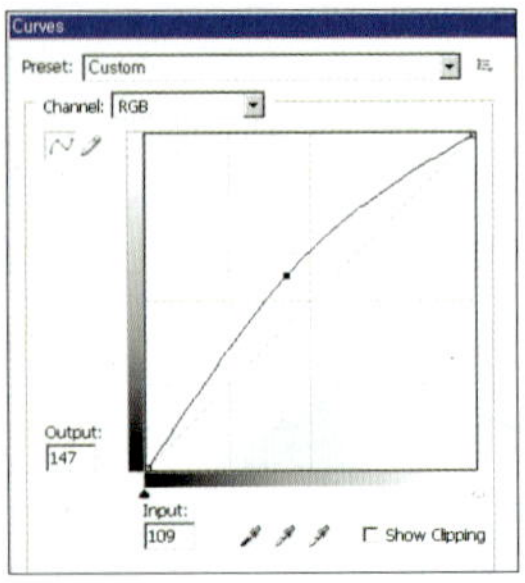

利用曲线调整得更明亮

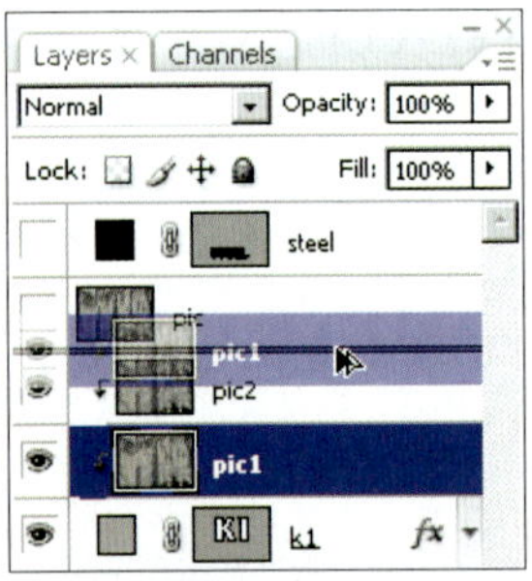

按住 Alt 键拖动

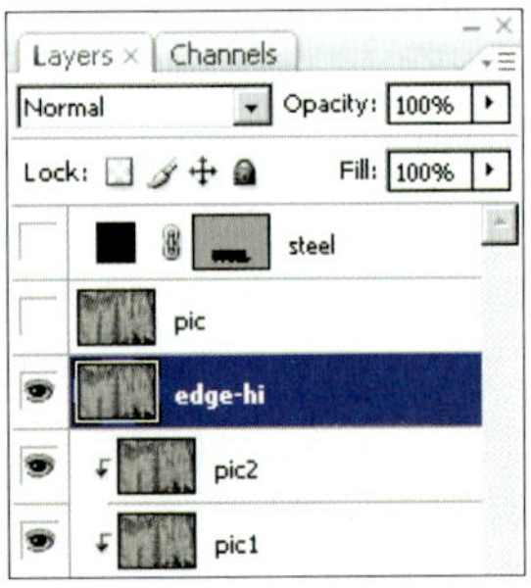

edge-hi 图层

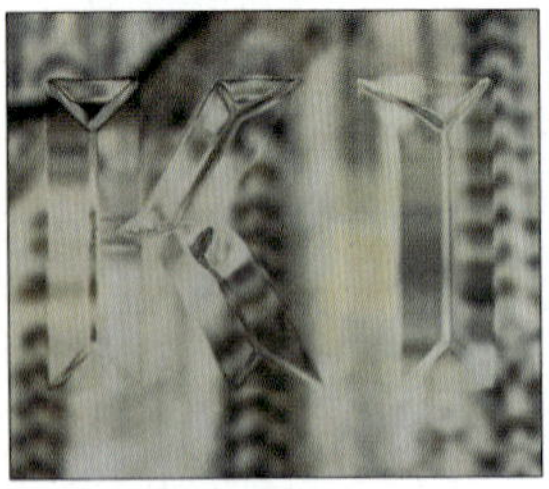

edge-hi 图层的图像

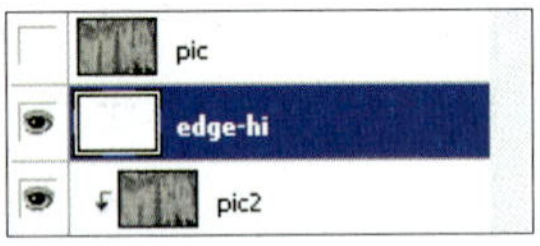

应用查找边缘滤镜后的 edge-hi 图层

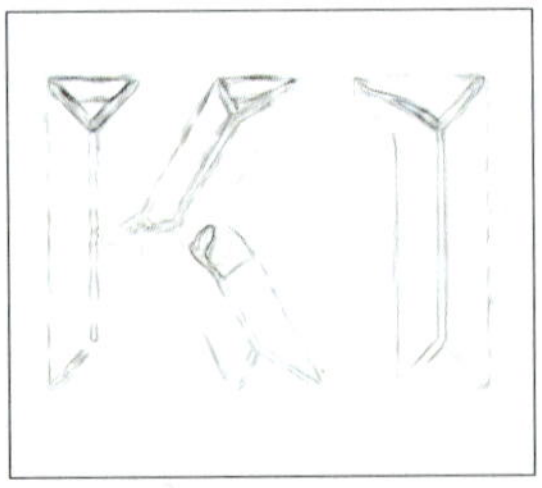

应用查找边缘滤镜

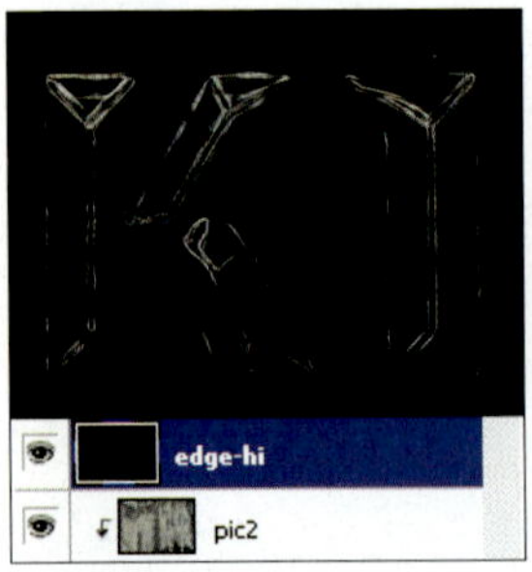

反转图像

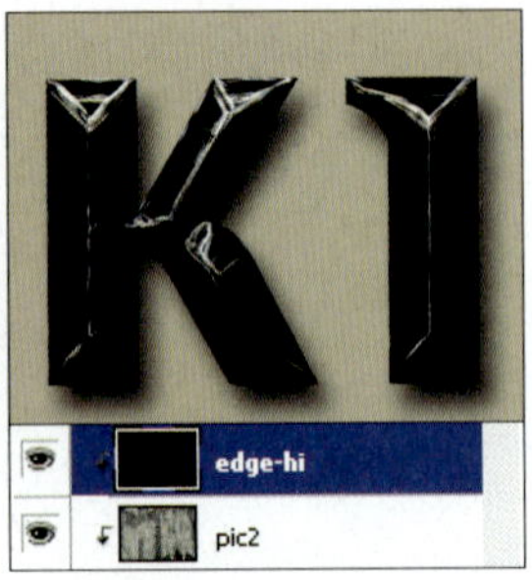

剪贴到 k1 图层

07 表现高光效果

下面我们在文字边界上表现高光效果。

选择 pic1 图层，按住 Alt 键向上拖动 pic2 图层复制，然后将 pic1 copy 图层重新命名为 edge-hi。

选择 edge-hi 图层，选择 Filter>Stylize>Find Edges（滤镜 > 风格化 > 查找边缘）命令，强调图像的边缘。为了将边缘更改为白色，选择 Image>Adjustments>Invert（图像 > 调整 > 反相）命令（Ctrl+I），反转图像。

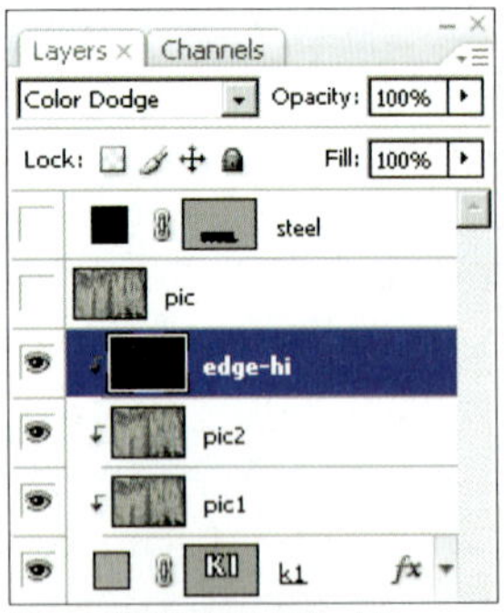

将混合模式设置为颜色减淡

为了只在k1图层的区域显示edge-hi图层，选择edgehi图层，选择Layer > Create Clipping Mask（图层>创建剪贴蒙版）命令（Ctrl+Alt+G），剪贴到k1图层，将edge-hi图层的混合模式更改为Color Dodge（颜色减淡）。

当前文件

08 限制高光区域

由于边缘整体效果表现得过于强烈，下面我们利用蒙版对效果进行限制。

选择 edge-hi 图层，单击图层面板下端的 Add layer mask（添加图层蒙版）按钮应用蒙版。选择画笔工具 ，在选项栏中选择柔角 60pixels 画笔，将 Opacity（不透明度）设置为 30%。

选择 edge-hi 图层蒙版，确认前景色为黑色，对表现过于强烈的部分进行润色。

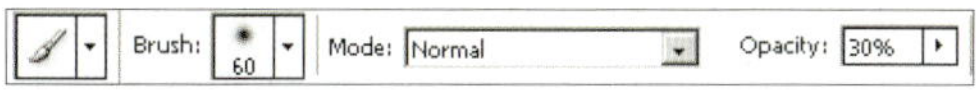

画笔工具选项栏

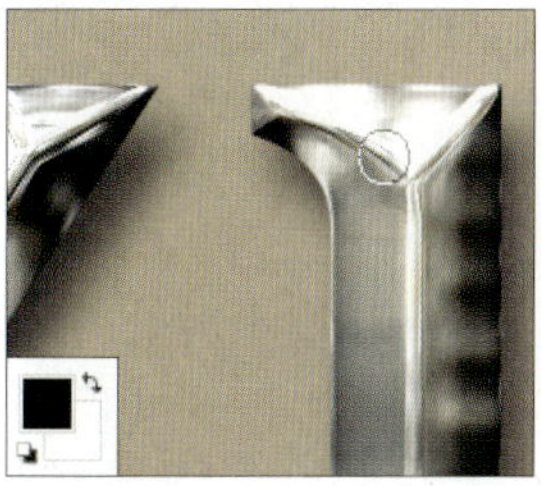
润饰过程 1

润饰过程 2

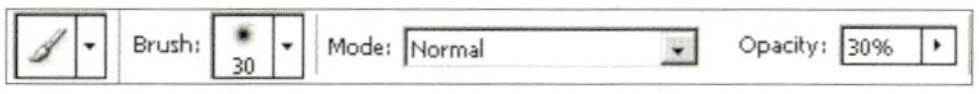

画笔工具选项栏

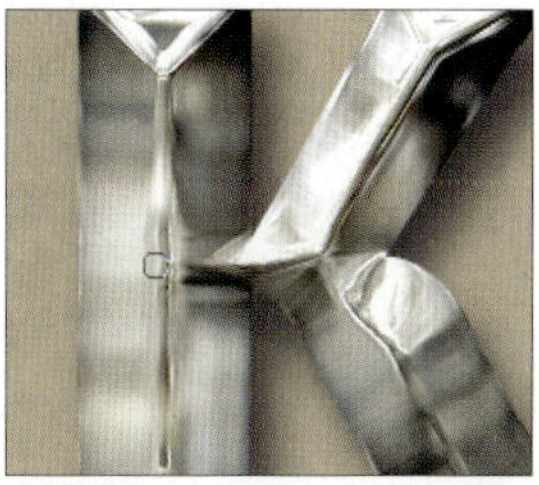
润饰过程 3

润饰过程 4

edge-hi 图层蒙版区域

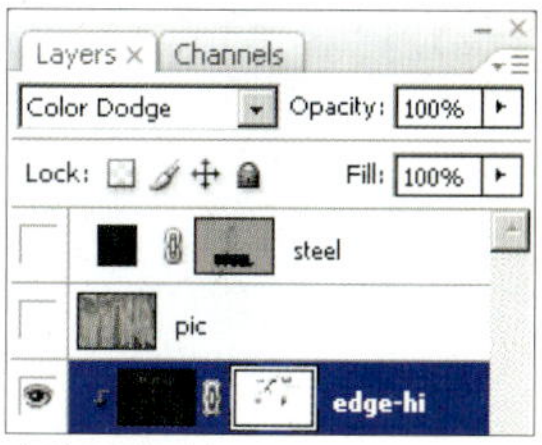

当前图层面板

单击鼠标右键更改画笔

润饰的时候如果想要更改画笔的类型，可以在上端选项菜单中选择，也可以在润饰过程中单击鼠标右键，从弹出菜单中选择需要的画笔。除了画笔类型以外，还可以调节大小和硬度等。

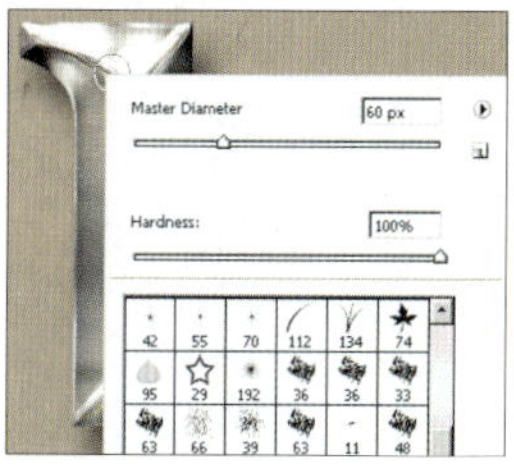

单击鼠标右键

09 应用光泽，调节范围

下面我们在面上表现光泽效果。

选择通道面板中的 source1 通道，拖动到通道面板下端的 Create new channel（创建新通道）按钮上复制。

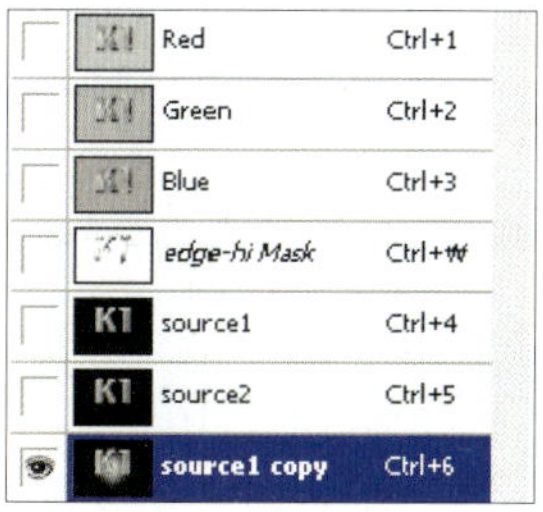

应用塑料包装后的通道面板

选择复制的source 1 copy 通道，选择Filter>Artistic > Plastic Wrap（滤镜>艺术效果>塑料包装）命令，如图9-a所示进行设置。

应用塑料包装后的文件

9-a

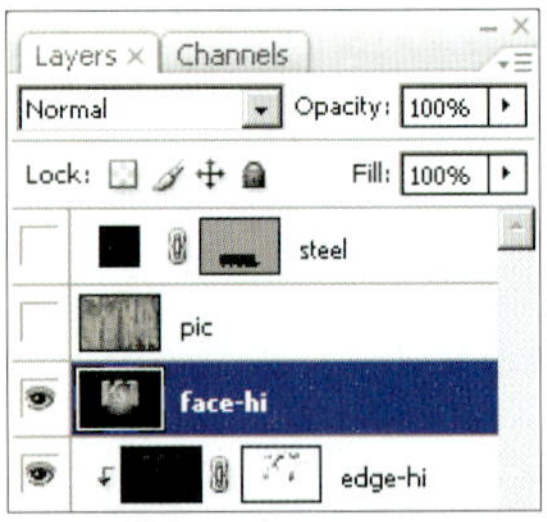

粘贴的 face-hi 图层

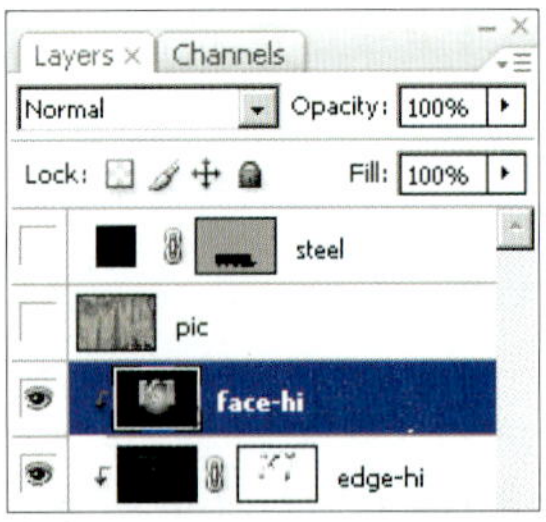

剪贴

剪贴的效果

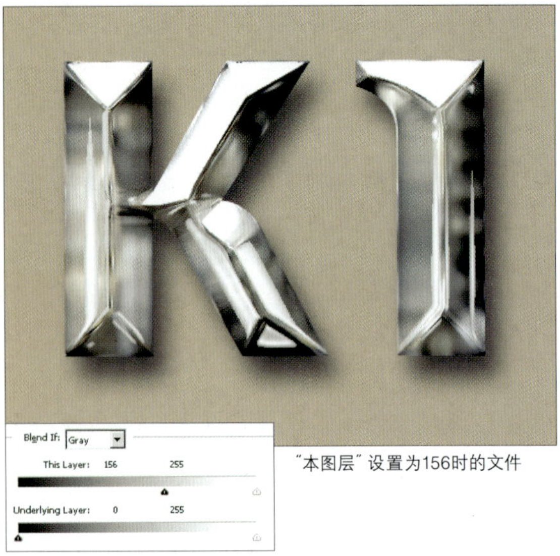

"本图层"设置为156时的文件

"本图层" 设置为 156

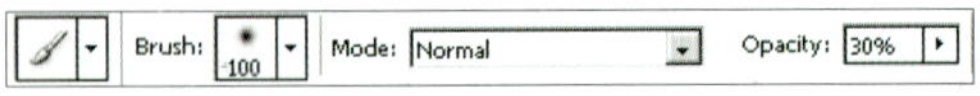

画笔工具选项栏

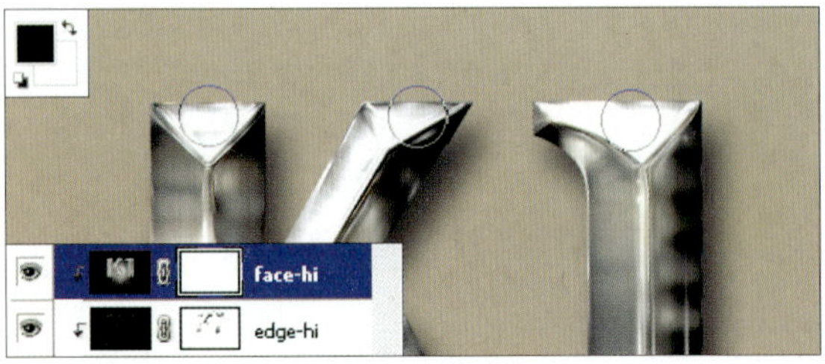

添加图层蒙版

润饰过程 1

在 source1 copy 通道中按 Ctrl+A 快捷键全选，按 Ctrl+C 快捷键复制，然后选择 edge-hi 图层，按 Ctrl+V 快捷键粘贴，将图层重命名为 face-hi。

为了只在 k1 图层的区域显示 face-hi 图层，选择 face-hi 图层，选择 Layer >Create Clipping Mask（图层 > 创建剪贴蒙版）命令（Ctrl+Alt+G），剪贴到 k1 图层。

为了只显示高光效果，双击 face-hi 图层，打开 Layer Style（图层样式）对话框，在 Blending Options（混合选项）的 Blend If（混合颜色带）中向右拖动 This Layer（本图层）的黑色滑块，设置为 156，按住 Alt 键单击黑色滑块的右侧向右拖动到末端，位于 255，自然地表现明亮的效果。

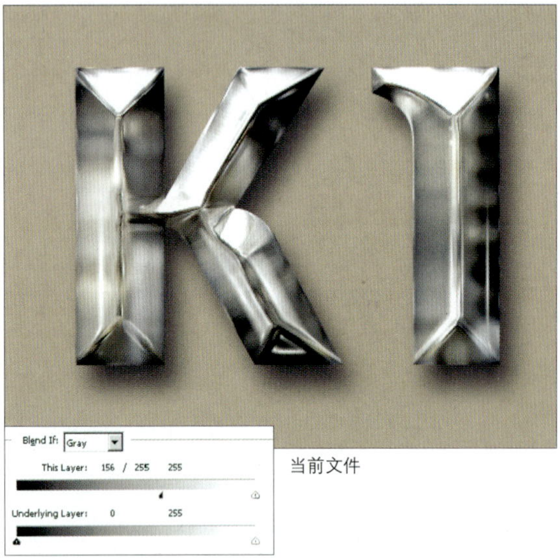

当前文件

"本图层" 设置为 156/255

应用其他滤镜，表现不同的质感效果

如果想要得到其他质感效果，应用海绵滤镜表现粗糙的效果，或者利用玻璃滤镜表现弯曲的效果，读者可以通过各种实验表现出不同的效果。

海绵滤镜

玻璃滤镜

10 限制光泽区域，完成制作

文字上端的部分由于强烈的光泽而表现出过于明亮的效果，下面我们利用蒙版进行调整。

选择 face-hi 图层，单击图层面板下端的 Add layer mask（添加图层蒙版）按钮，为 face-hi 图层应用蒙版。选择画笔工具 ，在选项栏中选择柔角 100pixels 画笔，将 Opacity（不透明度）设置为 30%。

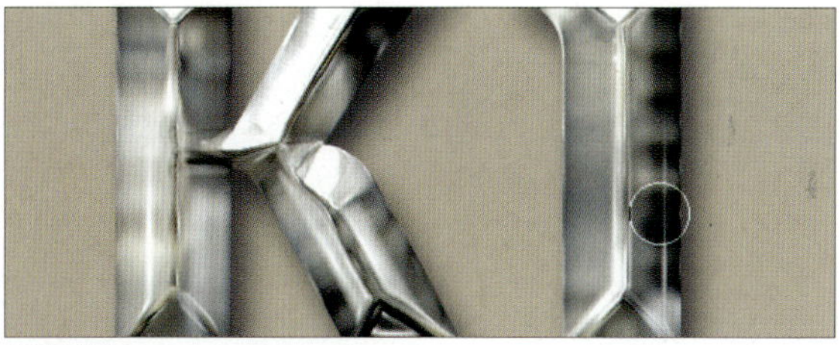

润饰过程 2

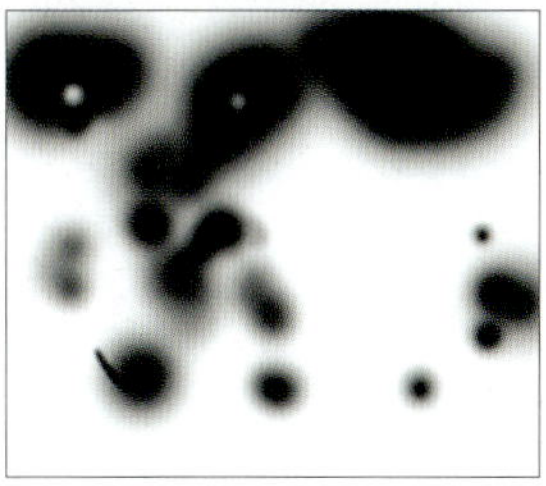

face-hi 图层蒙版区域

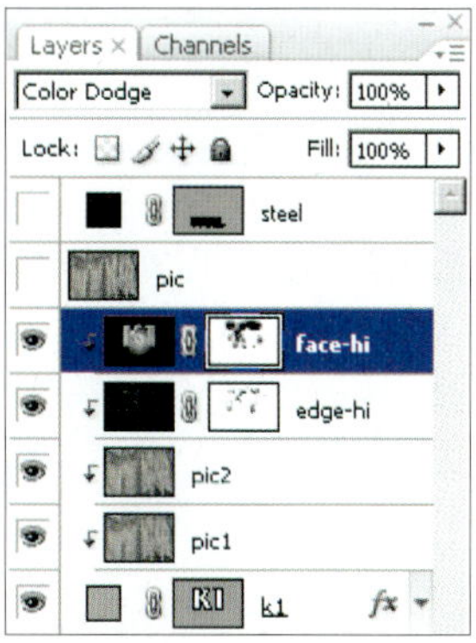

将混合模式设置为颜色减淡

润饰的时候如果看不到画笔光标

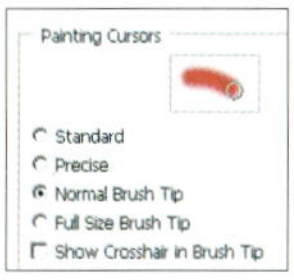

润饰的时候如果想要边参看画笔大小边润饰，选择Edit>Preferences>Cursors（编辑>首选项>光标）命令，设置为Normal Brush Tip（正常画笔笔尖）进行操作即可。如果设置后也看不到，确认是否选中了键盘上的Caps Lock键，如果是开启状态，将其关闭即可。

选择 face-hi 图层蒙版，确认前景色为黑色，对文字上端的高光部分进行润饰。

将 face-hi 图层设置为非激活状态，以便确认润饰效果，数字 1 的面上表现的高光也有些过度，因此将其润饰得更加自然。

将 face-hi 图层的混合模式设置为 Color Dodge（颜色减淡），进行自然的合成。

当前文件

剪贴后的文件

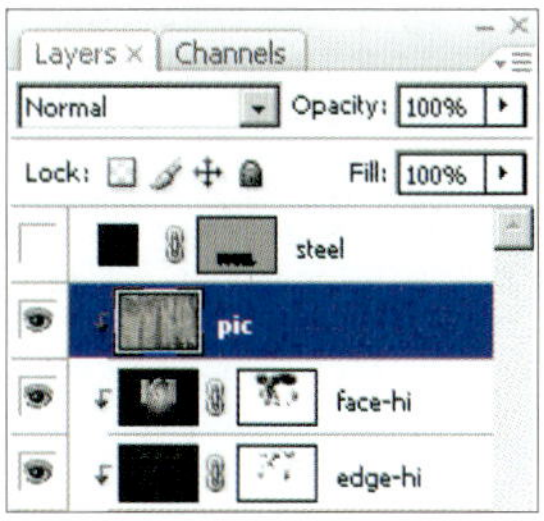

剪贴

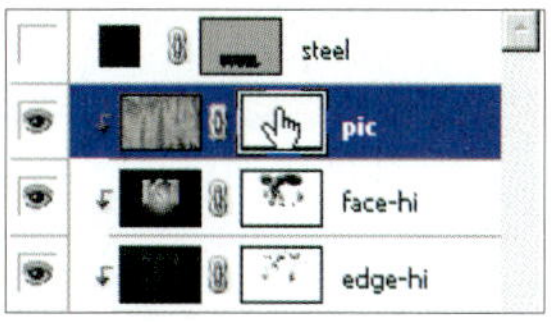

按住 Alt 键单击

11 表现质感投影

下面我们在步骤10中制作的光泽区域内表现质感投影效果。

选择并激活备份的pic图层，选择Layer >Create Clipping Mask（图层>创建剪贴蒙版）命令（Ctrl+Alt+G），剪贴到k1图层。

选择face-hi图层，按Ctrl+A快捷键全选文件，按Ctrl+C快捷键复制。

选择pic图层，单击图层面板下端的Add layer mask（添加图层蒙版）按钮为pic图层应用蒙版，按住Alt键单击pic图层蒙版，转换为蒙版显示状态。按Ctrl+V快捷键将复制的图像粘贴到pic图层蒙版。

粘贴到 pic 图层蒙版区域

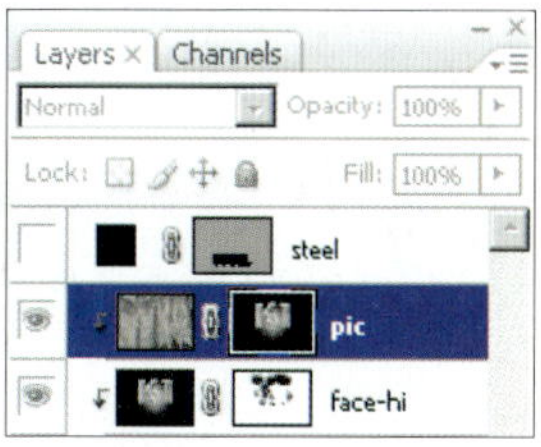

当前图层面板

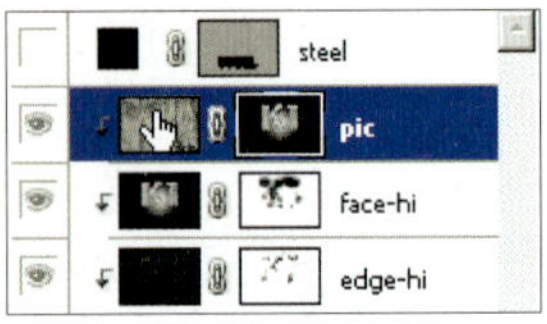

单击 pic 图层缩览图

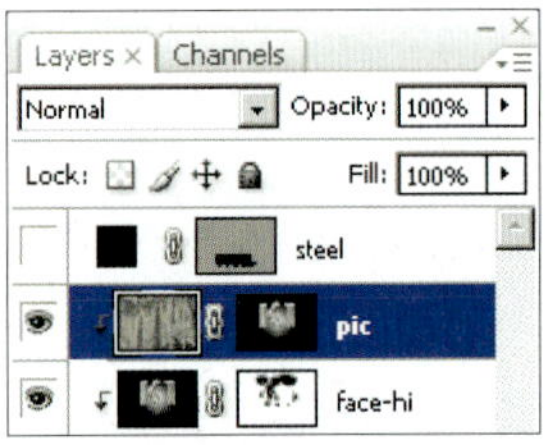

当前图层面板

当前文件

按 Ctrl+D 快捷键取消选区，然后单击 pic 图层，取消蒙版显示状态。

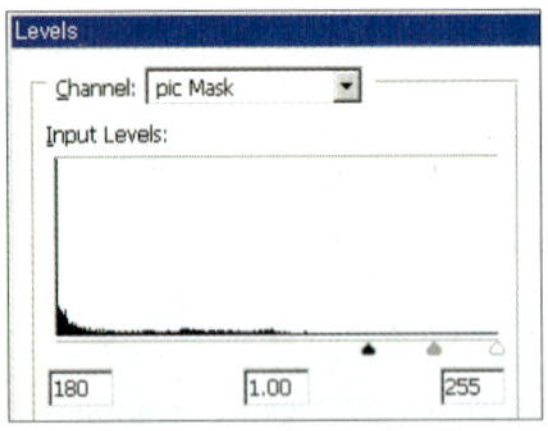

12-a

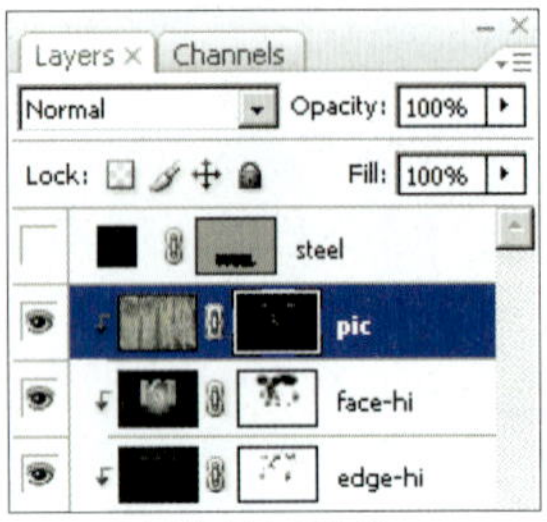

为 pic 图层蒙版应用色阶

应用色阶后的 pic 图层蒙版区域

12 调节透明区域，完成制作 1

选择 pic 图层蒙版，选择 Image>Adjustments>Levels（图像 > 调整 > 色阶）命令（Ctrl+L），如图 12-a 所示进行设置，将灰色部分调节为黑色，只表现在白色区域中。

将 pic 图层的混合模式设置为 Overlay（叠加），进行自然的合成。

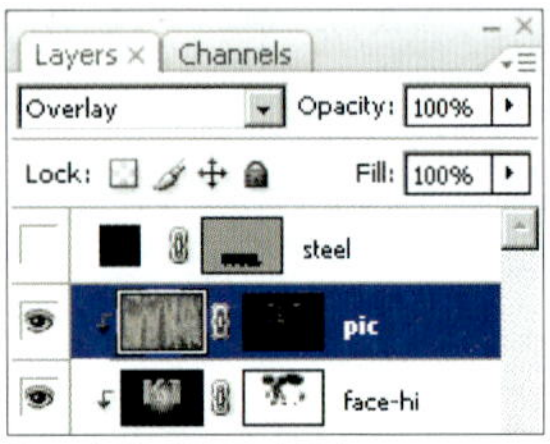

将混合模式设置为叠加

应用色阶后的文件

将混合模式设置为叠加后的文件

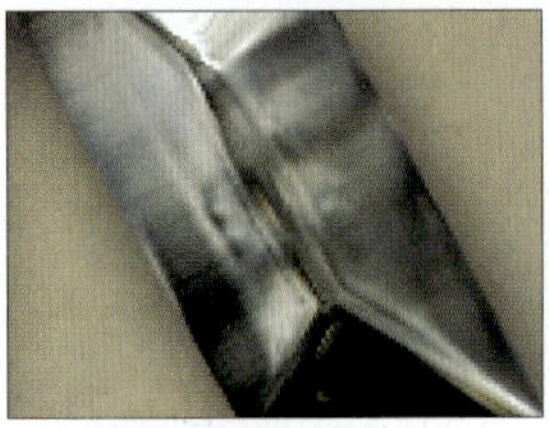
应用叠加前放大的效果

应用叠加后放大的效果

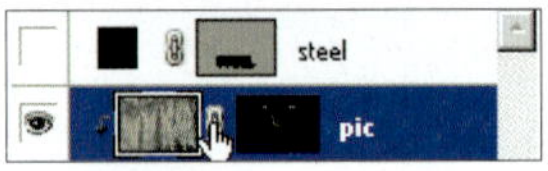

单击连接图标

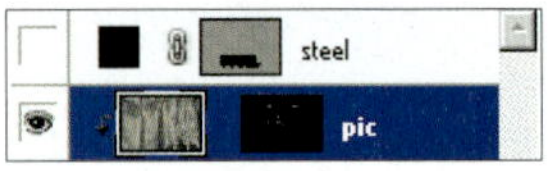

将 pic 图层和蒙版的连接设置为非激活状态

可以看到数字 1 中表现的 pic 图层的图像与之前使用的 pic1 和 pic2 的位置相同。单击 pic 图层图像和蒙版连接的图标取消连接。

将操作的文件设置得更轻巧

如果打开比实际操作中的文件更大的素材进行操作，文件的容量会变大，运行速度会变慢。为了解决这一问题，可以删除文件区域以外的部分。首先按 Ctrl+A 快捷键全选文件，选择 Image>Crop（图像 > 裁剪）命令，完全清除多出的部分，或者如果想要留下部分区域，选择 Canvas Size（画布大小）命令，扩展为所需的大小，按 Ctrl+A 快捷键全选。剪切后再次在画布大小中输入之前的值即可。将保存的文件与剪切之前的文件比较一下，可以看到容量减少了很多。

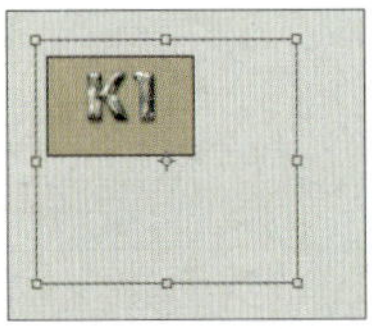
按 Ctrl+T 快捷键确认文件

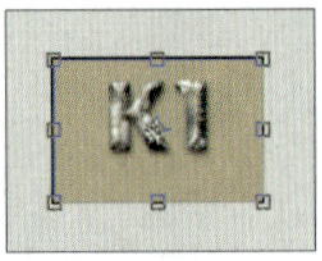
完全清除的状态

留下所需大小的状态

为了加入其他图案的质感，选择pic图层，选择Edit> Free Transform Path（编辑>自由变换路径）命令（Ctrl+T）进行旋转，得到所需的效果后按Enter键确认。

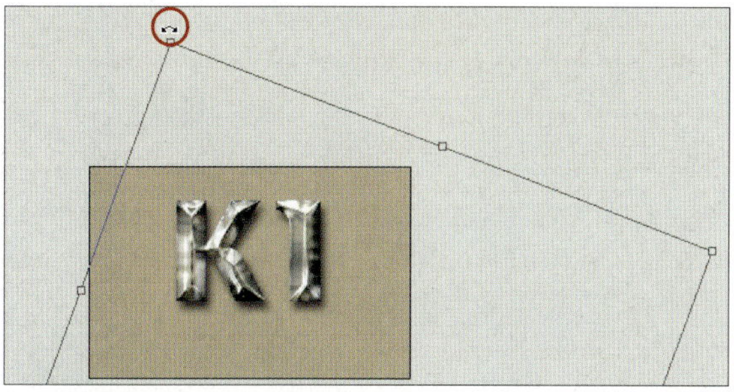

更改图像位置

更改位置前放大的效果

更改位置后放大的效果

完成效果 1

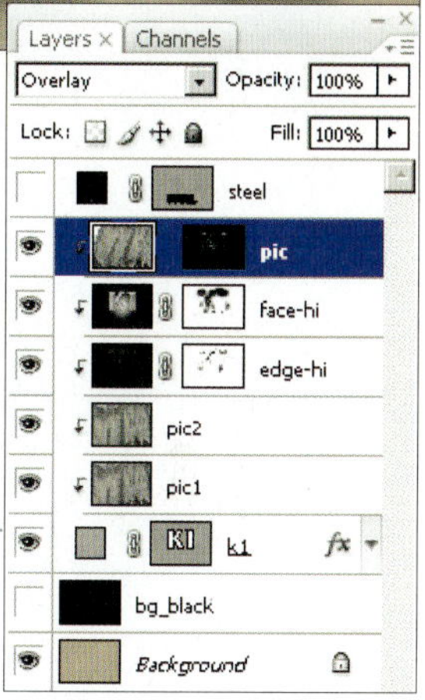

当前图层面板

13 为其他形态应用质感，完成制作 2

下面我们在 steel 图层中表现质感效果。

选择 pic 图层，按住 Shift 键单击 k1 图层，选择所有完成的图层，选择 Layer>Group Layers（图层 > 图层编组）命令（Ctrl+G）组合为图层组，然后重命名为 k1，设置为非激活状态。

选择 steel 图层，选择 Edit>Free Transform（编辑 > 自由变换）命令（Ctrl+T），在选项栏中将 W（设置垂直缩放）设置为 250%，将 H（设置垂直缩放比例）设置为 250%，然后按 Enter 键放大。

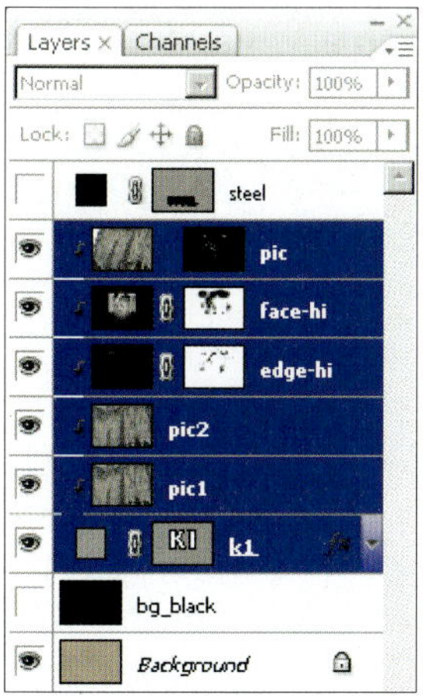

按住 Shift 键单击选择

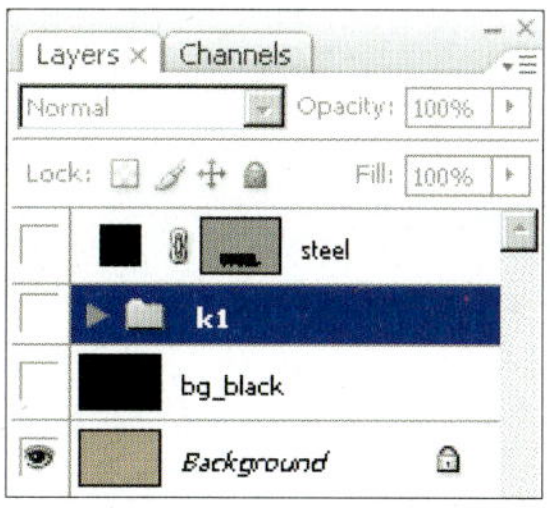

K1 图层组

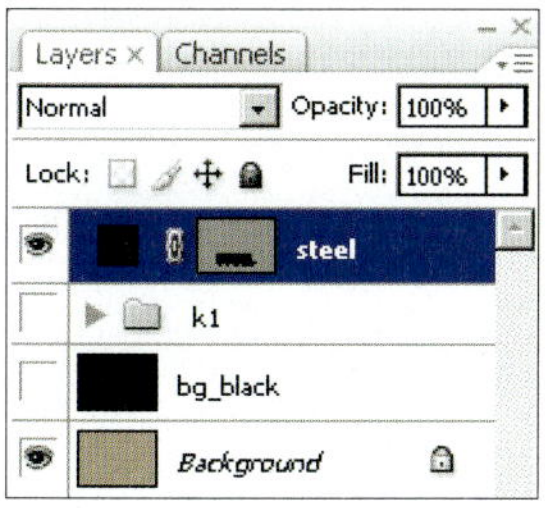

激活 steel 图层

当前文件

放大

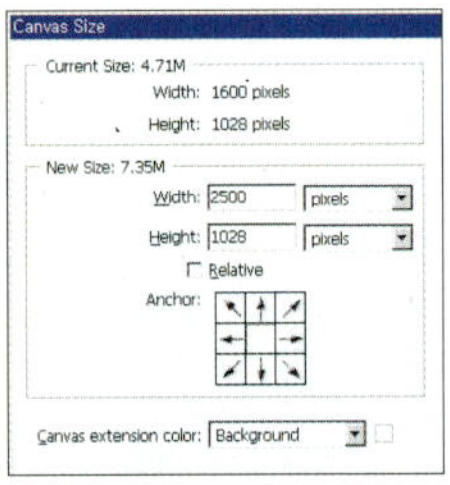

画布大小

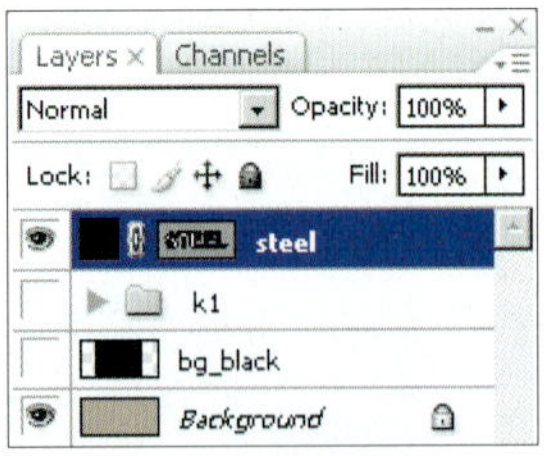

设置画布大小后的图层面板

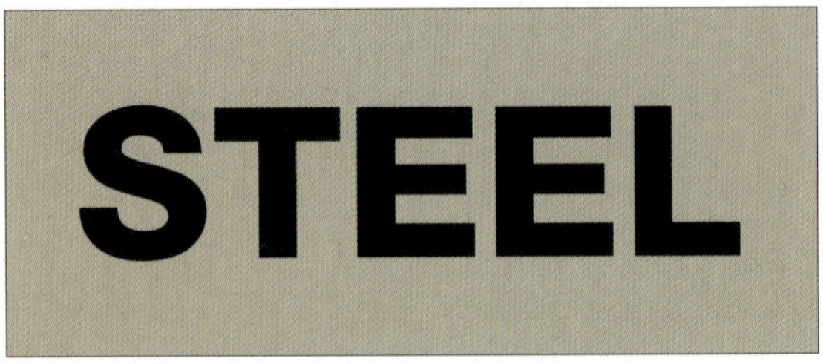

排列 steel 图层

由于文件比对象小，无法全部显示，选择Image>Canvas Size（图像>画布大小）命令（Alt+Ctrl+C），在打开的Canvas Size（画布大小）对话框中将Width（宽度）设置为2500pixels。

为了操作更加方便，利用移动工具 将 steel 图层放置到文件的中央，按照 STEEL 的大小或者形态进行应用，完成制作。

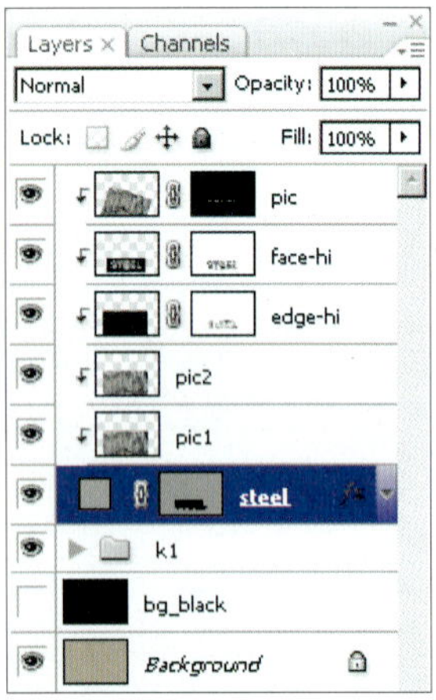

当前图层面板

完成效果 2

当前文件

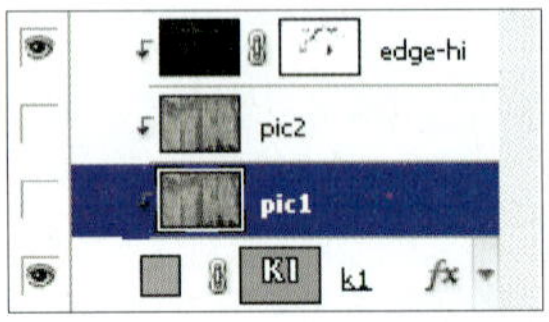

将 pic1 和 pic2 图层设置为非激活状态

将 pic1 和 pic2 图层设置为非激活状态后的文件

当前文件

THINK OVER!

1. 通过更改设置表现变化 1

下面我们更改图层的设置，对文字效果进行完善，表现变化的文字效果。

将pic1和pic2图层设置为非激活状态，表现没有质感的光滑的文字效果。由于整体过于明亮，选择Layer>New Adjustment Layer>Curves（图层>新建调整图层>曲线）命令，如图1-a所示进行调节，表现暗一些的效果。为了只在k1图层的区域应用，选择Curves 1图层，选择Layer >Create Clipping Mask（图层>创建剪贴蒙版）命令（Ctrl+Alt+G），剪贴到k1图层。

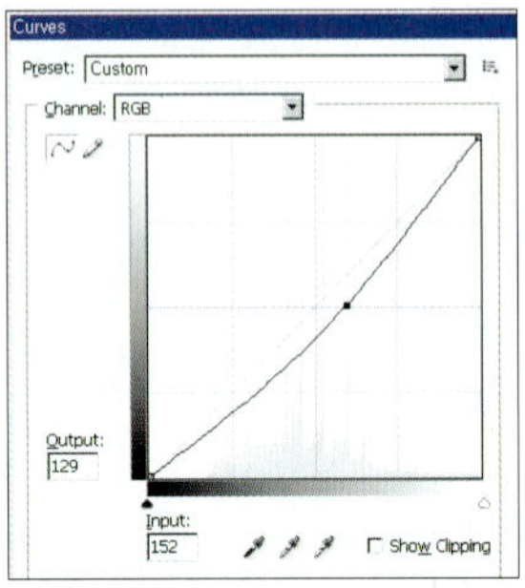

1-a

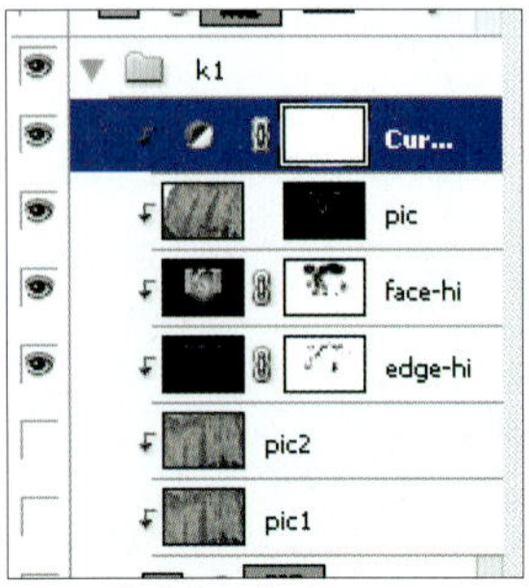

应用调整曲线后剪贴

THINK OVER!

2. 通过更改设置表现变化 2

如果想要创建柔和的图像效果，将 pic1 图层的 Opacity（不透明度）设置为 50%，或者将 pic1 图层的混合模式设置为 Soft Light（柔光）。

如果文字的效果过暗的话，可以在 k1 图层的图层样式中将 Bevel and Emboss（斜面和浮雕）的阴影的 Opacity（不透明度）设置为 25%。

如果想要更改整体的颜色，将 pic1 图层设置为非激活状态，双击 k1 图层，将颜色设置为 R:88,G:84,B:68，即可得到所需的文字效果。

当前文件

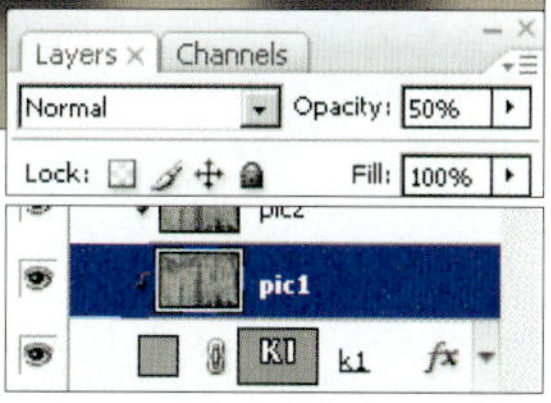

将 pic1 图层的不透明度设置为 50%

当前文件

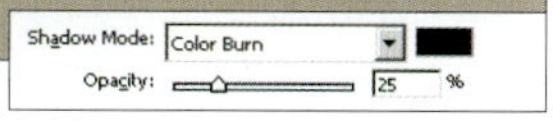

将斜面和浮雕的阴影不透明度设置为 25%

当前文件

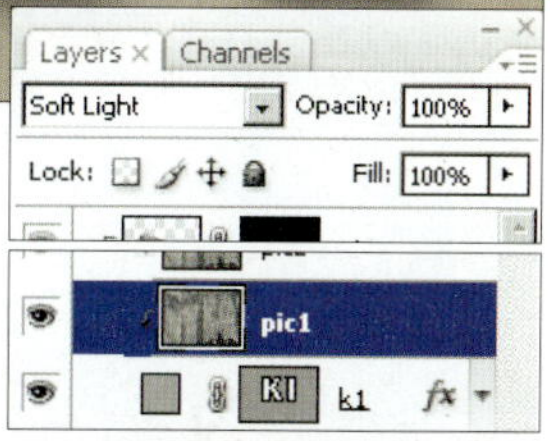

将pic1图层的混合模式设置为柔光

当前文件

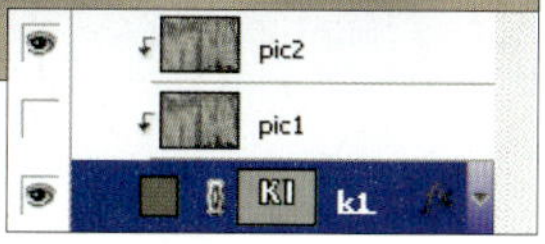

当前图层面板

31

31 BUBBLE

应用润饰的图像制作像冰块一样冰冷光滑的文字特效。

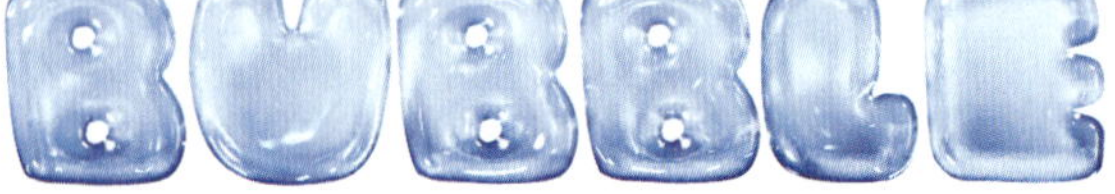

Source Location

Effects 31\

- bubble_start.psd
- bubble_finish1.psd
- bubble_finish2.psd
- bubble_apply.psd

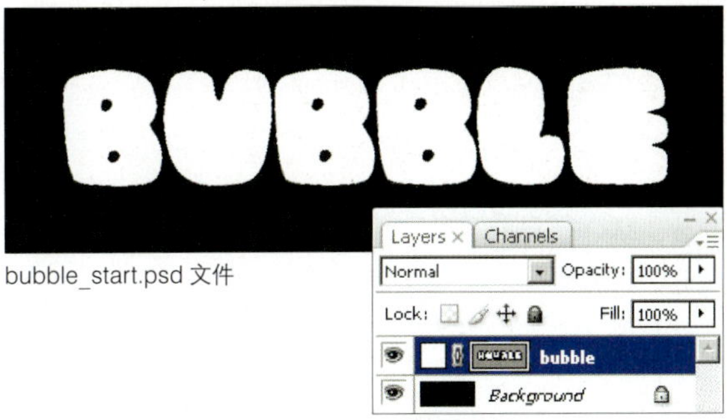

bubble_start.psd 文件

当前图层面板

01 确认操作文件

下面我们对润饰的图像应用滤镜和图层样式，表现表面光滑的文字效果。

打开 bubble_start.psd 文件。bubble 图层是输入文字后在文字图层中单击鼠标右键，在弹出菜单中选择 Convert to Shape（转换为图形）命令制作为形状图层的效果。

按 Ctrl 键单击载入选区

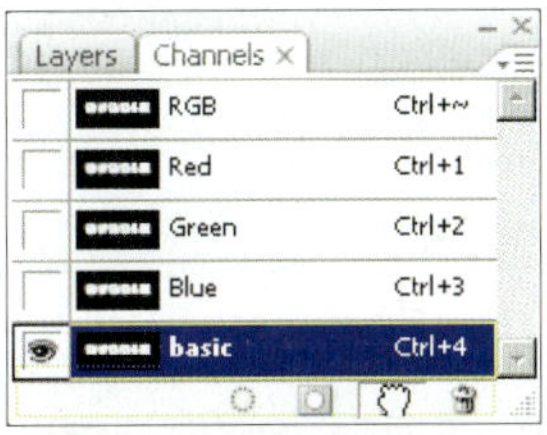

拖动到"创建新通道"按钮上

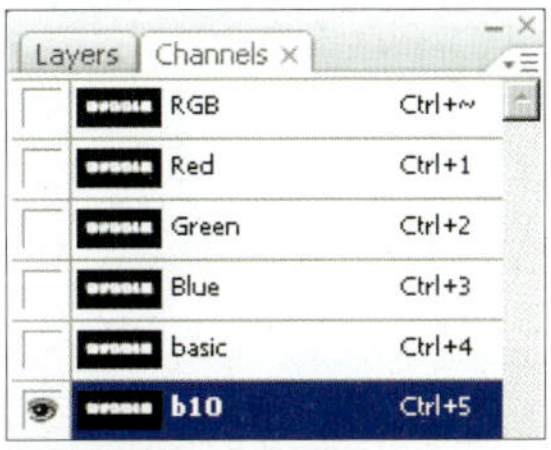

复制得到的 b10 通道

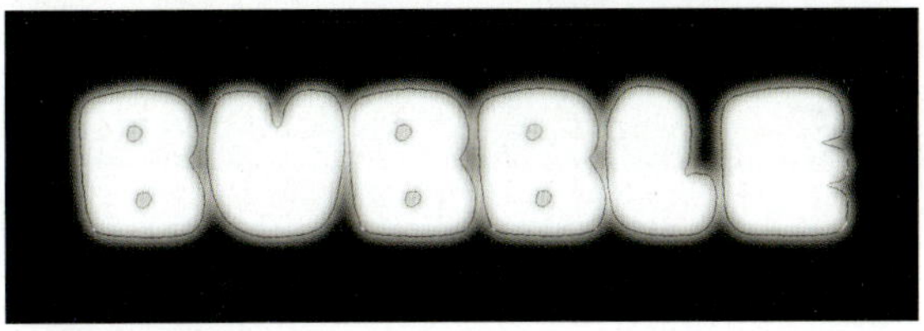

应用高斯模糊滤镜

02 创建素材

按住Ctrl键单击bubble图层载入选区，选择Select>Save Selection（选择>存储选区）命令，在打开的Save Selection（存储选区）对话框中将Name（名称）设置为basic，保存选区。

按Ctrl+D快捷键取消选区，在通道面板中选择basic通道，拖动到通道面板下端的Create new channel（创建新通道）按钮上复制，将得到的通道重新命名为b10。

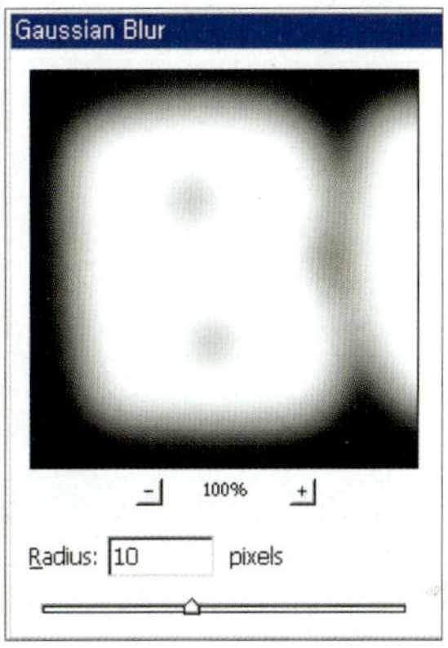

2-a

选择b10通道，选择Filter>Blur>Gaussian Blur（滤镜>模糊>高斯模糊）命令，如图2-a所示进行设置。

视图 > 显示额外内容

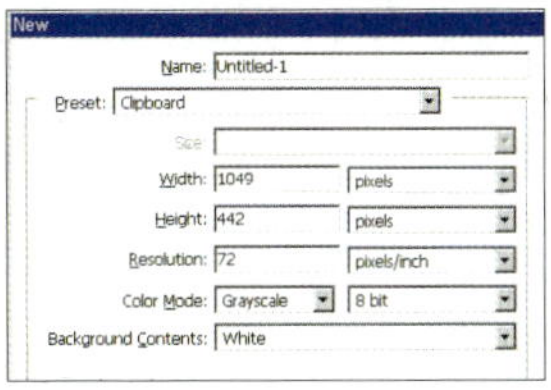

新建文件

粘贴到新建文件中

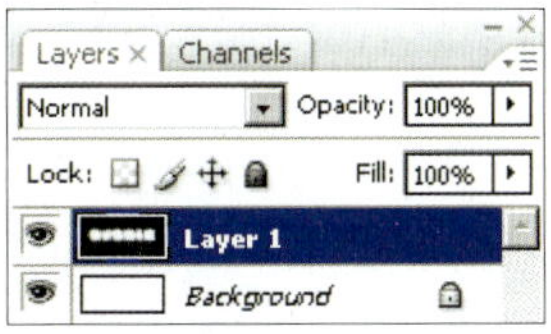

粘贴后的图层面板

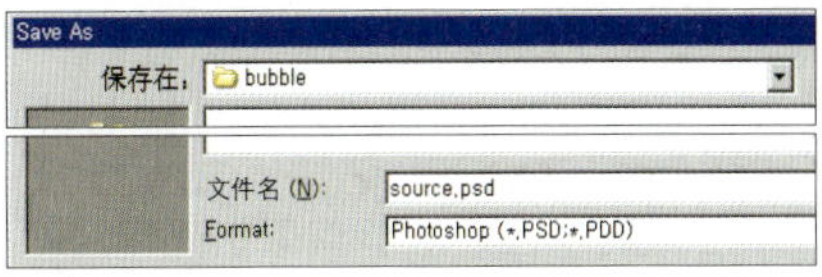

存储为

选择View>Extras（视图>显示额外内容）命令（Ctrl+H）将妨碍操作的路径设置为非激活状态。选择b10图层，按Ctrl+A快捷键全选文件，按Ctrl+C快捷键复制。

选择File>New（文件>新建）命令（Ctrl+N）创建新的文件，按Ctrl+A快捷键全选，然后按Ctrl+V快捷键粘贴。选择File>Save As（文件>存储为）命令（Shift+Ctrl+S），在打开的Save As（存储为）对话框中将文件保存为source.Psd。按Ctrl+D快捷键取消选区。

在激活路径的状态下复制的问题

如果不选择View>Extras（视图>显示额外内容）命令（Ctrl+H）将路径设置为非激活状态，就不是复制图像，而是复制路径，因此要在设置为非激活状态后复制。

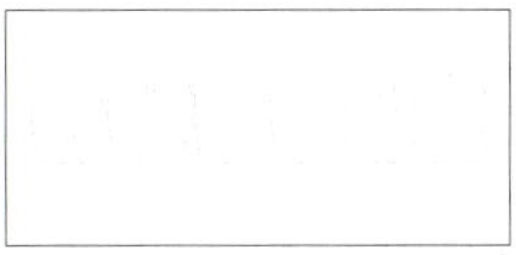

激活路径的状态下复制并粘贴

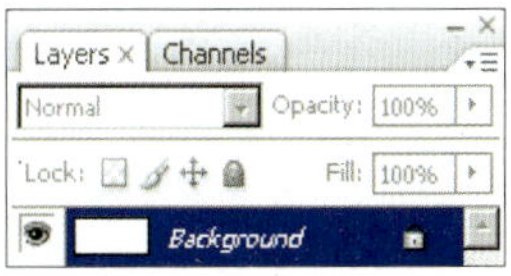

图层面板

03 制作折弯图像

下面我们来制作折弯图像。

选择操作文件 bubble_start.psd 文件，单击通道面板下端的 Create new channel（创建新通道）按钮创建新的通道，将其重新命名为 bw_bg。

按住 Ctrl 键单击 b10 通道载入选区，选择画笔工具，在选项栏中选择柔角 200pixels 画笔，将 Opacity（不透明度）设置为 20%。

选择 bw_bg 通道，确认前景色为白色，在载入的选区进行润饰，表现整体效果。

在浓度较深的状态下润饰，效果会过于明亮，因此要在较低的浓度下对文字进行润饰。

为了表现明亮的效果，在选项栏中选择柔角 50pixels 画笔，如图 3-a 所示进行润饰。

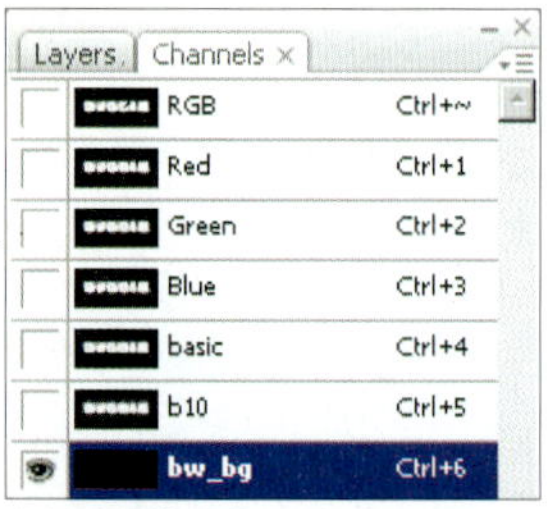

将新通道命名为 bw_bg

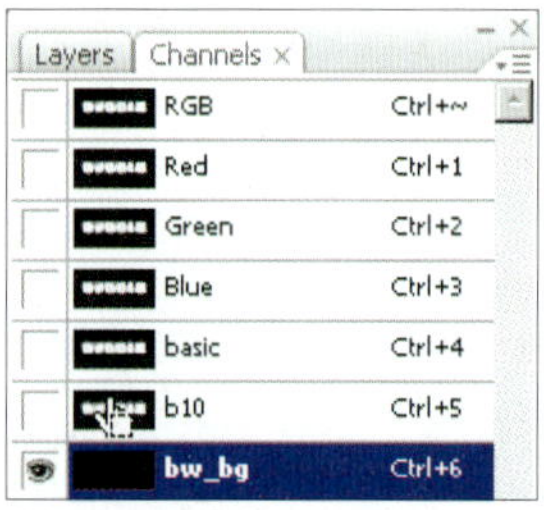

按住 Ctrl 键单击

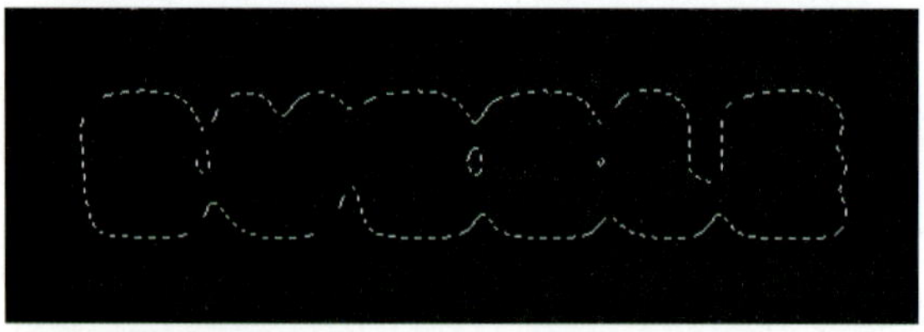
载入 b10 通道选区

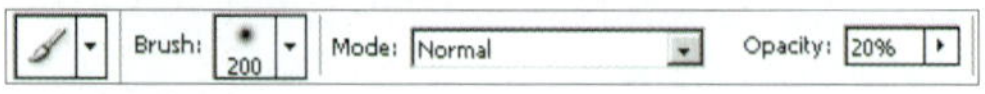

画笔工具选项栏

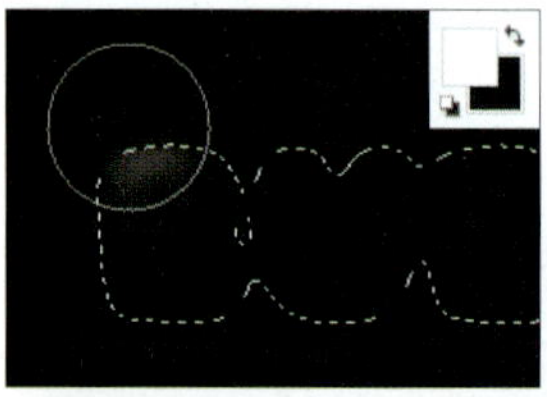
应用画笔工具过程 1

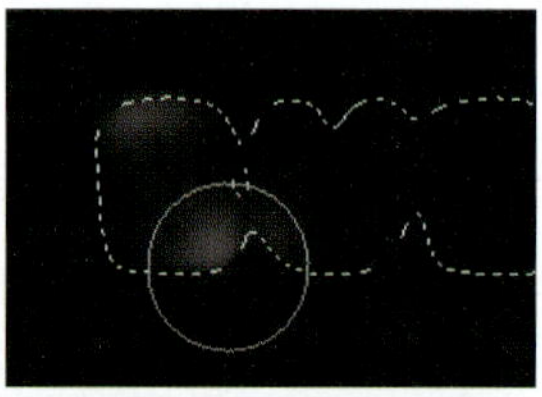
应用画笔工具过程 2

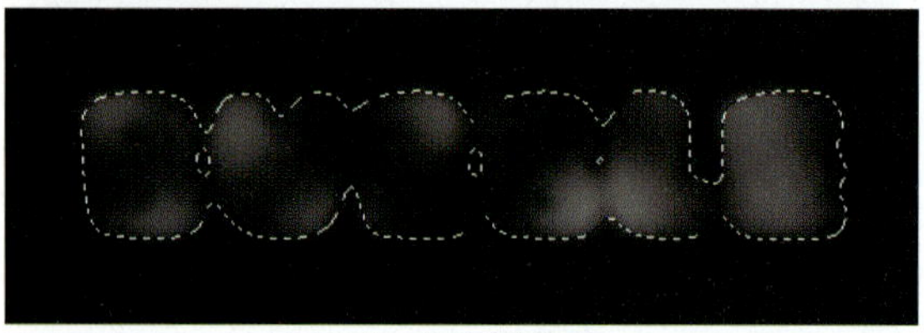
利用柔角 200Pixels 画笔润饰，表现整体氛围

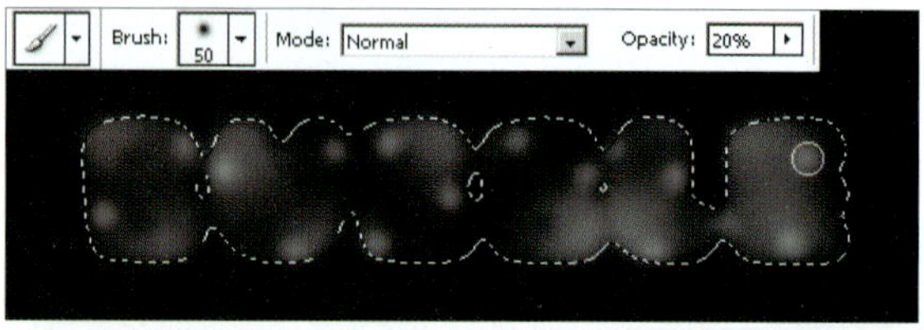

润饰表现明亮的效果

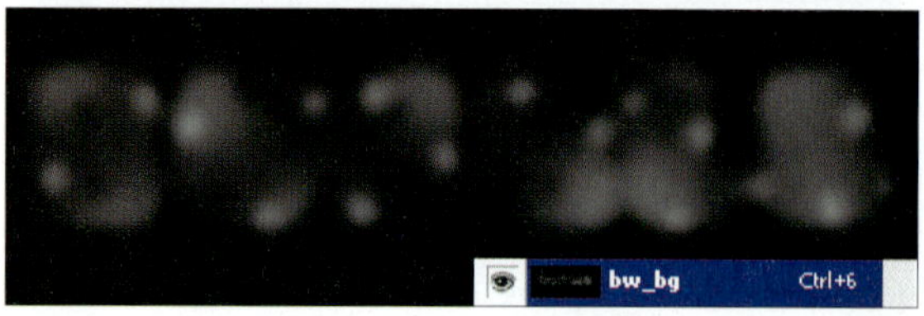

3-a 当前通道面板

按Ctrl+A快捷键全选文件，按Ctrl+C快捷键复制后选择图层面板中的bubble图层，按Ctrl+V快捷键粘贴，将其重新命名为gla1，按Ctrl+D快捷键取消选区。

为了只在bubble图层的区域显示gla1图层的图像，选择gla1图层，选择Layer>Create Clipping Mask（图层>创建剪贴蒙版）命令（Ctrl+Alt+G），剪贴到bubble图层。

利用其他方法创建柔和效果

载入 b10 通道的区域，在边缘柔和的选区下进行润饰。如果不创建 b10 通道，载入 basic 通道选区后选择 Select>Modify>Feather（选择>修改>羽化）命令（Alt+Ctrl+D），将 Feather Radius（羽化半径）设置为 10pixels，也可以得到相同的效果。

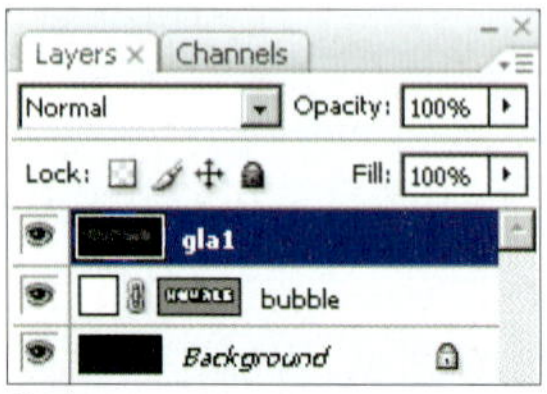

粘贴

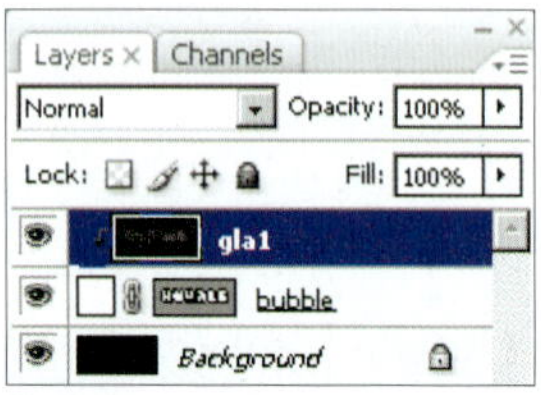

剪贴

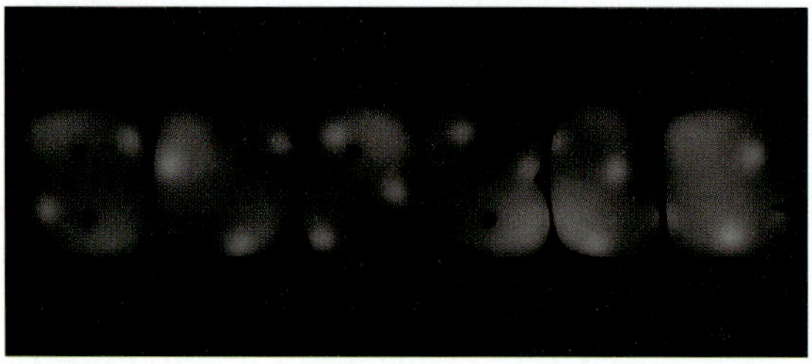
当前文件

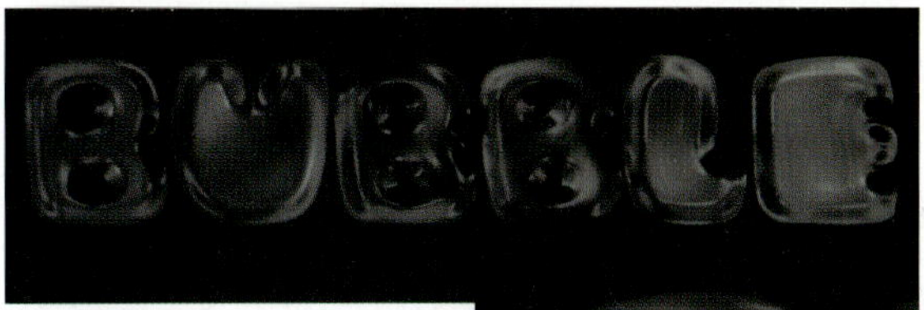

应用玻璃滤镜

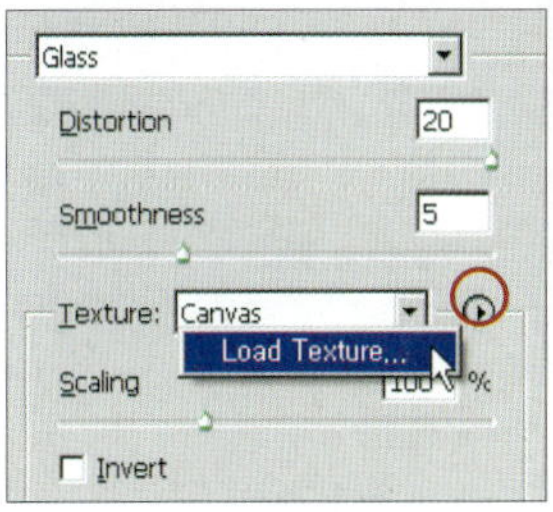

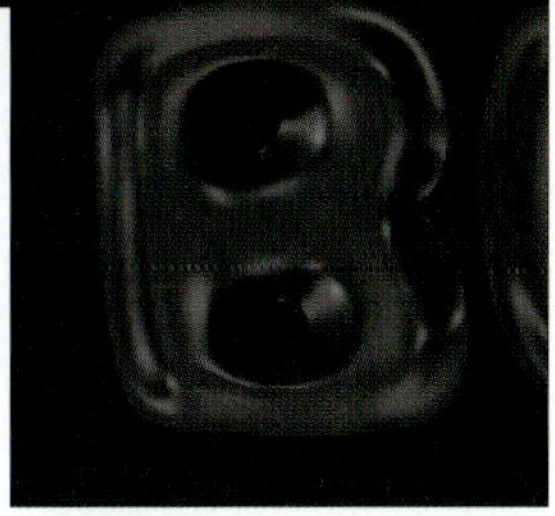

放大的效果

4-a

在没有羽化的选区中润饰的效果

在没有羽化值的选区中润饰的时候，应用玻璃路径会创建粗糙的边界。

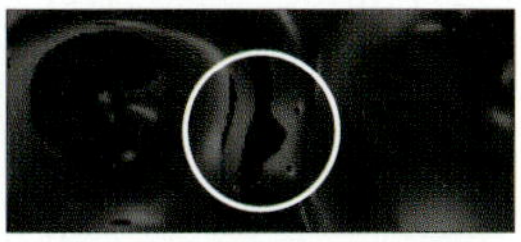

04 表现冰块质感

下面我们利用滤镜表现冰块一样的质感。

在gla1图层中选择Filter>Distort>Glass（滤镜>扭曲>玻璃）命令，如图4-a所示进行设置，然后单击Texture（纹理）右侧的滑块，选择Load Texture（载入纹理）。

选择在步骤02中创建的source.psd文件，表现玻璃质感。由于在步骤03中设置了多种浓度，因此完成了细致逼真的折弯图像。

利用固定的浓度和大小润饰的效果

利用固定的浓度和大小润饰图像的时候，会如下图所示表现折弯减少的效果。

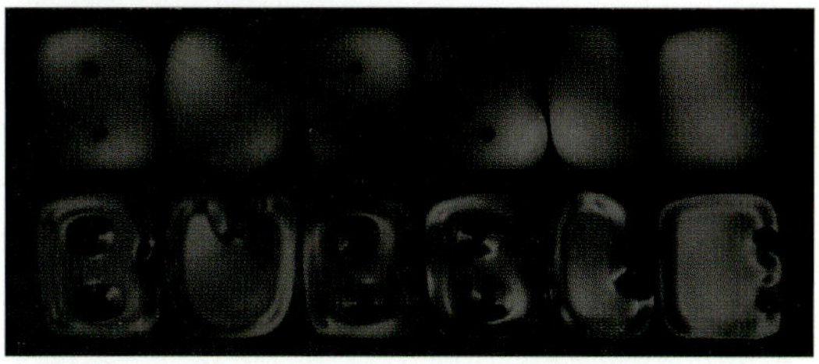

当前文件

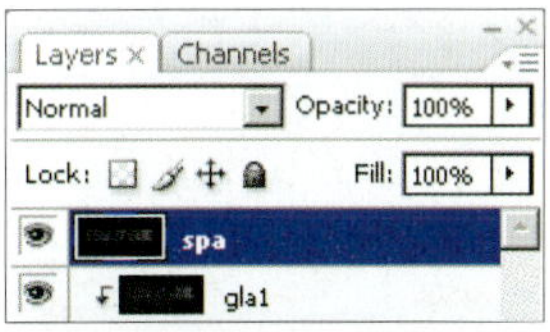

复制的 spa 图层

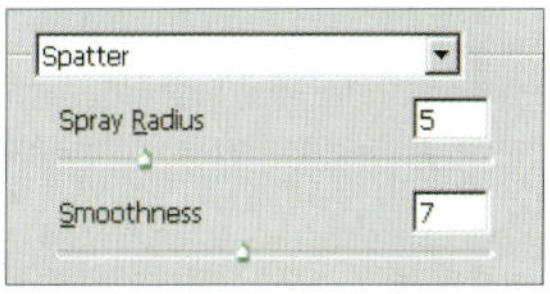

4-b

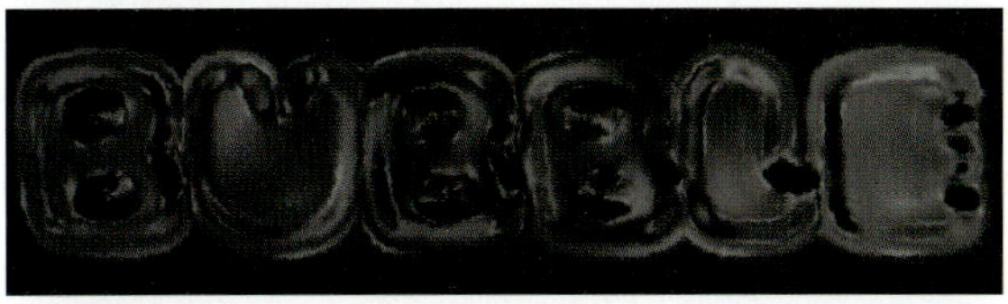

应用喷溅滤镜

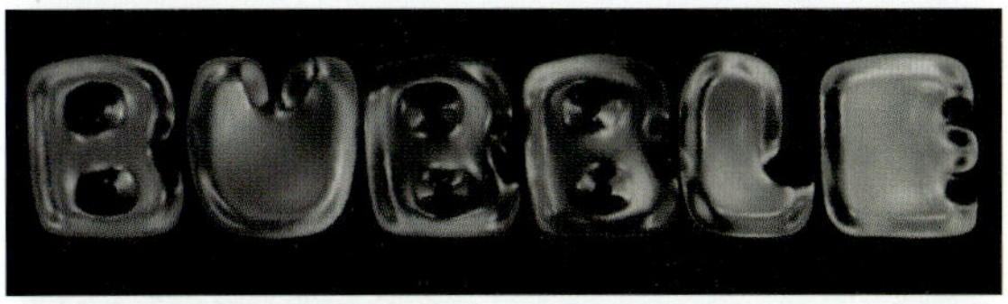

将混合模式设置为滤色并剪贴后的文件

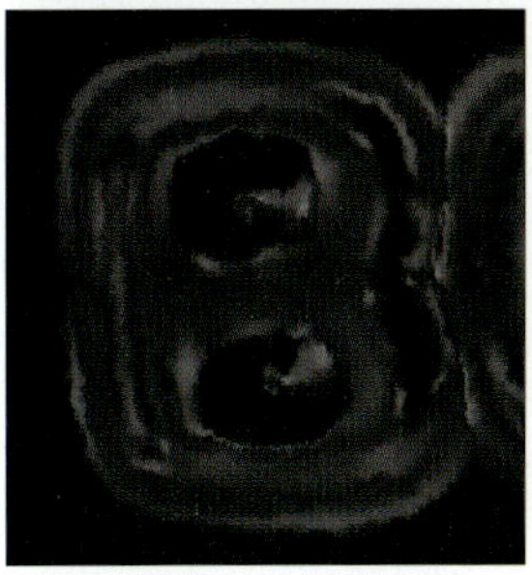

应用喷溅滤镜后放大的效果

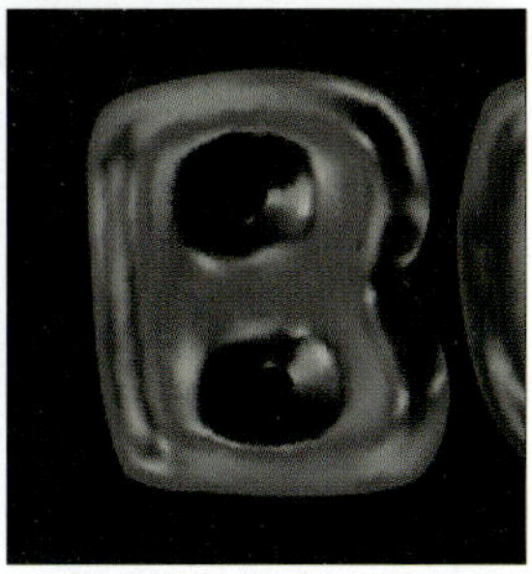

设置混合模式并剪贴后放大的效果

选择gla1图层，选择Layer>New>Layer via Copy（图层>新建>通过拷贝的图层）命令（Ctrl+J），复制后将名称更改为spa。

选择spa图层，选择Filter>Brush Strokes>Spatter（滤镜>画笔描边>喷溅）命令，如图4-b所示进行设置，表现利用喷枪喷洒的效果。

为了与下方的图层自然地合成，将spa图层的混合模式设置为Screen（滤色）。为了只在bubble图层的区域显示效果，选择Layer>Create Clipping Mask（图层>创建剪贴蒙版）命令（Ctrl+Alt+G），剪贴到bubble图层。

由于设置为滤色混合模式，折弯图像和粗糙图像混合表现结冰效果，表现出了粗糙质感的明暗效果。

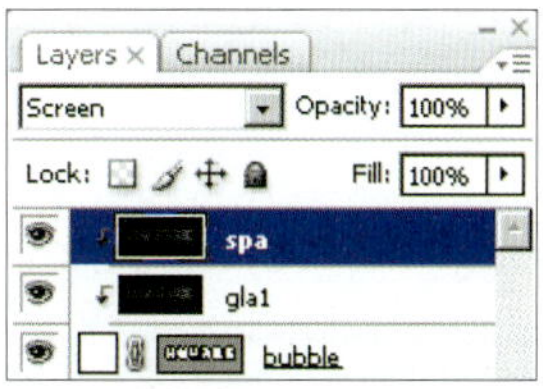

将混合模式设置为滤色后剪贴

为了创建折弯的形态，按住gla1图层，拖动到最上方复制，将生成的图层重命名为gla2。

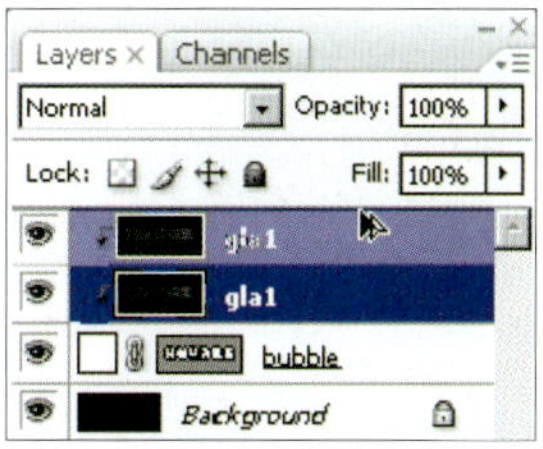

按住 Alt 键拖动

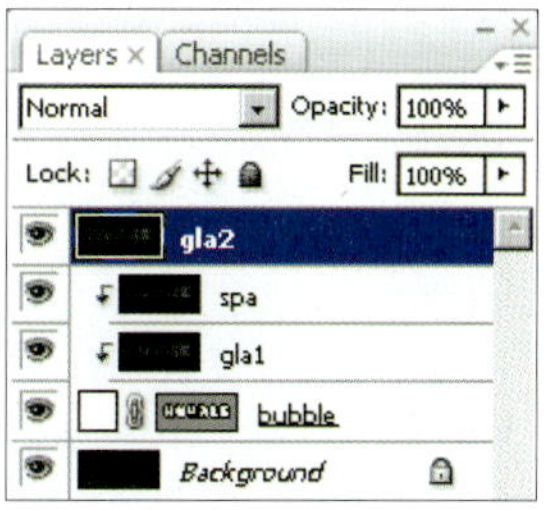

复制的 gla2 图层

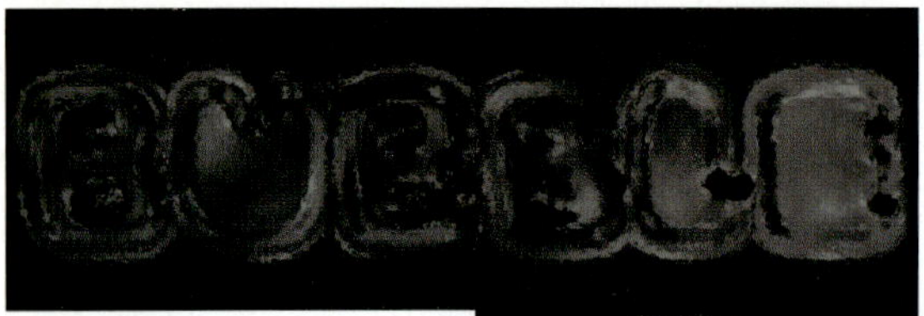

应用玻璃滤镜

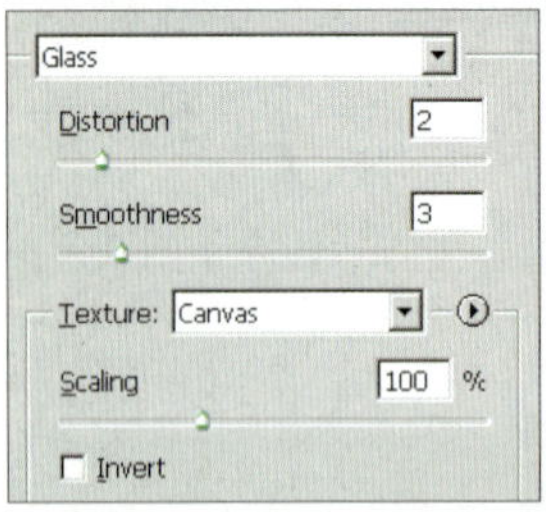

4-c

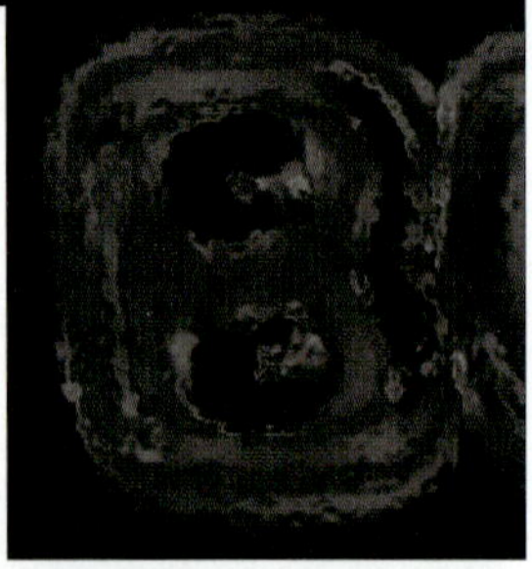

放大的效果

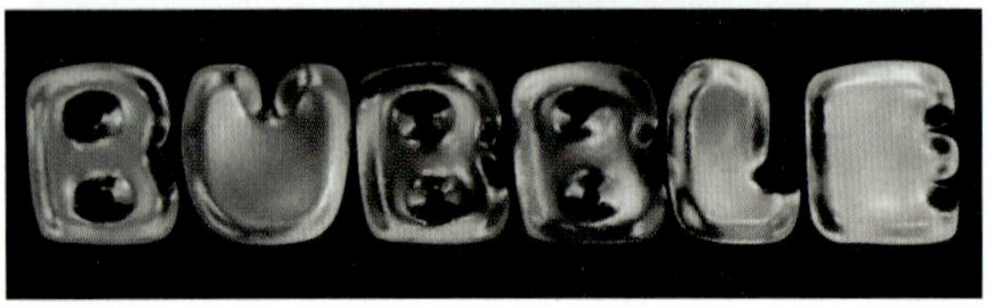

当前文件

这里为了添加折弯质感，选择gla2图层，选择Filter>Distort>Glass（滤镜>扭曲>玻璃）命令，如图4-c所示进行设置，表现细致的折弯效果。

为了与下方的图层自然地合成，将gla2图层的混合模式设置为Screen（滤色）。为了只在bubble图层的区域显示效果，选择Layer>Create Clipping Mask（图层>创建剪贴蒙版）命令（Ctrl+Alt+G），剪贴到bubble图层。

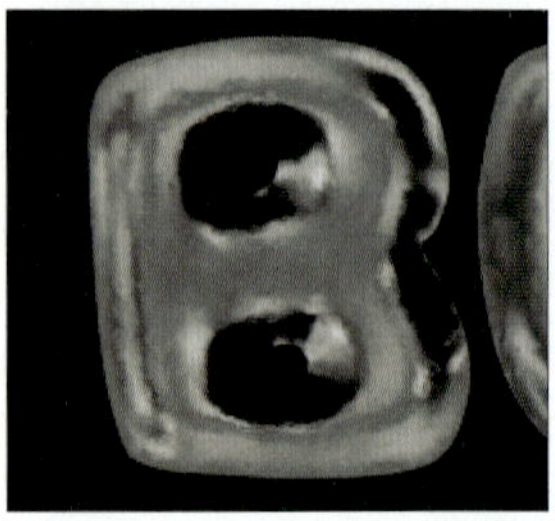

设置混合模式后剪贴并放大的效果

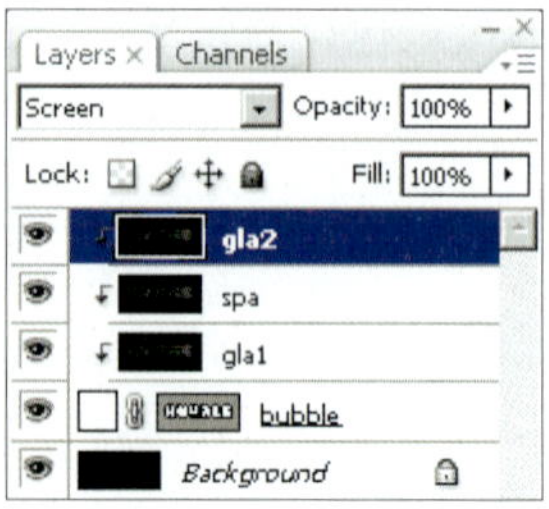

当前图层面板

如果当前操作文件表现得明亮

设置为滤色混合模式后，如果图像表现得过于明亮，是由于在润色过程中广泛地分布白色图像或者进行多次润饰。由于之后也要以滤色混合模式继续操作，因此利用曲线和色阶调整为较暗一些的效果，如果这样效果也不够好，最好返回到润色过程重新进行操作。

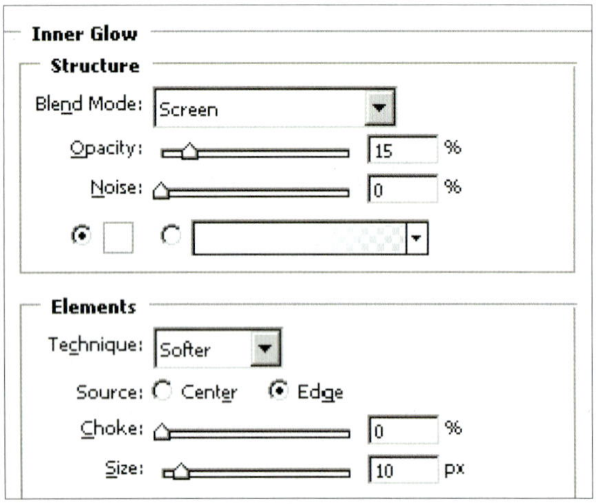

5-a

强调粗糙质感

在应用喷溅或者玻璃滤镜的图层中应用USM锐化滤镜，可以提高鲜艳度，表现更加粗糙的质感。

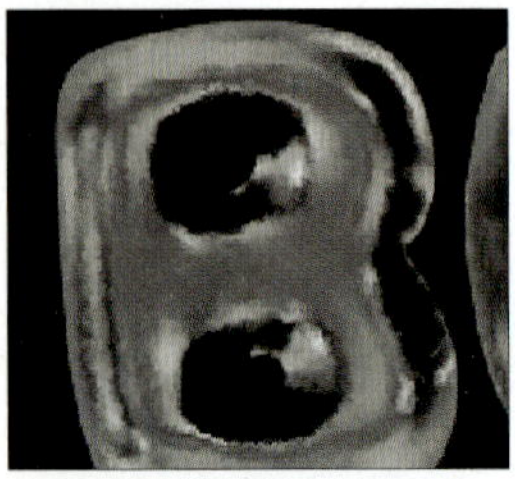

应用 USM 锐化滤镜的效果

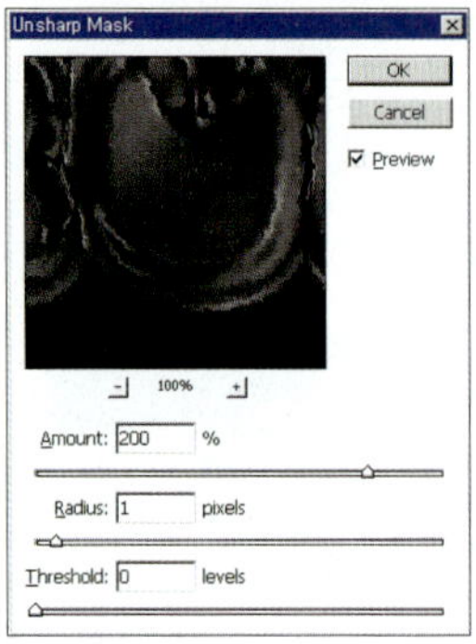

05 应用图层样式

下面我们应用图层样式强调形态，在多个部分表现高光效果。

为了使文字轮廓更加逼真，选择bubble图层，选择Layer>Layer Style>Inner Glow（图层>图层样式>内发光）命令，如图5-a所示进行设置，在图像内侧表现发光效果。

为了表现光滑的高光，选择Bevel and Emboss（斜面和浮雕），如图5-b所示进行设置，将Gloss Contour（光泽等高线）设置为Ring-Double（环形一双）后确认。

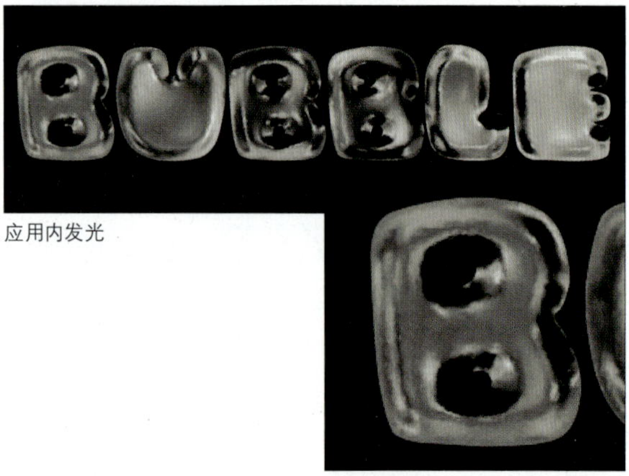

应用内发光

放大的效果

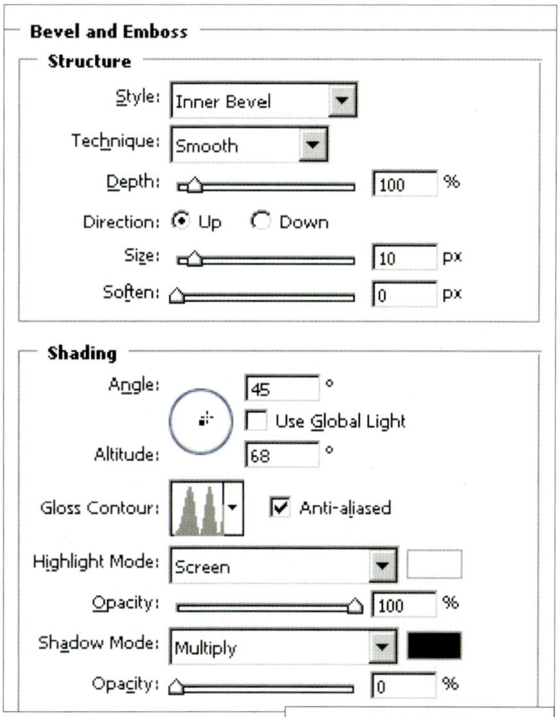

5-b

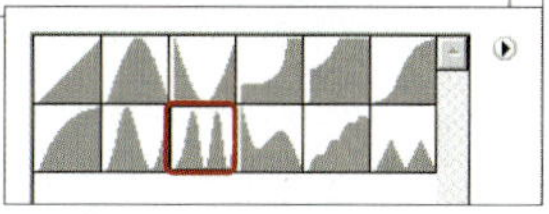

光泽等高线设置为"环形—双"

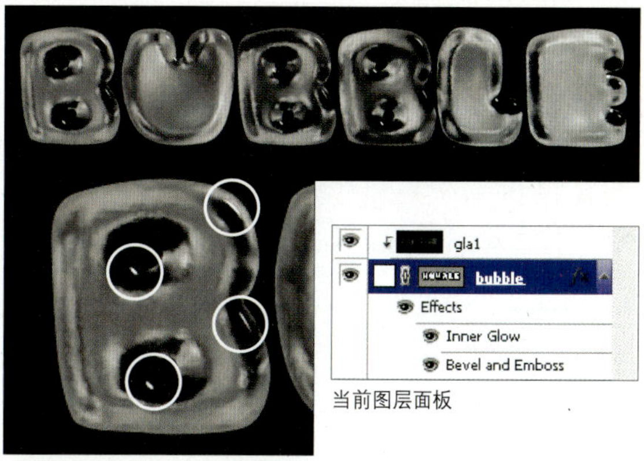

应用斜面和浮雕后放大的效果

当前图层面板

通过调节等高线调节光泽

本步骤中利用了等高线曲线调节光泽，希望读者可以直接调整，表现出所需的光泽质感。

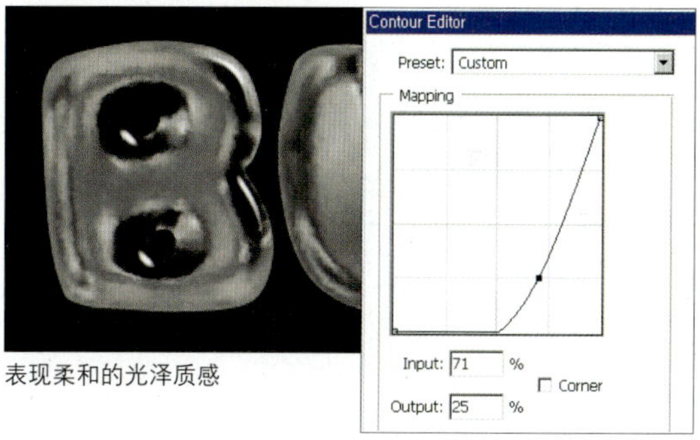

表现柔和的光泽质感

复制 bubble 图层后的文件

将填充设置为 0% 后的文件

按住Alt键单击bubble图层拖动到最上方复制，将复制得到的bubble copy图层的Fill（填充）设置为0%。将bubble copy图层的效果中的Inner Glow（内发光）拖动到图层面板下端的Delete layer（删除图层）按钮上删除，双击Bevel and Emboss（斜面和浮雕）效果，如图5-c所示进行设置，表现出隐约的光泽。

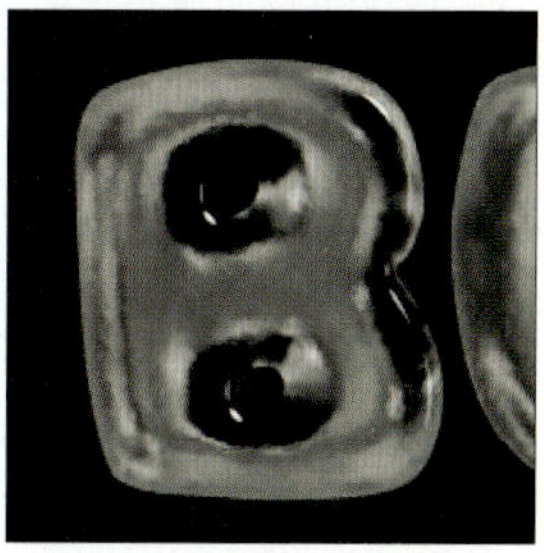

调整斜面和浮雕后放大的效果

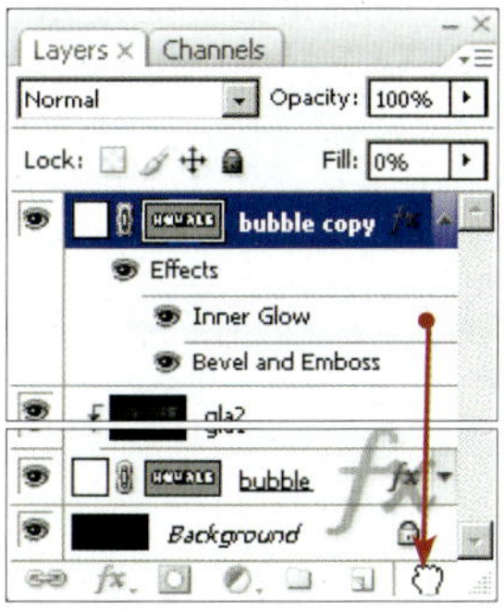

删除内发光

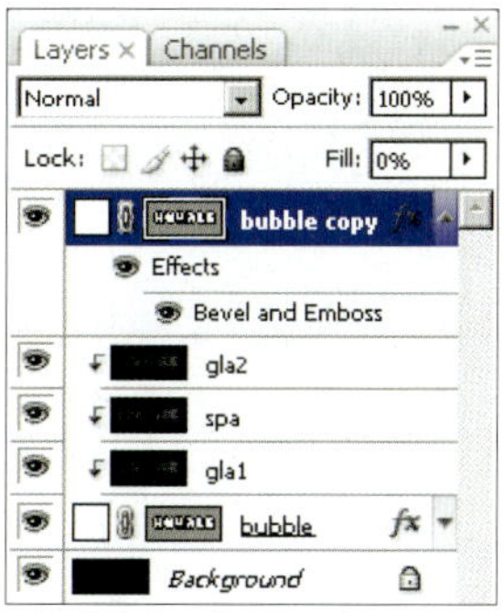

删除内发光后的图层面板

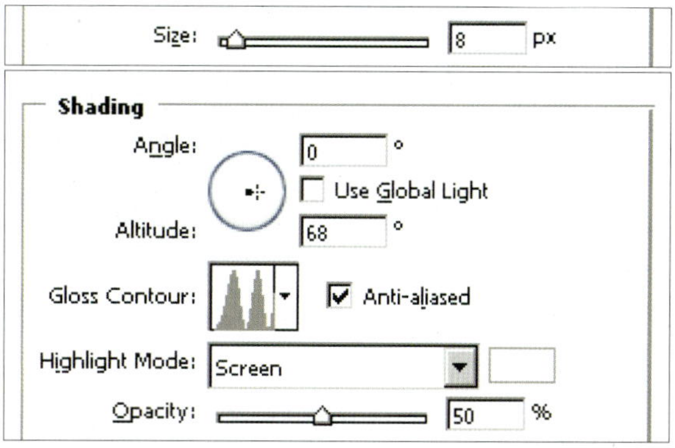

5-c

选择bubble copy图层，选择Layer>New>Layer via Copy（图层>新建>通过拷贝的图层）命令（Ctrl+J）复制，双击复制得到的bubble copy 2图层的Bevel and Emboss（斜面和浮雕）效果，如图5-d所示进行设置，在其他部分也表现高光效果。

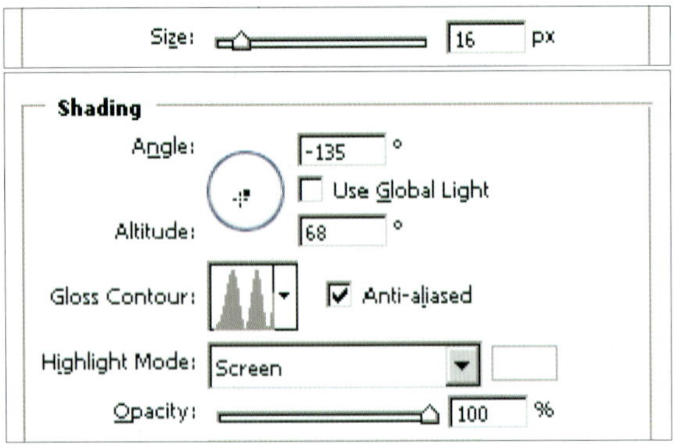

5-d

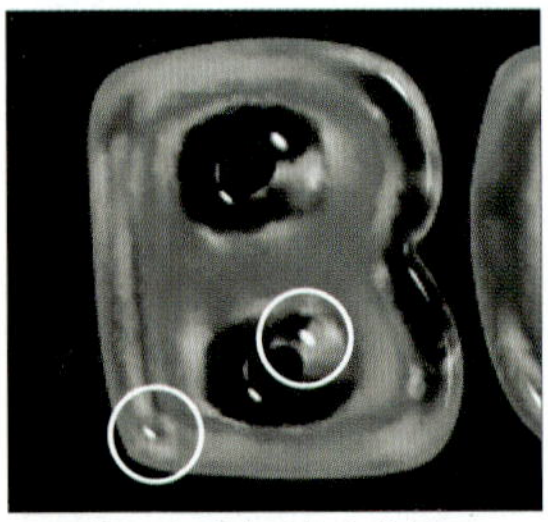

设置斜面和浮雕后放大的效果

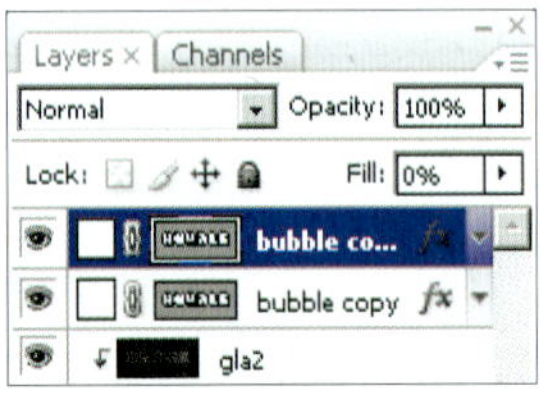

bubble copy 2 图层

选择bubble copy 2图层，选择Layer>New>Layer via Copy（图层>新建>通过拷贝的图层）命令（Ctrl+J）。双击复制得到的bubble copy 3图层的Bevel and Emboss（斜面和浮雕）效果，如图5-e所示进行设置，在其他部分也表现高光效果。

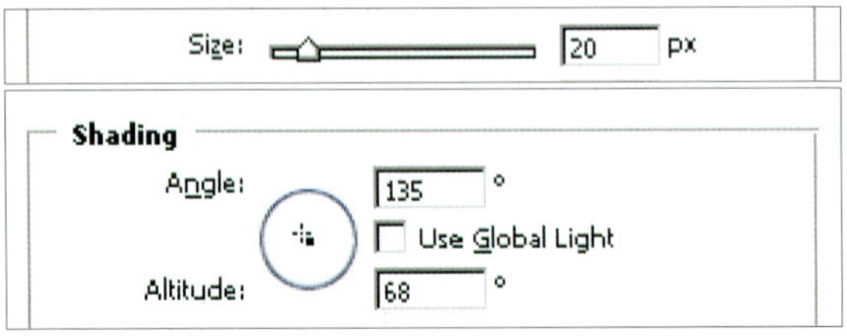

5-e

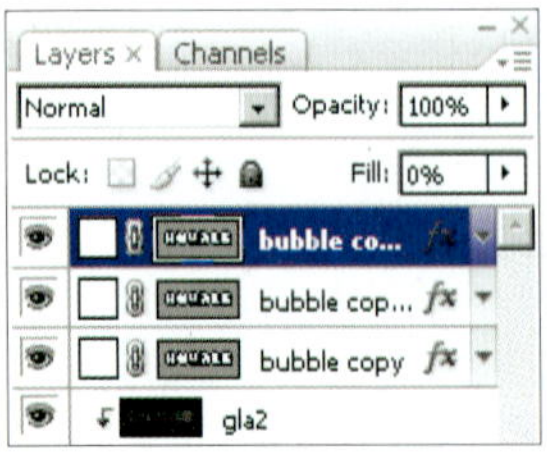

bubble copy 3 图层

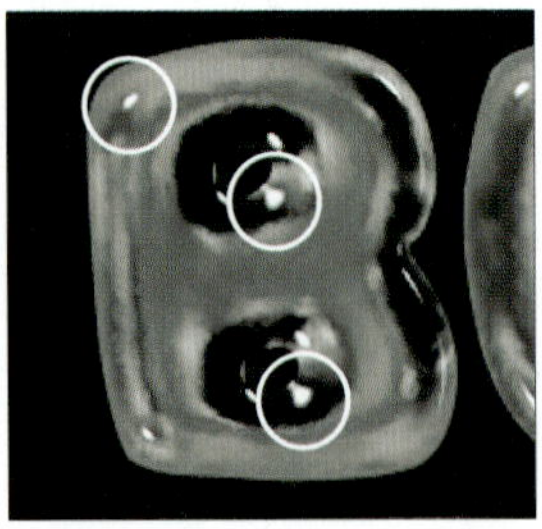

放大的效果

06 添加光泽质感

下面我们利用图层样式添加光泽质感。

按住Alt键单击gla1图层拖动到gla2图层上方复制。将其重新命名为wrap，选择Filter>Artistic>Plastic Wrap（滤镜>艺术效果>塑料包装）命令，如图6-a所示进行设置，表现冰块表面的光泽效果。

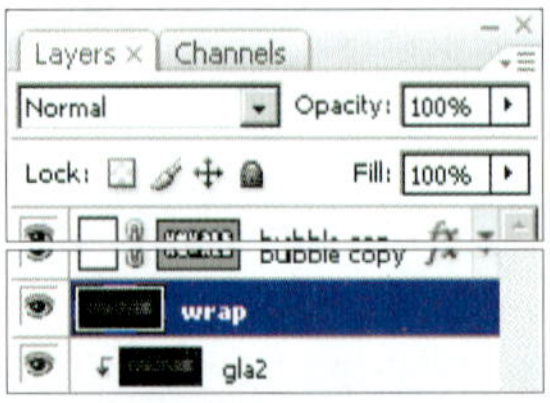

复制的 wrap 图层

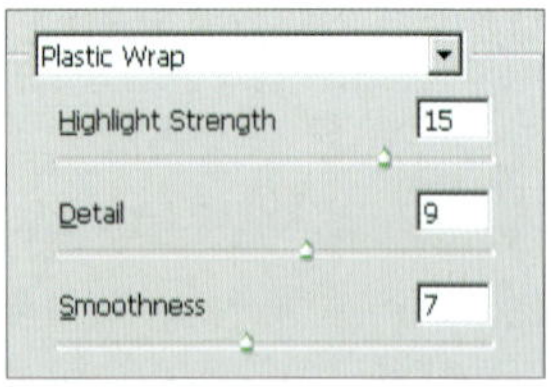

6-a

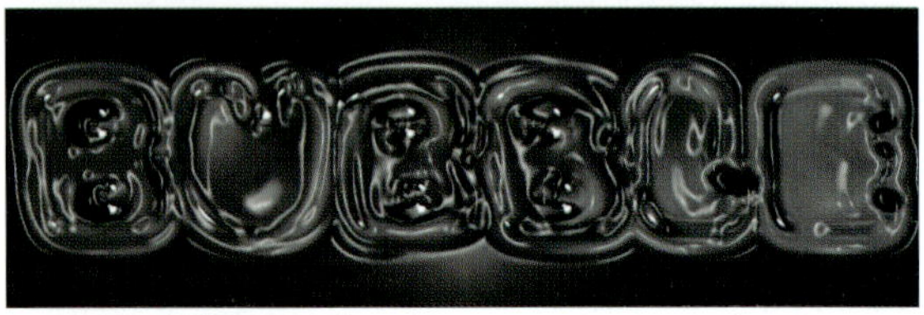

应用塑料包装滤镜后的文件

为复杂的形态应用图层样式

本步骤中为文字应用塑料包装滤镜，表现光泽质感。利用这一方法可以将常应用于定性形态的图层样式应用于复杂的质感形态。首先如图 a 所示设置图层面板，隐藏光泽要素。在最上方创建新图层，按 Ctrl+Alt+~ 快捷键载入 RGB 通道，填充颜色，如图 b 所示应用斜面和浮雕，根据质感形态表现出不同光泽效果的图像。

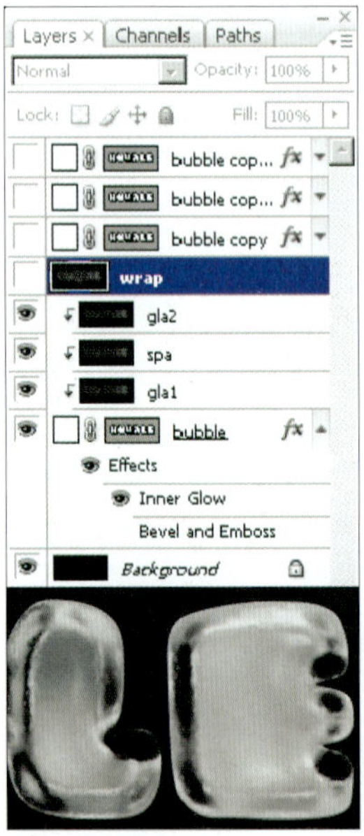

a 图层面板状态和当前文件

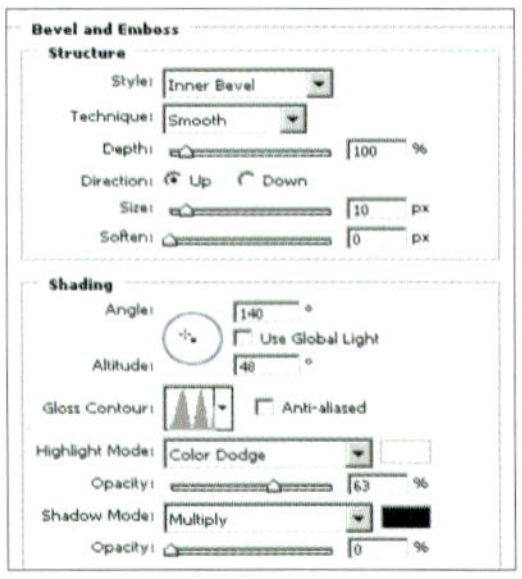

b

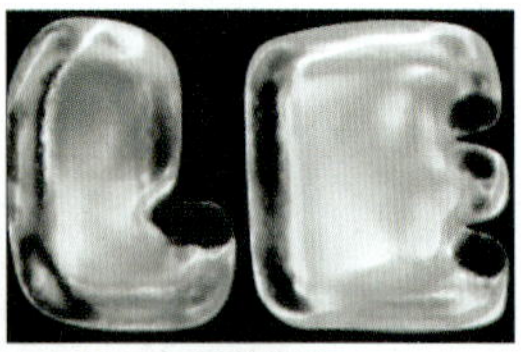

应用斜面和浮雕的效果

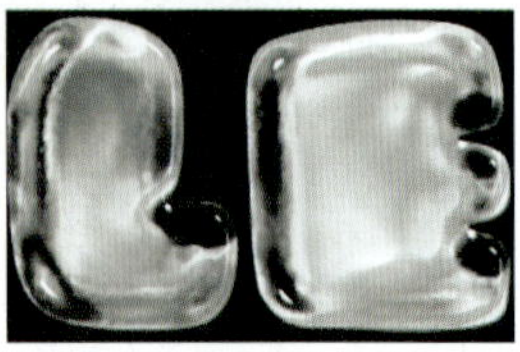

激活隐藏的图层并放大的效果

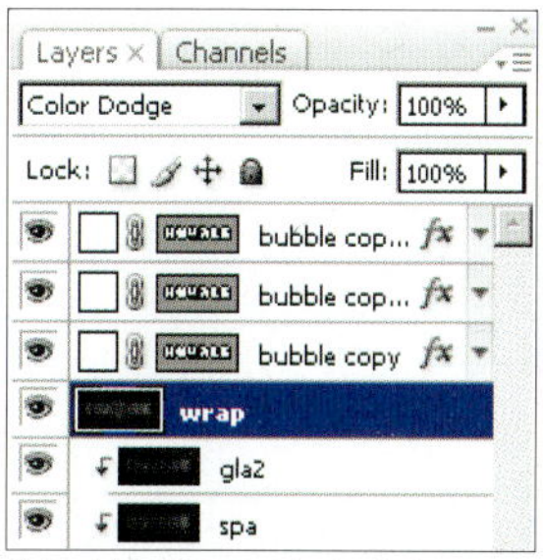

将混合模式设置为颜色减淡

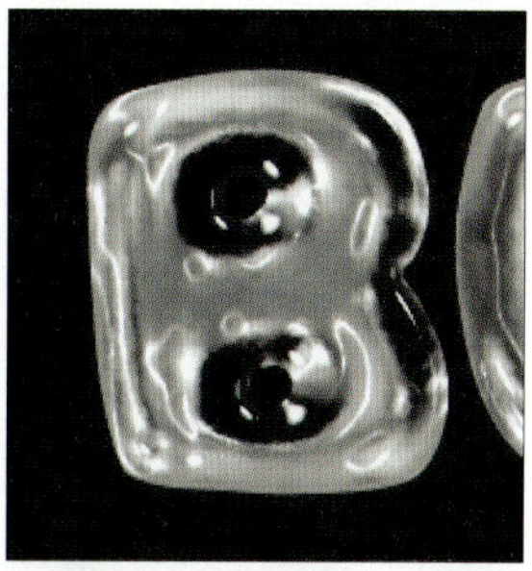
设置模式后放大的效果

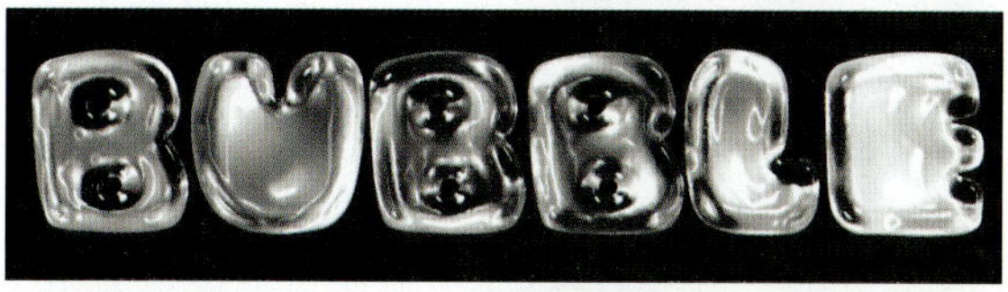
将混合模式设置为颜色减淡后的文件

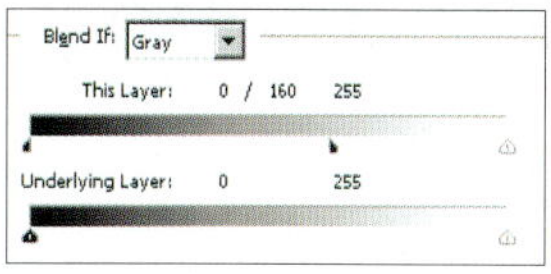

将"本图层"设置为0/160

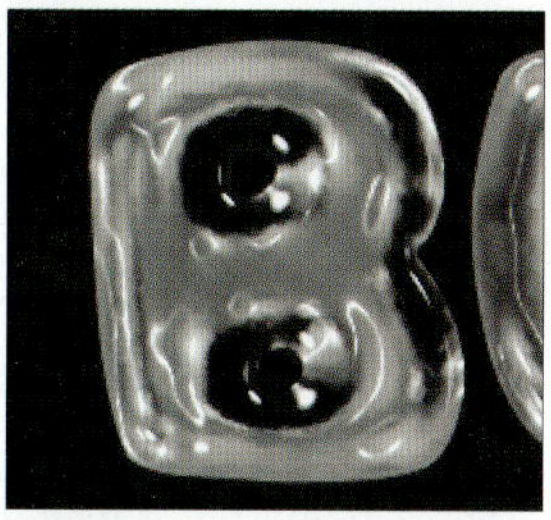
更改"本图层"后放大的效果

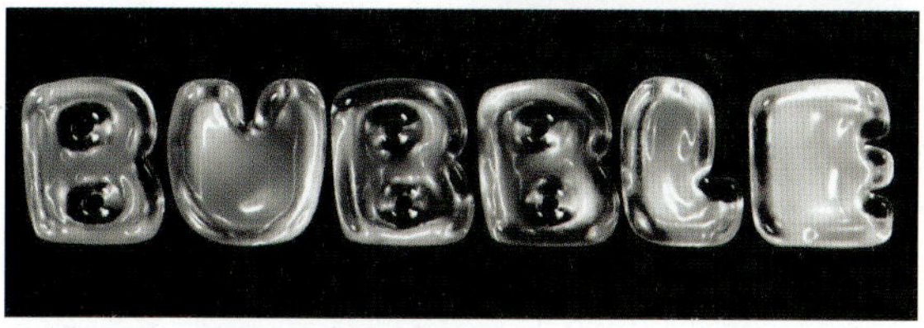
将"本图层"设置为0/160后的文件

为了与下方图层合成，将混合模式设置为Color Dodge（颜色减淡）。

由于图像中光泽的范围过大，为了调节光泽范围，双击wrap图层，打开Layer Style（图层样式）对话框，在Blending Options（混合选项）的Blend If（混合颜色带）中按住Alt键单击This Layer（本图层）的黑色滑块的右侧向右拖动，设置为160。

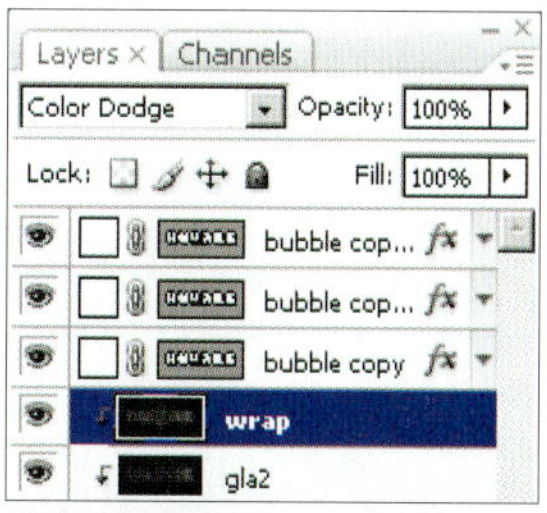

剪贴

为了只在bubble图层显示wrap图层的效果，选择wrap图层，选择Layer > Create Clipping Mask（图层 > 创建剪贴蒙版）命令（Ctrl+Alt+G），剪贴到bubble图层。

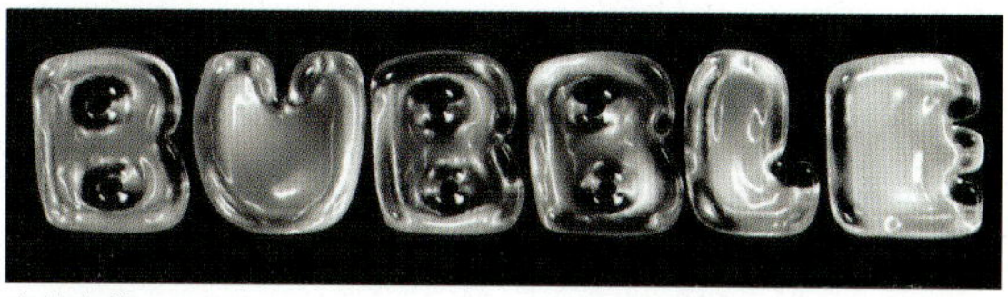
当前文件

利用色阶或者曲线调整图像效果

warp图层的混合模式设置为颜色减淡，只表现明亮的图像，因此利用色阶或者曲线可以调节光泽的范围。

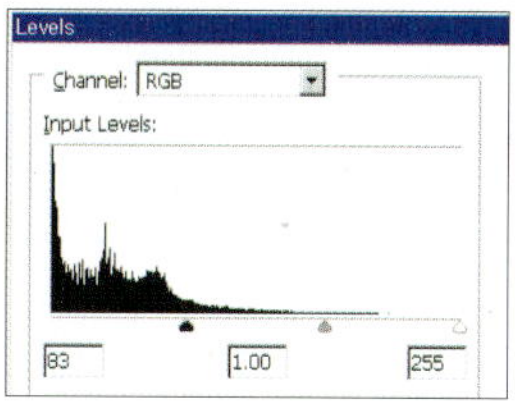

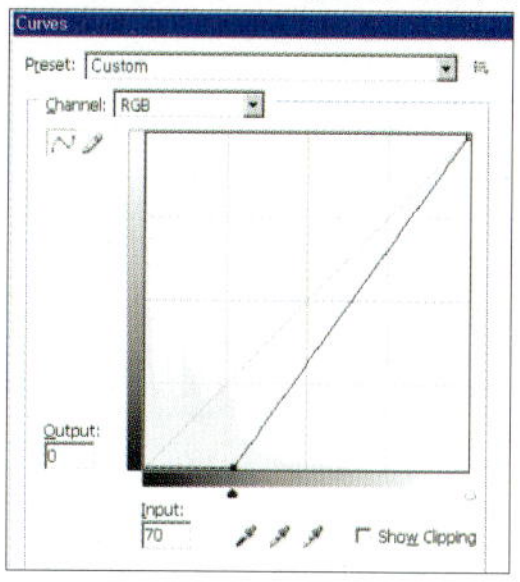

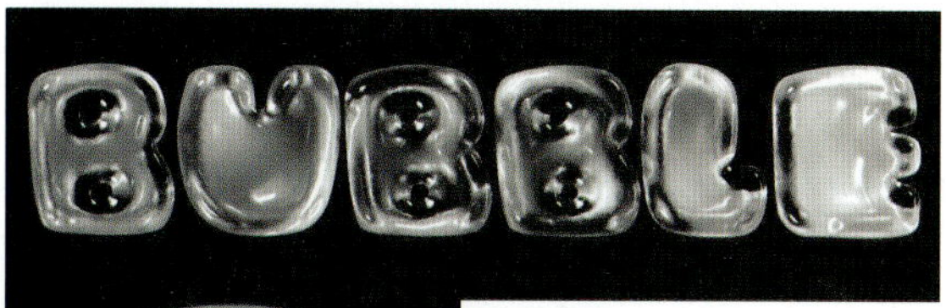
完成效果 1

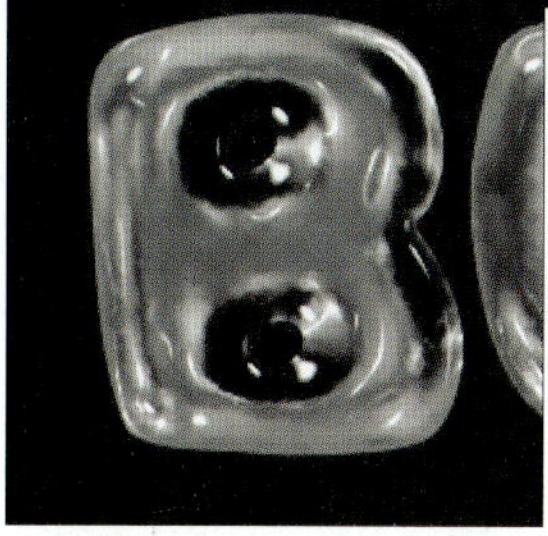
放大的效果

07 限制光泽质感，完成制作 1

为了润饰夸张的效果，选择 wrap 图层，单击图层面板下端的 Add layer mask（添加图层蒙版）按钮。选择wrap 图层蒙版，选择画笔工具。确认前景色为黑色，在选项栏中更改 Size（大小）和 Opacity（不透明度），润饰图像，完成制作。

添加图层蒙版

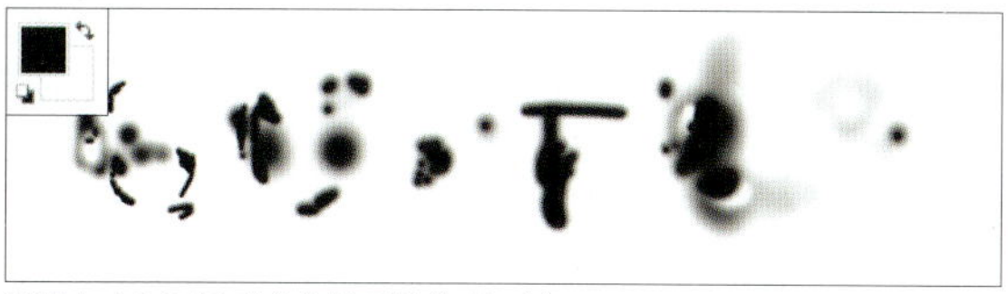
调节大小和不透明度润饰后的蒙版区域

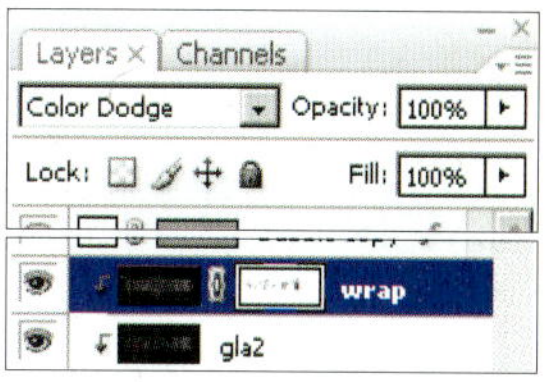

当前图层面板

08 更改颜色

下面我们为之前制作的文字效果填充颜色。

双击 bubble 图层，打开 Pick a solid color 对话框，将颜色设置为 R:93,G:156,B:209。

即使更改颜色也没有任何变化，这是因为 gla1 图层的混合模式被设置为 Normal（正常）。将 gla1 图层的混合模式设置为 Screen（滤色），与更改颜色的 bubble 图层合成。

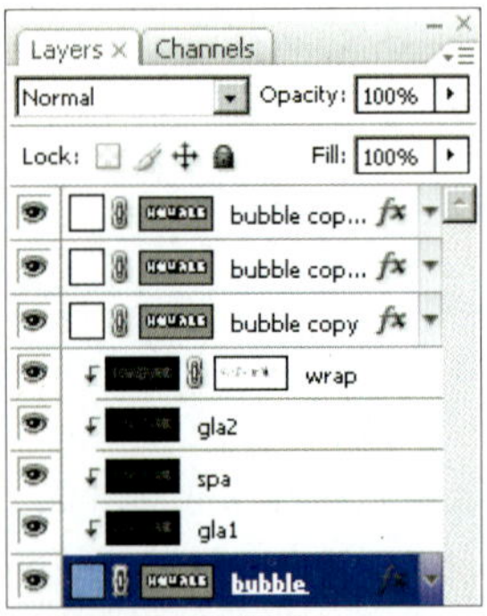

更改 bubble 图层的颜色

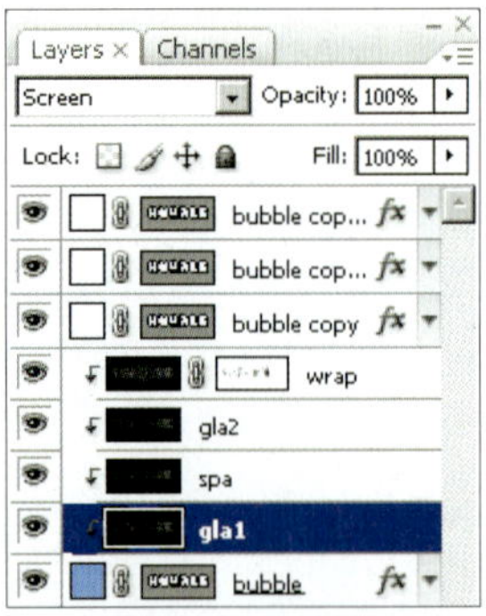

将gla1图层的混合模式设置为滤色

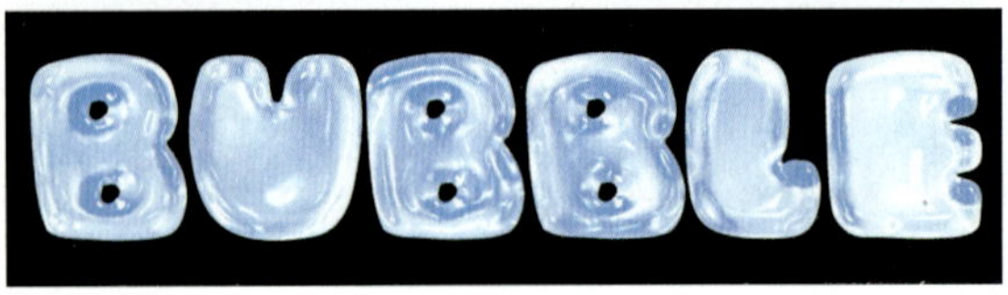
当前文件

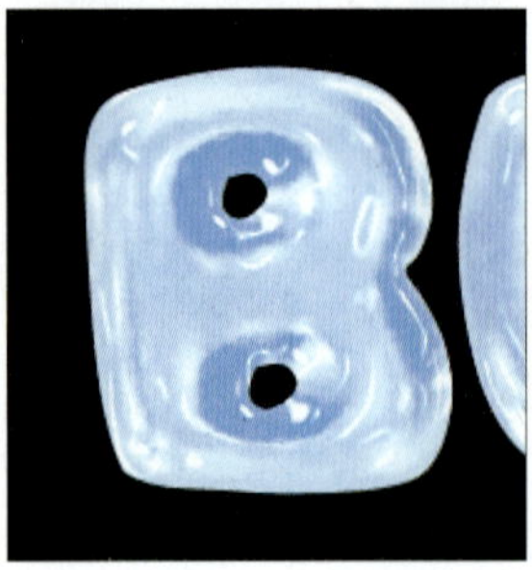
设置gla1图层的混合模式后放大的效果

09 应用图层样式完成制作 2

由于整体效果显得过于明亮且单调，下面我们利用图层样式增强对比效果。

首先为了强调轮廓，在bubble图层的效果中双击Inner Glow（内发光），如图9-a所示进行设置。

选择Satin（光泽），如图9-b所示进行设置，表现对比强烈的效果。

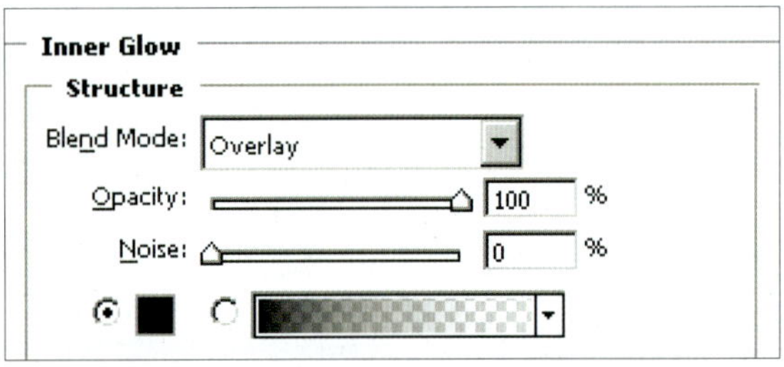

9-a

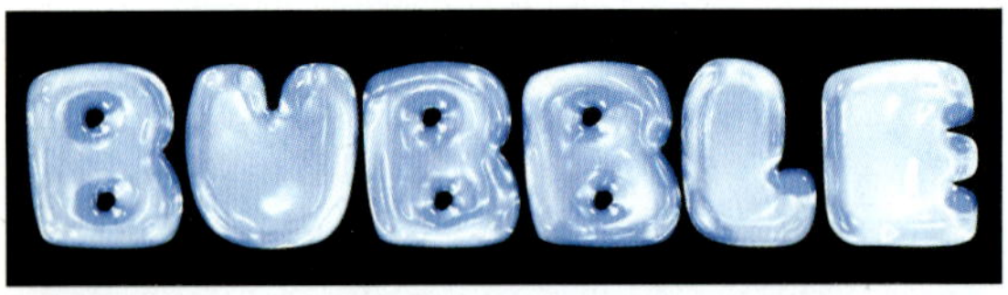
修改内发光

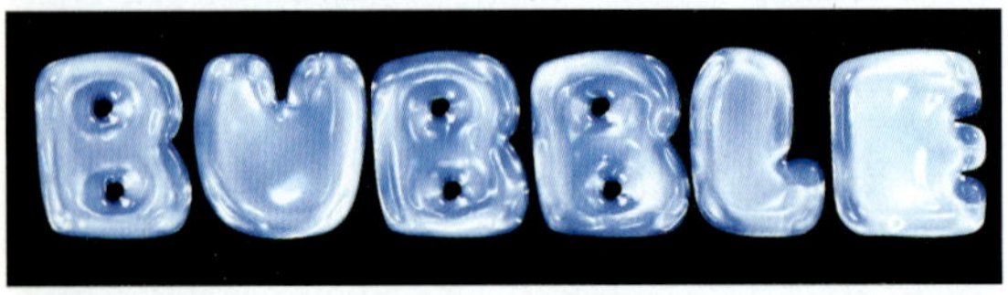
设置光泽后的文件

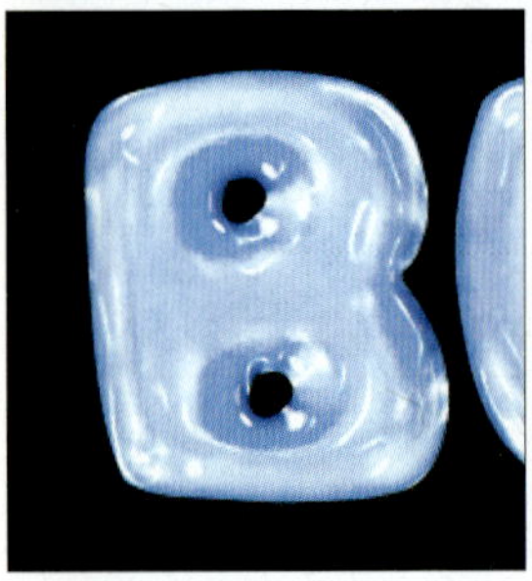
修改内发光后放大的效果

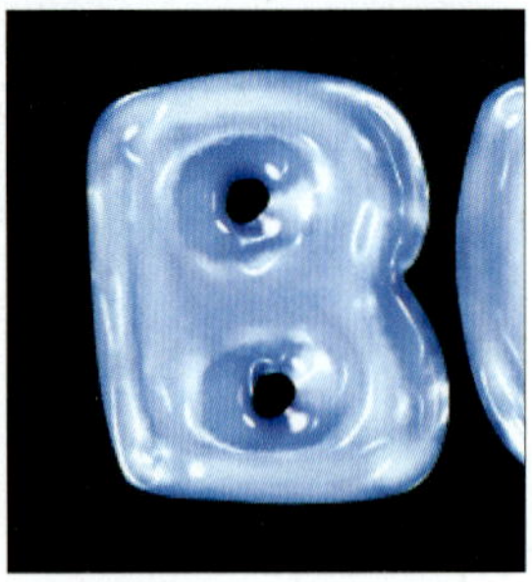
设置光泽后放大的效果

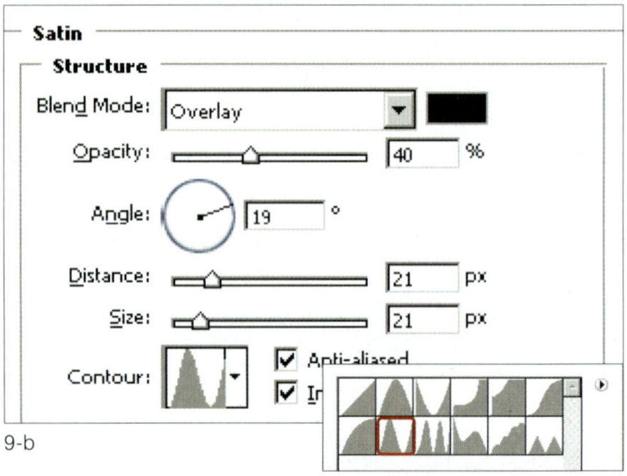

9-b

将等高线设置为“环形”

确认应用光泽的效果

如下图所示，在光泽中设置的较深的颜色与下方的颜色混合，表现出较深的蓝色光。如果想要了解应用光泽的效果，在对话框中将Blend Mode（混合模式）设置为Normal（正常）。

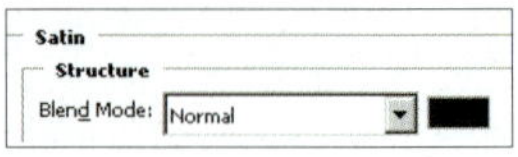

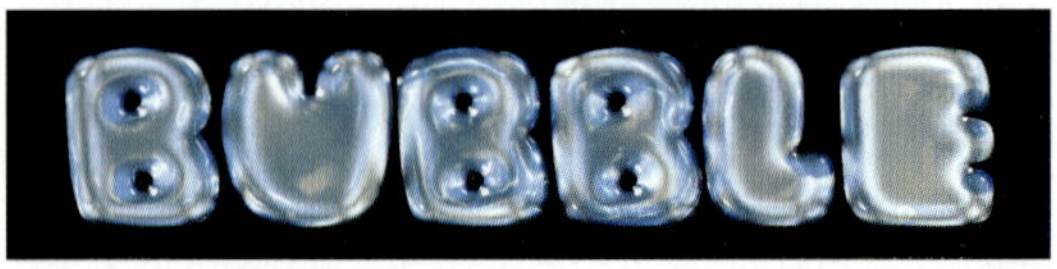

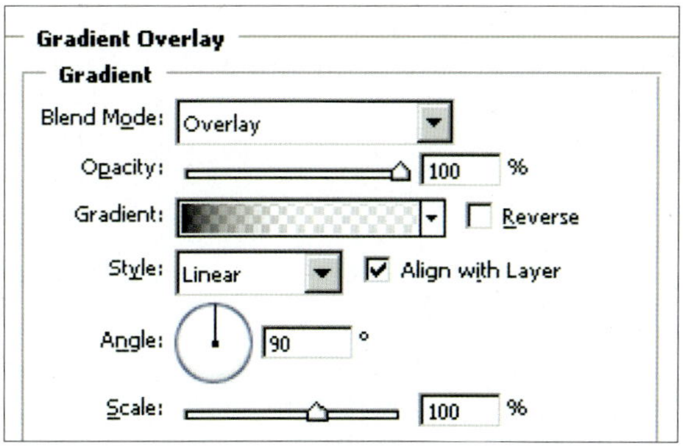

9-c

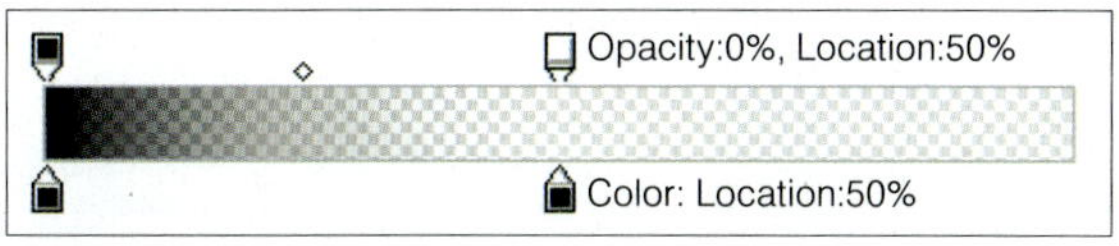

编辑渐变条

为了表现下端更深的颜色，选择 Gradient Overlay（渐变叠加），如图 9-c 所示进行设置。

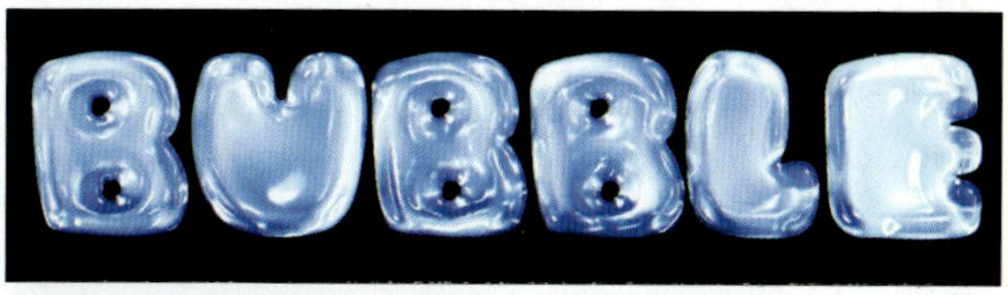

设置渐变叠加后的文件

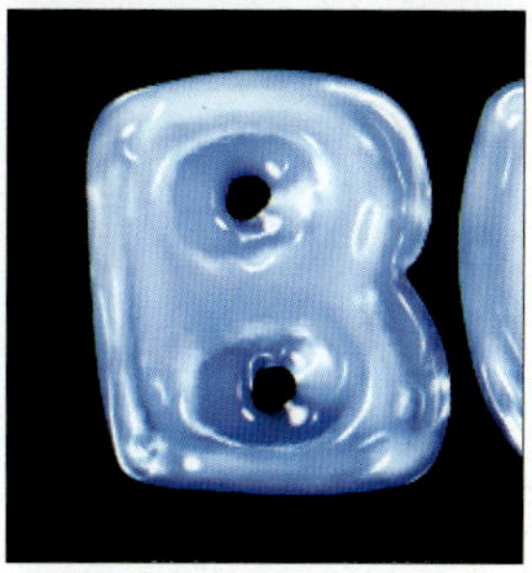

设置渐变叠加后放大的效果

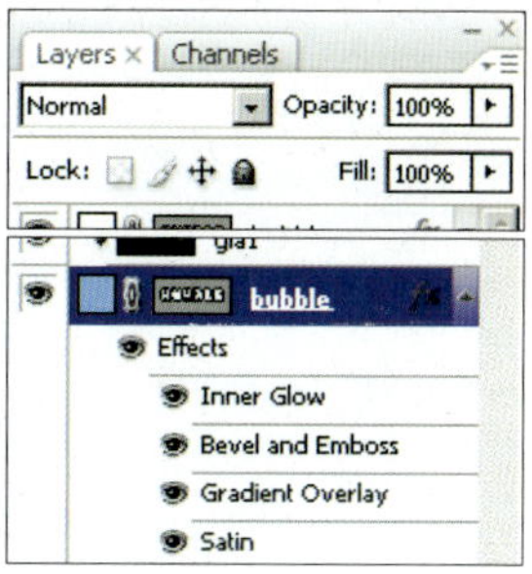

当前图层面板

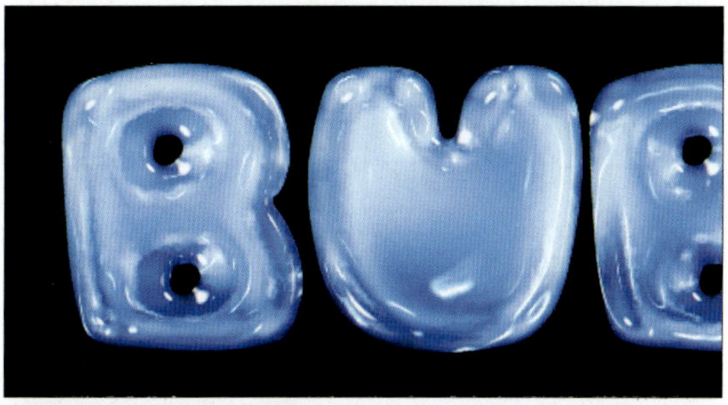

调整混合颜色带后放大的效果

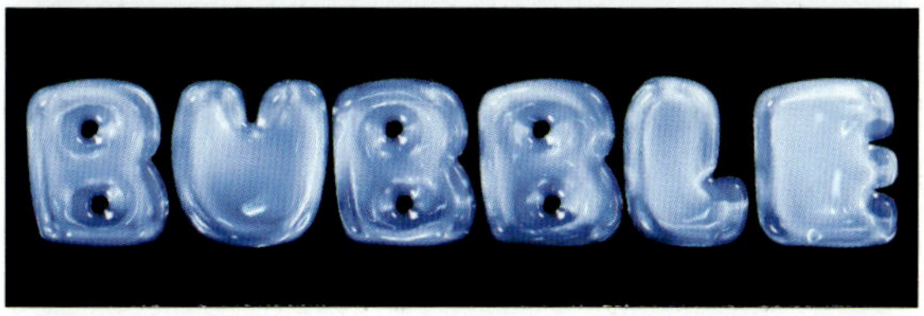

完成效果 2

设置为颜色减淡的wrap图层加上整体明亮的图像，会为文字增加光泽感，因此在步骤06中设置的wrap图层的Blend If（混合颜色带）中将This Layer（本图层）的黑色滑块设置为80/255，隐藏中间亮度的颜色，缩小光泽的范围，完成制作。

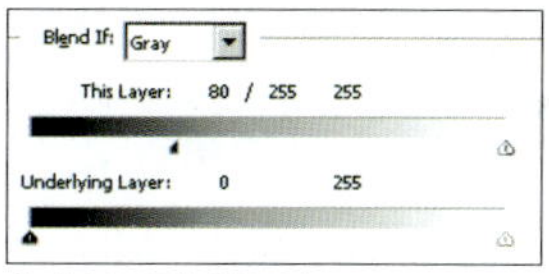

将"本图层"设置为 80/255

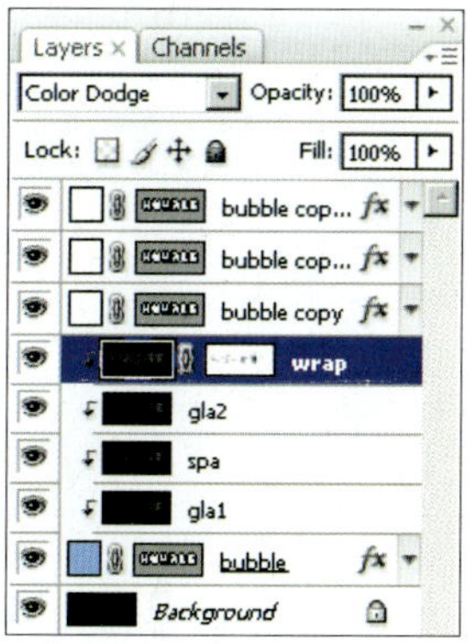

当前图层面板

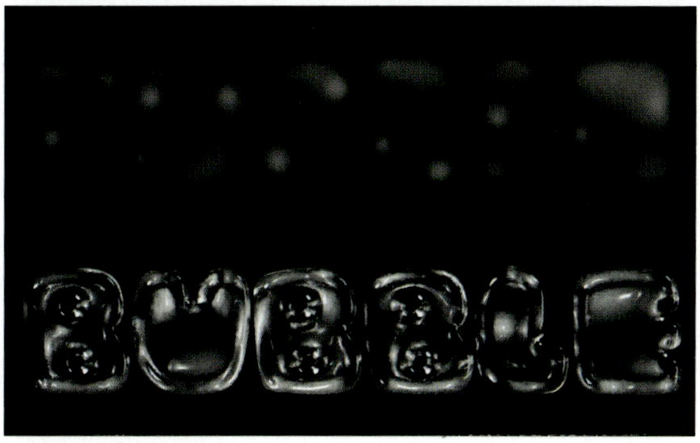

根据润饰得到的效果 1

THINK OVER!

润饰图像表现不同效果

根据步骤 03 中的润饰效果，会出现多种不同的效果，可以进行多次操作，直到得到满意的效果。

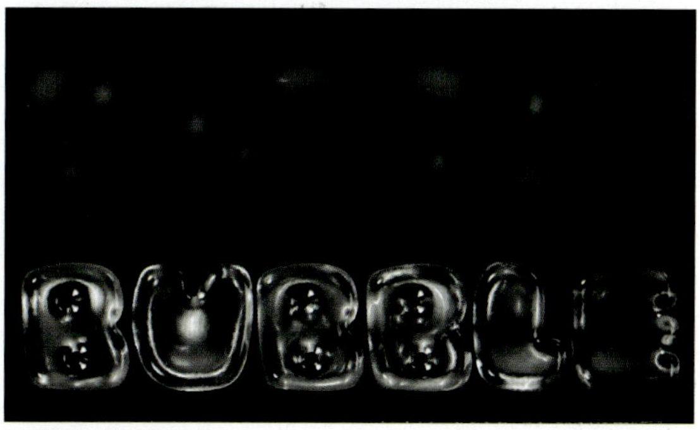

根据润饰得到的效果 2

32

32 DOMINATOR

对 3D 形态的各个面赋予生锈的粗糙感觉的质感，制作出色的文字特效。

Source Location

Effects 32\
- dominator_start.ai
- dominator_finish1.ai
- dominator_finish2.ai
- dominator_ start.psd
- dominator_ finish1.psd
- dominator_ finish2.psd
- dominator_ finish3.psd
- dominator_ finish4.psd
- dominator_ finish5.psd
- dominator_ finish6.psd
- dominator_ apply1.psd
- dominator_ apply2.psd
- source.psd

dominator_start.ai 文件

当前图层面板

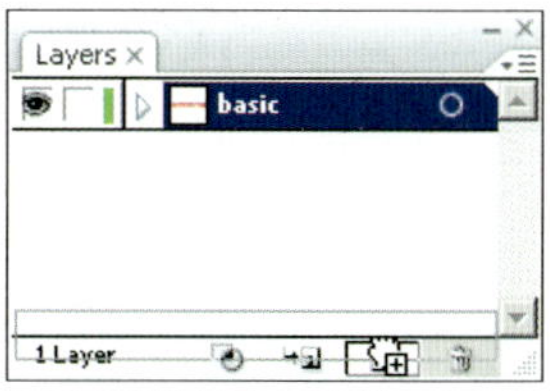

拖动到"创建新图层"按钮上复制

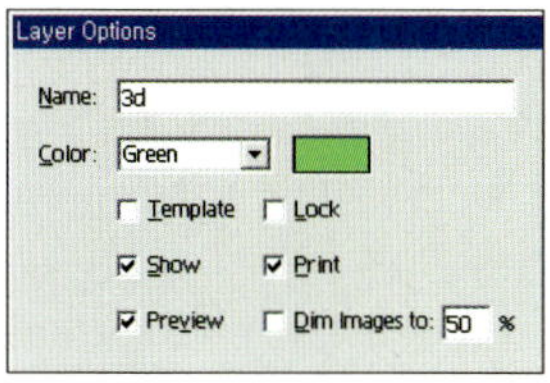

图层选项

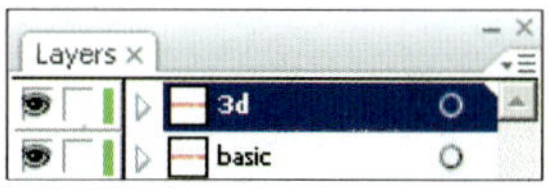

3d 图层

01 确认操作文件

下面我们来制作最后一个范例，虽然步骤比较复杂，但是如果跟着之前范例进行了学习，相信你一定可以完成。下面我们混合应用之前范例中学习的多种应用方法，表现 3D 文字效果。

在 Illustrator 中打开 dominator_start.ai 文件。素材文件是在 Illustrator 中输入文字后选择 Type>Create Outlines（文字 > 创建轮廓）命令（Shift+Ctrl+O）得到的效果。

如果在操作前没有激活智能参考线，选择 View>Smart Guide（视图 > 智能参考线）命令（Ctrl+U）将其激活。

为了备份原图层，将 basic 图层拖动到图层面板下端的 Create a new layer（创建新图层）按钮上复制，将其重命名为 3d。

智能参考线

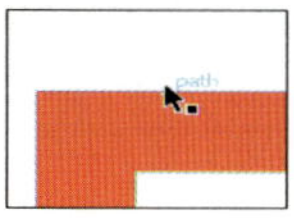

如果开启智能参考线进行操作，会显示鼠标光标所在的对象、锚点和路径，在选择、移动等操作中非常方便。

02 创建 3D 形态

下面我们边设置 3D 形态边解决设置中出现的问题。

将 basic 图层设置为非激活状态，选择 3d 图层，按 Ctrl+A 快捷键全选文件中的对象，然后选择 Effect>3D>Extrude & Bevel（效果 >3D> 凸出和斜角）命令，如图 2-a 所示进行设置。为了创建斜面，如图 2-b 所示将 Bevel 设置为 Classic，将 Height 设置为 2pt。

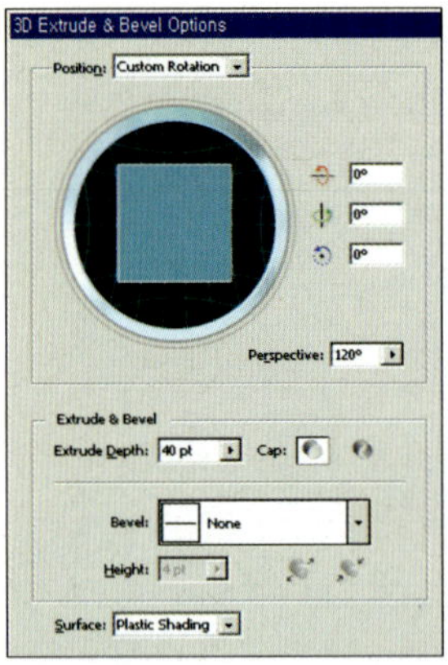

2-a

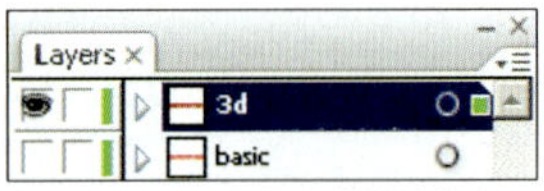

将 basic 图层设置为非激活状态

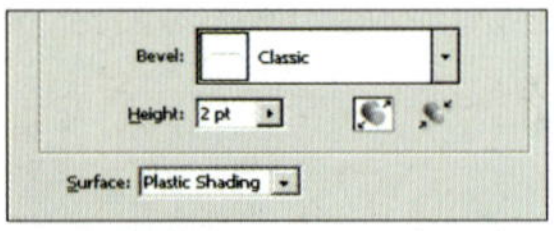

2-b 设置斜面的形状、长度和进行方向

设置远近感、浮雕厚度和面的形态后的文件

应用斜面的形状、长度和进行方向的文件

利用 Position 设置角度

不必在 3D Extrude & Bevel Options 中分别设置 X,Y,Z 轴，在 Position 中选择 Front 即可。除了 Front 以外还有其他设置值，可以轻松地选择为所需的效果。

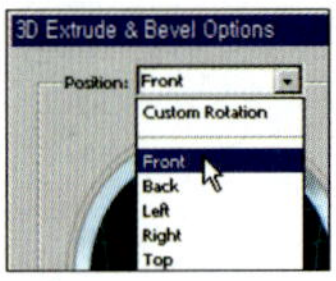

选择 Front

通过多种斜面设置创建多种形态

这里我们将斜面设置为 Classic，读者可以应用多样的斜面创建出多种形态。

将斜面设置为 Complex 4

确认当前对象，可以看到图像的 3D 效果并不自然。为了解决这一问题，可以将 Specify rotation around eht Y axis（指按 Y 轴旋转）设置为 0.1°，制作自然的效果。

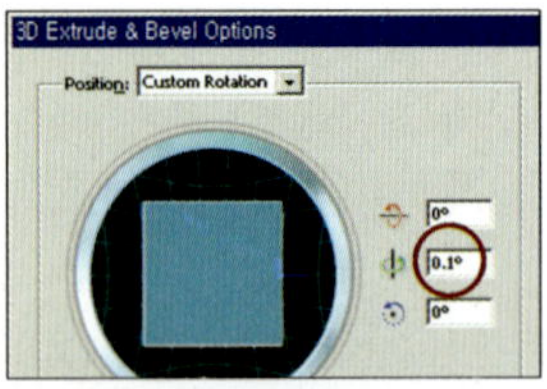

将指定按 Y 轴旋转设置为 0.1°

将指定按 Y 轴旋转设置为 0.1° 后的对象

为了表现更加立体的效果，可以添加光照效果，为了调节光的方向，在 3D Extrude & Bevel Options 对话框中单击 More Options 按钮，单击 New Light Icon（新建光源）按钮生成新的光源。将生成的光源排列到下端，将已有的光源放置于上端，然后确认。

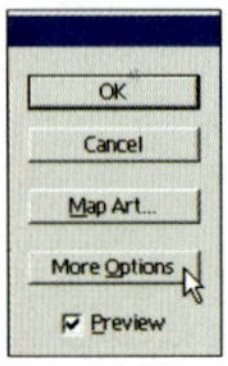

更多选项

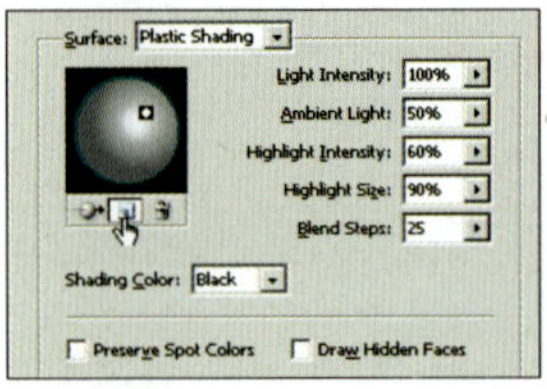

新建光源

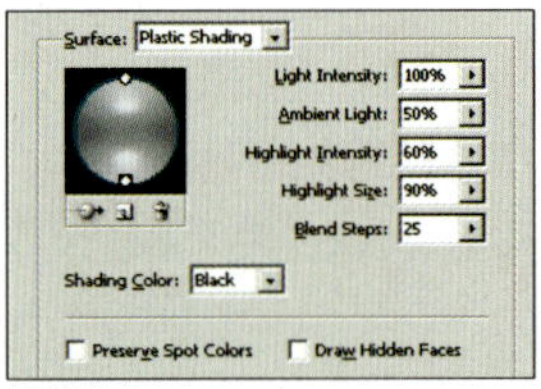

排列点

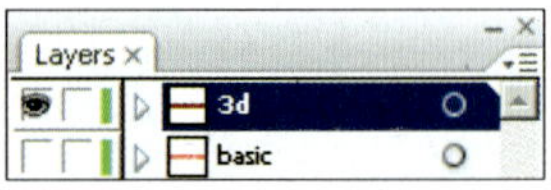

当前图层面板

当前文件

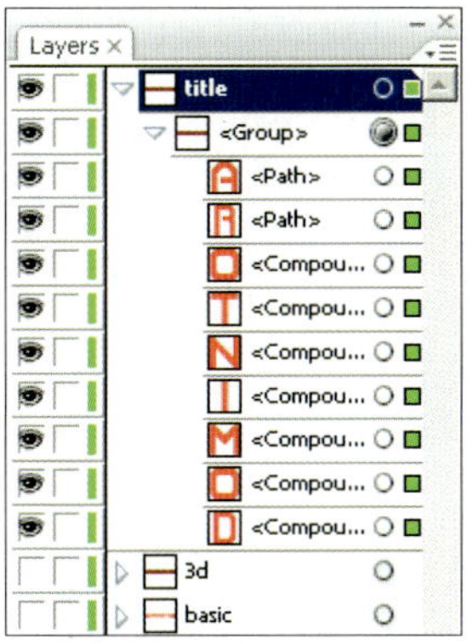

只激活 title 图层

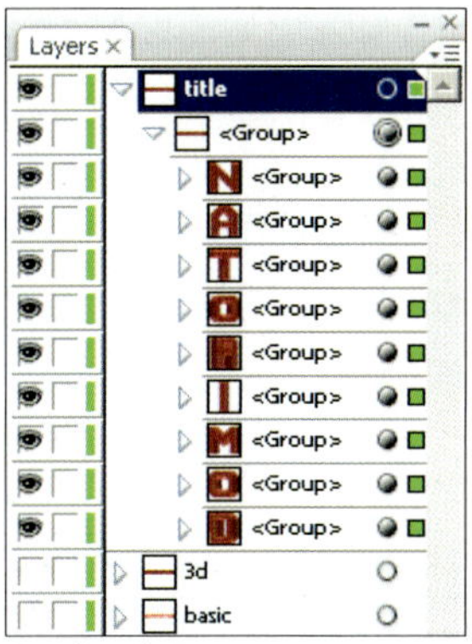

应用扩展外观

应用扩展外观后的对象

03 分离正面对象

为了在 Photoshop 中对标题各个面应用不同的效果，需要将面分离，下面我们就来进行这一操作。

为了备份完成的 3d 图层，将 3d 图层拖动到图层面板下端的 Create a new layer（创建新图层）按钮上复制，将新图层重新命名为 title，将 3d 图层设置为非激活状态。

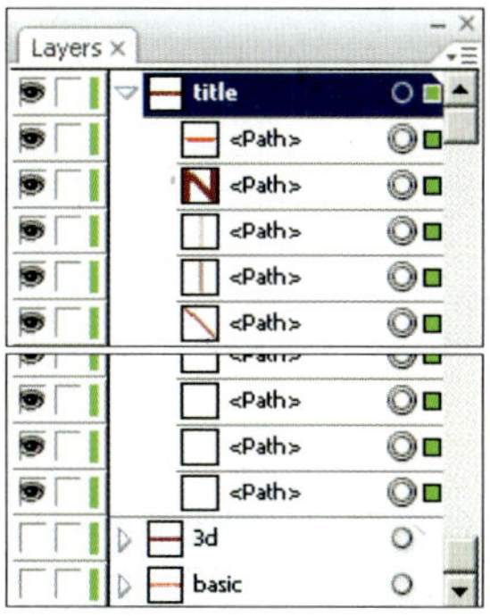

应用 3 次取消组合

按 Ctrl+A 快捷键全选文件中的对象，选择 Object>Expand Appearance（对象 > 扩展外观）命令，然后选择 3 次 Object>Ungroup（对象 > 取消组合）命令（Shift+Ctrl+G）。

在文件的空白位置单击取消选择，以进行下面的操作。

选择字母 D 的正面

按住 Shift 键全选其他正面对象

选择选择工具，选择字母 D 的正面，按住 Shift 键分别单击选择其他对象的正面，将其全选。单击图层面板下端的 Create a new layer（创建新图层）按钮，创建新的图层，重命名为 top。将 title 图层的 Indicates selected（指定所选图稿）图标拖动到 top 图层上，移动选择的正面对象。

全选移动到 top 图层的对象，为了方便与其他对象区分，应该在色板面板中将填充色设置为 C:0,M:35,Y:85,K:0。将 title 图层设置为非激活状态。

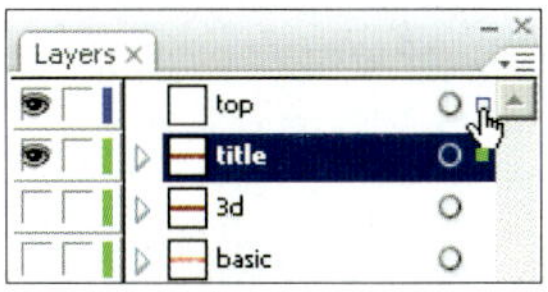

移动指定所选图稿

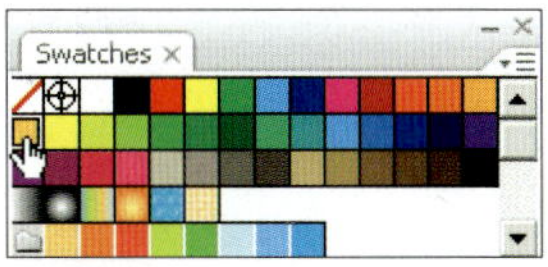

色板面板

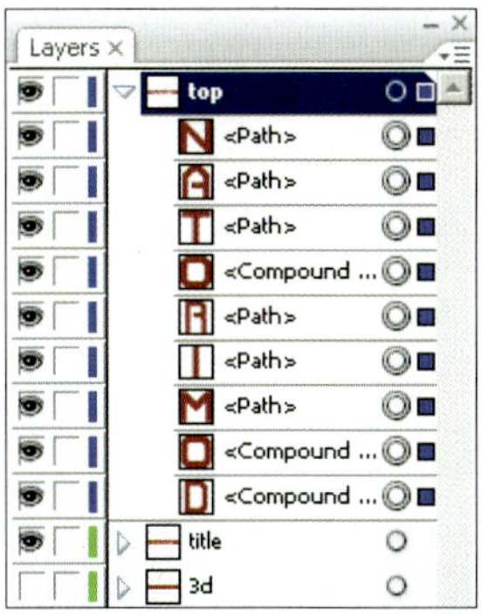

移动的对象

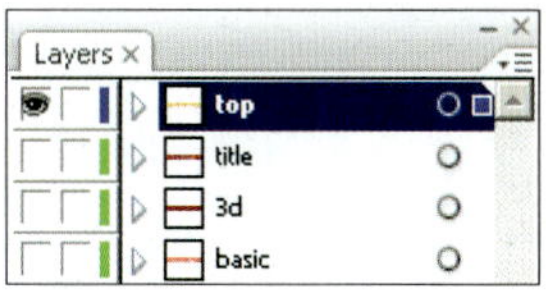

当前图层面板

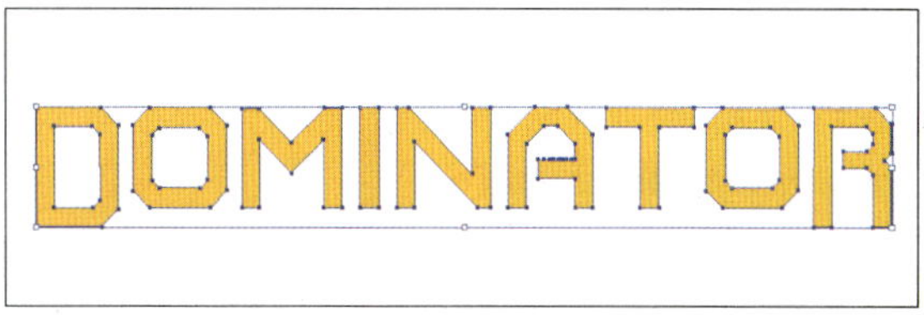

只激活 top 图层的效果

更改正面对象的填充色

如果不组合对象

应用凸出与斜角的时候如果不组合对象，就不会以标题整体为基准应用透视，而是分别对各个对象应用透视，创建平面的效果。

对各个对象应用凸出与斜角的效果

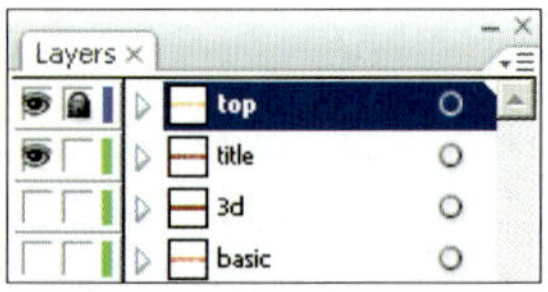

锁定 top 图层

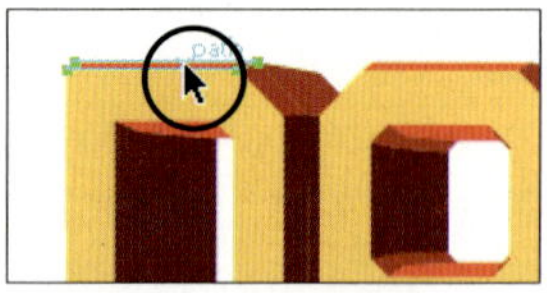

选择字母 D 对象的倾斜面

按住 Shift 键选择其他倾斜面

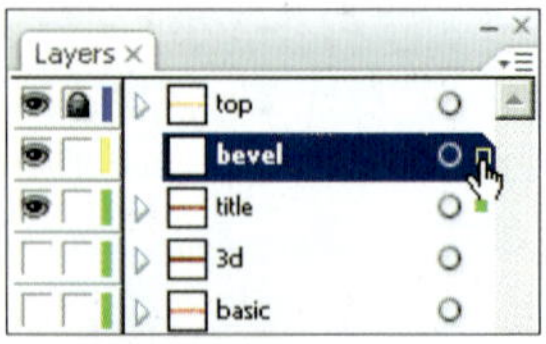

移动指定所选图稿图标

将光源放置于对象后侧

在设置凸出和斜角选项卡时单击 Move selected light to back of object（将所选光源移动到对象后面）按钮，光标的箭头方向更改，光源位于对象后方，再次单击按钮可以使光源位于前方。

04 分离厚度面和倾斜面

不选择 top 图层的对象，激活 Toggle Lock（切换锁定）。选择字母 D 上端的倾斜面，按住 Shift 键分别单击其他字母的倾斜面，将其全部选中。

由于字母 M 的左侧倾斜面很小，需要留意选择。

单击图层面板下端的 Create a new layer（创建新图层）按钮创建新的图层，将其重新命名为 bevel。将 title 图层的 Indicates selected（指定所选图稿）图标拖动到 bevel 图层上，将对象移动到选择的倾斜面上。

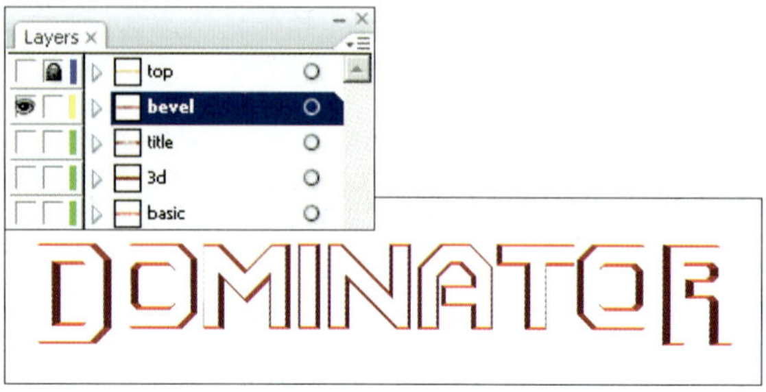

只将 bevel 图层设置为非激活状态后确认

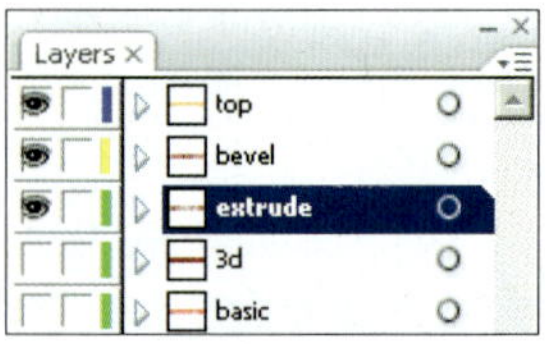

取消锁定，更改图层名称

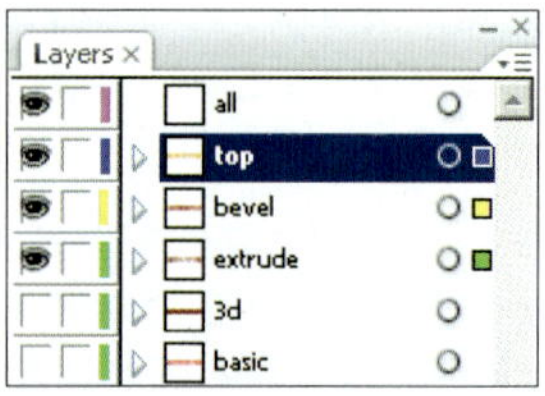

创建 all 图层后全选

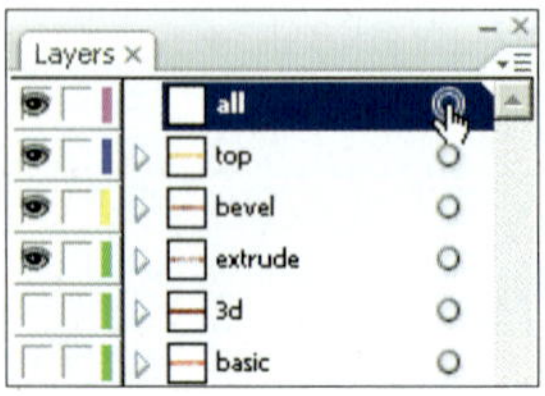

单击 all 图层的 Target

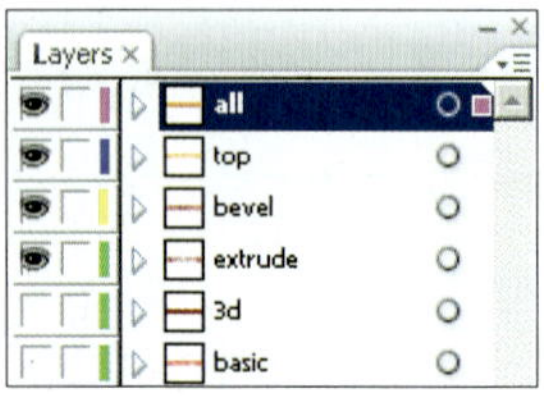

粘贴到上方

将 title 图层的名称更改为 extrude。取消 top 图层的锁定，在图层面板上端创建新的图层，然后将其重新命名为 all。

按 Ctrl+A 快捷键全选文件的对象，按 Ctrl+C 快捷键复制。选择 all 图层，单击 all 图层的 Target 将其选中，然后按 Ctrl+F 快捷键粘贴到合适的位置。

当前文件

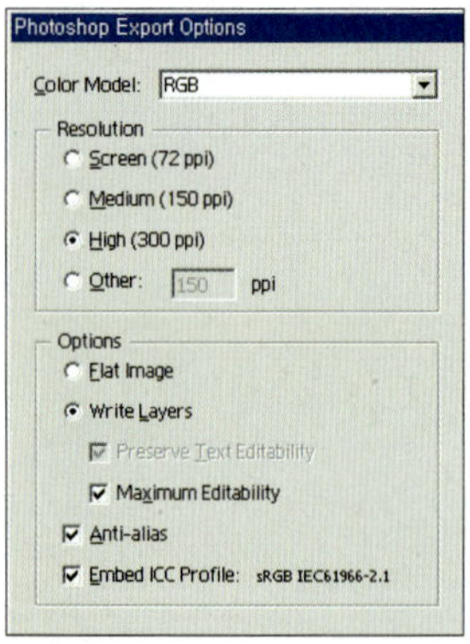

导出选项

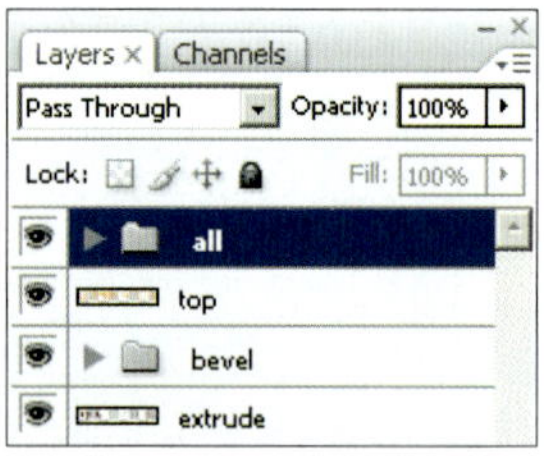

当前图层面板

05 导出

下面我们在将文件导出。

选择 File>Export（文件 > 导出）命令，将其重新命名为 dominator_start，将文件的格式保存为 PSD。将 Export Options 对话框的 Color Model 设置为 RGB，分辨率设置为 High(300dpi)，选择 Write Layers，保存激活的图层。运行 Photoshop，选择 File>Open（文件 > 打开）命令（Ctrl+O），打开从 Illustrator 中导出的 dominator_start.psd 文件。

当前文件

06 扩展文件

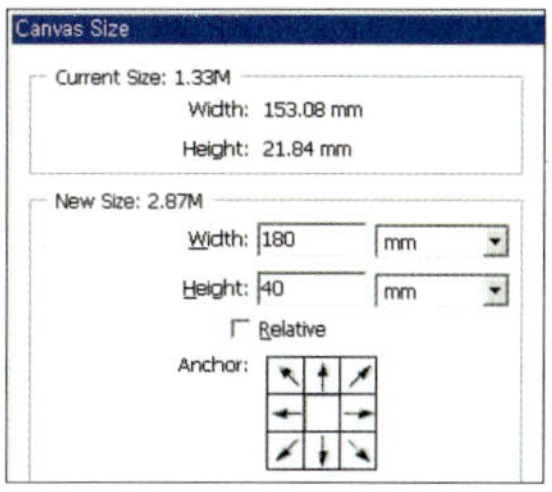

6-a

由于画布大小和对象的大小不相符。为了扩展画布，选择 Image>Canvas Size（图像 > 画布大小）命令（Alt+Ctrl+C），如图 6-a 所示进行设置。选择 all 图层组，选择 Layer> Merge Group（图层 > 合并图层）命令（Ctrl+E），合并为一个图层。然后选择 bevel 图层组，选择 Layer>Merge Group（图层 > 合并图层）命令（Ctrl+E）合并为一个图层。

为了创建 Background 图层，单击图层面板下端的 Create a new layer（创建新图层）按钮放置到最下端，然后确认前景色为黑色，按 Alt+Delete 快捷键填充黑色。

选择填充为黑色的图层，选择 Layer>New>Background From Layer（图层 > 新建 > 图层背景）命令，将其转换为 Background 图层。用这样创建为背景图层后，会在文档中固定下来，无法进行移动或者应用混合模式。

扩展画布

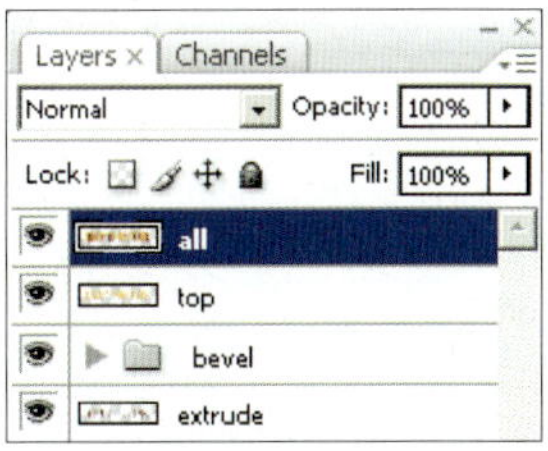

All 图层

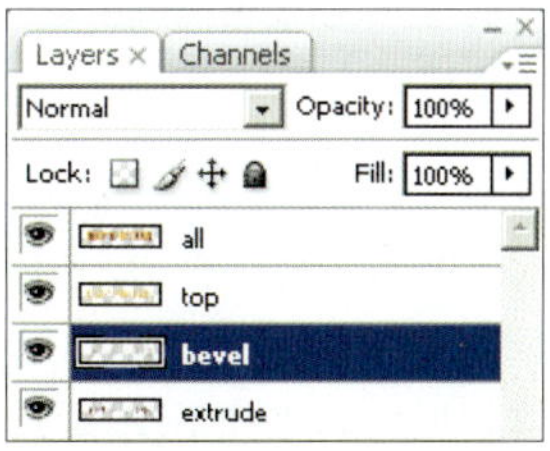

Bevel 图层

按住 Alt 键单击

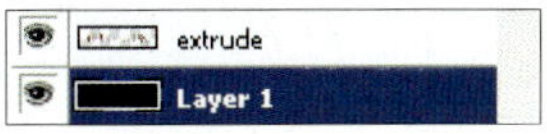

Layer 1 图层

Background From Layer

07 表现材质 1

下面我们利用提供的素材表现生锈的粗糙金属表面质感。

将all图层设置为非激活状态，选择File>Open（文件>打开）命令（Ctrl+O），打开source.psd文件。

选择矩形选框工具，选择所需的部分。

如果想要选择与笔者相同的区域，可以按住Ctrl键单击预先在通道面板中保存的Alpha 1通道，载入选区。

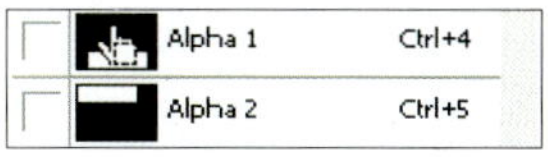

按住 Ctrl 键单击

按Ctrl+C快捷键复制，然后选择dominator_start.psd文件的top图层，按Ctrl+V快捷键粘贴。将复制得到的图层名称更改为t_pic，为了按照top图层的选区进行应用，缩小图层。

粘贴的图像

选择 t_pic 图层，选择 Edit>Free Transform（编辑 > 自由变换）命令（Ctrl+T），在选项栏中将 W 设置为 80%，将 H 设置为 80%，按 Enter 键确认。

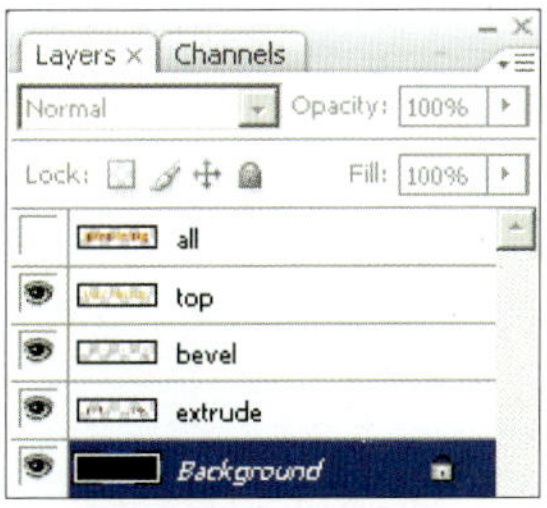

将 all 图层设置为非激活状态

将 all 图层设置为非激活状态

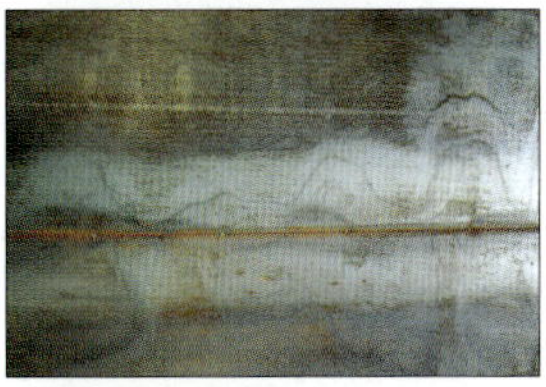

source.psd 文件

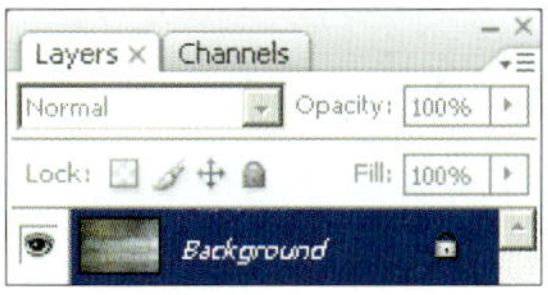

当前图层面板

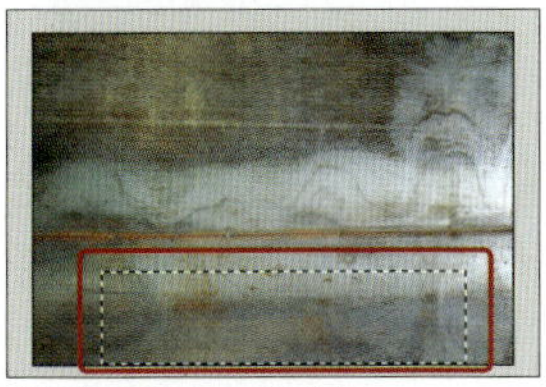

利用矩形选课工具选择

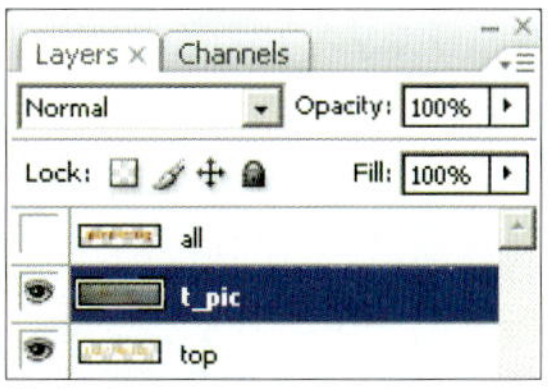

粘贴到 top 图层上

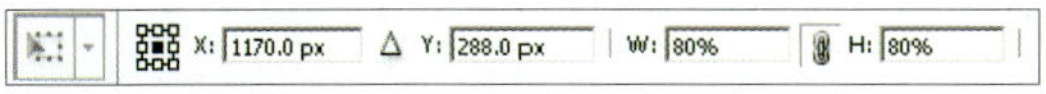

选项栏

将 W 设置为 80%，将 H 设置为 80%

全选

Align vertical centers

Align horizontal centers

为了将素材图像放置到文件的中央，选择移动工具，按 Ctrl+A 快捷键全选文件，在选项栏中选择 Align vertical centers，在选区的垂直区域内放置到中央，选择 Align horizontal centers，在选区的水平区域内放置到中央。

按 Ctrl+D 快捷键取消选区，选择 t_pic 图层，选择 Layer >Create Clipping Mask（图层 > 创建剪贴蒙版）命令（Ctrl+Alt+G）进行剪贴。

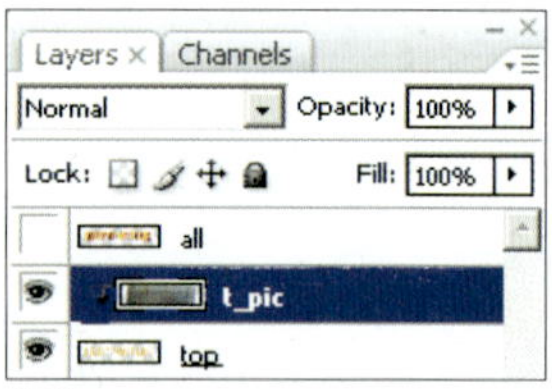

剪贴

剪贴后的文件

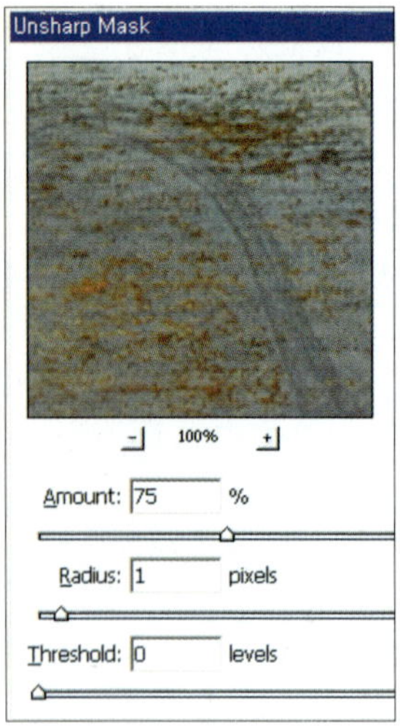

7-a

USM 锐化滤镜

由于图像模糊，为了表现清晰而粗糙的效果，选择t_pic图层，选择Filter>Sharpen>Unsharp Mask（滤镜>锐化>USM锐化）命令，如图7-a所示进行设置。

为了表现为更加粗糙冰冷的效果，按3次Ctrl+F快捷键，表现冰冷的质感效果。

应用 3 次 USM 锐化滤镜后的文件

将图像放置于中央的其他方法

按 Ctrl+A 快捷键全选图层的图像，按 Ctrl+X 快捷键剪切，然后按 Ctrl+V 粘贴，可以放置于文件的中央。如果在包含文件整体的情况下使用该方法会非常有效，向本步骤一样在有图层的图像脱离文件以外的情况下进行的话，剪切的时候会包含选区的图像，因此复制的时候会创建新的图层，只有剪切的图像位于中央。

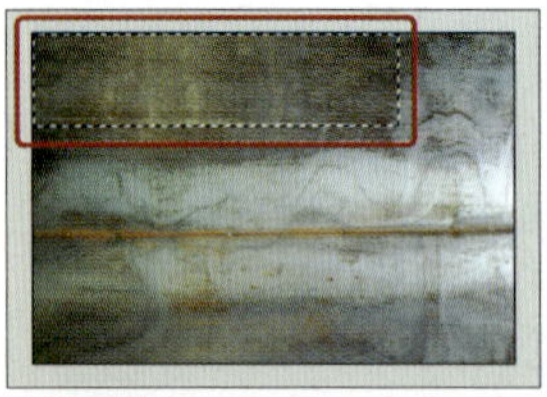

选择区域

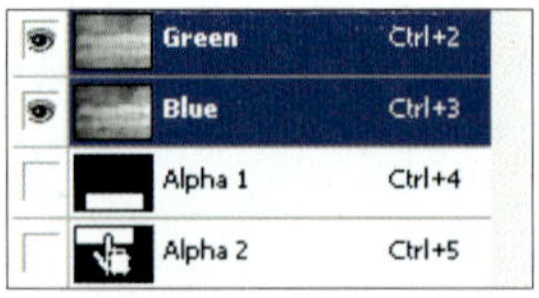

按住 Ctrl 键单击

粘贴的图像

08 表现材质 2

下面我们在 bevel 图层的图像内应用材质。

选择 source.psd 文件，选择矩形选框工具，然后选择粗糙质感所在的左上端区域。

如果想要选择与笔者相同的区域，按住 Ctrl 键单击通道面板中事先保存的 Alpha 2 通道载入选区即可。

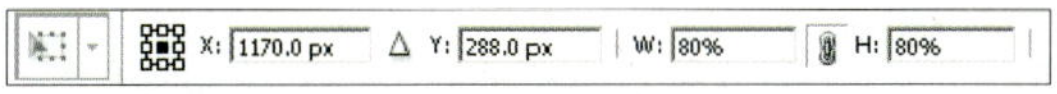

变形选项栏

将 W 和 H 都设置为 80%，选择 Align vertical centers 和 Align horizontal centers

剪贴后按 4 次 Ctrl+F 快捷键

将混合模式设置为叠加

按 Ctrl+C 快捷键复制，选择 dominator_start.psd 文件的 bevel 图层，按 Ctrl+V 快捷键粘贴，然后将图层重新命名为 b_pic。选择 b_pic 图层，利用与步骤 07 相同的方法缩小，然后放置到文件的中央，按 Ctrl+D 快捷键取消选区。

选择 b_pic 图层，选择 Layer >Create Clipping Mask（图层 > 创建剪贴蒙版）命令（Ctrl+Alt+G），进行剪贴，只在 bevel 图层的选取显示效果。

为了表现粗糙的表面效果，选择 b_pic 图层，按 4 次 Ctrl+F 快捷键，重复应用最后一次应用过的 USM 锐化滤镜。将 b_pic 图层的混合模式更改为 Overlay（叠加），与 bevel 图层自然地合成。

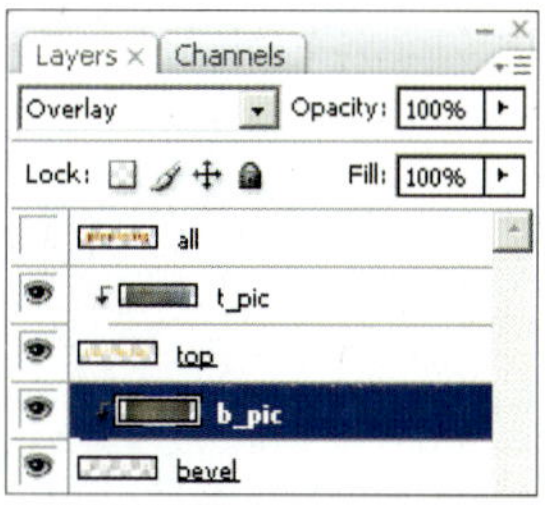

当前图层面板

09 表现明暗效果 1

下面我们在各个面上表现明暗效果。

选择 extrude 图层，选择 Layer>New Adjustment Layer>Curves（图层 > 新建调整图层 > 曲线）命令，如图 9-a 所示进行设置，表现更暗的效果。

选择 Curves 1 图层，选择 Layer >Create Clipping Mask（图层 > 创建剪贴蒙版）命令（Ctrl+Alt+G），进行剪贴，只在 extrude 图层的选区内显示效果。

将 Curves 1 图层拖动到图层面板下端的 Create a new layer（创建新图层）按钮上复制。重复应用曲线命令，可以看到标题背面红色的面完全变暗了。

为了显示标题中受到光照的上端部分，使下端部分变暗，选择 Curves 1 copy 图层蒙版，选择渐变工具，在选项栏中选择 Linear Gradient（线性渐变），如图 9-b 所示，按住 Shift 键从下向上拖动绘制渐变。

应用曲线后的文件

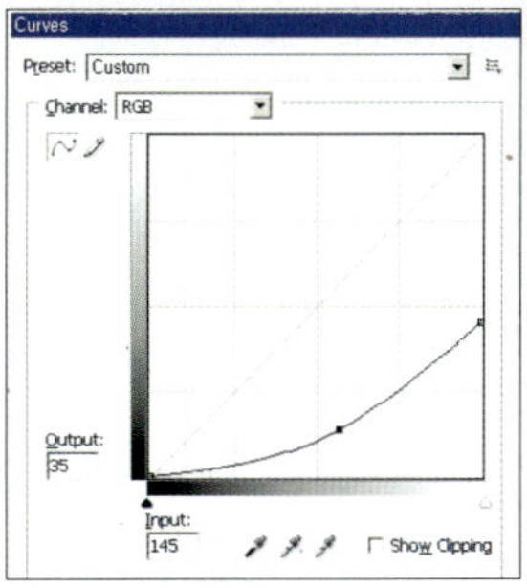

9-a

放大的效果

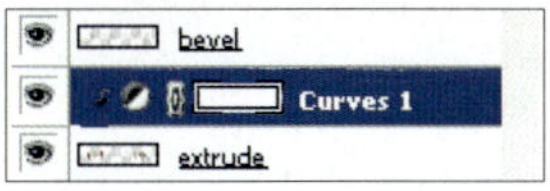

剪贴

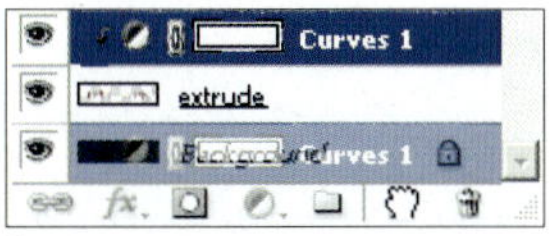

复制

确认背面完全变暗

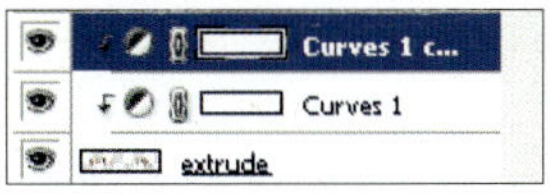

复制的 Curves 1 copy 图层

放大的效果

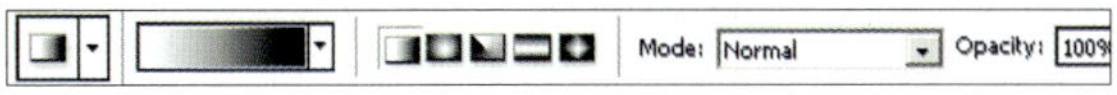

渐变工具选项栏

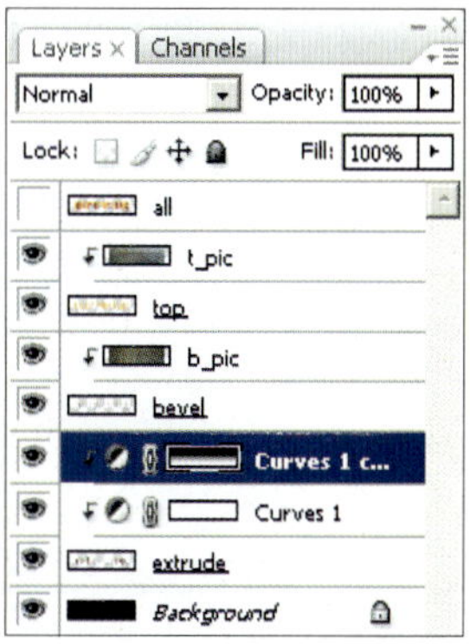

当前图层面板

9-a 从下向上拖动绘制

当前文件

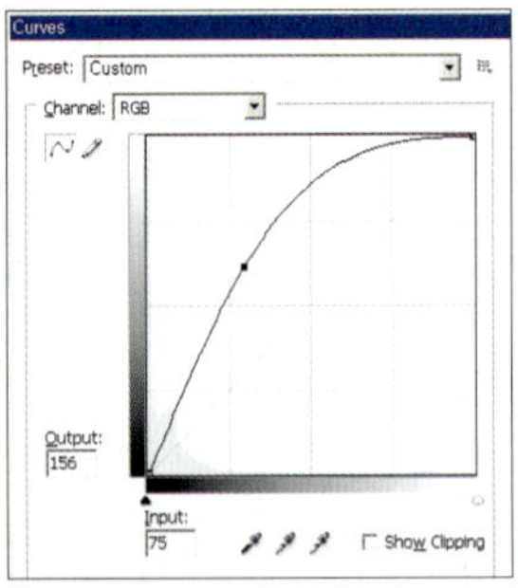

10-a

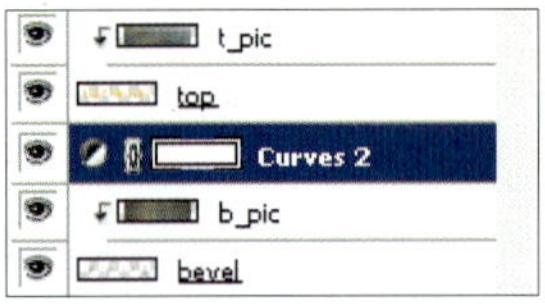

Curves 2 图层

10 表现明暗效果 2

下面我们在bevel图层的图像上表现明暗。

选择b_pic图层，选择Layer>New Adjustment Layer>Curves（图层>新建调整图层>曲线）命令，如图10-a所示进行设置，表现较为明亮的效果。

为了使各部分具有不同的亮度，选择Curves 2图层蒙版，选择Filter>Render >Clouds（滤镜>渲染>云彩）命令。

为了表现更强烈的对比，选择Filter>Render> Difference Clouds（滤镜>渲染>分层云彩）命令。选择Curves 2图层，选择Layer >Create Clipping Mask（图层>创建剪贴蒙版）命令（Ctrl+ Alt+G）进行剪贴。

应用曲线前放大的效果

应用曲线后放大的效果

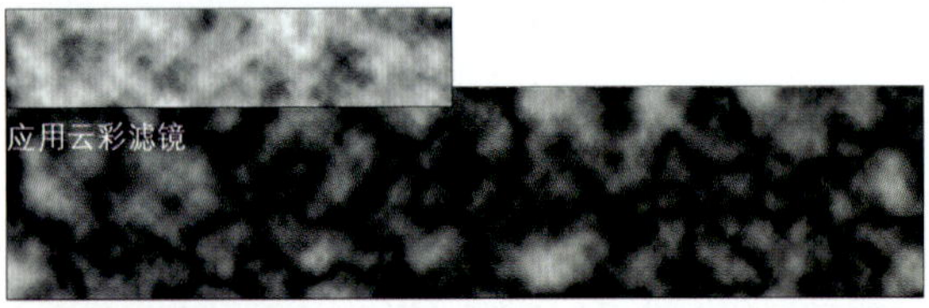

应用云彩滤镜

Curves 2 图层蒙版区域

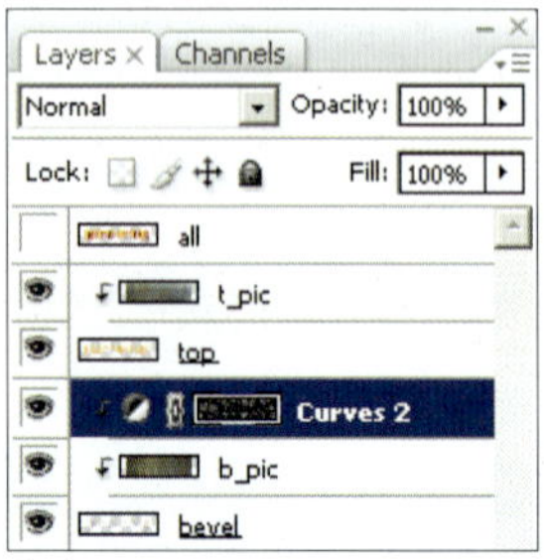

剪贴

应用分层云彩滤镜后的文件

剪贴

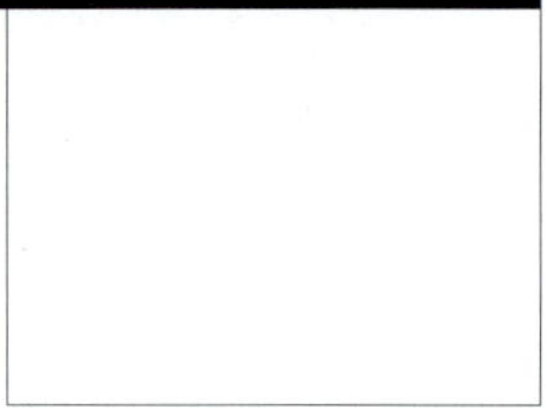

放大的效果

11 调整倾斜面

下面我们来增强倾斜面的对比。选择 Curves 2 图层，选择 Layer>New Adjustment Layer>Curves（图层 > 新建调整图层 > 曲线）命令，保留默认值后确认。选择 Curves 3 图层，选择 Image>Adjustments>Invert（图像 > 调整 > 反相）命令（Ctrl+I），反转图像。

选择 bevel 图层，按住 Ctrl 键单击 bevel 图层载入选区，按 Ctrl+C 快捷键复制，按住 Alt 键单击 Curves 3 图层蒙版，转到蒙版显示状态。

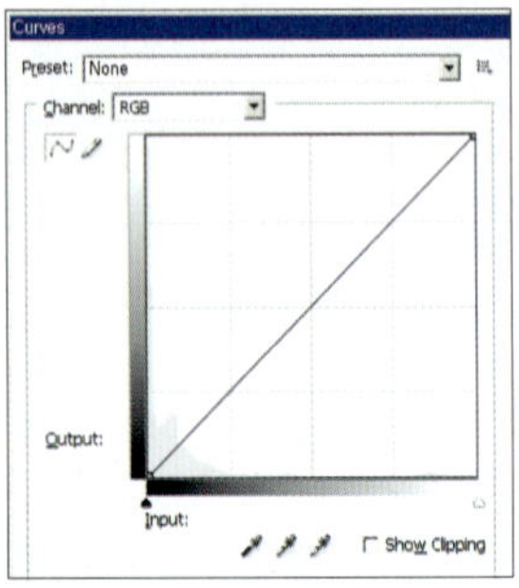

曲线

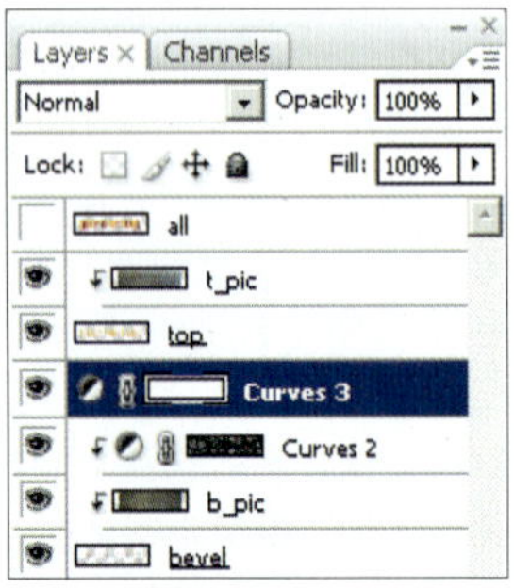

Curves 3 图层

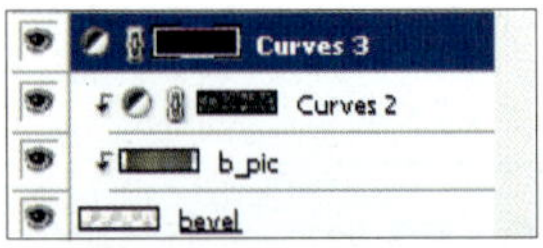

反转图像

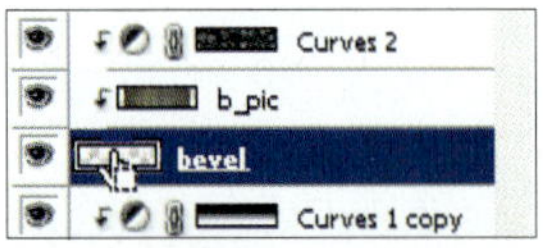

按住 Ctrl 键单击

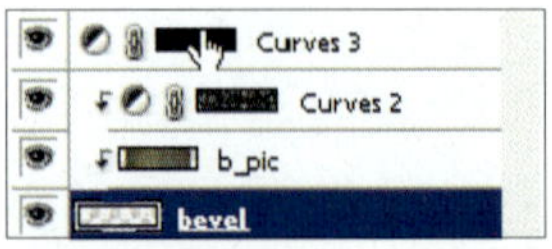

按住 Alt 键单击

载入选区

蒙版显示状态

粘贴到蒙版区域

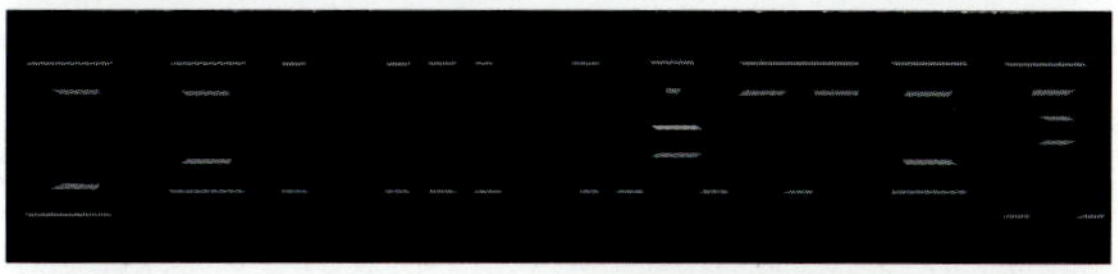
应用曲线

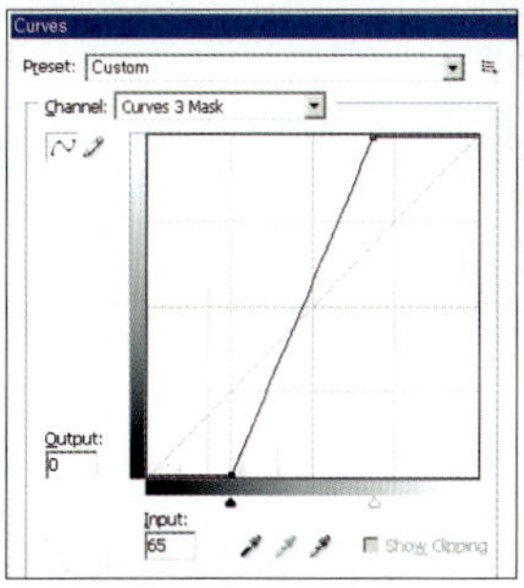

11-a

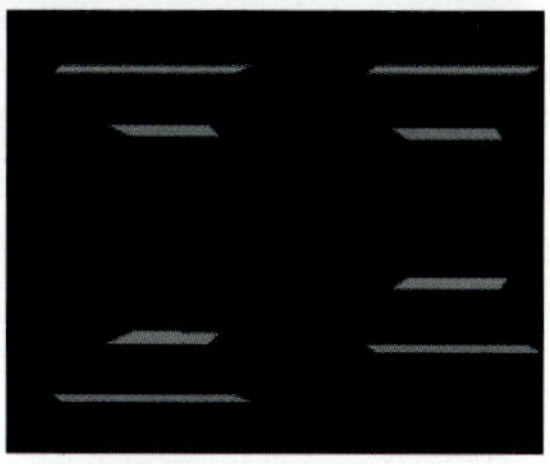
放大的效果

调整前的状态

调整后的效果

如果表现出了单调的斜面效果

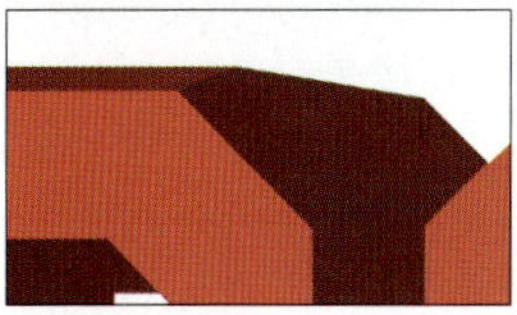
明暗单调的斜面

如果应用 3D 凸出与斜面的效果如左图所示过于单调，即使在本步骤中利用曲线调整，也很难分离面进行调整。

在载入选区的状态下按 Ctrl+V 快捷键粘贴，按 Ctrl+D 快捷键取消选区。

为了增强对比，在 Curves 3 图层蒙版显示状态下选择 Image>Adjustments>Curves（图像 > 调整 > 曲线）命令（Ctrl+M），如图 11-a 所示进行设置。

双击 Curves 3 图层，打开 Curves（曲线）对话框，如图 11-b 所示进行设置，表现更为明亮的效果。

选择 Curves 3 图层，选择 Layer >Create Clipping Mask（图层 > 创建剪贴蒙版）命令（Ctrl+Alt+G），进行剪贴，只在 bevel 图层的区域显示。

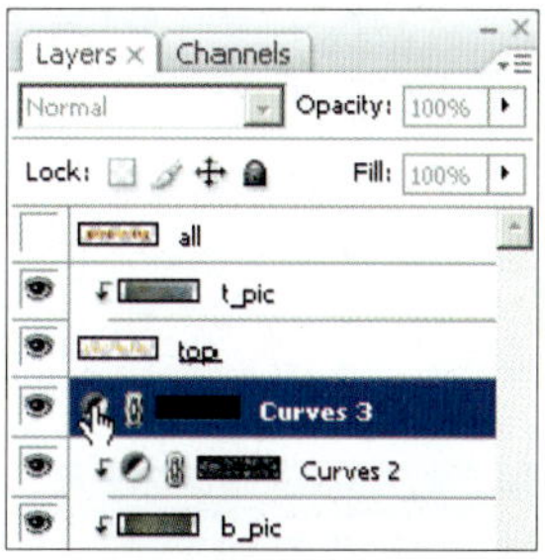

双击 Curves 3 图层

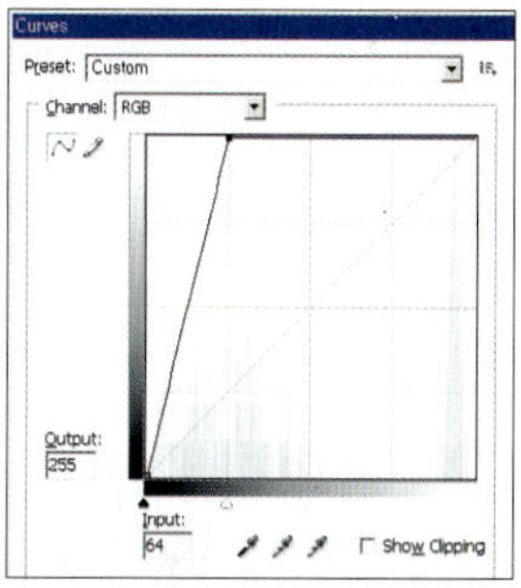

11-b

当前文件

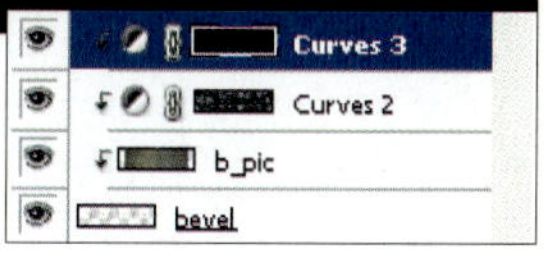

剪贴

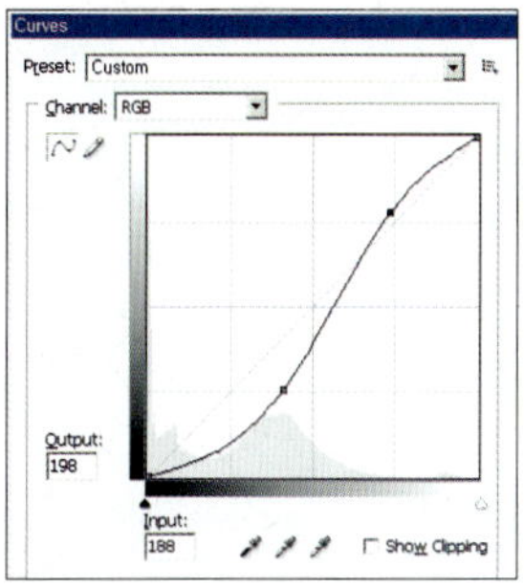

12-a

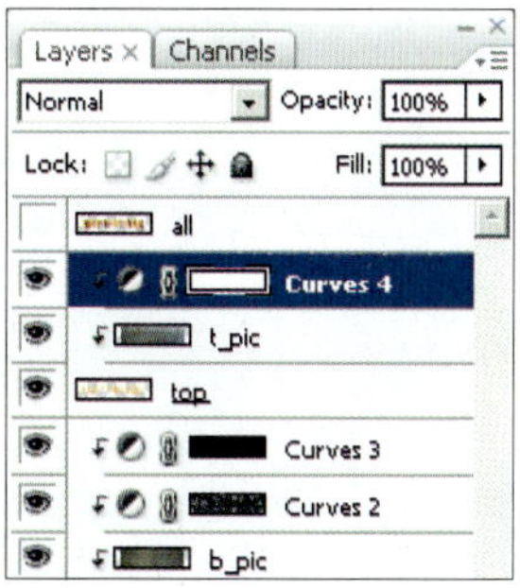

剪贴

12 填充颜色

下面我们在质感中表现红色的光。

选择 t_pic 图层，选择 Layer>New Adjustment Layer> Curves（图层 > 新建调整图层 > 曲线）命令，如图 12-a 所示进行设置，增强对比效果。

选择 Curves 4 图层，选择 Layer >Create Clipping Mask（图层 > 创建剪贴蒙版）命令（Ctrl+Alt+G）进行剪贴，只在 top 图层的选区显示效果。

剪贴

由于颜色整体相似，要表现一些变化。选择Curves 4图层，选择Layer>New Adjustment Layer>Color Balance（图层>新建调整图层>色彩平衡）命令，如图12-b所示进行设置。按住Alt键单击Curves 2图层蒙版，拖动到Color Balance 1图层蒙版复制。如果弹出确认信息窗口，单击Yes按钮。

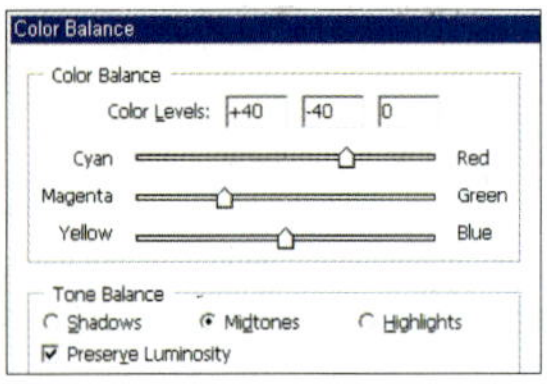

12-b

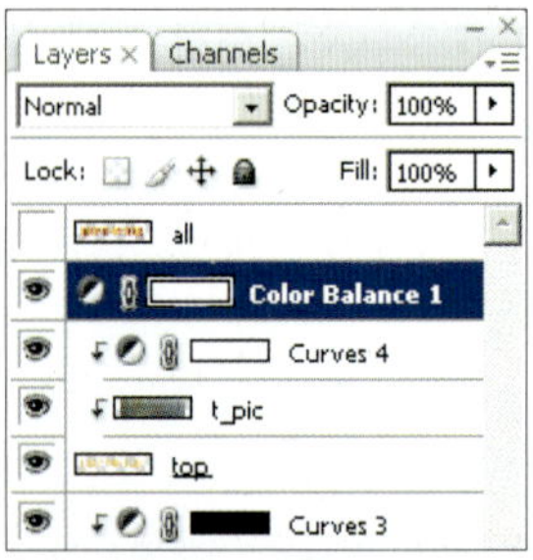

Color Balance 1 图层

应用色彩平衡后的文件

复制的 Color Balance 1 图层蒙版区域

复制蒙版区域后的文件

确认信息窗口

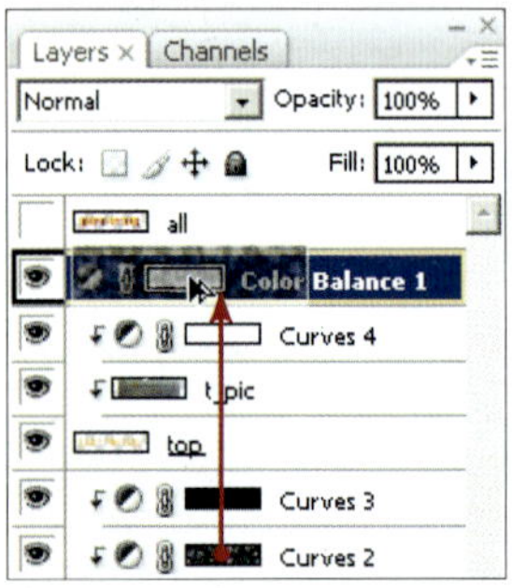

按住 Alt 键拖动

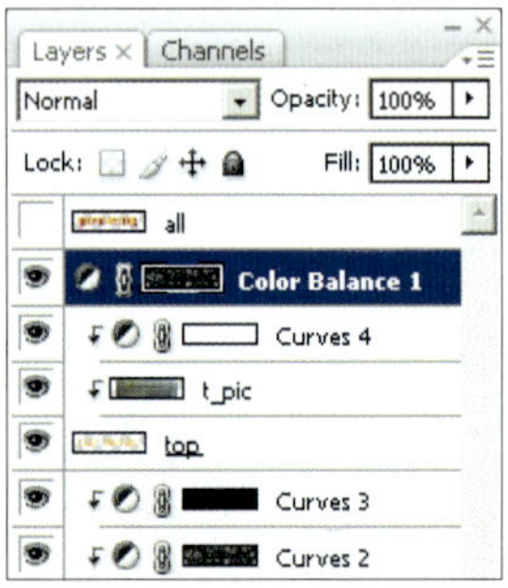

复制蒙版

利用其他方法应用相同的蒙版

本步骤中为了应用相同的蒙版，使用按住 Alt 键拖动的方法。按住 Ctrl 键单击 Curves 2 图层蒙版，在选择 Color Balance 1 图层蒙版的状态下按 Shift+Ctrl+I 快捷键反转选区后填充黑色，也可以得到相同的效果。

由于蒙版区域的白色浓度较低，选择Color Balance 1图层，选择Image>Adjustments>Levels（图像>调整>色阶）命令（Ctrl+L），将Input Levels（输入色阶）设置为20，1，80，表现为整体明亮的效果，创建对比强烈的对象。

选择Color Balance 1图层，选择Layer >Create Clipping Mask（图层>创建剪贴蒙版）命令（Ctrl+Alt+G）进行剪贴，只在top图层的区域显示效果。

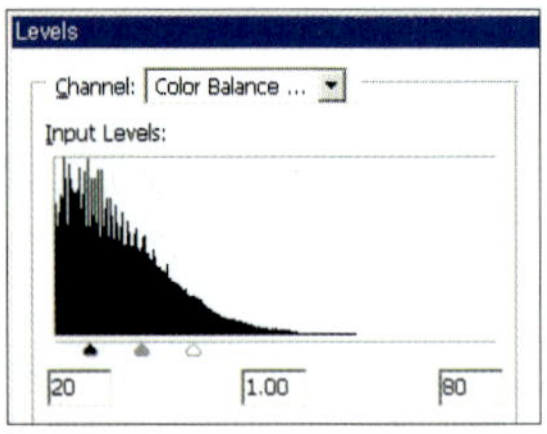

色阶

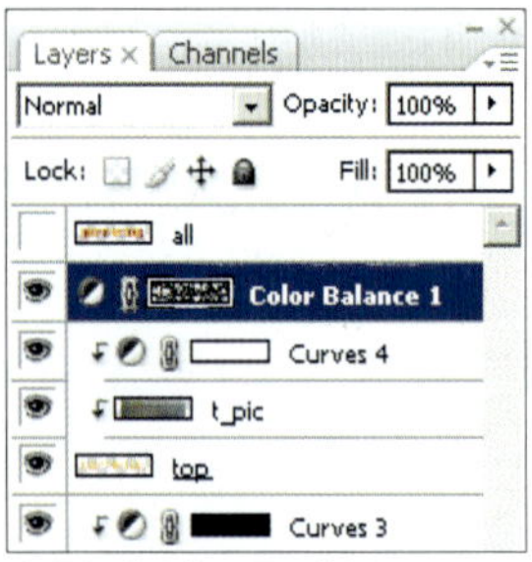

应用色阶后的图层面板

应用色阶后的图层蒙版区域

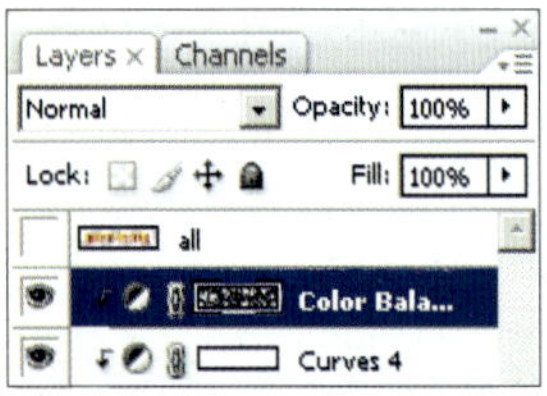

剪贴

应用色阶后剪贴

13 应用图层样式 1

下面我们添加图层样式，强调轮廓和光泽。

双击 top 图层，在打开的 Layer Style（图层样式）对话框中选择 Inner Glow（内发光），如图 13-a 所示进行设置，强调轮廓。

将 Structure 的颜色设置为 R:10,G:15,B:35。为了在轮廓上表现光泽质感，选择 Bevel and Emboss（斜面和浮雕），如图 13-b 所示进行设置。

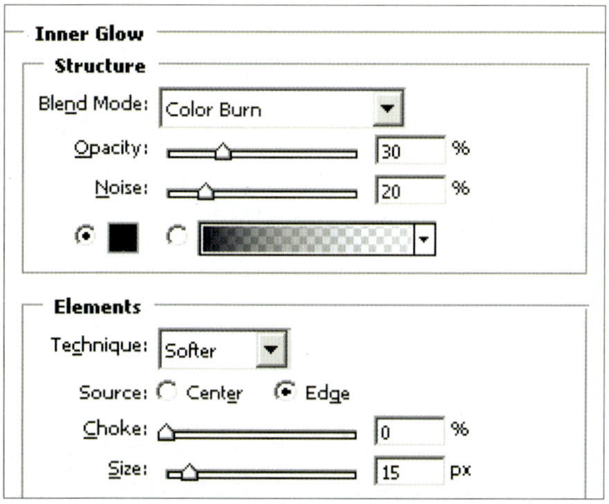

13-a

应用内发光

应用斜面和浮雕

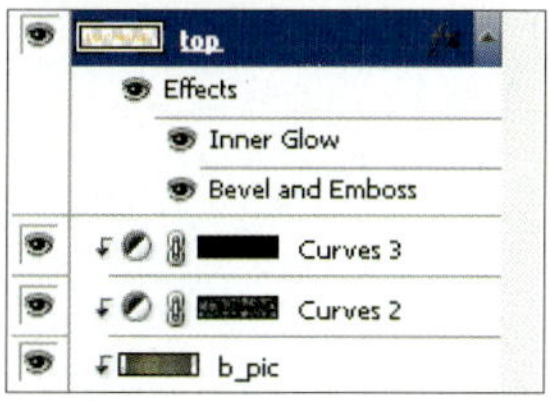

当前图层面板

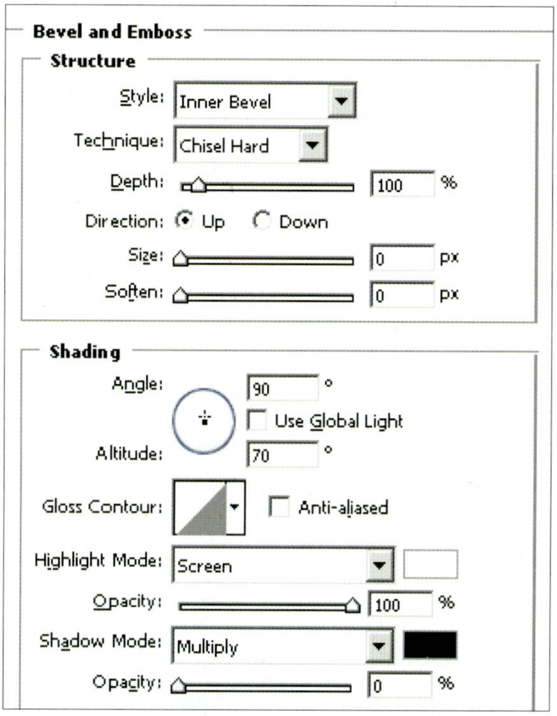

13-b

当前文件

14 应用图层样式 2

下面我们表现浅绿色光芒。

在Color Balance 1图层上方创建新的图层，将其重新命名为t_glow。

按住Ctrl键单击top图层载入top图层选区，选择t_glow图层，确认前景色为黑色，按Alt+Delete快捷键填充该图层。

由于只显示图层样式，所以填充任何颜色都可以。

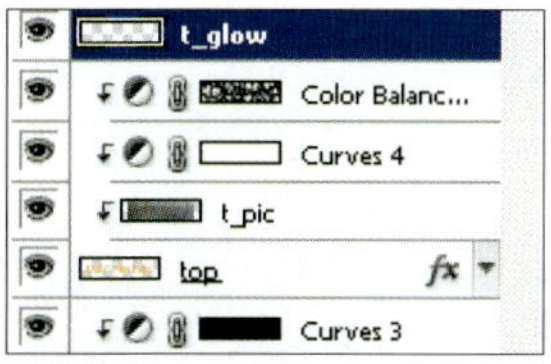

创建的 t_glow 图层

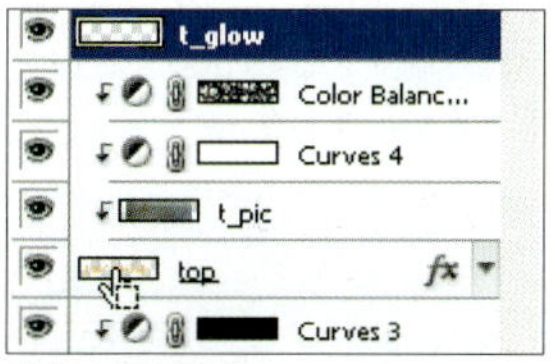

按住 Ctrl 键单击

载入选区

按住 Alt+Delete 快捷键

按 Ctrl+D 快捷键取消选区，双击 t_glow 图层，在打开的 Layer Style（图层样式）对话框的 Blending Options（混合选项）中将 Fill Opacity（填充不透明度）设置为 0%。为了在蒙版中显示效果，勾选 Layer Mask Hides Effects。

选择 Outer Glow（外发光），如图 14-a 所示进行设置，将颜色设置为 R:125,B:255,B:80。选择 Inner Glow（内发光），如图 14-b 所示进行设置，将颜色设置为 R:125,B:255,B:80。按住 Alt 键单击 Color Balance 1 图层蒙版，拖动到 t_glow 图层复制。

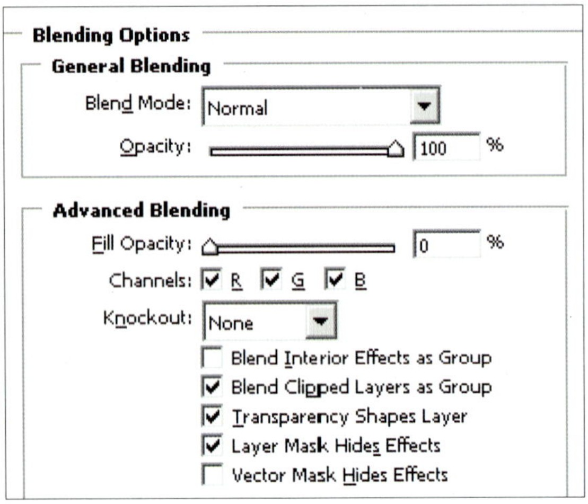

混合选项

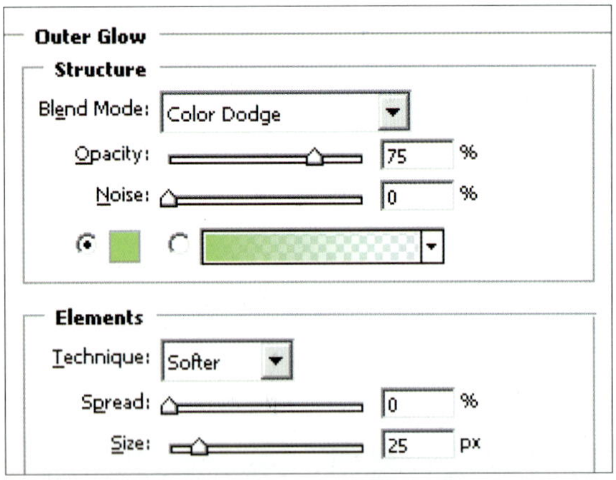

14-a

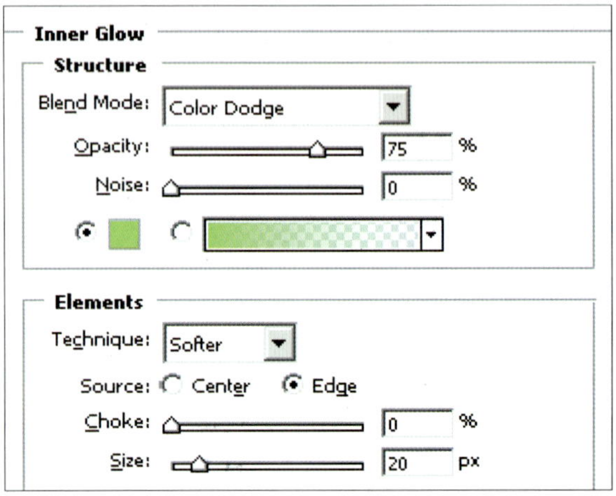

14-b

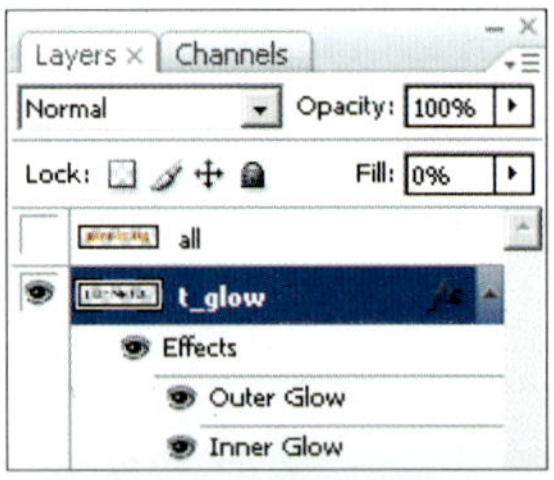

应用图层样式后的图层面板

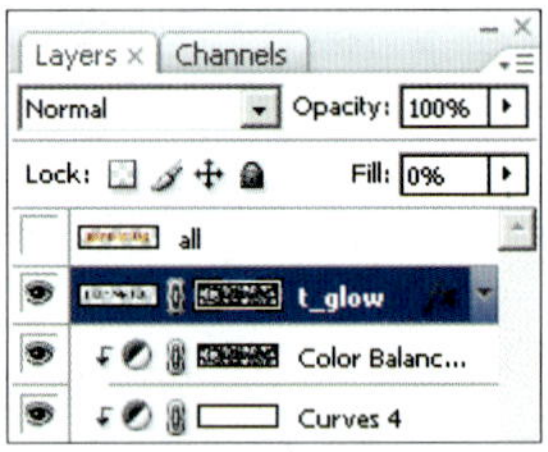

复制图层蒙版

应用外发光后的文件

应用内发光后的文件

复制蒙版后的文件

复制蒙版后的文件

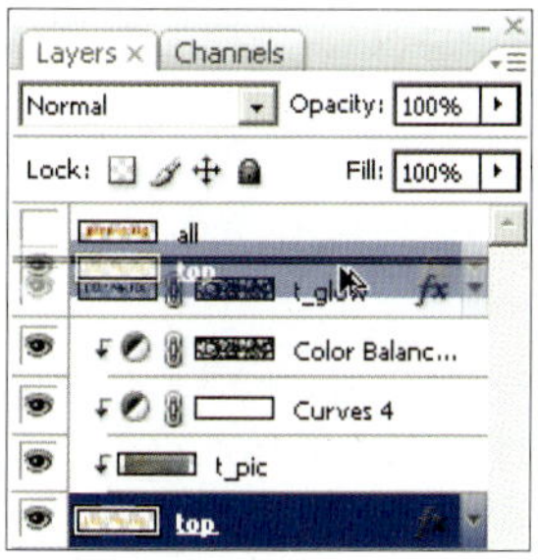

按住 Alt 键拖动复制

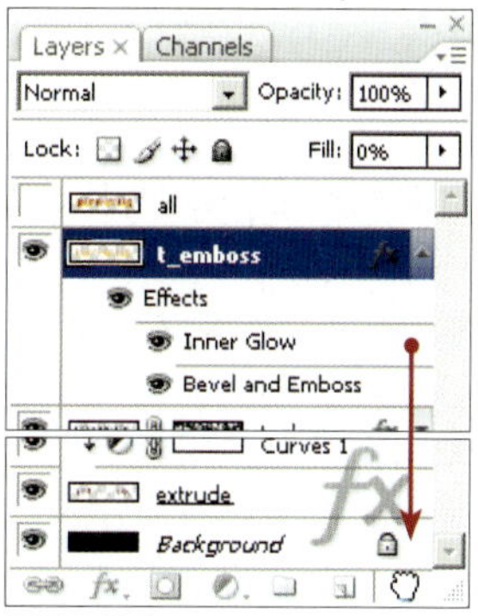

删除内发光

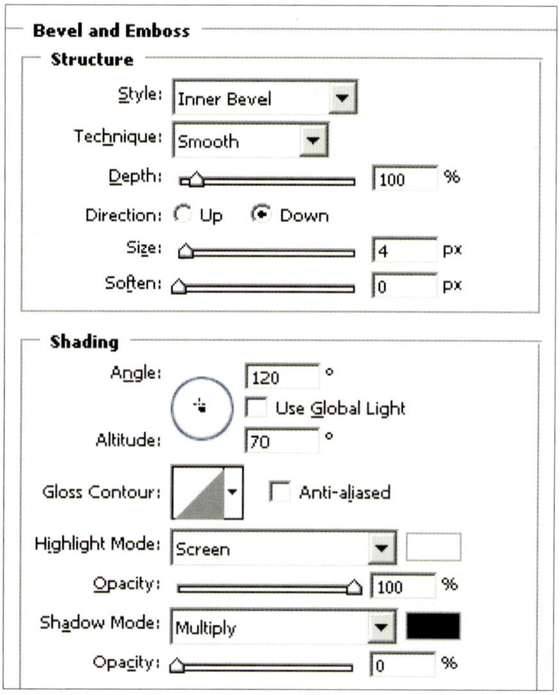

15-a

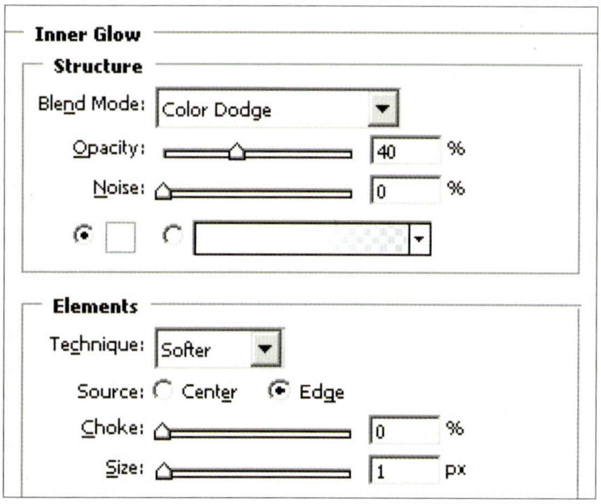

15-b

15 应用图层样式 3

下面我们在top图层的区域表现逆光效果。

按住Alt键单击top图层拖动到all图层下方复制，然后将复制得到的图层重新命名为t_emboss。

将t_emboss图层的Fill（填充）设置为0%，将内发光效果拖动到图层面板下端的Delete layer（删除图层）按钮上删除。双击Bevel and Emboss（斜面和浮雕），如图15-a所示进行设置，表现比在top图层上应用的轮廓的光范围更大的逆光。

为了将倾斜面的轮廓表现得明亮一些，双击bevel图层，在打开的Layer Style（图层样式）对话框中选择Inner Glow（内发光），如图15-b所示进行设置。

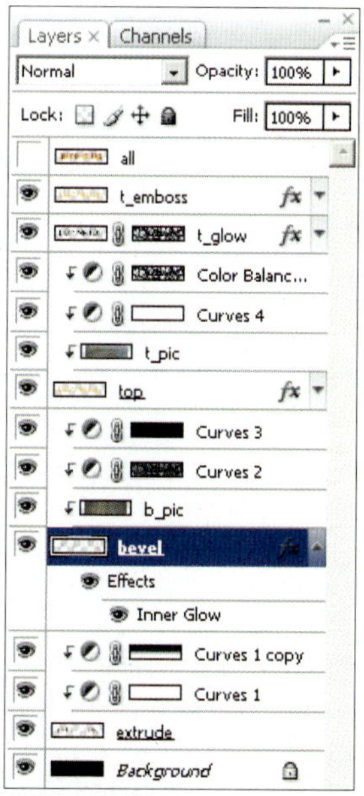

当前图层面板

应用斜面和浮雕

应用内发光

当前文件

设置斜面和浮雕，表现多样的效果

调节斜面和浮雕的设置，可以表现出多种不同感觉的图像效果。下图是更改大小和混合模式表现整体厚重的气氛，应用纹理表现粗糙的质感。

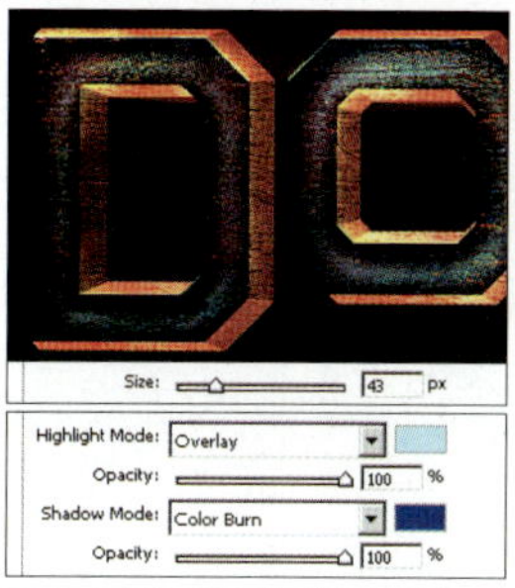

更改大小和混合模式后的效果

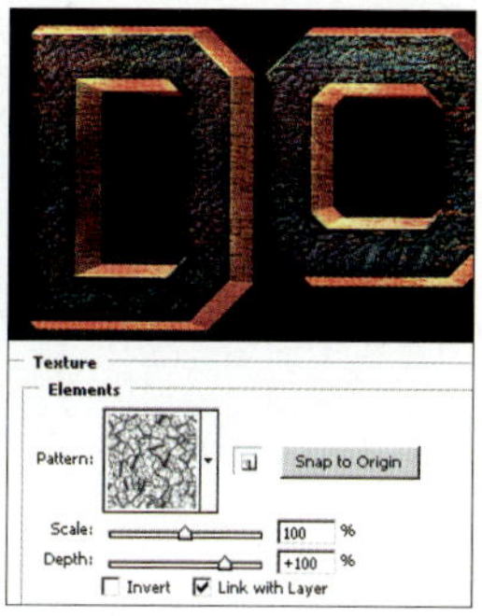

应用纹理的效果

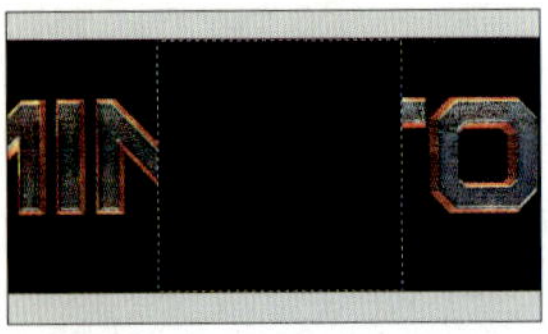

应用黑色

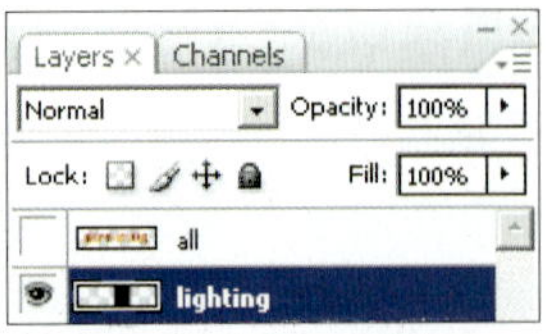

应用黑色后的 lighting 图层

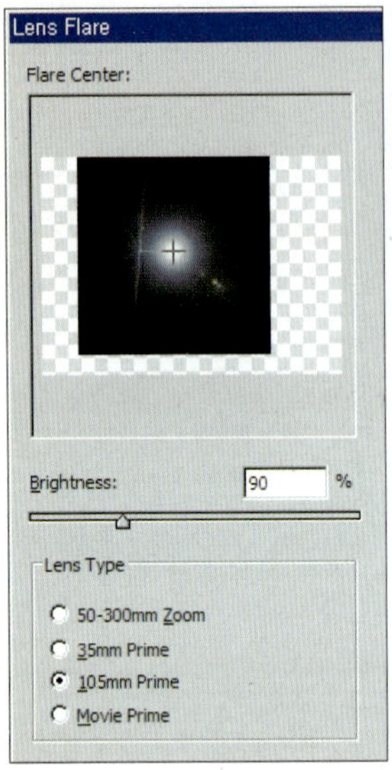

16-a

应用镜头光晕后的文件

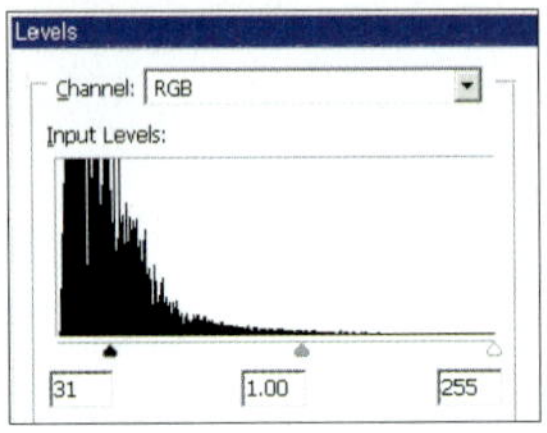

16-b

应用色阶后的文件

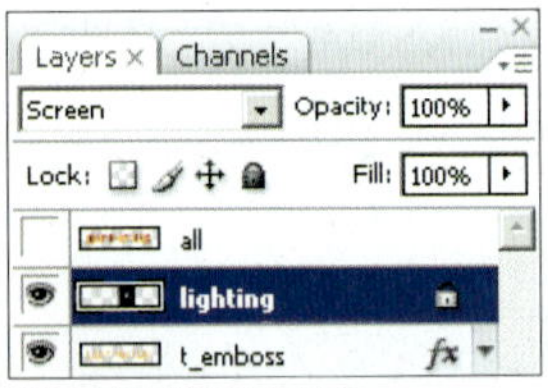

将混合模式设置为滤色

16-c

16 表现高光效果 1

下面我们表现强烈的光线和倾斜面上的高光。

在all图层下方创建新的图层，将其重新命名为lighting。

选择lighting图层，选择矩形选框工具，在文件上拖动，选择适当的表现光效果的区域，确认前景色为黑色，按Alt+Delete快捷键填充颜色。

按Ctrl+D快捷键取消选区，选择Filter>Render>Lens Flare（滤镜>渲染>镜头光晕）命令，如图16-a所示进行设置。然后为了将轮廓设置得较暗，选择lighting图层，选择Image>Adjustments>Levels（图像>调整>色阶）命令（Ctrl+L），如图16-b所示进行设置，增强对比。

将lighting图层的混合模式设置为Screen（滤色），透过黑色进行混合，利用移动工具如图16-c所示排列。选择Layer>New>La-yer via Copy（图层>新建>通过复制的图层）命令（Ctrl+ J）复制，然后将复制得到的图层重命名为lighting_s，将混合模式设置为Color Dodge（颜色减淡），表现强烈的高光效果。

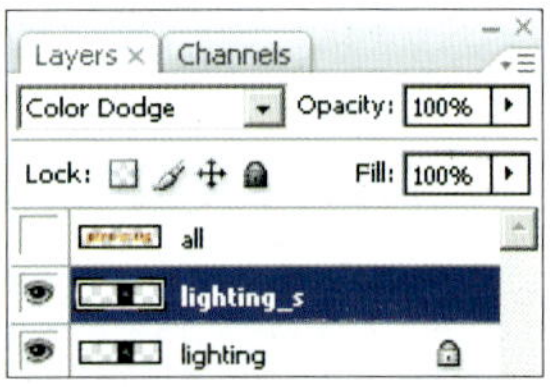

复制图层后将混合模式设置为颜色减淡

当前文件

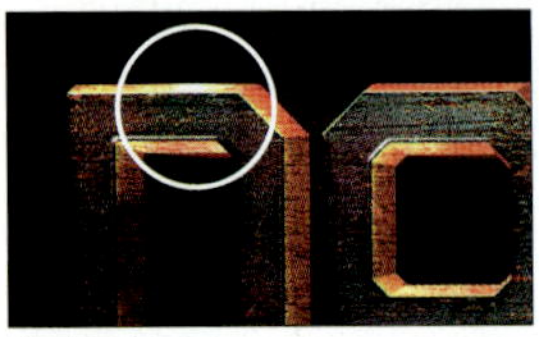

排列

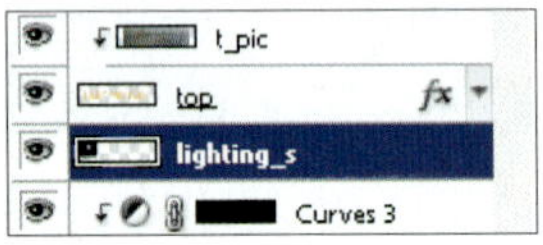

当前图层面板

将 lighting_s 图层放置于 Curves 3 图层上方，只有 top 图层下方图层受其影响。

利用移动工具将 lighting_s 图层的图像放置到字母 D 的上端倾斜面上，表现字母 D 的倾斜面受到强光照射的效果。

设置不透明度、填充和混合模式，掌握位置

想要排列 lighting_s 图层的图像的时候，如果在混合模式为正常的状态下移动，无法了解下方图像的状态，因此要更改为所需的混合模式，确认下方图像的状态调节位置。如果是不能更改混合模式的状态，可以降低不透明度或者填充值查找位置，然后恢复到原本的设置。

混合模式为正常的状态下移动位置

按照镜头光晕的设置调节色阶

调节色阶的时候，按照笔者列出的值应用可以得到相似的效果，读者也可以在轮廓上创建便捷的形态，表现较小形态的光。因为设置镜头光晕的时候范围有可能设置得较大或者较小。需要按照设置的范围调节色阶。

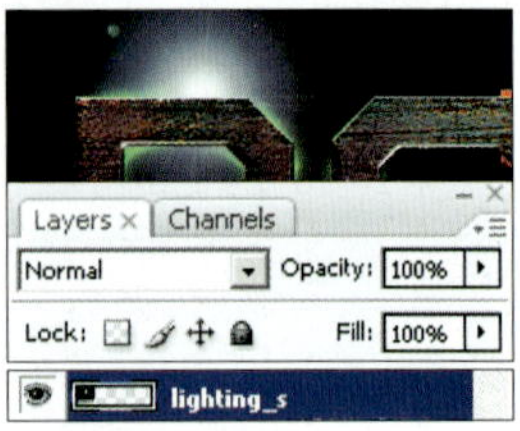

设置镜头光晕状态

17 表现高光效果 2

下面我们在标题倾斜面上表现高光效果。

选择lighting_s图层，选择Layer>New>Layer via Copy（图层>新建>通过复制的图层）命令（Ctrl+J），将图像放置到字母O中，然后选择Layer>New>Layer via Copy（图层>新建>通过复制的图层）命令（Ctrl+J）命令复制图像，放置到字母M中。

利用与上面相同的方法在字母N,A,T,O,R中复制后放置。

下面我们来表现标题文字下端和侧面的高光。

选择复制的lighting_s cop 7图层，选择Layer>New>Layer via Copy（图层>新建>通过复制的图层）命令（Ctrl+J）复制，如图17-a所示排列到R中。

利用与上面相同的方法在字母O,T,N,M,D中复制后放置。

为了整理图层，选择lighting_s copy 14图层，按住Shift键单击lighting_s图层，选择Layer>Group Layers（图层>组合图层）命令（Ctrl+G），合并为图层组，然后将图层组重新命名为lighting_s。

复制其他对象并排列的效果

排列的位置

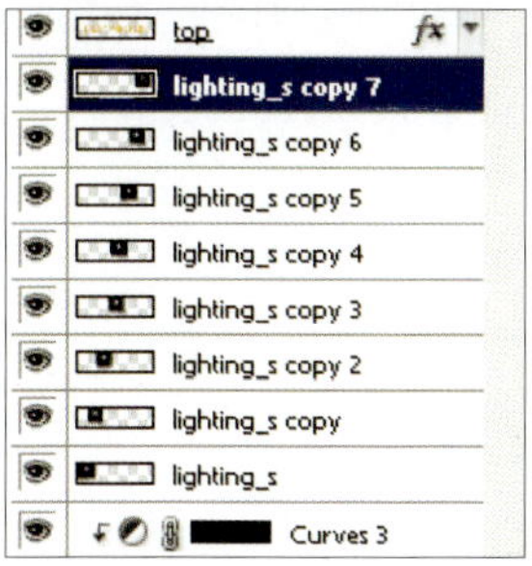

复制的图层

复制的图层

17-a

复制图层

排列的位置

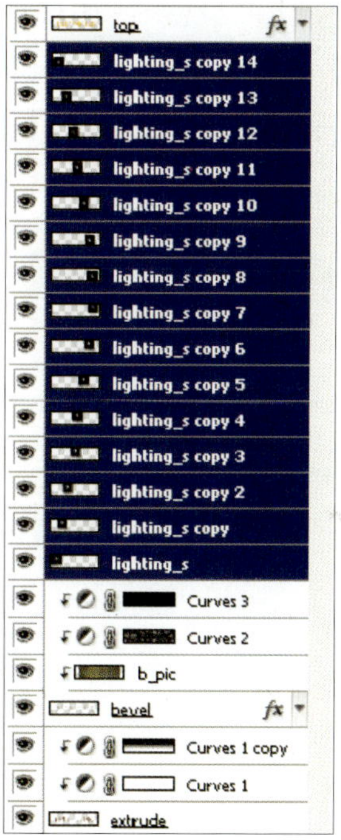

Lighting_s 图层

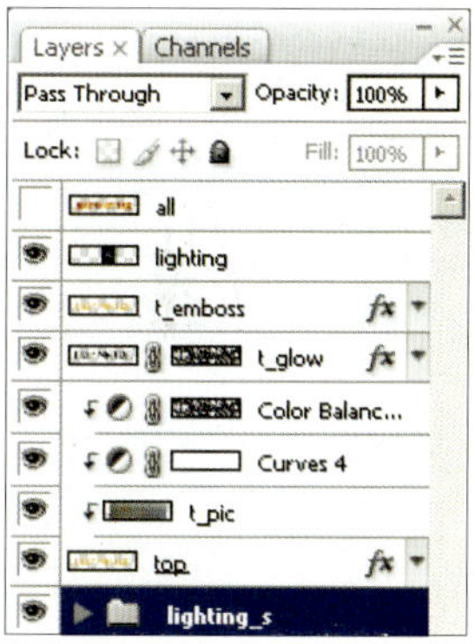

组合图层

通过调整位置调节强弱效果

将应用镜头光晕的图像的明亮部分放置于倾斜面中，表现强烈的效果。希望读者可以按照想要表现的图像调节位置。

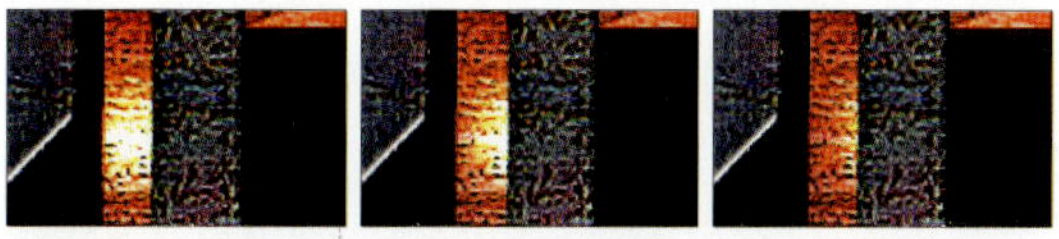

排列光的效果

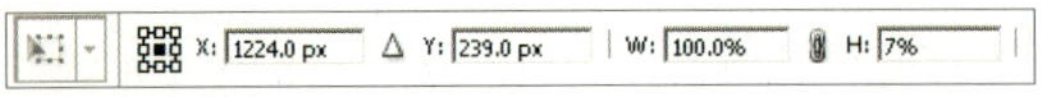

变形工具选项栏

将 H 设置为 70%

排列到 D 图像边界上

在混合模式为正常的情况下确认

排列光线的效果

排列的位置

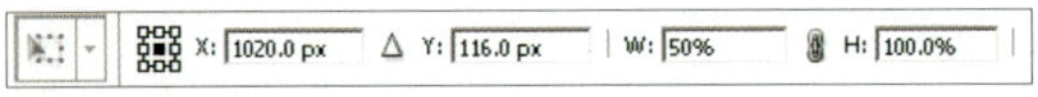

变形工具选项栏

18 表现高光效果 3

下面我们来表现光线效果。

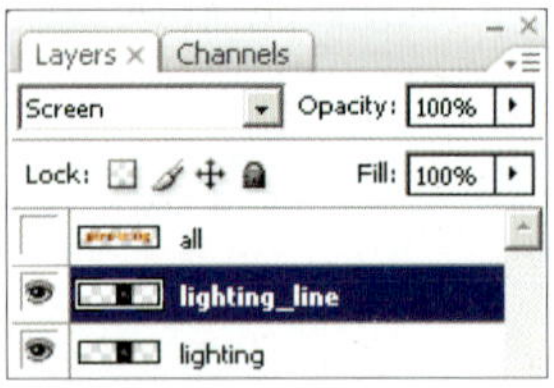

Layer via Copy

选择 lighting 图层，选择 Layer>New>Layer viaCopy（图层 > 新建 > 通过复制的图层）命令（Ctrl+J），然后将复制得到的图层重新命名为 lighting_line。

选择 lighting_line 图层，选择 Edit>Free Transform（编辑 > 自由变换）命令（Ctrl+T），在选项栏中将 H 设置为 7%。利用移动工具将形态放置到字母 D 与 top 图层的轮廓和 bevel 图层的图像相符的位置。

选择 Layer>New>Layer via Copy（图层 > 新建 > 通过复制的图层）命令复制图像，放置到字母 O 上端应用光照效果的位置。

利用与上面相同的方法将图像排列到字母N,T,O,R中。由于N的笔画较细，选择Edit>Free Transform（编辑>自由变换）命令（Ctrl+T），将W设置为50%，按Enter键确认后排列。

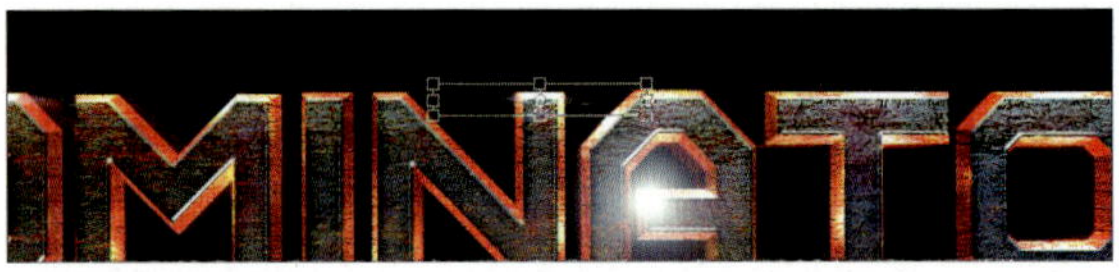
将 W 设置为 50%

顺时针旋转 90°

18-a 排列的位置

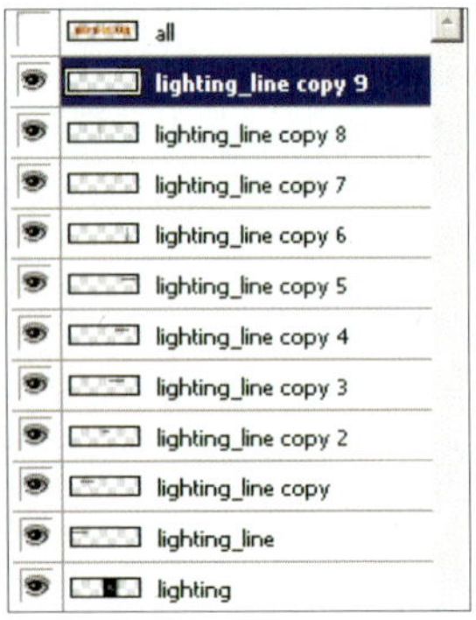

当前图层面板

选择lighting_line copy 5图层，选择Layer> New> Layer via Copy（图层>新建>通过复制的图层）命令复制，选择Edit>Transform>Rotate 90° CW（编辑>变换>顺时针旋转90°）命令顺时针方向旋转图像。在字母R中的垂直形态的边界上如图18-a所示进行排列。复制旋转的lighting_line copy 6图层，将图像分别排列到字母T,N,M,中。

利用画笔的圆角表现高光效果

本步骤中变形镜头光晕应用于图像，除此之外，可以在调节画笔的圆角创建形态后调节颜色和画笔大小进行润饰，表现相似的效果。

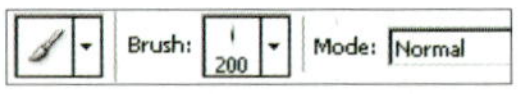

画笔工具选项栏

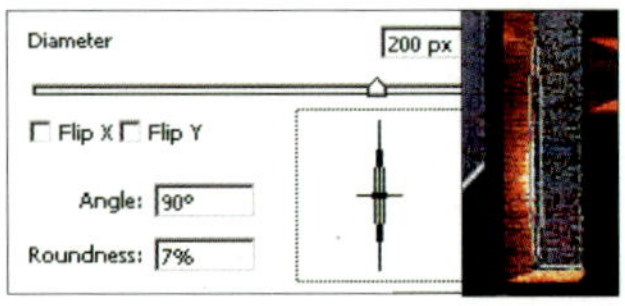

Brush Tip Shape 状态

排列光线的效果

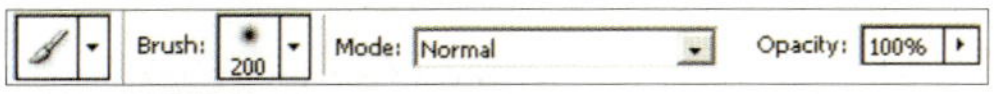

画笔工具选项栏

润饰 R 字母下端的光线

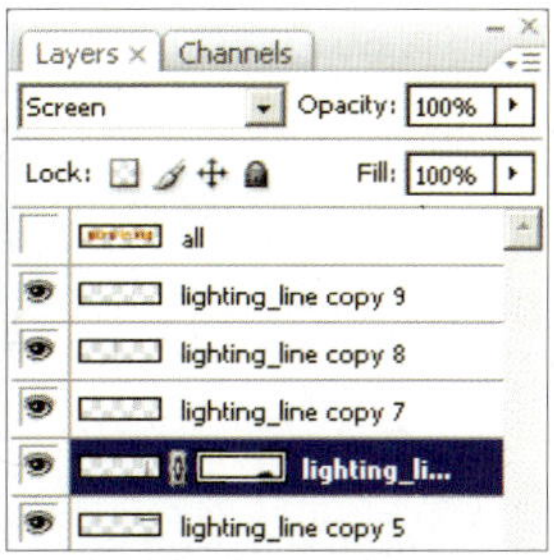

Lighting_line copy 6 图层蒙版

润饰后的字母 R

润饰后的字母 T

润饰后的字母 N

润饰后的字母 M

19 删除多余的光线，表现强烈的光线效果

下面我们利用蒙版删除多余的光线，表现更强的光线效果。

选择lighting_line copy 6图层，单击图层面板下端的Add layer mask（添加图层蒙版）按钮，在选择lighting_line copy 6图层的状态下选择画笔工具，确认前景色为黑色，在选项栏中选择柔角画笔，然后在不需要的部分润饰将其隐藏，利用与上面相同的方法对其他不需要的光线部分也利用蒙版隐藏。

选择lighting_line copy 9图层，按住Shift键单击lighting_line图层，选择所有光线效果。

将图层合并为图层组，然后重命名为lighting_line。

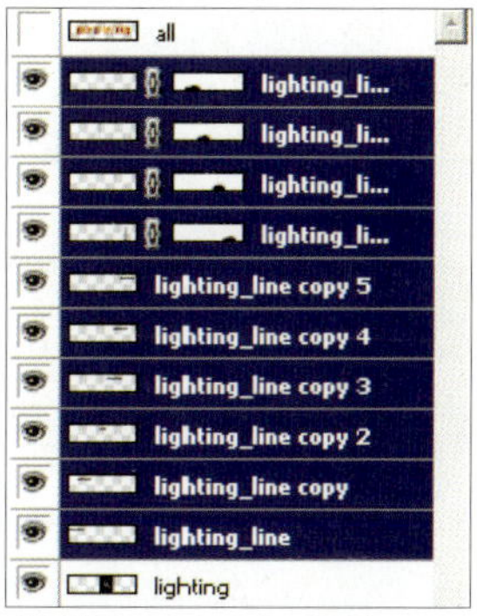

选择所有 lighting_line 图层

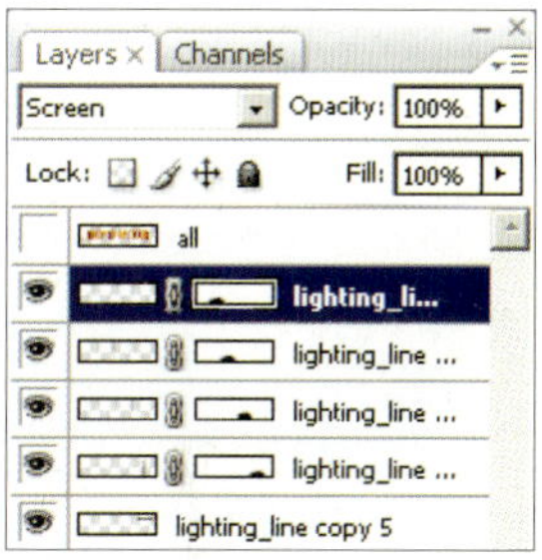

润饰后的图层面板

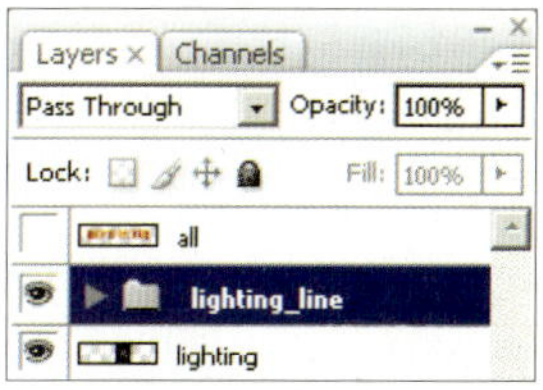

Lighting_line 图层组

将混合模式设置为颜色减淡前的效果

将混合模式设置为颜色减淡后的效果

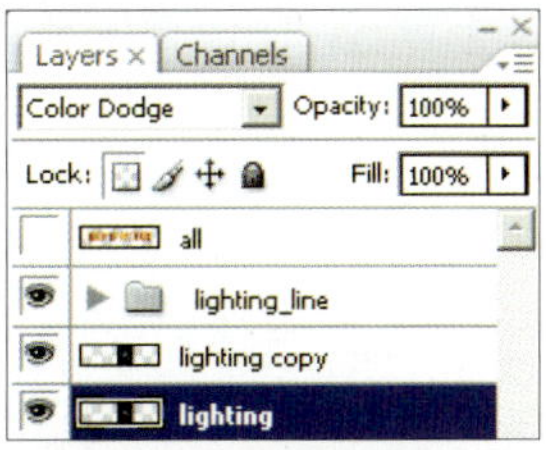

将混合模式设置为颜色减淡

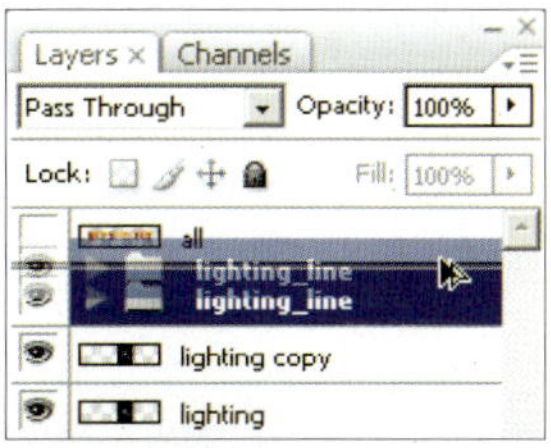

按住 Alt 键拖动

选择 lighting 图层，选择 Layer>New>Layer via Copy（图层 > 新建 > 通过复制的图层）命令，将 lighting 图层的混合模式更改为 Color Dodge（颜色减淡），创建更强烈的光线效果。

选择lighting_line图层组，按住Alt键拖动到lighting_line图层组上方，将lighting_line图层组的混合模式更改为Color Dodge（颜色减淡），创建更强烈的光线效果。

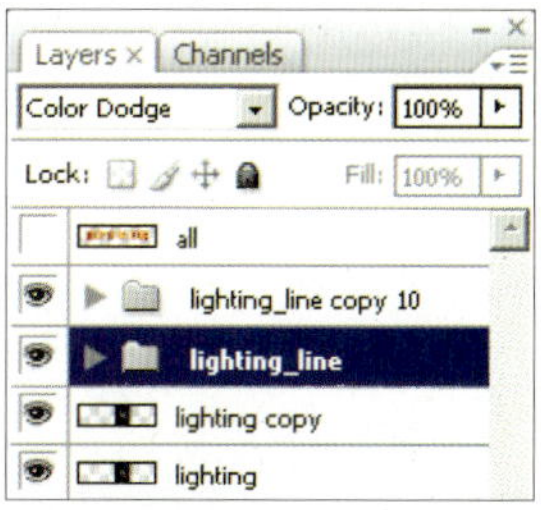

当前图层面板

当前文件

20 表现阴影效果

下面我们将标题倾斜面的效果调整得暗一些。

为了边确认图层的状态边进行操作，选择 bevel 图层，按住 Alt 键单击拖动到图层面板的最上端复制，将复制得到的图屋重命名为 bevel_shadow1。

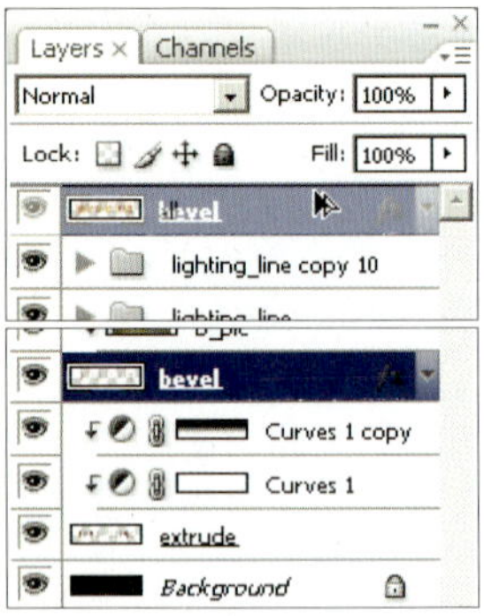

按住 Alt 键拖动复制

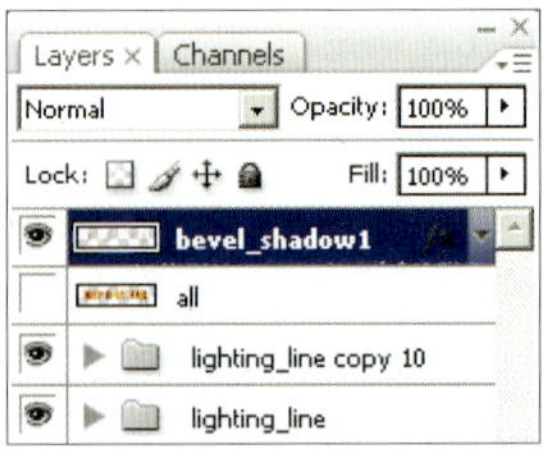

复制的 bevel_shadow1 图层

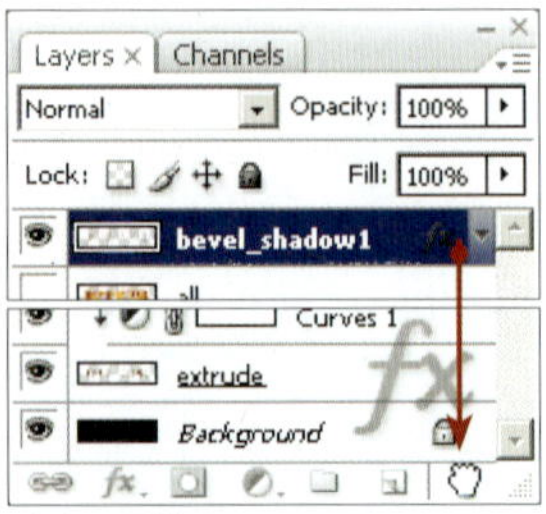

删除图层样式

将 bevel_shadow1 图层的图层样式拖动到图层面板下端的 Delete layer（删除图层）按钮上删除。选择 Image＞Adjustments＞Desaturation（图像＞调整＞去色）命令，然后选择 Image＞Adjustments＞ Levels（图像＞调整＞色阶）命令（Ctrl+L），将 Inout Levels（输入色阶）设置为 99，0.1，124，表现对比强烈的图像效果。

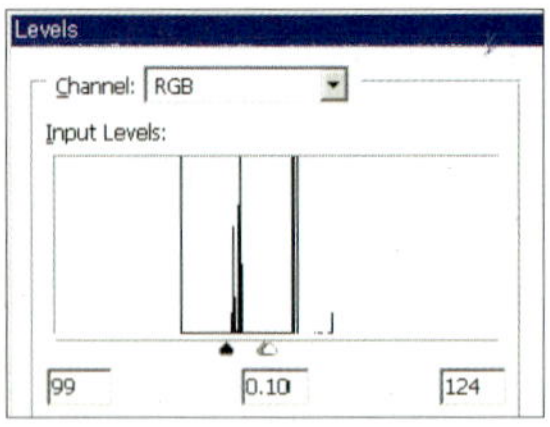

色阶

bevel_shadow1 图层的图像

去色

应用色阶后的文件

明亮的面

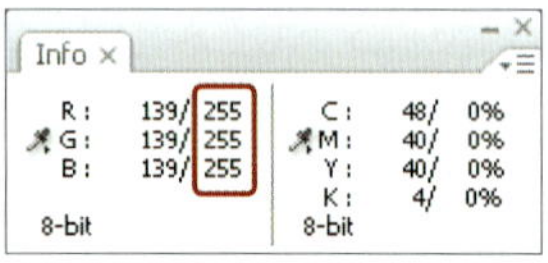

在信息面板中确认 RGB 为 255

暗淡的面

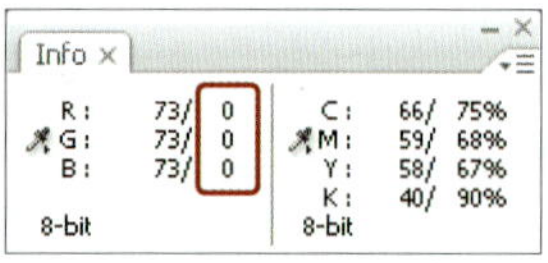

在信息面板中确认 RGB 为 0

为了只应用黑色背景，将 bevel_shadow1 图层的混合模式设置为 Multiply（正片叠底），将 Opacity（不透明度）设置为 40%，进行自然的合成。

将混合模式设置为正片叠底

更改不透明度

选择 Curves 3 图层，选择 Layer ＞Create Clipping Mask（图层＞创建剪贴蒙版）命令（Ctrl+Alt+G），进行剪贴，只在 bevel 图层的区域应用图像效果。

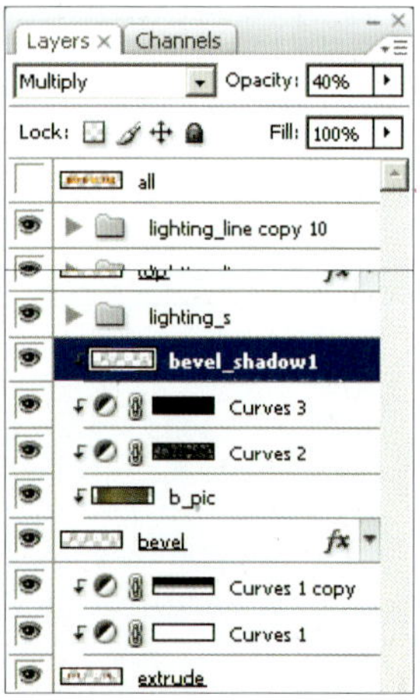

剪贴

剪贴的效果

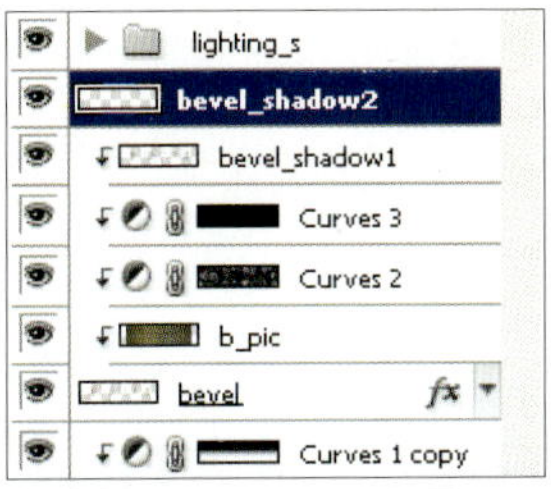

创建的 bevel_shadow2 图层

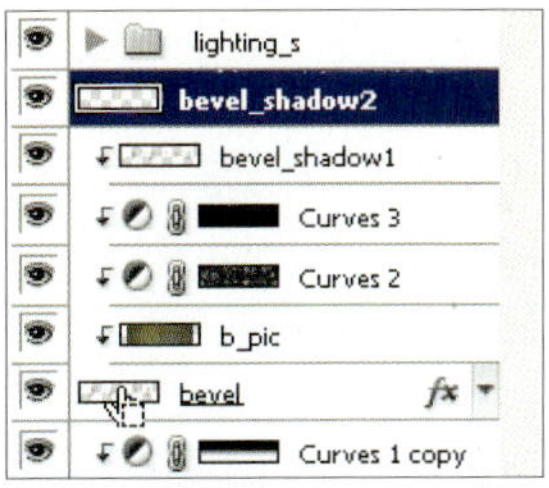

按住 Ctrl 键单击

添加选区

应用棕色

放大的效果

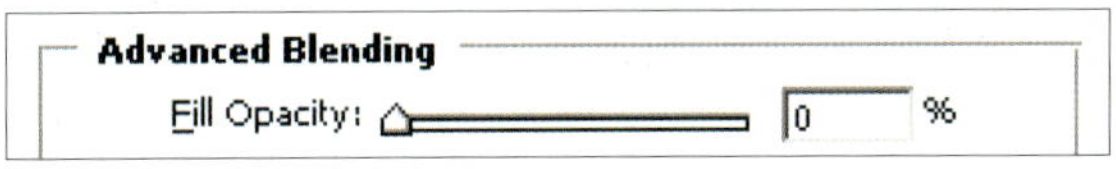

混合选项

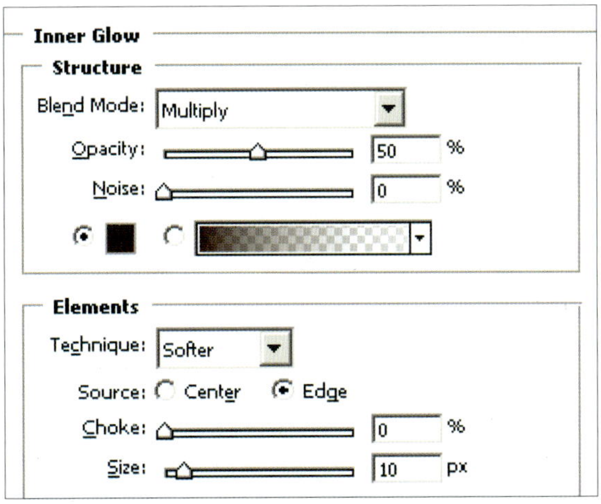

20-a

剪贴的效果

在bevel_shadow1图层上方创建新的图层，将其重命名为bevel_shadow2。

选择bevel_shadow2图层，按住Ctlr键单击bevel图层，载入bevel图层选区，按Shift+Ctrl快捷键单击top图层，添加top图层选区。

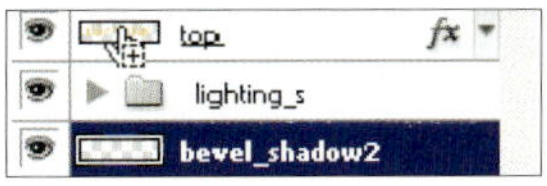

按住 Shift + Ctrl 单击

确认前景色为黑色，按Alt+Delete快捷键填充，按Ctrl+D快捷键取消选区。

双击bevel_shadow2图层，在Layer Style（图层样式）对话框的Blending Options（混合选项）中将Fill Opacity（填充透明度）设置为0%，然后选择Inner Glow（内发光），如图20-a所示进行设置，将较深的棕色光设置为R:53,G:22,B:3。

选择bevel_shadow2图层，选择Layer >Create Clipping Mask（图层>创建剪贴蒙版）命令（Ctrl+Alt+G），进行剪贴，只在bevel图层表现效果。

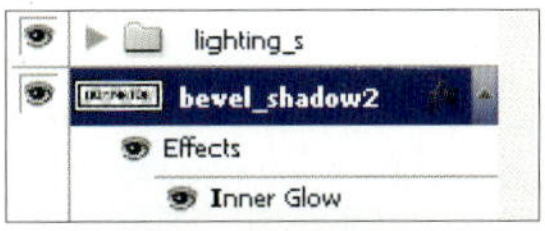

应用内发光后的图层面板

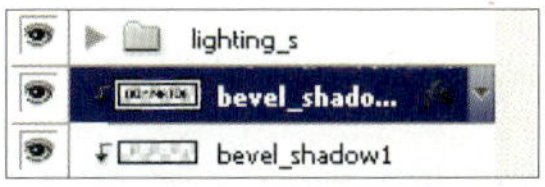

剪贴

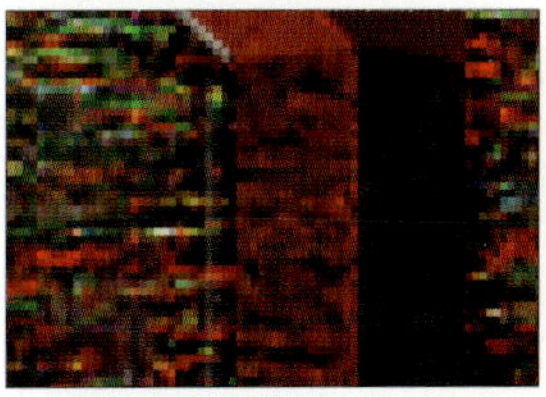
应用内发光前的效果

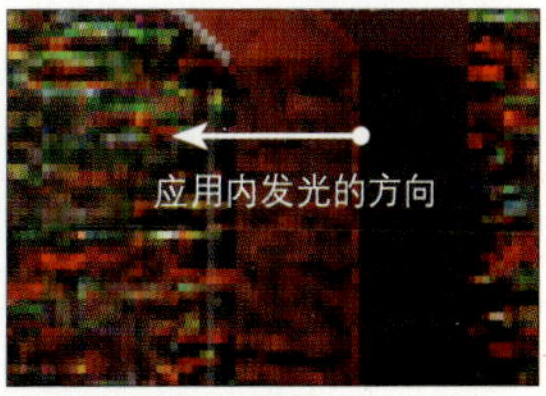

应用内发光后的效果

如果不合并 top 图层的形态

如果不合并 top 图层的选区进行操作，会在倾斜面的两侧应用内发光效果。

载入选区

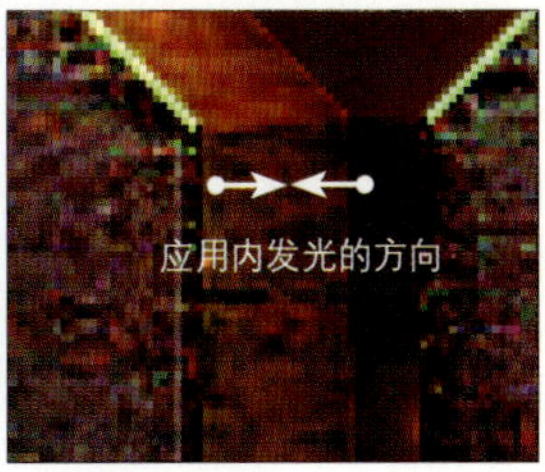

应用内发光的方向

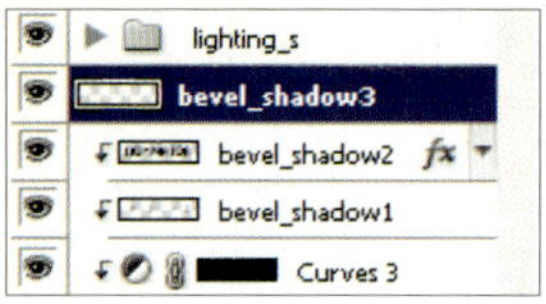

创建的 bevel_shadow3 图层

模糊表现的部分

多边形套索工具选项栏

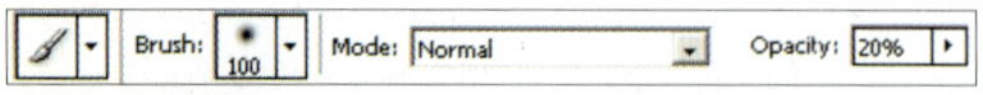

画笔工具选项栏

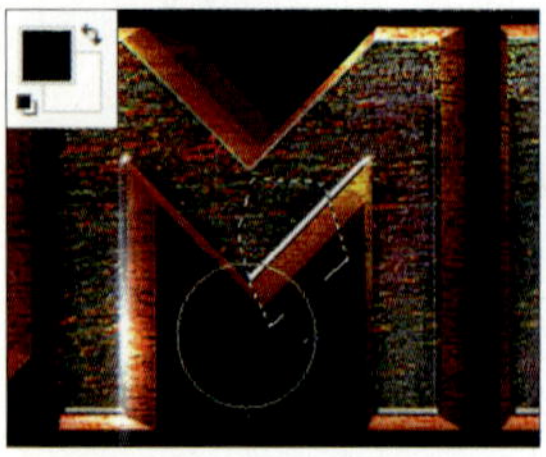
在要表现阴影的位置进行润饰

润饰后的文件

20-b

由于字母M的边角部分过于模糊，下面我们将标题右侧的面调整得暗一些，表现折弯的效果。

在bevel_shadow2图层上方创建新的图层，将其重新命名为bevel_sha dow3，选择多边形套索工具，如图20-b所示选择要表现阴影的部分。

选择画笔工具，确认前景色为黑色，选择柔角画笔。在选项栏中将Opacity（不透明度）设置为20%，在要表现阴影的部分单击三次进行润饰。

按Ctrl+D快捷键取消选区，选择Layer >Create Clipping Mask（图层>创建剪贴蒙版）命令（Ctrl+Alt+G），进行剪贴。

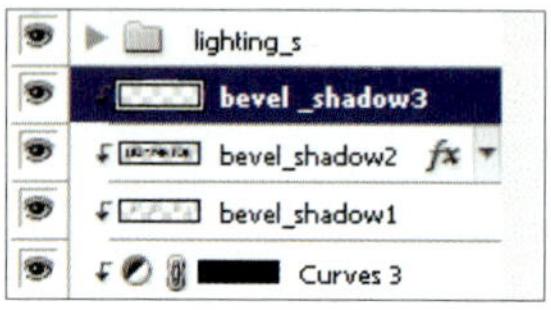

当前图层面板

当前文件

椭圆工具选项栏

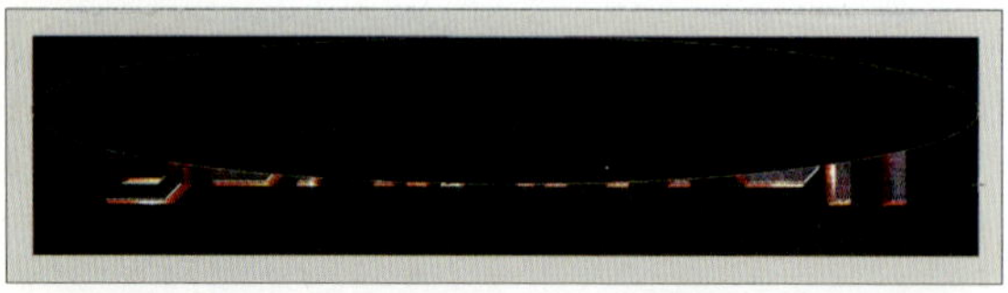
21-a

将填充设置为 0% 后的文件

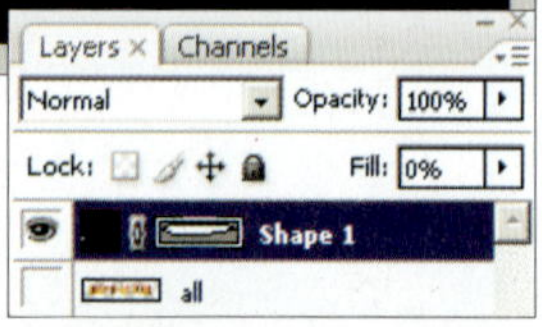

将填充设置为 0

应用外发光后的文件

21 表现光照效果，完成制作 1

下面我们表现标题上的光照效果。

选择 all 图层（保持非激活状态），利用椭圆工具如图 21-a 所示创建形状图层，将创建的 Shape 1 图层的 Fill（填充）设置为 0%。双击 Shape 1 图层，在 Layer Style（图层样式）对话框中如图 21-b 所示对 Outer Glow（外发光）进行设置，使标题的外侧区域表现得明亮。

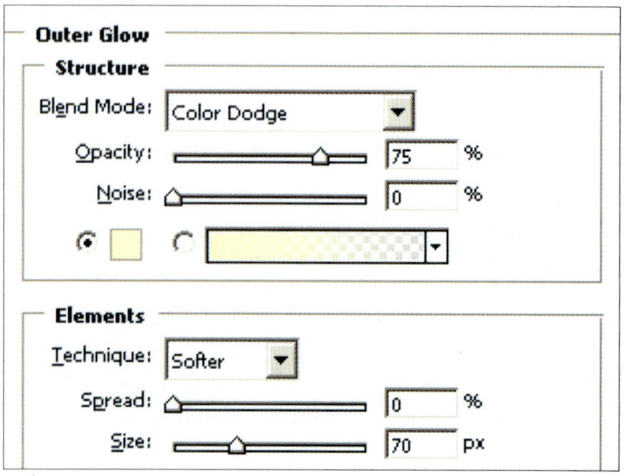

21-b

当前文件

选择Shape 1图层，选择移动工具，利用向上方向键将图像调整到合适的位置。

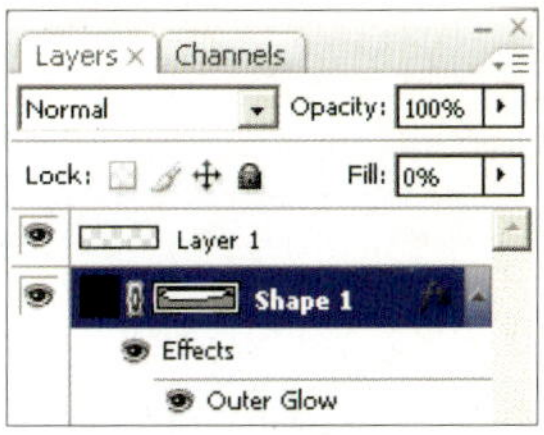

应用外发光后的图层面板

反转蒙版图像后的文件

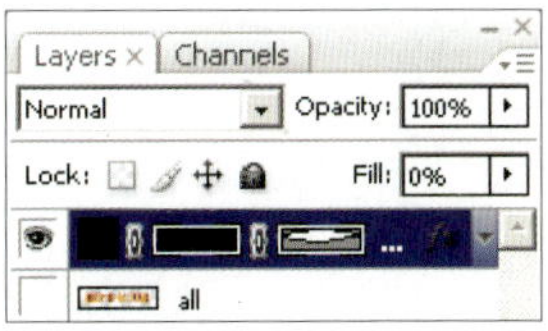

反转蒙版图像

为了只在标题区域应用图层样式，单击图层面板下端的Add layer mask（添加图层蒙版）按钮创建蒙版。选择Image>Adjustments>Invert（图像 > 调整 > 反相）命令（Ctrl+I），反转图像，将蒙板创建为黑色。

渐变工具选项栏

选择渐变工具，在选项栏中选择 Reflected Gradient。按住 Ctrl 键单击 bevel 图层载入选区，按住 Shift+Ctrl 快捷键单击 top 图层添加选区。选 Shape 1 图层蒙版，从文件的中心向右拖动。

从中心向右拖动

按 Ctrl+D 快捷键取消选区，双击 Shape 1 图层，在 Layer Style（图层样式）对话框的 Blending Options（混合选项中）勾选 Layer Mask Hides Effects 复选框，设置为只在蒙版区域显示效果。

应用渐变的文件

Shape 1 图层蒙版区域

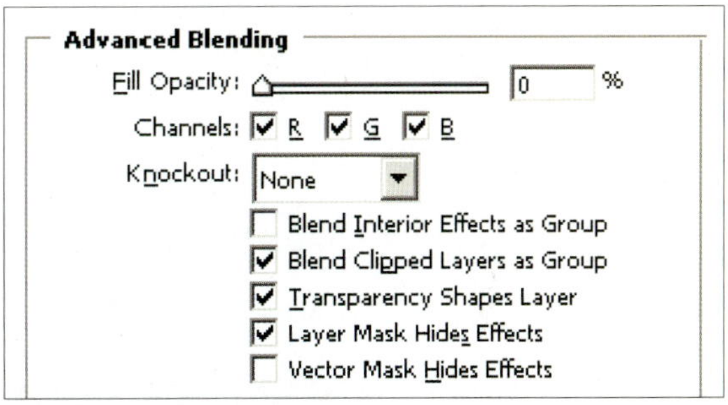

混合选项

完成效果 1

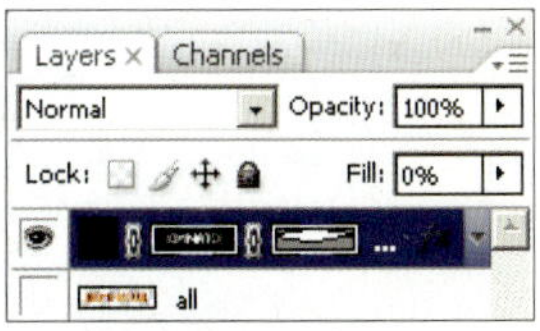

应用渐变后的图层面板

如果选择 Vector Mask Hides Effects 复选框

如果取消 Shape 1 图层样式的 Layer Mask Hides Effects 复选框，勾选 Vector Mask Hides Effects 复选框，会在矢量蒙版内侧表现发光效果。

在图像图层中应用矢量蒙版

普通矢量蒙版创建为形状图层中，按住 Ctrl 键单击 Add layer mask（添加图层蒙版）按钮，可以在图像图层中创建矢量蒙版。像这样创建矢量蒙版后，可以自由地进行调整。但是无法使用画笔工具等润饰工具，需要利用钢笔工具或者矩形工具等图形工具控制图层。

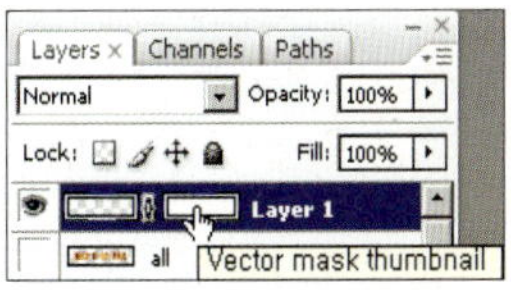

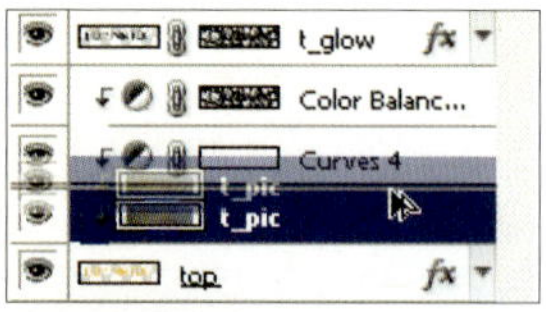

按住 Alt 键拖动

22 应用质感，完成制作 2

下面我们对标题应用滤镜，表现粗糙的效果。

选择t_pic图层，按住Alt键拖动到Curves 4图层下方，保持剪贴的状态复制，然后重命名为t_pic2。

选择t_pic2图层，选择Filter>Artistic>Paint Daubs（滤镜>艺术效果>绘画涂抹）命令，如图22-a所示进行设置后确认，然后选择Filter> Texture>Cra-quelure（滤镜>纹理>龟裂纹）命令，如图22-b所示进行设置。

涂抹绘画

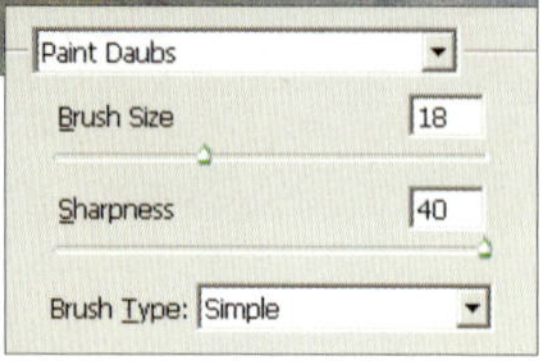

22-a

放大的效果

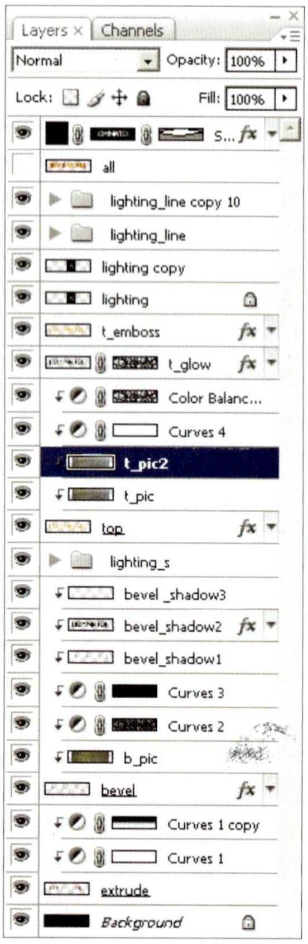

当前图层面板

应用涂抹绘画后的文件

裂缝纹理

放大的效果

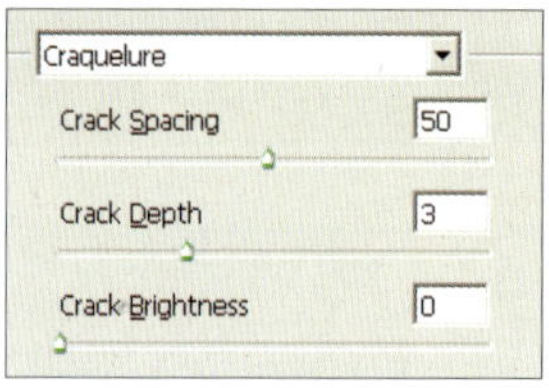

22-b

完成效果 2

减少完成的效果

到目前为止应用多种功能完成了标题图像。希望读者可以将目前为止完成的图像图层设置为非激活状态，表现多效果的图像。有时候通过设置为非激活状态可以隐藏某些不需要的图像，得到比之前效果更好的图像。

将 top 图层设置为非激活状态

将 bevel 图层设置为非激活状态

将 t_pic 图层和 b_pic 图层设置为非激活状态

根据背景调节标题效果

如果背景颜色是较亮的颜色，应用光照效果的图层的混合模式为滤色，光照效果可能会超出标题形态，这时会表现如下图所示的非常明亮的图像效果。
为了解决这一问题，按住 Ctrl 键单击 all 图层载入选区，选择 lighting_s 图层组，单击图层面板下端的 Add layer mask（添加图层蒙版）按钮即可。

将混合模式设置为滤色

载入选区

为 lighting_s 图层组应用蒙版

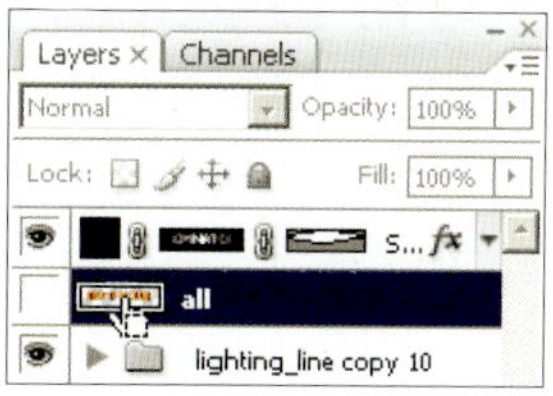

按住 Ctrl 键单击

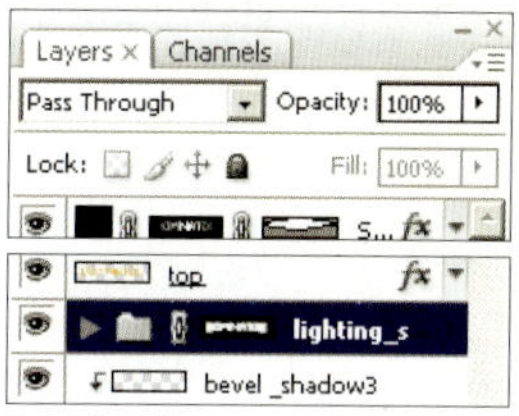

应用蒙版的 lighting_s 图层组

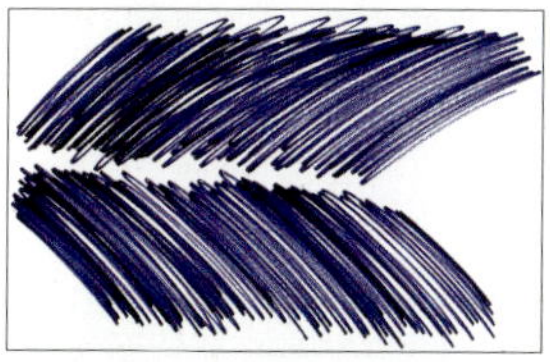
oilmagicink.psd 文件

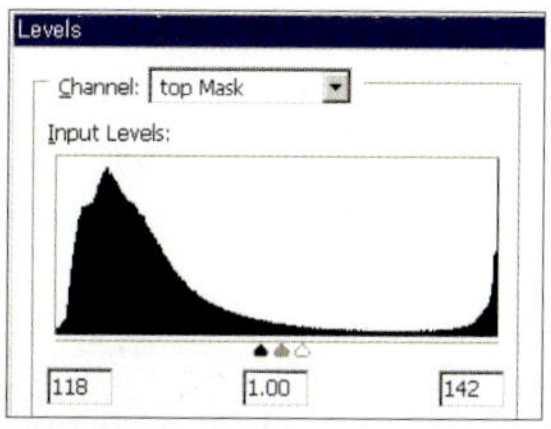

23-a

在 top 图层蒙版应用色阶

反转图像后的文件

23 应用其他范例的质感和效果制作

下面我们应用之前范例中制作的质感和效果，表现多样的效果。打开范例中的oilmagicink.psd文件，按Ctrl+A快捷键全选，按Ctrl+C快捷键复制。在完成制作2效果中选择top图层，应用图层蒙版。

在top图层蒙版显示状态下按Ctrl+V快捷键粘贴，利用移动工具放置图像后按Ctrl+D快捷键取消选区。为了表现强烈的对比效果，选择Image>Adjustments>Levels（图像>调整>色阶）命令（Ctrl+L），如图23-a所示进行设置。

选择Image>Adjustments>Invert（图像>调整>反相）命令（Ctrl+I），反转图像，单击top图层取消蒙版显示状态。

虽然通过利用质感形态完成了操作，但是希望读者可以利用通道合成，应用范例中制作的效果。

完成制作 3

在选取的状态下放置图像

必须在选取的状态下放置图像，然后按 Ctrl+D 快捷键取消选区，才会排列所粘贴的全部对象。

取消选区后排列的效果

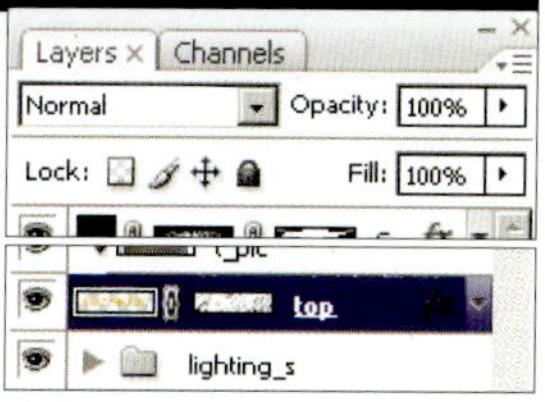

当前图层面板

下面我们利用步骤2的效果和范例中应用的宝石图像进行表现。

将top图层设置为非激活状态，按住Ctrl键单击top图层载入选区，在Color Balance 1图层上方创建新的图层。将生成的图层命名为dia。选择dia图层，按Alt+Delete快捷键为载入的选区填充前景色，然后按Ctrl+D快捷键取消选区。前景色可以设置任意颜色。

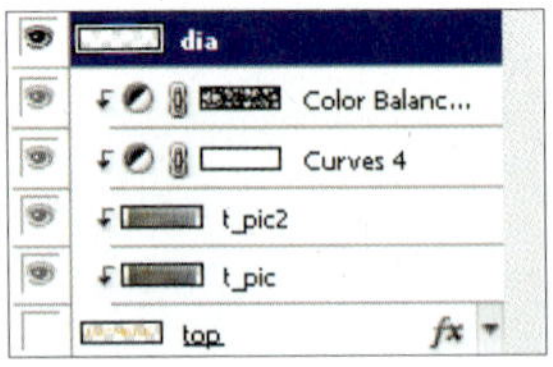

当前图层面板

打开范例中的beautiful_finish1.psd文件，在lady图层中单击鼠标右键，在弹出菜单中选择Copy Layer Style（拷贝图层样式），复制lady图层的图层样式。选择操作中的dominator文件的dia图层，单击鼠标右键，选择弹出菜单中的Paste Layer Style（复制图层样式）命令，应用复制的图层样式。为了按照当前效果设置图层样式，双击dia图层的Pattern Overlay（图案叠加），打开Pattern Overlay（图案叠加）对话框，将Scale（缩放）设置为3%，创建由小宝石构成的标题效果。

载入 top 图层选取

应用颜色后的文件

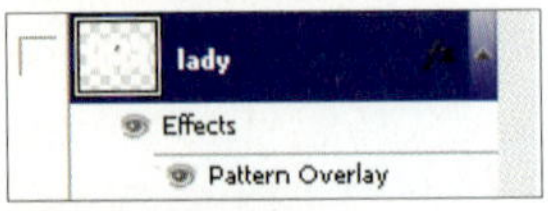

复制 lady 图层样式

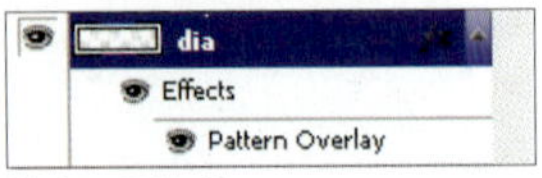

粘贴图层样式

在 dia 图层中粘贴图层样式

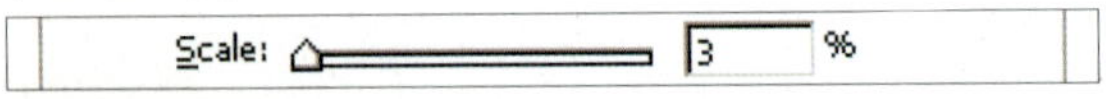

将缩放设置为 3%

当前文件

在dia图层上方创建新的图层，选择新建的Layer 1图层，按住Shift键单击dia图层，选择Layer 1和dia图层。在选择两个图层的状态下选择Layer>Merge Layers（图层>合并图层）命令（Ctrl+E），合并为一个图层，重命名为dia。

在beautiful_finish1.psd文件的title图层中单击鼠标右键，从弹出菜单中选择Copy Layer Style（拷贝图层样式），在dominator文件的dia图层中单击鼠标右键，选择弹出菜单中的Paste Layer Style（复制图层样式）命令，应用复制的图层样式。

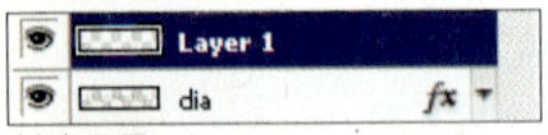

创建图层

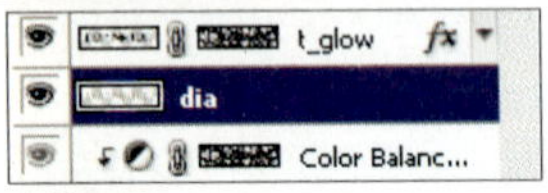

合并图层

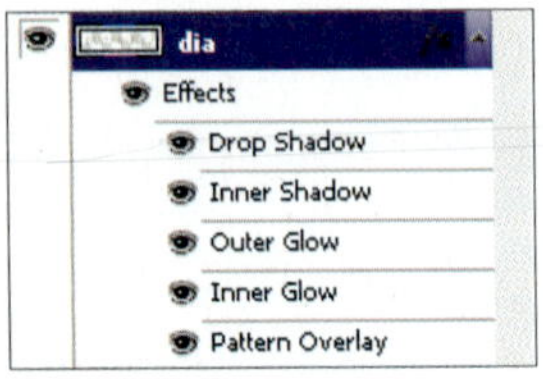

粘贴图层样式

在 dia 图层中粘贴图层样式

选择两个图层合并的原因

如果只选择创建的Layers1图层选择Layer>Merge Layers（图层>合并图层）命令（Ctrl+E）命令，与下方图层合并，保留下方图层的图层样式，在合并形态中出现应用的图层样式效果。

在 dia 图层上创建图层，选择创建的图层的状态

当前文件

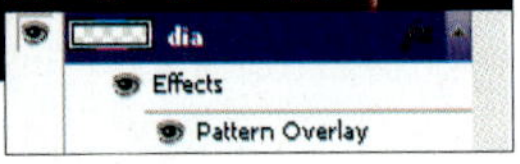

合并后的效果

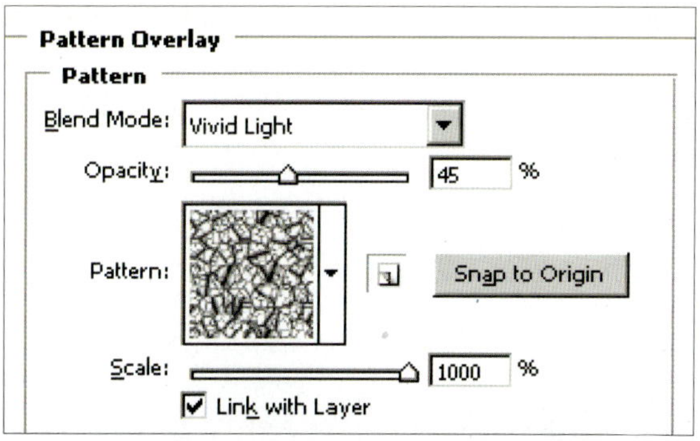

将 Opacity（不透明度）设置为 45%，将 Scale（缩放）设置为 1000%

由于应用了图层样式中的外发光效果，图像效果显得模糊，将外发光设置为非激活状态，为了按照效果设置图层样式，双击 dia 图层的 Pattern Overlay（图案叠加），在打开的 Pattern Overlay（图案叠加）对话框中将 Opacity（不透明度）设置为 45%，将 Scale（缩放）设置为 1000%。

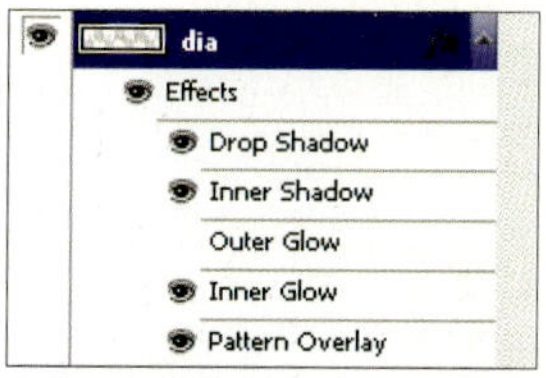

当前图层面板

当前文件

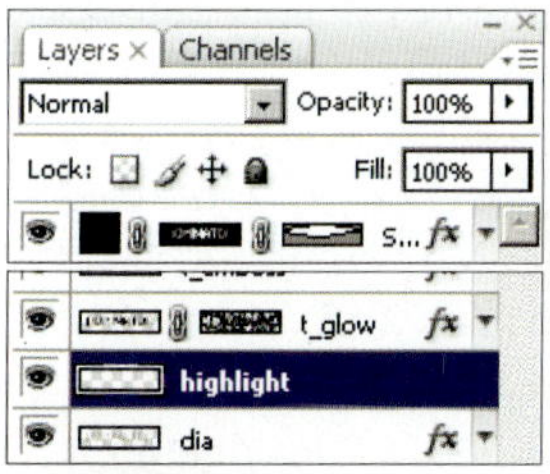

当前图层面板

放大的效果

在dia图层上创建新的图层，将其重新命名为highlight，像范例中表现高光一样，利用画笔工具表现高光，完成制作。

完成制作 4

下面我们应用范例中的火焰效果表现标题效果。

按住Ctrl键单击top图层载入选区，选择Select>Save Selection（选择>存储选区）命令保存选区。

分别载入bevel图层和extrude图层选区后保存，按Ctrl+D快捷键取消选区，在通道面板中确认保存的选区。

选择保存的Alpha 1通道，选择Filter>Blur>Gaussian Blur（滤镜>模糊>高斯模糊）命令，将Radius（半径）设置为10pixels。

载入 top 图层选取　　保存选区

应用高斯模糊滤镜后的文件

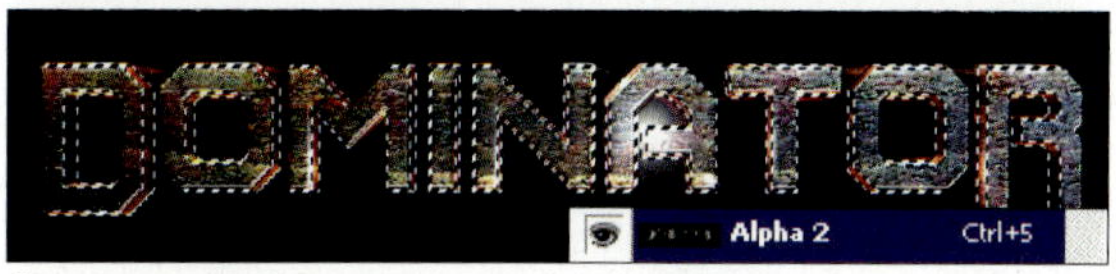

载入 bevel 图层选区　　保存选区

应用高斯模糊滤镜后的文件

载入 extrude 图层选区 保存选区

应用高斯模糊滤镜后的文件

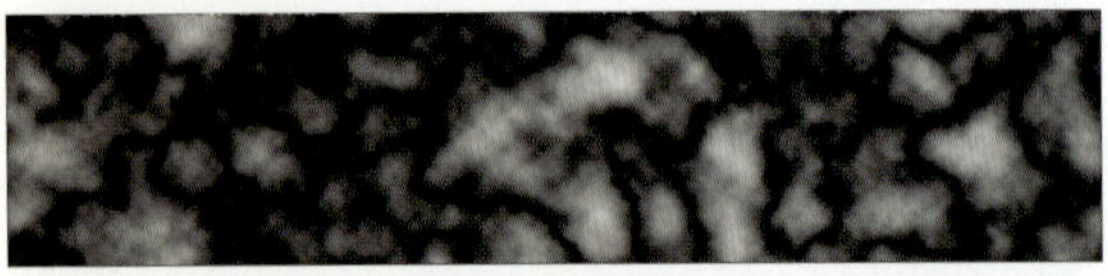

C1 通道

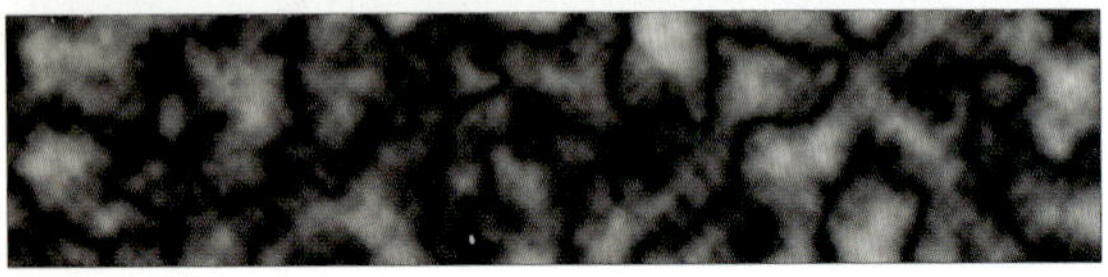

C2 通道

利用与上面相同的方法将Alpha 2通道的Radius（半径）设置为5pixels，将Alpha 3通道的Radius（半径）设置为8pixels，按顺序将通道名称设置为10，5，8。

创建新通道，选择Filter> Render>Clouds（滤镜>渲染>云彩）命令，创建云彩图像。接下来再选择Filter> Render> Difference Clouds（滤镜>渲染>分层云彩）命令。

利用与上面相同的方法再创建两个对比强烈的云彩效果，按顺序将通道名称设置为c1,c2,c3。

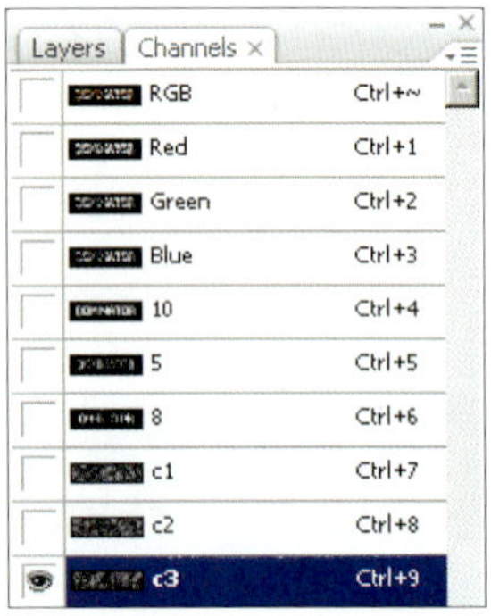

当前通道面板

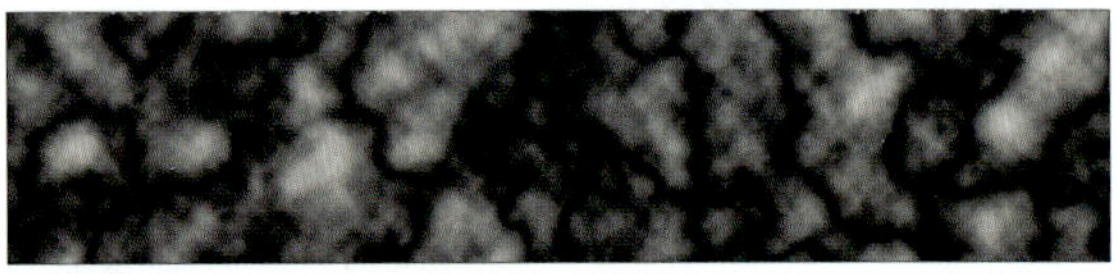

C3 通道

Alpha 1 通道，查找边缘后反转图像

Alpha 2 通道，查找边缘后反转图像

Alpha 3 通道，查找边缘后反转图像

像步骤 04 一样，分别对 10 通道和 c1,c2, c3 通道执行 Image>Calculations（图像 > 计算）命令进行合成，选择 Filter>Stylize>Find Edges（滤镜 > 风格化 > 查找边缘）命令，然后选择 Image >Adjustments>Invert（图像 > 调整 > 反相）命令（Ctrl+I），反转图像。

利用与上面相同的方法分别对 5 通道和 c1,c2,c3 通道进行计算合成。然后应用查找边缘滤镜和反相命令反转图像。对 8 通道和 c1,c2,c3 通道进行计算合成，然后应用查找边缘滤镜和反相命令，反转图像。

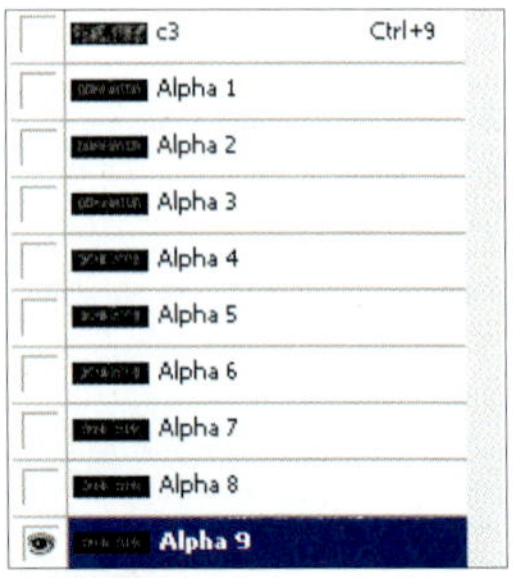

当前通道面板

Alpha 4 通道，查找边缘后反转图像

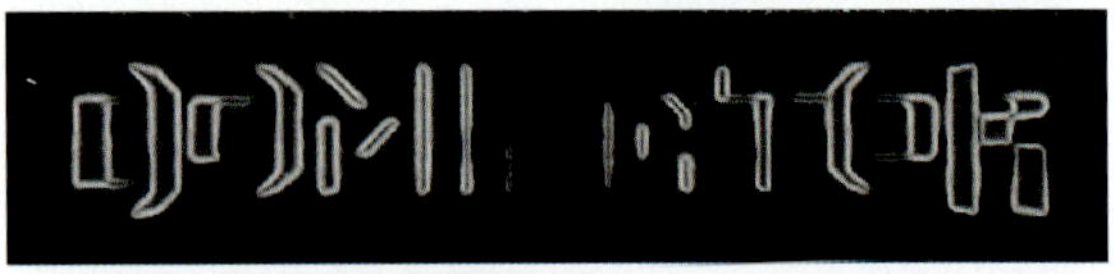

Alpha 7 通道，查找边缘后反转图像

Alpha 5 通道，查找边缘后反转图像

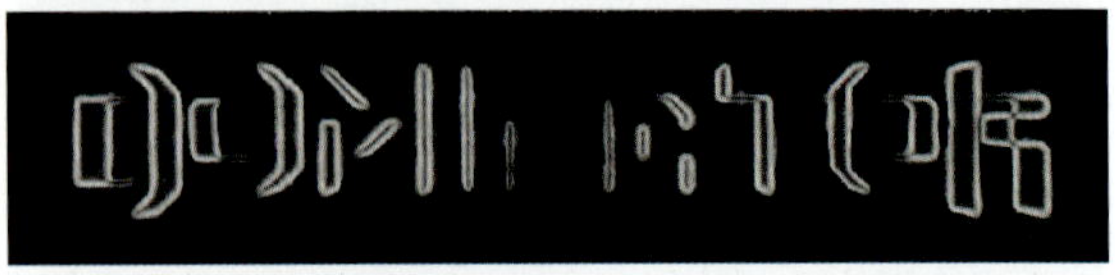

Alpha 8 通道，查找边缘后反转图像

Alpha 6 通道，查找边缘后反转图像

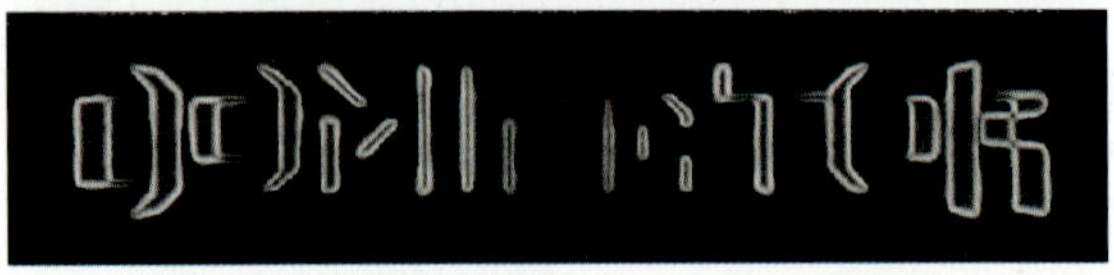

Alpha 9 通道，查找边缘后反转图像

载入 Alpha 1 通道选取后，创建图层并应用颜色

载入 Alpha 2 通道选取后，创建图层并应用颜色

载入 Alpha 3 通道选取后，创建图层并应用颜色

按住Ctrl键单击Alpha 1通道载入选区，对Alpha 1通道执行Image> Adjustments>Curves（图像>调整>曲线）命令（Ctrl+M），加深浓度。

在其他通道载入选区的时候如果弹出提示框，选择取消，调节浓度后载入选区。

将图层面板中的extrude,bevel,top图层设置为非激活状态。将前景色设置为R:242,G:101,B:34，在Color Balance 1图层上方创建新的图层，按Alt+Delete快捷键为载入的选区填充前景色，按Ctrl+D快捷键取消选区。利用与上面相同的方法分别载入Alpha2和Alpha3通道，创建新的图层，填充白色前景色，再将混合模式设为Overlay（叠加）。

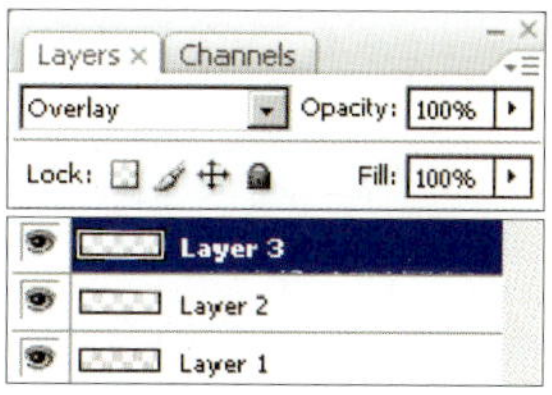

当前图层面板

Alpha 4, Alpha5, Alpha6 通道，在图层面板中应用

Alpha7，Alpha8，Alpha9 通道，在图层面板中应用

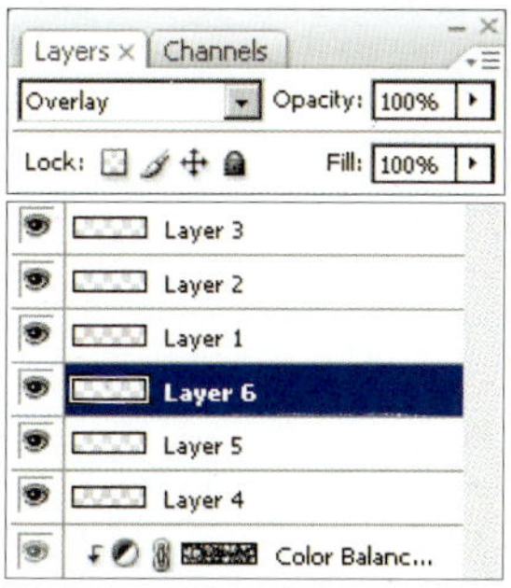

应用斜面后的图层蒙版

Layer 7 图层蒙版区域

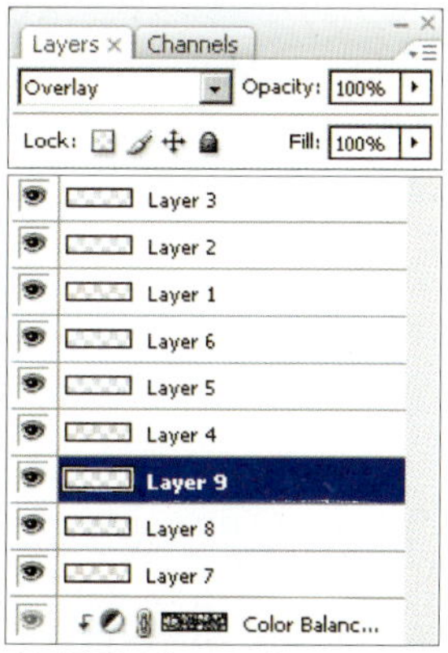

应用浮雕后的图层面板

在Color Balance 1图层上方创建新的图层，利用相同方法载入其他图层选区，设置前景色和混合模式，确认效果，可以看到文字和文字之间有重叠的部分。

为了进行调整，按住Ctrl键单击top图层载入选区。选择默认颜色图层Layer 7，单击图层面板下端的Add layer mask（添加图层蒙版）按钮，在选择蒙版的状态下选择Image>Adjustments>Invert（图像>调整>反相）命令（Ctrl+I），反转图像，完成操作。

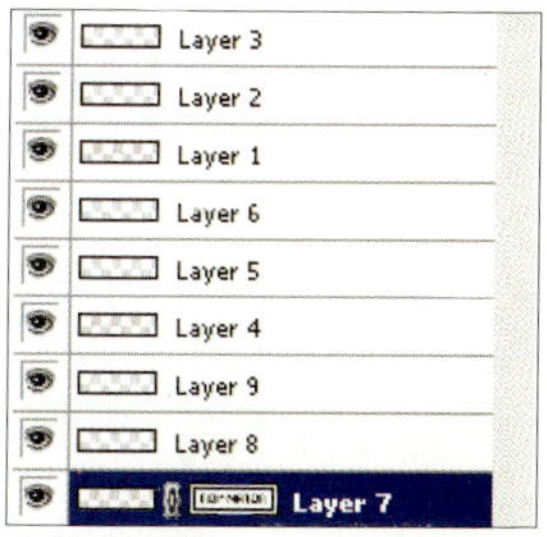

当前图层面板

确认效果重叠的部分

载入 top 图层选区

完成制作 5

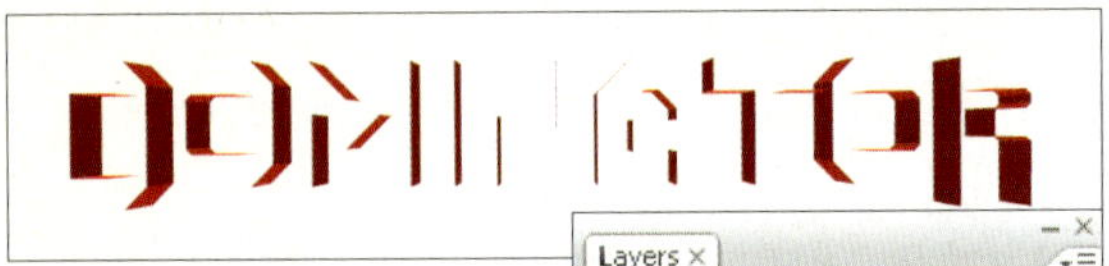

extrude 图层的对象

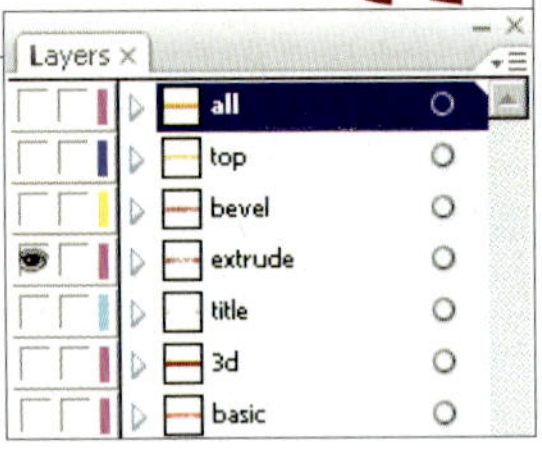

只激活 extrude 图层

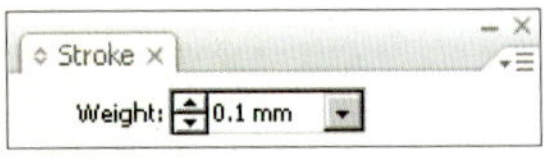

描边对话框

应用范例，创建新的效果。

运行Illustrator，打开dominator_finish1.ai文件，然后只激活extrude图层。

本步骤中只提取浮雕面的路径进行混合。按Ctrl+A快捷键全选文件的对象，在Color Mode（颜色模式）中将Fill Color（填充色）设置为None，将Stroke Color描边色设置为C:5,M:90,Y:75,K:0，将描边面板中的Weight设置为0.1mm。

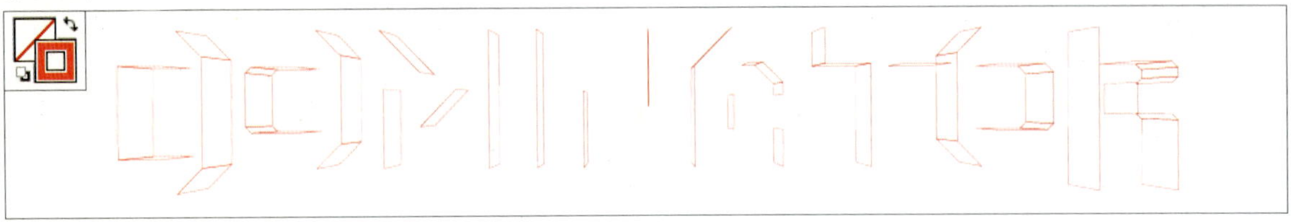

当前文件

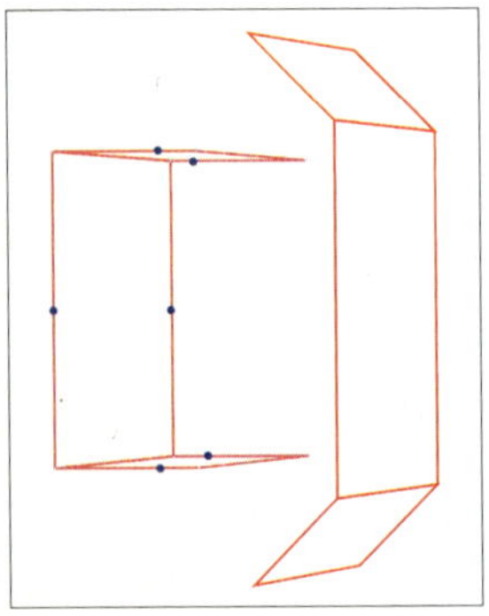

23-b 选择路径

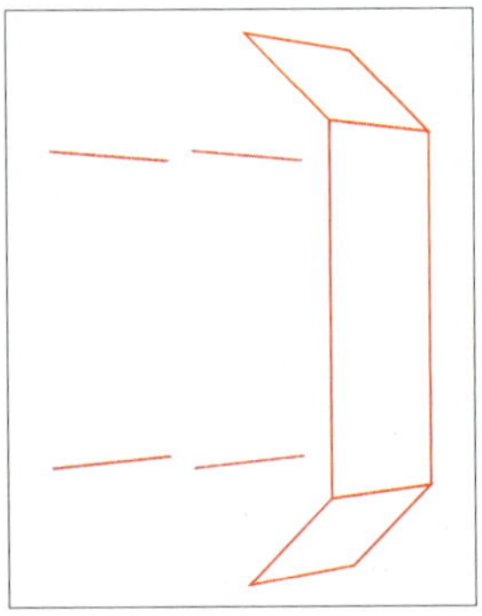

剪切

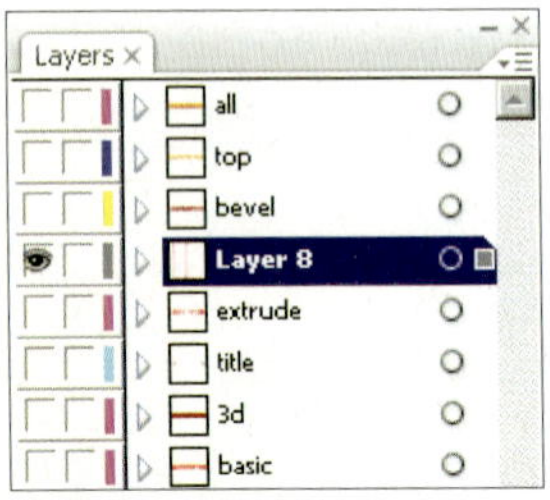

粘贴到 Layer 8 图层

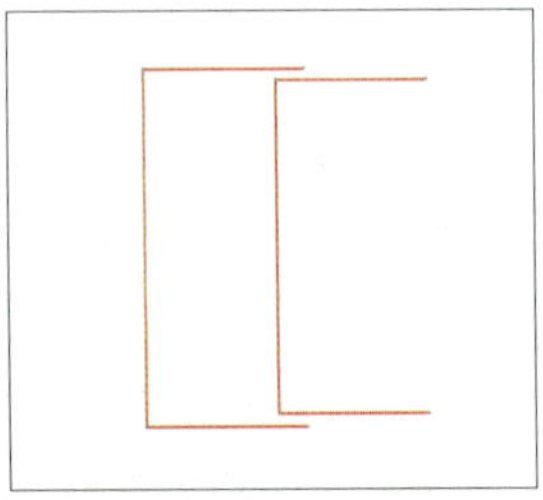

粘贴的对象

下面为了混合效果，我们只提取图案中的线条。

选择直接选择工具，如图23-b所示选择图像中的线条，按Ctrl+X快捷键剪切图案。

在extrude图层上方创建新的图层，将extrude图层设置为非激活状态，选择创建的图层，按Ctrl+F快捷键粘贴到准确的位置。

由于当前路径不是连接状态，选择路径和路径相邻的两个点，选择Object>Path>Join（对象>路径>连接）命令连接路径。

在打开的Join对话框中选择Corner后确认。

对其他分离的锚点也按照相同的方法两两选择进行连接。

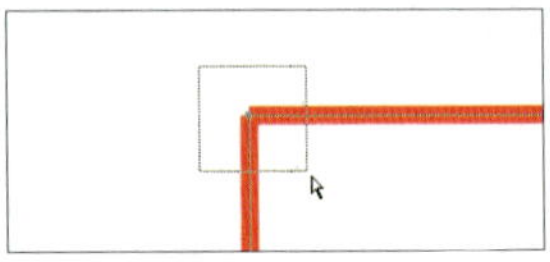

选择分离的锚点

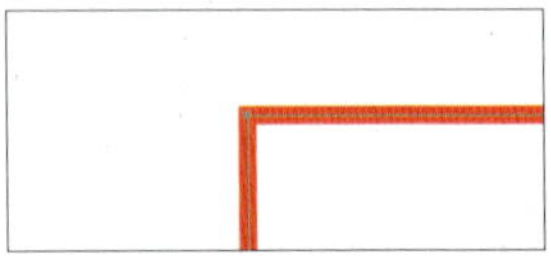

连接

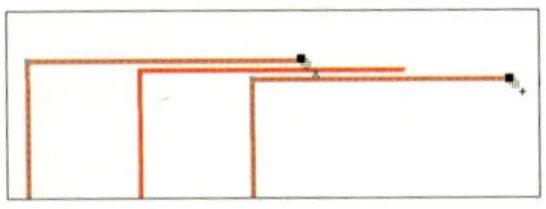

应用描边工具

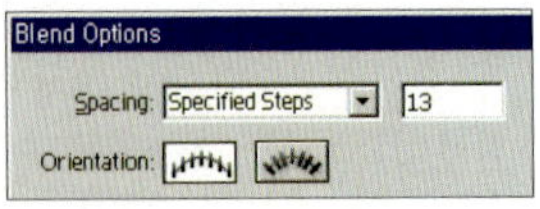

23-c

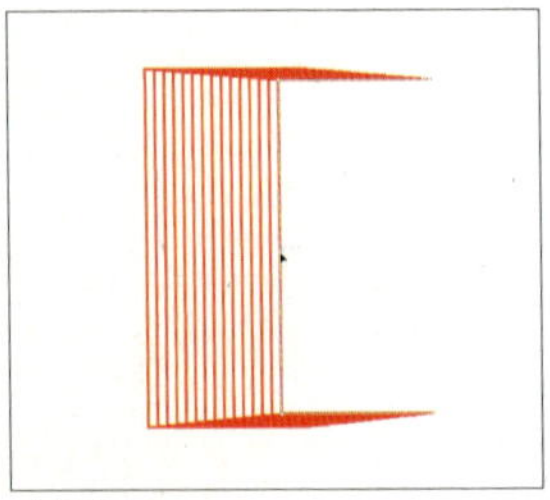

选择路径

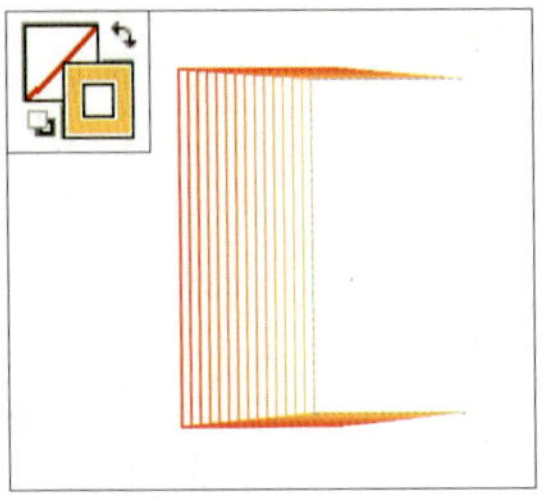

设置颜色和粗细

选择混合工具，单击前面路径的点，然后单击路径的点进行混合。

为了设置混合的阶段，双击混合工具，在打开的Blend Options（混合选项）对话框中如图 23-c 所示进行设置。

选择直接选择工具，选择后面的路径，将描边色设置为 C:0,M:335，Y:35，K:35，在描边面板中将Weight 设置为 0.05mm。

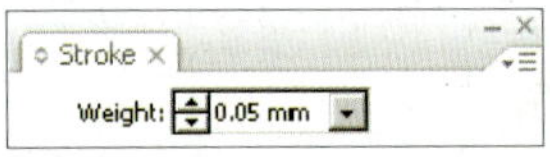

描边对话框

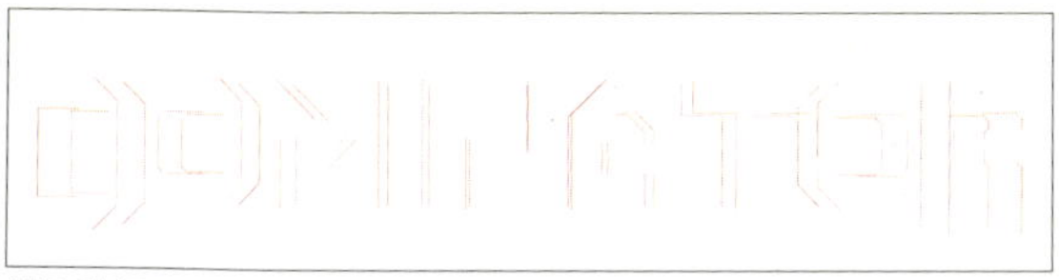

提取路径

对其他路径也应用相同的方法进行提取，连接分离的点。混合后，设置后面路径的颜色和粗细。

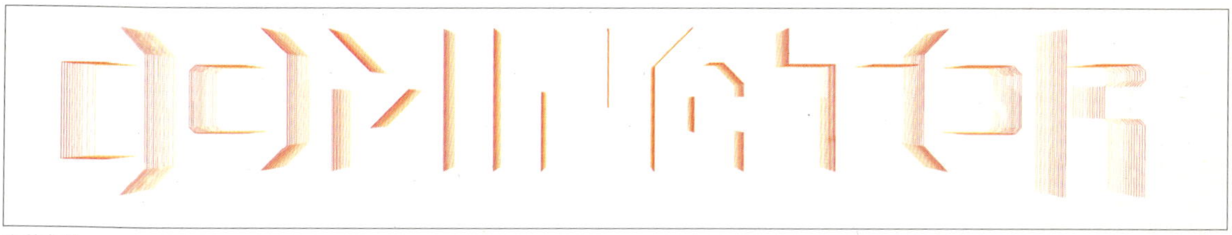

当前文件

粘贴到 Photoshop 中

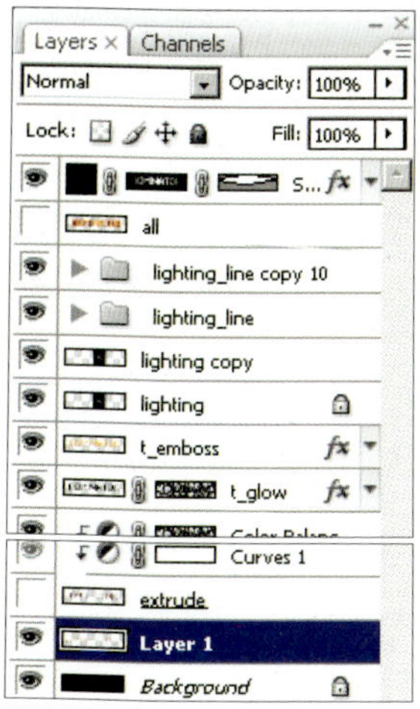

粘贴到 Background 图层上

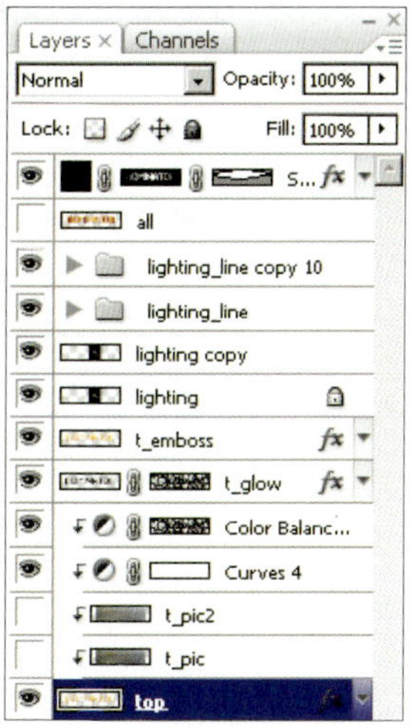

将bevel,t_pic,t_pic2图层设置为非激活状态

混合结束后按Ctrl+A快捷键选择文件的对象，按Ctrl+C快捷键复制，在Photoshop中完成制作2效果的文件中将extrude图层设置为非激活状态，选择Background图层，按Ctrl+V快捷键粘贴。在打开的Paste（粘贴）对话框中选择Pixel（像素）。将bevel,t_pic,t_pic2图层设置为非激活状态，选择top图层，选择Image>Adjustments>Hue/Saturation（图像>调整>色相/饱和度）命令（Ctrl+U），如图23-d所示进行设置，降低饱和度，表现隐约的效果，完成制作。

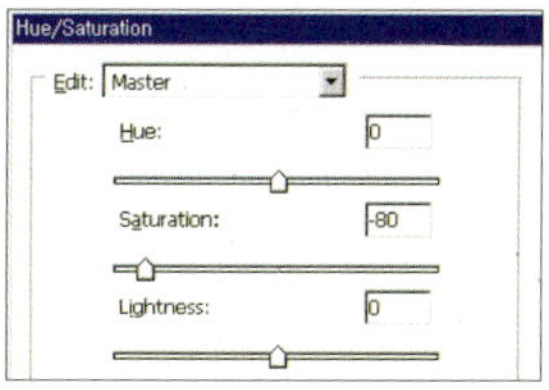

23-d 将t_pic,t_pic2图层设置为非激活状态

这样，整个范例就全部制作完成了。在本范例中应用其他范例的素材进行了操作，在进行其他范例操作时也可以利用相同的方法，得到更好的作品。

将 bevel,t_pic,t_pic2 图层设置为非激活状态后的文件

完成制作 6

律师声明

版权登记号：01-2010-2850

图书在版编目（CIP）数据

Photoshop+Illustrator完美创意设计.文字特效／（韩）全相炫编著;刘东译.—北京：中国青年出版社，2010.6

ISBN 978-7-5006-9369-7

I.①P… II.①全…②刘… III.①图形软件,Photoshop、Illustrator IV. ①TP391.41

中国版本图书馆CIP数据核字（2010）第111528号

Photoshop+Illustrator完美创意设计（文字特效）

(韩) 全相炫　编著

出版发行：中国青年出版社
地　　址：北京市东四十二条21号
邮政编码：100708
电　　话：（010）59521188 / 59521189
传　　真：（010）59521111
企　　划：中青雄狮数码传媒科技有限公司

责任编辑：肖　辉　张　鹏　徐兆源
封面制作：张旭兴

印　　刷：北京顺诚彩色印刷有限公司
开　　本：787×1092　1/16
印　　张：24
版　　次：2010年7月北京第1版
印　　次：2010年7月第1次印刷
书　　号：ISBN 978-7-5006-9369-7
定　　价：79.90元（附赠1DVD，含精美素材+特效文字模板）

本书如有印装质量等问题，请与本社联系　电话：(010) 59521188 / 59521189
读者来信：reader@cypmedia.com
如有其他问题请访问我们的网站：www.21books.com

“北京北大方正电子有限公司”授权本书使用如下方正字体
封面用字：方正兰亭黑系列